博物図譜レファレンス事典

植物篇

日外アソシエーツ

Index to Natural History Illustrations

Botanical Art

Compiled by
Nichigai Associates, Inc.

本書はディジタルデータでご利用いただくことができます。詳細はお問い合わせください。

●編集担当● 石田 翔子／児山 政彦
装 丁：小林 彩子（flavour）

刊行にあたって

博物学（natural history）とは、動物・植物・鉱物といった自然界に存在する物について、種類・性質などを研究する学問であり、中国では薬効のある自然物を研究する本草学として始まった。ヨーロッパでは大航海時代に未知の動植物の発見が相次いだことから興隆し、日本でも享保年間（1716 ～ 35）に殖産興業のため江戸幕府が行った全国的な物産調査をきっかけに発展した。博物学研究では、標本とともに、あるいはその代替として細密な絵が添えられ、博物画（博物図譜）と呼ばれる。特定の動植物を他の種と区別できるよう、正確な観察に基づく抽象化がなされた博物画には写真とは異なる味わいがあり、生物学や歴史的な資料価値だけでなく、現代でも美術作品として鑑賞されるなど貴重なものが多い。

本書は、博物図譜、画集・作品集、解説書など62種83冊に掲載された、17 ～ 19世紀を中心に日本や西洋で描かれた植物画のべ1万700件の図版索引である。ボタニカルアートとも呼ばれ、美麗さや珍奇さで目を楽しませる花や草木、有用な野菜・果物、薬草・ハーブ、きのこなどを、種類毎に描かれた植物の名称から探すことができる。レファレンス・ツールとしての検索性を考慮し、巻末に五十音順の作品名索引、作者・画家名索引を付した。こうした図版索引としての基本的な検索機能に加え、素材・寸法・制作年・所蔵先など作品そのものに関する基礎的なデータを記載した。

科学・歴史・美術などの分野における博物画研究の基礎調査用に、また、一般の利用者が著名な作品や優れた作品を探す際の基本的なツールとして、姉妹編「博物図譜レファレンス事典　動物篇」と併せて図書館や美術館・博物館などで幅広く活用されることを期待したい。

2018年4月

日外アソシエーツ

目　次

凡　例 ……………………………………………………………(6)

採録図集一覧 ………………………………………………… (8)

博物図譜レファレンス事典　植物篇 ……………………… 1

花・草・木 ……………………………………………… 3

野菜・果物 ……………………………………………… 398

ハーブ・薬草 …………………………………………… 437

きのこ・菌類 …………………………………………… 487

その他 …………………………………………………… 501

作品名索引 ……………………………………………… 505

作者・画家名索引 ……………………………………… 573

凡　例

1．本書の内容

本書は、博物図鑑および作品集に掲載されている、植物画の図版索引である。

2．基本方針

(1) 索引の対象

1) 国内で刊行された（主に1980年代以降）、博物図鑑やそれに準ずる作品集・解説書（展覧会カタログ等は除く）、62種83冊（別掲「採録図集一覧」参照）に掲載されている植物画（10,776点）を対象とした。

2) 挿図・参考作品・資料などの図版は、原則索引の対象としなかった。

(2) 作品名・学名

1) 作品名・学名は原則、各図鑑・図集に記載されたとおりとし、同一の作品でも図鑑・図集により名称の細部が異なる場合はそのまま掲載した。

2) 但し、明らかな誤記・誤植は訂正した。

(3) 作品の説明

1) 作品の原題名、作者名、出典図譜名、制作年、素材、技法、寸法、所蔵先等は、原則として各図鑑・図集に記載されたとおりとした。但し、明らかな誤記・誤植は訂正した。

2) 各図鑑・図集における名称（原題名・英名等）が本書の見出しと異なる場合は示した。

3) 作者名・出典図譜名が図鑑・図集タイトルに示されている場合は省略した。

(4) 図版の説明

1) その作品がすべてカラーで印刷されている場合は「カラー」、すべて単色（白黒）で印刷されている場合は「白黒」、カラーと単色で印刷されている場合は「カラー／白黒」と表示した。

3．本　文

(1) 見出し・排列

1) 全体を「花・草・木」「野菜・果物」「ハーブ・薬草」「きのこ・菌類」「その他」の5つに分類した。

2) 分類見出しの下は、作品名の五十音順に排列した。

3) その際、ヂ→ジ、ヅ→ズとみなし、長音（音引き）は無視した。

4) 作品名見出しの下では、図版が掲載された各図鑑・図集の逆発行年順（新→旧）とし、その中の各図版は図版番号または掲載ページ順に示した。

(2) 所在指示

1) 各図鑑・図集における図版の所在は、「書名　巻次（または各巻書名)」、出版者、出版年、図版番号または掲載ページとした。

4．参　照

(1) 別表記・別読みから本書で採用した代表表記・代表読みが検索できるように同一分類の下に参照項目を立てた。

(2) ヂ→ジ、ヅ→ズとみなし、長音（音引き）は無視した。

5．作品名索引

(1) 本文に収録した各作品を、作品名から引くためのものである。

(2) 排列は作品名の五十音順とした。作品名の後ろに、分類見出しを〔　〕に入れて補記した。

(3) 各作品の所在は掲載ページで示した。

6．作者・画家名索引

(1) 本文に収録した各作品を、その作者・画家名から引くためのものである。

(2) 排列は作者・画家名の読みの五十音順とした。

(3) 各作品の所在は本文掲載ページで示した。

採録図集一覧
(植物篇)

アイヒシュテットの庭園　タッシェン・ジャパン　2002
岩崎灌園の草花写生　たにぐち書店　2013
イングリッシュ・ガーデン　求龍堂　2014
ウィリアム・カーティス 花図譜　同朋舎出版　1994
江戸の動植物図—知られざる真写の世界　朝日新聞社　1988
江戸博物文庫 花草の巻　工作舎　2017
江戸博物文庫 菜樹の巻　工作舎　2017
江戸名作画帖全集 8 博物画譜 佐竹曙山・増山雪斎　駸々堂出版　1995
花彙　上・下　八坂書房　1977
カーティスの植物図譜　全 4 巻　エンタプライズ　1987
花木真寫—植物画の至宝　淡交社　2005
紙の上の動物園　グラフィック社　2017
木の手帖　小学館　1991
極楽の魚たち　リブロポート　1991
昆虫の劇場　リブロポート　1991
彩色 江戸博物学集成　平凡社　1994
四季草花譜　八坂書房　1988
シーボルト日本植物図譜コレクション　小学館　2008
シーボルト「フローラ・ヤポニカ」日本植物誌　八坂書房　2000
ジャン・アンリ・ファーブルのきのこ　同朋舎出版　1993
植物精選百種図譜—荒俣コレクション 復刻シリーズ 博物画の至宝　平凡社　1996
すごい博物画　グラフィック社　2017
須崎忠助植物画集　北海道大学出版会　2016
図説 ボタニカルアート　河出書房新社　2010

生物の驚異的な形　河出書房新社　2014
世界大博物図鑑　全5巻・別巻2巻　平凡社　1987
草木写生　全2巻　ピエ・ブックス　2010
高木春山 本草図説　全3巻　リブロポート　1988
高松松平家所蔵 衆芳画譜 薬草 第二　香川県歴史博物館友の会博物図譜刊行会　2007
高松松平家所蔵 衆芳画譜 薬木 第三　香川県歴史博物館友の会博物図譜刊行会　2008
高松松平家博物図譜 写生画帖　全3巻　香川県立ミュージアム　2012
高松松平家博物図譜 衆芳画譜 花果 第五　香川県立ミュージアム　2011
高松松平家博物図譜 衆芳画譜 花卉 第四　香川県立ミュージアム　2010
鳥獣虫魚譜　八坂書房　1988
日本桜集　平凡社　1973
日本椿集　平凡社　1966
日本の博物図譜―十九世紀から現代まで　東海大学出版会　2001
野の草の手帖　小学館　1989
花の王国　全4巻　平凡社　1990
花の肖像 ボタニカルアートの名品と歴史　創土社　2006
花の本 ボタニカルアートの庭　角川書店　2010
ハーブとスパイス　八坂書房　1990
ばら花譜　平凡社　1983
薔薇空間　ランダムハウス講談社　2009
バラ図譜　全2巻　学習研究社　1988
バラ 全図版　タッシェン・ジャパン　2007
美花図譜　八坂書房　1991
美花選［普及版］　河出書房新社　2016
ビュフォンの博物誌　工作舎　1991
フローラの庭園　八坂書房　2015
ボタニカルアート 西洋の美花集　パイ インターナショナル　2010
ボタニカルアートの世界―植物画のたのしみ　朝日新聞社　1987
ボタニカルアートの薬草手帖　西日本新聞社　2014

北海道主要樹木図譜［普及版］　北海道大学図書刊行会　1986
牧野富太郎植物画集　ミュゼ　1999
薬用植物画譜　日本臨牀社　1985
ユリ科植物図譜　全2巻　学習研究社　1988
蘭花譜　平凡社　1974
蘭百花図譜　八坂書房　2002
ルドゥーテ画 美花選　全2巻　学習研究社　1986
LES ROSES バラ図譜［普及版］　河出書房新社　2012
R・J・ソーントン フローラの神殿［新装版］　リブロポート　1990

博物図譜レファレンス事典

植物篇

花・草・木

【あ】

あい
⇒たであい・あいを見よ

アイリス　Iris germanica
「花の本 ボタニカルアートの庭」角川書店 2010
◇p41（カラー）　Flag　Curtis, William 1787〜

アイリス　Iris persica
「花の本 ボタニカルアートの庭」角川書店 2010
◇p40（カラー）　Flag　Curtis, William『ボタニカルマガジン』 1787〜

アイリス　Iris xiphium
「花の本 ボタニカルアートの庭」角川書店 2010
◇p40（カラー）　Flag　Curtis, William 1787〜

アイリス
「昆虫の劇場」リブロポート　1991
◇p21（カラー）　エーレト, G.D.『花蝶珍種図録』 1748〜62
◇p24（カラー）　エーレト, G.D.『花蝶珍種図録』 1748〜62

アヲイ
「高松松平家博物図譜 衆芳画譜 花卉 第四」香川県立ミュージアム　2010
◇p73（カラー）　松平頼恭 江戸時代　紙本著色 画帖装（折本形式）　33.0×48.2　［個人蔵］

アオイ科イチビ属
「昆虫の劇場」リブロポート　1991
◇p22（カラー）　エーレト, G.D.『花蝶珍種図録』 1748〜62

あおいらん　Tainia cordifolia Hk.f. (Mischobulbum cordifolium Schltr.)
「蘭花譜」平凡社　1974
◇Pl.15-2（カラー）　加藤光治著, 二口善雄画 1941写生

あをき
「高松松平家博物図譜 写生画帖 雑木」香川県立ミュージアム　2014
◇p52（カラー）　松平頼恭 江戸時代　紙本著色 画帖装（折本形式）　33.2×48.4　［個人蔵］　※表紙・裏表紙見返し墨書 安永6（1777）6月 程赤城筆
◇p56（カラー）　松平頼恭 江戸時代　紙本著色 画帖装（折本形式）　33.2×48.4　［個人蔵］　※表紙・裏表紙見返し墨書 安永6（1777）6月 程赤城筆

アオキ　Aucuba japonica
「花彙 下」八坂書房　1977
◇図167（白黒）　桃葉珊瑚　小野蘭山, 島田充房 明和2（1765）　26.5×18.5　［国立公文書館・内閣文庫］

アオキ
「フローラの庭園」八坂書房　2015
◇p88（カラー）　雌株と雄株　ツンベルク, カール・ペーター『日本植物誌』 1784　［個人蔵］
「カーティスの植物図譜」エンタプライズ　1987
◇図5512（カラー）　Aucuba『カーティスのボタニカルマガジン』 1787〜1887

あおぎり
「木の手帖」小学館　1991
◇図137（カラー）　青桐　岩崎灌園『本草図譜』 文政11（1828）　約21×145　［国立国会図書館］

あほぎり
「高松松平家博物図譜 写生画帖 雑木」香川県立ミュージアム　2014
◇p80（カラー）　松平頼恭 江戸時代　紙本著色 画帖装（折本形式）　33.2×48.4　［個人蔵］　※表紙・裏表紙見返し墨書 安永6（1777）6月 程赤城筆

アオギリ　Firmiana simplex
「江戸博物文庫 菜樹の巻」工作舎　2017
◇p135（カラー）　梧桐　岩崎灌園『本草図譜』 ［東京大学大学院理学系研究科附属植物園（小石川植物園）］
「花彙 下」八坂書房　1977
◇図190（白黒）　碧梧　小野蘭山, 島田充房 明和2（1765）　26.5×18.5　［国立公文書館・内閣文庫］

アオギリ
「ボタニカルアートの世界」朝日新聞社　1987
◇p114上（カラー）　狩野探幽『草木花写生図巻』 ［国立博物館］

アオギリ科の1種？　Byttneria scabrida？
「植物精選百種図譜 博物画の至宝」平凡社 1996
◇pl.80（カラー）　Byttneria　トレウ, C.J., エーレト, G.D. 1750～73

アオダモ　Fraxinus sieboldiana Bl.
「北海道主要樹木図譜［普及版］」北海道大学図書刊行会　1986
◇図84（カラー）　須崎忠助 大正9（1920）～昭和6（1931）［個人蔵］

アオツヅラフジ　Cocculus trilobus
「江戸博物文庫 花草の巻」工作舎　2017
◇p145（カラー）　青葛藤　岩崎灌園『本草図譜』［東京大学大学院理学系研究科附属植物園（小石川植物園）］

アオツヅラフジ
「彩色 江戸博物学集成」平凡社　1994
◇p322（カラー）　土茯苓　畔田翠山『和州吉野郡中物産志』［岩瀬文庫］

アオトドマツ　Abies sachalinensis Masters var.mayriana Miyabe et Kudo
「北海道主要樹木図譜［普及版］」北海道大学図書刊行会　1986
◇図3, 4（カラー）　Abies mayriana Miyabe et Kudo　須崎忠助 大正9（1920）～昭和6（1931）［個人蔵］

アオネカズラ　Polypodium niponicum
「江戸博物文庫 花草の巻」工作舎　2017
◇p171（カラー）　青根葛　岩崎灌園『本草図譜』［東京大学大学院理学系研究科附属植物園（小石川植物園）］
「花彙 上」八坂書房　1977
◇図73（白黒）　石毛薑　小野蘭山, 島田充房 明和2（1765）　26.5×18.5［国立公文書館・内閣文庫］

アオノイワレンゲ　Orostachys malacophyllus (Pall.) Fisch.var.malacophyllus
「シーボルト日本植物図譜コレクション」小学館 2008
◇図3-107（カラー）　Sempervivum japonicum Sieb.varr.　清水東谷画［1861～1862頃］　和紙透明・非透明絵の具 墨 白色塗料　28.8×37.6［ロシア科学アカデミーコマロフ植物学研究所図書館］　※目録316 コレクションIV 474/435

アオハダ　Ilex macropoda Miq.
「北海道主要樹木図譜［普及版］」北海道大学図書刊行会　1986
◇図63（カラー）　須崎忠助 大正9（1920）～昭和6（1931）［個人蔵］

アオバナ
⇒ツユクサ・ツキクサ・アオバナ・ボウシバナ・カマツカを見よ

アオミノアカエゾ　Picea glehnii Masters form.chlorocarpa Miyabe et Kudo
「北海道主要樹木図譜［普及版］」北海道大学図書刊行会　1986
◇図5（カラー）　須崎忠助 大正9（1920）～昭和6（1931）［個人蔵］

あかいす
「高松松平家博物図譜 写生画帖 雑木」香川県立ミュージアム　2014
◇p63（カラー）　松平頼恭 江戸時代　紙本著色 画帖装（折本形式）　33.2×48.4［個人蔵］　※表紙・裏表紙見返し墨書 安永6（1777）6月 程赤城筆

アカウキクサ　Azolla imbricata
「江戸博物文庫 花草の巻」工作舎　2017
◇p165（カラー）　赤浮草　岩崎灌園『本草図譜』［東京大学大学院理学系研究科附属植物園（小石川植物園）］

アカエゾマツ　Picea glehnii Masters
「北海道主要樹木図譜［普及版］」北海道大学図書刊行会　1986
◇図5（カラー）　須崎忠助 大正9（1920）～昭和6（1931）［個人蔵］

あかがし
「木の手帖」小学館　1991
◇図32（カラー）　赤樫　岩崎灌園『本草図譜』文政11（1828）　約21×145［国立国会図書館］

赤腰蓑
「日本椿集」平凡社　1966
◇図128（カラー）　津山尚著, 二口善雄画 1965

アカザ
「江戸の動植物図」朝日新聞社　1988
◇p72（カラー）　飯沼慾斎『草木図説稿本』［個人蔵］

アカザの1種　Chenopodium sp.
「ビュフォンの博物誌」工作舎　1991
◇N063（カラー）『一般と個別の博物誌 ソンニーニ版』

アカシアの1種　Acacia sp.
「ビュフォンの博物誌」工作舎　1991
◇N137（カラー）『一般と個別の博物誌 ソンニーニ版』

明石潟
「日本椿集」平凡社　1966
◇図4（カラー）　津山尚著, 二口善雄画 1965

アカシデ　Carpinus laxiflora Bl.
「北海道主要樹木図譜［普及版］」北海道大学図書刊行会　1986
◇図23（カラー）　須崎忠助 大正9（1920）～昭和6

(1931) ［個人蔵］

アカショウマ　Astilbe thunbergii (Siebold & Zucc.) Miq.

「シーボルト日本植物図譜コレクション」小学館 2008

◇図2-35 (カラー)　Spiraea aruncus Thunb. ［桂川甫賢？］画 ［1820頃］ 和紙 透明絵の具 墨 胡粉 41.3×30.9 ［ロシア科学アカデミーコマロフ植物学研究所図書館］ ※目録322 コレクションIII 642/378

赤角倉

「日本椿集」平凡社　1966

◇図125 (カラー)　津山尚著, 二口善雄画 1965

あかたぶ

「高松松平家博物図譜 写生画帖 雑木」香川県立ミュージアム　2014

◇p32 (カラー)　松平頼恭 江戸時代　紙本著色 画帖装 (折本形式)　33.2×48.4 ［個人蔵］ ※表紙・裏表紙見返し墨書 安永6 (1777) 6月 程赤城筆

アカトドマツ　Abies sachalinensis Masters

「北海道主要樹木図譜［普及版］」北海道大学図書刊行会　1986

◇図2 (カラー)　Abies sachalinensis Fr.Schm. 須崎忠助 大正9 (1920) ～昭和6 (1931)　［個人蔵］

あかね

「野の草の手帖」小学館　1989

◇p67 (カラー)　茜　岩崎常正 (灌園)『本草図譜』文政11 (1828)　［国立国会図書館］

アカネ科の双子葉植物

「昆虫の劇場」リブロポート　1991

◇p73 (カラー)　メーリアン, M.S.『スリナム産昆虫の変態』 1726

アカバナアメリカトチノキ　Aesculus pavia

「植物精選百種図譜 博物画の至宝」平凡社 1996

◇pl.15 (カラー)　Pavia　トレウ, C.J., エーレト, G.D. 1750～73

アカバナツユクサ　Tinantia fugax

「ユリ科植物図譜 2」学習研究社　1988

◇図235 (カラー)　Tradescantia erecta　ルドゥーテ, ピエール＝ジョセフ 1802～1815

アカバナトリトマ

⇒シャグマユリ、アカバナトリトマを見よ

アカバナの1種　Epilobium sp.

「ビュフォンの博物誌」工作舎　1991

◇N132 (カラー)『一般と個別の博物誌 ソンニーニ版』

アカバナの1種、エピロビウム・オブコルダトゥム　Epilobium obcordatum

「イングリッシュ・ガーデン」求龍堂　2014

◇図54 (カラー)　スミス, マチルダ 1899　黒鉛 水彩 紙, 石版 紙　24.8×17.1 (ドローイング), 25.3×15.7 (版画)　［キュー王立植物園］

アカバナバナナノキ　Uvaria purpure

「花の王国 4」平凡社　1990

◇p30 (カラー)　ブルーメ, K.L.『ジャワ植物誌』 1828～51

アカバナマユハケオモト

「美花図譜」八坂書房　1991

◇図42 (カラー)　ウエインマン『花譜』 1736～1748　銅版刷手彩色　［群馬県館林市立図書館］

アカバナルリハコベ　Anagallis arvensis

「ビュフォンの博物誌」工作舎　1991

◇N105 (カラー)『一般と個別の博物誌 ソンニーニ版』

アガパンサス　Agapanthus africanus

「花の王国 1」平凡社　1990

◇p20 (カラー)　ドラピエ, P.A.J., ベッサ, パンクラース原図『園芸家・愛好家・工業家のための植物誌』 1836　手彩色図版

アガパンツス・アフリカヌス

「フローラの庭園」八坂書房　2015

◇p51 (カラー)　ルドゥーテ, ピエール＝ジョゼフ『ユリ科植物図譜』 1805　銅版多色刷 (スティップル・エングレーヴィング) 手彩色 紙　53.5×35.5　［ミズーリ植物園 (セント・ルイス)］

アガパントゥス・アフリカヌス　Agapanthus africanus

「ユリ科植物図譜 2」学習研究社　1988

◇図79 (カラー)　アガパントゥス・ウンベラートゥス　ルドゥーテ, ピエール＝ジョセフ 1802～1815

◇図80 (カラー)　アガパントゥス・ウンベラートゥス (変種)　ルドゥーテ, ピエール＝ジョセフ 1802～1815

アカビユ　Amaranthus mangostanus L.

「岩崎灌園の草花写生」たにぐち書店　2013

◇p12 (カラー)　赤莧 ［個人蔵］

アカビユ

⇒ヒユ (アカビユ) を見よ

アガーベ・アメリカナ

「R・J・ソーントン フローラの神殿 新装版」リブロポート　1990

◇第17葉 (カラー)　アメリカン・アロエ　ライナグル, フィリップ画, キリー彫版, ソーントン, R.J. 1811　アクアチント (青, 灰, 緑色インク)

アガベ・スピカータ

「ユリ科植物図譜 2」学習研究社　1988

◇図81 (カラー)　Agave spicata　ルドゥーテ, ピエール＝ジョセフ 1802～1815

アガベ・ユッケフォリア

「ユリ科植物図譜 2」学習研究社　1988

◇図82（カラー）　Agave yuccaefolia　ルドゥーテ, ピエール＝ジョセフ　1802〜1815
◇図83・84（カラー）　Agave yuccaefolia　ルドゥーテ, ピエール＝ジョセフ　1802〜1815

あかまつ
「木の手帖」小学館　1991
◇図9（カラー）　赤松　せんざいしょう（千歳松）, こうきんしょう（紅錦松）, おうごんしょう（黄金松）　岩崎灌園『本草図譜』　文政11（1828）　約21×145　［国立国会図書館］

アカマツ　Pinus densiflora
「江戸博物文庫 菜樹の巻」工作舎　2017
◇p121（カラー）　赤松　岩崎灌園『本草図譜』［東京大学大学院理学系研究科附属植物園（小石川植物園）］
「花の王国 3」平凡社　1990
◇p122（カラー）　シーボルト, P.F.フォン『日本植物誌』　1835〜70

アカマツ　Pinus densiflora Sieb.et Zucc.
「シーボルト「フローラ・ヤポニカ」日本植物誌」八坂書房　2000
◇図112（白黒）　Me matsu, aka matsu　［国立国会図書館］

紅美香登　'Akamikado'
「ばら花譜」平凡社　1983
◇PL.61（カラー）　二口善雄画, 鈴木省三, 籾山泰著 1975　水彩

あかめがしわ
「木の手帖」小学館　1991
◇図98（カラー）　赤芽柏　岩崎灌園『本草図譜』文政11（1828）　約21×145　［国立国会図書館］

アカメガシワ　Mallotus japonicus
「花彙 下」八坂書房　1977
◇図118（白黒）　木王　小野蘭山, 島田充房　明和2（1765）　26.5×18.5　［国立公文書館・内閣文庫］

アカメガシワ　Mallotus japonicus（Thunb.ex L.f.）Mül.Arg.
「シーボルト日本植物図譜コレクション」小学館　2008
◇図3-60（カラー）　Rottlera japonica Sprengel　川原慶賀画　紙 透明絵の具 墨 白色塗料　23.7×31.9　［ロシア科学アカデミーコマロフ植物学研究所図書館］　※目録474 コレクションVI 392/774

アカメガシワ　Mallotus japonicus（Thunb.ex L.f.）Muell.Arg.
「シーボルト「フローラ・ヤポニカ」日本植物誌」八坂書房　2000
◇図79（カラー）　Akamegasiwa, Adsusa　［国立国会図書館］

赤佗助
「日本椿集」平凡社　1966
◇図226（カラー）　津山尚著, 二口善雄画　1965

唖甘蔗　Dieffenbachia maculata
「ウィリアム・カーティス 花図譜」同朋舎出版　1994
◇48図（カラー）　Poisonous Caladium or Dumb Cane　カーティス, ジョン画『カーティス・ボタニカル・マガジン』　1825

アカンセヒッピューム・マンチニアナム　Acanthephippium mantinianum L.Lind et Cgn.
「蘭花譜」平凡社　1974
◇Pl.69-4（カラー）　加藤光治著, 二口善雄画　1969写生

アカントゥス・カロリ＝アレクサンドリ　Acanthus caroli-alexandri
「花の王国 1」平凡社　1990
◇p21（カラー）　ドラピエ, P.A.J., ベッサ, パンクラース原図『園芸家・愛好家・工業家のための植物誌』　1836　手彩色図版

アカントゥス・スピノスス　Acanthus spinosus
「花の王国 1」平凡社　1990
◇p21（カラー）　ジョーム・サンティレール, H.『フランスの植物』　1805〜09　彩色銅版画

アカントピッピウム・ジャワニクム　Acanthephippium javanicum
「ウィリアム・カーティス 花図譜」同朋舎出版　1994
◇408図（カラー）　Japanese Acanthophippium　フィッチ, ウォルター・フード画『カーティス・ボタニカル・マガジン』　1850

アカンペ・デンタタ　Acampe dentata Ldl.
「蘭花譜」平凡社　1974
◇Pl.125-6（カラー）　加藤光治著, 二口善雄画　1941写生

アカンペ・パピロサ　Acampe papillosa Ldl.
「蘭花譜」平凡社　1974
◇Pl.125-5（カラー）　加藤光治著, 二口善雄画　1941写生

アキギリ　Salvia glabrescens
「江戸博物文庫 花草の巻」工作舎　2017
◇p16（カラー）　秋桐　岩崎灌園『本草図譜』［東京大学大学院理学系研究科附属植物園（小石川植物園）］
「日本の博物図譜」東海大学出版会　2001
◇p103（白黒）　池田瑞月筆『草木写生画巻』［個人蔵］

アキギリ　Salvia glabrescens Makino
「岩崎灌園の草花写生」たにぐち書店　2013
◇p90（カラー）　月見草　アキギリ, キバナアキギリ　［個人蔵］

アキグミ　Elaeaguns umbellata Thunb.
「シーボルト日本植物図譜コレクション」小学館 2008
◇図1-37（カラー）　Elaeagnus glabra Th［unb.］［川原慶賀］画　紙 透明絵の具 墨　23.6×32.9　［ロシア科学アカデミーコマロフ植物学研究所図書館］　※目録584 コレクションVI 147/745

アキザキスノーフレーク　Leucojum autumnale
「ウィリアム・カーティス 花図譜」同朋舎出版 1994
◇26図（カラー）　Autumnal Snow-flake　エドワーズ, シデナム・ティースト画『カーティス・ボタニカル・マガジン』 1806

アキザキチュウラッパ　Narcissus×incomparabilis
「美花選［普及版］」河出書房新社　2016
◇図113（カラー）　Narcisses doubles/Narcissus Gouani　ルドゥーテ, ピエール＝ジョゼフ画　1827〜1833　［コノサーズ・コレクション東京］

アキザクラ　Cosmea Bipinnatus
「ウィリアム・カーティス 花図譜」同朋舎出版 1994
◇119図（カラー）　Fine-leaved Cosmea　エドワーズ, シデナム・ティースト画『カーティス・ボタニカル・マガジン』 1813

アギナシ　Sagittaria aginashi Makino
「岩崎灌園の草花写生」たにぐち書店　2013
◇p84（カラー）　燕尾草　［個人蔵］

あきにれ
「木の手帖」小学館　1991
◇図43（カラー）　秋楡　岩崎灌園『本草図譜』 文政11（1828）　約21×145　［国立国会図書館］

アキニレ
「彩色 江戸博物学集成」平凡社　1994
◇p138（カラー）　島津重豪『質問本草（玉里本）』［鹿児島大学図書館］

アキノキリンソウの1種　Solidago sp.
「ビュフォンの博物誌」工作舎　1991
◇N086（カラー）『一般と個別の博物誌 ソンニーニ版』

アキノタムラソウ　Salvia japonica
「江戸博物文庫 花草の巻」工作舎　2017
◇p88（カラー）　秋田村草　岩崎灌園『本草図譜』［東京大学大学院理学系研究科附属植物園（小石川植物園）］
「花彙 上」八坂書房　1977
◇図24（白黒）　苦麻臺　小野蘭山, 島田充房 明和2（1765）　26.5×18.5　［国立公文書館・内閣文庫］

アキノノゲシの1種　Lactuca sp.
「ビュフォンの博物誌」工作舎　1991
◇N075（カラー）『一般と個別の博物誌 ソンニーニ版』

アキノハハコグサ
「彩色 江戸博物学集成」平凡社　1994
◇p323（カラー）　畔田翠山『和州吉野郡中物産志』［岩瀬文庫］

秋の山
「日本椿集」平凡社　1966
◇図163（カラー）　津山尚著, 二口善雄画 1965, 1957

アキレア・クラウェンナエ　Achillea clavennae
「ウィリアム・カーティス 花図譜」同朋舎出版 1994
◇102図（カラー）　Silvery-leaved Milfoil　エドワーズ, シデナム・ティースト画『カーティス・ボタニカル・マガジン』 1810

アークトチス・アコーリス　Arctotis acaulis
「植物精選百種図譜 博物画の至宝」平凡社 1996
◇pl.93（カラー）　Arctotis　花のようすからはA. breviscapaともいえる　トレウ, C.J., エーレト, G.D. 1750〜73

アグロステンマ　Agrostemma githago
「花の本 ボタニカルアートの庭」角川書店 2010
◇p91（カラー）　Corn cockle　Mattioli, Pietro Andrea 1568

曙
「日本椿集」平凡社　1966
◇図98（カラー）　津山尚著, 二口善雄画 1965

あこう
「木の手帖」小学館　1991
◇図47（カラー）　雀榕　岩崎灌園『本草図譜』 文政11（1828）　約21×145　［国立国会図書館］

あさがお　Ipomoea nil
「草木写生 秋の巻」ピエ・ブックス　2010
◇p168〜169（カラー）　朝顔　狩野織染藤原重賢　明暦3（1657）〜元禄12（1699）　［国立国会図書館］
◇p172〜173（カラー）　朝顔　狩野織染藤原重賢　明暦3（1657）〜元禄12（1699）　［国立国会図書館］
◇p176〜177（カラー）　朝顔　狩野織染藤原重賢　明暦3（1657）〜元禄12（1699）　［国立国会図書館］

アサカホ
「高松松平家博物図譜 衆芳画譜 花果 第五」香川県立ミュージアム　2011
◇p68（カラー）　松平頼恭 江戸時代　紙本著色 画帖装（折本形式）　33.2×48.4　［個人蔵］
「高松松平家博物図譜 衆芳画譜 花卉 第四」香川県立ミュージアム　2010
◇p31（カラー）　松平頼恭 江戸時代　紙本著色 画帖装（折本形式）　33.0×48.2　［個人蔵］

アサガオ　Pharbitis cathartica
「ボタニカルアート 西洋の美花集」パイ インターナショナル　2010
◇p64右（カラー）　カーティス, ウィリアム著『カーティス・ボタニカル・マガジン73巻』1847　石版画 手彩色

アサガオ　Pharbitis nil
「牧野富太郎植物画集」ミュゼ　1999
◇p55（白黒）1895（明治28）　ケント紙 墨（毛筆）19.4×27.1
「花の王国 1」平凡社　1990
◇p22（カラー）　山本章夫『萬花帖』 江戸末期～明治時代 ［西尾市立図書館岩瀬文庫（愛知県）］

アサガオ　Pharbitis nil Chois.
「高木春山 本草図説 1」リブロポート　1988
◇図16（カラー）　牽牛子

アサガオ
「フローラの庭園」八坂書房　2015
◇p10（カラー）　ベスラー, バシリウス『アイヒシュテット庭園植物誌』 1613　銅版（エングレーヴィング） 手彩色 紙　57×46 ［テイラー博物館（ハールレム）］
「江戸名作画帖全集 8」駸々堂出版　1995
◇図72（カラー）　シボリアサガオ・アサガオ　松平頼恭編『写生画帖・衆芳画譜』　紙本着色 ［松平公益会］
「彩色 江戸博物学集成」平凡社　1994
◇p266（カラー）　馬場大助『遠西舶上画譜』 ［東京国立博物館］
◇p278（カラー）　馬場大助『詩経物産図譜〈蟲魚部〉』　［天猷寺］
◇p418～419（カラー）　服部雪斎『朝顔三十六花撰（刊本）』　［東京都立中央図書館］
「花の王国 1」平凡社　1990
◇p14～15（白黒）　花笠車八重, 牡丹度咲, 孔雀変化, 獅子八重　服部雪斎『朝顔三十六花撰』 江戸末期
「江戸の動植物図」朝日新聞社　1988
◇p23（カラー）　松平頼恭, 三木文柳『写生画帖』 ［松平公益会］

アサガホ
「高松松平家博物図譜 衆芳画譜 花卉 第四」香川県立ミュージアム　2010
◇p104（カラー）　飛燕　松平頼恭 江戸時代　紙本著色 画帖装（折本形式）　33.0×48.2 ［個人蔵］

アサガラ　Pterostyrax corymbosa Sieb.et Zucc.
「シーボルト「フローラ・ヤポニカ」 日本植物誌」八坂書房　2000
◇図47（白黒）　［国立国会図書館］

アサザ　Nymphoides peltata
「四季草花譜」八坂書房　1988
◇図20（カラー）　飯沼慾斎筆『草木図説稿本』 ［個人蔵］

あさざ・あざさ
「野の草の手帖」小学館　1989
◇p69（カラー）　莕菜・荇菜　岩崎常正（灌園）『本草図譜』 文政11（1828）　［国立国会図書館］

アサダ　Ostrya japonica Sarg.
「北海道主要樹木図譜［普及版］」北海道大学図書刊行会　1986
◇図24（カラー）　須崎忠助 大正9（1920）～昭和6（1931）［個人蔵］

アサミ
「高松松平家博物図譜 衆芳画譜 花卉 第四」香川県立ミュージアム　2010
◇p35（カラー）　松平頼恭 江戸時代　紙本著色 画帖装（折本形式）　33.0×48.2 ［個人蔵］

アザミケシ　Argemone mexicana
「ウィリアム・カーティス 花図譜」同朋舎出版　1994
◇461図（カラー）　Mexican Argemone or Prickly Poppy　エドワーズ, シデナム・ティースト画『カーティス・ボタニカル・マガジン』 1793

アザミゲシ属
「昆虫の劇場」リブロポート　1991
◇p49（カラー）　メーリアン, M.S.『スリナム産昆虫の変態』 1726

アザミの1種　Cirsium lanceolatum
「花の王国 1」平凡社　1990
◇p23（カラー）　ジョーム・サンティレール, H.『フランスの植物』 1805～09　彩色銅版画

あし
「高松松平家博物図譜 写生画帖 雑草」香川県立ミュージアム　2013
◇p9（カラー）　松平頼恭 江戸時代　紙本著色 画帖装（折本形式）　33.2×48.4 ［個人蔵］
◇p30（カラー）　松平頼恭 江戸時代　紙本著色 画帖装（折本形式）　33.2×48.4 ［個人蔵］

アジサイ　Hydrangea arborescens
「ボタニカルアート 西洋の美花集」パイ インターナショナル　2010
◇p69上・右（カラー）　カーティス, ウィリアム著『ボタニカル・マガジン13巻』 1799　銅版画 手彩色

アジサイ　Hydrangea hortensis
「ボタニカルアート 西洋の美花集」パイ インターナショナル　2010
◇p69上・左（カラー）　カーティス, ウィリアム著『ボタニカル・マガジン13巻』 1799　銅版画 手彩色
◇p69下・右（カラー）　ファイファー, アウグスト著『フラワーマガジン』 1803～09
「ルドゥーテ画 美花選 2」学習研究社　1986
◇図2（カラー）　1827～1833

アジサイ　Hydrangea japonica
「ボタニカルアート 西洋の美花集」パイ イン

ターナショナル 2010
◇p69下・左（カラー） カーティス，ウィリアム著『カーティス・ボタニカル・マガジン72巻』 1846 石版画 手彩色

アジサイ Hydrangea macrophylla
「美花選［普及版］」河出書房新社 2016
◇図117（カラー） Hortensia ルドゥーテ，ピエール＝ジョゼフ画 1827〜1833 ［コノサーズ・コレクション東京］
「ボタニカルアート 西洋の美花集」パイ インターナショナル 2010
◇p66（カラー） ルドゥーテ，ピエール＝ジョセフ画・著『美花選』 1827〜33 点刻銅版画多色刷一部手彩色
「図説 ボタニカルアート」河出書房新社 2010
◇p51（カラー） Hortensia ルドゥーテ画・著『美花選』 1827〜33
「花木真寫」淡交社 2005
◇図63（カラー） 紫陽花 近衛予楽院家熙 ［（財）陽明文庫］
「ボタニカルアートの世界」朝日新聞社 1987
◇p20（カラー） ミンシンガー画『Flora Japonica 第1巻』 1835〜1841

アジサイ Hydrangea macrophylla f.otaksa
「花の王国 1」平凡社 1990
◇p24（カラー） 山本章夫『萬花帖』 江戸末期〜明治時代 ［西尾市立図書館岩瀬文庫（愛知県）］

アジサイ Hydrangea macrophylla 'Otaksa'
「図説 ボタニカルアート」河出書房新社 2010
◇p97（カラー） Hydrangea otaksa ミンジンガー画，シーボルト，ツッカリーニ『日本植物誌』 1842〜70

アジサイ Hydrangea macrophylla (Thunb.) Ser.
「花の肖像 ボタニカルアートの名品と歴史」創土社 2006
◇fig.24（カラー） ルドゥーテ画
◇fig.28（カラー） Hydrangea Otaksa シーボルト，ツッカリーニ著作

アジサイ Hydrangea macrophylla (Thunb.ex Murray) Ser.f.macrophylla
「シーボルト「フローラ・ヤポニカ」 日本植物誌」八坂書房 2000
◇図52（カラー） Otaksa ［国立国会図書館］

アジサイ Hydrangea otaksa
「ボタニカルアート 西洋の美花集」パイ インターナショナル 2010
◇p67（カラー） ミンジンガー画，シーボルト，フィリップ・フランツ・フォン，ツッカリーニ『日本植物誌』 1835〜70 石版画 手彩色

アジサイ
「高松松平家博物図譜 衆芳画譜 花果 第五」香川県立ミュージアム 2011
◇p15（カラー） 松平頼恭 江戸時代 紙本著色 画帖装（折本形式） 33.2×48.4 ［個人蔵］

アジサイ［オタクサアジサイ］ Hydrangea macrophylla (Thunb.) Ser. 'Otaksa'
「シーボルト日本植物図譜コレクション」小学館 2008
◇図1–15（カラー） ［Hydrangea otaksa Sieb.et Zucc.］ ［Minsinger, S.］画 紙 墨 23.9×31.1 ［ロシア科学アカデミーコマロフ植物学研究所図書館］ ※目録342 コレクションIV 784/464

あしたば
「野の草の手帖」小学館 1989
◇p70〜71（カラー） 明日葉・鹹草 岩崎常正（灌園）『本草図譜』 文政11（1828） ［国立国会図書館］

アシタバ Angelica keiskei
「花彙 上」八坂書房 1977
◇図52（白黒） 都管草 小野蘭山，島田充房 明和2（1765） 26.5×18.5 ［国立公文書館・内閣文庫］

アシナガムシトリスミレ Pinguicula grandiflora
「花の王国 4」平凡社 1990
◇p124（カラー） ロディゲス，C.原図，クック，ジョージ製版『植物学の博物館』 1817〜27

アズキナシ Sorbus alnifolia C.Koch
「北海道主要樹木図譜［普及版］」北海道大学図書刊行会 1986
◇図49（カラー） Micromeles alnifolia Koehne 須崎忠助 大正9（1920）〜昭和6（1931） ［個人蔵］

アスクレピアス・ウァリエガタ Asclepias variegata
「ウィリアム・カーティス 花図譜」同朋舎出版 1994
◇50図（カラー） Varieted Milkweed エドワーズ，シデナム・ティースト画『カーティス・ボタニカル・マガジン』 1809

アスクレピアス・ニウェア Asclepias exaltata
「ウィリアム・カーティス 花図譜」同朋舎出版 1994
◇49図（カラー） Almond–leaved Milkweed エドワーズ，シデナム・ティースト画『カーティス・ボタニカル・マガジン』 1809

アスコセントラム・アンプラシューム Ascocentrum ampullaceum (Ldl.) Schltr.
「蘭花譜」平凡社 1974
◇Pl.120–2（カラー） 加藤光治著，二口善雄画 1968写生

アスコセントラム・カービホリューム Ascocentrum curvifolium Schltr.
「蘭花譜」平凡社 1974
◇Pl.120–6（カラー） 加藤光治著，二口善雄画

1970写生

アスコセントラム・プミラム　Ascocentrum pumilum Schltr.

「蘭花譜」平凡社　1974

◇Pl.120–3（カラー）　加藤光治著, 二口善雄画 1971写生

アスコセントラム・ヘンダーソニアナム

Ascocentrum Hendersonianum Schltr.

「蘭花譜」平凡社　1974

◇Pl.120–1（カラー）　加藤光治著, 二口善雄画 1970写生

アスコセントラム・ミクランサム

Ascocentrum micranthum (Ldl.) Holtt.

「蘭花譜」平凡社　1974

◇Pl.120–4（カラー）　加藤光治著, 二口善雄画 1971写生

アスコセントラム・ミニアタム・ルテオラム

Ascocentrum miniatum Schltr.var.luteorum (Saccolabium miniatum Ldl.var.luteorum)

「蘭花譜」平凡社　1974

◇Pl.120–5（カラー）　加藤光治著, 二口善雄画 1940写生

アスター　Aster (Callistephus) chinensis

「ルドゥーテ画 美花選 2」学習研究社　1986

◇図4（カラー）1827〜1833

アスター　Callistephus chinensis

「美花選［普及版］」河出書房新社　2016

◇図121（カラー）　Aster de Chine/Aster Chinensis　ルドゥーテ, ピエール＝ジョゼフ画 1827〜1833 ［コノサーズ・コレクション東京］

「花の本 ボタニカルアートの庭」角川書店 2010

◇p90（カラー）　China aster　Redouté, Pierre Joseph『美花選』 1827

アスター

「フローラの庭園」八坂書房　2015

◇p64（カラー）　ルドゥーテ『美花選』 1827〜1833　銅版多色刷（スティップル・エングレーヴィング）手彩色　紙　34.5×24.2 ［ハント財団（ピッツバーグ）］

アスター

⇒エゾギク（アスター）を見よ

アスター（エゾギク）　Callistephus chinensis

「ボタニカルアート 西洋の美花集」パイ インターナショナル　2010

◇p70（カラー）　ルドゥーテ, ピエール＝ジョセフ画・著『美花選』 1827〜33　点刻銅版画多色刷 一部手彩色

あすなろ

「木の手帖」小学館　1991

◇図18（カラー）　翌檜　岩崎灌園『本草図譜』 文政11（1828）　約21×145 ［国立国会図書館］

アスナロ　Thujopsis dolabrata

「江戸博物文庫 菜樹の巻」工作舎　2017

◇p118（カラー）　翌檜　岩崎灌園『本草図譜』［東京大学大学院理学系研究科附属植物園（小石川植物園）］

「花彙 下」八坂書房　1977

◇図119（白黒）　鴈歯柏　小野蘭山, 島田充房 明和2（1765）　26.5×18.5 ［国立公文書館・内閣文庫］

アスナロ　Thujopsis dolabrata (L.f.) Sieb.et Zucc.

「シーボルト「フローラ・ヤポニカ」日本植物誌」八坂書房　2000

◇図119, 120（白黒）　Asu naro, Asufi, Hiba ［国立国会図書館］

アスパシア・ルナタ　Aspasia lunata Ldl.

「蘭花譜」平凡社　1974

◇Pl.95–1（カラー）　加藤光治著, 二口善雄画 1970写生

アスパラグス・アスパラゴイデス

Asparagus asparagoides

「ユリ科植物図譜 2」学習研究社　1988

◇図54（カラー）　メデオラ・アスパラゴイデス　ルドゥーテ, ピエール＝ジョセフ 1802〜1815

アスパラグス・サルメントースス

「ユリ科植物図譜 2」学習研究社　1988

◇図141（カラー）　Asparagus sarmentosus　ルドゥーテ, ピエール＝ジョセフ 1802〜1815

アスパラグス・スティプラリス　Asparagus stipularis

「ユリ科植物図譜 2」学習研究社　1988

◇図139（カラー）　アスパラグス・ホリドゥス　ルドゥーテ, ピエール＝ジョセフ 1802〜1815

アスパラグス・トリカリナートゥス

「ユリ科植物図譜 2」学習研究社　1988

◇図143（カラー）　Asparagus tricarinatus　ルドゥーテ, ピエール＝ジョセフ 1802〜1815

アスパラグス・マリティムス　Asparagus maritimus

「ユリ科植物図譜 2」学習研究社　1988

◇図138（カラー）　アスパラグス・アマルス　ルドゥーテ, ピエール＝ジョセフ 1802〜1815

アスフォデリネ・タウリカ　Asphodeline taurica

「ユリ科植物図譜 2」学習研究社　1988

◇図147（カラー）　アスフォデルス・タウリクス　ルドゥーテ, ピエール＝ジョセフ 1802〜1815

アスフォデリネ・リブルニカ　Asphodeline liburnica

「ユリ科植物図譜 2」学習研究社　1988

◇図144（カラー）　アスフォデルス・カピラリス　ルドゥーテ, ピエール＝ジョセフ 1802〜1815

アスフォデリネ・ルテア　Asphodeline lutea
「ユリ科植物図譜 2」学習研究社　1988
◇図146(カラー)　アスフォデルス・ルテウス　ルドゥーテ, ピエール＝ジョセフ 1802〜1815

アスプレニウム リゾフィルム[チャセンシダの1種]　Aspidium rhizophyllum
「ボタニカルアートの世界」朝日新聞社　1987
◇p65下(カラー)　グレビュー画『Icones filicum 第1巻』 1831

アズマイチゲ　Anemone raddeana
「図説 ボタニカルアート」河出書房新社　2010
◇p108(カラー)　岩崎灌園画・著『本草図譜』［東京大学大学院理学系研究科附属植物園］

アズマイバラ　Rosa luciae Franchet et Rochebrune
「ばら花譜」平凡社　1983
◇PL.7(カラー)　二口善雄画, 鈴木省三, 籾山泰一著 1974,1977　水彩

あずまぎく　Erigeron thunbergii
「草木写生 春の巻」ピエ・ブックス　2010
◇p194〜195(カラー)　東菊　狩野織染藤原重賢 明暦3(1657)〜元禄12(1699)　［国立国会図書館］

アズマギク　Erigeron thunbergii A.Gray
「岩崎灌園の草花写生」たにぐち書店　2013
◇p56(カラー)　金盞菜　［個人蔵］

アズマシャクナゲ　Rhododendron degronianum
「江戸博物文庫 菜樹の巻」工作舎　2017
◇p166(カラー)　東石楠花　岩崎灌園『本草図譜』［東京大学大学院理学系研究科附属植物園(小石川植物園)］

アズマシロカネソウ　Dichocarpum nipponicum
「図説 ボタニカルアート」河出書房新社　2010
◇p111(白黒)　Isopyrum nipponicum　牧野富太郎『大日本植物志』 1900〜11

アズマシロカネソウ　Dichocarpum nipponicum (Franch.) W.T.Wang & P.K. Hsiao
「花の肖像 ボタニカルアートの名品と歴史」創土社　2006
◇fig.87(カラー)　牧野富太郎画『大日本植物志』 1900

東錦　Prunus Lannesiana Wils. 'Azuma-nishiki'
「日本桜集」平凡社　1973
◇Pl.9(カラー)　大井次三郎著, 太田洋愛画 1971写生　水彩

あすはひのき
「高松松平家博物図譜 写生画帖 雑木」香川県立ミュージアム　2014
◇p10(カラー)　松平頼恭 江戸時代　紙本著色 画帖装(折本形式)　33.2×48.4　［個人蔵］　※表紙・裏表紙見返し墨書 安永6(1777)6月 程赤城筆

あせび　Pieris japonica
「草木写生 春の巻」ピエ・ブックス　2010
◇p246〜247(カラー)　馬酔木　狩野織染藤原重賢 明暦3(1657)〜元禄12(1699)　［国立国会図書館］

あせび
「高松松平家博物図譜 写生画帖 雑木」香川県立ミュージアム　2014
◇p55(カラー)　松平頼恭 江戸時代　紙本著色 画帖装(折本形式)　33.2×48.4　［個人蔵］　※表紙・裏表紙見返し墨書 安永6(1777)6月 程赤城筆

アセビ
「彩色 江戸博物学集成」平凡社　1994
◇p462〜463(カラー)　梫木　山本渓愚筆『萬花帖』　［岩瀬文庫］

アセビ・アセボ　Pieris japonica
「花木真寫」淡交社　2005
◇図32(カラー)　馬酔木　近衛予楽院家熙［(財)陽明文庫］

アダ・オーランチアカ　Ada aurantiaca Ldl.
「蘭花譜」平凡社　1974
◇Pl.95-7(カラー)　加藤光治著, 二口善雄画 1940写生

あたこほうづき
「高松松平家博物図譜 写生画帖 雑草」香川県立ミュージアム　2013
◇p72(カラー)　松平頼恭 江戸時代　紙本著色 画帖装(折本形式)　33.2×48.4　［個人蔵］

アダン　Pandanus odoratissimus
「花の王国 3」平凡社　1990
◇p103(カラー)　ロクスバラ, W.『コロマンデル海岸植物誌』 1795〜1819
◇p103(カラー)　雌花　ロクスバラ, W.『コロマンデル海岸植物誌』 1795〜1819

アダン　Pandanus tectorius Park.
「高木春山 本草図説 1」リブロポート　1988
◇図72, 73(カラー)

アダン
「高松松平家博物図譜 衆芳画譜 花卉 第四」香川県立ミュージアム　2010
◇p97(カラー)　松平頼恭 江戸時代　紙本著色 画帖装(折本形式)　33.0×48.2　［個人蔵］

アツバキミガヨラン　Yucca gloriosa
「花の王国 1」平凡社　1990
◇p116〜117(カラー)　ブリコーニュ, アニカ原図, レモン, N.刷 19世紀　手彩色銅版画　※掲載書不詳

アツバキミガヨラン
「ユリ科植物図譜 2」学習研究社　1988
◇図220（カラー）　Yucca gloriosa　ルドゥーテ, ピエール＝ジョセフ 1802〜1815
◇図222（カラー）　Yucca gloriosa　ルドゥーテ, ピエール＝ジョセフ 1802〜1815

アツバサクラソウ　Primula auricula
「ルドゥーテ画 美花選 1」学習研究社　1986
◇図30（カラー）　1827〜1833
◇図31（カラー）　1827〜1833

あつまぎく
「高松松平家博物図譜 写生画帖 雑草」香川県立ミュージアム　2013
◇p12（カラー）　松平頼恭 江戸時代　紙本著色 画帖装（折本形式）　33.2×48.4　［個人蔵］

あつもりそう　Cypripedium macranthum Sw. var.speciosum Koidz.
「蘭花譜」平凡社　1974
◇Pl.1-2（カラー）　加藤光治著, 二口善雄画 1942 写生

あつもりそう
「野の草の手帖」小学館　1989
◇p3（カラー）　敦盛草　岩崎常正（灌園）『本草図譜』 文政11（1828）　［国立国会図書館］

アツモリソウ　Cypripedium macranthos var. speciosum
「江戸博物文庫 花草の巻」工作舎　2017
◇p182（カラー）　敦盛草　岩崎灌園『本草図譜』［東京大学大学院理学系研究科附属植物園（小石川植物園）］

アツモリソウ　Cypripedium macranthum var. speciosum
「四季草花譜」八坂書房　1988
◇図73（カラー）　飯沼慾斎筆『草木図説稿本』［個人蔵］

アツモリソウ
「ボタニカルアートの世界」朝日新聞社　1987
◇p146（カラー）　佐藤達夫画『花の画集』 1972

アツモリソウ
⇒キュプリペディウム［アツモリソウ］を見よ

アツモリ草
「高松松平家博物図譜 衆芳画譜 花卉 第四」香川県立ミュージアム　2010
◇p90（カラー）　松平頼恭 江戸時代　紙本著色 画帖装（折本形式）　33.0×48.2　［個人蔵］

アーティチョーク
⇒チョウセンアザミ［アーティチョーク］を見よ

アーティチョーク（チョウセンアザミ）
「美花図譜」八坂書房　1991
◇図27（カラー）　ウエインマン『花譜』 1736〜1748　銅版刷手彩色　［群馬県館林市立図書館］

アティロカルプス・ペルシカリエフォリウス　Athyrocarpus persicariaefolius
「ユリ科植物図譜 2」学習研究社　1988
◇図228（カラー）　コンメリナ・ペルシカリエフォリア　ルドゥーテ, ピエール＝ジョセフ 1802〜1815

アデニア・ハスタタ　Adenia hastate
「図説 ボタニカルアート」河出書房新社　2010
◇p116（白黒）　ヴィッキ画　［シャーリー・シャーウッド・コレクション］

アトラゲネ・アメリカナ　Clematis occidentalis var.occidentalis
「ウィリアム・カーティス 花図譜」同朋舎出版　1994
◇492図（カラー）　American Atragene　エドワーズ, シデナム・ティースト画『カーティス・ボタニカル・マガジン』 1805

アトラゲネ・アルピナ　Clematis alpina
「ウィリアム・カーティス 花図譜」同朋舎出版　1994
◇491図（カラー）　Atragene alpina var.austriaca　エドワーズ, シデナム・ティースト画『カーティス・ボタニカル・マガジン』 1801

アニゴザントス・フラビーダ
「ユリ科植物図譜 1」学習研究社　1988
◇図255（カラー）　Anigosanthos flavida　ルドゥーテ, ピエール＝ジョセフ 1802〜1815

アネモネ　Anemone
「ルドゥーテ画 美花選 1」学習研究社　1986
◇図3（カラー）　1827〜1833

アネモネ　Anemone coronaria
「すごい博物画」グラフィック社　2017
◇図版38（カラー）　ハナサフラン、クロス・オブ・ゴールド・クロッカス、ミスミソウ、アネモネ、カケス　マーシャル, アレクサンダー 1650〜82頃　水彩　45.3×33.3　［ウィンザー城ロイヤル・ライブラリー］
「ボタニカルアート 西洋の美花集」パイ インターナショナル　2010
◇p11（カラー）『Florilegium des Prinzen Eugen von Savoyen』 1670？

アネモネ　Anemone coronaria (simplex)
「ルドゥーテ画 美花選 1」学習研究社　1986
◇図28（カラー）　1827〜1833

アネモネ　Anemone stellata
「ルドゥーテ画 美花選 1」学習研究社　1986
◇図29（カラー）　1827〜1833

アネモネ　Anemone sylvestris
「花の本 ボタニカルアートの庭」角川書店　2010
◇p46（カラー）　Windflower　Roques, Joseph

1821

アネモネ　Pulsatilla pratensis

「花の本 ボタニカルアートの庭」角川書店 2010

◇p46（カラー）　Windflower　Roques, Joseph 1821

◇p46（カラー）　Windflower　Curtis, William 1787～

アネモネ　Pulsatilla vulgaris

「花の本 ボタニカルアートの庭」角川書店 2010

◇p46（カラー）　Windflower　Roques, Joseph 1821

アネモネ

「ボタニカルアート 西洋の美花集」パイ インターナショナル　2010

◇p198（カラー）　ルドゥーテ，ピエール＝ジョセフ画・著『美花選』 1827～33　点刻銅版画多色刷 一部手彩色

「花の本 ボタニカルアートの庭」角川書店 2010

◇p31（カラー）　Trew, Christoph Jakob『美花図譜』 1750～92

「美花図譜」八坂書房　1991

◇図4（カラー）　ウエインマン『花譜』 1736～1748　銅版刷手彩色　［群馬県館林市立図書館］

アネモネ

⇒ハナイチゲを見よ

アネモネ（ハナイチゲ）　Anenmone Coronaria

「ボタニカルアート 西洋の美花集」パイ インターナショナル　2010

◇p12（カラー）　ルドゥーテ，ピエール＝ジョセフ画・著『美花選』 1827～33　点刻銅版画多色刷 一部手彩色

アネモネ エレガンス　Anemone elegans

「ボタニカルアートの世界」朝日新聞社　1987

◇p41左上（カラー）　ルメルシエ彫版『Revue Horticole第1巻』 1852

アネモネ咲きの日本のキク

「フローラの庭園」八坂書房　2015

◇p95（白黒）　デイヴィス，ノーマン発行『1886–87年カタログ』　［英国王立園芸協会］

アネモネ・シルベストリス　Anemone sylvestris

「ボタニカルアート 西洋の美花集」パイ インターナショナル　2010

◇P13上・右（カラー）　カーティス，ウィリアム著『ボタニカル・マガジン2巻』 1788　銅版画 手彩色

アネモネの栽培品種

「フローラの庭園」八坂書房　2015

◇p76（カラー）　エドワーズ，ジョン『植物百選』 1775　銅版（エングレーヴィング） 手彩色 紙　［ハント財団（ピッツバーグ）］

アネモネ・フルゲンス　Anemone×fulgens

「花の王国 1」平凡社　1990

◇p27（カラー）　グランディフロラ種　ジョーム・サンティレール，H.『フランスの植物』 1805～09　彩色銅版画

アネモネ ヘパチカ［スハマソウの1種］

Anemone hepatica

「ボタニカルアートの世界」朝日新聞社　1987

◇p26下（カラー）　カーチス？ 画『Curtis' Botanical Magazine第1巻』 1787

アネモネ・ヘパティカ　Anemone hepatica

「ボタニカルアート 西洋の美花集」パイ インターナショナル　2010

◇p13上・左（カラー）　カーティス，ウィリアム著『ボタニカル・マガジン1巻』 1787　銅版画 手彩色　［千葉県立中央博物館］

アネモネ・ホルテンシス　Anemone hortensis

「美花選［普及版］」河出書房新社　2016

◇図21（カラー）　Anémone étoilée/Anemone stellata　ルドゥーテ，ピエール＝ジョゼフ画 1827～1833　［コノサーズ・コレクション東京］

「ボタニカルアート 西洋の美花集」パイ インターナショナル　2010

◇P13下・左（カラー）　カーティス，ウィリアム著『ボタニカル・マガジン4巻』 1790　銅版画 手彩色　［千葉県立中央博物館］

◇p10（カラー）　ルドゥーテ，ピエール＝ジョセフ画・著『美花選』 1827～33　点刻銅版画多色刷 一部手彩色

アフィランテス・モンペリエンシス

「ユリ科植物図譜 2」学習研究社　1988

◇図136（カラー）　Aphyllanthes monspeliensis　ルドゥーテ，ピエール＝ジョセフ 1802～1815

アブチロン・フルティコーサム　Abutilon fruticosum

「植物精選百種図譜 博物画の至宝」平凡社 1996

◇pl.90（カラー）　Abutilon　トレウ，C.J.，エーレト，G.D. 1750～73

アブノメ　Dopatrium junceum

「江戸博物文庫 花草の巻」工作舎　2017

◇p97（カラー）　虻眼　岩崎灌園『本草図譜』　［東京大学大学院理学系研究科附属植物園（小石川植物園）］

あぶらぎり

「木の手帖」小学館　1991

◇図99（カラー）　罌子桐　岩崎灌園『本草図譜』 文政11（1828）　約21×145　［国立国会図書館］

アブラナ　Brassica rapa L.var.nippoleifera Kitamura

「高木春山 本草図説 1」リブロポート　1988

◇図38(カラー)

アフリカナガバモウセンゴケ
「カーティスの植物図譜」エンタプライズ 1987
◇図6583(カラー) Drosera capensis L.『カーティスのボタニカルマガジン』 1787~1887

アポテカリー・ローズ
⇒ロサ・ガリカ・オフィキナーリス(アポテカリー・ローズ)を見よ

アーポフィラム・カーディナル
Arpophyllum cardinale Lind.et Rchb.f.(A. spicatum LaLl.et Lex.)
「蘭花譜」平凡社 1974
◇Pl.23-2(カラー) 加藤光治著, 二口善雄画 1970写生

アーポフィラム・ギガンチューム
Arpophyllum giganteum Hartw.
「蘭花譜」平凡社 1974
◇Pl.23-1(カラー) 加藤光治著, 二口善雄画 1969写生

アマ Linum usitatissimum
「花の王国 3」平凡社 1990
◇p111(カラー) ショームトン他編, テュルパン, P.J.F.図『薬用植物事典』 1833~35

蜑小船
「日本椿集」平凡社 1966
◇図18(カラー) 津山尚著, 二口善雄画 1958

天が下
「日本椿集」平凡社 1966
◇図138(カラー) 津山尚著, 二口善雄画 1965

天城吉野 Prunus×yedoensis Matsum. 'Amagi-yoshino'
「日本桜集」平凡社 1973
◇Pl.1(カラー) 大井次三郎著, 太田洋愛画 1972写生 水彩

あまきらん
「高松松平家博物図譜 写生画帖 雑草」香川県立ミュージアム 2013
◇p79(カラー) 松平頼恭 江戸時代 紙本著色 画帖装(折本形式) 33.2×48.4 [個人蔵]

アマチャ Hydrangea serrata(Thunb.ex Murray)Ser.var.thunbergii(Sieb.)H.Ohba
「シーボルト「フローラ・ヤポニカ」 日本植物誌」八坂書房 2000
◇図58(白黒) Ama-tsja [国立国会図書館]

あまちゃづる
「野の草の手帖」小学館 1989
◇p73(カラー) 甘茶蔓 岩崎常正(灌園)『本草図譜』 文政11(1828) [国立国会図書館]

天津乙女 'Amatsu-otome'
「ばら花譜」平凡社 1983
◇PL.63(カラー) 二口善雄画, 鈴木省三, 籾山泰一著 1977 水彩

あまどころ Polygonatum odoratum var. pluriflorum
「草木写生 春の巻」ピエ・ブックス 2010
◇p242~243(カラー) 甘野老 狩野織染藤原重賢 明暦3(1657)~元禄12(1699) [国立国会図書館]

あまどころ
「野の草の手帖」小学館 1989
◇p74~75(カラー) 甘野老 図の小型の植物は同属のミヤマナルコユリ 岩崎常正(灌園)『本草図譜』 文政11(1828) [国立国会図書館]

アマドコロ Polygonatum odoratum
「江戸博物文庫 花草の巻」工作舎 2017
◇p8(カラー) 甘野老 岩崎灌園『本草図譜』 [東京大学大学院理学系研究科附属植物園(小石川植物園)]

アマドコロ Polygonatum odoratum var. pluriflorum
「花彙 上」八坂書房 1977
◇図32(白黒) 萎蕤 小野蘭山, 島田充房 明和2(1765) 26.5×18.5 [国立公文書館・内閣文庫]

アマドコロの1種 Polygonatum multiflorum
「ビュフォンの博物誌」工作舎 1991
◇N035(カラー)『一般と個別の博物誌 ソンニーニ版』

あまな
「野の草の手帖」小学館 1989
◇p5(カラー) 甘菜 左側は近縁のヒロハノアマナ 岩崎常正(灌園)『本草図譜』 文政11(1828) [国立国会図書館]

アマナ Tulipa edulis
「花彙 上」八坂書房 1977
◇図22(白黒) 山慈姑 小野蘭山, 島田充房 明和2(1765) 26.5×18.5 [国立公文書館・内閣文庫]

アマナ Tulipa edulis(Miq.)Baker
「シーボルト日本植物図譜コレクション」小学館 2008
◇図3-48(カラー) Orithyia edulis Miq. 川原慶賀画 紙 透明絵の具 墨 23.9×32.1 [ロシア科学アカデミーコマロフ植物学研究所図書館] ※目録865 コレクションVIII 245/964

アマナの1種 Tulipa sp.
「ビュフォンの博物誌」工作舎 1991
◇N040(カラー)『一般と個別の博物誌 ソンニーニ版』

天の川 'Amanogawa'
「ばら花譜」平凡社 1983
◇PL.130(カラー) 二口善雄画, 鈴木省三, 籾山泰

一著 1977　水彩

天の川　Prunus Lannesiana Wils. 'Erecta'

「日本桜集」平凡社　1973

◇Pl.2（カラー）　大井次三郎著, 太田洋愛画 1969 写生　水彩

天の川

「日本椿集」平凡社　1966

◇図61（カラー）　津山尚著, 二口善雄画 1956

アマママツバ

「カーティスの植物図譜」エンタプライズ　1987

◇図5895（カラー）　Flaxflower Gilia『カーティスのボタニカルマガジン』 1787〜1887

雨宿　Prunus Lannesiana Wils. 'Amayadori'

「日本桜集」平凡社　1973

◇Pl.3（カラー）　大井次三郎著, 太田洋愛画 1972 写生　水彩

アマヨクサ

「高松松平家博物図譜 衆芳画譜 花卉 第四」香川県立ミュージアム　2010

◇p91（カラー）　松平頼恭 江戸時代　紙本著色 画帖装（折本形式）　33.0×48.2　［個人蔵］

アマラントゥスの1種　Amaranthus sp.

「ビュフォンの博物誌」工作舎　1991

◇N072（カラー）『一般と個別の博物誌 ソンニーニ版』

アマリリス　Amaryllis brasiliensis

「ルドゥーテ画 美花選 1」学習研究社　1986

◇図39（カラー） 1827〜1833

アマリリス　Amaryllis equestris（Hippeastrum equestre）

「ルドゥーテ画 美花選 1」学習研究社　1986

◇図40（カラー） 1827〜1833

アマリリス　Hippeastrum puniceum (Lam.) Voss.

「高木春山 本草図説 1」リブロポート　1988

◇図3（カラー）

アマリリス

「世界大博物図鑑 1」平凡社　1991

◇p299（カラー）　メーリアン, M.S.『スリナム産昆虫の変態』 1726

アマリリス・ウィッタム　Hippeastrum vittatum

「花の王国 1」平凡社　1990

◇p28（カラー）　ファン・ヘール編『愛好家の花々』 1847　手彩色石版画

アマリリス科の植物

「昆虫の劇場」リブロポート　1991

◇p47（カラー）　メーリアン, M.S.『スリナム産昆虫の変態』 1726

アマリリス・ジョセフィーネ

「ユリ科植物図譜 1」学習研究社　1988

◇図183（カラー）　Amaryllis josephinae　ルドゥーテ, ピエール＝ジョセフ 1802〜1815

アマリリスの1種　Hippeastrum puniceum

「図説 ボタニカルアート」河出書房新社　2010

◇p50（カラー）　Amaryllis equestre　ルドゥーテ画・著『美花選』 1827〜33

アマリリスの類（？）

「昆虫の劇場」リブロポート　1991

◇p20（カラー）　エーレト, G.D.『花蝶珍種図録』 1748〜62

アマリリス・パリダ

「ユリ科植物図譜 1」学習研究社　1988

◇図189（カラー）　Amaryllis pallida　ベラドンナ・リリーの白花品　ルドゥーテ, ピエール＝ジョセフ 1802〜1815

アマリリス・フミリス

「ユリ科植物図譜 1」学習研究社　1988

◇図182（カラー）　Amaryllis humilis　ルドゥーテ, ピエール＝ジョセフ 1802〜1815

アマリリス・ベラドンナ（ベラドンナ・リリー）

「ユリ科植物図譜 1」学習研究社　1988

◇図173・176（カラー）　Amaryllis belladonna　ルドゥーテ, ピエール＝ジョセフ 1802〜1815

アマリリス・レウォルタ　Crinum giganteum

「ウィリアム・カーティス 花図譜」同朋舎出版 1994

◇16図（カラー）　Changeable-flowered Amaryllis　カーティス, ウィリアム『カーティス・ボタニカル・マガジン』 1809

アミガサユリ

⇒バイモを見よ

アムラノキ

「昆虫の劇場」リブロポート　1991

◇p38（カラー）　メーリアン, M.S.『スリナム産昆虫の変態』 1726

あめもりそう

「高松松平家博物図譜 写生画帖 雑草」香川県立ミュージアム　2013

◇p53（カラー）　松平頼恭 江戸時代　紙本著色 画帖装（折本形式）　33.2×48.4　［個人蔵］

「江戸名作画帖全集 8」駸々堂出版　1995

◇図67（カラー）　すかん・あめもりそう・すぎごけ・ほうずき　松平頼恭編『写生画帖・衆芳画譜』　紙本着色　［松平公益会］

アメリカ　Prunus×yedoensis Matsum. 'Amerika'

「日本桜集」平凡社　1973

◇Pl.4（カラー）　大井次三郎著, 太田洋愛画 1972 写生　水彩

アメリカアサガラ　Halesia carolina
「ウィリアム・カーティス 花図譜」同朋舎出版 1994
◇550図（カラー）　Four-winged Snow-drop-tree エドワーズ, シデナム・ティースト画『カーティス・ボタニカル・マガジン』 1806

アメリカキササゲ　Catalpa bignonioides Walt.
「カーティスの植物図譜」エンタプライズ　1987
◇図1094（カラー）　Common Catalpa, Indian Bean『カーティスのボタニカルマガジン』 1787〜1887

アメリカシャガ　Neomarica northiana
「ユリ科植物図譜 1」学習研究社　1988
◇図155（カラー）　モレア・バギナータ　ルドゥーテ, ピエール＝ジョセフ 1802〜1815

アメリカシャクナゲ　Kalmia latifolia
「植物精選百種図譜 博物画の至宝」平凡社 1996
◇pl.38（カラー）　Ledum　トレウ, C.J., エーレト, G.D. 1750〜73

アメリカタツタソウ
「カーティスの植物図譜」エンタプライズ　1987
◇図1513（カラー）　Twin-Leaf, Rheumatism-Root『カーティスのボタニカルマガジン』 1787〜1887

アメリカーナ　'Americana'
「ばら花譜」平凡社　1983
◇PL.64（カラー）　二口善雄画, 鈴木省三, 籾山泰一著 1975　水彩

アメリカナデシコ, ヒゲナデシコ
「カーティスの植物図譜」エンタプライズ　1987
◇図205（カラー）　Sweet William, Bearded pink『カーティスのボタニカルマガジン』 1787〜1887

アメリカノウゼンカズラ　Cmapsis radicans
「花の王国 1」平凡社　1990
◇p83（カラー）　ジョーム・サンティレール, H.『フランスの植物』 1805〜09　彩色銅版画

アメリカノウゼンカズラ
「花の本 ボタニカルアートの庭」角川書店 2010
◇p61（カラー）　Catesby, Mark 1772〜81

アメリカハナノキ　Acer rubrum
「すごい博物画」グラフィック社　2017
◇図版78（カラー）　キノドアカムシクイ、マツアメリカムシクイ、アメリカハナノキ　ケイツビー, マーク 1722〜26頃　ペンと茶色のインクの上にアラビアゴムを混ぜた水彩と濃厚顔料　37.4×26.9　［ウィンザー城ロイヤル・ライブラリー］

アメリカマンサク
「カーティスの植物図譜」エンタプライズ　1987
◇図6684（カラー）　Virginian Witch Hazel『カーティスのボタニカルマガジン』 1787〜1887

アメリカミズアオイ
「ユリ科植物図譜 2」学習研究社　1988
◇図223（カラー）　ポンテデリア・コルダータ　ルドゥーテ, ピエール＝ジョセフ 1802〜1815

アメリカヤマボウシ　Cornus florida
「ウィリアム・カーティス 花図譜」同朋舎出版 1994
◇139図（カラー）　Great-flowered Cornel or Dogwood　エドワーズ, シデナム・ティースト画『カーティス・ボタニカル・マガジン』 1801

アメリカン・カウスリップ
「R・J・ソーントン フローラの神殿 新装版」リブロポート　1990
◇第21葉（カラー）　The American Cowslip　ヘンダーソン, ピーター画, スタドラー彫版, ソーントン, R.J. 1812　アクアチント（赤, 緑, 青色インク）手彩色仕上げ

アモルファ属（クロバナエンジュ属）の1種
「フローラの庭園」八坂書房　2015
◇p31（白黒）　エーレット原画, リンネ, カール・フォン『クリフォート庭園植物誌』 1737　銅版（エングレーヴィング）紙　［ミズーリ植物園（セント・ルイス）］

アモルフォファルス　Amorphophallus campanulatum
「花の王国 4」平凡社　1990
◇p44（カラー）　ファン・ヘール編『愛好家の花々』 1847　手彩色石版画
◇p45（カラー）　ロクスバラ, W.『コロマンデル海岸植物誌』 1795〜1819

アモルフォファルス　Amorphophallus nivosus
「花の王国 4」平凡社　1990
◇p46（カラー）　ルメール, Ch.『園芸図譜誌』 1854〜86

アモルフォファルス アイヒレリ［コンニャクの1種］　Amorphophallus eichleri
「ボタニカルアートの世界」朝日新聞社　1987
◇p67上（カラー）　スミス, マチルダ画, フィッチ, ジョン彫版『Curtis' Botanical Magazine第115巻』 1889

アーモンドの1種　Amygdalus nana
「ボタニカルアート 西洋の美花集」パイ インターナショナル　2010
◇p138（カラー）　ウィッテ, ヘンリック『花譜』 1868

綾川絞
「日本椿集」平凡社　1966
◇図157（カラー）　津山尚著, 二口善雄画 1957

綾錦　Prunus Lannesiana Wils. 'Ayanishiki'
「日本桜集」平凡社　1973

◇Pl.8（カラー）　大井次三郎著, 太田洋愛画 1971 写生　水彩

アヤメ　Iris persica

「すごい博物画」グラフィック社　2017
◇図版39（カラー）　ヒヤシンス、アヤメ、スイセン、ハナサフラン　マーシャル, アレクサンダー 1650～82頃　水彩　45.9×33.0 ［ウィンザー城ロイヤル・ライブラリー］

アヤメ　Iris sanguinea

「四季草花譜」八坂書房　1988
◇図6（カラー）　ハナアヤメ　飯沼慾斎筆『草木図説稿本』 ［個人蔵］

アヤメ　Iris sanguinea Hornem

「岩崎灌園の草花写生」たにぐち書店　2013
◇p110（カラー）　白菖 ［個人蔵］

アヤメ

「高松松平家博物図譜 衆芳画譜 花卉 第四」香川県立ミュージアム　2010
◇p30（カラー）　松平頼恭 江戸時代　紙本著色 画帖装（折本形式）　33.0×48.2 ［個人蔵］
「彩色 江戸博物学集成」平凡社　1994
◇p295（カラー）　川原慶賀『動植物図譜』 ［オランダ国立自然史博物館］
「美花図譜」八坂書房　1991
◇図46（カラー）　ウエインマン『花譜』 1736～1748　銅版刷手彩色 ［群馬県館林市立図書館］

アヤメ属の1種　Iris milesii Foster

「花の肖像 ボタニカルアートの名品と歴史」創土社　2006
◇fig.53（カラー）　フィッチ, ジョン画・彫版『カーチス・ボタニカル・マガジン』 1886

アヤメ属の1種　Iris sp.

「図説 ボタニカルアート」河出書房新社　2010
◇p20（カラー）　ゲスナー画 ［エルランゲン大学図書館］

アヤメの仲間　Iris spp.

「図説 ボタニカルアート」河出書房新社　2010
◇p66（白黒）　ドゥ・ブリー『新花集』 1612

アライトヒナゲシ　Papaver alboroseum Hultén

「須崎忠助植物画集」北海道大学出版会　2016
◇図56-86（カラー）　白花千島ひなげし『大雪山植物其他』 ［北海道大学附属図書館］

アライトヨモギ　Artemisia borealis Pall.

「須崎忠助植物画集」北海道大学出版会　2016
◇図38-67（カラー）　アライトよもぎ『大雪山植物其他』 昭和2 ［北海道大学附属図書館］

アラウカリア［ナンヨウスギ］

「生物の驚異的な形」河出書房新社　2014
◇図版94（カラー）　ヘッケル, エルンスト 1904

アラカシ　Quercus glauca Thunb.

「シーボルト日本植物図譜コレクション」小学館　2008
◇図3-122（カラー）　Quercus kasiwa varietas 清水東谷画 1862　紙 透明絵の具 墨　29.7×42.0 ［ロシア科学アカデミーコマロフ植物学研究所図書館］ ※目録88 コレクションVII /805

アラゲハンゴンソウ　Rudbeckia serotina

「花の王国 1」平凡社　1990
◇p127（カラー）　ファン・ヘール編『愛好家の花々』 1847　手彩色石版画

荒獅子

「日本椿集」平凡社　1966
◇図35（カラー）　津山尚著, 二口善雄画 1959

嵐山　Prunus Lannesiana Wils. ‘Arasiyama’

「日本桜集」平凡社　1973
◇Pl.5（カラー）　大井次三郎著, 太田洋愛画 1972 写生　水彩

あらせいとう　Matthiola incana

「草木写生 春の巻」ピエ・ブックス　2010
◇p194～195（カラー）　紫羅欄花　狩野織染藤原重賢 明暦3（1657）～元禄12（1699） ［国立国会図書館］

アラセイトウ　Matthiola incarna

「ビュフォンの博物誌」工作舎　1991
◇N139（カラー）『一般と個別の博物誌 ソンニーニ版』

アラセイトウの1種

「イングリッシュ・ガーデン」求龍堂　2014
◇図9（カラー）　サンシキスミレ、ヒアシンス、ソラマメ、アラセイトウの一種、他　シューデル, セバスチャン『カレンダリウム』 17世紀初頭　水彩 紙　17.9×15.0 ［キュー王立植物園］

新珠　Prunus Lannesiana Wils. ‘Aratama’

「日本桜集」平凡社　1973
◇Pl.6（カラー）　大井次三郎著, 太田洋愛画 1972 写生　水彩

アラビアコザクラ　Primula verticillata

「花の王国 1」平凡社　1990
◇p54（カラー）　エーレンベルク, G.C., セフェラインス『自然図誌』 1828～1900　手彩色石版画

荒法師

「日本椿集」平凡社　1966
◇図112（カラー）　津山尚著, 二口善雄画 1959

あらゝぎ

「高松松平家博物図譜 写生画帖 雑草」香川県立ミュージアム　2013
◇p27（カラー）　松平頼恭 江戸時代　紙本著色 画帖装（折本形式）　33.2×48.4 ［個人蔵］

アラン　‘Alain’

「ばら花譜」平凡社　1983

◇PL.128(カラー)　二口善雄画, 鈴木省三, 籾山泰一著 1976　水彩

有明　Prunus Lannesiana Wils. 'Candida'
「日本桜集」平凡社　1973
◇Pl.7(カラー)　一重有明　大井次三郎著, 太田洋愛画 1965写生　水彩

アリアケカズラ　Allamanda cathartica
「ウィリアム・カーティス 花図譜」同朋舎出版　1994
◇37図(カラー)　Willow–leav'd Allamanda　カーティス, ウィリアム『カーティス・ボタニカル・マガジン』 1796

アリウム・アレナリウム
「ユリ科植物図譜 2」学習研究社　1988
◇図93(カラー)　Allium arenarium　ルドゥーテ, ピエール＝ジョセフ 1802～1815

アリウム・アングロスム
「ユリ科植物図譜 2」学習研究社　1988
◇図95(カラー)　Allium angulosum　ルドゥーテ, ピエール＝ジョセフ 1802～1815

アリウム・オブトゥシフロールム
「ユリ科植物図譜 2」学習研究社　1988
◇図115(カラー)　Allium obtusiflorum　ルドゥーテ, ピエール＝ジョセフ 1802～1815

アリウム・オブリクーム
「ユリ科植物図譜 2」学習研究社　1988
◇図114(カラー)　Allium obliquum　ルドゥーテ, ピエール＝ジョセフ 1802～1815

アリウム・カメモリ
「ユリ科植物図譜 2」学習研究社　1988
◇図101(カラー)　Allium chamaemoly　ルドゥーテ, ピエール＝ジョセフ 1802～1815

アリウム・カリナトゥム
「ユリ科植物図譜 2」学習研究社　1988
◇図97(カラー)　Allium carinatum　ルドゥーテ, ピエール＝ジョセフ 1802～1815

アリウム・カロリニアヌム
「ユリ科植物図譜 2」学習研究社　1988
◇図100(カラー)　Allium carolinianum　ルドゥーテ, ピエール＝ジョセフ 1802～1815

アリウム・グロボースム
「ユリ科植物図譜 2」学習研究社　1988
◇図105(カラー)　Allium globosum　ルドゥーテ, ピエール＝ジョセフ 1802～1815

アリウム・ケルヌウム
「ユリ科植物図譜 2」学習研究社　1988
◇図98(カラー)　Allium cernuum　ルドゥーテ, ピエール＝ジョセフ 1802～1815

アリウム・スコルゾネラエフォリウム
「ユリ科植物図譜 2」学習研究社　1988
◇図119(カラー)　Allium scorzoneraefolium　ルドゥーテ, ピエール＝ジョセフ 1802～1815

アリウム・スファエロケファロン
「ユリ科植物図譜 2」学習研究社　1988
◇図120(カラー)　Allium sphaerocephalon　ルドゥーテ, ピエール＝ジョセフ 1802～1815

アリウム・スブヒルストゥム　Allium subhirsutum
「ユリ科植物図譜 2」学習研究社　1988
◇図102(カラー)　アリウム・キリアーレ　ルドゥーテ, ピエール＝ジョセフ 1802～1815

アリウム・スブヒルストゥム
「ユリ科植物図譜 2」学習研究社　1988
◇図121(カラー)　Allium subhirsutum　ルドゥーテ, ピエール＝ジョセフ 1802～1815

アリウム・タタリクム
「ユリ科植物図譜 2」学習研究社　1988
◇図124(カラー)　Allium tataricum　ルドゥーテ, ピエール＝ジョセフ 1802～1815

アリウム・デヌダトゥム
「ユリ科植物図譜 2」学習研究社　1988
◇図99(カラー)　Allium denudatum　ルドゥーテ, ピエール＝ジョセフ 1802～1815

アリウム・トリケトルム
「ユリ科植物図譜 2」学習研究社　1988
◇図126(カラー)　Allium triquetrum　ルドゥーテ, ピエール＝ジョセフ 1802～1815

アリウム・ニグルム
「ユリ科植物図譜 2」学習研究社　1988
◇図112・116(カラー)　Allium nigrum　ルドゥーテ, ピエール＝ジョセフ 1802～1815

アリウム・ヌタンス
「ユリ科植物図譜 2」学習研究社　1988
◇図113(カラー)　Allium nutans　ルドゥーテ, ピエール＝ジョセフ 1802～1815

アリウム・ネポリターヌム　Allium neapolitanum
「ユリ科植物図譜 2」学習研究社　1988
◇図122(カラー)　アリウム・スルカトゥム　ルドゥーテ, ピエール＝ジョセフ 1802～1815

アリウム・パニクラートゥム　Allium paniculatum
「ユリ科植物図譜 2」学習研究社　1988
◇図107(カラー)　アリウム・ロンギスパートゥム　ルドゥーテ, ピエール＝ジョセフ 1802～1815

アリウム・パニクラートゥム
「ユリ科植物図譜 2」学習研究社　1988
◇図125(カラー)　Allium paniculatum　ルドゥーテ, ピエール＝ジョセフ 1802～1815

アリウム・パレンス
「ユリ科植物図譜 2」学習研究社　1988

◇図117（カラー）　Allium pallens　ルドゥーテ, ピエール＝ジョセフ 1802〜1815

アリウム・ビクトリアリス
「ユリ科植物図譜 2」学習研究社　1988
◇図127（カラー）　Allium victorialis　ルドゥーテ, ピエール＝ジョセフ 1802〜1815

アリウム・ビスルクム
「ユリ科植物図譜 2」学習研究社　1988
◇図96（カラー）　Allium bisulcum　ルドゥーテ, ピエール＝ジョセフ 1802〜1815

アリウム・フォリオースム
「ユリ科植物図譜 2」学習研究社　1988
◇図104（カラー）　Allium foliosum　ルドゥーテ, ピエール＝ジョセフ 1802〜1815

アリウム・ブラキステモン
「ユリ科植物図譜 2」学習研究社　1988
◇図94（カラー）　Allium brachystemon　ルドゥーテ, ピエール＝ジョセフ 1802〜1815

アリウム・フラグランス
「ユリ科植物図譜 2」学習研究社　1988
◇図106（カラー）　Allium fragrans　ルドゥーテ, ピエール＝ジョセフ 1802〜1815

アリウム・ムタビーレ
「ユリ科植物図譜 2」学習研究社　1988
◇図110（カラー）　Allium mutabile　ルドゥーテ, ピエール＝ジョセフ 1802〜1815

アリウム・モスカトゥム
「ユリ科植物図譜 2」学習研究社　1988
◇図109（カラー）　Allium moschatum　ルドゥーテ, ピエール＝ジョセフ 1802〜1815

アリウム・モンターヌム　Allium montanum
「ユリ科植物図譜 2」学習研究社　1988
◇図108（カラー）　アリウム・ルシタニクム　ルドゥーテ, ピエール＝ジョセフ 1802〜1815

アリウム・ロゼウム
「ユリ科植物図譜 2」学習研究社　1988
◇図118（カラー）　Allium roseum　ルドゥーテ, ピエール＝ジョセフ 1802〜1815

ありさんすずむしそう　Liparis keitaoensis Hayata
「蘭花譜」平凡社　1974
◇Pl.21–2（カラー）　加藤光治著, 二口善雄画 1971写生

アリステア・キアネア
「ユリ科植物図譜 1」学習研究社　1988
◇図39（カラー）　Aristea cyanea　ルドゥーテ, ピエール＝ジョセフ 1802〜1815

アリステア・コリンボーサ　Aristea corymbosa
「ユリ科植物図譜 1」学習研究社　1988
◇図169（カラー）　ウィセニア・コリンボーサ　ルドゥーテ, ピエール＝ジョセフ 1802〜1815

アリストロキア　Aristolochia macrophylla
「花の王国 4」平凡社　1990
◇p40（カラー）　ドルビニ, Ch.編『万有博物学事典』 1837

アリストロキア・ラビオサ　Aristolochia labiosa
「ウィリアム・カーティス 花図譜」同朋舎出版　1994
◇56図（カラー）　Marcgrave's Birthwort　カーティス, ジョン画『カーティス・ボタニカル・マガジン』 1825

アリスマ・プランタゴアクアティカ　Alisma plantago–aquatica
「ユリ科植物図譜 2」学習研究社　1988
◇図249（カラー）　アリスマ・プランタゴ　ルドゥーテ, ピエール＝ジョセフ 1802〜1815

アリッスム・モンタヌム　Alyssum montanum
「ウィリアム・カーティス 花図譜」同朋舎出版　1994
◇143図（カラー）　Mountain Alyssum or Madwort　エドワーズ, シデナム・ティースト画『カーティス・ボタニカル・マガジン』 1798

アリマ草
「高松松平家博物図譜 衆芳画譜 花卉 第四」香川県立ミュージアム　2010
◇p98（カラー）　松平頼恭 江戸時代　紙本著色 画帖装（折本形式）　33.0×48.2 ［個人蔵］

アーリン・フランシス　'Arlene Francis'
「ばら花譜」平凡社　1983
◇PL.66（カラー）　二口善雄画, 鈴木省三, 籾山泰一著 1975　水彩

有川
「日本椿集」平凡社　1966
◇図146（カラー）　津山尚著, 二口善雄画 1961

アルストレメリア・ペレグリナ　Alstrœmeria pelegrina
「ウィリアム・カーティス 花図譜」同朋舎出版　1994
◇6図（カラー）　Spotted–flowerd, Alstrœmeria　エドワーズ, シデナム・ティースト画『カーティス・ボタニカル・マガジン』 1790

アルストロメリア　Alstroemeria pelegrina
「花の本 ボタニカルアートの庭」角川書店　2010
◇p51（カラー）　Lily–of–the–Incas　Curtis, William 1787〜

アルストロメリア属の1種　Alstroemeria pelegrina
「図説 ボタニカルアート」河出書房新社　2010

◇p50（カラー）　ルドゥーテ画・著『美花選』1827〜33

アルストロメリア・ペレグリナ
Alstroemeria pelegrina
「美花選［普及版］」河出書房新社　2016
◇図26（カラー）　Alstrœmeria Pelegrina　ルドゥーテ, ピエール＝ジョゼフ画 1827〜1833［コノサーズ・コレクション東京］

アルストロメリア・ペレグリナ
「ユリ科植物図譜 2」学習研究社　1988
◇図129（カラー）　Alstroemeria pelegrina　ルドゥーテ, ピエール＝ジョセフ 1802〜1815

アルソピラ
「生物の驚異的な形」河出書房新社　2014
◇図版92（カラー）　ヘッケル, エルンスト 1904

アルティシモ　'Altissimo'
「ばら花譜」平凡社　1983
◇PL.149（カラー）　二口善雄画, 鈴木省三, 籾山泰一著 1976　水彩

アルテミシア・アルゲンテア
「フローラの庭園」八坂書房　2015
◇p59（白黒）　ルドゥーテ原画, レリティエ・ドゥ・ブリュテル, シャルル・ルイ『イギリスの花冠』 1788　銅版（エングレーヴィング）紙［個人蔵］

アルトロポディウム・パニクラートゥム
Arthropodium paniculatum
「ユリ科植物図譜 2」学習研究社　1988
◇図135（カラー）　アンテリクム・ミレフロールム　ルドゥーテ, ピエール＝ジョセフ 1802〜1815

アルバータイン　'Albertine'
「ばら花譜」平凡社　1983
◇PL.147（カラー）　二口善雄画, 鈴木省三, 籾山泰一著 1977　水彩

アルバート公のバラ　Rosa indica
「花の王国 1」平凡社　1990
◇p89（カラー）　ルメール『一般園芸家雑誌』1841〜？

アルピナ・カルカラータ　Alpina calcarata
「ユリ科植物図譜 1」学習研究社　1988
◇図21（カラー）　グロッバ・エレクタ　ルドゥーテ, ピエール＝ジョセフ 1802〜1815

アルファ　'Alpha'
「ばら花譜」平凡社　1983
◇PL.95（カラー）　MEInastur　二口善雄画, 鈴木省三, 籾山泰一著 1975　水彩

アルブカ・アビシニカ
「ユリ科植物図譜 2」学習研究社　1988
◇図85（カラー）　Albuca abyssinica　ルドゥーテ, ピエール＝ジョセフ 1802〜1815

アルブカ・コルヌータ
「ユリ科植物図譜 2」学習研究社　1988
◇図86（カラー）　Albuca cornuta　ルドゥーテ, ピエール＝ジョセフ 1802〜1815

アルブカ・ファスティギアータ
「ユリ科植物図譜 2」学習研究社　1988
◇図87（カラー）　Albuca fastigiata　ルドゥーテ, ピエール＝ジョセフ 1802〜1815

アルブカ・マイヨール
「ユリ科植物図譜 2」学習研究社　1988
◇図88（カラー）　Albuca major　ルドゥーテ, ピエール＝ジョセフ 1802〜1815

アルブカ・ミノール
「ユリ科植物図譜 2」学習研究社　1988
◇図89（カラー）　Albuca minor　ルドゥーテ, ピエール＝ジョセフ 1802〜1815

アルブツスの1種　Arbutus sp.
「ビュフォンの博物誌」工作舎　1991
◇N125（カラー）『一般と個別の博物誌 ソンニーニ版』

アルフレッド・ソルター
「フローラの庭園」八坂書房　2015
◇p92（カラー）　1850年代に作出された球形品種「アルフレッド・ソルター」　キクの栽培品種　アンドリューズ, ジェイムス原画, ソルター, ジョン『クリサンテマム』 1855　石版 手彩色［英国王立園芸協会］

アルム・キレナイクム　Arum cyrenaicum
「図説 ボタニカルアート」河出書房新社　2010
◇p117（白黒）　セラーズ画 1988［王立キュー植物園］

アレクサンドラ　'Alexandra'
「ばら花譜」平凡社　1983
◇PL.112（カラー）　二口善雄画, 鈴木省三, 籾山泰一著 1975　水彩

アレナリア・モンタナ　Arenaria montana
「ウィリアム・カーティス 花図譜」同朋舎出版 1994
◇94図（カラー）　Mountain Sand-wort　エドワーズ, シデナム・ティースト画『カーティス・ボタニカル・マガジン』 1808

アロエ・ウェラ　Aloe succotrina
「ウィリアム・カーティス 花図譜」同朋舎出版 1994
◇316図（カラー）　Succotrine Aloe　エドワーズ, シデナム・ティースト画『カーティス・ボタニカル・マガジン』 1800

淡路島
「日本椿集」平凡社　1966
◇図210（カラー）　津山尚著, 二口善雄画 1965

アワモリソウ
「高松松平家博物図譜 衆芳画譜 花卉 第四」香

川県立ミュージアム　2010
◇p40（カラー）　松平頼恭 江戸時代　紙本著色 画帖装（折本形式）　33.0×48.2　［個人蔵］

アワモリソウ・アワモリショウマ　Astilbe japonica
「花木真寫」淡交社　2005
◇図44（カラー）　泡盛草　近衛予楽院家熈［（財）陽明文庫］

アングレカム・アイクレリアナム
Angraecum Eichlerianum Krzl.
「蘭花譜」平凡社　1974
◇Pl.128–1（カラー）　加藤光治著, 二口善雄画 1969写生

アングレカム・アーキュアタム　Angraecum arcuatum Ldl.（Cyrtorchis arcuata (Ldl.) Schltr.）
「蘭花譜」平凡社　1974
◇Pl.127–8（カラー）　加藤光治著, 二口善雄画 1971写生

アングレカム・アーチキュラタム
Angraecum articulatum Rchb.f.
「蘭花譜」平凡社　1974
◇Pl.127–2（カラー）　加藤光治著, 二口善雄画 1941写生

アングレカム・エブルニューム　Angraecum eburneum Bory
「蘭花譜」平凡社　1974
◇Pl.127–5（カラー）　加藤光治著, 二口善雄画 1940写生

アングレカム・カペンス　Angraecum capense Ldl.（Mystacidium capense (L.f.) Schltr.）
「蘭花譜」平凡社　1974
◇Pl.129–1（カラー）　加藤光治著, 二口善雄画 1968写生

アングレカム・グラシリペス　Angraecum gracilipes Schltr.
「蘭花譜」平凡社　1974
◇Pl.126–5（カラー）　加藤光治著, 二口善雄画 1969写生

アングレカム・コンパクタム　Angraecum compactum
「蘭花譜」平凡社　1974
◇Pl.129–2（カラー）　加藤光治著, 二口善雄画 1971写生

アングレカム・スコッチアナム　Angraecum Scottianum Rchb.f.
「蘭花譜」平凡社　1974
◇Pl.127–1（カラー）　加藤光治著, 二口善雄画 1941写生

アングレカム・セスキペダーレ　Angraecum sesquipedale Thou.
「蘭花譜」平凡社　1974
◇Pl.127–4（カラー）　加藤光治著, 二口善雄画 1941写生

アングレカム・ディスチカム　Angraecum distichum Ldl.
「蘭花譜」平凡社　1974
◇Pl.127–6（カラー）　加藤光治著, 二口善雄画 1940写生

アングレカム・フィリピネンセ　Angraecum philippinense Ames
「蘭花譜」平凡社　1974
◇Pl.126–6（カラー）　加藤光治著, 二口善雄画 1968写生

アングレカム・マグダレネー　Angraecum Magdalenae Schltr.
「蘭花譜」平凡社　1974
◇Pl.126–4（カラー）　加藤光治著, 二口善雄画 1969写生

アングレカム・ロスチャイルディアナム
Angraecum Rothschildianum O'Brien (Eurychone Rothschildiana Schltr.)
「蘭花譜」平凡社　1974
◇Pl.127–7（カラー）　加藤光治著, 二口善雄画 1969写生

アングレクム・セスキペダーレ　Angraecum sesquipedale
「蘭百花図譜」八坂書房　2002
◇p94（カラー）　ベイトマン, ジェイムズ著, フィッチ, W.H.原画『続ラン科植物百選』 1867 石版刷手彩色

アングロア・クラウシー　Anguloa clowesii
「蘭百花図譜」八坂書房　2002
◇p96（カラー）　ランダン, ジャン『ペスカトレア』 1860　石版刷手彩色

アングロア・クリフトニ　Anguloa Cliftoni Rolfe
「蘭花譜」平凡社　1974
◇Pl.84–3（カラー）　加藤光治著, 二口善雄画 1970写生

アングロア・クロエシイ　Anguloa Clowesii Ldl.
「蘭花譜」平凡社　1974
◇Pl.84–2（カラー）　加藤光治著, 二口善雄画 1941写生

アンジャベル
⇒オランダセキチク・アンジャベルを見よ

アンセリア・アフリカナ　Ansellia africana Ldl. (A.gigantea Rchb.f., A.nilotica N.E.Br., A.confusa N.E.Br., A.congoensis Rodig.)
「蘭花譜」平凡社　1974
◇Pl.67-1〜3（カラー）　加藤光治著, 二口善雄画 1968,1942,1969写生

アンチューサの1種　Anchusa sp.
「ビュフォンの博物誌」工作舎　1991
◇N118（カラー）『一般と個別の博物誌 ソンニーニ版』

アンテミス・コツラ（カミツレモドキ）
「フローラの庭園」八坂書房　2015
◇p12（カラー）　ベスラー, バシリウス『アイヒシュテット庭園植物誌』 1613　銅版（エングレーヴィング）手彩色 紙　57×46　［テイラー博物館（ハールレム）］

アンテリクム・ラモースム　Anthericum ramosum
「ユリ科植物図譜 2」学習研究社　1988
◇図162（カラー）　ファランギウム・ラモースム　ルドゥーテ, ピエール＝ジョセフ 1802〜1815

アントリザ・エチオピカ
「ユリ科植物図譜 1」学習研究社　1988
◇図35（カラー）　Antholyza aethiopica　ルドゥーテ, ピエール＝ジョセフ 1802〜1815

アントリザ・クノニア
「ユリ科植物図譜 1」学習研究社　1988
◇図36（カラー）　Antholyza cunonia　ルドゥーテ, ピエール＝ジョセフ 1802〜1815

アントリザ・プレアルタ
「ユリ科植物図譜 1」学習研究社　1988
◇図37（カラー）　Antholyza praealta　ルドゥーテ, ピエール＝ジョセフ 1802〜1815

アンドロサケ・ウィロサ　Androsace villosa
「ウィリアム・カーティス 花図譜」同朋舎出版 1994
◇474図（カラー）　Hairy Androsace　エドワーズ, シデナム・ティースト画『カーティス・ボタニカル・マガジン』 1804

アンドロサケ・スピヌリフェラ　Androsace spinulifera
「ウィリアム・カーティス 花図譜」同朋舎出版 1994
◇473図（カラー）　Androsace spinulifera　スネリング, リリアン画『カーティス・ボタニカル・マガジン』 1925

アンドロメダ・アクシラリス　Leucothoe axillaris
「ウィリアム・カーティス 花図譜」同朋舎出版 1994
◇151図（カラー）　Fine notched-leaved Andromeda or fetter-bush　カーティス, ジョン画『カーティス・ボタニカル・マガジン』 1822

アン・レッツ　'Anne Letts'
「ばら花譜」平凡社　1983
◇PL.65（カラー）　二口善雄画, 鈴木省三, 籾山泰一著 1976　水彩

【い】

いゝかし
「高松松平家博物図譜 写生画帖 雑木」香川県立ミュージアム　2014
◇p62（カラー）　松平頼恭 江戸時代　紙本著色 画帖装（折本形式）　33.2×48.4　［個人蔵］　※表紙・裏表紙見返し墨書 安永6（1777）6月 程赤城筆

いいぎり
「木の手帖」小学館　1991
◇図140（カラー）　飯桐　岩崎灌園『本草図譜』 文政11（1828）　約21×145　［国立国会図書館］

イイギリ　Idesia polycarpa
「江戸博物文庫 菜樹の巻」工作舎　2017
◇p134（カラー）　飯桐　岩崎灌園『本草図譜』　［東京大学大学院理学系研究科附属植物園（小石川植物園）］
「花彙 下」八坂書房　1977
◇図156（白黒）　椅桐　小野蘭山, 島田充房 明和2（1765）　26.5×18.5　［国立公文書館・内閣文庫］

イイギリ
「彩色 江戸博物学集成」平凡社　1994
◇p267（カラー）　図は実・花ともに雌株　馬場大助『詩経物産図譜』　［天猷寺］

イエローサルタン　Centaurea suaveolens
「花の王国 1」平凡社　1990
◇p115（カラー）　ジョーム・サンティレール, H.『フランスの植物』 1805〜09　彩色銅版画

イエロー・ジャイアント　'Yellow Giant'
「ばら花譜」平凡社　1983
◇PL.127（カラー）　二口善雄画, 鈴木省三, 籾山泰一著 1973　水彩

イエロー・ドール　'Yellow Doll'
「ばら花譜」平凡社　1983
◇PL.160（カラー）　二口善雄画, 鈴木省三, 籾山泰一著 1978　水彩

イエロー・ピノキオ　'Yellow Pinocchio'
「ばら花譜」平凡社　1983
◇PL.145（カラー）　二口善雄画, 鈴木省三, 籾山泰一著 1977　水彩

イワウソウ
「高松松平家博物図譜 衆芳画譜 花卉 第四」香川県立ミュージアム　2010

◇p42（カラー）　松平頼恭 江戸時代　紙本著色 画帖装（折本形式）　33.0×48.2　［個人蔵］

イオノプシス・パニキュラタ　Ionopsis paniculata HBK（I.utricularioides Ldl.）

「蘭花譜」平凡社　1974

◇Pl.94–5〜6（カラー）　加藤光治著, 二口善雄画 1941,1969写生

いかりそう　Epimedium grandiflorum var. thunbergianum

「草木写生 春の巻」ピエ・ブックス　2010

◇p178〜179（カラー）　碇草　狩野織染藤原重賢 明暦3（1657）〜元禄12（1699）　［国立国会図書館］

いかりそう

「野の草の手帖」小学館　1989

◇p7（カラー）　碇草　岩崎常正（灌園）『本草図譜』 文政11（1828）　［国立国会図書館］

イカリソウ　Epimedium grandiflorum

「花彙 上」八坂書房　1977

◇図80（白黒）　黄徳祖　小野蘭山, 島田充房 明和2（1765）　26.5×18.5　［国立公文書館・内閣文庫］

イカリソウ　Epimedium grandiflorum var. thunbergianum

「江戸博物文庫 花草の巻」工作舎　2017

◇p12（カラー）　碇草　岩崎灌園『本草図譜』 ［東京大学大学院理学系研究科附属植物園（小石川植物園）］

イカリソウ（広義）　Epimedium grandiflorum Morr.

「カーティスの植物図譜」エンタプライズ　1987

◇図3751（カラー）　Epimedium violaceum Morr. et Decne.『カーティスのボタニカルマガジン』 1787〜1887

イキシア　Ixia

「ルドゥーテ画 美花選 2」学習研究社　1986

◇図16（カラー）　1827〜1833

イキシア　Ixia phlogiflora

「ルドゥーテ画 美花選 1」学習研究社　1986

◇図26（カラー）　1827〜1833

イキシア　Ixia tricolor（Sparaxis tricolor）

「ルドゥーテ画 美花選 2」学習研究社　1986

◇図15（カラー）　1827〜1833

イキシア　Ixia viridiflora

「ルドゥーテ画 美花選 2」学習研究社　1986

◇図14（カラー）　1827〜1833

イキシア・ウィリディフロラ　Ixia viridiflora

「美花選［普及版］」河出書房新社　2016

◇図114（カラー）　Ixia à fleurs vertes/Ixia viridiflora　ルドゥーテ, ピエール＝ジョゼフ画 1827〜1833　［コノサーズ・コレクション東京］

「ボタニカルアート 西洋の美花集」パイ インターナショナル　2010

◇p14（カラー）　ルドゥーテ, ピエール＝ジョセフ画・著『美花選』 1827〜33　点刻銅版画多色刷一部手彩色

イキシア属の1種　Ixia crispa

「ボタニカルアートの世界」朝日新聞社　1987

◇p80左（カラー）　ルドゥテ画『Les Liliacées第8巻』 1816

イキシア属［ヤリズイセン］の1種　Ixia grandiflora

「ボタニカルアートの世界」朝日新聞社　1987

◇p33（カラー）　ルドゥテ画『Les Liliacées第3巻』 1807

イキシア・ポリスタキア　Ixia polystachya

「美花選［普及版］」河出書房新社　2016

◇図72（カラー）　Ixia（Variété）　ルドゥーテ, ピエール＝ジョゼフ画 1827〜1833　［コノサーズ・コレクション東京］

「ボタニカルアート 西洋の美花集」パイ インターナショナル　2010

◇p15（カラー）　ルドゥーテ, ピエール＝ジョセフ画・著『美花選』 1827〜33　点刻銅版画多色刷手彩色

イキシア・マキュラタ（変種フスコキトリナ）　Ixia maculata var.fuscocitrina

「美花選［普及版］」河出書房新社　2016

◇図72（カラー）　Ixia（Variété）　ルドゥーテ, ピエール＝ジョゼフ画 1827〜1833　［コノサーズ・コレクション東京］

「ボタニカルアート 西洋の美花集」パイ インターナショナル　2010

◇p15（カラー）　ルドゥーテ, ピエール＝ジョセフ画・著『美花選』 1827〜33　点刻銅版画多色刷手彩色

イキシア・ラティフォリア　Ixia latifolia

「美花選［普及版］」河出書房新社　2016

◇図80（カラー）　Ixia à fleurs de Phlox　ルドゥーテ, ピエール＝ジョゼフ画 1827〜1833 ［コノサーズ・コレクション東京］

イグサ　Juncus effusus

「ビュフォンの博物誌」工作舎　1991

◇N036（カラー）『一般と個別の博物誌 ソンニーニ版』

イグサ　Scirpus lacustris and Cyperus sp.

「すごい博物画」グラフィック社　2017

◇図版13（カラー）　種子をつけた2種類のイグサの頭状花　レオナルド・ダ・ヴィンチ 1510頃　ペンとインク　19.5×14.5　［ウィンザー城ロイヤル・ライブラリー］

イグサの1種　Juncus sp.

「ビュフォンの博物誌」工作舎　1991

◇N036（カラー）『一般と個別の博物誌 ソンニーニ版』

イクシア　Ixia campanulata
「花の本 ボタニカルアートの庭」角川書店 2010
◇p47(カラー)　African corn-lily　Curtis, William 1787〜

イクシア　Ixia monadelpha
「花の本 ボタニカルアートの庭」角川書店 2010
◇p47(カラー)　African corn-lily　Curtis, William 1787〜

イクシア　Ixia polystachya
「花の本 ボタニカルアートの庭」角川書店 2010
◇p47(カラー)　African corn-lily　Curtis, William 1787〜

イクシア　Tritonia scillaris
「花の本 ボタニカルアートの庭」角川書店 2010
◇p47(カラー)　African corn-lily　Curtis, William 1787〜

イクシア・コニカ
「ユリ科植物図譜 1」学習研究社　1988
◇図128(カラー)　Ixia conica　ルドゥーテ, ピエール＝ジョセフ 1802〜1815

イクシア・スカリオーサ　Ixia scariosa
「ユリ科植物図譜 1」学習研究社　1988
◇図142(カラー)　イクシア・フロギフローラ　ルドゥーテ, ピエール＝ジョセフ 1802〜1815

イクシア・スキラリス
「ユリ科植物図譜 1」学習研究社　1988
◇図149(カラー)　Ixia scillaris　ルドゥーテ, ピエール＝ジョセフ 1802〜1815

イクシア・セクンダ
「ユリ科植物図譜 1」学習研究社　1988
◇図150(カラー)　Ixia secunda　ルドゥーテ, ピエール＝ジョセフ 1802〜1815

イクシア・パテンス
「ユリ科植物図譜 1」学習研究社　1988
◇図141(カラー)　Ixia patens　ルドゥーテ, ピエール＝ジョセフ 1802〜1815

イクシア・ビリディフローラ
「ユリ科植物図譜 1」学習研究社　1988
◇図152(カラー)　Ixia viridiflora　ルドゥーテ, ピエール＝ジョセフ 1802〜1815

イクシア・フィリフォーリア
「ユリ科植物図譜 1」学習研究社　1988
◇図148(カラー)　Ixia filifolia　ルドゥーテ, ピエール＝ジョセフ 1802〜1815

イクシア・フィリフォルミス
「ユリ科植物図譜 1」学習研究社　1988
◇図136(カラー)　Ixia filiformis　ルドゥーテ, ピエール＝ジョセフ 1802〜1815

イクシア・ポリスタキア
「ユリ科植物図譜 1」学習研究社　1988
◇図145(カラー)　Ixia polystachia　ルドゥーテ, ピエール＝ジョセフ 1802〜1815

イクシア・マクラータ　Ixia maculata
「ユリ科植物図譜 1」学習研究社　1988
◇図137(カラー)　イクシア・フスコキトリナ　ルドゥーテ, ピエール＝ジョセフ 1802〜1815

イクシア・マクラータ
「ユリ科植物図譜 1」学習研究社　1988
◇図135(カラー)　Ixia maculata　ルドゥーテ, ピエール＝ジョセフ 1802〜1815

イクシア・ラプンクロイデス
「ユリ科植物図譜 1」学習研究社　1988
◇図146(カラー)　Ixia rapunculoides　ルドゥーテ, ピエール＝ジョセフ 1802〜1815

イクシア・ルテア　Ixia lutea
「ユリ科植物図譜 1」学習研究社　1988
◇図132(カラー)　イクシア・ドゥビア　ルドゥーテ, ピエール＝ジョセフ 1802〜1815

イクシア・レクルーバ
「ユリ科植物図譜 1」学習研究社　1988
◇図148(カラー)　Ixia recurva　ルドゥーテ, ピエール＝ジョセフ 1802〜1815

イクシア・ロイカンタ　Ixia leucantha
「ユリ科植物図譜 1」学習研究社　1988
◇図126(カラー)　イクシア・カンディダ　ルドゥーテ, ピエール＝ジョセフ 1802〜1815

イクシア・ロンギフローラ
「ユリ科植物図譜 1」学習研究社　1988
◇図134(カラー)　Ixia longiflora　ルドゥーテ, ピエール＝ジョセフ 1802〜1815

イクシオリリオン・モンタヌム　Ixiolirion montanum
「ユリ科植物図譜 1」学習研究社　1988
◇図185(カラー)　アマリリス・モンタナ　ルドゥーテ, ピエール＝ジョセフ 1802〜1815

イザヨイバラ　Rosa roxburghii Trattinick
「カーティスの植物図譜」エンタプライズ　1987
◇図6548(カラー)　Rosa microphylla Roxb.『カーティスのボタニカルマガジン』 1787〜1887
「ばら花譜」平凡社　1983
◇PL.59(カラー)　Chestnut Rose, Chinquapin Rose, Burr Rose　二口善雄画, 鈴木省三, 籾山泰一著 1973,1975,1978　水彩

いしみかわ
「高松松平家博物図譜 写生画帖 雑草」香川県立ミュージアム　2013
◇p66(カラー)　松平頼恭 江戸時代　紙本著色 画帖装(折本形式)　33.2×48.4　[個人蔵]

イシミカワ　Persicaria perfoliata

「四季草花譜」八坂書房　1988
◇図39（カラー）　飯沼慾斎筆『草木図説稿本』［個人蔵］

いしもちくさ

「高松松平家博物図譜 写生画帖 雑草」香川県立ミュージアム　2013
◇p33（カラー）　松平頼恭 江戸時代　紙本著色 画帖装（折本形式）　33.2×48.4　［個人蔵］

イシモチソウ

「彩色 江戸博物学集成」平凡社　1994
◇p255（カラー）　飯沼慾斎『草木図説』　［内閣文庫］

いすのき

「木の手帖」小学館　1991
◇図69（カラー）　柞・柞樹・蚊母樹　岩崎灌園『本草図譜』　文政11（1828）　約21×145　［国立国会図書館］

イスノキ　Distylium racemosum Sieb.et Zucc.

「シーボルト「フローラ・ヤポニカ」 日本植物誌」八坂書房　2000
◇図94（白黒）　Kihigon, またはHijon noki　［国立国会図書館］

イズハハコの1種　Conyzo sp.

「ビュフォンの博物誌」工作舎　1991
◇N084（カラー）『一般と個別の博物誌 ソンニーニ版』

伊豆吉野　Prunus×yedoensis Matsum. 'Izu-yoshino'

「日本桜集」平凡社　1973
◇Pl.53（カラー）　大井次三郎著, 太田洋愛画　1972写生　水彩

イソギク　Chrysanthemum pacificum

「江戸博物文庫 花草の巻」工作舎　2017
◇p51（カラー）　磯菊　岩崎灌園『本草図譜』［東京大学大学院理学系研究科附属植物園（小石川植物園）］

イソマツ　Limonium wrightii (Hance) Kuntze var.arbusculum (Maxim.) H.Hara

「シーボルト日本植物図譜コレクション」小学館　2008
◇図3–128（カラー）　Statice arbuscula Maxim.　清水東谷画 ［1861］　和紙 透明絵の具 墨　28.8×38.7　［ロシア科学アカデミーコマロフ植物学研究所図書館］　※目録661 コレクションVI 436/718

イソマツの1種　Limonium sp.

「ビュフォンの博物誌」工作舎　1991
◇N104（カラー）『一般と個別の博物誌 ソンニーニ版』

イタチササゲ　Lathyrus davidii

「花彙 上」八坂書房　1977
◇図46（白黒）　决明　小野蘭山, 島田充房 明和2（1765）　26.5×18.5　［国立公文書館・内閣文庫］

いたどり

「高松松平家博物図譜 写生画帖 雑草」香川県立ミュージアム　2013
◇p91（カラー）　松平頼恭 江戸時代　紙本著色 画帖装（折本形式）　33.2×48.4　［個人蔵］

「野の草の手帖」小学館　1989
◇p77（カラー）　虎杖　岩崎常正（灌園）『本草図譜』　文政11（1828）　［国立国会図書館］

イタドリ　Fallopia japonica (Houtt.) Ronse Decr.

「シーボルト日本植物図譜コレクション」小学館　2008
◇図2–13（カラー）　Polygonum　川原慶賀？ 画 ［1820～ 1825頃］　和紙 透明絵の具 墨 白色塗料　25.0×30.7　［ロシア科学アカデミーコマロフ植物学研究所図書館］　※目録113 コレクションVI 677/725

イタドリ

「ボタニカルアートの世界」朝日新聞社　1987
◇p114上（カラー）　狩野探幽『草木花写生図巻』［国立博物館］

イタビカズラ　Ficus nipponica

「花彙 下」八坂書房　1977
◇図162（白黒）　巴山虎　小野蘭山, 島田充房 明和2（1765）　26.5×18.5　［国立公文書館・内閣文庫］

イタビカズラ　Ficus nipponica Franch. & Sav.

「シーボルト日本植物図譜コレクション」小学館　2008
◇図3–25（カラー）　Ficus　［川原慶賀］画　紙 透明絵の具 白色塗料 墨 光沢　24.0×32.0　［ロシア科学アカデミーコマロフ植物学研究所図書館］　※目録99 コレクションVII 258/825

いたみかづら

「高松松平家博物図譜 写生画帖 雑草」香川県立ミュージアム　2013
◇p46（カラー）　松平頼恭 江戸時代　紙本著色 画帖装（折本形式）　33.2×48.4　［個人蔵］

イタヤカエデ　Acer mono Maxim.

「北海道主要樹木図譜［普及版］」北海道大学図書刊行会　1986
◇図71（カラー）　イタヤ　須崎忠助 大正9（1920）～昭和6（1931）　［個人蔵］

イタヤモミチ

「高松松平家博物図譜 衆芳画譜 花果 第五」香川県立ミュージアム　2011
◇p37（カラー）　松平頼恭 江戸時代　紙本著色 画帖装（折本形式）　33.2×48.4　［個人蔵］

イタリアイシマツ　Pinus pinea

「花の王国 3」平凡社　1990
　◇p123(カラー)　ジョーム・サンティレール『フランスの植物』1805〜09　彩色銅版画

いちい

「木の手帖」小学館　1991
　◇図4(カラー)　一位　岩崎灌園『本草図譜』文政11(1828)　約21×145　[国立国会図書館]

イチイ　Taxus cuspidata Sieb.et Zucc.

「シーボルト「フローラ・ヤポニカ」日本植物誌」八坂書房　2000
　◇図128(白黒)　Araragi, Itstii noki　[国立国会図書館]

「北海道主要樹木図譜[普及版]」北海道大学図書刊行会　1986
　◇図1(カラー)　須崎忠助 大正9(1920)〜昭和6(1931)　[個人蔵]

イチイガシ　Quercus gilva Blume

「シーボルト日本植物図譜コレクション」小学館　2008
　◇図3-130(カラー)　Quercus gilva Blume　清水東谷画 1862　紙 透明絵の具 墨 白色塗料　29.7×42.0　[ロシア科学アカデミーコマロフ植物学研究所図書館]　※目録86 コレクションVII/800

イチゲコザクラ　Primula vulgaris

「美花選[普及版]」河出書房新社　2016
　◇図95(カラー)　Primevère Grandiflore　ルドゥーテ, ピエール=ジョゼフ画 1827〜1833　[コノサーズ・コレクション東京]

「ボタニカルアート 西洋の美花集」パイ インターナショナル　2010
　◇p020(カラー)　ルドゥーテ, ピエール=ジョセフ画・著『美花選』1827〜33　点刻銅版画多色刷 一部手彩色

イチゲサクラソウ　Primula vulgaris (acaulis)

「ルドゥーテ画 美花選 1」学習研究社　1986
　◇図33(カラー)　1827〜1833

イチハツ　Iris tectorum

「江戸博物文庫 花草の巻」工作舎　2017
　◇p111(カラー)　一初　岩崎灌園『本草図譜』[東京大学大学院理学系研究科附属植物園(小石川植物園)]

「花木真寫」淡交社　2005
　◇図7(カラー)　鳶尾　近衛予楽院家熙　[(財)陽明文庫]

イチハツ　Iris tectorum Maxim.

「岩崎灌園の草花写生」たにぐち書店　2013
　◇p44(カラー)　鳶尾　[個人蔵]

市原虎の尾　Prunus Jamasakura Sieb. 'Ichihara'

「日本桜集」平凡社　1973
　◇Pl.44(カラー)　大井次三郎著, 太田洋愛画 1972写生　水彩

イチビ　Abutilon avicennae

「植物精選百種図譜 博物画の至宝」平凡社　1996
　◇pl.89(カラー)　Sida　トレウ, C.J., エーレト, G.D. 1750〜73

イチビ

「彩色 江戸博物学集成」平凡社　1994
　◇p27(カラー)　貝原益軒『大和本草諸品図』

イチマツユリ(バイモの1種)

「美花図譜」八坂書房　1991
　◇図38(カラー)　ウエインマン『花譜』1736〜1748　銅版刷手彩色　[群馬県館林市立図書館]

いちょう

「木の手帖」小学館　1991
　◇図2(カラー)　銀杏・公孫樹　岩崎灌園『本草図譜』文政11(1828)　約21×145　[国立国会図書館]

イチョウ　Ginkgo biloba

「図説 ボタニカルアート」河出書房新社　2010
　◇p95(白黒)　Ginkgo　ケンペル『廻国奇観』1712

「花の王国 3」平凡社　1990
　◇p124(カラー)　ドノヴァン, E.『中国昆虫要説』1798
　◇p124(カラー)　シーボルト, P.F.フォン『日本植物誌』1835〜70

「ボタニカルアートの世界」朝日新聞社　1987
　◇p55下(白黒)　ケンペル原画『Amoenitatum exoticarum politico-physico-medicarum fasciculi 5』1712　銅版

イチョウ　Ginkgo biloba L.

「シーボルト「フローラ・ヤポニカ」日本植物誌」八坂書房　2000
　◇図136(カラー)　Ginkgo, Gin an, 一般にItsjô　[国立国会図書館]

イテウ

「高松松平家博物図譜 衆芳画譜 花果 第五」香川県立ミュージアム　2011
　◇p55(カラー)　松平頼恭 江戸時代　紙本著色 画帖装(折本形式)　33.2×48.4　[個人蔵]

一葉　Prunus Lannesiana Wils. 'Hisakura'

「日本桜集」平凡社　1973
　◇Pl.45(カラー)　大井次三郎著, 太田洋愛画 1972写生　水彩

いちりんそう

「野の草の手帖」小学館　1989
　◇p9(カラー)　一輪草　岩崎常正(灌園)『本草図譜』文政11(1828)　[国立国会図書館]

イチリンソウ　Anemone nikoensis

「江戸博物文庫 花草の巻」工作舎　2017
　◇p76(カラー)　一輪草　岩崎灌園『本草図譜』

［東京大学大学院理学系研究科附属植物園（小石川植物園）］

ーリン草

「高松松平家博物図譜 衆芳画譜 花卉 第四」香川県立ミュージアム　2010
◇p88（カラー）　松平頼恭 江戸時代　紙本著色 画帖装（折本形式）　33.0×48.2　［個人蔵］

イチリンソウの1種　Anemone sp.

「ビュフォンの博物誌」工作舎　1991
◇N151（カラー）『一般と個別の博物誌 ソンニーニ版』

早晩山　Prunus Lannesiana Wils. 'Sobanzakura'

「日本桜集」平凡社　1973
◇Pl.50（カラー）　大井次三郎著, 太田洋愛画 1970写生　水彩

いつけくさ

「高松松平家博物図譜 写生画帖 雑草」香川県立ミュージアム　2013
◇p39（カラー）　松平頼恭 江戸時代　紙本著色 画帖装（折本形式）　33.2×48.4　［個人蔵］

いつまてくさ

「高松松平家博物図譜 写生画帖 雑草」香川県立ミュージアム　2013
◇p57（カラー）　松平頼恭 江戸時代　紙本著色 画帖装（折本形式）　33.2×48.4　［個人蔵］

いつもきく

「高松松平家博物図譜 写生画帖 雑草」香川県立ミュージアム　2013
◇p93（カラー）　松平頼恭 江戸時代　紙本著色 画帖装（折本形式）　33.2×48.4　［個人蔵］

糸括　Prunus Lannesiana Wils. 'Fasciculata'

「日本桜集」平凡社　1973
◇Pl.48（カラー）　大井次三郎著, 太田洋愛画 1971写生　水彩

イトザクラ　Prunus pendula Maxim.

「シーボルト日本植物図譜コレクション」小学館 2008
◇図3-121（カラー）　Cerasus pendula var. itosakura Sieb.　川原慶賀画　紙 透明絵の具 墨 白色塗料　23.9×32.7　［ロシア科学アカデミーコマロフ植物学研究所図書館］　※目録409 コレクションIII 447/297

イトザクラ

⇒シダレザクラ、イトザクラを見よ

糸桜　Prunus pendula Maxim. 'Pendula'

「日本桜集」平凡社　1973
◇Pl.49（カラー）　大井次三郎著, 太田洋愛画 1965,1968写生　水彩

イトシャジン　Campanula rotundifolia

「美花選［普及版］」河出書房新社　2016
◇図86（カラー）　Campanule Clochette　ルドゥーテ, ピエール＝ジョゼフ画 1827〜1833　［コノサーズ・コレクション東京］

「ボタニカルアート 西洋の美花集」パイ インターナショナル　2010
◇p072（カラー）　ルドゥーテ, ピエール＝ジョセフ画・著『美花選』 1827〜33　点刻銅版画多色刷 一部手彩色

いとすぎ

「高松松平家博物図譜 写生画帖 雑木」香川県立ミュージアム　2014
◇p84（カラー）　松平頼恭 江戸時代　紙本著色 画帖装（折本形式）　33.2×48.4　［個人蔵］　※表紙・裏表紙見返し墨書 安永6（1777）6月 程赤城筆

イトスギ　Cupressus pendula

「花の王国 3」平凡社　1990
◇p114（カラー）　ジョーム・サンティレール『フランスの植物』 1805〜09　彩色銅版画

イトスギの1種　Cupressus sp.

「ビュフォンの博物誌」工作舎　1991
◇N056（カラー）『一般と個別の博物誌 ソンニーニ版』

イトテンモンドウ

「ユリ科植物図譜 2」学習研究社　1988
◇図142（カラー）　アスパラグス・テヌイフォリウス　ルドゥーテ, ピエール＝ジョセフ 1802〜1815

イトバシャクヤク（ホソバシャクヤク）　Paeonia tenuifolia L.

「花の肖像 ボタニカルアートの名品と歴史」創土社　2006
◇fig.52（カラー）　エドワーズ, シダンハム画, サンソン, F.彫版『カーチス・ボタニカル・マガジン』 1806

イトハユリ　Lilium tenuifolium

「ユリ科植物図譜 2」学習研究社　1988
◇図43（カラー）　リリウム・プミルム　ルドゥーテ, ピエール＝ジョセフ 1802〜1815

イトヒバ　Thuja orientalis L. 'Flagelliformis'

「シーボルト「フローラ・ヤポニカ」日本植物誌」八坂書房　2000
◇図117（白黒）　Ito sugi, またはItohiba, Hijoku hiba, Sitare hinoki（矮性品はFime muro）　［国立国会図書館］

イトラン　Yucca filamentosa

「ウィリアム・カーティス 花図譜」同朋舎出版 1994
◇365図（カラー）　Thready Adam's Needle　エドワーズ, シデナム・ティースト画『カーティス・ボタニカル・マガジン』 1806

イトラン

「ユリ科植物図譜 2」学習研究社　1988
◇図218（カラー）　Yucca filamentosa　ルドゥーテ, ピエール＝ジョセフ 1802〜1815

◇図219（カラー）　Yucca filamentosa　ルドゥーテ, ピエール＝ジョセフ 1802～1815

稲負鳥

「日本椿集」平凡社　1966

◇図161（カラー）　津山尚著, 二口善雄画 1961

いぬえんじゅ

「木の手帖」小学館　1991

◇図96（カラー）　犬槐　岩崎灌園『本草図譜』文政11（1828）　約21×145　［国立国会図書館］

イヌエンジュ　Maackia amurensis Rupr.et Maxim.var.buergeri C.K.Schn.

「北海道主要樹木図譜［普及版］」北海道大学図書刊行会　1986

◇図58（カラー）　須崎忠助 大正9（1920）～昭和6（1931）　［個人蔵］

イヌガシ　Neolistea aciculata

「江戸博物文庫 菜樹の巻」工作舎　2017

◇p122（カラー）　犬樫　岩崎灌園『本草図譜』［東京大学大学院理学系研究科附属植物園（小石川植物園）］

いぬがや

「高松松平家博物図譜 写生画帖 雑木」香川県立ミュージアム　2014

◇p56（カラー）　松平頼恭 江戸時代　紙本著色 画帖装（折本形式）　33.2×48.4　［個人蔵］　※表紙・裏表紙見返し墨書 安永6（1777）6月 程赤城筆

「木の手帖」小学館　1991

◇図7（カラー）　犬榧　岩崎灌園『本草図譜』文政11（1828）　約21×145　［国立国会図書館］

イヌガヤ　Cephalotaxus harringtonia (Knight ex F.Forbes) K.Koch

「シーボルト「フローラ・ヤポニカ」日本植物誌」八坂書房　2000

◇図130, 131（白黒）　Inu Kaya, まれにBebo Kaja, またはDe bo gaja, またはKja Raboku, Mominoki　［国立国会図書館］

イヌガヤの一型

「シーボルト「フローラ・ヤポニカ」日本植物誌」八坂書房　2000

◇図132（白黒）　Cephalotaxus pedunculata Sieb.et Zucc.　［国立国会図書館］

いぬさかき

「高松松平家博物図譜 写生画帖 雑木」香川県立ミュージアム　2014

◇p35（カラー）　松平頼恭 江戸時代　紙本著色 画帖装（折本形式）　33.2×48.4　［個人蔵］　※表紙・裏表紙見返し墨書 安永6（1777）6月 程赤城筆

イヌザクラ・シロザクラ　Prunus buergeriana

「花木真寫」淡交社　2005

◇図74（カラー）　狗櫻　近衛予楽院家熙　［（財）陽明文庫］

いぬざんしょう

「木の手帖」小学館　1991

◇図110（カラー）　犬山椒　岩崎灌園『本草図譜』文政11（1828）　約21×145　［国立国会図書館］

イヌザンショウ

「ボタニカルアートの世界」朝日新聞社　1987

◇p114上（カラー）　狩野探幽『草木花写生図巻』［国立博物館］

イヌショウマ　Cimicifuga japonica

「花彙 上」八坂書房　1977

◇図88（白黒）　既濟公　小野蘭山, 島田充房 明和2（1765）　26.5×18.5　［国立公文書館・内閣文庫］

いぬたで　Polygonum longisetum

「草木写生 秋の巻」ピエ・ブックス　2010

◇p192～193（カラー）　犬蓼　狩野織染藤原重賢 明暦3（1657）～元禄12（1699）　［国立国会図書館］

いぬたで

「高松松平家博物図譜 写生画帖 雑草」香川県立ミュージアム　2013

◇p92（カラー）　松平頼恭 江戸時代　紙本著色 画帖装（折本形式）　33.2×48.4　［個人蔵］

イヌタデ属の1種　Persicaria sp.

「シーボルト日本植物図譜コレクション」小学館　2008

◇図1-55（カラー）　Polygonum　シーボルト, フィリップ・フランツ・フォン監修　［ロシア科学アカデミーコマロフ植物学研究所図書館］　※類集写真の絵.目録934 コレクションVI 624л-п/722

いぬつげ

「木の手帖」小学館　1991

◇図121（カラー）　犬黄楊・柞木　岩崎灌園『本草図譜』文政11（1828）　約21×145　［国立国会図書館］

イヌツゲ　Ilex crenata

「江戸博物文庫 菜樹の巻」工作舎　2017

◇p175（カラー）　犬黄楊　岩崎灌園『本草図譜』［東京大学大学院理学系研究科附属植物園（小石川植物園）］

イヌナズナ　Draba nemorosa

「江戸博物文庫 花草の巻」工作舎　2017

◇p85（カラー）　犬薺　岩崎灌園『本草図譜』［東京大学大学院理学系研究科附属植物園（小石川植物園）］

イヌホオズキ　Solanum nigrum

「江戸博物文庫 花草の巻」工作舎　2017

◇p77（カラー）　犬酸漿　岩崎灌園『本草図譜』［東京大学大学院理学系研究科附属植物園（小石川植物園）］

「花彙 上」八坂書房　1977

◇図42（白黒）　龍珠　小野蘭山, 島田充房 明和2

（1765） 26.5×18.5 ［国立公文書館・内閣文庫］

イヌホオズキ

「彩色 江戸博物学集成」平凡社 1994
◇p59（カラー） 山なすび 丹羽正伯『備前国備中国之内領内産物絵図帳』［岡山大学附属図書館］

イヌマキ Podocarpus macrophyllus var.maki

「花彙 下」八坂書房 1977
◇図170（白黒） 羅漢柏 小野蘭山, 島田充房 明和2（1765） 26.5×18.5 ［国立公文書館・内閣文庫］

イヌマキ Podocarpus macrophyllus (Thunb.) Sweet［cultivars］

「シーボルト日本植物図譜コレクション」小学館 2008
◇図3–134（カラー） Podocarpus maki Sieb.varr. , Podocarpus sinensis Teijsm.&Binnend varietas 清水東谷画［1861 ～ 1862頃］ 紙 透明絵の具 墨 29.6×42.0 ［ロシア科学アカデミーコマロフ植物学研究所図書館］ ※目録62 コレクションVII /887

イヌマキ Podocarpus macrophyllus (Thunb. ex Murray) Sweet

「シーボルト「フローラ・ヤポニカ」 日本植物誌」八坂書房 2000
◇図133（白黒） inu mâki ［国立国会図書館］

いぬわかば

「高松松平家博物図譜 写生画帖 雑木」香川県立ミュージアム 2014
◇p96（カラー） 松平頼恭 江戸時代 紙本著色 画帖装（折本形式） 33.2×48.4 ［個人蔵］ ※表紙・裏表紙見返し墨書 安永6（1777）6月 程赤城筆

イネ科 Gramineae

「ビュフォンの博物誌」工作舎 1991
◇N028（カラー）『一般と個別の博物誌 ソンニーニ版』

いのこずち

「野の草の手帖」小学館 1989
◇p163（カラー） 牛膝 岩崎常正（灌園）『本草図譜』 文政11（1828） ［国立国会図書館］

イノコズチ Achyranthes longifolia (Makino) Makino

「シーボルト日本植物図譜コレクション」小学館 2008
◇図2–40（カラー） Achyranthes aspera ［日本人画家？］画［1820～ 1825頃］ 和紙 透明絵の具 墨 20.0×30.9 ［ロシア科学アカデミーコマロフ植物学研究所図書館］ ※目録126 コレクションVI 65/720

イノモトソウの1種 Pteris sp.

「ビュフォンの博物誌」工作舎 1991
◇N024（カラー）『一般と個別の博物誌 ソンニーニ版』

いぶき

「高松松平家博物図譜 写生画帖 雑木」香川県立ミュージアム 2014
◇p9（カラー） 松平頼恭 江戸時代 紙本著色 画帖装（折本形式） 33.2×48.4 ［個人蔵］ ※表紙・裏表紙見返し墨書 安永6（1777）6月 程赤城筆

「木の手帖」小学館 1991
◇図21（カラー） 伊吹 岩崎灌園『本草図譜』 文政11（1828） 約21×145 ［国立国会図書館］

イブキ Juniperus chinensis L.

「シーボルト「フローラ・ヤポニカ」 日本植物誌」八坂書房 2000
◇図126, 127–I, II, IV（白黒） Tatsi bijakusin, またはSugi bijakusin, またはIbuki（葉が黄金色の園芸品種はukon ibuki, 黄金色の斑入品はhatsi bijakusi） ［国立国会図書館］

イブキトラノオ Polygonum bistorta

「花彙 上」八坂書房 1977
◇図83（白黒） 紫参 小野蘭山, 島田充房 明和2（1765） 26.5×18.5 ［国立公文書館・内閣文庫］

イブキボウフウ属の1種 Seseli massiliense primum

「ボタニカルアートの世界」朝日新聞社 1987
◇p48左（カラー） フックス図, Dobat, K.編『Tubinger Krauterbuchtafeln des Leonhart Fuchs』 1983

イボサボテン Mamillaria sp.

「花の王国 4」平凡社 1990
◇p101（カラー） 馬場大助『遠西舶上画譜』 制作年代不詳 ［東京国立博物館］

いぼた

「高松松平家博物図譜 写生画帖 雑木」香川県立ミュージアム 2014
◇p54（カラー） 松平頼恭 江戸時代 紙本著色 画帖装（折本形式） 33.2×48.4 ［個人蔵］ ※表紙・裏表紙見返し墨書 安永6（1777）6月 程赤城筆

妹背 Prunus Lannesiana Wils. ‘Imose’

「日本桜集」平凡社 1973
◇Pl.46（カラー） 大井次三郎著, 太田洋愛画 1970写生 水彩

伊予薄墨 Prunus Jamasakura Sieb. ‘Iyo–usuzumi’

「日本桜集」平凡社 1973
◇Pl.52（カラー） 大井次三郎著, 太田洋愛画 1972写生 水彩

イヨカズラ Cynanchum japonicum C.Morren & Decne.

「シーボルト日本植物図譜コレクション」小学館 2008
◇図3–45（カラー） Cynanchum japonicum Morren et Decne 川原慶賀画 紙 透明絵の具 白色塗料 24.0×33.5 ［ロシア科学アカデミーコマロフ植物学研究所図書館］ ※目録684 コレ

クションV 182/634

伊予カヅラ
「高松松平家博物図譜 衆芳画譜 花卉 第四」香川県立ミュージアム　2010
◇p87(カラー)　伊豫カヅラ　松平頼恭 江戸時代 紙本著色 画帖装(折本形式)　33.0×48.2　[個人蔵]

いよがや
「高松松平家博物図譜 写生画帖 雑草」香川県立ミュージアム　2013
◇p100(カラー)　松平頼恭 江戸時代　紙本著色 画帖装(折本形式)　33.2×48.4　[個人蔵]

いらくさ
「野の草の手帖」小学館　1989
◇p79(カラー)　刺草・莿草・蕁麻　岩崎常正(灌園)『本草図譜』　文政11(1828)　[国立国会図書館]

イラクサ科の仲間　Urtica sp.
「植物精選百種図譜 博物画の至宝」平凡社　1996
◇pl.78(カラー)　Urtica　ミズ属Pileaの1種か　トレウ, C.J., エーレト, G.D. 1750〜73

イラクサの1種　Urtica sp.
「ビュフォンの博物誌」工作舎　1991
◇N055(カラー)『一般と個別の博物誌 ソンニーニ版』

イランイランノキ　Uvaria odovata
「花の王国 4」平凡社　1990
◇p29(カラー)　ブルーメ, K.L.『ジャワ植物誌』　1828〜51

入相桜　Prunus Jamasakura Sieb. 'Pallida'
「日本桜集」平凡社　1973
◇Pl.47(カラー)　大井次三郎著, 太田洋愛画　1968写生　水彩

イリキウム・フロリダヌム　Illicium floridanum
「ウィリアム・カーティス 花図譜」同朋舎出版　1994
◇203図(カラー)　Red-flowered Illicium or Aniseed-tree　エドワーズ, シデナム・ティースト画『カーティス・ボタニカル・マガジン』 1799

イリス アウレア　Iris aurea
「ボタニカルアートの世界」朝日新聞社　1987
◇p88左(カラー)　ラウンド, F.H.画『ダイクスのアヤメ属誌』 1913

イリス・アモエナ
「ユリ科植物図譜 1」学習研究社　1988
◇図82(カラー)　Iris amoena　ルドゥーテ, ピエール＝ジョセフ 1802〜1815

イリス アラータ　Iris alata
「ボタニカルアートの世界」朝日新聞社　1987
◇p88右(カラー)　ラウンド, F.H.画『ダイクスのアヤメ属誌』 1913

イリス・アレナリア
「ユリ科植物図譜 1」学習研究社　1988
◇図84(カラー)　Iris arenaria　ルドゥーテ, ピエール＝ジョセフ 1802〜1815

イリス・クシフィウム(スパニッシュ・アイリス)
「フローラの庭園」八坂書房　2015
◇p14(カラー)　ベスラー, バシリウス『アイヒシュテット庭園植物誌』 1613　銅版(エングレーヴィング) 手彩色 紙　57×46　[テイラー博物館(ハールレム)]

イリス・クシフィオイデス(イングリッシュ・アイリス)
「フローラの庭園」八坂書房　2015
◇p14(カラー)　ベスラー, バシリウス『アイヒシュテット庭園植物誌』 1613　銅版(エングレーヴィング) 手彩色 紙　57×46　[テイラー博物館(ハールレム)]

イリス・グラミネア
「ユリ科植物図譜 1」学習研究社　1988
◇図91(カラー)　Iris graminea　ルドゥーテ, ピエール＝ジョセフ 1802〜1815

イリス・クリスタタ　Iris cristata
「ウィリアム・カーティス 花図譜」同朋舎出版　1994
◇225図(カラー)　Crested Iris　カーティス, ウィリアム『カーティス・ボタニカル・マガジン』 1798

イリス・クリスタータ
「ユリ科植物図譜 1」学習研究社　1988
◇図85(カラー)　Iris cristata　ルドゥーテ, ピエール＝ジョセフ 1802〜1815

イリス・クルトペタラ
「ユリ科植物図譜 1」学習研究社　1988
◇図168(カラー)　Iris curtopetala　ルドゥーテ, ピエール＝ジョセフ 1802〜1815

イリス・ゲルデンステッチアナ　Iris gueldenstaedtiana
「ユリ科植物図譜 1」学習研究社　1988
◇図112(カラー)　イリス・ステノギナ　ルドゥーテ, ピエール＝ジョセフ 1802〜1815

イリス・コエルレア
「フローラの庭園」八坂書房　2015
◇p27(白黒)　ロベール, ニコラ原画 1669以降 銅版(エングレーヴィング) 紙　26.8×19.2　[ボストン美術館]

イリス・サンブキナ
「ユリ科植物図譜 1」学習研究社　1988
◇図105(カラー)　Iris sambucina　ルドゥーテ, ピエール＝ジョセフ 1802〜1815

イリス・シシリンキウム
「ユリ科植物図譜 1」学習研究社　1988
◇図106（カラー）　Iris sisyrinchium　ルドゥーテ, ピエール＝ジョセフ 1802〜1815

イリス・シシリンキウム（変種）
「ユリ科植物図譜 1」学習研究社　1988
◇図109（カラー）　Iris sisyrinchium var.　ルドゥーテ, ピエール＝ジョセフ 1802〜1815

イリス・スエルテイ
「ユリ科植物図譜 1」学習研究社　1988
◇図115（カラー）　Iris swertii　ルドゥーテ, ピエール＝ジョセフ 1802〜1815

イリス・スクアレンス
「ユリ科植物図譜 1」学習研究社　1988
◇図111（カラー）　Iris squalens　ルドゥーテ, ピエール＝ジョセフ 1802〜1815

イリス・スコルピオイデス　Iris alata
「ユリ科植物図譜 1」学習研究社　1988
◇図104（カラー）　Iris scorpioides　ルドゥーテ, ピエール＝ジョセフ 1802〜1815

イリス・スシアナ　Iris susiana
「花の王国 1」平凡社　1990
◇p19（カラー）　ベスラー, B.『アイヒシュタットの庭』 1613

イリス・スプリア　Iris spuria
「花の王国 1」平凡社　1990
◇p18（カラー）　ジョーム・サンティレール, H.『フランスの植物』 1805〜09　彩色銅版画

イリス・スプリア
「ユリ科植物図譜 1」学習研究社　1988
◇図110・113（カラー）　Iris spuria　ルドゥーテ, ピエール＝ジョセフ 1802〜1815

イリス・ダンフォルディアエ　Iris danfordiae
「イングリッシュ・ガーデン」求龍堂　2014
◇図152（カラー）　キング, クリスタベル 1990　水彩 紙　27.1×18.6 ［キュー王立植物園］

イリス・トゥベローサ
「ユリ科植物図譜 1」学習研究社　1988
◇図116（カラー）　Iris tuberosa　ルドゥーテ, ピエール＝ジョセフ 1802〜1815

イリス・トリフローラ
「ユリ科植物図譜 1」学習研究社　1988
◇図117（カラー）　Iris triflora　ルドゥーテ, ピエール＝ジョセフ 1802〜1815

イリス・パリダ
「ユリ科植物図譜 1」学習研究社　1988
◇図97（カラー）　Iris pallida　ルドゥーテ, ピエール＝ジョセフ 1802〜1815

イリス ヒストリオ オルトペタラ　Iris histrio var.orthopetala
「ボタニカルアートの世界」朝日新聞社　1987
◇p89下（カラー）　ラウンド, F.H.画『ダイクスのアヤメ属誌』 1913

イリス・ビレスケンス
「ユリ科植物図譜 1」学習研究社　1988
◇図118（カラー）　Iris virescens　ルドゥーテ, ピエール＝ジョセフ 1802〜1815

イリス・フラベスケンス
「ユリ科植物図譜 1」学習研究社　1988
◇図87（カラー）　Iris flavescens　ルドゥーテ, ピエール＝ジョセフ 1802〜1815

イリス・プリカータ
「ユリ科植物図譜 1」学習研究社　1988
◇図100（カラー）　Iris plicata　ルドゥーテ, ピエール＝ジョセフ 1802〜1815

イリス フルバ　Iris fulva
「ボタニカルアートの世界」朝日新聞社　1987
◇p89上（カラー）　ラウンド, F.H.画『ダイクスのアヤメ属誌』 1913

イリス フルバラ　Iris fulvala
「ボタニカルアートの世界」朝日新聞社　1987
◇p89上（カラー）　ラウンド, F.H.画『ダイクスのアヤメ属誌』 1913

イリス・ブルボサ　Iris latifolia
「イングリッシュ・ガーデン」求龍堂　2014
◇図16（カラー）　Iris bulbosa latifolia...　エーレット, ゲオルク・ディオニシウス 1757　グアッシュ ヴェラム　49.5×35.0 ［キュー王立植物園］

イリス ベーカリアナ　Iris bakeriana
「ボタニカルアートの世界」朝日新聞社　1987
◇p89下（カラー）　ラウンド, F.H.画『ダイクスのアヤメ属誌』 1913

イリス・ペルシカ　Iris persica
「花の王国 1」平凡社　1990
◇p18（カラー）　ジョーム・サンティレール, H.『フランスの植物』 1805〜09　彩色銅版画

イリス・ペルシカ
「ユリ科植物図譜 1」学習研究社　1988
◇図98（カラー）　Iris persica　ルドゥーテ, ピエール＝ジョセフ 1802〜1815

イリス・ベルシコロール
「ユリ科植物図譜 1」学習研究社　1988
◇図119（カラー）　Iris versicolor　ルドゥーテ, ピエール＝ジョセフ 1802〜1815

イリス・モンニエリ
「ユリ科植物図譜 1」学習研究社　1988
◇図96（カラー）　Iris monnieri　ルドゥーテ, ピエール＝ジョセフ 1802〜1815

イリス・ルテスケンス
「ユリ科植物図譜 1」学習研究社　1988
◇図92（カラー）　Iris lutescens　ルドゥーテ，ピエール＝ジョセフ 1802〜1815

イリス・ルリダ
「ユリ科植物図譜 1」学習研究社　1988
◇図95（カラー）　Iris lurida　ルドゥーテ，ピエール＝ジョセフ 1802〜1815

イリス レチクラータ　Iris reticulata
「ボタニカルアートの世界」朝日新聞社　1987
◇p89下（カラー）　ラウンド，F.H.画『ダイクスのアヤメ属誌』 1913

イレクス・ファルゲシイ　Ilex fargesii
「ウィリアム・カーティス 花図譜」同朋舎出版　1994
◇42図（カラー）　Pere Farge's Holly　スネリング，リリアン，ロス＝クレイグ，ステラ画『カーティス・ボタニカル・マガジン』 1946

イロハモミジ　Acer palmatum Thunb.ex Murray
「シーボルト「フローラ・ヤポニカ」日本植物誌」八坂書房　2000
◇図145（白黒）　Meikots　［国立国会図書館］

祝桜　Prunus Lannesiana Wils. 'Iwai-zakura'
「日本桜集」平凡社　1973
◇Pl.51（カラー）　大井次三郎著，太田洋愛画 1970写生　水彩

いわうつぎ
「高松松平家博物図譜 写生画帖 雑木」香川県立ミュージアム　2014
◇p100（カラー）　松平頼恭 江戸時代　紙本著色 画帖装（折本形式）　33.2×48.4　［個人蔵］　※表紙・裏表紙見返し墨書 安永6（1777）6月 程赤城筆

イワウメ　Diapensia lapponica L.subsp obovata（F.Schmidt）Hultén
「須崎忠助植物画集」北海道大学出版会　2016
◇図18-36（カラー）　イワムメ『大雪山植物其他』 5月13日　［北海道大学附属図書館］

イワウメ
「彩色 江戸博物学集成」平凡社　1994
◇p370（カラー）　大窪昌章『乙未本草会目録』［蓬左文庫］
◇p370（カラー）　大窪昌章『動植写真』　［国会図書館］

イワウメ（広義）
「カーティスの植物図譜」エンタプライズ　1987
◇図1108（カラー）　Diapensia lapponica L.『カーティスのボタニカルマガジン』 1787〜1887

イワオウギ　Hedysarum vicioides
「日本の博物図譜」東海大学出版会　2001
◇図59（カラー）　山田清慶筆『植物集説』　［東京国立博物館］

イワカガミ
「彩色 江戸博物学集成」平凡社　1994
◇p255（カラー）　飯沼慾斎『草木図説』　［内閣文庫］

イワガラミ　Schizophragma hydrangeoides Sieb.et Zucc.
「シーボルト「フローラ・ヤポニカ」日本植物誌」八坂書房　2000
◇図26（カラー）　Tsuru-demari　［国立国会図書館］
◇図100-I（カラー）　［国立国会図書館］

イワギキョウ　Campanula lasiocarpa Cham.
「須崎忠助植物画集」北海道大学出版会　2016
◇図24-47（カラー）　イワキキヨウ『大雪山植物其他』 7月21日　［北海道大学附属図書館］

イワギキョウ
「江戸の動植物図」朝日新聞社　1988
◇p76（カラー）　山本渓愚『動植物写生図譜』［山本読書室（京都）］

イワギボウシ　Hosta longipes
「花木真寫」淡交社　2005
◇図62（カラー）　擬寶珠　近衛予楽院家熙［（財）陽明文庫］

いわぎり
「高松松平家博物図譜 写生画帖 雑草」香川県立ミュージアム　2013
◇p85（カラー）　松平頼恭 江戸時代　紙本著色 画帖装（折本形式）　33.2×48.4　［個人蔵］

イワクロウメモドキ　Rhamnus parvitolia
「日本の博物図譜」東海大学出版会　2001
◇p107（白黒）　中井猛之進編，寺内萬治郎原図『朝鮮森林植物編 第九輯鼠李科』

いわざゝ
「高松松平家博物図譜 写生画帖 雑草」香川県立ミュージアム　2013
◇p14（カラー）　松平頼恭 江戸時代　紙本著色 画帖装（折本形式）　33.2×48.4　［個人蔵］

いわしのぶ
「高松松平家博物図譜 写生画帖 雑草」香川県立ミュージアム　2013
◇p71（カラー）　松平頼恭 江戸時代　紙本著色 画帖装（折本形式）　33.2×48.4　［個人蔵］

イワヅタ
⇒カウレルパ［イワヅタ］を見よ

イワチドリ
「高松松平家博物図譜 衆芳画譜 花卉 第四」香川県立ミュージアム　2010
◇p96（カラー）　松平頼恭 江戸時代　紙本著色 画帖装（折本形式）　33.0×48.2　［個人蔵］

岩チトリ草

「高松松平家博物図譜 衆芳画譜 花卉 第四」香川県立ミュージアム　2010
◇p62（カラー）　松平頼恭 江戸時代　紙本著色 画帖装（折本形式）　33.0×48.2　［個人蔵］

イワツツジ　Vaccinium praestans Lamb.

「須崎忠助植物画集」北海道大学出版会　2016
◇図10-21（カラー）　イハツヾジ『大雪山植物其他』 8月2日　［北海道大学附属図書館］

いわてしのぶ

「高松松平家博物図譜 写生画帖 雑草」香川県立ミュージアム　2013
◇p69（カラー）　松平頼恭 江戸時代　紙本著色 画帖装（折本形式）　33.2×48.4　［個人蔵］

いわな

「高松松平家博物図譜 写生画帖 雑草」香川県立ミュージアム　2013
◇p73（カラー）　松平頼恭 江戸時代　紙本著色 画帖装（折本形式）　33.2×48.4　［個人蔵］

イワナンテン　Leucothoe keiskei Miq.

「シーボルト日本植物図譜コレクション」小学館　2008
◇図3-123（カラー）　［Ericaceae］　清水東谷画　［1861］　和紙 墨 透明絵の具　28.8×38.7　［ロシア科学アカデミーコマロフ植物学研究所図書館］　※目録641 コレクションV 454/571

岩根絞

「日本椿集」平凡社　1966
◇図143（カラー）　津山尚著, 二口善雄画 1955

イワハギ

⇒シチョウゲ、イワハギを見よ

イワブクロ　Pennellianthus frutescens (Lamb.) Crosswh.

「須崎忠助植物画集」北海道大学出版会　2016
◇図25-50（カラー）　（たるまへ草 俗ニ）イワブクロ『大雪山植物其他』 7月16日　［北海道大学附属図書館］

いわふぢ

「高松松平家博物図譜 写生画帖 雑草」香川県立ミュージアム　2013
◇p81（カラー）　松平頼恭 江戸時代　紙本著色 画帖装（折本形式）　33.2×48.4　［個人蔵］

イワヤシダ　Diplazium cavalerianum

「日本の博物図譜」東海大学出版会　2001
◇図66（カラー）　牧野富太郎筆『新撰日本植物図説』　［高知県立牧野植物園］

イワヤシダ　Diplazium javanica subsp. cavaleriana

「牧野富太郎植物画集」ミュゼ　1999
◇p26（白黒）　1901頃（明治34）　ケント紙 墨（毛筆）　27.2×19.7

イワレンゲ　Orostachys malacophyllus (Pall.) Fisch.var.iwarenge (Makino) H.Ohba

「シーボルト日本植物図譜コレクション」小学館　2008
◇図3-107（カラー）　Sempervivum japonicum Sieb.varr.　清水東谷画［1861～ 1862頃］　和紙 透明・非透明絵の具 墨 白色塗料　28.8×37.6　［ロシア科学アカデミーコマロフ植物学研究所図書館］　※目録316 コレクションIV 474/435

インカルビレアの1種　Incarvillea sp.

「ビュフォンの博物誌」工作舎　1991
◇N121（カラー）『一般と個別の博物誌 ソンニーニ版』

イングリッシュ・アイリス　Iris latifolia

「美花選［普及版］」河出書房新社　2016
◇図19（カラー）　Iris Xiphium/Iris Xiphium　ルドゥーテ, ピエール＝ジョゼフ画 1827～1833　［コノサーズ・コレクション東京］

「ボタニカルアート 西洋の美花集」パイ インターナショナル　2010
◇p60（カラー）　ルドゥーテ, ピエール＝ジョセフ画・著『美花選』 1827～33　点刻銅版画多色刷一部手彩色

「ウィリアム・カーティス 花図譜」同朋舎出版　1994
◇236図（カラー）　Pyrenean Flag　エドワーズ, シデナム・ティースト画『カーティス・ボタニカル・マガジン』 1803

イングリッシュ・アイリス

「ユリ科植物図譜 1」学習研究社　1988
◇図122（カラー）　イリス・クシフィオイデス　ルドゥーテ, ピエール＝ジョセフ 1802～1815

イングリッシュ・アイリス

⇒イリス・クシフィオイデス（イングリッシュ・アイリス）を見よ

イングリッシュ・ブルーベル　Hyacinthioides non-scripta

「すごい博物画」グラフィック社　2017
◇図版44（カラー）　ドイツアヤメ、モンペリエ・ラナンキュラス、ターバン・ラナンキュラス、イングリッシュ・ブルーベル　マーシャル, アレクサンダー 1650～82頃　水彩　45.9×34.2　［ウィンザー城ロイヤル・ライブラリー］

インターフローラ　'Interflora'

「ばら花譜」平凡社　1983
◇PL.83（カラー）　Interview　二口善雄画, 鈴木省三, 籾山泰一著 1974　水彩

インディアン・チーフ　'Indian Chief'

「ばら花譜」平凡社　1983
◇PL.82（カラー）　二口善雄画, 鈴木省三, 籾山泰一著 1973　水彩

インディゴフェラ・ペンデューラ
Indigofera pendula

「植物精選百種図譜 博物画の至宝」平凡社 1996
◇pl.55（カラー） Indigofera トレウ, C.J., エーレト, G.D. 1750〜73

インドクワズイモ Alocasia macrorrhiza

「植物精選百種図譜 博物画の至宝」平凡社 1996
◇pl.56（カラー） Arum トレウ, C.J., エーレト, G.D. 1750〜73

インドソケイ（プルメリア） Plumeria rubra

「植物精選百種図譜 博物画の至宝」平凡社 1996
◇pl.41（カラー） Plumeria トレウ, C.J., エーレト, G.D. 1750〜73

【う】

ヴァージニア・ストック
⇒マルコミア・マリティマ（ヴァージニア・ストック）を見よ

ヴァリエガタ・ディ・ボローニャ
'Variegata di Bologna'

「ばら花譜」平凡社 1983
◇PL.40（カラー） 二口善雄画, 鈴木省三, 籾山泰一著 1975 水彩

ヴァレアナ・モンタナ Valeriana montata var.rotundifolia

「ウィリアム・カーティス 花図譜」同朋舎出版 1994
◇563図（カラー） Round-leaved Mountain Valerian カーティス, ウィリアム『カーティス・ボタニカル・マガジン』 1816

ヴァンダ・テレス Vanda teres

「花の王国 1」平凡社 1990
◇p125（カラー） 19世紀 ※掲載書不詳

ウィオラ・トリコロル

「フローラの庭園」八坂書房 2015
◇p67（カラー） マーシャル, アレクサンダー画『フラワー・ブック』 1680頃 水彩 紙 46.0×33.3 ［英国王室コレクション］

ヴィザ 'Visa'

「ばら花譜」平凡社 1983
◇PL.122（カラー） MEIred 二口善雄画, 鈴木省三, 籾山泰一著 1975 水彩

ウィセニア・マウラ

「ユリ科植物図譜 1」学習研究社 1988
◇図166（カラー） Witsenia maura ルドゥーテ, ピエール＝ジョセフ 1802〜1815

ウィセニア・マウラ（変種ラティフォーリア）

「ユリ科植物図譜 1」学習研究社 1988
◇図170（カラー） Witsenia maura var.latifolia ルドゥーテ, ピエール＝ジョセフ 1802〜1815

ウィブルヌム・ティヌス Viburnum tinus

「ウィリアム・カーティス 花図譜」同朋舎出版 1994
◇93図（カラー） Common Laurustinus サワビー, ジェームズ画『カーティス・ボタニカル・マガジン』 1788

ウィルモットユリ Lilium willmottiae

「ボタニカルアートの世界」朝日新聞社 1987
◇p30（カラー） スネリング, リリアン画『Supplement to Elwes' monograph of the genus Lilium』 1934〜40

ウィルモットユリ？ Lilium willmottiae ?

「植物精選百種図譜 博物画の至宝」平凡社 1996
◇pl.11（カラー） Lilium トレウ, C.J., エーレト, G.D. 1750〜73

ウィローオーク Quercus phellos

「すごい博物画」グラフィック社 2017
◇図版75（カラー） ハシジロキツツキとウィローオーク ケイツビー, マーク 1722〜26頃 ペンと茶色のインクの上にアラビアゴムを混ぜた水彩と濃厚顔料 37.5×27.1 ［ウィンザー城ロイヤル・ライブラリー］

ウィンナー・シャルム 'Wiener Charme'

「ばら花譜」平凡社 1983
◇PL.126（カラー） Charme de Vienne, Charming Vienna, Vienna Charm. 二口善雄画, 鈴木省三, 籾山泰一著 1975 水彩

ウェロニカ・カマエドリス

「フローラの庭園」八坂書房 2015
◇p75（カラー） キルバーン, ウィリアム原画, カーティス, ウィリアム『ロンドン植物誌』 1755〜77 銅版（エングレーヴィング） 手彩色 紙 47×28 ［大英図書館（ロンドン）］

ウクイスイタヤ

「高松松平家博物図譜 衆芳画譜 花果 第五」香川県立ミュージアム 2011
◇p37（カラー） 松平頼恭 江戸時代 紙本著色 画帖装（折本形式） 33.2×48.4 ［個人蔵］

うくゐすくさ

「高松松平家博物図譜 写生画帖 雑草」香川県立ミュージアム 2013
◇p31（カラー） 松平頼恭 江戸時代 紙本著色 画帖装（折本形式） 33.2×48.4 ［個人蔵］

うこぎ

「木の手帖」小学館 1991
◇図144（カラー） 五加・五加木 岩崎灌園『本草図譜』 文政11（1828） 約21×145 ［国立国会図書館］

鬱金　Prunus Lannesiana Wils. 'Grandiflora'
「日本桜集」平凡社　1973
◇Pl.131（カラー）　大井次三郎著, 太田洋愛画 1971写生　水彩

うさきがくれ
「高松松平家博物図譜 写生画帖 雑木」香川県立ミュージアム　2014
◇p87（カラー）　松平頼恭 江戸時代　紙本著色 画帖装（折本形式）　33.2×48.4　［個人蔵］　※表紙・裏表紙見返し墨書 安永6（1777）6月 程赤城筆

ウサギギク　Arnica unalascensis var. tschonoskyi
「四季草花譜」八坂書房　1988
◇図63（カラー）　飯沼慾斎筆『草木図説稿本』［個人蔵］

うしびたい
「高松松平家博物図譜 写生画帖 雑草」香川県立ミュージアム　2013
◇p55（カラー）　松平頼恭 江戸時代　紙本著色 画帖装（折本形式）　33.2×48.4　［個人蔵］

ウスイロシャクナゲ
「R・J・ソーントン フローラの神殿 新装版」リブロポート　1990
◇第19葉（カラー）　The Pontic Rhododendron　ライナグル, フィリップ画, ロッフェ, R.彫版, ソーントン, R.J. 1812　スティップル（濃緑色インク）

薄重大島　Prunus Lannesiana Wils. 'Semiplena'
「日本桜集」平凡社　1973
◇Pl.132（カラー）　大井次三郎著, 太田洋愛画 1972写生　水彩

ウスギズイセン
「カーティスの植物図譜」エンタプライズ　1987
◇図197（カラー）　Primrose Peerless『カーティスのボタニカルマガジン』　1787～1887

渦桜　Prunus Lannesiana Wils. 'Spiralis'
「日本桜集」平凡社　1973
◇Pl.133（カラー）　大井次三郎著, 太田洋愛画 1972写生　水彩

ウスベニアオイ
⇒コモンマローを見よ

ウダイカンバ　Betula maximowicziana Rgl.
「北海道主要樹木図譜［普及版］」北海道大学図書刊行会　1986
◇図25（カラー）　サイハダカンバ　須崎忠助 大正9（1920）～昭和6（1931）　［個人蔵］

歌枕
「日本椿集」平凡社　1966
◇図176（カラー）　津山尚著, 二口善雄画 1960

ウチヤウラン
「高松松平家博物図譜 衆芳画譜 花卉 第四」香川県立ミュージアム　2010
◇p100（カラー）　松平頼恭 江戸時代　紙本著色 画帖装（折本形式）　33.0×48.2　［個人蔵］

ウチワサボテン　Opuntia cochenillifera
「花の本 ボタニカルアートの庭」角川書店　2010
◇p114（カラー）　Prickly pear　Redouté, Pierre Joseph画, ド・カンドル, A.P.『多肉植物』 1799

ウチワサボテン　Opuntia ficus–indica (L.) Mill.
「花の肖像 ボタニカルアートの名品と歴史」創土社　2006
◇fig.97（カラー）　サフトルファン, ヘルマン『花と植物—オランダ王立博物館蔵絵画印刷物写真コレクション』 1994

ウチワサボテン
「美花図譜」八坂書房　1991
◇図60（カラー）　ウエインマン『花譜』 1736～1748　銅版刷手彩色　［群馬県館林市立図書館］
「花の王国 4」平凡社　1990
◇p10（白黒）　メリアン『樹木と植物の博物誌』

ウチワサボテン
⇒サボテン（ウチワサボテン）を見よ

ウチワサボテン属の1種　Opuntia sp.
「ボタニカルアートの世界」朝日新聞社　1987
◇p36（カラー）　ルドゥテ画『Plantarum historia succulentarum』 1799～1804

ウチワサボテンの1種　Opuntia ficus–indica
「図説 ボタニカルアート」河出書房新社　2010
◇p94（白黒）　サフトルファン画　［王立オランダ美術館］

ウチワサボテンの1種　Opuntia sp.
「図説 ボタニカルアート」河出書房新社　2010
◇p47（カラー）　Cactus opuntia polyanthos　ルドゥーテ画, ドゥ・カンドル『多肉植物誌』 1799～1804
「ビュフォンの博物誌」工作舎　1991
◇N130（カラー）『一般と個別の博物誌 ソンニーニ版』

ウチワサボテンの1種　Opuntia tuna (L.) Mill.
「花の肖像 ボタニカルアートの名品と歴史」創土社　2006
◇fig.25（カラー）　ルドゥーテ画『多肉植物図譜』

ウチワマンネンスギ　Lycopodium obscurum forma flabellatum
「花彙 上」八坂書房　1977
◇図92（白黒）　玉遂　小野蘭山, 島田充房 明和2（1765）　26.5×18.5　［国立公文書館・内閣文庫］

うつぎ
「木の手帖」小学館　1991
◇図72（カラー）　空木・卯木　岩崎灌園『本草図譜』　文政11（1828）　約21×145　［国立国会図書館］

ウツギ　Deutzia crenata Sieb.et Zucc.
「シーボルト「フローラ・ヤポニカ」 日本植物誌」八坂書房　2000
◇図6（カラー）　［国立国会図書館］

ウツギ
⇒ドイツィア・クレナタ（ウツギ）を見よ

うつぎのみ
「高松松平家博物図譜 写生画帖 雑木」香川県立ミュージアム　2014
◇p70（カラー）　松平頼恭 江戸時代　紙本著色 画帖装（折本形式）　33.2×48.4　［個人蔵］　※表紙・裏表紙見返し墨書 安永6（1777）6月 程赤城筆

空蟬
「日本椿集」平凡社　1966
◇図75（カラー）　津山尚著，二口善雄画 1955

ウツボカズラ　Nepenthes ampullaria
「花の王国 4」平凡社　1990
◇p123（カラー）　テミンク，C.J.『蘭領インド自然誌』　1839～44　手彩色石版

ウツボカズラ　Ncpcnthes gymnamphora
「花の王国 4」平凡社　1990
◇p122（カラー）　テミンク，C.J.『蘭領インド自然誌』　1839～44　手彩色石版

ウツボカズラ
⇒ネーペンテス［ウツボカズラ］を見よ

うつぼぐさ
「野の草の手帖」小学館　1989
◇p80（カラー）　靫草　岩崎常正（灌園）『本草図譜』　文政11（1828）　［国立国会図書館］

ウツボグサ　Prunella vulgaris subsp.asiatica
「江戸博物文庫 花草の巻」工作舎　2017
◇p53（カラー）　靫草　岩崎灌園『本草図譜』　［東京大学大学院理学系研究科附属植物園（小石川植物園）］

ウツボグサ　Prunella vulgaris var.lilacina
「四季草花譜」八坂書房　1988
◇図54（カラー）　飯沼慾斎筆『草木図説稿本』　［個人蔵］

ウド　Aralia cordata Thunb.
「シーボルト「フローラ・ヤポニカ」 日本植物誌」八坂書房　2000
◇図25（カラー）　Udo　［国立国会図書館］

ウナギツカミ　Persicaria sagittata（L.）H. Gross ex Loesn.f.aestiva（Ohki）H.Hara
「シーボルト日本植物図譜コレクション」小学館　2008
◇図1-64（カラー）　Polygonum　シーボルト，フィリップ・フランツ・フォン監修［1820～1825頃］　和紙 透明絵の具 墨 白色塗料　12.6×31.1　［ロシア科学アカデミーコマロフ植物学研究所図書館］　※Bidens No.675/583とつながっている.目録112 コレクションVI 675/724

ウバタマ　Lophophora williamsii Coult.
「カーティスの植物図譜」エンタプライズ　1987
◇図4296（カラー）　Echinocactus Williamsii Lem.ex Salm-Dyck『カーティスのボタニカルマガジン』　1787～1887

うはゆり
「高松松平家博物図譜 写生画帖 雑草」香川県立ミュージアム　2013
◇p46（カラー）　松平頼恭 江戸時代　紙本著色 画帖装（折本形式）　33.2×48.4　［個人蔵］

ウバユリ　Cardiocrinum cordatum（Thunb.ex Murray）Makino
「シーボルト「フローラ・ヤポニカ」 日本植物誌」八坂書房　2000
◇図13-II，14（カラー）　Gawa-juri，Ubajuri　［国立国会図書館］

ウブラリア・ペルフォリアータ
「ユリ科植物図譜 2」学習研究社　1988
◇図210（カラー）　Uvularia perfoliata　ルドゥーテ，ピエール＝ジョセフ 1802～1815

ウベ
⇒ムベ・トキワアケビ・ウベを見よ

うまごやし
「野の草の手帖」小学館　1989
◇p81（カラー）　馬肥・苜蓿　岩崎常正（灌園）『本草図譜』　文政11（1828）　［国立国会図書館］

ウマゴヤシ　Medicago polymorpha L.
「シーボルト日本植物図譜コレクション」小学館　2008
◇図1-52（カラー）　Medicago sp.　シーボルト，フィリップ・フランツ・フォン監修［1820頃］　透明絵の具 墨　14.9×21.2，11.5×17.5　［ロシア科学アカデミーコマロフ植物学研究所図書館］　※目録456 コレクションIII［648］/342

ウマゴヤシ
「彩色 江戸博物学集成」平凡社　1994
◇p350（カラー）　前田利保『信筆鳩識』　［杏雨書屋］

うまのあしがた　Ranunculus japonicus
「草木写生 春の巻」ピエ・ブックス　2010
◇p242～243（カラー）　馬の足形　狩野織染藤原重賢 明暦3（1657）～元禄12（1699）　［国立国会図書館］

うまのあしがた
「野の草の手帖」小学館　1989
◇p11（カラー）　馬足形・毛茛　岩崎常正（灌園）

『本草図譜』 文政11(1828) [国立国会図書館]

ウマノアシガタ Ranunculus japonicus

「江戸博物文庫 花草の巻」工作舎 2017

◇p120(カラー) 馬の足形(金鳳花) 岩崎灌園『本草図譜』 [東京大学大学院理学系研究科附属植物園(小石川植物園)]

ウマノアシガタ Ranunculus japonicus Thunb.

「岩崎灌園の草花写生」たにぐち書店 2013

◇p70(カラー) 毛茛 [個人蔵]

ウマノスズクサ属2種

「美花図譜」八坂書房 1991

◇図7(カラー) ウエインマン『花譜』 1736〜1748 銅版刷手彩色 [群馬県館林市立図書館]

ウマノスズクサの1種 Aristolochia sp.

「ビュフォンの博物誌」工作舎 1991

◇N074(カラー)『一般と個別の博物誌 ソンニーニ版』

ウマノミツバの1種 Sanicula sp.

「ビュフォンの博物誌」工作舎 1991

◇N126(カラー)『一般と個別の博物誌 ソンニーニ版』

うめ Prunus mume

「草木写生 春の巻」ピエ・ブックス 2010

◇p42〜43(カラー) 梅 狩野織染藤原重賢 明暦3(1657)〜元禄12(1699) [国立国会図書館]

うめ

「木の手帖」小学館 1991

◇図75(カラー) 梅 岩崎灌園『本草図譜』 文政11(1828) 約21×145 [国立国会図書館]

ウメ Prunus mume

「牧野富太郎植物画集」ミュゼ 1999

◇p56(白黒) ケント紙 墨(毛筆) 19.2×13.7

ウメ Prunus mume Siebold & Zucc.

「シーボルト日本植物図譜コレクション」小学館 2008

◇図3-93(カラー) Prunus mume Sieb.et Zucc. [川原慶賀]画 紙 透明絵の具 墨 白色塗料 23.2×33.0 [ロシア科学アカデミーコマロフ植物学研究所図書館] ※目録406 コレクションIII 91/304

◇図3-94(カラー) Prunus mume Sieb.et Zucc. var.kobai 川原慶賀画 紙 透明絵の具 墨 23.3×32.9 [ロシア科学アカデミーコマロフ植物学研究所図書館] ※目録407 コレクションIII 416/305

◇図3-95(カラー) Prunus mume Sieb.et Zucc. [Minsinger, S.]画 紙 水彩 グワッシュ 白色塗料 墨 鉛筆 24.3×31.0 [ロシア科学アカデミーコマロフ植物学研究所図書館] ※目録408 コレクションIII 839/306

「シーボルト「フローラ・ヤポニカ」 日本植物誌」八坂書房 2000

◇図11(カラー) Mume [国立国会図書館]

ウメバチソウ Parnassia palustris

「牧野富太郎植物画集」ミュゼ 1999

◇p33(白黒) 1882(明治15) 和紙 墨(毛筆) 40.7×27.4

ウメバチソウ Parnassia palustris L.

「須崎忠助植物画集」北海道大学出版会 2016

◇図29-56(カラー) うめばち草『大雪山植物其他』 大正2 [北海道大学附属図書館]

ウメバチソウ

「ボタニカルアート 西洋の美花集」パイ インターナショナル 2010

◇p188(カラー) ラウドン, ジェーン・ウェルズ画・著『英国の野草』 1846 石版画 手彩色

ウメバチソウの1種 Parnassia sp.

「ビュフォンの博物誌」工作舎 1991

◇N140(カラー)『一般と個別の博物誌 ソンニーニ版』

うらしまそう

「野の草の手帖」小学館 1989

◇p13(カラー) 浦島草 岩崎常正(灌園)『本草図譜』 文政11(1828) [国立国会図書館]

ウラシマソウ Arisaema urashima

「江戸博物文庫 花草の巻」工作舎 2017

◇p108(カラー) 浦島草 岩崎灌園『本草図譜』 [東京大学大学院理学系研究科附属植物園(小石川植物園)]

「四季草花譜」八坂書房 1988

◇図76(カラー) 飯沼慾斎筆『草木図説稿本』 [個人蔵]

ウラシマソウ Arisaema urashima Hara

「高木春山 本草図説 1」リブロポート 1988

◇図13(カラー)

ウラジロガシ Quercus salicina Blume

「シーボルト日本植物図譜コレクション」小学館 2008

◇図3-131(カラー) Quercus salicifolia Sieb. 清水東谷画 [1862] 紙 透明絵の具 墨 白色塗料 29.6×42.0 [ロシア科学アカデミーコマロフ植物学研究所図書館] ※目録89 コレクションVII /806

ウラジロタデ Aconogonon weyrichii (F. Schmidt) H.Hara

「須崎忠助植物画集」北海道大学出版会 2016

◇図53-83(カラー)『大雪山植物其他』 8月3日 [北海道大学附属図書館]

ウラジロノキ

「ボタニカルアートの世界」朝日新聞社 1987

◇p133右(カラー) 丸山宣光画, 白沢保美編著『日本森林樹木図譜』 1914

ウラジロモミ　Abies homolepis
「花の王国 3」平凡社　1990
◇p117（カラー）　ジョーム・サンティレール『フランスの植物』 1805～09　彩色銅版画

ウラジロモミ　Abies homolepis Sieb.et Zucc.
「シーボルト「フローラ・ヤポニカ」 日本植物誌」八坂書房　2000
◇図108（白黒）　Sjura momi, またはûra siro momi ［国立国会図書館］

うらみひば
「高松松平家博物図譜 写生画帖 雑木」香川県立ミュージアム　2014
◇p85（カラー）　松平頼恭 江戸時代　紙本著色 画帖装（折本形式）　33.2×48.4 ［個人蔵］ ※表紙・裏表紙見返し墨書 安永6（1777）6月 程赤城筆

ウリカエデ　Acer crataegifolium Sieb.et Zucc.
「シーボルト「フローラ・ヤポニカ」 日本植物誌」八坂書房　2000
◇図147（白黒）　Urino Gade, Kara Kogi ［国立国会図書館］

ウリセッコク
「カーティスの植物図譜」エンタプライズ　1987
◇図4619（カラー）　Dendrobium cucumerinum W.McLeay『カーティスのボタニカルマガジン』 1787～1887

うりのき
「高松松平家博物図譜 写生画帖 雑木」香川県立ミュージアム　2014
◇p22（カラー）　松平頼恭 江戸時代　紙本著色 画帖装（折本形式）　33.2×48.4 ［個人蔵］ ※表紙・裏表紙見返し墨書 安永6（1777）6月 程赤城筆

ウリノキ　Alangium platanifolium var. trilobum
「花彙 下」八坂書房　1977
◇図144（白黒）　大空　小野蘭山, 島田充房 明和2（1765）　26.5×18.5 ［国立公文書館・内閣文庫］

ウリハダカエデ　Acer rufinerve Sieb.et Zucc.
「シーボルト「フローラ・ヤポニカ」 日本植物誌」八坂書房　2000
◇図148（カラー）　Kusi noki ［国立国会図書館］

うるし
「木の手帖」小学館　1991
◇図114（カラー）　漆　岩崎灌園『本草図譜』 文政11（1828）　約21×145 ［国立国会図書館］

ウルシの1種　Rhus toxicodendron
「花の王国 3」平凡社　1990
◇p106（カラー）　ショームトン他編, テュルパン, P.J.F.図『薬用植物事典』 1833～35

ウルシの1種　Rhus typhynum
「花の王国 3」平凡社　1990
◇p106（カラー）　ジョーム・サンティレール『フランスの植物』 1805～09　彩色銅版画

ウーレティア・オドラティッシマ・アンティオキエンシス　Houlletia odoratissima var. antioquiensis
「蘭百花図譜」八坂書房　2002
◇p101（カラー）　ワーナー, ロバート著, フィッチ, J.N.画『オーキッド・アルバム』 1882～97 石版刷

ウワミズザクラ　Prunus grayana Maxim.
「北海道主要樹木図譜［普及版］」北海道大学図書刊行会　1986
◇図56（カラー）　須崎忠助 大正9（1920）～昭和6（1931） ［個人蔵］

ウンラン　Linaria cymbalaria
「ボタニカルアートの世界」朝日新聞社　1987
◇p84上右（カラー）　テリー画『A Vicotorian flower album』 1873

ウンランの1種　Linaria sp.
「ビュフォンの博物誌」工作舎　1991
◇N116（カラー）『一般と個別の博物誌 ソンニーニ版』

【え】

永源寺　Prunus Lannesiana Wils. ‘Eigenji’
「日本桜集」平凡社　1973
◇Pl.21（カラー）　大井次三郎著, 太田洋愛画 1972写生　水彩

エイザンスギ　Cryptomeria japonica（L.f.）D. Don ‘Uncinata’
「シーボルト「フローラ・ヤポニカ」 日本植物誌」八坂書房　2000
◇図124b（白黒）　Jeisansugi ［国立国会図書館］

エイザンスミレ　Viola eizanensis Makino
「岩崎灌園の草花写生」たにぐち書店　2013
◇p62（カラー）　胡菫 ［個人蔵］

永楽
「日本椿集」平凡社　1966
◇図133（カラー）　津山尚著, 二口善雄画 1965

ヱイラン
「高松松平家博物図譜 衆芳画譜 花卉 第四」香川県立ミュージアム　2010
◇p63（カラー）　松平頼恭 江戸時代　紙本著色 画帖装（折本形式）　33.0×48.2 ［個人蔵］

エヴァブルーミング・ブレイズ　‘Everblooming Blaze’
「ばら花譜」平凡社　1983
◇PL.157（カラー）　二口善雄画, 鈴木省三, 籾山泰一著 1977　水彩

エウオニムス・ラティフォリウス
Euonymus latifolius
「ウィリアム・カーティス 花図譜」同朋舎出版 1994
◇101図（カラー） Broad-leaved Spindle-tree カーティス, ジョン画『カーティス・ボタニカル・マガジン』 1823

エウコミス・レギア
「ユリ科植物図譜 2」学習研究社 1988
◇図7（カラー） Eucomis regia ルドゥーテ, ピエール＝ジョセフ 1802～1815

エウロフィア・ギネーンシス・プルプラタ
Eulophia guineensis var.purpurata
「蘭百花図譜」八坂書房 2002
◇p100（カラー） ワーナー, ロバート著, フィッチ, J.N.画『オーキッド・アルバム』 1882～97 石版刷

エオニア・オンシディフロラ Oeonia oncidiflora Krzl.
「蘭花譜」平凡社 1974
◇Pl.131-2（カラー） 加藤光治著, 二口善雄画 1970写生

エオニエラ・ポリスタキス Oeoniella polystachys (Thou.) Schltr.
「蘭花譜」平凡社 1974
◇Pl.131-3（カラー） 加藤光治著, 二口善雄画 1970写生

エキナケア Echinacea purpurea
「花の本 ボタニカルアートの庭」角川書店 2010
◇p101（カラー） Purple coneflower Curtis, William『ボタニカルマガジン』 1787～

エクメア・ファスキアタ Aechmea fasciata
「花の王国 1」平凡社 1990
◇p26（カラー） ルメール, シャイトヴァイラー, ファン・ホーテ著, セヴェリン図『ヨーロッパの温室と庭園の花々』 1845～60 色刷り石版

エクリプス 'Eclipse'
「ばら花譜」平凡社 1983
◇PL.77（カラー） 二口善雄画, 鈴木省三, 籾山泰一著 1977 水彩

エケアンディア・テルニフローラ
「ユリ科植物図譜 2」学習研究社 1988
◇図10（カラー） Echeandia terniflora ルドゥーテ, ピエール＝ジョセフ 1802～1815

ゑご
「高松松平家博物図譜 写生画帖 雑木」香川県立ミュージアム 2014
◇p67（カラー） 松平頼恭 江戸時代 紙本著色 画帖装（折本形式） 33.2×48.4 ［個人蔵］ ※表紙・裏表紙見返し墨書 安永6（1777）6月 程赤城筆

えごのき
「木の手帖」小学館 1991
◇図152（カラー） 岩崎灌園『本草図譜』 文政11（1828） 約21×145 ［国立国会図書館］

エゴノキ Styrax japonica Siebold & Zucc.
「シーボルト日本植物図譜コレクション」小学館 2008
◇図3-34（カラー） Styrax japonicum Sieb.et Zucc. 川原慶賀画 紙 透明絵の具 墨 24.0×31.9 ［ロシア科学アカデミーコマロフ植物学研究所図書館］ ※目録665 コレクションV 365/649
「シーボルト「フローラ・ヤポニカ」 日本植物誌」八坂書房 2000
◇図23（カラー） Tsisjano-ki ［国立国会図書館］
「北海道主要樹木図譜［普及版］」北海道大学図書刊行会 1986
◇図83（カラー） Styrax japonicus Sieb.et Zucc. 須崎忠助 大正9（1920）～昭和6（1931） ［個人蔵］

エゴノキ
「彩色 江戸博物学集成」平凡社 1994
◇p66～67（カラー） こやすの木 丹羽正伯『筑前国産物絵図帳』 ［福岡県立図書館］

エジプト・スイレン Nymphaea
「ボタニカルアート 西洋の美花集」パイ インターナショナル 2010
◇p73（カラー） ヘンダーソン画, ソーントン, ロバート・ジョン編『フローラの神殿：リンネのセクシャル・システム新図解』 1804 銅版画多色刷 一部手彩色 ［町田市立国際版画美術館］

エジプト睡蓮
「R・J・ソーントン フローラの神殿 新装版」リブロポート 1990
◇第28葉（カラー） The Blue Egyptian Water Lily ヘンダーソン, ピーター画, スタドラー彫版, ソーントン, R.J. 1812 アクアチント（緑, 青, 茶色インク） 手彩色仕上げ

エジプト・ハス Nelumbo
「ボタニカルアート 西洋の美花集」パイ インターナショナル 2010
◇p81（カラー） ヘンダーソン画, ソーントン, ロバート・ジョン編『フローラの神殿：リンネのセクシャル・システム新図解』 1804 銅版画多色刷 一部手彩色 ［町田市立国際版画美術館］

エジプト・ハス
「R・J・ソーントン フローラの神殿 新装版」リブロポート 1990
◇第27葉（カラー） The Sacred Egyptian Bean ヘンダーソン, ピーター画, キリー彫版, ソーントン, R.J. 1811 メゾチント（黄, 紫, 緑, 青色インク） 手彩色仕上げ

エジプトロータス Nymphaea caerulea
「花の王国 1」平凡社 1990

◇p60（カラー）　ドラピエ, P.A.J., ベッサ, パンクラース原図『園芸家・愛好家・工業家のための植物誌』 1836　手彩色図版

エゾウスユキソウ　Leontopodium discolor Beauverd

「須崎忠助植物画集」北海道大学出版会　2016

◇図22-44（カラー）　レフンウスユキサウ『大雪山植物其他』 6月11日　［北海道大学附属図書館］

エゾエノキ　Celtis jessoensis Koidz.

「北海道主要樹木図譜［普及版］」北海道大学図書刊行会　1986

◇図40（カラー）　Celtis bungeana Bl.var. jassoensis Miyabe et Kudo　須崎忠助　大正9（1920）～昭和6（1931）　［個人蔵］

エゾオオサクラソウ　Primula jesoana Miq. var.pubescens (Takeda) Takeda et H.Hara

「須崎忠助植物画集」北海道大学出版会　2016

◇図37-66（カラー）　おほさくらさう『大雪山植物其他』 昭和2　［北海道大学附属図書館］

エゾオヤマリンドウ　Gentiana triflora Pall. var.japonica (Kusn.) H.Hara f.montana (H. Hara) Toyok.et Tanaka

「須崎忠助植物画集」北海道大学出版会　2016

◇図17-33（カラー）　オヤマリンダウ『大雪山植物其他』 7月27日　［北海道大学附属図書館］

エゾカラマツ　Thalictrum sachalinense Lecoy.

「須崎忠助植物画集」北海道大学出版会　2016

◇図15-29（カラー）　チシマカラマツサウ『大雪山植物其他』 6月8日　［北海道大学附属図書館］

エゾギク　Callystephus chinensis (L.) Nees

「岩崎灌園の草花写生」たにぐち書店　2013

◇p102（カラー）　藍菊　［個人蔵］

エゾギク（アスター）　Callistephus chinensis

「花の王国 1」平凡社　1990

◇p25（カラー）　ルソー, J.J., ルドゥーテ『植物学』 1805

エゾスカシユリ　Lilium dauricum

「ウィリアム・カーティス 花図譜」同朋舎出版　1994

◇357図（カラー）　Pennsylvanian Lily　エドワーズ, シデナム・ティースト画『カーティス・ボタニカル・マガジン』 1805

ヱゾスミレ

「高松松平家博物図譜 衆芳画譜 花卉 第四」香川県立ミュージアム　2010

◇p22（カラー）　松平頼恭　江戸時代　紙本著色 画帖装（折本形式）　33.0×48.2　［個人蔵］

エゾタカネツメクサ　Minuartia arctica (Steven ex Ser.) Graebn.

「須崎忠助植物画集」北海道大学出版会　2016

◇図27-53（カラー）　タカネツメクサ『大雪山植物其他』 7月1日　［北海道大学附属図書館］

エゾタチツボスミレ

「ボタニカルアート 西洋の美花集」パイ インターナショナル　2010

◇p189（カラー）　ラウドン, ジェーン・ウェルズ画・著『英国の野草』 1846　石版画 手彩色

エゾタンポポ　Taraxacum hondoense

「日本の博物図譜」東海大学出版会　2001

◇図16（カラー）　関根雲停筆　［高知県立牧野植物園］

エゾツツジ　Therorhodion camtschaticum (Pall.) Small

「須崎忠助植物画集」北海道大学出版会　2016

◇図16-30（カラー）　エゾツヽジ『大雪山植物其他』 6月4日　［北海道大学附属図書館］

エゾデンダの1種　Polypodium

「ビュフォンの博物誌」工作舎　1991

◇N024（カラー）『一般と個別の博物誌 ソンニーニ版』

蝦夷錦

「日本椿集」平凡社　1966

◇図8（カラー）　津山尚著, 二口善雄画 1961,1957

エゾノウワミズザクラ　Prunus padus L.

「北海道主要樹木図譜［普及版］」北海道大学図書刊行会　1986

◇図55（カラー）　須崎忠助　大正9（1920）～昭和6（1931）　［個人蔵］

エゾノカワヤナギ　Salix miyabeana Seem.

「北海道主要樹木図譜［普及版］」北海道大学図書刊行会　1986

◇図19（カラー）　須崎忠助　大正9（1920）～昭和6（1931）　［個人蔵］

エゾノキヌヤナギ　Salix pet-susu Kimura

「北海道主要樹木図譜［普及版］」北海道大学図書刊行会　1986

◇図17（カラー）　キヌヤナギ　須崎忠助　大正9（1920）～昭和6（1931）　［個人蔵］

エゾノコリンゴ　Malus baccata Borkh.var. mandshurica C.K.Schn.

「北海道主要樹木図譜［普及版］」北海道大学図書刊行会　1986

◇図47（カラー）　須崎忠助　大正9（1920）～昭和6（1931）　［個人蔵］

エゾノツガザクラ　Phyllodoce caerulea (L.) Bab.

「須崎忠助植物画集」北海道大学出版会　2016

◇図58-90（カラー）『大雪山植物其他』　［北海道大学附属図書館］

エゾハナシノブ　Polemonium yezoense

「江戸博物文庫 花草の巻」工作舎　2017

◇p84（カラー）　蝦夷花忍　岩崎灌園『本草図譜』　［東京大学大学院理学系研究科附属植物園（小石

川植物園)]

エゾマツ　Picea jezoensis (Sieb.et Zucc.) Carr.
「シーボルト「フローラ・ヤポニカ」日本植物誌」八坂書房　2000
◇図110(白黒)　Jezo-matsu.アイヌ語名は, SjungまたはSirobe　[国立国会図書館]

エゾミヤマクワガタ　Veronica schmidtiana Regel subsp.senanensis (Maxim.) Kitam.et Murata var.yezoalpina (Koidz.ex H.Hara) T. Yamaz.
「須崎忠助植物画集」北海道大学出版会　2016
◇図1-1(カラー)　みやまくはがた まるはくはがた『大雪山植物其他』　[北海道大学附属図書館]

エゾムラサキツツジ　Rhododendron dauricum
「ウィリアム・カーティス 花図譜」同朋舎出版　1994
◇163図(カラー)　Dotted-leaved Rhododendron エドワーズ, シデナム・ティースト画『カーティス・ボタニカル・マガジン』　1803

エゾヤナギ　Salix rorida Lacks.
「北海道主要樹木図譜[普及版]」北海道大学図書刊行会　1986
◇図16(カラー)　須崎忠助 大正9(1920)～昭和6(1931)　[個人蔵]

エゾヤマザクラ　Prunus Sargentii Rehder
「北海道主要樹木図譜[普及版]」北海道大学図書刊行会　1986
◇図53(カラー)　須崎忠助 大正9(1920)～昭和6(1931)　[個人蔵]
「日本桜集」平凡社　1973
◇Pl.145(カラー)　大井次三郎著, 太田洋愛画 1971写生　水彩

「エゾリンドウ」　Gentiana triflora Pall.var. japonica (Kusn.) H.Hara
「須崎忠助植物画集」北海道大学出版会　2016
◇図52-82(カラー)『大雪山植物其他』　7月30日 [北海道大学附属図書館]

エドヒガン　Prunus pendula Maxim.form. ascendens (Makino) Ohwi
「シーボルト日本植物図譜コレクション」小学館　2008
◇図3-110(カラー)　Cerasus pendula var. higansakura Sieb.　清水東谷画　[1862]　紙 透明絵の具 墨 白色塗料　29.4×41.7　[ロシア科学アカデミーコマロフ植物学研究所図書館]　※目録410 コレクションIII 446/296
「日本桜集」平凡社　1973
◇図144(カラー)　根尾谷淡墨桜, 山高神代桜　大井次三郎著, 太田洋愛画 1965,1969,1970写生 水彩

ヱニスタ
「高松松平家博物図譜 衆芳画譜 花果 第五」香川県立ミュージアム　2011
◇p62(カラー)　松平頼恭 江戸時代　紙本著色 画帖装(折本形式)　33.2×48.4　[個人蔵]

ゑのきのほや
「高松松平家博物図譜 写生画帖 雑木」香川県立ミュージアム　2014
◇p64(カラー)　松平頼恭 江戸時代　紙本著色 画帖装(折本形式)　33.2×48.4　[個人蔵]　※表紙・裏表紙見返し墨書 安永6(1777)6月 程赤城筆

えのころぐさ
「野の草の手帖」小学館　1989
◇p165(カラー)　狗児草　岩崎常正(灌園)『本草図譜』　文政11(1828)　[国立国会図書館]

エノコログサ　Setaria viridis
「江戸博物文庫 花草の巻」工作舎　2017
◇p90(カラー)　狗尾草　岩崎灌園『本草図譜』[東京大学大学院理学系研究科附属植物園(小石川植物園)]

エビスグサ　Senna obtusifolia
「江戸博物文庫 花草の巻」工作舎　2017
◇p82(カラー)　夷草　岩崎灌園『本草図譜』[東京大学大学院理学系研究科附属植物園(小石川植物園)]

エビスグサ
「彩色 江戸博物学集成」平凡社　1994
◇p26(カラー)　貝原益軒『大和本草諸品図』

ヱヒスクスリ
「高松松平家博物図譜 衆芳画譜 花卉 第四」香川県立ミュージアム　2010
◇p17(カラー)　松平頼恭 江戸時代　紙本著色 画帖装(折本形式)　33.0×48.2　[個人蔵]

エビヅル　Vitis thunbergii
「日本の博物図譜」東海大学出版会　2001
◇p103(白黒)　池田瑞月筆『草木写生画巻』[個人蔵]

エピデンドラム・アトロプルプレウム　Epidendrum atropurpureum Willd. (Encyclia atropurpurea Schltr.)
「蘭花譜」平凡社　1974
◇Pl.30-1(カラー)　加藤光治著, 二口善雄画 1968写生

エピデンドラム・アトロプルプレウム・ロゼウム　Epidendrum atropurpureum Willd. var.roseum Rchb.f.
「蘭花譜」平凡社　1974
◇Pl.30-2～3(カラー)　加藤光治著, 二口善雄画 1968,1941写生

エピデンドラム・アロマチカム　Epidendrum aromaticum Batem.
「蘭花譜」平凡社　1974
◇Pl.31-2(カラー)　加藤光治著, 二口善雄画 1969写生

エピデンドラム・クネミドホラム
Epidendrum cnemidophorum Ldl.
「蘭花譜」平凡社　1974
◇Pl.33-2（カラー）　加藤光治著, 二口善雄画 1966写生

エピデンドラム・コクレアタム
Epidendrum cochleatum L.
「蘭花譜」平凡社　1974
◇Pl.33-1（カラー）　加藤光治著, 二口善雄画 1968写生

エピデンドラム・シリアレ　Epidendrum ciliare L.
「蘭花譜」平凡社　1974
◇Pl.24-3（カラー）　加藤光治著, 二口善雄画 1940写生

エピデンドラム・スキンネリ　Epidendrum Skinneri Batem.（Barkeria Skinneri Ldl.）
「蘭花譜」平凡社　1974
◇Pl.31-4（カラー）　加藤光治著, 二口善雄画 1972写生

エピデンドラム・スタンホーディアナム
Epidendrum Stamfordianum Batem.
「蘭花譜」平凡社　1974
◇Pl.26-1〜2（カラー）　加藤光治著, 二口善雄画 1969,1968写生

エピデンドラム・タンペンス　Epidendrum tampense Ldl.（Encyclia tampensis Small）
「蘭花譜」平凡社　1974
◇Pl.27-3（カラー）　加藤光治著, 二口善雄画 1969写生

エピデンドラム・ディクロマム　Epidendrum dichromum Ldl.（Encyclia dichroma Schltr.）
「蘭花譜」平凡社　1974
◇Pl.29-2（カラー）　加藤光治著, 二口善雄画 1969写生

エピデンドラム・ネモラール　Epidendrum nemorale Ldl.（Encyclia nemoralis Schltr.）
「蘭花譜」平凡社　1974
◇Pl.29-1（カラー）　加藤光治著, 二口善雄画 1969写生

エピデンドラム・パーキンソニアナム
Epidendrum Parkinsonianum Hk.
「蘭花譜」平凡社　1974
◇Pl.26-4（カラー）　加藤光治著, 二口善雄画 1969写生

エピデンドラム・バーベイアナム
Epidendrum barbeyanum Krzl.
「蘭花譜」平凡社　1974
◇Pl.27-1（カラー）　加藤光治著, 二口善雄画 1968写生

エピデンドラム・ビテリナム　Epidendrum vitellinum Ldl.
「蘭花譜」平凡社　1974
◇Pl.25-2（カラー）　加藤光治著, 二口善雄画 1942写生

エピデンドラム・ビリディフロラム
Epidendrum viridiflorum Ldl.
「蘭花譜」平凡社　1974
◇Pl.28-3（カラー）　加藤光治著, 二口善雄画 1970写生

エピデンドラム・ビレンス　Epidendrum virens Ldl.
「蘭花譜」平凡社　1974
◇Pl.28-1（カラー）　加藤光治著, 二口善雄画 1970写生

エピデンドラム・ファスチギアタム
Epidendrum fastigiatum Ldl.
「蘭花譜」平凡社　1974
◇Pl.28-4（カラー）　加藤光治著, 二口善雄画 1971写生

エピデンドラム・ファルカタム
Epidendrum falcatum Ldl.
「蘭花譜」平凡社　1974
◇Pl.26-3（カラー）　加藤光治著, 二口善雄画 1942写生

エピデンドラム・ブーシイ　Epidendrum Boothii（Ldl.）L.O.Wms.
「蘭花譜」平凡社　1974
◇Pl.25-6（カラー）　加藤光治著, 二口善雄画 1971写生

エピデンドラム・ブラクテアタム
Epidendrum bracteatum Rodrig.
「蘭花譜」平凡社　1974
◇Pl.28-2（カラー）　加藤光治著, 二口善雄画 1969写生

エピデンドラム・フラグランス
Epidendrum fragrans Sw.
「蘭花譜」平凡社　1974
◇Pl.32-1（カラー）　加藤光治著, 二口善雄画 1969写生

エピデンドラム・ブラサボレー
Epidendrum Brassavolae Rchb.f.
「蘭花譜」平凡社　1974
◇Pl.32-2〜3（カラー）　緑白花　加藤光治著, 二口善雄画 1941,1970写生

エピデンドラム・プリズマトカーパム
Epidendrum prismatocarpum Rchb.f.
「蘭花譜」平凡社　1974
◇Pl.27-2（カラー）　加藤光治著, 二口善雄画 1968写生

エピデンドラム・フロリバンダム
Epidendrum floribundum HBK
「蘭花譜」平凡社 1974
◇Pl.25–4(カラー) 加藤光治著, 二口善雄画 1971写生

エピデンドラム・ベスパ Epidendrum Vespa Vell.
「蘭花譜」平凡社 1974
◇Pl.33–4(カラー) 加藤光治著, 二口善雄画 1971写生

エピデンドラム・ペントチス Epidendrum pentotis Rchb.f.
「蘭花譜」平凡社 1974
◇Pl.32–5(カラー) 加藤光治著, 二口善雄画 1968写生

エピデンドラム・ポーパックス
Epidendrum porpax Rchb.f.
「蘭花譜」平凡社 1974
◇Pl.25–5(カラー) 加藤光治著, 二口善雄画 1969写生

エピデンドラム・ポリブルボン Epidendrum polybulbon Sw. (Dinema polybulbon Ldl.)
「蘭花譜」平凡社 1974
◇Pl.33–5(カラー) 加藤光治著, 二口善雄画 1971写生

エピデンドラム・マリエ Epidendrum Mariae Ames
「蘭花譜」平凡社 1974
◇Pl.31–1(カラー) 加藤光治著, 二口善雄画 1968写生

エピデンドラム・ミリアンサム
Epidendrum myrianthum Ldl.
「蘭花譜」平凡社 1974
◇Pl.33–3(カラー) 加藤光治著, 二口善雄画 1970写生

エピデンドラム・モイオバンベー
Epidendrum moyobambae Krzl.
「蘭花譜」平凡社 1974
◇Pl.25–3(カラー) 加藤光治著, 二口善雄画 1971写生

エピデンドラム・ラジアタム Epidendrum radiatum Ldl.
「蘭花譜」平凡社 1974
◇Pl.32–4(カラー) 加藤光治著, 二口善雄画 1969写生

エピデンドラム・ラディカンス Epidendrum radicans Pav.ex Ldl. (E.ibaguense HBK)
「蘭花譜」平凡社 1974
◇Pl.24–2(カラー) 加藤光治著, 二口善雄画 1969写生

エピデンドラム・リンドレアナム
Epidendrum Lindleyanum Rchb.f. (Barkeria Lindleyana Batem.)
「蘭花譜」平凡社 1974
◇Pl.31–3(カラー) 加藤光治著, 二口善雄画 1969写生

エピデンドラム・ワリシイ Epidendrum Wallisii Rchb.f.
「蘭花譜」平凡社 1974
◇Pl.25–1(カラー) 加藤光治著, 二口善雄画 1971写生

エピデンドルム Epidendrum cochleatum
「花の本 ボタニカルアートの庭」角川書店 2010
◇p121(カラー) Buttonhole orchid Curtis, William 1787〜

エピデンドルム Epidendrum conopseum
「花の本 ボタニカルアートの庭」角川書店 2010
◇p121(カラー) Buttonhole orchid Curtis, William 1787〜

エピデンドルム Epidendrum cucullatum
「花の本 ボタニカルアートの庭」角川書店 2010
◇p121(カラー) Buttonhole orchid Curtis, William 1787〜

エピデンドルム・キリアーレ
「ユリ科植物図譜 1」学習研究社 1988
◇図4(カラー) Epidendrum ciliare ルドゥーテ, ピエール＝ジョセフ 1802〜1815

エピデンドルム・コクレアートゥム
「ユリ科植物図譜 1」学習研究社 1988
◇図8(カラー) Epidendrum cochleatum ルドゥーテ, ピエール＝ジョセフ 1802〜1815

エピデンドルム・コルディゲルム
Epidendrum cordigerum
「蘭百花図譜」八坂書房 2002
◇p27(カラー) ベイトマン, ジェイムズ『メキシコ・グアテマラのラン類』 1837〜43 石版手彩色

エピデンドルム・シネンセ Cymbidium sinense
「美花選[普及版]」河出書房新社 2016
◇(カラー) Epidendrum sinense ルドゥーテ, ピエール＝ジョゼフ画『ユリ科植物図譜』 1802〜1816 鉛筆 水彩 グアッシュ ヴェラム 48×33 [コノサーズ・コレクション東京]
「ユリ科植物図譜 1」学習研究社 1988
◇図11(カラー) Epidendrum sinense ルドゥーテ, ピエール＝ジョセフ 1802〜1815

エピデンドルム・パーキンソニアヌム
Epidendrum parkinsonianum
「蘭百花図譜」八坂書房　2002
◇p27（カラー）　カーティス，ウィリアム『ボタニカル・マガジン』 1840

エピデンドルム・ビフィードゥム
「ユリ科植物図譜 1」学習研究社　1988
◇図3（カラー）　Epidendrum bifidum　ルドゥーテ，ピエール＝ジョセフ 1802～1815

エビネ　Calanthe discolor
「花木真寫」淡交社　2005
◇図34（カラー）　藜蘆　近衛予楽院家熙　［（財）陽明文庫］

ヱビ子
「高松松平家博物図譜 衆芳画譜 花卉 第四」香川県立ミュージアム　2010
◇p58（カラー）　松平頼恭 江戸時代　紙本著色 画帖装（折本形式）　33.0×48.2　［個人蔵］

エランギス・クリプトドン　Aerangis cryptodon Schltr.
「蘭花譜」平凡社　1974
◇Pl.130–2（カラー）　加藤光治著，二口善雄画 1970写生

エランギス・フスカタ　Aerangis fuscata Schltr.（Angraecum fuscatum Rchb.f.）
「蘭花譜」平凡社　1974
◇Pl.130–3（カラー）　加藤光治著，二口善雄画 1971写生

エランギス・フリーシオラム　Aerangis friesiorum Schltr.
「蘭花譜」平凡社　1974
◇Pl.130–1（カラー）　加藤光治著，二口善雄画 1969写生

エランギス・モデスタ　Aerangis modesta Schltr.（Angraecum modestum Hk.f., Ang. Sanderianum Rchb.f.）
「蘭花譜」平凡社　1974
◇Pl.129–4（カラー）　加藤光治著，二口善雄画 1971写生

エランギス・ロドスチクタ　Aerangis rhodosticta Schltr.
「蘭花譜」平凡社　1974
◇Pl.130–4（カラー）　加藤光治著，二口善雄画 1971写生

エランセス・アラクニチス　Aeranthes arachnitis（Thou.）Ldl.
「蘭花譜」平凡社　1974
◇Pl.126–2（カラー）　加藤光治著，二口善雄画 1971写生

エランセス・グランディフロラス
Aeranthes grandiflorus Ldl.
「蘭花譜」平凡社　1974
◇Pl.126–1（カラー）　加藤光治著，二口善雄画 1969写生

エランセス・ラモサス　Aeranthes ramosus Rolfe
「蘭花譜」平凡社　1974
◇Pl.126–3（カラー）　加藤光治著，二口善雄画 1971写生

エリア・オルナタ　Eria ornata Ldl.
「蘭花譜」平凡社　1974
◇Pl.66–6（カラー）　加藤光治著，二口善雄画 1942写生

エリア・ジャバニカ　Eria javanica（Sw.）Bl.
「蘭花譜」平凡社　1974
◇Pl.66–1（カラー）　加藤光治著，二口善雄画 1971写生

エリア・パンネア　Eria pannea Ldl.
「蘭花譜」平凡社　1974
◇Pl.66–7（カラー）　加藤光治著，二口善雄画 1971写生

エリア・ヒヤシンソイデス　Eria hyacinthoides Ldl.
「蘭花譜」平凡社　1974
◇Pl.66–4（カラー）　加藤光治著，二口善雄画 1971,1942写生

エリア・ブラクテッセンス　Eria bractescens Ldl.
「蘭花譜」平凡社　1974
◇Pl.66–2（カラー）　加藤光治著，二口善雄画 1971写生

エリア・フロリブンダ　Eria floribunda Ldl.
「蘭花譜」平凡社　1974
◇Pl.66–3（カラー）　加藤光治著，二口善雄画 1970写生

エリア・ルフィヌラ　Eria rufinula Rchb.f.
「蘭花譜」平凡社　1974
◇Pl.66–8（カラー）　加藤光治著，二口善雄画 1971写生

エリーアンサス・ブラジリエンシス
Elleanthus braziliensis Rchb.f.
「蘭花譜」平凡社　1974
◇Pl.16–3（カラー）　加藤光治著，二口善雄画 1971写生

エリオスペルムム・ランケエフォリウム
「ユリ科植物図譜 2」学習研究社　1988
◇図14（カラー）　Eriospermum lanceaefolium　ルドゥーテ，ピエール＝ジョセフ 1802～1815

エリカ　Erica cerinthoides
「花の本 ボタニカルアートの庭」角川書店

2010
◇p109（カラー）　Heath　Curtis, William 1787〜

エリカ　Erica glauca
「花の本 ボタニカルアートの庭」角川書店 2010
◇p109（カラー）　Heath　Curtis, William 1787〜

エリカ　Erica vestita (fulgida)
「ルドゥーテ画 美花選 2」学習研究社　1986
◇図12（カラー）1827〜1833

エリカ・アンドロメダエフロラ　Erica holosericea
「ウィリアム・カーティス 花図譜」同朋舎出版 1994
◇153図（カラー）　Erica andromedaeflora　エドワーズ，シデナム・ティースト画『カーティス・ボタニカル・マガジン』1809

エリカ・ウェスティタ　Erica vestita
「美花選［普及版］」河出書房新社　2016
◇図115（カラー）　Erica/Bruyère　ルドゥーテ，ピエール＝ジョゼフ画 1827〜1833　［コノサーズ・コレクション東京］

エリカ・グランディフロラ　Erica grandiflora
「花の王国 1」平凡社　1990
◇p31（カラー）　ドラピエ，P.A.J.，ベッサ，パンクラース原図『園芸家・愛好家・工業家のための植物誌』1836　手彩色図版

エリカ・コッキネア　Erica coccinea
「図説 ボタニカルアート」河出書房新社　2010
◇p64（カラー）　バウアー，フランツ画，アイトン『外来植物図譜』1796

エリカ・コッキネア　Erica coccinea L.
「花の肖像 ボタニカルアートの名品と歴史」創土社　2006
◇fig.30（カラー）　バウアー，フランシス画，マッケンジー彫版

エリカ属の1種　Erica coccinea
「ボタニカルアートの世界」朝日新聞社　1987
◇p16（カラー）　バウアー，フランツ画『Delineations of exotick plants』1796

エリカ属マムモサ種　Erica mammosa L.
「花の肖像 ボタニカルアートの名品と歴史」創土社　2006
◇fig.72（カラー）　スネリング，リリアン画『カーチス・ボタニカル・マガジン』1950

エリカの1種　Erica mammosa
「図説 ボタニカルアート」河出書房新社　2010
◇p89（カラー）　スネイリング画『カーティス・ボタニカル・マガジン』1950

エリカモドキ　Bauera rubioides
「図説 ボタニカルアート」河出書房新社　2010
◇p33（カラー）　アンドリュース画・著『植物学雑纂』1801

エリカ・レギア　Erica regia
「花の王国 1」平凡社　1990
◇p31（カラー）　ドラピエ，P.A.J.，ベッサ，パンクラース原図『園芸家・愛好家・工業家のための植物誌』1836　手彩色図版

エリシア・ニクテレア　Ellisia nyctelea
「植物精選百種図譜 博物画の至宝」平凡社 1996
◇pl.99（カラー）　Ellisia　トレウ，C.J.，エーレト，G.D. 1750〜73

エリシーナ・ディアファナ　Erycina diaphana Ldl.
「蘭花譜」平凡社　1974
◇Pl.110–8（カラー）　加藤光治著，二口善雄画 1968写生

エリスリナ・アメリカナ　Erythrina americana
「植物精選百種図譜 博物画の至宝」平凡社 1996
◇pl.58（カラー）　Corallodendron　トレウ，C.J.，エーレト，G.D. 1750〜73

エリスロニウム　Erythronium dens–canis
「花の本 ボタニカルアートの庭」角川書店 2010
◇p23（カラー）　Dog's–tooth violet　Curtis, William 1787〜

エリデス・オドラタム　Aerides odoratum Lour.
「蘭花譜」平凡社　1974
◇Pl.116–1（カラー）　加藤光治著，二口善雄画 1969,1940写生

エリデス・オドラタム・アルバム　Aerides odoratum Lour.var.album
「蘭花譜」平凡社　1974
◇Pl.116–2（カラー）　加藤光治著，二口善雄画 1940写生

エリデス・キンケバルネラム　Aerides quinquevulnerum Ldl.
「蘭花譜」平凡社　1974
◇Pl.118–6（カラー）　加藤光治著，二口善雄画 1942写生

エリデス・クラシホリューム　Aerides crassifolium Par.et Rchb.f.
「蘭花譜」平凡社　1974
◇Pl.118–7（カラー）　加藤光治著，二口善雄画 1942写生

エリデス・バンダラム　Aerides vandarum Rchb.f.
「蘭花譜」平凡社　1974
◇Pl.118–10（カラー）　加藤光治著，二口善雄画

1940写生

エリデス・ビレンス　Aerides virens Ldl.

「蘭花譜」平凡社　1974

◇Pl.118–4～5（カラー）　加藤光治著, 二口善雄画 1941,1942写生

エリデス・ファルカタム　Aerides falcatum Ldl.

「蘭花譜」平凡社　1974

◇Pl.117–1（カラー）　加藤光治著, 二口善雄画 1968写生

エリデス・フィールディンギー　Aerides fieldingii

「蘭百花図譜」八坂書房　2002

◇p93（カラー）　ランダン, ジャン『ランダニア』 1885～1906　石版多色刷

エリデス・フィールディンギイ　Aerides Fieldingii Lodd.

「蘭花譜」平凡社　1974

◇Pl.118–1（カラー）　加藤光治著, 二口善雄画 1940写生

エリデス・フラベラタム　Aerides flabellatum Rolfe

「蘭花譜」平凡社　1974

◇Pl.118–12（カラー）　加藤光治著, 二口善雄画 1970写生

エリデス・フレチアナム　Aerides Houlletianum Rchb.f.

「蘭花譜」平凡社　1974

◇Pl.117–2～3（カラー）　加藤光治著, 二口善雄画 1968,1940写生

エリデス・ミトラタム　Aerides mitratum Rchb.f.

「蘭花譜」平凡社　1974

◇Pl.118–2（カラー）　加藤光治著, 二口善雄画 1941写生

エリデス・ムルチフロラム　Aerides multiflorum Roxb.（A.affine Wall.）

「蘭花譜」平凡社　1974

◇Pl.118–9（カラー）　加藤光治著, 二口善雄画 1969写生

エリデス・リーアナム　Aerides Leeanum Rchb.f.

「蘭花譜」平凡社　1974

◇Pl.118–8（カラー）　加藤光治著, 二口善雄画 1941写生

エリデス・ローレンセー　Aerides Lawrenceae Rchb.f.

「蘭花譜」平凡社　1974

◇Pl.118–11（カラー）　加藤光治著, 二口善雄画 1941写生

エリトロニウム・アメリカヌム　Erythronium americanum

「ウィリアム・カーティス 花図譜」同朋舎出版 1994

◇348図（カラー）　Yellow–frowered Dog's–tooth–violet　エドワーズ, シデナム・ティースト画『カーティス・ボタニカル・マガジン』 1808

エンケファラルトス・アツテンステイニイ

「イングリッシュ・ガーデン」求龍堂　2014

◇図154（カラー）　Encephalartos altensteinii, Eastern Cape Giant Cycad　スミス, ルーシー・T. 2000頃　水彩 紙　49.0×40.0 ［キュー王立植物園］

エンコウスギ　Cryptomeria japonica（L.f.）D. Don 'Araucarioides'

「シーボルト「フローラ・ヤポニカ」 日本植物誌」八坂書房　2000

◇図124b（白黒）　Jenkosugi　［国立国会図書館］

エンゴサク　Corydalis ternata

「花彙 上」八坂書房　1977

◇図35（白黒）　延胡索　小野蘭山, 島田充房 明和2（1765）　26.5×18.5　［国立公文書館・内閣文庫］

エンゴサクの1種

「ボタニカルアートの世界」朝日新聞社　1987

◇p122（カラー）　岩崎灌園『本草図譜』

えんじゅ

「木の手帖」小学館　1991

◇図93（カラー）　槐　果実期　岩崎灌園『本草図譜』 文政11（1828）　約21×145　［国立国会図書館］

エンジュ　Sophora japonica

「花彙 下」八坂書房　1977

◇図194（白黒）　聲音樹　小野蘭山, 島田充房 明和2（1765）　26.5×18.5　［国立公文書館・内閣文庫］

エンジュ　Styphnolobium japonicum

「江戸博物文庫 菜樹の巻」工作舎　2017

◇p137（カラー）　槐　岩崎灌園『本草図譜』 ［東京大学大学院理学系研究科附属植物園（小石川植物園）］

エンジュ属の1種　Sophora sp.

「植物精選百種図譜 博物画の至宝」平凡社 1996

◇pl.59（カラー）　Sophora　トレウ, C.J., エーレト, G.D. 1750～73

エンダイブ

⇒キクチシャ・オランダチシャを見よ

エンビセンノウ　Lychnis wilfordii

「四季草花譜」八坂書房　1988

◇図45（カラー）　エンビセン　飯沼慾斎筆『草木図説稿本』　［個人蔵］

ヱンメイラン
「高松松平家博物図譜 衆芳画譜 花卉 第四」香川県立ミュージアム　2010
◇p63（カラー）　松平頼恭 江戸時代　紙本著色 画帖装（折本形式）　33.0×48.2 ［個人蔵］

えんれいそう
「野の草の手帖」小学館　1989
◇p14～15（カラー）　延齢草　岩崎常正（灌園）『本草図譜』 文政11（1828）［国立国会図書館］

エンレイソウ　Trillium smallii
「四季草花譜」八坂書房　1988
◇図41（カラー）　飯沼慾斎筆『草木図説稿本』［個人蔵］

【お】

老松
「日本椿集」平凡社　1966
◇図147（カラー）　津山尚著, 二口善雄画 1965

オウゴンソウ　Hypochaeris ciliata
「江戸博物文庫 花草の巻」工作舎　2017
◇p86（カラー）　黄金草　岩崎灌園『本草図譜』［東京大学大学院理学系研究科附属植物園（小石川植物園）］

オウゴンヤグルマソウ
「カーティスの植物図譜」エンタプライズ　1987
◇図1248（カラー）　Great Knapweed『カーティスのボタニカルマガジン』 1787～1887

オウシュウカラマツ　Larix decidua
「図説 ボタニカルアート」河出書房新社　2010
◇p61（カラー）　Pinus Larix　バウアー, フェルディナンド画, ランバート『マツ属誌』 1803

オウシュウカラマツ　Larix decidua Miller
「花の肖像 ボタニカルアートの名品と歴史」創土社　2006
◇fig.31（カラー）　バウアー, フェルディナンド画, ランバート『マツ属解説』

オウシュウカラマツ　Pinus larix
「ボタニカルアートの世界」朝日新聞社　1987
◇p71（カラー）　バウアー, フェルディナント画, マッケンジー彫版『A description of the genus Pinus』 1803～1807

オウシュウカラマツの1種　Larix sp.
「ビュフォンの博物誌」工作舎　1991
◇N057（カラー）『一般と個別の博物誌 ソンニーニ版』

おふち
「高松松平家博物図譜 写生画帖 雑木」香川県立ミュージアム　2014
◇p41（カラー）　松平頼恭 江戸時代　紙本著色 画帖装（折本形式）　33.2×48.4 ［個人蔵］ ※表紙・裏表紙見返し墨書 安永6（1777）6月 程赤城筆

オウバイ　Jasminum nudiflorum
「花木真寫」淡交社　2005
◇図117（カラー）　黄梅　近衛予楽院家熙 ［（財）陽明文庫］
「ウィリアム・カーティス 花図譜」同朋舎出版 1994
◇399図（カラー）　Naked-flowering or Winter Jasmine　フィッチ, ウォルター・フード画『カーティス・ボタニカル・マガジン』 1852

ワウバイ
「高松松平家博物図譜 衆芳画譜 花果 第五」香川県立ミュージアム　2011
◇p35（カラー）　松平頼恭 江戸時代　紙本著色 画帖装（折本形式）　33.2×48.4 ［個人蔵］

オウムバナ　Heliconia psittacorum
「すごい博物画」グラフィック社　2017
◇図版61（カラー）　サツマイモとオウムバナ　メーリアン, マリア・シビラ 1701～05頃　子牛皮紙に軽く輪郭をエッチングした上に水彩 濃厚顔料 アラビアゴム　39.5×29.7 ［ウィンザー城ロイヤル・ライブラリー］

オエノテラ・ミズーリエンシス　Oenothera missouriensis
「ウィリアム・カーティス 花図譜」同朋舎出版 1994
◇403図（カラー）　Missouri Evening Primrose　エドワーズ, シデナム・ティースト画『カーティス・ボタニカル・マガジン』 1813

大アオ井
「高松松平家博物図譜 衆芳画譜 花卉 第四」香川県立ミュージアム　2010
◇p35（カラー）　松平頼恭 江戸時代　紙本著色 画帖装（折本形式）　33.0×48.2 ［個人蔵］

オオアジサイ　Hydrangea macrophylla (Thunb.ex Murray) Ser.f.normalis (E.H. Wils.) Hara
「シーボルト「フローラ・ヤポニカ」 日本植物誌」八坂書房　2000
◇図55（カラー）　Oho-azisai ［国立国会図書館］

オオアマナ　Ornithogalum umbellatum
「すごい博物画」グラフィック社　2017
◇図版7（カラー）　オオアマナ、ヤブイチゲ、トウダイグサ　レオナルド・ダ・ヴィンチ 1505～10頃　ペンとインク 赤いチョーク　19.8×16.0 ［ウィンザー城ロイヤル・ライブラリー］

オオアマナ
「ユリ科植物図譜 2」学習研究社　1988
◇図149・153（カラー）　オルニトガルム・ウンベラートゥム　ルドゥーテ, ピエール＝ジョセフ 1802～1815

オオアマナ
⇒オオツルボを見よ

オオイタビ
「彩色 江戸博物学集成」平凡社　1994
◇p27（カラー）　貝原益軒『大和本草諸品図』

オオイワカガミ　Schizocodon soldanelloides var.magnus
「江戸博物文庫 花草の巻」工作舎　2017
◇p79（カラー）　大岩鏡　岩崎灌園『本草図譜』［東京大学大学院理学系研究科附属植物園（小石川植物園）］

オオイワギリソウの1種　Gesneria seemanni
「花の王国 1」平凡社　1990
◇p29（カラー）　グールド, J.『ハチドリ科鳥類図鑑』　1849～61

おおうらじろのき
「木の手帖」小学館　1991
◇図83（カラー）　大裏白木　岩崎灌園『本草図譜』文政11（1828）　約21×145　［国立国会図書館］

をゝうろ
「高松松平家博物図譜 写生画帖 雑木」香川県立ミュージアム　2014
◇p63（カラー）　松平頼恭 江戸時代　紙本著色 画帖装（折本形式）　33.2×48.4　［個人蔵］　※表紙・裏表紙見返し墨書 安永6（1777）6月 程赤城筆

オオオニバス　Victoria regia
「花の王国 4」平凡社　1990
◇p74～75（カラー）　ルメール, シャイトヴァイラー, ファン・ホーテ著, セヴェリン図『ヨーロッパの温室と庭園の花々』　1845～60　色刷り石版
◇p76（カラー）　ルメール, シャイトヴァイラー, ファン・ホーテ著, セヴェリン図『ヨーロッパの温室と庭園の花々』　1845～60　色刷り石版
◇p77（カラー）　開花の第1段階と最終段階　ルメール, シャイトヴァイラー, ファン・ホーテ著, セヴェリン図『ヨーロッパの温室と庭園の花々』　1845～60　色刷り石版
◇p78（カラー）　ルメール, シャイトヴァイラー, ファン・ホーテ著, セヴェリン図『ヨーロッパの温室と庭園の花々』　1845～60　色刷り石版
◇p79（カラー）　ルメール, シャイトヴァイラー, ファン・ホーテ著, セヴェリン図『ヨーロッパの温室と庭園の花々』　1845～60　色刷り石版

オオオニバス
「イングリッシュ・ガーデン」求龍堂　2014
◇図60（カラー）　Venation on the Underside of a Leaf of Victoria amazonica　フィッチ, ウォルター・フッド 1851　鉛筆 水彩 紙　46.5×36.0　［キュー王立植物園］
「カーティスの植物図譜」エンタプライズ　1987
◇図4275, 4276（カラー）　Royal Water-Lily『カーティスのボタニカルマガジン』　1787～1887

大唐子
「日本椿集」平凡社　1966
◇図36（カラー）　津山尚著, 二口善雄画　1958

大寒桜　Prunus×Kanzakura Makino 'Oh-kanzakura'
「日本桜集」平凡社　1973
◇Pl.98（カラー）　大井次三郎著, 太田洋愛画　1970写生　水彩

オオカンユリ　Eritillaria imperialis
「イングリッシュ・ガーデン」求龍堂　2014
◇図1（カラー）　Crown Imperial: Corona Imperialis Polyanthos　作者不詳, ベスラー, バシリウス委託『アイヒシュテット庭園植物誌』　1613　エングレーヴィング　55.5×46.1×6.0（書籍）［キュー王立植物園］

オオキヌタソウ　Rubia chinensis var. glabrescens
「江戸博物文庫 花草の巻」工作舎　2017
◇p144（カラー）　大砧草　岩崎灌園『本草図譜』［東京大学大学院理学系研究科附属植物園（小石川植物園）］
「花彙 上」八坂書房　1977
◇図98（白黒）　地蘇木　小野蘭山, 島田充房 明和2（1765）　26.5×18.5　［国立公文書館・内閣文庫］

オオキバナアツモリソウ　Cypripeclium calceolus
「ビュフォンの博物誌」工作舎　1991
◇N047（カラー）『一般と個別の博物誌 ソンニーニ版』

オオキバナノアツモリ　Cypripedium calceolus
「ルドゥーテ画 美花選 2」学習研究社　1986
◇図26（カラー）　1827～1833

ヲヽギボウシ
「高松松平家博物図譜 衆芳画譜 花卉 第四」香川県立ミュージアム　2010
◇p26（カラー）　松平頼恭 江戸時代　紙本著色 画帖装（折本形式）　33.0×48.2　［個人蔵］

オオグルマ　Inula helenium L.
「高木春山 本草図説 1」リブロポート　1988
◇図29（カラー）　和産木香オホグルマ

ヲヽクハノスミレ
「高松松平家博物図譜 衆芳画譜 花卉 第四」香川県立ミュージアム　2010
◇p68（カラー）　松平頼恭 江戸時代　紙本著色 画帖装（折本形式）　33.0×48.2　［個人蔵］

おおけたで　Polygonum orientale
「草木写生 秋の巻」ピエ・ブックス　2010
◇p188～189（カラー）　大毛蓼　狩野織染藤原重賢 明暦3（1657）～元禄12（1699）　［国立国会図書館］

おおけたで
「野の草の手帖」小学館　1989

◇p167（カラー）　大毛蓼・葒草　岩崎常正（灌園）『本草図譜』文政11（1828）［国立国会図書館］

オオゴクラクチョウカ

「ボタニカルアートの世界」朝日新聞社　1987
◇p147（カラー）　佐藤広喜画

オオサクラソウ　Primula jesoana Miq.var. jesoana

「須崎忠助植物画集」北海道大学出版会　2016
◇図36-65（カラー）　おほさくらさう『大雪山植物其他』昭和2 ［北海道大学附属図書館］

オオサンザシ　Crataegus pentagyna

「花彙 下」八坂書房　1977
◇図151（白黒）　羊枕子　小野蘭山, 島田充房 明和2（1765）　26.5×18.5 ［国立公文書館・内閣文庫］

おゝしだ

「高松松平家博物図譜 写生画帖 雑草」香川県立ミュージアム　2013
◇p25（カラー）　松平頼恭 江戸時代　紙本著色 画帖装（折本形式）　33.2×48.4 ［個人蔵］
◇p70（カラー）　松平頼恭 江戸時代　紙本著色 画帖装（折本形式）　33.2×48.4 ［個人蔵］

大芝山　Prunus Lannesiana Wils. 'Ohsibayama'

「日本桜集」平凡社　1973
◇Pl.102（カラー）　大井次三郎著, 太田洋愛画 1971写生　水彩

オオシマザクラ　Prunus Lannesiana (Carr.) Wils.var.speciosa (Koidz.) Makino

「日本桜集」平凡社　1973
◇Pl.152（カラー）　大井次三郎著, 太田洋愛画 1971写生　水彩

おゝしゆすだま

「高松松平家博物図譜 写生画帖 雑草」香川県立ミュージアム　2013
◇p55（カラー）　松平頼恭 江戸時代　紙本著色 画帖装（折本形式）　33.2×48.4 ［個人蔵］

大提灯　Prunus Lannesiana Wils. 'Ojochin'

「日本桜集」平凡社　1973
◇Pl.100（カラー）　大井次三郎著, 太田洋愛画 1965写生　水彩

大白玉

「日本椿集」平凡社　1966
◇図50（カラー）　津山尚著, 二口善雄画 1959

オオシラビソ

「ボタニカルアートの世界」朝日新聞社　1987
◇p147（カラー）　佐藤広喜画

大関

「日本椿集」平凡社　1966
◇図117（カラー）　津山尚著, 二口善雄画 1961

オオタカネイバラ　Rosa acicularis Lindley

「ばら花譜」平凡社　1983
◇PL.14（カラー）　二口善雄画, 鈴木省三, 籾山泰一著 1975,1977　水彩

オオタカネバラ　Rosa acicularis Lindley

「薔薇空間」ランダムハウス講談社　2009
◇図188（カラー）　二口善雄画, 鈴木省三, 籾山泰一解説『ばら花譜』1983　水彩　348×253

オオタザクラ　Cerasus serrulata

「図説 ボタニカルアート」河出書房新社　2010
◇p118（カラー）　Prunus lannesiana'Ohta-zakura'　太田洋愛画, 大井次三郎『日本桜集』1973

太田桜　Prunus Lannesiana Wils. 'Ohta-zakura'

「日本桜集」平凡社　1973
◇Pl.99（カラー）　大井次三郎著, 太田洋愛画 1972写生　水彩

おゝたで

「高松松平家博物図譜 写生画帖 雑草」香川県立ミュージアム　2013
◇p45（カラー）　松平頼恭 江戸時代　紙本著色 画帖装（折本形式）　33.2×48.4 ［個人蔵］

をゝち

「高松松平家博物図譜 写生画帖 雑木」香川県立ミュージアム　2014
◇p33（カラー）　松平頼恭 江戸時代　紙本著色 画帖装（折本形式）　33.2×48.4 ［個人蔵］ ※表紙・裏表紙見返し墨書 安永6（1777）6月 程赤城筆

オオツルボ

「ユリ科植物図譜 2」学習研究社　1988
◇図185（カラー）　Scilla peruviana　ルドゥーテ, ピエール＝ジョセフ 1802～1815

オオツワブキ　Farfugium japonicum (L. f.) Kitam.f.giganteum (Sieb.et Zucc.) Kitam.

「シーボルト「フローラ・ヤポニカ」日本植物誌」八坂書房　2000
◇図36（白黒）　Oho Tsuwa buki, Ohonoha Tsuwa buki ［国立国会図書館］

オオデマリ　Viburnum plicatum Thunb.ex Murray f.plicatum

「シーボルト「フローラ・ヤポニカ」日本植物誌」八坂書房　2000
◇図37（カラー）　Satsuma Temari ［国立国会図書館］

オオテンニンギク　Gaillardia aristata

「ウィリアム・カーティス 花図譜」同朋舎出版 1994
◇124図（カラー）　Whole-coloured Gaillardia ハーバート, ウィリアム画『カーティス・ボタニカル・マガジン』1829

おゝとふじゆ

「高松松平家博物図譜 写生画帖 雑木」香川県立ミュージアム　2014
◇p48（カラー）　松平頼恭 江戸時代　紙本著色 画帖装（折本形式）　33.2×48.4　［個人蔵］　※表紙・裏表紙見返し墨書 安永6（1777）6月 程赤城筆

オオトリトマ

「美花図譜」八坂書房　1991
◇図3（カラー）　ウエインマン『花譜』　1736～1748　銅版刷手彩色　［群馬県館林市立図書館］

おゝとりとまらず

「高松松平家博物図譜 写生画帖 雑木」香川県立ミュージアム　2014
◇p50（カラー）　松平頼恭 江戸時代　紙本著色 画帖装（折本形式）　33.2×48.4　［個人蔵］　※表紙・裏表紙見返し墨書 安永6（1777）6月 程赤城筆

おおながばうずら　Goodyera daibuzanensis Yamamoto

「蘭花譜」平凡社　1974
◇Pl.17-7（カラー）　加藤光治著, 二口善雄画　1970写生

おゝなら

「高松松平家博物図譜 写生画帖 雑木」香川県立ミュージアム　2014
◇p61（カラー）　松平頼恭 江戸時代　紙本著色 画帖装（折本形式）　33.2×48.4　［個人蔵］　※表紙・裏表紙見返し墨書 安永6（1777）6月 程赤城筆

オオナルコユリ

「江戸の動植物図」朝日新聞社　1988
◇p72（カラー）　飯沼慾斎『草木図説稿本』　［個人蔵］
「ボタニカルアートの世界」朝日新聞社　1987
◇p132左（白黒）　飯沼慾齋『草木図説草部6』　1861

大虹

「日本椿集」平凡社　1966
◇図5（カラー）　津山尚著, 二口善雄画　1958

オオパイプカズラ　Aristolochia grandiflora

「花の王国 4」平凡社　1990
◇p38～39（カラー）　ルメール, シャイトヴァイラー, ファン・ホーテ著, セヴェリン図『ヨーロッパの温室と庭園の花々』　1845～60　色刷り石版

オオバギボウシ　Hosta montana

「四季草花譜」八坂書房　1988
◇図31（カラー）　飯沼慾斎筆『草木図説稿本』［個人蔵］

おおばこ

「野の草の手帖」小学館　1989
◇p83（カラー）　大葉子・車前　岩崎常正（灌園）『本草図譜』　文政11（1828）　［国立国会図書館］

オオバコ　Plantago asiatica L.

「花の肖像 ボタニカルアートの名品と歴史」創土社　2006
◇fig.33（カラー）　岩崎灌園画『本草図譜』　1828

オオバコ

「花の肖像 ボタニカルアートの名品と歴史」創土社　2006
◇fig.39（カラー）　Das grosse Rasenstück　デューラー, アルブレヒト　［アルベルティナ美術館（ウィーン）］

大葉 五葉松

「高松松平家博物図譜 衆芳画譜 花果 第五」香川県立ミュージアム　2011
◇p27（カラー）　松平頼恭 江戸時代　紙本著色 画帖装（折本形式）　33.2×48.4　［個人蔵］

オオバショウマ　Cimicifuga acerina

「江戸博物文庫 花草の巻」工作舎　2017
◇p20（カラー）　大葉升麻　岩崎灌園『本草図譜』［東京大学大学院理学系研究科附属植物園（小石川植物園）］

オオバセンキュウ　Angelica genuflexa

「江戸博物文庫 花草の巻」工作舎　2017
◇p35（カラー）　大葉川芎　岩崎灌園『本草図譜』［東京大学大学院理学系研究科附属植物園（小石川植物園）］

オオバナキバナセツブンソウ　Eranthis hyemalis

「ウィリアム・カーティス 花図譜」同朋舎出版　1994
◇495図（カラー）　Winter Hellebore or Aconite　カーティス, ウィリアム『カーティス・ボタニカル・マガジン』　1787

オオバボダイジュ　Tilia maximowicziana Shirasawa

「北海道主要樹木図譜［普及版］」北海道大学図書刊行会　1986
◇図77（カラー）　須崎忠助 大正9（1920）～昭和6（1931）［個人蔵］

オオハマボウ亜種ハスタトゥス　Hibiscus tiliaceus subsp.hastatus

「イングリッシュ・ガーデン」求龍堂　2014
◇図37（カラー）　アレクト社ヒストリカル・エディションズ『バンクス植物図譜』 1985頃　ラインエングレーヴィング 紙　71.2×56.0［キュー王立植物園］

オオハマモト　Crinum jagus

「ウィリアム・カーティス 花図譜」同朋舎出版　1994
◇13図（カラー）　White Cape Coast Lily　カーティス, ウィリアム『カーティス・ボタニカル・マガジン』　1806

オオハリソウ　Symphytum asperum

「ウィリアム・カーティス 花図譜」同朋舎出版　1994
◇68図（カラー）　Prickley Comfrey　エドワーズ,

シデナム・ティースト画『カーティス・ボタニカル・マガジン』 1806

オヽバレン

「高松松平家博物図譜 衆芳画譜 花卉 第四」香川県立ミュージアム　2010
◇p59（カラー）　松平頼恭 江戸時代　紙本著色 画帖装（折本形式）　33.0×48.2　［個人蔵］

オオハンゲ　Pinellia tripartita (Blume) Schott

「シーボルト日本植物図譜コレクション」小学館 2008
◇図2–14（カラー）　Atherurus tripartitus Blume　［桂川甫賢？］画［1820］　和紙 透明絵の具 墨 25.0×30.9　［ロシア科学アカデミーコマロフ植物学研究所図書館］　※右断片と左断片は入れ替えて貼られた.目録905 コレクションVIII 122/925

おゝひるがほ

「高松松平家博物図譜 写生画帖 雑草」香川県立ミュージアム　2013
◇p22（カラー）　松平頼恭 江戸時代　紙本著色 画帖装（折本形式）　33.2×48.4　［個人蔵］

オヽヒルガホ

「高松松平家博物図譜 衆芳画譜 花卉 第四」香川県立ミュージアム　2010
◇p30（カラー）　松平頼恭 江戸時代　紙本著色 画帖装（折本形式）　33.0×48.2　［個人蔵］

オオフジシダの1種　Monachosorum subdigitatum

「図説 ボタニカルアート」河出書房新社　2010
◇p94（白黒）　Polypodium subdigitatum　ブルーメ『ジャワ島植物誌』 1828～51

オオボウシバナ　Commelina communis var. hortensis

「四季草花譜」八坂書房　1988
◇図4（カラー）　飯沼慾斎筆『草木図説稿本』［個人蔵］

大星 ハクホウユリ

「高松松平家博物図譜 衆芳画譜 花卉 第四」香川県立ミュージアム　2010
◇p74（カラー）　松平頼恭 江戸時代　紙本著色 画帖装（折本形式）　33.0×48.2　［個人蔵］

オオマツヨイグサ

「江戸の動植物図」朝日新聞社　1988
◇p77（カラー）　山本渓愚『動植物写生図譜』［山本読書室（京都）］

大乱

「日本椿集」平凡社　1966
◇図155（カラー）　津山尚著, 二口善雄画 1965

オオミノトケイソウ　Passiflora quadrangularis

「ウィリアム・カーティス 花図譜」同朋舎出版 1994
◇464図（カラー）　Square–stalked Passion–flower or Granadilla　カーティス, ウィリアム『カーティス・ボタニカル・マガジン』 1819

「花の王国 1」平凡社　1990
◇p79（カラー）　メーリアン, M.S.『スリナム産昆虫の変態』 1726

オオミノトケイソウ

「イングリッシュ・ガーデン」求龍堂　2014
◇図33g（カラー）　The Quadrangular Passion Flower　ソーントン, R.J.編, ヘンダーソン, ピーター『フローラの神殿』 1802　銅版 紙　58.0×42.5　［マイケル&マリコ・ホワイトウェイ］

オオミヤシ　Lodoicea maldivica

「花の王国 4」平凡社　1990
◇p67（カラー）　ベルトゥーフ, F.J.『子供のための図誌』 1810

オオムラサキツユクサ　Tradescantia virginica

「花の王国 1」平凡社　1990
◇p113（カラー）　ジョーム・サンティレール, H.『フランスの植物』 1805～09　彩色銅版画

オオムラサキツユクサ

「ユリ科植物図譜 2」学習研究社　1988
◇図232（カラー）　Tradescantia virginica　ルドゥーテ, ピエール＝ジョセフ 1802～1815

大村桜　Prunus Lannesiana Wils. 'Mirabilis'

「日本桜集」平凡社　1973
◇Pl.101（カラー）　大井次三郎著, 太田洋愛画 1970写生　水彩

オオヤマカタバミ　Oxalis obtriangulata

「江戸博物文庫 花草の巻」工作舎　2017
◇p175（カラー）　大山片喰　岩崎灌園『本草図譜』［東京大学大学院理学系研究科附属植物園（小石川植物園）］

オオヤマザクラ

「ボタニカルアートの世界」朝日新聞社　1987
◇p139（カラー）　牧野富太郎画, 東京帝国大学理科大学植物学教室編『大日本植物志第1巻2集』 1902

おおやまれんげ

「木の手帖」小学館　1991
◇図54（カラー）　大山蓮華　変種オオバオオヤマレンゲ　岩崎灌園『本草図譜』　文政11（1828）約21×145　［国立国会図書館］

オオヤマレンゲ　Magnolia sieboldii

「花彙 下」八坂書房　1977
◇図158（白黒）　玉蘭花　小野蘭山, 島田充房 明和2（1765）　26.5×18.5　［国立公文書館・内閣文庫］

大山蓮花

「高松松平家博物図譜 衆芳画譜 花果 第五」香川県立ミュージアム　2011
◇p17（カラー）　松平頼恭 江戸時代　紙本著色 画

帖装（折本形式）　33.2×48.4　［個人蔵］

オオユウガギク　Aster incius Fisch.

「岩崎灌園の草花写生」たにぐち書店　2013
◇p32（カラー）　朝鮮菊　［個人蔵］

オオユキノハナ

「カーティスの植物図譜」エンタプライズ　1987
◇図6166（カラー）　Giant Snowdrop『カーティスのボタニカルマガジン』　1787～1887

おがたまのき

「木の手帖」小学館　1991
◇図53（カラー）　小賀玉木　岩崎灌園『本草図譜』文政11（1828）　約21×145　［国立国会図書館］

オカトラノオ　Lysimachia clethroides

「四季草花譜」八坂書房　1988
◇図19（カラー）　トラノオ　飯沼慾斎筆『草木図説稿本』　［個人蔵］

オカヒジキ　Chenopodium sp.

「ビュフォンの博物誌」工作舎　1991
◇N063（カラー）『一般と個別の博物誌 ソンニーニ版』

オガラバナ　Acer ukurunduense Trautv.et Mey.

「北海道主要樹木図譜［普及版］」北海道大学図書刊行会　1986
◇図66（カラー）　須崎忠助 大正9（1920）～昭和6（1931）　［個人蔵］

オガルカヤ　Cymbopogon tortilis A.Camus var.goeringii Hand-Mazz.

「岩崎灌園の草花写生」たにぐち書店　2013
◇p90（カラー）　黄茅　オガルカヤとメガルカヤ　［個人蔵］

オキザリス　Oxalis cernua

「花の本 ボタニカルアートの庭」角川書店　2010
◇p26（カラー）　Sorrel　Curtis, William 1787～

オキザリス　Oxalis versicolor

「花の本 ボタニカルアートの庭」角川書店　2010
◇p26（カラー）　Sorrel　Curtis, William 1787～

おきなぐさ

「野の草の手帖」小学館　1989
◇p17（カラー）　翁草　岩崎常正（灌園）『本草図譜』　文政11（1828）　［国立国会図書館］

オキナグサ　Pulsatilla cernua

「江戸博物文庫 花草の巻」工作舎　2017
◇p18（カラー）　翁草　岩崎灌園『本草図譜』［東京大学大学院理学系研究科附属植物園（小石川植物園）］

オキナグサ　Pulsatilla cernua Spreng.

「岩崎灌園の草花写生」たにぐち書店　2013
◇p66（カラー）　白頭翁　［個人蔵］

オキナグサ　Pulsatilla cernua (Thunb.) Spreng.

「シーボルト日本植物図譜コレクション」小学館　2008
◇図2-36（カラー）　［Ranunculaceae］　［桂川甫賢？］画　［1820頃］　和紙 透明絵の具 墨 白色塗料　19.4×29.9　［ロシア科学アカデミーコマロフ植物学研究所図書館］　※目録192 コレクションI /7
◇図3-81（カラー）　Anemone cernua Thunb.　川原慶賀画　紙 絵の具 墨 胡粉（？）銀（柔毛）　23.7×32.4　［ロシア科学アカデミーコマロフ植物学研究所図書館］　※目録190 コレクションI 28/6
◇図3-82（カラー）　Anemone cernua Thunb.　Minsinger, S.画　紙 水彩画 墨 銀 鉛筆　［23.5×30.4］　［ロシア科学アカデミーコマロフ植物学研究所図書館］　※目録191 コレクションI 822/8

オキナグサ　Pulsatilla cernua (Thunb.ex Murray) K.Spreng.

「シーボルト「フローラ・ヤポニカ」日本植物誌」八坂書房　2000
◇図4（カラー）　Sjaguma-Saiko, Kawara-Saiko, Wokina-Gusa　［国立国会図書館］

翁更紗

「日本椿集」平凡社　1966
◇図202（カラー）　津山尚著, 二口善雄画　1965

沖の石

「日本椿集」平凡社　1966
◇図177（カラー）　津山尚著, 二口善雄画　1957

沖の浪

「日本椿集」平凡社　1966
◇図16（カラー）　津山尚著, 二口善雄画　1955

オギヨシ　Miscanthus sacchariflorus

「江戸博物文庫 花草の巻」工作舎　2017
◇p67（カラー）　荻葭　岩崎灌園『本草図譜』［東京大学大学院理学系研究科附属植物園（小石川植物園）］

オーク　Quercus robur

「花の王国 3」平凡社　1990
◇p126（カラー）　ルソー, J.J., ルドゥーテ『植物学』　1805

オーク　Tilia europea

「花の王国 3」平凡社　1990
◇p121（カラー）　ヴァインマン『薬用植物図譜』　1736～48

オクエゾガラガラの1種　Rhinanthus sp.

「ビュフォンの博物誌」工作舎　1991
◇N107（カラー）『一般と個別の博物誌 ソンニーニ版』

オクチョウジザクラ　Prunus apetala Fr.et Sav.var.pilosa (Koidz.) Wils.
「日本桜集」平凡社　1973
◇Pl.151 (カラー)　大井次三郎著, 太田洋愛画 1971写生　水彩

おくるま
「高松松平家博物図譜 写生画帖 雑草」香川県立ミュージアム　2013
◇p80 (カラー)　松平頼恭 江戸時代　紙本著色 画帖装 (折本形式)　33.2×48.4　[個人蔵]

オグルマ　Inula japonica Thunb. (=Inula britannica L.var.chinensis Reg.)
「岩崎灌園の草花写生」たにぐち書店　2013
◇p88 (カラー)　旋覆花　[個人蔵]

をけすい
「高松松平家博物図譜 写生画帖 雑木」香川県立ミュージアム　2014
◇p87 (カラー)　松平頼恭 江戸時代　紙本著色 画帖装 (折本形式)　33.2×48.4　[個人蔵]　※表紙・裏表紙見返し墨書 安永6 (1777) 6月 程赤城筆

おけら
「野の草の手帖」小学館　1989
◇p85 (カラー)　朮・白朮　岩崎常正 (灌園)『本草図譜』 文政11 (1828)　[国立国会図書館]

オケラ　Atractylodes japonica
「花木真寫」淡交社　2005
◇図102 (カラー)　蒼朮　近衛予楽院家熙　[(財) 陽明文庫]
「花彙 上」八坂書房　1977
◇図25 (白黒)　白朮　小野蘭山, 島田充房 明和2 (1765)　26.5×18.5　[国立公文書館・内閣文庫]

オケラ　Atractylodes ovata (Thunb.) DC.
「シーボルト日本植物図譜コレクション」小学館　2008
◇図2–6 (カラー)　Atractylis chinensis DC. [de Villeneuve, C.H.] 画　和紙 透明絵の具 墨 白色塗料　15.5×21.0　[ロシア科学アカデミーコマロフ植物学研究所図書館]　※目録782 コレクションV 115/582

オサバグサ　Pteridophyllum racemosum
「江戸博物文庫 菜樹の巻」工作舎　2017
◇p46 (カラー)　篋葉草　岩崎灌園『本草図譜』 [東京大学大学院理学系研究科附属植物園 (小石川植物園)]

ヲサラン
「高松松平家博物図譜 衆芳画譜 花卉 第四」香川県立ミュージアム　2010
◇p62 (カラー)　松平頼恭 江戸時代　紙本著色 画帖装 (折本形式)　33.0×48.2　[個人蔵]

オジギソウ　Mimosa pudica
「すごい博物画」グラフィック社　2017
◇図版50 (カラー)　トケイソウとテントウムシ、種類のわからない蛾かチョウの幼虫、斑入りイヌサフラン、キヅタシクラメンの葉、オジギソウ、種類のわからない蛾の幼虫、ヨーロッパコフキコガネの幼虫　マーシャル, アレクサンダー 1650～82頃　水彩　45.5×33.0　[ウィンザー城ロイヤル・ライブラリー]
「花の王国 4」平凡社　1990
◇p125 (カラー)　馬場大助『遠西舶上画譜』 制作年代不詳　[東京国立博物館]

オジギソウ
「江戸の動植物図」朝日新聞社　1988
◇p77 (カラー)　山本渓愚『動植物写生図譜』 [山本読書室 (京都)]

鴛鴦桜　Prunus incisa Thunb. ‘Oshidori’
「日本桜集」平凡社　1973
◇Pl.103 (カラー)　大井次三郎著, 太田洋愛画 1972写生　水彩

ヲシロイ
「高松松平家博物図譜 衆芳画譜 花卉 第四」香川県立ミュージアム　2010
◇p43 (カラー)　松平頼恭 江戸時代　紙本著色 画帖装 (折本形式)　33.0×48.2　[個人蔵]

オシロイバナ　Mirabilis jalapa
「ビュフォンの博物誌」工作舎　1991
◇N073 (カラー)『一般と個別の博物誌 ソンニーニ版』
「花の王国 1」平凡社　1990
◇p32 (カラー)　ドラピエ, P.A.J., ベッサ, パンクラース原図『園芸家・愛好家・工業家のための植物誌』 1836　手彩色図版
「花彙 上」八坂書房　1977
◇図71 (白黒)　火炭母草　小野蘭山, 島田充房 明和2 (1765)　26.5×18.5　[国立公文書館・内閣文庫]

オシロイバナ　Mirabilis jalapa L.
「岩崎灌園の草花写生」たにぐち書店　2013
◇p100 (カラー)　火炭母草　[個人蔵]

オシロイバナ
「彩色 江戸博物学集成」平凡社　1994
◇p27 (カラー)　貝原益軒『大和本草諸品図』

オーストリアクロマツ　Pinus nigra
「花の王国 3」平凡社　1990
◇p122 (カラー)　ジョーム・サンティレール『フランスの植物』 1805～09　彩色銅版画

オーストリアン・イエロー
⇒ロサ・エグランテリア (ロサ・フォエティダ、オーストリアン・イエロー) を見よ

オーストリアン・カッパー　Rosa foetida
「すごい博物画」グラフィック社　2017
◇図版46 (カラー)　フレンチローズ、種類のわからないバラ、ルリハコベ、ダマスクローズ、シンワスレナグサ、オーストリアン・カッパー　マー

シャル, アレクサンダー 1650～82頃 水彩 45.9×34.6 ［ウィンザー城ロイヤル・ライブラリー］

オーストリアン・カッパー
⇒ロサ・エグランテリア・プニケア（ロサ・フォエティダ・ビコロル、オーストリアン・カッパー）を見よ

オタカラコウ　Ligularia fischeri
「四季草花譜」八坂書房　1988
◇図64（カラー）　飯沼慾斎筆『草木図説稿本』［個人蔵］

オタクサアジサイ
⇒アジサイ［オタクサアジサイ］を見よ

オダマキ
「彩色 江戸博物学集成」平凡社　1994
◇p166（カラー）　増山雪斎『草花写生図』［東洋文庫］

ヲダマキソウ
「高松松平家博物図譜 衆芳画譜 花卉 第四」香川県立ミュージアム　2010
◇p15（カラー）　松平頼恭 江戸時代　紙本著色 画帖装（折本形式）　33.0×48.2 ［個人蔵］

オダマキ属の様々な品種
「フローラの庭園」八坂書房　2015
◇p83（カラー）　ラウドン, ジェーン・ウェブ『淑女の花園』　1840～48　石版 手彩色　［個人蔵］

オータム・ダマスク
⇒ロサ・ビフェラ・マクロカルパ（オータム・ダマスク）を見よ

おとぎりそう
「野の草の手帖」小学館　1989
◇p87（カラー）　弟切草　岩崎常正（灌園）『本草図譜』　文政11（1828）　［国立国会図書館］

オトギリソウ　Hypericum erectum
「花の王国 1」平凡社　1990
◇p33（カラー）　ジョーム・サンティレール, H.『フランスの植物』　1805～09　彩色銅版画

オトギリソウ属各種
「美花図譜」八坂書房　1991
◇図44（カラー）　ウエインマン『花譜』　1736～1748　銅版刷手彩色　［群馬県館林市立図書館］

オトコベシ
「高松松平家博物図譜 衆芳画譜 花卉 第四」香川県立ミュージアム　2010
◇p69（カラー）　松平頼恭 江戸時代　紙本著色 画帖装（折本形式）　33.0×48.2 ［個人蔵］

男ベシ實
「高松松平家博物図譜 衆芳画譜 花卉 第四」香川県立ミュージアム　2010
◇p77（カラー）　松平頼恭 江戸時代　紙本著色 画帖装（折本形式）　33.0×48.2 ［個人蔵］

乙姫　'Otohime'
「ばら花譜」平凡社　1983
◇PL.77（カラー）　二口善雄画, 鈴木省三, 籾山泰一著 1976　水彩

乙女
「日本椿集」平凡社　1966
◇図102（カラー）　津山尚著, 二口善雄画 1958, 1956

オトメニラ　Allium neapolitanum
「ユリ科植物図譜 2」学習研究社　1988
◇図91（カラー）　アリウム・アルブム　ルドゥーテ, ピエール＝ジョセフ 1802～1815

おどりこそう　Lamium album var.barbatum
「草木写生 春の巻」ピエ・ブックス　2010
◇p214～215（カラー）　踊子草　狩野織染藤原重賢 明暦3（1657）～元禄12（1699）［国立国会図書館］

おどりこそう
「野の草の手帖」小学館　1989
◇p19（カラー）　踊子草　岩崎常正（灌園）『本草図譜』　文政11（1828）　［国立国会図書館］

オドリコソウ　Lamium album
「江戸博物文庫 花草の巻」工作舎　2017
◇p58（カラー）　踊子草　岩崎灌園『本草図譜』［東京大学大学院理学系研究科附属植物園（小石川植物園）］

オドリコソウ　Lamium album L.var. barbartum (Siebold & Zucc.) Franch. & Sav.
「花の肖像 ボタニカルアートの名品と歴史」創土社　2006
◇fig.74（カラー）　近衛家熙（予楽院）画？『花木真写』　1667～1736

オドリコソウ　Lamium album var.barbatum
「花木真寫」淡交社　2005
◇図10（カラー）　躍草　近衛予楽院家熙　［（財）陽明文庫］
「四季草花譜」八坂書房　1988
◇図55（カラー）　飯沼慾斎筆『草木図説稿本』［個人蔵］

オドリコソウ
「彩色 江戸博物学集成」平凡社　1994
◇p462～463（カラー）　山本渓愚筆『萬花帖』［岩瀬文庫］
「ボタニカルアートの世界」朝日新聞社　1987
◇p119上（カラー）　躍草　近衛予楽院『花木真寫』［京都陽明文庫］

ヲトリコソウ
「高松松平家博物図譜 衆芳画譜 花卉 第四」香川県立ミュージアム　2010
◇p65（カラー）　松平頼恭 江戸時代　紙本著色 画帖装（折本形式）　33.0×48.2 ［個人蔵］

オドリコソウの1種　Lamium garganicum
「植物精選百種図譜 博物画の至宝」平凡社 1996
◇pl.75（カラー）　Lamium　トレウ, C.J., エーレト, G.D. 1750〜73

オドントグロッサム・インズレイ
Odontoglossum Insleayi (Bark.) Ldl.
「蘭花譜」平凡社　1974
◇Pl.98–1（カラー）　加藤光治著, 二口善雄画 1969写生

オドントグロッサム・ウロ–スキンネリ
Odontoglossum Uro–Skinneri Ldl.
「蘭花譜」平凡社　1974
◇Pl.96–2（カラー）　加藤光治著, 二口善雄画 1941写生

オドントグロッサム・エクセレンス
Odontoglossum excellens Rchb.f.
「蘭花譜」平凡社　1974
◇Pl.96–4（カラー）　加藤光治著, 二口善雄画 1941写生

オドントグロッサム・クラメリー
Odontoglossum Krameri Rchb.f.
「蘭花譜」平凡社　1974
◇Pl.99–3（カラー）　加藤光治著, 二口善雄画 1969写生

オドントグロッサム・クラメリ
Odontoglossum krameri
「蘭百花図譜」八坂書房　2002
◇p70（カラー）　ベイトマン, ジェイムズ, フィッチ, W.H.原画『オドントグロッサムの研究』 1864〜74　石版刷手彩色

オドントグロッサム・クラメリー・アルバム
Odontoglossum Krameri Rchb.f.var.album
「蘭花譜」平凡社　1974
◇Pl.99–4（カラー）　加藤光治著, 二口善雄画 1971写生

オドントグロッサム・グランデ
Odontoglossum grande Ldl.
「蘭花譜」平凡社　1974
◇Pl.97–2（カラー）　加藤光治著, 二口善雄画 1942写生

オドントグロッサム・クリスパム
Odontoglossum crispum Ldl.
「蘭花譜」平凡社　1974
◇Pl.99–1（カラー）　加藤光治著, 二口善雄画 1940写生

オドントグロッサム・コーダタム
Odontoglossum cordatum Ldl.
「蘭花譜」平凡社　1974
◇Pl.98–2（カラー）　加藤光治著, 二口善雄画 1970写生

オドントグロッサム・コロナリウム
Odontoglossum coronarium
「蘭百花図譜」八坂書房　2002
◇p69（カラー）　ベイトマン, ジェイムズ, フィッチ, W.H.原画『オドントグロッサムの研究』 1864〜74　石版刷手彩色

オドントグロッサム・シトロスマム
Odontoglossum citrosmum Ldl.
「蘭花譜」平凡社　1974
◇Pl.98–3（カラー）　加藤光治著, 二口善雄画 1942写生

オドントグロッサム・シュリーペリアナム
Odontoglossum Schlieperianum Rchb.f.
「蘭花譜」平凡社　1974
◇Pl.97–1（カラー）　加藤光治著, 二口善雄画 1969写生

オドントグロッサム・シュロデリアナム
Odontoglossum Schroederianum Rchb.f. (Miltonia Schroederiana Veitch)
「蘭花譜」平凡社　1974
◇Pl.100–5（カラー）　加藤光治著, 二口善雄画 1940写生

オドントグロッサム・セルバンテシイ
Odontoglossum Cervantesii LaLl.et Lex.
「蘭花譜」平凡社　1974
◇Pl.98–4（カラー）　加藤光治著, 二口善雄画 1968写生

オドントグロッサム・トライアンファンス
Odontoglossum triumphans Rchb.f.
「蘭花譜」平凡社　1974
◇Pl.96–3（カラー）　加藤光治著, 二口善雄画 1972写生

オドントグロッサム・トリウンファンス
Odontoglossum triumphans
「蘭百花図譜」八坂書房　2002
◇p72（カラー）　ベイトマン, ジェイムズ, フィッチ, W.H.原画『オドントグロッサムの研究』 1864〜74　石版刷手彩色

オドントグロッサム・ハリアナム
Odontoglossum Harryanum Rchb.f.
「蘭花譜」平凡社　1974
◇Pl.100–3（カラー）　加藤光治著, 二口善雄画 1970写生

オドントグロッサム・ビクトニエンス
Odontoglossum bictoniense Ldl.
「蘭花譜」平凡社　1974
◇Pl.100–1（カラー）　加藤光治著, 二口善雄画 1968写生

オドントグロッサム・ビクトニエンス・アルバム Odontoglossum bictoniense Ldl.var. album
「蘭花譜」平凡社　1974
◇Pl.100-2（カラー）　加藤光治著, 二口善雄画 1968写生

オドントグロッサム・ビクトニエンセ Odontoglossum bictoniense
「蘭百花図譜」八坂書房　2002
◇p68（カラー）　ベイトマン, ジェイムズ『メキシコ・グアテマラのラン類』 1837～43　石版手彩色

オドントグロッサム・プルケラム Odontoglossum pulchellum Batem.
「蘭花譜」平凡社　1974
◇Pl.96-1（カラー）　加藤光治著, 二口善雄画 1968写生

オドントグロッサム・ペスカトレー Odontoglossum Pescatorei Lind.
「蘭花譜」平凡社　1974
◇Pl.99-2（カラー）　加藤光治著, 二口善雄画 1941写生

オドントグロッサム・ペスカトレイ Odontoglossum pescatorei
「蘭百花図譜」八坂書房　2002
◇p71（カラー）　ワーナー, ロバート『ラン類精選図譜』 1862～65　石版刷手彩色

オドントグロッサム・レーベ Odontoglossum laeve Ldl. (Miltonia laevis Rolfe, Oncidium laeve Beer)
「蘭花譜」平凡社　1974
◇Pl.100-4（カラー）　加藤光治著, 二口善雄画 1941写生

オドントグロッサム・レーベ・ライヘンハイミイ Odontoglossum laeve Ldl.var. Reichenheimii
「蘭花譜」平凡社　1974
◇Pl.109-7（カラー）　加藤光治著, 二口善雄画 1970写生

オドントグロッサム・ロッシイ Odontoglossum Rossii Ldl.
「蘭花譜」平凡社　1974
◇Pl.96-5（カラー）　加藤光治著, 二口善雄画 1941写生

オドントグロッスム・グランデ Odontoglossum grande
「花の王国 1」平凡社　1990
◇p122（カラー）　ルメール『フロリストの庭誌』 1851～？

オトンナ・アンプレクシカウリス Othonna amplexifolia
「ウィリアム・カーティス 花図譜」同朋舎出版 1994
◇127図（カラー）　Leaf-clasped Othonna　エドワーズ, シデナム・ティースト画『カーティス・ボタニカル・マガジン』 1810

おながえびね Calanthe longicalcarata Hayata
「蘭花譜」平凡社　1974
◇Pl.70-6（カラー）　加藤光治著, 二口善雄画 1970写生

おにあざみ
「高松松平家博物図譜 写生画帖 雑草」香川県立ミュージアム　2013
◇p97（カラー）　松平頼恭 江戸時代　紙本著色 画帖装（折本形式）　33.2×48.4　［個人蔵］

オニイワタバコ
⇒ピレナイイワタバコ（オニイワタバコ）を見よ

オニグルミ Juglans ailanthifolia Carr.
「北海道主要樹木図譜［普及版］」北海道大学図書刊行会　1986
◇図20（カラー）　Juglans sieboldiana Maxim. 須崎忠助 大正9（1920）～昭和6（1931）　［個人蔵］

オニグルミ Juglans mandshurica
「日本の博物図譜」東海大学出版会　2001
◇図64（カラー）　渡邉鍬太郎筆『草木写生図』［東京大学小石川植物園］

オニゲシ
「カーティスの植物図譜」エンタプライズ　1987
◇図57（カラー）　Orient Poppy『カーティスのボタニカルマガジン』 1787～1887

オーニシジューム・ソフロニチス Ornithidium Sophronitis Rchb.f.
「蘭花譜」平凡社　1974
◇Pl.91-5（カラー）　加藤光治著, 二口善雄画 1972写生

オーニソセファラス・グランディフロラス Ornithocephalus grandiflorus Ldl.
「蘭花譜」平凡社　1974
◇Pl.111-6（カラー）　加藤光治著, 二口善雄画 1969写生

オーニソセファラス・ビコルニス Ornithocephalus bicornis Ldl.
「蘭花譜」平凡社　1974
◇Pl.111-5（カラー）　加藤光治著, 二口善雄画 1971写生

オニソテツ Encephalartos sp.
「花の王国 4」平凡社　1990
◇p103（カラー）　ルメール, Ch.『園芸図譜誌』

1854〜86

おにたびらこ　Youngia japonica

「草木写生 春の巻」ピエ・ブックス　2010
◇p174〜175（カラー）　鬼田平子　狩野織染藤原重賢 明暦3（1657）〜元禄12（1699）［国立国会図書館］

オニツルボ　Scilla scilloides var.major

「日本の博物図譜」東海大学出版会　2001
◇図80（カラー）　山田壽雄筆　［高知県立牧野植物園］

オニドコロ　Dioscorea tokoro

「江戸博物文庫 花草の巻」工作舎　2017
◇p138（カラー）　鬼野老　岩崎灌園『本草図譜』［東京大学大学院理学系研究科附属植物園（小石川植物園）］

オニノヤガラ　Gastrodia elata Blume

「シーボルト日本植物図譜コレクション」小学館　2008
◇図3-71（カラー）　Boschniakia　［川原慶賀］画紙 透明絵の具 墨　22.7×32.8　［ロシア科学アカデミーコマロフ植物学研究所図書館］　※目録920 コレクションVIII 45/932

おにはこべ

「高松松平家博物図譜 写生画帖 雑草」香川県立ミュージアム　2013
◇p102（カラー）　松平頼恭 江戸時代　紙本著色画帖装（折本形式）　33.2×48.4　［個人蔵］

オニバス　Euryale ferox

「ウィリアム・カーティス 花図譜」同朋舎出版　1994
◇392図（カラー）　Prickly Euryale　エドワーズ, シデナム・ティースト画『カーティス・ボタニカル・マガジン』 1812

「花の王国 1」平凡社　1990
◇p86（カラー）　ファン・ヘール編『愛好家の花々』 1847　手彩色石版画

オニバス

「カーティスの植物図譜」エンタプライズ　1987
◇図1447（カラー）　Euryale ferox Salisb.『カーティスのボタニカルマガジン』 1787〜1887

おにひば

「高松松平家博物図譜 写生画帖 雑木」香川県立ミュージアム　2014
◇p9（カラー）　松平頼恭 江戸時代　紙本著色 画帖装（折本形式）　33.2×48.4　［個人蔵］　※表紙・裏表紙見返し墨書 安永6（1777）6月 程赤城筆

オニマツ［別名カイガンショウ］　Pinus pinaster

「ボタニカルアートの世界」朝日新聞社　1987
◇p34, 35（カラー）　エーレット画, マッケンジー彫版『A description of the genus Pinus第1巻』 1803〜1807

オニユリ　Lilium lancifolium

「牧野富太郎植物画集」ミュゼ　1999
◇p53（白黒）　ケント紙 墨（毛筆）　10.4×18.9

「花の王国 1」平凡社　1990
◇p119（カラー）『カーチス・ボタニカル・マガジン』 1787〜継続

「四季草花譜」八坂書房　1988
◇図24（カラー）　飯沼慾斎筆『草木図説稿本』［個人蔵］

オニユリ　Lilium lancifolium Thunb.

「高木春山 本草図説 1」リブロポート　1988
◇図58（カラー）

オニユリ

「江戸名作画帖全集 8」駸々堂出版　1995
◇図73（カラー）　クルマユリ（タケシマユリ）・カノコユリ・オニユリ　松平頼恭編『写生画帖・衆芳画譜』　紙本着色　［松平公益会］

「ユリ科植物図譜 2」学習研究社　1988
◇図44・46（カラー）　Lilium tigrinum　ルドゥーテ, ピエール＝ジョセフ 1802〜1815
◇図45（カラー）　Lilium tigrinum　ルドゥーテ, ピエール＝ジョセフ 1802〜1815

ヲニユリ

「高松松平家博物図譜 衆芳画譜 花卉 第四」香川県立ミュージアム　2010
◇p32（カラー）　松平頼恭 江戸時代　紙本著色 画帖装（折本形式）　33.0×48.2　［個人蔵］

オノエヤナギ　Salix sachalinensis Fr.Schm.

「北海道主要樹木図譜［普及版］」北海道大学図書刊行会　1986
◇図18（カラー）　ナガバヤナギ　須崎忠助 大正9（1920）〜昭和6（1931）［個人蔵］

オノスマ・タウリカ　Onosma tauricum

「ウィリアム・カーティス 花図譜」同朋舎出版　1994
◇66図（カラー）　Golden-flowered Onosuma　エドワーズ, シデナム・ティースト画『カーティス・ボタニカル・マガジン』 1805

をのれ

「高松松平家博物図譜 写生画帖 雑木」香川県立ミュージアム　2014
◇p45（カラー）　松平頼恭 江戸時代　紙本著色 画帖装（折本形式）　33.2×48.4　［個人蔵］　※表紙・裏表紙見返し墨書 安永6（1777）6月 程赤城筆

オヒョウ　Ulmus laciniata Mayr

「北海道主要樹木図譜［普及版］」北海道大学図書刊行会　1986
◇図39（カラー）　須崎忠助 大正9（1920）〜昭和6（1931）［個人蔵］

オフェリア　'Ophelia'

「ばら花譜」平凡社　1983
◇PL.104（カラー）　二口善雄画, 鈴木省三, 籾山泰一著 1977　水彩

オペラ　'Opera'
「ばら花譜」平凡社　1983
◇PL.120（カラー）　二口善雄画, 鈴木省三, 籾山泰一著 1976　水彩

オベロニア　Oberonia micrantha ?
「花の本 ボタニカルアートの庭」角川書店　2010
◇p123（カラー）　Oberonia　Dumont d'Urville, Jules Sébastien César『アストロラブ号世界周航記』 1833

おみなえし　Patrinia scabiosifolia
「草木写生 秋の巻」ピエ・ブックス　2010
◇p110～111（カラー）　女郎花　狩野織染藤原重賢 明暦3（1657）～元禄12（1699）［国立国会図書館］

オミナエシ・オミナメシ　Patrinia scabiosaefolia
「花木真寫」淡交社　2005
◇図98（カラー）　女郎花　近衛予楽院家熙［（財）陽明文庫］

オミナメシ
「高松松平家博物図譜 衆芳画譜 花卉 第四」香川県立ミュージアム　2010
◇p69（カラー）　松平頼恭 江戸時代　紙本著色 画帖装（折本形式）　33.0×48.2 ［個人蔵］

おもだか
「野の草の手帖」小学館　1989
◇p88（カラー）　沢瀉・面高　岩崎常正（灌園）『本草図譜』 文政11（1828）［国立国会図書館］

オモダカ
「彩色 江戸博物学集成」平凡社　1994
◇p295（カラー）　川原慶賀『動植物図譜』　［オランダ国立自然史博物館］
「ボタニカルアートの世界」朝日新聞社　1987
◇p127上（白黒）　橘保国画『絵本野山草』

ヲモダカ
「高松松平家博物図譜 衆芳画譜 花卉 第四」香川県立ミュージアム　2010
◇p29（カラー）　松平頼恭 江戸時代　紙本著色 画帖装（折本形式）　33.0×48.2 ［個人蔵］
◇p94（カラー）　松平頼恭 江戸時代　紙本著色 画帖装（折本形式）　33.0×48.2 ［個人蔵］

オモト　Rohdea japonica
「花の王国 1」平凡社　1990
◇p34（カラー）　関根雲停『小不老草名寄』 天保3（1832）
「四季草花譜」八坂書房　1988
◇図35（カラー）　飯沼慾斎筆『草木図説稿本』［個人蔵］

オモト　Rohdea japonicum Roth.
「カーティスの植物図譜」エンタプライズ　1987
◇図898（カラー）　Orontium japonicum Thunb.『カーティスのボタニカルマガジン』 1787～1887

ヲモト
「高松松平家博物図譜 衆芳画譜 花卉 第四」香川県立ミュージアム　2010
◇p66（カラー）　松平頼恭 江戸時代　紙本著色 画帖装（折本形式）　33.0×48.2 ［個人蔵］

オヤマボクチ　Synurus pungens
「江戸博物文庫 花草の巻」工作舎　2017
◇p60（カラー）　雄山火口　岩崎灌園『本草図譜』［東京大学大学院理学系研究科附属植物園（小石川植物園）］

オランダカイウ
「美花図譜」八坂書房　1991
◇図8（カラー）　ウエインマン『花譜』 1736～1748　銅版刷手彩色 ［群馬県館林市立図書館］

阿蘭陀紅
「日本椿集」平凡社　1966
◇図207（カラー）　津山尚著, 二口善雄画 1957

オランダシャクヤク　Paeonia officinalis
「すごい博物画」グラフィック社　2017
◇図版45（カラー）　ヤマシャクヤク、ターバン・ラナンキュラス、チューリップ、オランダシャクヤク　マーシャル, アレクサンダー 1650～82頃　水彩　46.0×33.2 ［ウィンザー城ロイヤル・ライブラリー］
「美花選［普及版］」河出書房新社　2016
◇図124（カラー）　Pivoine officinale à fleurs simples/Pæonia officinalis mas　ルドゥーテ, ピエール＝ジョゼフ画 1827～1833 ［コノサーズ・コレクション東京］
「ボタニカルアート 西洋の美花集」パイ インターナショナル　2010
◇p22（カラー）　ルドゥーテ, ピエール＝ジョセフ画・著『美花選』 1827～33　点刻銅版画多色刷 一部手彩色
「図説 ボタニカルアート」河出書房新社　2010
◇p51（カラー）　ルドゥーテ画・著『美花選』 1827～33
「ルドゥーテ画 美花選 2」学習研究社　1986
◇図7（カラー）　1827～1833
◇図8（カラー）　1827～1833

オランダシャクヤク　Paeonia officinalis 'Alba Plena'
「美花選［普及版］」河出書房新社　2016
◇図4（カラー）　Pivoine/Pæonia officinalis　栽培品種'アルバ・プレナ'　ルドゥーテ, ピエール＝ジョゼフ画 1827～1833 ［コノサーズ・コレクション東京］
「ボタニカルアート 西洋の美花集」パイ インターナショナル　2010
◇p23（カラー）　（栽培品種'アルバ・プレナ'）ルドゥーテ, ピエール＝ジョセフ画・著『美花選』 1827～33　点刻銅版画多色刷 一部手彩色

オランダシャクヤク
「フローラの庭園」八坂書房　2015
◇p70（カラー）　マーシャル, アレクサンダー画

『フラワー・ブック』 1680頃 水彩 紙 46.0×33.3 ［英国王室コレクション］

オランダセキチク・アンジャベル Dianthus caryophyllus

「花木真寫」淡交社 2005

◇図59（カラー） 石竹 近衛予楽院家熙 ［（財）陽明文庫］

オランダチシャ

⇒キクチシャ・オランダチシャを見よ

オランダビユ Psoralea corylifolia

「花彙 上」八坂書房 1977

◇図40（白黒） 補骨脂 小野蘭山, 島田充房 明和2（1765） 26.5×18.5 ［国立公文書館・内閣文庫］

オーリキュラ Primula auricula

「花の王国 1」平凡社 1990

◇p35（カラー） ソーントン, R.J.『フローラの神殿』 1812

オーリキュラ各種

「R・J・ソーントン フローラの神殿 新装版」リブロポート 1990

◇第8葉（カラー） Group of Auriculas ライナグル, フィリップ画, スタドラー彫版, ソーントン, R.J. 1812 アクアチント（青, 緑色インク）手彩色仕上げ

オーリキュラの栽培品種「愛しいお嬢さん」

「フローラの庭園」八坂書房 2015

◇p28（カラー） エーレット, ゲオルク・ディオニシウス画 1743 水彩 犢皮紙（ヴェラム） ［ヴィクトリア&アルバート美術館（ロンドン）］

オルキス Orchis purpurea

「花の本 ボタニカルアートの庭」角川書店 2010

◇p120（カラー） Orchis Weinmann, Johann Wilhelm『花譜』 1737〜45

オルキス

「美花図譜」八坂書房 1991

◇図61（カラー） ウエインマン『花譜』 1736〜1748 銅版刷手彩色 ［群馬県館林市立図書館］

オルキス・マデレンシス Orchis maderensis

「蘭百花図譜」八坂書房 2002

◇p102（カラー） リンドレー, ジョン著, ドレイク画『ランの花冠』 1837〜41 石版手彩色

オールゴールド 'Allgold'

「ばら花譜」平凡社 1983

◇PL.129（カラー） 二口善雄画, 鈴木省三, 籾山泰一著 1976 水彩

オルニトガルム・ティルソイデス

Ornithogalum thyrsoides

「ユリ科植物図譜 2」学習研究社 1988

◇図64（カラー） オルニトガルム・アウレウム ルドゥーテ, ピエール＝ジョセフ 1802〜1815

オルニトガルム・テヌイフォリウム

「ユリ科植物図譜 2」学習研究社 1988

◇図155（カラー） Ornithogalum tenuifolium ルドゥーテ, ピエール＝ジョセフ 1802〜1815

オルニトガルム・ナルボネンセ

Ornithogalum narbonense

「ユリ科植物図譜 2」学習研究社 1988

◇図157（カラー） オルニトガルム・トリギヌム ルドゥーテ, ピエール＝ジョセフ 1802〜1815

オルニトガルム・ヌタンス

「ユリ科植物図譜 2」学習研究社 1988

◇図72（カラー） Ornithogalum nutans ルドゥーテ, ピエール＝ジョセフ 1802〜1815

オルニトガルム・ピラミダーレ

「ユリ科植物図譜 2」学習研究社 1988

◇図69（カラー） Ornithogalum pyramidale ルドゥーテ, ピエール＝ジョセフ 1802〜1815

オルニトガルム・ピレナイクム

「ユリ科植物図譜 2」学習研究社 1988

◇図73（カラー） Ornithogalum pyrenaicum ルドゥーテ, ピエール＝ジョセフ 1802〜1815

オルニトガルム・ラクテウム

「ユリ科植物図譜 2」学習研究社 1988

◇図66（カラー） Ornithogalum lacteum ルドゥーテ, ピエール＝ジョセフ 1802〜1815

オルニトガルム・ロンギブラクテアトゥム

「ユリ科植物図譜 2」学習研究社 1988

◇図67・70（カラー） Ornithogalum longibracteatum ルドゥーテ, ピエール＝ジョセフ 1802〜1815

大蛇 Austrocylindropuntia cylindrica

「ウィリアム・カーティス 花図譜」同朋舎出版 1994

◇72図（カラー） Round-stemmed Prickly Pear 園芸種 ノートン嬢, C.E.C.画『カーティス・ボタニカル・マガジン』 1834

オンキディウム・バウエリ Oncidium baueri

「図説 ボタニカルアート」河出書房新社 2010

◇p64（カラー） バウアー, フランツ画 ［ロンドン自然史博物館］

オンキディウム・パピリオ Oncidium papilio

「花の王国 1」平凡社 1990

◇p125（カラー） 変種マユス ルメール『フロリストの庭誌』 1851〜？

オンシジウム・ウェントワーシアヌム

Oncidium wentworthianum

「蘭百花図譜」八坂書房 2002

◇p64（カラー） ベイトマン, ジェイムズ『メキシコ・グアテマラのラン類』 1837〜43 石版手彩色

オンシジウム・オルニソリンクム　Oncidium ornithorhynchum
「蘭百花図譜」八坂書房　2002
◇p62（カラー）　カーティス, ウィリアム『ボタニカル・マガジン』 1841

オンシジウム・クリスプム　Oncidium crispum
「蘭百花図譜」八坂書房　2002
◇p61（カラー）　カーティス, ウィリアム『ボタニカル・マガジン』 1836

オンシジウム・コンコロル　Oncidium concolor
「蘭百花図譜」八坂書房　2002
◇p60（カラー）　カーティス, ウィリアム『ボタニカル・マガジン』 1839

オンシジウム・ルリドゥム'グッタツム'　Oncidium luridum 'Guttatum'
「蘭百花図譜」八坂書房　2002
◇p63（カラー）　エドワーズ, シデナム『ボタニカル・レジスター』 1839　銅版手彩色

オンシジューム・アルチシマム　Oncidium altissimum (Jacq.) Sw.
「蘭花譜」平凡社　1974
◇Pl.103–6（カラー）　加藤光治著, 二口善雄画 1971写生

オンシジューム・アンプリアタム　Oncidium ampliatum Ldl.
「蘭花譜」平凡社　1974
◇Pl.106–2（カラー）　加藤光治著, 二口善雄画 1968写生

オンシジューム・インカーバム　Oncidium incurvum Bark.
「蘭花譜」平凡社　1974
◇Pl.110–5（カラー）　加藤光治著, 二口善雄画 1940写生

オンシジューム・ウェントウォーシアナム　Oncidium Wentworthianum Batem.
「蘭花譜」平凡社　1974
◇Pl.109–6（カラー）　加藤光治著, 二口善雄画 1942写生

オンシジューム・ウロフィラム　Oncidium urophyllum Ldl.
「蘭花譜」平凡社　1974
◇Pl.104–5（カラー）　加藤光治著, 二口善雄画 1970写生

オンシジューム・オナスタム　Oncidium onustum Ldl.
「蘭花譜」平凡社　1974
◇Pl.110–4（カラー）　加藤光治著, 二口善雄画 1971写生

オンシジューム・オーニソリンカム　Oncidium ornithorhynchum HBK.
「蘭花譜」平凡社　1974
◇Pl.110–6（カラー）　加藤光治著, 二口善雄画 1940写生

オンシジューム・オブリザツム　Oncidium obryzatum Rchb.f.
「蘭花譜」平凡社　1974
◇Pl.108–7（カラー）　加藤光治著, 二口善雄画 1970写生

オンシジューム・オーリフェラム　Oncidium auriferum Rchb.f.
「蘭花譜」平凡社　1974
◇Pl.109–5（カラー）　加藤光治著, 二口善雄画 1968写生

オンシジューム・カベンディシアナム　Oncidium Cavendishianum Batem.
「蘭花譜」平凡社　1974
◇Pl.107–5（カラー）　加藤光治著, 二口善雄画 1941写生

オンシジューム・カルタギネンセ　Oncidium carthaginense Sw.
「蘭花譜」平凡社　1974
◇Pl.103–4〜5（カラー）　加藤光治著, 二口善雄画 1941,1968写生

オンシジューム・クラメリアナム　Oncidium Kramerianum Rchb.f.
「蘭花譜」平凡社　1974
◇Pl.107–7（カラー）　加藤光治著, 二口善雄画 1941写生

オンシジューム・クリスパム　Oncidium crispum Lodd.
「蘭花譜」平凡社　1974
◇Pl.106–4〜5（カラー）　加藤光治著, 二口善雄画 1941,1968写生

オンシジューム・ケイロホラム　Oncidium cheirophorum Rchb.f.
「蘭花譜」平凡社　1974
◇Pl.110–7（カラー）　加藤光治著, 二口善雄画 1941写生

オンシジューム・コンカラー　Oncidium concolor Hk.
「蘭花譜」平凡社　1974
◇Pl.107–4（カラー）　加藤光治著, 二口善雄画 1968写生

オンシジューム・サルコデス　Oncidium sarcodes Ldl.
「蘭花譜」平凡社　1974
◇Pl.106–6〜8（カラー）　加藤光治著, 二口善雄画 1940,1970,1971写生

オンシジューム・ジョンジアナム　Oncidium Jonesianum Rchb.f.
「蘭花譜」平凡社　1974
◇Pl.110–1(カラー)　加藤光治著, 二口善雄画 1970写生

オンシジューム・スチピタタム　Oncidium stipitatum Ldl.
「蘭花譜」平凡社　1974
◇Pl.103–2(カラー)　加藤光治著, 二口善雄画 1969写生

オンシジューム・ストラミニューム　Oncidium stramineum Ldl.
「蘭花譜」平凡社　1974
◇Pl.105–1(カラー)　加藤光治著, 二口善雄画 1968写生

オンシジューム・スファセラタム　Oncidium sphacelatum Ldl.
「蘭花譜」平凡社　1974
◇Pl.103–7(カラー)　加藤光治著, 二口善雄画 1942写生

オンシジューム・スフェギフェラム　Oncidium sphegiferum Ldl.
「蘭花譜」平凡社　1974
◇Pl.107–8(カラー)　加藤光治著, 二口善雄画 1941写生

オンシジューム・スプレンジダム　Oncidium splendidum A.Rich.
「蘭花譜」平凡社　1974
◇Pl.107–12(カラー)　加藤光治著, 二口善雄画 1940写生

オンシジューム・セボレタ　Oncidium cebolleta Sw.
「蘭花譜」平凡社　1974
◇Pl.110–2(カラー)　加藤光治著, 二口善雄画 1941写生

オンシジューム・チグリナム　Oncidium tigrinum LaLl.et Lex.
「蘭花譜」平凡社　1974
◇Pl.109–1(カラー)　加藤光治著, 二口善雄画 1969写生

オンシジューム・テトラペタラム　Oncidium tetrapetalum Willd.
「蘭花譜」平凡社　1974
◇Pl.104–4(カラー)　加藤光治著, 二口善雄画 1969写生

オンシジューム・テレス　Oncidium teres A. et S.
「蘭花譜」平凡社　1974
◇Pl.103–3(カラー)　加藤光治著, 二口善雄画 1970写生

オンシジューム・トリケトラム　Oncidium triquetrum R.Br.
「蘭花譜」平凡社　1974
◇Pl.104–2(カラー)　加藤光治著, 二口善雄画 1970写生

オンシジューム・ヌビゲナム　Oncidium nubigenum Ldl.
「蘭花譜」平凡社　1974
◇Pl.107–11(カラー)　加藤光治著, 二口善雄画 1971写生

オンシジューム・バーバタム　Oncidium barbatum Ldl.
「蘭花譜」平凡社　1974
◇Pl.107–2〜3(カラー)　加藤光治著, 二口善雄画 1970,1971写生

オンシジューム・パピリオ・マユス　Oncidium Papilio Ldl.var.majus Rchb.f.
「蘭花譜」平凡社　1974
◇Pl.107–6(カラー)　加藤光治著, 二口善雄画 1941写生

オンシジューム・バリコサム・ロジャーシイ　Oncidium varicosum Ldl.var.Rogersii Hort.
「蘭花譜」平凡社　1974
◇Pl.108–1〜2(カラー)　加藤光治著, 二口善雄画 1970,1942写生

オンシジューム・ハリソニアナム　Oncidium Harrisonianum Ldl.
「蘭花譜」平凡社　1974
◇Pl.105–2(カラー)　加藤光治著, 二口善雄画 1941写生

オンシジューム・ヒアンス　Oncidium hians Ldl.
「蘭花譜」平凡社　1974
◇Pl.107–9(カラー)　加藤光治著, 二口善雄画 1941写生

オンシジューム・ファレノプシス　Oncidium Phalaenopsis Rchb.f.
「蘭花譜」平凡社　1974
◇Pl.107–10(カラー)　加藤光治著, 二口善雄画 1972写生

オンシジューム・プシラム　Oncidium pusillum Rchb.f.
「蘭花譜」平凡社　1974
◇Pl.104–1(カラー)　加藤光治著, 二口善雄画 1968写生

オンシジューム・プベス　Oncidium pubes Ldl.
「蘭花譜」平凡社　1974
◇Pl.105–4〜5(カラー)　加藤光治著, 二口善雄画 1970,1942写生

オンシジューム・プミラム Oncidium pumilum Ldl.
「蘭花譜」平凡社 1974
◇Pl.107–1(カラー) 加藤光治著, 二口善雄画 1940写生

オンシジューム・プルケラム Oncidium pulchellum Hk.
「蘭花譜」平凡社 1974
◇Pl.104–3(カラー) 加藤光治著, 二口善雄画 1969写生

オンシジューム・フレクスオサム Oncidium flexuosum Lodd.
「蘭花譜」平凡社 1974
◇Pl.108–5(カラー) 加藤光治著, 二口善雄画 1970,1941写生

オンシジューム・プレテクスタム Oncidium praetextum Rchb.f.
「蘭花譜」平凡社 1974
◇Pl.106–3(カラー) 加藤光治著, 二口善雄画 1970写生

オンシジューム・マキュラタム Oncidium maculatum Ldl.
「蘭花譜」平凡社 1974
◇Pl.109–3(カラー) 加藤光治著, 二口善雄画 1970写生

オンシジューム・マーシャリアナム Oncidium Marshallianum Rchb.f.
「蘭花譜」平凡社 1974
◇Pl.105–6(カラー) 加藤光治著, 二口善雄画 1941写生

オンシジューム・ミクロキラム Oncidium microchilum Batem.
「蘭花譜」平凡社 1974
◇Pl.105–3(カラー) 加藤光治著, 二口善雄画 1968,1941写生

オンシジューム・ラーキニアナム Oncidium Larkinianum Gower
「蘭花譜」平凡社 1974
◇Pl.105–7(カラー) 加藤光治著, 二口善雄画 1940写生

オンシジューム・ラニフェラム Oncidium raniferum Ldl.
「蘭花譜」平凡社 1974
◇Pl.108–6(カラー) 加藤光治著, 二口善雄画 1969写生

オンシジューム・ランセアナム Oncidium Lanceanum Ldl.
「蘭花譜」平凡社 1974
◇Pl.108–3〜4(カラー) 加藤光治著, 二口善雄画 1968,1943写生

オンシジューム・リープマニイ Oncidium Liebmannii Rchb.f.ex Krzl.
「蘭花譜」平凡社 1974
◇Pl.106–1(カラー) 加藤光治著, 二口善雄画 1969,1970写生

オンシジューム・リミンゲイ Oncidium Limminghei Morr.
「蘭花譜」平凡社 1974
◇Pl.104–6(カラー) 加藤光治著, 二口善雄画 1971写生

オンシジューム・リューコキラム Oncidium leucochilum Batem.
「蘭花譜」平凡社 1974
◇Pl.109–2(カラー) 加藤光治著, 二口善雄画 1941写生

オンシジューム・ロンギペス Oncidium longipes Ldl.
「蘭花譜」平凡社 1974
◇Pl.110–3(カラー) 加藤光治著, 二口善雄画 1942写生

オンシジューム・ワーセウィッチイ Oncidium Warscewiczii Rchb.f.
「蘭花譜」平凡社 1974
◇Pl.109–4(カラー) 加藤光治著, 二口善雄画 1970写生

温室で生長した着生ランのヴァニラと様々なシダ類
「フローラの庭園」八坂書房 2015
◇p85(白黒)『ザ・ガーデン』 1872 [ペンシルヴァニア園芸協会]

オンシディウム・パピリオ Oncidium kramerianum
「ウィリアム・カーティス 花図譜」同朋舎出版 1994
◇449図(カラー) Butterfly Oncidium ハーバート, ウィリアム画『カーティス・ボタニカル・マガジン』 1828

【か】

カイガラサルビア Moluccella lævis
「ウィリアム・カーティス 花図譜」同朋舎出版 1994
◇255図(カラー) Smooth Molucca Balm or Bells of Ireland カーティス, ウィリアム『カーティス・ボタニカル・マガジン』 1816

カイガンショウ
⇒オニマツ[別名カイガンショウ]を見よ

かいこんそう
「高松松平家博物図譜 写生画帖 雑草」香川県立ミュージアム 2013
◇p47(カラー) 松平頼恭 江戸時代 紙本著色 画

帖装（折本形式）　33.2×48.4　［個人蔵］

カイソウ　Urginea maritima

「ウィリアム・カーティス 花図譜」同朋舎出版 1994

◇345図（カラー）　Common Rcinal Sea-onion or Offiotato Squill　エドワーズ，シデナム・ティースト画『カーティス・ボタニカル・マガジン』 1806

カイソウ

「ユリ科植物図譜 2」学習研究社　1988

◇図184（カラー）　スキラ・マリティマ　ルドゥーテ，ピエール＝ジョセフ 1802〜1815

かいどう　Malus halliana

「草木写生 春の巻」ピエ・ブックス　2010

◇p74〜75（カラー）　海棠　狩野織染藤原重賢 明暦3（1657）〜元禄12（1699）［国立国会図書館］

カイドウ

「彩色 江戸博物学集成」平凡社　1994

◇p294（カラー）　川原慶賀『動植物図譜』　［オランダ国立自然史博物館］

海棠

「高松松平家博物図譜 衆芳画譜 花果 第五」香川県立ミュージアム　2011

◇p13（カラー）　松平頼恭 江戸時代　紙本著色 画帖装（折本形式）　33.2×48.4　［個人蔵］

カイドウバラ　Rosa×uchiyamana (Makino) Makino

「薔薇空間」ランダムハウス講談社　2009

◇図191（カラー）　二口善雄画，鈴木省三，籾山泰一解説『ばら花譜』 1983　水彩　340×284

「ばら花譜」平凡社　1983

◇PL.22（カラー）　二口善雄画，鈴木省三，籾山泰一著 1974,1977　水彩

ガヴィエア・パタゴニカ　Gavilea patagonica

「イングリッシュ・ガーデン」求龍堂　2014

◇図40（カラー）　ダーウィン，チャールズ・ロバート 1860年代頃　黒鉛 紙　15.2×11.0　［キュー王立植物園］

カウレルパ［イワヅタ］

「生物の驚異的な形」河出書房新社　2014

◇図版64（カラー）　ヘッケル，エルンスト 1904

カヘテ

「高松松平家博物図譜 衆芳画譜 花果 第五」香川県立ミュージアム　2011

◇p29（カラー）　松平頼恭 江戸時代　紙本著色 画帖装（折本形式）　33.2×48.4　［個人蔵］

カエデ科ミネカエデ属（ロックメイプル）の1種　Acer sp.

「植物精選百種図譜 博物画の至宝」平凡社 1996

◇pl.85（カラー）　Acer　雄花あるいは雄株　トレウ，C.J.，エーレト，G.D. 1750〜73

◇pl.86（カラー）　Acer　雄花あるいは雄株　トレウ，C.J.，エーレト，G.D. 1750〜73

カエデ属の1種　Acer maior latifoliave

「ボタニカルアートの世界」朝日新聞社　1987

◇p48右（カラー）　フックス図，Dobat，K.編『Tubinger Krauterbuchtafeln des Leonhart Fuchus』 1983

カエデの1種　Acer sp.

「ビュフォンの博物誌」工作舎　1991

◇N150（カラー）『一般と個別の博物誌 ソンニーニ版』

カエデの1種　Acer striatum

「ボタニカルアートの世界」朝日新聞社　1987

◇p101左（カラー）　ルドゥテ兄弟画，ミショー『北アメリカの樹木』 1865

カエデ類

「彩色 江戸博物学集成」平凡社　1994

◇p9（白黒）『増補地錦抄』

カエンキセワタ

「美花図譜」八坂書房　1991

◇図48（カラー）　ウエインマン『花譜』 1736〜1748　銅版刷手彩色　［群馬県館林市立図書館］

顔好鳥

「日本椿集」平凡社　1966

◇図180（カラー）　津山尚著，二口善雄画 1960

かゞいも

「高松松平家博物図譜 写生画帖 雑草」香川県立ミュージアム　2013

◇p92（カラー）　松平頼恭 江戸時代　紙本著色 画帖装（折本形式）　33.2×48.4　［個人蔵］

ガガイモ　Metaplexis japonica

「江戸博物文庫 花草の巻」工作舎　2017

◇p150（カラー）　鏡芋　岩崎灌園『本草図譜』［東京大学大学院理学系研究科附属植物園（小石川植物園）］

「花彙 上」八坂書房　1977

◇図89（白黒）　細絲藤　小野蘭山，島田充房 明和2（1765）　26.5×18.5　［国立公文書館・内閣文庫］

ががぶた　Nymphoides indica

「草木写生 秋の巻」ピエ・ブックス　2010

◇p184〜185（カラー）　鏡蓋　狩野織染藤原重賢 明暦3（1657）〜元禄12（1699）［国立国会図書館］

カガミグサ　Ampelopsis japonica (Thunb.) Makino

「シーボルト日本植物図譜コレクション」小学館 2008

◇図2-31（カラー）　Ampelopsis heterophylla Sieb.et Zucc.［de Villeneuve, C.H.？］画　鉛筆 墨　23.5×33.0, 11.9×20.2　［ロシア科学アカデミーコマロフ植物学研究所図書館］　※目録

565 コレクションII 489л–п/246

カカヤンバラ　Rosa bracteata Wendland
「ばら花譜」平凡社　1983
◇PL.20（カラー）　二口善雄画，鈴木省三，籾山泰一著 1976,1978,1977　水彩

カカヤンバラ
⇒ロサ・ブラクテアータ（カカヤンバラ）を見よ

カキツバタ　Iris laevigata
「四季草花譜」八坂書房　1988
◇図5（カラー）　飯沼慾斎筆『草木図説稿本』［個人蔵］

カキツバタ
「高松松平家博物図譜 衆芳画譜 花卉 第四」香川県立ミュージアム　2010
◇p13（カラー）　松平頼恭 江戸時代　紙本著色 画帖装（折本形式）　33.0×48.2 ［個人蔵］
◇p29（カラー）　松平頼恭 江戸時代　紙本著色 画帖装（折本形式）　33.0×48.2 ［個人蔵］

カキツバタ
⇒婦幾須じ・カキツバタを見よ

かきどおし
「野の草の手帖」小学館　1989
◇p89（カラー）　垣通　岩崎常正（灌園）『本草図譜』 文政11（1828）　［国立国会図書館］

かきのはくさ
「高松松平家博物図譜 写生画帖 雑草」香川県立ミュージアム　2013
◇p91（カラー）　松平頼恭 江戸時代　紙本著色 画帖装（折本形式）　33.2×48.4 ［個人蔵］

カキノハグサ　Polygala reinii
「江戸博物文庫 花草の巻」工作舎　2017
◇p11（カラー）　柿葉草　岩崎灌園『本草図譜』［東京大学大学院理学系研究科附属植物園（小石川植物園）］
「花彙 上」八坂書房　1977
◇図3（白黒）　巴戟天　小野蘭山，島田充房 明和2（1765）　26.5×18.5 ［国立公文書館・内閣文庫］

カキノハグサ　Polygala reinii Franch. & Sav.
「シーボルト日本植物図譜コレクション」小学館　2008
◇図2–46（カラー）　Polygala ［日本人画家］画［1820～ 1826頃］ 薄い半透明の和紙 透明の絵の具 白色塗料 墨　20.1×28.1 ［ロシア科学アカデミーコマロフ植物学研究所図書館］ ※目録512 コレクションII ［589］/175

カギバナルコユリ
「ユリ科植物図譜 2」学習研究社　1988
◇図169（カラー）　ポリゴナートゥム・シビリクム　ルドゥーテ，ピエール＝ジョセフ 1802～1815

限り
「日本椿集」平凡社　1966
◇図81（カラー）　津山尚著，二口善雄画 1960

ガクアジサイ　Hydrangea azisai
「ボタニカルアート 西洋の美花集」パイ インターナショナル　2010
◇p68（カラー）　シーボルト，フィリップ・フランツ・フォン，ツッカリーニ『日本植物誌』 1835～70　石版画 手彩色

ガクアジサイ　Hydrangea macrophylla
「江戸博物文庫 花草の巻」工作舎　2017
◇p106（カラー）　額紫陽花　岩崎灌園『本草図譜』［東京大学大学院理学系研究科附属植物園（小石川植物園）］

ガクアジサイ　Hydrangea macrophylla f. normalis
「花の王国 1」平凡社　1990
◇p24（カラー）　ルメール，シャイトヴァイラー，ファン・ホーテ著，セヴェリン図『ヨーロッパの温室と庭園の花々』 1845～60　色刷り石版
◇p24（カラー）　山本章夫『萬花帖』 江戸末期～明治時代 ［西尾市立図書館岩瀬文庫（愛知県）］

ガクアジサイ　Hydrangea macrophylla (Thunb.ex Murray) Ser.f.normalis (E.H. Wils.) Hara
「シーボルト「フローラ・ヤポニカ」 日本植物誌」八坂書房　2000
◇図51（カラー）　Azisai ［国立国会図書館］

ガクアジサイの1型　Hydrangea macrophylla Ser.f.normalis
「カーティスの植物図譜」エンタプライズ　1987
◇図4253（カラー）　Hydrangea japonica Sieb. var.coerulea『カーティスのボタニカルマガジン』 1787～1887

ガクウツギ　Hydrangea scandens (L.f.) Ser.
「シーボルト「フローラ・ヤポニカ」 日本植物誌」八坂書房　2000
◇図60（白黒）　Jama–dôsin, Kana–utsuki ［国立国会図書館］

カクチョウラン　Phaius tankervilleae
「蘭百花図譜」八坂書房　2002
◇p110（白黒）　ソーントン，ロバート『フローラの神殿』 1799～1807

カクチョウラン
⇒カクランを見よ

カクテル　‘Cocktail’
「ばら花譜」平凡社　1983
◇PL.148（カラー）　二口善雄画，鈴木省三，籾山泰一著 1975　水彩

神楽獅子
「日本椿集」平凡社　1966
◇図105（カラー）　津山尚著，二口善雄画 1955

かくらそう
「高松松平家博物図譜 写生画帖 雑草」香川県立ミュージアム　2013
◇p35（カラー）　松平頼恭 江戸時代　紙本著色 画帖装（折本形式）　33.2×48.4　［個人蔵］
◇p36（カラー）　松平頼恭 江戸時代　紙本著色 画帖装（折本形式）　33.2×48.4　［個人蔵］

かくらん　Phajus Tankervilliae Bl.（P. grandifolius Ldl., P.Wallichii Hk.f.）
「蘭花譜」平凡社　1974
◇Pl.69–1～2（カラー）　加藤光治著, 二口善雄画 1970写生

カクラン　Phaius tankervilleae
「ユリ科植物図譜 1」学習研究社　1988
◇図6（カラー）　Limodorum tankervillae　ルドゥーテ, ピエール＝ジョセフ 1802～1815
「花彙 上」八坂書房　1977
◇図63（白黒）　鶴蘭　小野蘭山, 島田充房 明和2（1765）　26.5×18.5　［国立公文書館・内閣文庫］

カクレミノ　Dendropanax trifidus
「花彙 下」八坂書房　1977
◇図172（白黒）　海腊　小野蘭山, 島田充房 明和2（1765）　26.5×18.5　［国立公文書館・内閣文庫］

ガゲア・スパタケア　Gagea spathacea
「ユリ科植物図譜 2」学習研究社　1988
◇図154（カラー）　オルニトガルム・スパタケウム　ルドゥーテ, ピエール＝ジョセフ 1802～1815

ガゲア・フィストゥローサ　Gagea fistulosa
「ユリ科植物図譜 2」学習研究社　1988
◇図65（カラー）　オルニトガルム・フィストゥロースム　ルドゥーテ, ピエール＝ジョセフ 1802～1815

ガゲア・ミニマ　Gagea minima
「ユリ科植物図譜 2」学習研究社　1988
◇図68（カラー）　オルニトガルム・ミニムム　ルドゥーテ, ピエール＝ジョセフ 1802～1815

鹿児島
「日本椿集」平凡社　1966
◇図41（カラー）　津山尚著, 二口善雄画 1958

かごしまらん
「高松松平家博物図譜 写生画帖 雑草」香川県立ミュージアム　2013
◇p103（カラー）　松平頼恭 江戸時代　紙本著色 画帖装（折本形式）　33.2×48.4　［個人蔵］

風折
「日本椿集」平凡社　1966
◇図170（カラー）　津山尚著, 二口善雄画 1965

かざぐるま　Clematis patens
「草木写生 春の巻」ピエ・ブックス　2010
◇p134～135（カラー）　風車　狩野織染藤原重賢 明暦3（1657）～元禄12（1699）　［国立国会図書館］
◇p138～139（カラー）　風車　狩野織染藤原重賢 明暦3（1657）～元禄12（1699）　［国立国会図書館］
◇p142～143（カラー）　風車　狩野織染藤原重賢 明暦3（1657）～元禄12（1699）　［国立国会図書館］

カザグルマ　Clematis patens
「江戸博物文庫 花草の巻」工作舎　2017
◇p143（カラー）　風車　岩崎灌園『本草図譜』［東京大学大学院理学系研究科附属植物園（小石川植物園）］
「花木真寫」淡交社　2005
◇図47, 48（カラー）　風車　近衛予楽院家熙［（財）陽明文庫］
「花の王国 1」平凡社　1990
◇p47（カラー）　ドルビニ, Ch.編『万有博物学事典』 1837

カザグルマ　Clematis patens C.Morren & Decne.
「シーボルト日本植物図譜コレクション」小学館　2008
◇図3–62（カラー）　Clematis patens C.Morren et Decne var.azurea Sieb.　川原慶賀画　紙 透明絵の具 墨　23.7×32.4　［ロシア科学アカデミーコマロフ植物学研究所図書館］　※目録174 コレクションI 693/18
「カーティスの植物図譜」エンタプライズ　1987
◇図3983（カラー）　Lilac Clematis『カーティスのボタニカルマガジン』 1787～1887

カザグルマ
「高松松平家博物図譜 衆芳画譜 花卉 第四」香川県立ミュージアム　2010
◇p18（カラー）　松平頼恭 江戸時代　紙本著色 画帖装（折本形式）　33.0×48.2　［個人蔵］
「江戸名作画帖全集 8」駸々堂出版　1995
◇図74（カラー）　松平頼恭編『写生画帖・衆芳画譜』　紙本着色　［松平公益会］

カサスゲ・ミノスゲ・スゲ　Carex dispalata
「花木真寫」淡交社　2005
◇図9（カラー）　菅　近衛予楽院家熙　［（財）陽明文庫］

かさぶくろ
「高松松平家博物図譜 写生画帖 雑草」香川県立ミュージアム　2013
◇p56（カラー）　松平頼恭 江戸時代　紙本著色 画帖装（折本形式）　33.2×48.4　［個人蔵］

笠松
「日本椿集」平凡社　1966
◇図114（カラー）　津山尚著, 二口善雄画 1965

かしをしみ
「高松松平家博物図譜 写生画帖 雑木」香川県立ミュージアム　2014

◇p46（カラー）　松平頼恭 江戸時代　紙本著色 画帖装（折本形式）　33.2×48.4　［個人蔵］　※表紙・裏表紙見返し墨書 安永6（1777）6月 程赤城筆

カシの1種　Quercus imbricata

「ボタニカルアートの世界」朝日新聞社　1987
◇p100左（カラー）　ルドゥテ兄弟画, ミショー『北アメリカの樹木』　1865

かじのき

「木の手帖」小学館　1991
◇図46（カラー）　梶木　岩崎灌園『本草図譜』 文政11（1828）　約21×145　［国立国会図書館］

カジノキ　Broussonetia papyrifera

「ウィリアム・カーティス 花図譜」同朋舎出版　1994
◇382図（カラー）　Paper–mulberry Tree　カーティス, ジョン画『カーティス・ボタニカル・マガジン』　1822
「花彙 下」八坂書房　1977
◇図163（白黒）　花穀樹　小野蘭山, 島田充房 明和2（1765）　26.5×18.5　［国立公文書館・内閣文庫］

カシノキラン　Saccolabium japonicum

「牧野富太郎植物画集」ミュゼ　1999
◇p19（白黒）　1889頃（明治22）　ケント紙 墨（毛筆）鉛筆　28.2×18.7

ガショウソウ

⇒ニリンソウ・ガショウソウ・ギンサカズキを見よ

かしわ

「高松松平家博物図譜 写生画帖 雑木」香川県立ミュージアム　2014
◇p9（カラー）　松平頼恭 江戸時代　紙本著色 画帖装（折本形式）　33.2×48.4　［個人蔵］　※表紙・裏表紙見返し墨書 安永6（1777）6月 程赤城筆
◇p18（カラー）　松平頼恭 江戸時代　紙本著色 画帖装（折本形式）　33.2×48.4　［個人蔵］　※表紙・裏表紙見返し墨書 安永6（1777）6月 程赤城筆
「木の手帖」小学館　1991
◇図38（カラー）　柏・槲・檞　岩崎灌園『本草図譜』 文政11（1828）　約21×145　［国立国会図書館］

カシワ　Quercus dentata Thunb.

「北海道主要樹木図譜［普及版］」北海道大学図書刊行会　1986
◇図34（カラー）　須崎忠助 大正9（1920）～昭和6（1931）　［個人蔵］

春日野

「日本椿集」平凡社　1966
◇図149（カラー）　津山尚著, 二口善雄画 1960

かすしほり

「高松松平家博物図譜 写生画帖 雑木」香川県立ミュージアム　2014
◇p21（カラー）　松平頼恭 江戸時代　紙本著色 画帖装（折本形式）　33.2×48.4　［個人蔵］　※表紙・裏表紙見返し墨書 安永6（1777）6月 程赤城筆

カスミザクラ　Prunus Leveilleana Koehne

「日本桜集」平凡社　1973
◇Pl.147（カラー）　大井次三郎著, 太田洋愛画 1970,1972写生　水彩

かすもや

「高松松平家博物図譜 写生画帖 雑木」香川県立ミュージアム　2014
◇p37（カラー）　松平頼恭 江戸時代　紙本著色 画帖装（折本形式）　33.2×48.4　［個人蔵］　※表紙・裏表紙見返し墨書 安永6（1777）6月 程赤城筆

カタイチゴ

「高松松平家博物図譜 衆芳画譜 花果 第五」香川県立ミュージアム　2011
◇p61（カラー）　松平頼恭 江戸時代　紙本著色 画帖装（折本形式）　33.2×48.4　［個人蔵］

片丘桜　Prunus Leveilleana Koehne ‘Norioi’

「日本桜集」平凡社　1973
◇Pl.60（カラー）　大井次三郎著, 太田洋愛画 1972写生　水彩

かたくり

「野の草の手帖」小学館　1989
◇p21（カラー）　片栗　岩崎常正（灌園）『本草図譜』 文政11（1828）　［国立国会図書館］

カタクリ　Erythronium japonicum

「江戸博物文庫 花草の巻」工作舎　2017
◇p24（カラー）　片栗　岩崎灌園『本草図譜』 ［東京大学大学院理学系研究科附属植物園（小石川植物園）］
「日本の博物図譜」東海大学出版会　2001
◇図39（カラー）　川上冬崖（萬之丞）筆『海雲楼博物雑纂』　［東京都立中央図書館］
「四季草花譜」八坂書房　1988
◇図28（カラー）　飯沼慾斎筆『草木図説稿本』 ［個人蔵］

カタクリ　Erythronium japonicum Decne.

「岩崎灌園の草花写生」たにぐち書店　2013
◇p60（カラー）　片栗　［個人蔵］
「シーボルト日本植物図譜コレクション」小学館　2008
◇図2–21（カラー）　Erythronium　［桂川甫賢？］画　［1820頃］　和紙 透明絵の具 墨 白色塗料 26.0×30.8　［ロシア科学アカデミーコマロフ植物学研究所図書館］　※目録811 コレクションVIII 656/950

カタクリ

「彩色 江戸博物学集成」平凡社　1994
◇p370（カラー）　大窪昌章『動植写真』
「江戸の動植物図」朝日新聞社　1988
◇p20（カラー）　松平頼恭, 三木文柳『衆芳画譜』 ［松平公益会］

カタクリモドキ

「イングリッシュ・ガーデン」求龍堂　2014

◇図33d（カラー）　The American Cowslip　ヘンダーソン, ピーター, ソーントン, R.J.編『フローラの神殿』 1801　銅版 紙　54.0×41.0　［マイケル&マリコ・ホワイトウェイ］

かたじろ

「高松松平家博物図譜 写生画帖 雑草」香川県立ミュージアム　2013

◇p89（カラー）　松平頼恭 江戸時代　紙本著色 画帖装（折本形式）　33.2×48.4　［個人蔵］

カタセタム・オエルステディイ　Catasetum Oerstedii Rchb.f.

「蘭花譜」平凡社　1974

◇Pl.80–1（カラー）　加藤光治著, 二口善雄画 1970写生

カタセタム・カッシジューム　Catasetum cassideum Lind.et Rchb.f.

「蘭花譜」平凡社　1974

◇Pl.79–7（カラー）　加藤光治著, 二口善雄画 1969写生

カタセタム・サッカタム　Catasetum saccatum Ldl.var.incurvum Klotzsch

「蘭花譜」平凡社　1974

◇Pl.79–8（カラー）　加藤光治著, 二口善雄画 1971写生

カタセタム・セルヌウム　Catasetum cernuum Rchb.f.

「蘭花譜」平凡社　1974

◇Pl.79–5（カラー）　加藤光治著, 二口善雄画 1941写生

カタセタム・ディレクタム　Catasetum dilectum Rchb.f.

「蘭花譜」平凡社　1974

◇Pl.80–2（カラー）　2aは花粉塊　加藤光治著, 二口善雄画 1967写生

カタセタム・ビリディフラバム　Catasetum viridiflavum Hk.（C.serratum Ldl.）

「蘭花譜」平凡社　1974

◇Pl.79–2（カラー）　加藤光治著, 二口善雄画 1970写生

カタセタム・ピレアタム　Catasetum pileatum Rchb.f.（C.Bungerothii N.E.Br.）

「蘭花譜」平凡社　1974

◇Pl.79–1（カラー）　加藤光治著, 二口善雄画 1970写生

カタセタム・フィンブリアタム　Catasetum fimbriatum Ldl.

「蘭花譜」平凡社　1974

◇Pl.80–3（カラー）　加藤光治著, 二口善雄画 1971写生

カタセタム・プルム　Catasetum purum Nees

「蘭花譜」平凡社　1974

◇Pl.79–4（カラー）　加藤光治著, 二口善雄画 1940写生

カタセタム・ロジガシアナム　Catasetum Rodigasianum Rolfe

「蘭花譜」平凡社　1974

◇Pl.79–6（カラー）　加藤光治著, 二口善雄画 1940写生

カタセタム・ワーセウィッチイ　Catasetum Warscewiczii Ldl.et Paxt.（C.scurra Rchb.f.）

「蘭花譜」平凡社　1974

◇Pl.79–3（カラー）　加藤光治著, 二口善雄画 1971写生

カタセツム・カロスム・グランディフォルム　Catasetum callosum var grandiflorum

「ウィリアム・カーティス 花図譜」同朋舎出版 1994

◇413図（カラー）　Tumour–lipped Catasetum: large–flowered var.　フィッチ, ウォルター・フード画『カーティス・ボタニカル・マガジン』 1846

カタセトゥム・ブンゲロティ　Catasetum bungerothi

「花の王国 1」平凡社　1990

◇p124（カラー）19世紀　手彩色銅版画　※掲載書不詳

かたばみ

「高松松平家博物図譜 写生画帖 雑草」香川県立ミュージアム　2013

◇p39（カラー）　松平頼恭 江戸時代　紙本著色 画帖装（折本形式）　33.2×48.4　［個人蔵］

「野の草の手帖」小学館　1989

◇p91（カラー）　酢漿草・酸漿草　岩崎常正（灌園）『本草図譜』 文政11（1828）　［国立国会図書館］

カタバミ　Trifolium spp.

「イングリッシュ・ガーデン」求龍堂　2014

◇図4（カラー）　Trifolium Acetosum flore flavo　作者不詳, ベスラー, バシリウス委託『アイヒシュテット庭園植物誌』 恐らく18世紀　銅版手彩色　52.9×43.9　［キュー王立植物園］

カタバミのなかま

「昆虫の劇場」リブロポート　1991

◇p24（カラー）　エーレト, G.D.『花蝶珍種図録』 1748～62

勝鬨　'Kachidoki'

「ばら花譜」平凡社　1983

◇PL.158（カラー）　Dorothy Perkinsの枝変り　二口善雄画, 鈴木省三, 籾山泰一著 1978　水彩

カッシア・アウストラリス　Cassia australis

「ウィリアム・カーティス 花図譜」同朋舎出版 1994

◇267図（カラー）　New–holland Cassia　カーティス, チャールズ M.画『カーティス・ボタニカル・マガジン』 1826

カツラ　Cercidiphyllum japonicum Sieb.et Zucc.
「北海道主要樹木図譜［普及版］」北海道大学図書刊行会　1986
◇図42, 43（カラー）　須崎忠助 大正9（1920）～昭和6（1931）　［個人蔵］

カディア・プルプレア　Cadia purpurea
「美花選［普及版］」河出書房新社　2016
◇図76（カラー）　Spaendoncea tamarandifolia　ルドゥーテ, ピエール＝ジョゼフ画　1827～1833　［コノサーズ・コレクション東京］
「図説 ボタニカルアート」河出書房新社　2010
◇p48（カラー）　ルドゥーテ画　［フランス国立自然史博物館］

ガーデンチューリップ　Tulipa gesneriana
「花の王国 1」平凡社　1990
◇p70（カラー）　ドラピエ, P.A.J., ベッサ, パンクラース原図『園芸家・愛好家・工業家のための植物誌』　1836　手彩色図版
◇p71（カラー）　ヘンダーソン, P.Ch.『四季』　1806
◇p71（カラー）『カーチス・ボタニカル・マガジン』　1787～継続

カトレア　Cattleya labiata
「花の王国 1」平凡社　1990
◇p123（カラー）　19世紀　※掲載書不詳

カトレアの変種　Cattleya labiata
「花の王国 1」平凡社　1990
◇p123（カラー）　ルメール『フロリストの庭誌』　1851～？

カトレア・ハルディヤナ　Cattleya hardyana
「花の王国 1」平凡社　1990
◇p123（カラー）　ワーナー, R., ウイリアム, B.S.『蘭科図譜』　1882～1897

カトレア・フォーブシー　Cattleya forbesii
「ウィリアム・カーティス 花図譜」同朋舎出版　1994
◇414図（カラー）　Mr.Forbes' Cattleya　ハーバート, ウィリアム画『カーティス・ボタニカル・マガジン』　1833

カトレア・リンドレイアナ　×Brassocattleya lindleyana
「ウィリアム・カーティス 花図譜」同朋舎出版　1994
◇415図（カラー）　Dr.Lindley's Cattleya　フィッチ, ウォルター・フード画『カーティス・ボタニカル・マガジン』　1864

カトレヤ・アメシストグロサ　Cattleya amethystoglossa Lind.et Rchb.f.（C.guttata Ldl.var.Prinzii Rchb.f.）
「蘭花譜」平凡社　1974
◇Pl.39-6（カラー）　加藤光治著, 二口善雄画　1941写生

カトレヤ・インターメディア　Cattleya intermedia R.Grah.
「蘭花譜」平凡社　1974
◇Pl.39-1（カラー）　加藤光治著, 二口善雄画　1941写生

カトレヤ・インターメディア・アキニイ　Cattleya intermedia R.Grah var.Aquinii
「蘭花譜」平凡社　1974
◇Pl.39-2（カラー）　加藤光治著, 二口善雄画　1971写生

カトレヤ・ウィオラケア　Cattleya violacea
「蘭百花図譜」八坂書房　2002
◇p19（カラー）　リンドレー, ジョン著, ドレイク画『ランの花冠』　1837～41　石版手彩色

カトレヤ・ウォーネリ　Cattleya warneri
「蘭百花図譜」八坂書房　2002
◇p17（カラー）　ワーナー, ロバート著, フィッチ, J.N.画『オーキッド・アルバム』　1882～97　石版刷

カトレヤ・オブリエニアナ・アルバ　Cattleya O'Brieniana Hort.var.alba（C. Harrisoniae×C.dolosa, natural hybrid）
「蘭花譜」平凡社　1974
◇Pl.40-2（カラー）　加藤光治著, 二口善雄画　1970写生

カトレヤ・オーランチアカ　Cattleya aurantiaca Rolfe
「蘭花譜」平凡社　1974
◇Pl.38-1（カラー）　加藤光治著, 二口善雄画　1969写生

カトレヤ・ガスケリアナ　Cattleya Gaskelliana Sand.（C.labiata Ldl.var. Gaskelliana Veitch）
「蘭花譜」平凡社　1974
◇Pl.34-3（カラー）　加藤光治著, 二口善雄画　1941写生

カトレヤ・ガテマレンシス　Cattleya guatemalensis T.Moore（C.aurantiaca×C. Skinneri）
「蘭花譜」平凡社　1974
◇Pl.38-3（カラー）　加藤光治著, 二口善雄画　1971写生

カトレヤ・グッタタ　Cattleya guttata
「蘭百花図譜」八坂書房　2002
◇p14（カラー）　カーティス, ウィリアム『ボタニカル・マガジン』　1838

カトレヤ・グッタタ　Cattleya guttata Ldl.
「蘭花譜」平凡社　1974
◇Pl.39-5（カラー）　加藤光治著, 二口善雄画　1970写生

カトレヤ・グッタタ・レオポルディー Cattleya guttata var.leopoldii
「蘭百花図譜」八坂書房　2002
◇p15（カラー）　ランダン，ジャン『ペスカトレア』 1860　石版刷手彩色

カトレヤ・グラニュロサ Cattleya granulosa Ldl.
「蘭花譜」平凡社　1974
◇Pl.39–4（カラー）　加藤光治著，二口善雄画 1941写生

カトレヤ・シトリナ Cattleya citrina Ldl.
「蘭花譜」平凡社　1974
◇Pl.38–2（カラー）　加藤光治著，二口善雄画 1940写生

カトレヤ・シュロデレー Cattleya Schroederae Sand.（C.labiata Ldl.var. Schroederae Duch.）
「蘭花譜」平凡社　1974
◇Pl.35–1（カラー）　加藤光治著，二口善雄画 1940写生

カトレヤ・シレリアナ Cattleya schilleriana
「蘭百花図譜」八坂書房　2002
◇p16（カラー）　ワーナー，ロバート著，フィッチ，J.N.画『オーキッド・アルバム』 1882～97　石版刷

カトレヤ・スキネリ Cattleya skinneri
「蘭百花図譜」八坂書房　2002
◇p18（カラー）　ベイトマン，ジェイムズ『メキシコ・グアテマラのラン類』 1837～43　石版手彩色

カトレヤ・スキンネリ Cattleya Skinneri Ldl.
「蘭花譜」平凡社　1974
◇Pl.37–1～2（カラー）　加藤光治著，二口善雄画 1969,1940写生

カトレヤ・ダウィアナ Cattleya dowiana
「蘭百花図譜」八坂書房　2002
◇p12（カラー）　ワーナー，ロバート『ラン類精選図譜』 1862～65　石版刷手彩色

カトレヤ・ドウィアナ Cattleya Dowiana Batem.（C.labiata Ldl.var.Dowiana）
「蘭花譜」平凡社　1974
◇Pl.36–3（カラー）　加藤光治著，二口善雄画 1969写生

カトレヤ・トリアネー Cattleya Trianae Rchb.f.（C.labiata Ldl.var.Trianae Duch.）
「蘭花譜」平凡社　1974
◇Pl.34–2（カラー）　加藤光治著，二口善雄画 1940写生

カトレヤ・パーシバリアナ Cattleya Percivaliana Rchb.f.（C.labiata Ldl.var. Percivaliana Rchb.f.）
「蘭花譜」平凡社　1974
◇Pl.34–4（カラー）　加藤光治著，二口善雄画 1941写生

カトレヤ・ハーディアナ Cattleya Hardyana
「蘭百花図譜」八坂書房　2002
◇p13（カラー）　ワーナー，ロバート著，フィッチ，J.N.画『オーキッド・アルバム』 1882～97　石版刷

カトレヤ・ハリソニエー Cattleya Harrisoniae Rchb.f.（C.Loddigesii Ldl.var. Harrisoniana Veitch）
「蘭花譜」平凡社　1974
◇Pl.40–3（カラー）　加藤光治著，二口善雄画 1940写生

カトレヤ・ビカラー Cattleya bicolor Ldl.
「蘭花譜」平凡社　1974
◇Pl.40–1（カラー）　加藤光治著，二口善雄画 1940写生

カトレヤ・フォーベシイ Cattleya Forbesii Ldl.
「蘭花譜」平凡社　1974
◇Pl.40–4（カラー）　加藤光治著，二口善雄画 1940写生

カトレヤ・ボーリンギアナ Cattleya Bowringiana Veitch（C.Skinneri Ldl.var. Bowringiana Krzl.）
「蘭花譜」平凡社　1974
◇Pl.37–3～4（カラー）　加藤光治著，二口善雄画 1940写生

カトレヤ・ホワイティ Cattleya×whitei
「蘭百花図譜」八坂書房　2002
◇p20（カラー）　ワーナー，ロバート著，フィッチ，J.N.画『オーキッド・アルバム』 1882～97　石版刷

カトレヤ・メンデリイ Cattleya Mendelii Backh.（C.labiata Ldl.var.Mendelii Rchb.f.）
「蘭花譜」平凡社　1974
◇Pl.35–3（カラー）　加藤光治著，二口善雄画 1941写生

カトレヤ・メンデリー'ベラ' Cattleya mendelii 'Bella'
「蘭百花図譜」八坂書房　2002
◇p11（カラー）　ワーナー，ロバート著，フィッチ，J.N.画『オーキッド・アルバム』 1882～97　石版刷

カトレヤ・モッシエー Cattleya Mossiae Hk.（C.labiata Ldl.var.Mossiae Ldl.）
「蘭花譜」平凡社　1974
◇Pl.36–1（カラー）　加藤光治著，二口善雄画

1940写生

カトレヤ・ラビアタ Cattleya labiata
「蘭百花図譜」八坂書房 2002
◇p10(カラー/白黒) ランダン, ジャン『ランダニア』 1885～1906 石版多色刷

カトレヤ・ラビアタ Cattleya labiata Ldl.
「蘭花譜」平凡社 1974
◇Pl.34-1(カラー) 加藤光治著, 二口善雄画 1940写生

カトレヤ・ルテオラ Cattleya luteola Ldl.
「蘭花譜」平凡社 1974
◇Pl.40-5(カラー) 加藤光治著, 二口善雄画 1969写生

カトレヤ・ワーセウィッチイ Cattleya Warscewiczii Rchb.f.(C.gigas Lind.et André, C.labiata Ldl.var.Warscewiczii Rchb.f.)
「蘭花譜」平凡社 1974
◇Pl.36-2(カラー) 加藤光治著, 二口善雄画 1941写生

カトレヤ・ワーネリー Cattleya Warneri T. Moore(C.labiata Ldl.var.Warneri Veitch)
「蘭花譜」平凡社 1974
◇Pl.35-2(カラー) 加藤光治著, 二口善雄画 1941写生

カトレヤ・ワルケリアナ Cattleya Walkeriana Gardn.
「蘭花譜」平凡社 1974
◇Pl.39-3(カラー) 加藤光治著, 二口善雄画 1969写生

カナウツギ Stephanandra tanakae Franch. & Sav.
「シーボルト日本植物図譜コレクション」小学館 2008
◇図1-27(カラー) Neillia tanakae Franch. [Maximowicg, C.J.?]画 [1873～ 1875頃] 筆記用紙 鉛筆 9.9×11.4 [ロシア科学アカデミーコマロフ植物学研究所図書館] ※目録439 コレクションIII A/386
◇図2-81(カラー) シーボルト, フィリップ・フランツ・フォン監修 [ロシア科学アカデミーコマロフ植物学研究所図書館] ※類集写真の絵.目録950 コレクションVII л-п/816

カナダサイシン
「カーティスの植物図譜」エンタプライズ 1987
◇図2769(カラー) Wild Ginger, Canada Snake-root『カーティスのボタニカルマガジン』 1787～1887

カナダユリ
「R・J・ソーントン フローラの神殿 新装版」リブロポート 1990
◇第9葉(カラー) The Superb Lily ライナグル, フィリップ画, キリー彫版, ソーントン, R.J. 1811 メゾチント(茶, 緑, 青色インク) 手彩色仕上げ

カナリー・バード 'Canary Bird'
「ばら花譜」平凡社 1983
◇PL.54(カラー) 二口善雄画, 鈴木省三, 籾山泰一著 1977 水彩

カナリーバードブッシュ Crotalaria agatiflora
「植物精選百種図譜 博物画の至宝」平凡社 1996
◇pl.47(カラー) Crotalaria トレウ, C.J., エーレト, G.D. 1750～73

カナリーヤシの1種 Phoenix sp.
「花の王国 4」平凡社 1990
◇p60(カラー) カルステン, H.『コロンビア植物誌』 1858～61 手彩色石版

かにくさ
「高松松平家博物図譜 写生画帖 雑草」香川県立ミュージアム 2013
◇p61(カラー) 松平頼恭 江戸時代 紙本著色 画帖装(折本形式) 33.2×48.4 [個人蔵]

カニクサ Lygodium japonicum
「図説 ボタニカルアート」河出書房新社 2010
◇p98(白黒) Ophioglossum japonicum ツュンベルク『日本植物図譜』 [ロシア科学アカデミー図書館]

カニヒ
「高松松平家博物図譜 衆芳画譜 花卉 第四」香川県立ミュージアム 2010
◇p24(カラー) 松平頼恭 江戸時代 紙本著色 画帖装(折本形式) 33.0×48.2 [個人蔵]

カーネーション Dianthus
「ボタニカルアート 西洋の美花集」パイ インターナショナル 2010
◇p16(カラー) ヘンダーソン画, ソーントン, ロバート・ジョン編『フローラの神殿:リンネのセクシャル・システム新図解』 1803 銅版画多色刷 一部手彩色 [町田市立国際版画美術館]
「花の王国 1」平凡社 1990
◇p36(カラー) ルメール『園芸図譜誌』 1854～86
◇p36(カラー) ドルビニ, Ch.編『万有博物学事典』 1837
◇p36(カラー) ドラピエ, P.A.J., ベッサ, パンクラース原図『園芸家・愛好家・工業家のための植物誌』 1836 手彩色図版
「ルドゥーテ画 美花選 1」学習研究社 1986
◇図4(カラー) 1827～1833

カーネーション Dianthus caryophyllus
「美花選[普及版]」河出書房新社 2016
◇図1(カラー) Œillet Variété ルドゥーテ, ピエール=ジョゼフ画 1827～1833 [コノサーズ・コレクション東京]
◇図57(カラー) Œillet panaché/Dianthus caryophyllus ルドゥーテ, ピエール=ジョゼフ

画 1827〜1833 ［コノサーズ・コレクション東京］
◇図135（カラー） Œillet ルドゥーテ, ピエール＝ジョゼフ画 1827〜1833 ［コノサーズ・コレクション東京］
「ボタニカルアート 西洋の美花集」パイ インターナショナル 2010
◇p17（カラー） ルドゥーテ, ピエール＝ジョセフ画・著『美花選』 1827〜33 点刻銅版画多色刷 一部手彩色
◇p18（カラー） ルドゥーテ, ピエール＝ジョセフ画・著『美花選』 1827〜33 点刻銅版画多色刷 一部手彩色
「花の本 ボタニカルアートの庭」角川書店 2010
◇p72（カラー） Pink Weinmann, Johann Wilhelm『花譜』 1737〜45
◇p73（カラー） Pink Sweert, Emanuel 1620
◇p73（カラー） Pink Sowerby, James 1790〜95
「ビュフォンの博物誌」工作舎 1991
◇N142（カラー）『一般と個別の博物誌 ソンニーニ版』
「ボタニカルアートの世界」朝日新聞社 1987
◇p46（カラー） Betonica altilis フックス画『De historia stirpium commentarii insignes』 1542
「ルドゥーテ画 美花選 1」学習研究社 1986
◇図5（カラー） 1827〜1833
◇図22（カラー） 1827〜1833

カーネーション

「イングリッシュ・ガーデン」求龍堂 2014
◇図33h（カラー） A Group of Carnations ヘンダーソン, ピーター, ソーントン, R.J.編『フローラの神殿』 1803 銅版 紙 55.0×40.5 ［マイケル&マリコ・ホワイトウェイ］
「ボタニカルアート 西洋の美花集」パイ インターナショナル 2010
◇p203（カラー） ルドゥーテ, ピエール＝ジョセフ画・著『美花選』 1827〜33 点刻銅版画多色刷 一部手彩色
「美花図譜」八坂書房 1991
◇図21（カラー） ウエインマン『花譜』 1736〜1748 銅版刷手彩色 ［群馬県館林市立図書館］
「R・J・ソーントン フローラの神殿 新装版」リブロポート 1990
◇第10葉（カラー） Group of Carnations ヘンダーソン, ピーター画, マドックス彫版, ソーントン, R.J. 1812 スティップル（青, 赤色インク） アクアチント（青色インク）

カーネーション

⇒オランダセキチク・アンジャベルを見よ

カーネーションの三つの栽培品種

「フローラの庭園」八坂書房 2015
◇p11（カラー） ベスラー, バシリウス『アイヒシュテット庭園植物誌』 1613 銅版（エングレーヴィング） 手彩色 紙 57×46 ［テイラー博物館（ハールレム）］
「イングリッシュ・ガーデン」求龍堂 2014
◇図3（カラー） I八重咲きの白色花, II八重咲き弁片細裂の濃赤色花, III八重咲きで紅紫色花 作者不詳, ベスラー, バシリウス委託『アイヒシュテット庭園植物誌』 恐らく18世紀 銅版手彩色 55.5×44.6 ［キュー王立植物園］

カノコソウ Valeriana fauriei

「江戸博物文庫 花草の巻」工作舎 2017
◇p80（カラー） 鹿子草 岩崎灌園『本草図譜』 ［東京大学大学院理学系研究科附属植物園（小石川植物園）］

カノコソウ Valerianella olitoria

「ビュフォンの博物誌」工作舎 1991
◇N095（カラー）『一般と個別の博物誌 ソンニーニ版』

カノコユリ Lilium speciosum

「ボタニカルアート 西洋の美花集」パイ インターナショナル 2010
◇p122（カラー） ミンジンガー画, シーボルト, フィリップ・フランツ・フォン, ツッカリーニ『日本植物誌』 1835〜70 石版画 手彩色

カノコユリ Lilium speciosum Thunb.

「シーボルト日本植物図譜コレクション」小学館 2008
◇図3–74（カラー） Lilium speciosum Thunb. var.rubrum Sieb.et Zucc. 川原玉賀画 紙 透明絵の具 墨 白色塗料 24.6×32.4 ［ロシア科学アカデミーコマロフ植物学研究所図書館］ ※目録848 コレクションVIII 779/1013
「高木春山 本草図説 1」リブロポート 1988
◇図1（カラー）

カノコユリ Lilium speciosum Thunb.f. speciosum

「シーボルト「フローラ・ヤポニカ」日本植物誌」八坂書房 2000
◇図12（カラー） Kanoko–juri ［国立国会図書館］

カノコユリ

「高松松平家博物図譜 衆芳画譜 花卉 第四」香川県立ミュージアム 2010
◇p32（カラー） 松平頼恭 江戸時代 紙本著色 画帖装（折本形式） 33.0×48.2 ［個人蔵］
「江戸名作画帖全集 8」駸々堂出版 1995
◇図73（カラー） クルマユリ（タケシマユリ）・カノコユリ・オニユリ 松平頼恭編『写生画帖・衆芳画譜』 紙本着色 ［松平公益会］
「彩色 江戸博物学集成」平凡社 1994
◇p242（カラー） 高木春山『本草図説』 ［岩瀬文庫］

カノコユリ

⇒リリウム・スペキオスム（カノコユリ）を見よ

カノコユリ・タキユリ Lilium speciosum

「花木真寫」淡交社 2005
◇図53（カラー） 鹿子百合 近衛予楽院家熙

［(財)陽明文庫］

蒲桜　Prunus×media Miyoshi 'Media'
「日本桜集」平凡社　1973
◇Pl.56（カラー）　大井次三郎著, 太田洋愛画　1969写生　水彩

カピタンギボウシ　Hosta albomarginata
「江戸博物文庫 花草の巻」工作舎　2017
◇p113（カラー）　甲比丹擬宝珠　岩崎灌園『本草図譜』［東京大学大学院理学系研究科附属植物園（小石川植物園）］

カフカスマツムシソウ　Scabiosa caucasica
「ウィリアム・カーティス 花図譜」同朋舎出版　1994
◇148図（カラー）　Caucasean Scabious　エドワーズ, シデナム・ティースト画『カーティス・ボタニカル・マガジン』 1805

カブトギク
⇒トリカブト・カブトバナ・カブトギクを見よ

カブトバナ
⇒トリカブト・カブトバナ・カブトギクを見よ

がま
「高松松平家博物図譜 写生画帖 雑草」香川県立ミュージアム　2013
◇p17（カラー）　松平頼恭 江戸時代　紙本著色 画帖装（折本形式）　33.2×48.4 ［個人蔵］

ガマ　Typha latifolia
「江戸博物文庫 花草の巻」工作舎　2017
◇p164（カラー）　蒲　岩崎灌園『本草図譜』［東京大学大学院理学系研究科附属植物園（小石川植物園）］

ガマ　Typha latifolia L.
「高木春山 本草図説 1」リブロポート　1988
◇図76（カラー）

ガマ科　Typhaceae
「ビュフォンの博物誌」工作舎　1991
◇N025（カラー）『一般と個別の博物誌 ソンニーニ版』

がまずみ　Viburnum dilatatum
「草木写生 秋の巻」ピエ・ブックス　2010
◇p224～225（カラー）　莢蒾　狩野織染藤原重賢　明暦3（1657）～元禄12（1699）［国立国会図書館］

がまずみ
「木の手帖」小学館　1991
◇図170（カラー）　莢蒾　岩崎灌園『本草図譜』　文政11（1828）　約21×145 ［国立国会図書館］

ガマズミ　Viburnum dilatatum
「江戸博物文庫 菜樹の巻」工作舎　2017
◇p138（カラー）　莢蒾　岩崎灌園『本草図譜』［東京大学大学院理学系研究科附属植物園（小石川植物園）］

「牧野富太郎植物画集」ミュゼ　1999
◇p14（カラー）　ケント紙 墨（毛筆）水彩　19.7×13.7

ガマズミ
「ボタニカルアートの世界」朝日新聞社　1987
◇p133左（カラー）　丸山宣光画, 白沢保美編著『日本森林樹木図譜』 1914

カマツカ
⇒ツユクサ・ツキクサ・アオバナ・ボウシバナ・カマツカを見よ

カマヤマショウブ　Iris sanguinea var.violacea
「江戸博物文庫 花草の巻」工作舎　2017
◇p64（カラー）　蒲山菖蒲　岩崎灌園『本草図譜』［東京大学大学院理学系研究科附属植物園（小石川植物園）］

カミツレモドキ
⇒アンテミス・コツラ（カミツレモドキ）を見よ

カミツレモドキの1種　Cladanthus proliferus
「図説 ボタニカルアート」河出書房新社　2010
◇p70（白黒）　Buphthalmum caule decomposita　エーレット画, リンネ『クリフォート邸植物誌』 1738

カメリア　Camellia japonica
「花の本 ボタニカルアートの庭」角川書店　2010
◇p15（カラー）　Camellia　Berlese, Abbe Laurent『ツバキ属図譜』 1843

カメリア・ヤポニカ（ツバキ）
「フローラの庭園」八坂書房　2015
◇p96（カラー）　Camellia japonica L.　画家不明『カーティス・ボタニカル・マガジン』 1788　銅版（エングレーヴィング）手彩色 紙 ［個人蔵］

カメリリウム・ルテウム　Chamaelirium luteum
「ユリ科植物図譜 2」学習研究社　1988
◇図62（カラー）　オフィオスタキス・ビルギニカ　ルドゥーテ, ピエール＝ジョセフ 1802～1815

加茂本阿弥
「日本椿集」平凡社　1966
◇図52（カラー）　津山尚著, 二口善雄画 1965

かもめくさ
「高松松平家博物図譜 写生画帖 雑草」香川県立ミュージアム　2013
◇p105（カラー）　松平頼恭 江戸時代　紙本著色 画帖装（折本形式）　33.2×48.4 ［個人蔵］

カモメヅル属の1種　Cynanchum sp.
「シーボルト日本植物図譜コレクション」小学館　2008
◇図2-26（カラー）　Cynanchum ［de Villeneuve, C.H.？］画［1820～ 1825頃］　和紙 透明絵の具 墨 白色塗料　9.7×14.5 ［ロシア科学アカデミーコマロフ植物学研究所図書館］ ※

目録686 コレクションV [678]/635

かや

「高松松平家博物図譜 写生画帖 雑木」香川県立ミュージアム　2014

◇p23(カラー)　松平頼恭 江戸時代　紙本著色 画帖装(折本形式)　33.2×48.4 [個人蔵]　※表紙・裏表紙見返し墨書 安永6(1777)6月 程赤城筆

「木の手帖」小学館　1991

◇図3(カラー)　榧・柏　岩崎灌園『本草図譜』文政11(1828)　約21×145 [国立国会図書館]

カヤ　Torreya nucifera (L.) Sieb.et Zucc.

「シーボルト「フローラ・ヤポニカ」日本植物誌」八坂書房　2000

◇図129(カラー)　Kaja [国立国会図書館]

かやつりぐさ

「野の草の手帖」小学館　1989

◇p93(カラー)　蚊屋吊草・蚊帳釣草　岩崎常正(灌園)『本草図譜』文政11(1828) [国立国会図書館]

カヤツリグサ　Cyperus microiria

「江戸博物文庫 花草の巻」工作舎　2017

◇p41(カラー)　蚊帳吊草　岩崎灌園『本草図譜』[東京大学大学院理学系研究科附属植物園(小石川植物園)]

カヤツリグサ科　Cyperaceae

「ビュフォンの博物誌」工作舎　1991

◇N026(カラー)『一般と個別の博物誌 ソンニーニ版』

◇N027(カラー)『一般と個別の博物誌 ソンニーニ版』

通い鳥

「日本椿集」平凡社　1966

◇図194(カラー)　津山尚著, 二口善雄画 1960, 1957

カライチコ

「高松松平家博物図譜 衆芳画譜 花果 第五」香川県立ミュージアム　2011

◇p61(カラー)　松平頼恭 江戸時代　紙本著色 画帖装(折本形式)　33.2×48.4 [個人蔵]

唐糸

「日本椿集」平凡社　1966

◇図23(カラー)　津山尚著, 二口善雄画 1955

カライトソウ　Sanguisorba hakusanensis

「江戸博物文庫 花草の巻」工作舎　2017

◇p14(カラー)　唐糸草　岩崎灌園『本草図譜』[東京大学大学院理学系研究科附属植物園(小石川植物園)]

カラウメ

⇒ロウバイ・カラウメ・ナンキンウメを見よ

カラカサアマナ

「ユリ科植物図譜 2」学習研究社　1988

◇図156(カラー)　オルニトガルム・ティルソイデス　ルドゥーテ, ピエール＝ジョセフ 1802〜1815

ガラクシア・イクシエフローラ

「ユリ科植物図譜 1」学習研究社　1988

◇図49(カラー)　Galaxia ixiaeflora　ルドゥーテ, ピエール＝ジョセフ 1802〜1815

ガラクシア・オバータ

「ユリ科植物図譜 1」学習研究社　1988

◇図57(カラー)　Galaxia ovata　ルドゥーテ, ピエール＝ジョセフ 1802〜1815

からくわ

「高松松平家博物図譜 写生画帖 雑木」香川県立ミュージアム　2014

◇p67(カラー)　松平頼恭 江戸時代　紙本著色 画帖装(折本形式)　33.2×48.4 [個人蔵]　※表紙・裏表紙見返し墨書 安永6(1777)6月 程赤城筆

カラコギカエデ　Acer ginnala Maxim.

「北海道主要樹木図譜[普及版]」北海道大学図書刊行会　1986

◇図67(カラー)　須崎忠助 大正9(1920)〜昭和6(1931) [個人蔵]

唐獅子

「日本椿集」平凡社　1966

◇図116(カラー)　津山尚著, 二口善雄画 1965

カラスウリ　Trichosanthes cucumeroides

「江戸博物文庫 花草の巻」工作舎　2017

◇p135(カラー)　烏瓜　岩崎灌園『本草図譜』[東京大学大学院理学系研究科附属植物園(小石川植物園)]

カラスウリ　Trichosanthes cucumeroides (Ser.) Maxim.

「高木春山 本草図説 1」リブロポート　1988

◇図31(カラー)

◇図32(カラー)

カラスウリ・タマズサ　Trichosanthes cucumeroides

「花木真寫」淡交社　2005

◇図92(カラー)　玉章草　近衛予楽院家熙 [(財)陽明文庫]

カラスザンショウ　Zanthoxylum ailanthoides

「花彙 下」八坂書房　1977

◇図186(白黒)　越椒　小野蘭山, 島田充房 明和2(1765)　26.5×18.5 [国立公文書館・内閣文庫]

カラタス・プルミエリ　Karatas plumieri

「ユリ科植物図譜 2」学習研究社　1988

◇図238(カラー)　ブロメリア・カラタス　ルドゥーテ, ピエール＝ジョセフ 1802〜1815

からたち　Poncirus trifoliata

「草木写生 春の巻」ピエ・ブックス　2010

◇p218〜219（カラー）　枳殻　狩野織染藤原重賢　明暦3（1657）〜元禄12（1699）　［国立国会図書館］

からたち

「高松松平家博物図譜 写生画帖 雑草」香川県立ミュージアム　2013

◇p82（カラー）　松平頼恭 江戸時代　紙本著色 画帖装（折本形式）　33.2×48.4　［個人蔵］

「木の手帖」小学館　1991

◇図107（カラー）　枸橘・枳殻　岩崎灌園『本草図譜』　文政11（1828）　約21×145　［国立国会図書館］

からなし

「高松松平家博物図譜 写生画帖 雑木」香川県立ミュージアム　2014

◇p62（カラー）　松平頼恭 江戸時代　紙本著色 画帖装（折本形式）　33.2×48.4　［個人蔵］　※表紙・裏表紙見返し墨書 安永6（1777）6月 程赤城筆

カラナテシコ

「高松松平家博物図譜 衆芳画譜 花卉 第四」香川県立ミュージアム　2010

◇p25（カラー）　松平頼恭 江戸時代　紙本著色 画帖装（折本形式）　33.0×48.2　［個人蔵］

唐錦

「日本椿集」平凡社　1966

◇図193（カラー）　津山尚著, 二口善雄画 1958

カラハナソウ　Humulus lupulus var. cordifolius

「江戸博物文庫 花草の巻」工作舎　2017

◇p153（カラー）　唐花草　岩崎灌園『本草図譜』　［東京大学大学院理学系研究科附属植物園（小石川植物園）］

カラフトアツモリソウ　Cypripedium calceolus

「美花選［普及版］」河出書房新社　2016

◇図66（カラー）　Sabot des Alpes　ルドゥーテ, ピエール＝ジョゼフ画 1827〜1833　［コノサーズ・コレクション東京］

「花の王国 1」平凡社　1990

◇p44（カラー）　ロディゲス, C.原図, クック, ジョージ製版『植物学の博物館』　1817〜27

カラフトイバラ　Rosa marretii Léveillé

「ばら花譜」平凡社　1983

◇PL.12, 13（カラー）　二口善雄画, 鈴木省三, 籾山泰一著 1977,1973,1974　水彩

カラフトシラビソ　Abies sachalinensis Masters var.nemorensis Mayr

「北海道主要樹木図譜［普及版］」北海道大学図書刊行会　1986

◇図4（カラー）　Abies wilsonii Miyabe et Kudo 須崎忠助 大正9（1920）〜昭和6（1931）　［個人蔵］

カラフトヒヨクソウ　Veronica chamaedrys

「すごい博物画」グラフィック社　2017

◇図版43（カラー）　クロアヤメ、カラフトヒヨクソウ、ヨーロッパハラビロトンボ、ハナキンポウゲ、ニクバエ、キバナルリソウ、フウロソウ　マーシャル, アレクサンダー 1650〜82頃　水彩 46.0×33.3　［ウィンザー城ロイヤル・ライブラリー］

カラフトマンテマ　Silene repens Patrin

「須崎忠助植物画集」北海道大学出版会　2016

◇図8-17（カラー）『大雪山植物其他』　7月28日　［北海道大学附属図書館］

からまつ

「高松松平家博物図譜 写生画帖 雑木」香川県立ミュージアム　2014

◇p89（カラー）　松平頼恭 江戸時代　紙本著色 画帖装（折本形式）　33.2×48.4　［個人蔵］　※表紙・裏表紙見返し墨書 安永6（1777）6月 程赤城筆

カラマツ　Larix kaempferi (Lamb.) Carr.

「シーボルト「フローラ・ヤポニカ」 日本植物誌」八坂書房　2000

◇図105（カラー）　Fuzi matsu, まれにKaramats. Kúiはアイヌ語名か？　［国立国会図書館］

カラマツ　Larix leptolepis

「花彙 下」八坂書房　1977

◇図126（白黒）　金錢松　小野蘭山, 島田充房 明和2（1765）　26.5×18.5　［国立公文書館・内閣文庫］

カラマツソウ　Thalictrum aquilegifolium

「日本の博物図譜」東海大学出版会　2001

◇p62（白黒）　関根雲停筆　［高知県立牧野植物園］

カラマツソウ　Thalictrum aquilegifolium var. intermedium

「花木真寫」淡交社　2005

◇図28（カラー）　唐松草　近衛予楽院家熙　［（財）陽明文庫］

カラマツソウ

「ボタニカルアート 西洋の美花集」パイ インターナショナル　2010

◇p194（カラー）　ラウドン, ジェーン・ウェルズ画・著『英国の野草』　1846　石版画 手彩色

カラマツソウ属デラヴェイ種　Thalictrum delavayi Franch.

「花の肖像 ボタニカルアートの名品と歴史」創土社　2006

◇fig.67（カラー）　スミス, マチルダ画, フィッチ, ジョン彫版『カーチス・ボタニカル・マガジン』 1890

からむし

「野の草の手帖」小学館　1989

◇p95（カラー）　苧・紵・枲・葈・苧麻　岩崎常正（灌園）『本草図譜』　文政11（1828）　［国立国会

図書館］

クワラン

「高松松平家博物図譜 衆芳画譜 花卉 第四」香川県立ミュージアム　2010
◇p68（カラー）　松平頼恭 江戸時代　紙本著色 画帖装（折本形式）　33.0×48.2　［個人蔵］

カランセ‘ウィリアム・マレイ’　Calanthe ‘William Murray’

「蘭花譜」平凡社　1974
◇Pl.70–7（カラー）　加藤光治著, 二口善雄画 1940写生

カランセ‘ベラ’　Calanthe ‘Bella’

「蘭花譜」平凡社　1974
◇Pl.70–8（カラー）　加藤光治著, 二口善雄画 1940写生

カランセ‘ルビー・キング’　Calanthe ‘Ruby King’

「蘭花譜」平凡社　1974
◇Pl.70–9（カラー）　加藤光治著, 二口善雄画 1940写生

ガランツス・ラティフォリウス　Galanthus ikariae

「ウィリアム・カーティス 花図譜」同朋舎出版 1994
◇21図（カラー）　Broad–leaved Snowdrop　ロス＝クレイグ, ステラ, スネリング, リリアン画『カーティス・ボタニカル・マガジン』 1946

カランテ・マスカ　Calanthe masuca

「蘭百花図譜」八坂書房　2002
◇p97（カラー）　リンドレー, ジョン著, ドレイク画『ランの花冠』 1837〜41　石版手彩色

ガラントゥス・ニバリス

「ユリ科植物図譜 1」学習研究社　1988
◇図204（カラー）　Galanthus nivalis　ルドゥーテ, ピエール＝ジョセフ 1802〜1815

カリカ・キトリフォルミス　Carica citriformis

「ウィリアム・カーティス 花図譜」同朋舎出版 1994
◇95図（カラー）　Small Citron–fruited Pawpaw　フィッチ, ウォルター・フード画『カーティス・ボタニカル・マガジン』 1838

狩衣

「日本椿集」平凡社　1966
◇図201（カラー）　津山尚著, 二口善雄画 1960

カリネラ　‘Carinella’

「ばら花譜」平凡社　1983
◇PL.96（カラー）　二口善雄画, 鈴木省三, 籾山泰一著 1974　水彩

かりやす

「高松松平家博物図譜 写生画帖 雑草」香川県立ミュージアム　2013
◇p40（カラー）　松平頼恭 江戸時代　紙本著色 画帖装（折本形式）　33.2×48.4　［個人蔵］

迦陵頻

「日本椿集」平凡社　1966
◇図150（カラー）　津山尚著, 二口善雄画 1965

かるかや

「高松松平家博物図譜 写生画帖 雑草」香川県立ミュージアム　2013
◇p11（カラー）　松平頼恭 江戸時代　紙本著色 画帖装（折本形式）　33.2×48.4　［個人蔵］
「野の草の手帖」小学館　1989
◇p169（カラー）　刈萱・苅萱　岩崎常正（灌園）『本草図譜』 文政11（1828）　［国立国会図書館］

カルセオラリア各種

「花の王国 1」平凡社　1990
◇p12（カラー）　ル・メール『園芸図譜誌』 1854〜86

カルディナール・ド・リシュリュー　‘Cardinal de Richelieu’

「ばら花譜」平凡社　1983
◇PL.36（カラー）　二口善雄画, 鈴木省三, 籾山泰一著 1978　水彩

カルドゥス・アフェル　Cnicus diacanthá

「ウィリアム・カーティス 花図譜」同朋舎出版 1994
◇117図（カラー）　Barbar Cnicus or Twin–thorned thistle　カーティス, ジョン画『カーティス・ボタニカル・マガジン』 1822

カルドン　Cynara cardunculus

「花の王国 1」平凡社　1990
◇p23（カラー）『カーチス・ボタニカル・マガジン』 1787〜継続

カルピヌス・ベツルス（セイヨウシデ）

「フローラの庭園」八坂書房　2015
◇p42（カラー）　ルドゥーテ原画, デュアメル・デュ・モンソー, アンリ・ルイ『樹木概論 新版』 1804　銅版多色刷（スティップル・エングレーヴィング）手彩色 紙　［スペイン王立植物園（マドリッド）］

カルミア　Kalmia latifolia

「花の本 ボタニカルアートの庭」角川書店 2010
◇p54（カラー）　Kalmia　Ehret, Georg Dionysius 1754

カルミア・アングスティフォリア　Kalmia angustifolia

「植物精選百種図譜 博物画の至宝」平凡社 1996
◇pl.38（カラー）　Ledum　トレウ, C.J., エーレト, G.D. 1750〜73

カルリーナ属の1種　Carlina acanthifolia

「ボタニカルアートの世界」朝日新聞社　1987

◇p65上（カラー）　アリオニ図『Flora Pedemontana』 1785

ガレアンドラ・デボニアナ　Galeandra Devoniana Ldl.
「蘭花譜」平凡社　1974
◇Pl.68–1（カラー）　加藤光治著, 二口善雄画 1969写生

ガレガ・キネレア　Galega cinerea
「植物精選百種図譜 博物画の至宝」平凡社 1996
◇pl.97（カラー）　Galega　トレウ, C.J., エーレト, G.D. 1750～73

カロポゴン・プルケラス　Calopogon pulchellus (Salisb.) R.Br.
「蘭花譜」平凡社　1974
◇Pl.16–7（カラー）　加藤光治著, 二口善雄画 1941写生

カロリネア・ミノル　Pachira aquatica
「ウィリアム・カーティス 花図譜」同朋舎出版 1994
◇64図（カラー）　Lesser Carolinea　エドワーズ, シデナム・ティースト画『カーティス・ボタニカル・マガジン』 1811

カワホ子
「高松松平家博物図譜 衆芳画譜 花卉 第四」香川県立ミュージアム　2010
◇p69（カラー）　紅花カワホ子　松平頼恭 江戸時代　紙本著色 画帖装（折本形式） 33.0×48.2 ［個人蔵］

かわやなぎ
「高松松平家博物図譜 写生画帖 雑木」香川県立ミュージアム　2014
◇p27（カラー）　松平頼恭 江戸時代　紙本著色 画帖装（折本形式） 33.2×48.4 ［個人蔵］ ※表紙・裏表紙見返し墨書 安永6（1777）6月 程赤城筆

カワラナデシコ　Dianthus superbus
「江戸博物文庫 花草の巻」工作舎　2017
◇p83（カラー）　河原撫子　岩崎灌園『本草図譜』［東京大学大学院理学系研究科附属植物園（小石川植物園）］

カワラナデシコ（広義）
「カーティスの植物図譜」エンタプライズ　1987
◇図297（カラー）　Superb Pink『カーティスのボタニカルマガジン』 1787～1887

カワラナデシコ・ナデシコ・ヤマトナデシコ　Dianthus superbus subsp.longicalycinus
「花木真寫」淡交社　2005
◇図46（カラー）　瞿麥　近衛予楽院家熙　［（財）陽明文庫］

カワラヨモギ　Artemisia capillaris
「図説 ボタニカルアート」河出書房新社　2010
◇p98（白黒）　ツュンベルク『日本植物図譜』［ロシア科学アカデミー図書館］

カンアオイ　Heterotropa nipponica
「四季草花譜」八坂書房　1988
◇図46（カラー）　飯沼慾斎筆『草木図説稿本』［個人蔵］

灌花絞
「日本椿集」平凡社　1966
◇図198（カラー）　津山尚著, 二口善雄画 1955

カンキク　Chrysanthemum indicum var. hibernum
「花木真寫」淡交社　2005
◇図119（カラー）　寒菊　近衛予楽院家熙　［（財）陽明文庫］

かんかうぼく
「高松松平家博物図譜 写生画帖 雑木」香川県立ミュージアム　2014
◇p29（カラー）　松平頼恭 江戸時代　紙本著色 画帖装（折本形式） 33.2×48.4 ［個人蔵］ ※表紙・裏表紙見返し墨書 安永6（1777）6月 程赤城筆

カンサイタンポポ　Taraxacum japonicum
「花木真寫」淡交社　2005
◇図18（カラー）　蒲公英　近衛予楽院家熙　［（財）陽明文庫］

カンザキアヤメ　Iris unguicularis Poir.
「カーティスの植物図譜」エンタプライズ　1987
◇図5773（カラー）　Algerian Iris『カーティスのボタニカルマガジン』 1787～1887

カンザクラ　Primula praenitens
「美花選［普及版］」河出書房新社　2016
◇図85（カラー）　Primevère de Chine/Primula Sinensis　ルドゥーテ, ピエール＝ジョゼフ画 1827～1833 ［コノサーズ・コレクション東京］
「花の王国 1」平凡社　1990
◇p54（カラー）　ドラピエ, P.A.J., ベッサ, パンクラース原図『園芸家・愛好家・工業家のための植物誌』 1836　手彩色図版

カンザクラ
⇒プリムラ・シネンシス（カンザクラ）を見よ

寒桜　Prunus×Kanzakura Makino
「日本桜集」平凡社　1973
◇図57（カラー）　寒桜, 安行寒桜, 薩摩寒桜　大井次三郎著, 太田洋愛画 1965,1970写生　水彩
◇図58（カラー）　薄寒桜, 薄紅寒桜, 熱海桜　大井次三郎著, 太田洋愛画 1970写生　水彩

カンサクラソウ　Primula sinensis (praenitens)
「ルドゥーテ画 美花選 1」学習研究社　1986
◇図32（カラー） 1827～1833

簪桜　Prunus Leveilleana Koehne ‘Kanzashi-zakura’
「日本桜集」平凡社　1973

◇Pl.59（カラー） 大井次三郎著, 太田洋愛画 1972写生 水彩

関山 Prunus Lannesiana Wils. 'Sekiyama'

「日本桜集」平凡社 1973

◇Pl.107（カラー） 大井次三郎著, 太田洋愛画 1969写生 水彩

かんすゝき

「高松松平家博物図譜 写生画帖 雑草」香川県立ミュージアム 2013

◇p9（カラー） 松平頼恭 江戸時代 紙本著色 画帖装（折本形式） 33.2×48.4 ［個人蔵］

がんぜきらん Phajus minor Bl.（P.maculatus Ldl.var.minor Franch.et Sav.）

「蘭花譜」平凡社 1974

◇Pl.69–3（カラー） 加藤光治著, 二口善雄画 1941写生

ガンゼキラン Phaius flavus

「江戸博物文庫 花草の巻」工作舎 2017

◇p38（カラー） 岩石蘭 岩崎灌園『本草図譜』［東京大学大学院理学系研究科附属植物園（小石川植物園）］

ガンゼキラン Phaius minor

「花木真寫」淡交社 2005

◇図35（カラー） 黄蕙 近衛予楽院家煕 ［（財）陽明文庫］

寒椿

「日本椿集」平凡社 1966

◇図227（カラー） 津山尚著, 二口善雄画 1965

カンナ Canna indica

「R・J・ソーントン フローラの神殿 新装版」リブロポート 1990

◇第22葉（カラー） The Indian Reed ヘンダーソン, ピーター画, スタドラー彫版, ソーントン, R.J. 1812 アクアチント（緑, 茶, 青色インク）手彩色仕上げ

「花彙 上」八坂書房 1977

◇図50（白黒） 西蕃蓮 小野蘭山, 島田充房 明和2（1765） 26.5×18.5 ［国立公文書館・内閣文庫］

カンナ・ギガンテア

「ユリ科植物図譜 1」学習研究社 1988

◇図15（カラー） Canna gigantea ルドゥーテ, ピエール＝ジョセフ 1802～1815

カンナ・グラウカ

「ユリ科植物図譜 1」学習研究社 1988

◇図16（カラー） Canna glauca ルドゥーテ, ピエール＝ジョセフ 1802～1815

カンナ・フラキーダ

「ユリ科植物図譜 1」学習研究社 1988

◇図17（カラー） Canna flaccida ルドゥーテ, ピエール＝ジョセフ 1802～1815

クワンヲンソウ

「高松松平家博物図譜 衆芳画譜 花卉 第四」香川県立ミュージアム 2010

◇p16（カラー） 松平頼恭 江戸時代 紙本著色 画帖装（折本形式） 33.0×48.2 ［個人蔵］

乾杯 'Kampai'

「ばら花譜」平凡社 1983

◇PL.口絵（カラー） 二口善雄画, 鈴木省三, 籾山泰一著 1982 水彩

カンパニュラ・グランディフローラ Campanula grandiflora

「ボタニカルアート 西洋の美花集」パイ インターナショナル 2010

◇p126右（カラー） カーティス, ウィリアム著『ボタニカル・マガジン7巻』 1794 銅版画 手彩色

カンパニュラ・スペクルム Campanula speculum

「ボタニカルアート 西洋の美花集」パイ インターナショナル 2010

◇p126左（カラー） カーティス, ウィリアム著『ボタニカル・マガジン3巻』 1789 銅版画 手彩色

カンパヌラ・アッフィニス Campanura affinis

「ウィリアム・カーティス 花図譜」同朋舎出版 1994

◇73図（カラー） Campanura affinis スネリング, リリアン画『カーティス・ボタニカル・マガジン』 1939

カンパヌラ・カルパティカ Campanula carpatica

「花の王国 1」平凡社 1990

◇p39（カラー） ウースター, D.『アルプスの植物』 1872 色刷り木版

カンパヌラの1種

「フローラの庭園」八坂書房 2015

◇p71（カラー） マーシャル, アレクサンダー画『フラワー・ブック』 1680頃 水彩 紙 46.0×33.3 ［英国王室コレクション］

カンパヌラ・プラ Campanula pulla

「ウィリアム・カーティス 花図譜」同朋舎出版 1994

◇75図（カラー） Austrian Bell–flower カーティス, ウィリアム『カーティス・ボタニカル・マガジン』 1824

ガンピ Lychnis coronata

「四季草花譜」八坂書房 1988

◇図44（カラー） 飯沼慾斎筆『草木図説稿本』［個人蔵］

ガンピ Lychnis coronata Thunb.

「岩崎灌園の草花写生」たにぐち書店 2013

◇p30（カラー） 剪紅羅 ［個人蔵］

ガンピ　Lychnis coronata Thunb.ex Murray
「シーボルト「フローラ・ヤポニカ」 日本植物誌」八坂書房　2000
◇図48(カラー)　Ganpi　[国立国会図書館]

ガンピ　Lychnis grandiflora
「ボタニカルアート 西洋の美花集」パイ インターナショナル　2010
◇p133(カラー)　ミンジンガー画, シーボルト, フィリップ・フランツ・フォン, ツッカリーニ『日本植物誌』 1835～70　石版画 手彩色

ガンピ　Lychnis grandiflora (coronata)
「ルドゥーテ画 美花選 2」学習研究社　1986
◇図43(カラー)　1827～1833

ガンピ　Silene coronata
「美花選[普及版]」河出書房新社　2016
◇図96(カラー)　Lychnide à grandes fleurs/ Lychnis grandiflora　ルドゥーテ, ピエール＝ジョゼフ画 1827～1833　[コノサーズ・コレクション東京]
「ボタニカルアート 西洋の美花集」パイ インターナショナル　2010
◇p132(カラー)　ルドゥーテ, ピエール＝ジョセフ画・著『美花選』 1827～33　点刻銅版画多色刷 一部手彩色

カンヒザクラ　Prunus campanulata Maxim.
「日本桜集」平凡社　1973
◇Pl.146(カラー)　大井次三郎著, 太田洋愛画 1969写生　水彩

カンペリア・ザノニア　Campelia zanonia
「ユリ科植物図譜 2」学習研究社　1988
◇図229(カラー)　コンメリナ・ザノニア　ルドゥーテ, ピエール＝ジョセフ 1802～1815

かんぽうらん　Cymbidium Dayanum Rchb.f. (C.Simonsianum King et Pantl.)
「蘭花譜」平凡社　1974
◇Pl.78-2(カラー)　加藤光治著, 二口善雄画 1970写生

ガンボリンボ　Elaphrium simaruba
「すごい博物画」グラフィック社　2017
◇図版77(カラー)　オジロツグミとガンボリンボ ケイツビー, マーク 1722～26頃　ペンと茶色のインクの上にアラビアゴムを混ぜた水彩と濃厚顔料　27×37.4　[ウィンザー城ロイヤル・ライブラリー]

寒陽袋
「日本椿集」平凡社　1966
◇図115(カラー)　津山尚著, 二口善雄画 1960

【き】

木
「すごい博物画」グラフィック社　2017
◇図版14(カラー)　レオナルド・ダ・ヴィンチ 1510頃　赤いチョーク　19.1×15.3　[ウィンザー城ロイヤル・ライブラリー]

キアイの1種　Indigofera sp.
「植物精選百種図譜 博物画の至宝」平凡社 1996
◇pl.53(カラー)　Indigofera　トレウ, C.J., エーレト, G.D. 1750～73

キアサミ
「高松松平家博物図譜 衆芳画譜 花卉 第四」香川県立ミュージアム　2010
◇p35(カラー)　松平頼恭 江戸時代　紙本著色 画帖装(折本形式)　33.0×48.2　[個人蔵]

キアネラ・ルテア　Cyanella lutea
「ウィリアム・カーティス 花図譜」同朋舎出版 1994
◇553図(カラー)　Yellow Cyanella　エドワーズ, シデナム・ティースト画『カーティス・ボタニカル・マガジン』 1810

キアネルラ・カペンシス
「ユリ科植物図譜 1」学習研究社　1988
◇図254(カラー)　Cyanella capensis　ルドゥーテ, ピエール＝ジョセフ 1802～1815

キアマチヤ
「高松松平家博物図譜 衆芳画譜 花果 第五」香川県立ミュージアム　2011
◇p15(カラー)　松平頼恭 江戸時代　紙本著色 画帖装(折本形式)　33.2×48.4　[個人蔵]

キイロウメバチソウ
「ボタニカルアート 西洋の美花集」パイ インターナショナル　2010
◇p188(カラー)　ラウドン, ジェーン・ウェルズ画・著『英国の野草』 1846　石版画 手彩色

きえびね　Calanthe Sieboldii Decne. (C. discolor Ldl.var.bicolor Makino)
「蘭花譜」平凡社　1974
◇Pl.70-1(カラー)　加藤光治著, 二口善雄画 1971写生

キエビネ　Calanthe sieboldii
「四季草花譜」八坂書房　1988
◇図69(カラー)　エビネ　飯沼慾斎筆『草木図説稿本』　[個人蔵]

キエビネ　Calanthe sieboldii Decne.
「高木春山 本草図説 1」リブロポート　1988
◇図53(カラー)

キエンフェゴシア・ヘテロフィラ
Cienfuegosia heterophylla

「美花選[普及版]」河出書房新社　2016
◇図38（カラー）　Redutea heterophylla　ルドゥーテ, ピエール＝ジョゼフ画 1827〜1833［コノサーズ・コレクション東京］

きからすうり　Trichosanthes kirilowii
「草木写生 秋の巻」ピエ・ブックス　2010
◇p152〜153（カラー）　黄烏瓜　狩野織染藤原重賢 明暦3（1657）〜元禄12（1699）［国立国会図書館］

キカラスウリ　Trichosanthes kirilowii var. japonica
「四季草花譜」八坂書房　1988
◇図80（カラー）　飯沼慾斎筆『草木図説稿本』［個人蔵］

ききょう　Platycodon grandiflorus
「草木写生 秋の巻」ピエ・ブックス　2010
◇p50〜51（カラー）　桔梗　狩野織染藤原重賢 明暦3（1657）〜元禄12（1699）［国立国会図書館］
◇p54〜55（カラー）　桔梗　狩野織染藤原重賢 明暦3（1657）〜元禄12（1699）［国立国会図書館］

キヽヤウ
「高松松平家博物図譜 衆芳画譜 花卉 第四」香川県立ミュージアム　2010
◇p49（カラー）　松平頼恭 江戸時代　紙本著色 画帖装（折本形式）　33.0×48.2［個人蔵］

キキョウ　Platicodon grandiflorum（Jacq.）A. DC.

キキョウ　Platycodon grandiflora
「ウィリアム・カーティス 花図譜」同朋舎出版　1994
◇78図（カラー）　Great-flowered Bell-flower　カーティス, ウィリアム『カーティス・ボタニカル・マガジン』　1794

キキョウ　Platycodon grandiflorum
「四季草花譜」八坂書房　1988
◇図13（カラー）　飯沼慾斎筆『草木図説稿本』［個人蔵］

キキョウ　Platycodon grandiflorus
「花の王国 1」平凡社　1990
◇p40（カラー）　高木春山『本草図説』　？〜1852［西尾市立図書館岩瀬文庫（愛知県）］
◇p40（カラー）　山本章夫『萬花帖』　江戸末期〜明治時代［西尾市立図書館岩瀬文庫（愛知県）］

キキョウ　Platycodon grandiflorus（Jacq.）A. DC.
「花の肖像 ボタニカルアートの名品と歴史」創土社　2006
◇fig.77（カラー）　葛飾北斎画『花と植物・オランダ王立博物館蔵絵画印刷物写真コレクション』　1994
「高木春山 本草図説 1」リブロポート　1988
◇図33（カラー）　桔梗

キキョウ
「江戸名作画帖全集 8」駸々堂出版　1995
◇図75（カラー）　キキョウ・ホトトギス　松平頼恭編『写生画帖・衆芳画譜』　紙本着色［松平公益会］
「ボタニカルアートの世界」朝日新聞社　1987
◇p125下（白黒）　桔梗　中村惕齋『訓蒙図彙』　1666

キキョウラン　Dianella ensifolia
「江戸博物文庫 花草の巻」工作舎　2017
◇p183（カラー）　桔梗蘭　岩崎灌園『本草図譜』［東京大学大学院理学系研究科附属植物園（小石川植物園）］

キキョウラン
「ユリ科植物図譜 2」学習研究社　1988
◇図9（カラー）　Dianella ensifolia　ルドゥーテ, ピエール＝ジョセフ 1802〜1815

きく　Chrysanthemum morifolium
「草木写生 秋の巻」ピエ・ブックス　2010
◇p38〜39（カラー）　菊　狩野織染藤原重賢 明暦3（1657）〜元禄12（1699）［国立国会図書館］
◇p42〜43（カラー）　菊　狩野織染藤原重賢 明暦3（1657）〜元禄12（1699）［国立国会図書館］
◇p46〜47（カラー）　菊　狩野織染藤原重賢 明暦3（1657）〜元禄12（1699）［国立国会図書館］

キク　Chrysanthemum sinense, vars
「ボタニカルアート 西洋の美花集」パイ インターナショナル　2010
◇p128（カラー）　ステップ, エミリー画, ステップ, エドワード『温室と庭園の花々』　1896〜97　石版画多色刷

キク　Chrysanthemum×morifolium
「江戸博物文庫 花草の巻」工作舎　2017
◇p48（カラー）　菊　岩崎灌園『本草図譜』［東京大学大学院理学系研究科附属植物園（小石川植物園）］
「花の王国 1」平凡社　1990
◇p41（カラー）　ジョーム・サンティレール, H.『フランスの植物』　1805〜09　彩色銅版画
◇p41（カラー）　長谷川契華, 西村金一彫刻, 山崎安太郎摺『契華百花』　明治26　多色木版画

キク　Dendranthema grandiflora（Ramat.）Kitam.
「シーボルト日本植物図譜コレクション」小学館　2008
◇図2-39（カラー）　Pyrethrum indicum［日本人画家］画［1820〜 1826頃］　薄い半透明の和紙 透明絵の具 白色塗料 金粉 墨　20.4×28.1［ロシア科学アカデミーコマロフ植物学研究所図書館］　※目録788 コレクションV［579］/597

キク
⇒アネモネ咲きの日本のキクを見よ

キク科植物の花（1）
「図説 ボタニカルアート」河出書房新社　2010
◇p68（白黒）　グリュー『植物解剖学』　1682

キク科植物の花（2）
「図説 ボタニカルアート」河出書房新社　2010
◇p68（白黒）　グリュー『植物解剖学』　1682

キク科の植物
「ボタニカルアート 西洋の美花集」パイ インターナショナル　2010
◇p195（カラー）　ラウドン, ジェーン・ウェルズ画・著『英国の野草』　1846　石版画 手彩色

キクゴボウ　Scolymus hispanicus L.
「花の肖像 ボタニカルアートの名品と歴史」創土社　2006
◇fig.32（カラー）　バウアー, フェルディナンド画, シーブソープ『ギリシア植物誌』　1806〜1840

キクザキイチゲ　Anemone pseudoaltaica
「図説 ボタニカルアート」河出書房新社　2010
◇p108（カラー）　岩崎灌園画・著『本草図譜』［東京大学大学院理学系研究科附属植物園］
「四季草花譜」八坂書房　1988
◇図51（カラー）　飯沼慾斎筆『草木図説稿本』［個人蔵］

菊更紗
「日本椿集」平凡社　1966
◇図203（カラー）　津山尚著, 二口善雄画　1961

菊枝垂　Prunus Jamasakura Sieb. ‘Plena-pendula’
「日本桜集」平凡社　1973
◇Pl.67（カラー）　大井次三郎著, 太田洋愛画　1971写生　水彩

菊月
「日本椿集」平凡社　1966
◇図107（カラー）　津山尚著, 二口善雄画　1965

キクチシャ・オランダチシャ　Cichorium endivia
「花木真寫」淡交社　2005
◇図60（カラー）　牡丹苣　近衛予楽院家熙［（財）陽明文庫］

菊冬至
「日本椿集」平凡社　1966
◇図160（カラー）　津山尚著, 二口善雄画　1960

キクの栽培品種
「フローラの庭園」八坂書房　2015
◇p92（カラー）　フッカー, ウィリアム原画『ロンドン園芸協会紀要』　1824　31×23.5　［メトロポリタン美術館（ニューヨーク）］
◇p92（カラー）　Chrysanthemum indicum L.var. superbum　スミス, エドウィン・ダルトン原画『ボタニカル・レジスター』　1820　銅版（エングレーヴィング）手彩色 紙　［ミズーリ植物園（セント・ルイス）］

キクバクワガタ　Veronica schmidtiana Regel subsp.schmidtiana
「須崎忠助植物画集」北海道大学出版会　2016
◇図22-43（カラー）『大雪山植物其他』　6月25日［北海道大学附属図書館］

キクバヤマボクチ　Synurus palmato-pinnatifidus
「花木真寫」淡交社　2005
◇図113（カラー）　（無名）　近衛予楽院家熙［（財）陽明文庫］

きけまん
「高松松平家博物図譜 写生画帖 雑草」香川県立ミュージアム　2013
◇p50（カラー）　松平頼恭 江戸時代　紙本著色 画帖装（折本形式）　33.2×48.4　［個人蔵］

キケマン　Corydalis heterocarpa var.japonica
「牧野富太郎植物画集」ミュゼ　1999
◇p54（白黒）　ケント紙 墨（毛筆）　13.7×19.4

きさゝぎ
「高松松平家博物図譜 写生画帖 雑木」香川県立ミュージアム　2014
◇p86（カラー）　松平頼恭 江戸時代　紙本著色 画帖装（折本形式）　33.2×48.4　［個人蔵］　※表紙・裏表紙見返し墨書 安永6（1777）6月 程赤城筆

きささげ
「木の手帖」小学館　1991
◇図167（カラー）　木豇豆・梓　岩崎灌園『本草図譜』　文政11（1828）　約21×145　［国立国会図書館］

キササゲ　Catalpa ovata
「江戸博物文庫 菜樹の巻」工作舎　2017
◇p132（カラー）　木大角豆　岩崎灌園『本草図譜』［東京大学大学院理学系研究科附属植物園（小石川植物園）］
「花彙 下」八坂書房　1977
◇図124（白黒）　櫨　小野蘭山, 島田充房　明和2（1765）　26.5×18.5　［国立公文書館・内閣文庫］

キササゲ　Catalpa ovata G.Don
「シーボルト日本植物図譜コレクション」小学館　2008
◇図3-75（カラー）　Catalpa kaempferi Sieb.et Zucc.　川原玉賀画　紙 透明絵の具 墨　23.7×31.8　［ロシア科学アカデミーコマロフ植物学研究所図書館］　※目録742 コレクションVI 364/668

きさむご
「高松松平家博物図譜 写生画帖 雑木」香川県立ミュージアム　2014

◇p39（カラー） 松平頼恭 江戸時代 紙本著色 画帖装（折本形式） 33.2×48.4 ［個人蔵］ ※表紙・裏表紙見返し墨書 安永6（1777）6月 程赤城筆

ぎしぎし

「野の草の手帖」小学館 1989
◇p97（カラー） 羊蹄 岩崎常正（灌園）『本草図譜』 文政11（1828） ［国立国会図書館］

ギシギシの1種 Rumex sp.

「ビュフォンの博物誌」工作舎 1991
◇N065（カラー）『一般と個別の博物誌 ソンニーニ版』

紀州司

「日本椿集」平凡社 1966
◇図162（カラー） 津山尚著，二口善雄画 1965

祇女 Prunus Jamasakura Sieb. 'Campanulata'

「日本桜集」平凡社 1973
◇Pl.28（カラー） 大井次三郎著，太田洋愛画 1971写生 水彩

キショウブ

「ユリ科植物図譜 1」学習研究社 1988
◇図99（カラー） Iris pseudacorus ルドゥーテ，ピエール＝ジョセフ 1802～1815

キズイセン

「彩色 江戸博物学集成」平凡社 1994
◇p327（カラー） 毛利梅園
「ユリ科植物図譜 1」学習研究社 1988
◇図222（カラー） ナルキッスス・ヨンクイッラ ルドゥーテ，ピエール＝ジョセフ 1802～1815

キスケ

「高松松平家博物図譜 衆芳画譜 花卉 第四」香川県立ミュージアム 2010
◇p34（カラー） 松平頼恭 江戸時代 紙本著色 画帖装（折本形式） 33.0×48.2 ［個人蔵］

キヅタシクラメン Cyclamen hederifolium

「すごい博物画」グラフィック社 2017
◇図版50（カラー） トケイソウとテントウムシ、種類のわからない蛾かチョウの幼虫、斑入りイヌサフラン、キヅタシクラメンの葉、オジギソウ、種類のわからない蛾の幼虫、ヨーロッパコフキコガネの幼虫 マーシャル，アレクサンダー 1650～82頃 水彩 45.5×33.0 ［ウィンザー城ロイヤル・ライブラリー］

キスツス属の様々な品種

「フローラの庭園」八坂書房 2015
◇p78（カラー） ラウドン，ジェーン・ウェブ『淑女の花園』 1840～48 石版 手彩色 ［個人蔵］

キスツスの1種 Cistus sp.

「ビュフォンの博物誌」工作舎 1991
◇N143（カラー）『一般と個別の博物誌 ソンニーニ版』

キセワタ Leonurus macranthus Maxim

「江戸博物文庫 花草の巻」工作舎 2017
◇p52（カラー） 着せ綿 岩崎灌園『本草図譜』 ［東京大学大学院理学系研究科附属植物園（小石川植物園）］

キソウテンガイ，サバクオモト Welwitschia bainesii Carr.

「カーティスの植物図譜」エンタプライズ 1987
◇図5368, 5369（カラー） Welwitschia mirabilis Hook.f.『カーティスのボタニカルマガジン』 1787～1887

キタコブシ Magnolia kobus DC.var.borealis Sarg.

「北海道主要樹木図譜［普及版］」北海道大学図書刊行会 1986
◇図45（カラー） 須崎忠助 大正9（1920）～昭和6（1931） ［個人蔵］

キタゴヨウ Pinus parviflora Sieb.et Zucc.var. pentaphylla Henry

「北海道主要樹木図譜［普及版］」北海道大学図書刊行会 1986
◇図8（カラー） ゴヨウマツ 須崎忠助 大正9（1920）～昭和6（1931） ［個人蔵］

キダチニンドウ Lonicera hypoglauca

「牧野富太郎植物画集」ミュゼ 1999
◇p30（白黒） 1887（明治20） 和紙 墨（毛筆） 27.1×19

キタノコギリソウ Achillea alpina subsp. japonica

「江戸博物文庫 花草の巻」工作舎 2017
◇p49（カラー） 北鋸草 岩崎灌園『本草図譜』 ［東京大学大学院理学系研究科附属植物園（小石川植物園）］

キチジョウソウ Reineckea carnea

「ユリ科植物図譜 2」学習研究社 1988
◇図172（カラー） Sansevieria carnea ルドゥーテ，ピエール＝ジョセフ 1802～1815
「四季草花譜」八坂書房 1988
◇図34（カラー） 飯沼慾斎筆『草木図説稿本』 ［個人蔵］
「花彙 上」八坂書房 1977
◇図76（白黒） 觀音草 小野蘭山，島田充房 明和2（1765） 26.5×18.5 ［国立公文書館・内閣文庫］

キチジョウソウ Reineckea carnea (Andr.) Kunth

「シーボルト日本植物図譜コレクション」小学館 2008
◇図3-44（カラー） Sanseviella carnea Reichenb. ［川原慶賀？］画 紙 透明絵の具 墨 23.3×33.0 ［ロシア科学アカデミーコマロフ植物学研究所図書館］ ※目録858 コレクションVIII 359/969

きつかふそう

「高松松平家博物図譜 写生画帖 雑草」香川県立ミュージアム 2013

◇p33（カラー）　松平頼恭 江戸時代　紙本著色 画帖装（折本形式）　33.2×48.4　［個人蔵］

きつかふそうのみ

「高松松平家博物図譜 写生画帖 雑草」香川県立ミュージアム　2013
◇p33（カラー）　松平頼恭 江戸時代　紙本著色 画帖装（折本形式）　33.2×48.4　［個人蔵］

キツネアザミ　Hemistepta lyrata Bunge

「高木春山 本草図説 1」リブロポート　1988
◇図28（カラー）

きつねあづき

「高松松平家博物図譜 写生画帖 雑草」香川県立ミュージアム　2013
◇p44（カラー）　松平頼恭 江戸時代　紙本著色 画帖装（折本形式）　33.2×48.4　［個人蔵］
◇p87（カラー）　松平頼恭 江戸時代　紙本著色 画帖装（折本形式）　33.2×48.4　［個人蔵］

キツネアヤメ

「ユリ科植物図譜 1」学習研究社　1988
◇図120（カラー）　イリス・バリエガータ　ルドゥーテ, ピエール＝ジョセフ 1802～1815

きつねのかみそり

「野の草の手帖」小学館　1989
◇p99（カラー）　狐剃刀　岩崎常正（灌園）『本草図譜』 文政11（1828）　［国立国会図書館］

キツネノゴマ科キンヨウボク属の1種か？

「昆虫の劇場」リブロポート　1991
◇p85（カラー）　メーリアン, M.S.『スリナム産昆虫の変態』 1726

きつねのちやぶくろ

「高松松平家博物図譜 写生画帖 雑草」香川県立ミュージアム　2013
◇p67（カラー）　松平頼恭 江戸時代　紙本著色 画帖装（折本形式）　33.2×48.4　［個人蔵］

キツネノマゴの1種　Justicia sp.

「ビュフォンの博物誌」工作舎　1991
◇N108（カラー）『一般と個別の博物誌 ソンニーニ版』
◇N109（カラー）『一般と個別の博物誌 ソンニーニ版』

キツネユリ、ユリグルマ、センショウカズラ　Gloriosa superba

「ユリ科植物図譜 2」学習研究社　1988
◇図58（カラー）　メトニカ・スペルバ　ルドゥーテ, ピエール＝ジョセフ 1802～1815

キツリフネ　Impatiens noli–tangere

「日本の博物図譜」東海大学出版会　2001
◇図9（カラー）　筆者不詳, 岩崎灌園著『本草図説』［東京国立博物館］

木連川

「日本椿集」平凡社　1966
◇図93（カラー）　津山尚著, 二口善雄画 1960

キティスス・ステノペタルス　Cytisus stenopetals

「花の王国 1」平凡社　1990
◇p30（カラー）　ジョーム・サンティレール, H.『フランスの植物』 1805～09　彩色銅版画

鬼無稚児桜　Prunus Lannesiana Wils. 'Kinashi–chigozakura'

「日本桜集」平凡社　1973
◇Pl.68（カラー）　大井次三郎著, 太田洋愛画 1972写生　水彩

キナンクム・ディスコロル　Gonolobus obliquus

「ウィリアム・カーティス 花図譜」同朋舎出版 1994
◇51図（カラー）　Virginian Cynanchum or Angle–pod　エドワーズ, シデナム・ティースト画『カーティス・ボタニカル・マガジン』 1810

衣笠　Prunus Jamasakura Sieb. 'Kinugasa'

「日本桜集」平凡社　1973
◇Pl.69（カラー）　大井次三郎著, 太田洋愛画 1971写生　水彩

キヌガサソウ　Paris japonica

「花彙 上」八坂書房　1977
◇図30（白黒）　蚤休　小野蘭山, 島田充房 明和2（1765）　26.5×18.5　［国立公文書館・内閣文庫］

きぬたくさ

「高松松平家博物図譜 写生画帖 雑草」香川県立ミュージアム　2013
◇p47（カラー）　松平頼恭 江戸時代　紙本著色 画帖装（折本形式）　33.2×48.4　［個人蔵］

きぬたそう

「野の草の手帖」小学館　1989
◇p171（カラー）　砧草　岩崎常正（灌園）『本草図譜』 文政11（1828）　［国立国会図書館］

きはだ

「木の手帖」小学館　1991
◇図111（カラー）　黄蘗・黄膚　岩崎灌園『本草図譜』 文政11（1828）　約21×145　［国立国会図書館］

キハダ　Phellodendron amurense

「江戸博物文庫 菜樹の巻」工作舎　2017
◇p127（カラー）　黄蘗　岩崎灌園『本草図譜』［東京大学大学院理学系研究科附属植物園（小石川植物園）］

キバナアキギリ　Salvia nipponica Miq.

「岩崎灌園の草花写生」たにぐち書店　2013
◇p90（カラー）　月見草　アキギリ, キバナアキギリ　［個人蔵］

キバナアサツキ
「ユリ科植物図譜 2」学習研究社 1988
◇図103(カラー) アリウム・フラブム ルドゥーテ, ピエール=ジョセフ 1802~1815

キバナアザミ Scolymus hispanicus
「図説 ボタニカルアート」河出書房新社 2010
◇p75(白黒) キキクス画, コデスロエ, ハント『ボフォート公爵夫人の花々』 1983

キバナアザミ Scolymus hispanicus L.
「花の肖像 ボタニカルアートの名品と歴史」創土社 2006
◇fig.18(カラー) キキクス画

キバナギョウジャニンニク
「ユリ科植物図譜 2」学習研究社 1988
◇図111(カラー) アリウム・モリ ルドゥーテ, ピエール=ジョセフ 1802~1815

黄花 紫苑
「高松松平家博物図譜 衆芳画譜 花卉 第四」香川県立ミュージアム 2010
◇p75(カラー) 松平頼恭 江戸時代 紙本著色 画帖装(折本形式) 33.0×48.2 [個人蔵]

キバナシャクナゲ Rhododendron aureum Georgi
「須崎忠助植物画集」北海道大学出版会 2016
◇図58-88(カラー) きばなしやくなげ『大雪山植物其他』 [北海道大学附属図書館]

きばなしゅすらん Anoectochilus formosanus Hayata
「蘭花譜」平凡社 1974
◇Pl.17-8(カラー) 加藤光治著, 二口善雄画 1971写生

キバナスイセン Narcissus tazetta subsp. aureus
「美花選[普及版]」河出書房新社 2016
◇図8(カラー) Narcisses à plusieurs fleurs/ Narcissus tazetta ルドゥーテ, ピエール=ジョゼフ画 1827~1833 [コノサーズ・コレクション東京]
「ボタニカルアート 西洋の美花集」パイ インターナショナル 2010
◇p144(カラー) ルドゥーテ, ピエール=ジョセフ画・著『美花選』 1827~33 点刻銅版画多色刷 一部手彩色

キバナチョウノスケソウ
「カーティスの植物図譜」エンタプライズ 1987
◇図2972(カラー) Dryas drummondii Rich.『カーティスのボタニカルマガジン』 1787~1887

キバナノアマナ Gagea lutea
「ユリ科植物図譜 2」学習研究社 1988
◇図68(カラー) Ornithogalum luteum ルドゥーテ, ピエール=ジョセフ 1802~1815

キバナノカワラマツバ Galium verum
「ビュフォンの博物誌」工作舎 1991
◇N096(カラー)『一般と個別の博物誌 ソンニー二版』

キバナノクリンザクラ Primula veris
「ビュフォンの博物誌」工作舎 1991
◇N105(カラー)『一般と個別の博物誌 ソンニー二版』

キバナノコマノツメ Viola biflora L.
「須崎忠助植物画集」北海道大学出版会 2016
◇図4-9(カラー)『大雪山植物其他』 5月24日 [北海道大学附属図書館]

きばなのせっこく Dendrobium tosaense Makino
「蘭花譜」平凡社 1974
◇Pl.55-7(カラー) 加藤光治著, 二口善雄画 1941写生

キバナノセッコク Dendrobium tosaense
「牧野富太郎植物画集」ミュゼ 1999
◇p46(白黒) 1889(明治22) 和紙 墨(毛筆) 38.6×27.4

キバナノタマスダレ Sternbergia lutea
「ユリ科植物図譜 1」学習研究社 1988
◇図180(カラー) アマリリス・ルテア ルドゥーテ, ピエール=ジョセフ 1802~1815

キバナノツキヌキニンドウ Lonicera×brownii
「ウィリアム・カーティス 花図譜」同朋舎出版 1994
◇91図(カラー) Crimson-flowered Honeysuckle カーティス, ジョン画『カーティス・ボタニカル・マガジン』 1824

キバナノホトトギス Tricyrtis flava
「江戸博物文庫 花草の巻」工作舎 2017
◇p180(カラー) 黄花杜鵑草 岩崎灌園『本草図譜』 [東京大学大学院理学系研究科附属植物園(小石川植物園)]

キバナハス
「イングリッシュ・ガーデン」求龍堂 2014
◇図33i(カラー) ハスとキバナハス ヘンダーソン, ピーター, ソーントン, R.J.編『フローラの神殿』 1804 銅版 紙 54.0×44.0 [マイケル&マリコ・ホワイトウェイ]

キバナヘイシソウ Sarracenia flava
「ウィリアム・カーティス 花図譜」同朋舎出版 1994
◇518図(カラー) Yellow Side-saddle Flower or Pitcher Plant エドワーズ, シデナム・ティースト画『カーティス・ボタニカル・マガジン』 1804

キバナホトトギス
「彩色 江戸博物学集成」平凡社 1994
◇p346(カラー) 前田利保『ほととぎす図説』

［個人蔵］

キバナルリソウ　Cerinthe major

「すごい博物画」グラフィック社　2017

◇図版43（カラー）　クロアヤメ、カラフトヒヨクソウ、ヨーロッパハラビロトンボ、ハナキンポウゲ、ニクバエ、キバナルリソウ、フウロソウ　マーシャル, アレクサンダー 1650〜82頃　水彩 46.0×33.3　［ウィンザー城ロイヤル・ライブラリー］

キバラ　Rosa sp.

「高木春山 本草図説 1」リブロポート　1988

◇図7（カラー）　一種 黄薔薇

黄ハラ

「高松松平家博物図譜 衆芳画譜 花果 第五」香川県立ミュージアム　2011

◇p31（カラー）　松平頼恭 江戸時代　紙本著色 画帖装（折本形式）　33.2×48.4　［個人蔵］

キヒメユリ

「高松松平家博物図譜 衆芳画譜 花卉 第四」香川県立ミュージアム　2010

◇p33（カラー）　松平頼恭 江戸時代　紙本著色 画帖装（折本形式）　33.0×48.2　［個人蔵］

キヒラトユリ　Lilium leichtlinii Hook.f.

「シーボルト日本植物図譜コレクション」小学館　2008

◇図3-112（カラー）　Lilium　清水東谷画［1861］和紙 透明絵の具 墨 白色塗料　28.8×38.7　［ロシア科学アカデミーコマロフ植物学研究所図書館］　※目録830 コレクションVIII 730/1029

黄覆輪紅唐子

「日本椿集」平凡社　1966

◇図39（カラー）　津山尚著, 二口善雄画 1965

黄覆輪弁天

「日本椿集」平凡社　1966

◇図217（カラー）　津山尚著, 二口善雄画 1965

キフヂ

「高松松平家博物図譜 衆芳画譜 花果 第五」香川県立ミュージアム　2011

◇p31（カラー）　松平頼恭 江戸時代　紙本著色 画帖装（折本形式）　33.2×48.4　［個人蔵］

キブシ　Stachyurus praecox Sieb.et Zucc.

「シーボルト「フローラ・ヤポニカ」日本植物誌」八坂書房　2000

◇図18（カラー）　Mame–fusi　［国立国会図書館］

貴船雲珠　Prunus Lannesiana Wils. ‘Kibune–uzu’

「日本桜集」平凡社　1973

◇Pl.66（カラー）　大井次三郎著, 太田洋愛画 1972写生　水彩

キフ子キク

「高松松平家博物図譜 衆芳画譜 花卉 第四」香川県立ミュージアム　2010

◇p52（カラー）　松平頼恭 江戸時代　紙本著色 画帖装（折本形式）　33.0×48.2　［個人蔵］

キブネギク　Anemone hupehensis Lemoine var.japonica（Thunb.ex Murray）Bowl.et Stearn

「シーボルト「フローラ・ヤポニカ」日本植物誌」八坂書房　2000

◇図5（カラー）　Kifune–Gik’　［国立国会図書館］

キブネギク

「ボタニカルアートの世界」朝日新聞社　1987

◇p131下（白黒）　秋芍薬　島田充房, 小野蘭山『花彙』　1765

キプリペディウム・カルケオルス

「ユリ科植物図譜 1」学習研究社　1988

◇図1（カラー）　Cypripedium calceolus　ルドゥーテ, ピエール＝ジョセフ 1802〜1815

キプリペディウム・フラベスケンス

「ユリ科植物図譜 1」学習研究社　1988

◇図2（カラー）　Cypripedium flavescens　ルドゥーテ, ピエール＝ジョセフ 1802〜1815

ギボウシ

「高松松平家博物図譜 衆芳画譜 花卉 第四」香川県立ミュージアム　2010

◇p27（カラー）　松平頼恭 江戸時代　紙本著色 画帖装（折本形式）　33.0×48.2　［個人蔵］

君が代

「日本椿集」平凡社　1966

◇図64（カラー）　津山尚著, 二口善雄画 1958

キモッコウバラ　Rosa banksiae Aiton lutea Lindley

「薔薇空間」ランダムハウス講談社　2009

◇図194（カラー）　二口善雄画, 鈴木省三, 籾山泰一解説『ばら花譜』 1983　水彩　383×269

「ばら花譜」平凡社　1983

◇PL.33（カラー）　黄木香　二口善雄画, 鈴木省三, 籾山泰一著 1978　水彩

キャベッジ・ローズ

⇒ロサ・ケンティフォリアを見よ

キヤマウメバチソウ

「ボタニカルアート 西洋の美花集」パイ インターナショナル　2010

◇p188（カラー）　ラウドン, ジェーン・ウェルズ画・著『英国の野草』 1846　石版画 手彩色

きゃらぼく

「木の手帖」小学館　1991

◇図5（カラー）　伽羅木　岩崎灌園『本草図譜』文政11（1828）　約21×145　［国立国会図書館］

きやらぼく

「高松松平家博物図譜 写生画帖 雑木」香川県立ミュージアム　2014

◇p26（カラー） 松平頼恭 江戸時代 紙本著色 画帖装（折本形式） 33.2×48.4 ［個人蔵］ ※表紙・裏表紙見返し墨書 安永6（1777）6月 程赤城筆

キャラ・ミア 'Cara Mia'

「ばら花譜」平凡社 1983

◇PL.70（カラー） Dearest One 二口善雄画，鈴木省三，籾山泰一著 1975 水彩

牛角 Stapelia variegata

「ウィリアム・カーティス 花図譜」同朋舎出版 1994

◇55図（カラー） Painted Stapelia 園芸種 エドワーズ，シデナム・ティースト画『カーティス・ボタニカル・マガジン』 1809

キュプリペディウム［アツモリソウ］

「生物の驚異的な形」河出書房新社 2014

◇図版74（カラー） ヘッケル，エルンスト 1904

ギョイコウ Prunus lannesiana

「花の王国 1」平凡社 1990

◇p53（カラー） 山本章夫『萬花帖』 江戸末期～明治時代 ［西尾市立図書館岩瀬文庫（愛知県）］

御衣黄 Prunus Lannesiana Wils. 'Gioiko'

「日本桜集」平凡社 1973

◇Pl.32（カラー） 大井次三郎著，太田洋愛画 1970写生 水彩

京唐子

「日本椿集」平凡社 1966

◇図37（カラー） 津山尚著，二口善雄画 1965，1958

京小町

「日本椿集」平凡社 1966

◇図200（カラー） 津山尚著，二口善雄画 1965

キョウチクトウ Nerium indicum

「牧野富太郎植物画集」ミュゼ 1999

◇p15（カラー） 1881,2頃（明治14,5） ケント紙 墨（毛筆） 水彩 14.8×18.3

「花彙 下」八坂書房 1977

◇図125（白黒） 半年紅 小野蘭山，島田充房 明和2（1765） 26.5×18.5 ［国立公文書館・内閣文庫］

キョウチクトウ Nerium oleander

「美花選［普及版］」河出書房新社 2016

◇図51（カラー） Nerium/Laurier Rose ルドゥーテ，ピエール＝ジョゼフ画 1827～1833 ［コノサーズ・コレクション東京］

「図説 ボタニカルアート」河出書房新社 2010

◇p59（カラー） バウアー，フェルディナンド画 ［ロンドン自然史博物館］

キョウチクトウ

「美花図譜」八坂書房 1991

◇図56（カラー） ウエインマン『花譜』 1736～1748 銅版刷手彩色 ［群馬県館林市立図書館］

夾竹桃

「高松松平家博物図譜 衆芳画譜 花果 第五」香川県立ミュージアム 2011

◇p14（カラー） 松平頼恭 江戸時代 紙本著色 画帖装（折本形式） 33.2×48.4 ［個人蔵］

京錦

「日本椿集」平凡社 1966

◇図171（カラー） 津山尚著，二口善雄画 1958

京牡丹

「日本椿集」平凡社 1966

◇図27（カラー） 津山尚著，二口善雄画 1960，1965

きやうらん

「高松松平家博物図譜 写生画帖 雑草」香川県立ミュージアム 2013

◇p37（カラー） 松平頼恭 江戸時代 紙本著色 画帖装（折本形式） 33.2×48.4 ［個人蔵］

キヤウラン

「高松松平家博物図譜 衆芳画譜 花卉 第四」香川県立ミュージアム 2010

◇p36（カラー） 松平頼恭 江戸時代 紙本著色 画帖装（折本形式） 33.0×48.2 ［個人蔵］

ギョクダンカ Hydrangea involucrata Sieb.f. hortensis（Maxim.）Ohwi

「シーボルト「フローラ・ヤポニカ」 日本植物誌」八坂書房 2000

◇図64–I（白黒） Hydrangea involucrata Sieb.（monstr.floribus omnibus plenis） ［国立国会図書館］

玉牡丹

「日本椿集」平凡社 1966

◇図66（カラー） 津山尚著，二口善雄画 1960

きよまさにんしん

「高松松平家博物図譜 写生画帖 雑草」香川県立ミュージアム 2013

◇p34（カラー） 松平頼恭 江戸時代 紙本著色 画帖装（折本形式） 33.2×48.4 ［個人蔵］

ギョリュウ Tamarix chinensis Lour.

「シーボルト「フローラ・ヤポニカ」 日本植物誌」八坂書房 2000

◇図71（カラー） ［国立国会図書館］

ギョリュウ Tamarix juniperina

「花彙 下」八坂書房 1977

◇図161（白黒） 三春柳 小野蘭山，島田充房 明和2（1765） 26.5×18.5 ［国立公文書館・内閣文庫］

御柳

「高松松平家博物図譜 衆芳画譜 花果 第五」香川県立ミュージアム 2011

◇p70（カラー） 松平頼恭 江戸時代 紙本著色 画帖装（折本形式） 33.2×48.4 ［個人蔵］

ギョリュウカズラ　Asparagus scandens
「ユリ科植物図譜 2」学習研究社　1988
◇図140（カラー）　アスパラグス・ペクチナートゥス　ルドゥーテ，ピエール＝ジョセフ 1802〜1815

きらんさう
「高松松平家博物図譜 写生画帖 雑草」香川県立ミュージアム　2013
◇p58（カラー）　松平頼恭 江戸時代　紙本著色 画帖装（折本形式）　33.2×48.4　［個人蔵］
◇p75（カラー）　松平頼恭 江戸時代　紙本著色 画帖装（折本形式）　33.2×48.4　［個人蔵］

きらんそう　Ajuga decumbens
「草木写生 春の巻」ピエ・ブックス　2010
◇p230〜231（カラー）　金瘡小草　狩野織染藤原重賢 明暦3（1657）〜元禄12（1699）　［国立国会図書館］

きり
「高松松平家博物図譜 写生画帖 雑木」香川県立ミュージアム　2014
◇p18（カラー）　松平頼恭 江戸時代　紙本著色 画帖装（折本形式）　33.2×48.4　［個人蔵］　※表紙・裏表紙見返し墨書 安永6（1777）6月 程赤城筆
「木の手帖」小学館　1991
◇図166（カラー）　桐　岩崎灌園『本草図譜』　文政11（1828）　約21×145　［国立国会図書館］

キリ　Paulownia tomentosa
「江戸博物文庫 菜樹の巻」工作舎　2017
◇p133（カラー）　桐　岩崎灌園『本草図譜』　［東京大学大学院理学系研究科附属植物園（小石川植物園）］
「図説 ボタニカルアート」河出書房新社　2010
◇p101（カラー）　Paulownia imperialis　ミンジンガー画，シーボルト，ツッカリーニ『日本植物誌』　1835〜41
◇p107（白黒）　川原慶賀画　［ロシア科学アカデミー図書館］

キリ　Paulownia tomentosa（Thunb.）Steud.
「シーボルト日本植物図譜コレクション」小学館　2008
◇図1–48（カラー）　Paulownia imperialis Sieb.et Zucc.var.japonica Sieb.　川原慶賀画　紙 透明絵の具 墨　23.4×33.1　［ロシア科学アカデミーコマロフ植物学研究所図書館］　※目録731 コレクションVI 363/680

キリ　Paulownia tomentosa（Thunb.ex Murray）Steud.
「シーボルト「フローラ・ヤポニカ」 日本植物誌」八坂書房　2000
◇図10（カラー）　Kirrì　［国立国会図書館］

キリシマ 紅白
「高松松平家博物図譜 衆芳画譜 花果 第五」香川県立ミュージアム　2011
◇p47（カラー）　松平頼恭 江戸時代　紙本著色 画帖装（折本形式）　33.2×48.4　［個人蔵］

キリシマツツジ　Rhododendron obtusum
「花の王国 1」平凡社　1990
◇p73（カラー）　馬場大助『群英類聚図譜』　制作年代不詳 嘉永5年自序　［杏雨書屋（大阪府）］

麒麟　Prunus Lannesiana Wils. ‘Kirin’
「日本桜集」平凡社　1973
◇Pl.70（カラー）　大井次三郎著，太田洋愛画 1970写生　水彩

麒麟角
「高松松平家博物図譜 衆芳画譜 花卉 第四」香川県立ミュージアム　2010
◇p85（カラー）　松平頼恭 江戸時代　紙本著色 画帖装（折本形式）　33.0×48.2　［個人蔵］

キリンギク　Liatris spicata
「ウィリアム・カーティス 花図譜」同朋舎出版　1994
◇126図（カラー）　Button Snakeroot　エドワーズ，シデナム・ティースト画『カーティス・ボタニカル・マガジン』　1808

きりんそう
「高松松平家博物図譜 写生画帖 雑草」香川県立ミュージアム　2013
◇p42（カラー）　松平頼恭 江戸時代　紙本著色 画帖装（折本形式）　33.2×48.4　［個人蔵］

キリンソウ　Phedimus aizoon（L.）'t Hart var. floribundus（Nakai）H.Ohba
「シーボルト日本植物図譜コレクション」小学館　2008
◇図2–7（カラー）　Sedum aizoon L.　［桂川甫賢？］画［1820頃］　和紙 透明絵の具 墨　12.0×30.8　［ロシア科学アカデミーコマロフ植物学研究所図書館］　※2つの断片から成る.目録318 コレクションIV 671/427

キルタンサス　Cyrtanthus obliquus
「ルドゥーテ画 美花選 1」学習研究社　1986
◇図15（カラー）　1827〜1833

キルタンツス　Cytanthus obliquus
「花の本 ボタニカルアートの庭」角川書店　2010
◇p84（カラー）　Fire lily　Redouté, Pierre Joseph『ユリ図譜』　1802〜16

キルタンツス・スピトリアツス　Cyrtanthus angustifolius
「ウィリアム・カーティス 花図譜」同朋舎出版　1994
◇18図（カラー）　Striated Cyrtanthus　ハーバート，ウィリアム画『カーティス・ボタニカル・マガジン』　1824

キルタンツス・パリドゥス　Cyrtrathus pallidus
「ウィリアム・カーティス 花図譜」同朋舎出版

1994
◇17図（カラー）　Pale Flowered Cyrtanthus　カーティス, ジョン画『カーティス・ボタニカル・マガジン』 1824

キルタントゥス・アングスティフォリウス
「ユリ科植物図譜 1」学習研究社　1988
◇図201（カラー）　Cyrtanthus angustifolius　ルドゥーテ, ピエール＝ジョセフ 1802〜1815

キルタントゥス・オブリクウス　Cyrtanthus obliquus
「美花選［普及版］」河出書房新社　2016
◇図44（カラー）　Cyrtanthe oblique/Cyrtanthus obliquus　ルドゥーテ, ピエール＝ジョゼフ画 1827〜1833 ［コノサーズ・コレクション東京］

キルタントゥス・オブリクース
「ユリ科植物図譜 1」学習研究社　1988
◇図200（カラー）　Cyrtanthus obliquus　ルドゥーテ, ピエール＝ジョセフ 1802〜1815

キルタントゥス・ビッタートゥス
「ユリ科植物図譜 1」学習研究社　1988
◇図203（カラー）　Cyrtanthus vittatus　ルドゥーテ, ピエール＝ジョセフ 1802〜1815

きれんげつつじ　Rhododendron japonicum f. flavum
「草木写生 春の巻」ピエ・ブックス　2010
◇p66〜67（カラー）　黄蓮華躑躅　狩野織染藤原重賢 明暦3（1657）〜元禄12（1699） ［国立国会図書館］

キレンゲツツジ　Rhododendron japonicum
「花木真寫」淡交社　2005
◇図49（カラー）　黄蓮華躑躅　近衛予楽院家煕 ［（財）陽明文庫］

キロペタルム・オルナティッシムム
Bulbophyllum ornatissimum
「ウィリアム・カーティス 花図譜」同朋舎出版 1994
◇417図（カラー）　Cirrhopetalum ornatissimum　スミス, マチルダ画『カーティス・ボタニカル・マガジン』 1892

キンキマメザクラ　Prunus incisa Thunb.var. kinkiensis Ohwi
「日本桜集」平凡社　1973
◇Pl.148（カラー）　大井次三郎著, 太田洋愛画 1971写生　水彩

キンギョウソウの1種
「イングリッシュ・ガーデン」求龍堂　2014
◇図11（カラー）　キンギョウソウの一種、ホタルブクロの一種、フウロソウの一種、他　シューデル, セバスチャン『カレンダリウム』 17世紀初頭　水彩 紙　15.3×11.3 ［キュー王立植物園］

キンギョソウ　Antirrhinum majus
「美花選［普及版］」河出書房新社　2016
◇図12（カラー）　Muflier à grandes fleurs/Antirrhinum　ルドゥーテ, ピエール＝ジョゼフ画 1827〜1833 ［コノサーズ・コレクション東京］
「ルドゥーテ画 美花選 1」学習研究社　1986
◇図50（カラー） 1827〜1833

キンギョソウ
「美花図譜」八坂書房　1991
◇図5（カラー）　ウエインマン『花譜』 1736〜1748　銅版刷手彩色 ［群馬県館林市立図書館］

錦魚椿
「日本椿集」平凡社　1966
◇図215（カラー）　津山尚著, 二口善雄画 1965

金晃
「日本椿集」平凡社　1966
◇図124（カラー）　津山尚著, 二口善雄画 1959

キンコウボク　Michelia champaca
「花の王国 4」平凡社　1990
◇p27（カラー）　ブルーメ, K.L.『ジャワ植物誌』 1828〜51

ギンサカズキ
⇒ニリンソウ・ガショウソウ・ギンサカズキを見よ

キンサンジコ
「江戸の動植物図」朝日新聞社　1988
◇p77（カラー）　山本渓愚『動植物写生図譜』 ［山本読書室（京都）］

キンシバイ　Hypericum patulum
「花の王国 1」平凡社　1990
◇p33（カラー）　ジョーム・サンティレール, H.『フランスの植物』 1805〜09　彩色銅版画

キンシレン
「高松松平家博物図譜 衆芳画譜 花卉 第四」香川県立ミュージアム　2010
◇p53（カラー）　松平頼恭 江戸時代　紙本著色 画帖装（折本形式）　33.0×48.2 ［個人蔵］

銀世界
「日本椿集」平凡社　1966
◇図59（カラー）　津山尚著, 二口善雄画 1965

キンセンカ　Calendula arvensis
「花木真寫」淡交社　2005
◇図26（カラー）　金盞花　近衛予楽院家煕 ［（財）陽明文庫］

キンセンカ　Calendula officinalis
「ビュフォンの博物誌」工作舎　1991
◇N088（カラー）『一般と個別の博物誌 ソンニーニ版』
「花の王国 1」平凡社　1990
◇p43（カラー）　ジョーム・サンティレール, H.『フランスの植物』 1805〜09　彩色銅版画

キンセンカ
「美花図譜」八坂書房　1991
◇図17（カラー）　ウエインマン『花譜』 1736〜1748　銅版刷手彩色　［群馬県館林市立図書館］
「カーティスの植物図譜」エンタプライズ　1987
◇図3204（カラー）　Pot Marigold『カーティスのボタニカルマガジン』 1787〜1887

ギンセンカ　Hibiscus trionum
「美花選［普及版］」河出書房新社　2016
◇図133（カラー）　Mauve/Hibiscus trionum　ルドゥーテ，ピエール＝ジョゼフ画 1827〜1833［コノサーズ・コレクション東京］
「ルドゥーテ画 美花選 2」学習研究社　1986
◇図57（カラー）　1827〜1833

ギンセンカ
「彩色 江戸博物学集成」平凡社　1994
◇p26（カラー）　貝原益軒『大和本草諸品図』

ギンダン花
「高松松平家博物図譜 衆芳画譜 花卉 第四」香川県立ミュージアム　2010
◇p86（カラー）　松平頼恭 江戸時代　紙本著色 画帖装（折本形式）　33.0×48.2　［個人蔵］

キントウソウ
⇒ナツズイセン・キントウソウ・マカマンジュを見よ

ギンネム　Leucaena leucocephala
「植物精選百種図譜 博物画の至宝」平凡社　1996
◇pl.36（カラー）　Acacia　トレウ，C.J.，エーレト，G.D. 1750〜73

ギンバイ艸
「高松松平家博物図譜 衆芳画譜 花卉 第四」香川県立ミュージアム　2010
◇p42（カラー）　松平頼恭 江戸時代　紙本著色 画帖装（折本形式）　33.0×48.2　［個人蔵］

キンヒモ　Aporocactus flagelliformis
「植物精選百種図譜 博物画の至宝」平凡社　1996
◇pl.30（カラー）　金紐　トレウ，C.J.，エーレト，G.D. 1750〜73

きんひらすぎ
「高松松平家博物図譜 写生画帖 雑木」香川県立ミュージアム　2014
◇p84（カラー）　松平頼恭 江戸時代　紙本著色 画帖装（折本形式）　33.2×48.4　［個人蔵］　※表紙・裏表紙見返し墨書 安永6（1777）6月 程赤城筆

キンフウラン
「高松松平家博物図譜 衆芳画譜 花卉 第四」香川県立ミュージアム　2010
◇p102（カラー）　松平頼恭 江戸時代　紙本著色 画帖装（折本形式）　33.0×48.2　［個人蔵］

キンホウケ
「高松松平家博物図譜 衆芳画譜 花卉 第四」香川県立ミュージアム　2010
◇p19（カラー）　松平頼恭 江戸時代　紙本著色 画帖装（折本形式）　33.0×48.2　［個人蔵］

キンポウゲ
「ボタニカルアート 西洋の美花集」パイ インターナショナル　2010
◇p196（カラー）　ラウドン，ジェーン・ウェルズ画・著『英国の野草』 1846　石版画 手彩色

キンポウゲ科の花束
「フローラの庭園」八坂書房　2015
◇p82（カラー）　クリスマス・ローズ各種，キンバイソウ各種，イソフィルム・グランディフロルム，ミツバオウレン，セツブンソウ属の1種　ラウドン，ジェーン・ウェブ『淑女の花園』 1840〜48　石版 手彩色　［個人蔵］

キンポウゲの1種　Ranunculus sp.
「ビュフォンの博物誌」工作舎　1991
◇N151（カラー）『一般と個別の博物誌 ソンニーニ版』

きんみずひき
「野の草の手帖」小学館　1989
◇p173（カラー）　金水引　岩崎常正（灌園）『本草図譜』 文政11（1828）　［国立国会図書館］

キンミズヒキ　Agrimonia pilosa
「花彙 上」八坂書房　1977
◇図31（白黒）　地椒　小野蘭山，島田充房 明和2（1765）　26.5×18.5　［国立公文書館・内閣文庫］

きんめいちく
「木の手帖」小学館　1991
◇図174（カラー）　金明竹　マダケの観賞用の栽培品種　岩崎灌園『本草図譜』 文政11（1828）　約21×145　［国立国会図書館］

キンメイチク　Phyllostachys bambusoides var.castillonis
「江戸博物文庫 菜樹の巻」工作舎　2017
◇p181（カラー）　金明竹　岩崎灌園『本草図譜』［東京大学大学院理学系研究科附属植物園（小石川植物園）］

きんもくせい
「木の手帖」小学館　1991
◇図155（カラー）　金木犀　ぎんもくせい　岩崎灌園『本草図譜』 文政11（1828）　約21×145［国立国会図書館］

ぎんもくせい　Osmanthus fragrans
「草木写生 秋の巻」ピエ・ブックス　2010
◇p220〜221（カラー）　銀木犀　狩野織染藤原重賢 明暦3（1657）〜元禄12（1699）　［国立国会図書館］

キンラン　Cephalanthera falcata

「四季草花譜」八坂書房　1988

◇図72（カラー）　キサンラン　飯沼慾斎筆『草木図説稿本』　［個人蔵］

キンラン　Cephalanthera falcata (Thunb.) Blume

「シーボルト日本植物図譜コレクション」小学館　2008

◇図2–101（カラー）　Cephalanthera　［水谷助六］画［1820～ 1828頃］　カラー（透明絵の具）拓本画, 墨で加筆　23.5×30.9　［ロシア科学アカデミーコマロフ植物学研究所図書館］　※目録914 コレクションVIII 551/934

キンレンカ　Tropaeolum majus

「美花選［普及版］」河出書房新社　2016

◇図74（カラー）　Tropæolum majus Var./Capucine mordorée　ルドゥーテ, ピエール＝ジョゼフ画　1827～1833　［コノサーズ・コレクション東京］

「ルドゥーテ画 美花選 2」学習研究社　1986

◇図60（カラー）　1827～1833

キンレンカの1種　Geranium sp.

「ビュフォンの博物誌」工作舎　1991

◇N145（カラー）『一般と個別の博物誌 ソンニーニ版』

【く】

グイマツ　Larix gmelinii Gord.var.japonica Pilger

「北海道主要樹木図譜［普及版］」北海道大学図書刊行会　1986

◇図7（カラー）　Larix dahurica Turcz.var. japonica Maxim.　須崎忠助 大正9（1920）～昭和6（1931）　［個人蔵］

クイーン・エリザベス　'Queen Elizabeth'

「ばら花譜」平凡社　1983

◇PL.126（カラー）　二口善雄画, 鈴木省三, 籾山泰一著 1975　水彩

クエルクス セシリフローラ［コナラ属の1種］　Quercus sessiliflora

「ボタニカルアートの世界」朝日新聞社　1987

◇p40右下（カラー）　サワビー画『English botany第25巻』　1807

クガイソウ　Veronicastrum japonicum

「江戸博物文庫 花草の巻」工作舎　2017

◇p142（カラー）　九蓋草　岩崎灌園『本草図譜』［東京大学大学院理学系研究科附属植物園（小石川植物園）］

クガイソウ　Veronicastrum sibiricum

「四季草花譜」八坂書房　1988

◇図2（カラー）　飯沼慾斎筆『草木図説稿本』［個人蔵］

茎で束ねられた花の静物画

「すごい博物画」グラフィック社　2017

◇図版71（カラー）　メーリアン, マリア・シビラ　1705～10頃　子牛皮紙に水彩 濃厚顔料 アラビアゴム　26.2×35.9　［ウィンザー城ロイヤル・ライブラリー］

くこ

「木の手帖」小学館　1991

◇図165（カラー）　枸杞　岩崎灌園『本草図譜』文政11（1828）　約21×145　［国立国会図書館］

クコ　Lycium chinense

「江戸博物文庫 菜樹の巻」工作舎　2017

◇p163（カラー）　枸杞　岩崎灌園『本草図譜』［東京大学大学院理学系研究科附属植物園（小石川植物園）］

クサアジサイ　Cardiandra alternifolia Sieb.et Zucc.

「シーボルト「フローラ・ヤポニカ」 日本植物誌」八坂書房　2000

◇図65, 66（カラー/白黒）　Kusa–Kaku　［国立国会図書館］

クサガク

「高松松平家博物図譜 衆芳画譜 花卉 第四」香川県立ミュージアム　2010

◇p45（カラー）　松平頼恭 江戸時代　紙本著色 画帖装（折本形式）　33.0×48.2　［個人蔵］

クサキョウチクトウ　Phlox Reptans

「ルドゥーテ画 美花選 2」学習研究社　1986

◇図55（カラー）　1827～1833

くささんご

「高松松平家博物図譜 写生画帖 雑草」香川県立ミュージアム　2013

◇p15（カラー）　松平頼恭 江戸時代　紙本著色 画帖装（折本形式）　33.2×48.4　［個人蔵］

クサシモツケ

「高松松平家博物図譜 衆芳画譜 花卉 第四」香川県立ミュージアム　2010

◇p40（カラー）　松平頼恭 江戸時代　紙本著色 画帖装（折本形式）　33.0×48.2　［個人蔵］

クサスギカズラ　Asparagus cochinchinensis

「花彙 上」八坂書房　1977

◇図29（白黒）　天門冬　小野蘭山, 島田充房 明和2（1765）　26.5×18.5　［国立公文書館・内閣文庫］

クサタチバナ　Cynanchum ascyrifolium

「花彙 上」八坂書房　1977

◇図44（白黒）　白薇　小野蘭山, 島田充房 明和2（1765）　26.5×18.5　［国立公文書館・内閣文庫］

草タチハナ

「高松松平家博物図譜 衆芳画譜 花卉 第四」香

川県立ミュージアム　2010
◇p90（カラー）　松平頼恭 江戸時代　紙本著色 画帖装（折本形式）　33.0×48.2　［個人蔵］

くさふじ

「野の草の手帖」小学館　1989
◇p25（カラー）　草藤　岩崎常正（灌園）『本草図譜』　文政11（1828）　［国立国会図書館］

クサフヨウ　Hibiscus moscheutos

「ウィリアム・カーティス 花図譜」同朋舎出版　1994
◇372図（カラー）　Marsh Hibiscus　エドワーズ，シデナム・ティースト画『カーティス・ボタニカル・マガジン』　1805

くさぼけ　Chaenomeles japonica

「草木写生 春の巻」ピエ・ブックス　2010
◇p226～227（カラー）　草木瓜　狩野織染藤原重賢 明暦3（1657）～元禄12（1699）　［国立国会図書館］

クサボケ　Cydonia japonica

「ボタニカルアート 西洋の美花集」パイ インターナショナル　2010
◇p19（カラー）　ウィッテ，ヘンリック『花譜』　1868

クサボケ，ボケ　Chaenomeles maulei Schneid.

「カーティスの植物図譜」エンタプライズ　1987
◇図6780（カラー）　Pyrus maulei Mast.『カーティスのボタニカルマガジン』　1787～1887

クサマオ　Boehmeria nivea ssp.nipononivea

「江戸博物文庫 花草の巻」工作舎　2017
◇p62（カラー）　草苧麻　岩崎灌園『本草図譜』［東京大学大学院理学系研究科附属植物園（小石川植物園）］

クサヤマブキ

⇒ヤマブキソウ・クサヤマブキを見よ

玖島桜　Prunus Lannesiana Wils. 'Kusimana'

「日本桜集」平凡社　1973
◇Pl.81（カラー）　大井次三郎著，太田洋愛画　1970写生　水彩

孔雀

「日本椿集」平凡社　1966
◇図213（カラー）　津山尚著，二口善雄画 1965

クジャクシダの1種　Adiantum sp.

「ビュフォンの博物誌」工作舎　1991
◇N024（カラー）『一般と個別の博物誌 ソンニーニ版』

クジャクソウ　Tagetes patula

「ルドゥーテ画 美花選 2」学習研究社　1986
◇図56（カラー）　1827～1833

クジャクヤシ属カミンギイ種　Caryota cummingii Lord.ex Mart.

「花の肖像 ボタニカルアートの名品と歴史」創土社　2006
◇fig.56（カラー）　フィッチ，ウォルター画・彫版『カーチス・ボタニカル・マガジン』　1869

クジャクヤシ属の1種　Caryota cummingii

「図説 ボタニカルアート」河出書房新社　2010
◇p88（カラー）　フィッチ画『カーティス・ボタニカル・マガジン』　1869

アカシア

「紙の上の動物園」グラフィック社　2017
◇p102（カラー）　青いワタリバッタと幼虫の一種とグジャラート州の多色のアカシアに作った巣　フォーブズ，ジェイムズ『東洋の回顧録』　1813

くず　Pueraria lobata

「草木写生 秋の巻」ピエ・ブックス　2010
◇p148～149（カラー）　葛　狩野織染藤原重賢 明暦3（1657）～元禄12（1699）　［国立国会図書館］

くず

「野の草の手帖」小学館　1989
◇p174～175（カラー）　葛　岩崎常正（灌園）『本草図譜』　文政11（1828）　［国立国会図書館］

クズ　Pueraria lobata

「江戸博物文庫 花草の巻」工作舎　2017
◇p136（カラー）　葛　岩崎灌園『本草図譜』［東京大学大学院理学系研究科附属植物園（小石川植物園）］

「花木真寫」淡交社　2005
◇図104（カラー）　葛　近衛予楽院家熙　［（財）陽明文庫］

クズ

「江戸の動植物図」朝日新聞社　1988
◇p54～55（カラー）　岩崎灌園『本草図説』　［東京国立博物館］

クズウコン

「ユリ科植物図譜 1」学習研究社　1988
◇図13（カラー）　Maranta arundinacea　ルドゥーテ，ピエール＝ジョセフ　1802～1815

くすどいげ

「木の手帖」小学館　1991
◇図141（カラー）　柞木　岩崎灌園『本草図譜』　文政11（1828）　約21×145　［国立国会図書館］

クスドイゲ　Xylosma congestum (Lour.) Merr.

「シーボルト「フローラ・ヤポニカ」 日本植物誌」八坂書房　2000
◇図88，100-III（カラー）　Sunoki，または Kusudoige　［国立国会図書館］

くすのき

「木の手帖」小学館　1991
◇図57（カラー）　樟・楠　岩崎灌園『本草図譜』　文政11（1828）　約21×145　［国立国会図書館］

クセランテムム・カネスケンス Helipterum canescens

「ウィリアム・カーティス 花図譜」同朋舎出版 1994

◇134図(カラー) Elegant Xeranthemum エドワーズ, シデナム・ティースト画『カーティス・ボタニカル・マガジン』 1798

くそにんしん

「高松松平家博物図譜 写生画帖 雑草」香川県立ミュージアム 2013

◇p49(カラー) 松平頼恭 江戸時代 紙本著色 画帖装(折本形式) 33.2×48.4 [個人蔵]

くちなし

「木の手帖」小学館 1991

◇図160(カラー) 梔子・卮子 くちなし, くちなしの実 岩崎灌園『本草図譜』 文政11(1828) 約21×145 [国立国会図書館]

クチナシ Gardenia jasminoides

「江戸博物文庫 菜樹の巻」工作舎 2017

◇p153(カラー) 梔子 岩崎灌園『本草図譜』[東京大学大学院理学系研究科附属植物園(小石川植物園)]

「花木真寫」淡交社 2005

◇図64(カラー) 梔 近衛予楽院家熙 [(財)陽明文庫]

クチベニズイセン Narcissus poeticus

「すごい博物画」グラフィック社 2017

◇図版40(カラー) スイセン、ヨウラクユリ、クチベニズイセン、プリムローズ マーシャル, アレクサンダー 1650〜82頃 水彩 45.8×33.1 [ウィンザー城ロイヤル・ライブラリー]

クチベニズイセン

⇒ナルキッスス・ポエティクス(クチベニズイセン)を見よ

グニディア・シンプレクス Gnidia simplex

「ウィリアム・カーティス 花図譜」同朋舎出版 1994

◇556図(カラー) Flax-leaved Gnidia エドワーズ, シデナム・ティースト画『カーティス・ボタニカル・マガジン』 1805

クニフォフィア・アビシニカ Kniphofia abyssinica

「ユリ科植物図譜 2」学習研究社 1988

◇図211(カラー) ベルテイミア・アビシニカ ルドゥーテ, ピエール=ジョセフ 1802〜1815

クニフォフィア・サルメントーサ Kniphofia sarmentosa

「ユリ科植物図譜 2」学習研究社 1988

◇図201(カラー) トリトマ・メディア ルドゥーテ, ピエール=ジョセフ 1802〜1815

くぬぎ

「高松松平家博物図譜 写生画帖 雑木」香川県立ミュージアム 2014

◇p34(カラー) 松平頼恭 江戸時代 紙本著色 画帖装(折本形式) 33.2×48.4 [個人蔵] ※表紙・裏表紙見返し墨書 安永6(1777)6月 程赤城筆

「木の手帖」小学館 1991

◇図34(カラー) 櫟・橡・櫪 岩崎灌園『本草図譜』 文政11(1828) 約21×145 [国立国会図書館]

クヌギ Quercus acutissima

「図説 ボタニカルアート」河出書房新社 2010

◇p107(白黒) 清水東谷画 [ロシア科学アカデミー図書館]

クヌギ Quercus acutissima Carruth.

「シーボルト日本植物図譜コレクション」小学館 2008

◇図3-132(カラー) Quercus serrata Thunb. 清水東谷画 [1861] 和紙 透明絵の具 墨 光沢 28.5×38.7 [ロシア科学アカデミーコマロフ植物学研究所図書館] ※目録84 コレクションVII/807

くまがいそう Cypripedium japonicum Thunb.

「蘭花譜」平凡社 1974

◇Pl.1-1(カラー) 加藤光治著, 二口善雄画 1942写生

くまがいそう

「野の草の手帖」小学館 1989

◇p27(カラー) 熊谷草 岩崎常正(灌園)『本草図譜』 文政11(1828) [国立国会図書館]

クマガイソウ Cypripedium japonicum

「四季草花譜」八坂書房 1988

◇図74(カラー) 飯沼慾斎筆『草木図説稿本』[個人蔵]

「ボタニカルアートの世界」朝日新聞社 1987

◇p59右下(カラー) ツュンベリー『Icones plantarum japonicarum』 1794〜1805

クマガイソウ Cypripedium japonicum Thunb.

「高木春山 本草図説 1」リブロポート 1988

◇図11(カラー)

クマガイソウ

「江戸の動植物図」朝日新聞社 1988

◇p69(カラー) 飯沼慾斎『草木図説稿本』 [個人蔵]

熊谷草

「高松松平家博物図譜 衆芳画譜 花卉 第四」香川県立ミュージアム 2010

◇p76(カラー) 松平頼恭 江戸時代 紙本著色 画帖装(折本形式) 33.0×48.2 [個人蔵]

クマガイソウの1種 Cypripedium parviflorum

「花の王国 1」平凡社 1990

◇p44(カラー) ルメール, シャイトヴァイラー, ファン・ホーテ著, セヴェリン図『ヨーロッパの

温室と庭園の花々』 1845〜60 色刷り石版

熊が谷

「日本椿集」平凡社 1966
◇図110（カラー） 津山尚著，二口善雄画 1959

熊谷 Prunus×subhirtella Miq. 'Kumagai'

「日本桜集」平凡社 1973
◇Pl.78（カラー） 大井次三郎著，太田洋愛画 1965写生 水彩

熊坂

「日本椿集」平凡社 1966
◇図21（カラー） 津山尚著，二口善雄画 1960

クマザサ Sasa veitchii

「江戸博物文庫 花草の巻」工作舎 2017
◇p66（カラー） 隈笹 図右側はビチク（S. tessellata）（？） 岩崎灌園『本草図譜』 ［東京大学大学院理学系研究科附属植物園（小石川植物園）］

クマタケラン Alpinia formosana

「江戸博物文庫 花草の巻」工作舎 2017
◇p39（カラー） 熊竹蘭 岩崎灌園『本草図譜』 ［東京大学大学院理学系研究科附属植物園（小石川植物園）］

クマタケラン Alpinia formosana K.Schum.

「花の肖像 ボタニカルアートの名品と歴史」創土社 2006
◇fig.81（カラー） 岩崎灌園画『本草図説』 1818

クマタケラン

「江戸の動植物図」朝日新聞社 1988
◇p60（カラー） 岩崎灌園『本草図説』 ［東京国立博物館］

クマツヅラの1種 Vitex sp.

「ビュフォンの博物誌」工作舎 1991
◇N112（カラー）『一般と個別の博物誌 ソンニーニ版』

グミの1種 Elaeguns sp.

「ビュフォンの博物誌」工作舎 1991
◇N071（カラー）『一般と個別の博物誌 ソンニーニ版』

クモノスバンダイソウ Sempervivum arachnoideum

「ボタニカルアートの世界」朝日新聞社 1987
◇p81右（カラー） ルドゥテ画『Plantarum historia succulentarum』 1798〜1804

クモノスバンダイソウ Sempervivum globiferum

「花の王国 4」平凡社 1990
◇p91（カラー） ファン・ヘール編『愛好家の花々』 1847 手彩色石版画

クモノスバンダイソウ Sempervivum tectorum

「図説 ボタニカルアート」河出書房新社 2010
◇p22（カラー） ベスラー『アイヒシュテット庭園植物誌』 1613
◇p46（カラー） ルドゥーテ画，ドゥ・カンドル『多肉植物誌』 1799〜1804

クモノスバンダイソウ Sempervivum tectorum L.

「花の肖像 ボタニカルアートの名品と歴史」創土社 2006
◇fig.59（カラー） ルドゥーテ画，ドゥ・カンドル『多肉植物誌』 1799〜1804

クモマクサ

「彩色 江戸博物学集成」平凡社 1994
◇p370（カラー） 大窪昌章『乙未本草会目録』 ［蓬左文庫］
◇p370（カラー） 大窪昌章『動植写真』 ［国会図書館］

クモマユキノシタ Saxifraga laciniata Nakai et Takeda

「須崎忠助植物画集」北海道大学出版会 2016
◇図12-24（カラー） ヒメヤマハナサウ『大雪山植物其他』 8月11日 ［北海道大学附属図書館］

クライミング・デインティ・ベス 'Dainty Bess, Climbing'

「ばら花譜」平凡社 1983
◇PL.149（カラー） 二口善雄画，鈴木省三，籾山泰一著 1978 水彩

クライミング・ミセス・ハーバート・スティーヴンス 'Mrs.Herbert Stevens, Climbing'

「ばら花譜」平凡社 1983
◇PL.153（カラー） 二口善雄画，鈴木省三，籾山泰一著 1977 水彩

クラガリシダ Drymotaenium miyoshianum

「図説 ボタニカルアート」河出書房新社 2010
◇p110（白黒） 牧野富太郎『新撰日本植物図説』 1899〜1903

グラジオラス Gladiolus abbreviatus

「花の本 ボタニカルアートの庭」角川書店 2010
◇p94（カラー） Gladioli Curtis, William 1787〜

グラジオラス Gladiolus carneus

「花の本 ボタニカルアートの庭」角川書店 2010
◇p95（カラー） Gladioli Curtis, William 1787〜

グラジオラス Gladiolus cuspidatus

「花の本 ボタニカルアートの庭」角川書店 2010

◇p95（カラー）　Gladioli　Curtis, William 1787〜

グラジオラス　Gladiolus gracile
「花の本 ボタニカルアートの庭」角川書店 2010
◇p94（カラー）　Gladioli　Curtis, William 1787〜

グラジオラス　Gladiolus hirsutus
「花の本 ボタニカルアートの庭」角川書店 2010
◇p95（カラー）　Gladioli　Curtis, William 1787〜

グラジオラス　Gladiolus undulatus
「花の本 ボタニカルアートの庭」角川書店 2010
◇p94（カラー）　Gladioli　Redouté, Pierre Joseph『ユリ図譜』 1802〜16

グラジオラス　Gladiolus (tristis) cuspidatus
「ルドゥーテ画 美花選 2」学習研究社　1986
◇図35（カラー） 1827〜1833

グラジオラス
「フローラの庭園」八坂書房　2015
◇p22（カラー）　ヴァルター, ヨハン『ナッサウ家の花譜』 1650〜70頃　水彩 紙　［ヴィクトリア&アルバート美術館（ロンドン）］
「花の本 ボタニカルアートの庭」角川書店 2010
◇p89（カラー）　Curtis, William『ボタニカルマガジン』 1787〜

グラジオラス・トリスティス　Gladiolus tristis
「植物精選百種図譜 博物画の至宝」平凡社 1996
◇pl.39（カラー）　Lilio–gladiolus　トレウ, C.J., エーレト, G.D. 1750〜73

グラジオラスの一品種　Gladiolus pudibundus
「花の王国 1」平凡社　1990
◇p45（カラー）　パックストン, J.『パックストン植物雑誌』 1834〜49

グラジオラスの仲間（?）
「フローラの庭園」八坂書房　2015
◇p22（カラー）　ヴァルター, ヨハン『ナッサウ家の花譜』 1650〜70頃　水彩 紙　［ヴィクトリア&アルバート美術館（ロンドン）］

グラディオラスの1種、グラディオルス・プシタキヌス　Gladiolus psittacinus
「イングリッシュ・ガーデン」求龍堂　2014
◇図63（カラー）　フッカー, ウィリアム・ジャクソン 1830　鉛筆 水彩 紙　27.0×23.1　［キュー王立植物園］

グラディオルス・アングストゥス
「ユリ科植物図譜 1」学習研究社　1988
◇図55（カラー）　Gladiolus angustus　ルドゥーテ, ピエール＝ジョセフ 1802〜1815

グラディオルス・ウンドゥラトゥス
Gladiolus undulatus
「美花選［普及版］」河出書房新社　2016
◇図108（カラー）　Glayeul en pointe/Gladiolus cuspidatus　ルドゥーテ, ピエール＝ジョゼフ画 1827〜1833　［コノサーズ・コレクション東京］

グラディオルス・ウンドゥラートゥス
「ユリ科植物図譜 1」学習研究社　1988
◇図79（カラー）　Gladiolus undulatus　ルドゥーテ, ピエール＝ジョセフ 1802〜1815

グラディオルス・カルディナリス
「ユリ科植物図譜 1」学習研究社　1988
◇図56・58（カラー）　Gladiolus cardinalis　ルドゥーテ, ピエール＝ジョセフ 1802〜1815

グラディオルス・カルネウス
「ユリ科植物図譜 1」学習研究社　1988
◇図50（カラー）　Gladiolus carneus　ルドゥーテ, ピエール＝ジョセフ 1802〜1815
◇図61（カラー）　Gladiolus carneus　ルドゥーテ, ピエール＝ジョセフ 1802〜1815

グラディオルス・クサントスピルス
「ユリ科植物図譜 1」学習研究社　1988
◇図81・83（カラー）　Gladiolus xanthospilus　ルドゥーテ, ピエール＝ジョセフ 1802〜1815

グラディオルス・クスピダートゥス
「ユリ科植物図譜 1」学習研究社　1988
◇図59（カラー）　Gladiolus cuspidatus　ルドゥーテ, ピエール＝ジョセフ 1802〜1815
◇図60（カラー）　Gladiolus cuspidatus　ルドゥーテ, ピエール＝ジョセフ 1802〜1815

グラディオルス・グラキリス
「ユリ科植物図譜 1」学習研究社　1988
◇図62（カラー）　Gladiolus gracilis　ルドゥーテ, ピエール＝ジョセフ 1802〜1815

グラディオルス・コンミュニス
「ユリ科植物図譜 1」学習研究社　1988
◇図51（カラー）　Gladiolus communis　ルドゥーテ, ピエール＝ジョセフ 1802〜1815

グラディオルス・ストリクチフロールス
「ユリ科植物図譜 1」学習研究社　1988
◇図71（カラー）　Gladiolus strictiflorus　ルドゥーテ, ピエール＝ジョセフ 1802〜1815

グラディオルス・トリスチス
「ユリ科植物図譜 1」学習研究社　1988
◇図73（カラー）　Gladiolus tristis　ルドゥーテ, ピエール＝ジョセフ 1802〜1815

グラディオルス・ヒルストゥス
「ユリ科植物図譜 1」学習研究社　1988
◇図63（カラー）　Gladiolus hirsutus　ルドゥー

テ, ピエール＝ジョセフ 1802〜1815

グラディオルス・ブレビフォリウス
Gladiolus brevifolius
「ユリ科植物図譜 1」学習研究社　1988
◇図70（カラー）　グラディオルス・オロバンケ　ルドゥーテ, ピエール＝ジョセフ 1802〜1815

グラディオルス・リネアートゥス
「ユリ科植物図譜 1」学習研究社　1988
◇図67（カラー）　Gladiolus lineatus　ルドゥーテ, ピエール＝ジョセフ 1802〜1815

グラディオルス・リンゲンス
「ユリ科植物図譜 1」学習研究社　1988
◇図78（カラー）　Gladiolus ringens　ルドゥーテ, ピエール＝ジョセフ 1802〜1815

グラディオルス・ワトソニウス
「ユリ科植物図譜 1」学習研究社　1988
◇図80（カラー）　Gladiolus watsonius　ルドゥーテ, ピエール＝ジョセフ 1802〜1815

鞍馬桜　Prunus×yedoensis Matsum. 'Kurama–zakura'
「日本桜集」平凡社　1973
◇Pl.79（カラー）　大井次三郎著, 太田洋愛画 1972写生　水彩

グラマトフィラム・ムルチフロラム
Grammatophyllum multiflorum Ldl.（G. scriptum Bl.）
「蘭花譜」平凡社　1974
◇Pl.76–1（カラー）　加藤光治著, 二口善雄画 1970写生

グラマンギス・エリシイ　Grammangis Ellisii (Ldl.) Rchb.f.
「蘭花譜」平凡社　1974
◇Pl.76–2（カラー）　加藤光治著, 二口善雄画 1970写生

くらら
「野の草の手帖」小学館　1989
◇p101（カラー）　苦参　岩崎常正（灌園）『本草図譜』 文政11（1828）［国立国会図書館］

クララ　Sophora flavescens Ait.
「高木春山 本草図説 1」リブロポート　1988
◇図42（カラー）

クリ　Castanea creneta Sieb.et Zucc.
「北海道主要樹木図譜［普及版］」北海道大学図書刊行会　1986
◇図33（カラー）　須崎忠助 大正9（1920）〜昭和6（1931）［個人蔵］

クリサンテムム・インディクム（シマカンギク？）
「フローラの庭園」八坂書房　2015
◇p93（カラー）　Chrysanthemum indicum L　画家不明『カーティス・ボタニカル・マガジン』 1796　銅版（エングレーヴィング）手彩色 紙［個人蔵］

クリサンテムム・カタナンケ
Rhodanthemum catananche
「イングリッシュ・ガーデン」求龍堂　2014
◇図75（カラー）　Chrysanthemum catananche　フィッチ, ウォルター・フッド 1874　黒鉛 水彩 紙, 石版 紙　24.3×12.8（ドローイング）, 23.3×12.9（版画）［キュー王立植物園］

クリスチャン・ディオール　'Christian Dior'
「ばら花譜」平凡社　1983
◇PL.73（カラー）　二口善雄画, 鈴木省三, 籾山泰一著 1975　水彩

クリスマスローズ　Helleborus foetidus
「花の本 ボタニカルアートの庭」角川書店 2010
◇p18（カラー）　Hellebore　Sowerby, James 1790〜95

クリスマスローズ　Helleborus niger
「美花選［普及版］」河出書房新社　2016
◇図135（カラー）　Ellebore　ルドゥーテ, ピエール＝ジョゼフ画 1827〜1833［コノサーズ・コレクション東京］
「花の本 ボタニカルアートの庭」角川書店 2010
◇p19（カラー）　Hellebore　Passe, Crispin de 1614〜15
「ウィリアム・カーティス 花図譜」同朋舎出版 1994
◇496図（カラー）　Black Hellebore or Christmas Rose　カーティス, ウィリアム『カーティス・ボタニカル・マガジン』 1787
「花の王国 1」平凡社　1990
◇p46（カラー）『カーチス・ボタニカル・マガジン』 1787〜継続
「ルドゥーテ画 美花選 1」学習研究社　1986
◇図4（カラー） 1827〜1833

クリスマスローズ　Helleborus niger L.
「花の肖像 ボタニカルアートの名品と歴史」創土社　2006
◇fig.01（カラー）　オーブリエ画
◇fig.40（カラー）　ブルンフェルス著, ヴァイディッツ, ハンス図『本草写生図譜』 1530

クリスマスローズ　Helleborus orientalis？
「花の本 ボタニカルアートの庭」角川書店 2010
◇p18（カラー）　Hellebore　Chaumeton, François Pierre他『薬用植物辞典』 1833〜35

クリスマスローズ　Helleborus viridis
「ボタニカルアートの世界」朝日新聞社　1987
◇p52左上（白黒）　ワイデッツ画『Herbarum vivae eicones』 1530

クリスマスローズ　Helleborus viridis subsp. occidentalis
「花の本 ボタニカルアート の庭」角川書店 2010
◇p18(カラー)　Hellebore　Regnault, Nicolas François 1774

クリスマス・ローズ
「フローラの庭園」八坂書房　2015
◇p26(白黒)　ロベール, ニコラ原画 1701　銅版(エングレーヴィング) 紙　40.6×28.6　[個人蔵]
「ボタニカルアート 西洋の美花集」パイ インターナショナル　2010
◇p203(カラー)　ルドゥーテ, ピエール＝ジョセフ画・著『美花選』 1827〜33　点刻銅版画多色刷 一部手彩色
「花の本 ボタニカルアート の庭」角川書店 2010
◇p13(カラー)　Sowerby, James画, ウッドヴィル, W.著『薬用植物学書』 1790
◇p86(カラー)　Fuchs, Leonhart 1543
「カーティスの植物図譜」エンタプライズ　1987
◇図8(カラー)　Christmas–Rose『カーティスのボタニカルマガジン』 1787〜1887

クリナムの1種　Crinum sp.
「植物精選百種図譜 博物画の至宝」平凡社 1996
◇pl.13(カラー)　Lilio narcissus　Crinum giganteum?　トレウ, C.J., エーレト, G.D. 1750〜73

クリヌム・アメリカーヌム
「ユリ科植物図譜 1」学習研究社　1988
◇図197(カラー)　Crinum americanum　ルドゥーテ, ピエール＝ジョセフ 1802〜1815

クリヌム・エルベスケンス
「ユリ科植物図譜 1」学習研究社　1988
◇図196(カラー)　Crinum erubescens　ルドゥーテ, ピエール＝ジョセフ 1802〜1815

クリヌム・ギガンテウム
「ユリ科植物図譜 1」学習研究社　1988
◇図198・202(カラー)　Crinum giganteum　ルドゥーテ, ピエール＝ジョセフ 1802〜1815

クリヌム・コンメリニ
「ユリ科植物図譜 1」学習研究社　1988
◇図194(カラー)　Crinum commelini　ルドゥーテ, ピエール＝ジョセフ 1802〜1815

クリヌム・スブメルスム　Crinum submersum
「ウィリアム・カーティス 花図譜」同朋舎出版 1994
◇31図(カラー)　Lake Crinum　カーティス, ウィリアム『カーティス・ボタニカル・マガジン』 1824

クリヌム・ペドゥンクラートゥム　Crinum penduculatum
「ユリ科植物図譜 1」学習研究社　1988
◇図199(カラー)　クリヌム・タイテンセ　ルドゥーテ, ピエール＝ジョセフ 1802〜1815

クリヌム・ユッケフロールム　Crinum yuccaeflorum
「ユリ科植物図譜 1」学習研究社　1988
◇図176(カラー)　アマリリス・ブルーソネッティ　ルドゥーテ, ピエール＝ジョセフ 1802〜1815

クリヌム・ロンギフォリウム　Crinum longifolium
「ユリ科植物図譜 1」学習研究社　1988
◇図184(カラー)　アマリリス・ロンギフォリア　ルドゥーテ, ピエール＝ジョセフ 1802〜1815

クリプトキラス・サンギニュース
Cryptochilus sanguineus Wall.
「蘭花譜」平凡社　1974
◇Pl.66–9(カラー)　加藤光治著, 二口善雄画 1969写生

クリプトプス・エラタス　Cryptopus elatus Ldl.
「蘭花譜」平凡社　1974
◇Pl.131–1(カラー)　加藤光治著, 二口善雄画 1969写生

クリムソン・グローリー　'Crimson Glory'
「ばら花譜」平凡社　1983
◇PL.75(カラー)　二口善雄画, 鈴木省三, 籾山泰一著 1977　水彩

くりんそう　Primula japonica
「草木写生 春の巻」ピエ・ブックス　2010
◇p238〜239(カラー)　九輪草　狩野織染藤原重賢 明暦3(1657)〜元禄12(1699)　[国立国会図書館]

クリンソウ
「高松松平家博物図譜 衆芳画譜 花卉 第四」香川県立ミュージアム　2010
◇p26(カラー)　松平頼恭 江戸時代　紙本著色 画帖装(折本形式)　33.0×48.2　[個人蔵]
「江戸の動植物図」朝日新聞社　1988
◇p63(カラー)　岩崎灌園『本草図説』　[東京国立博物館]
◇p72(カラー)　飯沼慾斎『草木図説稿本』　[個人蔵]
「ボタニカルアートの世界」朝日新聞社　1987
◇p132右下(白黒)　飯沼慾齋『草木図説草部3』 1856

クルクマ・ロンガ
「ユリ科植物図譜 1」学習研究社　1988
◇図20(カラー)　Curcuma longa　ルドゥーテ, ピエール＝ジョセフ 1802〜1815

クルクリゴ・プリカータ　Curculigo plicata
「ユリ科植物図譜 1」学習研究社　1988
◇図209（カラー）　ヒポクシス・ルズラエフォーリア　ルドゥーテ, ピエール＝ジョセフ 1802〜1815

車ガンヒ
「高松松平家博物図譜 衆芳画譜 花卉 第四」香川県立ミュージアム　2010
◇p96（カラー）　松平頼恭 江戸時代　紙本著色 画帖装（折本形式）　33.0×48.2　［個人蔵］

クルマシダ　Asplenium wrightii
「牧野富太郎植物画集」ミュゼ　1999
◇p42（白黒）　和紙 墨（毛筆）　38.8×27.5

車駐　Prunus Lannesiana Wils. 'Kurumadome'
「日本桜集」平凡社　1973
◇Pl.80（カラー）　大井次三郎著, 太田洋愛画 1971写生　水彩

クルマバソウ　Asperula odorata L.
「シーボルト日本植物図譜コレクション」小学館 2008
◇図1-58（カラー）　Asperula odorata L.　シーボルト, フィリップ・フランツ・フォン監修　［ロシア科学アカデミーコマロフ植物学研究所図書館］　※水谷助六から贈られた絵.目録1010 コレクションV 587/612

クルマバソウ　Galium verum
「ビュフォンの博物誌」工作舎　1991
◇N096（カラー）『一般と個別の博物誌 ソンニーニ版』

クルマバツクバネソウ　Paris verticillata
「四季草花譜」八坂書房　1988
◇図40（カラー）　飯沼慾斎筆『草木図説稿本』［個人蔵］

クルマバハグマ　Pertya rigidula
「江戸博物文庫 花草の巻」工作舎　2017
◇p31（カラー）　車葉白熊　岩崎灌園『本草図譜』［東京大学大学院理学系研究科附属植物園（小石川植物園）］

クルマユリ　Lilium medeoloides
「四季草花譜」八坂書房　1988
◇図27（カラー）　飯沼慾斎筆『草木図説稿本』［個人蔵］

クルマユリ
「高松松平家博物図譜 衆芳画譜 花卉 第四」香川県立ミュージアム　2010
◇p32（カラー）　松平頼恭 江戸時代　紙本著色 画帖装（折本形式）　33.0×48.2　［個人蔵］

クルマユリ（タケシマユリ）
「江戸名作画帖全集 8」駸々堂出版　1995
◇図73（カラー）　クルマユリ（タケシマユリ）・カノコユリ・オニユリ　松平頼恭編『写生画帖・衆芳画譜』　紙本着色　［松平公益会］

クルミの1種　Juglans nigra
「ボタニカルアートの世界」朝日新聞社　1987
◇p100右（カラー）　ルドゥテ兄弟画, ミショー『北アメリカの樹木』　1865

グレイシャ　'Glacier'
「ばら花譜」平凡社　1983
◇PL.136（カラー）　二口善雄画, 鈴木省三, 籾山泰一著 1976　水彩

グレヴィエラ・バンクシイ　Grevillea banksii
「図説 ボタニカルアート」河出書房新社　2010
◇p57（カラー）　バウアー, フェルディナンド画・著『ノヴァ・ホーランディア植物図解』　1813〜16

クレトラ・アルボレア
「フローラの庭園」八坂書房　2015
◇p47（カラー）　ルドゥーテ原画, ヴァントナ, エチエンヌ・ピエール『マルメゾンの庭園植物誌』 1803　銅版多色刷（スティップル・エングレーヴィング）手彩色 紙　［スミソニアン協会（ワシントンDC）］

クレナイロケア　Rochea coccinea
「花の王国 4」平凡社　1990
◇p85（カラー）　ロディゲス, C.原図, クック, ジョージ製版『植物学の博物館』　1817〜27

クレノアイ
⇒ベニバナ・スエツムハナ・クレノアイを見よ

クレマチス　Clematis
「ルドゥーテ画 美花選 1」学習研究社　1986
◇図3（カラー）　1827〜1833

クレマチス　Clematis alpina
「花の本 ボタニカルアートの庭」角川書店 2010
◇p81（カラー）　Leather flower　Curtis, William『ボタニカルマガジン』　1787〜

クレマチス　Clematis cirrhosa
「花の本 ボタニカルアートの庭」角川書店 2010
◇p81（カラー）　Leather flower　Curtis, William『ボタニカルマガジン』　1787〜

クレマチス　Clematis cirrhosa var.baleanica
「花の本 ボタニカルアートの庭」角川書店 2010
◇p81（カラー）　Leather flower　Curtis, William『ボタニカルマガジン』　1787〜

クレマチス　Clematis crispa
「花の本 ボタニカルアートの庭」角川書店 2010
◇p80（カラー）　Leather flower　Curtis, William『ボタニカルマガジン』　1787〜

クレマチス　Clematis florida
「花の本 ボタニカルアートの庭」角川書店 2010

◇p81（カラー）　Leather flower　テッセン　Curtis, William『ボタニカルマガジン』 1787〜

クレマチス　Clematis integrifolia

「花の本 ボタニカルアートの庭」角川書店　2010
◇p81（カラー）　Leather flower　Curtis, William『ボタニカルマガジン』 1787〜

クレマチス　Clematis occidentalis

「花の本 ボタニカルアートの庭」角川書店　2010
◇p81（カラー）　Leather flower　Curtis, William『ボタニカルマガジン』 1787〜

クレマチス　Clematis sibirica

「花の本 ボタニカルアートの庭」角川書店　2010
◇p81（カラー）　Leather flower　Curtis, William『ボタニカルマガジン』 1787〜

クレマチス　Clematis viorna

「花の本 ボタニカルアートの庭」角川書店　2010
◇p81（カラー）　Leather flower　Curtis, William『ボタニカルマガジン』 1787〜

クレマチス　Clematis viticella

「花の本 ボタニカルアートの庭」角川書店　2010
◇p80（カラー）　Leather flower　Curtis, William『ボタニカルマガジン』 1787〜

「ルドゥーテ画 美花選 2」学習研究社　1986
◇図48（カラー）　1827〜1833

クレマチス・ウィティケラ　Clematis viticella

「美花選［普及版］」河出書房新社　2016
◇図126（カラー）　Clematis Viticella　ルドゥーテ, ピエール＝ジョゼフ画　1827〜1833　［コノサーズ・コレクション東京］

クレマチス・ビタルバ

「ボタニカルアート 西洋の美花集」パイ インターナショナル　2010
◇p194（カラー）　ラウドン, ジェーン・ウェルズ画・著『英国の野草』 1846　石版画 手彩色

クレマティス・フロリダ・シーボルディー（テッセンの二色咲き品種）

「フローラの庭園」八坂書房　2015
◇p102（カラー）　ドレイク, サラ・アン原画『ボタニカル・レジスター』 1838　銅版（エングレーヴィング） 手彩色 紙　［個人蔵］

クロアザミ

「イングリッシュ・ガーデン」求龍堂　2014
◇図10（カラー）　マルタゴン・リリーとクロアザミ、他　シューデル, セバスチャン『カレンダリウム』 17世紀初頭　水彩 紙　18.2×15.0　［キュー王立植物園］

クロアヤメ　Iris susiana

「すごい博物画」グラフィック社　2017
◇図版43（カラー）　クロアヤメ、カラフトヒヨクソウ、ヨーロッパハラビロトンボ、ハナキンポウゲ、ニクバエ、キバナルリソウ、フウロソウ　マーシャル, アレクサンダー　1650〜82頃　水彩　46.0×33.3　［ウィンザー城ロイヤル・ライブラリー］

「図説 ボタニカルアート」河出書房新社　2010
◇p45（カラー）　エーレット画 1762　［ダービー卿コレクション］

クロアヤメ　Iris susiana L.

「花の肖像 ボタニカルアートの名品と歴史」創土社　2006
◇fig.09（カラー）　エーレット画

クロアヤメ

「ユリ科植物図譜 1」学習研究社　1988
◇図114（カラー）　イリス・スジアナ　ルドゥーテ, ピエール＝ジョセフ 1802〜1815

くろうめもどき

「木の手帖」小学館　1991
◇図129（カラー）　黒梅擬　岩崎灌園『本草図譜』 文政11（1828）　約21×145　［国立国会図書館］

クロウメモドキ　Rhamnus japonica Maxim.

「北海道主要樹木図譜［普及版］」北海道大学図書刊行会　1986
◇図75（カラー）　須崎忠助 大正9（1920）〜昭和6（1931）　［個人蔵］

クロエゾ　Picea jezoensis Carr.

「北海道主要樹木図譜［普及版］」北海道大学図書刊行会　1986
◇図6（カラー）　エゾマツ　須崎忠助 大正9（1920）〜昭和6（1931）　［個人蔵］

くろがねかづら

「高松松平家博物図譜 写生画帖 雑木」香川県立ミュージアム　2014
◇p74（カラー）　松平頼恭 江戸時代　紙本著色 画帖装（折本形式）　33.2×48.4　［個人蔵］　※表紙・裏表紙見返し墨書 安永6（1777）6月 程赤城筆

クロキ　Symplocos lucida Sieb.et Zucc.

「シーボルト「フローラ・ヤポニカ」 日本植物誌」八坂書房　2000
◇図24（カラー）　Kuroki　［国立国会図書館］

グロキシニア　Sinningia speciosa

「ルドゥーテ画 美花選 1」学習研究社　1986
◇図27（カラー）　1827〜1833

クロクス・オウレウス　Crocus aureus

「ユリ科植物図譜 1」学習研究社　1988
◇図41（カラー）　クロクス・ルテウス　ルドゥーテ, ピエール＝ジョセフ 1802〜1815

クロクス・クリサントゥス　Crocus chrysanthus

「花の王国 1」平凡社　1990
◇p48（カラー）　ウースター, D.『アルプスの植

物』 1872 色刷り木版

クロクス・シーヘアヌス Crocus sieheanus
「ウィリアム・カーティス 花図譜」同朋舎出版 1994
◇211図（カラー） Crocus sieheanus ロス＝クレイグ, ステラ, スネリング, リリアン画『カーティス・ボタニカル・マガジン』 1939

クロクス・スジアヌス
「ユリ科植物図譜 1」学習研究社 1988
◇図45（カラー） Crocus susianus ルドゥーテ, ピエール＝ジョセフ 1802〜1815

クロクス・スペキオスス Crocus speciosus
「花の王国 1」平凡社 1990
◇p48（カラー） ウースター, D.『アルプスの植物』 1872 色刷り木版

クロクス・ヌディフロルス Crocus nudiflorus
「イングリッシュ・ガーデン」求龍堂 2014
◇図143（カラー） ロス＝クレイグ, ステラ 1947 水彩 紙 30.2×22.6 ［キュー王立植物園］

クロクス・ビフロールス
「ユリ科植物図譜 1」学習研究社 1988
◇図43（カラー） Crocus biflorus ルドゥーテ, ピエール＝ジョセフ 1802〜1815

クロクス・フラウス Crocus flavus
「花の王国 1」平凡社 1990
◇p48（カラー） ウースター, D.『アルプスの植物』 1872 色刷り木版

クロクス・ミニムス
「ユリ科植物図譜 1」学習研究社 1988
◇図44（カラー） Crocus minimus ルドゥーテ, ピエール＝ジョセフ 1802〜1815

クロス・オブ・ゴールド・クロッカス Crocus susianus
「すごい博物画」グラフィック社 2017
◇図版38（カラー） ハナサフラン、クロス・オブ・ゴールド・クロッカス、ミスミソウ、アネモネ、カケス マーシャル, アレクサンダー 1650〜82頃 水彩 45.3×33.3 ［ウィンザー城ロイヤル・ライブラリー］

クロタネソウ
「カーティスの植物図譜」エンタプライズ 1987
◇図22（カラー） Nigella damascena L.『カーティスのボタニカルマガジン』 1787〜1887

クロッカス Crocus sp.
「花の本 ボタニカルアートの庭」角川書店 2010
◇p20（カラー） Crocus Jaume Saint-Hilaire, Jean Henri『フランスの植物』 1805〜09

クロッカス Crocus tommasinianus
「花の王国 1」平凡社 1990
◇p48（カラー） ウースター, D.『アルプスの植物』 1872 色刷り木版

クロッカス
「花の本 ボタニカルアートの庭」角川書店 2010
◇p124（カラー） スノードロップとクロッカス Thornton, Robert John『フローラの神殿』 1804 銅版
「R・J・ソーントン フローラの神殿 新装版」リブロポート 1990
◇第4葉（カラー） スノードロップとクロッカス ペサー, エーブラム画, ダンカートン, ウィリアム彫版, ソーントン, R.J. 1811 メゾチント（褐色インク）線刻（黒色インク） アクアチント（黒色インク） 手彩色仕上げ

黒椿
「日本椿集」平凡社 1966
◇図132（カラー） 津山尚著, 二口善雄画 1965, 1956

グロッパの1種 Globba sp.
「ビュフォンの博物誌」工作舎 1991
◇N049（カラー）『一般と個別の博物誌 ソンニーニ版』

クロトウヒレン
「彩色 江戸博物学集成」平凡社 1994
◇p342（カラー） 漏蘆 前田利保『緒鞭会業論品物纂6巻』 ［杏雨書屋］

クローネンブルグ 'Kronenbourg'
「ばら花譜」平凡社 1983
◇PL.88（カラー） Flaming Peace 二口善雄画, 鈴木省三, 籾山泰一著 1973 水彩

クローバー（トリフォリウム・オクロレウコム）
「フローラの庭園」八坂書房 2015
◇p74（カラー） エドワーズ, シドナム原画, カーティス, ウィリアム『ロンドン植物誌』 1789〜98 銅版（エングレーヴィング） 手彩色 紙 47×28 ［大英図書館（ロンドン）］

くろばい
「木の手帖」小学館 1991
◇図154（カラー） 黒灰 岩崎灌園『本草図譜』 文政11（1828） 約21×145 ［国立国会図書館］

クロバイ Symplocos prunifolia
「江戸博物文庫 菜樹の巻」工作舎 2017
◇p161（カラー） 黒灰 岩崎灌園『本草図譜』 ［東京大学大学院理学系研究科附属植物園（小石川植物園）］

クロバナイリス Hermodactylus tuberosus
「ウィリアム・カーティス 花図譜」同朋舎出版 1994
◇235図（カラー） Snake's-head Iris or Velvet Flower-de-luce エドワーズ, シデナム・ティースト画『カーティス・ボタニカル・マガジン』 1801

クロビイタヤ　Acer miyabei Maxim.
「北海道主要樹木図譜［普及版］」北海道大学図書刊行会　1986
◇図73（カラー）　須崎忠助 大正9（1920）～昭和6（1931）［個人蔵］

クロホシオオアマナ
「ユリ科植物図譜 2」学習研究社　1988
◇図63（カラー）　オルニトガルム・アラビクム　ルドゥーテ，ピエール＝ジョセフ 1802～1815

くろまつ
「木の手帖」小学館　1991
◇図8（カラー）　黒松　岩崎灌園『本草図譜』 文政11（1828）　約21×145　［国立国会図書館］

クロマツ　Pinus thunbergii
「図説 ボタニカルアート」河出書房新社　2010
◇p109（カラー）　服部雪斎画　［高知県立牧野植物園］
「日本の博物図譜」東海大学出版会　2001
◇図27（カラー）　服部雪斎筆　［高知県立牧野植物園］

クロマツ　Pinus thunbergii Parl.
「シーボルト「フローラ・ヤポニカ」日本植物誌」八坂書房　2000
◇図113，114（カラー/白黒）　Wo matsu，または Kuro matsu　［国立国会図書館］

クロミサンザシ　Crataegus chlorosarcha Maxim.
「北海道主要樹木図譜［普及版］」北海道大学図書刊行会　1986
◇図51（カラー）　エゾオオサンザシ　須崎忠助 大正9（1920）～昭和6（1931）　［個人蔵］

くろもじ
「木の手帖」小学館　1991
◇図61（カラー）　黒文字　変種オオバクロモジ　岩崎灌園『本草図譜』 文政11（1828）　約21×145　［国立国会図書館］

クロヤマナラシ　Populus nigra
「ボタニカルアートの世界」朝日新聞社　1987
◇p40右上（カラー）　サワビー画『English botany第27巻』 1808

クロユリ　Fritillaria camschatcensis（L.）Ker Gawl
「須崎忠助植物画集」北海道大学出版会　2016
◇図49-79（カラー）　くろゆり『大雪山植物其他』 6月24日　［北海道大学附属図書館］

クロユリ　Fritillaria camtchatcensis Ker-Gawl.
「岩崎灌園の草花写生」たにぐち書店　2013
◇p18（カラー）　蝦夷黒百合　［個人蔵］

クロユリ　Fritillaria camtschatcensis（L.）Ker Gawl.
「シーボルト日本植物図譜コレクション」小学館　2008
◇図3-47（カラー）　Fritillaria kamtschatcensis ［de Villeneuve, C.H.？］画　紙 透明絵の具 墨 19.9×26.7　［ロシア科学アカデミーコマロフ植物学研究所図書館］　※目録813 コレクション VIII 692/954

クロユリ
「高松松平家博物図譜 衆芳画譜 花卉 第四」香川県立ミュージアム　2010
◇p33（カラー）　松平頼恭 江戸時代　紙本著色 画帖装（折本形式）　33.0×48.2　［個人蔵］
「江戸の動植物図」朝日新聞社　1988
◇p76（カラー）　山本渓愚『動植物写生図譜』 ［山本読書室（京都）］

クロランツス・インコンスピクース（チャラン）
「フローラの庭園」八坂書房　2015
◇p58（白黒）　ルドゥーテ原画，レリティエ・ドゥ・ブリュテル，シャルル・ルイ『イギリスの花冠』 1788　銅版（エングレーヴィング） 紙 ［個人蔵］

クロロガルム・ポメリディアヌム　Chlorogalum pomeridianum
「ユリ科植物図譜 2」学習研究社　1988
◇図189（カラー）　スキラ・ポメリディアナ　ルドゥーテ，ピエール＝ジョセフ 1802～1815

クロロフィトゥム・エラートゥム　Chlorophytum elatum
「ユリ科植物図譜 2」学習研究社　1988
◇図158（カラー）　ファランギウム・エラートゥム　ルドゥーテ，ピエール＝ジョセフ 1802～1815

黒侘助
「日本椿集」平凡社　1966
◇図131（カラー）　津山尚著，二口善雄画 1965

グロワール・デュ・ミディ　'Gloire du Midi'
「ばら花譜」平凡社　1983
◇PL.159（カラー）　二口善雄画，鈴木省三，籾山泰一著 1974　水彩

グロワール・ド・ギラン　'Gloire de Guilan'
「ばら花譜」平凡社　1983
◇PL.37（カラー）　二口善雄画，鈴木省三，籾山泰一著 1973　水彩

くわ
「木の手帖」小学館　1991
◇図44（カラー）　桑　岩崎灌園『本草図譜』 文政11（1828）　約21×145　［国立国会図書館］

クワ　Morus bombycis
「花彙 下」八坂書房　1977
◇図112（白黒）　啇庭樹　小野蘭山，島田充房 明

和2(1765)　26.5×18.5　[国立公文書館・内閣文庫]

クワ
「彩色 江戸博物学集成」平凡社　1994
◇p273(白黒)　馬場大助『詩経物産図譜〈木部〉』[天猷寺]

クワカタ草
「高松松平家博物図譜 衆芳画譜 花卉 第四」香川県立ミュージアム　2010
◇p55(カラー)　松平頼恭 江戸時代　紙本著色 画帖装(折本形式)　33.0×48.2　[個人蔵]

クワガタソウの1種　Veronica officinalis
「ビュフォンの博物誌」工作舎　1991
◇N106(カラー)『一般と個別の博物誌 ソンニーニ版』

クワズイモ　Alocasia odora
「花の王国 4」平凡社　1990
◇p42(カラー)　ロック, J.著, オカール原図『薬用植物誌』 1821

桑の葉
「紙の上の動物園」グラフィック社　2017
◇p178(カラー)　桑の葉とカイコ、カイコのまゆ、成虫のペア　ラム, シータ画, ヘイスティングズ侯爵夫妻収集『ヘイスティングズ・アルバム』1820頃　水彩

クンシラン　Clivia miniata
「花の王国 1」平凡社　1990
◇p49(カラー)　ドラピエ, P.A.J., ベッサ, パンクラース原図『園芸家・愛好家・工業家のための植物誌』 1836　手彩色図版

【け】

啓翁桜　Prunus×Keio–zakura Ohwi ‘Keio–zakura’
「日本桜集」平凡社　1973
◇Pl.61(カラー)　大井次三郎著, 太田洋愛画 1970写生　水彩

けいとう　Celosia argentea
「草木写生 秋の巻」ピエ・ブックス　2010
◇p204～205(カラー)　鶏頭　狩野織染藤原重賢 明暦3(1657)～元禄12(1699)　[国立国会図書館]
◇p208～209(カラー)　鶏頭　狩野織染藤原重賢 明暦3(1657)～元禄12(1699)　[国立国会図書館]

ケイトウ　Celosia argentea
「江戸博物文庫 花草の巻」工作舎　2017
◇p55(カラー)　鶏頭　岩崎灌園『本草図譜』[東京大学大学院理学系研究科附属植物園(小石川植物園)]

ケイトウ　Celosia cristata
「花の王国 1」平凡社　1990
◇p50(カラー)　ビュショー, P.J.『中国ヨーロッパ植物図譜』 1776
「四季草花譜」八坂書房　1988
◇図18(カラー)　飯沼慾斎筆『草木図説稿本』[個人蔵]

ケイトウ　Celosia cristata L.
「高木春山 本草図説 1」リブロポート　1988
◇図60(カラー)

ケイトウの仲間(ノゲイトウ?)
「フローラの庭園」八坂書房　2015
◇p25(カラー)　ロベール, ニコラ 17世紀中頃 水彩 犢皮紙(ヴェラム)　37.7×25.8　[大英博物館(ロンドン)]

ゲイトノプレシウス・キモースム　Geitonoplesium cymosum
「ユリ科植物図譜 2」学習研究社　1988
◇図53(カラー)　メデオラ・アングスティフォリア　ルドゥーテ, ピエール＝ジョセフ 1802～1815

ケシ　Papaver cambricum (Meconopsis cambrica)
「ルドゥーテ画 美花選 2」学習研究社　1986
◇図33(カラー) 1827～1833

ケシ　Papaver somniferum
「美花選[普及版]」河出書房新社　2016
◇図13(カラー)　Pavot/Papaver　ルドゥーテ, ピエール＝ジョゼフ画 1827～1833　[コノサーズ・コレクション東京]
「ルドゥーテ画 美花選 2」学習研究社　1986
◇図34(カラー) 1827～1833

ケシ
「フローラの庭園」八坂書房　2015
◇p64(カラー)　ルドゥーテ『美花選』 1827～1833　銅版多色刷(スティップル・エングレーヴィング) 手彩色 紙　34.5×24.2　[ボストン美術館]

ケシの1種、パパウエル・ブラクテアトゥム　Papaver bracteatum
「イングリッシュ・ガーデン」求龍堂　2014
◇図31(カラー)　カンパニースクール 18世紀後半 水彩 紙　56.0×39.6　[キュー王立植物園]

ゲスネリア・プルプレア　Gesneria maculata
「ウィリアム・カーティス 花図譜」同朋舎出版 1994
◇192図(カラー)　Gesneria purpurea　カーティス, ウィリアム『カーティス・ボタニカル・マガジン』 1859

気多白菊桜　Prunus Jamasakura Sieb. ‘Haguiensis’
「日本桜集」平凡社　1973

◇図64（カラー）　気多白菊桜, 火打谷菊桜　大井次三郎著, 太田洋愛画 1971写生　水彩
◇図65（カラー）　来迎寺菊桜, 善正寺の菊咲サクラ　大井次三郎著, 太田洋愛画 1971,1970写生　水彩

ゲッカコウ　Agave polianthes（Polianthes tuberosa）

「美花選［普及版］」河出書房新社　2016
◇図52（カラー）　Tubereuse/Tuberosa　ルドゥーテ, ピエール＝ジョゼフ画 1827〜1833　［コノサーズ・コレクション東京］

ゲッカコウ　Polianthes tuberosa L.

「岩崎灌園の草花写生」たにぐち書店　2013
◇p8（カラー）　月下香　［個人蔵］

ゲッカコウ

⇒チュベローズ（ゲッカコウ）を見よ

月季花

「高松松平家博物図譜 衆芳画譜 花果 第五」香川県立ミュージアム　2011
◇p62（カラー）　別種 月季花　松平頼恭 江戸時代 紙本著色 画帖装（折本形式）　33.2×48.4　［個人蔵］

ゲットウ　Alpinia speciosa

「花の王国 1」平凡社　1990
◇p51（カラー）　ドノヴァン, E.『中国昆虫要説』1798
「ユリ科植物図譜 1」学習研究社　1988
◇図24（カラー）　Globba nutans　ルドゥーテ, ピエール＝ジョセフ 1802〜1815

ゲットウ

「イングリッシュ・ガーデン」求龍堂　2014
◇図33c（カラー）　The Nodding Renealmia　ヘンダーソン, ピーター, ソーントン, R.J.編『フローラの神殿』 1801　銅版 紙　52.0×40.0　［マイケル&マリコ・ホワイトウェイ］
「R・J・ソーントン フローラの神殿 新装版」リブロポート　1990
◇第20葉（カラー）　The Nodding Renealmia　ヘンダーソン, ピーター画, ロッフェ, R.彫版, ソーントン, R.J. 1812　スティップル（濃緑, 赤色インク）アクアチント（灰青, 緑色インク）手彩色仕上げ

ゲットウの1種　Alpinia nutans

「図説 ボタニカルアート」河出書房新社　2010
◇p48（カラー）　Globba nutans　ルドゥーテ画　［フランス国立自然史博物館］

ケーニギン・デル・ローゼン　'Königin der Rosen'

「ばら花譜」平凡社　1983
◇PL.69（カラー）　Colour Wonder, Queen of Roses, Reine des Roses　二口善雄画, 鈴木省三, 籾山泰一著 1975　水彩

下馬桜　Prunus Jamasakura Sieb. 'Geba-zakura'

「日本桜集」平凡社　1973
◇Pl.27（カラー）　大井次三郎著, 太田洋愛画 1972写生　水彩

ケマンソウ　Dicentra spectabilis

「花彙 上」八坂書房　1977
◇図87（白黒）　荷包牡丹　小野蘭山, 島田充房 明和2（1765）　26.5×18.5　［国立公文書館・内閣文庫］

ケマンソウ　Dicentra spectabilis（L.）Lemaire

「シーボルト日本植物図譜コレクション」小学館　2008
◇図3-4（カラー）　Eucapnos spectabilis Sieb.et Zucc.　［西洋人画家］画　紙 鉛筆 水彩画　26.5×34.5　［ロシア科学アカデミーコマロフ植物学研究所図書館］　※目録298 コレクションII 180/156

ケマンソウ

「高松松平家博物図譜 衆芳画譜 花卉 第四」香川県立ミュージアム　2010
◇p11（カラー）　松平頼恭 江戸時代　紙本著色 画帖装（折本形式）　33.0×48.2　［個人蔵］

けやき

「木の手帖」小学館　1991
◇図41（カラー）　欅・槻　けやき, けやきの紅葉　岩崎灌園『本草図譜』 文政11（1828）　約21×145　［国立国会図書館］

ケヤマハンノキ　Alnus hirsuta Turcz.

「北海道主要樹木図譜［普及版］」北海道大学図書刊行会　1986
◇図29（カラー）　須崎忠助 大正9（1920）〜昭和6（1931）　［個人蔵］

ゲラニウム・アコニティフォリウム

「フローラの庭園」八坂書房　2015
◇p63（白黒）　ルドゥーテ原画, レリティエ・ドゥ・ブリュテル, シャルル・ルイ『フウロソウ科植物図誌』 1787〜88　銅版（エングレーヴィング）紙　［ストラスブール大学図書館（フランス）］

ケリア・ヤポニカ（ヤマブキ）

「フローラの庭園」八坂書房　2015
◇p103（カラー）　Kerria japonica（L.）DC.　シーボルト, フィリップ・フランツ・フォン, ツッカリーニ, ヨーゼフ・ゲアハルト『日本植物誌』 1841　［国立国会図書館］

ケレウス

「昆虫の劇場」リブロポート　1991
◇p18（カラー）　エーレト, G.D.『花蝶珍種図録』1748〜62

ケレンステイニア・トリカラー

Koellensteinia tricolor（Ldl.）Rchb.f.
「蘭花譜」平凡社　1974

◇Pl.88-1～2（カラー）　加藤光治著, 二口善雄画 1969,1971写生

芫花

「高松松平家博物図譜 衆芳画譜 花果 第五」香川県立ミュージアム　2011
◇p25（カラー）　松平頼恭 江戸時代　紙本著色 画帖装（折本形式）　33.2×48.4　［個人蔵］

見驚

「日本椿集」平凡社　1966
◇図73（カラー）　津山尚著, 二口善雄画 1955, 1965

ゲンゲ・ゲンゲバナ・レンゲソウ　Astragalus sinicus

「花木真寫」淡交社　2005
◇図14（カラー）　碎米薺　近衛予楽院家熙 ［（財）陽明文庫］

けんごほう

「高松松平家博物図譜 写生画帖 雑草」香川県立ミュージアム　2013
◇p77（カラー）　松平頼恭 江戸時代　紙本著色 画帖装（折本形式）　33.2×48.4　［個人蔵］

源氏合

「日本椿集」平凡社　1966
◇図183（カラー）　津山尚著, 二口善雄画 1961

源氏唐子

「日本椿集」平凡社　1966
◇図186（カラー）　津山尚著, 二口善雄画 1955

源氏車

「日本椿集」平凡社　1966
◇図20（カラー）　津山尚著, 二口善雄画 1960

ケンタウリウム　Centaurium erythraea

「花の本 ボタニカルアートの庭」角川書店　2010
◇p82（カラー）　Centaury　Mattioli, Pietro Andrea 1568

ケンタウレア・ラグシナ　Centaurea ragusina

「ウィリアム・カーティス 花図譜」同朋舎出版　1994
◇114図（カラー）　Cretan Centaury　エドワーズ, シデナム・ティースト画『カーティス・ボタニカル・マガジン』 1800

ゲンチアナ インブリカ　Gentiana imbricata

「ボタニカルアートの世界」朝日新聞社　1987
◇p63左（カラー）　ヨーロッパ産のリンドウの種　ライヘンバッハ, L., ライヘンバッハ, H.G.画『Icones florae germanica et helveticae第17巻』 1855

ゲンチアナ ピレナイカ　Gentiana pyrenaica

「ボタニカルアートの世界」朝日新聞社　1987
◇p63左（カラー）　ヨーロッパ産のリンドウの種　ライヘンバッハ, L., ライヘンバッハ, H.G.画『Icones florae germanica et helveticae第17巻』 1855

ゲンチアナ フリギーダ　Gentiana frigida

「ボタニカルアートの世界」朝日新聞社　1987
◇p63左（カラー）　ヨーロッパ産のリンドウの種　ライヘンバッハ, L., ライヘンバッハ, H.G.画『Icones florae germanica et helveticae第17巻』 1855

ケンチャヤシ属の1種　Huweia sp.

「ボタニカルアートの世界」朝日新聞社　1987
◇p62右（カラー）　ルンフィウス『Herbarium amboinense』 1741～1743

ゲンティアナ・アカウリス　Gentiana acaulis

「美花選［普及版］」河出書房新社　2016
◇図97（カラー）　Gentiane sans tige/Gentiana acaulis　ルドゥーテ, ピエール＝ジョゼフ画 1827～1833　［コノサーズ・コレクション東京］

「ボタニカルアート 西洋の美花集」パイ インターナショナル　2010
◇p135（カラー）　ルドゥーテ, ピエール＝ジョセフ画・著『美花選』 1827～33　点刻銅版画多色刷 一部手彩色
◇p136上・左（カラー）　カーティス, ウィリアム著『ボタニカル・マガジン2巻』 1788　銅版画 手彩色

ゲンティアナ・アドシェンデンス　Gentiana adscendens

「ボタニカルアート 西洋の美花集」パイ インターナショナル　2010
◇p136下・左（カラー）　カーティス, ウィリアム著『カーティス・ボタニカル・マガジン19巻』 1803　銅版画 手彩色

ゲンティアナ・オクロレウカ　Gentiana villosa

「ウィリアム・カーティス 花図譜」同朋舎出版　1994
◇181図（カラー）　Pale-white Gentian　エドワーズ, シデナム・ティースト画『カーティス・ボタニカル・マガジン』 1813

ゲンティアナ・グラキリペス　Gentiana gracilipes

「ボタニカルアート 西洋の美花集」パイ インターナショナル　2010
◇p136上・右（カラー）　カーティス, ウィリアム著『カーティス・ボタニカル・マガジン141巻』 1915　カラー印刷

ゲンティアナ・コーカシア　Gentiana caucasea

「ボタニカルアート 西洋の美花集」パイ インターナショナル　2010
◇p136下・右（カラー）　カーティス, ウィリアム著『カーティス・ボタニカル・マガジン26巻』 1807　銅版画 手彩色

ゲンティアナ・サポナリア　Gentiana saponaria
「ボタニカルアート 西洋の美花集」パイ インターナショナル　2010
◇p134（カラー）　カーティス, ウィリアム著『カーティス・ボタニカル・マガジン26巻』1807　銅版画 手彩色

ゲンティアナ・トリコトマ　Gentiana trichotoma
「ウィリアム・カーティス 花図譜」同朋舎出版　1994
◇182図（カラー）　Gentiana trichotoma　スネリング, リリアン画『カーティス・ボタニカル・マガジン』1942

ゲンペイクサギ
「カーティスの植物図譜」エンタプライズ　1987
◇図5313（カラー）　Broken Heart『カーティスのボタニカルマガジン』1787〜1887

ケンペリア・アングスティフォリア
「ユリ科植物図譜 1」学習研究社　1988
◇図23（カラー）　Kaempferia angustifolia　ルドゥーテ, ピエール＝ジョセフ 1802〜1815

ケンペリア・ロツンダ　Kæmpferia rotunda
「ウィリアム・カーティス 花図譜」同朋舎出版　1994
◇569図（カラー）　Round-rooted Galangale　エドワーズ, シデナム・ティースト画『カーティス・ボタニカル・マガジン』1806

ケンペリア・ロトゥンダ　Kaempferia rotunda
「ユリ科植物図譜 1」学習研究社　1988
◇図19（カラー）　ケンペリア・ロンガ　ルドゥーテ, ピエール＝ジョセフ 1802〜1815

兼六園菊桜　Prunus Lannesiana Wils. 'Sphaerantha'
「日本桜集」平凡社　1973
◇Pl.62（カラー）　大井次三郎著, 太田洋愛画 1971写生　水彩

兼六熊谷　Prunus Jamasakura Sieb.
「日本桜集」平凡社　1973
◇Pl.63（カラー）　大井次三郎著, 太田洋愛画 1971写生　水彩

【こ】

コアジサイ　Hydrangea hirta（Thunb.ex Murray）Sieb.
「シーボルト「フローラ・ヤポニカ」 日本植物誌」八坂書房　2000
◇図62（カラー）　Hydrangea hirta（Thunb.）Sieb.　［国立国会図書館］

コアツモリソウ　Cypripedium debile Rchb.f.
「シーボルト日本植物図譜コレクション」小学館　2008
◇図2-93（カラー）　Cypripedium japonicum Thunb.　［水谷助六］画［1820〜 1828頃］　紙 透明絵の具 墨　23.8×32.1　［ロシア科学アカデミーコマロフ植物学研究所図書館］　※目録915 コレクションVIII 554/935

コアヤメ　Iris sibirica
「ユリ科植物図譜 1」学習研究社　1988
◇図101（カラー）　イリス・プラテンシス　ルドゥーテ, ピエール＝ジョセフ 1802〜1815

コアヤメ（変種B）
「ユリ科植物図譜 1」学習研究社　1988
◇図107（カラー）　Iris sibirica var.B　ルドゥーテ, ピエール＝ジョセフ 1802〜1815

コアヤメ（変種プミラ）
「ユリ科植物図譜 1」学習研究社　1988
◇図108（カラー）　Iris sibirica var.pumila　ルドゥーテ, ピエール＝ジョセフ 1802〜1815

碁石
「日本椿集」平凡社　1966
◇図152（カラー）　津山尚著, 二口善雄画 1960, 1965

カウアフソウ
「高松松平家博物図譜 衆芳画譜 花卉 第四」香川県立ミュージアム　2010
◇p51（カラー）　松平頼恭 江戸時代　紙本著色 画帖装（折本形式）　33.0×48.2　［個人蔵］

カウワウソウ
「高松松平家博物図譜 衆芳画譜 花卉 第四」香川県立ミュージアム　2010
◇p38（カラー）　松平頼恭 江戸時代　紙本著色 画帖装（折本形式）　33.0×48.2　［個人蔵］

コウオウソウ　Tagetes patula
「美花選［普及版］」河出書房新社　2016
◇図99（カラー）　Tagetes/Œillet d'inde　ルドゥーテ, ピエール＝ジョゼフ画 1827〜1833　［コノサーズ・コレクション東京］

紅乙女
「日本椿集」平凡社　1966
◇図126（カラー）　津山尚著, 二口善雄画 1965

かうくわやまかぞ
「高松松平家博物図譜 写生画帖 雑草」香川県立ミュージアム　2013
◇p40（カラー）　松平頼恭 江戸時代　紙本著色 画帖装（折本形式）　33.2×48.4　［個人蔵］

紅麒麟
「日本椿集」平凡社　1966
◇図28（カラー）　津山尚著, 二口善雄画 1956

紅獅子
「日本椿集」平凡社　1966
◇図129（カラー）　津山尚著, 二口善雄画 1957

ゴウシュウモウセンゴケ
「カーティスの植物図譜」エンタプライズ　1987
◇図5240（カラー）　Drosera spathulata Labill. 『カーティスのボタニカルマガジン』 1787～1887

コウシンソウ　Pinguicula ramosa
「牧野富太郎植物画集」ミュゼ　1999
◇p16（カラー） 1901（明治34）　ケント紙 墨（毛筆）水彩　7.1×9

コウシンバラ　Rosa Indica
「ルドゥーテ画 美花選 2」学習研究社　1986
◇図18（カラー） 1827～1833

コウシンバラ　Rosa Indica (chinensis)
「ルドゥーテ画 美花選 1」学習研究社　1986
◇図57（カラー） 1827～1833

コウシンバラ　Rosa chinensis
「江戸博物文庫 花草の巻」工作舎　2017
◇p134（カラー）　庚申薔薇　岩崎灌園『本草図譜』［東京大学大学院理学系研究科附属植物園（小石川植物園）］

コウシンバラ　Rosa chinensis (indica)
「ルドゥーテ画 美花選 2」学習研究社　1986
◇図45（カラー） 1827～1833

コウシンバラ・チョウシュン　Rosa chinensis
「花木真寫」淡交社　2005
◇図124（カラー）　庚申茨　近衛予楽院家熈［（財）陽明文庫］

こうぞ
「木の手帖」小学館　1991
◇図45（カラー）　楮　岩崎灌園『本草図譜』 文政11（1828）　約21×145　［国立国会図書館］

コウゾ　Broussonetia kazinoki×B.papyrifera
「江戸博物文庫 菜樹の巻」工作舎　2017
◇p152（カラー）　楮　岩崎灌園『本草図譜』［東京大学大学院理学系研究科附属植物園（小石川植物園）］

コウツボカズラ　Nepenthes gracilis
「花の王国 4」平凡社　1990
◇p122（カラー）　テミンク, C.J.『蘭領インド自然誌』 1839～44　手彩色石版

こうとうらん　Saccolabium kotoense Yamamoto
「蘭花譜」平凡社　1974
◇Pl.120-9（カラー）　加藤光治著, 二口善雄画 1971写生

紅牡丹
「日本椿集」平凡社　1966
◇図26（カラー）　津山尚著, 二口善雄画 1956

コウホネ　Nuphar japonicum
「花木真寫」淡交社　2005
◇図76（カラー）　萍蓬草　近衛予楽院家熈［（財）陽明文庫］
「牧野富太郎植物画集」ミュゼ　1999
◇p53（白黒）　ケント紙 墨（毛筆）　8.2×19.1
「四季草花譜」八坂書房　1988
◇図48（カラー）　飯沼慾斎筆『草木図説稿本』［個人蔵］

コウホネ　Nuphar japonicum DC.
「岩崎灌園の草花写生」たにぐち書店　2013
◇p82（カラー）　萍蓬草　［個人蔵］

コウホネ　Nuphar lutea
「花の本 ボタニカルアートの庭」角川書店　2010
◇p92（カラー）　Spatterdock　Fuchs, Leonhart 1543
◇p92（カラー）　Spatterdock　Jaume Saint-Hilaire, Jean Henri 1805～09

コウホネ　Nuphar lutea subsp.advena
「花の本 ボタニカルアートの庭」角川書店　2010
◇p92（カラー）　Spatterdock　Curtis, William 1787～

コウホネ
「美花図譜」八坂書房　1991
◇図59（カラー）　ウエインマン『花譜』 1736～1748　銅版刷手彩色　［群馬県館林市立図書館］
「ボタニカルアートの世界」朝日新聞社　1987
◇p116（カラー）　狩野探幽『草木花写生図巻』［国立博物館］

光明
「日本椿集」平凡社　1966
◇図111（カラー）　津山尚著, 二口善雄画 1955

カウモリ桐
「高松松平家博物図譜 衆芳画譜 花果 第五」香川県立ミュージアム　2011
◇p79（カラー）　松平頼恭 江戸時代　紙本著色 画帖装（折本形式）　33.2×48.4　［個人蔵］

コウヤボウキ・タマボウキ　Pertya scandens
「花木真寫」淡交社　2005
◇図97（カラー）　高野箒　近衛予楽院家熈［（財）陽明文庫］

かうやまき
「高松松平家博物図譜 写生画帖 雑木」香川県立ミュージアム　2014
◇p30（カラー）　松平頼恭 江戸時代　紙本著色 画帖装（折本形式）　33.2×48.4　［個人蔵］　※表紙・裏表紙見返し墨書 安永6（1777）6月 程赤城筆

コウヤマキ　Sciadopitys verticillata
「図説 ボタニカルアート」河出書房新社　2010
◇p100（カラー）　シーボルト, ツッカリーニ『日

本植物誌』 1842～70

コウヤマキ　Sciadopitys verticillata (Thunb.) Siebold & Zucc.

「シーボルト日本植物図譜コレクション」小学館 2008

◇図3-117（カラー）　Abies polita Sieb.et Zucc. ［清水東谷］画 ［1861］ 和紙 透明絵の具 墨 白色塗料 28.2×38.5 ［ロシア科学アカデミーコマロフ植物学研究所図書館］ ※目録34 コレクションVII /845

コウヤマキ　Sciadopitys verticillata (Thunb.ex Murray) Sieb.et Zucc.

「シーボルト「フローラ・ヤポニカ」 日本植物誌」八坂書房 2000

◇図101, 102（白黒）　Kôja maki ［国立国会図書館］

コウヤワラビの1種　Onoclea sp.

「ビュフォンの博物誌」工作舎 1991

◇N024（カラー）『一般と個別の博物誌 ソンニーニ版』

コウヨウザン　Cunninghamia lanceolata (Lamb.) Hook.

「シーボルト「フローラ・ヤポニカ」 日本植物誌」八坂書房 2000

◇図103, 104（白黒）　Liùkiù momi, またはolanda momi ［国立国会図書館］

高麗ギボウシ

「高松松平家博物図譜 衆芳画譜 花卉 第四」香川県立ミュージアム 2010

◇p27（カラー）　松平頼恭 江戸時代 紙本著色 画帖装（折本形式） 33.0×48.2 ［個人蔵］

コウリンカ　Senecio flammeus ssp.glabrifolius

「江戸博物文庫 花草の巻」工作舎 2017

◇p87（カラー）　紅輪花 岩崎灌園『本草図譜』 ［東京大学大学院理学系研究科附属植物園（小石川植物園）］

こゑんとろ

「高松松平家博物図譜 写生画帖 雑草」香川県立ミュージアム 2013

◇p95（カラー）　松平頼恭 江戸時代 紙本著色 画帖装（折本形式） 33.2×48.4 ［個人蔵］

コエンドロ

「彩色 江戸博物学集成」平凡社 1994

◇p255（カラー）　飯沼慾斎『草木図説』 ［岩瀬文庫］

コオロギラン　Stigmatodactylus sikokianus

「牧野富太郎植物画集」ミュゼ 1999

◇p8（カラー）『日本植物志図篇』 1891（明治24） 石版印刷 水彩 27.1×20

コカキツバタ　Iris ruthenica Ker-Gawl.

「岩崎灌園の草花写生」たにぐち書店 2013

◇p26（カラー）　渓孫・ひめあやめ ［個人蔵］

コカキツバタ

「高松松平家博物図譜 衆芳画譜 花卉 第四」香川県立ミュージアム 2010

◇p64（カラー）　松平頼恭 江戸時代 紙本著色 画帖装（折本形式） 33.0×48.2 ［個人蔵］

小型のプレイオネ　Pleione humilis

「ウィリアム・カーティス 花図譜」同朋舎出版 1994

◇418図（カラー）　Dwarf Pleione フィッチ, ウォルター・フード画『カーティス・ボタニカル・マガジン』 1867

コガネヤナギ　Scutellaria baicalensis

「花彙 上」八坂書房 1977

◇図11（白黒）　黄芩 小野蘭山, 島田充房 明和2（1765） 26.5×18.5 ［国立公文書館・内閣文庫］

コギク

「高松松平家博物図譜 衆芳画譜 花卉 第四」香川県立ミュージアム 2010

◇p56（カラー）　松平頼恭 江戸時代 紙本著色 画帖装（折本形式） 33.0×48.2 ［個人蔵］

ゴキヅル　Actinostemma lobatum

「江戸博物文庫 花草の巻」工作舎 2017

◇p127（カラー）　合器蔓 岩崎灌園『本草図譜』 ［東京大学大学院理学系研究科附属植物園（小石川植物園）］

こきんばい

「高松松平家博物図譜 写生画帖 雑草」香川県立ミュージアム 2013

◇p39（カラー）　松平頼恭 江戸時代 紙本著色 画帖装（折本形式） 33.2×48.4 ［個人蔵］

コキンバイザサ　Hypoxis aurea

「江戸博物文庫 花草の巻」工作舎 2017

◇p13（カラー）　小金梅笹 岩崎灌園『本草図譜』 ［東京大学大学院理学系研究科附属植物園（小石川植物園）］

「牧野富太郎植物画集」ミュゼ 1999

◇p31（白黒）　和紙 墨（毛筆） 19.2×13.6, 13.6×19.1

古金襴

「日本椿集」平凡社 1966

◇図190（カラー）　津山尚著, 二口善雄画 1955

コクチナシ　Gardenia jasminoides var. radicans

「花木真寫」淡交社 2005

◇図64（カラー）　梔 近衛予楽院家熈 ［（財）陽明文庫］

コクテンギ　Euonymus tanakae Maxim

「江戸博物文庫 菜樹の巻」工作舎 2017

◇p130（カラー）　黒檀木 岩崎灌園『本草図譜』 ［東京大学大学院理学系研究科附属植物園（小石川植物園）］

ゴクラクチョウカ
⇒ストレリッチア(ゴクラクチョウカ)を見よ

ゴクラクチョウカの1種 Strelitzia reginae
「イングリッシュ・ガーデン」求龍堂 2014
◇図19(カラー) バウアー, フランツ・アンドレアス 1818 石版手彩色 55.5×41.0 [キュー王立植物園]

コクリオーダ・サンギネア Cochlioda sanguinea Bth.
「蘭花譜」平凡社 1974
◇Pl.95–8(カラー) 加藤光治著, 二口善雄画 1971写生

コクリオダ・ネーツリアナ Cochlioda noezliana
「蘭百花図譜」八坂書房 2002
◇p65(カラー) ワーナー, ロバート著, フィッチ, J.N.画『オーキッド・アルバム』 1882～97 石版刷

黒龍
「日本椿集」平凡社 1966
◇図136(カラー) 津山尚著, 二口善雄画 1956

コケオトギリ
「江戸の動植物図」朝日新聞社 1988
◇p58(カラー) 岩崎灌園『本草図説』 [東京国立博物館]

こけさぎさう
「高松松平家博物図譜 写生画帖 雑草」香川県立ミュージアム 2013
◇p76(カラー) 松平頼恭 江戸時代 紙本著色 画帖装(折本形式) 33.2×48.4 [個人蔵]

コケバラ Rosa Muscosa
「ルドゥーテ画 美花選 1」学習研究社 1986
◇図58(カラー) 1827～1833

コケリンドウ Gentiana squarrosa
「江戸博物文庫 花草の巻」工作舎 2017
◇p29(カラー) 苔竜胆 岩崎灌園『本草図譜』 [東京大学大学院理学系研究科附属植物園(小石川植物園)]

コヽメザクラ
「高松松平家博物図譜 衆芳画譜 花果 第五」香川県立ミュージアム 2011
◇p25(カラー) 松平頼恭 江戸時代 紙本著色 画帖装(折本形式) 33.2×48.4 [個人蔵]

ココメバナ
「彩色 江戸博物学集成」平凡社 1994
◇p462～463(カラー) 山本渓愚筆『萬花帖』 [岩瀬文庫]

ココリコ 'Cocorico'
「ばら花譜」平凡社 1983
◇PL.131(カラー) 二口善雄画, 鈴木省三, 籾山泰一著 1976 水彩

こしあぶら
「高松松平家博物図譜 写生画帖 雑木」香川県立ミュージアム 2014
◇p33(カラー) 松平頼恭 江戸時代 紙本著色 画帖装(折本形式) 33.2×48.4 [個人蔵] ※表紙・裏表紙見返し墨書 安永6(1777)6月 程赤城筆

コシアブラ Acanthopanax sciadophylloides Franch.et Savat.
「北海道主要樹木図譜[普及版]」北海道大学図書刊行会 1986
◇図79(カラー) Kalopanax sciadophylloides Harms 須崎忠助 大正9(1920)～昭和6(1931) [個人蔵]

ごじか Pentapetes phoenicea
「草木写生 秋の巻」ピエ・ブックス 2010
◇p110～111(カラー) 午時花 狩野織染藤原重賢 明暦3(1657)～元禄12(1699) [国立国会図書館]

ゴジカ Pentapetes phoenicea
「花木真寫」淡交社 2005
◇図73(カラー) 午時花 近衛予楽院家熙 [(財)陽明文庫]
「花彙 上」八坂書房 1977
◇図91(白黒) 川蜀葵 小野蘭山, 島田充房 明和2(1765) 26.5×18.5 [国立公文書館・内閣文庫]

ゴジカ
「彩色 江戸博物学集成」平凡社 1994
◇p26(カラー) 貝原益軒『大和本草諸品図』

ゴジクハ
「高松松平家博物図譜 衆芳画譜 花卉 第四」香川県立ミュージアム 2010
◇p45(カラー) 松平頼恭 江戸時代 紙本著色 画帖装(折本形式) 33.0×48.2 [個人蔵]

ゴジカモドキ
「カーティスの植物図譜」エンタプライズ 1987
◇図516(カラー) Sparmannia africana L.f. 『カーティスのボタニカルマガジン』 1787～1887

五色散椿
「日本椿集」平凡社 1966
◇図197(カラー) 津山尚著, 二口善雄画 1965

虎耳草
「高松松平家博物図譜 衆芳画譜 花卉 第四」香川県立ミュージアム 2010
◇p39(カラー) 松平頼恭 江戸時代 紙本著色 画帖装(折本形式) 33.0×48.2 [個人蔵]

コシダ Dicranopteris linearis
「図説 ボタニカルアート」河出書房新社 2010
◇p98(白黒) Polypodium dichotomum ß. ツュンベルク『日本植物図譜』 [ロシア科学アカデミー図書館]

ゴシュユ Evodia ruticarpa (Juss.) Benth.
「シーボルト「フローラ・ヤポニカ」日本植物誌」八坂書房 2000
◇図21(カラー) Kawa-hazikami, habite-kobura [国立国会図書館]

御所車
「日本椿集」平凡社 1966
◇図24(カラー) 津山尚著, 二口善雄画 1961

五所桜 Prunus Lannesiana Wils. 'Gosiozakura'
「日本桜集」平凡社 1973
◇Pl.31(カラー) 大井次三郎著, 太田洋愛画 1965写生 水彩

御所匂 Prunus Lannesiana Wils. 'Gosho-odora'
「日本桜集」平凡社 1973
◇Pl.30(カラー) 大井次三郎著, 太田洋愛画 1971写生 水彩

御信桜 Prunus Jamasakura Sieb. 'Goshinzakura'
「日本桜集」平凡社 1973
◇Pl.29(カラー) 大井次三郎著, 太田洋愛画 1971写生 水彩

コスモス Cosmos bipinnatus
「ボタニカルアート 西洋の美花集」パイ インターナショナル 2010
◇p129(カラー) ステップ, エミリー画, ステップ, エドワード『温室と庭園の花々』 1896〜97 石版画多色刷
「花の王国 1」平凡社 1990
◇p52(カラー) ファン・ヘール編『愛好家の花々』 1847 手彩色石版画

コスモス Cosmos bipinnatus Cav.
「カーティスの植物図譜」エンタプライズ 1987
◇図1535(カラー) Common Cosmos『カーティスのボタニカルマガジン』 1787〜1887

コスモス
⇒アキザクラを見よ

ゴゼンタチバナ Cornus canadensis L.
「須崎忠助植物画集」北海道大学出版会 2016
◇図54-84(カラー) ごぜんたちばな『大雪山植物其他』 [北海道大学附属図書館]

コチニールサボテン Nopalea cochinellifera
「花の王国 4」平凡社 1990
◇p98(カラー) ベルトゥーフ, F.J.『子供のための図誌』 1810
◇p99(カラー) ベルトゥーフ, F.J.『子供のための図誌』 1810

胡蝶 Prunus Jamasakura Sieb. 'Kocho'
「日本桜集」平凡社 1973
◇Pl.73(カラー) 大井次三郎著, 太田洋愛画 1971写生 水彩

小蝶の舞
「日本椿集」平凡社 1966
◇図91(カラー) 津山尚著, 二口善雄画 1960

コツクバネウツギ Abelia serrata Sieb.et Zucc.
「シーボルト「フローラ・ヤポニカ」日本植物誌」八坂書房 2000
◇図34-I(カラー) Kotsukubane, または Tsukubane utsugi [国立国会図書館]

コデマリ・スズカケ Spiraea cantoniensis
「花木真寫」淡交社 2005
◇図6(カラー) 粉團花 近衛予楽院家熙 [(財)陽明文庫]

ゴードニア Gordonia lasianthus
「花の本 ボタニカルアートの庭」角川書店 2010
◇p100(カラー) Gordonia Duhamel du Monceau, Henri Louis 1801〜19

琴平 Prunus Jamasakura Sieb. 'Kotohira'
「日本桜集」平凡社 1973
◇Pl.77(カラー) 大井次三郎著, 太田洋愛画 1972写生 水彩

寿 Haworthia retusa
「ウィリアム・カーティス 花図譜」同朋舎出版 1994
◇314図(カラー) Cushion Aloe 園芸種 エドワーズ, シデナム・ティースト画『カーティス・ボタニカル・マガジン』 1799

こなすび
「高松松平家博物図譜 写生画帖 雑草」香川県立ミュージアム 2013
◇p47(カラー) 松平頼恭 江戸時代 紙本著色 画帖装(折本形式) 33.2×48.4 [個人蔵]

こなら Quercus serrata
「草木写生 秋の巻」ピエ・ブックス 2010
◇p224〜225(カラー) 小楢 狩野織染藤原重賢 明暦3(1657)〜元禄12(1699) [国立国会図書館]

こなら
「高松松平家博物図譜 写生画帖 雑木」香川県立ミュージアム 2014
◇p105(カラー) 松平頼恭 江戸時代 紙本著色 画帖装(折本形式) 33.2×48.4 [個人蔵] ※表紙・裏表紙見返し墨書 安永6(1777)6月 程赤城筆
「木の手帖」小学館 1991
◇図37(カラー) 小楢 岩崎灌園『本草図譜』 文政11(1828) 約21×145 [国立国会図書館]

コナラ Quercus serrata Thunb.
「北海道主要樹木図譜[普及版]」北海道大学図書刊行会 1986
◇図37(カラー) Quercus glandulifera Bl. 須崎忠助 大正9(1920)〜昭和6(1931) [個人蔵]

コナラ Quercus serrata Thunb.ex Murray
「シーボルト日本植物図譜コレクション」小学館 2008
◇図3–129（カラー） Quercus dentata Thunb. 清水東谷画［1861］ 和紙 透明絵の具 墨 白色塗料 28.5×38.6 ［ロシア科学アカデミーコマロフ植物学研究所図書館］ ※目録90 コレクションVII /799

コナラ
「高松松平家博物図譜 衆芳画譜 花果 第五」香川県立ミュージアム 2011
◇p51（カラー） 松平頼恭 江戸時代 紙本著色 画帖装（折本形式） 33.2×48.4 ［個人蔵］
「彩色 江戸博物学集成」平凡社 1994
◇p273（カラー） 馬場大助『詩経物産図譜〈木部〉』 ［天猷寺］

このてがしわ
「木の手帖」小学館 1991
◇図16（カラー） 児手柏・側柏 岩崎灌園『本草図譜』 文政11（1828） 約21×145 ［国立国会図書館］

コノテガシワ Thuja orientalis L.
「シーボルト「フローラ・ヤポニカ」 日本植物誌」八坂書房 2000
◇図118（白黒） Konotega Siwa ［国立国会図書館］

木の花桜 Prunus Jamasakura Sieb. 'Konohana–zakura'
「日本桜集」平凡社 1973
◇Pl.75（カラー） 大井次三郎著, 太田洋愛画 1972写生 水彩

小葉桜 Prunus×parvifolia Koehne 'Parvifolia'
「日本桜集」平凡社 1973
◇Pl.71（カラー） 大井次三郎著, 太田洋愛画 1964,1965写生 水彩

コハス
「高松松平家博物図譜 衆芳画譜 花卉 第四」香川県立ミュージアム 2010
◇p48（カラー） 松平頼恭 江戸時代 紙本著色 画帖装（折本形式） 33.0×48.2 ［個人蔵］

コバナカンアオイ Asarum parviflorum Regel
「カーティスの植物図譜」エンタプライズ 1987
◇図5380（カラー） Heterotropa parviflora Hook.『カーティスのボタニカルマガジン』 1787〜1887

コバノズイナ Itea virginica
「植物精選百種図譜 博物画の至宝」平凡社 1996
◇pl.98（カラー） Itea トレウ, C.J., エーレト, G.D. 1750〜73

コハマナシ Rosa×iwara Siebold
「ばら花譜」平凡社 1983
◇PL.16（カラー） 二口善雄画, 鈴木省三, 籾山泰一著 1974 水彩

コバンユリ
「ユリ科植物図譜 2」学習研究社 1988
◇図17（カラー） フリティラリア・メレアグリス ルドゥーテ, ピエール＝ジョセフ 1802〜1815

小彼岸 Prunus×subhirtella Miq. 'Subhirtella'
「日本桜集」平凡社 1973
◇Pl.74（カラー） 大井次三郎著, 太田洋愛画 1970写生 水彩

コヒガンザクラ、ヒガンザクラ Prunus subhirtella
「牧野富太郎植物画集」ミュゼ 1999
◇p38（白黒） 1892（明治25） 和紙 墨（毛筆） 27.5×20.7

子福桜 Prunus×Kobuku–zakura Ohwi
「日本桜集」平凡社 1973
◇Pl.72（カラー） 大井次三郎著, 太田洋愛画 1972写生 水彩

こぶし
「木の手帖」小学館 1991
◇図52（カラー） 辛夷・拳 岩崎灌園『本草図譜』 文政11（1828） 約21×145 ［国立国会図書館］

コブシ Magnolia kobus DC.
「岩崎灌園の草花写生」たにぐち書店 2013
◇p78（カラー） 辛夷 ［個人蔵］

コブシ
「高松松平家博物図譜 衆芳画譜 花果 第五」香川県立ミュージアム 2011
◇p32（カラー） 松平頼恭 江戸時代 紙本著色 画帖装（折本形式） 33.2×48.4 ［個人蔵］
◇p42（カラー） 松平頼恭 江戸時代 紙本著色 画帖装（折本形式） 33.2×48.4 ［個人蔵］

こぶなぐさ
「野の草の手帖」小学館 1989
◇p177（カラー） 小鮒草 岩崎常正（灌園）『本草図譜』 文政11（1828） ［国立国会図書館］

コボウズオトギリ Hypericum androsaemum
「すごい博物画」グラフィック社 2017
◇図版47（カラー） ニオイニンドウ、ヨウム、ルピナス、コボウズオトギリ、ホエザル、キンバエ、ムラサキ、クワガタムシ マーシャル, アレクサンダー 1650〜82頃 水彩 45.8×33.1 ［ウィンザー城ロイヤル・ライブラリー］

小星 ハクホウユリ
「高松松平家博物図譜 衆芳画譜 花卉 第四」香川県立ミュージアム 2010
◇p74（カラー） 松平頼恭 江戸時代 紙本著色 画帖装（折本形式） 33.0×48.2 ［個人蔵］

ゴマキ Viburnum suspensum Lindl.
「シーボルト日本植物図譜コレクション」小学館 2008

◇図1–59（カラー）　Viburnum odoratissimum Ker.–Gawl.　川原慶賀画　紙 透明絵の具 墨　23.7×33.3　［ロシア科学アカデミーコマロフ植物学研究所図書館］　※目録758 コレクションIV 498/515

こまつなぎ

「高松松平家博物図譜 写生画帖 雑草」香川県立ミュージアム　2013

◇p91（カラー）　松平頼恭 江戸時代　紙本著色 画帖装（折本形式）　33.2×48.4　［個人蔵］

「野の草の手帖」小学館　1989

◇p103（カラー）　駒繋　岩崎常正（灌園）『本草図譜』 文政11（1828）　［国立国会図書館］

コマツナギ　Indigofera pseudotinctoria

「江戸博物文庫 花草の巻」工作舎　2017

◇p93（カラー）　駒繋ぎ　岩崎灌園『本草図譜』　［東京大学大学院理学系研究科附属植物園（小石川植物園）］

コマツナギ属の1種　Indigofera sp.

「植物精選百種図譜 博物画の至宝」平凡社　1996

◇pl.54（カラー）　Indigofera　おそらくナンバンアイI.tinctoria　トレウ, C.J., エーレト, G.D.　1750〜73

ゴマノハグサ　Scrophularia buergeriana

「花彙 上」八坂書房　1977

◇図21（白黒）　玄参　小野蘭山, 島田充房 明和2（1765）　26.5×18.5　［国立公文書館・内閣文庫］

コマルバユーカリ

「カーティスの植物図譜」エンタプライズ　1987

◇図2087（カラー）　Eucalyptus pulverulenta Sims『カーティスのボタニカルマガジン』 1787〜1887

こみかんそう

「高松松平家博物図譜 写生画帖 雑草」香川県立ミュージアム　2013

◇p18（カラー）　松平頼恭 江戸時代　紙本著色 画帖装（折本形式）　33.2×48.4　［個人蔵］

コミネカエデ　Acer micranthum Sieb.et Zucc.

「シーボルト「フローラ・ヤポニカ」 日本植物誌」八坂書房　2000

◇図141（白黒）　［国立国会図書館］

コミヤマカタバミ　Trifolium spp.

「イングリッシュ・ガーデン」求龍堂　2014

◇図4（カラー）　Trifolium Acetosum flore albo.　作者不詳, ベスラー, バシリウス委託『アイヒシュテット庭園植物誌』 恐らく18世紀　銅版手彩色　52.9×43.9　［キュー王立植物園］

コミヤマスミレ　Viola maximowicziana

「牧野富太郎植物画集」ミュゼ　1999

◇p43（白黒）　1886（明治19）　和紙 墨（毛筆）　19.2×13.6

コムナ

「高松松平家博物図譜 衆芳画譜 花卉 第四」香川県立ミュージアム　2010

◇p14（カラー）　松平頼恭 江戸時代　紙本著色 画帖装（折本形式）　33.0×48.2　［個人蔵］

ゴムノキの1種

「植物精選百種図譜 博物画の至宝」平凡社　1996

◇pl.50（カラー）　Ficus　トレウ, C.J., エーレト, G.D.　1750〜73

コムラサキ　Callicarpa dichotoma

「江戸博物文庫 菜樹の巻」工作舎　2017

◇p168（カラー）　小紫　岩崎灌園『本草図譜』　［東京大学大学院理学系研究科附属植物園（小石川植物園）］

「花彙 下」八坂書房　1977

◇図115（白黒）　牛誚子　小野蘭山, 島田充房 明和2（1765）　26.5×18.5　［国立公文書館・内閣文庫］

こめこめ

「高松松平家博物図譜 写生画帖 雑木」香川県立ミュージアム　2014

◇p11（カラー）　松平頼恭 江戸時代　紙本著色 画帖装（折本形式）　33.2×48.4　［個人蔵］　※表紙・裏表紙見返し墨書 安永6（1777）6月 程赤城筆

ゴメザ・プラニホリア　Gomesa planifolia Kl. et Rchb.f.

「蘭花譜」平凡社　1974

◇Pl.95–5（カラー）　加藤光治著, 二口善雄画 1942写生

ゴメザ・レクルバ　Gomesa recurva（Ldl.）R. Br.

「蘭花譜」平凡社　1974

◇Pl.95–6（カラー）　加藤光治著, 二口善雄画 1970写生

コメツツジ　Rhododendron tschonoskii Maxim.

「須崎忠助植物画集」北海道大学出版会　2016

◇図20–38（カラー）　白花米ツヽジ『大雪山植物其他』 7月4日　［北海道大学附属図書館］

コメツブウマゴヤシ　Medicago lupulina L.

「シーボルト日本植物図譜コレクション」小学館　2008

◇図1–52（カラー）　Medicago lupulina L.　シーボルト, フィリップ・フランツ・フォン監修　和紙 透明絵の具 墨　独立した台紙14.9×21.2, 絵12.0×17.7　［ロシア科学アカデミーコマロフ植物学研究所図書館］　※目録455 コレクションIII ［648］/343

小紅葉

「日本椿集」平凡社　1966

◇図6（カラー）　津山尚著, 二口善雄画 1955,1960

こもんくさ
「高松松平家博物図譜 写生画帖 雑草」香川県立ミュージアム　2013
◇p68（カラー）　松平頼恭 江戸時代　紙本著色 画帖装（折本形式）　33.2×48.4 ［個人蔵］

コモンマロー　Alcea rosea
「花の本 ボタニカルアートの庭」角川書店　2010
◇p98（カラー）　Lonicer, Adam 1590

ゴヤヲキ
「高松松平家博物図譜 衆芳画譜 花果 第五」香川県立ミュージアム　2011
◇p39（カラー）　松平頼恭 江戸時代　紙本著色 画帖装（折本形式）　33.2×48.4 ［個人蔵］

ゴヤバラ　Rosa multiflora var.carnea
「江戸博物文庫 花草の巻」工作舎　2017
◇p132（カラー）　ゴヤ薔薇　岩崎灌園『本草図譜』［東京大学大学院理学系研究科附属植物園（小石川植物園）］

ゴヤバラ
⇒ボサツバラ・ゴヤバラを見よ

ごようまつ
「木の手帖」小学館　1991
◇図10（カラー）　五葉松　岩崎灌園『本草図譜』文政11（1828）　約21×145 ［国立国会図書館］

ゴヨウマツ　Pinus parviflora Sieb.et Zucc.
「シーボルト「フローラ・ヤポニカ」日本植物誌」八坂書房　2000
◇図115（白黒）　Gojo no matsu.アイヌ語名は Tsika fup ［国立国会図書館］

五葉松
「高松松平家博物図譜 衆芳画譜 花果 第五」香川県立ミュージアム　2011
◇p27（カラー）　松平頼恭 江戸時代　紙本著色 画帖装（折本形式）　33.2×48.4 ［個人蔵］

コリアンテス・マクランタ　Coryanthes macrantha
「蘭百花図譜」八坂書房　2002
◇p98（カラー）　ランダン, ジャン『ペスカトレア』 1860　石版刷手彩色

コリシア属の1種　Chorisia speciosa
「図説 ボタニカルアート」河出書房新社　2010
◇p87（白黒）　コリシア属の一種とハミングバード　ノース画 ［王立キュー植物園］

コリダリス・カウァ　Corydalis cava
「ウィリアム・カーティス 花図譜」同朋舎出版　1994
◇176図（カラー）　Hollow-rooted Fumitory　カーティス, ウィリアム『カーティス・ボタニカル・マガジン』 1793

こりやなぎ
「高松松平家博物図譜 写生画帖 雑木」香川県立ミュージアム　2014
◇p69（カラー）　松平頼恭 江戸時代　紙本著色 画帖装（折本形式）　33.2×48.4 ［個人蔵］ ※表紙・裏表紙見返し墨書 安永6（1777）6月 程赤城筆

コリンソニア・カナデンシス　Collinsonia canadensis
「図説 ボタニカルアート」河出書房新社　2010
◇p71（白黒）　Collinsonia　エーレット画, リンネ『クリフォート邸植物誌』 1738

コリンソニア属カナデンシス種　Collinsonia canadensis L.
「花の肖像 ボタニカルアートの名品と歴史」創土社　2006
◇fig.62（カラー）　エーレット画, ワンデラール彫版, リンネ『クリフォート邸の植物』 1738

コルヴィレア・ラケモサ　Colvillea racemosa
「ウィリアム・カーティス 花図譜」同朋舎出版　1994
◇269図, 270図（カラー）　Splendid Colvillea　ボジャール, ウェンシスラス画『カーティス・ボタニカル・マガジン』 1824,1834

コルチクム・アルピヌム
「ユリ科植物図譜 2」学習研究社　1988
◇図76（カラー）　Colchicum alpinum　ルドゥーテ, ピエール＝ジョセフ 1802～1815

コルチクム・バリエガートゥム
「ユリ科植物図譜 2」学習研究社　1988
◇図78（カラー）　Colchicum variegatum　ルドゥーテ, ピエール＝ジョセフ 1802～1815

コルデス・パーフェクタ　'Kordes'Perfecta'
「ばら花譜」平凡社　1983
◇PL.87（カラー）　Perfecta　二口善雄画, 鈴木省三, 籾山泰一著 1975　水彩

ゴールデン・マスターピース　'Golden Masterpiece'
「ばら花譜」平凡社　1983
◇PL.80（カラー）　二口善雄画, 鈴木省三, 籾山泰一著 1975　水彩

ゴールドマリー　'Goldmarie'
「ばら花譜」平凡社　1983
◇PL.138（カラー）　二口善雄画, 鈴木省三, 籾山泰一著 1975　水彩

コンウォルウルス・クネオルム　Convolvulus cneorum
「ウィリアム・カーティス 花図譜」同朋舎出版　1994
◇135図（カラー）　Silvery-leaved Bindweed　エドワーズ, シデナム・ティースト画『カーティス・ボタニカル・マガジン』 1799

コンウォルウルス・ダフリクス　Calystegia dahurica
「ウィリアム・カーティス 花図譜」同朋舎出版 1994
◇136図(カラー)　Daurian Bindweed　ハーバート, ウィリアム画『カーティス・ボタニカル・マガジン』 1826

コンギク　Aster ageratoides ssp.ovatus
「江戸博物文庫 花草の巻」工作舎　2017
◇p47(カラー)　紺菊　岩崎灌園『本草図譜』［東京大学大学院理学系研究科附属植物園(小石川植物園)］

ゴンゴラ・アルメニアカ　Gongora armeniaca Rchb.f.
「蘭花譜」平凡社　1974
◇Pl.82-2(カラー)　加藤光治著, 二口善雄画 1967写生

ゴンゴラ・ガレアタ　Gongora galeata (Ldl.) Rchb.f.
「蘭花譜」平凡社　1974
◇Pl.82-1(カラー)　加藤光治著, 二口善雄画 1968写生

ゴンズイ　Euscaphis japonica
「花彙 下」八坂書房　1977
◇図139(白黒)　大眼桐　小野蘭山, 島田充房 明和2(1765)　26.5×18.5 ［国立公文書館・内閣文庫］

ゴンズイ　Euscaphis japonica (Thunb.ex Murray) Kanitz
「シーボルト「フローラ・ヤポニカ」 日本植物誌」八坂書房　2000
◇図67(白黒)　Gonzui, Kitse no tsjabukuro ［国立国会図書館］

コンドロリンカ・ディスカラー
Chondrorhyncha discolor P.H.Allen (Zygopetalum discolor Rchb.f.)
「蘭花譜」平凡社　1974
◇Pl.90-3(カラー)　加藤光治著, 二口善雄画 1941写生

コンパレッチア・コクシネア　Comparettia coccinea Ldl.
「蘭花譜」平凡社　1974
◇Pl.93-4(カラー)　加藤光治著, 二口善雄画 1972写生

コンパレッチア・スペシオサ　Comparettia speciosa Rchb.f.
「蘭花譜」平凡社　1974
◇Pl.93-2(カラー)　加藤光治著, 二口善雄画 1970写生

コンパレッチア・ファルカタ　Comparettia falcata Poepp.et Endl.
「蘭花譜」平凡社　1974
◇Pl.93-3(カラー)　加藤光治著, 二口善雄画 1968写生

コンパレッチア・マクロプレクトロン
Comparettia macroplectron Rchb.f.
「蘭花譜」平凡社　1974
◇Pl.93-1(カラー)　加藤光治著, 二口善雄画 1971写生

コンフィダンス　'Confidence'
「ばら花譜」平凡社　1983
◇PL.74(カラー)　二口善雄画, 鈴木省三, 籾山泰一著 1975　水彩

コンボルブルス・トリコロール　Convolvulus tricolor
「ボタニカルアート 西洋の美花集」パイ インターナショナル　2010
◇p63(カラー)　カーティス, ウィリアム著『ボタニカル・マガジン1巻』 1787　銅版画 手彩色 ［千葉県立中央博物館］

コンボルブルス・プルプレウス　Convolvulus purpureus
「ボタニカルアート 西洋の美花集」パイ インターナショナル　2010
◇p64左(カラー)　カーティス, ウィリアム著『ボタニカル・マガジン4巻』 1790　銅版画 手彩色 ［千葉県立中央博物館］

コンメリナ・アフリカナ
「ユリ科植物図譜 2」学習研究社　1988
◇図231(カラー)　Commelina africana　ルドゥーテ, ピエール＝ジョセフ 1802～1815

コンメリナ・ディアンティフォリア
「ユリ科植物図譜 2」学習研究社　1988
◇図225(カラー)　Commelina dianthifolia　ルドゥーテ, ピエール＝ジョセフ 1802～1815

コンメリナ・ドゥビア
「ユリ科植物図譜 2」学習研究社　1988
◇図226(カラー)　Commelina dubia　ルドゥーテ, ピエール＝ジョセフ 1802～1815

コンメリナ・トゥベロサ　Commelina tuberosa
「花の王国 1」平凡社　1990
◇p113(カラー)　ドラピエ, P.A.J., ベッサ, パンクラース原図『園芸家・愛好家・工業家のための植物誌』 1836　手彩色図版

コンメリナ・パリダ　Commelina pallida
「ユリ科植物図譜 2」学習研究社　1988
◇図227(カラー)　コンメリナ・ルベンス　ルドゥーテ, ピエール＝ジョセフ 1802～1815

金輪寺白妙　Prunus Lannesiana Wils. 'Kunrinjishirotai'
「日本桜集」平凡社　1973
◇Pl.76(カラー)　大井次三郎著, 太田洋愛画 1970写生　水彩

崑崙黒

「日本椿集」平凡社　1966
◇図135（カラー）　津山尚著, 二口善雄画 1965, 1957

【さ】

さいかち

「木の手帖」小学館　1991
◇図95（カラー）　皁莢　岩崎灌園『本草図譜』 文政11（1828）　約21×145　［国立国会図書館］

サイカチ　Gleditsia japonica

「花彙 下」八坂書房　1977
◇図132（白黒）　走葉木　小野蘭山, 島田充房 明和2（1765）　26.5×18.5　［国立公文書館・内閣文庫］

サイカチ　Gleditsia japonica Miq.

「シーボルト日本植物図譜コレクション」小学館　2008
◇図2–48（カラー）　Gleditschia［japonica Miq.］［不明 日本人画家］画 ［1820〜1826頃］　薄い半透明の和紙 透明絵の具 墨　20.3×27.1　［ロシア科学アカデミーコマロフ植物学研究所図書館］ ※目録452 コレクションIII ［577］/339

才布

「日本椿集」平凡社　1966
◇図158（カラー）　津山尚著, 二口善雄画 1965

ザイフリボク　Amelanchier asiatica（Siebold & Zucc.）Endl.ex Walp.

「シーボルト日本植物図譜コレクション」小学館　2008
◇図2–35（カラー）　Aronia asiatica Sieb.et Zucc.［Unger, J.］画　紙 鉛筆　23.3×30.7　［ロシア科学アカデミーコマロフ植物学研究所図書館］ ※目録378 コレクションIII 728/388

「シーボルト「フローラ・ヤポニカ」 日本植物誌」八坂書房　2000
◇図42（白黒）　Zaifuri, Zaifuribok　［国立国会図書館］

サインノキ　Clusia rosea

「すごい博物画」グラフィック社　2017
◇図版87（カラー）　ケイツビー, マーク 1725頃 アラビアゴムを混ぜた水彩 濃厚顔料　37.3×26.7　［ウィンザー城ロイヤル・ライブラリー］

さかき

「高松松平家博物図譜 写生画帖 雑木」香川県立ミュージアム　2014
◇p35（カラー）　松平頼恭 江戸時代　紙本著色 画帖装（折本形式）　33.2×48.4　［個人蔵］　※表紙・裏表紙見返し墨書 安永6（1777）6月 程赤城筆

サカキ　Cleyera japonica Thunb.

「シーボルト日本植物図譜コレクション」小学館　2008
◇図2–79（カラー）　Cleyera japonica Sieb.et Zucc.varietas　［川原慶賀？］画　紙 透明絵の具 白色塗料 墨　23.8×33.5　［ロシア科学アカデミーコマロフ植物学研究所図書館］　※目録283 コレクションII 201/202

「シーボルト「フローラ・ヤポニカ」 日本植物誌」八坂書房　2000
◇図81（カラー）　Sakaki, 一般にTera–tsubaki ［国立国会図書館］

サカキカズラ　Anodendron affine

「江戸博物文庫 花草の巻」工作舎　2017
◇p151（カラー）　榊葛　岩崎灌園『本草図譜』［東京大学大学院理学系研究科附属植物園（小石川植物園）］

盃葉

「日本椿集」平凡社　1966
◇図214（カラー）　津山尚著, 二口善雄画 1965

サカネラン

「美花図譜」八坂書房　1991
◇図61（カラー）　ウエインマン『花譜』 1736〜1748　銅版刷手彩色　［群馬県館林市立図書館］

さがりらん　Diploprora Uraiensis Hayata

「蘭花譜」平凡社　1974
◇Pl.120–12（カラー）　加藤光治著, 二口善雄画 1970写生

さぎそう　Habenaria radiata

「草木写生 秋の巻」ピエ・ブックス　2010
◇p98〜99（カラー）　鷺草　狩野織染藤原重賢 明暦3（1657）〜元禄12（1699）　［国立国会図書館］

さぎそう　Habenaria radiata（Thunb.）Spreng.

「蘭花譜」平凡社　1974
◇Pl.14–1（カラー）　加藤光治著, 二口善雄画 1942写生

サギソウ　Habenaria radiata

「花木真寫」淡交社　2005
◇図90（カラー）　鷺草　近衛予楽院家熙　［（財）陽明文庫］

「牧野富太郎植物画集」ミュゼ　1999
◇p48（白黒）1887（明治20）　和紙 墨（毛筆） 27.3×19.4

「四季草花譜」八坂書房　1988
◇図71（カラー）　飯沼慾斎筆『草木図説稿本』［個人蔵］

サギソウ　Pecteilis radiata

「日本の博物図譜」東海大学出版会　2001
◇p103（白黒）　池田瑞月原画『蘭花譜』　［個人蔵］

サギソウ

「高松松平家博物図譜 衆芳画譜 花卉 第四」香川県立ミュージアム　2010
◇p26（カラー）　松平頼恭 江戸時代　紙本著色 画帖装（折本形式）　33.0×48.2　［個人蔵］

サギッタリア・オバータ
「ユリ科植物図譜 2」学習研究社　1988
◇図251（カラー）　Sagittaria ovata　ルドゥーテ, ピエール＝ジョセフ 1802〜1815

サギッタリア・サギッティフォリア
「ユリ科植物図譜 2」学習研究社　1988
◇図253（カラー）　Sagittaria sagittifolia　ルドゥーテ, ピエール＝ジョセフ 1802〜1815

サクユリ　Lilium auratum
「花の王国 1」平凡社　1990
◇p119（カラー）　山本章夫『萬花帖』 江戸末期〜明治時代 ［西尾市立図書館岩瀬文庫（愛知県）］

サクユリ　Lilium platyphyllum
「牧野富太郎植物画集」ミュゼ　1999
◇p28（白黒） 1902頃（明治35）　ケント紙 墨（毛筆） 40.3×29.1

さくら　Prunus
「草木写生 春の巻」ピエ・ブックス　2010
◇p78〜79（カラー）　桜　狩野織染藤原重賢 明暦3（1657）〜元禄12（1699）［国立国会図書館］
◇p82〜83（カラー）　桜　狩野織染藤原重賢 明暦3（1657）〜元禄12（1699）［国立国会図書館］

サクラ　Prunus sp.
「花の王国 1」平凡社　1990
◇p53（カラー）　高木春山『本草図説』 ？〜1852 ［西尾市立図書館岩瀬文庫（愛知県）］

サクラ
「彩色 江戸博物学集成」平凡社　1994
◇p326（カラー）　一重のヤマザクラと八重の品種 毛利梅園『梅園百花画譜〈春部〉』 ［国会図書館］

櫻
「高松松平家博物図譜 衆芳画譜 花果 第五」香川県立ミュージアム　2011
◇p10（カラー）　松平頼恭 江戸時代　紙本著色 画帖装（折本形式） 33.2×48.4 ［個人蔵］
◇p24（カラー）　彼岸櫻, 山櫻ノ實　松平頼恭 江戸時代　紙本著色 画帖装（折本形式） 33.2×48.4 ［個人蔵］
◇p78（カラー）　松平頼恭 江戸時代　紙本著色 画帖装（折本形式） 33.2×48.4 ［個人蔵］

桜鏡　'Sakura–kagami'
「ばら花譜」平凡社　1983
◇PL.61（カラー）　二口善雄画, 鈴木省三, 籾山泰一著 1975　水彩

さくらせっこく　Dendrobium Linawianum Rchb.f.
「蘭花譜」平凡社　1974
◇Pl.59–6（カラー）　加藤光治著, 二口善雄画 1940写生

さくらそう　Primula sieboldii
「草木写生 春の巻」ピエ・ブックス　2010
◇p178〜179（カラー）　桜草　狩野織染藤原重賢 明暦3（1657）〜元禄12（1699）［国立国会図書館］

サクラソウ　Primula sieboldii E.Morren
「岩崎灌園の草花写生」たにぐち書店　2013
◇p40（カラー）　桜草 ［個人蔵］

サクラソウ
「高松松平家博物図譜 衆芳画譜 花卉 第四」香川県立ミュージアム　2010
◇p14（カラー）　松平頼恭 江戸時代　紙本著色 画帖装（折本形式） 33.0×48.2 ［個人蔵］
「ボタニカルアートの世界」朝日新聞社　1987
◇p137（カラー）　伊藤篤太郎図『大日本植物図集 第1巻6集』 1924

サクラソウ・オーリキュラ栽培新種群　Auriculas
「イングリッシュ・ガーデン」求龍堂　2014
◇図79（カラー）　クロニエ, フリッチェ 1839　水彩 鉛筆 ヴェラム 38.0×29.8 ［キュー王立植物園］

桜草五種
「高松松平家博物図譜 衆芳画譜 花卉 第四」香川県立ミュージアム　2010
◇p101（カラー）　櫻草 五種　大フリ袖, 風車, 茶シホリ, 手拍子, 唐子　松平頼恭 江戸時代　紙本著色 画帖装（折本形式） 33.0×48.2 ［個人蔵］
「江戸名作画帖全集 8」駸々堂出版　1995
◇図78（カラー）　松平頼恭編『写生画帖・衆芳画譜』　紙本着色 ［松平公益会］

サクラソウの1種　Primula sp.
「図説 ボタニカルアート」河出書房新社　2010
◇p86（白黒）　エドワーズ, J.『花の写生画帖』 1801

サクラソウの諸品種
「ボタニカルアートの世界」朝日新聞社　1987
◇p99右（カラー）　ヘンダーソン画, ホップウッド彫版『花の神殿』 1807

サクラソウ類　Primula vulgaris, Primula veris, the hybrid Primula×variabilis
「イングリッシュ・ガーデン」求龍堂　2014
◇図7（カラー）　Primulas and Polyanthas　メリアン, マリア・シビラ 1670年代頃　水彩 ヴェラム 34.0×26.5 ［キュー王立植物園］

さくらたで　Polygonum conspicuum
「草木写生 秋の巻」ピエ・ブックス　2010
◇p184〜185（カラー）　桜蓼　狩野織染藤原重賢 明暦3（1657）〜元禄12（1699）［国立国会図書館］

さくらたで
「高松松平家博物図譜 写生画帖 雑草」香川県立ミュージアム　2013
◇p76（カラー）　松平頼恭 江戸時代　紙本著色 画帖装（折本形式） 33.2×48.4 ［個人蔵］

サクラタデ　Polygonum conspicuum
「江戸博物文庫 花草の巻」工作舎　2017
◇p94（カラー）　桜蓼　岩崎灌園『本草図譜』［東京大学大学院理学系研究科附属植物園（小石川植物園）］

サクラバラ　Rosa multiflora Thunb.ex Murray var.platyphylla Thory
「岩崎灌園の草花写生」たにぐち書店　2013
◇p20（カラー）　桜薔薇　［個人蔵］

サクラバラ　Rosa multiflora var.carnea
「花木真寫」淡交社　2005
◇図37（カラー）　櫻茨　近衛予楽院家熈　［（財）陽明文庫］

サクラバラの一系
「彩色 江戸博物学集成」平凡社　1994
◇p59（カラー）　十五夜　丹羽正伯『備前国備中国之内領内産物絵図帳』［岡山大学附属図書館］

サクララン　Hoya carnosa（L.f.）R.Br.
「シーボルト日本植物図譜コレクション」小学館　2008
◇図2-68（カラー）　Hoya carnosa R.Br.［Ver Huell, Q.M.R.？］画［1820～ 1827頃］紙 絵の具 墨 白色塗料　23.4×32.9［ロシア科学アカデミーコマロフ植物学研究所図書館］※目録690 コレクションV 230/636

サクラ蘭
「高松松平家博物図譜 衆芳画譜 花卉 第四」香川県立ミュージアム　2010
◇p83（カラー）　松平頼恭 江戸時代　紙本著色 画帖装（折本形式）　33.0×48.2［個人蔵］

ザクロ　Punica granatum
「すごい博物画」グラフィック社　2017
◇図版62（カラー）　八重咲のザクロの木の枝にビワハゴロモとセミ　メーリアン, マリア・シビラ 1701～05頃　子牛皮紙に軽く輪郭をエッチングした上に水彩 濃厚顔料 アラビアゴム　36.4×27.1［ウィンザー城ロイヤル・ライブラリー］
「花木真寫」淡交社　2005
◇図67（カラー）　柘榴　近衛予楽院家熈　［（財）陽明文庫］

サケバヤトロファ　Jatropha multifida L.
「花の肖像 ボタニカルアートの名品と歴史」創土社　2006
◇fig.58（カラー）　オーブリエ画　［画王立園芸協会リンドレー・ライブラリー］

ササガニユリ　Hymenocallis speciosa
「ユリ科植物図譜 1」学習研究社　1988
◇図248（カラー）　パンクラティウム・スペキオースム　ルドゥーテ, ピエール＝ジョセフ 1802～1815

さゝくさ
「高松松平家博物図譜 写生画帖 雑草」香川県立ミュージアム　2013
◇p70（カラー）　松平頼恭 江戸時代　紙本著色 画帖装（折本形式）　33.2×48.4［個人蔵］
◇p88（カラー）　松平頼恭 江戸時代　紙本著色 画帖装（折本形式）　33.2×48.4［個人蔵］

ササゲ
「彩色 江戸博物学集成」平凡社　1994
◇p255（カラー）　飯沼慾斎『草木図説』［内閣文庫］

漣
「日本椿集」平凡社　1966
◇図156（カラー）　津山尚著, 二口善雄画 1959

ササバサンキライ　Smilax nervo-marginata
「江戸博物文庫 花草の巻」工作舎　2017
◇p139（カラー）　笹葉山帰来　岩崎灌園『本草図譜』［東京大学大学院理学系研究科附属植物園（小石川植物園）］

さゝほうづき
「高松松平家博物図譜 写生画帖 雑草」香川県立ミュージアム　2013
◇p52（カラー）　松平頼恭 江戸時代　紙本著色 画帖装（折本形式）　33.2×48.4［個人蔵］

さざんか　Camellia sasanqua
「草木写生 秋の巻」ピエ・ブックス　2010
◇p232～233（カラー）　山茶花　狩野織染藤原重賢 明暦3（1657）～元禄12（1699）［国立国会図書館］

サヽンクハ
「高松松平家博物図譜 衆芳画譜 花果 第五」香川県立ミュージアム　2011
◇p50（カラー）　松平頼恭 江戸時代　紙本著色 画帖装（折本形式）　33.2×48.4［個人蔵］

サザンカ　Camellia sasanqua
「図説 ボタニカルアート」河出書房新社　2010
◇p96（カラー）　ウェイト画, シーボルト, ツッカリーニ『日本植物誌』 1835～41
◇p112（カラー）　加藤竹斎画, 東京大学（伊藤圭介）『東京大学小石川植物園草木図説』 1883
「花彙 下」八坂書房　1977
◇図178（白黒）　茶梅花　小野蘭山, 島田充房 明和2（1765）　26.5×18.5［国立公文書館・内閣文庫］

サザンカ　Camellia sasanqua Thunb.
「シーボルト日本植物図譜コレクション」小学館　2008
◇図1-33（カラー）［Camellia sasanqua Thunb.］Veith, K.F.M.画　紙 鉛筆　21.1×29.8［ロシア科学アカデミーコマロフ植物学研究所図書館］※目録278 コレクションII 801/201
「花の肖像 ボタニカルアートの名品と歴史」創土社　2006
◇fig.79（カラー）　島田充房画, 小野蘭山『花彙』1765

サザンカ　Camellia sasanqua Thunb.ex Murray
「シーボルト「フローラ・ヤポニカ」 日本植物誌」八坂書房　2000
◇図83（カラー）　Sasank'wa ［国立国会図書館］

サザンカ
「ボタニカルアートの世界」朝日新聞社　1987
◇p128上（白黒）　伊藤伊兵衛『広益地錦抄』 1719
◇p131上（白黒）　茶梅花　島田充房, 小野蘭山『花彙』 1765

サジオモダカの1種　Triglochin sp.
「ビュフォンの博物誌」工作舎　1991
◇N038（カラー）『一般と個別の博物誌 ソンニーニ版』

ざぜんそう
「野の草の手帖」小学館　1989
◇p28～29（カラー）　坐禅草　岩崎常正（灌園）『本草図譜』 文政11（1828）［国立国会図書館］

ザゼンソウ　Symplocarpus foetidus
「ウィリアム・カーティス 花図譜」同朋舎出版　1994
◇46図（カラー）　Skunk-cabbage　エドワーズ, シデナム・ティースト画『カーティス・ボタニカル・マガジン』 1805
「花の王国 4」平凡社　1990
◇p41（カラー）『カーチス・ボタニカル・マガジン』 1787～継続

サダソウ　Peperomia japonica
「牧野富太郎植物画集」ミュゼ　1999
◇p32（白黒）1887（明治20）　和紙 墨（毛筆） 38.7×27.4

サツキ　Rhododendron indicum
「花の王国 1」平凡社　1990
◇p72（カラー）　ルメール『園芸図譜誌』 1854～86
◇p73（カラー）　ドラピエ, P.A.J., ベッサ, パンクラース原図『園芸家・愛好家・工業家のための植物誌』 1836　手彩色図版

サッコラビューム・ダシポゴン
Saccolabium dasypogon (Ldl.) O.Ktze.
「蘭花譜」平凡社　1974
◇Pl.120-10（カラー）　加藤光治著, 二口善雄画 1971写生

サッコラビューム・ベリナム　Saccolabium bellinum Rchb.f.
「蘭花譜」平凡社　1974
◇Pl.120-8（カラー）　加藤光治著, 二口善雄画 1941写生

サッサフラスノキ　Sassafras albidum
「植物精選百種図譜 博物画の至宝」平凡社　1996
◇pl.69（カラー）　Laurus　トレウ, C.J., エーレト, G.D. 1750～73
◇pl.70（カラー）　Laurus　トレウ, C.J., エーレト, G.D. 1750～73

サツマイナモリ　Ophiorrhiza japonica Blume
「シーボルト日本植物図譜コレクション」小学館　2008
◇図3-49（カラー）　Ophiorrhiza japonica Blume　川原慶賀画　紙 透明絵の具 白色塗料 墨　24.1×32.7　［ロシア科学アカデミーコマロフ植物学研究所図書館］　※目録697 コレクションV 242/619

サトイモ科　Araceae
「ビュフォンの博物誌」工作舎　1991
◇N043（カラー）『一般と個別の博物誌 ソンニーニ版』

さとざくら　Cerasus lannesiana Carriere
「草木写生 春の巻」ピエ・ブックス　2010
◇p74～75（カラー）　里桜　泰山府君　狩野織染藤原重賢 明暦3（1657）～元禄12（1699）［国立国会図書館］

サネカズラ　Kadsura japonica
「花彙 下」八坂書房　1977
◇図148（白黒）　六亭劑　小野蘭山, 島田充房 明和2（1765）　26.5×18.5 ［国立公文書館・内閣文庫］

サネカズラ　Kadsura japonica (L.) Dunal
「シーボルト「フローラ・ヤポニカ」 日本植物誌」八坂書房　2000
◇図17（カラー）　Binan-Kadsura, Sane-Kadsura ［国立国会図書館］

佐野桜　Prunus Jamasakura Sieb. 'Sanozakura'
「日本桜集」平凡社　1973
◇Pl.105（カラー）　大井次三郎著, 太田洋愛画 1971写生　水彩

サバクオモト
⇒キソウテンガイ, サバクオモトを見よ

サフラン　Crocus sativus
「ルドゥーテ画 美花選 2」学習研究社　1986
◇図62（カラー） 1827～1833

サポジラ, チューインガムノキ
「カーティスの植物図譜」エンタプライズ　1987
◇図3111, 3112（カラー）　Sapote, Sapodilla, Marmalade-Plum『カーティスのボタニカルマガジン』 1787～1887

サボテン（ウチワサボテン）　Opuntia ficus-indica Mill.
「高木春山 本草図説 1」リブロポート　1988
◇図24（カラー）　大形宝剣（オオガタホウケン）

サボテンの1種　Selenicereus grandiflorus
「図説 ボタニカルアート」河出書房新社　2010
◇p42（カラー）　大輪柱　エーレット画, トリュー

『美花園誌』 1750〜92

サボテンの1種「大輪柱」 Selenicereus grandiflorus (L.) Britton & Rose

「花の肖像 ボタニカルアートの名品と歴史」創土社 2006
◇fig.10 (カラー) エーレット画, トルー『植物図選』
◇fig.11 (カラー) ライナグル, ペサー画, ソートン『花の神殿』

サボテンノハナ

「高松松平家博物図譜 衆芳画譜 花卉 第四」香川県立ミュージアム 2010
◇p105 (カラー) 松平頼恭 江戸時代 紙本著色 画帖装 (折本形式) 33.0×48.2 [個人蔵]

サボンソウ Saponaria officinalis

「花の王国 3」平凡社 1990
◇p112 (カラー) ショームトン他編, テュルパン, P.J.F.図『薬用植物事典』 1833〜35

さまざまなキク科植物

「ボタニカルアートの世界」朝日新聞社 1987
◇p92, 93 (カラー)『Naturgschichte des Pflanzenreichs』 出版年代不詳

さまざまなセリ科植物

「ボタニカルアートの世界」朝日新聞社 1987
◇p90, 91 (カラー)『Naturgschichte des Pflanzenreichs』 出版年代不詳

サマー・サンシャイン 'Summer Sunshine'

「ばら花譜」平凡社 1983
◇PL.85 (カラー) Soleil d'Eté 二口善雄画, 鈴木省三, 籾山泰一著 1973 水彩

サマニユキワリ Primula modesta Bisset et S.Moore var.samanimontana (Tatew.) Nakai

「須崎忠助植物画集」北海道大学出版会 2016
◇図23-46 (カラー) ゆきわりこさくら『大雪山植物其他』 [北海道大学附属図書館]

サマンサ 'Samantha'

「ばら花譜」平凡社 1983
◇PL.100 (カラー) 二口善雄画, 鈴木省三, 籾山泰一著 1975 水彩

ザミア (フロリダソテツ) の1種 Zamia latifolia

「植物精選百種図譜 博物画の至宝」平凡社 1996
◇pl.26 (カラー) Palmifolia あるいはヒロハザミアZ.furfuraceaか トレウ, C.J., エーレト, G. D. 1750〜73

サラサバナ, パイプカズラ

「カーティスの植物図譜」エンタプライズ 1987
◇図6909 (カラー) Calico Flower『カーティスのボタニカルマガジン』 1787〜1887

サラサレンゲ Magnolia×soulangiana

「美花選[普及版]」河出書房新社 2016
◇図104 (カラー) Magnolia Soulangiana ルドゥーテ, ピエール=ジョゼフ画 1827〜1833 [コノサーズ・コレクション東京]

サラセニア Sarracenia flava

「花の王国 4」平凡社 1990
◇p120 (カラー) ルメール, Ch.『園芸図譜誌』 1854〜86

サラトガ 'Saratoga'

「ばら花譜」平凡社 1983
◇PL.142 (カラー) 二口善雄画, 鈴木省三, 籾山泰一著 1976 水彩

サラバンド 'Sarabande'

「ばら花譜」平凡社 1983
◇PL.141 (カラー) 二口善雄画, 鈴木省三, 籾山泰一著 1975 水彩

サルウィア・アウレア Salvia africana-lutea

「ウィリアム・カーティス 花図譜」同朋舎出版 1994
◇259図 (カラー) Golden Sage エドワーズ, シデナム・ティースト画『カーティス・ボタニカル・マガジン』 1792

サルウィア・アモエナ Salvia amoena

「ウィリアム・カーティス 花図譜」同朋舎出版 1994
◇258図 (カラー) Purple-flowered Sage エドワーズ, シデナム・ティースト画『カーティス・ボタニカル・マガジン』 1810

サルヴィア・インウォルクラタ Salvia involucrata

「ウィリアム・カーティス 花図譜」同朋舎出版 1994
◇261図 (カラー) Large-bracted Sage ハーバート, ウィリアム画『カーティス・ボタニカル・マガジン』 1828

サルウィア・インディカ Salvia indica

「ウィリアム・カーティス 花図譜」同朋舎出版 1994
◇260図 (カラー) Indian Sage カーティス, ウィリアム『カーティス・ボタニカル・マガジン』 1798

サルウィア・スパタケア Salvia spathacea

「ウィリアム・カーティス 花図譜」同朋舎出版 1994
◇262図 (カラー) Hummingbird Sage スネリング, リリアン画『カーティス・ボタニカル・マガジン』 1942

サルカンサス・エリナシュース Sarcanthus erinaceus Rchb.f.

「蘭花譜」平凡社 1974
◇Pl.112-4 (カラー) 加藤光治著, 二口善雄画 1940写生

サルコキラス・セシリエー Sarcochilus Ceciliae FvM.
「蘭花譜」平凡社　1974
◇Pl.112-3（カラー）　加藤光治著, 二口善雄画 1971写生

サルコキラス・ハートマンニイ Sarcochilus Hartmannii FvM.
「蘭花譜」平凡社　1974
◇Pl.112-1（カラー）　加藤光治著, 二口善雄画 1971写生

サルコキラス・ファルカタス Sarcochilus falcatus R.Br.
「蘭花譜」平凡社　1974
◇Pl.112-2（カラー）　加藤光治著, 二口善雄画 1971写生

サルスベリ Lagerstromia indica
「ウィリアム・カーティス 花図譜」同朋舎出版 1994
◇369図（カラー）　Indian Lagerstrœmia　エドワーズ, シデナム・ティースト画『カーティス・ボタニカル・マガジン』 1798

サルスベリ
「高松松平家博物図譜 衆芳画譜 花果 第五」香川県立ミュージアム　2011
◇p33（カラー）　松平頼恭 江戸時代　紙本著色 画帖装（折本形式）　33.2×48.4 ［個人蔵］
「彩色 江戸博物学集成」平凡社　1994
◇p167（カラー）　増山雪斎『草花写生図』　［東洋文庫］

サルトリイバラ Smilax china
「花彙 下」八坂書房　1977
◇図159（白黒）　木猪苓　小野蘭山, 島田充房 明和2（1765）　26.5×18.5 ［国立公文書館・内閣文庫］

サルトリイバラ
「彩色 江戸博物学集成」平凡社　1994
◇p162（カラー）　増山雪斎『草花写生図』　［東洋文庫］
◇p322（カラー）　土茯苓, 山菝児　雄株, 雌株　畔田翠山『和州吉野郡中物産志』　［岩瀬文庫］

さるなし
「高松松平家博物図譜 写生画帖 雑草」香川県立ミュージアム　2013
◇p57（カラー）　松平頼恭 江戸時代　紙本著色 画帖装（折本形式）　33.2×48.4 ［個人蔵］

さるのめ
「高松松平家博物図譜 写生画帖 雑草」香川県立ミュージアム　2013
◇p41（カラー）　松平頼恭 江戸時代　紙本著色 画帖装（折本形式）　33.2×48.4 ［個人蔵］

サルファー・ローズ
⇒ロサ・ヘミスファエリカ（サルファー・ローズ）を見よ

サルメンエビネ Calanthe tricarinata
「日本の博物図譜」東海大学出版会　2001
◇図68（カラー）　牧野富太郎筆『日本植物志図篇』［高知県立牧野植物園］
「牧野富太郎植物画集」ミュゼ　1999
◇p41（白黒）1887（明治20）　和紙 墨（毛筆） 27.4×19.4

サルメンエビネ Calanthe tricarinata Lindl.
「須崎忠助植物画集」北海道大学出版会　2016
◇図48-78（カラー）　さるめんえびね『大雪山植物其他』 6月18日 ［北海道大学附属図書館］

ザロンウメ Prunus mume var.pleiocarpa
「花彙 下」八坂書房　1977
◇図122（白黒）　品字梅　小野蘭山, 島田充房 明和2（1765）　26.5×18.5 ［国立公文書館・内閣文庫］

さわおぐるま Senecio pierotii
「草木写生 春の巻」ピエ・ブックス　2010
◇p182～183（カラー）　沢小車　狩野織染藤原重賢 明暦3（1657）～元禄12（1699）　［国立国会図書館］

サワキヽヤウ
「高松松平家博物図譜 衆芳画譜 花卉 第四」香川県立ミュージアム　2010
◇p42（カラー）　松平頼恭 江戸時代　紙本著色 画帖装（折本形式）　33.0×48.2 ［個人蔵］

サワキキョウ
⇒ミズアオイ・ナギ・サワキキョウを見よ

サワギキョウ属アスルゲンス種 Lobelia assurgens L.
「花の肖像 ボタニカルアートの名品と歴史」創土社　2006
◇fig.69（カラー）　フッカー, ウィリアム画, スワン, J.彫版『カーチス・ボタニカル・マガジン』 1832

サワギキョウ属の1種 Lobelia assurgens
「図説 ボタニカルアート」河出書房新社　2010
◇p89（カラー）　フッカー, W.J.原画『カーティス・ボタニカル・マガジン』 1832

さわぐるみ
「木の手帖」小学館　1991
◇図23（カラー）　沢胡桃　岩崎灌園『本草図譜』 文政11（1828）　約21×145 ［国立国会図書館］

サワグルミ Pterocarya rhoifolia Sieb.et Zucc.
「シーボルト「フローラ・ヤポニカ」 日本植物誌」八坂書房　2000
◇図150（白黒）　Tso zoo Kurimi ［国立国会図書館］
「北海道主要樹木図譜［普及版］」北海道大学図

書刊行会　1986
◇図21（カラー）　須崎忠助 大正9（1920）～昭和6（1931）［個人蔵］

サワシバ　Carpinus cordata Bl.

「北海道主要樹木図譜［普及版］」北海道大学図書刊行会　1986
◇図22（カラー）　須崎忠助 大正9（1920）～昭和6（1931）［個人蔵］

さわだつ

「木の手帖」小学館　1991
◇図125（カラー）　沢立　岩崎灌園『本草図譜』文政11（1828）　約21×145 ［国立国会図書館］

さわてらし

「高松松平家博物図譜 写生画帖 雑木」香川県立ミュージアム　2014
◇p77（カラー）　松平頼恭 江戸時代　紙本著色 画帖装（折本形式）　33.2×48.4 ［個人蔵］ ※表紙・裏表紙見返し墨書 安永6（1777）6月 程赤城筆

さわふさき

「高松松平家博物図譜 写生画帖 雑木」香川県立ミュージアム　2014
◇p12（カラー）　松平頼恭 江戸時代　紙本著色 画帖装（折本形式）　33.2×48.4 ［個人蔵］ ※表紙・裏表紙見返し墨書 安永6（1777）6月 程赤城筆

さわふさぎ

「高松松平家博物図譜 写生画帖 雑草」香川県立ミュージアム　2013
◇p28（カラー）　松平頼恭 江戸時代　紙本著色 画帖装（折本形式）　33.2×48.4 ［個人蔵］

さわら

「木の手帖」小学館　1991
◇図19（カラー）　椹　図左はヒノキ科の別属のクロベ　岩崎灌園『本草図譜』 文政11（1828）　約21×145 ［国立国会図書館］

サワラ　Chamaecyparis pisifera（Sieb.et Zucc.）Sieb.et Zucc.ex Endl.

「シーボルト「フローラ・ヤポニカ」日本植物誌」八坂書房　2000
◇図122（白黒）　Sawara ［国立国会図書館］

サワラの栽培品種　Chamaecyparis pisifera（Siebold & Zucc.）Siebold & Zucc.ex Endl. ［Cultivars］

「シーボルト日本植物図譜コレクション」小学館　2008
◇図3-100（カラー）　Retinispora acuta varr.［清水東谷］画 ［1861 ～ 1862頃］ 紙 透明絵の具 墨　29.2×41.4 ［ロシア科学アカデミーコマロフ植物学研究所図書館］ ※目録39 コレクションVII /888
◇図3-101（カラー）　Retinispora varr.　清水東谷画 1862　紙 透明絵の具 墨　29.9×41.8 ［ロシア科学アカデミーコマロフ植物学研究所図書館］ ※目録40 コレクションVII /894

3月の花

「フローラの庭園」八坂書房　2015
◇p72（カラー）　カステールス, ピーテル原画, ファーバー, ロバート『花の12ヶ月』 1730　銅版（エングレーヴィング） 手彩色 紙　42×31 ［個人蔵］

さんごさう

「高松松平家博物図譜 写生画帖 雑草」香川県立ミュージアム　2013
◇p69（カラー）　松平頼恭 江戸時代　紙本著色 画帖装（折本形式）　33.2×48.4 ［個人蔵］

サンゴソウ

「高松松平家博物図譜 衆芳画譜 花卉 第四」香川県立ミュージアム　2010
◇p48（カラー）　松平頼恭 江戸時代　紙本著色 画帖装（折本形式）　33.0×48.2 ［個人蔵］

さんざし

「木の手帖」小学館　1991
◇図89（カラー）　山樝子・山査子　岩崎灌園『本草図譜』 文政11（1828）　約21×145 ［国立国会図書館］

サンザシ　Crataegus cuneata

「花木真寫」淡交社　2005
◇図24（カラー）　山梔　近衛予楽院家熙 ［（財）陽明文庫］

「植物精選百種図譜 博物画の至宝」平凡社　1996
◇pl.17（カラー）　Mespilus　トレウ, C.J., エーレト, G.D. 1750～73

「花彙 下」八坂書房　1977
◇図143（白黒）　柿楂子　小野蘭山, 島田充房 明和2（1765）　26.5×18.5 ［国立公文書館・内閣文庫］

サンシキアサガオ　Convolvulus tricolor

「ルドゥーテ画 美花選 2」学習研究社　1986
◇図51（カラー）　1827～1833

サンシキカミツレ　Chrysanthemum carinatum

「ビュフォンの博物誌」工作舎　1991
◇N089（カラー）『一般と個別の博物誌 ソンニーニ版』

「ルドゥーテ画 美花選 2」学習研究社　1986
◇図19（カラー）　1827～1833

サンシキスミレ　Viola tricolor

「ビュフォンの博物誌」工作舎　1991
◇N143（カラー）『一般と個別の博物誌 ソンニーニ版』

サンシキスミレ

「イングリッシュ・ガーデン」求龍堂　2014
◇図9（カラー）　サンシキスミレ、ヒアシンス、ソラマメ、アラセイトウの一種、他　シューデル, セバスチャン『カレンダリウム』 17世紀初頭　水彩 紙　17.9×15.0 ［キュー王立植物園］

「美花図譜」八坂書房　1991
◇図45（カラー）　ウエインマン『花譜』 1736～1748　銅版刷手彩色　［群馬県館林市立図書館］

サンシキヒルガオ　Convolvulus tricolor
「美花選［普及版］」河出書房新社　2016
◇図50（カラー）　Liseron/Convolvulus tricolor　ルドゥーテ, ピエール＝ジョゼフ画 1827～1833　［コノサーズ・コレクション東京］
「ボタニカルアート 西洋の美花集」パイ インターナショナル　2010
◇p114（カラー）　ルドゥーテ, ピエール＝ジョセフ画・著『美花選』 1827～33　点刻銅版画多色刷 一部手彩色

サンシチソウ　Gynura japonica
「図説 ボタニカルアート」河出書房新社　2010
◇p101（カラー）　Porophyllum japonicum　テイト画, シーボルト, ツッカリーニ『日本植物誌』 1835～41

サンシチソウ　Gynura japonica (L.f.) Juel
「シーボルト「フローラ・ヤポニカ」 日本植物誌」八坂書房　2000
◇図84（カラー）　Porophyllum japonicum (Thunb.) DC.　［国立国会図書館］

サンシチソウ　Gynura segetum (Lour.) Merr.
「高木春山 本草図説 1」リブロポート　1988
◇図30（カラー）

さんしゅゆ
「木の手帖」小学館　1991
◇図146（カラー）　山茱萸　岩崎灌園『本草図譜』 文政11（1828）　約21×145　［国立国会図書館］

サンシュユ　Cornus officinalis
「江戸博物文庫 菜樹の巻」工作舎　2017
◇p154（カラー）　山茱萸　岩崎灌園『本草図譜』　［東京大学大学院理学系研究科附属植物園（小石川植物園）］
「花彙 下」八坂書房　1977
◇図105（白黒）　石棗　小野蘭山, 島田充房 明和2（1765）　26.5×18.5　［国立公文書館・内閣文庫］

さんしょうばら
「木の手帖」小学館　1991
◇図81（カラー）　山椒薔薇　岩崎灌園『本草図譜』 文政11（1828）　約21×145　［国立国会図書館］

サンショウバラ　Rosa hirtula
「江戸博物文庫 菜樹の巻」工作舎　2017
◇p156（カラー）　山椒薔薇　岩崎灌園『本草図譜』　［東京大学大学院理学系研究科附属植物園（小石川植物園）］

サンショウバラ　Rosa hirtula (Regel) Nakai
「薔薇空間」ランダムハウス講談社　2009
◇図184（カラー）　二口善雄画, 鈴木省三, 籾山泰一解説『ばら花譜』 1983　水彩　341×250
「高木春山 本草図説 1」リブロポート　1988
◇図48（カラー）
「ばら花譜」平凡社　1983
◇PL.17（カラー）　二口善雄画, 鈴木省三, 籾山泰一著 1973,1974　水彩

山椒バラ
「高松松平家博物図譜 衆芳画譜 花果 第五」香川県立ミュージアム　2011
◇p20（カラー）　松平頼恭 江戸時代　紙本著色 画帖装（折本形式）　33.2×48.4　［個人蔵］

残雪
「日本椿集」平凡社　1966
◇図83（カラー）　津山尚著, 二口善雄画 1965

サンセビエリア・ギイネエンシス
「ユリ科植物図譜 2」学習研究社　1988
◇図173（カラー）　Sansevieria guineensis　ルドゥーテ, ピエール＝ジョセフ 1802～1815

サンダイガサ
⇒スルボ・ツルボ・サンダイガサを見よ

サンダンカ　Ixora chinensis
「江戸博物文庫 菜樹の巻」工作舎　2017
◇p177（カラー）　三段花　岩崎灌園『本草図譜』　［東京大学大学院理学系研究科附属植物園（小石川植物園）］
「花彙 下」八坂書房　1977
◇図113（白黒）　瑞聖花　小野蘭山, 島田充房 明和2（1765）　26.5×18.5　［国立公文書館・内閣文庫］

サンドボックスツリー　Hura crepitans
「植物精選百種図譜 博物画の至宝」平凡社 1996
◇pl.34（カラー）　Hura　トレウ, C.J., エーレト, G.D. 1750～73

サンドボックスツリーの果実　Hura crepitans
「植物精選百種図譜 博物画の至宝」平凡社 1996
◇pl.35（カラー）　Hurae　トレウ, C.J., エーレト, G.D. 1750～73

ザンブラ　'Zambra'
「ばら花譜」平凡社　1983
◇PL.137（カラー）　二口善雄画, 鈴木省三, 籾山泰一著 1976　水彩

サンヘンプ　Crotalaria juncea
「ウィリアム・カーティス 花図譜」同朋舎出版 1994
◇272図（カラー）　Channel'd–stalk'd Crotalaria of Sunn Hemp　エドワーズ, シデナム・ティースト画『カーティス・ボタニカル・マガジン』 1800

サンホテイ
「高松松平家博物図譜 衆芳画譜 花卉 第四」香川県立ミュージアム　2010
◇p105（カラー）　松平頼恭 江戸時代　紙本著色

画帖装（折本形式）　33.0×48.2　［個人蔵］

【し】

しい
「木の手帖」小学館　1991
◇図39（カラー）　椎　岩崎灌園『本草図譜』 文政11（1828）　約21×145　［国立国会図書館］

シイ　Castanopsis sieboldii (Makino) Hatusima ex Yamazaki et Mashiba
「シーボルト「フローラ・ヤポニカ」 日本植物誌」八坂書房　2000
◇図2（カラー）　Sji noki　［国立国会図書館］

シイ
「高松松平家博物図譜 衆芳画譜 花果 第五」香川県立ミュージアム　2011
◇p54（カラー）　松平頼恭 江戸時代　紙本著色 画帖装（折本形式）　33.2×48.4　［個人蔵］

シイノキ　Quercus cuspidata
「ボタニカルアートの世界」朝日新聞社　1987
◇p21（カラー）　ミンシンガー画『Flora Japonica 第1巻』 1835〜1841

シウリザクラ　Prunus ssiori Fr.Schm.
「北海道主要樹木図譜［普及版］」北海道大学図書刊行会　1986
◇図57（カラー）　須崎忠助 大正9（1920）〜昭和6（1931）　［個人蔵］

塩釜　Prunus Lannesiana Wils. ‘Shiogama’
「日本桜集」平凡社　1973
◇Pl.111（カラー）　大井次三郎著, 太田洋愛画 1970写生　水彩

しおがまざくら　Prunus leveilleana Koehne cv.Shiogama
「草木写生 春の巻」ピエ・ブックス　2010
◇p90〜91（カラー）　塩竈桜　狩野織染藤原重賢 明暦3（1657）〜元禄12（1699）　［国立国会図書館］

しおん
「野の草の手帖」小学館　1989
◇p179（カラー）　紫苑・紫菀　岩崎常正（灌園）『本草図譜』　文政11（1828）　［国立国会図書館］

シオン　Aster tataricus
「花木真寫」淡交社　2005
◇図100（カラー）　紫苑　近衛予楽院家熙　［（財）陽明文庫］

シオン　Aster tataricus L.f.
「シーボルト日本植物図譜コレクション」小学館 2008
◇図3–125（カラー）　Aster tataricus L.f.　清水東谷画［1861］　和紙 透明絵の具 墨 白色塗料 29.1×38.8　［ロシア科学アカデミーコマロフ植物学研究所図書館］　※目録780 コレクションV 459/580

シオンの1種　Aster sp.
「ビュフォンの博物誌」工作舎　1991
◇N085（カラー）『一般と個別の博物誌 ソンニーニ版』

四海波
「日本椿集」平凡社　1966
◇図184（カラー）　津山尚著, 二口善雄画 1956

シカゴ・ピース　‘Chicago Peace’
「ばら花譜」平凡社　1983
◇PL.72（カラー）　二口善雄画, 鈴木省三, 籾山泰一著 1975　水彩

ジガデヌス・グラウクス　Zygadenus glaucus
「植物精選百種図譜 博物画の至宝」平凡社 1996
◇pl.81（カラー）　Melanthium　トレウ, C.J., エーレト, G.D. 1750〜73

ジガデヌス・グラベリムス
「ユリ科植物図譜 2」学習研究社　1988
◇図221（カラー）　Zigadenus glaberrimus　ルドゥーテ, ピエール＝ジョセフ 1802〜1815

しきみ　Illicium anisatum
「草木写生 春の巻」ピエ・ブックス　2010
◇p90〜91（カラー）　樒　狩野織染藤原重賢 明暦3（1657）〜元禄12（1699）　［国立国会図書館］

シキミ　Illicium anisatum
「江戸博物文庫 花草の巻」工作舎　2017
◇p119（カラー）　樒　岩崎灌園『本草図譜』［東京大学大学院理学系研究科附属植物園（小石川植物園）］

シキミ　Illicium anisatum L.
「シーボルト日本植物図譜コレクション」小学館 2008
◇図3–77（カラー）　Illicium religiosum Sieb.et Zucc.　川原慶賀画　紙 絵の具 白色塗料 墨　24.4×31.8　［ロシア科学アカデミーコマロフ植物学研究所図書館］　※目録137 コレクションI 300/50
◇図3–78（カラー）　Illicium religiosum Sieb.et Zucc.　［Minsinger, S.］画　紙 水彩画 グワッシュ 鉛筆　24.0×31.0　［ロシア科学アカデミーコマロフ植物学研究所図書館］　※目録138 コレクションI 820/51
「シーボルト「フローラ・ヤポニカ」 日本植物誌」八坂書房　2000
◇図1（カラー）　Skimi　［国立国会図書館］
「カーティスの植物図譜」エンタプライズ　1987
◇図3965（カラー）　Japanese Anise Tree『カーティスのボタニカルマガジン』 1787〜1887

しきみのはな
「高松松平家博物図譜 写生画帖 雑木」香川県立ミュージアム　2014

◇p95（カラー）　松平頼恭 江戸時代　紙本著色 画帖装（折本形式）　33.2×48.4　［個人蔵］　※表紙・裏表紙見返し墨書 安永6（1777）6月 程赤城筆

紫玉　'Shigyoku'

「ばら花譜」平凡社　1983

◇PL.36（カラー）　二口善雄画, 鈴木省三, 籾山泰一著 1978　水彩

シクノケス・エゲルトニアナム　Cycnoches Egertonianum Batem.

「蘭花譜」平凡社　1974

◇Pl.81–4～6（カラー）　加藤光治著, 二口善雄画 1971,1970写生

シクノケス・ハーギイ　Cycnoches Haagii B.-R.

「蘭花譜」平凡社　1974

◇Pl.81–1（カラー）　加藤光治著, 二口善雄画 1971写生

シクノケス・ピントナス　Cycnoches pintonus

「蘭花譜」平凡社　1974

◇Pl.81–7（カラー）　加藤光治著, 二口善雄画 1971写生

シクノケス・ベントリコーサム　Cycnoches ventricosum Batem.

「蘭花譜」平凡社　1974

◇Pl.81–2（カラー）　加藤光治著, 二口善雄画 1970写生

シクノケス・ベントリコーサム・クロロキロン　Cycnoches ventricosum Batem.var. chlorochilon (Klotzsch) P.H.Allen

「蘭花譜」平凡社　1974

◇Pl.81–3（カラー）　加藤光治著, 二口善雄画 1967写生

シグマトスタリックス・コスタリケンシス　Sigmatostalix costaricensis Rolfe (S. guatemalensis Schltr.)

「蘭花譜」平凡社　1974

◇Pl.111–3（カラー）　加藤光治著, 二口善雄画 1968写生

シグマトスタリックス・ラディカンス　Sigmatostalix radicans Rchb.f. (Ornithophora radicans Garay et Pabst.)

「蘭花譜」平凡社　1974

◇Pl.111–2（カラー）　加藤光治著, 二口善雄画 1969写生

シクラメン　Cyclamen hederifolium

「花の本 ボタニカルアートの庭」角川書店　2010

◇p110（カラー）　Cyclamen　Fuchs, Leonhart 1545

シクラメン　Cyclamen persicum

「すごい博物画」グラフィック社　2017

◇図版49（カラー）　ルリコンゴウインコ、サザンホーカー、スズメバチ、種類のわからない鳥、キアゲハの幼虫とさなぎ、ホワイトフットクレイフィッシュ、グレーハウンド、シクラメンの葉とカレハガの幼虫　マーシャル, アレクサンダー 1650～82頃　水彩　45.6×33.3　［ウィンザー城ロイヤル・ライブラリー］

「美花選［普及版］」河出書房新社　2016

◇図119（カラー）　Cyclamen　ルドゥーテ, ピエール＝ジョゼフ画 1827～1833　［コノサーズ・コレクション東京］

「ボタニカルアート 西洋の美花集」パイ インターナショナル　2010

◇p140（カラー）　ルドゥーテ, ピエール＝ジョセフ画・著『美花選』 1827～33　点刻銅版画多色刷 一部手彩色

◇p141（カラー）　シブソープ, ジョン, スミス, ジェームズ・エドワード著『ギリシア植物誌』 1806～1840

「ルドゥーテ画 美花選 1」学習研究社　1986

◇図13（カラー）　1827～1833

シクラメン　Cyclamen persicum Miller

「花の肖像 ボタニカルアートの名品と歴史」創土社　2006

◇fig.44（カラー）　マッティオリ『植物覚え書』 1598

シクラメン

「花の本 ボタニカルアートの庭」角川書店　2010

◇p107（カラー）　Curtis, William『ボタニカルマガジン』 1787～

「美花図譜」八坂書房　1991

◇図36（カラー）　ウエインマン『花譜』 1736～1748　銅版刷手彩色　［群馬県館林市立図書館］

シクラメン・コウム　Cyclamen coum

「ウィリアム・カーティス 花図譜」同朋舎出版　1994

◇475図（カラー）　Round-leaved Cyclamen　カーティス, ウィリアム『カーティス・ボタニカル・マガジン』 1787

「花の王国 1」平凡社　1990

◇p55（カラー）　ウースター, D.『アルプスの植物』 1872　色刷り木版

シコクチャルメルソウ　Mitella makinoi

「牧野富太郎植物画集」ミュゼ　1999

◇p29（白黒）　1902頃（明治35）　ケント紙 墨（毛筆）　約42×30.5

シコクチャルメルソウ　Mitella stylosa

「日本の博物図譜」東海大学出版会　2001

◇p99（白黒）　牧野富太郎筆『大日本植物志』　［高知県立牧野植物園］

ジゴスタテス・ルナタ　Zygostates lunata Ldl.

「蘭花譜」平凡社　1974

◇Pl.111–1（カラー）　加藤光治著, 二口善雄画 1969写生

シコタンハコベ　Stellaria ruscifolia Pall.ex Schltdl.
「須崎忠助植物画集」北海道大学出版会　2016
◇図25–49（カラー）『大雪山植物其他』 7月15日 ［北海道大学附属図書館］

ジゴペタラム・クリニタム　Zygopetalum crinitum Lodd.
「蘭花譜」平凡社　1974
◇Pl.90–2（カラー）　加藤光治著, 二口善雄画 1970写生

ジゴペタラム・ゴーチエリ　Zygopetalum Gautieri Lem.
「蘭花譜」平凡社　1974
◇Pl.90–1（カラー）　加藤光治著, 二口善雄画 1941写生

ジゴペタラム・マッケイイ　Zygopetalum Mackayi Hk.
「蘭花譜」平凡社　1974
◇Pl.89–1（カラー）　加藤光治著, 二口善雄画 1941写生

シコンノボタン　Tibouchina semidecandra
「イングリッシュ・ガーデン」求龍堂　2014
◇図74（カラー）　Pleroma macranthum　フィッチ, ウォルター・フッド 1868　黒鉛 水彩 紙 31.3×25.2　［キュー王立植物園］

シシウド　Angelica pubescens Maxim.
「高木春山 本草図説 1」リブロポート　1988
◇図14（カラー）

シシウドの1種　Angelica sp.
「ビュフォンの博物誌」工作舎　1991
◇N126（カラー）『一般と個別の博物誌 ソンニーニ版』

獅子頭
「日本椿集」平凡社　1966
◇図103（カラー）　津山尚著, 二口善雄画 1960

じしばり
「野の草の手帖」小学館　1989
◇p31（カラー）　地縛　岩崎常正（灌園）『本草図譜』 文政11（1828）　［国立国会図書館］

シジミバナ　Spiraea prunifolia
「花彙 下」八坂書房　1977
◇図108（白黒）　玉屑　小野蘭山, 島田充房 明和2（1765）　26.5×18.5　［国立公文書館・内閣文庫］

シジミバナ　Spiraea prunifolia Sieb.et Zucc.
「シーボルト「フローラ・ヤポニカ」日本植物誌」八坂書房　2000
◇図70（白黒）　Fage bana

シシリンキュウム・アングスティフォリウム
Sisyrinchium angustifolium
「ユリ科植物図譜 1」学習研究社　1988
◇図160（カラー）　シシリンキュウム・グラミネウム　ルドゥーテ, ピエール＝ジョセフ 1802～1815

シシリンキュウム・エレガンス
「ユリ科植物図譜 1」学習研究社　1988
◇図161（カラー）　Sisyrinchium elegans　ルドゥーテ, ピエール＝ジョセフ 1802～1815

シシリンキュウム・コンボルトゥム
「ユリ科植物図譜 1」学習研究社　1988
◇図157（カラー）　Sisyrinchium convolutum　ルドゥーテ, ピエール＝ジョセフ 1802～1815

シシリンキュウム・ストリアートゥム
「ユリ科植物図譜 1」学習研究社　1988
◇図162（カラー）　Sisyrinchium striatum　ルドゥーテ, ピエール＝ジョセフ 1802～1815

シシリンキュウム・テヌイフォリウム
「ユリ科植物図譜 1」学習研究社　1988
◇図167（カラー）　Sisyrinchium tenuifolium　ルドゥーテ, ピエール＝ジョセフ 1802～1815

シシリンキュウム・パルミフォリウム
「ユリ科植物図譜 1」学習研究社　1988
◇図163（カラー）　Sisyrinchium palmifolium　ルドゥーテ, ピエール＝ジョセフ 1802～1815

シシリンキュウム・ベルムディアナ
「ユリ科植物図譜 1」学習研究社　1988
◇図158（カラー）　Sisyrinchium bermudiana　ルドゥーテ, ピエール＝ジョセフ 1802～1815

静香　Prunus Lannesiana Wils. 'Shizuka'
「日本桜集」平凡社　1973
◇Pl.114（カラー）　大井次三郎著, 太田洋愛画 1970写生　水彩

しそ
「野の草の手帖」小学館　1989
◇p105（カラー）　紫蘇　岩崎常正（灌園）『本草図譜』 文政11（1828）　［国立国会図書館］

シソバキスミレ　Viola yubariana Nakai
「須崎忠助植物画集」北海道大学出版会　2016
◇図42–71（カラー）　しそばすみれ『大雪山植物其他』（昭和）2　［北海道大学附属図書館］

しだれざくら　Prunus spachiana f.ascendance
「草木写生 春の巻」ピエ・ブックス　2010
◇p86～87（カラー）　枝垂桜　左下は庭桜　狩野織染藤原重賢 明暦3（1657）～元禄12（1699）［国立国会図書館］

シダレザクラ　Prunus pendula
「花彙 下」八坂書房　1977
◇図103（白黒）　垂絲海棠　小野蘭山, 島田充房 明和2（1765）　26.5×18.5　［国立公文書館・内

閣文庫]

シダレザクラ、イトザクラ　Prunus pendula f.pendura

「牧野富太郎植物画集」ミュゼ　1999
◇p39(白黒)　1892(明治25)　和紙 墨(毛筆)　27.4×19.5

しだれやなぎ

「木の手帖」小学館　1991
◇図25(カラー)　垂柳・枝垂柳　岩崎灌園『本草図譜』　文政11(1828)　約21×145　[国立国会図書館]

シダレヤナギ　Salix babylonica

「江戸博物文庫 菜樹の巻」工作舎　2017
◇p144(カラー)　枝垂柳　岩崎灌園『本草図譜』　[東京大学大学院理学系研究科附属植物園(小石川植物園)]

しちしやう

「高松松平家博物図譜 写生画帖 雑木」香川県立ミュージアム　2014
◇p48(カラー)　松平頼恭 江戸時代　紙本著色 画帖装(折本形式)　33.2×48.4　[個人蔵]　※表紙・裏表紙見返し墨書 安永6(1777)6月 程赤城筆

シチタンクハ

「高松松平家博物図譜 衆芳画譜 花卉 第四」香川県立ミュージアム　2010
◇p15(カラー)　松平頼恭 江戸時代　紙本著色 画帖装(折本形式)　33.0×48.2　[個人蔵]

シチダンカ　Hydrangea macrophylla forma prolifera

「江戸博物文庫 花草の巻」工作舎　2017
◇p105(カラー)　七段花　岩崎灌園『本草図譜』　[東京大学大学院理学系研究科附属植物園(小石川植物園)]

シチダンカ　Hydrangea serrata(Thunb.ex Murray)Ser.var.serrata f.prolifera(Regel)H. Ohba

「シーボルト「フローラ・ヤポニカ」 日本植物誌」八坂書房　2000
◇図59-I(白黒)　Sitsidankw'a　[国立国会図書館]

ぢゝのくし

「高松松平家博物図譜 写生画帖 雑木」香川県立ミュージアム　2014
◇p47(カラー)　松平頼恭 江戸時代　紙本著色 画帖装(折本形式)　33.2×48.4　[個人蔵]　※表紙・裏表紙見返し墨書 安永6(1777)6月 程赤城筆

シチョウゲ、イワハギ　Leptodermis pulchella

「牧野富太郎植物画集」ミュゼ　1999
◇p57(白黒)　1898(明治31)　ケント紙 墨(毛筆)　19.2×13.5, 13.5×19

日月

「日本椿集」平凡社　1966
◇図185(カラー)　津山尚著, 二口善雄画　1960, 1956

日光

「日本椿集」平凡社　1966
◇図38(カラー)　津山尚著, 二口善雄画　1955

シデコブシ　Magnolia tomentosa Thunb.

「シーボルト日本植物図譜コレクション」小学館　2008
◇図3-67(カラー)　Bürgeria stellata Sieb.et Zucc.　川原慶賀画　紙 透明絵の具 白色塗料 墨　23.3 ×32.7　[ロシア科学アカデミーコマロフ植物学研究所図書館]　※目録131 コレクションI 330/45

シデコブシ・ヒメコブシ　Magnolia stellata

「花木真寫」淡交社　2005
◇図20(カラー)　幣辛夷　近衛予楽院家熙　[(財)陽明文庫]

シデシャジン　Asyneuma japonicum

「四季草花譜」八坂書房　1988
◇図14(カラー)　飯沼慾斎筆『草木図説稿本』　[個人蔵]

しなのき

「木の手帖」小学館　1991
◇図133(カラー)　科木　岩崎灌園『本草図譜』　文政11(1828)　約21×145　[国立国会図書館]

シナノキ　Tilia japonica Simk.

「北海道主要樹木図譜[普及版]」北海道大学図書刊行会　1986
◇図76(カラー)　須崎忠助　大正9(1920)～昭和6(1931)　[個人蔵]

シナミザクラ　Prunus Pseudo-Cerasus Lindl.

「日本桜集」平凡社　1973
◇Pl.153(カラー)　大井次三郎著, 太田洋愛画　1970写生　水彩

シナミザクラ

「彩色 江戸博物学集成」平凡社　1994
◇p26(カラー)　桜桃　貝原益軒『大和本草諸品図』

シナユリノキ

「イングリッシュ・ガーデン」求龍堂　2014
◇図146(カラー)　Liriodendron chinense, Chinese Tulip Tree　ストーンズ, マーガレット　1980　水彩 紙　27.8×19.0　[キュー王立植物園]

シナレンギョウ

「カーティスの植物図譜」エンタプライズ　1987
◇図4587(カラー)　Greenstem Forsythia『カーティスのボタニカルマガジン』　1787～1887

シネラリア・アウリタ

「フローラの庭園」八坂書房　2015
◇p62(白黒)　ルドゥーテ原画, レリティエ・ドゥ・ブリュテル, シャルル・ルイ『イギリスの

花冠』 1788 銅版(エングレーヴィング) 紙 [個人蔵] ※現在の学名は不明

シネラリア・クルエンタ

「フローラの庭園」八坂書房　2015

◇p48(カラー)　ルドゥーテ原画, ヴァントナ, エチエンヌ・ピエール『マルメゾンの庭園植物誌』 1804 銅版多色刷(スティップル・エングレーヴィング) 手彩色 紙 [ハント財団(ピッツバーグ)]

しのびひば

「高松松平家博物図譜 写生画帖 雑木」香川県立ミュージアム　2014

◇p85(カラー)　松平頼恭 江戸時代　紙本著色 画帖装(折本形式)　33.2×48.4 [個人蔵] ※表紙・裏表紙見返し墨書 安永6(1777)6月 程赤城筆

しのぶ

「野の草の手帖」小学館　1989

◇p107(カラー)　忍　岩崎常正(灌園)『本草図譜』 文政11(1828) [国立国会図書館]

シハイスミレ　Viola violacea

「牧野富太郎植物画集」ミュゼ　1999

◇p43(白黒) 1886(明治19)　和紙 墨(毛筆) 19.1×13.5

シバザクラ

⇒フロックスを見よ

シバナの1種　Triglochin sp.

「ビュフォンの博物誌」工作舎　1991

◇N038(カラー)『一般と個別の博物誌 ソンニーニ版』

芝山　Prunus Lannesiana Wils. 'Shibayama'

「日本桜集」平凡社　1973

◇Pl.110(カラー)　大井次三郎著, 太田洋愛画 1972写生　水彩

シー・フォーム　'Sea Foam'

「ばら花譜」平凡社　1983

◇PL.155(カラー)　二口善雄画, 鈴木省三, 籾山泰一著 1977　水彩

シブソーピア・ペレグリア　Sibthorpia peregrina

「図説 ボタニカルアート」河出書房新社　2010

◇p91(白黒)　パーキンソン画『バンクス植物図譜』 [ロンドン自然史博物館]

シプリペジューム・アコーレ　Cypripedium acaule R.Br.

「蘭花譜」平凡社　1974

◇Pl.1-3(カラー)　加藤光治著, 二口善雄画 1971写生

シプリペジューム・カルセオラス

Cypripedium calceolus L.

「蘭花譜」平凡社　1974

◇Pl.1-4(カラー)　加藤光治著, 二口善雄画 1968写生

シプリペジューム・プベッセンス

Cypripedium pubescens Willd. (C.calceolus L.var.pubescens Corr.)

「蘭花譜」平凡社　1974

◇Pl.1-5(カラー)　加藤光治著, 二口善雄画 1971写生

シプリペディウム・アカウレ　Cypripedium acaule

「蘭百花図譜」八坂書房　2002

◇p78(カラー)　カーティス, ウィリアム『ボタニカル・マガジン』 1792

シプリペディウム・カルケオルス・パルウィフロルム　Cypripedium calceolus var. parviflorum

「蘭百花図譜」八坂書房　2002

◇p79(カラー)　カーティス, ウィリアム『ボタニカル・マガジン』 1830

シプリペディウム・マクランツム

Cypripedium macranthum

「蘭百花図譜」八坂書房　2002

◇p80(カラー)　カーティス, ウィリアム『ボタニカル・マガジン』 1829

シプリペディウム・レギナエ　Cypripedium reginae

「蘭百花図譜」八坂書房　2002

◇p81(カラー)　カーティス, ウィリアム『ボタニカル・マガジン』 1793

シボリアサガオ

「江戸名作画帖全集 8」駸々堂出版　1995

◇図72(カラー)　シボリアサガオ・アサガオ　松平頼恭編『写生画帖・衆芳画譜』　紙本着色 [松平公益会]

シボリアサガホ

「高松松平家博物図譜 衆芳画譜 花卉 第四」香川県立ミュージアム　2010

◇p31(カラー)　松平頼恭 江戸時代　紙本著色 画帖装(折本形式)　33.0×48.2 [個人蔵]

シボリアヤメ　Iris pallida

「美花選[普及版]」河出書房新社　2016

◇図101(カラー)　Iris pâle/Iris pallida　ルドゥーテ, ピエール＝ジョゼフ画 1827～1833 [コノサーズ・コレクション東京]

「ボタニカルアート 西洋の美花集」パイ インターナショナル　2010

◇p62(カラー)　ルドゥーテ, ピエール＝ジョセフ画・著『美花選』 1827～33　点刻銅版画多色刷 一部手彩色

絞乙女

「日本椿集」平凡社　1966

◇図204(カラー)　津山尚著, 二口善雄画 1959

絞唐子

「日本椿集」平凡社　1966

◇図211（カラー）　津山尚著, 二口善雄画 1958

絞臘月

「日本椿集」平凡社　1966
◇図166（カラー）　津山尚著, 二口善雄画 1965

しまあし

「高松松平家博物図譜 写生画帖 雑草」香川県立ミュージアム　2013
◇p9（カラー）　松平頼恭 江戸時代　紙本著色 画帖装（折本形式）　33.2×48.4　［個人蔵］

しまがま

「高松松平家博物図譜 写生画帖 雑草」香川県立ミュージアム　2013
◇p10（カラー）　松平頼恭 江戸時代　紙本著色 画帖装（折本形式）　33.2×48.4　［個人蔵］

シマカンギク　Dendranthema indicum

「ウィリアム・カーティス 花図譜」同朋舎出版　1994
◇118図（カラー）　Indian Chrysanthemum　カーティス, ウィリアム『カーティス・ボタニカル・マガジン』 1796

シマカンギク

⇒クリサンテムム・インディクム（シマカンギク？）を見よ

しまさゝ

「高松松平家博物図譜 写生画帖 雑木」香川県立ミュージアム　2014
◇p48（カラー）　松平頼恭 江戸時代　紙本著色 画帖装（折本形式）　33.2×48.4　［個人蔵］　※表紙・裏表紙見返し墨書 安永6（1777）6月 程赤城筆

しますゝき

「高松松平家博物図譜 写生画帖 雑草」香川県立ミュージアム　2013
◇p10（カラー）　松平頼恭 江戸時代　紙本著色 画帖装（折本形式）　33.2×48.4　［個人蔵］

しまたけ

「高松松平家博物図譜 写生画帖 雑木」香川県立ミュージアム　2014
◇p58（カラー）　松平頼恭 江戸時代　紙本著色 画帖装（折本形式）　33.2×48.4　［個人蔵］　※表紙・裏表紙見返し墨書 安永6（1777）6月 程赤城筆

しまなし

「高松松平家博物図譜 写生画帖 雑木」香川県立ミュージアム　2014
◇p19（カラー）　松平頼恭 江戸時代　紙本著色 画帖装（折本形式）　33.2×48.4　［個人蔵］　※表紙・裏表紙見返し墨書 安永6（1777）6月 程赤城筆

シマナンヨウスギ　Araucaria heterophylla (Salisb.) Franco

「シーボルト「フローラ・ヤポニカ」 日本植物誌」八坂書房　2000
◇図140（白黒）　Araucaria excelsa R.Br.　［国立国会図書館］

ジムカデ　Harrimanella stelleriana (Pall.) Coville

「須崎忠助植物画集」北海道大学出版会　2016
◇図1–4（カラー）　ぢむかで『大雪山植物其他』［北海道大学附属図書館］

シメティス・プラニフォリア　Simethis planifolia

「ユリ科植物図譜 2」学習研究社　1988
◇図152（カラー）　ファランギウム・ビコロール　ルドゥーテ, ピエール＝ジョセフ 1802〜1815

シメノウチ　Acer palmatum Thunb.ex Murray f.linearilobum (Miq.) Sieb.et Zucc.ex Miq.

「シーボルト「フローラ・ヤポニカ」 日本植物誌」八坂書房　2000
◇図146–I（白黒）　Acer palmatum Thunb.f. leariloba (Miq.) Sieb.et Zucc.ex Miq.　［国立国会図書館］

シモツケ

「高松松平家博物図譜 衆芳画譜 花卉 第四」香川県立ミュージアム　2010
◇p60（カラー）　松平頼恭 江戸時代　紙本著色 画帖装（折本形式）　33.0×48.2　［個人蔵］

ジャイアント・プロテア　Protea cynaroider

「花の王国 4」平凡社　1990
◇p22（カラー）　ヴァインマン, J.W.『薬用植物図譜』 1736〜48

しゃが　Iris japonica

「草木写生 春の巻」ピエ・ブックス　2010
◇p174〜175（カラー）　射干　狩野織染藤原重賢 明暦3（1657）〜元禄12（1699）　［国立国会図書館］

しゃが

「野の草の手帖」小学館　1989
◇p109（カラー）　射干　岩崎常正（灌園）『本草図譜』 文政11（1828）　［国立国会図書館］

シャガ　Iris fimbriata

「ルドゥーテ画 美花選 1」学習研究社　1986
◇図42（カラー） 1827〜1833

シャガ　Iris japonica

「江戸博物文庫 花草の巻」工作舎　2017
◇p112（カラー）　著莪　岩崎灌園『本草図譜』［東京大学大学院理学系研究科附属植物園（小石川植物園）］

「美花選［普及版］」河出書房新社　2016
◇図46（カラー）　Iris frangée/Iris fimbriata　ルドゥーテ, ピエール＝ジョゼフ画 1827〜1833［コノサーズ・コレクション東京］

「ボタニカルアート 西洋の美花集」パイ インターナショナル　2010
◇p21（カラー）　ルドゥーテ, ピエール＝ジョセフ画・著『美花選』 1827〜33　点刻銅版画多色刷一部手彩色

「花木真寫」淡交社　2005

◇図16(カラー)　射干　近衛予楽院家熙　[(財)陽明文庫]

「ウィリアム・カーティス 花図譜」同朋舎出版 1994

◇224図(カラー)　Chinese Iris　カーティス, ウィリアム『カーティス・ボタニカル・マガジン』 1797

シャガ

「ユリ科植物図譜 1」学習研究社　1988

◇図88(カラー)　Iris fimbriata　ルドゥーテ, ピエール＝ジョセフ 1802～1815

「ボタニカルアートの世界」朝日新聞社　1987

◇p121上(カラー)　射干　近衛予楽院『花木真寫』[京都陽明文庫]

シヤガ

「高松松平家博物図譜 衆芳画譜 花卉 第四」香川県立ミュージアム　2010

◇p20(カラー)　松平頼恭 江戸時代　紙本著色 画帖装(折本形式)　33.0×48.2　[個人蔵]

ジヤガタラ

「高松松平家博物図譜 衆芳画譜 花果 第五」香川県立ミュージアム　2011

◇p82(カラー)　松平頼恭 江戸時代　紙本著色 画帖装(折本形式)　33.2×48.4　[個人蔵]

ジャガタラスイセン　Hippeastrum reginae

「美花選[普及版]」河出書房新社　2016

◇図16(カラー)　Amaryllis brésilienne/Amaryllis bresiliensis　ルドゥーテ, ピエール＝ジョゼフ画 1827～1833　[コノサーズ・コレクション東京]

「花の王国 1」平凡社　1990

◇p28(カラー)　ファン・ヘール編『愛好家の花々』 1847　手彩色石版画

ジヤカタラフジ

「高松松平家博物図譜 衆芳画譜 花果 第五」香川県立ミュージアム　2011

◇p67(カラー)　松平頼恭 江戸時代　紙本著色 画帖装(折本形式)　33.2×48.4　[個人蔵]

しやくせんだん

「高松松平家博物図譜 写生画帖 雑木」香川県立ミュージアム　2014

◇p15(カラー)　松平頼恭 江戸時代　紙本著色 画帖装(折本形式)　33.2×48.4　[個人蔵]　※表紙・裏表紙見返し墨書 安永6(1777)6月 程赤城筆

しゃくなげ　Rhododendron Hymenanthes

「草木写生 春の巻」ピエ・ブックス　2010

◇p38～39(カラー)　石楠花　狩野織染藤原重賢 明暦3(1657)～元禄12(1699)　[国立国会図書館]

しゃくなげ

「木の手帖」小学館　1991

◇図148(カラー)　石南花・石南・石楠花　ハクサンシャクナゲと考えられる　岩崎灌園『本草図譜』 文政11(1828)　約21×145　[国立国会図書館]

シャクナゲ属の1種　Rhododendron griffithianum

「ボタニカルアートの世界」朝日新聞社　1987

◇p15(カラー)　フッカー, ジョセフ画, フィッチ, ウォルター彫版『The Rhododendron of Sikkim-Himalaya』 1849～1851

シャクナゲ属の1種　Rhododendron var. campbelliae

「ボタニカルアートの世界」朝日新聞社　1987

◇p14(カラー)　フッカー, ジョセフ画, フィッチ, ウォルター彫版『The Rhododendron of Sikkim-Himalaya』 1849～1851

シャクナゲの1種　Rhododendron sp.

「植物精選百種図譜 博物画の至宝」平凡社 1996

◇pl.66(カラー)　Rhododendrum　トレウ, C.J., エーレト, G.D. 1750～73

シャクナゲの1種ウィルガツム種　Rhododendron virgatum Hook.f.

「花の肖像 ボタニカルアートの名品と歴史」創土社　2006

◇fig.66(カラー)　フッカー, ジョセフ画, フィッチ, ウォルター彫版『シッキム・ヒマラヤのツツジ属植物』 1849～1851

シャクナゲの1種グリフィシィアヌム種　Rhododendron griffithianum Wight

「花の肖像 ボタニカルアートの名品と歴史」創土社　2006

◇fig.65(カラー)　フッカー, ジョセフ画, フィッチ, ウォルター彫版『シッキム・ヒマラヤのツツジ属植物』 1849～1851

シャグマユリ、アカバナトリトマ　Kniphofia uvaria

「ユリ科植物図譜 2」学習研究社　1988

◇図200(カラー)　トリトマ・ウバリア　ルドゥーテ, ピエール＝ジョセフ 1802～1815

シャクヤク　Paeonia lactiflora

「江戸博物文庫 花草の巻」工作舎　2017

◇p36(カラー)　芍薬　岩崎灌園『本草図譜』[東京大学大学院理学系研究科附属植物園(小石川植物園)]

「花の王国 1」平凡社　1990

◇p57(カラー)　ビュショー, P.J.『中国ヨーロッパ植物図譜』 1776

シャクヤク　Paeonia lactiflora Pallas var. trichocarpa (Bunge) Stern

「高木春山 本草図説 1」リブロポート　1988

◇図6(カラー)　芍薬

シャクヤク　Paeonia moutan

「ボタニカルアート 西洋の美花集」パイ インターナショナル　2010

◇p24上(カラー)　カーティス, ウィリアム著『カーティス・ボタニカル・マガジン29巻』1809　銅版画 手彩色

シャクヤク

「美花図譜」八坂書房　1991
◇図62(カラー)　ウエインマン『花譜』1736～1748　銅版刷手彩色　[群馬県館林市立図書館]

シャクヤクの1種　Paeonia femina

「図説 ボタニカルアート」河出書房新社　2010
◇p37(カラー)　ブラックウェル画・著『稀産草本誌』1732～39

シャクヤクの1種　Paeonia sp.

「図説 ボタニカルアート」河出書房新社　2010
◇p74(白黒)　ゴーティエ＝ダゴティ『有用植物集』1767
「花の肖像 ボタニカルアートの名品と歴史」創土社　2006
◇fig.19(カラー)　ゴーティエ＝ダゴティ画『植物蒐集』1767

シャクヤクの仲間

「フローラの庭園」八坂書房　2015
◇p70(カラー)　マーシャル, アレクサンダー画『フラワー・ブック』1680頃　水彩 紙　46.0×33.3　[英国王室コレクション]

ジャケツイバラ　Caesalpinia decapetala

「江戸博物文庫 花草の巻」工作舎　2017
◇p101(カラー)　蛇結茨　岩崎灌園『本草図譜』[東京大学大学院理学系研究科附属植物園(小石川植物園)]

シヤカウソウ

「高松松平家博物図譜 衆芳画譜 花卉 第四」香川県立ミュージアム　2010
◇p76(カラー)　松平頼恭 江戸時代　紙本著色 画帖装(折本形式)　33.0×48.2　[個人蔵]

ジャコウソウ　Chelonopsis moschata

「花彙 上」八坂書房　1977
◇図67(白黒)　鈴子香　小野蘭山, 島田充房 明和2(1765)　26.5×18.5　[国立公文書館・内閣文庫]

ジャコウソウモドキ　Chelone lyonii

「ウィリアム・カーティス 花図譜」同朋舎出版　1994
◇531図(カラー)　Lyon's Chelone　カーティス, ウィリアム『カーティス・ボタニカル・マガジン』1816

ジャコウソウモドキ　Chelone obliqua

「植物精選百種図譜 博物画の至宝」平凡社　1996
◇pl.88(カラー)　Chelone　トレウ, C.J., エーレト, G.D. 1750～73

ジャコウムスカリ　Muscari moschatum

「ユリ科植物図譜 2」学習研究社　1988
◇図57(カラー)　ムスカリ・アムブロシアクム　ルドゥーテ, ピエール＝ジョセフ　1802～1815

しやこたんちく

「高松松平家博物図譜 写生画帖 雑木」香川県立ミュージアム　2014
◇p44(カラー)　松平頼恭 江戸時代　紙本著色 画帖装(折本形式)　33.2×48.4　[個人蔵]　※表紙・裏表紙見返し墨書 安永6(1777)6月 程赤城筆

シャジクソウ　Trifolium lupinaster

「ウィリアム・カーティス 花図譜」同朋舎出版　1994
◇308図(カラー)　Lupine Trefoil　エドワーズ, シデナム・ティースト画『カーティス・ボタニカル・マガジン』1805

シヤヂクソウ

「高松松平家博物図譜 衆芳画譜 花卉 第四」香川県立ミュージアム　2010
◇p24(カラー)　松平頼恭 江戸時代　紙本著色 画帖装(折本形式)　33.0×48.2　[個人蔵]

ジャスミン　Jasminum grandiflorum

「ルドゥーテ画 美花選 2」学習研究社　1986
◇図22(カラー)　1827～1833

じゃのひげ

「野の草の手帖」小学館　1989
◇p111(カラー)　蛇鬚　岩崎常正(灌園)『本草図譜』文政11(1828)　[国立国会図書館]

ジャノヒゲ　Ophiopogon japonicus

「四季草花譜」八坂書房　1988
◇図32(カラー)　飯沼慾斎筆『草木図説稿本』[個人蔵]

ジャノヒゲ　Opiopogon japonicus (Thunb.) Ker Gawl.

「シーボルト日本植物図譜コレクション」小学館　2008
◇図3-36(カラー)　Ophiopogon japonicus Ker-Gawl.　[川原慶賀, de Villeneuve, C.H.]画　紙 透明絵の具 墨　23.8×32.5　[ロシア科学アカデミーコマロフ植物学研究所図書館]　※目録855 コレクションVIII 432/961

シャポー・ド・ナポレオン　'Chapeau de Napoléon'

「ばら花譜」平凡社　1983
◇PL.39(カラー)　Crested Moss　二口善雄画, 鈴木省三, 籾山泰一著 1973　水彩

ジャーマンアイリス　Iris pallida

「ルドゥーテ画 美花選 1」学習研究社　1986
◇図45(カラー)　1827～1833

ジャーマン・アイリス

「フローラの庭園」八坂書房　2015
◇p68(カラー)　マーシャル, アレクサンダー画『フラワー・ブック』1680頃　水彩 紙　46.0×33.3　[英国王室コレクション]

ジャーマン・アイリス
⇒ドイツアヤメ（ジャーマン・アイリス）を見よ

じややなぎ
「高松松平家博物図譜 写生画帖 雑木」香川県立ミュージアム　2014
◇p19（カラー）　松平頼恭 江戸時代　紙本著色 画帖装（折本形式）　33.2×48.4 ［個人蔵］ ※表紙・裏表紙見返し墨書 安永6（1777）6月 程赤城筆

シャリンバイ　Raphiolepis umbellata（Thunb. ex Murray）Makino
「シーボルト「フローラ・ヤポニカ」 日本植物誌」八坂書房　2000
◇図85（カラー）　Hama mokkok' ［国立国会図書館］

シャーロット・アームストロング
'Charlotte Armstrong'
「ばら花譜」平凡社　1983
◇PL.71（カラー）　二口善雄画, 鈴木省三, 籾山泰一著 1977　水彩

11月の花々　Flowers of November
「花の肖像 ボタニカルアートの名品と歴史」創土社　2006
◇fig.20（カラー）　カスティール, ピーター画『花の12ヶ月』 1730

しゅうかいどう　Begonia grandis
「草木写生 秋の巻」ピエ・ブックス　2010
◇p212～213（カラー）　秋海棠　狩野織染藤原重賢 明暦3（1657）～元禄12（1699） ［国立国会図書館］

シュウカイドウ　Begonia evansiana
「花の王国 1」平凡社　1990
◇p103（カラー）　ドラピエ, P.A.J., ベッサ, パンクラース原図『園芸家・愛好家・工業家のための植物誌』 1836　手彩色図版

シュウカイドウ　Begonia grandis
「花彙 上」八坂書房　1977
◇図27（白黒）　八月春　小野蘭山, 島田充房 明和2（1765）　26.5×18.5 ［国立公文書館・内閣文庫］

十月桜　Prunus×subhirtella Miq. 'Autumnalis'
「日本桜集」平凡社　1973
◇Pl.55（カラー）　大井次三郎著, 太田洋愛画 1971,1970写生　水彩

19世紀のヒアシンスの栽培品種
「フローラの庭園」八坂書房　2015
◇p77（カラー）　アンナ・カロリナ, 王家の花束, ル・フランコ・デ・ベルケイ, メルヴィユ卿, ファン・スペーク, ネムロド, プロイセン王子アルベルト, ヴィーナス　ファン・ウーテ, ルイ『ヨーロッパの温室と庭の花』 1845～88　石版手彩色 ［ミズーリ植物園（セント・ルイス）］

十二ヒトヘ
「高松松平家博物図譜 衆芳画譜 花果 第五」香川県立ミュージアム　2011
◇p33（カラー）　松平頼恭 江戸時代　紙本著色 画帖装（折本形式）　33.2×48.4 ［個人蔵］

重弁のアネモネ　Anemone sp.
「イングリッシュ・ガーデン」求龍堂　2014
◇図12（カラー）　Double anemones　作者不詳 17世紀　水彩 紙　24.0×19.0 ［キュー王立植物園］
◇図13（カラー）　チューリップと重弁のアネモネ 作者不詳 17世紀　水彩 紙　21.5×33.0 ［キュー王立植物園］

衆芳唐子
「日本椿集」平凡社　1966
◇図127（カラー）　津山尚著, 二口善雄画 1958

しゅうめいぎく　Anemone hupehensis
「草木写生 秋の巻」ピエ・ブックス　2010
◇p216～217（カラー）　秋明菊　狩野織染藤原重賢 明暦3（1657）～元禄12（1699） ［国立国会図書館］

シュウメイギク　Anemone hupehensis L.var. japonica
「カーティスの植物図譜」エンタプライズ　1987
◇図4341（カラー）　Anemone japonica Sieb.et Zucc.『カーティスのボタニカルマガジン』 1787～1887

シュウメイギク　Anemone hupehensis Lemoine var.japonica（Thunb.）Bowles & Stearn
「シーボルト日本植物図譜コレクション」小学館　2008
◇図3–8（カラー）　Anemone japonica Sieb.et Zucc. ［川原慶賀？］画　紙 透明絵の具 墨　23.6×32.5 ［ロシア科学アカデミーコマロフ植物学研究所図書館］ ※目録163 コレクションI 26/9
◇図3–83（カラー）　Anemone japonica Sieb.et Zucc. ［Minsinger, S.］画　紙 水彩画 銀 鉛筆 23.7×31.0 ［ロシア科学アカデミーコマロフ植物学研究所図書館］ ※目録164 コレクションI 821/10

シュウメイギク　Anemone hupehensis var. japonica
「江戸博物文庫 花草の巻」工作舎　2017
◇p59（カラー）　秋明菊　岩崎灌園『本草図譜』 ［東京大学大学院理学系研究科附属植物園（小石川植物園）］
「四季草花譜」八坂書房　1988
◇図52（カラー）　飯沼慾斎筆『草木図説稿本』 ［個人蔵］
「花彙 上」八坂書房　1977
◇図69（白黒）　秋芍薬　小野蘭山, 島田充房 明和2（1765）　26.5×18.5 ［国立公文書館・内閣文庫］

シュクシャ
「ユリ科植物図譜 1」学習研究社　1988
◇図22（カラー）　Hedychium coronarium　ルドゥーテ, ピエール＝ジョセフ 1802〜1815

繻子重
「日本椿集」平凡社　1966
◇図11（カラー）　津山尚著, 二口善雄画 1957

しゆすだま
「高松松平家博物図譜 写生画帖 雑草」香川県立ミュージアム　2013
◇p74（カラー）　松平頼恭 江戸時代　紙本著色 画帖装（折本形式）　33.2×48.4　［個人蔵］

じゅずだま
「野の草の手帖」小学館　1989
◇p113（カラー）　数珠玉　岩崎常正（灌園）『本草図譜』文政11（1828）　［国立国会図書館］

ジュズダマ　Coix lachryma–jobi
「すごい博物画」グラフィック社　2017
◇図版10（カラー）　レオナルド・ダ・ヴィンチ 1510頃　黒いチョークの跡の上にペンとインク 21.2×23.0　［ウィンザー城ロイヤル・ライブラリー］
「ウィリアム・カーティス 花図譜」同朋舎出版 1994
◇196図（カラー）　Job's Tears　カーティス, ジョン画『カーティス・ボタニカル・マガジン』1824

ジュスティキア・エクボリウム　Ecbolium linneanum
「ウィリアム・カーティス 花図譜」同朋舎出版 1994
◇1図（カラー）　Long–spiked Justicia　カーティス, ウィリアム『カーティス・ボタニカル・マガジン』1816

シュスラン、ビロードラン　Goodyera velutina
「牧野富太郎植物画集」ミュゼ　1999
◇p22（白黒）1890頃（明治23）　ケント紙 墨（毛筆）鉛筆　26.2×18.9

酒中花
「日本椿集」平凡社　1966
◇図189（カラー）　津山尚著, 二口善雄画 1956, 1965

シュプリーム　'Supreme'
「ばら花譜」平凡社　1983
◇PL.120（カラー）　二口善雄画, 鈴木省三, 籾山泰一著 1975　水彩

シュペーンドンシア　Spaendoncea tamarindifolia
「ルドゥーテ画 美花選 2」学習研究社　1986
◇図69（カラー）1827〜1833

聚楽
「日本椿集」平凡社　1966
◇図188（カラー）　津山尚著, 二口善雄画 1965

しゅろ
「木の手帖」小学館　1991
◇図176（カラー）　棕櫚・椶櫚・棕梠　岩崎灌園『本草図譜』文政11（1828）　約21×145　［国立国会図書館］

シュロ　Trachycarpus fortunei
「江戸博物文庫 菜樹の巻」工作舎　2017
◇p147（カラー）　棕櫚　岩崎灌園『本草図譜』［東京大学大学院理学系研究科附属植物園（小石川植物園）］
「花木真寫」淡交社　2005
◇図114（カラー）　椶櫚　近衛予楽院家熈　［（財）陽明文庫］

シュロ　Trachycarpus fortunei (Hook.) H. Wendl.
「高木春山 本草図説 1」リブロポート　1988
◇図75（カラー）　まだ開花しない頃の総苞と花序

椶櫚
「高松松平家博物図譜 衆芳画譜 花果 第五」香川県立ミュージアム　2011
◇p36（カラー）　松平頼恭 江戸時代　紙本著色 画帖装（折本形式）　33.2×48.4　［個人蔵］

シュロソウ・ホソバシュロソウ　Veratrum nigrum subsp.Maackii
「花木真寫」淡交社　2005
◇図75（カラー）　椶櫚草　近衛予楽院家熈［（財）陽明文庫］

シュロチク　Rhapis humilis
「江戸博物文庫 菜樹の巻」工作舎　2017
◇p183（カラー）　棕櫚竹　岩崎灌園『本草図譜』［東京大学大学院理学系研究科附属植物園（小石川植物園）］

シュンギク　Chrysanthemum coronarium
「花木真寫」淡交社　2005
◇図27（カラー）　高麗菊　近衛予楽院家熈［（財）陽明文庫］

シユンキク
「高松松平家博物図譜 衆芳画譜 花卉 第四」香川県立ミュージアム　2010
◇p51（カラー）　松平頼恭 江戸時代　紙本著色 画帖装（折本形式）　33.0×48.2　［個人蔵］

ジュンサイ　Brasenia schreberi
「江戸博物文庫 花草の巻」工作舎　2017
◇p168（カラー）　蓴菜　岩崎灌園『本草図譜』［東京大学大学院理学系研究科附属植物園（小石川植物園）］

春曙紅
「日本椿集」平凡社　1966
◇図99（カラー）　津山尚著, 二口善雄画 1965

シュンラン Cymbidium goeringii
「花彙 上」八坂書房 1977
◇図60（白黒） 報春先 小野蘭山, 島田充房 明和2（1765） 26.5×18.5 ［国立公文書館・内閣文庫］

シュンラン Cymbidium goeringii Reichb.f.
「岩崎灌園の草花写生」たにぐち書店 2013
◇p54（カラー） 蘭 ［個人蔵］

シュンラン
「ボタニカルアートの世界」朝日新聞社 1987
◇p129上（白黒） 春蘭 松岡恕庵『怡顔齋蘭品』1722

シュンラン
⇒ホクロ・シュンランを見よ

正永寺 Prunus×Miyoshii Ohwi 'Shoeiji'
「日本桜集」平凡社 1973
◇Pl.115（カラー） 大井次三郎著, 太田洋愛画 1972写生 水彩

松花
「高松松平家博物図譜 衆芳画譜 花果 第五」香川県立ミュージアム 2011
◇p28（カラー） 松平頼恭 江戸時代 紙本著色 画帖装（折本形式） 33.2×48.4 ［個人蔵］

ショウキズイセン Lycoris aurea
「ユリ科植物図譜 1」学習研究社 1988
◇図172（カラー） Amaryllis aurea ルドゥーテ, ピエール＝ジョセフ 1802～1815

ショウキズイセン Lycoris aurea (L'Hér.) Herb.
「シーボルト日本植物図譜コレクション」小学館 2008
◇図3-69（カラー） Amaryllis aurea L'Herit.var. japonica Sieb. ［川原慶賀］画 紙 透明絵の具 墨 光沢 24.0×33.3 ［ロシア科学アカデミーコマロフ植物学研究所図書館］ ※目録871 コレクションVIII 71/984

ショウキズイセン、ショウキラン Lycoris traubii
「牧野富太郎植物画集」ミュゼ 1999
◇p35（白黒） 1889（明治22） 和紙 墨（毛筆） 27.3×19.3

ショウキラン Yoania japonica Maxim.
「シーボルト日本植物図譜コレクション」小学館 2008
◇図2-73（カラー） Yoania japonica Maxim. ［de Villeneuve, C.H.？］画 ［1820 ～ 1826頃］紙 絵の具 白色塗料 墨 23.6×33.4 ［ロシア科学アカデミーコマロフ植物学研究所図書館］ ※目録924 コレクションVIII 649/945

ショウジョウバカマ Heloniopsis orientalis
「四季草花譜」八坂書房 1988
◇図33（カラー） 飯沼慾斎筆『草木図説稿本』［個人蔵］
「ボタニカルアートの世界」朝日新聞社 1987
◇p26上（カラー） スミス, マチルダ画, フィッチ, ジョン石版『Curtis' Botanical Magazine第114巻』 1888

ショウジョウバカマ Heloniopsis orientalis C. Tanaka
「岩崎灌園の草花写生」たにぐち書店 2013
◇p58（カラー） 猩々袴 ［個人蔵］

ショウジョウバカマの1種 Heloniopsis sp.
「ビュフォンの博物誌」工作舎 1991
◇N039（カラー）『一般と個別の博物誌 ソンニーニ版』

正体不明
「花の王国 4」平凡社 1990
◇p9（カラー） カランナ ヴァインマン『薬用植物図譜』 1736～48
◇p12（カラー） エピデルドロン ビュショー, P. J.『エデンの園』 1783
◇p12（カラー） Pougara tetrapetara ビュショー, P.J.『エデンの園』 1783

上匂 Prunus Lannesiana Wils. 'Affinis'
「日本桜集」平凡社 1973
◇Pl.54（カラー） 大井次三郎著, 太田洋愛画 1972写生 水彩

情熱 'Jonetsu'
「ばら花譜」平凡社 1983
◇PL.85（カラー） 二口善雄画, 鈴木省三, 籾山泰一著 1974 水彩

ショウノスケバラ Rosa multiflora Thunberg watsoniana (Crépin) Matsumura
「ばら花譜」平凡社 1983
◇PL.60（カラー） Bamboo Rose 二口善雄画, 鈴木省三, 籾山泰一著 1978,1975,1977 水彩

ショウブ Acorus calamus
「江戸博物文庫 花草の巻」工作舎 2017
◇p163（カラー） 菖蒲 岩崎灌園『本草図譜』［東京大学大学院理学系研究科附属植物園（小石川植物園）］

正福寺 Prunus×subhirtella Miq. 'Shofukuji'
「日本桜集」平凡社 1973
◇Pl.116（カラー） 大井次三郎著, 太田洋愛画 1965写生 水彩

ジョウロウホトトギス Tricyrtis macrantha
「牧野富太郎植物画集」ミュゼ 1999
◇p9（カラー）『日本植物志図篇』 1888（明治21） 石版印刷 水彩 28.8×21.5 ※図は反転している

昭和錦
「日本椿集」平凡社 1966
◇図165（カラー） 津山尚著, 二口善雄画 1959

昭和の誉
「日本椿集」平凡社 1966
◇図55(カラー) 津山尚著, 二口善雄画 1958

昭和侘助
「日本椿集」平凡社 1966
◇図221(カラー) 津山尚著, 二口善雄画 1965

ジョセフィン・ブルース 'Josephine Bruce'
「ばら花譜」平凡社 1983
◇PL.86(カラー) 二口善雄画, 鈴木省三, 籾山泰一著 1973 水彩

ジョセフィン・ベーカー 'Josephine Baker'
「ばら花譜」平凡社 1983
◇PL.122(カラー) 二口善雄画, 鈴木省三, 籾山泰一著 1974 水彩

蜀紅
「日本椿集」平凡社 1966
◇図137(カラー) 津山尚著, 二口善雄画 1955

ションバーキア・ウンデュラタ Schomburgkia undulata Ldl.
「蘭花譜」平凡社 1974
◇Pl.48–6(カラー) 加藤光治著, 二口善雄画 1940写生

ションバーキア・クリスパ Schomburgkia crispa Ldl.
「蘭花譜」平凡社 1974
◇Pl.48–8(カラー) 加藤光治著, 二口善雄画 1969写生

ショーンバキア・スペルビエンス Schomburgkia superbiens
「蘭百花図譜」八坂書房 2002
◇p28(カラー) ワーナー, ロバート『ラン類精選図譜』 1862〜65 石版刷手彩色

ションバーキア・チビシニス Schomburgkia tibicinis Batem.
「蘭花譜」平凡社 1974
◇Pl.48–7(カラー) 加藤光治著, 二口善雄画 1940写生

ショーンバキア・ティビキニス Schomburgkia tibicinis
「蘭百花図譜」八坂書房 2002
◇p29(カラー) ベイトマン, ジェイムズ『メキシコ・グアテマラのラン類』 1837〜43 石版手彩色

ジョン・S.アームストロング 'John S. Armstrong'
「ばら花譜」平凡社 1983
◇PL.84(カラー) 二口善雄画, 鈴木省三, 籾山泰一著 1975 水彩

シラー Scilla perviana
「花の本 ボタニカルアートの庭」角川書店 2010
◇p53(カラー) Squill Redouté, Pierre Joseph 1802〜16

シライトソウ Chionographis japonica
「花木真寫」淡交社 2005
◇図41(カラー) 白糸草 近衛予楽院家熙［(財)陽明文庫］

しらかし
「高松松平家博物図譜 写生画帖 雑木」香川県立ミュージアム 2014
◇p45(カラー) 松平頼恭 江戸時代 紙本著色 画帖装(折本形式) 33.2×48.4 ［個人蔵］ ※表紙・裏表紙見返し墨書 安永6(1777)6月 程赤城筆
「木の手帖」小学館 1991
◇図33(カラー) 白樫・白橿 岩崎灌園『本草図譜』 文政11(1828) 約21×145 ［国立国会図書館］

しらかば
「高松松平家博物図譜 写生画帖 雑木」香川県立ミュージアム 2014
◇p75(カラー) 松平頼恭 江戸時代 紙本著色 画帖装(折本形式) 33.2×48.4 ［個人蔵］ ※表紙・裏表紙見返し墨書 安永6(1777)6月 程赤城筆
「木の手帖」小学館 1991
◇図30(カラー) 白樺 岩崎灌園『本草図譜』 文政11(1828) 約21×145 ［国立国会図書館］

シラカ姫小松
「高松松平家博物図譜 衆芳画譜 花果 第五」香川県立ミュージアム 2011
◇p26(カラー) 松平頼恭 江戸時代 紙本著色 画帖装(折本形式) 33.2×48.4 ［個人蔵］

シラカ松
「高松松平家博物図譜 衆芳画譜 花果 第五」香川県立ミュージアム 2011
◇p59(カラー) 松平頼恭 江戸時代 紙本著色 画帖装(折本形式) 33.2×48.4 ［個人蔵］

シラカンバ Betula platyphylla Sukatchev var.japonica Hara
「北海道主要樹木図譜［普及版］」北海道大学図書刊行会 1986
◇図27(カラー) Betula japonica Sieb. 須崎忠助 大正9(1920)〜昭和6(1931) ［個人蔵］

しらき
「高松松平家博物図譜 写生画帖 雑木」香川県立ミュージアム 2014
◇p20(カラー) 松平頼恭 江戸時代 紙本著色 画帖装(折本形式) 33.2×48.4 ［個人蔵］ ※表紙・裏表紙見返し墨書 安永6(1777)6月 程赤城筆
◇p50(カラー) 松平頼恭 江戸時代 紙本著色 画帖装(折本形式) 33.2×48.4 ［個人蔵］ ※表紙・裏表紙見返し墨書 安永6(1777)6月 程赤城筆

シラキ Sapium japonicum
「花彙 下」八坂書房 1977
◇図165(白黒) 婆羅勒 小野蘭山, 島田充房 明

和2（1765）　26.5×18.5　［国立公文書館・内閣文庫］

白菊

「日本椿集」平凡社　1966
◇図76（カラー）　津山尚著, 二口善雄画 1959

白玉絞

「日本椿集」平凡社　1966
◇図167（カラー）　津山尚著, 二口善雄画 1959

シラネアオイ　Glaucidium palmatum

「日本の博物図譜」東海大学出版会　2001
◇図84（カラー）　池田瑞月筆『草木写生画巻』［個人蔵］
「四季草花譜」八坂書房　1988
◇図58（カラー）　飯沼慾斎筆『草木図説稿本』［個人蔵］

シラネアオイ

「江戸の動植物図」朝日新聞社　1988
◇p64（カラー）　岩崎灌園『本草図説』［東京国立博物館］

しらはぎ

「高松松平家博物図譜 写生画帖 雑木」香川県立ミュージアム　2014
◇p42（カラー）　松平頼恭 江戸時代　紙本著色 画帖装（折本形式）　33.2×48.4　［個人蔵］　※表紙・裏表紙見返し墨書 安永6（1777）6月 程赤城筆

白拍子

「日本椿集」平凡社　1966
◇図65（カラー）　津山尚著, 二口善雄画 1959

シラフジ　Wisteria brachybotrys

「花の王国 1」平凡社　1990
◇p100（カラー）　岩崎常正『本草図譜』 1830〜44 ［静嘉堂文庫（東京）］

しらやまあおい

「高松松平家博物図譜 写生画帖 雑草」香川県立ミュージアム　2013
◇p62（カラー）　松平頼恭 江戸時代　紙本著色 画帖装（折本形式）　33.2×48.4　［個人蔵］

しらやまぶき

「高松松平家博物図譜 写生画帖 雑木」香川県立ミュージアム　2014
◇p95（カラー）　松平頼恭 江戸時代　紙本著色 画帖装（折本形式）　33.2×48.4　［個人蔵］　※表紙・裏表紙見返し墨書 安永6（1777）6月 程赤城筆

白雪　Prunus Lannesiana Wils. 'Sirayuki'

「日本桜集」平凡社　1973
◇Pl.112（カラー）　大井次三郎著, 太田洋愛画 1965写生　水彩

しらよもぎ

「高松松平家博物図譜 写生画帖 雑草」香川県立ミュージアム　2013
◇p36（カラー）　松平頼恭 江戸時代　紙本著色 画帖装（折本形式）　33.2×48.4　［個人蔵］
◇p93（カラー）　松平頼恭 江戸時代　紙本著色 画帖装（折本形式）　33.2×48.4　［個人蔵］

しらん　Bletilla striata Rchb.f.（Bletia hyacinthina R.Br.）

「蘭花譜」平凡社　1974
◇Pl.16–5〜6（カラー）　加藤光治著, 二口善雄画 1972写生

シラン　Bletilla striata

「江戸博物文庫 花草の巻」工作舎　2017
◇p19（カラー）　紫蘭　岩崎灌園『本草図譜』［東京大学大学院理学系研究科附属植物園（小石川植物園）］
「花木真寫」淡交社　2005
◇図8（カラー）　紫蕙　近衛予楽院家熈　［（財）陽明文庫］
「日本の博物図譜」東海大学出版会　2001
◇図62（カラー）　寺崎留吉筆『ラン写生図』［東京大学小石川植物園］
「四季草花譜」八坂書房　1988
◇図68（カラー）　飯沼慾斎筆『草木図説稿本』［個人蔵］

シラン　Bletilla striata Reichb.f.

「カーティスの植物図譜」エンタプライズ　1987
◇図1492（カラー）　Cymbidium hyacinthinum Sm.『カーティスのボタニカルマガジン』 1787〜1887

シラン

「彩色 江戸博物学集成」平凡社　1994
◇p295（カラー）　川原慶賀『動植物図譜』［オランダ国立自然史博物館］

シリブカガシ　Pasania glabra

「花彙 下」八坂書房　1977
◇図188（白黒）　魁圓　小野蘭山, 島田充房 明和2（1765）　26.5×18.5　［国立公文書館・内閣文庫］

シルヴァー・ムーン　'Silver Moon'

「ばら花譜」平凡社　1983
◇PL.156（カラー）　二口善雄画, 鈴木省三, 籾山泰一著 1973　水彩

シルトポジューム・プンクタタム　Cyrtopodium punctatum Ldl.

「蘭花譜」平凡社　1974
◇Pl.75–7（カラー）　加藤光治著, 二口善雄画 1939写生

シルフィウム・アルビフロルム　Silphium albiflorum

「ウィリアム・カーティス 花図譜」同朋舎出版 1994
◇130図（カラー）　White–flowered Silphium or Rosinweed　スミス, マチルダ画『カーティス・ボタニカル・マガジン』 1887

シルホペタラム・ウライエンセ
Cirrhopetalum uraiense Hayata
「蘭花譜」平凡社　1974
◇Pl.74-7(カラー)　加藤光治著, 二口善雄画 1971写生

シルホペタラム・オーナチシマム
Cirrhopetalum ornatissimum Rchb.f.
「蘭花譜」平凡社　1974
◇Pl.74-5(カラー)　加藤光治著, 二口善雄画 1970写生

シルホペタラム・ソーアルシイ
Cirrhopetalum Thouarsii Ldl.
「蘭花譜」平凡社　1974
◇Pl.74-2(カラー)　加藤光治著, 二口善雄画 1940写生

シルホペタラム・ピクチュラタム
Cirrhopetalum picturatum Ldl.
「蘭花譜」平凡社　1974
◇Pl.74-4(カラー)　加藤光治著, 二口善雄画 1940写生

シルホペタラム・フラビセパラム
Cirrhopetalum flavisepalum Hayata
「蘭花譜」平凡社　1974
◇Pl.74-6(カラー)　加藤光治著, 二口善雄画 1971写生

シルホペタラム・マコイヤナム
Cirrhopetalum Makoyanum Rchb.f.
「蘭花譜」平凡社　1974
◇Pl.74-1(カラー)　加藤光治著, 二口善雄画 1940写生

シルホペタラム・メデューセー
Cirrhopetalum medusae Ldl.
「蘭花譜」平凡社　1974
◇Pl.74-3(カラー)　加藤光治著, 二口善雄画 1940写生

シルレア・ディペンデンス　Cirrhaea dependens Rchb.f.
「蘭花譜」平凡社　1974
◇Pl.82-3(カラー)　加藤光治著, 二口善雄画 1971写生

シレネ・ヴァージニカ　Silene virginca
「ウィリアム・カーティス 花図譜」同朋舎出版 1994
◇100図(カラー)　Virginian Catchfly or Fire Pink　ショート, チャールズ・ウィルキンス画『カーティス・ボタニカル・マガジン』 1834

シレネ・フィンブリアタ　Silene fimbriata
「ウィリアム・カーティス 花図譜」同朋舎出版 1994
◇99図(カラー)　Fringed-flowered Campion　エドワーズ, シデナム・ティースト画『カーティス・ボタニカル・マガジン』 1806

シロイヌサフラン
「ボタニカルアート 西洋の美花集」パイ インターナショナル　2010
◇p190(カラー)　ラウドン, ジェーン・ウェルズ画・著『英国の野草』 1846　石版画 手彩色

シロウマアサツキ　Allium schoenoprasum L. var.orientale Regel
「須崎忠助植物画集」北海道大学出版会　2016
◇図14-28(カラー)　白ウマアサツキ『大雪山植物其他』 7月2日 ［北海道大学附属図書館］

シロカノコユリ　Lilium speciosum Thunb.f. vestale M.T.Mast.
「シーボルト「フローラ・ヤポニカ」 日本植物誌」八坂書房　2000
◇図13-I(カラー)　Tametomo-juri ［国立国会図書館］

白唐子
「日本椿集」平凡社　1966
◇図84(カラー)　津山尚著, 二口善雄画 1959

シロザクラ
⇒イヌザクラ・シロザクラを見よ

白角倉
「日本椿集」平凡社　1966
◇図72(カラー)　津山尚著, 二口善雄画 1965

白妙　Prunus Lannesiana Wils. 'Sirotae'
「日本桜集」平凡社　1973
◇Pl.113(カラー)　大井次三郎著, 太田洋愛画 1971写生　水彩

シロタエギク
⇒セネキオ・ビコロル(シロタエギク)を見よ

しろだも
「木の手帖」小学館　1991
◇図60(カラー)　岩崎灌園『本草図譜』 文政11 (1828)　約21×145 ［国立国会図書館］

シロツブ　Caesalpinia bonduc
「江戸博物文庫 菜樹の巻」工作舎　2017
◇p142(カラー)　白粒　岩崎灌園『本草図譜』［東京大学大学院理学系研究科附属植物園(小石川植物園)］

しろね
「野の草の手帖」小学館　1989
◇p115(カラー)　白根　岩崎常正(灌園)『本草図譜』 文政11(1828) ［国立国会図書館］

シロ子アヲイ
「高松松平家博物図譜 衆芳画譜 花卉 第四」香川県立ミュージアム　2010
◇p77(カラー)　松平頼恭 江戸時代　紙本著色 画帖装(折本形式)　33.0×48.2 ［個人蔵］

シロバナウツギ　Weigela hortensis (Siebold & Zucc.) K.Koch f.albiflora (Siebold & Zucc.) Rehder

「シーボルト日本植物図譜コレクション」小学館　2008
◇図3-73 (カラー)　Diervilla hortensis Sieb.et Zucc.var.albiflora Sieb.　川原玉賀画　紙 透明絵の具 墨 白色塗料　24.0×33.8　[ロシア科学アカデミーコマロフ植物学研究所図書館]　※目録765 コレクションIV 219/506

「シーボルト「フローラ・ヤポニカ」日本植物誌」八坂書房　2000
◇図30 (白黒)　Siro saki utsugi　[国立国会図書館]

白花 シヤウシヤウ袴

「高松松平家博物図譜 衆芳画譜 花卉 第四」香川県立ミュージアム　2010
◇p60 (カラー)　松平頼恭 江戸時代　紙本著色 画帖装 (折本形式)　33.0×48.2　[個人蔵]

シロバナスミレ

「ボタニカルアートの世界」朝日新聞社　1987
◇p118上 (カラー)　菫菜　近衛予楽院『花木真寫』[京都陽明文庫]

シロバナタチツボスミレ　Viola grypoceras var.grypoceras f.albiflora

「牧野富太郎植物画集」ミュゼ　1999
◇p43 (白黒)　1886 (明治19)　和紙 墨 (毛筆)　19.2×13.6

しろばなたんぽぽ　Taraxacum albidum

「草木写生 春の巻」ピエ・ブックス　2010
◇p206〜207 (カラー)　白花蒲公英　狩野織染藤原重賢 明暦3 (1657)〜元禄12 (1699)　[国立国会図書館]

シロバナタンポポ　Taraxacum albidum

「花木真寫」淡交社　2005
◇図18 (カラー)　蒲公英　近衛予楽院家熙　[(財) 陽明文庫]

白花のブルーベル

「フローラの庭園」八坂書房　2015
◇p68 (カラー)　マーシャル, アレクサンダー画『フラワー・ブック』1680頃　水彩 紙　46.0×33.3　[英国王室コレクション]

シロバナブラシノキ　Callistemon salignus

「ウィリアム・カーティス 花図譜」同朋舎出版　1994
◇387図 (カラー)　Green-flowered Metrosideros　カーティス, ジョン画『カーティス・ボタニカル・マガジン』1825

シロバナユウガオ　Lagenaria sicenaria

「すごい博物画」グラフィック社　2017
◇図版53 (カラー)　ハゲイトウとシロバナユウガオ　マーシャル, アレクサンダー 1650〜82頃　水彩　45.7×33.2　[ウィンザー城ロイヤル・ライブラリー]

シロバナワタ　Gossypium herbaceum

「花の王国 3」平凡社　1990
◇p110 (カラー)　ベルトゥーフ『子供のための図誌』1810

シロハマナシ　Rosa rugosa Thunberg alba (Ware) Rehder

「ばら花譜」平凡社　1983
◇PL.43 (カラー)　二口善雄画, 鈴木省三, 籾山泰一著 1973　水彩

白フジ

「高松松平家博物図譜 衆芳画譜 花果 第五」香川県立ミュージアム　2011
◇p46 (カラー)　松平頼恭 江戸時代　紙本著色 画帖装 (折本形式)　33.2×48.4　[個人蔵]

「江戸名作画帖全集 8」駸々堂出版　1995
◇図71 (カラー)　フジ・白フジ・土用フジ　松平頼恭編『写生画帖・衆芳画譜』　紙本着色　[松平公益会]

シロモッコウバラ　Rosa banksiae Aiton 'Alba'

「ばら花譜」平凡社　1983
◇PL.32 (カラー)　白木香　二口善雄画, 鈴木省三, 籾山泰一著 1978,1975　水彩

シロヤナギ　Salix jessoensis Seem.

「北海道主要樹木図譜[普及版]」北海道大学図書刊行会　1986
◇図14 (カラー)　須崎忠助 大正9 (1920)〜昭和6 (1931)　[個人蔵]

シロヤブツバキ

「日本椿集」平凡社　1966
◇図2 (カラー)　白藪椿　ヤブツバキの白花品　津山尚著, 二口善雄画 1965

シロヤマブキ　Rhodotypos scandens

「花木真寫」淡交社　2005
◇図31 (カラー)　白欵冬　近衛予楽院家熙　[(財) 陽明文庫]

「花彙 下」八坂書房　1977
◇図155 (白黒)　雞麻　小野蘭山, 島田充房 明和2 (1765)　26.5×18.5　[国立公文書館・内閣文庫]

シロヤマブキ　Rhodotypos scandens Makino

「カーティスの植物図譜」エンタプライズ　1987
◇図5805 (カラー)　Rhodotypos kerrioides Sieb. et Zucc.『カーティスのボタニカルマガジン』1787〜1887

シロヤマブキ　Rhodotypos scandens (Thunb.) Makino

「シーボルト「フローラ・ヤポニカ」日本植物誌」八坂書房　2000
◇図99 (白黒)　Siro jamabuki　[国立国会図書館]

シロユリ
「高松松平家博物図譜 衆芳画譜 花卉 第四」香川県立ミュージアム　2010
◇p33（カラー）　松平頼恭 江戸時代　紙本著色 画帖装（折本形式）　33.0×48.2　［個人蔵］

白ラン
「高松松平家博物図譜 衆芳画譜 花卉 第四」香川県立ミュージアム　2010
◇p84（カラー）　松平頼恭 江戸時代　紙本著色 画帖装（折本形式）　33.0×48.2　［個人蔵］

白侘助
「日本椿集」平凡社　1966
◇図219（カラー）　津山尚著, 二口善雄画 1957, 1959

ジングウツツジ
「彩色 江戸博物学集成」平凡社　1994
◇p103（カラー）　細川重賢『押葉帖』

ジンチョウゲ　Daphne odora
「江戸博物文庫 花草の巻」工作舎　2017
◇p43（カラー）　沈丁花　岩崎灌園『本草図譜』［東京大学大学院理学系研究科附属植物園（小石川植物園）］
「ウィリアム・カーティス 花図譜」同朋舎出版　1994
◇559図（カラー）　Sweet-scented Daphne　カーティス, ウィリアム『カーティス・ボタニカル・マガジン』 1813

ジンチョウゲ　Daphne odora Thunb.
「岩崎灌園の草花写生」たにぐち書店　2013
◇p78（カラー）　沈丁花　［個人蔵］

ヂンチヨウケ
「高松松平家博物図譜 衆芳画譜 花果 第五」香川県立ミュージアム　2011
◇p72（カラー）　松平頼恭 江戸時代　紙本著色 画帖装（折本形式）　33.2×48.4　［個人蔵］

ジンチョウゲ科　Tymelaeaceae
「ビュフォンの博物誌」工作舎　1991
◇N068（カラー）『一般と個別の博物誌 ソンニーニ版』

シンデレラ　'Cinderella'
「ばら花譜」平凡社　1983
◇PL.160（カラー）　二口善雄画, 鈴木省三, 籾山泰一著 1978　水彩

しんどうげ
「高松松平家博物図譜 写生画帖 雑草」香川県立ミュージアム　2013
◇p62（カラー）　松平頼恭 江戸時代　紙本著色 画帖装（折本形式）　33.2×48.4　［個人蔵］

シンビジウム
「花の王国 4」平凡社　1990
◇p14（白黒）　ノース, マリアンヌ

シンビジウム・アロイフォリウム
Cymbidium aloifolium
「蘭百花図譜」八坂書房　2002
◇p32（カラー）　カーティス, ウィリアム『ボタニカル・マガジン』 1793

シンビジウム・エブルネウム　Cymbidium eburneum
「蘭百花図譜」八坂書房　2002
◇p33（カラー）　ワーナー, ロバート『ラン類精選図譜』 1862～65　石版刷手彩色

シンビジウム・エンシフォリウム
Cymbidium ensifolium
「蘭百花図譜」八坂書房　2002
◇p34（カラー）　カーティス, ウィリアム『ボタニカル・マガジン』 1793

シンビジウム・ギガンテウム　Cymbidium giganteum
「蘭百花図譜」八坂書房　2002
◇p35（カラー）　ランダン, ジャン『ランダニア』 1885～1906　石版多色刷

シンビジウム・シネンセ　Cymbidium sinense
「蘭百花図譜」八坂書房　2002
◇p34（カラー）　カーティス, ウィリアム『ボタニカル・マガジン』 1793

シンビジウム・ティグリヌム　Cymbidium tigrinum
「蘭百花図譜」八坂書房　2002
◇p37（カラー）　ランダン, ジャン『ランダニア』 1885～1906　石版多色刷

シンビジウム・トレイシアヌム　Cymbidium tracyanum
「蘭百花図譜」八坂書房　2002
◇p38（カラー）　ランダン, ジャン『ランダニア』 1885～1906　石版多色刷

シンビジウム・ロウイアヌム・フラウェオルム　Cymbidium lowianum var.flaveolum
「蘭百花図譜」八坂書房　2002
◇p36（カラー）　ランダン, ジャン『ランダニア』 1885～1906　石版多色刷

シンビジューム・アロイホリューム
Cymbidium aloifolium Sw.
「蘭花譜」平凡社　1974
◇Pl.77-2（カラー）　加藤光治著, 二口善雄画 1941写生

シンビジューム・インシグネ　Cymbidium insigne Rolfe
「蘭花譜」平凡社　1974
◇Pl.77-3（カラー）　加藤光治著, 二口善雄画 1940写生

シンビジューム・エリスロスチラム
Cymbidium erythrostylum Rolfe
「蘭花譜」平凡社　1974
◇Pl.77-4（カラー）　加藤光治著, 二口善雄画 1968写生

シンビジューム・デボニアナム　Cymbidium Devonianum Paxt.
「蘭花譜」平凡社　1974
◇Pl.78-1（カラー）　加藤光治著, 二口善雄画 1940,1971写生

シンビジューム・トラシアナム　Cymbidium Tracyanum Rolfe
「蘭花譜」平凡社　1974
◇Pl.77-5（カラー）　加藤光治著, 二口善雄画 1941写生

シンビジューム・フィンレイソニアナム
Cymbidium Finlaysonianum Ldl.
「蘭花譜」平凡社　1974
◇Pl.77-6（カラー）　加藤光治著, 二口善雄画 1941写生

シンビジューム・ローイヤナム　Cymbidium Lowianum Rchb.f.
「蘭花譜」平凡社　1974
◇Pl.77-1（カラー）　加藤光治著, 二口善雄画 1940写生

シンビディウム・アロイフォリウム
Cymbidium aloifolium
「ユリ科植物図譜 1」学習研究社　1988
◇図7（カラー）　エピデンドルム・アロイフォリウム　ルドゥーテ, ピエール＝ジョセフ 1802～1815

シンビディウム・フッケリアヌム
Cymbidium hookerianum（Cymbidium giganteum）
「イングリッシュ・ガーデン」求龍堂　2014
◇図53（カラー）　フィッチ, ウォルター・フッド 1855　黒鉛 水彩 紙　30.0×25.0［キュー王立植物園］

シンワスレナグサ　Myosotis scorpioides
「すごい博物画」グラフィック社　2017
◇図版46（カラー）　フレンチローズ、種類のわからないバラ、ルリハコベ、ダマスクローズ、シンワスレナグサ、オーストリアン・カッパー　マーシャル, アレクサンダー 1650～82頃　水彩　45.9×34.6［ウィンザー城ロイヤル・ライブラリー］

【す】

スイカズラ　Lonicera caprifolium
「ルドゥーテ画 美花選 2」学習研究社　1986
◇図25（カラー）1827～1833

スイカズラ　Lonicera japonica
「江戸博物文庫 花草の巻」工作舎　2017
◇p155（カラー）　吸葛　岩崎灌園『本草図譜』［東京大学大学院理学系研究科附属植物園（小石川植物園）］

スイカズラ科ガマズミ属の1種　Viburnum sp.
「植物精選百種図譜 博物画の至宝」平凡社 1996
◇pl.87（カラー）　Viburnum　日本産のガマズミの赤花型か　トレウ, C.J., エーレト, G.D. 1750～73

スイカズラ科の植物
「ボタニカルアート 西洋の美花集」パイ インターナショナル　2010
◇p192（カラー）　ラウドン, ジェーン・ウェルズ画・著『英国の野草』1846　石版画 手彩色

スイカズラ・ニンドウ　Lonicera japonica
「花木真寫」淡交社　2005
◇図70（カラー）　金銀花　近衛予楽院家熙［（財）陽明文庫］

水晶　Prunus Leveilleana Koehne ‘Suisho’
「日本桜集」平凡社　1973
◇Pl.119（カラー）　大井次三郎著, 太田洋愛画 1972写生　水彩

水生のキンポウゲ科の植物の総称
「ボタニカルアート 西洋の美花集」パイ インターナショナル　2010
◇p196（カラー）　ラウドン, ジェーン・ウェルズ画・著『英国の野草』1846　石版画 手彩色

すいせん　Narcissus tazetta
「草木写生 秋の巻」ピエ・ブックス　2010
◇p228～229（カラー）　水仙　狩野織染藤原重賢 明暦3（1657）～元禄12（1699）［国立国会図書館］

スイセン　Narcissus gouani
「ルドゥーテ画 美花選 1」学習研究社　1986
◇図2（カラー）1827～1833
◇図6（カラー）1827～1833

スイセン　Narcissus hispanicus
「すごい博物画」グラフィック社　2017
◇図版39（カラー）　ヒヤシンス、アヤメ、スイセン、ハナサフラン　マーシャル, アレクサンダー 1650～82頃　水彩　45.9×33.0［ウィンザー城ロイヤル・ライブラリー］

スイセン　Narcissus janquilla, N.triandrus, N. tazetta ssp.bertolonii, N.papyraceus
「花の本 ボタニカルアートの庭」角川書店 2010
◇p25（カラー）　Daffodil, Narcissus　Rabel, Daniel 1622

スイセン　Narcissus radiiflorus

「すごい博物画」グラフィック社　2017
◇図版40（カラー）　スイセン、ヨウラクユリ、クチベニズイセン、プリムローズ　マーシャル, アレクサンダー 1650～82頃　水彩　45.8×33.1 ［ウィンザー城ロイヤル・ライブラリー］

スイセン　Narcissus tazetta

「美花選［普及版］」河出書房新社　2016
◇図127（カラー）　Bouquets de Camélias Narcisses et Pensées　ルドゥーテ, ピエール＝ジョゼフ画 1827～1833 ［コノサーズ・コレクション東京］
「ボタニカルアート 西洋の美花集」パイ インターナショナル　2010
◇p143（カラー）　ロバート, ニコラス著『Liver des tulipes』 1650～55
「花木真寫」淡交社　2005
◇図120（カラー）　水仙　近衛予楽院家煕 ［（財）陽明文庫］

スイセン　Narcissus tazetta L.

「高木春山 本草図説 1」リブロポート　1988
◇図10（カラー）　一種 黄花水仙

スイセン　Narcissus tazetta L.var.chinensis Roem.

「シーボルト日本植物図譜コレクション」小学館　2008
◇図3-2（カラー）　Narcissus Suisen Sieb. ［川原慶賀］画　紙 透明絵の具 墨 白色塗料 光沢　24.0×31.5 ［ロシア科学アカデミーコマロフ植物学研究所図書館］ ※目録875 コレクションVIII 320/989

スイセン　Narcissus tazetta cv.

「花の本 ボタニカルアートの庭」角川書店　2010
◇p24（カラー）　Daffodil, Narcissus　Curtis, William 1787～

スイセン　Narcissus tazetta var.chinensis

「江戸博物文庫 花草の巻」工作舎　2017
◇p26（カラー）　水仙　岩崎灌園『本草図譜』 ［東京大学大学院理学系研究科附属植物園（小石川植物園）］
「四季草花譜」八坂書房　1988
◇図22（カラー）　飯沼慾斎筆『草木図説稿本』 ［個人蔵］

スイセン

「フローラの庭園」八坂書房　2015
◇p17（カラー）　バラ、チューリップ、スイセンなどの花綱　ホルツベッカー, ハンス・シモン『ゴットルプ家の写本』 1649～59　水彩 羊皮紙（パーチメント） ［デンマーク国立美術館（コペンハーゲン）］
「ボタニカルアート 西洋の美花集」パイ インターナショナル　2010
◇p190（カラー）　ラウドン, ジェーン・ウェルズ画・著『英国の野草』 1846　石版画 手彩色
◇p200（カラー）　ルドゥーテ, ピエール＝ジョセフ画・著『美花選』 1827～33　点刻銅版画多色刷 一部手彩色
「美花図譜」八坂書房　1991
◇図54（カラー）　ウエインマン『花譜』 1736～1748　銅版刷手彩色 ［群馬県館林市立図書館］

水仙

「高松松平家博物図譜 衆芳画譜 花卉 第四」香川県立ミュージアム　2010
◇p66（カラー）　松平頼恭 江戸時代　紙本著色 画帖装（折本形式）　33.0×48.2 ［個人蔵］

スイセンアヤメ　Sparaxis tricolor

「美花選［普及版］」河出書房新社　2016
◇図45（カラー）　Ixia tricolor/Ixia tricolore　ルドゥーテ, ピエール＝ジョゼフ画 1827～1833 ［コノサーズ・コレクション東京］

スイゼンジナ

「カーティスの植物図譜」エンタプライズ　1987
◇図5123（カラー）　Gynura bicolor DC.『カーティスのボタニカルマガジン』 1787～1887

スイート・アフトン　'Sweet Afton'

「ばら花譜」平凡社　1983
◇PL.121（カラー）　二口善雄画, 鈴木省三, 籾山泰一著 1975　水彩

スイートピー　Lathyrus odoratus

「美花選［普及版］」河出書房新社　2016
◇図29（カラー）　Pois de senteur/Lathyrus odoratus　ルドゥーテ, ピエール＝ジョゼフ画 1827～1833 ［コノサーズ・コレクション東京］
「ボタニカルアート 西洋の美花集」パイ インターナショナル　2010
◇p25（カラー）　ルドゥーテ, ピエール＝ジョセフ画・著『美花選』 1827～33　点刻銅版画多色刷 一部手彩色
「ルドゥーテ画 美花選 1」学習研究社　1986
◇図47（カラー） 1827～1833

スイートピー

「ボタニカルアート 西洋の美花集」パイ インターナショナル　2010
◇p206（カラー）　ベシン画・著『Flore par mlls』 1850　点刻銅版画多色刷 手彩色
「美花図譜」八坂書房　1991
◇図47（カラー）　ウエインマン『花譜』 1736～1748　銅版刷手彩色 ［群馬県館林市立図書館］

スイートピーの宿根性種　Lathyrus odoratus

「花の王国 1」平凡社　1990
◇p59（カラー）　ジョーム・サンティレール, H.『フランスの植物』 1805～09　彩色銅版画

すいば

「野の草の手帖」小学館　1989
◇p33（カラー）　酸葉　岩崎常正（灌園）『本草図譜』 文政11（1828） ［国立国会図書館］

すいらん
「高松松平家博物図譜 写生画帖 雑草」香川県立ミュージアム　2013
◇p60(カラー)　松平頼恭 江戸時代　紙本著色 画帖装(折本形式)　33.2×48.4　[個人蔵]

スイレン　Nymphaea caerulea
「ボタニカルアート 西洋の美花集」パイ インターナショナル　2010
◇P74下・左(カラー)　カーティス, ウィリアム著『カーティス・ボタニカル・マガジン16巻』1802　銅版画 手彩色

スイレン　Nymphaea capensis
「花の本 ボタニカルアートの庭」角川書店　2010
◇p93(カラー)　Water lily　Curtis, William 1787〜

スイレン　Nymphaea odorata
「ボタニカルアート 西洋の美花集」パイ インターナショナル　2010
◇p74下・右(カラー)　カーティス, ウィリアム著『カーティス・ボタニカル・マガジン21巻』1805　銅版画 手彩色

スイレン　Nymphaea rubra rosea
「ボタニカルアート 西洋の美花集」パイ インターナショナル　2010
◇p74上・右(カラー)　カーティス, ウィリアム著『カーティス・ボタニカル・マガジン33巻』1811　銅版画 手彩色

スイレン　Nymphaea versicolor rosea
「ボタニカルアート 西洋の美花集」パイ インターナショナル　2010
◇p74上・左(カラー)　カーティス, ウィリアム著『カーティス・ボタニカル・マガジン30巻』1809　銅版画 手彩色

スイレン
「高松松平家博物図譜 衆芳画譜 花卉 第四」香川県立ミュージアム　2010
◇p28(カラー)　松平頼恭 江戸時代　紙本著色 画帖装(折本形式)　33.0×48.2　[個人蔵]
「美花図譜」八坂書房　1991
◇図59(カラー)　ウエインマン『花譜』1736〜1748　銅版刷手彩色　[群馬県館林市立図書館]

スウィートピー
「カーティスの植物図譜」エンタプライズ　1987
◇図60(カラー)　Sweet Pea『カーティスのボタニカルマガジン』1787〜1887

スエツムハナ
⇒ベニバナ・スエツムハナ・クレノアイを見よ

スカシユリ　Lilium maculatum
「四季草花譜」八坂書房　1988
◇図25(カラー)　飯沼慾斎筆『草木図説稿本』[個人蔵]

スカシユリ　Lilium maculatum Thunb.
「岩崎灌園の草花写生」たにぐち書店　2013
◇p38(カラー)　百合　[個人蔵]

スカシユリ
「ボタニカルアートの世界」朝日新聞社　1987
◇p115(カラー)　狩野探幽『草木花写生図巻』[国立博物館]

スカチカリア・スティーリイ　Scuticaria Steelii Ldl.
「蘭花譜」平凡社　1974
◇Pl.91-1(カラー)　加藤光治著, 二口善雄画 1968写生

スカビオサ　Scabiosa atropurpurea
「花の本 ボタニカルアートの庭」角川書店　2010
◇p108(カラー)　Scabious　Jaume Saint-Hilaire, Jean Henri 1805〜09

スカビオサ　Scabiosa succisa
「花の本 ボタニカルアートの庭」角川書店　2010
◇p108(カラー)　Scabious　Hill, John 1759〜70's

スカホセパラム・オクソーデス
Scaphosepalum ochthodes Pfitz.
「蘭花譜」平凡社　1974
◇Pl.21-3(カラー)　加藤光治著, 二口善雄画 1970写生

スカホセパラム・スウェルチイホリューム
Scaphosepalum swertiifolium Rolfe
「蘭花譜」平凡社　1974
◇Pl.21-5(カラー)　加藤光治著, 二口善雄画 1941写生

スカホセパラム・プンクタタム
Scaphosepalum punctatum Rolfe
「蘭花譜」平凡社　1974
◇Pl.21-4(カラー)　加藤光治著, 二口善雄画 1940写生

スカーレット・ジェム　'Scarlet Gem'
「ばら花譜」平凡社　1983
◇PL.160(カラー)　Scarlet Pimpernel　二口善雄画, 鈴木省三, 籾山泰一著 1978　水彩

すかん
「江戸名作画帖全集 8」駸々堂出版　1995
◇図67(カラー)　すかん・あめもりそう・すぎごけ・ほうずき　松平頼恭編『写生画帖・衆芳画譜』　紙本着色　[松平公益会]

スカンク・キャベツ
「R・J・ソーントン フローラの神殿 新装版」リブロポート　1990
◇第30葉(カラー)　アメリカ産湖沼植物群　ライナグル, フィリップ画, マダン, D.彫版, ソーントン, R.J. 1812　スティップル(緑, 青色インク)

手彩色仕上げ

すぎ

「木の手帖」小学館　1991
◇図15（カラー）　杉・椙　岩崎灌園『本草図譜』文政11（1828）　約21×145　［国立国会図書館］

スギ　Cryptomeria japonica (L.f.) D.Don

「シーボルト日本植物図譜コレクション」小学館 2008
◇図3–102（カラー）　［Cryptomeria japonica D. Don］［Veith, K.F.M.］画　紙 鉛筆　25.2×34.2　［ロシア科学アカデミーコマロフ植物学研究所図書館］　※目録26 コレクションVII 711/861
◇図3–104（カラー）　［Cryptomeria］［Ver Huell, Q.M.R.］画　紙 鉛筆　11.3×15.7　［ロシア科学アカデミーコマロフ植物学研究所図書館］　※清水東谷のCryptomeriaの右上の枝の写し.目録28 コレクションVII A/863
「シーボルト「フローラ・ヤポニカ」日本植物誌」八坂書房　2000
◇図124, 124b（カラー/白黒）　Sugi　［国立国会図書館］

すぎな

「野の草の手帖」小学館　1989
◇p35（カラー）　杉菜　岩崎常正（灌園）『本草図譜』　文政11（1828）　［国立国会図書館］

スギナ　Equisetum arvense

「江戸博物文庫 花草の巻」工作舎　2017
◇p71（カラー）　杉菜　岩崎灌園『本草図譜』［東京大学大学院理学系研究科附属植物園（小石川植物園）］
「ボタニカルアートの世界」朝日新聞社　1987
◇p40左下（カラー）　サワビー画『English botany第24巻』　1804

スギナ

⇒ツクシ・スギナを見よ

すきのみ

「高松松平家博物図譜 写生画帖 雑木」香川県立ミュージアム　2014
◇p65（カラー）　松平頼恭 江戸時代　紙本著色 画帖装（折本形式）　33.2×48.4　［個人蔵］　※表紙・裏表紙見返し墨書 安永6（1777）6月 程赤城筆

数寄屋

「日本椿集」平凡社　1966
◇図223（カラー）　津山尚著, 二口善雄画 1957, 1956

スキラ・アモエナ

「ユリ科植物図譜 2」学習研究社　1988
◇図175（カラー）　Scilla amoena　ルドゥーテ, ピエール＝ジョセフ 1802〜1815
◇図176（カラー）　Scilla amoena　ルドゥーテ, ピエール＝ジョセフ 1802〜1815

スキラ・オートゥムナリス

「ユリ科植物図譜 2」学習研究社　1988
◇図177（カラー）　Scilla autumnalis　ルドゥーテ, ピエール＝ジョセフ 1802〜1815

スキラ・オブトゥシフォリア

「ユリ科植物図譜 2」学習研究社　1988
◇図187・190（カラー）　Scilla obtusifolia　ルドゥーテ, ピエール＝ジョセフ 1802〜1815

スキラ・ビフォリア

「ユリ科植物図譜 2」学習研究社　1988
◇図178（カラー）　Scilla bifolia　ルドゥーテ, ピエール＝ジョセフ 1802〜1815

スキラ・ベルナ　Scilla verna

「ユリ科植物図譜 2」学習研究社　1988
◇図191（カラー）　スキラ・ウンベラータ　ルドゥーテ, ピエール＝ジョセフ 1802〜1815

スキラ・ランケエフォリア　Scilla lanceaefolia

「ユリ科植物図譜 2」学習研究社　1988
◇図29（カラー）　ラケナリア・ランケエフォリア　ルドゥーテ, ピエール＝ジョセフ 1802〜1815

スキラ・リリオヒアキントゥス

「ユリ科植物図譜 2」学習研究社　1988
◇図181・183（カラー）　Scilla liliohyacinthus　ルドゥーテ, ピエール＝ジョセフ 1802〜1815

スキラ・リングラータ

「ユリ科植物図譜 2」学習研究社　1988
◇図182（カラー）　Scilla lingulata　ルドゥーテ, ピエール＝ジョセフ 1802〜1815

スクテラリア・アルティッシマ　Scutellaria altissima

「ウィリアム・カーティス 花図譜」同朋舎出版 1994
◇263図（カラー）　Tall Skull–cap　カーティス, ジョン画『カーティス・ボタニカル・マガジン』 1825

すげ

「高松松平家博物図譜 写生画帖 雑草」香川県立ミュージアム　2013
◇p74（カラー）　松平頼恭 江戸時代　紙本著色 画帖装（折本形式）　33.2×48.4　［個人蔵］

スゲ

⇒カサスゲ・ミノスゲ・スゲを見よ

スコッチ・クロッカス　Crocus biflorus subsp.biflorus

「ウィリアム・カーティス 花図譜」同朋舎出版 1994
◇209図（カラー）　Scotch Crocus　エドワーズ, シデナム・ティースト画『カーティス・ボタニカル・マガジン』 1805

スコティア・タマリンディフォリア　Schotia afra (L.) Thumb

「ウィリアム・カーティス 花図譜」同朋舎出版

1994
◇304図(カラー)　Broad-leaved Schotia　エドワーズ, シデナム・ティースト画『カーティス・ボタニカル・マガジン』 1808

スコリムス・ヒスパニクス　Scolymus hispanicus

「図説 ボタニカルアート」河出書房新社　2010
◇p58(カラー)　バウアー, フェルディナンド画, シブソープ, スミス, J.E.『ギリシア植物誌』 1806～40

「ボタニカルアートの世界」朝日新聞社　1987
◇p17(カラー)　バウアー, フェルディナント画『Flora graeca』 1806～1840

スジタマスダレ　Zephyranthes verecunda

「ウィリアム・カーティス 花図譜」同朋舎出版　1994
◇35図(カラー)　Modest Zephyranthes　カーティス, ジョン画『カーティス・ボタニカル・マガジン』 1825

スヽカケ

「高松松平家博物図譜 衆芳画譜 花果 第五」香川県立ミュージアム　2011
◇p14(カラー)　松平頼恭 江戸時代　紙本著色 画帖装(折本形式)　33.2×48.4　[個人蔵]

スズカケ

⇒コデマリ・スズカケを見よ

スズカケノキ　Platanus orientalis

「花の王国 3」平凡社　1990
◇p115(カラー)　ジョーム・サンティレール『フランスの植物』 1805～09　彩色銅版画

スズカケモミジ

「美花図譜」八坂書房　1991
◇図2(カラー)　ウエインマン『花譜』 1736～1748　銅版刷手彩色　[群馬県館林市立図書館]

鈴鹿の関

「日本椿集」平凡社　1966
◇図145(カラー)　津山尚著, 二口善雄画 1965

すゝき

「高松松平家博物図譜 写生画帖 雑草」香川県立ミュージアム　2013
◇p11(カラー)　松平頼恭 江戸時代　紙本著色 画帖装(折本形式)　33.2×48.4　[個人蔵]

すすき

「野の草の手帖」小学館　1989
◇p181(カラー)　薄・芒　図の左側はトキワススキ　岩崎常正(灌園)『本草図譜』　文政11(1828)　[国立国会図書館]

ススキ　Miscanthus sinensis

「江戸博物文庫 花草の巻」工作舎　2017
◇p27(カラー)　芒　岩崎灌園『本草図譜』　[東京大学大学院理学系研究科附属植物園(小石川植物園)]

ススキ

「彩色 江戸博物学集成」平凡社　1994
◇p279(カラー)　馬場大助『詩経物産図譜〈蟲魚部〉』　[天猷寺]

スズサイコ　Cynanchum paniculatum

「花彙 上」八坂書房　1977
◇図47(白黒)　徐長卿　小野蘭山, 島田充房 明和2(1765)　26.5×18.5　[国立公文書館・内閣文庫]

すゞたけ

「高松松平家博物図譜 写生画帖 雑木」香川県立ミュージアム　2014
◇p28(カラー)　松平頼恭 江戸時代　紙本著色 画帖装(折本形式)　33.2×48.4　[個人蔵]　※表紙・裏表紙見返し墨書 安永6(1777)6月 程赤城筆

すずむしそう　Liparis Makinoana Schltr.

「蘭花譜」平凡社　1974
◇Pl.21-1(カラー)　加藤光治著, 二口善雄画 1962写生

すゞめのはしご

「高松松平家博物図譜 写生画帖 雑草」香川県立ミュージアム　2013
◇p51(カラー)　松平頼恭 江戸時代　紙本著色 画帖装(折本形式)　33.2×48.4　[個人蔵]

すゝめふり

「高松松平家博物図譜 写生画帖 雑草」香川県立ミュージアム　2013
◇p95(カラー)　松平頼恭 江戸時代　紙本著色 画帖装(折本形式)　33.2×48.4　[個人蔵]
◇p104(カラー)　松平頼恭 江戸時代　紙本著色 画帖装(折本形式)　33.2×48.4　[個人蔵]

スヽラン

「高松松平家博物図譜 衆芳画譜 花卉 第四」香川県立ミュージアム　2010
◇p16(カラー)　松平頼恭 江戸時代　紙本著色 画帖装(折本形式)　33.0×48.2　[個人蔵]

スズランズイセン

⇒スノーフレーク(スズランズイセン)を見よ

スタエヘリナドビア　Staehelina dubia

「ビュフォンの博物誌」工作舎　1991
◇N080(カラー)『一般と個別の博物誌 ソンニーニ版』

スダジイ　Castanopsis sieboldii

「江戸博物文庫 菜樹の巻」工作舎　2017
◇p148(カラー)　宿椎　岩崎灌園『本草図譜』　[東京大学大学院理学系研究科附属植物園(小石川植物園)]

スダジイ　Castanopsis sieboldii (Makino) T. Yamaz. & Mashiba

「シーボルト日本植物図譜コレクション」小学館　2008
◇図3-79(カラー)　Quercus cuspidata Thunb.

川原慶賀画　紙 透明絵の具 墨 光沢　23.5×32.5 ［ロシア科学アカデミーコマロフ植物学研究所図書館］　※目録78 コレクションVII /796

スダジイ（一部はコジイ）　Castanopsis sieboldii (Makino) T.Yamaz. & Mashiba（一部はCastanopsis cuspidata (Thunb.) Schottky）

「シーボルト日本植物図譜コレクション」小学館　2008

◇図3-80（カラー）　Quercus cuspidata Thunb. ［Minsinger, S.］画　紙 水彩 墨 鉛筆　24.0×31.0 ［ロシア科学アカデミーコマロフ植物学研究所図書館］　※目録79 コレクションVII 857/797

スタペリア　Huemia hystrix

「花の本 ボタニカルアートの庭」角川書店　2010

◇p117（カラー）　Carrion flower　Curtis, William 1787〜

スタペリア　Stapelia asterias

「花の本 ボタニカルアートの庭」角川書店　2010

◇p117（カラー）　Carrion flower　Curtis, William 1787〜

スタペリア　Stapelia barbata

「花の王国 4」平凡社　1990

◇p20（カラー）　現在ではHuernia属とされる『カーチス・ボタニカル・マガジン』 1787〜継続

スタペリア　Stapelia grandiflora

「花の王国 4」平凡社　1990

◇p18（カラー）　園芸名オオバナサイカク（大花犀角）　ドルビニ, Ch.編『万有博物学事典』 1837

◇p19（カラー）　園芸名オオバナサイカク　レーゼル・フォン・ローゼンホフ, A.J.『昆虫のもてなし』 1746〜61

スタペリア　Stapelia peglerae

「花の王国 4」平凡社　1990

◇p20（カラー）　ロディゲス, C.原図, クック, ジョージ製版『植物学の博物館』 1817〜27

スタペリア　Stapelia variegata

「花の王国 4」平凡社　1990

◇p18（カラー）　園芸名ギュウカク（牛角）　ヴァインマン, J.W.『薬用植物図譜』 1736〜48

スタペリア

「世界大博物図鑑 1」平凡社　1991

◇p356（カラー）　ショー, G.著, ノダー, F.P., ノダー, R.P.図『博物学者雑録宝典』 1789〜1813

「美花図譜」八坂書房　1991

◇図6（カラー）　ウエインマン『花譜』 1736〜1748　銅版刷手彩色 ［群馬県館林市立図書館］

「R・J・ソーントン フローラの神殿 新装版」リブロポート　1990

◇第16葉（カラー）　Group of Stapelias　ヘンダーソン, ピーター画, バーク彫版, ソーントン, R.J. 1812　スティップル（青, 茶色インク）手彩色仕上げ

「花の王国 1」平凡社　1990

◇p15（白黒）　ロディゲス, C.『植物学の博物館』 1817〜27

スタペリア・ゲミナタ　Piaranthus geminatus

「ウィリアム・カーティス 花図譜」同朋舎出版　1994

◇53図（カラー）　Twin-flowered Stapelia　エドワーズ, シデナム・ティースト画『カーティス・ボタニカル・マガジン』 1810

スタペリア属の1種　Stapelia maculosa

「図説 ボタニカルアート」河出書房新社　2010

◇p83（白黒）　ジャカン, N.J.『ウィーン植物園で栽培されるスタペリア属の記載』 1806〜19

スターリング・シルヴァー　'Sterling Silver'

「ばら花譜」平凡社　1983

◇PL.118（カラー）　二口善雄画, 鈴木省三, 籾山泰一著 1975　水彩

スタンホペア・インシグニス　Stanhopea insignis Frost

「蘭花譜」平凡社　1974

◇Pl.83-3（カラー）　加藤光治著, 二口善雄画 1940写生

スタンホペア・グラベオレンス・イノドラ　Stanhopea graveolens Ldl.var.inodora

「蘭花譜」平凡社　1974

◇Pl.83-2（カラー）　加藤光治著, 二口善雄画 1940写生

スタンホペア・チグリナ　Stanhopea tigrina Batem.

「蘭花譜」平凡社　1974

◇Pl.83-1（カラー）　加藤光治著, 二口善雄画 1971写生

スチリジウム レクルブム　Stylidum recurvum

「ボタニカルアートの世界」朝日新聞社　1987

◇p83下左（カラー）　ファン・フート図『Flora des serres et des jardins de l' Europe第3巻』 1854〜55

スティラクス・ラエウィガツム　Styrax americanus

「ウィリアム・カーティス 花図譜」同朋舎出版　1994

◇551図（カラー）　Smooth Styrax　エドワーズ, シデナム・ティースト画『カーティス・ボタニカル・マガジン』 1806

スティリディウム・ウィオラケウム　Stylidium violaceum

「図説 ボタニカルアート」河出書房新社　2010

◇p63（カラー）　バウアー, フェルディナンド画・著『ノヴァ・ホーランディア植物図解』 1813〜16

ステノグロチス・ロンギフォリア
Stenoglottis longifolia Hk.f.
「蘭花譜」平凡社　1974
◇Pl.14-7(カラー)　加藤光治著, 二口善雄画 1940写生

ステノコリネ・ビテリナ　Stenocoryne vitellina (Ldl.) Krzl.
「蘭花譜」平凡社　1974
◇Pl.88-3(カラー)　加藤光治著, 二口善雄画 1969写生

ステノメソン・クロケウム　Stenomesson croceum
「ユリ科植物図譜 1」学習研究社　1988
◇図237(カラー)　パンクラティウム・クロケウム ルドゥーテ, ピエール=ジョセフ 1802~1815

すとう
「高松松平家博物図譜 写生画帖 雑木」香川県立ミュージアム　2014
◇p39(カラー)　松平頼恭 江戸時代　紙本著色 画帖装(折本形式)　33.2×48.4　[個人蔵]　※表紙・裏表紙見返し墨書 安永6(1777)6月 程赤城筆

ストレプトカルプス・レクシイ
Streptocarpus rexii
「美花選[普及版]」河出書房新社　2016
◇図6(カラー)　Gloxinie Var./Gloxinis Var.　ルドゥーテ, ピエール=ジョゼフ画 1827~1833 [コノサーズ・コレクション東京]

ストレプトプス・アンプレクシフォリウス
「ユリ科植物図譜 2」学習研究社　1988
◇図194(カラー)　Streptopus amplexifolius　ルドゥーテ, ピエール=ジョセフ 1802~1815

ストレリチア　Strelitzia reginae
「花の王国 1」平凡社　1990
◇p62(カラー)　ドルビニ, Ch.編『万有博物学事典』 1837

ストレリチア
「R・J・ソーントン フローラの神殿 新装版」リブロポート　1990
◇第13葉(カラー)　The Queen Plant　ライナグル, フィリップ画, クーパー彫版, ソーントン, R.J. 1812　スティップル(濃緑, 赤色インク)

ストレリッチア(ゴクラクチョウカ)
「ユリ科植物図譜 1」学習研究社　1988
◇図30(カラー)　Strelitzia reginae　ルドゥーテ, ピエール=ジョセフ 1802~1815
◇図34(カラー)　Strelitzia reginae　ルドゥーテ, ピエール=ジョセフ 1802~1815

ストローブマツ　Pinus strobus
「図説 ボタニカルアート」河出書房新社　2010
◇p60(カラー)　バウアー, フェルディナンド画, ランバート『マツ属誌』 1803

ストロベリー・クラッシュ　'Strawberry Crush'
「ばら花譜」平凡社　1983
◇PL.143(カラー)　二口善雄画, 鈴木省三, 籾山泰一著 1974　水彩

スナバコノキ　Hura crepitans
「ビュフォンの博物誌」工作舎　1991
◇N052(カラー)『一般と個別の博物誌 ソンニーニ版』

スノードロップ　Galanthus nivalis
「花の王国 1」平凡社　1990
◇p63(カラー)　ドラピエ, P.A.J., ベッサ, パンクラース原図『園芸家・愛好家・工業家のための植物誌』 1836　手彩色図版

スノードロップ　Galanthus sp.
「花の本 ボタニカルアートの庭」角川書店　2010
◇p16(カラー)　Snowdrop　Passe, Crispin de 1614~15

スノードロップ　Gelanthus plicatus
「花の本 ボタニカルアートの庭」角川書店　2010
◇p16(カラー)　Snowdrop　Curtis, William 1787~

スノードロップ
「花の本 ボタニカルアートの庭」角川書店　2010
◇p124(カラー)　スノードロップとクロッカス Thornton, Robert John『フローラの神殿』 1804　銅版
「R・J・ソーントン フローラの神殿 新装版」リブロポート　1990
◇第4葉(カラー)　スノードロップとクロッカス ペサー, エーブラム画, ダンカートン, ウィリアム彫版, ソーントン, R.J. 1811　メゾチント(褐色インク) 線刻(黒色インク) アクアチント(黒色インク) 手彩色仕上げ

スノーフレーク　Leucojum aestivum
「美花選[普及版]」河出書房新社　2016
◇図80(カラー)　Niveole d'été　ルドゥーテ, ピエール=ジョゼフ画 1827~1833 [コノサーズ・コレクション東京]
「ルドゥーテ画 美花選 1」学習研究社　1986
◇図26(カラー)　1827~1833

スノーフレーク　Leucojum vernum
「花の本 ボタニカルアートの庭」角川書店　2010
◇p17(カラー)　Snowflake　Curtis, William『ボタニカルマガジン』 1787~

スノーフレーク(スズランズイセン)
「ユリ科植物図譜 1」学習研究社　1988
◇図217(カラー)　Leucojum aestivum　ルドゥーテ, ピエール=ジョセフ 1802~1815

スノーフレーク属の1種　Leucoium trichophyllum
「ボタニカルアートの世界」朝日新聞社　1987
◇p80右（カラー）　ルドゥテ画『Les Liliacées第3巻』 1807

スパイダーウォート
⇒トラデスカンティア・スパタケア、スパイダーウォートを見よ

スーパー・スター　'Super Star'
「ばら花譜」平凡社　1983
◇PL.119（カラー）　Tropicana　二口善雄画, 鈴木省三, 籾山泰一著 1975　水彩

スパソグロチス・イクシオイデス
Spathoglottis ixioides Ldl.
「蘭花譜」平凡社　1974
◇Pl.71-8（カラー）　加藤光治著, 二口善雄画 1969写生

スパソグロチス・プリカタ　Spathoglottis plicata Bl.
「蘭花譜」平凡社　1974
◇Pl.71-6（カラー）　加藤光治著, 二口善雄画 1941,1970写生

スパソグロチス・プリカタ・アルバ
Spathoglottis plicata Bl.var.alba
「蘭花譜」平凡社　1974
◇Pl.71-7（カラー）　加藤光治著, 二口善雄画 1941写生

スパニッシュアイリス　Iris xiphium
「ルドゥーテ画 美花選 1」学習研究社　1986
◇図43（カラー）1827〜1833
◇図44（カラー）1827〜1833

スパニッシュ・アイリス
「ユリ科植物図譜 1」学習研究社　1988
◇図121（カラー）　イリス・クシフィウム　ルドゥーテ, ピエール＝ジョセフ 1802〜1815

スパニッシュ・アイリス
⇒イリス・クシフィウム（スパニッシュ・アイリス）を見よ

スパニッシュ・ダフォディル（スペインのラッパズイセン）
「フローラの庭園」八坂書房　2015
◇p69（カラー）　マーシャル, アレクサンダー画『フラワー・ブック』 1680頃　水彩 紙　46.0×33.3 ［英国王室コレクション］

スパニッシュ・ビューティー　'Spanish Beauty'
「ばら花譜」平凡社　1983
◇PL.157（カラー）　Mme.Grégoire Staechelin 二口善雄画, 鈴木省三, 籾山泰一著 1977　水彩

スハマソウ　Hepatica americana
「花の王国 1」平凡社　1990
◇p27（カラー）　ドラピエ, P.A.J., ベッサ, パンクラース原図『園芸家・愛好家・工業家のための植物誌』 1836　手彩色図版

スハマソウ　Hepatica nobilis Schreber var. japonica Nakai f.variegata Kitamura
「岩崎灌園の草花写生」たにぐち書店　2013
◇p74（カラー）　獐耳細辛　［個人蔵］

スハマソウ（広義）　Hepatica nobilis Mill.
「カーティスの植物図譜」エンタプライズ　1987
◇図10（カラー）　Anemone hepatica L.『カーティスのボタニカルマガジン』 1787〜1887

スパラクシス・グランディフローラ
Sparaxis grandiflora
「ユリ科植物図譜 1」学習研究社　1988
◇図133（カラー）　イクシア・グランディフローラ　ルドゥーテ, ピエール＝ジョセフ 1802〜1815
◇図138（カラー）　イクシア・グランディフローラ　ルドゥーテ, ピエール＝ジョセフ 1802〜1815
◇図139（カラー）　イクシア・リリアーゴ　ルドゥーテ, ピエール＝ジョセフ 1802〜1815

スパラクシス・トリコロール　Sparaxis tricolor
「ユリ科植物図譜 1」学習研究社　1988
◇図153（カラー）　イクシア・トリコロール　ルドゥーテ, ピエール＝ジョセフ 1802〜1815

スパラクシス・ブルビフェラ　Sparaxis bulbifera
「ユリ科植物図譜 1」学習研究社　1988
◇図123（カラー）　イクシア・アネモネフローラ　ルドゥーテ, ピエール＝ジョセフ 1802〜1815
◇図125・131（カラー）　イクシア・ブルビフェラ　ルドゥーテ, ピエール＝ジョセフ 1802〜1815

スピラエア・トリフォリアタ　Gillenia trifoliata
「ウィリアム・カーティス 花図譜」同朋舎出版　1994
◇509図（カラー）　Three-leaved Spiræa　エドワーズ, シデナム・ティースト画『カーティス・ボタニカル・マガジン』 1800

スピロキシネ　Spiloxene capensis
「花の本 ボタニカルアートの庭」角川書店　2010
◇p50（カラー）　Spiloxene　Curtis, William 1787〜

スペインアヤメ　Iris xiphium
「美花選［普及版］」河出書房新社　2016
◇図91（カラー）　Iris Xiphium Variété　ルドゥーテ, ピエール＝ジョゼフ画 1827〜1833 ［コノサーズ・コレクション東京］
「ボタニカルアート 西洋の美花集」パイ インターナショナル　2010

◇p61(カラー)　ルドゥーテ, ピエール＝ジョセフ画・著『美花選』 1827～33　点刻銅版画多色刷一部手彩色

スペインのラッパズイセン

⇒スパニッシュ・ダフォディル(スペインのラッパズイセン)を見よ

ずみ

「木の手帖」小学館　1991

◇図90(カラー)　棠梨　岩崎灌園『本草図譜』 文政11(1828)　約21×145　[国立国会図書館]

墨染　Prunus Lannesiana Wils.cultivar

「日本桜集」平凡社　1973

◇Pl.120(カラー)　大井次三郎著, 太田洋愛画 1972写生　水彩

墨染

「日本椿集」平凡社　1966

◇図46(カラー)　津山尚著, 二口善雄画 1960

角田川

「日本椿集」平凡社　1966

◇図159(カラー)　津山尚著, 二口善雄画 1960

スミノミザクラ　Prunus cerasus (Cerasus domestica)

「美花選[普及版]」河出書房新社　2016

◇図23(カラー)　Cerisier Royal/Cerasus domestica　ルドゥーテ, ピエール＝ジョゼフ画 1827～1833　[コノサーズ・コレクション東京]

墨鉾　Gasteria maculata

「ウィリアム・カーティス 花図譜」同朋舎出版 1994

◇315図(カラー)　Common Tangue-aloe　園芸種　エドワーズ, シデナム・ティースト画『カーティス・ボタニカル・マガジン』 1810

スミラキナ・ステラータ

「ユリ科植物図譜 2」学習研究社　1988

◇図195(カラー)　Smilacina stellata　ルドゥーテ, ピエール＝ジョセフ 1802～1815

スミラキナ・ボレアリス　Clintonia borealis

「ウィリアム・カーティス 花図譜」同朋舎出版 1994

◇326図(カラー)　Northern Smilacina　エドワーズ, シデナム・ティースト画『カーティス・ボタニカル・マガジン』 1811

スミラキナ・ラセモーサ

「ユリ科植物図譜 2」学習研究社　1988

◇図192(カラー)　Smilacina racemosa　ルドゥーテ, ピエール＝ジョセフ 1802～1815

すみれ　Viola mandshurica

「草木写生 春の巻」ピエ・ブックス　2010

◇p190～191(カラー)　菫　狩野織染藤原重賢 明暦3(1657)～元禄12(1699)　[国立国会図書館]

スミレ　Viola alpina ?

「花の本 ボタニカルアートの庭」角川書店 2010

◇p21(カラー)　Violet　Zanoni, Giacomo, Monti, Gaetano 1742

スミレ　Viola grypoceras

「花木真寫」淡交社　2005

◇図2(カラー)　菫菜　タチツボスミレ, シロバナスミレ, スミレ　近衛予楽院家熙　[(財)陽明文庫]

◇図2(カラー)　菫菜　タチツボスミレ, シロバナスミレ, スミレ　近衛予楽院家熙　[(財)陽明文庫]

スミレ　Viola mandshurica

「四季草花譜」八坂書房　1988

◇図66(カラー)　飯沼慾斎筆『草木図説稿本』 [個人蔵]

スミレ　Viola odorata

「花の本 ボタニカルアートの庭」角川書店 2010

◇p21(カラー)　Violet　ジョーム・サン＝ティレール？

スミレ

「高松松平家博物図譜 衆芳画譜 花卉 第四」香川県立ミュージアム　2010

◇p9(カラー)　松平頼恭 江戸時代　紙本著色 画帖装(折本形式)　33.0×48.2　[個人蔵]

「ボタニカルアートの世界」朝日新聞社　1987

◇p118上(カラー)　菫菜　近衛予楽院『花木真寫』 [京都陽明文庫]

スミレの1種

「彩色 江戸博物学集成」平凡社　1994

◇p58(カラー)　ちんとり花　丹羽正伯『尾張国産物絵図, 美濃国産物絵図』　[名古屋市博物館]

駿河桜　Prunus×yedoensis Matsum. 'Suruga-zakura'

「日本桜集」平凡社　1973

◇Pl.121(カラー)　大井次三郎著, 太田洋愛画 1972写生　水彩

するがらん　Cymbidium ensifolium

「草木写生 秋の巻」ピエ・ブックス　2010

◇p94～95(カラー)　駿河蘭　狩野織染藤原重賢 明暦3(1657)～元禄12(1699)　[国立国会図書館]

スルガラン　Cymbidium ensifolium

「江戸博物文庫 花草の巻」工作舎　2017

◇p46(カラー)　駿河蘭　岩崎灌園『本草図譜』 [東京大学大学院理学系研究科附属植物園(小石川植物園)]

「ウィリアム・カーティス 花図譜」同朋舎出版 1994

◇435図(カラー)　Chinese Epidendrum　エドワーズ, シデナム・ティースト画『カーティス・ボタニカル・マガジン』 1805

スルガラン　Cymbidium ensifolium Swartz
「高木春山 本草図説 1」リブロポート　1988
◇図52（カラー）

スルガラン
「ボタニカルアートの世界」朝日新聞社　1987
◇p129下（白黒）　蘭花　松岡恕庵『怡顔齋蘭品』1722

するぼ
「高松松平家博物図譜 写生画帖 雑草」香川県立ミュージアム　2013
◇p35（カラー）　松平頼恭 江戸時代　紙本著色 画帖装（折本形式）　33.2×48.4　［個人蔵］

スルボ・ツルボ・サンダイガサ　Scilla scilloides
「花木真寫」淡交社　2005
◇図103（カラー）　山慈姑　近衛予楽院家煕［（財）陽明文庫］

【せ】

西王母　'Seiobo'
「ばら花譜」平凡社　1983
◇PL.62（カラー）　Safrano　二口善雄画, 鈴木省三, 粉山泰一著 1975　水彩

聖火　'Seika'
「ばら花譜」平凡社　1983
◇PL.114（カラー）　Olympic Torch　二口善雄画, 鈴木省三, 粉山泰一著 1975　水彩

セイガイツツジ　Rhododendron macrosepalum 'Linearifolium'
「江戸博物文庫 花草の巻」工作舎　2017
◇p117（カラー）　静崖躑躅　岩崎灌園『本草図譜』［東京大学大学院理学系研究科附属植物園（小石川植物園）］

誓願桜　Prunus Jamasakura Sieb. 'Floridula'
「日本桜集」平凡社　1973
◇Pl.106（カラー）　大井次三郎著, 太田洋愛画 1969写生　水彩

星光　'Seiko'
「ばら花譜」平凡社　1983
◇PL.115（カラー）　二口善雄画, 鈴木省三, 粉山泰一著 1976　水彩

セイヨウアサガオの1種　Convolvulus sp.
「ビュフォンの博物誌」工作舎　1991
◇N119（カラー）『一般と個別の博物誌 ソンニーニ版』

セイヨウアマドコロ　Polygonatum odoratum
「ユリ科植物図譜 2」学習研究社　1988
◇図171（カラー）　ポリゴナートゥム・ブルガーレ　ルドゥーテ, ピエール＝ジョセフ 1802～1815

セイヨウエビラフジ　Lathyrus niger
「花の王国 1」平凡社　1990
◇p59（カラー）　ヘンダーソン, P.Ch.『四季』1806

セイヨウオトギリソウ　Hypericum perforatum
「ボタニカルアートの世界」朝日新聞社　1987
◇p53右下（白黒）『Stirpium historiae』1616

セイヨウオトギリソウ
⇒ヒペリクム ペルフォラーツム［セイヨウオトギリソウ］を見よ

セイヨウオモダカ
「ユリ科植物図譜 2」学習研究社　1988
◇図252（カラー）　サギッタリア・サギッティフォリア　ルドゥーテ, ピエール＝ジョセフ 1802～1815

セイヨウカタクリ
「ユリ科植物図譜 2」学習研究社　1988
◇図5（カラー）　Erythronium dens-canis　ルドゥーテ, ピエール＝ジョセフ 1802～1815

セイヨウカワホネ　Nuphar lutea
「ボタニカルアートの世界」朝日新聞社　1987
◇p53右上（白黒）『Stirpium historiae』1616

セイヨウキョウチクトウ　Nerium oleander
「花の王国 1」平凡社　1990
◇p42（カラー）　ジョーム・サンティレール, H.『フランスの植物』1805～09　彩色銅版画
「ルドゥーテ画 美花選 2」学習研究社　1986
◇図42（カラー）　1827～1833

セイヨウキンバイ
「フローラの庭園」八坂書房　2015
◇p67（カラー）　マーシャル, アレクサンダー画『フラワー・ブック』1680頃　水彩 紙　46.0×33.3［英国王室コレクション］

セイヨウシデ
⇒カルピヌス・ベツルス（セイヨウシデ）を見よ

セイヨウシナノキ　Tilia europea
「花の王国 3」平凡社　1990
◇p121（カラー）　ヴァインマン『薬用植物図譜』1736～48

セイヨウタンポポ　Taraxacum officinale
「花の王国 1」平凡社　1990
◇p69（カラー）　ルソー, J.J., ルドゥーテ『植物学』1805

セイヨウノコギリソウ　Achillea millefolium
「ビュフォンの博物誌」工作舎　1991
◇N092（カラー）『一般と個別の博物誌 ソンニーニ版』

セイヨウハシバミ　Corylus avellana
「美花選［普及版］」河出書房新社　2016

◇図36(カラー)　Noisetier franc à gros fruits/ Corylus maxima　ルドゥーテ, ピエール＝ジョゼフ画 1827〜1833 ［コノサーズ・コレクション東京］

セイヨウバラ　Rosa centifolia
「花の王国 1」平凡社　1990
◇p88(カラー)　ヘンダーソン, P.Ch.『四季』 1806
「ルドゥーテ画 美花選 1」学習研究社　1986
◇図54(カラー)　1827〜1833
◇図55(カラー)　1827〜1833
◇図56(カラー)　1827〜1833
「ルドゥーテ画 美花選 2」学習研究社　1986
◇図17(カラー)　1827〜1833
◇図70(カラー)　1827〜1833

セイヨウヒイラギ　Ilex aquifolium
「花の王国 3」平凡社　1990
◇p118(カラー)　ジョーム・サンティレール『フランスの植物』 1805〜09　彩色銅版画

セイヨウヒツジグサ　Nymphaea alba
「ボタニカルアートの世界」朝日新聞社　1987
◇p52右(白黒)　ワイデッツ画
◇p53右上(白黒)『Stirpium historiae』 1616

セイヨウヒルガオの1種　Convolvulus jalapi
「花の王国 1」平凡社　1990
◇p22(カラー)　ロック, J.著, オカール原図『薬用植物誌』 1821

セイヨウフクジュソウ
「ボタニカルアート 西洋の美花集」パイ インターナショナル　2010
◇p194(カラー)　ラウドン, ジェーン・ウェルズ画・著『英国の野草』 1846　石版画 手彩色

セイヨウマツムシソウ　Scabiosa atropurpurea
「ウィリアム・カーティス 花図譜」同朋舎出版 1994
◇146図(カラー)　Sweet Scabious　エドワーズ, シデナム・ティースト画『カーティス・ボタニカル・マガジン』 1793

セイヨウマツムシソウ
「カーティスの植物図譜」エンタプライズ　1987
◇図247(カラー)　Sweet Scabious『カーティスのボタニカルマガジン』 1787〜1887

セイヨウミズキの1種　Cornus sp.
「ビュフォンの博物誌」工作舎　1991
◇N099(カラー)『一般と個別の博物誌 ソンニーニ版』

セイヨウヤチヤナギ　Myrica gale
「ビュフォンの博物誌」工作舎　1991
◇N060(カラー)『一般と個別の博物誌 ソンニーニ版』

セイロンチトセラン
「ユリ科植物図譜 2」学習研究社　1988
◇図174(カラー)　サンセビエリア・ゼイラニカ　ルドゥーテ, ピエール＝ジョセフ 1802〜1815

セイロンベンケイ　Kalanchoe pinnata
「ウィリアム・カーティス 花図譜」同朋舎出版 1994
◇140図(カラー)　Pendulous–flowered Bryophyllum　カーティス, ウィリアム『カーティス・ボタニカル・マガジン』 1811

セキコク　Dendrobium moniliforme
「江戸博物文庫 花草の巻」工作舎　2017
◇p170(カラー)　石斛　岩崎灌園『本草図譜』［東京大学大学院理学系研究科附属植物園(小石川植物園)］

セキチク　Dianthus chinensis
「花の王国 1」平凡社　1990
◇p65(カラー)『カーチス・ボタニカル・マガジン』 1787〜継続

セキチク　Dianthus chinensis L.
「岩崎灌園の草花写生」たにぐち書店　2013
◇p24(カラー)　石竹 ［個人蔵］

セキチク
「ボタニカルアートの世界」朝日新聞社　1987
◇p125上(白黒)　石竹　中村惕齋『訓蒙図彙』 1666

赤陽　'Sekiyo'
「ばら花譜」平凡社　1983
◇PL.116(カラー)　二口善雄画, 鈴木省三, 籾山泰一著 1974　水彩

セコイアオスギ　Sequoiadendron giganteum
「花の王国 4」平凡社　1990
◇p69(カラー)　ルメール, Ch.『園芸図譜誌』 1854〜86

セコイヤオスギ　Sequoiadendron gigantea DC.
「カーティスの植物図譜」エンタプライズ　1987
◇図4777, 4778(カラー)　California Big Tree『カーティスのボタニカルマガジン』 1787〜1887

セダム ポプリフォリウム［ベンケイソウ属の1種］　Sedum populifolium
「ボタニカルアートの世界」朝日新聞社　1987
◇p39(カラー)　ルドゥテ画『Plantarum historia succulentarum』 1799〜1804

セッコウボク　Symphoricarpos albus (L.) S.F. Blake
「花の肖像 ボタニカルアートの名品と歴史」創土社　2006
◇fig.99(カラー)　ニュエンフュイス, テオドール『花と植物―オランダ王立博物館蔵絵画印刷物写真コレクション』 1994

せつぶんそう
「野の草の手帖」小学館　1989
◇p1（カラー）　節分草　岩崎常正（灌園）『本草図譜』　文政11（1828）　［国立国会図書館］

セドゥム？　Sedum africanum
「花の王国 4」平凡社　1990
◇p92～93（カラー）　ヴァインマン, J.W.『薬用植物図譜』　1736～48

セニアヲイ
「高松松平家博物図譜 衆芳画譜 花卉 第四」香川県立ミュージアム　2010
◇p73（カラー）　松平頼恭　江戸時代　紙本著色 画帖装（折本形式）　33.0×48.2　［個人蔵］

ゼニアオイ　Dombeya Ameliae
「ルドゥーテ画 美花選 2」学習研究社　1986
◇図31（カラー）1827～1833

ゼニアオイ　Malva sylvestris
「ビュフォンの博物誌」工作舎　1991
◇N144（カラー）『一般と個別の博物誌 ソンニーニ版』

ゼニアオイ
「ボタニカルアートの世界」朝日新聞社　1987
◇p117（カラー）　狩野探幽『草木花写生図巻』　［国立博物館］

セネキオ・ビコロル（シロタエギク）
「フローラの庭園」八坂書房　2015
◇p16（カラー）　ホルツベッカー, ハンス・シモン『ゴットルプ家の写本』　1649～59　水彩 羊皮紙（パーチメント）　［デンマーク国立美術館（コペンハーゲン）］

セネシオ　Senecio ficoides
「花の王国 4」平凡社　1990
◇p90（カラー）　ヴァインマン, J.W.『薬用植物図譜』　1736～48

セネシオの1種　Senecio jacobaea
「ビュフォンの博物誌」工作舎　1991
◇N087（カラー）『一般と個別の博物誌 ソンニーニ版』

ゼフィランテス・アタマスコ　Zephyranthes atamasco
「ユリ科植物図譜 1」学習研究社　1988
◇図171（カラー）　アマリリス・アタマスコ　ルドゥーテ, ピエール＝ジョセフ 1802～1815

ゼフィラントゥス・アタマスコ　Zephyranthus atamasco
「ユリ科植物図譜 1」学習研究社　1988
◇図175（カラー）　アマリリス・アタマスコ（変種ミノール）　ルドゥーテ, ピエール＝ジョセフ　1802～1815

セブンシスターズ
⇒ロサ・ムルティフローラ・プラテュフュラ（セブンシスターズ）を見よ

セラトスチリス・ルブラ　Ceratostylis rubra Ames
「蘭花譜」平凡社　1974
◇Pl.65–2（カラー）　加藤光治著, 二口善雄画　1942写生

ゼラニウム　Pelargonium daveyanum
「ルドゥーテ画 美花選 2」学習研究社　1986
◇図13（カラー）1827～1833

ゼラニウムの1種　Geranium inquinans
「花の王国 1」平凡社　1990
◇p66（カラー）　ドラピエ, P.A.J., ベッサ, パンクラース原図『園芸家・愛好家・工業家のための植物誌』　1836　手彩色図版

セラピアス・リンガ　Serapias lingua L.
「蘭花譜」平凡社　1974
◇Pl.14–8（カラー）　加藤光治著, 二口善雄画　1941写生

せり
「野の草の手帖」小学館　1989
◇p37（カラー）　芹　岩崎常正（灌園）『本草図譜』　文政11（1828）　［国立国会図書館］

セリア・ベラ　Coelia bella Rchb.f.
「蘭花譜」平凡社　1974
◇Pl.24–1（カラー）　加藤光治著, 二口善雄画　1971写生

セリ科の植物
「ボタニカルアート 西洋の美花集」パイ インターナショナル　2010
◇p193（カラー）　ラウドン, ジェーン・ウェルズ画・著『英国の野草』　1846　石版画 手彩色

セルラツラ・シンプレクス　Jurinea mollis
「ウィリアム・カーティス 花図譜」同朋舎出版　1994
◇129図（カラー）　One–flowered Sawwort　カーティス, ジョン画『カーティス・ボタニカル・マガジン』　1824

セレニケレウス・グランディフロルス、園芸名 大輪柱
「イングリッシュ・ガーデン」求龍堂　2014
◇図33a（カラー）　The Night Blowing Cereus　ライナグル, ラムゼイ・リチャード, ペザー, エイブラハム, ソーントン, R.J.編『フローラの神殿』　1800頃　銅版 紙　53.0×43.0　［マイケル&マリコ・ホワイトウェイ］

セロジネ・インターメジア　Coelogyne intermedia Hort.
「蘭花譜」平凡社　1974
◇Pl.18–7（カラー）　加藤光治著, 二口善雄画　1940写生

セロジネ・クリスタタ　Coelogyne cristata Ldl.
「蘭花譜」平凡社　1974
◇Pl.18–5(カラー)　加藤光治著, 二口善雄画 1969写生

セロジネ・クリスタタ・アルバ　Coelogyne cristata Ldl.var.alba Moore
「蘭花譜」平凡社　1974
◇Pl.18–6(カラー)　加藤光治著, 二口善雄画 1969写生

セロジネ・サンデリアナ　Coelogyne Sanderiana Rchb.f.
「蘭花譜」平凡社　1974
◇Pl.18–1(カラー)　加藤光治著, 二口善雄画 1941写生

セロジネ・スペシオサ　Coelogyne speciosa Ldl.
「蘭花譜」平凡社　1974
◇Pl.19–4(カラー)　加藤光治著, 二口善雄画 1941写生

セロジネ・トメントサの1変種？
Coelogyne tomentosa Ldl.var.
「蘭花譜」平凡社　1974
◇Pl.19–5(カラー)　加藤光治著, 二口善雄画 1942写生

セロジネ・パンジュラタ　Coelogyne pandurata Ldl.
「蘭花譜」平凡社　1974
◇Pl.18–3〜4(カラー)　加藤光治著, 二口善雄画 1972,1940写生

セロジネ・フエトネリアナ　Coelogyne Huettneriana Rchb.f.
「蘭花譜」平凡社　1974
◇Pl.19–3(カラー)　加藤光治著, 二口善雄画 1968写生

セロジネ・フラクシダ　Coelogyne flaccida Ldl.
「蘭花譜」平凡社　1974
◇Pl.19–1(カラー)　加藤光治著, 二口善雄画 1941写生

セロジネ・フリギノサ　Coelogyne fuliginosa Ldl.
「蘭花譜」平凡社　1974
◇Pl.19–6(カラー)　加藤光治著, 二口善雄画 1941写生

セロジネ・マイエリアナ　Coelogyne Mayeriana Rchb.f.
「蘭花譜」平凡社　1974
◇Pl.18–2(カラー)　加藤光治著, 二口善雄画 1940写生

セロジネ・マッサンゲアナ　Coelogyne Massangeana Rchb.f.
「蘭花譜」平凡社　1974
◇Pl.19–7(カラー)　加藤光治著, 二口善雄画 1941写生

セロジネ・ロッシアナ　Coelogyne Rossiana Rchb.f.
「蘭花譜」平凡社　1974
◇Pl.19–2(カラー)　加藤光治著, 二口善雄画 1941写生

センヲウケ
「高松松平家博物図譜 衆芳画譜 花卉 第四」香川県立ミュージアム　2010
◇p24(カラー)　松平頼恭 江戸時代　紙本著色 画帖装(折本形式)　33.0×48.2 ［個人蔵］

センコウハナビ　Haemanthus multiflorus
「植物精選百種図譜 博物画の至宝」平凡社 1996
◇pl.44(カラー)　Haemanthus　トレウ, C.J., エーレト, G.D. 1750〜73

センコウハナビ
「イングリッシュ・ガーデン」求龍堂　2014
◇図49(カラー)　Haemanthus multiflorus, Blood Lily (Scadoxus multiflorus)　エドワーズ, シデナム・ティースト 1818　黒鉛 水彩 紙 22.6×30.5 ［キュー王立植物園］

センシティヴプラント　Mimosa sensitiva
「植物精選百種図譜 博物画の至宝」平凡社 1996
◇pl.95(カラー)　Mimosa　トレウ, C.J., エーレト, G.D. 1750〜73

センジユガンヒ
「高松松平家博物図譜 衆芳画譜 花卉 第四」香川県立ミュージアム　2010
◇p47(カラー)　松平頼恭 江戸時代　紙本著色 画帖装(折本形式)　33.0×48.2 ［個人蔵］

センジュラン
「ユリ科植物図譜 2」学習研究社　1988
◇図214(カラー)　Yucca aloifolia　ルドゥーテ, ピエール＝ジョセフ 1802〜1815
◇図217(カラー)　Yucca aloifolia　ルドゥーテ, ピエール＝ジョセフ 1802〜1815

センショウカズラ
⇒キツネユリ、ユリグルマ、センショウカズラを見よ

仙台枝垂　Prunus Lannesiana Wils. ‘Sendai-shidare’
「日本桜集」平凡社　1973
◇Pl.108(カラー)　大井次三郎著, 太田洋愛画 1968写生　水彩

せんだいはぎ　Thermopsis lupinoides
「草木写生 春の巻」ピエ・ブックス　2010

◇p242〜243（カラー）　千代萩　狩野織染藤原重賢 明暦3（1657）〜元禄12（1699）［国立国会図書館］

センダイハギ　Thermopsis lupinoides

「ウィリアム・カーティス 花図譜」同朋舎出版 1994
◇298図（カラー）　Lupine–leaved Podalyria　エドワーズ, シデナム・ティースト画『カーティス・ボタニカル・マガジン』 1811

「四季草花譜」八坂書房　1988
◇図59（カラー）　飯沼慾斎筆『草木図説稿本』［個人蔵］

せんだん

「木の手帖」小学館　1991
◇図113（カラー）　楝　岩崎灌園『本草図譜』 文政11（1828）　約21×145 ［国立国会図書館］

センダン　Melia azedarach

「花彙 下」八坂書房　1977
◇図198（白黒）　石茱萸　小野蘭山, 島田充房 明和2（1765）　26.5×18.5 ［国立公文書館・内閣文庫］

センダン　Melia azedarach var.subtripinnata

「図説 ボタニカルアート」河出書房新社　2010
◇p113（白黒）　大日本山林会『大日本有用森林樹木図』 1902

センダン・アウチ　Melia azedarach var. subtripinnata

「花木真寫」淡交社　2005
◇図66（カラー）　樗　近衛予楽院家熙 ［（財）陽明文庫］

センダンの1種　Melia sp.

「ビュフォンの博物誌」工作舎　1991
◇N147（カラー）『一般と個別の博物誌 ソンニーニ版』

センニチコウ　Gomphrena globosa L.

「岩崎灌園の草花写生」たにぐち書店　2013
◇p98（カラー）　千日毬 ［個人蔵］

センニチコウ

「彩色 江戸博物学集成」平凡社　1994
◇p255（カラー）　飯沼慾斎『草木図説』 ［内閣文庫］

千日紅

「高松松平家博物図譜 衆芳画譜 花卉 第四」香川県立ミュージアム　2010
◇p38（カラー）　松平頼恭 江戸時代　紙本著色 画帖装（折本形式）　33.0×48.2 ［個人蔵］

センニチコウ・センニチソウ　Gomphrena globosa

「花木真寫」淡交社　2005
◇図93（カラー）　千日紅　近衛予楽院家熙 ［（財）陽明文庫］

センニチソウ

⇒センニチコウ・センニチソウを見よ

センニンソウ　Clematis terniflora DC.

「シーボルト日本植物図譜コレクション」小学館 2008
◇図2–12（カラー）　Clematis paniculata ［川原慶賀？］画 ［1820頃］ 和紙 透明絵の具 墨 白色塗料　20.0×30.7 ［ロシア科学アカデミーコマロフ植物学研究所図書館］ ※目録181 コレクションI 660/16

センニンソウ

「ボタニカルアートの世界」朝日新聞社　1987
◇p114下（カラー）　狩野探幽『草木花写生図巻』［国立博物館］

千年菊

「日本椿集」平凡社　1966
◇図208（カラー）　津山尚著, 二口善雄画 1956

センネンボク　Cordyline terminalis

「ユリ科植物図譜 2」学習研究社　1988
◇図4（カラー）　*Dracaena terminalis* ルドゥーテ, ピエール＝ジョセフ 1802〜1815

せんのう　Lychnis senno

「草木写生 秋の巻」ピエ・ブックス　2010
◇p70〜71（カラー）　仙翁　狩野織染藤原重賢 明暦3（1657）〜元禄12（1699） ［国立国会図書館］
◇p74〜75（カラー）　仙翁　狩野織染藤原重賢 明暦3（1657）〜元禄12（1699） ［国立国会図書館］
◇p78〜79（カラー）　仙翁　節黒仙翁（ふしぐろせんのう） 狩野織染藤原重賢 明暦3（1657）〜元禄12（1699） ［国立国会図書館］
◇p98〜99（カラー）　仙翁　「白キ節黒」とあり節黒仙翁の変種か　狩野織染藤原重賢 明暦3（1657）〜元禄12（1699） ［国立国会図書館］

センノウ　Lychnis senno Siebold & Zucc.

「シーボルト日本植物図譜コレクション」小学館 2008
◇図3–76（カラー）　Lychnis senno Sieb.et Zucc. 川原玉賀画　紙 絵の具 白色塗料 光沢 墨　24.0×32.2 ［ロシア科学アカデミーコマロフ植物学研究所図書館］ ※目録120 コレクションII 293/190

「シーボルト「フローラ・ヤポニカ」 日本植物誌」八坂書房　2000
◇図49（白黒）　Senno ［国立国会図書館］

センペルウィウム・ウィロスム　Aichryson villosum

「ウィリアム・カーティス 花図譜」同朋舎出版 1994
◇142図（カラー）　Hairy Houseleek　カーティス, ウィリアム『カーティス・ボタニカル・マガジン』 1816

センペルウィウム・トルツオスム　Aichryson tortuosum

「ウィリアム・カーティス 花図譜」同朋舎出版

1994
◇141図（カラー）　Gouty Houseleek　カーティス, ウィリアム『カーティス・ボタニカル・マガジン』 1795

センペルビーブム テクトールム［バンダイソウ属の1種］ Sempervivum tectorum

「ボタニカルアートの世界」朝日新聞社　1987
◇p38（カラー）　ルドゥテ画『Plantarum historia succulentarum』 1799〜1804

センペルビブムの1種　Sempervivum sp.

「ビュフォンの博物誌」工作舎　1991
◇N128（カラー）『一般と個別の博物誌 ソンニーニ版』

センボンヤリ　Leibnitzia anandria (L.) Nakai

「シーボルト日本植物図譜コレクション」小学館　2008
◇図2–10（カラー）　Compositae　［桂川甫賢？］画［1820〜1825頃］　和紙 透明絵の具 墨　19.0×26.2　［ロシア科学アカデミーコマロフ植物学研究所図書館］　※Sedumとつながっている.目録797 コレクションV 652/601

ゼンマイ　Osmunda japonica

「日本の博物図譜」東海大学出版会　2001
◇図40（カラー）　近藤正純（清次郎）筆『海雲楼博物雑纂』　［東京都立中央図書館］

千里香　Prunus Lannesiana Wils. ‘Senriko’

「日本桜集」平凡社　1973
◇Pl.109（カラー）　大井次三郎著, 太田洋愛画　1971写生　水彩

センリゴマ　Rehmannia japonica

「花彙 上」八坂書房　1977
◇図74（白黒）　胡面莽　小野蘭山, 島田充房 明和2（1765）　26.5×18.5　［国立公文書館・内閣文庫］

センリョウ　Chloranthus glaber

「花彙 下」八坂書房　1977
◇図120（白黒）　青珊瑚　小野蘭山, 島田充房 明和2（1765）　26.5×18.5　［国立公文書館・内閣文庫］

【そ】

ソウェルベア（サワビア）・ユンケア

「ユリ科植物図譜 2」学習研究社　1988
◇図193（カラー）　Sowerbaea juncea　ルドゥーテ, ピエール＝ジョセフ 1802〜1815

草紙洗

「日本椿集」平凡社　1966
◇図10（カラー）　津山尚著, 二口善雄画 1965

ソウシジュ　Acacia confusa

「花の王国 1」平凡社　1990
◇p111（カラー）　ファン・ヘール編『愛好家の花々』 1847　手彩色石版画

そうちく

「高松松平家博物図譜 写生画帖 雑草」香川県立ミュージアム　2013
◇p12（カラー）　松平頼恭 江戸時代　紙本著色 画帖装（折本形式）　33.2×48.4　［個人蔵］

ソクズ　Sambucus javanica

「江戸博物文庫 花草の巻」工作舎　2017
◇p92（カラー）　蒴藋　岩崎灌園『本草図譜』［東京大学大学院理学系研究科附属植物園（小石川植物園）］

ソケイ　Jasminum grandiflorum

「江戸博物文庫 花草の巻」工作舎　2017
◇p44（カラー）　素馨　岩崎灌園『本草図譜』［東京大学大学院理学系研究科附属植物園（小石川植物園）］

ソケイの1種　Jasminum sp.

「ビュフォンの博物誌」工作舎　1991
◇N111（カラー）『一般と個別の博物誌 ソンニーニ版』

ソケイノウゼン　Pandorea jasminoides

「牧野富太郎植物画集」ミュゼ　1999
◇p15（カラー）　1881（明治14）　ケント紙 墨（毛筆）水彩　13.7×19.3

袖隠

「日本椿集」平凡社　1966
◇図62（カラー）　津山尚著, 二口善雄画 1956

そてつ

「木の手帖」小学館　1991
◇図1（カラー）　蘇鉄　典型品, 琉球そてつ, しろこけ　岩崎灌園『本草図譜』 文政11（1828）　約21×145　［国立国会図書館］

ソテツの1種

「花の王国 4」平凡社　1990
◇p7（白黒）　バウワー, F.L.

ソテツの近縁　Zamia sp.

「ビュフォンの博物誌」工作舎　1991
◇N030（カラー）『一般と個別の博物誌 ソンニーニ版』

ソテツノ實

「高松松平家博物図譜 衆芳画譜 花果 第五」香川県立ミュージアム　2011
◇p54（カラー）　松平頼恭 江戸時代　紙本著色 画帖装（折本形式）　33.2×48.4　［個人蔵］

衣通姫　Prunus×yedoensis Matsum. ‘Sotorihime’

「日本桜集」平凡社　1973
◇Pl.118（カラー）　大井次三郎著, 太田洋愛画　1972写生　水彩

ソニア　‘Sonia’

「ばら花譜」平凡社　1983

◇PL.117（カラー）　Sweet Promise　二口善雄画, 鈴木省三, 籾山泰一著 1974　水彩

ソブラリア・マクランサ　Sobralia macrantha Ldl.
「蘭花譜」平凡社　1974
◇Pl.16–1（カラー）　加藤光治著, 二口善雄画 1941写生

ソブラリア・マクランサ・アルバ　Sobralia macrantha Ldl.var.alba Hort.
「蘭花譜」平凡社　1974
◇Pl.16–2（カラー）　加藤光治著, 二口善雄画 1969写生

ソブラリア・マクランタ　Sobralia macrantha
「蘭百花図譜」八坂書房　2002
◇p104（カラー）　カーティス, ウィリアム『ボタニカル・マガジン』 1849

ソブラリア・リリアストルム　Sobralia liliastrum
「蘭百花図譜」八坂書房　2002
◇p103（カラー）　リンドレー, ジョン著, ドレイク画『ランの花冠』 1837～41　石版手彩色

ソフロニチス・グランディフロラ
Sophronitis grandiflora Ldl. (S.coccinea Rchb. f.)
「蘭花譜」平凡社　1974
◇Pl.47–1～2（カラー）　加藤光治著, 二口善雄画 1941,1969写生

ソフロニチス・グランディフロラ・ロゼア
Sophronitis grandiflora Ldl.var.rosea
「蘭花譜」平凡社　1974
◇Pl.47–3（カラー）　加藤光治著, 二口善雄画 1972写生

ソフロニチス・セルヌア　Sophronitis cernua Ldl.
「蘭花譜」平凡社　1974
◇Pl.47–4（カラー）　加藤光治著, 二口善雄画 1968写生

ソフロニチス・ビオラセア　Sophronitis violacea Ldl. (Sophronitella violacea Schltr.)
「蘭花譜」平凡社　1974
◇Pl.47–5（カラー）　加藤光治著, 二口善雄画 1969写生

ソフロニティス・コッキネア　Sophronitis coccinea
「蘭百花図譜」八坂書房　2002
◇p30（カラー）　ランダン, ジャン『ランダニア』 1885～1906　石版多色刷

染井吉野　Prunus×yedoensis Matsum. 'Yedoensis'
「日本桜集」平凡社　1973
◇Pl.117（カラー）　大井次三郎著, 太田洋愛画 1965写生　水彩

染川
「日本椿集」平凡社　1966
◇図45（カラー）　津山尚著, 二口善雄画 1960

ソライロレースソウ　Trachymene caerulea Grah.
「カーティスの植物図譜」エンタプライズ　1987
◇図2875（カラー）　Blue Lace–Flower『カーティスのボタニカルマガジン』 1787～1887

ソラヌム ドゥルカマラ　Solanum dulcamara
「ボタニカルアートの世界」朝日新聞社　1987
◇p82右（カラー）　ワグナー図『Pharmaceutisch–medicinische Botanik』 1828

ソラヌム・ピラカンツム　Solanum pyracenthum
「ウィリアム・カーティス 花図譜」同朋舎出版 1994
◇545図（カラー）　Orange–thorned Nightshade　カーティス, ジョン画『カーティス・ボタニカル・マガジン』 1825

ソラヌム・マルギナツム　Solanum marginatum
「ウィリアム・カーティス 花図譜」同朋舎出版 1994
◇543図（カラー）　White–margined Nightshade　カーティス, ウィリアム『カーティス・ボタニカル・マガジン』 1817

ソリチャ　Ceanothus americanus
「植物精選百種図譜 博物画の至宝」平凡社 1996
◇pl.94（カラー）　Ceanothus　トレウ, C.J., エーレト, G.D. 1750～73

ソルブス ウィルモリニ［ナナカマドの1種］
Sorbus vilmorini
「ボタニカルアートの世界」朝日新聞社　1987
◇p67下（カラー）　スミス, マチルダ画, フィッチ, ジョン彫版『Curtis' Botanical Magazine第135巻』 1909

そろ
「高松松平家博物図譜 写生画帖 雑木」香川県立ミュージアム　2014
◇p55（カラー）　松平頼恭 江戸時代　紙本著色 画帖装（折本形式）　33.2×48.4　［個人蔵］　※表紙・裏表紙見返し墨書 安永6（1777）6月 程赤城筆

【た】

ダイオウヤシ　Roystonea regia
「花の王国 4」平凡社　1990
◇p64（カラー）　ルメール, Ch.『園芸図譜誌』 1854～86

太神楽
「日本椿集」平凡社　1966

◇図31（カラー）　津山尚著, 二口善雄画 1959

大黒天

「日本椿集」平凡社　1966
◇図113（カラー）　津山尚著, 二口善雄画 1965

たいこんそう

「高松松平家博物図譜 写生画帖 雑草」香川県立ミュージアム　2013
◇p50（カラー）　松平頼恭 江戸時代　紙本著色 画帖装（折本形式）　33.2×48.4　［個人蔵］

だいこんな

「高松松平家博物図譜 写生画帖 雑草」香川県立ミュージアム　2013
◇p49（カラー）　松平頼恭 江戸時代　紙本著色 画帖装（折本形式）　33.2×48.4　［個人蔵］

泰山府君　Prunus×Miyoshii Ohwi ‘Ambigua’

「日本桜集」平凡社　1973
◇Pl.122（カラー）　大井次三郎著, 太田洋愛画 1971写生　水彩

タイサンボク　Magnolia grandiflora

「すごい博物画」グラフィック社　2017
◇図版83（カラー）　ケイツビー, マーク 1722～26頃　アラビアゴムを混ぜた水彩 濃厚顔料　26.6×37.3　［ウィンザー城ロイヤル・ライブラリー］
「イングリッシュ・ガーデン」求龍堂　2014
◇図28（カラー）　ブレートル, ジャン・ガブリエル 1800頃　水彩 紙　36.0×28.0　［キュー王立植物園］
「図説 ボタニカルアート」河出書房新社　2010
◇p41（カラー）　エーレット画 1743　［ヴィクトリア・アルバート・ミュージアム］

タイサンボク　Magnolia grandiflora L.

「岩崎灌園の草花写生」たにぐち書店　2013
◇p50（カラー）　Magnolia ′　［個人蔵］
「ボタニカルアートの世界」朝日新聞社　1987
◇p18（カラー）　エーレット, ジョージ画　［ビクトリア・アルバート博物館］

タイサンボク

「ボタニカルアートの世界」朝日新聞社　1987
◇p146（カラー）　二口善雄画『文部省理科図集』 1940

大城冠

「日本椿集」平凡社　1966
◇図74（カラー）　津山尚著, 二口善雄画 1965

タイニア・ペナンギアナ　Tainia penangiana Hk.f.（Ascotainia penangiana Ridl.）

「蘭花譜」平凡社　1974
◇Pl.15–3（カラー）　加藤光治著, 二口善雄画 1968写生

だいめふちく

「高松松平家博物図譜 写生画帖 雑木」香川県立ミュージアム　2014
◇p53（カラー）　松平頼恭 江戸時代　紙本著色 画帖装（折本形式）　33.2×48.4　［個人蔵］　※表紙・裏表紙見返し墨書 安永6（1777）6月 程赤城筆

ダイモンジソウ　Saxifraga fortunei Hook.f. var.incisolobata（Engl. & Irmsch.）Nakai

「シーボルト日本植物図譜コレクション」小学館 2008
◇図1–57（カラー）　Saxifraga sarmentosa　シーボルト, フィリップ・フランツ・フォン監修　［ロシア科学アカデミーコマロフ植物学研究所図書館］　※水谷助六から贈られた絵.目録1003 コレクションIV 587/474

ダイモンジソウ　Saxifraga fortunei var. incisolobata

「四季草花譜」八坂書房　1988
◇図42（カラー）　飯沼慾斎筆『草木図説稿本』［個人蔵］

タイリンアオイ　Asarum asaroides Makino

「カーティスの植物図譜」エンタプライズ　1987
◇図4933（カラー）　Heterotropa asaroides Morr. et Decne.『カーティスのボタニカルマガジン』 1787～1887

タイリンウツボグサ　Prunella grandiflora

「ウィリアム・カーティス 花図譜」同朋舎出版 1994
◇257図（カラー）　Great–flowered Self–heal カーティス, ウィリアム『カーティス・ボタニカル・マガジン』 1796

タイリンソケイ　Jasminum grandiflorum

「美花選［普及版］」河出書房新社　2016
◇図54（カラー）　Jasmin d’Espagne/Jasminum grandiflorum　ルドゥーテ, ピエール＝ジョゼフ画 1827～1833　［コノサーズ・コレクション東京］

大輪柱

⇒サボテンの1種「大輪柱」, セレニケレウス・グランディフロルス、園芸名 大輪柱を見よ

たいりんときそう　Pleione formosana Hayata

「蘭花譜」平凡社　1974
◇Pl.20–7（カラー）　加藤光治著, 二口善雄画 1941写生

たいわんきばなせっこく　Dendrobium flaviflorum Hayata

「蘭花譜」平凡社　1974
◇Pl.51–8（カラー）　加藤光治著, 二口善雄画 1971写生

タイワンショウキラン　Acanthephippium bicor

「花の王国 4」平凡社　1990
◇p127（カラー）　ルメール, Ch.『一般園芸家雑誌』 1841～？

タイワンツバキ　Gordonia axillaris
「ウィリアム・カーティス 花図譜」同朋舎出版 1994
◇558図(カラー)　Axillary–flowering Camellia カーティス, ウィリアム『カーティス・ボタニカル・マガジン』 1819

たいわんむかごそう　Dendrochilum formosanum Schltr.(Platyclinis formosana Schltr.)
「蘭花譜」平凡社　1974
◇Pl.20–5(カラー)　加藤光治著, 二口善雄画 1941写生

たうこぎ
「野の草の手帖」小学館　1989
◇p183(カラー)　田五加木　岩崎常正(灌園)『本草図譜』 文政11(1828)　[国立国会図書館]

タウコギ　Bidens tripartia L.
「シーボルト日本植物図譜コレクション」小学館 2008
◇図1–63(カラー)　Bidens tripartita L.　[桂川甫賢？]画 [1820年代初頭]　和紙 透明絵の具 墨　18.1×31.1　[ロシア科学アカデミーコマロフ植物学研究所図書館]　※Polygonumとつながっている.目録783 コレクションV 675/583

ダウソニアモクレン　Magnolia dawsoniana
「ボタニカルアートの世界」朝日新聞社　1987
◇p102上(カラー)『Asiatic Magnolias in cultivation』 1955

ダウニー・ローズ
⇒ロサ・トーメントーサを見よ

手弱女　Prunus Lannesiana Wils. ‘Taoyame’
「日本桜集」平凡社　1973
◇Pl.125(カラー)　大井次三郎著, 太田洋愛画 1970写生　水彩

タカアザミ　Cirsium pendulum
「江戸博物文庫 花草の巻」工作舎　2017
◇p57(カラー)　高薊　岩崎灌園『本草図譜』[東京大学大学院理学系研究科附属植物園(小石川植物園)]

高砂(武者桜, 奈天, 南殿)　Prunus×Sieboldii(Carr.) Wittm. ‘Caespitosa’
「日本桜集」平凡社　1973
◇Pl.123(カラー)　大井次三郎著, 太田洋愛画 1972,1971写生　水彩

たかさぶろ
「高松松平家博物図譜 写生画帖 雑草」香川県立ミュージアム　2013
◇p90(カラー)　松平頼恭 江戸時代　紙本著色 画帖装(折本形式)　33.2×48.4　[個人蔵]

たかとうだい
「野の草の手帖」小学館　1989
◇p117(カラー)　高灯台・大戟　岩崎常正(灌園)『本草図譜』 文政11(1828)　[国立国会図書館]

タカトウダイ　Euphorbia pekinensis
「花彙 上」八坂書房　1977
◇図56(白黒)　勒馬宣　小野蘭山, 島田充房 明和2(1765)　26.5×18.5　[国立公文書館・内閣文庫]

たかね　Calanthe Sieboldii Decne.×C.discolor Ldl.
「蘭花譜」平凡社　1974
◇Pl.70–2〜3(カラー)　加藤光治著, 二口善雄画 1971写生

タカネイバラ　Rosa nipponensis Crépin
「ばら花譜」平凡社　1983
◇PL.14, 15(カラー)　二口善雄画, 鈴木省三, 籾山泰一著 1976　水彩

タカネグンバイ　Noccaea cochleariformis (DC.) Á.et D.Löve
「須崎忠助植物画集」北海道大学出版会　2016
◇図4–11(カラー)　ヒメグンバイ グンバイナヅナ『大雪山植物其他』 5月5日　[北海道大学附属図書館]

タカネナデシコ　Dianthus superbus L.var. speciosus Rchb.
「須崎忠助植物画集」北海道大学出版会　2016
◇図5–12(カラー)『大雪山植物其他』 7月14日 [北海道大学附属図書館]
◇図55–85(カラー)　たかねなでしこ『大雪山植物其他』　[北海道大学附属図書館]

タカネバラ　Rosa nipponensis Crépin
「薔薇空間」ランダムハウス講談社　2009
◇図185(カラー)　二口善雄画, 鈴木省三, 籾山泰一解説『ばら花譜』 1983　水彩　380×270

タカネマンネングサ　Sedum tricarpum
「牧野富太郎植物画集」ミュゼ　1999
◇p23(白黒)　1888頃(明治21)　ケント紙 墨(毛筆) 鉛筆　27.9×18.6

たかのはくさ
「高松松平家博物図譜 写生画帖 雑草」香川県立ミュージアム　2013
◇p100(カラー)　松平頼恭 江戸時代　紙本著色 画帖装(折本形式)　33.2×48.4　[個人蔵]

たかのはすゝき
「高松松平家博物図譜 写生画帖 雑草」香川県立ミュージアム　2013
◇p11(カラー)　松平頼恭 江戸時代　紙本著色 画帖装(折本形式)　33.2×48.4　[個人蔵]

たかはしせっこく　Dendrobium Takahashii sp.nov.
「蘭花譜」平凡社　1974
◇Pl.60–3(カラー)　加藤光治著, 二口善雄画 1942写生

たがやさん
「高松松平家博物図譜 写生画帖 雑木」香川県立ミュージアム　2014
◇p73（カラー）　松平頼恭 江戸時代　紙本著色 画帖装（折本形式）　33.2×48.4　［個人蔵］　※表紙・裏表紙見返し墨書 安永6（1777）6月 程赤城筆

宝合
「日本椿集」平凡社　1966
◇図151（カラー）　津山尚著，二口善雄画 1957

タカラカウ
「高松松平家博物図譜 衆芳画譜 花卉 第四」香川県立ミュージアム　2010
◇p39（カラー）　松平頼恭 江戸時代　紙本著色 画帖装（折本形式）　33.0×48.2　［個人蔵］

たがらし
「高松松平家博物図譜 写生画帖 雑草」香川県立ミュージアム　2013
◇p45（カラー）　松平頼恭 江戸時代　紙本著色 画帖装（折本形式）　33.2×48.4　［個人蔵］

タガラシ　Ranunculus sceleratus L.
「シーボルト日本植物図譜コレクション」小学館　2008
◇図3-54（カラー）　Ranunculus sceleratus L.　川原慶賀画　紙 透明絵の具 墨 胡粉　24.0×32.4　［ロシア科学アカデミーコマロフ植物学研究所図書館］　※目録193 コレクションI 337/40

ターキーオーク　Quercus laevis
「すごい博物画」グラフィック社　2017
◇図版76（カラー）　リョコウバトとターキーオーク　ケイツビー，マーク 1722～26　ペンと茶色のインクの上にアラビアゴムを混ぜた水彩と濃厚顔料　26.9×36.3　［ウィンザー城ロイヤル・ライブラリー］

滝匂　Prunus Lannesiana Wils. ‘Cataracta’
「日本桜集」平凡社　1973
◇Pl.124（カラー）　大井次三郎著，太田洋愛画 1970写生　水彩

タキユリ
⇒カノコユリ・タキユリを見よ

タケウマヤシ　Iriartea cornato
「花の王国 4」平凡社　1990
◇p63（カラー）　カルステン，H.『コロンビア植物誌』 1858～61　手彩色石版

ダケカンバ　Betula ermanii Cham.
「北海道主要樹木図譜［普及版］」北海道大学図書刊行会　1986
◇図26（カラー）　エゾノダケカンバ　須崎忠助 大正9（1920）～昭和6（1931）　［個人蔵］

たけくさ
「高松松平家博物図譜 写生画帖 雑草」香川県立ミュージアム　2013
◇p39（カラー）　松平頼恭 江戸時代　紙本著色 画帖装（折本形式）　33.2×48.4　［個人蔵］

タケシマユリ
⇒クルマユリ（タケシマユリ）を見よ

タケニグサ　Macleaya cordata
「日本の博物図譜」東海大学出版会　2001
◇図10（カラー）　馬場大助筆，岩崎灌園著『本草図説』　［東京国立博物館］
「植物精選百種図譜 博物画の至宝」平凡社　1996
◇pl.4（カラー）　Bocconia　トレウ，C.J.，エーレト，G.D. 1750～73
「ウィリアム・カーティス 花図譜」同朋舎出版　1994
◇463図（カラー）　Heat-leaved Bocconia　カーティス，ウィリアム『カーティス・ボタニカル・マガジン』 1817

タケネンガ　Nenga wendlandiana Scheff.
「カーティスの植物図譜」エンタプライズ　1987
◇図6025（カラー）　Umu Palm『カーティスのボタニカルマガジン』 1787～1887

タケの1種　Bumbusa sp.？
「花の王国 3」平凡社　1990
◇p127（カラー）　ヴァインマン『薬用植物図譜』 1736～48

たけのみ
「高松松平家博物図譜 写生画帖 雑木」香川県立ミュージアム　2014
◇p97（カラー）　松平頼恭 江戸時代　紙本著色 画帖装（折本形式）　33.2×48.4　［個人蔵］　※表紙・裏表紙見返し墨書 安永6（1777）6月 程赤城筆

たこのき
「木の手帖」小学館　1991
◇図177（カラー）　蛸木　上部，下部　岩崎灌園『本草図譜』　文政11（1828）　約21×145　［国立国会図書館］

たせり
「高松松平家博物図譜 写生画帖 雑草」香川県立ミュージアム　2013
◇p66（カラー）　松平頼恭 江戸時代　紙本著色 画帖装（折本形式）　33.2×48.4　［個人蔵］

たそがれ　‘Tasogare’
「ばら花譜」平凡社　1983
◇PL.144（カラー）　二口善雄画，鈴木省三，籾山泰一著 1976　水彩

タチアオイ　Alcea rosea
「図説 ボタニカルアート」河出書房新社　2010
◇p6（カラー）　Malva hortensis　ベスラー『アイヒシュテット庭園植物誌』 1613
「ウィリアム・カーティス 花図譜」同朋舎出版　1994
◇371図（カラー）　Seringapatam Hollyhock　エドワーズ，シデナム・ティースト画『カーティス・ボタニカル・マガジン』 1805

「花の王国 1」平凡社　1990
◇p67（カラー）　ドラピエ, P.A.J., ベッサ, パンクラース原図『園芸家・愛好家・工業家のための植物誌』 1836　手彩色図版

タチアオイ　Althaea rosea

「江戸博物文庫 花草の巻」工作舎　2017
◇p74（カラー）　立葵　岩崎灌園『本草図譜』［東京大学大学院理学系研究科附属植物園（小石川植物園）］

「ビュフォンの博物誌」工作舎　1991
◇N144（カラー）『一般と個別の博物誌 ソンニーニ版』

「四季草花譜」八坂書房　1988
◇図57（カラー）　飯沼慾斎筆『草木図説稿本』［個人蔵］

「ボタニカルアートの世界」朝日新聞社　1987
◇p29（カラー）　ミュラー, W.画, Pabst, G.編『Köhler's Medizinal–Pflanzen第1巻』 1883～1887

タチアオイ

「フローラの庭園」八坂書房　2015
◇p15（カラー）　一重咲きと八重咲き品種　ベスラー, バシリウス『アイヒシュテット庭園植物誌』 1613　銅版（エングレーヴィング）手彩色　紙　57×46　［テイラー博物館（ハールレム）］

「高松松平家博物図譜 衆芳画譜 花卉 第四」香川県立ミュージアム　2010
◇p92（カラー）　松平頼恭 江戸時代　紙本著色 画帖装（折本形式）　33.0×48.2　［個人蔵］

「彩色 江戸博物学集成」平凡社　1994
◇p87（カラー）　松平頼恭『写生画帖』　［松平公益会］

「カーティスの植物図譜」エンタプライズ　1987
◇図3198（カラー）　Hollyhock『カーティスのボタニカルマガジン』 1787～1887

タチアオイ

⇒マジック・モーメントを見よ

タチイヌノフグリの1種　Veronica agrestis

「ビュフォンの博物誌」工作舎　1991
◇N106（カラー）『一般と個別の博物誌 ソンニーニ版』

タチシノブ　Onychium japonicum

「江戸博物文庫 花草の巻」工作舎　2017
◇p172（カラー）　立忍　岩崎灌園『本草図譜』［東京大学大学院理学系研究科附属植物園（小石川植物園）］

ダチス・オブ・ポートランド　Rosa hybrida 'Duchess of portland'

「バラ 全図版」タッシェン・ジャパン　2007
◇p70（カラー）　Rosier de Portland'Duchess of Portland'　ルドゥーテ, ピエール＝ジョゼフ『バラ図譜』　［エアランゲン・ニュルンベルク大学付属図書館］　※原図42

たちつぼすみれ　Viola grypoceras

「草木写生 春の巻」ピエ・ブックス　2010
◇p190～191（カラー）　立壺菫　狩野織染藤原重賢 明暦3（1657）～元禄12（1699）　［国立国会図書館］

タチツボスミレ　Viola grypoceras

「江戸博物文庫 花草の巻」工作舎　2017
◇p98（カラー）　立坪菫　岩崎灌園『本草図譜』［東京大学大学院理学系研究科附属植物園（小石川植物園）］

タチツボスミレ　Viola grypoceras A.Gray

「シーボルト日本植物図譜コレクション」小学館　2008
◇図3–15（カラー）　Viola canina L.　川原慶賀画　紙 透明絵の具 墨　23.5×32.3　［ロシア科学アカデミーコマロフ植物学研究所図書館］　※目録590 コレクションII 465/166

タチツボスミレ

「ボタニカルアートの世界」朝日新聞社　1987
◇p118上（カラー）　菫菜　近衛予楽院『花木真寫』［京都陽明文庫］

タチドコロ　Dioscorea gracillima

「牧野富太郎植物画集」ミュゼ　1999
◇p24（白黒）1889頃（明治22）　ケント紙 墨（毛筆）鉛筆　28×37.8

タチビャクブ　Stemona sessilifolia

「江戸博物文庫 花草の巻」工作舎　2017
◇p137（カラー）　立ち百部　岩崎灌園『本草図譜』［東京大学大学院理学系研究科附属植物園（小石川植物園）］

「花彙 上」八坂書房　1977
◇図90（白黒）　百條　小野蘭山, 島田充房 明和2（1765）　26.5×18.5　［国立公文書館・内閣文庫］

タチホロギク

「カーティスの植物図譜」エンタプライズ　1987
◇図3452（カラー）　Phacelia congesta Hook.『カーティスのボタニカルマガジン』 1787～1887

タツタナデシコ　Dianthus plumarius

「花の王国 1」平凡社　1990
◇p80（カラー）　ドラピエ, P.A.J., ベッサ, パンクラース原図『園芸家・愛好家・工業家のための植物誌』 1836　手彩色図版

たつなみ

「高松松平家博物図譜 写生画帖 雑草」香川県立ミュージアム　2013
◇p65（カラー）　松平頼恭 江戸時代　紙本著色 画帖装（折本形式）　33.2×48.4　［個人蔵］

たで

「野の草の手帖」小学館　1989
◇p185（カラー）　蓼　岩崎常正（灌園）『本草図譜』文政11（1828）　［国立国会図書館］

たであい・あい
「野の草の手帖」小学館　1989
◇p187(カラー)　蓼藍/藍　岩崎常正(灌園)『本草図譜』 文政11(1828)　[国立国会図書館]

タデの1種　Polygonum aviculare
「ビュフォンの博物誌」工作舎　1991
◇N064(カラー)『一般と個別の博物誌 ソンニーニ版』

たにうつぎ
「木の手帖」小学館　1991
◇図168(カラー)　谷空木　ニシキウツギと区別できない　岩崎灌園『本草図譜』 文政11(1828)　約21×145　[国立国会図書館]

タニウツギ　Weigela hortensis (Sieb.et Zucc.) K.Koch f.hortensis
「シーボルト「フローラ・ヤポニカ」 日本植物誌」八坂書房　2000
◇図29(カラー)　Beni saki utsugi　[国立国会図書館]
◇図33-II(カラー)　Diervilla japonica (Thunb.) DC.　[国立国会図書館]

たにこま
「高松松平家博物図譜 写生画帖 雑草」香川県立ミュージアム　2013
◇p25(カラー)　松平頼恭 江戸時代　紙本著色 画帖装(折本形式)　33.2×48.4　[個人蔵]

タニワタシ
「高松松平家博物図譜 衆芳画譜 花卉 第四」香川県立ミュージアム　2010
◇p23(カラー)　松平頼恭 江戸時代　紙本著色 画帖装(折本形式)　33.0×48.2　[個人蔵]

タヌキアヤメ　Philydrum lanuginosum
「ウィリアム・カーティス 花図譜」同朋舎出版　1994
◇466図(カラー)　Woolly Philydrum　エドワーズ, シデナム・ティースト画『カーティス・ボタニカル・マガジン』 1804

タヌキマメ属の1種　Crotalaria sp.
「植物精選百種図譜 博物画の至宝」平凡社　1996
◇pl.79(カラー)　Crotalaria　トレウ, C.J., エーレト, G.D. 1750～73

田主丸
「日本椿集」平凡社　1966
◇図191(カラー)　津山尚著, 二口善雄画 1965

たねつけばな　Cardamine scutata
「草木写生 春の巻」ピエ・ブックス　2010
◇p174～175(カラー)　種漬け花　狩野織染藤原重賢 明暦3(1657)～元禄12(1699)　[国立国会図書館]

ターネラ・ウルミフォリア　Turnera ulmifolia var.angustifolia
「ウィリアム・カーティス 花図譜」同朋舎出版　1994
◇561図(カラー)　Narrow-leav'd Turnera　カーティス, ウィリアム『カーティス・ボタニカル・マガジン』 1794

ターネラ・ウルミフォリア
「フローラの庭園」八坂書房　2015
◇p30(白黒)　エーレット原画, リンネ, カール・フォン『クリフォート庭園植物誌』 1737　銅版(エングレーヴィング) 紙　[ミズーリ植物園(セント・ルイス)]

ターネラ属の1種　Turnera ulmifolia
「図説 ボタニカルアート」河出書房新社　2010
◇p71(白黒)　Turnera e petiolo florens　エーレット画, リンネ『クリフォート邸植物誌』 1738

たばこ
「高松松平家博物図譜 写生画帖 雑草」香川県立ミュージアム　2013
◇p20(カラー)　松平頼恭 江戸時代　紙本著色 画帖装(折本形式)　33.2×48.4　[個人蔵]

タバコ　Nicotiana tabacum
「花の王国 3」平凡社　1990
◇p90(カラー)　ロック, J.著, オカール原図『薬用植物誌』 1821

たばこのはな
「高松松平家博物図譜 写生画帖 雑草」香川県立ミュージアム　2013
◇p20(カラー)　松平頼恭 江戸時代　紙本著色 画帖装(折本形式)　33.2×48.4　[個人蔵]

ターバン・ラナンキュラス　Ranunculus asiaticus
「すごい博物画」グラフィック社　2017
◇図版44(カラー)　ドイツアヤメ、モンペリエ・ラナンキュラス、ターバン・ラナンキュラス、イングリッシュ・ブルーベル　マーシャル, アレクサンダー 1650～82頃　水彩　45.9×34.2　[ウィンザー城ロイヤル・ライブラリー]
◇図版45(カラー)　ヤマシャクヤク、ターバン・ラナンキュラス、チューリップ、オランダシャクヤク　マーシャル, アレクサンダー 1650～82頃　水彩　46.0×33.2　[ウィンザー城ロイヤル・ライブラリー]

タビビトノキ　Ravenala madagascariensis
「花の王国 4」平凡社　1990
◇p55(カラー)　ルメール, Ch.『園芸図譜誌』 1854～86
◇p56～57(カラー)　ルメール, Ch.『園芸図譜誌』 1854～86

たびらこ
「野の草の手帖」小学館　1989
◇p39(カラー)　田平子　岩崎常正(灌園)『本草図譜』 文政11(1828)　[国立国会図書館]

たぶ
「高松松平家博物図譜 写生画帖 雑木」香川県立ミュージアム　2014
◇p71（カラー）　松平頼恭 江戸時代　紙本著色 画帖装（折本形式）　33.2×48.4　［個人蔵］　※表紙・裏表紙見返し墨書 安永6（1777）6月 程赤城筆

多福弁天
「日本椿集」平凡社　1966
◇図218（カラー）　津山尚著, 二口善雄画 1965

ダフネ・メゼレウム
「フローラの庭園」八坂書房　2015
◇p36（カラー）　ダフネ・メゼレウムと蝶　エーレット画 18世紀中頃　水彩 犢皮紙（ヴェラム）［ヴィクトリア&アルバート美術館（ロンドン）］
◇p45（カラー）　ルドゥーテ原画, デュアメル・デュ・モンソー, アンリ・ルイ『樹木概論 新版』1800～03　銅版多色刷（スティップル・エングレーヴィング）手彩色 紙 ［スペイン王立植物園（マドリッド）］

たぶのき
「木の手帖」小学館　1991
◇図56（カラー）　椨　岩崎灌園『本草図譜』 文政11（1828）　約21×145 ［国立国会図書館］

ダフリア　Mertensia dahurica G.Don
「カーティスの植物図譜」エンタプライズ　1987
◇図1743（カラー）　Pulmonaria davurica Sims『カーティスのボタニカルマガジン』 1787～1887

タマアジサイ　Hydrangea involucrata Sieb.f. involucrata
「シーボルト「フローラ・ヤポニカ」 日本植物誌」八坂書房　2000
◇図63, 64–II（カラー）　藤色花はginbaisoo, 黄色花はkinbaisoo ［国立国会図書館］

タマオキナ属の1種　Mamillaria sp.
「図説 ボタニカルアート」河出書房新社　2010
◇p46（カラー）　ルドゥーテ画, ドゥ・カンドル『多肉植物誌』 1799～1804

タマオキナ属の1種　Mamillaris sp.
「ボタニカルアートの世界」朝日新聞社　1987
◇p37（カラー）　ルドゥテ画『Plantarum historia succulentarum』 1799～1804

タマガヤツリ　Cyperus difformis
「江戸博物文庫 花草の巻」工作舎　2017
◇p42（カラー）　球蚊帳吊　岩崎灌園『本草図譜』［東京大学大学院理学系研究科附属植物園（小石川植物園）］

たまごほうづき
「高松松平家博物図譜 写生画帖 雑草」香川県立ミュージアム　2013
◇p101（カラー）　松平頼恭 江戸時代　紙本著色画帖装（折本形式）　33.2×48.4 ［個人蔵］

タマサボテン　Echinocactus grusonii
「花の王国 4」平凡社　1990
◇p100（カラー）　園芸名金鯱（キンシャチ）　ルメール, シャイトヴァイラー, ファン・ホーテ著, セヴェリン図『ヨーロッパの温室と庭園の花々』 1845～60　色刷り石版

タマサボテン　Pelecyphora aselliformis
「花の王国 4」平凡社　1990
◇p101（カラー）　精巧丸（セイコウマル）　ルメール, Ch.『園芸図譜誌』 1854～86

ダマスクバラの1栽培品種　Rosa damascena 'Celsiana prolifera'
「図説 ボタニカルアート」河出書房新社　2010
◇p55（カラー）　ルドゥーテ画・著『バラ図譜 120図版』 1817～24

ダマスクローズ　Rosa damascena
「すごい博物画」グラフィック社　2017
◇図版46（カラー）　フレンチローズ、種類のわからないバラ、ルリハコベ、ダマスクローズ、シンワスレナグサ、オーストリアン・カッパー　マーシャル, アレクサンダー 1650～82頃　水彩　45.9×34.6 ［ウィンザー城ロイヤル・ライブラリー］

タマズサ
⇒カラスウリ・タマズサを見よ

ダマソニウム・アリスマ　Damasonium alisma
「ユリ科植物図譜 2」学習研究社　1988
◇図248（カラー）　アリスマ・ダマソニウム　ルドゥーテ, ピエール＝ジョセフ 1802～1815

玉垂
「日本椿集」平凡社　1966
◇図181（カラー）　津山尚著, 二口善雄画 1956

タマツユクサ
「ユリ科植物図譜 2」学習研究社　1988
◇図230・234（カラー）　コンメリナ・トゥベローサ　ルドゥーテ, ピエール＝ジョセフ 1802～1815

玉手箱
「日本椿集」平凡社　1966
◇図82（カラー）　津山尚著, 二口善雄画 1957

タマノカンザシ　Hosta plantaginea Aschers. var.japonica Kikuti et F.Maek.
「高木春山 本草図説 1」リブロポート　1988
◇図9（カラー）　一種 タマノカンザシ

玉姫
「日本椿集」平凡社　1966
◇図119（カラー）　津山尚著, 二口善雄画 1960

タマボウキ
⇒コウヤボウキ・タマボウキを見よ

たまみづき
「高松松平家博物図譜 写生画帖 雑木」香川県立ミュージアム　2014
◇p16（カラー）　松平頼恭 江戸時代　紙本著色 画帖装（折本形式）　33.2×48.4　［個人蔵］　※表紙・裏表紙見返し墨書 安永6（1777）6月 程赤城筆

たまもすぎ
「高松松平家博物図譜 写生画帖 雑木」香川県立ミュージアム　2014
◇p84（カラー）　松平頼恭 江戸時代　紙本著色 画帖装（折本形式）　33.2×48.4　［個人蔵］　※表紙・裏表紙見返し墨書 安永6（1777）6月 程赤城筆

たまらん　Pholidota chinensis Ldl.
「蘭花譜」平凡社　1974
◇Pl.19–8（カラー）　加藤光治著, 二口善雄画 1941写生

たむらさう
「高松松平家博物図譜 写生画帖 雑草」香川県立ミュージアム　2013
◇p58（カラー）　松平頼恭 江戸時代　紙本著色 画帖装（折本形式）　33.2×48.4　［個人蔵］

たむらそう
「高松松平家博物図譜 写生画帖 雑草」香川県立ミュージアム　2013
◇p48（カラー）　松平頼恭 江戸時代　紙本著色 画帖装（折本形式）　33.2×48.4　［個人蔵］

タムラソウ　Serratula coronata
「花彙 上」八坂書房　1977
◇図18（白黒）　単州漏蘆　小野蘭山, 島田充房 明和2（1765）　26.5×18.5　［国立公文書館・内閣文庫］

だも
「高松松平家博物図譜 写生画帖 雑木」香川県立ミュージアム　2014
◇p17（カラー）　松平頼恭 江戸時代　紙本著色 画帖装（折本形式）　33.2×48.4　［個人蔵］　※表紙・裏表紙見返し墨書 安永6（1777）6月 程赤城筆

タモトユリ　Lilium nobilissimum
「花木真寫」淡交社　2005
◇図55（カラー）　袂百合　近衛予楽院家熙 ［（財）陽明文庫］

たらのき
「木の手帖」小学館　1991
◇図145（カラー）　楤木　岩崎灌園『本草図譜』 文政11（1828）　約21×145　［国立国会図書館］

タラノキ　Aralia elata
「江戸博物文庫 菜樹の巻」工作舎　2017
◇p178（カラー）　楤木　岩崎灌園『本草図譜』 ［東京大学大学院理学系研究科附属植物園（小石川植物園）］

タラノキ　Aralia elata Seem.
「北海道主要樹木図譜［普及版］」北海道大学図書刊行会　1986
◇図80（カラー）　須崎忠助 大正9（1920）～昭和6（1931）　［個人蔵］

たらやう
「高松松平家博物図譜 写生画帖 雑木」香川県立ミュージアム　2014
◇p25（カラー）　松平頼恭 江戸時代　紙本著色 画帖装（折本形式）　33.2×48.4　［個人蔵］　※表紙・裏表紙見返し墨書 安永6（1777）6月 程赤城筆

タラヨウ　Ilex latifolia Thunb.
「シーボルト日本植物図譜コレクション」小学館　2008
◇図3–59（カラー）　Ilex latifolia Thunb.　川原慶賀画　紙 透明絵の具 墨　24.0×32.2　［ロシア科学アカデミーコマロフ植物学研究所図書館］　※目録539 コレクションIII 296/289

ダリア　Dahlia×pinnata
「美花選［普及版］」河出書房新社　2016
◇図17（カラー）　Dalhia double　ルドゥーテ, ピエール＝ジョゼフ画 1827～1833　［コノサーズ・コレクション東京］
◇図130（カラー）　Dalhia simple/Dalhia simplex 黄色系栽培品種　ルドゥーテ, ピエール＝ジョゼフ画 1827～1833　［コノサーズ・コレクション東京］
「ボタニカルアート 西洋の美花集」パイ インターナショナル　2010
◇p130（カラー）　黄色系栽培品種　ルドゥーテ, ピエール＝ジョセフ画・著『美花選』 1827～33 点刻銅版画多色刷 一部手彩色
◇p131（カラー）　ルドゥーテ, ピエール＝ジョセフ画・著『美花選』 1827～33　点刻銅版画多色刷 一部手彩色
「図説 ボタニカルアート」河出書房新社　2010
◇p82（白黒）　シュムッツアー, マティアス画『フランツ一世皇帝のための植物画集』 1798～1824 ［ウィーン国立図書館］
「花の王国 1」平凡社　1990
◇p68（カラー）　ドルビニ, Ch.編『万有博物学事典』 1837
◇p68（カラー）　ジョーム・サンティレール, H.『フランスの植物』 1805～09　彩色銅版画
「ルドゥーテ画 美花選 2」学習研究社　1986
◇図39（カラー） 1827～1833
◇図40（カラー） 1827～1833

ダリア
「ボタニカルアート 西洋の美花集」パイ インターナショナル　2010
◇p199（カラー）　ヘンダーソン, エドワード・ジョージ, ヘンダーソン, アンドリュー『花々の絵』 1857～64　石版画 手彩色
◇p206（カラー）　ベシン画・著『Flore par mlls』 1850　点刻銅版画多色刷 手彩色
「彩色 江戸博物学集成」平凡社　1994
◇p266（カラー）　天竺牡丹　馬場大助『遠西舶上

画譜』［東京国立博物館］

ダリア属
「イングリッシュ・ガーデン」求龍堂 2014
◇図27（カラー） Dahlias ミーン, マーガレット 1790頃 水彩 ヴェラム 41.0×33.5 ［キュー王立植物園］

タリエラヤシ Coryphs talliera
「花の王国 4」平凡社 1990
◇p62（カラー） ブルーメ, K.L.『ジャワ植物誌』1828〜51

タリクトルム デラヴァイ［カラマツソウの1種］ Thalictrum delavayi
「ボタニカルアートの世界」朝日新聞社 1987
◇p25（カラー） スミス, マチルダ画, フィッチ, ジョン石版『Curtis' Botanical Magazine第116巻』1890

ダルマギク Aster spathulifolius Maxim.
「岩崎灌園の草花写生」たにぐち書店 2013
◇p104（カラー） 馬先蒿 白花の品種 ［個人蔵］

太郎庵
「日本椿集」平凡社 1966
◇図97（カラー） 津山尚著, 二口善雄画 1965

太郎冠者
「日本椿集」平凡社 1966
◇図222（カラー） 津山尚著, 二口善雄画 1957, 1956

ダンギク Caryopteris incana Miq.
「カーティスの植物図譜」エンタプライズ 1987
◇図6799（カラー） Blue Spirea『カーティスのボタニカルマガジン』1787〜1887

ダンギク・ランギク Caryopteris incana
「花木真寫」淡交社 2005
◇図112（カラー） 麒麟草 近衛予楽院家熙 ［（財）陽明文庫］

ダンドク Canna indica
「ウィリアム・カーティス 花図譜」同朋舎出版 1994
◇86図（カラー） Common Indian Reed or Shot エドワーズ, シデナム・ティースト画『カーティス・ボタニカル・マガジン』1799
「四季草花譜」八坂書房 1988
◇図1（カラー） 狭葉ダンドク 飯沼慾斎筆『草木図説稿本』［個人蔵］

ダンドク Canna indica L.
「シーボルト日本植物図譜コレクション」小学館 2008
◇図3-68（カラー） Canna 川原慶賀画 紙 透明絵の具 墨 白色塗料 32.7×48.4 ［ロシア科学アカデミーコマロフ植物学研究所図書館］ ※目録911 コレクションVIII 73/916

ダンドク Canna indica var.orientalis
「花木真寫」淡交社 2005
◇図91（カラー） 檀特 近衛予楽院家熙 ［（財）陽明文庫］

ダンドク
「高松松平家博物図譜 衆芳画譜 花卉 第四」香川県立ミュージアム 2010
◇p41（カラー） 松平頼恭 江戸時代 紙本著色 画帖装（折本形式） 33.0×48.2 ［個人蔵］
「美花図譜」八坂書房 1991
◇図18（カラー） ウエインマン『花譜』1736〜1748 銅版刷手彩色 ［群馬県館林市立図書館］
「ユリ科植物図譜 1」学習研究社 1988
◇図18（カラー） Canna indica ルドゥーテ, ピエール＝ジョセフ 1802〜1815

たんぽぽ Taraxacum
「草木写生 春の巻」ピエ・ブックス 2010
◇p206〜207（カラー） 蒲公英 狩野織染藤原重賢 明暦3（1657）〜元禄12（1699） ［国立国会図書館］

たんぽぽ
「野の草の手帖」小学館 1989
◇p41（カラー） 蒲公英 岩崎常正（灌園）『本草図譜』文政11（1828） ［国立国会図書館］

タンポヽ
「高松松平家博物図譜 衆芳画譜 花卉 第四」香川県立ミュージアム 2010
◇p10（カラー） 松平頼恭 江戸時代 紙本著色 画帖装（折本形式） 33.0×48.2 ［個人蔵］

タンポポ
「花の肖像 ボタニカルアートの名品と歴史」創土社 2006
◇fig.39（カラー） Das grosse Rasenstück デューラー, アルブレヒト ［アルベルティナ美術館（ウィーン）］

タンポポの1種 Taraxacum sp.
「ビュフォンの博物誌」工作舎 1991
◇N076（カラー）『一般と個別の博物誌 ソンニーニ版』

【ち】

チェリモヤ Annona cherimola
「植物精選百種図譜 博物画の至宝」平凡社 1996
◇pl.49（カラー） Guanabanus トレウ, C.J., エーレト, G.D. 1750〜73

チガーヌ 'Tzigane'
「ばら花譜」平凡社 1983
◇PL.121（カラー） 二口善雄画, 鈴木省三, 籾山泰一著 1973 水彩

ちからしば
「野の草の手帖」小学館　1989
◇p119（カラー）　力芝・狼尾草　岩崎常正（灌園）『本草図譜』　文政11（1828）　［国立国会図書館］

チカラシバ
「江戸の動植物図」朝日新聞社　1988
◇p73（カラー）　飯沼慾斎『草木図説稿本』　［個人蔵］

チグリディア（トラフユリ）
「ユリ科植物図譜 1」学習研究社　1988
◇図164（カラー）　Tigridia pavonia　ルドゥーテ, ピエール＝ジョセフ　1802〜1815

竹林寺　Prunus incisa Thunb. 'Chikurinji'
「日本桜集」平凡社　1973
◇Pl.19（カラー）　大井次三郎著, 太田洋愛画　1970写生　水彩

チゴユリ　Disporum smilacinum
「四季草花譜」八坂書房　1988
◇図29（カラー）　飯沼慾斎筆『草木図説稿本』　［個人蔵］

チシス・ブラクテッセンス　Chysis bractescens Ldl.
「蘭花譜」平凡社　1974
◇Pl.71–5（カラー）　加藤光治著, 二口善雄画　1940写生

チシス・レービス　Chysis laevis Ldl.
「蘭花譜」平凡社　1974
◇Pl.71–4（カラー）　加藤光治著, 二口善雄画　1940写生

チシマアマナ　Lloydia serotina
「ユリ科植物図譜 2」学習研究社　1988
◇図160（カラー）　Phalangium serotinum　ルドゥーテ, ピエール＝ジョセフ　1802〜1815

チシマアマナ　Lloydia serotina (L.) Rchb.
「須崎忠助植物画集」北海道大学出版会　2016
◇図4–10（カラー）『大雪山植物其他』　5月15日　［北海道大学附属図書館］

チシマイワブキ　Saxifraga nelsoniana D.Don var.reniformis (Ohwi) H.Ohba
「須崎忠助植物画集」北海道大学出版会　2016
◇図26–52（カラー）　千島いはぶき『大雪山植物其他』　［北海道大学附属図書館］

チシマギキョウ　Campanula chamissonis Al. Fedr.
「須崎忠助植物画集」北海道大学出版会　2016
◇図59–91（カラー）　千島ききやう『大雪山植物其他』　［北海道大学附属図書館］
「花の肖像 ボタニカルアートの名品と歴史」創土社　2006
◇fig.95（カラー）　五百城文哉画, 寺門寿明編『晃嶺の百花譜―五百城文哉の植物画』　2003

チシマキンレイカ　Patrinia sibirica (L.) Juss.
「須崎忠助植物画集」北海道大学出版会　2016
◇図13–26（カラー）　タカネヲミナヘシ『大雪山植物其他』　6月22日　［北海道大学附属図書館］

チシマクモマグサ　Saxifraga merkii Fisch.ex Sternb.var.merkii
「須崎忠助植物画集」北海道大学出版会　2016
◇図12–23（カラー）　エゾクモマクサ『大雪山植物其他』　8月7日　［北海道大学附属図書館］

チシマコゴメグサ　Euphrasia mollis (Ledeb.) Wettst.
「須崎忠助植物画集」北海道大学出版会　2016
◇図41–70（カラー）『大雪山植物其他』　昭和2　［北海道大学附属図書館］

チシマザクラ　Prunus nipponica Matsum.var. kurilensis Wilson
「北海道主要樹木図譜［普及版］」北海道大学図書刊行会　1986
◇図54（カラー）　Prunus kurilensis Miyabe　須崎忠助　大正9（1920）〜昭和6（1931）　［個人蔵］

チシマザクラ　Prunus nipponica Matsum.var. kurilensis (Miyabe) Wils.
「日本桜集」平凡社　1973
◇Pl.142（カラー）　大井次三郎著, 太田洋愛画　1970,1971写生　水彩

チシマゼキショウ　Tofieldia coccinea Richards.var.coccinea
「須崎忠助植物画集」北海道大学出版会　2016
◇図21–41（カラー）　千島セキセウ『大雪山植物其他』　6月12日　［北海道大学附属図書館］

チシマノキンバイソウ　Trollius riederianus Fisch.et C.A.Mey.
「須崎忠助植物画集」北海道大学出版会　2016
◇図21–42（カラー）　エゾキンバイ草『大雪山植物其他』　5月29日　［北海道大学附属図書館］

チシマルリソウの1種　Pulmonaria officinalis
「ビュフォンの博物誌」工作舎　1991
◇N118（カラー）『一般と個別の博物誌 ソンニーニ版』

ちしゃのき
「木の手帖」小学館　1991
◇図161（カラー）　萵苣木　岩崎灌園『本草図譜』　文政11（1828）　約21×145　［国立国会図書館］

チシャノキ　Ehretia ovalifolia
「植物精選百種図譜 博物画の至宝」平凡社　1996
◇pl.25（カラー）　Ehretia　トレウ, C.J., エーレト, G.D.　1750〜73

チドリソウ　Gymnadenia conopsea
「四季草花譜」八坂書房　1988
◇図70（カラー）　飯沼慾斎筆『草木図説稿本』

［個人蔵］

チドリノキ　Acer carpinifolium Sieb.et Zucc.
「シーボルト「フローラ・ヤポニカ」日本植物誌」八坂書房　2000
◇図142（白黒）　Mei geto Momisi　［国立国会図書館］

千原桜　Prunus Lannesiana Wils. 'Chihara-zakura'
「日本桜集」平凡社　1973
◇Pl.18（カラー）　大井次三郎著, 太田洋愛画　1972写生　水彩

ちゃ　Camellia sinensis
「草木写生 秋の巻」ピエ・ブックス　2010
◇p236～237（カラー）　茶　狩野織染藤原重賢　明暦3（1657）～元禄12（1699）［国立国会図書館］

ちゃ
「木の手帖」小学館　1991
◇図67（カラー）　茶　岩崎灌園『本草図譜』　文政11（1828）　約21×145　［国立国会図書館］

チャ　Camellia sinensis
「ボタニカルアートの世界」朝日新聞社　1987
◇p55上（白黒）　ケンペル原画『Amoenitatum exoticarum politico-physico-medicarum fasciculi 5』　1712　銅版

チャ　Camellia sinensis（L.）O.Kuntze
「高木春山 本草図説 1」リブロポート　1988
◇図45, 46（カラー）

チャ（広義）　Camellia sinensis O.Kuntze
「カーティスの植物図譜」エンタプライズ　1987
◇図998（カラー）　Tea『カーティスのボタニカルマガジン』　1787～1887

チャセンシダの1種　Asplenium sp.
「ビュフォンの博物誌」工作舎　1991
◇N024（カラー）『一般と個別の博物誌 ソンニーニ版』

チヤダイアサガホ
「高松松平家博物図譜 衆芳画譜 花卉 第四」香川県立ミュージアム　2010
◇p103（カラー）　松平頼恭　江戸時代　紙本著色　画帖装（折本形式）　33.0×48.2　［個人蔵］

ちやのはな み
「高松松平家博物図譜 写生画帖 雑木」香川県立ミュージアム　2014
◇p68（カラー）　松平頼恭　江戸時代　紙本著色　画帖装（折本形式）　33.2×48.4　［個人蔵］　※表紙・裏表紙見返し墨書 安永6（1777）6月 程赤城筆

チャボアザミ　Carlina acaulis
「図説 ボタニカルアート」河出書房新社　2010
◇p37（カラー）　ロベール, N.画　［オーストリア国立図書館］

チャボゼキショウ　Tofieldia coccinea Richards.var.kondoi（Miyabe et Kudô）H. Hara
「須崎忠助植物画集」北海道大学出版会　2016
◇図40-69（カラー）　アポイ石菖『大雪山植物其他』　昭和2　［北海道大学附属図書館］

チャボトケイソウ
「カーティスの植物図譜」エンタプライズ　1987
◇図3697（カラー）　Wild Passion-Flower, May Apple『カーティスのボタニカルマガジン』　1787～1887

チヤボミヅヒキ
「高松松平家博物図譜 衆芳画譜 花卉 第四」香川県立ミュージアム　2010
◇p95（カラー）　松平頼恭　江戸時代　紙本著色　画帖装（折本形式）　33.0×48.2　［個人蔵］

チャボリンドウ　Gentiana acaulis
「イングリッシュ・ガーデン」求龍堂　2014
◇図5（カラー）　ヴェルレスト, シモン・ピータース　17世紀後半　水彩　ヴェラム　16.5×14.5　［キュー王立植物園］
「ルドゥーテ画 美花選 2」学習研究社　1986
◇図64（カラー）　1827～1833

チャラン　Chloranthus spicatus
「花木真寫」淡交社　2005
◇図56（カラー）　魚子蘭　近衛予楽院家熙　［（財）陽明文庫］
「花彙 上」八坂書房　1977
◇図79（白黒）　金粟蘭　小野蘭山, 島田充房　明和2（1765）　26.5×18.5　［国立公文書館・内閣文庫］

チャラン
⇒クロランツス・インコンスピクース（チャラン）を見よ

ちやるめるさう
「高松松平家博物図譜 写生画帖 雑草」香川県立ミュージアム　2013
◇p98（カラー）　松平頼恭　江戸時代　紙本著色　画帖装（折本形式）　33.2×48.4　［個人蔵］

ちゃんちん
「木の手帖」小学館　1991
◇図112（カラー）　香椿　岩崎灌園『本草図譜』　文政11（1828）　約21×145　［国立国会図書館］

チャンチン　Toona sinensis
「江戸博物文庫 菜樹の巻」工作舎　2017
◇p131（カラー）　香椿　岩崎灌園『本草図譜』　［東京大学大学院理学系研究科附属植物園（小石川植物園）］
「花彙 下」八坂書房　1977
◇図114（白黒）　椿　小野蘭山, 島田充房　明和2（1765）　26.5×18.5　［国立公文書館・内閣文庫］

ちやんぱきく

「高松松平家博物図譜 写生画帖 雑草」香川県立ミュージアム　2013
◇p51（カラー）　松平頼恭 江戸時代　紙本著色 画帖装（折本形式）　33.2×48.4　［個人蔵］

チューインガムノキ

⇒サポジラ, チューインガムノキを見よ

中国の紙の植物　Corchorus sp.あるいはBambusa sp.

「花の王国 3」平凡社　1990
◇p108（カラー）　ルメール, シャイトヴァイラー, ファン・ホーテ著, セヴェリン図『ヨーロッパの温室と庭園の花々』 1845～1860

チウサギ

「高松松平家博物図譜 衆芳画譜 花卉 第四」香川県立ミュージアム　2010
◇p55（カラー）　松平頼恭 江戸時代　紙本著色 画帖装（折本形式）　33.0×48.2　［個人蔵］

中南米産ヤマゴボウ科の1種　Petiveria alliacea

「植物精選百種図譜 博物画の至宝」平凡社　1996
◇pl.67（カラー）　Guinea-hen Weed　トレウ, C. J., エーレト, G.D. 1750～73

チューベロース　Polianthes tuberosa

「花の王国 1」平凡社　1990
◇p109（カラー）　ルソー, J.J., ルドゥーテ『植物学』 1805

チューベローズ

「ユリ科植物図譜 2」学習研究社　1988
◇図166（カラー）　Polianthes tuberosa　ルドゥーテ, ピエール＝ジョセフ 1802～1815

チュベローズ（ゲッカコウ）

「フローラの庭園」八坂書房　2015
◇p53（カラー）　ルドゥーテ原画, ルソー, ジャン＝ジャック『植物学』 1805　銅版多色刷（スティップル・エングレーヴィング）手彩色 紙［英国王立園芸協会］

チューリップ　Tulipa

「ボタニカルアート 西洋の美花集」パイ インターナショナル　2010
◇p29（カラー）　ライナグル画, ソーントン, ロバート・ジョン編『フローラの神殿：リンネのセクシャル・システム新図解』 1808　銅版画多色刷 一部手彩色　［町田市立国際版画美術館］
◇p31（カラー）　カウエンホールン, ピーテル・フォン『オリジナル素描アルバム』 1630
◇p33上（カラー）　ベスラー, バジリウス著『アイシュヒテット庭園植物誌』 1613　銅版画 手彩色
◇p33下（カラー）　ベスラー, バジリウス著『アイシュヒテット庭園植物誌』 1613　銅版画 手彩色
◇p34上・右（カラー）　ロバート, ニコラス著『Liver des tulipes』 1650～55
◇p34上・左（カラー）　ロバート, ニコラス著『Liver des tulipes』 1650～55
◇p34下・右（カラー）　ロバート, ニコラス著『Liver des tulipes』 1650～55
◇p34下・左（カラー）　ロバート, ニコラス著『Liver des tulipes』 1650～55

「図説 ボタニカルアート」河出書房新社　2010
◇p72（白黒）　ファン・カウエンホルン『オリギナル素描画帖』　［英国王立園芸協会リンドリー・ライブラリー］

チューリップ　Tulipa acuminata

「花の本 ボタニカルアートの庭」角川書店　2010
◇p39（カラー）　Tulip　Redouté, Pierre Joseph『ユリ図譜』 1802～16

チューリップ　Tulipa armena

「花の本 ボタニカルアートの庭」角川書店　2010
◇p38（カラー）　Tulip　Curtis, William 1787～

チューリップ　Tulipa clusiana

「花の本 ボタニカルアートの庭」角川書店　2010
◇p32（カラー）　Tulip　Curtis, William 1787～

チューリップ　Tulipa culta

「ルドゥーテ画 美花選 1」学習研究社　1986
◇図20（カラー）　1827～1833

チューリップ　Tulipa cv.

「花の本 ボタニカルアートの庭」角川書店　2010
◇p32（カラー）　Tulip　Curtis, William 1787～
◇p34（カラー）　Tulip　パーロット咲き　Trew, Christoph Jakob『美花図譜』 1750～92
◇p35（カラー）　Tulip　パーロット咲き　Drapiez, Pierre Auguste Joseph 1836
◇p36（カラー）　Tulip　モザイク咲き/バイラス Merian, Maria Sibylla 1713～17
◇p37（カラー）　Tulip　モザイク咲き/バイラス Sweert, Emanuel 1631
◇p37（カラー）　Tulip　モザイク咲き/バイラス Elwe, Jan Barend 1794
◇p38（カラー）　Tulip　Curtis, William 1787～

チューリップ　Tulipa gesneriana

「すごい博物画」グラフィック社　2017
◇図版42（カラー）　マーシャル, アレクサンダー 1650～82頃　水彩　45.7×33.2　［ウィンザー城ロイヤル・ライブラリー］
◇図版45（カラー）　ヤマシャクヤク、ターバン・ラナンキュラス、チューリップ、オランダシャクヤク　マーシャル, アレクサンダー 1650～82頃 水彩　46.0×33.2　［ウィンザー城ロイヤル・ライブラリー］

「美花選［普及版］」河出書房新社　2016
◇図10（カラー）　Tulipe cultivée（Variété）/ Tulipa culta（Var.）　ルドゥーテ, ピエール＝ジョゼフ画 1827～1833　［コノサーズ・コレク

ション東京]
◇図125(カラー) Tulipe de Gesner/Tulipa Gesneriana ルドゥーテ, ピエール＝ジョゼフ画 1827〜1833 [コノサーズ・コレクション東京]
「ボタニカルアート 西洋の美花集」パイ インターナショナル 2010
◇p28(カラー) ルドゥーテ, ピエール＝ジョセフ画・著『美花選』 1827〜33 点刻銅版画多色刷一部手彩色
◇p30(カラー) ルドゥーテ, ピエール＝ジョセフ画・著『美花選』 1827〜33 点刻銅版画多色刷手彩色
◇p32(カラー) ロバート, ニコラス著『Liver des tulipes』 1650〜55
「ルドゥーテ画 美花選 1」学習研究社 1986
◇図19(カラー) 1827〜1833

チューリップ Tulipa sp.

「イングリッシュ・ガーデン」求龍堂 2014
◇図6(カラー) Tulips ヴェルレスト, シモン・ピータース 17世紀後半 水彩 ヴェラム 19.5×21.5 [キュー王立植物園]
◇図13(カラー) チューリップと重弁のアネモネ 作者不詳 17世紀 水彩 紙 21.5×33.0 [キュー王立植物園]

チューリップ Tulipa sylvestris

「花の本 ボタニカルアートの庭」角川書店 2010
◇p33(カラー) Tulip Jaume Saint-Hilaire, Jean Henri『フランスの植物』 1805〜09

チューリップ Tulipa sylvestris subsp. australis

「花の本 ボタニカルアートの庭」角川書店 2010
◇p38(カラー) Tulip Curtis, William 1787〜

チューリップ

「フローラの庭園」八坂書房 2015
◇p17(カラー) バラ、チューリップ、スイセンなどの花綱 ホルツベッカー, ハンス・シモン『ゴットルプ家の写本』 1649〜59 水彩 羊皮紙(パーチメント) [デンマーク国立美術館(コペンハーゲン)]
「ボタニカルアート 西洋の美花集」パイ インターナショナル 2010
◇p206(カラー) ベシン画・著『Flore par mlls』 1850 点刻銅版画多色刷 手彩色
「昆虫の劇場」リブロポート 1991
◇p123(カラー) ハリス, M.『オーレリアン』 1778
「美花図譜」八坂書房 1991
◇図78(カラー) ウエインマン『花譜』 1736〜1748 銅版刷手彩色 [群馬県館林市立図書館]
「R・J・ソーントン フローラの神殿 新装版」リブロポート 1990
◇第7葉(カラー) Group of Tulips ルイ, ワシントン, グロリア・ムンディ, ラ・トリオンフ・ロヤールなど ライナグル, フィリップ画, ダンカートン, ウィリアム彫版, ソーントン, R.J. 1811 アクアチント(赤, 緑, 黒色インク) 手彩色仕上げ
◇付図4(カラー) グリーン, T.『万有植物図譜』
「花の王国 1」平凡社 1990
◇p11(白黒) グリーン, T.『万有本草辞典』 1816
◇p13(カラー) 彩色銅版画
「ボタニカルアートの世界」朝日新聞社 1987
◇p98左(カラー) ライナグル画, アーラム彫版, ソートン, ロバート『花の神殿』 1807

チューリップ(変種ドラコンティア)

「ユリ科植物図譜 2」学習研究社 1988
◇図206(カラー) Tulipa gesneriana var. dracontia ルドゥーテ, ピエール＝ジョセフ 1802〜1815

チューリップ(変種ルテオルブラ)

「ユリ科植物図譜 2」学習研究社 1988
◇図205(カラー) Tulipa gesneriana var.luteo-rubra ルドゥーテ, ピエール＝ジョセフ 1802〜1815

チューリップ栽培品種 Tulipa (various cultivated forms)

「図説 ボタニカルアート」河出書房新社 2010
◇p22(カラー) ベスラー『アイヒシュテット庭園植物誌』 1613

チューリップの1種 Tulipa sp.

「花の王国 1」平凡社 1990
◇p70(カラー) ジョーム・サンティレール, H.『フランスの植物』 1805〜09 彩色銅版画
◇p70(カラー) ジョーム・サンティレール, H.『フランスの植物』 1805〜09 彩色銅版画

チューリップ「バッケト・リゴー・オプチムス」 Tulipa sp.

「イングリッシュ・ガーデン」求龍堂 2014
◇図15(カラー) Tulip 'Baquet Rigaux optimus' エーレット, ゲオルク・ディオニシウス 1740 水彩 アラビアゴムグレーズ インク ヴェラム 48.2×30.7 [キュー王立植物園]

千代 'Chiyo'

「ばら花譜」平凡社 1983
◇PL.65(カラー) 二口善雄画, 鈴木省三, 籾山泰一著 1976 水彩

長久草

「高松松平家博物図譜 衆芳画譜 花卉 第四」香川県立ミュージアム 2010
◇p22(カラー) 松平頼恭 江戸時代 紙本著色 画帖装(折本形式) 33.0×48.2 [個人蔵]

チョウジ Syzygium aromaticum

「江戸博物文庫 菜樹の巻」工作舎 2017
◇p125(カラー) 丁香 岩崎灌園『本草図譜』[東京大学大学院理学系研究科附属植物園(小石川植物園)]

チョウジアサガオ

「江戸の動植物図」朝日新聞社 1988

◇p62（カラー）　岩崎灌園『本草図説』　［東京国立博物館］

チョウジカズラ　Trachelospermum asiaticum var.majus

「江戸博物文庫 花草の巻」工作舎　2017
◇p154（カラー）　丁字葛　岩崎灌園『本草図譜』［東京大学大学院理学系研究科附属植物園（小石川植物園）］

チョウジザクラ　Prunus apetala (Sieb.et Zucc.) Fr.et Sav.

「日本桜集」平凡社　1973
◇Pl.143（カラー）　大井次三郎著, 太田洋愛画　1965写生　水彩

ちょうじそう　Amsonia elliptica

「草木写生 春の巻」ピエ・ブックス　2010
◇p202～203（カラー）　丁字草　狩野織染藤原重賢 明暦3（1657）～元禄12（1699）［国立国会図書館］

チヤウジソウ

「高松松平家博物図譜 衆芳画譜 花卉 第四」香川県立ミュージアム　2010
◇p15（カラー）　松平頼恭 江戸時代　紙本著色 画帖装（折本形式）　33.0×48.2　［個人蔵］

てうじなすび

「高松松平家博物図譜 写生画帖 雑草」香川県立ミュージアム　2013
◇p54（カラー）　松平頼恭 江戸時代　紙本著色 画帖装（折本形式）　33.2×48.4　［個人蔵］

長州緋桜　Prunus Lannesiana Wils. 'Chosiuhizakura'

「日本桜集」平凡社　1973
◇Pl.20（カラー）　大井次三郎著, 太田洋愛画　1968写生　水彩

チョウシュン

⇒コウシンバラ・チョウシュンを見よ

チヨウシユン

「高松松平家博物図譜 衆芳画譜 花果 第五」香川県立ミュージアム　2011
◇p21（カラー）　松平頼恭 江戸時代　紙本著色 画帖装（折本形式）　33.2×48.4　［個人蔵］
◇p39（カラー）　松平頼恭 江戸時代　紙本著色 画帖装（折本形式）　33.2×48.4　［個人蔵］

長春

「高松松平家博物図譜 衆芳画譜 花果 第五」香川県立ミュージアム　2011
◇p29（カラー）　松平頼恭 江戸時代　紙本著色 画帖装（折本形式）　33.2×48.4　［個人蔵］

チョウセンアサガオ　Datura laevis

「ルドゥーテ画 美花選 2」学習研究社　1986
◇図67（カラー）　1827～1833

チョウセンアサガオ　Datura metel

「美花選［普及版］」河出書房新社　2016
◇図20（カラー）　Datura à fruit lisse/Datura Lævis　ルドゥーテ, ピエール＝ジョゼフ画　1827～1833　［コノサーズ・コレクション東京］

朝鮮アサカホ

「高松松平家博物図譜 衆芳画譜 花卉 第四」香川県立ミュージアム　2010
◇p70（カラー）　松平頼恭 江戸時代　紙本著色 画帖装（折本形式）　33.0×48.2　［個人蔵］

てうせんあさがほ

「高松松平家博物図譜 写生画帖 雑草」香川県立ミュージアム　2013
◇p80（カラー）　松平頼恭 江戸時代　紙本著色 画帖装（折本形式）　33.2×48.4　［個人蔵］

チョウセンアザミ

「江戸の動植物図」朝日新聞社　1988
◇p61（カラー）　岩崎灌園『本草図説』　［東京国立博物館］

チョウセンアザミ

⇒アーティチョーク（チョウセンアザミ）を見よ

チョウセンアザミ・アーティチョウク　Cynara scolymus

「花木真寫」淡交社　2005
◇図83（カラー）　朝鮮薊　近衛予楽院家熙［（財）陽明文庫］

チョウセンアザミ［アーティチョーク］

「ボタニカルアートの世界」朝日新聞社　1987
◇p118下（カラー）　朝鮮薊　近衛予楽院『花木真寫』　［京都陽明文庫］

てふせんいちじく

「高松松平家博物図譜 写生画帖 雑木」香川県立ミュージアム　2014
◇p67（カラー）　松平頼恭 江戸時代　紙本著色 画帖装（折本形式）　33.2×48.4　［個人蔵］　※表紙・裏表紙見返し墨書 安永6（1777）6月 程赤城筆

朝鮮ウツキ

「高松松平家博物図譜 衆芳画譜 花果 第五」香川県立ミュージアム　2011
◇p48（カラー）　松平頼恭 江戸時代　紙本著色 画帖装（折本形式）　33.2×48.4　［個人蔵］

チョウセンエンゴサク　Corydalis turtschaninovii

「江戸博物文庫 花草の巻」工作舎　2017
◇p22（カラー）　朝鮮延胡索　岩崎灌園『本草図譜』　［東京大学大学院理学系研究科附属植物園（小石川植物園）］

朝鮮椿

「日本椿集」平凡社　1966
◇図108（カラー）　津山尚著, 二口善雄画 1959, 1958

ちょうせんまつ
「木の手帖」小学館　1991
◇図11（カラー）　朝鮮松　岩崎灌園『本草図譜』文政11（1828）　約21×145　［国立国会図書館］

チョウセンマツ　Pinus koraiensis Sieb.et Zucc.
「シーボルト「フローラ・ヤポニカ」 日本植物誌」八坂書房　2000
◇図116（白黒）　Wumi matsu　［国立国会図書館］

朝鮮松
「高松松平家博物図譜 衆芳画譜 花果 第五」香川県立ミュージアム　2011
◇p28（カラー）　松平頼恭 江戸時代　紙本著色 画帖装（折本形式）　33.2×48.4　［個人蔵］

朝鮮マツノミ
「高松松平家博物図譜 衆芳画譜 花果 第五」香川県立ミュージアム　2011
◇p27（カラー）　松平頼恭 江戸時代　紙本著色 画帖装（折本形式）　33.2×48.4　［個人蔵］

チョウダイアイリス　Iris ochroleuca
「植物精選百種図譜 博物画の至宝」平凡社　1996
◇pl.100（カラー）　Iris　トレウ, C.J., エーレト, G.D. 1750〜73

チョウダイアイリス
「ユリ科植物図譜 1」学習研究社　1988
◇図93（カラー）　Iris ochroleuca　ルドゥーテ, ピエール＝ジョセフ 1802〜1815

蝶千鳥
「日本椿集」平凡社　1966
◇図57（カラー）　津山尚著, 二口善雄画 1961

チョウチンバナ　Eccremocarpus scaber
「図説 ボタニカルアート」河出書房新社　2010
◇p80（白黒）　グリエルソン画　［リンドリー・ライブラリー］

チョウノスケソウ　Dryas octopetala L.var. asiatica (Nakai) Nakai
「須崎忠助植物画集」北海道大学出版会　2016
◇図47-76（カラー）　長之助草『大雪山植物其他』5月28日　［北海道大学附属図書館］

蝶の花形
「日本椿集」平凡社　1966
◇図94（カラー）　津山尚著, 二口善雄画 1956

チョウマメ　Clitoria plumieri
「花の王国 4」平凡社　1990
◇p28（カラー）　ファン・ヘール編『愛好家の花々』 1847　手彩色石版画

チョウマメ
「世界大博物図鑑 4」平凡社　1987
◇p242（カラー）　蝶豆　レッソン, R.P.『ハチドリの自然誌』 1829〜30　多色刷り銅版

テウロソウ
「高松松平家博物図譜 衆芳画譜 花卉 第四」香川県立ミュージアム　2010
◇p36（カラー）　松平頼恭 江戸時代　紙本著色 画帖装（折本形式）　33.0×48.2　［個人蔵］

ちよかずら
「高松松平家博物図譜 写生画帖 雑草」香川県立ミュージアム　2013
◇p73（カラー）　松平頼恭 江戸時代　紙本著色 画帖装（折本形式）　33.2×48.4　［個人蔵］

千代田錦
「日本椿集」平凡社　1966
◇図168（カラー）　津山尚著, 二口善雄画 1965

チリマツの雄性毬果（松かさ）
「イングリッシュ・ガーデン」求龍堂　2014
◇図91（カラー）　Male Cones of Araucaria araucana　ノース, マリアン 1884　油彩 厚紙 35.5×50.9　［キュー王立植物園］

チリメンカエデ　Acer palmatum Thunb.ex Murray ssp.matsumurae Koidz.f.dissectum (Thunb.ex Murray) Sieb.et Zucc.ex Miq.
「シーボルト「フローラ・ヤポニカ」 日本植物誌」八坂書房　2000
◇図146-II〜IV（カラー）　Acer palmatum Thunb.var.decomposita (Miq.) Sieb.et Zucc.ex Miq.　［国立国会図書館］

チログロティス・レフレクサ　Chiloglottis reflexa
「図説 ボタニカルアート」河出書房新社　2010
◇p62（カラー）　バウアー, フェルディナンド画　［ロンドン自然史博物館］

チングルマ　Geum pentapetalum (L.) Makino
「シーボルト日本植物図譜コレクション」小学館　2008
◇図1-54（カラー）　Sieversia dryadoides Sieb.et Zucc.　シーボルト, フィリップ・フランツ・フォン監修　［ロシア科学アカデミーコマロフ植物学研究所図書館］　※類集写真の絵.目録948 コレクションIII 630л-п/365

チングルマ　Sieversia pentapetala (L.) Greene
「須崎忠助植物画集」北海道大学出版会　2016
◇図18-34（カラー）『大雪山植物其他』　5月11日,6月5日　［北海道大学附属図書館］

チングルマ
「江戸の動植物図」朝日新聞社　1988
◇p76（カラー）　山本渓愚『動植物写生図譜』［山本読書室（京都）］

【つ】

ツガ　Tsuga sieboldii Carrière
「シーボルト日本植物図譜コレクション」小学館　2008
◇図3-117（カラー）　Sciadopitys　［清水東谷］画　［1861］　和紙 透明絵の具 墨 白色塗料　28.2×38.5　［ロシア科学アカデミーコマロフ植物学研究所図書館］　※目録34 コレクションVII /845
「シーボルト「フローラ・ヤポニカ」日本植物誌」八坂書房　2000
◇図106（白黒）　Tsuga, またはToga matsu　［国立国会図書館］

ツキクサ
⇒ツユクサ・ツキクサ・アオバナ・ボウシバナ・カマツカを見よ

ツキヌキニンドウ　Lonicera sempervirens
「ウィリアム・カーティス 花図譜」同朋舎出版　1994
◇92図（カラー）　Great Trumpet Honysuckle　エドワーズ, シデナム・ティースト画『カーティス・ボタニカル・マガジン』　1804

月の都
「日本椿集」平凡社　1966
◇図56（カラー）　津山尚著, 二口善雄画　1955

月見車
「日本椿集」平凡社　1966
◇図96（カラー）　津山尚著, 二口善雄画　1959

ツキミソウ　Oenothera tetraptera
「図説 ボタニカルアート」河出書房新社　2010
◇p109（カラー）　関根雲停画　［高知県立牧野植物園］

ツキミソウ　Oenothera tetraptera Cav.
「花の肖像 ボタニカルアートの名品と歴史」創土社　2006
◇fig.84（カラー）　関根雲停画　［高知県立牧野植物園］

ツキミソウ
「彩色 江戸博物学集成」平凡社　1994
◇p267（カラー）　馬場大助『遠西舶上画譜』　［東京国立博物館］

ツクシアオイ？　Heterotropa sp.cf.H. kiusiana (F.Maek.) F.Maek.
「シーボルト日本植物図譜コレクション」小学館　2008
◇図3-52（カラー）　Heterotropa asaroides Morren et Decne.　川原慶賀画　紙 透明絵の具 墨　23.8×32.3　［ロシア科学アカデミーコマロフ植物学研究所図書館］　※目録221 コレクションVI 240/734

ツクシイバラ　Rosa multiflora Thunberg var. adenochaeta (Koidzumi) Ohwi
「薔薇空間」ランダムハウス講談社　2009
◇図189（カラー）　二口善雄画, 鈴木省三, 籾山泰一解説『ばら花譜』　1983　水彩　340×250
「ばら花譜」平凡社　1983
◇PL.2（カラー）　二口善雄画, 鈴木省三, 籾山泰一著　1973　水彩

ツクシカイドウ　Malus hupehensis
「ウィリアム・カーティス 花図譜」同朋舎出版　1994
◇507図（カラー）　Wild Apple from Hupeh　スネリング, リリアン画『カーティス・ボタニカル・マガジン』　1946

ツクシシャクナゲ　Rhododendron degronianum Carr.ssp.heptamerum (Maxim.) Hara
「シーボルト「フローラ・ヤポニカ」日本植物誌」八坂書房　2000
◇図9（カラー）　Sjakunange　［国立国会図書館］

ツクシシャクナゲ　Rhododendron metternichii
「花彙 下」八坂書房　1977
◇図160（白黒）　石南花　小野蘭山, 島田充房　明和2（1765）　26.5×18.5　［国立公文書館・内閣文庫］

ツクシ・スギナ　Equisetum arvense
「花木真寫」淡交社　2005
◇図1（カラー）　土筆　近衛予楽院家熙　［（財）陽明文庫］

ツクシヤブウツギ　Weigela japonica Thunb.
「シーボルト「フローラ・ヤポニカ」日本植物誌」八坂書房　2000
◇図33-I（白黒）　Tani utsugi　［国立国会図書館］

つくばね
「高松松平家博物図譜 写生画帖 雑木」香川県立ミュージアム　2014
◇p78（カラー）　松平頼恭　江戸時代　紙本著色 画帖装（折本形式）　33.2×48.4　［個人蔵］　※表紙・裏表紙見返し墨書 安永6（1777）6月 程赤城筆

ツクバネ　Buckleya lanceolata (Siebold & Zucc.) Miq.
「シーボルト日本植物図譜コレクション」小学館　2008
◇図2-95（カラー）　Quadriala lanceolata Sieb.et Zucc.　［水谷助六？］画　［1820〜1828頃］　紙 カラー（透明絵の具）拓本画, 墨で加筆　22.7×32.8　［ロシア科学アカデミーコマロフ植物学研究所図書館］　※裏面に稚拙な鉛筆素描画がある. 目録107 コレクションVI 556/749

突羽根　Prunus Lannesiana Wils. 'Tsukubane'
「日本桜集」平凡社　1973
◇Pl.130（カラー）　大井次三郎著, 太田洋愛画

1972写生　水彩

ツクバネウツギ　Abelia spathulata Sieb.et Zucc.

「シーボルト「フローラ・ヤポニカ」 日本植物誌」八坂書房　2000
◇図34–II（カラー）［国立国会図書館］

ツクバネウツギ

「ボタニカルアートの世界」朝日新聞社　1987
◇p124左（カラー）　宇田川榕菴『植学啓原』

つげ

「木の手帖」小学館　1991
◇図126（カラー）　黄楊　岩崎灌園『本草図譜』文政11（1828）　約21×145［国立国会図書館］

（付札なし）

「高松松平家博物図譜 写生画帖 雑木」香川県立ミュージアム　2014
◇補遺1（カラー）　松平頼恭 江戸時代　紙本著色 画帖装（折本形式）　17.9×13.1［個人蔵］ ※表紙・裏表紙見返し墨書 安永6（1777）6月 程赤城筆
◇p14（カラー）　松平頼恭 江戸時代　紙本著色 画帖装（折本形式）　33.2×48.4［個人蔵］ ※表紙・裏表紙見返し墨書 安永6（1777）6月 程赤城筆
◇p21（カラー）　松平頼恭 江戸時代　紙本著色 画帖装（折本形式）　33.2×48.4［個人蔵］ ※表紙・裏表紙見返し墨書 安永6（1777）6月 程赤城筆
◇p24（カラー）　松平頼恭 江戸時代　紙本著色 画帖装（折本形式）　33.2×48.4［個人蔵］ ※表紙・裏表紙見返し墨書 安永6（1777）6月 程赤城筆
◇p27（カラー）　水楊二種　松平頼恭 江戸時代　紙本著色 画帖装（折本形式）　33.2×48.4［個人蔵］ ※表紙・裏表紙見返し墨書 安永6（1777）6月 程赤城筆
◇p29（カラー）　松平頼恭 江戸時代　紙本著色 画帖装（折本形式）　33.2×48.4［個人蔵］ ※表紙・裏表紙見返し墨書 安永6（1777）6月 程赤城筆
◇p31（カラー）　松平頼恭 江戸時代　紙本著色 画帖装（折本形式）　33.2×48.4［個人蔵］ ※表紙・裏表紙見返し墨書 安永6（1777）6月 程赤城筆
◇p34（カラー）　松平頼恭 江戸時代　紙本著色 画帖装（折本形式）　33.2×48.4［個人蔵］ ※表紙・裏表紙見返し墨書 安永6（1777）6月 程赤城筆
◇p40（カラー）　松平頼恭 江戸時代　紙本著色 画帖装（折本形式）　33.2×48.4［個人蔵］ ※表紙・裏表紙見返し墨書 安永6（1777）6月 程赤城筆
◇p44（カラー）　松平頼恭 江戸時代　紙本著色 画帖装（折本形式）　33.2×48.4［個人蔵］ ※表紙・裏表紙見返し墨書 安永6（1777）6月 程赤城筆
◇p51（カラー）　松平頼恭 江戸時代　紙本著色 画帖装（折本形式）　33.2×48.4［個人蔵］ ※表紙・裏表紙見返し墨書 安永6（1777）6月 程赤城筆
◇p59（カラー）　柘之属　松平頼恭 江戸時代　紙本著色 画帖装（折本形式）　33.2×48.4［個人蔵］ ※表紙・裏表紙見返し墨書 安永6（1777）6月 程赤城筆
◇p60（カラー）　松平頼恭 江戸時代　紙本著色 画帖装（折本形式）　33.2×48.4［個人蔵］ ※表紙・裏表紙見返し墨書 安永6（1777）6月 程赤城筆
◇p88（カラー）　松平頼恭 江戸時代　紙本著色 画帖装（折本形式）　33.2×48.4［個人蔵］ ※表紙・裏表紙見返し墨書 安永6（1777）6月 程赤城筆
◇p89（カラー）　松平頼恭 江戸時代　紙本著色 画帖装（折本形式）　33.2×48.4［個人蔵］ ※表紙・裏表紙見返し墨書 安永6（1777）6月 程赤城筆
◇p91（カラー）　此類寄生即加以松芝之名亦可　松平頼恭 江戸時代　紙本著色 画帖装（折本形式）　33.2×48.4［個人蔵］ ※表紙・裏表紙見返し墨書 安永6（1777）6月 程赤城筆
◇p102（カラー）　松平頼恭 江戸時代　紙本著色 画帖装（折本形式）　33.2×48.4［個人蔵］ ※表紙・裏表紙見返し墨書 安永6（1777）6月 程赤城筆

「高松松平家博物図譜 写生画帖 雑草」香川県立ミュージアム　2013
◇p24（カラー）　松平頼恭 江戸時代　紙本著色 画帖装（折本形式）　33.2×48.4［個人蔵］
◇p42（カラー）　松平頼恭 江戸時代　紙本著色 画帖装（折本形式）　33.2×48.4［個人蔵］
◇p48（カラー）　松平頼恭 江戸時代　紙本著色 画帖装（折本形式）　33.2×48.4［個人蔵］
◇p56（カラー）　松平頼恭 江戸時代　紙本著色 画帖装（折本形式）　33.2×48.4［個人蔵］
◇p87（カラー）　松平頼恭 江戸時代　紙本著色 画帖装（折本形式）　33.2×48.4［個人蔵］
◇p104（カラー）　松平頼恭 江戸時代　紙本著色 画帖装（折本形式）　33.2×48.4［個人蔵］

「高松松平家博物図譜 衆芳画譜 花果 第五」香川県立ミュージアム　2011
◇p30（カラー）　松平頼恭 江戸時代　紙本著色 画帖装（折本形式）　33.2×48.4［個人蔵］
◇p34（カラー）　松平頼恭 江戸時代　紙本著色 画帖装（折本形式）　33.2×48.4［個人蔵］
◇p81（カラー）　一重桃　松平頼恭 江戸時代　紙本著色 画帖装（折本形式）　33.2×48.4［個人蔵］
◇p87（カラー）　松平頼恭 江戸時代　紙本著色 画帖装（折本形式）　33.2×48.4［個人蔵］

「高松松平家博物図譜 衆芳画譜 花卉 第四」香川県立ミュージアム　2010
◇p58（カラー）　松平頼恭 江戸時代　紙本著色 画帖装（折本形式）　33.0×48.2［個人蔵］
◇p61（カラー）　松平頼恭 江戸時代　紙本著色 画帖装（折本形式）　33.0×48.2［個人蔵］
◇p64（カラー）　松平頼恭 江戸時代　紙本著色 画帖装（折本形式）　33.0×48.2［個人蔵］
◇p71（カラー）　松平頼恭 江戸時代　紙本著色 画帖装（折本形式）　33.0×48.2［個人蔵］
◇p77（カラー）　松平頼恭 江戸時代　紙本著色 画帖装（折本形式）　33.0×48.2［個人蔵］

つさのき

「高松松平家博物図譜 写生画帖 雑木」香川県立ミュージアム　2014
◇p11（カラー）　松平頼恭 江戸時代　紙本著色 画帖装（折本形式）　33.2×48.4［個人蔵］ ※表紙・裏表紙見返し墨書 安永6（1777）6月 程赤城筆

ツタ　Parthenocissus tricuspidata

「牧野富太郎植物画集」ミュゼ　1999

◇p52（白黒）1923（大正12）　ケント紙 墨（毛筆）27.4×19.2

つちあけび

「高松松平家博物図譜 写生画帖 雑草」香川県立ミュージアム　2013

◇p48（カラー）　松平頼恭 江戸時代　紙本著色 画帖装（折本形式）　33.2×48.4　［個人蔵］

ツチアケビ　Galeola septemtrionalis Rchb.f.

「シーボルト日本植物図譜コレクション」小学館 2008

◇図2-69（カラー）　Galeola septentrionalis Reichenb.f.　栗本丹洲画　和紙 透明絵の具 墨 光沢　46.0×65.6　［ロシア科学アカデミーコマロフ植物学研究所図書館］　※目録918 コレクションVIII 682/938

◇図2-70（カラー）　［Galeola septentrionalis Reichenb.f.］　宇田川榕菴画［1820～ 1826頃］和紙 透明絵の具 墨　24.2×30.5　［ロシア科学アカデミーコマロフ植物学研究所図書館］　※若干の変更を加えて（色彩を含む）GaleolaN682/938の左像を写している。目録919 コレクションVIII 650/939

ツチトリモチ　Balanophora japonica

「牧野富太郎植物画集」ミュゼ　1999

◇p12（カラー）『植物学雑誌』1909（明治42）　石版印刷 水彩　27.3×19.3

つつじ　Rhododendron

「草木写生 春の巻」ピエ・ブックス　2010

◇p54～55（カラー）　躑躅　五月躑躅（さつきつつじ），蓮華躑躅（れんげつつじ）　狩野織染藤原重賢 明暦3（1657）～元禄12（1699）　［国立国会図書館］

◇p58～59（カラー）　躑躅　狩野織染藤原重賢 明暦3（1657）～元禄12（1699）　［国立国会図書館］

◇p70～71（カラー）　躑躅　琉球躑躅，白霧島躑躅など　狩野織染藤原重賢 明暦3（1657）～元禄12（1699）　［国立国会図書館］

ツヽシ

「高松松平家博物図譜 衆芳画譜 花果 第五」香川県立ミュージアム　2011

◇p13（カラー）　琉球ツヽジ，蓮花ツヽジ，未詳　松平頼恭 江戸時代　紙本著色 画帖装（折本形式）　33.2×48.4　［個人蔵］

◇p47（カラー）　八重ツヽジ，ヤグルマツヽシ　松平頼恭 江戸時代　紙本著色 画帖装（折本形式）33.2×48.4　［個人蔵］

ツツジ　Rhododendron sp.

「高木春山 本草図説 1」リブロポート　1988

◇図57（カラー）　リュウキュウツツジ（R. mucronatum〈Blume〉G.Don）（？）

ツツジ

「フローラの庭園」八坂書房　2015

◇p91（白黒）　ケンペル，エンゲルベルト『廻国奇観』1712　［個人蔵］

ツツジの1種　Rhododendron sp.

「ビュフォンの博物誌」工作舎　1991

◇N124（カラー）『一般と個別の博物誌 ソンニーニ版』

ツツジの仲間

「植物精選百種図譜 博物画の至宝」平凡社 1996

◇pl.48（カラー）　Azalea　トレウ，C.J.，エーレト，G.D. 1750～73

ツニア・アルバ　Thunia alba（Wall.）Rchb.f.

「蘭花譜」平凡社　1974

◇Pl.71-1（カラー）　加藤光治著，二口善雄画 1969写生

ツニア・ビーチアナ　Thunia Veitchiana Rchb.f.

「蘭花譜」平凡社　1974

◇Pl.71-3（カラー）　加藤光治著，二口善雄画 1941写生

ツニア・マーシャリアナ　Thunia Marshalliana Rchb.f.

「蘭花譜」平凡社　1974

◇Pl.71-2（カラー）　加藤光治著，二口善雄画 1941写生

つのはしばみ

「木の手帖」小学館　1991

◇図29（カラー）　角榛　岩崎灌園『本草図譜』文政11（1828）　約21×145　［国立国会図書館］

つばき　Camellia japonica

「草木写生 春の巻」ピエ・ブックス　2010

◇p90～91（カラー）　椿　狩野織染藤原重賢 明暦3（1657）～元禄12（1699）　［国立国会図書館］

◇p94～95（カラー）　椿　狩野織染藤原重賢 明暦3（1657）～元禄12（1699）　［国立国会図書館］

◇p98～99（カラー）　椿　狩野織染藤原重賢 明暦3（1657）～元禄12（1699）　［国立国会図書館］

◇p102～103（カラー）　椿　狩野織染藤原重賢 明暦3（1657）～元禄12（1699）　［国立国会図書館］

◇p106～107（カラー）　椿　狩野織染藤原重賢 明暦3（1657）～元禄12（1699）　［国立国会図書館］

◇p110～111（カラー）　椿　狩野織染藤原重賢 明暦3（1657）～元禄12（1699）　［国立国会図書館］

◇p114～115（カラー）　椿　狩野織染藤原重賢 明暦3（1657）～元禄12（1699）　［国立国会図書館］

つばき

「木の手帖」小学館　1991

◇図68（カラー）　椿　野生種，園芸種　岩崎灌園『本草図譜』文政11（1828）　約21×145　［国立国会図書館］

ツバキ　Camellia

「ボタニカルアート 西洋の美花集」パイ インターナショナル　2010

◇p145（カラー）　ヴェルシャフェルト，アンブロワーズ著『新ツバキ図譜』1848～60

◇p146（カラー）　ヴェルシャフェルト，アンブロ

ワーズ著『新ツバキ図譜』 1848～60
◇p147（カラー） ヴェルシャフェルト, アンブロワーズ著『新ツバキ図譜』 1848～60

ツバキ Camellia Japonicum
「ルドゥーテ画 美花選 1」学習研究社 1986
◇図2（カラー） 1827～1833

ツバキ Camellia anemonefolia
「ルドゥーテ画 美花選 1」学習研究社 1986
◇図9（カラー） 1827～1833

ツバキ Camellia japonica
「美花選［普及版］」河出書房新社 2016
◇図9（カラー） Camelia panaché/Camelia japonica 八重咲系栽培品種 ルドゥーテ, ピエール＝ジョゼフ画 1827～1833 ［コノサーズ・コレクション東京］
◇図33（カラー） Camelia (Var.) fleurs blanches/Camelia Japonica 白色八重咲系品種 ルドゥーテ, ピエール＝ジョゼフ画 1827～1833 ［コノサーズ・コレクション東京］
◇図37（カラー） Camelia à fleurs d'Anémone/Camelia Anemonefolia 'カラコ'系栽培品種 ルドゥーテ, ピエール＝ジョゼフ画 1827～1833 ［コノサーズ・コレクション東京］
◇図78（カラー） Camelia blanc/Camelia Japonica 白色系栽培品種 ルドゥーテ, ピエール＝ジョゼフ画 1827～1833 ［コノサーズ・コレクション東京］
◇図127（カラー） Bouquets de Camélias Narcisses et Pensées ルドゥーテ, ピエール＝ジョゼフ画 1827～1833 ［コノサーズ・コレクション東京］
「イングリッシュ・ガーデン」求龍堂 2014
◇図50（カラー） カーティス, ジョン 1825 黒鉛 水彩 紙 31.2×24.7 ［キュー王立植物園］
「ボタニカルアート 西洋の美花集」パイ インターナショナル 2010
◇p148（カラー） 一重咲 ポープ, クララ・マリア画, カーティス, サミュエル『ツバキ属の研究』 1819 銅版画 手彩色
◇p149（カラー） アネモネ咲 ポープ, クララ・マリア画, カーティス, サミュエル『ツバキ属の研究』 1819 銅版画 手彩色
◇p150（カラー） 八重咲系栽培品種 ルドゥーテ, ピエール＝ジョセフ画・著『美花選』 1827～33 点刻銅版画多色刷 一部手彩色
◇p151（カラー） 白色系栽培品種 ルドゥーテ, ピエール＝ジョセフ画・著『美花選』 1827～33 点刻銅版画多色刷 一部手彩色
◇p152上（カラー） 'カラコ'系栽培品種 ルドゥーテ, ピエール＝ジョセフ画・著『美花選』 1827～33 点刻銅版画多色刷 一部手彩色
◇p152下（カラー） 白色八重咲系栽培品種 ルドゥーテ, ピエール＝ジョセフ画・著『美花選』 1827～33 点刻銅版画多色刷 一部手彩色
「図説 ボタニカルアート」河出書房新社 2010
◇p48（カラー） ルドゥーテ画 ［フランス国立自然史博物館］
◇p95（白黒） Tsubakki ケンペル『廻国奇観』 1712
◇p101（カラー） ウェイト画, シーボルト, ツッカリーニ『日本植物誌』 1835～41
「花の王国 1」平凡社 1990
◇p74（カラー） ベルレーズ, L.『ツバキ属図譜』 1841～43 スティップル技法
◇p74（カラー） ドラピエ, P.A.J., ベッサ, パンクラース原図『園芸家・愛好家・工業家のための植物誌』 1836 手彩色図版
◇p74（カラー） パックストン, J.『パックストン植物雑誌』 1834～49
◇p75（カラー） 高木春山『本草図説』 ？～1852 ［西尾市立図書館岩瀬文庫（愛知県）］
「ボタニカルアートの世界」朝日新聞社 1987
◇p107（白黒） ケンペル画『Amoenitatum exoticarum politico-physico-medicarum faciculi』 1712
「ルドゥーテ画 美花選 1」学習研究社 1986
◇図10（カラー） 1827～1833
◇図11（カラー） 1827～1833
◇図12（カラー） 1827～1833

ツバキ Camellia japonica L.
「花の肖像 ボタニカルアートの名品と歴史」創土社 2006
◇fig.50（カラー） ケンプファー『廻国奇観』 1712
「シーボルト「フローラ・ヤポニカ」 日本植物誌」八坂書房 2000
◇図82（カラー） Tsubaki, Jabu tsubaki ［国立国会図書館］
「高木春山 本草図説 1」リブロポート 1988
◇図47（カラー）

ツバキ
「フローラの庭園」八坂書房 2015
◇p91（白黒） ケンペル, エンゲルベルト『廻国奇観』 1712 ［個人蔵］
「ボタニカルアート 西洋の美花集」パイ インターナショナル 2010
◇p200（カラー） ルドゥーテ, ピエール＝ジョセフ画・著『美花選』 1827～33 点刻銅版画多色刷 一部手彩色
「彩色 江戸博物学集成」平凡社 1994
◇p326（カラー） 毛利梅園『梅園百花画譜〈春部〉』 ［国会図書館］

ツバキ
⇒カメリア・ヤポニカ（ツバキ）を見よ

ツバキ（品種） Camellia japonica
「花彙 下」八坂書房 1977
◇図138（白黒） 寶珠茶 小野蘭山, 島田充房 明和2（1765） 26.5×18.5 ［国立公文書館・内閣文庫］

椿寒桜 Prunus×introrsa Yagi 'Introrsa'
「日本桜集」平凡社 1973
◇Pl.129（カラー） 大井次三郎著, 太田洋愛画 1970写生 水彩

ツバキの栽培品種
「フローラの庭園」八坂書房　2015
◇p97（カラー）　大公夫人マリー, ジアルディノ・サンタレッリ, プリンセス・クロティルド, 大祭典　ファン・ウーテ, L.『ヨーロッパの温室と庭の花』　1845～74　［ミズーリ植物園（セント・ルイス）］

ツバキの品種
「彩色 江戸博物学集成」平凡社　1994
◇p418～419（カラー）　服部雪斎『服部雪斎自筆写生帖』　［国会図書館］

ツバキ 四種
「高松松平家博物図譜 衆芳画譜 花果 第五」香川県立ミュージアム　2011
◇p60（カラー）　紫雲白, 飛燕, ワビスケ　松平頼恭 江戸時代　紙本著色 画帖装（折本形式）　33.2×48.4　［個人蔵］

ツバメスイセン　Sprekelia formosissima
「美花選［普及版］」河出書房新社　2016
◇図7（カラー）　Amaryllis/Lis St.Jacques　ルドゥーテ, ピエール＝ジョゼフ画 1827～1833　［コノサーズ・コレクション東京］
「ユリ科植物図譜 1」学習研究社　1988
◇図186（カラー）　Amaryllis formosissima　ルドゥーテ, ピエール＝ジョセフ 1802～1815

ツバメズイセン　Amaryllis formosissima (Sprekelia formosissima)
「ルドゥーテ画 美花選 1」学習研究社　1986
◇図41（カラー）　1827～1833

ツバメズイセン　Sprekelia formosissima
「ボタニカルアートの世界」朝日新聞社　1987
◇かんのんびらき 表（カラー）　ルドゥテ画『Les Liliacées第1巻』　1802

ツバメズイセン
「美花図譜」八坂書房　1991
◇図49（カラー）　ウエインマン『花譜』　1736～1748　銅版刷手彩色　［群馬県館林市立図書館］

つばめせっこく　Dendrobium equitans Krzl.
「蘭花譜」平凡社　1974
◇Pl.62–3（カラー）　加藤光治著, 二口善雄画　1971写生

つほくさ
「高松松平家博物図譜 写生画帖 雑草」香川県立ミュージアム　2013
◇p26（カラー）　松平頼恭 江戸時代　紙本著色 画帖装（折本形式）　33.2×48.4　［個人蔵］

ツボサンゴ
「カーティスの植物図譜」エンタプライズ　1987
◇図6929（カラー）　Coral–Bells, Crimson Bells『カーティスのボタニカルマガジン』　1787～1887

ツボサンゴの1種　Heuchera sp.
「ビュフォンの博物誌」工作舎　1991
◇N127（カラー）『一般と個別の博物誌 ソンニーニ版』

つぼすみれ　Viola verecunda
「草木写生 春の巻」ピエ・ブックス　2010
◇p190～191（カラー）　坪菫　狩野織染藤原重賢　明暦3（1657）～元禄12（1699）　［国立国会図書館］

ツマクレナイ
「高松松平家博物図譜 衆芳画譜 花卉 第四」香川県立ミュージアム　2010
◇p44（カラー）　松平頼恭 江戸時代　紙本著色 画帖装（折本形式）　33.0×48.2　［個人蔵］

ツマクレナイ
⇒ホウセンカ・ツマクレナイを見よ

つみ
「高松松平家博物図譜 写生画帖 雑木」香川県立ミュージアム　2014
◇p59（カラー）　松平頼恭 江戸時代　紙本著色 画帖装（折本形式）　33.2×48.4　［個人蔵］　※表紙・裏表紙見返し墨書 安永6（1777）6月 程赤城筆

ツメレンゲ　Orostachys erubescens
「花木真寫」淡交社　2005
◇図101（カラー）　岩蓮華　近衛予楽院家熙　［（財）陽明文庫］

ツメレンゲ　Orostachys japonica
「江戸博物文庫 花草の巻」工作舎　2017
◇p176（カラー）　爪蓮華　岩崎灌園『本草図譜』　［東京大学大学院理学系研究科附属植物園（小石川植物園）］

ツメレンゲ　Orostachys japonicus (Maxim.) A.Berger
「シーボルト日本植物図譜コレクション」小学館　2008
◇図3–108（カラー）　Sempervivum sp.　清水東谷画［1861～ 1862頃］　紙 透明絵の具 墨 白色塗料　28.8×38.7　［ロシア科学アカデミーコマロフ植物学研究所図書館］　※目録315 コレクションIV 683/434

つゆくさ
「高松松平家博物図譜 写生画帖 雑草」香川県立ミュージアム　2013
◇p43（カラー）　松平頼恭 江戸時代　紙本著色 画帖装（折本形式）　33.2×48.4　［個人蔵］
「野の草の手帖」小学館　1989
◇p121（カラー）　露草　岩崎常正（灌園）『本草図譜』　文政11（1828）　［国立国会図書館］

ツユクサ　Commelina communis
「江戸博物文庫 花草の巻」工作舎　2017
◇p73（カラー）　露草　岩崎灌園『本草図譜』　［東京大学大学院理学系研究科附属植物園（小石川植物園）］
「ビュフォンの博物誌」工作舎　1991
◇N037（カラー）『一般と個別の博物誌 ソンニーニ版』

ツユクサ　Commelina communis L.
「岩崎灌園の草花写生」たにぐち書店　2013
◇p80（カラー）　鴨跖草　［個人蔵］

ツユクサ
「ユリ科植物図譜 2」学習研究社　1988
◇図224（カラー）　Commelina communis　ルドゥーテ, ピエール＝ジョセフ 1802～1815

ツユクサ・ツキクサ・アオバナ・ボウシバナ・カマツカ　Commelina communis
「花木真寫」淡交社　2005
◇図65（カラー）　鴨跖草　近衛予楽院家熙［（財）陽明文庫］

釣篝
「日本椿集」平凡社　1966
◇図17（カラー）　津山尚著, 二口善雄画 1959

ツリガネズイセン　Hyacinthoides hispanica
「ユリ科植物図譜 2」学習研究社　1988
◇図179（カラー）　Scilla campanulata　ルドゥーテ, ピエール＝ジョセフ 1802～1815
◇図188（カラー）　スキラ・パトゥラ　ルドゥーテ, ピエール＝ジョセフ 1802～1815

つりかねそう
「高松松平家博物図譜 写生画帖 雑草」香川県立ミュージアム　2013
◇p30（カラー）　松平頼恭 江戸時代　紙本著色 画帖装（折本形式）　33.2×48.4　［個人蔵］

つりがねにんじん
「野の草の手帖」小学館　1989
◇p123（カラー）　釣鐘人参　岩崎常正（灌園）『本草図譜』　文政11（1828）　［国立国会図書館］

ツリガネニンジン　Adenophora triphylla (Thunb.) A.DC.var.japonica (Regel) H.Hara
「須崎忠助植物画集」北海道大学出版会　2016
◇図3-7（カラー）『大雪山植物其他』　［北海道大学附属図書館］

ツリガネヤナギ
「カーティスの植物図譜」エンタプライズ　1987
◇図3884（カラー）　Pentstemon campanulatus Willd.『カーティスのボタニカルマガジン』 1787～1887

ツリシュスラン　Goodyera pendula Maxim.
「須崎忠助植物画集」北海道大学出版会　2016
◇図45-74（カラー）　つりしゆすらん『大雪山植物其他』（昭和）2　［北海道大学附属図書館］

つりばな
「木の手帖」小学館　1991
◇図124（カラー）　吊花　岩崎灌園『本草図譜』文政11（1828）　約21×145　［国立国会図書館］

ツリバナ　Euonymus oxyphyllus Miq.
「北海道主要樹木図譜［普及版］」北海道大学図書刊行会　1986
◇図64（カラー）　Evonymus oxyphylla Miq.　須崎忠助 大正9（1920）～昭和6（1931）　［個人蔵］

ツリバナ
「彩色 江戸博物学集成」平凡社　1994
◇p370（カラー）　大窪昌章『動植写真』

つりふねそう
「野の草の手帖」小学館　1989
◇p125（カラー）　釣船草　岩崎常正（灌園）『本草図譜』　文政11（1828）　［国立国会図書館］

ツリフネソウ　Impatiens textori
「江戸博物文庫 花草の巻」工作舎　2017
◇p115（カラー）　吊舟草　岩崎灌園『本草図譜』［東京大学大学院理学系研究科附属植物園（小石川植物園）］
「四季草花譜」八坂書房　1988
◇図67（カラー）　飯沼慾斎筆『草木図説稿本』［個人蔵］

ツルアジサイ　Hydrangea petiolaris Sieb.et Zucc.
「シーボルト「フローラ・ヤポニカ」 日本植物誌」八坂書房　2000
◇図54（白黒）　Jama demari　［国立国会図書館］
◇図59-II（カラー）　Jabu-demari　［国立国会図書館］

ツルアジサイ
「シーボルト「フローラ・ヤポニカ」 日本植物誌」八坂書房　2000
◇図92（カラー）　Hydrangea bracteata Sieb.et Zucc.　［国立国会図書館］

ツルアダン属の1種　Freycinetia imbricata Blume
「花の肖像 ボタニカルアートの名品と歴史」創土社　2006
◇fig.48（カラー）　ブルーメ『ランフィア』 1835～1849

つるうめもどき　Celastrus orbiculatus
「草木写生 秋の巻」ピエ・ブックス　2010
◇p224～225（カラー）　蔓梅擬　狩野織染藤原重賢 明暦3（1657）～元禄12（1699）　［国立国会図書館］

ツルキジムシロ　Potentilla stolonifera Lehm.
「シーボルト日本植物図譜コレクション」小学館　2008
◇図1-54（カラー）　Potentilla fragarioides　シーボルト, フィリップ・フランツ・フォン監修［ロシア科学アカデミーコマロフ植物学研究所図書館］　※類集写真の絵.目録949 コレクションIII 630л-п/365

つるくちなし
「高松松平家博物図譜 写生画帖 雑草」香川県立ミュージアム　2013
◇p32（カラー）　松平頼恭 江戸時代　紙本著色 画

帖装(折本形式)　33.2×48.4　[個人蔵]
◇p32(カラー)　松平頼恭 江戸時代　紙本著色 画帖装(折本形式)　33.2×48.4　[個人蔵]

ツルグミ　Elaeagnus glabra
「江戸博物文庫 花草の巻」工作舎　2017
◇p158(カラー)　蔓茱萸　岩崎灌園『本草図譜』[東京大学大学院理学系研究科附属植物園(小石川植物園)]

ツルコウジ　Ardisia pusilla A.DC.
「シーボルト日本植物図譜コレクション」小学館　2008
◇図3-53(カラー)　Ardisia pusilla A.DC.　[川原慶賀?]画　紙 透明絵の具 墨 光沢　23.5×32.3　[ロシア科学アカデミーコマロフ植物学研究所図書館]　※目録655 コレクションV 42/630

ツルデンダ　Polystichum craspedosorum
「牧野富太郎植物画集」ミュゼ　1999
◇p27(白黒)　1900頃(明治33)　和紙 ケント紙 墨(毛筆)　27.3×19.4

ツルドクダミ
「彩色 江戸博物学集成」平凡社　1994
◇p26(カラー)　貝原益軒『大和本草諸品図』

ツルニチニチソウの1種　Vinca sp.
「ビュフォンの博物誌」工作舎　1991
◇N123(カラー)『一般と個別の博物誌 ソンニーニ版』

ツルネラ・ウルミフォリア　Turnera ulmifolia L.
「花の肖像 ボタニカルアートの名品と歴史」創土社　2006
◇fig.51(カラー)　エーレット画, リンネ著『クリフォート邸植物』1738

ツルネラ ウルミフォリア　Turnera ulmifolia
「ボタニカルアートの世界」朝日新聞社　1987
◇p64下中(カラー)　エーレット画『Hortus Cliffortianus』1737

鶴の毛衣
「日本椿集」平凡社　1966
◇図87(カラー)　津山尚著, 二口善雄画 1955

ツルハナシノブ　Phlox stolonifera
「美花選[普及版]」河出書房新社　2016
◇図88(カラー)　Phlox Reptans　ルドゥーテ, ピエール=ジョゼフ画 1827～1833　[コノサーズ・コレクション東京]
「ボタニカルアート 西洋の美花集」パイ インターナショナル　2010
◇p35(カラー)　ルドゥーテ, ピエール=ジョセフ画・著『美花選』1827～33　点刻銅版画多色刷一部手彩色

ツルフジバカマ　Vicia amoena
「花木真寫」淡交社　2005
◇図107(カラー)　簸藤　近衛予楽院家煕　[(財)陽明文庫]

ツルボ　Scilla scilloides
「花彙 上」八坂書房　1977
◇図36(白黒)　綿棗兒　小野蘭山, 島田充房 明和2(1765)　26.5×18.5　[国立公文書館・内閣文庫]

ツルボ
⇒スルボ・ツルボ・サンダイガサを見よ

ツルボラン
「ユリ科植物図譜 2」学習研究社　1988
◇図148(カラー)　アスフォデルス・ラモーススルドゥーテ, ピエール=ジョセフ 1802～1815

ツルボランの1種　Asphodelus sp.
「ビュフォンの博物誌」工作舎　1991
◇N042(カラー)『一般と個別の博物誌 ソンニーニ版』

ツルマサキ　Euonymus fortunei (Turcz.) Hand.-Mazz.
「シーボルト日本植物図譜コレクション」小学館　2008
◇図2-5(カラー)　Euonymus radicans Sieb.　桂川甫賢画 [1820頃]　和紙 透明絵の具 墨　22.8×30.9　[ロシア科学アカデミーコマロフ植物学研究所図書館]　※目録547 コレクションIII 669/283

つるまめ
「高松松平家博物図譜 写生画帖 雑草」香川県立ミュージアム　2013
◇p41(カラー)　松平頼恭 江戸時代　紙本著色 画帖装(折本形式)　33.2×48.4　[個人蔵]

つるむらさき
「高松松平家博物図譜 写生画帖 雑草」香川県立ミュージアム　2013
◇p65(カラー)　松平頼恭 江戸時代　紙本著色 画帖装(折本形式)　33.2×48.4　[個人蔵]

ツルムラサキ
「彩色 江戸博物学集成」平凡社　1994
◇p255(カラー)　飯沼慾斎『草木図説』　[岩瀬文庫]

つるらん　Calanthe furcata Batem.
「蘭花譜」平凡社　1974
◇Pl.70-5(カラー)　加藤光治著, 二口善雄画 1969写生

ツルリンドウ　Tripterospermum japonicum (Siebold & Zucc.) Maxim.
「シーボルト日本植物図譜コレクション」小学館　2008
◇図3-64(カラー)　Crawfurdia japonica Sieb.et Zucc.　川原慶賀画　紙 透明絵の具 墨　23.4×32.8　[ロシア科学アカデミーコマロフ植物学研究所図書館]　※目録679 コレクションV 15/663

ツワフキ
「高松松平家博物図譜 衆芳画譜 花卉 第四」香川県立ミュージアム　2010
◇p65（カラー）　松平頼恭 江戸時代　紙本著色 画帖装（折本形式）　33.0×48.2　［個人蔵］

ツワブキ　Farfugium japonicum
「花木真寫」淡交社　2005
◇図99（カラー）　豆和　近衛予楽院家熙　［（財）陽明文庫］

ツワブキ　Farfugium japonicum (L.f.) Kitam.
「シーボルト日本植物図譜コレクション」小学館　2008
◇図3-17（カラー）　Ligularia kaempferi DC.　川原慶賀画　紙 透明絵の具 墨 光沢　23.2×33.5　［ロシア科学アカデミーコマロフ植物学研究所図書館］　※目録791 コレクションV 290/592

ツワブキ　Farfugium japonicum (L.f.) Kitam.f. japonicum
「シーボルト「フローラ・ヤポニカ」日本植物誌」八坂書房　2000
◇図35（カラー）　Tsuwa buki　［国立国会図書館］

ツワブキ　Ligularia japonicum
「図説 ボタニカルアート」河出書房新社　2010
◇p100（カラー）　Ligularia kaempferi　ミンジンガー画, シーボルト, ツッカリーニ『日本植物誌』1835～41

ツワブキ
「彩色 江戸博物学集成」平凡社　1994
◇p26（カラー）　貝原益軒『大和本草諸品図』

【て】

ディアクリューム・ビコルナタム　Diacrium bicornutum Bth.
「蘭花譜」平凡社　1974
◇Pl.48-9（カラー）　加藤光治著, 二口善雄画　1968写生

ディアネラ・ケルレア
「ユリ科植物図譜 2」学習研究社　1988
◇図2（カラー）　Dianella caerulea　ルドゥーテ, ピエール＝ジョセフ　1802～1815

ディアファナンセ・フラグランチシマ　Diaphananthe fragrantissima (Rchb.f.) Schltr.
「蘭花譜」平凡社　1974
◇Pl.129-3（カラー）　加藤光治著, 二口善雄画　1971写生

ディアレリア・ビーチイ　Dialaelia Veitchii Hort.
「蘭花譜」平凡社　1974
◇Pl.48-10（カラー）　加藤光治著, 二口善雄画　1940写生

ディアンツス・アレナリウス　Dianthus arenarius
「ウィリアム・カーティス 花図譜」同朋舎出版　1994
◇96図（カラー）　Sand Pink　カーティス, ウィリアム『カーティス・ボタニカル・マガジン』 1819

ディオスマ・プルケラ　Agathosm pulchella
「ウィリアム・カーティス 花図譜」同朋舎出版　1994
◇515図（カラー）　Blunt-leaved Diosma　エドワーズ, シデナム・ティーストト画『カーティス・ボタニカル・マガジン』 1811

テイカカズラ　Trachelospermum asiaticum (Sieb.et Zucc.) Nakai
「高木春山 本草図説 1」リブロポート　1988
◇図65（カラー）

デイコ　Erythrina variegata var.orientalis
「花の王国 1」平凡社　1990
◇p77（カラー）『カーチス・ボタニカル・マガジン』 1787～継続

デイコ
「美花図譜」八坂書房　1991
◇図32（カラー）　ウエインマン『花譜』 1736～1748　銅版刷手彩色　［群馬県館林市立図書館］

デイコの仲間　Erythrina sp.
「植物精選百種図譜 博物画の至宝」平凡社　1996
◇pl.8（カラー）　Corallodendron　トレウ, C.J., エーレト, G.D. 1750～73　※花の形からE. americana, あるいはE.corneaの白化か

ディサ・ウニフロラ　Disa uniflora
「蘭百花図譜」八坂書房　2002
◇p99（カラー）　ランダン, ジャン『ペスカトレア』 1860　石版刷手彩色

デイジー　Bellis perennis
「ボタニカルアート 西洋の美花集」パイ インターナショナル　2010
◇p37（カラー）　ステップ, エミリー画, ステップ, エドワード『温室と庭園の花々』 1896～97　石版画多色刷

デイジー　Bellis perennis var.major flore pleno
「ボタニカルアート 西洋の美花集」パイ インターナショナル　2010
◇p36左（カラー）　カーティス, ウィリアム著『ボタニカル・マガジン7巻』 1793　銅版画 手彩色

デイジー　Bellis sylvestris
「ボタニカルアート 西洋の美花集」パイ インターナショナル　2010
◇p36右（カラー）　カーティス, ウィリアム著『カーティス・ボタニカル・マガジン51巻』 1824　銅版画 手彩色

デイジー
「フローラの庭園」八坂書房　2015
◇p67(カラー)　マーシャル, アレクサンダー画『フラワー・ブック』 1680頃　水彩 紙　46.0×33.3 ［英国王室コレクション］

ディプカディ・セロティヌム　Dipcadi serotinum
「ユリ科植物図譜 2」学習研究社　1988
◇図26(カラー)　ヒアキントゥス・セロティヌス　ルドゥーテ, ピエール＝ジョセフ 1802～1815

ディポジューム・ピクタム　Dipodium pictum (Ldl.) Rchb.f.
「蘭花譜」平凡社　1974
◇Pl.76-3(カラー)　加藤光治著, 二口善雄画 1969写生

ディポジューム・プンクタタム　Dipodium punctatum R.Br.
「蘭花譜」平凡社　1974
◇Pl.76-4(カラー)　加藤光治著, 二口善雄画 1941写生

ティランジア　Tillandsia stetacea
「花の王国 4」平凡社　1990
◇p82(カラー)『カーチス・ボタニカル・マガジン』 1787～継続

ティリア ウルミフォリア［シナノキの1種］　Tilia ulmifolia
「ボタニカルアートの世界」朝日新聞社　1987
◇p28上(カラー)　ミュラー, W.画, Pabst, G.編『Köhler's Medizinal-Pflanzen第1巻』 1883～1887

ティリア パルビフォリア［シナノキの1種］　Tilia parvifolia
「ボタニカルアートの世界」朝日新聞社　1987
◇p27上(カラー)　ミュラー, W.画『Prof.Dr. Thome's Flora von Deutschland, Osteerreich und der Schweiz第2版、3巻3』 1905

ディレーニア　Dillenia scandens
「ルドゥーテ画 美花選 2」学習研究社　1986
◇図37(カラー) 1827～1833

ディレニア・アウレア　Dillenia aurea Sm.
「花の肖像 ボタニカルアートの名品と歴史」創土社　2006
◇fig.14(カラー)　ヴィシュヌプラサッド画, ガウディー彫版, ウォーリック『アジア産稀産植物図譜』

ディレニア・アラータ　Dillenia alata
「図説 ボタニカルアート」河出書房新社　2010
◇p91(白黒)　パーキンソン画『バンクス植物図譜』 ［ロンドン自然史博物館］

ディレニア オルナータ［ビワモドキの1種］　Dillenia ornata
「ボタニカルアートの世界」朝日新聞社　1987
◇p31(カラー)　ビシュヌープラサッド画, ガウディ彫版『Plantae asiaticae rariores第1巻』 1829～1830

ティーローズ　Rosa chiensis × R.gigantea
「ボタニカルアートの世界」朝日新聞社　1987
◇p6(カラー)　ルドゥテ画『Les roses第1巻』 1817～1819

デージー　Bellis perennis cv.
「花の本 ボタニカルアートの庭」角川書店 2010
◇p44(カラー)　Daisy　Vincent, Henriette Antoinette 1825
◇p45(カラー)　Daisy　Curtis, William 1787～

デージー（ヒナギク）　Bellis perennis
「花の王国 1」平凡社　1990
◇p78(カラー)　ルソー, J.J., ルドゥーテ『植物学』 1805

テッセン　Clematis florida
「美花選［普及版］」河出書房新社　2016
◇図143(カラー)　Clématide　ルドゥーテ, ピエール＝ジョゼフ画 1827～1833 ［コノサーズ・コレクション東京］

テッセン　Clematis florida Thunb.
「岩崎灌園の草花写生」たにぐち書店　2013
◇p34(カラー)　鉄線花 ［個人蔵］

テッセン
「ボタニカルアート 西洋の美花集」パイ インターナショナル　2010
◇p198(カラー)　ルドゥーテ, ピエール＝ジョセフ画・著『美花選』 1827～33　点刻銅版画多色刷 一部手彩色

テツセン
「高松松平家博物図譜 衆芳画譜 花卉 第四」香川県立ミュージアム　2010
◇p19(カラー)　松平頼恭 江戸時代　紙本著色 画帖装(折本形式)　33.0×48.2 ［個人蔵］

テッポウユリ　Lilium longiflorum
「花の王国 1」平凡社　1990
◇p118(カラー)　ルメール, シャイトヴァイラー, ファン・ホーテ著, セヴェリン図『ヨーロッパの温室と庭園の花々』 1845～60　色刷り石版

テッポウユリの変種か？
「イングリッシュ・ガーデン」求龍堂　2014
◇図64(カラー)　Lilium, possibly a variety of Lilium longiflorum　フッカー, ウィリアム・ジャクソン 19世紀初頭　水彩 紙　50.5×38.0 ［キュー王立植物園］

テハリボク科　Guttiferae
「ビュフォンの博物誌」工作舎　1991
◇N149(カラー)『一般と個別の博物誌 ソンニーニ版』

デプカディ・ビリデ　Dipcadi viride
「ユリ科植物図譜 2」学習研究社　1988
◇図27（カラー）　ヒアキントゥス・ビリディス　ルドゥーテ, ピエール＝ジョセフ　1802〜1815

手毬　Prunus Lannesiana Wils. 'Temari'
「日本桜集」平凡社　1973
◇Pl.126（カラー）　大井次三郎著, 太田洋愛画　1971写生　水彩

てまりばな　Viburnum plicatum var.plicatum f.plicatum
「草木写生 春の巻」ピエ・ブックス　2010
◇p54〜55（カラー）　手鞠花　狩野織染藤原重賢　明暦3（1657）〜元禄12（1699）［国立国会図書館］

テマリバナ・オオデマリ　Viburnum plicatum
「花木真寫」淡交社　2005
◇図23（カラー）　手鞠　近衛予楽院家熙　［（財）陽明文庫］

てむくわぼ
「高松松平家博物図譜 写生画帖 雑木」香川県立ミュージアム　2014
◇p38（カラー）　松平頼恭 江戸時代　紙本著色 画帖装（折本形式）　33.2×48.4　［個人蔵］　※表紙・裏表紙見返し墨書 安永6（1777）6月 程赤城筆

テュベロース　Polianthes tuberosa
「ルドゥーテ画 美花選 2」学習研究社　1986
◇図61（カラー）1827〜1833

テリハコハマナシ　Rosa rugosa Thunb.×R. wichuraiana.Crép., hyb.nat.
「ばら花譜」平凡社　1983
◇PL.16–b（カラー）　二口善雄画, 鈴木省三, 籾山泰一著 1973　水彩

テリハノイバラ　Rosa wichuraiana Crépin
「薔薇空間」ランダムハウス講談社　2009
◇図190（カラー）　二口善雄画, 鈴木省三, 籾山泰一解説『ばら花譜』1983　水彩　342×253
「ばら花譜」平凡社　1983
◇PL.9（カラー）　二口善雄画, 鈴木省三, 籾山泰一著 1973,1978　水彩

デルフィニウム属の様々な品種
「フローラの庭園」八坂書房　2015
◇p79（カラー）　ラウドン, ジェーン・ウェブ『淑女の花園』1840〜48　石版 手彩色　［個人蔵］

テンクハナ
「高松松平家博物図譜 衆芳画譜 花果 第五」香川県立ミュージアム　2011
◇p26（カラー）　松平頼恭 江戸時代　紙本著色 画帖装（折本形式）　33.2×48.4　［個人蔵］

テンジクボタン　Dahlia pinnata
「ウィリアム・カーティス 花図譜」同朋舎出版　1994
◇121図, 122図（カラー）　Fertile–rayed Dahlia　カーティス, ウィリアム『カーティス・ボタニカル・マガジン』1817

テンジクレン
「高松松平家博物図譜 衆芳画譜 花卉 第四」香川県立ミュージアム　2010
◇p54（カラー）　松平頼恭 江戸時代　紙本著色 画帖装（折本形式）　33.0×48.2　［個人蔵］

テンジンクワ
「高松松平家博物図譜 衆芳画譜 花卉 第四」香川県立ミュージアム　2010
◇p72（カラー）　松平頼恭 江戸時代　紙本著色 画帖装（折本形式）　33.0×48.2　［個人蔵］

デンドロキラム・ククメリナム　Dendrochilum cucumerinum Rchb.f.（Platyclinis cucumeriana Hort.）
「蘭花譜」平凡社　1974
◇Pl.20–2（カラー）　加藤光治著, 二口善雄画　1941写生

デンドロキラム・グルマシューム　Dendrochilum glumaceum Ldl.（Platyclinis glumacea Bth.）
「蘭花譜」平凡社　1974
◇Pl.20–6（カラー）　加藤光治著, 二口善雄画　1941写生

デンドロキラム・コビアナム　Dendrochilum Cobbianum Rchb.f.（Platyclinis Cobbiana Hemsl.）
「蘭花譜」平凡社　1974
◇Pl.20–3（カラー）　加藤光治著, 二口善雄画　1941写生

デンドロキラム・フィリホルメ　Dendrochilum filiforme Ldl.（Platyclinis filiformis Bth.）
「蘭花譜」平凡社　1974
◇Pl.20–1（カラー）　加藤光治著, 二口善雄画　1941写生

デンドロキラム・ラチホリューム　Dendrochilum latifolium Ldl.（Platyclinis latifolia Hemsl.）
「蘭花譜」平凡社　1974
◇Pl.20–4（カラー）　加藤光治著, 二口善雄画　1942写生

デンドロビウム・アクエウム　Dendrobium aqueum
「蘭百花図譜」八坂書房　2002
◇p42（カラー）　エドワーズ, シデナム『ボタニカル・レジスター』1843　銅版手彩色

デンドロビウム・アグレガツム・ジェンキンシー　Dendrobium aggregatum var.jenkinsii
「蘭百花図譜」八坂書房　2002

◇p47（カラー）　ワーナー, ロバート著, フィッチ, W.H.画『ラン類精選図譜 第2集』 1865〜75 石版刷手彩色

デンドロビウム・アドゥンクム
Dendrobium aduncum
「蘭百花図譜」八坂書房　2002
◇p50（カラー）　エドワーズ, シデナム『ボタニカル・レジスター』 1846　銅版手彩色

デンドロビウム・アノスムム　Dendrobium anosmum
「蘭百花図譜」八坂書房　2002
◇p48（カラー）　リンドレー, ジョン著, ドレイク画『ランの花冠』 1837〜41　石版手彩色

デンドロビウム・アフィルム　Dendrobium aphyllum
「蘭百花図譜」八坂書房　2002
◇p51（カラー）　エドワーズ, シデナム『ボタニカル・レジスター』 1835　銅版手彩色

デンドロビウム・ウォーディアヌム
Dendrobium wardianum
「蘭百花図譜」八坂書房　2002
◇p52（カラー）　ワーナー, ロバート『ラン類精選図譜』 1862〜65　石版刷手彩色

デンドロビウム・シルシフロルム
Dendrobium thyrsiflorum
「蘭百花図譜」八坂書房　2002
◇p41（カラー）　ランダン, ジャン『ランダニア』 1885〜1906　石版多色刷

デンドロビウム・タウリヌム　Dendrobium taurinum
「蘭百花図譜」八坂書房　2002
◇p52（カラー）　エドワーズ, シデナム『ボタニカル・レジスター』 1843　銅版手彩色

デンドロビウム・ディスコロル
Dendrobium discolor
「蘭百花図譜」八坂書房　2002
◇p44（カラー）　エドワーズ, シデナム『ボタニカル・レジスター』 1841　銅版手彩色

デンドロビウム・デンシフロルム
Dendrobium densiflorum
「蘭百花図譜」八坂書房　2002
◇p43（カラー）　カーティス, ウィリアム『ボタニカル・マガジン』 1835

デンドロビウム・ノビレ‘クックソニアヌム’
Dendrobium nobile ‘Cooksonianum’
「蘭百花図譜」八坂書房　2002
◇p49（カラー）　ランダン, ジャン『ランダニア』 1885〜1906　石版多色刷

デンドロビウム・フィンブリアツム・オクラツム　Dendrobium finbriatum var.oculatum
「蘭百花図譜」八坂書房　2002
◇p45（カラー）　ワーナー, ロバート著, フィッチ, W.H.画『ラン類精選図譜 第2集』 1865〜75 石版刷手彩色

デンドロビウム・フォルモスム
Dendrobium formosum
「蘭百花図譜」八坂書房　2002
◇p46（カラー）　エドワーズ, シデナム『ボタニカル・レジスター』 1839　銅版手彩色

デンドロビウム・ブライマリアヌム
Dendrobium brymerianum
「蘭百花図譜」八坂書房　2002
◇p40（カラー）　ランダン, ジャン『ランダニア』 1885〜1906　石版多色刷
「ウィリアム・カーティス 花図譜」同朋舎出版 1994
◇425図（カラー）　Dendrobium brymerianum カーティス, ウィリアム『カーティス・ボタニカル・マガジン』 1878

デンドロビウム・ラメラツム　Dendrobium lamellatum
「蘭百花図譜」八坂書房　2002
◇p42（カラー）　エドワーズ, シデナム『ボタニカル・レジスター』 1843　銅版手彩色

デンドロビウム・リツイフロルム
Dendrobium lituiflorum
「蘭百花図譜」八坂書房　2002
◇p47（カラー）　ワーナー, ロバート著, フィッチ, W.H.画『ラン類精選図譜 第2集』 1865〜75 石版刷手彩色

デンドロビューム・アグレガタム
Dendrobium aggregatum Roxb.
「蘭花譜」平凡社　1974
◇Pl.51–1（カラー）　加藤光治著, 二口善雄画 1968写生

デンドロビューム・アダンカム
Dendrobium aduncum Wall.
「蘭花譜」平凡社　1974
◇Pl.55–4（カラー）　加藤光治著, 二口善雄画 1941写生

デンドロビューム・アメシストグロッサム
Dendrobium amethystoglossum Rchb.f.
「蘭花譜」平凡社　1974
◇Pl.55–6（カラー）　加藤光治著, 二口善雄画 1942写生

デンドロビューム・インファンディブラム
Dendrobium infundibulum Ldl.
「蘭花譜」平凡社　1974
◇Pl.60–4（カラー）　加藤光治著, 二口善雄画 1942写生

デンドロビューム・ウンデュラタム
Dendrobium undulatum R.Br.
「蘭花譜」平凡社　1974
◇Pl.54–7（カラー）　加藤光治著, 二口善雄画 1942写生

デンドロビューム・オクレアタム
Dendrobium ochreatum Ldl.
「蘭花譜」平凡社　1974
◇Pl.51–7（カラー）　加藤光治著, 二口善雄画 1942写生

デンドロビューム・オフィオグロサム
Dendrobium Ophioglossum Rchb.f.var.
「蘭花譜」平凡社　1974
◇Pl.63–3（カラー）　加藤光治著, 二口善雄画 1969写生

デンドロビューム・オーリューム
Dendrobium aureum Ldl.
「蘭花譜」平凡社　1974
◇Pl.59–9（カラー）　加藤光治著, 二口善雄画 1940写生

デンドロビューム・カナリキュラタム
Dendrobium canaliculatum R.Br.
「蘭花譜」平凡社　1974
◇Pl.53–1～2（カラー）　加藤光治著, 二口善雄画 1971写生

デンドロビューム・カリニフェラム・ラテリチューム　Dendrobium cariniferum Rchb.f. var.lateritium
「蘭花譜」平凡社　1974
◇Pl.62–2（カラー）　加藤光治著, 二口善雄画 1969写生

デンドロビューム・キンギアナム
Dendrobium Kingianum Bidw.
「蘭花譜」平凡社　1974
◇Pl.55–12（カラー）　加藤光治著, 二口善雄画 1941写生

デンドロビューム・ククメリナム
Dendrobium cucumerinum Macleay
「蘭花譜」平凡社　1974
◇Pl.54–3（カラー）　加藤光治著, 二口善雄画 1971写生

デンドロビューム・クラシノーデ
Dendrobium crassinode Bens.et Rchb.f.
「蘭花譜」平凡社　1974
◇Pl.59–7（カラー）　加藤光治著, 二口善雄画 1941写生

デンドロビューム・グラシリコーレ
Dendrobium gracilicaule F.Muell.
「蘭花譜」平凡社　1974
◇Pl.55–9（カラー）　加藤光治著, 二口善雄画 1940写生

デンドロビューム・クリサンサム
Dendrobium chrysanthum Wall.
「蘭花譜」平凡社　1974
◇Pl.51–5（カラー）　加藤光治著, 二口善雄画 1942写生

デンドロビューム・クリソトクサム
Dendrobium chrysotoxum Ldl.
「蘭花譜」平凡社　1974
◇Pl.51–2（カラー）　加藤光治著, 二口善雄画 1941写生

デンドロビューム・クルメナタム
Dendrobium crumenatum Sw.
「蘭花譜」平凡社　1974
◇Pl.59–10（カラー）　加藤光治著, 二口善雄画 1970写生

デンドロビューム・クレピダタム
Dendrobium crepidatum Ldl.
「蘭花譜」平凡社　1974
◇Pl.59–8（カラー）　加藤光治著, 二口善雄画 1941写生

デンドロビューム・サンデレー
Dendrobium Sanderae Rolfe
「蘭花譜」平凡社　1974
◇Pl.60–1（カラー）　加藤光治著, 二口善雄画 1969写生

デンドロビューム・ジャメシアナム
Dendrobium Jamesianum Rchb.f.（D. infundibulum Ldl.var.Jamesianum Veitch）
「蘭花譜」平凡社　1974
◇Pl.62–1（カラー）　加藤光治著, 二口善雄画 1968写生

デンドロビューム・シルシフロラム
Dendrobium thyrsiflorum Rchb.f.
「蘭花譜」平凡社　1974
◇Pl.56–1（カラー）　加藤光治著, 二口善雄画 1969,1941写生

デンドロビューム・シンビディオイデス
Dendrobium cymbidioides Ldl.（Epigenium cymbidioides Summerh.）
「蘭花譜」平凡社　1974
◇Pl.49–1（カラー）　加藤光治著, 二口善雄画 1970写生

デンドロビューム・スアビッシマム
Dendrobium suavissimum Rchb.f.
「蘭花譜」平凡社　1974
◇Pl.51–3（カラー）　加藤光治著, 二口善雄画 1941写生

デンドロビューム・スカブリリンゲ
Dendrobium scabrilingue Ldl.
「蘭花譜」平凡社　1974
◇Pl.50–4（カラー）　加藤光治著, 二口善雄画 1971写生

デンドロビューム・スーパーバム
Dendrobium superbum Rchb.f.
「蘭花譜」平凡社　1974
◇Pl.61–1～2（カラー）　加藤光治著, 二口善雄画

1971,1941写生

デンドロビューム・スーパーバム・アルバム
Dendrobium superbum Rchb.f.var.album Hort.
「蘭花譜」平凡社 1974
◇Pl.61–4（カラー） 加藤光治著, 二口善雄画 1970写生

デンドロビューム・スーパーバム・フットニイ Dendrobium superbum Rchb.f.var. Huttonii Rchb.f.
「蘭花譜」平凡社 1974
◇Pl.61–3（カラー） 加藤光治著, 二口善雄画 1943写生

デンドロビューム・スーパービエンス
Dendrobium superbiens Rchb.f. (D.Goldiei Rchb.f.)
「蘭花譜」平凡社 1974
◇Pl.64–5（カラー） 加藤光治著, 二口善雄画 1942写生

デンドロビューム・スペシオサム・ヒリイ
Dendrobium speciosum Sm.var.Hillii F.M. Bail.
「蘭花譜」平凡社 1974
◇Pl.55–10〜11（カラー） 加藤光治著, 二口善雄画 1940,1970写生

デンドロビューム・セクンダム
Dendrobium secundum Ldl.
「蘭花譜」平凡社 1974
◇Pl.63–1（カラー） 加藤光治著, 二口善雄画 1940写生

デンドロビューム・ダルベルチシイ
Dendrobium d'Albertisii Rchb.f.
「蘭花譜」平凡社 1974
◇Pl.53–3〜4（カラー） 加藤光治著, 二口善雄画 1969,1940写生

デンドロビューム・ダルホーシアナム
Dendrobium Dalhousieanum Wall. (D. pulchellum Roxb.)
「蘭花譜」平凡社 1974
◇Pl.55–3（カラー） 加藤光治著, 二口善雄画 1940写生

デンドロビューム・ディアレー
Dendrobium Dearei Rchb.f.
「蘭花譜」平凡社 1974
◇Pl.60–2（カラー） 加藤光治著, 二口善雄画 1941写生

デンドロビューム・テトラゴナム
Dendrobium tetragonum A.Cunn.
「蘭花譜」平凡社 1974
◇Pl.54–1（カラー） spider orchid 加藤光治著, 二口善雄画 1971写生

デンドロビューム・デボニアナム
Dendrobium Devonianum Paxt.
「蘭花譜」平凡社 1974
◇Pl.50–3（カラー） 加藤光治著, 二口善雄画 1970写生

デンドロビューム・テレチホリューム
Dendrobium teretifolium R.Br.
「蘭花譜」平凡社 1974
◇Pl.54–5（カラー） 加藤光治著, 二口善雄画 1942写生

デンドロビューム・デンシフロラム
Dendrobium densiflorum Wall.
「蘭花譜」平凡社 1974
◇Pl.56–4（カラー） 加藤光治著, 二口善雄画 1942写生

デンドロビューム・トパジアカム
Dendrobium topaziacum Ames
「蘭花譜」平凡社 1974
◇Pl.63–2（カラー） 加藤光治著, 二口善雄画 1970写生

デンドロビューム・ドラコニス
Dendrobium draconis Rchb.f.
「蘭花譜」平凡社 1974
◇Pl.65–1（カラー） 加藤光治著, 二口善雄画 1968写生

デンドロビューム・トーリナム
Dendrobium taurinum Ldl.
「蘭花譜」平凡社 1974
◇Pl.55–2（カラー） 加藤光治著, 二口善雄画 1941写生

デンドロビューム・ノビル Dendrobium nobile Ldl.
「蘭花譜」平凡社 1974
◇Pl.59–1（カラー） 加藤光治著, 二口善雄画 1940写生

デンドロビューム・ノビル・クックソニアナム Dendrobium nobile Ldl.var. Cooksonianum Rchb.f.
「蘭花譜」平凡社 1974
◇Pl.59–3（カラー） 加藤光治著, 二口善雄画 1940写生

デンドロビューム・ノビル・バージナーレ
Dendrobium nobile Ldl.var.virginale Hort.
「蘭花譜」平凡社 1974
◇Pl.59–2（カラー） 加藤光治著, 二口善雄画 1940写生

デンドロビューム・バイルディアナム
Dendrobium Bairdianum F.M.Bailey
「蘭花譜」平凡社 1974
◇Pl.54–6（カラー） 加藤光治著, 二口善雄画 1969写生

デンドロビューム・パリシイ　Dendrobium Parishii Rchb.f.
「蘭花譜」平凡社　1974
◇Pl.61–5(カラー)　加藤光治著, 二口善雄画 1942写生

デンドロビューム・ピエラルディイ
Dendrobium Pierardii Roxb.
「蘭花譜」平凡社　1974
◇Pl.58–1(カラー)　加藤光治著, 二口善雄画 1969,1942写生

デンドロビューム・ビギバム　Dendrobium bigibbum Ldl.
「蘭花譜」平凡社　1974
◇Pl.64–4(カラー)　加藤光治著, 二口善雄画 1971写生

デンドロビューム・ビクトリア–レギネー
Dendrobium Victoriae–Reginae Loher
「蘭花譜」平凡社　1974
◇Pl.55–1(カラー)　加藤光治著, 二口善雄画 1940写生

デンドロビューム・ヒルデブランディイ
Dendrobium Hildebrandii Rolfe
「蘭花譜」平凡社　1974
◇Pl.59–5(カラー)　加藤光治著, 二口善雄画 1941写生

デンドロビューム・ヒンブリアタム・オクラタム　Dendrobium fimbriatum Hk.var. oculatum Hk.
「蘭花譜」平凡社　1974
◇Pl.52–1(カラー)　加藤光治著, 二口善雄画 1969,1940写生

デンドロビューム・ファーメリー
Dendrobium Farmeri Paxt.
「蘭花譜」平凡社　1974
◇Pl.56–2(カラー)　加藤光治著, 二口善雄画 1941写生

デンドロビューム・ファルコロストラム
Dendrobium falcorostrum Fitz.
「蘭花譜」平凡社　1974
◇Pl.50–5(カラー)　加藤光治著, 二口善雄画 1971写生

デンドロビューム・ファレノプシス・シュロデリアナム　Dendrobium Phalaenopsis Fitzg.var.Schroederianum Hort.
「蘭花譜」平凡社　1974
◇Pl.64–1〜2(カラー)　加藤光治著, 二口善雄画 1971,1941写生

デンドロビューム・ファレノプシス・ホロリューカム　Dendrobium Phalaenopsis Fitzg.var.hololeucum Hort.
「蘭花譜」平凡社　1974
◇Pl.64–3(カラー)　加藤光治著, 二口善雄画 1941写生

デンドロビューム・フォルモサム・ギガンチューム　Dendrobium formosum Roxb.var. giganteum Hort.
「蘭花譜」平凡社　1974
◇Pl.60–5(カラー)　加藤光治著, 二口善雄画 1941写生

デンドロビューム・プリムリナム
Dendrobium primulinum Ldl.
「蘭花譜」平凡社　1974
◇Pl.58–2(カラー)　加藤光治著, 二口善雄画 1970写生

デンドロビューム・ブリメリアナム
Dendrobium Brymerianum Rchb.f.
「蘭花譜」平凡社　1974
◇Pl.51–6(カラー)　加藤光治著, 二口善雄画 1941写生

デンドロビューム・ブロンカルチイ
Dendrobium Bronckartii De Wild.
「蘭花譜」平凡社　1974
◇Pl.56–3(カラー)　加藤光治著, 二口善雄画 1942写生

デンドロビューム・マクロフィラム
Dendrobium macrophyllum A.Rich.
「蘭花譜」平凡社　1974
◇Pl.54–8(カラー)　加藤光治著, 二口善雄画 1942写生

デンドロビューム・モスカタム
Dendrobium moschatum Sw.
「蘭花譜」平凡社　1974
◇Pl.51–4(カラー)　加藤光治著, 二口善雄画 1941写生

デンドロビューム・ユニフロラム
Dendrobium uniflorum Griff.
「蘭花譜」平凡社　1974
◇Pl.55–14〜15(カラー)　加藤光治著, 二口善雄画 1970写生

デンドロビューム・ヨハンニス
Dendrobium Johannis Rchb.f.
「蘭花譜」平凡社　1974
◇Pl.54–4(カラー)　加藤光治著, 二口善雄画 1969写生

デンドロビューム・リオニイ　Dendrobium Lyonii Ames (Epigeneium Lyonii (Ames) Summerh.)
「蘭花譜」平凡社　1974
◇Pl.57–1(カラー)　加藤光治著, 二口善雄画 1969写生

デンドロビューム・リケナストラム
Dendrobium Lichenastrum F.Mueller
「蘭花譜」平凡社　1974
◇Pl.50–2（カラー）　加藤光治著, 二口善雄画 1971写生

デンドロビューム・リジダム　Dendrobium rigidum R.Br.
「蘭花譜」平凡社　1974
◇Pl.55–13（カラー）　加藤光治著, 二口善雄画 1970写生

デンドロビューム・リンギホルメ
Dendrobium linguiforme Sw.
「蘭花譜」平凡社　1974
◇Pl.54–2（カラー）　加藤光治著, 二口善雄画 1970写生

デンドロビューム・ロディゲシイ
Dendrobium Loddigesii Rolfe（D.pulchellum Lodd., D.Seidelianum Rchb.f.）
「蘭花譜」平凡社　1974
◇Pl.50–1（カラー）　加藤光治著, 二口善雄画 1969,1942写生

デンドロビューム・ワーディアナム
Dendrobium Wardianum Warn.
「蘭花譜」平凡社　1974
◇Pl.59–4（カラー）　加藤光治著, 二口善雄画 1941写生

テンナンショウ
「彩色 江戸博物学集成」平凡社　1994
◇p295（カラー）　川原慶賀『動植物図譜』　［オランダ国立自然史博物館］

テンナンショウ属1種　Arisaema sp.
「牧野富太郎植物画集」ミュゼ　1999
◇p34（白黒）　1889（明治22）　和紙 墨（毛筆） 19.3×27.3

テンナンショウの1種　Arisaema triphyllum
「花の王国 4」平凡社　1990
◇p43（カラー）『カーチス・ボタニカル・マガジン』 1787〜継続

テンニヨコウ
「高松松平家博物図譜 衆芳画譜 花卉 第四」香川県立ミュージアム　2010
◇p53（カラー）　松平頼恭 江戸時代　紙本著色 画帖装（折本形式）　33.0×48.2　［個人蔵］

テンニンカ　Rhodomyrtus tomentosa (Aiton) Hassk.
「シーボルト日本植物図譜コレクション」小学館 2008
◇図3–116（カラー）　Rhodomyrthus tomentosa　清水東谷画［1862］　和紙 透明・白色顔料入り絵の具 墨 白色塗料　28.8×30.5　［ロシア科学アカデミーコマロフ植物学研究所図書館］　※目録609 コレクションIV 470/413

テンニンギク　Gaillardia pulchella
「美花選［普及版］」河出書房新社　2016
◇図30（カラー）　Galardia　ルドゥーテ, ピエール＝ジョゼフ画 1827〜1833　［コノサーズ・コレクション東京］

テンニンギク　Gaillardia (Pulchella) rustica
「ルドゥーテ画 美花選 2」学習研究社　1986
◇図29（カラー）　1827〜1833

天人松島
「日本椿集」平凡社　1966
◇図179（カラー）　津山尚著, 二口善雄画 1965

てんのうめ
「木の手帖」小学館　1991
◇図92（カラー）　天梅　岩崎灌園『本草図譜』 文政11（1828）　約21×145　［国立国会図書館］

テンノウメ　Osteomeles anthyllidifolia
「江戸博物文庫 菜樹の巻」工作舎　2017
◇p176（カラー）　天の梅　岩崎灌園『本草図譜』［東京大学大学院理学系研究科附属植物園（小石川植物園）］

【と】

と
「高松松平家博物図譜 写生画帖 雑草」香川県立ミュージアム　2013
◇p96（カラー）　松平頼恭 江戸時代　紙本著色 画帖装（折本形式）　33.2×48.4　［個人蔵］

ドイツアヤメ　Iris germanica
「すごい博物画」グラフィック社　2017
◇図版44（カラー）　ドイツアヤメ、モンペリエ・ラナンキュラス、ターバン・ラナンキュラス、イングリッシュ・ブルーベル　マーシャル, アレクサンダー 1650〜82頃　水彩　45.9×34.2　［ウィンザー城ロイヤル・ライブラリー］
「ウィリアム・カーティス 花図譜」同朋舎出版 1994
◇227図（カラー）　German Flag　エドワーズ, シデナム・ティースト画『カーティス・ボタニカル・マガジン』 1803

ドイツアヤメ
「カーティスの植物図譜」エンタプライズ　1987
◇図670（カラー）　German Iris『カーティスのボタニカルマガジン』 1787〜1887

ドイツアヤメ（ジャーマン・アイリス）
「ユリ科植物図譜 1」学習研究社　1988
◇図90（カラー）　Iris germanica　ルドゥーテ, ピエール＝ジョセフ 1802〜1815

ドイツィア・クレナタ（ウツギ）
「フローラの庭園」八坂書房　2015
◇p104（カラー）　Deutzia crenata Siebold&Zucc.　シーボルト, フィリップ・フラ

ンツ・フォン, ツッカリーニ, ヨーゼフ・ゲアハルト『日本植物誌』 1835 ［国立国会図書館］

ドイツスズラン　Convallaria majalis

「花の本 ボタニカルアートの庭」角川書店 2010
◇p55（カラー） Lily–of–the–Valley Fuchs, Leonhart『新本草書』 1543

「花の王国 1」平凡社 1990
◇p61（カラー） ジョーム・サンティレール, H.『フランスの植物』 1805～09 彩色銅版画
◇p61（カラー） ヘンダーソン, P.Ch.『四季』 1806

ドイツスズラン

「ユリ科植物図譜 2」学習研究社 1988
◇図11（カラー） Convallaria majalis ルドゥーテ, ピエール＝ジョセフ 1802～1815

ドイツトウヒ　Picea abies

「花の王国 3」平凡社 1990
◇p119（カラー） ジョーム・サンティレール『フランスの植物』 1805～09 彩色銅版画

唐アヂサイ

「高松松平家博物図譜 衆芳画譜 花果 第五」香川県立ミュージアム 2011
◇p49（カラー） 松平頼恭 江戸時代 紙本著色 画帖装（折本形式） 33.2×48.4 ［個人蔵］

東海桜　Prunus×Takenakae Ohwi 'Takenakae'

「日本桜集」平凡社 1973
◇Pl.127（カラー） 大井次三郎著, 太田洋愛画 1971写生 水彩

トウカエデ　Acer buergerianum

「花彙 下」八坂書房 1977
◇図179（白黒） 紅樹 小野蘭山, 島田充房 明和2（1765） 26.5×18.5 ［国立公文書館・内閣文庫］

トウカエデ　Acer buergerianum Miq.

「シーボルト「フローラ・ヤポニカ」 日本植物誌」八坂書房 2000
◇図143–II（白黒） Acer trifidum Thunb. ［国立国会図書館］

唐カヱデ

「高松松平家博物図譜 衆芳画譜 花果 第五」香川県立ミュージアム 2011
◇p72（カラー） 松平頼恭 江戸時代 紙本著色 画帖装（折本形式） 33.2×48.4 ［個人蔵］

ドウカンソウ　Vaccaria segetalis

「花彙 上」八坂書房 1977
◇図93（白黒） 長皷草 小野蘭山, 島田充房 明和2（1765） 26.5×18.5 ［国立公文書館・内閣文庫］

トウギボウシ　Hosta sieboldiana

「花木真寫」淡交社 2005
◇図61（カラー） 玉簪 近衛予楽院家熙 ［（財）陽明文庫］

トウギボウシ

「ボタニカルアートの世界」朝日新聞社 1987
◇p125上（白黒） 玉簪 中村惕斎『訓蒙図彙』 1666

トウキリ

「高松松平家博物図譜 衆芳画譜 花果 第五」香川県立ミュージアム 2011
◇p18（カラー） 松平頼恭 江戸時代 紙本著色 画帖装（折本形式） 33.2×48.4 ［個人蔵］

トウギリ

⇒ヒギリ・トウギリを見よ

トウグミ　Elaeagnus multiflora var.hortensis

「江戸博物文庫 菜樹の巻」工作舎 2017
◇p155（カラー） 唐茱萸 岩崎灌園『本草図譜』 ［東京大学大学院理学系研究科附属植物園（小石川植物園）］

とうげしば

「高松松平家博物図譜 写生画帖 雑草」香川県立ミュージアム 2013
◇p35（カラー） 松平頼恭 江戸時代 紙本著色 画帖装（折本形式） 33.2×48.4 ［個人蔵］

トウセンダン　Melia azedarach var.toosendan

「江戸博物文庫 菜樹の巻」工作舎 2017
◇p136（カラー） 唐栴檀 岩崎灌園『本草図譜』 ［東京大学大学院理学系研究科附属植物園（小石川植物園）］

トウダイグサ　Euphorbia helioscopia

「すごい博物画」グラフィック社 2017
◇図版7（カラー） オオアマナ、ヤブイチゲ、トウダイグサ レオナルド・ダ・ヴィンチ 1505～10頃 ペンとインク 赤いチョーク 19.8×16.0 ［ウィンザー城ロイヤル・ライブラリー］

とうたんつゝじ

「高松松平家博物図譜 写生画帖 雑木」香川県立ミュージアム 2014
◇p47（カラー） 松平頼恭 江戸時代 紙本著色 画帖装（折本形式） 33.2×48.4 ［個人蔵］ ※表紙・裏表紙見返し墨書 安永6（1777）6月 程赤城筆

ドウダンツツジ　Enkianthus quinqueflorus

「ルドゥーテ画 美花選 1」学習研究社 1986
◇図46（カラー） 1827～1833

トウツバキ　Camellia reticulata

「イングリッシュ・ガーデン」求龍堂 2014
◇図61（カラー） フィッチ, ウォルター・フッド 1857 水彩 紙 31.0×24.7 ［キュー王立植物園］

トウテイラン　Pseudolysimachion ornatum

「日本の博物図譜」東海大学出版会 2001
◇図37（カラー） 高橋由一筆『海雲楼博物雑纂』 ［東京都立中央図書館］

トウテイラン
「高松松平家博物図譜 衆芳画譜 花卉 第四」香川県立ミュージアム　2010
◇p99（カラー）　松平頼恭 江戸時代　紙本著色 画帖装（折本形式）　33.0×48.2　［個人蔵］

トウナンテン
⇒ヒイラギナンテン・トウナンテンを見よ

トウの1種　Calamus sp.
「ビュフォンの博物誌」工作舎　1991
◇N031（カラー）『一般と個別の博物誌 ソンニーニ版』

トウモクレン　Magnolia liliflora
「花の王国 1」平凡社　1990
◇p114（カラー）　ドラピエ, P.A.J., ベッサ, パンクラース原図『園芸家・愛好家・工業家のための植物誌』 1836　手彩色図版

トゥリパ・エゲネンシス　Tulipa agenensis
「ユリ科植物図譜 2」学習研究社　1988
◇図202（カラー）　トゥリパ・オクルスソリス　ルドゥーテ, ピエール＝ジョセフ 1802～1815

トゥリパ・オクルスソリス　Tulipa oculussolis
「花の王国 1」平凡社　1990
◇p71（カラー）　ドラピエ, P.A.J., ベッサ, パンクラース原図『園芸家・愛好家・工業家のための植物誌』 1836　手彩色図版

トゥリパ・クルジアナ
「ユリ科植物図譜 2」学習研究社　1988
◇図207（カラー）　Tulipa clusiana　ルドゥーテ, ピエール＝ジョセフ 1802～1815

トゥリパ・ケルシアナ
「ユリ科植物図譜 2」学習研究社　1988
◇図203（カラー）　Tulipa celsiana　ルドゥーテ, ピエール＝ジョセフ 1802～1815

トゥリパ・コルヌータ
「ユリ科植物図譜 2」学習研究社　1988
◇図204（カラー）　Tulipa cornuta　ルドゥーテ, ピエール＝ジョセフ 1802～1815

トゥリパ・シルベストリス
「ユリ科植物図譜 2」学習研究社　1988
◇図208（カラー）　Tulipa sylvestris　ルドゥーテ, ピエール＝ジョセフ 1802～1815

トウロウバイ　Chimonanthus praecox var. grandiflora
「江戸博物文庫 菜樹の巻」工作舎　2017
◇p172（カラー）　唐蠟梅　岩崎灌園『本草図譜』［東京大学大学院理学系研究科附属植物園（小石川植物園）］

トウワタ　Asclepias curassavica
「江戸博物文庫 菜樹の巻」工作舎　2017
◇p173（カラー）　唐綿　岩崎灌園『本草図譜』［東京大学大学院理学系研究科附属植物園（小石川植物園）］

とがさわら
「木の手帖」小学館　1991
◇図14（カラー）　とうつが　岩崎灌園『本草図譜』文政11（1828）　約21×145　［国立国会図書館］

トカチヤナギ　Toisusu urbaniana Kimura var. schneideri Kimura
「北海道主要樹木図譜［普及版］」北海道大学図書刊行会　1986
◇図13（カラー）　Salix urbaniana Seem.var. schneideri Miyabe et Kudo　須崎忠助 大正9（1920）～昭和6（1931）　［個人蔵］

鴇白
「日本椿集」平凡社　1966
◇図86（カラー）　津山尚著, 二口善雄画 1960, 1965

鴇の羽重
「日本椿集」平凡社　1966
◇図89（カラー）　津山尚著, 二口善雄画 1965, 1955

トキワアケビ
⇒ムベ・トキワアケビ・ウベを見よ

トキワバナ　Xeranthemum annum
「ビュフォンの博物誌」工作舎　1991
◇N082（カラー）『一般と個別の博物誌 ソンニーニ版』

トクサ　Equisetum hyemale
「江戸博物文庫 花草の巻」工作舎　2017
◇p70（カラー）　砥草　岩崎灌園『本草図譜』［東京大学大学院理学系研究科附属植物園（小石川植物園）］
「花木真寫」淡交社　2005
◇図89（カラー）　木賊　近衛予楽院家熙　［（財）陽明文庫］

どくだみ
「野の草の手帖」小学館　1989
◇p127（カラー）　蕺・蕺菜　岩崎常正（灌園）『本草図譜』 文政11（1828）　［国立国会図書館］

トケイソウ　Passiflora alata
「ルドゥーテ画 美花選 2」学習研究社　1986
◇図49（カラー） 1827～1833

トケイソウ　Passiflora caerulea
「ボタニカルアート 西洋の美花集」パイ インターナショナル　2010
◇p76（カラー）　カーティス, ウィリアム著『ボタニカル・マガジン1巻』 1787　銅版画 手彩色
◇p77（カラー）　ローベル画『Florlegium des Prinzen Eugen von Savoyen』 1670？
「花の本 ボタニカルアートの庭」角川書店　2010
◇p102（カラー）　Passion flower　Curtis, William 1787～

トケイソウ　Passiflora caerulea L.
「岩崎灌園の草花写生」たにぐち書店　2013
◇p112(カラー)　時計草　[個人蔵]

トケイソウ　Passiflora coerulea
「花木真寫」淡交社　2005
◇図52(カラー)　時計草　近衛予楽院家熙［(財)陽明文庫］
「ビュフォンの博物誌」工作舎　1991
◇N102(カラー)『一般と個別の博物誌 ソンニーニ版』

トケイソウ　Passiflora incarnata
「すごい博物画」グラフィック社　2017
◇図版50(カラー)　トケイソウとテントウムシ、種類のわからない蛾かチョウの幼虫、斑入りイヌサフラン、キヅタシクラメンの葉、オジギソウ、種類のわからない蛾の幼虫、ヨーロッパコフキコガネの幼虫　マーシャル, アレクサンダー 1650～82頃　水彩　45.5×33.0　[ウィンザー城ロイヤル・ライブラリー]

トケイソウ　Passiflora laurifolia
「すごい博物画」グラフィック社　2017
◇図版59(カラー)　トケイソウとフラグレッグド　メーリアン, マリア・シビラ 1701～05頃　子牛皮紙に軽く輪郭をエッチングした上に水彩 濃厚顔料 アラビアゴム　38.0×28.8　[ウィンザー城ロイヤル・ライブラリー]

トケイソウ
「江戸の動植物図」朝日新聞社　1988
◇p56～57(カラー)　岩崎灌園『本草図説』　[東京国立博物館]
「ボタニカルアートの世界」朝日新聞社　1987
◇p128下右(白黒)　伊藤伊兵衛『地錦抄附録』1733
「カーティスの植物図譜」エンタプライズ　1987
◇図28(カラー)　Blue Crown Passion-Flower『カーティスのボタニカルマガジン』1787～1887

トケイ草
「高松松平家博物図譜 衆芳画譜 花卉 第四」香川県立ミュージアム　2010
◇p52(カラー)　松平頼恭 江戸時代　紙本著色 画帖装(折本形式)　33.0×48.2　[個人蔵]

トケイソウ属アンティオクィエンシス種
Passiflora antioquiensis Karst.
「花の肖像 ボタニカルアートの名品と歴史」創土社　2006
◇fig.55(カラー)　Tasconia van-volxemii Lem.　フィッチ, ウォルター画・彫版『カーチス・ボタニカル・マガジン』　1866

トゲハアザミ　Acanthus spinosa
「図説 ボタニカルアート」河出書房新社　2010
◇p58(カラー)　バウアー, フェルディナンド画, シブソープ, スミス, J.E.『ギリシア植物誌』1806～40

トゲヨルガオ　Ipomoea armata Roem.et Schult.
「カーティスの植物図譜」エンタプライズ　1987
◇図4301(カラー)　Ipomoea muricata Cav.non Jacq.『カーティスのボタニカルマガジン』　1787～1887

トサノミツバツツジ　Rhododendron decandrum
「牧野富太郎植物画集」ミュゼ　1999
◇p36(白黒)　1892(明治25)　和紙 墨(毛筆)　26.8×19.9(※図版サイズ)

とさみづき
「高松松平家博物図譜 写生画帖 雑木」香川県立ミュージアム　2014
◇p16(カラー)　松平頼恭 江戸時代　紙本著色 画帖装(折本形式)　33.2×48.4　[個人蔵]　※表紙・裏表紙見返し墨書 安永6(1777)6月 程赤城筆

トサミズキ　Corylopsis spicata
「花木真寫」淡交社　2005
◇図21(カラー)　花美豆木　近衛予楽院家熙［(財)陽明文庫］

トサミズキ　Corylopsis spicata Siebold & Zucc.
「シーボルト日本植物図譜コレクション」小学館　2008
◇図3-84(カラー)　Corylopsis spicata Sieb.et Zucc.　川原慶賀画　紙 透明絵の具 墨　23.9×32.5　[ロシア科学アカデミーコマロフ植物学研究所図書館]　※目録308 コレクションIV [1]/494
◇図3-85(カラー)　Corylopsis spicata Sieb.et Zucc.　[Popp, J.B.]画　紙 水彩 鉛筆 薄めたグワッシュ 墨 白色塗料 鉛筆　23.9×29.8　[ロシア科学アカデミーコマロフ植物学研究所図書館]　※目録309 コレクションIV 846/495
「シーボルト「フローラ・ヤポニカ」日本植物誌」八坂書房　2000
◇図19(カラー)　Awomomi, またはTosa-midsuki　[国立国会図書館]

トサミズキ
「彩色 江戸博物学集成」平凡社　1994
◇p462～463(カラー)　山本渓愚筆『萬花帖』[岩瀬文庫]

土参
「高松松平家博物図譜 衆芳画譜 花卉 第四」香川県立ミュージアム　2010
◇p84(カラー)　松平頼恭 江戸時代　紙本著色 画帖装(折本形式)　33.0×48.2　[個人蔵]

ドシニア・マルモラタ　Dossinia marmorata C.Morr.
「蘭花譜」平凡社　1974
◇Pl.17-4(カラー)　加藤光治著, 二口善雄画 1972写生

トスカ　'Tosca'
「ばら花譜」平凡社　1983
◇PL.110(カラー)　二口善雄画, 鈴木省三, 籾山泰一著 1975　水彩

トダシバ　Arundinella hirta
「江戸博物文庫 花草の巻」工作舎　2017
◇p96(カラー)　戸田芝　岩崎灌園『本草図譜』［東京大学大学院理学系研究科附属植物園(小石川植物園)］

とち
「高松松平家博物図譜 写生画帖 雑木」香川県立ミュージアム　2014
◇p17(カラー)　松平頼恭 江戸時代　紙本著色 画帖装(折本形式)　33.2×48.4 ［個人蔵］ ※表紙・裏表紙見返し墨書 安永6(1777)6月 程赤城筆

トチ
「江戸の動植物図」朝日新聞社　1988
◇p75(カラー)　岩崎灌園『本草図説』　［東京国立博物館］

トチカガミ　Hydrocharis dubia (Blume) Backer
「シーボルト日本植物図譜コレクション」小学館　2008
◇図3-58(カラー)　Hydrocharis spondiosa L. 川原慶賀画　紙 透明絵の具 墨 白色塗料　23.9×33.0 ［ロシア科学アカデミーコマロフ植物学研究所図書館］ ※目録800 コレクションVIII 227/1032

とちのき
「木の手帖」小学館　1991
◇図119(カラー)　橡・栃　岩崎灌園『本草図譜』文政11(1828)　約21×145 ［国立国会図書館］

トチノキ　Aesculus turbinata
「日本の博物図譜」東海大学出版会　2001
◇図61(カラー)　加藤竹斎筆『東京大学植物園草木写生図』 ［東京大学小石川植物園］
「牧野富太郎植物画集」ミュゼ　1999
◇p52(白黒)　1923(大正12)　ケント紙 墨(毛筆)　27.4×19.2
「花彙 下」八坂書房　1977
◇図121(白黒)　七葉樹　小野蘭山, 島田充房 明和2(1765)　26.5×18.5 ［国立公文書館・内閣文庫］

トチノキ　Aesculus turbinata Bl.
「北海道主要樹木図譜［普及版］」北海道大学図書刊行会　1986
◇図74(カラー)　須崎忠助 大正9(1920)～昭和6(1931) ［個人蔵］

トチノキ
「彩色 江戸博物学集成」平凡社　1994
◇p103(カラー)　沙羅樹　細川重賢『錦繡聚』［永青文庫］

トチノキの1種
「美花図譜」八坂書房　1991
◇図22(カラー)　ウエインマン『花譜』 1736～1748　銅版刷手彩色 ［群馬県館林市立図書館］

ドッグ・ローズ
⇒ロサ・カニーナ(ドッグ・ローズ)を見よ

ドデカテオン・ミーディア　Dodecatheon meadia
「植物精選百種図譜 博物画の至宝」平凡社　1996
◇pl.12(カラー)　Meadeia　トレウ, C.J., エーレト, G.D. 1750～73

ドデカテオン メアディア　Dodecatheon meadia
「ボタニカルアートの世界」朝日新聞社　1987
◇p24(カラー)　サワビー画および彫版『Curtis' Botanical Magazine第1巻』 1787

トヽロアヲイ
「高松松平家博物図譜 衆芳画譜 花卉 第四」香川県立ミュージアム　2010
◇p71(カラー)　松平頼恭 江戸時代　紙本著色 画帖装(折本形式)　33.0×48.2 ［個人蔵］

トネアザミ　Cirsium nipponicum var. incomptum
「日本の博物図譜」東海大学出版会　2001
◇図14(カラー)　岩崎灌園筆・著『本草図説』［東京国立博物館］

とねりこ
「木の手帖」小学館　1991
◇図157(カラー)　梣　岩崎灌園『本草図譜』 文政11(1828)　約21×145 ［国立国会図書館］

飛入乙女
「日本椿集」平凡社　1966
◇図205(カラー)　津山尚著, 二口善雄画 1960

トフィエルディア・パルストリス
「ユリ科植物図譜 2」学習研究社　1988
◇図196(カラー)　Tofieldia palustris　ルドゥーテ, ピエール＝ジョセフ 1802～1815

トフィエルディア・プベスケンス
「ユリ科植物図譜 2」学習研究社　1988
◇図197(カラー)　Tofieldia pubescens　ルドゥーテ, ピエール＝ジョセフ 1802～1815

トベラ　Pittosporum tobira
「牧野富太郎植物画集」ミュゼ　1999
◇p47(白黒)　和紙 墨(毛筆)　19.1×13.5
「花彙 下」八坂書房　1977
◇図189(白黒)　海桐花　小野蘭山, 島田充房 明和2(1765)　26.5×18.5 ［国立公文書館・内閣文庫］

とべらのはな
「高松松平家博物図譜 写生画帖 雑木」香川県立

ミュージアム 2014
◇p36（カラー） 松平頼恭 江戸時代 紙本著色 画帖装（折本形式） 33.2×48.4 ［個人蔵］ ※表紙・裏表紙見返し墨書 安永6（1777）6月 程赤城筆

とへらのみ

「高松松平家博物図譜 写生画帖 雑木」香川県立ミュージアム 2014
◇p36（カラー） 松平頼恭 江戸時代 紙本著色 画帖装（折本形式） 33.2×48.4 ［個人蔵］ ※表紙・裏表紙見返し墨書 安永6（1777）6月 程赤城筆

トモエソウ Hypericum ascyron

「四季草花譜」八坂書房 1988
◇図60（カラー） 飯沼慾斎筆『草木図説稿本』［個人蔵］

土用フジ

「江戸名作画帖全集 8」駸々堂出版 1995
◇図71（カラー） フジ・白フジ・土用フジ 松平頼恭編『写生画帖・衆芳画譜』 紙本着色 ［松平公益会］

圡用フシ

「高松松平家博物図譜 衆芳画譜 花果 第五」香川県立ミュージアム 2011
◇p46（カラー） 松平頼恭 江戸時代 紙本著色 画帖装（折本形式） 33.2×48.4 ［個人蔵］

ドラクンクルス Dracunculus rulgaris

「花の王国 4」平凡社 1990
◇p51（カラー） ロック, J.著, オカール原図『薬用植物誌』 1821

ドラクンクルス？ Dracunculu scrinitus？

「花の王国 4」平凡社 1990
◇p48～49（カラー） ファン・ヘール編『愛好家の花々』 1847 手彩色石版画

ドラクンクルス？ Dracunculus crinitus？

「花の王国 4」平凡社 1990
◇p50（カラー） ルメール, シャイトヴァイラー, ファン・ホーテ著, セヴェリン図『ヨーロッパの温室と庭園の花々』 1845～60 色刷り石版

ドラクンクルス属の1種 Dracunculus muscivorus

「図説 ボタニカルアート」河出書房新社 2010
◇p49（カラー） Arum muscivorum ルドゥーテ画 ［フランス国立自然史博物館］

ドラケナ・レフレクサ

「ユリ科植物図譜 2」学習研究社 1988
◇図3（カラー） Dracaena reflexa ルドゥーテ, ピエール＝ジョセフ 1802～1815

ドラゴン・アルム

「R・J・ソーントン フローラの神殿 新装版」リブロポート 1990
◇第15葉（カラー） The Dragon Arum ヘンダーソン, ピーター画, キリー彫版, ソーントン, R.J. 1811 アクアチント（青, 緑色インク）

トラデスカンティア・スパタケア、スパイダーウォート

「イングリッシュ・ガーデン」求龍堂 2014
◇図25（カラー） Tradescantia spathacea, Spiderwort ミーン, マーガレット 1780頃 水彩 ヴェラム 54.4×38.5 ［キュー王立植物園］

トラデスカンティア・ディスコロル（ムラサキオモト）

「フローラの庭園」八坂書房 2015
◇p52（カラー） ルドゥーテ, ピエール＝ジョゼフ『ユリ科植物図譜』 1807 銅版多色刷（スティップル・エングレーヴィング） 手彩色 紙 53.5×35.5 ［ボストン美術館］

トラデスカンティア・ロゼア

「ユリ科植物図譜 2」学習研究社 1988
◇図236（カラー） Tradescantia rosea ルドゥーテ, ピエール＝ジョセフ 1802～1815

虎の尾 Prunus Lannesiana Wils. 'Caudata'

「日本桜集」平凡社 1973
◇Pl.128（カラー） 大井次三郎著, 太田洋愛画 1971写生 水彩

トラフツツアナナス Billbergia zebrina

「ウィリアム・カーティス 花図譜」同朋舎出版 1994
◇69図（カラー） White-barred Bromelia ハーバート, ウィリアム画『カーティス・ボタニカル・マガジン』 1826

トラフユリ Tiglidia pavonia

「ルドゥーテ画 美花選 2」学習研究社 1986
◇図27（カラー） 1827～1833

トラフユリ Tigridia pavonia

「美花選［普及版］」河出書房新社 2016
◇図35（カラー） Tigridie queue de Paon/ Tigridia Pavonia ルドゥーテ, ピエール＝ジョゼフ画 1827～1833 ［コノサーズ・コレクション東京］

「ビュフォンの博物誌」工作舎 1991
◇N045（カラー）『一般と個別の博物誌 ソンニーニ版』

トラフユリ

⇒チグリディア（トラフユリ）を見よ

とりあししょうま Astilbe thunbergii

「草木写生 秋の巻」ピエ・ブックス 2010
◇p94～95（カラー） 鳥足升麻 狩野織染藤原重賢 明暦3（1657）～元禄12（1699） ［国立国会図書館］

ドリアンテス・エクセルサ Doryanthes excelsa

「図説 ボタニカルアート」河出書房新社 2010
◇p57（カラー） バウアー, フェルディナンド画・著『ノヴァ・ホーランディア植物図解』 1813～16

ドリアンテス・パルメリ　Doryanthes palmeri
「イングリッシュ・ガーデン」求龍堂　2014
◇図145（カラー）　グリアソン, マリー 1966　水彩 紙　52.5×38.7　［キュー王立植物園］

とりかぶと
「野の草の手帖」小学館　1989
◇p189（カラー）　鳥兜・鳥甲　岩崎常正（灌園）『本草図譜』 文政11（1828）［国立国会図書館］

トリカブト・カブトバナ・カブトギク　Aconitum chinense
「花木真寫」淡交社　2005
◇図115（カラー）　烏頭　近衛予楽院家熙　［（財）陽明文庫］

トリコグロチス・イオノスマ　Trichoglottis ionosma J.J.Sm.（Cleisostoma ionosmum Ldl., Staurochilus ionosma Schltr.）
「蘭花譜」平凡社　1974
◇Pl.125-8（カラー）　加藤光治著, 二口善雄画　1971写生

トリコグロチス・ブラキアタ　Trichoglottis brachiata Ames
「蘭花譜」平凡社　1974
◇Pl.125-7（カラー）　加藤光治著, 二口善雄画　1940写生

ドリコス・リグノスス　Dolichos lignosus
「ウィリアム・カーティス 花図譜」同朋舎出版　1994
◇278図（カラー）　Austraian Pea　カーティス, ウィリアム『カーティス・ボタニカル・マガジン』 1797

トリコセントラム・フスカム　Trichocentrum fuscum Ldl.
「蘭花譜」平凡社　1974
◇Pl.88-5（カラー）　加藤光治著, 二口善雄画　1970写生

トリゴニジューム・オブチュサム　Trigonidium obtusum Ldl.
「蘭花譜」平凡社　1974
◇Pl.91-3（カラー）　加藤光治著, 二口善雄画　1971写生

トリゴニジューム・シーマニ　Trigonidium Seemanni Rchb.f.（T.Egertonianum Batem.）
「蘭花譜」平凡社　1974
◇Pl.91-2（カラー）　加藤光治著, 二口善雄画　1970写生

トリゴニジューム・リンゲンス　Trigonidium ringens Ldl.（Mormolyca ringens Schtr.）
「蘭花譜」平凡社　1974
◇Pl.91-4（カラー）　加藤光治著, 二口善雄画　1968写生

トリコピリア・コクシネア　Trichopilia coccinea Warsc.（T.marginata Henfr.）
「蘭花譜」平凡社　1974
◇Pl.95-4（カラー）　加藤光治著, 二口善雄画　1967写生

トリコピリア・スアウィス　Trichopilia suavis
「ウィリアム・カーティス 花図譜」同朋舎出版　1994
◇455図（カラー）　Sweet Trichopilia　フィッチ, ウォルター・フード画『カーティス・ボタニカル・マガジン』 1852

トリコピリア・スアビス　Trichopilia suavis Ldl.et Paxt.
「蘭花譜」平凡社　1974
◇Pl.95-2（カラー）　加藤光治著, 二口善雄画　1969写生

トリコピリア・トーチリス　Trichopilia tortilis Ldl.
「蘭花譜」平凡社　1974
◇Pl.95-3（カラー）　加藤光治著, 二口善雄画　1941写生

トリサカクサ
「高松松平家博物図譜 衆芳画譜 花卉 第四」香川県立ミュージアム　2010
◇p37（カラー）　松平頼恭 江戸時代　紙本著色 画帖装（折本形式）　33.0×48.2　［個人蔵］

ドリチス・プルケリマ　Doritis pulcherrima Ldl.（Phalaenopsis Esmeralda Rchb.f.）
「蘭花譜」平凡社　1974
◇Pl.112-5〜7（カラー）　加藤光治著, 二口善雄画　1970,1941,1968写生

トリトニア・ウンドゥラータ　Tritonia undulata
「ユリ科植物図譜 1」学習研究社　1988
◇図129（カラー）　イクシア・クリスパ　ルドゥーテ, ピエール＝ジョセフ 1802〜1815

トリトニア・クロカータあるいはトリトニア・ミニアータ　Tritonia crocata・Tritonia miniata
「ユリ科植物図譜 1」学習研究社　1988
◇図130（カラー）　イクシア・クロカータ　ルドゥーテ, ピエール＝ジョセフ 1802〜1815

トリトニア・スクアリダ　Tritonia squalida
「ユリ科植物図譜 1」学習研究社　1988
◇図143（カラー）　イクシア・ヒアリナ　ルドゥーテ, ピエール＝ジョセフ 1802〜1815

トリトニア・セクリゲラ　Tritonia securigera
「ユリ科植物図譜 1」学習研究社　1988
◇図151（カラー）　モンブレティア・セクリゲラ　ルドゥーテ, ピエール＝ジョセフ 1802〜1815

トリトニア・デウスタ　Tritonia deusta
「ユリ科植物図譜 1」学習研究社　1988
◇図140（カラー）　イクシア・ミニアータ　ルドゥーテ, ピエール＝ジョセフ 1802～1815

トリトニア・リネアータ　Tritonia lineata
「ユリ科植物図譜 1」学習研究社　1988
◇図66（カラー）　グラディオルス・リネアートゥス　ルドゥーテ, ピエール＝ジョセフ 1802～1815

鶏の子
「日本椿集」平凡社　1966
◇図14（カラー）　津山尚著, 二口善雄画 1956, 1965

トリフォリウム・オクロレウコム
⇒クローバー（トリフォリウム・オクロレウコム）を見よ

ドリミア・エラータ
「ユリ科植物図譜 2」学習研究社　1988
◇図12（カラー）　Drimia elata　ルドゥーテ, ピエール＝ジョセフ 1802～1815

ドリミス属の1種　Drimys winteri J.R. & G. Forst.
「花の肖像 ボタニカルアートの名品と歴史」創土社　2006
◇fig.54（カラー）　フィッチ, ウォルター画・彫版『カーチス・ボタニカル・マガジン』 1854

トリメジア・ルリダ　Trimezia lurida
「ユリ科植物図譜 1」学習研究社　1988
◇図94（カラー）　イリス・マルチニケンシス　ルドゥーテ, ピエール＝ジョセフ 1802～1815

トリリウム・セシレ
「ユリ科植物図譜 2」学習研究社　1988
◇図199（カラー）　Trillium sessile　ルドゥーテ, ピエール＝ジョセフ 1802～1815

トリリウム・ロンボイデウム
「ユリ科植物図譜 2」学習研究社　1988
◇図198（カラー）　Trillium rhomboideum　ルドゥーテ, ピエール＝ジョセフ 1802～1815

ドルチェ・ヴィータ　'Dolce Vita'
「ばら花譜」平凡社　1983
◇PL.76（カラー）　二口善雄画, 鈴木省三, 籾山泰一著 1973　水彩

トロイメライ　'Träumerei'
「ばら花譜」平凡社　1983
◇PL.136（カラー）　KORrei　二口善雄画, 鈴木省三, 籾山泰一著 1974　水彩

どろのき
「木の手帖」小学館　1991
◇図27（カラー）　泥木　岩崎灌園『本草図譜』 文政11（1828）　約21×145　［国立国会図書館］

ドロノキ　Populus maximowiczii A.Henry
「北海道主要樹木図譜［普及版］」北海道大学図書刊行会　1986
◇図11（カラー）　須崎忠助 大正9（1920）～昭和6（1931）　［個人蔵］

トロパエオルム クリサンテウム［ナスタチウムの1種］　Tropaeolun chrysanthum
「ボタニカルアートの世界」朝日新聞社　1987
◇p41右下（カラー）　バン・ホット画・彫版『Flore des serres et des jardins de l'Europe第3巻』 1854～1855

とろろあおい　Abelmoschus manihot
「草木写生 秋の巻」ピエ・ブックス　2010
◇p58～59（カラー）　黄蜀葵　狩野織染藤原重賢 明暦3（1657）～元禄12（1699）　［国立国会図書館］
◇p62～63（カラー）　黄蜀葵　狩野織染藤原重賢 明暦3（1657）～元禄12（1699）　［国立国会図書館］

トロロアオイ　Hibiscus maihot
「イングリッシュ・ガーデン」求龍堂　2014
◇図55（カラー）　スミス, マチルダ 1901　黒鉛 水彩 紙　24.8×30.8　［キュー王立植物園］

トロロアオイ　Hibiscus manihot
「花木真寫」淡交社　2005
◇図109（カラー）　楮　近衛予楽院家熙　［（財）陽明文庫］

ドンベヤ・アメリエ　Dombeya ameliae
「美花選［普及版］」河出書房新社　2016
◇図49（カラー）　Dombeya Ameliæ　ルドゥーテ, ピエール＝ジョゼフ画 1827～1833　［コノサーズ・コレクション東京］

トンボソウ　Platanthera ussuriensis（Regel & Maack）Maxim.
「シーボルト日本植物図譜コレクション」小学館　2008
◇図2-100（カラー）　Pergularia　［水谷助六］画　［1820～1826頃］　紙 透明絵の具 拓本画, 墨で加筆　23.9×32.2　［ロシア科学アカデミーコマロフ植物学研究所図書館］　※目録923 コレクションVIII 552/944

【な】

ナガサキマンネングサ　Sedum nagasakianum（H.Hara）H.Ohba
「シーボルト日本植物図譜コレクション」小学館　2008
◇図3-43（カラー）　Sedum japonicum Sieb.　川原慶賀画　紙 透明絵の具 墨　23.8×33.5　［ロシア科学アカデミーコマロフ植物学研究所図書館］　※目録320 コレクションIV 333/429

ながつめせっこく　Dendrobium longicalcaratum Hayata
「蘭花譜」平凡社　1974
◇Pl.55–16（カラー）　加藤光治著, 二口善雄画 1971写生

ナガハグサ
「花の肖像 ボタニカルアートの名品と歴史」創土社　2006
◇fig.39（カラー）　Das grosse Rasenstück デューラー, アルブレヒト　［アルベルティナ美術館（ウィーン）］

ナガバツガザクラ　Phyllodoce nipponica Makino subsp.tsugifolia (Nakai) Toyok.
「須崎忠助植物画集」北海道大学出版会　2016
◇図16–31（カラー）　ツガサクラ『大雪山植物其他』 5月27日　［北海道大学附属図書館］

ナガバユキノシタ　Bergenia crassifolia
「ウィリアム・カーティス 花図譜」同朋舎出版　1994
◇524図（カラー）　Oval–leaved Saxifrage　カーティス, ウィリアム『カーティス・ボタニカル・マガジン』 1789

なかはらせっこく　Dendrobium Nakaharai Schltr.
「蘭花譜」平凡社　1974
◇Pl.55–5（カラー）　加藤光治著, 二口善雄画 1968写生

ナガボノシロワレモコウ
「彩色 江戸博物学集成」平凡社　1994
◇p286（カラー）　岩崎灌園『本草図譜』　［岩瀬文庫］

なぎ
「高松松平家博物図譜 写生画帖 雑木」香川県立ミュージアム　2014
◇p96（カラー）　松平頼恭 江戸時代　紙本著色 画帖装（折本形式）　33.2×48.4　［個人蔵］　※表紙・裏表紙見返し墨書 安永6（1777）6月 程赤城筆
「木の手帖」小学館　1991
◇図6（カラー）　梛　岩崎灌園『本草図譜』　文政11（1828）　約21×145　［国立国会図書館］

ナギ　Nageia nagi
「図説 ボタニカルアート」河出書房新社　2010
◇p95（白黒）　Ná　ケンペル『廻国奇観』 1712

ナギ　Nageia nagi (Thunb.) Thunb.［cultivars］
「シーボルト日本植物図譜コレクション」小学館　2008
◇図3–134（カラー）　Podocarpus nageia R.Br. varr.　清水東谷画［1861 ～ 1862頃］　紙 透明絵の具 墨　29.6×42.0　［ロシア科学アカデミーコマロフ植物学研究所図書館］　※目録62 コレクションVII /887

ナギ　Nageia nagi (Thunb.ex Murray) Thunb.
「シーボルト「フローラ・ヤポニカ」 日本植物誌」八坂書房　2000
◇図135（カラー）　Te'en pe　［国立国会図書館］

ナギ　Podocarpus nagi
「花彙 下」八坂書房　1977
◇図128（白黒）　竹柏　小野蘭山, 島田充房 明和2（1765）　26.5×18.5　［国立公文書館・内閣文庫］

ナギ　Podocarpus nagi Zoll.et Mori.
「カーティスの植物図譜」エンタプライズ　1987
◇図5727（カラー）　Myrica nagi Thunb.『カーティスのボタニカルマガジン』 1787～1887

ナギ
「高松松平家博物図譜 衆芳画譜 花卉 第四」香川県立ミュージアム　2010
◇p28（カラー）　松平頼恭 江戸時代　紙本著色 画帖装（折本形式）　33.0×48.2　［個人蔵］

ナギ
⇒ミズアオイ・ナギ・サワキキョウを見よ

なぎもち
「高松松平家博物図譜 写生画帖 雑木」香川県立ミュージアム　2014
◇p35（カラー）　松平頼恭 江戸時代　紙本著色 画帖装（折本形式）　33.2×48.4　［個人蔵］　※表紙・裏表紙見返し墨書 安永6（1777）6月 程赤城筆

ナギラン
「高松松平家博物図譜 衆芳画譜 花卉 第四」香川県立ミュージアム　2010
◇p103（カラー）　松平頼恭 江戸時代　紙本著色画帖装（折本形式）　33.0×48.2　［個人蔵］

なごらん　Aerides japonicum Lindenberg et Rchb.f.
「蘭花譜」平凡社　1974
◇Pl.118–3（カラー）　加藤光治著, 二口善雄画 1941写生

ナゴラン　Aerides japonicum
「花彙 上」八坂書房　1977
◇図12（白黒）　仙人脂甲蘭　小野蘭山, 島田充房 明和2（1765）　26.5×18.5　［国立公文書館・内閣文庫］

ナゴラン
「高松松平家博物図譜 衆芳画譜 花卉 第四」香川県立ミュージアム　2010
◇p62（カラー）　松平頼恭 江戸時代　紙本著色 画帖装（折本形式）　33.0×48.2　［個人蔵］

ナシノハナ
「高松松平家博物図譜 衆芳画譜 花果 第五」香川県立ミュージアム　2011
◇p47（カラー）　松平頼恭 江戸時代　紙本著色 画帖装（折本形式）　33.2×48.4　［個人蔵］

名島桜　Prunus Lannesiana Wils. 'Multipetala'
「日本桜集」平凡社　1973
◇Pl.94（カラー）　大井次三郎著, 太田洋愛画　1970写生　水彩

なずな
「野の草の手帖」小学館　1989
◇p43（カラー）　薺　岩崎常正（灌園）『本草図譜』文政11（1828）［国立国会図書館］

ナツエビネ　Calanthe refrexa Maxm.
「岩崎灌園の草花写生」たにぐち書店　2013
◇p96（カラー）　秋ヱビ子　［個人蔵］

ナツヱビ子
「高松松平家博物図譜 衆芳画譜 花卉 第四」香川県立ミュージアム　2010
◇p96（カラー）　松平頼恭 江戸時代　紙本著色 画帖装（折本形式）　33.0×48.2　［個人蔵］

ナツシロギク　Pyrethrum parthenium
「図説 ボタニカルアート」河出書房新社　2010
◇p10（カラー）　Parthenion（Amarakon）　ディオスクリデス『薬物誌（ウィーン写本）』512頃［ウィーン国立図書館］

なつずいせん　Lycoris squamigera
「草木写生 秋の巻」ピエ・ブックス　2010
◇p102～103（カラー）　夏水仙　狩野織染藤原重賢 明暦3（1657）～元禄12（1699）［国立国会図書館］

ナツスイセン
「高松松平家博物図譜 衆芳画譜 花卉 第四」香川県立ミュージアム　2010
◇p55（カラー）　松平頼恭 江戸時代　紙本著色 画帖装（折本形式）　33.0×48.2　［個人蔵］

ナツズイセン　Lycoris squamigera
「四季草花譜」八坂書房　1988
◇図23（カラー）　アマレールリス・ベリアドンナ　飯沼慾斎筆『草木図説稿本』　［個人蔵］

ナツズイセン　Lycoris squamigera Maxim.
「花の肖像 ボタニカルアートの名品と歴史」創土社　2006
◇fig.94（カラー）　川原慶賀画『シーボルト旧蔵日本植物図譜集コレクション』　1994
「高木春山 本草図説 1」リブロポート　1988
◇図55（カラー）

ナツズイセン
「彩色 江戸博物学集成」平凡社　1994
◇p27（カラー）　貝原益軒『大和本草諸品図』

ナツズイセン・キントウソウ・マカマンジュ　Lycoris squamigera
「花木真寫」淡交社　2005
◇図82（カラー）　夏水仙　近衛予楽院家熈　［（財）陽明文庫］

ナツヽバキ
「高松松平家博物図譜 衆芳画譜 花果 第五」香川県立ミュージアム　2011
◇p32（カラー）　松平頼恭 江戸時代　紙本著色 画帖装（折本形式）　33.2×48.4　［個人蔵］

ナツツバキ
「彩色 江戸博物学集成」平凡社　1994
◇p282～283（カラー）　岩崎灌園『本草図説』［東京国立博物館］
「ボタニカルアートの世界」朝日新聞社　1987
◇p148（カラー）　佐藤広喜画『原色日本林業樹木図鑑』 1968

ナツツバキ・シャラノキ　Stewartia pseudo-Camellia
「花木真寫」淡交社　2005
◇図71（カラー）　沙羅　近衛予楽院家熈　［（財）陽明文庫］

なつはぎ
「高松松平家博物図譜 写生画帖 雑木」香川県立ミュージアム　2014
◇p83（カラー）　松平頼恭 江戸時代　紙本著色 画帖装（折本形式）　33.2×48.4　［個人蔵］　※表紙・裏表紙見返し墨書 安永6（1777）6月 程赤城筆

ナツフジ　Millettia japonica（Sieb.et Zucc.）A. Gray
「シーボルト「フローラ・ヤポニカ」 日本植物誌」八坂書房　2000
◇図43（白黒）　Ko-fudsi, またはSaru-fudsi

ナツフジ　Wisteria japonica
「江戸博物文庫 花草の巻」工作舎　2017
◇p157（カラー）　夏藤　岩崎灌園『本草図譜』［東京大学大学院理学系研究科附属植物園（小石川植物園）］

なつむめ
「高松松平家博物図譜 写生画帖 雑木」香川県立ミュージアム　2014
◇p36（カラー）　松平頼恭 江戸時代　紙本著色 画帖装（折本形式）　33.2×48.4　［個人蔵］　※表紙・裏表紙見返し墨書 安永6（1777）6月 程赤城筆

ナツリンドウ　Gentiana septemfida
「ウィリアム・カーティス 花図譜」同朋舎出版　1994
◇186図（カラー）　Spotted-flowered Crested Gentian　エドワーズ, シデナム・ティースト画『カーティス・ボタニカル・マガジン』 1811

なでしこ
「野の草の手帖」小学館　1989
◇p129（カラー）　撫子・瞿麦　岩崎常正（灌園）『本草図譜』　文政11（1828）［国立国会図書館］

ナデシコ
⇒カワラナデシコ・ナデシコ・ヤマトナデシコを見よ

ナデシコ属の2種 Dianthus sylvestris, Dianthus plumarius
「図説 ボタニカルアート」河出書房新社　2010
◇p22(カラー)　ベスラー『アイヒシュテット庭園植物誌』 1613

ナデシコの1種 Dianthus sp.
「花の王国 1」平凡社　1990
◇p80(カラー)　ジョーム・サンティレール, H.『フランスの植物』 1805〜09　彩色銅版画

ナテン
⇒高砂(武者桜, 奈天, 南殿)を見よ

ナナカマド Sorbus commixta
「花彙 下」八坂書房　1977
◇図200(白黒)　蘭天竹　小野蘭山, 島田充房 明和2(1765)　26.5×18.5 ［国立公文書館・内閣文庫］

ナナカマド Sorbus commixta Hedl.
「北海道主要樹木図譜［普及版］」北海道大学図書刊行会　1986
◇図48(カラー)　須崎忠助 大正9(1920)〜昭和6(1931)［個人蔵］

ナナカマド属ウィルモリニィ種 Sorbus vilmorinii C.K.Schneid.
「花の肖像 ボタニカルアートの名品と歴史」創土社　2006
◇fig.68(カラー)　スミス, マチルダ画, フィッチ, ジョン彫版『カーチス・ボタニカル・マガジン』 1909

ナナカマド属の1種 Sorbus vilmorinii
「図説 ボタニカルアート」河出書房新社　2010
◇p88(カラー)　スミス, M.画『カーティス・ボタニカル・マガジン』 1909

ナヽツクリ
「高松松平家博物図譜 衆芳画譜 花果 第五」香川県立ミュージアム　2011
◇p52(カラー)　松平頼恭 江戸時代　紙本著色 画帖装(折本形式)　33.2×48.4 ［個人蔵］

ナニワイバラ Rosa laevigata Michaux
「岩崎灌園の草花写生」たにぐち書店　2013
◇p22(カラー)　鳩屋薔薇 ［個人蔵］
「ばら花譜」平凡社　1983
◇PL.18, 19(カラー)　二口善雄画, 鈴木省三, 籾山泰一著 1978,1977　水彩

ナニワイバラ
⇒ロサ・ニウェア(ナニワイバラ), ロサ・レビガータ(ナニワイバラ)を見よ

浪速潟
「日本椿集」平凡社　1966
◇図182(カラー)　津山尚著, 二口善雄画 1965

なべわり
「高松松平家博物図譜 写生画帖 雑木」香川県立ミュージアム　2014
◇p76(カラー)　松平頼恭 江戸時代　紙本著色 画帖装(折本形式)　33.2×48.4 ［個人蔵］ ※表紙・裏表紙見返し墨書 安永6(1777)6月 程赤城筆

ナベワリ Croomia heterosepala (Baker) Okuyama
「シーボルト日本植物図譜コレクション」小学館　2008
◇図2-22(カラー)　Croomia ［桂川甫賢？］画［1820頃］ 薄い(1層の)和紙 透明絵の具 墨 21.3×30.1 ［ロシア科学アカデミーコマロフ植物学研究所図書館］ ※Aconitumと［Liliaceae］とつながっている.目録867 コレクションVIII 673/1037

ナポレオーナ Napoleona imperialis
「花の王国 4」平凡社　1990
◇p26(カラー)　ベルトゥーフ, F.J.『子供のための図誌』 1810

なら
「高松松平家博物図譜 写生画帖 雑木」香川県立ミュージアム　2014
◇p82(カラー)　松平頼恭 江戸時代　紙本著色 画帖装(折本形式)　33.2×48.4 ［個人蔵］ ※表紙・裏表紙見返し墨書 安永6(1777)6月 程赤城筆

奈良桜 Prunus Leveilleana Koehne 'Nara-zakura'
「日本桜集」平凡社　1973
◇Pl.95(カラー)　大井次三郎著, 太田洋愛画 1965写生　水彩

ならしば
「高松松平家博物図譜 写生画帖 雑木」香川県立ミュージアム　2014
◇p101(カラー)　松平頼恭 江戸時代　紙本著色 画帖装(折本形式)　33.2×48.4 ［個人蔵］ ※表紙・裏表紙見返し墨書 安永6(1777)6月 程赤城筆

ナラ属の1種 Quercus macrocephala
「図説 ボタニカルアート」河出書房新社　2010
◇p90(白黒)　ロイル『ヒマラヤ植物図解』 1833〜40

ナラ属の1種 Quercus sp.
「図説 ボタニカルアート」河出書房新社　2010
◇p81(カラー)　コッツィー『ヨーロッパおよびオリエント地方産殻斗類』 1858〜62

ナラ属の堅果
「イングリッシュ・ガーデン」求龍堂　2014
◇図76(カラー)　Fruit of various species of Quercus　ルドゥーテ, ピエール＝ジョセフ 1770年代　ペン インク 網目紙　21.9×26.3 ［キュー王立植物園］

なりやらん　Arundina chinensis Bl.
「蘭花譜」平凡社　1974
◇Pl.71–9（カラー）　加藤光治著, 二口善雄画　1940写生

ナルキッスス・インコンパラビリス
Narcissus incomparabilis
「ユリ科植物図譜 1」学習研究社　1988
◇図223（カラー）　ナルキッスス・ゴーアニー　ルドゥーテ, ピエール＝ジョセフ 1802〜1815

ナルキッスス・インテルメディウス
「ユリ科植物図譜 1」学習研究社　1988
◇図225・226・235（カラー）　Narcissus intermedius　ルドゥーテ, ピエール＝ジョセフ 1802〜1815

ナルキッスス・オドールス
「ユリ科植物図譜 1」学習研究社　1988
◇図227（カラー）　Narcissus odorus　ルドゥーテ, ピエール＝ジョセフ 1802〜1815

ナルキッスス・カラティヌス
「ユリ科植物図譜 1」学習研究社　1988
◇図216（カラー）　Narcissus calathinus　ルドゥーテ, ピエール＝ジョセフ 1802〜1815
◇図219（カラー）　Narcissus calathinus　ルドゥーテ, ピエール＝ジョセフ 1802〜1815

ナルキッスス・タゼッタ（フサザキズイセン）
「ユリ科植物図譜 1」学習研究社　1988
◇図228・229（カラー）　Narcissus tazetta　ルドゥーテ, ピエール＝ジョセフ 1802〜1815

ナルキッスス・ドゥビウス
「ユリ科植物図譜 1」学習研究社　1988
◇図220（カラー）　Narcissus dubius　ルドゥーテ, ピエール＝ジョセフ 1802〜1815

ナルキッスス・ビフロールス
「ユリ科植物図譜 1」学習研究社　1988
◇図218（カラー）　Narcissus biflorus　ルドゥーテ, ピエール＝ジョセフ 1802〜1815

ナルキッスス・プミルス
「ユリ科植物図譜 1」学習研究社　1988
◇図233（カラー）　Narcissus pumilus　ルドゥーテ, ピエール＝ジョセフ 1802〜1815

ナルキッスス・ブルボコディウム　Narcissus bulbocodium
「ユリ科植物図譜 1」学習研究社　1988
◇図236（カラー）　ナルキッスス・テヌイフォリウス　ルドゥーテ, ピエール＝ジョセフ 1802〜1815

ナルキッスス・ブルボコディウム
「フローラの庭園」八坂書房　2015
◇p18（カラー）　ホルツベッカー, ハンス・シモン『ゴットルプ家の写本』 1649〜59　水彩 羊皮紙（パーチメント）［デンマーク国立美術館（コペンハーゲン）］
「ユリ科植物図譜 1」学習研究社　1988
◇図215（カラー）　Narcissus bulbocodium　ルドゥーテ, ピエール＝ジョセフ 1802〜1815

ナルキッスス・ポエティクス（クチベニズイセン）
「ユリ科植物図譜 1」学習研究社　1988
◇図231（カラー）　Narcissus poeticus　ルドゥーテ, ピエール＝ジョセフ 1802〜1815

ナルキッスス・ミノール
「ユリ科植物図譜 1」学習研究社　1988
◇図230（カラー）　Narcissus minor　ルドゥーテ, ピエール＝ジョセフ 1802〜1815

ナルキッスス・ラディアートゥス
「ユリ科植物図譜 1」学習研究社　1988
◇図234（カラー）　Narcissus radiatus　フサザキズイセンの一型であろう　ルドゥーテ, ピエール＝ジョセフ 1802〜1815

ナルキッスス・レトゥス
「ユリ科植物図譜 1」学習研究社　1988
◇図224（カラー）　Narcissus laetus　ルドゥーテ, ピエール＝ジョセフ 1802〜1815

なるこまめ
「高松松平家博物図譜 写生画帖 雑草」香川県立ミュージアム　2013
◇p16（カラー）　松平頼恭 江戸時代　紙本著色 画帖装（折本形式）　33.2×48.4 ［個人蔵］

ナルテキウム・オッシフラグム　Narthecium ossifragum
「ユリ科植物図譜 2」学習研究社　1988
◇図71（カラー）　アバマ・オッシフラガ　ルドゥーテ, ピエール＝ジョセフ 1802〜1815

ナワシロイチゴ　Rubus parvifolius
「江戸博物文庫 花草の巻」工作舎　2017
◇p126（カラー）　苗代苺　岩崎灌園『本草図譜』［東京大学大学院理学系研究科附属植物園（小石川植物園）］

なわしろぐみ
「高松松平家博物図譜 写生画帖 雑木」香川県立ミュージアム　2014
◇p60（カラー）　松平頼恭 江戸時代　紙本著色 画帖装（折本形式）　33.2×48.4 ［個人蔵］ ※表紙・裏表紙見返し墨書 安永6（1777）6月 程赤城筆

ナンキンアヤメ　Iris pumila
「ウィリアム・カーティス 花図譜」同朋舎出版　1994
◇232図（カラー）　Violet–blue dwarf Flag　エドワーズ, シデナム・ティースト画『カーティス・ボタニカル・マガジン』 1810

ナンキンアヤメ
「ユリ科植物図譜 1」学習研究社　1988
◇図102（カラー）　Iris pumila　ルドゥーテ, ピエール＝ジョセフ 1802〜1815

◇図103(カラー)　Iris pumila　ルドゥーテ, ピエール＝ジョセフ 1802〜1815

ナンキンウメ
⇒ロウバイ・カラウメ・ナンキンウメを見よ

南京白
「日本椿集」平凡社　1966
◇図80(カラー)　津山尚著, 二口善雄画 1959

ナンキンハゼ　Triadica sebifera
「江戸博物文庫 菜樹の巻」工作舎　2017
◇p149(カラー)　南京黄櫨　岩崎灌園『本草図譜』［東京大学大学院理学系研究科附属植物園(小石川植物園)］

ナンキンムメ
「高松松平家博物図譜 衆芳画譜 花果 第五」香川県立ミュージアム　2011
◇p35(カラー)　松平頼恭 江戸時代　紙本著色 画帖装(折本形式)　33.2×48.4 ［個人蔵］

ナンディナ・ドメスティカ(ナンテン)
「フローラの庭園」八坂書房　2015
◇p99(カラー)　Nandina domestica Thunb.　エドワーズ, シデナム原画『カーティス・ボタニカル・マガジン』 1808　銅版(エングレーヴィング) 手彩色 紙 ［個人蔵］

なんてん
「木の手帖」小学館　1991
◇図65(カラー)　南天　なんてん, しろみなんてん　岩崎灌園『本草図譜』 文政11(1828)　約21×145 ［国立国会図書館］

ナンテン　Nandina domestica
「江戸博物文庫 菜樹の巻」工作舎　2017
◇p162(カラー)　南天　岩崎灌園『本草図譜』［東京大学大学院理学系研究科附属植物園(小石川植物園)］
「花の王国 1」平凡社　1990
◇p81(カラー)　著者不明『有用植物図譜』 明治時代
◇p81(カラー)　高木春山『本草図説』 ？〜1852［西尾市立図書館岩瀬文庫(愛知県)］

ナンデン
⇒高砂(武者桜, 奈天, 南殿)を見よ

南天燭
「高松松平家博物図譜 衆芳画譜 花果 第五」香川県立ミュージアム　2011
◇p34(カラー)　松平頼恭 江戸時代　紙本著色 画帖装(折本形式)　33.2×48.4 ［個人蔵］

なんてんそう
「高松松平家博物図譜 写生画帖 雑草」香川県立ミュージアム　2013
◇p25(カラー)　松平頼恭 江戸時代　紙本著色 画帖装(折本形式)　33.2×48.4 ［個人蔵］

ナンバンギセル　Aeginetia indica
「花彙 上」八坂書房　1977
◇図9(白黒)　草蓯蓉　小野蘭山, 島田充房 明和2(1765)　26.5×18.5 ［国立公文書館・内閣文庫］

ナンバンギセル
「彩色 江戸博物学集成」平凡社　1994
◇p370(カラー)　大窪昌章『動植写真』
「ボタニカルアートの世界」朝日新聞社　1987
◇p148(カラー)　佐藤広喜画

ナンバンギセル？　Orobanche acaulis？
「花の王国 4」平凡社　1990
◇p126(カラー)　ロクスバラ, W.『コロマンデル海岸植物誌』 1795〜1819

南蛮星
「日本椿集」平凡社　1966
◇図122(カラー)　津山尚著, 二口善雄画 1960

ナンブイヌナズナ　Draba japonica Maxim.
「須崎忠助植物画集」北海道大学出版会　2016
◇図30-59(カラー)　なんぶいぬなづな『大雪山植物其他』 (大正)14 ［北海道大学附属図書館］

南部ユリ
「高松松平家博物図譜 衆芳画譜 花卉 第四」香川県立ミュージアム　2010
◇p80(カラー)　松平頼恭 江戸時代　紙本著色 画帖装(折本形式)　33.0×48.2 ［個人蔵］

南米産クコの1種　Lycium afrum？
「植物精選百種図譜 博物画の至宝」平凡社　1996
◇pl.24(カラー)　Lycium　トレウ, C.J., エーレト, G.D. 1750〜73

ナンヨウスギ　Araucaria cunninghamii
「花の王国 4」平凡社　1990
◇p70(カラー)　ブルーメ, K.L.『ジャワ植物誌』 1828〜51

ナンヨウスギ　Araucaria cunninghamii Ait.ex D.Don
「シーボルト「フローラ・ヤポニカ」 日本植物誌」八坂書房　2000
◇図139(白黒)　Araucaria cunninghamii Ait.ex Sweet ［国立国会図書館］

ナンヨウスギ
⇒アラウカリア［ナンヨウスギ］を見よ

ナンヨウハリギリの枝　Erythrina fusca
「すごい博物画」グラフィック社　2017
◇図版56(カラー)　ナンヨウハリギリの枝にオオカイコガの成虫とさなぎ　メーリアン, マリア・シビラ 1701〜05頃　子牛皮紙に軽く輪郭をエッチングした上に水彩 濃厚顔料 アラビアゴム 35.9×28.5 ［ウィンザー城ロイヤル・ライブラリー］

【に】

ニオイアラセイトウ　Cheiranthus cheiri
「美花選［普及版］」河出書房新社　2016
◇図144（カラー）　Giroflée jaune/Cheiranthus flavus　ルドゥーテ, ピエール＝ジョゼフ画　1827〜1833　［コノサーズ・コレクション東京］
「花の王国 1」平凡社　1990
◇p82（カラー）　ジョーム・サンティレール, H.『フランスの植物』 1805〜09　彩色銅版画

ニオイアラセイトウ　Cheiranthus flavus (cheili)
「ルドゥーテ画 美花選 1」学習研究社　1986
◇図48（カラー） 1827〜1833

ニオイイリス　Iris florentina
「ウィリアム・カーティス 花図譜」同朋舎出版　1994
◇226図（カラー）　Florentine Flag　エドワーズ, シデナム・ティースト画『カーティス・ボタニカル・マガジン』 1803

ニオイイリス
「ユリ科植物図譜 1」学習研究社　1988
◇図89（カラー）　Iris florentina　ルドゥーテ, ピエール＝ジョセフ 1802〜1815

においえびね　Calanthe izu–insularis Ohwi et Satomi
「蘭花譜」平凡社　1974
◇Pl.70–4（カラー）　加藤光治著, 二口善雄画　1971写生

ニオイスミレ　Viola odorata
「ボタニカルアート 西洋の美花集」パイ インターナショナル　2010
◇p27（カラー）　ステップ, エミリー画, ステップ, エドワード『温室と庭園の花々』 1896〜97　石版画多色刷
「花の王国 1」平凡社　1990
◇p64（カラー）　ショームトン他編, テュルパン, P.J.F.図『薬用植物事典』 1833〜35

ニオイスミレ
「ボタニカルアート 西洋の美花集」パイ インターナショナル　2010
◇p189（カラー）　ラウドン, ジェーン・ウェルズ画・著『英国の野草』 1846　石版画 手彩色

ニオイセンネンボク　Dracaena fragrans
「ユリ科植物図譜 2」学習研究社　1988
◇図90（カラー）　アレトリス・フラグランス　ルドゥーテ, ピエール＝ジョセフ 1802〜1815

ニオイニンドウ　Lonicera periclymenum
「すごい博物画」グラフィック社　2017
◇図版47（カラー）　ニオイニンドウ、ヨウム、ルピナス、コボウズオトギリ、ホエザル、キンバエ、ムラサキ、クワガタムシ　マーシャル, アレクサンダー 1650〜82頃　水彩　45.8×33.1　［ウィンザー城ロイヤル・ライブラリー］
「ビュフォンの博物誌」工作舎　1991
◇N098（カラー）『一般と個別の博物誌 ソンニーニ版』

ニオイムラサキ　Heliotropium corymbosum
「美花選［普及版］」河出書房新社　2016
◇図94（カラー）　Heliotropium Corymbosum　ルドゥーテ, ピエール＝ジョゼフ画 1827〜1833　［コノサーズ・コレクション東京］

ニオイムラサキ
⇒ヘリオトロープ（ニオイムラサキ）を見よ

ニオイヤハズカツラ　Thunbergia fragrans
「ウィリアム・カーティス 花図譜」同朋舎出版　1994
◇3図（カラー）　Twining Thumbergia　カーティス, ウィリアム『カーティス・ボタニカル・マガジン』 1817

においらん　Saccolabium odoratum Kudo (Haraella odorata Kudo)
「蘭花譜」平凡社　1974
◇Pl.120–11（カラー）　加藤光治著, 二口善雄画　1971写生

ニガキ　Picrasma quassioides Benn.
「北海道主要樹木図譜［普及版］」北海道大学図書刊行会　1986
◇図60（カラー）　須崎忠助 大正9（1920）〜昭和6（1931）［個人蔵］

にがな　Ixeris dentata
「草木写生 春の巻」ピエ・ブックス　2010
◇p202〜203（カラー）　苦菜　狩野織染藤原重賢　明暦3（1657）〜元禄12（1699）［国立国会図書館］

にがな
「高松松平家博物図譜 写生画帖 雑草」香川県立ミュージアム　2013
◇p40（カラー）　松平頼恭 江戸時代　紙本著色 画帖装（折本形式）　33.2×48.4 ［個人蔵］

ニゲラ　Nigella damascena
「花の本 ボタニカルアートの庭」角川書店　2010
◇p79（カラー）　Fennel flower　Curtis, William 1787〜

ニシキイモ（広義）
「カーティスの植物図譜」エンタプライズ　1987
◇図5199（カラー）　Caladium『カーティスのボタニカルマガジン』 1787〜1887

錦重
「日本椿集」平凡社　1966
◇図9（カラー）　津山尚著, 二口善雄画 1960

にしきぎ
「木の手帖」小学館　1991
◇図122（カラー）　錦木　岩崎灌園『本草図譜』文政11（1828）　約21×145　［国立国会図書館］

ニシキギの1種　Euonymus sp.
「ビュフォンの博物誌」工作舎　1991
◇N136（カラー）『一般と個別の博物誌 ソンニーニ版』

にしきそう
「高松松平家博物図譜 写生画帖 雑草」香川県立ミュージアム　2013
◇p18（カラー）　松平頼恭 江戸時代　紙本著色 画帖装（折本形式）　33.2×48.4　［個人蔵］
◇p27（カラー）　松平頼恭 江戸時代　紙本著色 画帖装（折本形式）　33.2×48.4　［個人蔵］

ニシキ草
「高松松平家博物図譜 衆芳画譜 花卉 第四」香川県立ミュージアム　2010
◇p46（カラー）　松平頼恭 江戸時代　紙本著色 画帖装（折本形式）　33.0×48.2　［個人蔵］

ニシキハギ・ビッチュウヤマハギ　Lespedeza nipponica
「花木真寫」淡交社　2005
◇図87（カラー）　萩　近衛予楽院家熈　［（財）陽明文庫］

ニシキフタエギキョウ　Platycodon grandiflorus var.duplex f.bicolor
「江戸博物文庫 花草の巻」工作舎　2017
◇p7（カラー）　錦二重桔梗　岩崎灌園『本草図譜』［東京大学大学院理学系研究科附属植物園（小石川植物園）］

ニシキモクレン　Magnolia soulangeana
「ルドゥーテ画 美花選 1」学習研究社　1986
◇図14（カラー）　1827～1833

にしかうり
「高松松平家博物図譜 写生画帖 雑木」香川県立ミュージアム　2014
◇p43（カラー）　松平頼恭 江戸時代　紙本著色 画帖装（折本形式）　33.2×48.4　［個人蔵］　※表紙・裏表紙見返し墨書 安永6（1777）6月 程赤城筆

ニセアカシヤ（ハリエンジュ）
「美花図譜」八坂書房　1991
◇図1（カラー）　ウエインマン『花譜』1736～1748　銅版刷手彩色　［群馬県館林市立図書館］

二尊院普賢象　Prunus Lannesiana Wils. 'Nison-in'
「日本桜集」平凡社　1973
◇Pl.97（カラー）　大井次三郎著, 太田洋愛画 1972写生　水彩

ニチニチソウ　Catharanthus roseaus (Vinca rosea)
「ルドゥーテ画 美花選 2」学習研究社　1986
◇図38（カラー）　1827～1833

ニチニチソウ　Catharanthus roseus
「美花選［普及版］」河出書房新社　2016
◇図41（カラー）　Pervenche　ルドゥーテ, ピエール＝ジョゼフ画 1827～1833　［コノサーズ・コレクション東京］
「ボタニカルアート 西洋の美花集」パイ インターナショナル　2010
◇p79（カラー）　ルドゥーテ, ピエール＝ジョセフ画・著『美花選』1827～33　点刻銅版画多色刷一部手彩色

ニチニチソウ　Vinca rosea
「ボタニカルアート 西洋の美花集」パイ インターナショナル　2010
◇p78（カラー）　カーティス, ウィリアム著『ボタニカル・マガジン7巻』1793　銅版画 手彩色
「四季草花譜」八坂書房　1988
◇図8（カラー）　ニチニチクワ　飯沼慾斎筆『草木図説稿本』［個人蔵］

日光　'Nikko'
「薔薇空間」ランダムハウス講談社　2009
◇図193（カラー）　二口善雄画, 鈴木省三, 籾山泰一解説『ばら花譜』1983　水彩　381×270
「ばら花譜」平凡社　1983
◇PL.31（カラー）　Gruss an Teplitz　二口善雄画, 鈴木省三, 籾山泰一著 1978　水彩

ニッコウキスゲ　Hemerocallis esculenta
「花彙 上」八坂書房　1977
◇図8（白黒）　金萱花　小野蘭山, 島田充房 明和2（1765）　26.5×18.5　［国立公文書館・内閣文庫］

二度桜　Prunus Jamasakura Sieb. 'Heteroflora'
「日本桜集」平凡社　1973
◇Pl.96（カラー）　大井次三郎著, 太田洋愛画 1969写生　水彩

ニホンズイセン
「フローラの庭園」八坂書房　2015
◇p18（カラー）　ホルツベッカー, ハンス・シモン『ゴットルプ家の写本』1649～59　水彩 羊皮紙（パーチメント）［デンマーク国立美術館（コペンハーゲン）］

日本の誉
「日本椿集」平凡社　1966
◇図187（カラー）　津山尚著, 二口善雄画 1965

ニムファエア・ルブラ　Nymphaea rubra
「花の王国 1」平凡社　1990
◇p60（カラー）　ルメール, シャイトヴァイラー, ファン・ホーテ著, セヴェリン図『ヨーロッパの温室と庭園の花々』1845～60　色刷り石版

ニュウサイラン
「ユリ科植物図譜 2」学習研究社　1988
◇図163（カラー）　Phormium tenax　ルドゥーテ, ピエール＝ジョセフ 1802～1815
◇図164（カラー）　Phormium tenax　ルドゥーテ, ピエール＝ジョセフ 1802～1815

ニリンソウ
「高松松平家博物図譜 衆芳画譜 花卉 第四」香川県立ミュージアム　2010
◇p20（カラー）　松平頼恭 江戸時代　紙本著色 画帖装（折本形式）　33.0×48.2 ［個人蔵］

ニリンソウ・ガショウソウ・ギンサカズキ
Anemone flaccida
「花木真寫」淡交社　2005
◇図29（カラー）（無名）　近衛予楽院家熙 ［（財）陽明文庫］

ニレの1種　Ulmus sp.
「ビュフォンの博物誌」工作舎　1991
◇N059（カラー）『一般と個別の博物誌 ソンニーニ版』

にわうめ
「木の手帖」小学館　1991
◇図77（カラー）　庭梅　岩崎灌園『本草図譜』文政11（1828）　約21×145 ［国立国会図書館］

ニワウメ　Cerasus japonica
「図説 ボタニカルアート」河出書房新社　2010
◇p97（カラー）　Prunus japonica　シーボルト, ツッカリーニ『日本植物誌』 1835～41

ニワウメ　Prunus japonica
「花彙 下」八坂書房　1977
◇図183（白黒）　御園李　小野蘭山, 島田充房 明和2（1765）　26.5×18.5 ［国立公文書館・内閣文庫］

ニワウメ　Prunus japonica Thunb.ex Murray
「シーボルト「フローラ・ヤポニカ」 日本植物誌」八坂書房　2000
◇図90–I, II（白黒）　Niwa mume, またはKo–mume ［国立国会図書館］

にわざくら　Prunus glandulosa cv.Alboplena
「草木写生 春の巻」ピエ・ブックス　2010
◇p74～75（カラー）　庭桜　狩野織染藤原重賢 明暦3（1657）～元禄12（1699） ［国立国会図書館］

にわざくら
「木の手帖」小学館　1991
◇図78（カラー）　庭桜　岩崎灌園『本草図譜』文政11（1828）　約21×145 ［国立国会図書館］

ニワサクラ
「高松松平家博物図譜 衆芳画譜 花果 第五」香川県立ミュージアム　2011
◇p25（カラー）　松平頼恭 江戸時代　紙本著色 画帖装（折本形式）　33.2×48.4 ［個人蔵］

ニワザクラ　Prunus glandulosa
「花木真寫」淡交社　2005
◇図3（カラー）　庭櫻　近衛予楽院家熙 ［（財）陽明文庫］

ニワザクラ　Prunus glandulosa Thunb.ex Murray
「シーボルト「フローラ・ヤポニカ」 日本植物誌」八坂書房　2000
◇図90–III（カラー）　Niwa sakura ［国立国会図書館］

ニワザクラ
「彩色 江戸博物学集成」平凡社　1994
◇p26（カラー）　山桜桃　貝原益軒『大和本草諸品図』

ニワシロユリ　Lilium candidum
「美花選［普及版］」河出書房新社　2016
◇図15（カラー）　Le Lys blanc/Lilium candidum　ルドゥーテ, ピエール＝ジョゼフ画 1827～1833 ［コノサーズ・コレクション東京］
「ボタニカルアート 西洋の美花集」パイ インターナショナル　2010
◇p121（カラー）　ルドゥーテ, ピエール＝ジョセフ画・著『美花選』 1827～33　点刻銅版画多色刷 一部手彩色
「図説 ボタニカルアート」河出書房新社　2010
◇p34（カラー）　Lilium bisantinum, Lilium flore albo　スウェルツ『厳選美花選』 1612
「ルドゥーテ画 美花選 2」学習研究社　1986
◇図1（カラー） 1827～1833

ニワシロユリ
「イングリッシュ・ガーデン」求龍堂　2014
◇図33b（カラー）　The White Lily　ヘンダーソン, ピーター, ソーントン, R.J.編『フローラの神殿』 1800　銅版 紙　54.0×43.0 ［マイケル&マリコ・ホワイトウェイ］
「ユリ科植物図譜 2」学習研究社　1988
◇図35（カラー）　Lilium candidum　ルドゥーテ, ピエール＝ジョセフ 1802～1815

にわとこ
「木の手帖」小学館　1991
◇図171（カラー）　接骨木　岩崎灌園『本草図譜』文政11（1828）　約21×145 ［国立国会図書館］

ニワフジ
「カーティスの植物図譜」エンタプライズ　1987
◇図5063（カラー）　Chinese Indigo『カーティスのボタニカルマガジン』 1787～1887

ニワレ種　Rhododendron nivale Hook.f.
「花の肖像 ボタニカルアートの名品と歴史」創土社　2006
◇fig.66（カラー）　フッカー, ジョセフ画, フィッチ, ウォルター彫版『シッキム・ヒマラヤのツツジ属植物』 1849～1851

にんじんぼく
「木の手帖」小学館　1991
◇図163（カラー）　人参木　岩崎灌園『本草図譜』文政11（1828）　約21×145　［国立国会図書館］

ニンジンボク　Vitex cannabifolia
「江戸博物文庫 菜樹の巻」工作舎　2017
◇p167（カラー）　人参木　岩崎灌園『本草図譜』［東京大学大学院理学系研究科附属植物園（小石川植物園）］

ニンドウ
⇒スイカズラ・ニンドウを見よ

ニンファエア・アコウェナ　Nuphar advena
「ウィリアム・カーティス 花図譜」同朋舎出版　1994
◇394図（カラー）　Three-coloured Water Lily　エドワーズ, シデナム・ティースト画『カーティス・ボタニカル・マガジン』　1803

ニンファエア・ニティダ　Nymphæa nitida
「ウィリアム・カーティス 花図譜」同朋舎出版　1994
◇396図（カラー）　Cup-flowered Water Lily　エドワーズ, シデナム・ティースト画『カーティス・ボタニカル・マガジン』　1811

ニンファエア・ルブラ　Nymphaea rubra (Nymphaea (hybrida) devoniensis)
「イングリッシュ・ガーデン」求龍堂　2014
◇図51（カラー）　フィッチ, ウォルター・フッド　1852　黒鉛 水彩 紙　28.8×23.6　［キュー王立植物園］

【ぬ】

抜筆
「日本椿集」平凡社　1966
◇図174（カラー）　津山尚著, 二口善雄画　1956

ヌマダイコン　Adenostemma lavenia
「花彙 上」八坂書房　1977
◇図34（白黒）　旱蓮艸　小野蘭山, 島田充房　明和2（1765）　26.5×18.5　［国立公文書館・内閣文庫］

ヌマトラノオ　Lysimachia fortunei Maxim.
「シーボルト日本植物図譜コレクション」小学館　2008
◇図2-8（カラー）　Lysimachia fortunei Maxim.　［日本人画家］画　［1820〜1825頃］　和紙 透明絵の具 墨　13.4×31.1　［ロシア科学アカデミーコマロフ植物学研究所図書館］　※目録657 コレクションV 657/624

ぬりばしそう
「高松松平家博物図譜 写生画帖 雑草」香川県立ミュージアム　2013
◇p14（カラー）　松平頼恭 江戸時代　紙本著色 画帖装（折本形式）　33.2×48.4　［個人蔵］

ぬるで
「木の手帖」小学館　1991
◇図115（カラー）　白膠木　岩崎灌園『本草図譜』文政11（1828）　約21×145　［国立国会図書館］

ヌルデ　Rhus javanica L.
「高木春山 本草図説 1」リブロポート　1988
◇図22（カラー）
「北海道主要樹木図譜［普及版］」北海道大学図書刊行会　1986
◇図62（カラー）　フシノキ　須崎忠助 大正9（1920）〜昭和6（1931）　［個人蔵］

【ね】

ネオッティア・エラータ
「ユリ科植物図譜 1」学習研究社　1988
◇図12（カラー）　Neottia elata　ルドゥーテ, ピエール＝ジョセフ 1802〜1815

ネオッティア・スペシオーサ
「ユリ科植物図譜 1」学習研究社　1988
◇図9（カラー）　Neottia speciosa　ルドゥーテ, ピエール＝ジョセフ 1802〜1815

ネギ属の1種　Allium globosum
「ボタニカルアートの世界」朝日新聞社　1987
◇p32（カラー）　ルドゥテ画『Les Liliacées第3巻』　1807

ネコシデ　Betula corylifolia Regel & Maxim.
「シーボルト日本植物図譜コレクション」小学館　2008
◇図2-94（カラー）　Aria　［水谷助六］画　和紙 単色（黒）の拓本画　20.0×30.1　［ロシア科学アカデミーコマロフ植物学研究所図書館］　※絵の右端に沿って、別の断片の植物の絵の一部が残されている.目録75 コレクションVII 85/789

ねこやなぎ
「木の手帖」小学館　1991
◇図26（カラー）　猫柳　岩崎灌園『本草図譜』文政11（1828）　約21×145　［国立国会図書館］

ネコヤナギ　Salix gracilistyla
「江戸博物文庫 菜樹の巻」工作舎　2017
◇p145（カラー）　猫柳　岩崎灌園『本草図譜』［東京大学大学院理学系研究科附属植物園（小石川植物園）］

ネコヤナギ
「彩色 江戸博物学集成」平凡社　1994
◇p327（カラー）　地錦抄に日見トリ柳　毛利梅園

ネジアヤメ　Iris lactea Pall.
「岩崎灌園の草花写生」たにぐち書店　2013
◇p108（カラー）　馬藺　［個人蔵］

ネジアヤメ　Iris pallasii var.chinensis

「江戸博物文庫 花草の巻」工作舎　2017
◇p63（カラー）　捩菖蒲　岩崎灌園『本草図譜』［東京大学大学院理学系研究科附属植物園（小石川植物園）］

ねじき

「木の手帖」小学館　1991
◇図147（カラー）　捩木・綟木　岩崎灌園『本草図譜』　文政11（1828）　約21×145　［国立国会図書館］

ネージュ・パルファン　'Neige Parfum'

「ばら花譜」平凡社　1983
◇PL.103（カラー）　二口善雄画, 鈴木省三, 籾山泰一著 1977　水彩

ネズ　Juniperus rigida Sieb.et Zucc.

「シーボルト「フローラ・ヤポニカ」 日本植物誌」八坂書房　2000
◇図125（白黒）　Muro, またはNezu, またはSonoro matz　［国立国会図書館］

ネズミサシ　Juniperus rigida Siebold & Zucc.

「シーボルト日本植物図譜コレクション」小学館　2008
◇図2-9（カラー）　Juniperus rigida Sieb.et Zucc　［桂川甫賢？］画　［1820頃］　和紙 透明絵の具 墨　15.1×30.8　［ロシア科学アカデミーコマロフ植物学研究所図書館］　※右端に沿って、Broussonetiaとつながっている.目録45 コレクションVII 681/874

ねずみもち

「高松松平家博物図譜 写生画帖 雑木」香川県立ミュージアム　2014
◇p66（カラー）　松平頼恭 江戸時代　紙本著色 画帖装（折本形式）　33.2×48.4　［個人蔵］　※表紙・裏表紙見返し墨書 安永6（1777）6月 程赤城筆

「木の手帖」小学館　1991
◇図159（カラー）　鼠黐　フクロモチ　岩崎灌園『本草図譜』　文政11（1828）　約21×145　［国立国会図書館］

ネズミモチ

「彩色 江戸博物学集成」平凡社　1994
◇p90（カラー）　タマツバキ　細川重賢『虫類生写』　［永青文庫］

ネナシカズラ　Cuscuta japonica

「江戸博物文庫 花草の巻」工作舎　2017
◇p125（カラー）　根無葛　岩崎灌園『本草図譜』［東京大学大学院理学系研究科附属植物園（小石川植物園）］

ネーペンテス［ウツボカズラ］

「生物の驚異的な形」河出書房新社　2014
◇図版62（カラー）　ヘッケル, エルンスト 1904

ネペンテス・ノーシアナ

「フローラの庭園」八坂書房　2015
◇p84（白黒）　ペイジ, J.原画『ザ・ガーデン』1883　［マサチューセッツ大学アマースト校図書館］

ねむのき

「木の手帖」小学館　1991
◇図94（カラー）　合歓木　岩崎灌園『本草図譜』　文政11（1828）　約21×145　［国立国会図書館］

ネムノキ　Albizia julibrissin

「江戸博物文庫 菜樹の巻」工作舎　2017
◇p140（カラー）　合歓木　岩崎灌園『本草図譜』［東京大学大学院理学系研究科附属植物園（小石川植物園）］

「花彙 下」八坂書房　1977
◇図154（白黒）　合婚槐　小野蘭山, 島田充房 明和2（1765）　26.5×18.5　［国立公文書館・内閣文庫］

子リギ

「高松松平家博物図譜 衆芳画譜 花卉 第四」香川県立ミュージアム　2010
◇p61（カラー）　松平頼恭 江戸時代　紙本著色 画帖装（折本形式）　33.0×48.2　［個人蔵］

ねりそ

「高松松平家博物図譜 写生画帖 雑木」香川県立ミュージアム　2014
◇p22（カラー）　松平頼恭 江戸時代　紙本著色 画帖装（折本形式）　33.2×48.4　［個人蔵］　※表紙・裏表紙見返し墨書 安永6（1777）6月 程赤城筆
◇p31（カラー）　松平頼恭 江戸時代　紙本著色 画帖装（折本形式）　33.2×48.4　［個人蔵］　※表紙・裏表紙見返し墨書 安永6（1777）6月 程赤城筆

ネリネ・ウンドゥラータ　Nerine undulata

「ユリ科植物図譜 1」学習研究社　1988
◇図192（カラー）　アマリリス・ウンドゥラータ　ルドゥーテ, ピエール＝ジョセフ 1802～1815

ネリネ・クルビフォリア　Nerine curvifolia

「ユリ科植物図譜 1」学習研究社　1988
◇図178（カラー）　アマリリス・クルビフォリア　ルドゥーテ, ピエール＝ジョセフ 1802～1815

ネリネ・サルニエンシス　Nerine sarniensis

「ユリ科植物図譜 1」学習研究社　1988
◇図190（カラー）　アマリリス・サルニエンシス　ルドゥーテ, ピエール＝ジョセフ 1802～1815

【の】

ノアザミ　Cirsium japonicum

「花木真寫」淡交社　2005
◇図39, 40（カラー）　薊　近衛予楽院家煕　［（財）陽明文庫］

ノアザミ　Cirsium japonicum DC.

「高木春山 本草図説 1」リブロポート　1988
◇図12（カラー）

ノアザミ

「彩色 江戸博物学集成」平凡社　1994
◇p87（カラー）　園芸品種　松平頼恭『写生画帖』［松平公益会］

ノイバラ　Rosa multiflora

「江戸博物文庫 花草の巻」工作舎　2017
◇p131（カラー）　野茨　岩崎灌園『本草図譜』［東京大学大学院理学系研究科附属植物園（小石川植物園）］
「花の王国 1」平凡社　1990
◇p91（カラー）　岩崎常正『本草図譜』　1830〜44［静嘉堂文庫（東京）］

ノイバラ　Rosa multiflora Thunberg

「薔薇空間」ランダムハウス講談社　2009
◇図186（カラー）　二口善雄画, 鈴木省三, 籾山泰一解説『ばら花譜』　1983　水彩　343×252
「シーボルト日本植物図譜コレクション」小学館　2008
◇図3‒27（カラー）　Rosa multiflorae Thunb.　川原慶賀画　紙 透明絵の具 白色塗料 墨　24.0×32.7　［ロシア科学アカデミーコマロフ植物学研究所図書館］　※目録423 コレクションIII 355/370
「ばら花譜」平凡社　1983
◇PL.1（カラー）　二口善雄画, 鈴木省三, 籾山泰一著 1974,1973　水彩

ノイバラ

「ボタニカルアート 西洋の美花集」パイ インターナショナル　2010
◇p206（カラー）　ベシン画・著『Flore par mlls』　1850　点刻銅版画多色刷 手彩色
「ボタニカルアートの世界」朝日新聞社　1987
◇p112, 113（カラー）　狩野探幽『草木花写生図巻』　［国立博物館］
◇p114上（カラー）　狩野探幽『草木花写生図巻』［国立博物館］

ノイバラ

⇒ロサ・ムルティフロラ（ノイバラ）を見よ

ノイバラの1栽培品種　Rosa multiflora 'Carnea'

「図説 ボタニカルアート」河出書房新社　2010
◇p53（カラー）　ルドゥーテ画・著『バラ図譜 88図版』　1817〜24

ノイバラの1種　Rosa sp.

「ビュフォンの博物誌」工作舎　1991
◇N134（カラー）『一般と個別の博物誌 ソンニーニ版』

ノイバラの園芸品種「セブン・シスターズ」　Rosa multiflora Thunb. 'Platyphylla'

「花の肖像 ボタニカルアートの名品と歴史」創土社　2006
◇fig.22（カラー）　ルドゥーテ画『バラ図譜』

のうぜんかずら　Campsis grandiflora

「草木写生 秋の巻」ピエ・ブックス　2010
◇p50〜51（カラー）　凌霄花　狩野織染藤原重賢　明暦3（1657）〜元禄12（1699）　［国立国会図書館］

ノウゼンカズラ　Campsis grandiflora

「江戸博物文庫 花草の巻」工作舎　2017
◇p130（カラー）　凌霄花　岩崎灌園『本草図譜』［東京大学大学院理学系研究科附属植物園（小石川植物園）］
「ウィリアム・カーティス 花図譜」同朋舎出版　1994
◇62図（カラー）　Chinese Trumpet‒flower　エドワーズ, シデナム・ティースト画『カーティス・ボタニカル・マガジン』　1811
「花彙 下」八坂書房　1977
◇図164（白黒）　寄生花　小野蘭山, 島田充房 明和2（1765）　26.5×18.5　［国立公文書館・内閣文庫］

ノウゼンカズラ　Campsis grandiflora (Thunb.) K.Schum.

「シーボルト日本植物図譜コレクション」小学館　2008
◇図3‒106（カラー）　Tecoma　清水東谷画　［1861］　紙 透明絵の具 墨　28.8×38.7　［ロシア科学アカデミーコマロフ植物学研究所図書館］　※目録740 コレクションVI 441/671

ノウゼンカズラ

「彩色 江戸博物学集成」平凡社　1994
◇p87（カラー）　松平頼恭『写生画帖』　［松平公益会］

凌霄花

「高松松平家博物図譜 衆芳画譜 花果 第五」香川県立ミュージアム　2011
◇p45（カラー）　松平頼恭 江戸時代　紙本著色 画帖装（折本形式）　33.2×48.4　［個人蔵］

ノウゼンハレン

「美花図譜」八坂書房　1991
◇図55（カラー）　ウエインマン『花譜』 1736〜1748　銅版刷手彩色　［群馬県館林市立図書館］

能牡丹

「日本椿集」平凡社　1966
◇図29（カラー）　津山尚著, 二口善雄画 1960

のゑんとう

「高松松平家博物図譜 写生画帖 雑草」香川県立ミュージアム　2013
◇p26（カラー）　松平頼恭 江戸時代　紙本著色 画帖装（折本形式）　33.2×48.4　［個人蔵］

のゑんどう

「高松松平家博物図譜 写生画帖 雑草」香川県立ミュージアム　2013
◇p26（カラー）　松平頼恭 江戸時代　紙本著色 画帖装（折本形式）　33.2×48.4　［個人蔵］

ノカンゾウ　Hemerocallis fulva var.longituba
「花木真寫」淡交社　2005
◇図78〜80(カラー)　黄萱　近衛予楽院家煕［(財)陽明文庫］
「四季草花譜」八坂書房　1988
◇図30(カラー)　飯沼慾斎筆『草木図説稿本』［個人蔵］

ノグルミ　Platycarya strobilacea Sieb.et Zucc.
「シーボルト「フローラ・ヤポニカ」日本植物誌」八坂書房　2000
◇図149(カラー)　［国立国会図書館］

ノゲイトウ　Celosia argentea var.argentea
「江戸博物文庫 花草の巻」工作舎　2017
◇p54(カラー)　野鶏頭　岩崎灌園『本草図譜』［東京大学大学院理学系研究科附属植物園(小石川植物園)］

ノゲイトウ
⇒ケイトウの仲間(ノゲイトウ？)を見よ

のげし
「野の草の手帖」小学館　1989
◇p45(カラー)　野芥子・野罌粟　岩崎常正(灌園)『本草図譜』　文政11(1828)　［国立国会図書館］

ノコギリソウ・ハゴロモソウ　Achillea alpina
「花木真寫」淡交社　2005
◇図58(カラー)　鉅草　近衛予楽院家煕　［(財)陽明文庫］

鋸葉椿
「日本椿集」平凡社　1966
◇図216(カラー)　津山尚著, 二口善雄画 1960

のこまさう
「高松松平家博物図譜 写生画帖 雑草」香川県立ミュージアム　2013
◇p55(カラー)　松平頼恭 江戸時代　紙本著色 画帖装(折本形式)　33.2×48.4　［個人蔵］

ノジアオイ　Melochia corchorifolia
「牧野富太郎植物画集」ミュゼ　1999
◇p18(白黒)　1888頃(明治21)　ケント紙 墨(毛筆) 鉛筆　27.7×18.6

ノジギク　Chrysanthemum japonense
「牧野富太郎植物画集」ミュゼ　1999
◇p40(白黒)　1887(明治20)　和紙 墨(毛筆)　27.4×19.3

ノシュンギク
⇒ミヤマヨメナ・ノシュンギク・ミヤコワスレを見よ

ノシラン　Ophiopogon jaburan
「ユリ科植物図譜 2」学習研究社　1988
◇図1(カラー)　Convallaria japonica　ルドゥーテ, ピエール＝ジョセフ 1802〜1815

ノシラン
「高松松平家博物図譜 衆芳画譜 花卉 第四」香川県立ミュージアム　2010
◇p100(カラー)　松平頼恭 江戸時代　紙本著色 画帖装(折本形式)　33.0×48.2　［個人蔵］

ノーゼンハレン
「江戸の動植物図」朝日新聞社　1988
◇p77(カラー)　山本渓愚『動植物写生図譜』［山本読書室(京都)］

ノダケ　Angelica decursiva (Miq.) Fr.et Sav.
「高木春山 本草図説 1」リブロポート　1988
◇図39(カラー)

のだふじ　Wisteria floribunda
「草木写生 春の巻」ピエ・ブックス　2010
◇p210〜211(カラー)　野田藤　狩野織染藤原重賢 明暦3(1657)〜元禄12(1699)　［国立国会図書館］

後瀬山
「日本椿集」平凡社　1966
◇図92(カラー)　津山尚著, 二口善雄画 1960

のでまり
「高松松平家博物図譜 写生画帖 雑草」香川県立ミュージアム　2013
◇p28(カラー)　松平頼恭 江戸時代　紙本著色 画帖装(折本形式)　33.2×48.4　［個人蔵］

ノトスコルドゥム・ストリアトゥム
Nothoscordum striatum
「ユリ科植物図譜 2」学習研究社　1988
◇図123(カラー)　アリウム・ストリアトゥム　ルドゥーテ, ピエール＝ジョセフ 1802〜1815

ノバラ
⇒ロサ・マヤリス(ノバラ)を見よ

ノヒメユリ　Lilium callosum Sieb.et Zucc.
「シーボルト「フローラ・ヤポニカ」日本植物誌」八坂書房　2000
◇図41(カラー)　Fime juri, またはJoma juri［国立国会図書館］

のぶ
「高松松平家博物図譜 写生画帖 雑木」香川県立ミュージアム　2014
◇p93(カラー)　松平頼恭 江戸時代　紙本著色 画帖装(折本形式)　33.2×48.4　［個人蔵］　※表紙・裏表紙見返し墨書 安永6(1777)6月 程赤城筆

ノブドウ　Ampelopsis brevipedunculata Trautv.
「カーティスの植物図譜」エンタプライズ　1987
◇図5682(カラー)　Vitis heterophylla Thunb. var.humulifolia『カーティスのボタニカルマガジン』　1787〜1887

ノブドウ　Ampelopsis glandulosa (Wall.) Momiy.var.heterophylla (Thunb.) Momiy.
「シーボルト日本植物図譜コレクション」小学館 2008
◇図2–31（カラー）　Cissus viticifolia Sieb.et Zucc.　［de Villeneuve, C.H.？］画　水彩画 墨 光沢　23.5×33.0, 11.6×16.5　［ロシア科学アカデミーコマロフ植物学研究所図書館］　※目録565 コレクションII 489л–п/246

ノボタン　Melastoma candidum D.Don
「シーボルト日本植物図譜コレクション」小学館 2008
◇図3–114（カラー）　Melastoma nobotan Sieb. varietas　清水東谷画［1861］　紙 透明・白色顔料入り絵の具 墨　28.4×38.5　［ロシア科学アカデミーコマロフ植物学研究所図書館］　※目録611 コレクションIV /412

ノリウツギ　Hydrangea paniculata Sieb.
「シーボルト「フローラ・ヤポニカ」日本植物誌」八坂書房　2000
◇図61（カラー）　Nori–noki　［国立国会図書館］
「北海道主要樹木図譜［普及版］」北海道大学図書刊行会　1986
◇図46（カラー）　ノリノキ　須崎忠助 大正9（1920）～昭和6（1931）　［個人蔵］

【は】

ハアザミ　Acanthus mollis
「図説 ボタニカルアート」河出書房新社　2010
◇p36（カラー）　ロベール, N.画　［オーストリア国立図書館］
「ビュフォンの博物誌」工作舎　1991
◇N108（カラー）『一般と個別の博物誌 ソンニーニ版』

バイカアマチャ　Platycrater arguta Sieb.et Zucc.
「シーボルト「フローラ・ヤポニカ」日本植物誌」八坂書房　2000
◇図27（カラー）　Bai kwa ama tsja　［国立国会図書館］

バイカイカリソウ　Epimedium diphyllum Lodd.ex Graham.
「シーボルト日本植物図譜コレクション」小学館 2008
◇図3–41（カラー）　Aceranthus diphyllus Morren et Decne.　川原慶賀画　紙 墨 透明絵の具 白色塗料　23.4×33.0　［ロシア科学アカデミーコマロフ植物学研究所図書館］　※目録197 コレクションI 64/129

バイカウツギ　Philadelphus satsumi Siebold ex Lindl. & Paxt.
「シーボルト日本植物図譜コレクション」小学館 2008
◇図2–96（カラー）　Philadelphus coronarius L.　［水谷助六］画［1820～1826頃］　カラー（透明絵の具）拓本画,（墨で）加筆　23.8×32.0　［ロシア科学アカデミーコマロフ植物学研究所図書館］　※目録362 コレクションIV 558/484

バイカオウレン　Coptis quinquefolia
「牧野富太郎植物画集」ミュゼ　1999
◇p17（カラー）　1892（明治25）　和紙 墨（毛筆）27.4×19.3

バイカオウレン　Coptis quinquefolia Miq.
「シーボルト日本植物図譜コレクション」小学館 2008
◇図2–15（カラー）　Coptis　［川原慶賀？］画　紙 透明絵の具 墨 白色塗料　20.2×28.2　［ロシア科学アカデミーコマロフ植物学研究所図書館］　※目録187 コレクションI 164/31

バイカカラマツソウ　Anemone thalictroides
「ボタニカルアート 西洋の美花集」パイ インターナショナル　2010
◇p13下・右（カラー）　カーティス, ウィリアム著『カーティス・ボタニカル・マガジン22巻』1805　銅版画 手彩色

ハイケイ草
「高松松平家博物図譜 衆芳画譜 花卉 第四」香川県立ミュージアム　2010
◇p93（カラー）　松平頼恭 江戸時代　紙本著色 画帖装（折本形式）　33.0×48.2　［個人蔵］

バイケイソウ　Veratrum album subsp. oxysepalum
「日本の博物図譜」東海大学出版会　2001
◇図17（カラー）　関根雲停筆　［高知県立牧野植物園］

バイケイソウ
「ボタニカルアートの世界」朝日新聞社　1987
◇p117（カラー）　狩野探幽『草木花写生図巻』［国立博物館］

バイケイソウの1種　Veratrum sp.
「ビュフォンの博物誌」工作舎　1991
◇N039（カラー）『一般と個別の博物誌 ソンニーニ版』

梅護寺珠数掛桜　Prunus Lannesiana Wils. 'Juzukakezakura'
「日本桜集」平凡社　1973
◇Pl.10（カラー）　大井次三郎著, 太田洋愛画 1970写生　水彩

ハイナス　Nolana prostata
「彩色 江戸博物学集成」平凡社　1994
◇p254（カラー）　飯沼慾斎『草木写生図』　［個人蔵］

ハイビスカス　Hibiscus rosa–sinensis
「花の王国 1」平凡社　1990
◇p84（カラー）　エリオット, D.G.『ヤイロチョウ

の研究』 1863

ハイビスカス　Hibiscus rosa–sinensis L.
「高木春山 本草図説 1」リブロポート　1988
◇図59（カラー）

ハイビスカス
「昆虫の劇場」リブロポート　1991
◇p21（カラー）　エーレト, G.D.『花蝶珍種図録』 1748〜62

ハイビスカスの近縁
「昆虫の劇場」リブロポート　1991
◇p67（カラー）　メーリアン, M.S.『スリナム産昆虫の変態』 1726

ハイビャクシン　Juniperus procumbens Sieb.
「シーボルト「フローラ・ヤポニカ」 日本植物誌」八坂書房　2000
◇図127–III（白黒）　Hai Bijah Kusin, または Bai–bi–jak'sin　［国立国会図書館］

パイプカズラ
⇒サラサバナ, パイプカズラを見よ

はいまつ
「木の手帖」小学館　1991
◇図12（カラー）　這松　岩崎灌園『本草図譜』 文政11（1828）　約21×145　［国立国会図書館］

ハイマツ　Pinus pumila Rgl.
「北海道主要樹木図譜［普及版］」北海道大学図書刊行会　1986
◇図9（カラー）　須崎忠助 大正9（1920）〜昭和6（1931）［個人蔵］

ばいも
「野の草の手帖」小学館　1989
◇p47（カラー）　貝母　岩崎常正（灌園）『本草図譜』 文政11（1828）　［国立国会図書館］

バイモ　Fritillaria verticillata var.thunbergii
「江戸博物文庫 花草の巻」工作舎　2017
◇p23（カラー）　貝母　岩崎灌園『本草図譜』［東京大学大学院理学系研究科附属植物園（小石川植物園）］

バウエルハケヤシ　Rhopalostylis baueri Wendl.et Drude
「カーティスの植物図譜」エンタプライズ　1987
◇図5735（カラー）　Norfolk Betel Palm『カーティスのボタニカルマガジン』 1787〜1887

葉団扇　Brasiliopuntia brasiliensis
「ウィリアム・カーティス 花図譜」同朋舎出版　1994
◇71図（カラー）　Brazilian Prickly Pear　園芸種 ノートン嬢, C.E.C., ヤング嬢, M.画『カーティス・ボタニカル・マガジン』 1834

ハウチワカエデ　Acer japonicum
「花の王国 3」平凡社　1990
◇p120（カラー）　シーボルト, P.F.フォン『日本植物誌』 1835〜70

ハウチワカエデ　Acer japonicum Thunb.
「北海道主要樹木図譜［普及版］」北海道大学図書刊行会　1986
◇図68（カラー）　メイゲツカエデ　須崎忠助 大正9（1920）〜昭和6（1931）［個人蔵］

ハウチワカエデ　Acer japonicum Thunb.ex Murray
「シーボルト「フローラ・ヤポニカ」 日本植物誌」八坂書房　2000
◇図144（カラー）　Kajede Mai gatsu, Fanna Momisi　［国立国会図書館］

パエオニア・クルシイ　Pæonia clusii
「ウィリアム・カーティス 花図譜」同朋舎出版　1994
◇460図（カラー）　Pæonia clusii　スネリング, リリアン画『カーティス・ボタニカル・マガジン』 1940

ハエジゴク　Dionaea muscipula
「花の王国 4」平凡社　1990
◇p121（カラー）　ルメール, Ch.『園芸図譜誌』 1854〜86

ハエトリグサ　Dionaea muscipula
「ウィリアム・カーティス 花図譜」同朋舎出版　1994
◇149図（カラー）　Venus's Fly–trap　エドワーズ, シデナム・ティースト画『カーティス・ボタニカル・マガジン』 1804

ハエトリグサ
「R・J・ソーントン フローラの神殿 新装版」リブロポート　1990
◇第30葉（カラー）　アメリカ産湖沼植物群　ライナグル, フィリップ画, マダン, D.彫版, ソーントン, R.J. 1812　スティップル（緑, 青色インク）手彩色仕上げ

バオバブ　Adansonia digitata
「花の本 ボタニカルアートの庭」角川書店　2010
◇p119（カラー）　Baobab　Chaumeton, François Pierre他編, テュルパン, P.J.F.画 1833〜35
「ウィリアム・カーティス 花図譜」同朋舎出版　1994
◇63図（カラー）　Ethiopian Sour–gourd or Monkey Bread　ハーバート, ウィリアム画『カーティス・ボタニカル・マガジン』 1828
「花の王国 4」平凡社　1990
◇p80（カラー）　カー, Ch.『中国産植物図譜』 1821　手彩色石版図版

ハカタユリ　Lilium brownii var.colchesteri
「ウィリアム・カーティス 花図譜」同朋舎出版　1994
◇354図（カラー）　White one–flowered Japan Lily　エドワーズ, シデナム・ティースト画

『カーティス・ボタニカル・マガジン』 1813

ハカマカズラ　Bauhinia japonica Maxim.
「シーボルト日本植物図譜コレクション」小学館 2008
◇図2–71(カラー)　Bauhinia scandens ［de Villeneuve, C.H.？］画　紙 透明絵の具 墨　24.0×33.0 ［ロシア科学アカデミーコマロフ植物学研究所図書館］ ※目録444 コレクションIII 44/330
◇図2–72(カラー)　Bauhinia japonica Maxim.［de Villeneuve, C.H.？］画 ［1820～1828頃］　紙 透明絵の具 墨　24.0×33.1 ［ロシア科学アカデミーコマロフ植物学研究所図書館］ ※目録443 コレクションIII 43/329

バガリア・パルビフローラ　Vagaria parviflora
「ユリ科植物図譜 1」学習研究社　1988
◇図250(カラー)　パンクラティウム・パルビフロールム　ルドゥーテ, ピエール＝ジョセフ 1802～1815

ハギ
「高松松平家博物図譜 衆芳画譜 花卉 第四」香川県立ミュージアム　2010
◇p50(カラー)　松平頼恭 江戸時代　紙本著色 画帖装(折本形式)　33.0×48.2 ［個人蔵］

パーキンソニア アクレアタ　Parkinsonia aculeata
「ボタニカルアートの世界」朝日新聞社　1987
◇p61上左(カラー)　ヤコイン図『Selectarum stirpium americanarum historia』 1763

はくうんぼく
「木の手帖」小学館　1991
◇図153(カラー)　白雲木　岩崎灌園『本草図譜』 文政11(1828)　約21×145 ［国立国会図書館］

ハクウンボク　Styrax obassia Sieb.et Zucc.
「シーボルト「フローラ・ヤポニカ」日本植物誌」八坂書房　2000
◇図46(白黒)　Obassia(Oho–ba zisja), Hak un bok, Zisja no ki ［国立国会図書館］
「北海道主要樹木図譜［普及版］」北海道大学図書刊行会　1986
◇図82(カラー)　須崎忠助 大正9(1920)～昭和6(1931) ［個人蔵］

白黄　'Hakuo'
「ばら花譜」平凡社　1983
◇PL.62(カラー)　Niphetos　二口善雄画, 鈴木省三, 籾山泰一著 1975　水彩

白乙女
「日本椿集」平凡社　1966
◇図44(カラー)　津山尚著, 二口善雄画 1960, 1965

白雁
「日本椿集」平凡社　1966
◇図88(カラー)　津山尚著, 二口善雄画 1965

ハクサンイチゲ　Anemone narcissiflora
「ウィリアム・カーティス 花図譜」同朋舎出版 1994
◇488図(カラー)　Narcissus–flowered Anemone or Wind Flower　エドワーズ, シデナム・ティースト画『カーティス・ボタニカル・マガジン』 1808

ハクサンオミナエシ　Patrinia triloba
「花彙 上」八坂書房　1977
◇図82(白黒)　苦蔗菜　小野蘭山, 島田充房 明和2(1765)　26.5×18.5 ［国立公文書館・内閣文庫］

ハクサンチドリの1種　Orchis sp.
「ビュフォンの博物誌」工作舎　1991
◇N047(カラー)『一般と個別の博物誌 ソンニーニ版』

白獅子
「日本椿集」平凡社　1966
◇図68(カラー)　津山尚著, 二口善雄画 1960

ハクセン　Dictamnus albus
「江戸博物文庫 花草の巻」工作舎　2017
◇p21(カラー)　白鮮　岩崎灌園『本草図譜』 ［東京大学大学院理学系研究科附属植物園(小石川植物園)］

白太神楽
「日本椿集」平凡社　1966
◇図85(カラー)　津山尚著, 二口善雄画 1959

ハクテウ
「高松松平家博物図譜 衆芳画譜 花果 第五」香川県立ミュージアム　2011
◇p48(カラー)　松平頼恭 江戸時代　紙本著色 画帖装(折本形式)　33.2×48.4 ［個人蔵］

白牡丹
「日本椿集」平凡社　1966
◇図63(カラー)　津山尚著, 二口善雄画 1959

ハクモクレン　Magnolia denudata
「花彙 下」八坂書房　1977
◇図147(白黒)　生庭　小野蘭山, 島田充房 明和2(1765)　26.5×18.5 ［国立公文書館・内閣文庫］

ハクモクレン　Magnolia denudata Desrouss.
「カーティスの植物図譜」エンタプライズ　1987
◇図1621(カラー)　Yulan『カーティスのボタニカルマガジン』 1787～1887

ハクモクレン　Magnolia heptapeta (Buchoz) Dandy
「シーボルト日本植物図譜コレクション」小学館 2008
◇図3–105(カラー)　Magnolia conspicua Salisb.　清水東谷画 ［1862］　紙 透明絵の具 墨 白色塗料　29.5×41.7 ［ロシア科学アカデミーコマロ

フ植物学研究所図書館]　※目録127 コレクションI 475/58

白露錦
「日本椿集」平凡社　1966
◇図195(カラー)　津山尚著, 二口善雄画 1957

ハケイトウ
「高松松平家博物図譜 衆芳画譜 花卉 第四」香川県立ミュージアム　2010
◇p46(カラー)　松平頼恭 江戸時代　紙本著色 画帖装(折本形式)　33.0×48.2 [個人蔵]

ハゲイトウ　Amaranthus tricolor
「すごい博物画」グラフィック社　2017
◇図版53(カラー)　ハゲイトウとシロバナユウガオ　マーシャル, アレクサンダー 1650～82頃 水彩　45.7×33.2 [ウィンザー城ロイヤル・ライブラリー]
「四季草花譜」八坂書房　1988
◇図79(カラー)　飯沼慾斎筆『草木図説稿本』[個人蔵]

ハゲイトウ　Amaranthus tricolor L.
「高木春山 本草図説 1」リブロポート　1988
◇図15(カラー)

ハゲイトウ
「フローラの庭園」八坂書房　2015
◇p76(カラー)　エドワーズ, ジョン『植物百選』1775　銅版(エングレーヴィング) 手彩色 紙 [ハント財団(ピッツバーグ)]
「彩色 江戸博物学集成」平凡社　1994
◇p27(カラー)　貝原益軒『大和本草諸品図』

はこねうつぎ
「木の手帖」小学館　1991
◇図169(カラー)　箱根空木　岩崎灌園『本草図譜』 文政11(1828)　約21×145 [国立国会図書館]

ハコネウツギ　Weigela coraeensis
「花彙 下」八坂書房　1977
◇図195(白黒)　海仙花　小野蘭山, 島田充房 明和2(1765)　26.5×18.5 [国立公文書館・内閣文庫]

ハコネウツギ　Weigela coraeensis Thunb.
「シーボルト「フローラ・ヤポニカ」日本植物誌」八坂書房　2000
◇図31(白黒)　Hakone utsugi [国立国会図書館]

ハコ子ウツキ
「高松松平家博物図譜 衆芳画譜 花果 第五」香川県立ミュージアム　2011
◇p48(カラー)　松平頼恭 江戸時代　紙本著色 画帖装(折本形式)　33.2×48.4 [個人蔵]

ハコ子バラ
「高松松平家博物図譜 衆芳画譜 花果 第五」香川県立ミュージアム　2011
◇p39(カラー)　松平頼恭 江戸時代　紙本著色 画帖装(折本形式)　33.2×48.4 [個人蔵]

はこべ
「野の草の手帖」小学館　1989
◇p49(カラー)　繁縷・蘩蔞　岩崎常正(灌園)『本草図譜』 文政11(1828) [国立国会図書館]

はこやなぎのはな
「高松松平家博物図譜 写生画帖 雑木」香川県立ミュージアム　2014
◇p92(カラー)　松平頼恭 江戸時代　紙本著色 画帖装(折本形式)　33.2×48.4 [個人蔵]　※表紙・裏表紙見返し墨書 安永6(1777)6月 程赤城筆

羽衣
「日本椿集」平凡社　1966
◇図95(カラー)　津山尚著, 二口善雄画 1956

ハコロモソウ
「高松松平家博物図譜 衆芳画譜 花卉 第四」香川県立ミュージアム　2010
◇p68(カラー)　松平頼恭 江戸時代　紙本著色 画帖装(折本形式)　33.0×48.2 [個人蔵]

ハゴロモソウ
「高松松平家博物図譜 衆芳画譜 花卉 第四」香川県立ミュージアム　2010
◇p72(カラー)　松平頼恭 江戸時代　紙本著色 画帖装(折本形式)　33.0×48.2 [個人蔵]

ハゴロモソウ
⇒ノコギリソウ・ハゴロモソウを見よ

ハシドイ　Syringa reticulata Hara
「北海道主要樹木図譜[普及版]」北海道大学図書刊行会　1986
◇図86(カラー)　Syringa japonica Decne.　須崎忠助 大正9(1920)～昭和6(1931) [個人蔵]

ハシドイの1種　Syringa sp.
「ビュフォンの博物誌」工作舎　1991
◇N110(カラー)『一般と個別の博物誌 ソンニーニ版』

ハシニキ　Caladium bicolor
「ウィリアム・カーティス 花図譜」同朋舎出版　1994
◇45図(カラー)　Two-coloured Arum　エドワーズ, シデナム・ティースト画『カーティス・ボタニカル・マガジン』 1805

はしばみ
「木の手帖」小学館　1991
◇図28(カラー)　榛　岩崎灌園『本草図譜』 文政11(1828)　約21×145 [国立国会図書館]

ハシバミ　Corylus maxima
「ルドゥーテ画 美花選 2」学習研究社　1986
◇図68(カラー)　1827～1833

ハシバミ
「彩色 江戸博物学集成」平凡社　1994

◇p103（カラー）　花・葉・果実・枯葉　細川重賢『群芳図』　［永青文庫］

ハシバミ 二種
「高松松平家博物図譜 衆芳画譜 花果 第五」香川県立ミュージアム　2011
◇p51（カラー）　松平頼恭 江戸時代　紙本著色 画帖装（折本形式）　33.2×48.4　［個人蔵］

バショウの1種　Musa rosacea
「花の王国 4」平凡社　1990
◇p54（カラー）　ファン・ヘール編『愛好家の花々』　1847　手彩色石版画

バショウの1種　Musa sinensis
「花の王国 4」平凡社　1990
◇p52～53（カラー）　ルメール, Ch.『一般園芸家雑誌』　1841～？

ばせふのはな
「高松松平家博物図譜 写生画帖 雑木」香川県立ミュージアム　2014
◇p103（カラー）　松平頼恭 江戸時代　紙本著色 画帖装（折本形式）　33.2×48.4　［個人蔵］　※表紙・裏表紙見返し墨書 安永6（1777）6月 程赤城筆

ハシラサボテン　Cereus glandiflora
「花の王国 4」平凡社　1990
◇p96（カラー）　ルメール, シャイトヴァイラー, ファン・ホーテ著, セヴェリン図『ヨーロッパの温室と庭園の花々』　1845～60　色刷り石版

ハシラサボテン　Cereus peruvianus
「花の本 ボタニカルアートの庭」角川書店　2010
◇p111（カラー）　Cereus　Knorr, Georg Wolfgang　1750～72

ハシラサボテン　Cereus serpentinus
「花の王国 4」平凡社　1990
◇p97（カラー）　現在のトリコクレウス類（？）『カーチス・ボタニカル・マガジン』　1787～継続

ハシラサボテン　Cereus sp.
「花の王国 4」平凡社　1990
◇p94～95（カラー）　馬場大助『遠西舶上画譜』　制作年代不詳　［東京国立博物館］

ハシラサボテン　Selenicereus grandiflorus
「花の本 ボタニカルアートの庭」角川書店　2010
◇p112（カラー）　Cereus　Ehret, Georg Dionysius 1754

ハシラサボテン
「花の王国 4」平凡社　1990
◇p10（白黒）　メリアン『樹木と植物の博物誌』

柱サボテン
「フローラの庭園」八坂書房　2015
◇p34（カラー）　セレニケレウス・グランディフロルス（大輪柱）　エーレット原画, トリュー, クリストフ・ヤコブ『植物選集』　1754　銅版（エングレーヴィング）手彩色 紙　50×35　［テイラー博物館（ハールレム）］
◇p35（カラー）　セレニケレウス・グランディフロルス（大輪柱）　エーレット原画, トリュー, クリストフ・ヤコブ『植物選集』　1754　銅版（エングレーヴィング）手彩色 紙　50×35　［テイラー博物館（ハールレム）］
◇p61（カラー）　ヘリオケレウス・スペキオススルドゥーテ画 1831　水彩 犢皮紙（ヴェラム）　70.2×57.2　［ロサンゼルス郡立美術館］

ハシラサボテンの1種　Cereus
「図説 ボタニカルアート」河出書房新社　2010
◇p72（白黒）　ウエインマン『美花図譜』　1786

ハシラサボテンの1種　Cereus erectus…
「ボタニカルアートの世界」朝日新聞社　1987
◇p57右上（カラー）　エーレット画『Phytanthoza Iconographia』　1737～45

ハシラサボテンの1種　Cereus sp.
「図説 ボタニカルアート」河出書房新社　2010
◇p66（白黒）　ドゥ・ジュシュー『フランス学士院紀要』　1716

ハシラサボテンの1種　Selenicereus grandiflorus
「図説 ボタニカルアート」河出書房新社　2010
◇p85（カラー）　ライナッグル画, ソーントン『フロラの神殿』　1799～1807

ハシラサボテン（セレウス）の1種
「植物精選百種図譜 博物画の至宝」平凡社　1996
◇pl.14（カラー）　Cereus 「大輪柱」Selenicereus glandiflorus　トレウ, C.J., エーレト, G.D.　1750～73

はす　Nelumbo nucifera
「草木写生 秋の巻」ピエ・ブックス　2010
◇p180～181（カラー）　蓮　狩野織染藤原重賢 明暦3（1657）～元禄12（1699）　［国立国会図書館］

ハス　Nelumbium speciosum
「ボタニカルアート 西洋の美花集」パイ インターナショナル　2010
◇p80（カラー）『カーティス・ボタニカル・マガジン23巻』　1806　銅版画 手彩色

ハス　Nelumbo nucifera
「図説 ボタニカルアート」河出書房新社　2010
◇p85（カラー）　ライナッグル画, ソーントン『フロラの神殿』　1799～1807
「ウィリアム・カーティス 花図譜」同朋舎出版　1994
◇393図（カラー）　Sacred Bean of India　エドワーズ, シデナム・ティースト画『カーティス・ボタニカル・マガジン』　1806
「花の王国 1」平凡社　1990
◇p86（カラー）　ソーントン, R.J.『フローラの神殿』　1812

ハス　Nelumbo nucifera Gaertn.
「岩崎灌園の草花写生」たにぐち書店　2013
◇p16（カラー）　蓮　［個人蔵］
「高木春山 本草図説 1」リブロポート　1988
◇図23（カラー）

ハス
「イングリッシュ・ガーデン」求龍堂　2014
◇図33i（カラー）　ハスとキバナハス　ヘンダーソン, ピーター, ソーントン, R.J.編『フローラの神殿』 1804　銅版 紙　54.0×44.0　［マイケル＆マリコ・ホワイトウェイ］

ハズ　Croton tiglium
「江戸博物文庫 菜樹の巻」工作舎　2017
◇p150（カラー）　巴豆　岩崎灌園『本草図譜』［東京大学大学院理学系研究科附属植物園（小石川植物園）］

ハスノハギリ　Hernandia sonora
「図説 ボタニカルアート」河出書房新社　2010
◇p70（白黒）　Hernandia　エーレット画, リンネ『クリフォート邸植物誌』 1738

蓮見白
「日本椿集」平凡社　1966
◇図78（カラー）　津山尚著, 二口善雄画 1965

ハゼノキ　Rhus succedanea
「花彙 下」八坂書房　1977
◇図111（白黒）　鵐臼　小野蘭山, 島田充房 明和2（1765）　26.5×18.5　［国立公文書館・内閣文庫］

ハゼノキ　Rhus succedanea L.
「高木春山 本草図説 1」リブロポート　1988
◇図27（カラー）

ハゼリソウの1種　Phacelia congesta
「図説 ボタニカルアート」河出書房新社　2010
◇p79（白黒）　フィッチ画　［リンドリー・ライブラリー］

旗桜　Prunus Lannesiana Wils. 'Hatazakura'
「日本桜集」平凡社　1973
◇Pl.34（カラー）　大井次三郎著, 太田洋愛画 1968写生　水彩

はちく
「木の手帖」小学館　1991
◇図172（カラー）　淡竹　岩崎灌園『本草図譜』文政11（1828）　約21×145　［国立国会図書館］

はちじやうさう
「高松松平家博物図譜 写生画帖 雑草」香川県立ミュージアム　2013
◇p94（カラー）　松平頼恭 江戸時代　紙本著色 画帖装（折本形式）　33.2×48.4　［個人蔵］

ハチジョウナ
「彩色 江戸博物学集成」平凡社　1994
◇p87（カラー）　キアザミ　松平頼恭『写生画帖』［松平公益会］

初嵐
「日本椿集」平凡社　1966
◇図48（カラー）　津山尚著, 二口善雄画 1959

白鶴
「日本椿集」平凡社　1966
◇図53（カラー）　津山尚著, 二口善雄画 1965

初雁
「日本椿集」平凡社　1966
◇図220（カラー）　津山尚著, 二口善雄画 1960, 1965

白鷗
「日本椿集」平凡社　1966
◇図140（カラー）　津山尚著, 二口善雄画 1956

バッコヤナギ　Salix bakko Kimura
「北海道主要樹木図譜［普及版］」北海道大学図書刊行会　1986
◇図15（カラー）　Salix caprea L.　須崎忠助 大正9（1920）〜昭和6（1931）　［個人蔵］

八朔絞
「日本椿集」平凡社　1966
◇図169（カラー）　津山尚著, 二口善雄画 1965

パッシフロラ・アウランティア　Passiflora aurantia
「図説 ボタニカルアート」河出書房新社　2010
◇p57（カラー）　Murucuja baueri　バウアー, フェルディナンド画, リンドレー『植物学選集』 1821

パッシフロラ・アラタ　Passiflora alata
「美花選［普及版］」河出書房新社　2016
◇図40（カラー）　Passiflore ailée/Passiflora alata　ルドゥーテ, ピエール＝ジョゼフ画 1827〜1833　［コノサーズ・コレクション東京］

パッシフロラ・ツクマネンシス　Pássiflora tucumanensis
「ウィリアム・カーティス 花図譜」同朋舎出版　1994
◇465図（カラー）　Large-stipuled Passion-flower　フィッチ, ウォルター・フード画『カーティス・ボタニカル・マガジン』 1838

パッションフラワー
「昆虫の劇場」リブロポート　1991
◇p46（カラー）　メーリアン, M.S.『スリナム産昆虫の変態』 1726
「R・J・ソーントン フローラの神殿 新装版」リブロポート　1990
◇第23葉（カラー）　The Blue Passion Flower　ライナグル, フィリップ画, コールドウェル彫版, ソーントン, R.J. 1811　スティップル（青, 緑, 赤褐色インク）アクアチント（青, 茶色インク）手彩色仕上げ
◇第24葉（カラー）　The Winged Passion Flower

ウィングド・パッション・フラワー　ヘンダーソン, ピーター画, スタドラー彫版, ソーントン, R.J. 1812　スティップル(赤, 青, 緑色インク) アクアチント(青, 茶色インク) 手彩色仕上げ
◇第25葉(カラー)　The Quadrangular Passion Flower　カドラングラー・パッション・フラワー　ヘンダーソン, ピーター画, マドックス彫版, ソーントン, R.J. 1812　スティップル(赤, 青, 緑色インク) アクアチント(青, 茶色インク) 手彩色仕上げ

初瀬山
「日本椿集」平凡社　1966
◇図178(カラー)　津山尚著, 二口善雄画 1965

ハッピー・イヴェント　'Happy Event'
「ばら花譜」平凡社　1983
◇PL.129(カラー)　二口善雄画, 鈴木省三, 籾山泰一著 1977　水彩

ハツユキソウ　Euphorbia marginata
「ウィリアム・カーティス 花図譜」同朋舎出版　1994
◇174図(カラー)　Pye–balled Spurge or Snow–on–the–mountainn　エドワーズ, シデナム・ティースト画『カーティス・ボタニカル・マガジン』 1815

バテマニア・コレイイ　Batemania Colleyi Ldl.
「蘭花譜」平凡社　1974
◇Pl.84–1(カラー)　加藤光治著, 二口善雄画 1969写生

ハートウェギア・プルプレア　Hartwegia purprea Ldl.
「蘭花譜」平凡社　1974
◇Pl.23–3(カラー)　加藤光治著, 二口善雄画 1969写生

はとくさ
「高松松平家博物図譜 写生画帖 雑草」香川県立ミュージアム　2013
◇p64(カラー)　松平頼恭 江戸時代　紙本著色 画帖装(折本形式)　33.2×48.4　[個人蔵]

ハトバラ
「高松松平家博物図譜 衆芳画譜 花果 第五」香川県立ミュージアム　2011
◇p62(カラー)　松平頼恭 江戸時代　紙本著色 画帖装(折本形式)　33.2×48.4　[個人蔵]

ハトヤバラ　forma rosea (Makino) Makino
「ばら花譜」平凡社　1983
◇PL.19–b(カラー)　二口善雄画, 鈴木省三, 籾山泰一著 1976　水彩

ハナアオイ　Lavatera phoenicea
「美花選[普及版]」河出書房新社　2016
◇図58(カラー)　Lavatera Phoenicea/Hibiscus　ルドゥーテ, ピエール=ジョゼフ画 1827〜1833　[コノサーズ・コレクション東京]
「ルドゥーテ画 美花選 2」学習研究社　1986
◇図58(カラー)　1827〜1833

ハナイ
「ユリ科植物図譜 2」学習研究社　1988
◇図246(カラー)　Butomus umbellatus　ルドゥーテ, ピエール=ジョセフ 1802〜1815

ハナイカダ　Helwingia japonica (Thunb.ex Murray) F.G.Dietr.
「シーボルト「フローラ・ヤポニカ」 日本植物誌」八坂書房　2000
◇図86(カラー)　Hanaikada　[国立国会図書館]

ハナイチゲ　Anemone coronaria
「美花選[普及版]」河出書房新社　2016
◇図107(カラー)　Anemone simple/Anemone simplex　ルドゥーテ, ピエール=ジョゼフ画 1827〜1833　[コノサーズ・コレクション東京]
◇図143(カラー)　Anémone　ルドゥーテ, ピエール=ジョゼフ画 1827〜1833　[コノサーズ・コレクション東京]

ハナイチゲ
⇒アネモネ(ハナイチゲ)を見よ

ハナウド　Heracleum lanatum subsp. Moellendorffii
「花木真寫」淡交社　2005
◇図50(カラー)　當歸　近衛予楽院家熙　[(財)陽明文庫]

ハナエンジュ　Robinia hispida
「すごい博物画」グラフィック社　2017
◇図版88(カラー)　アメリカンバイソンとハナエンジュ　ケイツビー, マーク 1722〜26頃　グラファイトの上に、アラビアゴムを混ぜた水彩 濃厚顔料　26.6×37.7　[ウィンザー城ロイヤル・ライブラリー]

花笠　Prunus Lannesiana Wils. 'Hanagasa'
「日本桜集」平凡社　1973
◇Pl.33(カラー)　大井次三郎著, 太田洋愛画 1972写生　水彩

ハナガサシャクナゲ
「R・J・ソーントン フローラの神殿 新装版」リブロポート　1990
◇第18葉(カラー)　The Narrow–leaved Kalmia　ライナグル, フィリップ画, マドックス彫版, ソーントン, R.J. 1811　スティップル(緑, 黒色インク) アクアチント(褐色, 青色インク)

ハナカズラ　Aconitum japonovolubile
「四季草花譜」八坂書房　1988
◇図49(カラー)　ハナヅル　飯沼慾斎筆『草木図説稿本』　[個人蔵]

ハナキンポウゲ　Ranunculus asiaticus
「すごい博物画」グラフィック社　2017
◇図版43(カラー)　クロアヤメ、カラフトヒヨクソウ、ヨーロッパハラビロトンボ、ハナキンポウ

ゲ、ニクバエ、キバナルリソウ、フウロソウ　マーシャル, アレクサンダー　1650〜82頃　水彩　46.0×33.3　［ウィンザー城ロイヤル・ライブラリー］

ハナキンポウゲ(ラナンキュラス)

「美花図譜」八坂書房　1991
◇図68(カラー)　ウエインマン『花譜』 1736〜1748　銅版刷手彩色　［群馬県館林市立図書館］

花車

「日本椿集」平凡社　1966
◇図19(カラー)　津山尚著, 二口善雄画 1965

ハナケマンソウ　Dicentra formosa

「ウィリアム・カーティス 花図譜」同朋舎出版　1994
◇178図(カラー)　Blush Fumitory　エドワーズ, シデナム・ティースト画『カーティス・ボタニカル・マガジン』 1810

ハナサフラン　Crocus vernus

「すごい博物画」グラフィック社　2017
◇図版37(カラー)　ダイダイ、ハナサフラン、ヨーロッパヤマカガシ、オオボクトウの幼虫　マーシャル, アレクサンダー　1650〜82頃　水彩　［ウィンザー城ロイヤル・ライブラリー］
◇図版38(カラー)　ハナサフラン、クロス・オブ・ゴールド・クロッカス、ミスミソウ、アネモネ、カケス　マーシャル, アレクサンダー　1650〜82頃　水彩　45.3×33.3　［ウィンザー城ロイヤル・ライブラリー］
◇図版39(カラー)　ヒヤシンス、アヤメ、スイセン、ハナサフラン　マーシャル, アレクサンダー　1650〜82頃　水彩　45.9×33.0　［ウィンザー城ロイヤル・ライブラリー］

ハナサフラン

「フローラの庭園」八坂書房　2015
◇p69(カラー)　マーシャル, アレクサンダー画『フラワー・ブック』 1680頃　水彩 紙　46.0×33.3　［英国王室コレクション］

ハナサフラン(ムラサキサフラン)

「ユリ科植物図譜 1」学習研究社　1988
◇図42(カラー)　Crocus vernus　ルドゥーテ, ピエール＝ジョセフ 1802〜1815

ハナシノブ　Polemonium kiushianum

「花彙 上」八坂書房　1977
◇図58(白黒)　金雀児椒　小野蘭山, 島田充房 明和2(1765)　26.5×18.5　［国立公文書館・内閣文庫］

ハナシノブ

「ボタニカルアート 西洋の美花集」パイ インターナショナル　2010
◇p191(カラー)　ラウドン, ジェーン・ウェルズ画・著『英国の野草』 1846　石版画 手彩色
「高松松平家博物図譜 衆芳画譜 花卉 第四」香川県立ミュージアム　2010
◇p64(カラー)　松平頼恭 江戸時代　紙本著色 画帖装(折本形式)　33.0×48.2　［個人蔵］

ハナシノブの1種　Polemonium sp.

「ビュフォンの博物誌」工作舎　1991
◇N120(カラー)『一般と個別の博物誌 ソンニーニ版』

ハナショウブ　Iris ensata

「花の王国 1」平凡社　1990
◇p18(カラー)　ルメール『園芸図譜誌』 1854〜86

ハナショウブ　Iris ensata Thunb.

「花の肖像 ボタニカルアートの名品と歴史」創土社　2006
◇fig.78(カラー)　歌川(安藤)広重画『江戸百景』 1857
◇fig.80(カラー)　岩崎灌園画『本草図説』　［東京大学理学系研究科附属植物園］
「花の王国 1」平凡社　1990
◇p19(カラー)　三好学『花菖蒲図譜』 1920
「カーティスの植物図譜」エンタプライズ　1987
◇図2528(カラー)　Iris longispatha Fisch.『カーティスのボタニカルマガジン』 1787〜1887

ハナショウブ

「彩色 江戸博物学集成」平凡社　1994
◇p295(カラー)　川原慶賀『動植物図譜』　［オランダ国立自然史博物館］
「ボタニカルアートの世界」朝日新聞社　1987
◇p128下左(白黒)　伊藤伊兵衛『広益地錦抄』 1719

はなずおう　Cercis chinensis

「草木写生 春の巻」ピエ・ブックス　2010
◇p214〜215(カラー)　花蘇芳　狩野織染藤原重賢 明暦3(1657)〜元禄12(1699)　［国立国会図書館］

はなずおう

「木の手帖」小学館　1991
◇図97(カラー)　花蘇芳　岩崎灌園『本草図譜』 文政11(1828)　約21×145　［国立国会図書館］

ハナズオウ　Cercis chinensis

「花木真寫」淡交社　2005
◇図19(カラー)　蘓枋　近衛予楽院家熈　［(財)陽明文庫］

ハナスグリ　Ribes sanguineum

「図説 ボタニカルアート」河出書房新社　2010
◇p79(白黒)　ウィザーズ画　［リンドリー・ライブラリー］

ハナセンナ　Cassia corymbosa

「ウィリアム・カーティス 花図譜」同朋舎出版　1994
◇268図(カラー)　Corymbous Cassia　エドワーズ, シデナム・ティースト画『カーティス・ボタニカル・マガジン』 1803

花橘

「日本椿集」平凡社　1966
◇図22(カラー)　津山尚著, 二口善雄画 1965

ハナタネツケバナ　Cardamine pratensis L.
「須崎忠助植物画集」北海道大学出版会　2016
◇図44–73（カラー）　はなたねつけはな『大雪山植物其他』（昭和）2 ［北海道大学附属図書館］

花チヤウジ
「高松松平家博物図譜 衆芳画譜 花果 第五」香川県立ミュージアム　2011
◇p12（カラー）　松平頼恭 江戸時代　紙本著色 画帖装（折本形式）33.2×48.4 ［個人蔵］

ハナツルボラン　Asphodelus fistulosus
「図説 ボタニカルアート」河出書房新社　2010
◇p75（白黒）　キキクス画，コデスロエ，ハント『ボフォート公爵夫人の花々』1983

ハナツルボラン　Asphodelus fistulosus L.
「花の肖像 ボタニカルアートの名品と歴史」創土社　2006
◇fig.18（カラー）　キキクス画

ハナツルボラン
「ユリ科植物図譜 2」学習研究社　1988
◇図145（カラー）　アスフォデルス・フィストゥロースス　ルドゥーテ，ピエール＝ジョセフ 1802〜1815

バナナの花　Musa sp.
「植物精選百種図譜 博物画の至宝」平凡社　1996
◇pl.22（カラー）　Musae　トレウ，C.J.，エーレト，G.D. 1750〜73

ハナネコノメ　Chrysosplenium album Maxim. var.stamineum (Franch.) H.Hara
「シーボルト日本植物図譜コレクション」小学館 2008
◇図1–65（カラー）　Chrysosplenium ［川原慶賀］画　紙 透明絵の具 墨　9.3×12.7 ［ロシア科学アカデミーコマロフ植物学研究所図書館］ ※目録326 コレクションIV［508］/438

ハナノキ　Acer pycnanthum K.Koch
「シーボルト「フローラ・ヤポニカ」日本植物誌」八坂書房　2000
◇図143–I（カラー）　I, IIともKakure Mimo ［国立国会図書館］

ハナビシソウ　Eschscholzia californica
「花の王国 1」平凡社　1990
◇p87（カラー）『エドワーズ植物記録簿』1815〜47

花富貴
「日本椿集」平凡社　1966
◇図104（カラー）　津山尚著，二口善雄画 1957

ハナマキ　Callistemon citrinus
「ウィリアム・カーティス 花図譜」同朋舎出版 1994
◇386図（カラー）　Harsh–leav'd Metrosideros　エドワーズ，シデナム・ティースト画『カーティス・ボタニカル・マガジン』1794　※キンポウジュ

花見車―東京
「日本椿集」平凡社　1966
◇図173（カラー）　津山尚著，二口善雄画 1958

花見車―名古屋
「日本椿集」平凡社　1966
◇図172（カラー）　津山尚著，二口善雄画 1965

ハナミズキ　Cornus florida
「花の本 ボタニカルアートの庭」角川書店 2010
◇p57（カラー）　Dogwood　Curtis, William 1787〜

ハナミズキ
「カーティスの植物図譜」エンタプライズ　1987
◇図526（カラー）　Flowering Dogwood『カーティスのボタニカルマガジン』1787〜1887

ハナミズキ
⇒アメリカヤマボウシを見よ

はなもつこく
「高松松平家博物図譜 写生画帖 雑木」香川県立ミュージアム　2014
◇p79（カラー）　松平頼恭 江戸時代　紙本著色 画帖装（折本形式）33.2×48.4 ［個人蔵］ ※表紙・裏表紙見返し墨書 安永6(1777)6月 程赤城筆

ハナヤスリの1種　Ophioglossum sp.
「ビュフォンの博物誌」工作舎　1991
◇N024（カラー）『一般と個別の博物誌 ソンニーニ版』

ハナワギク　Chrysanthemum carinatum
「美花選［普及版］」河出書房新社　2016
◇図131（カラー）　Chrysanthème carené/Chrysanthemum carinatum　ルドゥーテ，ピエール＝ジョゼフ画 1827〜1833 ［コノサーズ・コレクション東京］
「ボタニカルアート 西洋の美花集」パイ インターナショナル　2010
◇p38（カラー）　カーティス，ウィリアム著『カーティス・ボタニカル・マガジン96巻』1870　カラー印刷
◇p39（カラー）　ルドゥーテ，ピエール＝ジョセフ画・著『美花選』1827〜33　点刻銅版画多色刷 一部手彩色

はなわらび
「高松松平家博物図譜 写生画帖 雑草」香川県立ミュージアム　2013
◇p56（カラー）　松平頼恭 江戸時代　紙本著色 画帖装（折本形式）33.2×48.4 ［個人蔵］

バニラ・プラニホリア　Vanilla planifolia Andrews
「蘭花譜」平凡社　1974
◇Pl.16–8（カラー）　加藤光治著，二口善雄画 1941写生

パパウエル・ブラクテアトゥム
⇒ケシの1種、パパウエル・ブラクテアトゥムを見よ

ははこぐさ
「野の草の手帖」小学館　1989
◇p51（カラー）　母子草　岩崎常正（灌園）『本草図譜』文政11（1828）［国立国会図書館］

ハハコグサ　Gnaphalium eximium
「ルドゥーテ画 美花選 1」学習研究社　1986
◇図49（カラー）1827〜1833

ハハコヨモギ　Artemisia glomerata Ledeb.
「須崎忠助植物画集」北海道大学出版会　2016
◇図43–72（カラー）　千島ハ、コヨモギ『大雪山植物其他』（昭和）2［北海道大学附属図書館］

パパ・メイヤン　'Papa Meilland'
「ばら花譜」平凡社　1983
◇PL.105（カラー）　二口善雄画, 鈴木省三, 籾山泰一著 1975　水彩

バビアナ・ストリクタ　Babiana stricta
「ユリ科植物図譜 1」学習研究社　1988
◇図76（カラー）　グラディオルス・ムクロナートゥス　ルドゥーテ, ピエール＝ジョセフ 1802〜1815

バビアナ・トゥバータ　Babiana tubata
「ユリ科植物図譜 1」学習研究社　1988
◇図74（カラー）　グラディオルス・トゥバートゥス　ルドゥーテ, ピエール＝ジョセフ 1802〜1815

バビアナ・トゥビフローラ　Babiana tubiflora
「ユリ科植物図譜 1」学習研究社　1988
◇図64（カラー）　グラディオルス・インクリナートゥス　ルドゥーテ, ピエール＝ジョセフ 1802〜1815
◇図75（カラー）　グラディオルス・トゥビフロールス　ルドゥーテ, ピエール＝ジョセフ 1802〜1815

パヒオペジラム・アーガス　Paphiopedilum argus（Rchb.f.）Pfitz.
「蘭花譜」平凡社　1974
◇Pl.9–2（カラー）　加藤光治著, 二口善雄画 1941写生

パヒオペジラム・アップレトニアナム
Paphiopedilum Appletonianum（Gower）Rolfe（Cypripedium Wolterianum Krzl.）
「蘭花譜」平凡社　1974
◇Pl.11–4（カラー）　加藤光治著, 二口善雄画 1941写生

パヒオペジラム・インシグネ
Paphiopedilum insigne（Wall.）Pfitz.
「蘭花譜」平凡社　1974
◇Pl.4–1（カラー）　加藤光治著, 二口善雄画 1940写生

パヒオペジラム・インシグネ・サンデレー
Paphiopedilum insigne Pfitz.var.Sanderae Rchb.f.
「蘭花譜」平凡社　1974
◇Pl.4–2（カラー）　加藤光治著, 二口善雄画 1969写生

パヒオペジラム・インシグネ・ヘヤヒールド–ホール　Paphiopedilum insigne Pfitz.var. Harefield Hall Hort.
「蘭花譜」平凡社　1974
◇Pl.4–3（カラー）　加藤光治著, 二口善雄画 1941写生

パヒオペジラム・インシグネ・モンタナム
Paphiopedilum insigne Pfitz.var.montanum Hort.
「蘭花譜」平凡社　1974
◇Pl.4–4（カラー）　加藤光治著, 二口善雄画 1970写生

パヒオペジラム・エクザル　Paphiopedilum exul（O'Brien）Pfitz.
「蘭花譜」平凡社　1974
◇Pl.12–1（カラー）　加藤光治著, 二口善雄画 1970写生

パヒオペジラム・カーチシイ・サンデレー
Paphiopedilum Curtisii（Rchb.f.）Pfitz.var. Sanderae Hort.
「蘭花譜」平凡社　1974
◇Pl.5–5（カラー）　加藤光治著, 二口善雄画 1941写生

パヒオペジラム・カロサム　Paphiopedilum callosum（Rchb.f.）Pfitz.
「蘭花譜」平凡社　1974
◇Pl.5–3（カラー）　加藤光治著, 二口善雄画 1941写生

パヒオペジラム・カロサム・サンデレー
Paphiopedilum callosum Pfitz.var.Sanderae Pfitz.
「蘭花譜」平凡社　1974
◇Pl.5–4（カラー）　加藤光治著, 二口善雄画 1940写生

パヒオペジラム・グローコヒラム
Paphiopedilum glaucophyllum J.J.Sm.
「蘭花譜」平凡社　1974
◇Pl.11–3（カラー）　加藤光治著, 二口善雄画 1941写生

パヒオペジラム・ゴデフロイ
Paphiopedilum Godefroyae（Godefr.）Pfitz.
「蘭花譜」平凡社　1974
◇Pl.7–4（カラー）　加藤光治著, 二口善雄画 1971写生

パヒオペジラム・コンカラー　Paphiopedilum concolor (Par.et Batem.) Pfitz.
「蘭花譜」平凡社　1974
◇Pl.7–2〜3（カラー）　加藤光治著, 二口善雄画 1971,1942写生

パヒオペジラム・サクハクリイ
Paphiopedilum Sukhakulii Schoser et Senghsa
「蘭花譜」平凡社　1974
◇Pl.9–4（カラー）　加藤光治著, 二口善雄画 1968写生

パヒオペジラム・ジャバニカム
Paphiopedilum javanicum (Reinw) Pfitz.
「蘭花譜」平凡社　1974
◇Pl.5–1（カラー）　加藤光治著, 二口善雄画 1941写生

パヒオペジラム・シリオレア
Paphiopedilum ciliolare (Rchb.f.) Stein
「蘭花譜」平凡社　1974
◇Pl.10–2（カラー）　加藤光治著, 二口善雄画 1971写生

パヒオペジラム・ストネイ　Paphiopedilum Stonei (Hk.f.) Pfitz.
「蘭花譜」平凡社　1974
◇Pl.13–1（カラー）　加藤光治著, 二口善雄画 1969写生

パヒオペジラム・スピセリアナム
Paphiopedilum Spicerianum (Rchb.f.) Pfitz.
「蘭花譜」平凡社　1974
◇Pl.9–1（カラー）　加藤光治著, 二口善雄画 1940写生

パヒオペジラム・ダイヤナム
Paphiopedilum Dayanum (Rchb.f.) Pfitz.
「蘭花譜」平凡社　1974
◇Pl.11–5〜6（カラー）　加藤光治著, 二口善雄画 1941,1942写生

パヒオペジラム・チャールズウォーシイ
Paphiopedilum Charlesworthii (Rolfe) Pfitz.
「蘭花譜」平凡社　1974
◇Pl.6–2（カラー）　加藤光治著, 二口善雄画 1942写生

パヒオペジラム・デレナチイ
Paphiopedilum Delenatii Guillaum.
「蘭花譜」平凡社　1974
◇Pl.7–1（カラー）　加藤光治著, 二口善雄画 1968写生

パヒオペジラム・ドルリアイ
Paphiopedilum Druryi (Beddome) Pfitz.
「蘭花譜」平凡社　1974
◇Pl.10–5（カラー）　加藤光治著, 二口善雄画 1960写生

パヒオペジラム・トンサム　Paphiopedilum tonsum Pfitz.
「蘭花譜」平凡社　1974
◇Pl.3–1（カラー）　加藤光治著, 二口善雄画 1968写生

パヒオペジラム・ニビューム
Paphiopedilum niveum (Rchb.f.) Pfitz.
「蘭花譜」平凡社　1974
◇Pl.7–6（カラー）　加藤光治著, 二口善雄画 1969写生

パヒオペジラム・ハイナルディアナム
Paphiopedilum Haynaldianum (Rchb.f.) Pfitz.
「蘭花譜」平凡社　1974
◇Pl.11–2（カラー）　加藤光治著, 二口善雄画 1941写生

パヒオペジラム・バーバタム
Paphiopedilum barbatum (Ldl.) Pfitz.
「蘭花譜」平凡社　1974
◇Pl.10–1（カラー）　加藤光治著, 二口善雄画 1940写生

パヒオペジラム・パリシイ　Paphiopedilum Parishii (Rchb.f.) Pfitz.
「蘭花譜」平凡社　1974
◇Pl.6–1（カラー）　加藤光治著, 二口善雄画 1968写生

パヒオペジラム・ヒルスチシマム
Paphiopedilum hirsutissimum (Ldl.) Pfitz.
「蘭花譜」平凡社　1974
◇Pl.5–6（カラー）　加藤光治著, 二口善雄画 1941写生

パヒオペジラム・ビロサム　Paphiopedilum villosum (Ldl.) Pfitz.
「蘭花譜」平凡社　1974
◇Pl.9–3（カラー）　加藤光治著, 二口善雄画 1940写生

パヒオペジラム・フィリピネンセ
Paphiopedilum philippinense (Rchb.f.) Pfitz. (Cypripedium laevigatum Batem.)
「蘭花譜」平凡社　1974
◇Pl.8–1（カラー）　加藤光治著, 二口善雄画 1941写生

パヒオペジラム・フィリピネンセ・ヘレン
Paphiopedilum philippinense Pfitz.var.Helene
「蘭花譜」平凡社　1974
◇Pl.8–2（カラー）　加藤光治著, 二口善雄画 1941写生

パヒオペジラム・フェイリアナム
Paphiopedilum Fairrieanum (Ldl.) Pfitz.
「蘭花譜」平凡社　1974
◇Pl.6–3（カラー）　加藤光治著, 二口善雄画 1967写生

パヒオペジラム・プルプラタム
Paphiopedilum purpuratum (Ldl.) Pfitz.
「蘭花譜」平凡社　1974
◇Pl.10–4(カラー)　加藤光治著, 二口善雄画 1968写生

パヒオペジラム・ブレニアナム
Paphiopedilum Bullenianum (Rchb.f.) Pfitz.
「蘭花譜」平凡社　1974
◇Pl.12–2(カラー)　加藤光治著, 二口善雄画 1971写生

パヒオペジラム・ベナスタム
Paphiopedilum venustum (Wall.) Pfitz.
「蘭花譜」平凡社　1974
◇Pl.10–3(カラー)　加藤光治著, 二口善雄画 1940写生

パヒオペジラム・ヘニシアナム
Paphiopedilum hennisianum
「蘭花譜」平凡社　1974
◇Pl.12–4(カラー)　加藤光治著, 二口善雄画 1970写生

パヒオペジラム・ベラチュラム
Paphiopedilum bellatulum (Rchb.f.) Pfitz.
「蘭花譜」平凡社　1974
◇Pl.7–5(カラー)　加藤光治著, 二口善雄画 1940写生

パヒオペジラム・リニイ　Paphiopedilum linii Gustav Schoser
「蘭花譜」平凡社　1974
◇Pl.12–3(カラー)　加藤光治著, 二口善雄画 1970写生

パヒオペジラム・ローウィイ
Paphiopedilum Lowii (Ldl.) Pfitz.
「蘭花譜」平凡社　1974
◇Pl.11–1(カラー)　加藤光治著, 二口善雄画 1941写生

パヒオペジラム・ローレンセアナム
Paphiopedilum Lawrenceanum (Rchb. f.) Pfitz.
「蘭花譜」平凡社　1974
◇Pl.5–2(カラー)　加藤光治著, 二口善雄画 1941写生

バビショウ　Pinus massoniana
「花の王国 3」平凡社　1990
◇p122(カラー)　ビュショー, P.J.『中国ヨーロッパ植物図譜』 1776
◇p123(カラー)　シーボルト, P.F.フォン『日本植物誌』 1835～70

パフィオペディルム・ウィロスム
Paphiopedilum villosum
「蘭百花図譜」八坂書房　2002
◇p77(カラー)　ワーナー, ロバート著, フィッチ, J.N.画『ラン類精選図譜 第2集』 1865～75　石版刷手彩色

パフィオペディルム・ウェヌスツム
Paphiopedilum venustum
「蘭百花図譜」八坂書房　2002
◇p78(カラー)　ワーナー, ロバート著, フィッチ, J.N.画『ラン類精選図譜 第2集』 1865～75　石版刷手彩色

パフィオペディルム・ゴドフロイアエ
Paphiopedilum godefroyae
「蘭百花図譜」八坂書房　2002
◇p76(カラー)　ワーナー, ロバート著, フィッチ, J.N.画『オーキッド・アルバム』 1882～97　石版刷

パフィオペディルム・スペルビエンス
Paphiopedilum superbiens
「蘭百花図譜」八坂書房　2002
◇p76(カラー)　ワーナー, ロバート著, フィッチ, J.N.画『ラン類精選図譜 第2集』 1865～75　石版刷手彩色

パフィオペディルム・ヒルスティッシムム
Paphiopedilum hirsutissimum
「蘭百花図譜」八坂書房　2002
◇p74(カラー)　ワーナー, ロバート『ラン類精選図譜』 1862～65　石版刷手彩色

パフィオペディルム・ローレンセアヌム・ハイアヌム　Paphiopedilum lawrenceanum var.hyeanum
「蘭百花図譜」八坂書房　2002
◇p75(カラー)　ランダン, ジャン『ランダニア』 1885～1906　石版多色刷

ハベナリア・カルネア　Habenaria carnea N. E.Br.
「蘭花譜」平凡社　1974
◇Pl.14–2(カラー)　加藤光治著, 二口善雄画 1971写生

ハベナリア・コランベ　Habenaria columbae Ridl.
「蘭花譜」平凡社　1974
◇Pl.14–3(カラー)　加藤光治著, 二口善雄画 1971写生

ハベナリア・シリアリス　Habenaria ciliaris R.Br. (Platanthera ciliaris Lidl.)
「蘭花譜」平凡社　1974
◇Pl.14–5(カラー)　加藤光治著, 二口善雄画 1940写生

ハベナリア・ヒンブリアタ　Habenaria fimbriata R.Br. (Platanthera fimbriata Lidl.)
「蘭花譜」平凡社　1974
◇Pl.14–4(カラー)　加藤光治著, 二口善雄画 1940写生

ハベナリア・ブレファリグロチス
Habenaria blephariglottis Ldl.（Platanthera blephariglottis Hk.f.）
「蘭花譜」平凡社　1974
◇Pl.14-6（カラー）　加藤光治著, 二口善雄画 1940写生

はぼたん
「高松松平家博物図譜 写生画帖 雑草」香川県立ミュージアム　2013
◇p19（カラー）　松平頼恭 江戸時代　紙本著色 画帖装（折本形式）　33.2×48.4 ［個人蔵］

はまあかざ
「高松松平家博物図譜 写生画帖 雑草」香川県立ミュージアム　2013
◇p99（カラー）　松平頼恭 江戸時代　紙本著色 画帖装（折本形式）　33.2×48.4 ［個人蔵］

ハマアザミ　Cirsium maritimum
「江戸博物文庫 花草の巻」工作舎　2017
◇p56（カラー）　浜薊　岩崎灌園『本草図譜』［東京大学大学院理学系研究科附属植物園（小石川植物園）］

はまうこぎ
「高松松平家博物図譜 写生画帖 雑草」香川県立ミュージアム　2013
◇p85（カラー）　松平頼恭 江戸時代　紙本著色 画帖装（折本形式）　33.2×48.4 ［個人蔵］

ハマウツボ　Orobanche caerulescens
「江戸博物文庫 花草の巻」工作舎　2017
◇p9（カラー）　浜靫　岩崎灌園『本草図譜』［東京大学大学院理学系研究科附属植物園（小石川植物園）］

ハマウツボ　Orobanche coerulescens Stephan
「高木春山 本草図説 1」リブロポート　1988
◇図37（カラー）

ハマウツボの1種　Orobanche sp.
「ビュフォンの博物誌」工作舎　1991
◇N107（カラー）『一般と個別の博物誌 ソンニーニ版』

はまえんどう
「野の草の手帖」小学館　1989
◇p131（カラー）　浜豌豆　岩崎常正（灌園）『本草図譜』　文政11（1828）　［国立国会図書館］

ハマカヽミ草
「高松松平家博物図譜 衆芳画譜 花卉 第四」香川県立ミュージアム　2010
◇p34（カラー）　松平頼恭 江戸時代　紙本著色 画帖装（折本形式）　33.0×48.2 ［個人蔵］

はまごう
「木の手帖」小学館　1991
◇図164（カラー）　蔓荊　岩崎灌園『本草図譜』文政11（1828）　約21×145 ［国立国会図書館］

ハマゴウ　Vitex rotundifolia
「花彙 下」八坂書房　1977
◇図131（白黒）　僧法實　小野蘭山, 島田充房 明和2（1765）　26.5×18.5 ［国立公文書館・内閣文庫］

ハマゴウ
「彩色 江戸博物学集成」平凡社　1994
◇p70～71（カラー）　さだ　つぼみ　丹羽正伯『三州物産絵図帳』　［鹿児島県立図書館］

ハマゴウの1種　Vitex sp.
「ビュフォンの博物誌」工作舎　1991
◇N112（カラー）『一般と個別の博物誌 ソンニーニ版』

はまづる
「高松松平家博物図譜 写生画帖 雑草」香川県立ミュージアム　2013
◇p86（カラー）　松平頼恭 江戸時代　紙本著色 画帖装（折本形式）　33.2×48.4 ［個人蔵］

ハマナシ　Rosa rugosa Thunb.ex Murray
「岩崎灌園の草花写生」たにぐち書店　2013
◇p46（カラー）　玫瑰 ［個人蔵］
「シーボルト「フローラ・ヤポニカ」 日本植物誌」八坂書房　2000
◇図28（カラー）　Hamma nasi ［国立国会図書館］

ハマナシ　Rosa rugosa Thunberg
「ばら花譜」平凡社　1983
◇PL.10, 11（カラー）　二口善雄画, 鈴木省三, 籾山泰一著 1978,1973,1975　水彩

ハマナス　Rosa rugosa
「図説 ボタニカルアート」河出書房新社　2010
◇p100（カラー）　ミンジンガー画, シーボルト, ツッカリーニ『日本植物誌』 1835～41
◇p104（カラー）　川原慶賀画 ［ロシア科学アカデミー図書館］
「花の王国 1」平凡社　1990
◇p88（カラー）　ファン・ヘール編『愛好家の花々』 1847　手彩色石版画
「ボタニカルアートの世界」朝日新聞社　1987
◇p22（カラー）　ミンシンガー画『Flora Japonica 第1巻』 1835～1841
「花彙 下」八坂書房　1977
◇図192（白黒）　徘徊花　小野蘭山, 島田充房 明和2（1765）　26.5×18.5 ［国立公文書館・内閣文庫］

ハマナス　Rosa rugosa Thunb.
「花の肖像 ボタニカルアートの名品と歴史」創土社　2006
◇fig.92（カラー）　川原慶賀画『シーボルト旧蔵日本植物図譜集コレクション』 1994
◇fig.93（カラー）　ミンジンガー画, シーボルト, ツッカリーニ『フロラ・ヤポニカ』 1835・1870 ［1838］

ハマナス
「高松松平家博物図譜 衆芳画譜 花果 第五」香川県立ミュージアム 2011
◇p38(カラー) 松平頼恭 江戸時代 紙本著色 画帖装(折本形式) 33.2×48.4 [個人蔵]
「江戸の動植物図」朝日新聞社 1988
◇p22(カラー) 松平頼恭, 三木文柳『衆芳画譜』[松平公益会]
「ボタニカルアートの世界」朝日新聞社 1987
◇p130(白黒) 徘徊花 島田充房, 小野蘭山『花彙』1765

ハマナテシコ
「高松松平家博物図譜 衆芳画譜 花卉 第四」香川県立ミュージアム 2010
◇p50(カラー) 松平頼恭 江戸時代 紙本著色 画帖装(折本形式) 33.0×48.2 [個人蔵]

ハマナデシコ・フジナデシコ Dianthus japonicus
「花木真寫」淡交社 2005
◇図68(カラー) 磯瞿麥 近衛予楽院家熙 [(財)陽明文庫]

ハマヒルガオ Calystegia soldanella
「江戸博物文庫 花草の巻」工作舎 2017
◇p129(カラー) 浜昼顔 岩崎灌園『本草図譜』[東京大学大学院理学系研究科附属植物園(小石川植物園)]

ハマビワ Listea japonica (Thunb.) Juss.
「シーボルト「フローラ・ヤポニカ」日本植物誌」八坂書房 2000
◇図87, 100–II(カラー) Hama biwa [国立国会図書館]

ハマベスイセン
「ユリ科植物図譜 1」学習研究社 1988
◇図247(カラー) パンクラティウム・マリティムム ルドゥーテ, ピエール＝ジョセフ 1802〜1815

はまぼう
「木の手帖」小学館 1991
◇図135(カラー) 黄槿 岩崎灌園『本草図譜』文政11(1828) 約21×145 [国立国会図書館]

ハマボウ Hibiscus hamabo
「花彙 下」八坂書房 1977
◇図199(白黒) 金木蘭 小野蘭山, 島田充房 明和2(1765) 26.5×18.5 [国立公文書館・内閣文庫]

ハマボウ Hibiscus hamabo Sieb.et Zucc.
「シーボルト「フローラ・ヤポニカ」日本植物誌」八坂書房 2000
◇図93(カラー) Hamabô [国立国会図書館]

ハマボウ
「高松松平家博物図譜 衆芳画譜 花果 第五」香川県立ミュージアム 2011
◇p19(カラー) 松平頼恭 江戸時代 紙本著色 画帖装(折本形式) 33.2×48.4 [個人蔵]

ハマメリス・ヤポニカ(マンサク)
「フローラの庭園」八坂書房 2015
◇p102(カラー) Hamamelis japonica Siebold&Zucc. スミス, マティルダ原画『カーティス・ボタニカル・マガジン』1882 石版手彩色 紙 [個人蔵]

ハマユウ Crinum asiaticum L.var.japonicum Baker
「高木春山 本草図説 1」リブロポート 1988
◇図56(カラー) 文殊蘭ハマオモト

ハマユウ
「高松松平家博物図譜 衆芳画譜 花卉 第四」香川県立ミュージアム 2010
◇p82(カラー) 松平頼恭 江戸時代 紙本著色 画帖装(折本形式) 33.0×48.2 [個人蔵]
「ユリ科植物図譜 1」学習研究社 1988
◇図195(カラー) Crinum asiaticum ルドゥーテ, ピエール＝ジョセフ 1802〜1815

パミアンテ・ペルウィアナ Pamianthe peruviana
「イングリッシュ・ガーデン」求龍堂 2014
◇図142(カラー) スネリング, リリアン 1933 水彩 紙 25.2×35.3 [キュー王立植物園]

早咲大島 Prunus Lannesiana Wils. 'Hayazaki–oshima'
「日本桜集」平凡社 1973
◇Pl.35(カラー) 大井次三郎著, 太田洋愛画 1972写生 水彩

ハヤザキチューリップ
「ユリ科植物図譜 2」学習研究社 1988
◇図209(カラー) トゥリパ・スアベオレンス ルドゥーテ, ピエール＝ジョセフ 1802〜1815

ハヤヒトクサ
「高松松平家博物図譜 衆芳画譜 花卉 第四」香川県立ミュージアム 2010
◇p30(カラー) 松平頼恭 江戸時代 紙本著色 画帖装(折本形式) 33.0×48.2 [個人蔵]

バラ Rosa
「ボタニカルアート 西洋の美花集」パイ インターナショナル 2010
◇p83(カラー) ソーントン画・編『フローラの神殿：リンネのセクシャル・システム新図解』1805 銅版画多色刷 一部手彩色 [町田市立国際版画美術館]
「ルドゥーテ画 美花選 1」学習研究社 1986
◇図16(カラー) 1827〜1833

バラ Rosa alba cv.
「花の本 ボタニカルアートの庭」角川書店 2010
◇p70(カラー) Rose Ehret, Georg Dionysius 1770

バラ　Rosa centifolia cv.
「花の本 ボタニカルアートの庭」角川書店 2010
◇p67(カラー)　Rose　Redouté, Pierre Joseph 1817〜24

バラ　Rosa centifolia var.muscosa
「花の本 ボタニカルアートの庭」角川書店 2010
◇p66(カラー)　Rose　Redouté, Pierre Joseph 1817〜24

バラ　Rosa centifolia 'Bullata'
「花の本 ボタニカルアートの庭」角川書店 2010
◇p68(カラー)　Rose　Redouté, Pierre Joseph『バラ図譜』 1817〜24

バラ　Rosa chinensis cv.
「花の本 ボタニカルアートの庭」角川書店 2010
◇p69(カラー)　Rose　Redouté, Pierre Joseph『バラ図譜』 1817〜24

バラ　Rosa lutea, Rosa Indica(Chinensis)
「ルドゥーテ画 美花選 2」学習研究社　1986
◇図5(カラー) 1827〜1833

バラ　Rosa pomponia
「ルドゥーテ画 美花選 1」学習研究社　1986
◇図18(カラー) 1827〜1833

バラ　Rosa semperflorens
「ルドゥーテ画 美花選 1」学習研究社　1986
◇図17(カラー) 1827〜1833

バラ　Rosa sp.
「すごい博物画」グラフィック社　2017
◇図版46(カラー)　フレンチローズ、種類のわからないバラ、ルリハコベ、ダマスクローズ、シンワスレナグサ、オーストリアン・カッパー　マーシャル, アレクサンダー 1650〜82頃　水彩　45.9×34.6 ［ウィンザー城ロイヤル・ライブラリー］
「花の本 ボタニカルアートの庭」角川書店 2010
◇p65(カラー)　Rose　Redouté, Pierre Joseph『バラ図譜』 1817〜24
◇p71(カラー)　Rose　Lonicer, Adam 1590
◇p71(カラー)　Rose　Mattioli, Pietro Andrea 1596

バラ　Rosa sp., Rosa moschata
「花の本 ボタニカルアートの庭」角川書店 2010
◇p71(カラー)　Rose　Passe, Crispin de 1614〜15

バラ　Rosa sulphurea
「ルドゥーテ画 美花選 2」学習研究社　1986
◇図71(カラー) 1827〜1833

バラ　Rosa×damascena 'Quatre Saisons'
「花の本 ボタニカルアートの庭」角川書店 2010
◇p67(カラー)　Rose　Redouté, Pierre Joseph 1817〜24

バラ　Rosa×kamtchatica, Rosa rubrifolia
「花の本 ボタニカルアートの庭」角川書店 2010
◇p67(カラー)　Rose　Duhamel du Monceau, Henri Louis 1801〜19

バラ
「フローラの庭園」八坂書房　2015
◇p17(カラー)　バラ、チューリップ、スイセンなどの花綱　ホルツベッカー, ハンス・シモン『ゴットルプ家の写本』 1649〜59　水彩 羊皮紙(パーチメント) ［デンマーク国立美術館(コペンハーゲン)］
「高松松平家博物図譜 衆芳画譜 花果 第五」香川県立ミュージアム　2011
◇p39(カラー)　松平頼恭 江戸時代　紙本著色 画帖装(折本形式)　33.2×48.4 ［個人蔵］
「ボタニカルアート 西洋の美花集」パイ インターナショナル　2010
◇p206(カラー)　ベシン画・著『Flore par mlls』 1850　点刻銅版画多色刷 手彩色
「花の本 ボタニカルアートの庭」角川書店 2010
◇p63(カラー)　Besler, Basilius『アイヒシュタットの庭』 1613　銅版
◇p87(カラー)　Redouté, Pierre Joseph『バラ60選』 1836　スティップル法
「美花図譜」八坂書房　1991
◇図71(カラー)　ウエインマン『花譜』 1736〜1748　銅版刷手彩色 ［群馬県館林市立図書館］
「R・J・ソーントン フローラの神殿 新装版」リブロポート　1990
◇第5葉(カラー)　Group of Roses　ソーントン, ロバート画・編, ロッフェ, R.彫版 1812　スティップル(赤, 茶, 緑色インク) アクアチント(黒色インク) 手彩色仕上げ
「ボタニカルアートの世界」朝日新聞社　1987
◇p98右(カラー)　ソートン画, アーラム彫版『花の神殿』 1807
「ルドゥーテ画 美花選 1」学習研究社　1986
◇図3(カラー) 1827〜1833

バラ(ロサ・オドラタ)
「ボタニカルアート 西洋の美花集」パイ インターナショナル　2010
◇p202(カラー)　ルドゥーテ, ピエール＝ジョセフ画・著『美花選』 1827〜33　点刻銅版画多色刷 一部手彩色

バラ(ロサ・ケンティフォリア)
「ボタニカルアート 西洋の美花集」パイ インターナショナル　2010
◇p198(カラー)　ルドゥーテ, ピエール＝ジョセフ画・著『美花選』 1827〜33　点刻銅版画多色

刷 一部手彩色

バラ属の1種　Rosa×damascena.

「イングリッシュ・ガーデン」求龍堂　2014
◇図4（カラー）　白色八重咲きの花をもつバラ属の一種　作者不詳, ベスラー, バシリウス委託『アイヒシュテット庭園植物誌』 恐らく18世紀　銅版手彩色　52.9×43.9　［キュー王立植物園］

パラダイスリリー　Paradisea liliastrum

「美花選［普及版］」河出書房新社　2016
◇図18（カラー）　Phalangium/Lis St.Bruno　ルドゥーテ, ピエール＝ジョゼフ画 1827〜1833［コノサーズ・コレクション東京］

パラディセア・リリアストルム　Paradisea liliastrum

「ユリ科植物図譜 2」学習研究社　1988
◇図161（カラー）　ファランギウム・リリアストルム　ルドゥーテ, ピエール＝ジョセフ 1802〜1815

バラの1種　Rosa sp.

「イングリッシュ・ガーデン」求龍堂　2014
◇図32（カラー）　カンパニースクール 1800頃　水彩 紙　45.0×28.5　［キュー王立植物園］

バラ（園芸種）の1種　Rosa sp.

「ビュフォンの博物誌」工作舎　1991
◇N134（カラー）『一般と個別の博物誌 ソンニーニ版』

ハラン　Aspidistra elatior Blume

「シーボルト日本植物図譜コレクション」小学館　2008
◇図2-65（カラー）　Aspidistra lurida Ker.-Gawl.var.elatior Sieb.　［de Villeneuve, C. H.？］画［1820〜 1826頃］　紙 透明絵の具 墨 白色塗料　24.2×33.7　［ロシア科学アカデミーコマロフ植物学研究所図書館］　※目録805 コレクションVIII 112/1034

ハリアサガオ　Calonyction muricatum

「花彙 上」八坂書房　1977
◇図54（白黒）　丁香茄苗　小野蘭山, 島田充房 明和2（1765）　26.5×18.5　［国立公文書館・内閣文庫］

ハリアサガオ　Ipomoea muricata

「江戸博物文庫 花草の巻」工作舎　2017
◇p128（カラー）　針朝顔　岩崎灌園『本草図譜』［東京大学大学院理学系研究科附属植物園（小石川植物園）］

ハリエンジュ

⇒ニセアカシヤ（ハリエンジュ）を見よ

ハリギリ　Kalopanax pictus Nakai

「北海道主要樹木図譜［普及版］」北海道大学図書刊行会　1986
◇図78（カラー）　Kalopanax septemlobum Koidz.　須崎忠助 大正9（1920）〜昭和6（1931）［個人蔵］

ハリギリ　Kalopanax septemlobus

「花彙 下」八坂書房　1977
◇図134（白黒）　刺桐　小野蘭山, 島田充房 明和2（1765）　26.5×18.5　［国立公文書館・内閣文庫］

パリス・クアドリフォリア

「ユリ科植物図譜 2」学習研究社　1988
◇図150（カラー）　Paris quadrifolia　ルドゥーテ, ピエール＝ジョセフ 1802〜1815

パリス ポリフィラ［ツクバネソウの1種］
Paris polyphylla

「ボタニカルアートの世界」朝日新聞社　1987
◇p13（カラー）　フッカー, ジョセフ画, フィッチ, ウォルター彫版『Illustrations of Himalayan plants』 1855

ハリノキ

「高松松平家博物図譜 衆芳画譜 花果 第五」香川県立ミュージアム　2011
◇p51（カラー）　松平頼恭 江戸時代　紙本著色 画帖装（折本形式）　33.2×48.4　［個人蔵］

ハリモミ　Picea polita（Siebold & Zucc.）Carrière

「シーボルト日本植物図譜コレクション」小学館　2008
◇図3-117（カラー）　Abies tsuga Sieb.et Zucc.［清水東谷］画［1861］　和紙 透明絵の具 墨 白色塗料　28.2×38.5　［ロシア科学アカデミーコマロフ植物学研究所図書館］　※目録34 コレクションVII /845

「シーボルト「フローラ・ヤポニカ」日本植物誌」八坂書房　2000
◇図111（白黒）　Toranowo, toranowo momi［国立国会図書館］

ハルウコン　Curcuma aromatica

「江戸博物文庫 花草の巻」工作舎　2017
◇p40（カラー）　春鬱金　岩崎灌園『本草図譜』［東京大学大学院理学系研究科附属植物園（小石川植物園）］

はるこまそう

「高松松平家博物図譜 写生画帖 雑草」香川県立ミュージアム　2013
◇p53（カラー）　松平頼恭 江戸時代　紙本著色 画帖装（折本形式）　33.2×48.4　［個人蔵］

ハルザキクリスマスローズ　Helleborus orientalis

「図説 ボタニカルアート」河出書房新社　2010
◇p39（カラー）　オーブリエ画　［ロンドン自然史博物館］

ハルシャギク　Coreopsis eleganus（tinctoria）

「ルドゥーテ画 美花選 2」学習研究社　1986
◇図66（カラー）1827〜1833

ハルシャギク　Coreopsis tinctoria

「美花選［普及版］」河出書房新社　2016
◇図111（カラー）　Coreopsis élégant/Coreopsis elegans　ルドゥーテ, ピエール＝ジョゼフ画 1827～1833 ［コノサーズ・コレクション東京］

「ボタニカルアート 西洋の美花集」パイ インターナショナル　2010
◇p110（カラー）『カーティス・ボタニカル・マガジン51巻』 1824　銅版画 手彩色
◇p111（カラー）　ルドゥーテ, ピエール＝ジョセフ画・著『美花選』 1827～33　点刻銅版画多色刷 一部手彩色

「ウィリアム・カーティス 花図譜」同朋舎出版 1994
◇110図（カラー）　Dyeing Coreopsis, Dark-flowered var.　カーティス, ウィリアム『カーティス・ボタニカル・マガジン』 1836

バルデリア・ラヌンクロイデス　Baldellia ranunculoides

「ユリ科植物図譜 2」学習研究社　1988
◇図250（カラー）　アリスマ・ラヌンクロイデス　ルドゥーテ, ピエール＝ジョセフ 1802～1815

ハルトラノオ　Polygonum tenuicaule

「江戸博物文庫 花草の巻」工作舎　2017
◇p17（カラー）　春虎の尾　岩崎灌園『本草図譜』［東京大学大学院理学系研究科附属植物園（小石川植物園）］

はるにれ

「木の手帖」小学館　1991
◇図42（カラー）　春楡　岩崎灌園『本草図譜』 文政11（1828）　約21×145 ［国立国会図書館］

ハルニレ　Ulmus davidiana Planch.var. japonica Nakai

「北海道主要樹木図譜［普及版］」北海道大学図書刊行会　1986
◇図38（カラー）　Ulmus japonica Sarg.　須崎忠助 大正9（1920）～昭和6（1931） ［個人蔵］

ハルニレ　Ulmus davidiana var.japonica

「江戸博物文庫 菜樹の巻」工作舎　2017
◇p146（カラー）　春楡　岩崎灌園『本草図譜』［東京大学大学院理学系研究科附属植物園（小石川植物園）］

春の台

「日本椿集」平凡社　1966
◇図196（カラー）　津山尚著, 二口善雄画 1965

バルボフィラム・アンブロシア

Bulbophyllum ambrosia Schltr.

「蘭花譜」平凡社　1974
◇Pl.73-1（カラー）　加藤光治著, 二口善雄画 1970写生

バルボフィラム・アンベラタム

Bulbophyllum umbellatum Ldl.

「蘭花譜」平凡社　1974
◇Pl.73-4（カラー）　加藤光治著, 二口善雄画 1970写生

バルボフィラム・グランディフロラム

Bulbophyllum grandiflorum Bl.

「蘭花譜」平凡社　1974
◇Pl.72-2（カラー）　加藤光治著, 二口善雄画 1940写生

バルボフィラム・トリステ　Bulbophyllum triste Rchb.f.

「蘭花譜」平凡社　1974
◇Pl.72-1（カラー）　加藤光治著, 二口善雄画 1968写生

バルボフィラム・バービゲラム

Bulbophyllum barbigerum Ldl.

「蘭花譜」平凡社　1974
◇Pl.73-2（カラー）　加藤光治著, 二口善雄画 1969写生

バルボフィラム・マクランサム

Bulbophyllum macranthum Ldl.

「蘭花譜」平凡社　1974
◇Pl.72-3（カラー）　加藤光治著, 二口善雄画 1969写生

バルボフィラム・ロビイ　Bulbophyllum Lobbii Ldl.

「蘭花譜」平凡社　1974
◇Pl.73-3（カラー）　加藤光治著, 二口善雄画 1941写生

はるりんどう　Gentiana thunbergii

「草木写生 春の巻」ピエ・ブックス　2010
◇p38～39（カラー）　春竜胆　狩野織染藤原重賢 明暦3（1657）～元禄12（1699） ［国立国会図書館］

ハルリントウ

「高松松平家博物図譜 衆芳画譜 花卉 第四」香川県立ミュージアム　2010
◇p58（カラー）　松平頼恭 江戸時代　紙本著色 画帖装（折本形式）　33.0×48.2 ［個人蔵］

ハルリンドウ　Gentiana thunbergii Griseb.

「岩崎灌園の草花写生」たにぐち書店　2013
◇p72（カラー）　石竜胆 ［個人蔵］

バンウコン

「ユリ科植物図譜 1」学習研究社　1988
◇図25（カラー）　Kaempferia galanga　ルドゥーテ, ピエール＝ジョセフ 1802～1815

ハンカイシオガマ　Pedicularis gloriosa

「江戸博物文庫 花草の巻」工作舎　2017
◇p50（カラー）　樊噲塩竈　岩崎灌園『本草図譜』［東京大学大学院理学系研究科附属植物園（小石川植物園）］

「日本の博物図譜」東海大学出版会　2001
◇図28（カラー）　中島仰山筆『植物集説』 ［東京国立博物館］

ハンカイソウ　Ligularia japonica
「花木真寫」淡交社　2005
◇図51（カラー）　鐘馗草　近衛予楽院家熙［（財）陽明文庫］
「日本の博物図譜」東海大学出版会　2001
◇p61（白黒）　関根雲停筆　［高知県立牧野植物園］

バンクシア　Banksia aemula
「花の王国 4」平凡社　1990
◇p36（カラー）『カーチス・ボタニカル・マガジン』1787～継続

バンクシア　Banksia grandis
「花の王国 4」平凡社　1990
◇p37（カラー）『エドワーズ植物記録簿』　1815～47

バンクシア　Banksia latifolia
「花の王国 4」平凡社　1990
◇p35（カラー）『カーチス・ボタニカル・マガジン』1787～継続

バンクシア　Banksia sp.
「花の王国 4」平凡社　1990
◇p34（カラー）　バンクス, J., パーキンソン, S.図『フロレリギウム』　1988　色刷り銅版
◇p36（カラー）　ホワイト, J.『ニューサウスウェールズ航海誌』　1790

バンクシア
「花の王国 4」平凡社　1990
◇p13（カラー）　パーキンソン, S.略図, ミラー, J. F.完成図, ノッダー, F.P.銅版画『バンクス花譜』1988

バンクシア・セラタ　Banksia serrata
「イングリッシュ・ガーデン」求龍堂　2014
◇図36（カラー）　アレクト社ヒストリカル・エディションズ『バンクス植物図譜』　1985頃　ラインエングレーヴィング 紙　71.2×56.0［キュー王立植物園］
「図説 ボタニカルアート」河出書房新社　2010
◇p91（白黒）　パーキンソン画『バンクス植物図譜』　［ロンドン自然史博物館］

バンクシアの1種　Banksia sp.
「ビュフォンの博物誌」工作舎　1991
◇N069（カラー）『一般と個別の博物誌 ソンニーニ版』

ハンクハイソウ
「高松松平家博物図譜 衆芳画譜 花卉 第四」香川県立ミュージアム　2010
◇p47（カラー）　松平頼恭 江戸時代　紙本著色 画帖装（折本形式）　33.0×48.2　［個人蔵］

パンクラティウム・イリリクム
「ユリ科植物図譜 1」学習研究社　1988
◇図246（カラー）　Pancratium illyricum　ルドゥーテ, ピエール＝ジョセフ　1802～1815

パンクラティウム・スペキオースム
「ユリ科植物図譜 1」学習研究社　1988
◇図249・251（カラー）　Pancratium speciosum　ルドゥーテ, ピエール＝ジョセフ　1802～1815

パンクラティウム・フラグランス
「ユリ科植物図譜 1」学習研究社　1988
◇図241（カラー）　Pancratium fragrans　ルドゥーテ, ピエール＝ジョセフ　1802～1815

はんげしょう
「野の草の手帖」小学館　1989
◇p133（カラー）　半夏生　岩崎常正（灌園）『本草図譜』　文政11（1828）　［国立国会図書館］

ハンゲショウ　Saururus chinensis
「江戸博物文庫 花草の巻」工作舎　2017
◇p95（カラー）　半夏生　岩崎灌園『本草図譜』［東京大学大学院理学系研究科附属植物園（小石川植物園）］
「花彙 上」八坂書房　1977
◇図81（白黒）　三葉白艸　小野蘭山, 島田充房 明和2（1765）　26.5×18.5　［国立公文書館・内閣文庫］

ハンザ　'Hansa'
「ばら花譜」平凡社　1983
◇PL.43（カラー）　二口善雄画, 鈴木省三, 籾山泰一著 1974　水彩

パンジー　Viola tricolor
「美花選［普及版］」河出書房新社　2016
◇図25（カラー）　Bouquet de Pensées　ルドゥーテ, ピエール＝ジョゼフ画 1827～1833　［コノサーズ・コレクション東京］
◇図67（カラー）　La Pensée/Viola tricolor　ルドゥーテ, ピエール＝ジョゼフ画　1827～1833［コノサーズ・コレクション東京］
◇図127（カラー）　Bouquets de Camélias Narcisses et Pensées　ルドゥーテ, ピエール＝ジョゼフ画 1827～1833　［コノサーズ・コレクション東京］
「ボタニカルアート 西洋の美花集」パイ インターナショナル　2010
◇p40（カラー）　ルドゥーテ, ピエール＝ジョセフ画・著『美花選』　1827～33　点刻銅版画多色刷一部手彩色
◇p41（カラー）　ルドゥーテ, ピエール＝ジョセフ画・著『美花選』　1827～33　点刻銅版画多色刷一部手彩色
「ルドゥーテ画 美花選 1」学習研究社　1986
◇図1（カラー）　1827～1833
◇図2（カラー）　1827～1833
◇図21（カラー）　1827～1833

パンジー　Viola×wittrockiana
「花の王国 1」平凡社　1990
◇p92（カラー）　ヘンダーソン, P.Ch.『四季』1806
◇p92（カラー）　ルメール『園芸図譜誌』　1854～86

パンジー
「美花選［普及版］」河出書房新社　2016
◇（カラー）　赤のラナンキュラス、紫と黄色のパンジーのブーケ　ルドゥーテ, ピエール＝ジョゼフ画 1821　黒チョーク 水彩 白のハイライト アラビアゴム ヴェラム　18.2×15.4　［コノサーズ・コレクション東京］
「ボタニカルアート 西洋の美花集」パイ インターナショナル　2010
◇p200（カラー）　ルドゥーテ, ピエール＝ジョセフ画・著『美花選』 1827～33　点刻銅版画多色刷 一部手彩色
◇p206（カラー）　ベシン画・著『Flore par mlls』 1850　点刻銅版画多色刷 手彩色

パンジーのブーケ
「図説 ボタニカルアート」河出書房新社　2010
◇p76（白黒）　ルドゥーテ画・著『美花選』 1827～33

ハンショウヅル　Clematis japonica
「江戸博物文庫 花草の巻」工作舎　2017
◇p141（カラー）　半鐘蔓　岩崎灌園『本草図譜』［東京大学大学院理学系研究科附属植物園（小石川植物園）］

バンダ・アメシアナ　Vanda Amesiana Rchb.f.
「蘭花譜」平凡社　1974
◇Pl.123–2（カラー）　加藤光治著, 二口善雄画 1941写生

バンダ・インシグニス　Vanda insignis
「蘭百花図譜」八坂書房　2002
◇p91（カラー）　ワーナー, ロバート『ラン類精選図譜』 1862～65　石版刷手彩色

バンダ・インシグニス　Vanda insignis Bl.
「蘭花譜」平凡社　1974
◇Pl.124–4（カラー）　加藤光治著, 二口善雄画 1940写生

バンダ・ギガンテア　Vanda gigantea Ldl. (Vandopsis gigantea Pfitz., Stauropsis gigantea Bth.)
「蘭花譜」平凡社　1974
◇Pl.125–1（カラー）　加藤光治著, 二口善雄画 1940写生

バンダ・キンバリアナ　Vanda Kimbaliana Rchb.f.
「蘭花譜」平凡社　1974
◇Pl.124–3（カラー）　加藤光治著, 二口善雄画 1942写生

バンダ・クリスタータ　Vanda cristata (Wall.) Ldl.
「蘭花譜」平凡社　1974
◇Pl.123–5（カラー）　加藤光治著, 二口善雄画 1972写生

バンダ・コエルレア　Vanda coerulea
「蘭百花図譜」八坂書房　2002
◇p89（カラー）　ワーナー, ロバート『ラン類精選図譜』 1862～65　石版刷手彩色

バンダ・コンカラー　Vanda concolor Bl.
「蘭花譜」平凡社　1974
◇Pl.123–4（カラー）　加藤光治著, 二口善雄画 1941写生

バンダ・サンデリアナ　Vanda Sanderiana Rchb.f. (Euanthe Sanderiana Schltr.)
「蘭花譜」平凡社　1974
◇Pl.125–4（カラー）　加藤光治著, 二口善雄画 1940写生

バンダ・サンデリアナ　Vanda sanderiana
「蘭百花図譜」八坂書房　2002
◇p92（カラー）　ランダン, ジャン『ランダニア』 1885～1906　石版多色刷

バンダ・スアビス　Vanda suavis Ldl.
「蘭花譜」平凡社　1974
◇Pl.124–6（カラー）　加藤光治著, 二口善雄画 1941写生

バンダ・セルレア　Vanda coerulea Griff.
「蘭花譜」平凡社　1974
◇Pl.123–7（カラー）　加藤光治著, 二口善雄画 1942写生

バンダ・セルレッセンス　Vanda coerulescens Griff.
「蘭花譜」平凡社　1974
◇Pl.123–1（カラー）　加藤光治著, 二口善雄画 1969,1941写生

バンダ・テレス　Vanda teres Ldl.
「蘭花譜」平凡社　1974
◇Pl.124–1（カラー）　加藤光治著, 二口善雄画 1969,1941写生

バンダ・トリカラー　Vanda tricolor Ldl.
「蘭花譜」平凡社　1974
◇Pl.124–5（カラー）　加藤光治著, 二口善雄画 1942写生

パンダヌス ラビリンティクス［タコノキの1種］　Pandanus labyrinthicus
「ボタニカルアートの世界」朝日新聞社　1987
◇p67中（カラー）　スミス, マチルダ画, フィッチ, ジョン彫版『Curtis' Botanical Magazine第115巻』 1889

バンダ・パリシイ・マリオチアナ　Vanda Parishii Rchb.f.var.Mariottiana Rchb.f. (Vandopsis Parishii Schltr.var.Mariottiana Schltr.)
「蘭花譜」平凡社　1974
◇Pl.124–7（カラー）　加藤光治著, 二口善雄画 1942写生

バンダ'ミス–ジョーキム'　Vanda 'Miss Joaquim' (V.teres×V.Hookeriana)
「蘭花譜」平凡社　1974
◇Pl.124–2（カラー）　加藤光治著, 二口善雄画　1941写生

バンダ・メリリイ　Vanda Merrillii J.J.Smith
「蘭花譜」平凡社　1974
◇Pl.123–6（カラー）　加藤光治著, 二口善雄画　1941写生

バンダ・ラメラタ・ボキザリイ　Vanda lamellata Ldl.var.Boxallii Rchb.f.
「蘭花譜」平凡社　1974
◇Pl.123–3（カラー）　加藤光治著, 二口善雄画　1942写生

バンダ・リゾキロイデス　Vanda lissochiloides Ldl. (Vandopsis lissochiloides Pfitz.)
「蘭花譜」平凡社　1974
◇Pl.125–2（カラー）　加藤光治著, 二口善雄画　1940写生

バンダ・ルゾニカ　Vanda luzonica Loher
「蘭花譜」平凡社　1974
◇Pl.122–1（カラー）　加藤光治著, 二口善雄画　1969写生

バンダ・ローウィイ　Vanda Lowii Ldl. (Vandopsis Lowii Schltr., Arachnanthe Lowii Bth.)
「蘭花譜」平凡社　1974
◇Pl.125–3（カラー）　加藤光治著, 二口善雄画　1940写生

バンダ'ロスチャイルディアナ'　Vanda Rothschildiana
「蘭百花図譜」八坂書房　2002
◇p90（カラー）　ワーナー, ロバート著, フィッチ, J.N.画『オーキッド・アルバム』　1882～97　石版刷

はんのき
「高松松平家博物図譜 写生画帖 雑木」香川県立ミュージアム　2014
◇p53（カラー）　松平頼恭 江戸時代　紙本著色 画帖装（折本形式）　33.2×48.4　［個人蔵］　※表紙・裏表紙見返し墨書 安永6（1777）6月 程赤城筆

ハンノキ　Alnus japonica Steud.
「北海道主要樹木図譜［普及版］」北海道大学図書刊行会　1986
◇図28（カラー）　エゾハンノキ　須崎忠助 大正9（1920）～昭和6（1931）　［個人蔵］

半八重咲きのツバキ
「フローラの庭園」八坂書房　2015
◇p80（カラー）　ポープ, クララ・マリア原画, カーティス, サミュエル『ツバキ属の研究』　1819　銅版（アクアチント）手彩色 紙　57.5×46.8　［ボストン美術館］

万里香　Prunus Lannesiana Wils. 'Excelsa'
「日本桜集」平凡社　1973
◇Pl.11（カラー）　大井次三郎著, 太田洋愛画　1970写生　水彩

【ひ】

ヒアキンツス・ラケモスス　Muscari neglectum
「ウィリアム・カーティス 花図譜」同朋舎出版　1994
◇336図（カラー）　Starch Hyacinth　エドワーズ, シデナム・ティースト画『カーティス・ボタニカル・マガジン』　1790

ヒアキントイデス　Hyacinthoides non–scripta
「花の本 ボタニカルアートの庭」角川書店　2010
◇p52（カラー）　ヒアシンス　Bulliard, Pierre　1780～91

ヒアキントイデス・イタリカ　Hyacinthoides italica
「ユリ科植物図譜 2」学習研究社　1988
◇図180（カラー）　スキラ・イタリカ　ルドゥーテ, ピエール＝ジョセフ　1802～1815

ヒアキントイデス・ノンスクリプタ　Hyacinthoides non–scripta
「ユリ科植物図譜 2」学習研究社　1988
◇図186（カラー）　スキラ・ノンスクリプタ　ルドゥーテ, ピエール＝ジョセフ　1802～1815

ヒアキントゥス・オリエンタリス（変種デクンベンス）
「ユリ科植物図譜 2」学習研究社　1988
◇図23（カラー）　Hyacinthus orientalis var. decumbens　ルドゥーテ, ピエール＝ジョセフ　1802～1815

ヒアシンス　Hyacinthus
「ボタニカルアート 西洋の美花集」パイ インターナショナル　2010
◇p153（カラー）　エドワーズ画, ソーントン, ロバート・ジョン編『フローラの神殿：リンネのセクシャル・システム新図解』　1801　銅版画多色刷 一部手彩色　［町田市立国際版画美術館］

ヒアシンス　Hyacinthus orientalis
「ボタニカルアート 西洋の美花集」パイ インターナショナル　2010
◇p154（カラー）　ルドゥーテ, ピエール＝ジョセフ画・著『美花選』　1827～33　点刻銅版画多色刷 一部手彩色
◇p155（カラー）　ルドゥーテ, ピエール＝ジョセフ画・著『美花選』　1827～33　点刻銅版画多色刷 一部手彩色
「図説 ボタニカルアート」河出書房新社　2010
◇p75（白黒）　キキクス画, コデスロエ, ハント

『ボフォート公爵夫人の花々』 1983
「花の王国 1」平凡社 1990
◇p93（カラー） ソーントン, R.J.『フローラの神殿』 1812

ヒアシンス

「フローラの庭園」八坂書房 2015
◇p19（カラー） ホルツベッカー, ハンス・シモン『ゴットルプ家の写本』 1649～59 水彩 羊皮紙（パーチメント） ［デンマーク国立美術館（コペンハーゲン）］
◇p69（カラー） マーシャル, アレクサンダー画『フラワー・ブック』 1680頃 水彩 紙 46.0×33.3 ［英国王室コレクション］
「イングリッシュ・ガーデン」求龍堂 2014
◇図9（カラー） サンシキスミレ、ヒアシンス、ソラマメ、アラセイトウの一種、他 シューデル, セバスチャン『カレンダリウム』 17世紀初頭 水彩 紙 17.9×15.0 ［キュー王立植物園］
「美花図譜」八坂書房 1991
◇図43（カラー） ウエインマン『花譜』 1736～1748 銅版刷手彩色 ［群馬県館林市立図書館］

ひいらき

「高松松平家博物図譜 写生画帖 雑木」香川県立ミュージアム 2014
◇p37（カラー） 松平頼恭 江戸時代 紙本著色 画帖装（折本形式） 33.2×48.4 ［個人蔵］ ※表紙・裏表紙見返し墨書 安永6（1777）6月 程赤城筆

ひいらぎ

「木の手帖」小学館 1991
◇図156（カラー） 柊・疼木 岩崎灌園『本草図譜』 文政11（1828） 約21×145 ［国立国会図書館］

ヒイラギ Osmanthus heterophyllus

「江戸博物文庫 菜樹の巻」工作舎 2017
◇p159（カラー） 柊 岩崎灌園『本草図譜』 ［東京大学大学院理学系研究科附属植物園（小石川植物園）］
「花木真寫」淡交社 2005
◇図121（カラー） 柊 近衛予楽院家熙 ［（財）陽明文庫］

ヒイラギ Osmanthus heterophyllus（G. Don）P.S.Green

「シーボルト日本植物図譜コレクション」小学館 2008
◇図2–37（カラー） Olea aquifolium Sieb.et Zucc. ［桂川甫賢？］画 ［1820～ 1825頃］ 和紙 透明絵の具 墨 21.5×31.0 ［ロシア科学アカデミーコマロフ植物学研究所図書館］ ※目録675 コレクションV 639/661

ヒイラギソウ Ajuga incisa Maxim.

「岩崎灌園の草花写生」たにぐち書店 2013
◇p68（カラー） 藍菊 ［個人蔵］

ヒイラキ南天

「高松松平家博物図譜 衆芳画譜 花果 第五」香川県立ミュージアム 2011
◇p23（カラー） 松平頼恭 江戸時代 紙本著色 画帖装（折本形式） 33.2×48.4 ［個人蔵］

ヒイラギナンテン Mahonia japonica（Thunb.）DC.

「シーボルト日本植物図譜コレクション」小学館 2008
◇図3–21（カラー） Mahonia japonica DC. 川原慶賀画 紙 透明絵の具 墨 23.7×33.0 ［ロシア科学アカデミーコマロフ植物学研究所図書館］ ※目録199 コレクションI 312/131

ヒイラギナンテン・トウナンテン Mahonia japonica

「花木真寫」淡交社 2005
◇図22（カラー） 柊南天 近衛予楽院家熙 ［（財）陽明文庫］

ヒイラギモチ

「イングリッシュ・ガーデン」求龍堂 2014
◇図147（カラー） Ilex aquifolium, Holly ウェブスター, アン・V. 20世紀中頃 水彩 紙 34.4×24.0 ［キュー王立植物園］

ヒエンソウ

「美花図譜」八坂書房 1991
◇図30（カラー） ウエインマン『花譜』 1736～1748 銅版刷手彩色 ［群馬県館林市立図書館］

ひおうぎ

「野の草の手帖」小学館 1989
◇p135（カラー） 檜扇 岩崎常正（灌園）『本草図譜』 文政11（1828） ［国立国会図書館］

ヒオウギ Belamcanda chinensis

「牧野富太郎植物画集」ミュゼ 1999
◇p53（白黒） ケント紙 墨（毛筆） 8.8×11.5
「植物精選百種図譜 博物画の至宝」平凡社 1996
◇pl.52（カラー） Ixia トレウ, C.J., エーレト, G.D. 1750～73

ヒオウギ

「ユリ科植物図譜 1」学習研究社 1988
◇図38・40（カラー） Belamcanda chinensis ルドゥーテ, ピエール＝ジョセフ 1802～1815
「ボタニカルアートの世界」朝日新聞社 1987
◇p128下左（白黒） 伊藤伊兵衛『広益地錦抄』 1719

ヒオウギズイセン Gladiolus laccatus（Wattsonia humilis）

「ルドゥーテ画 美花選 2」学習研究社 1986
◇図36（カラー） 1827～1833

ビオラ カピラリス［スミレの1種］ Viola capillaris

「ボタニカルアートの世界」朝日新聞社 1987
◇p41左下（カラー） バン・ホット画および彫版『Flore des serres et des jardins de l'Europe第3巻』 1854～1855

ビオラ・コルナータ　Viola cornuta
「ボタニカルアート 西洋の美花集」パイ インターナショナル　2010
◇p26右（カラー）　カーティス, ウィリアム著『カーティス・ボタニカル・マガジン21巻』 1804　銅版画 手彩色

ビオラ・ペダータ　Viola pedata
「ボタニカルアート 西洋の美花集」パイ インターナショナル　2010
◇p26左（カラー）　カーティス, ウィリアム著『ボタニカル・マガジン3巻』 1789　銅版画 手彩色 ［千葉県立中央博物館］

ビカクシダ　Platycerium biforme
「花の王国 4」平凡社　1990
◇p118〜119（カラー）　ブルーメ, K.L.『ジャワ植物誌』 1828〜51

ビカクシダ
⇒プラチュケリウム［ビカクシダ］を見よ

ヒカゲノカズラの1種　Lycopodium sp.
「ビュフォンの博物誌」工作舎　1991
◇N023（カラー）『一般と個別の博物誌 ソンニーニ版』

ヒカゲミズの1種　Parietaria sp.
「ビュフォンの博物誌」工作舎　1991
◇N055（カラー）『一般と個別の博物誌 ソンニーニ版』

ピカデリー　'Piccadilly'
「ばら花譜」平凡社　1983
◇PL.108（カラー）　二口善雄画, 鈴木省三, 籾山泰一著 1973　水彩

光源氏
「日本椿集」平凡社　1966
◇図25（カラー）　津山尚著, 二口善雄画 1960

ヒガンザクラ
⇒コヒガンザクラ、ヒガンザクラを見よ

ひがんばな
「野の草の手帖」小学館　1989
◇p191（カラー）　彼岸花　岩崎常正（灌園）『本草図譜』 文政11（1828）　［国立国会図書館］

ヒガンバナ　Lycoris radiata
「江戸博物文庫 花草の巻」工作舎　2017
◇p25（カラー）　彼岸花　岩崎灌園『本草図譜』 ［東京大学大学院理学系研究科附属植物園（小石川植物園）］

ヒガンバナ　Lycoris radiata Herb.
「高木春山 本草図説 1」リブロポート　1988
◇図54（カラー）

ヒガンバナ
「ボタニカルアートの世界」朝日新聞社　1987
◇p123（カラー）　岩崎灌園『本草図譜』

ヒガンバナ科　Amaryllidaceae
「ビュフォンの博物誌」工作舎　1991
◇N044（カラー）『一般と個別の博物誌 ソンニーニ版』

ひきよもぎ
「高松松平家博物図譜 写生画帖 雑草」香川県立ミュージアム　2013
◇p27（カラー）　松平頼恭 江戸時代　紙本著色 画帖装（折本形式）　33.2×48.4 ［個人蔵］

ヒギリ　Clerodendron japonicum
「花彙 下」八坂書房　1977
◇図135（白黒）　百日紅　小野蘭山, 島田充房 明和2（1765）　26.5×18.5 ［国立公文書館・内閣文庫］

ヒギリ　Clerodendrum japonicum
「図説 ボタニカルアート」河出書房新社　2010
◇p105（カラー）　清水東谷画　［ロシア科学アカデミー図書館］

ヒギリ　Clerodendrum japonicum Sweet
「花の肖像 ボタニカルアートの名品と歴史」創土社　2006
◇fig.85（カラー）　清水東谷画『シーボルト旧蔵日本植物図譜集コレクション』 1994

ヒギリ　Clerodendrum japonicum (Thunb.) Sweet
「シーボルト日本植物図譜コレクション」小学館　2008
◇図3-135（カラー）　Clerodendrum squamatum Vahl　清水東谷画［1861］　和紙 透明絵の具 墨 白色塗料　38.8×57.5 ［ロシア科学アカデミーコマロフ植物学研究所図書館］　※目録709 コレクションVI 224/702

ヒギリ・トウギリ　Clerodendron japonicum
「花木真寫」淡交社　2005
◇図106（カラー）　唐桐　近衛予楽院家熙　［（財）陽明文庫］

ビグノニア・パンドラエ　Pandorea pandorana
「ウィリアム・カーティス 花図譜」同朋舎出版　1994
◇61図（カラー）　Norfolk-island Trumpet-flower エドワーズ, シデナム・ティースト画『カーティス・ボタニカル・マガジン』 1805

日暮　Prunus Lannesiana Wils. 'Amabilis'
「日本桜集」平凡社　1973
◇Pl.36（カラー）　大井次三郎著, 太田洋愛画 1966写生　水彩

ヒグルマ
⇒ヒマワリ・ヒグルマを見よ

緋車
「日本椿集」平凡社　1966
◇図42（カラー）　津山尚著, 二口善雄画 1965

ヒゲキキョウ　Campanula trachelium
「美花選[普及版]」河出書房新社　2016
◇図106(カラー)　Campanule dentelée/Campanula　ルドゥーテ, ピエール＝ジョゼフ画 1827〜1833 ［コノサーズ・コレクション東京］
「ボタニカルアート 西洋の美花集」パイ インターナショナル　2010
◇p127(カラー)　ルドゥーテ, ピエール＝ジョセフ画・著『美花選』 1827〜33　点刻銅版画多色刷 一部手彩色

ヒゲナデシコ
⇒アメリカナデシコ, ヒゲナデシコを見よ

ヒゴウカン　Calliandra grandiflora
「花の王国 1」平凡社　1990
◇p94(カラー)　ソーントン, R.J.『フローラの神殿』 1812

ヒゴスミレ　Viola chaerophylloides (Regel) W. Becker var.sieboldiana (Maxim.) Makino
「シーボルト日本植物図譜コレクション」小学館　2008
◇図3-127(カラー)　Viola kakusumire Sieb.　清水東谷画［1862］ 紙 透明絵の具 墨 白色塗料 29.7×42.0 ［ロシア科学アカデミーコマロフ植物学研究所図書館］ ※目録588 コレクションII 462/172

ヒゴダイ
「高松松平家博物図譜 衆芳画譜 花卉 第四」香川県立ミュージアム　2010
◇p46(カラー)　松平頼恭 江戸時代　紙本著色 画帖装(折本形式)　33.0×48.2 ［個人蔵］

ひさゝき
「高松松平家博物図譜 写生画帖 雑木」香川県立ミュージアム　2014
◇p35(カラー)　松平頼恭 江戸時代　紙本著色 画帖装(折本形式)　33.2×48.4 ［個人蔵］ ※表紙・裏表紙見返し墨書 安永6(1777)6月 程赤城筆

ヒシ　Trapa japonica
「四季草花譜」八坂書房　1988
◇図11(カラー)　飯沼慾斎筆『草木図説稿本』［個人蔵］

菱唐糸
「日本椿集」平凡社　1966
◇図106(カラー)　津山尚著, 二口善雄画 1965

ビジョナデシコ　Dianthus barbatus
「花の王国 1」平凡社　1990
◇p80(カラー)　馬場大助『遠西舶上画譜』 制作年代不詳 ［東京国立博物館］

緋縮緬
「日本椿集」平凡社　1966
◇図134(カラー)　津山尚著, 二口善雄画 1957, 1956

ビジンショウ　Musa coccinea
「四季草花譜」八坂書房　1988
◇図12(カラー)　飯沼慾斎筆『草木図説稿本』［個人蔵］

ビジンショウ
「彩色 江戸博物学集成」平凡社　1994
◇p255(カラー)　美人蕉　飯沼慾斎『草木図説』［岩瀬文庫］

美人蕉
「高松松平家博物図譜 衆芳画譜 花卉 第四」香川県立ミュージアム　2010
◇p78(カラー)　松平頼恭 江戸時代　紙本著色 画帖装(折本形式)　33.0×48.2 ［個人蔵］

ヒジンソウ
「高松松平家博物図譜 衆芳画譜 花卉 第四」香川県立ミュージアム　2010
◇p21(カラー)　松平頼恭 江戸時代　紙本著色 画帖装(折本形式)　33.0×48.2 ［個人蔵］

ビジンソウ
「江戸名作画帖全集 8」駸々堂出版　1995
◇図79(カラー)　松平頼恭編『写生画帖・衆芳画譜』　紙本着色 ［松平公益会］

ピース　'Peace'
「ばら花譜」平凡社　1983
◇PL.106(カラー)　Gioia, Gloria Dei, Mme.A. Meilland　二口善雄画, 鈴木省三, 籾山泰一著 1977　水彩

ヒダカイワザクラ　Primula hidakana Miyabe et Kudô ex H.Hara
「須崎忠助植物画集」北海道大学出版会　2016
◇図31-60(カラー)　いはさくら『大雪山植物其他』(大正)14(昭和2着色) ［北海道大学附属図書館］
◇図32-61(カラー)　いはさくら『大雪山植物其他』 昭和2 ［北海道大学附属図書館］
◇図33-62(カラー)　アホイ岩桜『大雪山植物其他』 昭和2 ［北海道大学附属図書館］

ヒダカソウ　Callianthemum miyabeanum Tatew.
「須崎忠助植物画集」北海道大学出版会　2016
◇図34-63(カラー)　日高草『大雪山植物其他』 昭和2 ［北海道大学附属図書館］

ひつじぐさ　Nymphaea tetragona
「草木写生 秋の巻」ピエ・ブックス　2010
◇p196〜197(カラー)　未草　狩野織染藤原重賢 明暦3(1657)〜元禄12(1699) ［国立国会図書館］

ひつじぐさ
「野の草の手帖」小学館　1989
◇p136〜137(カラー)　未草　岩崎常正(灌園)『本草図譜』 文政11(1828) ［国立国会図書館］

ヒツジグサ　Nymphaea caerulea
「ルドゥーテ画 美花選 2」学習研究社　1986
◇図6(カラー) 1827〜1833

ヒツジグサ　Nymphaea tetragona
「江戸博物文庫 花草の巻」工作舎　2017
◇p167(カラー)　未草　岩崎灌園『本草図譜』［東京大学大学院理学系研究科附属植物園(小石川植物園)］
「ウィリアム・カーティス 花図譜」同朋舎出版 1994
◇395図(カラー)　Pigmy Water Lily　エドワーズ, シデナム・ティースト画『カーティス・ボタニカル・マガジン』 1813

ピッチャープラント
「R・J・ソーントン フローラの神殿 新装版」リブロポート　1990
◇第30葉(カラー)　アメリカ産湖沼植物群　ライナグル, フィリップ画, マダン, D.彫版, ソーントン, R.J. 1812　スティップル(緑, 青色インク) 手彩色仕上げ

ビッチュウヤマハギ
⇒ニシキハギ・ビッチュウヤマハギを見よ

ヒッペアストゥルム・ビッタートゥム
Hippeastrum vittatum
「ユリ科植物図譜 1」学習研究社　1988
◇図193(カラー)　アマリリス・ビッタータ　ルドゥーテ, ピエール＝ジョセフ 1802〜1815

ヒッペアストゥルム・レジネ　Hipeastrum reginae
「ユリ科植物図譜 1」学習研究社　1988
◇図187・191(カラー)　アマリリス・レギネ　ルドゥーテ, ピエール＝ジョセフ 1802〜1815

ヒッペアストルム・エクエストリス
Hippeastrum equestris
「ユリ科植物図譜 1」学習研究社　1988
◇図179(カラー)　アマリリス・エクエストリス　ルドゥーテ, ピエール＝ジョセフ 1802〜1815

ピッペアストルム・エクエストレ
Hippeastrum equestre
「ユリ科植物図譜 1」学習研究社　1988
◇図174(カラー)　アマリリス・ブラジリエンシス　ルドゥーテ, ピエール＝ジョセフ 1802〜1815

ヒッペアルトム・レティクラトゥム
Hippeatrum reticulatum
「ユリ科植物図譜 1」学習研究社　1988
◇図188(カラー)　アマリリス・レティクラータ　ルドゥーテ, ピエール＝ジョセフ 1802〜1815

一重曙　Prunus Lannesiana Wils. 'Hitoe-akebono'
「日本桜集」平凡社　1973
◇Pl.39(カラー)　大井次三郎著, 太田洋愛画 1970写生　水彩

ヒトエノニワザクラ
「彩色 江戸博物学集成」平凡社　1994
◇p26(カラー)　ニハザクラ　貝原益軒『大和本草諸品図』

ピトカイルニア・アングスティフォリア
「ユリ科植物図譜 2」学習研究社　1988
◇図240(カラー)　Pitcairnia angustifolia　ルドゥーテ, ピエール＝ジョセフ 1802〜1815

ピトカイルニア・ブロメリエフォリア
「ユリ科植物図譜 2」学習研究社　1988
◇図242(カラー)　Pitcairnia bromeliaefolia　ルドゥーテ, ピエール＝ジョセフ 1802〜1815

ピトカイルニア・ラティフォリア
「ユリ科植物図譜 2」学習研究社　1988
◇図243(カラー)　Pitcairnia latifolia　ルドゥーテ, ピエール＝ジョセフ 1802〜1815
◇図244(カラー)　Pitcairnia latifolia　ルドゥーテ, ピエール＝ジョセフ 1802〜1815

ヒトツバエニシダ　Genista tinctoria
「すごい博物画」グラフィック社　2017
◇図版11(カラー)　ヨーロッパナラとヒトツバエニシダ　レオナルド・ダ・ヴィンチ 1505〜10頃 薄い赤色の下処理を施した紙に赤いチョーク 白い仕上げ　18.8×15.4　［ウィンザー城ロイヤル・ライブラリー］

ひとつばたご
「木の手帖」小学館　1991
◇図158(カラー)　岩崎灌園『本草図譜』 文政11(1828)　約21×145　［国立国会図書館］

ヒトツバタゴ　Chionanthus retusus
「江戸博物文庫 菜樹の巻」工作舎　2017
◇p139(カラー)　一つ葉田子　岩崎灌園『本草図譜』［東京大学大学院理学系研究科附属植物園(小石川植物園)］

ヒトツバマメ　Hardenbergia monophylla Benth.
「カーティスの植物図譜」エンタプライズ　1987
◇図263(カラー)　Glycine bimaculata Curt. 『カーティスのボタニカルマガジン』 1787〜1887

ヒドランゲア・ヤポニカ(ヤマアジサイ?)
「フローラの庭園」八坂書房　2015
◇p99(カラー)　Hydrangea japonica Siebold　ドレイク, サラ・アン原画『ボタニカル・レジスター』 1844　銅版(エングレーヴィング) 手彩色 紙　［個人蔵］

ひとりしずか
「野の草の手帖」小学館　1989
◇p53(カラー)　一人静　岩崎常正(灌園)『本草図譜』 文政11(1828)　［国立国会図書館］

ヒトリシズカ　Chloranthus japonicus
「江戸博物文庫 花草の巻」工作舎　2017
◇p146(カラー)　一人静　図はホソバイラクサ

(Urtica angustifolia)の可能性もある　岩崎灌園『本草図譜』　[東京大学大学院理学系研究科附属植物園(小石川植物園)]

ヒナギキョウ　Wahlenbergia marginata

「江戸博物文庫 花草の巻」工作舎　2017

◇p6(カラー)　雛桔梗　岩崎灌園『本草図譜』　[東京大学大学院理学系研究科附属植物園(小石川植物園)]

ヒナギク

「美花図譜」八坂書房　1991

◇図13(カラー)　ウエインマン『花譜』1736〜1748　銅版刷手彩色　[群馬県館林市立図書館]

ヒナギク

⇒デージー(ヒナギク)を見よ

雛菊桜　Prunus apetala Fr.et Sav.var.pilosa Wils. 'Multipetala'

「日本桜集」平凡社　1973

◇Pl.37(カラー)　大井次三郎著, 太田洋愛画　1972写生　水彩

ヒナゲシ　Papaver rhoeas

「図説 ボタニカルアート」河出書房新社　2010

◇p7(カラー)　エーレット画 1732　[ダービー卿コレクション]

「四季草花譜」八坂書房　1988

◇図47(カラー)　飯沼慾斎筆『草木図説稿本』　[個人蔵]

ヒナゲシ　Papaver rhoeas L.

「花の肖像 ボタニカルアートの名品と歴史」創土社　2006

◇fig.12(カラー)　エーレット画

ヒナゲシ

「彩色 江戸博物学集成」平凡社　1994

◇p86(カラー)　松平頼恭『写生画帖』　[松平公益会]

ヒナユリ　Camassia quamash

「ウィリアム・カーティス 花図譜」同朋舎出版　1994

◇347図(カラー)　Missouri Squill or Squamash　エドワーズ, シデナム・ティースト画『カーティス・ボタニカル・マガジン』1813

ピヌス ピネア[マツの1種]の球果　Pinus pinea

「ボタニカルアートの世界」朝日新聞社　1987

◇p79上(カラー)　バウアー, フェルディナンド画, ワーナー彫版『A description of the genus Pinus第1巻』1803〜1807

ひのき

「木の手帖」小学館　1991

◇図17(カラー)　檜・檜木　岩崎灌園『本草図譜』文政11(1828)　約21×145　[国立国会図書館]

ヒノキ　Chamaecyparis obtusa (Siebold & Zucc.) Siebold & Zucc.ex Endl.

「シーボルト日本植物図譜コレクション」小学館　2008

◇図3-100(カラー)　Retinispora aurea Sieb.　[清水東谷]画　[1861 〜 1862頃]　紙 透明絵の具 墨　29.2×41.4　[ロシア科学アカデミーコマロフ植物学研究所図書館]　※目録39 コレクションVII /888

◇図3-101(カラー)　Retinispora varr.　清水東谷画 1862　紙 透明絵の具 墨　29.9×41.8　[ロシア科学アカデミーコマロフ植物学研究所図書館]　※目録40 コレクションVII /894

「シーボルト「フローラ・ヤポニカ」日本植物誌」八坂書房　2000

◇図121(カラー)　Hinoki　[国立国会図書館]

ヒノキアスナロ　Thujopsis dolabrata Sieb.et Zucc.var.hondae Makino

「北海道主要樹木図譜[普及版]」北海道大学図書刊行会　1986

◇図10(カラー)　Thujopsis dolabrata Sieb.et Zucc.var.hondai Makino　須崎忠助　大正9(1920)〜昭和6(1931)　[個人蔵]

緋の蓮花

「日本椿集」平凡社　1966

◇図13(カラー)　津山尚著, 二口善雄画 1965

ヒバーティア・スカンデンス　Hibbcrtia scandens

「美花選[普及版]」河出書房新社　2016

◇図77(カラー)　La Dillenne/Dillenia scandens　ルドゥーテ, ピエール=ジョゼフ画 1827〜1833　[コノサーズ・コレクション東京]

ビフレナリア・アトロプルプレア　Bifrenaria atropurpurea Ldl.

「蘭花譜」平凡社　1974

◇Pl.87-3(カラー)　加藤光治著, 二口善雄画　1940写生

ビフレナリア・イノドラ　Bifrenaria inodora Ldl. (B.Fuerstenbergiana Schltr.)

「蘭花譜」平凡社　1974

◇Pl.87-5〜6(カラー)　加藤光治著, 二口善雄画　1970,1969写生

ビフレナリア・チリアンシナ　Bifrenaria tyrianthina Rchb.f.

「蘭花譜」平凡社　1974

◇Pl.87-2(カラー)　加藤光治著, 二口善雄画　1941写生

ビフレナリア・テトラゴナ　Bifrenaria tetragona Schltr.

「蘭花譜」平凡社　1974

◇Pl.87-4(カラー)　加藤光治著, 二口善雄画　1970写生

ビフレナリア・ハリソニエー　Bifrenaria Harrisoniae Rchb.f.
「蘭花譜」平凡社　1974
◇Pl.87-1（カラー）　加藤光治著, 二口善雄画 1940写生

ヒペリクム ペルフォラーツム［セイヨウオトギリソウ］　Hypericum perforatum
「ボタニカルアートの世界」朝日新聞社　1987
◇p27下（カラー）　ミュラー, W.画『Prof.Dr. Thome's Flora von Deutschland, Osteerreich und der Schweiz第2版、3巻3』 1905

ヒポクシス・エレクタ
「ユリ科植物図譜 1」学習研究社　1988
◇図208（カラー）　Hypoxis erecta　ルドゥーテ, ピエール＝ジョセフ 1802〜1815

ヒポクシス・ステラータ
「ユリ科植物図譜 1」学習研究社　1988
◇図211（カラー）　Hypoxis stellata　ルドゥーテ, ピエール＝ジョセフ 1802〜1815

ヒポクシス・ビローサ　Hypoxis villosa
「ユリ科植物図譜 1」学習研究社　1988
◇図210（カラー）　ヒポクシス・スボリフェラ　ルドゥーテ, ピエール＝ジョセフ 1802〜1815

ヒマチジューム・チランジオイデス　Phymatidium tillandsioides Rodr.
「蘭花譜」平凡社　1974
◇Pl.111-4（カラー）　加藤光治著, 二口善雄画 1971写生

ヒマラヤゴヨウ　Pinus wallichiana
「図説 ボタニカルアート」河出書房新社　2010
◇p119（カラー）　ファーラー画, スターン『キュー植物園の植物画家』 1990

ヒマラヤスギ　Cedrus deodara
「植物精選百種図譜 博物画の至宝」平凡社 1996
◇pl.1（カラー）　Cedrus　トレウ, C.J., エーレト, G.D. 1750〜73

ヒマラヤスギ？　Cedrus deodara？
「植物精選百種図譜 博物画の至宝」平凡社 1996
◇pl.60（カラー）　Cedrus　トレウ, C.J., エーレト, G.D. 1750〜73

ヒマラヤハッカクレン　Podophyllum hexandrum
「植物精選百種図譜 博物画の至宝」平凡社 1996
◇pl.29（カラー）　Podophyllum　トレウ, C.J., エーレト, G.D. 1750〜73

ヒマワリ　Helianthus annuus
「すごい博物画」グラフィック社　2017
◇図版48（カラー）　ヒマワリとグレーハウンド　マーシャル, アレクサンダー 1650〜82頃　水彩 45.6×33.3 ［ウィンザー城ロイヤル・ライブラリー］
「イングリッシュ・ガーデン」求龍堂　2014
◇図2（カラー）　Sunflower: Flos Solismajor　作者不詳, ベスラー, バシリウス委託『アイヒシュテット庭園植物誌』 1613　エングレーヴィング 56.0×47.0×6.1（書籍）［キュー王立植物園］
「ボタニカルアート 西洋の美花集」パイ インターナショナル　2010
◇p112（カラー）　ベスラー, バジリウス著『アイヒシュテット庭園植物誌』 1613　銅版画 手彩色
「花の本 ボタニカルアートの庭」角川書店 2010
◇p97（カラー）　Sunflower　Lonicer, Adam『本草書』 1590
「図説 ボタニカルアート」河出書房新社　2010
◇p23（カラー）　ベスラー『アイヒシュテット庭園植物誌』 1613
「花の王国 1」平凡社　1990
◇p96（カラー）　ベスラー, B.『アイヒシュタット の庭』 1713
「四季草花譜」八坂書房　1988
◇図65（カラー）　飯沼慾斎筆『草木図説稿本』［個人蔵］
「花彙 上」八坂書房　1977
◇図84（白黒）　迎陽花　小野蘭山, 島田充房 明和2（1765） 26.5×18.5 ［国立公文書館・内閣文庫］

ヒマワリ　Helianthus annuus L.
「花の肖像 ボタニカルアートの名品と歴史」創土社　2006
◇fig.17（カラー）　ビュフォート, メリー著作 1983出版
◇fig.99（カラー）　ニュエンフュイス, テオドール『花と植物―オランダ王立博物館蔵絵画印刷物写真コレクション』 1994

ヒマワリ　Helianthus argophyllus
「ボタニカルアート 西洋の美花集」パイ インターナショナル　2010
◇p113（カラー）　ステップ, エミリー画, ステップ, エドワード『温室と庭園の花々』 1896〜97 石版画多色刷

ヒマワリ　Helianthus giganteus
「イングリッシュ・ガーデン」求龍堂　2014
◇図80（カラー）　Sunflower　カンパニースクール 1800頃　水彩 賽の目紙 43.0×28.0 ［キュー王立植物園］

ヒマワリ
「美花図譜」八坂書房　1991
◇図25（カラー）　ウエインマン『花譜』 1736〜1748　銅版刷手彩色 ［群馬県館林市立図書館］
「ボタニカルアートの世界」朝日新聞社　1987
◇p119下（カラー）　向日葵　近衛予楽院『花木真寫』 ［京都陽明文庫］

ヒマワリの1種　Helian sp.
「ビュフォンの博物誌」工作舎　1991

◇N093（カラー）『一般と個別の博物誌 ソンニーニ版』

ヒマワリ・ヒグルマ　Helianthus annuus

「花木真寫」淡交社　2005
◇図84（カラー）　日向葵　近衛予楽院家熙［（財）陽明文庫］

ひむろ

「木の手帖」小学館　1991
◇図20（カラー）　姫檜　岩崎灌園『本草図譜』文政11（1828）　約21×145　［国立国会図書館］

ヒムロ　Chamaecyparis pisifera (Sieb.et Zucc.) Sieb.et Zucc.ex Endl. 'Squarrosa'

「シーボルト「フローラ・ヤポニカ」日本植物誌」八坂書房　2000
◇図123（白黒）　Sinobu hiba　［国立国会図書館］

ヒメイズイ　Polygonatum humile Fisch.ex Maxim.

「須崎忠助植物画集」北海道大学出版会　2016
◇図10–20（カラー）　ヒメアマトコロ『大雪山植物其他』　6月17日　［北海道大学附属図書館］

ヒメイチゲ　Anemone debilis

「図説 ボタニカルアート」河出書房新社　2010
◇p108（カラー）　岩崎灌園画・著『本草図譜』［東京大学大学院理学系研究科附属植物園］
「日本の博物図譜」東海大学出版会　2001
◇図57（カラー）　山田清慶筆『植物集説』［東京国立博物館］

ヒメウツギ　Deutzia gracilis

「江戸博物文庫 菜樹の巻」工作舎　2017
◇p164（カラー）　姫空木　岩崎灌園『本草図譜』［東京大学大学院理学系研究科附属植物園（小石川植物園）］

ヒメウツギ　Deutzia gracilis Sieb.et Zucc.

「シーボルト「フローラ・ヤポニカ」日本植物誌」八坂書房　2000
◇図8（カラー）　［国立国会図書館］

ヒメエンゴサク　C.lineariloba Sieb.et Zucc. var.capillaris Ohwi

「岩崎灌園の草花写生」たにぐち書店　2013
◇p64（カラー）　延胡索　［個人蔵］

ヒメオニソテツ

「カーティスの植物図譜」エンタプライズ　1987
◇図5371（カラー）　Encephalartos horridus Lehm.var.trispinosa『カーティスのボタニカルマガジン』　1787〜1887

ヒメカイウ　Calla palustris

「図説 ボタニカルアート」河出書房新社　2010
◇p43（カラー）　Calla aethiopica　エーレット画，トリュー『美花園誌』　1750〜92
「花の王国 1」平凡社　1990
◇p37（カラー）　ジョーム・サンティレール，H.『フランスの植物』　1805〜09　彩色銅版画

ヒメカンゾウ　Hemerocallis dumortieri

「江戸博物文庫 花草の巻」工作舎　2017
◇p72（カラー）　姫萱草　岩崎灌園『本草図譜』［東京大学大学院理学系研究科附属植物園（小石川植物園）］

ひめきゝやう

「高松松平家博物図譜 写生画帖 雑草」香川県立ミュージアム　2013
◇p72（カラー）　松平頼恭　江戸時代　紙本著色 画帖装（折本形式）　33.2×48.4　［個人蔵］

ヒメギキョウ　Wahlenbergia marginata (Thunb.) A.DC.

「シーボルト日本植物図譜コレクション」小学館　2008
◇図2–76（カラー）　Wahlenbergia marginata A. DC.　［川原慶賀］画　紙 透明絵の具 墨 白色塗料　24.3×33.9　［ロシア科学アカデミーコマロフ植物学研究所図書館］　※目録776 コレクションV 584/610

ヒメギリソウ　Streptocarpus rexii Lindl.

「カーティスの植物図譜」エンタプライズ　1987
◇図4862（カラー）　Cape Primrose『カーティスのボタニカルマガジン』　1787〜1887

ヒメキリンソウ　Sedum sikokianum

「日本の博物図譜」東海大学出版会　2001
◇図65（カラー）　牧野富太郎筆『日本植物志図篇』［高知県立牧野植物園］
「牧野富太郎植物画集」ミュゼ　1999
◇p13（カラー）　1889（明治22）　和紙 墨（毛筆）水彩　27.4×19.3

ヒメキンギョソウ

「彩色 江戸博物学集成」平凡社　1994
◇p254（カラー）　飯沼慾斎『草木写生図』［個人蔵］

ヒメコウゾ　Broussonetia kazinoki Siebold ex Siebold & Zucc.

「シーボルト日本植物図譜コレクション」小学館　2008
◇図2–9（カラー）　Broussonetia kazinoki Sieb.［川原慶賀？］画　［1820頃］　和紙 透明絵の具 墨　24.3×31.0　［ロシア科学アカデミーコマロフ植物学研究所図書館］　※目録93 コレクションVII 638/819

ヒメコブシ

⇒シデコブシ・ヒメコブシを見よ

ヒメザクロ（ナンキンザクロ）　Punica granatum var.nana

「花彙 下」八坂書房　1977
◇図187（白黒）　火石榴　小野蘭山，島田充房　明和2（1765）　26.5×18.5　［国立公文書館・内閣文庫］

ヒメザミア

「カーティスの植物図譜」エンタプライズ　1987

◇図1741（カラー）　Zamia pygmaea Sims『カーティスのボタニカルマガジン』 1787～1887

ヒメサユリ　Lilium rubellum Baker
「岩崎灌園の草花写生」たにぐち書店　2013
◇p106（カラー）　百合　［個人蔵］

ヒメシオン　Aster fastigiatus
「花彙 上」八坂書房　1977
◇図68（白黒）　白苑　小野蘭山, 島田充房 明和2（1765）　26.5×18.5　［国立公文書館・内閣文庫］

ひめしゃが　Iris gracilipes
「草木写生 春の巻」ピエ・ブックス　2010
◇p142～143（カラー）　姫射干　狩野織染藤原重賢 明暦3（1657）～元禄12（1699）　［国立国会図書館］

ヒメシャクナゲ　Andromeda polifolia L.
「須崎忠助植物画集」北海道大学出版会　2016
◇図58-89（カラー）『大雪山植物其他』　［北海道大学附属図書館］

ヒメシャラ　Stewartia monadelpha Sieb.et Zucc.
「シーボルト「フローラ・ヤポニカ」 日本植物誌」八坂書房　2000
◇図96（カラー）　Jama tsjà　［国立国会図書館］

ひめづた
「高松松平家博物図譜 写生画帖 雑草」香川県立ミュージアム　2013
◇p105（カラー）　松平頼恭 江戸時代　紙本著色画帖装（折本形式）　33.2×48.4　［個人蔵］

ヒメスミレ　Viola minor
「牧野富太郎植物画集」ミュゼ　1999
◇p43（白黒）1886（明治19）　和紙 墨（毛筆） 19.1×13.5

ヒメツルボラン　Anthericum liliago
「ユリ科植物図譜 2」学習研究社　1988
◇図137（カラー）　ファランギウム・リリアゴ　ルドゥーテ, ピエール＝ジョセフ 1802～1815

ヒメノウゼンカズラ　Bignonia (Tecomaria) capensis
「ルドゥーテ画 美花選 2」学習研究社　1986
◇図53（カラー） 1827～1833

ヒメノウゼンカズラ　Tecomaria capensis
「美花選［普及版］」河出書房新社　2016
◇図140（カラー）　Bignonia Capensis　ルドゥーテ, ピエール＝ジョゼフ画 1827～1833　［コノサーズ・コレクション東京］

ヒメノカリス　Hymenocallis speciosa
「植物精選百種図譜 博物画の至宝」平凡社 1996
◇pl.27（カラー）　Pancratium　トレウ, C.J., エーレト, G.D. 1750～73

ヒメノカリス　Hymenocallis speciosum
「花の本 ボタニカルアートの庭」角川書店 2010
◇p103（カラー）　Spider lily　Redouté, Pierre Joseph 1802～16

ヒメノカリス・カラティナ　Hymenocallis calathina
「ユリ科植物図譜 1」学習研究社　1988
◇図239（カラー）　パンクラティウム・カラティフォルメ　ルドゥーテ, ピエール＝ジョセフ 1802～1815

ヒメノカリス・カリベア　Hymenocallis caribaea
「ユリ科植物図譜 1」学習研究社　1988
◇図240（カラー）　パンクラティウム・デクリナートゥム　ルドゥーテ, ピエール＝ジョセフ 1802～1815
◇図244（カラー）　パンクラティウム・デクリナートゥム　ルドゥーテ, ピエール＝ジョセフ 1802～1815

ヒメノカリスの1種　Hymenocallis sp.
「植物精選百種図譜 博物画の至宝」平凡社 1996
◇pl.28（カラー）　Pancratium　トレウ, C.J., エーレト, G.D. 1750～73

ヒメノカリスの1種　Pancratium speciosum
「ボタニカルアートの世界」朝日新聞社　1987
◇p8（カラー）　ルドゥテ画『Les Liliacées第3巻』1807

ヒメノカリス・ラセラ　Hymenocallis lacera
「ユリ科植物図譜 1」学習研究社　1988
◇図243（カラー）　パンクラティウム・ディスキフォルメ　ルドゥーテ, ピエール＝ジョセフ 1802～1815

ヒメノカリス・リトラリス　Hymenocallis littoralis
「ユリ科植物図譜 1」学習研究社　1988
◇図245（カラー）　パンクラティウム・リトラーレ　ルドゥーテ, ピエール＝ジョセフ 1802～1815

ヒメノコギリソウ　Achillea tomentosa
「ウィリアム・カーティス 花図譜」同朋舎出版 1994
◇105図（カラー）　Woolly Milfoil　エドワーズ, シデナム・ティースト画『カーティス・ボタニカル・マガジン』 1800

ヒメノコギリソウ
「カーティスの植物図譜」エンタプライズ　1987
◇図498（カラー）　Wooly Yarrow『カーティスのボタニカルマガジン』 1787～1887

ヒメノボタン　Osbeckia chinensis
「日本の博物図譜」東海大学出版会　2001
◇図67（カラー）　牧野富太郎筆『日本植物志図篇』［高知県立牧野植物園］

「牧野富太郎植物画集」ミュゼ　1999
◇p25(白黒)　1890頃(明治23)　ケント紙 墨(毛筆) 鉛筆　27.5×32.4

ヒメバショウ　Musa coccinea
「ウィリアム・カーティス 花図譜」同朋舎出版 1994
◇389図(カラー)　Scarlet Banana　エドワーズ, シデナム・ティースト画『カーティス・ボタニカル・マガジン』 1813

ヒメバショウ　Musa uranoscopos
「花彙 上」八坂書房　1977
◇図4(白黒)　紅蕉　小野蘭山, 島田充房 明和2(1765)　26.5×18.5　［国立公文書館・内閣文庫］

ヒメバショウ
「ユリ科植物図譜 1」学習研究社　1988
◇図28(カラー)　Musa coccinea　ルドゥーテ, ピエール＝ジョセフ 1802〜1815
◇図29(カラー)　Musa coccinea　ルドゥーテ, ピエール＝ジョセフ 1802〜1815

ヒメハナワラビ　Botrychium lunaria (L.) Sw.
「須崎忠助植物画集」北海道大学出版会　2016
◇図23–45(カラー)『大雪山植物其他』 8月20日［北海道大学附属図書館］

ヒメバラ　Rosa chinensis var.minima
「ウィリアム・カーティス 花図譜」同朋舎出版 1994
◇506図(カラー)　Miss Lawrence's Rose or Fairy Rose　カーティス, ウィリアム『カーティス・ボタニカル・マガジン』 1815

ヒメヒゴダイ
「高松松平家博物図譜 衆芳画譜 花卉 第四」香川県立ミュージアム　2010
◇p46(カラー)　松平頼恭 江戸時代　紙本著色 画帖装(折本形式)　33.0×48.2　［個人蔵］

ひめほたる
「高松松平家博物図譜 写生画帖 雑草」香川県立ミュージアム　2013
◇p72(カラー)　松平頼恭 江戸時代　紙本著色 画帖装(折本形式)　33.2×48.4　［個人蔵］

姫ホトヽギス
「高松松平家博物図譜 衆芳画譜 花卉 第四」香川県立ミュージアム　2010
◇p79(カラー)　松平頼恭 江戸時代　紙本著色 画帖装(折本形式)　33.0×48.2　［個人蔵］

ヒメマイヅルソウ　Maianthemum bifolium
「ウィリアム・カーティス 花図譜」同朋舎出版 1994
◇325図(カラー)　Least Solomon's Seal　エドワーズ, シデナム・ティースト画『カーティス・ボタニカル・マガジン』 1801

ヒメマイヅルソウ
「ユリ科植物図譜 2」学習研究社　1988
◇図52(カラー)　Maianthemum bifolium　ルドゥーテ, ピエール＝ジョセフ 1802〜1815

ヒメヤシャブシ　Alnus pendula Matsum.
「北海道主要樹木図譜［普及版］」北海道大学図書刊行会　1986
◇図31(カラー)　須崎忠助 大正9(1920)〜昭和6(1931)　［個人蔵］

ヒメヤハズヤシ　Ptychosperma elegans
「花の王国 4」平凡社　1990
◇p65(カラー)　ルメール, Ch.『園芸図譜誌』 1854〜86

ヒメユリ　Lilium concolor Salisb.
「岩崎灌園の草花写生」たにぐち書店　2013
◇p36(カラー)　黄山丹花　［個人蔵］

ヒメユリ
「高松松平家博物図譜 衆芳画譜 花卉 第四」香川県立ミュージアム　2010
◇p33(カラー)　松平頼恭 江戸時代　紙本著色 画帖装(折本形式)　33.0×48.2　［個人蔵］

ひやくし
「高松松平家博物図譜 写生画帖 雑木」香川県立ミュージアム　2014
◇p9(カラー)　松平頼恭 江戸時代　紙本著色 画帖装(折本形式)　33.2×48.4　［個人蔵］　※表紙・裏表紙見返し墨書 安永6(1777)6月 程赤城筆

ビャクシン(栽培品種)　Juniperus chinensis L.［cultivars］
「シーボルト日本植物図譜コレクション」小学館 2008
◇図3–103(カラー)　Juniperus chinensis L. varietas　［清水東谷］画［1861 〜 1862頃］　紙透明絵の具 墨　29.2×41.4　［ロシア科学アカデミーコマロフ植物学研究所図書館］　※目録44 コレクションVII /873

ヒャクニチソウ　Zinnia elegans
「花の王国 1」平凡社　1990
◇p97(カラー)　ジョーム・サンティレール, H.『フランスの植物』 1805〜09　彩色銅版画

ビャクレン　Ampelopsis japonica
「江戸博物文庫 花草の巻」工作舎　2017
◇p140(カラー)　白斂　岩崎灌園『本草図譜』［東京大学大学院理学系研究科附属植物園(小石川植物園)］
「花彙 上」八坂書房　1977
◇図66(白黒)　五福欄　小野蘭山, 島田充房 明和2(1765)　26.5×18.5　［国立公文書館・内閣文庫］

ヒヤシンス　Hyacinthus orientalis
「すごい博物画」グラフィック社　2017
◇図版39(カラー)　ヒヤシンス、アヤメ、スイセン、ハナサフラン　マーシャル, アレクサンダー 1650〜82頃　水彩　45.9×33.0　［ウィンザー城ロイヤル・ライブラリー］

「美花選［普及版］」河出書房新社　2016
◇図11（カラー）　Jacinthe d'Orient Variété bleue　ルドゥーテ, ピエール＝ジョゼフ画 1827〜1833 ［コノサーズ・コレクション東京］
◇図89（カラー）　Jacinthe d'Orient/Hyacinthus Orientalis　ルドゥーテ, ピエール＝ジョゼフ画 1827〜1833 ［コノサーズ・コレクション東京］
◇図100（カラー）　Jacinthe d'orient variété rose/Hyacinthus orientalis　ルドゥーテ, ピエール＝ジョゼフ画 1827〜1833 ［コノサーズ・コレクション東京］
「ルドゥーテ画 美花選 1」学習研究社　1986
◇図36（カラー）　1827〜1833
◇図37（カラー）　1827〜1833
◇図38（カラー）　1827〜1833

ヒヤシンス　Hyacinthus orientalis L.

「花の肖像 ボタニカルアートの名品と歴史」創土社　2006
◇fig.18（カラー）　キキクス画

ヒヤシンス

「すごい博物画」グラフィック社　2017
◇図31（カラー）　ジェラード, ジョン『本草書または植物の話』 初版1597　手彩色の木版画 ［ウィンザー城ロイヤル・ライブラリー］ ※1636年にトマス・ジョンソンによって拡大・修正されたもの
◇図32（カラー）　ベスラー, バシリウス『アイヒシュテット庭園植物誌』　銅版画 ［ウィンザー城ロイヤル・ライブラリー］
「イングリッシュ・ガーデン」求龍堂　2014
◇図33e（カラー）　Hyacinths　エドワーズ, シデナム・ティースト, ソーントン, R.J.編『フローラの神殿』 1801　銅版 紙　54.0×45.0 ［マイケル&マリコ・ホワイトウェイ］
「ボタニカルアート 西洋の美花集」パイ インターナショナル　2010
◇p206（カラー）　ベシン画・著『Flore par mlls』 1850　点刻銅版画多色刷 手彩色
「R・J・ソーントン フローラの神殿 新装版」リブロポート　1990
◇第6葉（カラー）　Group of Hyacinths　ディアナ・ファン・エフェソン, ドン・グラトゥイト, グローブ・テレストル, ラ・ヒロイン, ヴェルール・プルプル　エドワーズ, S.画, ゴーゲン彫版, ソーントン, R.J. 1812　アクアチント（濃紺インク）手彩色仕上げ

ヒヤシント図

「彩色 江戸博物学集成」平凡社　1994
◇p418〜419（カラー）　関根雲停, 服部雪斎『ヒヤシント図』 ［国会図書館］

ヒユ　Amaranthus mangostanus L.

「岩崎灌園の草花写生」たにぐち書店　2013
◇p80（カラー）　［U6］{83A7}　［個人蔵］

ヒユ（アカビユ）　Amaranthus mangostanus L.

「高木春山 本草図説 1」リブロポート　1988
◇図35（カラー）

ヒュウガミズキ　Corylopsis pauciflora Siebold & Zucc.

「シーボルト日本植物図譜コレクション」小学館　2008
◇図1-60（カラー）　Corylopsis pauciflora Sieb.et Zucc.　川原慶賀画　紙 透明絵の具 墨　23.6×33.5 ［ロシア科学アカデミーコマロフ植物学研究所図書館］ ※目録306 コレクションIV［2］/492
◇図1-61（カラー）　Corylopsis pauciflora Sieb.et Zucc.　［Popp, J.B.］画　紙 水彩 墨 鉛筆　23.6×29.8 ［ロシア科学アカデミーコマロフ植物学研究所図書館］ ※目録307 コレクションIV 709/493
「シーボルト「フローラ・ヤポニカ」 日本植物誌」八坂書房　2000
◇図20（白黒）　［国立国会図書館］

ひやうたんのき

「高松松平家博物図譜 写生画帖 雑木」香川県立ミュージアム　2014
◇p78（カラー）　松平頼恭 江戸時代　紙本著色 画帖装（折本形式）　33.2×48.4 ［個人蔵］ ※表紙・裏表紙見返し墨書 安永6（1777）6月 程赤城筆

ひやふたんのき

「高松松平家博物図譜 写生画帖 雑木」香川県立ミュージアム　2014
◇p79（カラー）　松平頼恭 江戸時代　紙本著色 画帖装（折本形式）　33.2×48.4 ［個人蔵］ ※表紙・裏表紙見返し墨書 安永6（1777）6月 程赤城筆

ひやうたんのきのみ

「高松松平家博物図譜 写生画帖 雑木」香川県立ミュージアム　2014
◇p79（カラー）　松平頼恭 江戸時代　紙本著色 画帖装（折本形式）　33.2×48.4 ［個人蔵］ ※表紙・裏表紙見返し墨書 安永6（1777）6月 程赤城筆

ビヤウ柳

「高松松平家博物図譜 衆芳画譜 花果 第五」香川県立ミュージアム　2011
◇p19（カラー）　松平頼恭 江戸時代　紙本著色 画帖装（折本形式）　33.2×48.4 ［個人蔵］

ビヨウヤナギ　Hypericum monogynum

「江戸博物文庫 花草の巻」工作舎　2017
◇p91（カラー）　未央柳　岩崎灌園『本草図譜』 ［東京大学大学院理学系研究科附属植物園（小石川植物園）］

ビヨウヤナギ

「ボタニカルアートの世界」朝日新聞社　1987
◇p127下左（白黒）　橘保国画『絵本野山草』

ビヨウヤナギ　Hypericum chinense

「ウィリアム・カーティス 花図譜」同朋舎出版　1994
◇198図（カラー）　Chinese St.John's-wort　カーティス, ウィリアム『カーティス・ボタニカル・

マガジン』 1796
「花彙 下」八坂書房　1977
◇図169（白黒）　桃金孃　小野蘭山, 島田充房 明和2（1765）　26.5×18.5 ［国立公文書館・内閣文庫］

ヒヨクヒバ　Chamaecyparis pisifera 'Filifera'

「江戸博物文庫 菜樹の巻」工作舎　2017
◇p119（カラー）　比翼檜葉　岩崎灌園『本草図譜』［東京大学大学院理学系研究科附属植物園（小石川植物園）］

鵯桜　Prunus Lannesiana Wils. 'Longipedunculata'

「日本桜集」平凡社　1973
◇Pl.40（カラー）　大井次三郎著, 太田洋愛画 1970写生　水彩

ひよどりじょうご

「野の草の手帖」小学館　1989
◇p140〜141（カラー）　鵯上戸　岩崎常正（灌園）『本草図譜』 文政11（1828） ［国立国会図書館］

ヒヨドリジョウゴ　Solanum lyratum

「江戸博物文庫 花草の巻」工作舎　2017
◇p149（カラー）　鵯上戸　岩崎灌園『本草図譜』［東京大学大学院理学系研究科附属植物園（小石川植物園）］

ヒヨドリジョウゴ　Solanum lyratum Thunb.

「花の肖像 ボタニカルアートの名品と歴史」創土社　2006
◇fig.75（カラー）　狩野探幽画『狩野探幽草木花写生図』

ヒヨドリジョウゴ

「ボタニカルアートの世界」朝日新聞社　1987
◇p114下（カラー）　狩野探幽『草木花写生図巻』［国立博物館］

ヒヨドリバナの1種　Eupatorium cannabinum

「ビュフォンの博物誌」工作舎　1991
◇N081（カラー）『一般と個別の博物誌 ソンニーニ版』

平野寝覚　Prunus Lannesiana Wils. 'Hirano-nezame'

「日本桜集」平凡社　1973
◇Pl.38（カラー）　大井次三郎著, 太田洋愛画 1971写生　水彩

ヒランジ

「高松松平家博物図譜 衆芳画譜 花卉 第四」香川県立ミュージアム　2010
◇p47（カラー）　松平頼恭 江戸時代　紙本著色 画帖装（折本形式）　33.0×48.2 ［個人蔵］

ヒルガオ　Calystegia sepium var.incarnata

「ボタニカルアート 西洋の美花集」パイ インターナショナル　2010
◇p115（カラー）　ルメール, シャルル著『ヨーロッパの庭園の花』 1845〜83

ヒルガオ

「昆虫の劇場」リブロポート　1991
◇p121（カラー）　ハリス, M.『オーレリアン』 1778
◇p124（カラー）　ハリス, M.『オーレリアン』 1778

ヒルガオ科の植物

「昆虫の劇場」リブロポート　1991
◇p22（カラー）　エーレト, G.D.『花蝶珍種図録』 1748〜62

ヒルガオの類

「彩色 江戸博物学集成」平凡社　1994
◇p58（カラー）　みみたれ　丹羽正伯『尾張国産物絵図, 美濃国産物絵図』 ［名古屋市博物館］

ひるむしろ

「高松松平家博物図譜 写生画帖 雑草」香川県立ミュージアム　2013
◇p29（カラー）　松平頼恭 江戸時代　紙本著色 画帖装（折本形式）　33.2×48.4 ［個人蔵］
「野の草の手帖」小学館　1989
◇p64（カラー）　蛭蓆　岩崎常正（灌園）『本草図譜』 文政11（1828） ［国立国会図書館］

ヒルムシロ　Potamogeton distinctus

「江戸博物文庫 花草の巻」工作舎　2017
◇p161（カラー）　蛭筵　岩崎灌園『本草図譜』［東京大学大学院理学系研究科附属植物園（小石川植物園）］

ヒレアザミ　Carduus crispus

「江戸博物文庫 花草の巻」工作舎　2017
◇p61（カラー）　鰭薊　岩崎灌園『本草図譜』［東京大学大学院理学系研究科附属植物園（小石川植物園）］
「花彙 上」八坂書房　1977
◇図1（白黒）　飛廉　小野蘭山, 島田充房 明和2（1765）　26.5×18.5 ［国立公文書館・内閣文庫］

ヒレアザミ属の1種　Carduus sp.

「図説 ボタニカルアート」河出書房新社　2010
◇p83（白黒）　ジャカン, N.J.『ウィーン植物園誌』 1770〜77

ピレナイイワタバコ（オニイワタバコ）

Ramonda myconi.
「植物精選百種図譜 博物画の至宝」平凡社　1996
◇pl.57（カラー）　Verbascum　トレウ, C.J., エーレト, G.D. 1750〜73

ビロウ　Livistona chinensis var.subglobosa

「花彙 下」八坂書房　1977
◇図175（白黒）　蟿葵　小野蘭山, 島田充房 明和2（1765）　26.5×18.5 ［国立公文書館・内閣文庫］

ビロウ　Livistone sp.

「花の王国 4」平凡社　1990

◇p68（カラー）　ルメール, Ch.『園芸図譜誌』1854～86

ビロウの1種、リヴィストナ・マウリティアナ　Livistona mauritiana
「イングリッシュ・ガーデン」求龍堂　2014
◇図30（カラー）　カンパニースクール 18世紀後半 水彩 紙　58.7×54.6　［キュー王立植物園］

ヒロセレウス？　Hylocereus sp.？
「花の王国 4」平凡社　1990
◇p101（カラー）　馬場大助『遠西舶上画譜』 制作年代不詳　［東京国立博物館］

ビロードアオイ　Althaea officinalis
「花の王国 1」平凡社　1990
◇p67（カラー）　ビュヤール, P.編『フランス本草誌』1780～95　色刷り銅版

ビロードラン
⇒シュスラン、ビロードランを見よ

ヒロハカラフトブシ　Aconitum neosachalinense
「日本の博物図譜」東海大学出版会　2001
◇図15（カラー）　小林豊章（源之助）筆か『蝦夷地草木写生図』　［函館市立図書館］

ヒロハノキハダ　Phellodendron amurense Rupr.var.sachalinense Fr.Schm.
「北海道主要樹木図譜［普及版］」北海道大学図書刊行会　1986
◇図59（カラー）　Phellodendron sachalinense Sarg.　須崎忠助 大正9（1920）～昭和6（1931）［個人蔵］

ヒロハノレンリソウ　Lathyrus latifolius
「美花選［普及版］」河出書房新社　2016
◇図98（カラー）　Gesse à larges feuilles/Lathyrus latifolius　ルドゥーテ, ピエール＝ジョゼフ画 1827～1833　［コノサーズ・コレクション東京］

ビワ　Eriobotrya japonica
「図説 ボタニカルアート」河出書房新社　2010
◇p49（カラー）　Mespilus japonica　ルドゥーテ画　［フランス国立自然史博物館］

ビワモドキ　Dillenia indica L.
「カーティスの植物図譜」エンタプライズ　1987
◇図5016（カラー）　Hondapara『カーティスのボタニカルマガジン』　1787～1887

ビワモドキ属の1種　Dillenia indica
「図説 ボタニカルアート」河出書房新社　2010
◇p90（白黒）　Dillenia aurea　ヴィシュヌプラサード画, ウォーリック『インド稀産植物』1829～32

ピンクと白のツバキ
「美花選［普及版］」河出書房新社　2016
◇（カラー）　Fleur de camélia rose et blanc　ルドゥーテ, ピエール＝ジョゼフ画 製作年不詳 黒チョーク 水彩 白のハイライト ヴェラム　23.6×18.1　［コノサーズ・コレクション東京］

ピンク・ネヴァダ　'Pink Nevada'
「ばら花譜」平凡社　1983
◇PL.50（カラー）　Marguerite Hilling　二口善雄画, 鈴木省三, 籾山泰一著 1973　水彩

【ふ】

ファースト・ラヴ　'First Love'
「ばら花譜」平凡社　1983
◇PL.79（カラー）　Premier Amour　二口善雄画, 鈴木省三, 籾山泰一著 1977　水彩

ファツィア・ヤポニカ（ヤツデ）
「フローラの庭園」八坂書房　2015
◇p98（カラー）　Fatsia japonica（Thunb.）Decne.&Planchon　スミス, マティルダ原画『カーティス・ボタニカル・マガジン』1915　石版手彩色 紙　［個人蔵］

ファバージェ　'Fabergé'
「ばら花譜」平凡社　1983
◇PL.133（カラー）　二口善雄画, 鈴木省三, 籾山泰一著 1976　水彩

ファラオ　'Pharaoh'
「ばら花譜」平凡社　1983
◇PL.91（カラー）　二口善雄画, 鈴木省三, 籾山泰一著 1975　水彩

ファランギウム・ペンデュルム
「ユリ科植物図譜 2」学習研究社　1988
◇図159（カラー）　Phalangium pendulum　ルドゥーテ, ピエール＝ジョセフ 1802～1815

ファランジウム　Paradisea liliastrum（Phalangium）
「ルドゥーテ画 美花選 1」学習研究社　1986
◇図25（カラー）　1827～1833

ファレノプシス・アフロダイト　Phalaenopsis Aphrodite Ames
「蘭花譜」平凡社　1974
◇Pl.113-3（カラー）　加藤光治著, 二口善雄画 1940写生

ファレノプシス・アフロディテ　Phalaenopsis aphrodite
「蘭百花図譜」八坂書房　2002
◇p84（カラー）　エドワーズ, シデナム『ボタニカル・レジスター』 1838　銅版手彩色

ファレノプシス・アマビリス　Phalaenopsis amabilis Bl.
「蘭花譜」平凡社　1974
◇Pl.113-4（カラー）　加藤光治著, 二口善雄画 1940写生

ファレノプシス・アンボイネンシス
Phalaenopsis amboinensis J.J.Smith.
「蘭花譜」平凡社　1974
◇Pl.114–7（カラー）　加藤光治著, 二口善雄画 1969写生

ファレノプシス・インターメジア
Phalaenopsis intermedia Ldl.
「蘭花譜」平凡社　1974
◇Pl.113–6（カラー）　加藤光治著, 二口善雄画 1940写生

ファレノプシス・インテルメディア・ポルテリ　Phalaenopsis×intermedia var.porteri
「蘭百花図譜」八坂書房　2002
◇p85（カラー）　ワーナー, ロバート著, フィッチ, J.N.画『ラン類精選図譜 第2集』 1865〜75　石版刷手彩色

ファレノプシス・ギガンテア　Phalaenopsis gigantea J.J.Smith.
「蘭花譜」平凡社　1974
◇Pl.114–11（カラー）　加藤光治著, 二口善雄画 1940写生

ファレノプシス・グランディフロラ
Phalænopsis amabilis
「ウィリアム・カーティス 花図譜」同朋舎出版 1994
◇451図（カラー）　Large–flowered Indian Butterfly–plant　フィッチ, ウォルター・フード画『カーティス・ボタニカル・マガジン』 1860

ファレノプシス・コルヌ–セルビ
Phalaenopsis cornu–cervi Bl.et Rchb.f.
「蘭花譜」平凡社　1974
◇Pl.114–4（カラー）　加藤光治著, 二口善雄画 1941写生

ファレノプシス・サンデリアナ
Phalaenopsis Sanderiana Rchb.f.
「蘭花譜」平凡社　1974
◇Pl.113–2（カラー）　加藤光治著, 二口善雄画 1940写生

ファレノプシス・シレリアナ　Phalaenopsis Schilleriana Rchb.f.
「蘭花譜」平凡社　1974
◇Pl.113–1（カラー）　加藤光治著, 二口善雄画 1970写生

ファレノプシス・シレリアナ　Phalaenopsis schilleriana
「蘭百花図譜」八坂書房　2002
◇p87（カラー）　ランダン, ジャン『ランダニア』 1885〜1906　石版多色刷

ファレノプシス・スチュアーチアナ
Phalaenopsis Stuartiana Rchb.f.
「蘭花譜」平凡社　1974
◇Pl.113–5（カラー）　加藤光治著, 二口善雄画 1940写生

ファレノプシス・スペキオサ　Phalaenopsis speciosa
「蘭百花図譜」八坂書房　2002
◇p88（カラー）　ランダン, ジャン『ランダニア』 1885〜1906　石版多色刷

ファレノプシス・セルペンチリンガ
Phalaenopsis serpentilingua J.J.Smith
「蘭花譜」平凡社　1974
◇Pl.115–3（カラー）　加藤光治著, 二口善雄画 1971写生

ファレノプシス・デネベイ　Phalaenopsis Denevei J.J.Smith
「蘭花譜」平凡社　1974
◇Pl.115–4（カラー）　加藤光治著, 二口善雄画 1939写生

ファレノプシス・パリシイ　Phalaenopsis Parishii Rchb.f.
「蘭花譜」平凡社　1974
◇Pl.115–1（カラー）　加藤光治著, 二口善雄画 1970写生

ファレノプシス・パレンス　Phalaenopsis pallens Rchb.f.
「蘭花譜」平凡社　1974
◇Pl.114–10（カラー）　加藤光治著, 二口善雄画 1970写生

ファレノプシス・ビオラセア　Phalaenopsis violacea Teijsm.et Binn.
「蘭花譜」平凡社　1974
◇Pl.114–1（カラー）　加藤光治著, 二口善雄画 1940写生

ファレノプシス・ビオラセア（マラヤタイプ）　Phalaenopsis violacea Teijsm.et Binn.(Malaya type)
「蘭花譜」平凡社　1974
◇Pl.114–2（カラー）　加藤光治著, 二口善雄画 1970写生

ファレノプシス・ヒーログリフィカ
Phalaenopsis hieroglyphica Sweet
「蘭花譜」平凡社　1974
◇Pl.114–5（カラー）　加藤光治著, 二口善雄画 1969写生

ファレノプシス・ファシアタ　Phalaenopsis fasciata Rchb.f.
「蘭花譜」平凡社　1974
◇Pl.114–9（カラー）　加藤光治著, 二口善雄画 1970写生

ファレノプシス・マニイ　Phalaenopsis Mannii Rchb.f.
「蘭花譜」平凡社　1974

◇Pl.114-3（カラー）　加藤光治著, 二口善雄画 1969写生

ファレノプシス・マリエー　Phalaenopsis Mariae Burb.

「蘭花譜」平凡社　1974
◇Pl.114-8（カラー）　加藤光治著, 二口善雄画 1968写生

ファレノプシス・リンデニイ　Phalaenopsis Lindenii Loher.

「蘭花譜」平凡社　1974
◇Pl.115-2（カラー）　加藤光治著, 二口善雄画 1969写生

ファレノプシス・ルデマニアナ Phalaenopsis Lueddemanniana Rchb.f.

「蘭花譜」平凡社　1974
◇Pl.114-6（カラー）　加藤光治著, 二口善雄画 1942写生

ファレノプシス・ローウィー　Phalaenopsis lowii

「蘭百花図譜」八坂書房　2002
◇p86（カラー）　ワーナー, ロバート著, フィッチ, J.N.画『ラン類精選図譜 第2集』 1865〜75　石版刷手彩色

ファレノプシス・ロゼア　Phalaenopsis rosea Ldl.

「蘭花譜」平凡社　1974
◇Pl.115-5（カラー）　加藤光治著, 二口善雄画 1939写生

フイエーア・ペダタ　Telfairia pedata

「ウィリアム・カーティス 花図譜」同朋舎出版 1994
◇147図（カラー）　Female Pedate Feuillaea　ダンカム, E.画『カーティス・ボタニカル・マガジン』 1826

フィモシア・ウンベラタ　Phymosia umbellata

「美花選［普及版］」河出書房新社　2016
◇図93（カラー）　Mauve pourpre/Malva purpurea　ルドゥーテ, ピエール＝ジョゼフ画 1827〜1833 ［コノサーズ・コレクション東京］

斑入りイヌサフラン　Colchicum variegatum

「すごい博物画」グラフィック社　2017
◇図版50（カラー）　トケイソウとテントウムシ、種類のわからない蛾かチョウの幼虫、斑入りイヌサフラン、キヅタシクラメンの葉、オジギソウ、種類のわからない蛾の幼虫、ヨーロッパコフキコガネの幼虫　マーシャル, アレクサンダー 1650〜82頃　水彩　45.5×33.0 ［ウィンザー城ロイヤル・ライブラリー］

斑入りチューリップ

「フローラの庭園」八坂書房　2015
◇p27（白黒）　ロベール, ニコラ原画 1669以降 銅版（エングレーヴィング） 紙　26.8×19.2 ［ボストン美術館］
◇p66（カラー）　マーシャル, アレクサンダー画『フラワー・ブック』 1680頃　水彩 紙　46.0×33.3 ［英国王室コレクション］
◇p67（カラー）　マーシャル, アレクサンダー画『フラワー・ブック』 1680頃　水彩 紙　46.0×33.3 ［英国王室コレクション］

斑入りのアオキ

「フローラの庭園」八坂書房　2015
◇p89（カラー）　Aucuba japonica Thunb.　エドワーズ, シデナム原画『カーティス・ボタニカル・マガジン』 1809　銅版（エングレーヴィング） 手彩色 紙　21×13 ［個人蔵］

斑入りのチューリップ

「フローラの庭園」八坂書房　2015
◇p21（カラー）　ヴァルター, ヨハン『ナッサウ家の花譜』 1650〜70頃　水彩 紙 ［ヴィクトリア&アルバート美術館（ロンドン）］
◇p70（カラー）　マーシャル, アレクサンダー画『フラワー・ブック』 1680頃　水彩 紙　46.0×33.3 ［英国王室コレクション］

ふう

「木の手帖」小学館　1991
◇図116（カラー）　とうかへで　岩崎灌園『本草図譜』 文政11（1828）　約21×145 ［国立国会図書館］

フウ

「ボタニカルアートの世界」朝日新聞社　1987
◇p126上（白黒）　楓　宋紫石画, 平賀源内『物類品隲』 1763

フウセンカズラ

「カーティスの植物図譜」エンタプライズ　1987
◇図1049（カラー）　Ballon-Vine, Heart-Seed『カーティスのボタニカルマガジン』 1787〜1887

フウセントウワタ

「カーティスの植物図譜」エンタプライズ　1987
◇図1628（カラー）　Gomphocarpus fruticosus R. Br.『カーティスのボタニカルマガジン』 1787〜1887

フウチョウソウ　Gynandropsis gynandra

「ウィリアム・カーティス 花図譜」同朋舎出版 1994
◇89図（カラー）　Five-leaved Cleome　エドワーズ, シデナム・ティースト画『カーティス・ボタニカル・マガジン』 1814

フウチョウソウ　Gynandropsis pentaphylla DC.

「カーティスの植物図譜」エンタプライズ　1987
◇図1681（カラー）　Cat's Whiskers『カーティスのボタニカルマガジン』 1787〜1887

フウトウカヅラ　Piper kadzura（Choisy）Ohwi

「シーボルト日本植物図譜コレクション」小学館 2008
◇図2-27（カラー）　Piper futokadsura Sieb.

[西洋人画家]画 [1820頃] 透明絵の具 墨 15.2×21.5 [ロシア科学アカデミーコマロフ植物学研究所図書館] ※目録214 コレクションVII [678]/783

風戸八重彼岸 Prunus×Miyoshii Ohwi 'Futo-yaehigan'
「日本桜集」平凡社 1973
◇Pl.26(カラー) 大井次三郎著, 太田洋愛画 1971写生 水彩

ふうらん Angraecum falcatum Ldl. (Neofinetia falcata Hu)
「蘭花譜」平凡社 1974
◇Pl.127-3(カラー) 加藤光治著, 二口善雄画 1941写生

フウラン Neofinetia falcata
「ウィリアム・カーティス 花図譜」同朋舎出版 1994
◇441図(カラー) Fragrant Limodorum カーティス, ウィリアム『カーティス・ボタニカル・マガジン』 1819

フウリンソウ Campanula rotundifolia
「ルドゥーテ画 美花選 2」学習研究社 1986
◇図63(カラー) 1827~1833

フウロケマン
「カーティスの植物図譜」エンタプライズ 1987
◇図6826(カラー) Corydalis pallida Pers.『カーティスのボタニカルマガジン』 1787~1887

フウロソウ Erodium reichardii
「花の本 ボタニカルアートの庭」角川書店 2010
◇p99(カラー) Cranesbill Curtis, William 1787~

フウロソウ Geranium argenteum
「花の本 ボタニカルアートの庭」角川書店 2010
◇p99(カラー) Cranesbill Curtis, William 1787~

フウロソウ Geranium macrorrhizum
「すごい博物画」グラフィック社 2017
◇図版43(カラー) クロアヤメ、カラフトヒヨクソウ、ヨーロッパハラビロトンボ、ハナキンポウゲ、ニクバエ、キバナルリソウ、フウロソウ マーシャル, アレクサンダー 1650~82頃 水彩 46.0×33.3 [ウィンザー城ロイヤル・ライブラリー]

フウロソウの1種 Geranium sp.
「ビュフォンの博物誌」工作舎 1991
◇N145(カラー)『一般と個別の博物誌 ソンニーニ版』

フウロソウの1種
「イングリッシュ・ガーデン」求龍堂 2014
◇図11(カラー) キンギョウソウの一種、ホタルブクロの一種、フウロソウの一種、他 シューデル, セバスチャン『カレンダリウム』 17世紀初頭 水彩 紙 15.3×11.3 [キュー王立植物園]

フェルラ・ペルシカ Ferula persica
「ウィリアム・カーティス 花図譜」同朋舎出版 1994
◇564図(カラー) Persian Fennel-giant エドワーズ, シデナム・ティースト画『カーティス・ボタニカル・マガジン』 1819

フェルラリア・ウンドゥラータ
「ユリ科植物図譜 1」学習研究社 1988
◇図54(カラー) Ferraria undulata ルドゥーテ, ピエール=ジョセフ 1802~1815

フェルラリア・フェルラリオラ
「ユリ科植物図譜 1」学習研究社 1988
◇図53(カラー) Ferraria ferrariola ルドゥーテ, ピエール=ジョセフ 1802~1815

フカギレサンザシ Crataegus laciniata
「図説 ボタニカルアート」河出書房新社 2010
◇p89(カラー) カーティス, ジョン画『カーティス・ボタニカル・マガジン』 1822

フカミクサ
「高松松平家博物図譜 衆芳画譜 花果 第五」香川県立ミュージアム 2011
◇p11(カラー) 松平頼恭 江戸時代 紙本著色 画帖装(折本形式) 33.2×48.4 [個人蔵]

フキ Petasites japonicus
「江戸博物文庫 花草の巻」工作舎 2017
◇p81(カラー) 蕗 岩崎灌園『本草図譜』 [東京大学大学院理学系研究科附属植物園(小石川植物園)]

ふきあげ
「高松松平家博物図譜 写生画帖 雑草」香川県立ミュージアム 2013
◇p67(カラー) 松平頼恭 江戸時代 紙本著色 画帖装(折本形式) 33.2×48.4 [個人蔵]

婦幾須じ・カキツバタ Iris laevigata
「花木真寫」淡交社 2005
◇図33(カラー) 杜若 園芸品種ふきすじ 近衛予楽院家熙 [(財)陽明文庫]

福桜 Prunus Lannesiana Wils. 'Polycarpa'
「日本桜集」平凡社 1973
◇Pl.25(カラー) 大井次三郎著, 太田洋愛画 1972写生 水彩

フクシア・セルラティフォリア Fuchsia austromontana
「ウィリアム・カーティス 花図譜」同朋舎出版 1994
◇404図(カラー) Serrated-leaved Fuchsia フィッチ, ウォルター・フード画『カーティス・ボタニカル・マガジン』 1845

フクシア・ヒブリダ Fuchsia hybrida
「花の王国 1」平凡社 1990

◇p98（カラー）　ホクシアまたはツリウキソウと呼ばれる交雑種　ルメール『園芸図譜誌』 1854〜86

フクシア・フルゲンス　Fuchsia fulgens
「花の王国 1」平凡社　1990
◇p98（カラー）　ルメール, シャイトヴァイラー, ファン・ホーテ著, セヴェリン図『ヨーロッパの温室と庭園の花々』 1845〜60　色刷り石版

フクシア・マジェラニカ　Fuchsia magellanica
「美花選［普及版］」河出書房新社　2016
◇図27（カラー）　Fuchsia écarlate/Fuchsia coccinea　ルドゥーテ, ピエール＝ジョゼフ画 1827〜1833 ［コノサーズ・コレクション東京］

フクジュソウ　Adonis amurensis
「花の王国 1」平凡社　1990
◇p99（カラー）　山本章夫『萬花帖』 江戸末期〜明治時代 ［西尾市立図書館岩瀬文庫（愛知県）］

フクジュソウ　Adonis amurensis Regel & Radde ex Regel
「シーボルト日本植物図譜コレクション」小学館 2008
◇図1-36（カラー）　Adonis sibirica Patrin　川原慶賀画 1824　紙 若干光沢を加えた絵の具 墨 胡粉　23.8×33.2 ［ロシア科学アカデミーコマロフ植物学研究所図書館］ ※目録160 コレクションI 100/4

フクジュソウ　Adonis ramosa
「日本の博物図譜」東海大学出版会　2001
◇p62（白黒）　関根雲停筆 ［高知県立牧野植物園］
◇図81（カラー）　西野猪久馬筆 ［高知県立牧野植物園］

フクジュソウ
「彩色 江戸博物学集成」平凡社　1994
◇p55（カラー）　草まんさく　丹羽正伯『御書上産物之内御不審物図』 ［盛岡市中央公民館］

フクジユソウ
「高松松平家博物図譜 衆芳画譜 花卉 第四」香川県立ミュージアム　2010
◇p9（カラー）　松平頼恭 江戸時代　紙本著色 画帖装（折本形式）　33.0×48.2 ［個人蔵］

福壽草
「高松松平家博物図譜 衆芳画譜 花卉 第四」香川県立ミュージアム　2010
◇p91（カラー）　松平頼恭 江戸時代　紙本著色 画帖装（折本形式）　33.0×48.2 ［個人蔵］

フクベノキ　Crescentia cujeta
「花の王国 3」平凡社　1990
◇p104〜105（カラー）『カーチス・ボタニカル・マガジン』 1787〜継続

ふくらがし
「高松松平家博物図譜 写生画帖 雑木」香川県立ミュージアム　2014
◇p73（カラー）　松平頼恭 江戸時代　紙本著色 画帖装（折本形式）　33.2×48.4 ［個人蔵］ ※表紙・裏表紙見返し墨書 安永6（1777）6月 程赤城筆

覆輪一休
「日本椿集」平凡社　1966
◇図7（カラー）　津山尚著, 二口善雄画 1955

福禄寿　Prunus Lannesiana Wils. 'Contorta'
「日本桜集」平凡社　1973
◇Pl.24（カラー）　大井次三郎著, 太田洋愛画 1969写生　水彩

フクロモチ　Ligustrum japonicum var. rotundifolium
「江戸博物文庫 菜樹の巻」工作舎　2017
◇p157（カラー）　袋黐　岩崎灌園『本草図譜』 ［東京大学大学院理学系研究科附属植物園（小石川植物園）］

普賢象　Prunus Lannesiana Wils. 'Alborosea'
「日本桜集」平凡社　1973
◇Pl.23（カラー）　大井次三郎著, 太田洋愛画 1972写生　水彩

フサザキスイセン　Narcissus tazetta
「ウィリアム・カーティス 花図譜」同朋舎出版 1994
◇28図（カラー）　Pale-cupped White Garden Narcissus　エドワーズ, シデナム・ティースト画『カーティス・ボタニカル・マガジン』 1810
「花の王国 1」平凡社　1990
◇p58（カラー）　ルソー, J.J., ルドゥーテ『植物学』 1805
「ルドゥーテ画 美花選 1」学習研究社　1986
◇図7（カラー） 1827〜1833
◇図8（カラー） 1827〜1833

フサザキスイセン　Narcissus tazetta L.
「花の肖像 ボタニカルアートの名品と歴史」創土社　2006
◇fig.96（カラー）　ホルスタイン＝デ＝ヨンへ, ピーター『花と植物―オランダ王立博物館蔵絵画印刷物写真コレクション』 1994

フサザキスイセン　Narcissus tazetta subsp. italicus
「美花選［普及版］」河出書房新社　2016
◇図5（カラー）　Narcisses à plusieurs fleurs Var. /Narcissus tazetta Var.　ルドゥーテ, ピエール＝ジョゼフ画 1827〜1833 ［コノサーズ・コレクション東京］
「ボタニカルアート 西洋の美花集」パイ インターナショナル　2010
◇p142（カラー）　ルドゥーテ, ピエール＝ジョセフ画・著『美花選』 1827〜33　点刻銅版画多色刷 一部手彩色

フサザキスイセン
「フローラの庭園」八坂書房　2015
◇p18（カラー）　ホルツベッカー, ハンス・シモン『ゴットルプ家の写本』 1649〜59　水彩 羊皮紙

（パーチメント）［デンマーク国立美術館（コペンハーゲン）］

フサザキズイセン

⇒ナルキッスス・タゼッタ（フサザキズイセン）を見よ

フサザクラ　Euptelea polyandra Siebold & Zucc.

「シーボルト日本植物図譜コレクション」小学館　2008

◇図2–63（カラー）　Euptelea polyandra Sieb.et Zucc.　［de Villeneuve, C.H.？］画［1820～1826頃］　紙 絵の具 墨　23.7×33.2　［ロシア科学アカデミーコマロフ植物学研究所図書館］　※絵の上に［Magnoliaceae］の実のついた若枝の一部が貼られている.目録156 コレクションI 142/46

「シーボルト「フローラ・ヤポニカ」日本植物誌」八坂書房　2000

◇図72（カラー）　Fusa Sakura.Koja mansakと呼ぶ地方もある　［国立国会図書館］

ふさぼたん

「高松松平家博物図譜 写生画帖 雑木」香川県立ミュージアム　2014

◇p65（カラー）　松平頼恭 江戸時代　紙本著色 画帖装（折本形式）　33.2×48.4　［個人蔵］　※表紙・裏表紙見返し墨書 安永6（1777）6月 程赤城筆

フシ

「高松松平家博物図譜 衆芳画譜 花果 第五」香川県立ミュージアム　2011

◇p46（カラー）　松平頼恭 江戸時代　紙本著色 画帖装（折本形式）　33.2×48.4　［個人蔵］

フジ　Wisteria brachybotrys Sieb.et Zucc.

「高木春山 本草図説 1」リブロポート　1988

◇図43, 44（カラー）

フジ　Wisteria chinensis

「ボタニカルアートの世界」朝日新聞社　1987

◇p23（カラー）　ミンシンガー画『Flora Japonica 第1巻』　1835～1841

フジ　Wisteria floribunda

「図説 ボタニカルアート」河出書房新社　2010

◇p97（カラー）　Wisteria sinensis　ミンジンガー画, シーボルト, ツッカリーニ『日本植物誌』　1835～41

「牧野富太郎植物画集」ミュゼ　1999

◇p52（白黒）　1923（大正12）　ケント紙 墨（毛筆）　27.4×19.2

「花の王国 1」平凡社　1990

◇p100（カラー）　岩崎常正『本草図譜』　1830～44　［静嘉堂文庫（東京）］

フジ　Wisteria floribunda (Willd.) DC.

「花の肖像 ボタニカルアートの名品と歴史」創土社　2006

◇fig.27（カラー）　シーボルト, ツッカリーニ著作

「シーボルト「フローラ・ヤポニカ」日本植物誌」八坂書房　2000

◇図44（カラー）　Fudsi（紫花品はBeni–fudsi, 白花品はSiro–fudsi）　［国立国会図書館］

フジ　Wisteria sinensis

「ボタニカルアート 西洋の美花集」パイ インターナショナル　2010

◇p116（カラー）　ミンジンガー画, シーボルト, フィリップ・フランツ・フォン, ツッカリーニ『日本植物誌』　1835～70　石版画 手彩色

◇p117（カラー）　ステップ, エミリー画, ステップ, エドワード『温室と庭園の花々』　1896～97　石版画多色刷

フジ

「江戸名作画帖全集 8」駸々堂出版　1995

◇図71（カラー）　フジ・白フジ・土用フジ　松平頼恭編『写生画帖・衆芳画譜』　紙本着色　［松平公益会］

「ボタニカルアートの世界」朝日新聞社　1987

◇p146（カラー）　藤島淳三画

フジアザミ

「江戸の動植物図」朝日新聞社　1988

◇p61（カラー）　岩崎灌園『本草図説』　［東京国立博物館］

フジイバラ　Rosa fujisanensis Makino

「ばら花譜」平凡社　1983

◇PL.8（カラー）　二口善雄画, 鈴木省三, 籾山泰一著 1975,1977　水彩

フジイラン

⇒アスコセントラム・プミラムを見よ

フジウツギ　Buddleja japonica

「江戸博物文庫 花草の巻」工作舎　2017

◇p118（カラー）　藤空木　岩崎灌園『本草図譜』　［東京大学大学院理学系研究科附属植物園（小石川植物園）］

フヂウツギ

「高松松平家博物図譜 衆芳画譜 花卉 第四」香川県立ミュージアム　2010

◇p88（カラー）　松平頼恭 江戸時代　紙本著色 画帖装（折本形式）　33.0×48.2　［個人蔵］

ふしぐろ

「高松松平家博物図譜 写生画帖 雑木」香川県立ミュージアム　2014

◇p82（カラー）　松平頼恭 江戸時代　紙本著色 画帖装（折本形式）　33.2×48.4　［個人蔵］　※表紙・裏表紙見返し墨書 安永6（1777）6月 程赤城筆

プシコトリア ヘルバケア［ボチョウジ属の1種］　Psychotria herbacea

「ボタニカルアートの世界」朝日新聞社　1987

◇p61下（カラー）　ヤコイン図『Selectarum stirpium americanarum historia』　1763

ふじせんりやう

「高松松平家博物図譜 写生画帖 雑木」香川県立

ミュージアム　2014
◇p97(カラー)　松平頼恭 江戸時代　紙本著色 画帖装(折本形式)　33.2×48.4 ［個人蔵］ ※表紙・裏表紙見返し墨書 安永6(1777)6月 程赤城筆

フジツツジ　Rhododendron tosaense
「牧野富太郎植物画集」ミュゼ　1999
◇p37(白黒) 1892(明治25)　和紙 墨(毛筆) 26.8×19.9(※図版サイズ)

フジナデシコ　Dianthus japonicus Thunb.ex Murray,
「岩崎灌園の草花写生」たにぐち書店　2013
◇p94(カラー)　ハマナデシコ ［個人蔵］

フジナデシコ
⇒ハマナデシコ・フジナデシコを見よ

フジバカマ　Eupatorium fortunei
「花彙 上」八坂書房　1977
◇図64(白黒)　不老艸　小野蘭山, 島田充房 明和2(1765)　26.5×18.5 ［国立公文書館・内閣文庫］

フジバカマ　Eupatorium japonicum
「江戸博物文庫 花草の巻」工作舎　2017
◇p45(カラー)　藤袴　岩崎灌園『本草図譜』［東京大学大学院理学系研究科附属植物園(小石川植物園)］

フジハタザオ　Arabis serrata
「江戸博物文庫 花草の巻」工作舎　2017
◇p181(カラー)　富士旗竿　岩崎灌園『本草図譜』［東京大学大学院理学系研究科附属植物園(小石川植物園)］

ふじもどき　Daphne genkwa
「草木写生 春の巻」ピエ・ブックス　2010
◇p194〜195(カラー)　藤擬き　狩野織染藤原重賢 明暦3(1657)〜元禄12(1699) ［国立国会図書館］

フジモドキ　Daphne genkwa
「花彙 下」八坂書房　1977
◇図117(白黒)　魚毒　小野蘭山, 島田充房 明和2(1765)　26.5×18.5 ［国立公文書館・内閣文庫］

フジモドキ　Daphne genkwa Siebold & Zucc.
「シーボルト日本植物図譜コレクション」小学館　2008
◇図2–59(カラー)　Daphne genkwa Sieb.et Zucc.　［日本人画家］画 ［1820〜 1826頃］ 薄い半透明の和紙 透明絵の具 白色塗料 墨　20.3×28.0 ［ロシア科学アカデミーコマロフ植物学研究所図書館］ ※目録574 コレクションVI ［583］/736
◇図2–60(カラー)　Daphne genkwa Sieb.et Zucc.　川原慶賀画　紙 透明絵の具 墨　23.2×31.5 ［ロシア科学アカデミーコマロフ植物学研究所図書館］ ※目録573 コレクションVI 127/737
◇図2–61(カラー)　［Daphne genkwa Sieb.et Zucc.］ ［Veith, K.F.M.］画　紙 墨 鉛筆　21.9×28.7 ［ロシア科学アカデミーコマロフ植物学研究所図書館］ ※目録575 コレクションVI 756/738
「シーボルト「フローラ・ヤポニカ」 日本植物誌」八坂書房　2000
◇図75(カラー)　Fudsi modoki, Sigenzi ［国立国会図書館］

不詳
「植物精選百種図譜 博物画の至宝」平凡社　1996
◇pl.76(カラー)　Theabroma　トレウ, C.J., エーレト, G.D. 1750〜73
◇pl.77(カラー)　Veratrum　チシマゼキショウ属Tofieldiaの可能性も高い　トレウ, C.J., エーレト, G.D. 1750〜73
◇pl.84(カラー)　Phyllanthus　トレウ, C.J., エーレト, G.D. 1750〜73

フタナミソウ　Scorzonera rebunensis Tatew. et Kitam.
「須崎忠助植物画集」北海道大学出版会　2016
◇図2–5(カラー)　フタナミサウ『大雪山植物其他』 6月15日同17日成 ［北海道大学附属図書館］

フタナミソウの1種　Scorzonera sp.
「ビュフォンの博物誌」工作舎　1991
◇N077(カラー)『一般と個別の博物誌 ソンニーニ版』

フタバアオイ　Asarum caulescens
「日本の博物図譜」東海大学出版会　2001
◇図12(カラー)　岩崎灌園筆・著『本草図説』［東京国立博物館］

フタバアオイ
「江戸の動植物図」朝日新聞社　1988
◇p65(カラー)　岩崎灌園『本草図説』 ［東京国立博物館］

フタバガキ　Dipterocarpus littoralis
「花の王国 4」平凡社　1990
◇p72〜73(カラー)　ブルーメ, K.L.『ジャワ植物誌』 1828〜51

ふたりしずか
「野の草の手帖」小学館　1989
◇p55(カラー)　二人静　岩崎常正(灌園)『本草図譜』 文政11(1828) ［国立国会図書館］

フタリシズカ　Chloranthus serratus
「四季草花譜」八坂書房　1988
◇図10(カラー)　飯沼慾斎筆『草木図説稿本』［個人蔵］
「花彙 上」八坂書房　1977
◇図6(白黒)　及己　小野蘭山, 島田充房 明和2(1765)　26.5×18.5 ［国立公文書館・内閣文庫］

不断桜 Prunus Leveilleana Koehne 'Fudanzakura'
「日本桜集」平凡社　1973
◇Pl.22（カラー）　大井次三郎著, 太田洋愛画 1972写生　水彩

ふつくさ
「高松松平家博物図譜 写生画帖 雑草」香川県立ミュージアム　2013
◇p90（カラー）　松平頼恭 江戸時代　紙本著色 画帖装（折本形式）　33.2×48.4 ［個人蔵］

ブッソウゲ Hibiscus rosa-sinensis
「江戸博物文庫 菜樹の巻」工作舎　2017
◇p170（カラー）　仏桑花　岩崎灌園『本草図譜』［東京大学大学院理学系研究科附属植物園（小石川植物園）］
「花彙 下」八坂書房　1977
◇図123（白黒）　照殿紅　小野蘭山, 島田充房 明和2（1765）　26.5×18.5 ［国立公文書館・内閣文庫］

ブッソウゲ
「彩色 江戸博物学集成」平凡社　1994
◇p70～71（カラー）　佛桑花　丹羽正伯『三州物産絵図帳』［鹿児島県立図書館］

扶桑花
「高松松平家博物図譜 衆芳画譜 花果 第五」香川県立ミュージアム　2011
◇p71（カラー）　松平頼恭 江戸時代　紙本著色 画帖装（折本形式）　33.2×48.4 ［個人蔵］

佛桑花
「高松松平家博物図譜 衆芳画譜 花果 第五」香川県立ミュージアム　2011
◇p70（カラー）　松平頼恭 江戸時代　紙本著色 画帖装（折本形式）　33.2×48.4 ［個人蔵］

ブテア属の1種 Butea superba
「図説 ボタニカルアート」河出書房新社　2010
◇p90（白黒）　マッケンジー画, ロクスバロー『コロマンデル海岸の植物』 1795～1820

プテロスチリス・バプチスチイ Pterostylis Baptistii Fitzg.
「蘭花譜」平凡社　1974
◇Pl.15-1（カラー）　加藤光治著, 二口善雄画 1970写生

ふとゐ
「高松松平家博物図譜 写生画帖 雑草」香川県立ミュージアム　2013
◇p83（カラー）　松平頼恭 江戸時代　紙本著色 画帖装（折本形式）　33.2×48.4 ［個人蔵］

フトボナギナタコウジュ？
「彩色 江戸博物学集成」平凡社　1994
◇p342（カラー）　山蘭円葉ノモノ 花戸薩摩藿香ト云　前田利保『緒鞭会業論品物纂6巻』 天保8～9（1837～38）［杏雨書屋］

ブナ Fagus crenata Blume
「北海道主要樹木図譜［普及版］」北海道大学図書刊行会　1986
◇図32（カラー）　ブナノキ　須崎忠助 大正9（1920）～昭和6（1931）［個人蔵］

ふなだんご
「高松松平家博物図譜 写生画帖 雑木」香川県立ミュージアム　2014
◇p16（カラー）　松平頼恭 江戸時代　紙本著色 画帖装（折本形式）　33.2×48.4 ［個人蔵］ ※表紙・裏表紙見返し墨書 安永6（1777）6月 程赤城筆

フナバラソウ Cynanchum atratum Bunge
「シーボルト日本植物図譜コレクション」小学館　2008
◇図3-46（カラー）　Cynanchum atratum Bunge 川原慶賀画　紙 透明絵の具 墨　24.0×32.8 ［ロシア科学アカデミーコマロフ植物学研究所図書館］ ※目録682 コレクションV 211/633

フナバラソウ Vincetoxicum atratum
「江戸博物文庫 花草の巻」工作舎　2017
◇p33（カラー）　舟腹草　岩崎灌園『本草図譜』［東京大学大学院理学系研究科附属植物園（小石川植物園）］

ブフタルムム Buphthalmum sp.
「ボタニカルアートの世界」朝日新聞社　1987
◇p64下右（カラー）　エーレット画『Hortus Cliffortianus』 1737

ブプタルムム属の1種 Buphthalmum sp.
「花の肖像 ボタニカルアートの名品と歴史」創土社　2006
◇fig.63（カラー）　エーレット画, ワンデラール彫版, リンネ『クリフォート邸の植物』 1738

フー・ペルネ・デュシェ 'Feu Pernet-Ducher'
「ばら花譜」平凡社　1983
◇PL.78（カラー）　二口善雄画, 鈴木省三, 籾山泰一著 1977　水彩

フマリア・ククラリア Dicentra cucullaria
「ウィリアム・カーティス 花図譜」同朋舎出版　1994
◇177図（カラー）　Two-spurred Fumitory or Dutchman's Breeches　エドワーズ, シデナム・ティースト画『カーティス・ボタニカル・マガジン』 1808

不明
「ボタニカルアート 西洋の美花集」パイ インターナショナル　2010
◇p192（カラー）　ラウドン, ジェーン・ウェルズ画・著『英国の野草』 1846　石版画 手彩色
◇p193（カラー）　ラウドン, ジェーン・ウェルズ画・著『英国の野草』 1846　石版画 手彩色

不明（同定できず）
「シーボルト日本植物図譜コレクション」小学館

2008
◇図2–81（カラー）　Impatiens noli–tangere　シーボルト, フィリップ・フランツ・フォン監修　［ロシア科学アカデミーコマロフ植物学研究所図書館］　※類集写真の絵.目録992 コレクションVII л–п/816
◇図2–82（カラー）　名前無し　シーボルト, フィリップ・フランツ・フォン監修　［ロシア科学アカデミーコマロフ植物学研究所図書館］　※水谷助六から贈られた絵.目録1031 コレクションVII 562/809

プヤ
「花の王国 4」平凡社　1990
◇p15（白黒）　ノース, マリアンヌ

フユアオイ　Malva verticillata
「江戸博物文庫 花草の巻」工作舎　2017
◇p75（カラー）　冬葵　岩崎灌園『本草図譜』［東京大学大学院理学系研究科附属植物園（小石川植物園）］

ふゆざんしょう
「木の手帖」小学館　1991
◇図109（カラー）　冬山椒　岩崎灌園『本草図譜』文政11（1828）　約21×145　［国立国会図書館］

フユザンショウ　Zanthoxylum armatum DC. var.subtrifoliatum (Franch.) Kitam.
「シーボルト日本植物図譜コレクション」小学館　2008
◇図3–63（カラー）　Zanthoxylum planispinum Sieb.et Zucc.　川原慶賀画　紙 透明絵の具 白色塗料 墨　23.8×33.2　［ロシア科学アカデミーコマロフ植物学研究所図書館］　※目録504 コレクションII 485/271

フユザンショウ　Zanthoxylum planispinum
「花彙 下」八坂書房　1977
◇図174（白黒）　花椒　小野蘭山, 島田充房　明和2（1765）　26.5×18.5　［国立公文書館・内閣文庫］

ふゆづたのみ
「高松松平家博物図譜 写生画帖 雑草」香川県立ミュージアム　2013
◇p57（カラー）　松平頼恭　江戸時代　紙本著色 画帖装（折本形式）　33.2×48.4　［個人蔵］

ふよう　Hibiscus mutabilis
「草木写生 秋の巻」ピエ・ブックス　2010
◇p66～67（カラー）　芙蓉　狩野織染藤原重賢　明暦3（1657）～元禄12（1699）　［国立国会図書館］
◇p70～71（カラー）　芙蓉　狩野織染藤原重賢　明暦3（1657）～元禄12（1699）　［国立国会図書館］

ふよう
「木の手帖」小学館　1991
◇図136（カラー）　芙蓉　岩崎灌園『本草図譜』文政11（1828）　約21×145　［国立国会図書館］

フヤウ
「高松松平家博物図譜 衆芳画譜 花果 第五」香川県立ミュージアム　2011
◇p16（カラー）　松平頼恭　江戸時代　紙本著色 画帖装（折本形式）　33.2×48.4　［個人蔵］

フヨウ　Hibiscus mutabilis
「花木真寫」淡交社　2005
◇図85, 86（カラー）　芙蓉　近衛予楽院家熈［（財）陽明文庫］
「花の王国 1」平凡社　1990
◇p101（カラー）　ジョーム・サンティレール, H.『フランスの植物』 1805～09　彩色銅版画

フヨウ
「江戸名作画帖全集 8」駸々堂出版　1995
◇図76（カラー）　松平頼恭編『写生画帖・衆芳画譜』　紙本着色　［松平公益会］

フラウ・カール・ドルシュキー　'Frau Karl Druschki'
「ばら花譜」平凡社　1983
◇PL.146（カラー）　Reine des Neiges, Snow Queen, White American Beauty　二口善雄画, 鈴木省三, 籾山泰一著 1978　水彩

フラグミペディウム・カウダツム
Phragmipedium caudatum
「蘭百花図譜」八坂書房　2002
◇p82（カラー）　ワーナー, ロバート著, フィッチ, J.N.画『ラン類精選図譜 第2集』 1865～75　石版刷手彩色

フラグモペジラム・コーダタム
Phragmopedilum caudatum Rolfe
「蘭花譜」平凡社　1974
◇Pl.2–3（カラー）　加藤光治著, 二口善雄画 1971 写生

フラグモペジラム・シュリミイ
Phragmopedilum Schlimii Rolfe
「蘭花譜」平凡社　1974
◇Pl.2–1（カラー）　加藤光治著, 二口善雄画 1942 写生

フラグモペジラム・シュロデレー
Phragmopedilum Schroederae Hort.
「蘭花譜」平凡社　1974
◇Pl.2–4（カラー）　加藤光治著, 二口善雄画 1942 写生

フラグモペジラム・ドミニアナム
Phragmopedilum Dominianum Hort.
「蘭花譜」平凡社　1974
◇Pl.2–5（カラー）　加藤光治著, 二口善雄画 1970 写生

フラグモペジラム・ロンギフォリューム
Phragmopedilum longifolium Rolfe
「蘭花譜」平凡社　1974
◇Pl.2–2（カラー）　加藤光治著, 二口善雄画 1970 写生

フラゲラリア・インディカ
「ユリ科植物図譜 2」学習研究社　1988
◇図245（カラー）　Flagellaria indica　ルドゥーテ, ピエール＝ジョセフ 1802〜1815

ブラサボラ・ククラタ　Brassavola cucullata R.Br.
「蘭花譜」平凡社　1974
◇Pl.46–1（カラー）　加藤光治著, 二口善雄画 1969写生

ブラサボラ・グラウカ　Brassavola glauca Ldl.（Rhyncholaelia glauca Schltr.）
「蘭花譜」平凡社　1974
◇Pl.46–6（カラー）　加藤光治著, 二口善雄画 1969写生

ブラサボラ・コルダタ　Brassavola cordata Ldl.
「蘭花譜」平凡社　1974
◇Pl.46–5（カラー）　加藤光治著, 二口善雄画 1971写生

ブラサボラ・ディグビアナ　Brassavola Digbyana Ldl.（Rhyncholaelia Digbyana Schltr.）
「蘭花譜」平凡社　1974
◇Pl.46–7（カラー）　加藤光治著, 二口善雄画 1940写生

ブラサボラ・ノドサ　Brassavola nodosa Ldl.
「蘭花譜」平凡社　1974
◇Pl.46–2（カラー）　加藤光治著, 二口善雄画 1940写生

ブラサボラ・ペリニイ　Brassavola Perrinii Ldl.（B.fragrans Lem.）
「蘭花譜」平凡社　1974
◇Pl.46–4（カラー）　加藤光治著, 二口善雄画 1941写生

ブラサボラ・マルチアナ　Brassavola Martiana Ldl.
「蘭花譜」平凡社　1974
◇Pl.46–3（カラー）　加藤光治著, 二口善雄画 1942写生

ブラジルマツ　Araucaria angustifolia (Bertol.) O.Kuntze
「シーボルト「フローラ・ヤポニカ」日本植物誌」八坂書房　2000
◇図138（白黒）　Araucaria brasiliana A.Rich.［国立国会図書館］

プラチュケリウム［ビカクシダ］
「生物の驚異的な形」河出書房新社　2014
◇図版52（カラー）　ヘッケル, エルンスト 1904

ブラック・ティー　'Black Tea'
「ばら花譜」平凡社　1983
◇PL.67（カラー）　二口善雄画, 鈴木省三, 籾山泰一著 1976　水彩

ブラッサボラ・グラウカ　Brassavola glauca
「蘭百花図譜」八坂書房　2002
◇p21（カラー）　ベイトマン, ジェイムズ『メキシコ・グアテマラのラン類』 1837〜43　石版手彩色

ブラッサボラ・ツベルクラタ　Brassavola tuberculata
「蘭百花図譜」八坂書房　2002
◇p21（カラー）　カーティス, ウィリアム『ボタニカル・マガジン』 1839

ブラッシア・ギレウーディアナ　Brassia Gireoudiana Rchb.f.et Warsc.
「蘭花譜」平凡社　1974
◇Pl.102–3（カラー）　加藤光治著, 二口善雄画 1968写生

ブラッシア・クロロリューカ　Brassia chloroleuca Neum.
「蘭花譜」平凡社　1974
◇Pl.102–4（カラー）　加藤光治著, 二口善雄画 1969写生

ブラッシア・ベルコサ　Brassia verrucosa Ldl.
「蘭花譜」平凡社　1974
◇Pl.102–2（カラー）　加藤光治著, 二口善雄画 1941写生

ブラッシア・マキュラタ　Brassia maculata R.Br.
「蘭花譜」平凡社　1974
◇Pl.102–1（カラー）　加藤光治著, 二口善雄画 1969写生

ブラッシア・ローレンシアナ　Brassia Lawrenceana Ldl.
「蘭花譜」平凡社　1974
◇Pl.103–1（カラー）　加藤光治著, 二口善雄画 1971写生

ブラッシノキ　Callistemon speciosa
「花の王国 4」平凡社　1990
◇p31（カラー）　ファン・ヘール編『愛好家の花々』 1847　手彩色石版画

プラティロビウム　Platylobium
「ルドゥーテ画 美花選 1」学習研究社　1986
◇図52（カラー） 1827〜1833

プラティロビウム・フォルモスム
Platylobium formosum
「美花選［普及版］」河出書房新社　2016
◇図105（カラー）　Platylobium　ルドゥーテ, ピエール＝ジョゼフ画 1827〜1833 ［コノサーズ・コレクション東京］

フランスカイガンショウ　Pinus pinaster
「花の王国 3」平凡社　1990
◇p123（カラー）　ファン・ヘール編『愛好家の

花々』 1847　手彩色石版画

仏蘭西白
「日本椿集」平凡社　1966
◇図79（カラー）　津山尚著, 二口善雄画 1959

フランスバラ　Rosa gallica L.
「花の肖像 ボタニカルアートの名品と歴史」創土社　2006
◇fig.04（カラー）　ベッサ画

フランスバラ　Rosa gallica L. 'Flore giganteo'
「花の肖像 ボタニカルアートの名品と歴史」創土社　2006
◇fig.23（カラー）　ルドゥーテ画『バラ図譜』

フランスバラ　Rosa gallica aurelianensis
「ルドゥーテ画 美花選 2」学習研究社　1986
◇図72（カラー）1827〜1833

フランソワ・ジュランヴィル　'François Juranville'
「ばら花譜」平凡社　1983
◇PL.150（カラー）　二口善雄画, 鈴木省三, 籾山泰一著 1977　水彩

ブラン・ドゥブル・ド・クーベール　'Blanc Double de Coubert'
「ばら花譜」平凡社　1983
◇PL.44（カラー）　二口善雄画, 鈴木省三, 籾山泰一著 1974　水彩

フリージア　Freesia refracta
「ユリ科植物図譜 1」学習研究社　1988
◇図72（カラー）　Gladiolus refractus　ルドゥーテ, ピエール＝ジョセフ 1802〜1815

フリーセアの1種　Vriesea hieroglyphica
「花の王国 1」平凡社　1990
◇p26（カラー）　モレン, Ch.『園芸のベルギー誌』1851〜85

ブリタニア　'Britannia'
「ばら花譜」平凡社　1983
◇PL.159（カラー）　二口善雄画, 鈴木省三, 籾山泰一著 1977　水彩

フリチラリア　Fritillaria imperialis
「花の本 ボタニカルアートの庭」角川書店　2010
◇p42（カラー）　Fritillary　Redouté, Pierre Joseph『美花選』 1827

フリチラリア　Fritillaria pyrenaica
「花の本 ボタニカルアートの庭」角川書店　2010
◇p43（カラー）　Fritillary　Curtis, William 1787〜

フリティラリア・ウスリエンシス　Fritillaria usuriensis
「イングリッシュ・ガーデン」求龍堂　2014
◇図150（カラー）　ラングホーン, ジョアンナ 2006　水彩 紙　25.5×17.2　［キュー王立植物園］

フリティラリア・ペルシカ
「ユリ科植物図譜 2」学習研究社　1988
◇図13（カラー）　Fritillaria persica　ルドゥーテ, ピエール＝ジョセフ 1802〜1815

フリティラリア・メレアグリス
「フローラの庭園」八坂書房　2015
◇p24（カラー）　ロベール, ニコラ『ジュリーの花飾り』 1641　水彩 羊皮紙（パーチメント）　31×22　［フランス国立図書館（パリ）］

フリティラリア・ラティフォリア
「ユリ科植物図譜 2」学習研究社　1988
◇図16（カラー）　Fritillaria latifolia　ルドゥーテ, ピエール＝ジョセフ 1802〜1815

プリマ・バレリーナ　'Prima Ballerina'
「ばら花譜」平凡社　1983
◇PL.110（カラー）　二口善雄画, 鈴木省三, 籾山泰一著 1973　水彩

プリムラ　Androsace vitaliana
「花の本 ボタニカルアートの庭」角川書店　2010
◇p22（カラー）　Primrose　Hill, John 1759〜70's

プリムラ　Primula integrifolia
「花の本 ボタニカルアートの庭」角川書店　2010
◇p22（カラー）　Primrose　Hill, John 1759〜70's

プリムラ　Primula minima
「花の本 ボタニカルアートの庭」角川書店　2010
◇p22（カラー）　Primrose　Hill, John 1759〜70's

プリムラ　Primula sp.
「花の本 ボタニカルアートの庭」角川書店　2010
◇p22（カラー）　Primrose　Hill, John 1759〜70's

プリムラ
「フローラの庭園」八坂書房　2015
◇p60（カラー）　ライラックとプリムラの花束　ルドゥーテ画 1831　水彩 犢皮紙（ヴェラム）　25.3×17.2　［ナショナル・ギャラリー（ワシントン）］

プリムラ・アウリクラ
「美花図譜」八坂書房　1991
◇図10（カラー）　ウエインマン『花譜』 1736〜1748　銅版刷手彩色　［群馬県館林市立図書館］

プリムラ・アモエナ　Primula amoena
「ウィリアム・カーティス 花図譜」同朋舎出版

1994
◇476図(カラー)　Primula amoena　スネリング，リリアン画『カーティス・ボタニカル・マガジン』 1940

プリムラ・ウィロサ　Primula hirsuta, Primula villosa
「ウィリアム・カーティス 花図譜」同朋舎出版 1994
◇479図, 480図(カラー)　Mountain Primula　エドワーズ，シデナム・ティースト画『カーティス・ボタニカル・マガジン』 1808,1787

プリムラ・ヴルガリス　Primula vulgaris
「ボタニカルアート 西洋の美花集」パイ インターナショナル　2010
◇p43(カラー)　ステップ，エミリー画，ステップ，エドワード『温室と庭園の花々』 1896～97　石版画多色刷

プリムラ・エロサ　Primula glomerata
「ウィリアム・カーティス 花図譜」同朋舎出版 1994
◇477図(カラー)　Primula erosa　スミス，マチルダ画『カーティス・ボタニカル・マガジン』 1887

プリムラ・オリーキュラ
⇒プリムラ・プベスケンスを見よ

プリムラ・カピタタ　Primura capitata
「ウィリアム・カーティス 花図譜」同朋舎出版 1994
◇477図(カラー)　Primura Capitata var.　スミス，マチルダ画『カーティス・ボタニカル・マガジン』 1887

プリムラ・シネンシス(カンザクラ)
Primula praenitens
「ボタニカルアート 西洋の美花集」パイ インターナショナル　2010
◇p156(カラー)　ルドゥーテ，ピエール＝ジョセフ画・著『美花選』 1827～33　点刻銅版画多色刷 一部手彩色

プリムラ ファリノサ　Primula farinosa
「ボタニカルアートの世界」朝日新聞社　1987
◇p63右(カラー)　ヨーロッパ産のサクラソウの種　ライヘンバッハ，L.，ライヘンバッハ，H.G.画『Icones florae germanica et helveticae第17巻』 1855

プリムラ ファリノサの変種デヌダタ
Primula farinosa var.denudata
「ボタニカルアートの世界」朝日新聞社　1987
◇p63右(カラー)　ヨーロッパ産のサクラソウの種　ライヘンバッハ，L.，ライヘンバッハ，H.G.画『Icones florae germanica et helveticae第17巻』 1855

プリムラ・プベスケンス　Primula×pubescens
「美花選[普及版]」河出書房新社　2016
◇図83(カラー)　Oreilles d'Ours/Primula auricula　ルドゥーテ，ピエール＝ジョゼフ画 1827～1833 ［コノサーズ・コレクション東京］
◇図139(カラー)　Oreilles d'Ours/Primula Auricula Var.　ルドゥーテ，ピエール＝ジョゼフ画 1827～1833 ［コノサーズ・コレクション東京］
「ボタニカルアート 西洋の美花集」パイ インターナショナル　2010
◇p42(カラー)　ルドゥーテ，ピエール＝ジョセフ画・著『美花選』 1827～33　点刻銅版画多色刷 一部手彩色
◇p44(カラー)　ルドゥーテ，ピエール＝ジョセフ画・著『美花選』 1827～33　点刻銅版画多色刷 一部手彩色

プリムラ ロンギフロラ　Primula longiflora
「ボタニカルアートの世界」朝日新聞社　1987
◇p63右(カラー)　ヨーロッパ産のサクラソウの種　ライヘンバッハ，L.，ライヘンバッハ，H.G.画『Icones florae germanica et helveticae第17巻』 1855

プリムローズ　Primula×pubescens
「すごい博物画」グラフィック社　2017
◇図版40(カラー)　スイセン、ヨウラクユリ、クチベニズイセン、プリムローズ　マーシャル，アレクサンダー 1650～82頃　水彩　45.8×33.1 ［ウィンザー城ロイヤル・ライブラリー］
◇図版41(カラー)　マーシャル，アレクサンダー 1650～82頃　水彩　45.9×33.2 ［ウィンザー城ロイヤル・ライブラリー］

ブリメウラ・アメティスティナ　Brimeura amethystina
「ユリ科植物図譜 2」学習研究社　1988
◇図22(カラー)　ヒアキントゥス・アメティスティヌス　ルドゥーテ，ピエール＝ジョセフ 1802～1815

プリンセス・タカマツ　'Princess Takamatsu'
「ばら花譜」平凡社　1983
◇PL.111(カラー)　二口善雄画，鈴木省三，籾山泰一著 1973　水彩

プリンセス・チチブ　'Princess Chichibu'
「ばら花譜」平凡社　1983
◇PL.141(カラー)　二口善雄画，鈴木省三，籾山泰一著 1975　水彩

プリンセス・ミチコ　'Princess Michiko'
「ばら花譜」平凡社　1983
◇PL.140(カラー)　二口善雄画，鈴木省三，籾山泰一著 1978　水彩

フルクレア・ギガンテア
「ユリ科植物図譜 2」学習研究社　1988
◇図15(カラー)　Furcraea gigantea　ルドゥーテ，ピエール＝ジョセフ 1802～1815

ブールソー・ローズ
⇒ロサ・レリティエラネア（ブールソー・ローズ）を見よ

プルヌス・ニグラ　Prunus nigra
「ウィリアム・カーティス 花図譜」同朋舎出版 1994
◇504図（カラー）　Black Plum-tree or Canada Plum　エドワーズ, シデナム・ティースト画『カーティス・ボタニカル・マガジン』 1808

ブルビネ・アロオイデス　Bulbine alooides
「ユリ科植物図譜 2」学習研究社　1988
◇図132（カラー）　アンテリクム・アロオイデス　ルドゥーテ, ピエール＝ジョセフ 1802～1815

ブルビネ・アンヌア　Bulbine annua
「ユリ科植物図譜 2」学習研究社　1988
◇図133（カラー）　アンテリクム・アンヌウム　ルドゥーテ, ピエール＝ジョセフ 1802～1815

ブルビネ・フルテスケンス　Bulbine frutescens
「ユリ科植物図譜 2」学習研究社　1988
◇図131（カラー）　アンテリクム・フルテスケンス　ルドゥーテ, ピエール＝ジョセフ 1802～1815

ブルビネ・ロンギスカーパ　Bulbine longiscapa
「ユリ科植物図譜 2」学習研究社　1988
◇図134（カラー）　アンテリクム・ロンギスカープム　ルドゥーテ, ピエール＝ジョセフ 1802～1815

ブルーベル
「フローラの庭園」八坂書房　2015
◇p10（カラー）　ベスラー, バシリウス『アイヒシュテット庭園植物誌』 1613　銅版（エングレーヴィング）手彩色 紙　57×46　［テイラー博物館（ハールレム）］
◇p68（カラー）　マーシャル, アレクサンダー画『フラワー・ブック』 1680頃　水彩 紙　46.0×33.3　［英国王室コレクション］

ブルボコディウム・ベルヌム
「ユリ科植物図譜 2」学習研究社　1988
◇図74（カラー）　Bulbocodium vernum　ルドゥーテ, ピエール＝ジョセフ 1802～1815

ブルボン・ローズ
⇒ロサ・ボルボニカ（ブルボン・ローズ）を見よ

プルミエ・バル　'Premier Bal'
「ばら花譜」平凡社　1983
◇PL.76（カラー）　二口善雄画, 鈴木省三, 籾山泰一著 1976　水彩

ブルー・ムーン　'Blue Moon'
「ばら花譜」平凡社　1983
◇PL.68（カラー）　二口善雄画, 鈴木省三, 籾山泰一著 1977　水彩

プルメリア　Plumeria obtusa
「花の王国 1」平凡社　1990
◇p102（カラー）　ルメール『一般園芸家雑誌』 1841～？

プルメリア
⇒インドソケイ（プルメリア）を見よ

プルモナリア・モリス　Pulmonaria mollis
「ウィリアム・カーティス 花図譜」同朋舎出版 1994
◇67図（カラー）　Soft Lung-wort　カーティス, ジョン画『カーティス・ボタニカル・マガジン』 1823

ブルンスウィギア・ファルカタ　Brunsvigia falcata（Ammocharis longifolia）
「イングリッシュ・ガーデン」求龍堂　2014
◇図23（カラー）　エドワーズ, シデナム・ティースト 1812　水彩 紙　25.5×32.0　［キュー王立植物園］

ブルンスビギア・ジョセフィーネ
Brunsvigia josephinae
「ユリ科植物図譜 1」学習研究社　1988
◇図181（カラー）　アマリリス・ジョセフィーネ　ルドゥーテ, ピエール＝ジョセフ 1802～1815

プルンバゴ　Plumbago europaea
「ビュフォンの博物誌」工作舎　1991
◇N104（カラー）『一般と個別の博物誌 ソンニーニ版』

プレエア・テヌイフォリア
「ユリ科植物図譜 2」学習研究社　1988
◇図165（カラー）　Pleea tenuifolia　ルドゥーテ, ピエール＝ジョセフ 1802～1815

プレオネ・マキュラタ　Pleione maculata Ldl.
「蘭花譜」平凡社　1974
◇Pl.20-8（カラー）　加藤光治著, 二口善雄画 1970写生

ふれ太鼓　'Fure-daiko'
「ばら花譜」平凡社　1983
◇PL.154（カラー）　Pinâta　二口善雄画, 鈴木省三, 籾山泰一著 1977　水彩

ブレチア・シェファーディイ　Bletia Shepherdii Hk.
「蘭花譜」平凡社　1974
◇Pl.16-4（カラー）　加藤光治著, 二口善雄画 1941写生

ブレティア・ベレクンダ　Bletia verecunda
「ユリ科植物図譜 1」学習研究社　1988
◇図5（カラー）　リモドルム・プルプレウム　ルドゥーテ, ピエール＝ジョセフ 1802～1815

フレンシャム　'Frensham'
「ばら花譜」平凡社　1983
◇PL.135（カラー）　二口善雄画, 鈴木省三, 籾山泰

一著 1977　水彩

フレンチマリゴールド　Tagetes patula
「花の王国 1」平凡社　1990
◇p110（カラー）　ジョーム・サンティレール, H.『フランスの植物』 1805～09　彩色銅版画

フレンチラベンダー　Lavandula stoechas
「イングリッシュ・ガーデン」求龍堂　2014
◇図20（カラー）　バウアー, フェルディナント・ルーカス 18世紀後半　銅版手彩色　47.7×31.7 ［キュー王立植物園］

フレンチローズ　Rosa gallica
「すごい博物画」グラフィック社　2017
◇図版46（カラー）　フレンチローズ、種類のわからないバラ、ルリハコベ、ダマスクローズ、シンワスレナグサ、オーストリアン・カッパー　マーシャル, アレクサンダー 1650～82頃　水彩　45.9×34.6 ［ウィンザー城ロイヤル・ライブラリー］

プロヴァンス・ローズ
⇒ロサ・ケンティフォリア（プロヴァンス・ローズ）を見よ

フロックス　Phlox subulata
「花の本 ボタニカルアートの庭」角川書店　2010
◇p27（カラー）　Fhlox　Curtis, William 1787～

フロックスの1種　Phlox sp.
「ビュフォンの博物誌」工作舎　1991
◇N120（カラー）『一般と個別の博物誌 ソンニーニ版』

フロックス・ロゼア　Phlox rosea
「イングリッシュ・ガーデン」求龍堂　2014
◇図65（カラー）　フッカー, ウィリアム・ジャクソン 19世紀初頭　水彩 紙　45.4×36.9 ［キュー王立植物園］

プロテア　Protea cordata
「花の王国 4」平凡社　1990
◇p24（カラー）　ヴァインマン, J.W.『薬用植物図譜』 1736～48

プロテア　Protea cynaroides
「花の王国 4」平凡社　1990
◇p25（カラー）　ソーントン, R.J.『フローラの神殿』 1812　銅版画

プロテア　Protea laevis
「花の王国 4」平凡社　1990
◇p24（カラー）『カーチス・ボタニカル・マガジン』 1787～継続

プロテア　Protea lepidocarpodendron
「花の本 ボタニカルアートの庭」角川書店　2010
◇p118（カラー）　Protea　Curtis, William『ボタニカルマガジン』 1787～

プロテア　Protea magnifica
「花の王国 4」平凡社　1990
◇p23（カラー）　Scolymocephalus　ヴァインマン, J.W.『薬用植物図譜』 1736～48

プロテア　Protea sp.
「花の王国 4」平凡社　1990
◇p24（カラー）　ヴァインマン, J.W.『薬用植物図譜』 1736～48

プロテア
「R・J・ソーントン フローラの神殿 新装版」リブロポート　1990
◇第29葉（カラー）　The Artichoke Protea　プロテア・キナロイデス　ヘンダーソン, ピーター画, キリー彫版, ソーントン, R.J. 1811　メゾチント（赤, 緑, 褐色インク）手彩色仕上げ

プロテア・アカウリス　Protea acaulis
「ウィリアム・カーティス 花図譜」同朋舎出版　1994
◇484図（カラー）　Stemless Protea　カーティス, ウィリアム『カーティス・ボタニカル・マガジン』 1819

プロテア・グランディフロラ　Protea nitida
「ウィリアム・カーティス 花図譜」同朋舎出版　1994
◇485図（カラー）　Broad–leaved Great–flowered Protea　カーティス, ウィリアム『カーティス・ボタニカル・マガジン』 1823

プロテア・ナナ　Protea nana
「ウィリアム・カーティス 花図譜」同朋舎出版　1994
◇486図（カラー）　Protea nana　スミス, マチルダ画『カーティス・ボタニカル・マガジン』 1890

プロテアの1種　Protea sp.
「ビュフォンの博物誌」工作舎　1991
◇N066（カラー）『一般と個別の博物誌 ソンニーニ版』

プロテアの1種
「美花図譜」八坂書房　1991
◇図72（カラー）　ウエインマン『花譜』 1736～1748　銅版刷手彩色　［群馬県館林市立図書館］

プロテア ロンギフォリア　Protea longifolia
「ボタニカルアートの世界」朝日新聞社　1987
◇p83上右（カラー）　エドワーズ画『Botanical Rigister第1巻』 1815

ブロートニア・サンギネア　Broughtonia sanguinea R.Br.
「蘭花譜」平凡社　1974
◇Pl.48–1～2（カラー）　加藤光治著, 二口善雄画 1971,1940写生

プロミネント　'Prominent'
「ばら花譜」平凡社　1983
◇PL.133（カラー）　Korp　二口善雄画, 鈴木省三,

籾山泰一著 1974　水彩

プロメネア・シトリナ　Promenaea citrina Don
「蘭花譜」平凡社　1974
◇Pl.90–4（カラー）　加藤光治著, 二口善雄画 1941写生

ブロメリア・アガウォイデス　Bromelia agavoides（Bromelia agavifolia）
「イングリッシュ・ガーデン」求龍堂　2014
◇図78（カラー）　ストルバン, フランソワ 19世紀中頃　黒鉛 水彩 紙　70.5×104.0 ［キュー王立植物園］

ブロメリア・シルウェストリス　Bromelia sylvestris
「花の王国 1」平凡社　1990
◇p26（カラー）『カーチス・ボタニカル・マガジン』 1787〜継続

ブロメリア・バランサエ　Bromelia balansae
「植物精選百種図譜 博物画の至宝」平凡社 1996
◇pl.51（カラー）　Bromelia　トレウ, C.J., エーレト, G.D. 1750〜73

ブロメリア・ピングィン
「ユリ科植物図譜 2」学習研究社　1988
◇図239（カラー）　Bromelia pinguin　ルドゥーテ, ピエール＝ジョセフ 1802〜1815

フロラドーラ　'Floradora'
「ばら花譜」平凡社　1983
◇PL.134（カラー）　二口善雄画, 鈴木省三, 籾山泰一著 1977　水彩

ブンカンカ　Xanthoceras sorbifolia
「ウィリアム・カーティス 花図譜」同朋舎出版 1994
◇522図（カラー）　Xanthoceras sorbifolia　スミス, マチルダ画『カーティス・ボタニカル・マガジン』 1887

ブンチヤウ草
「高松松平家博物図譜 衆芳画譜 花卉 第四」香川県立ミュージアム　2010
◇p27（カラー）　松平頼恭 江戸時代　紙本著色 画帖装（折本形式）　33.0×48.2 ［個人蔵］

フントレヤ・メレアグリス　Huntleya meleagris Ldl.
「蘭花譜」平凡社　1974
◇Pl.90–6（カラー）　加藤光治著, 二口善雄画 1969写生

【へ】

ペオニア・ダウリカ　Paeonia daurica
「イングリッシュ・ガーデン」求龍堂　2014
◇図24（カラー）　エドワーズ, シデナム・ティースト 1812　水彩 紙　22.7×18.5 ［キュー王立植物園］

へくそかずら
「野の草の手帖」小学館　1989
◇p139（カラー）　屁糞葛・女青　岩崎常正（灌園）『本草図譜』　文政11（1828） ［国立国会図書館］

ヘクソカズラ　Paederia scandens
「江戸博物文庫 花草の巻」工作舎　2017
◇p89（カラー）　屁糞葛　岩崎灌園『本草図譜』 ［東京大学大学院理学系研究科附属植物園（小石川植物園）］

ヘクソカズラ　Paederia scandes（Lour.）Merr.
「シーボルト日本植物図譜コレクション」小学館 2008
◇図2–32（カラー）　Paederia foetida L. ［de Villeneuve, C.H.？］画　紙 水彩 光沢 墨　11.9×18.3 ［ロシア科学アカデミーコマロフ植物学研究所図書館］ ※グループ絵の一部.目録698 コレクションV［489］/620

ヘクソカズラ
「彩色 江戸博物学集成」平凡社　1994
◇p27（カラー）　貝原益軒『大和本草諸品図』
◇p462〜463（カラー）　山本渓愚筆『萬花帖』 ［岩瀬文庫］

へくそかずらのみ
「高松松平家博物図譜 写生画帖 雑草」香川県立ミュージアム　2013
◇p81（カラー）　松平頼恭 江戸時代　紙本著色 画帖装（折本形式）　33.2×48.4 ［個人蔵］

ヘゴ　Cyathea fauriei（Christ）Copel.
「高木春山 本草図説 1」リブロポート　1988
◇図61（カラー）

ヘゴ　Cyathea straminea
「花の王国 4」平凡社　1990
◇p106（カラー）　カルステン, H.『コロンビア植物誌』 1858〜61　手彩色石版

ヘゴ属の1種　Cyathea dealbata
「図説 ボタニカルアート」河出書房新社　2010
◇p120（白黒）　プール画 ［シャーリー・シャーウッド・コレクション］

ベゴニア
「R・J・ソーントン フローラの神殿 新装版」リブロポート　1990
◇第26葉（カラー）　The Oblique-leaved Begonia ベゴニア・ニティダ　ライナグル, フィリップ画, マドックス彫版, ソーントン, R.J. 1812　スティップル（青, 緑色インク）手彩色仕上げ

ヘゴの1種　Cyathea squamipes
「花の王国 4」平凡社　1990
◇p107（カラー）　カルステン, H.『コロンビア植物誌』 1858〜61　手彩色石版

へこはち
「高松松平家博物図譜 写生画帖 雑木」香川県立ミュージアム　2014
◇p66（カラー）　松平頼恭 江戸時代　紙本著色 画帖装（折本形式）　33.2×48.4　［個人蔵］　※表紙・裏表紙見返し墨書 安永6（1777）6月 程赤城筆

ペスカトレア・セリナ　Pescatorea cerina Rchb.f.
「蘭花譜」平凡社　1974
◇Pl.90–5（カラー）　加藤光治著, 二口善雄画 1968写生

ヘスペランテス・ラディアータ
Hesperanthes radiata
「ユリ科植物図譜 1」学習研究社　1988
◇図147（カラー）　イクシア・ラディアータ　ルドゥーテ, ピエール＝ジョセフ 1802〜1815

ペチュニア　Petunia hybrida
「花の王国 1」平凡社　1990
◇p104（カラー）　ルメール『園芸図譜誌』　1854〜86

ベツレヘムノホシ　Ornithogalum umbellatum
「ボタニカルアートの世界」朝日新聞社　1987
◇p50（白黒）　ベツレヘムの星　レオナルド・ダ・ビンチ

紅荒獅子
「日本椿集」平凡社　1966
◇図34（カラー）　津山尚著, 二口善雄画 1959

ベニイタヤ　Acer mono Maxim.var.mayrii Koidz.
「北海道主要樹木図譜［普及版］」北海道大学図書刊行会　1986
◇図72（カラー）　Acer mayrii Schwerin.　須崎忠助 大正9（1920）〜昭和6（1931）　［個人蔵］

ヘニガク
「高松松平家博物図譜 衆芳画譜 花果 第五」香川県立ミュージアム　2011
◇p15（カラー）　松平頼恭 江戸時代　紙本著色 画帖装（折本形式）　33.2×48.4　［個人蔵］

ベニガク　Hydrangea serrata（Thunb.ex Murray）Ser.var.serrata f.rosalba（Van Houtte）E.H.Wils.
「シーボルト「フローラ・ヤポニカ」 日本植物誌」八坂書房　2000
◇図53（カラー）　Gakuso（紅花品はBenikaku, 青白花品はKonkaku）　［国立国会図書館］

紅笠　Prunus Lannesiana Wils. ‘Benigasa’
「日本桜集」平凡社　1973
◇Pl.13（カラー）　大井次三郎著, 太田洋愛画 1970写生　水彩

紅車
「日本椿集」平凡社　1966
◇図121（カラー）　津山尚著, 二口善雄画 1957

ベニゴウカン　Calliandra grandiflora
「R・J・ソーントン フローラの神殿 新装版」リブロポート　1990
◇第11葉（カラー）　The Large–flowering Sensitive Plant　ライナグル, フィリップ画, ロッフェ, R.彫版, ソーントン, R.J. 1812　スティップル（赤, 茶色インク）アクアチント（濃緑色インク）手彩色仕上げ

ベニコウホネ　Nuphar japonica f.rubrotincta
「江戸博物文庫 花草の巻」工作舎　2017
◇p166（カラー）　紅河骨　岩崎灌園『本草図譜』［東京大学大学院理学系研究科附属植物園（小石川植物園）］

紅時雨　Prunus Lannesiana Wils. ‘Beni–shigure’
「日本桜集」平凡社　1973
◇Pl.14（カラー）　大井次三郎著, 太田洋愛画 1972写生　水彩

べにしゅすらん　Goodyera macrantha Maxim.
「蘭花譜」平凡社　1974
◇Pl.17–5（カラー）　加藤光治著, 二口善雄画 1940写生

紅太神楽
「日本椿集」平凡社　1966
◇図32（カラー）　津山尚著, 二口善雄画 1959

紅玉錦　Prunus Lannesiana Wils. ‘Beni–tamanishiki’
「日本桜集」平凡社　1973
◇Pl.15（カラー）　大井次三郎著, 太田洋愛画 1972写生　水彩

紅千鳥
「日本椿集」平凡社　1966
◇図148（カラー）　津山尚著, 二口善雄画 1955, 1958

ベニドウダン・ヨウラクツツジ　Enkianthus cernuus f.rubens
「花木真寫」淡交社　2005
◇図43（カラー）　瓔珞躑躅　近衛予楽院家熙［（財）陽明文庫］

べにばな
「野の草の手帖」小学館　1989
◇p143（カラー）　紅花　岩崎常正（灌園）『本草図譜』　文政11（1828）　［国立国会図書館］

ベニバナキジムシロ　Potentilla argyrophylla Wall.var.atrosanguinae
「カーティスの植物図譜」エンタプライズ　1987
◇図2689（カラー）　Himalayan Cinquefoil『カーティスのボタニカルマガジン』　1787〜1887

ベニバナ・スエツムハナ・クレノアイ
Carthamus tinctorius
「花木真寫」淡交社　2005
◇図57（カラー）　紅花　近衛予楽院家熙　［（財）陽明文庫］

ベニバナダイコンソウ　Geum coccineum
「美花選［普及版］」河出書房新社　2016
◇図64（カラー）　Bénoite écarlate/Geum coccineum　ルドゥーテ, ピエール＝ジョゼフ画 1827〜1833　［コノサーズ・コレクション東京］
「ルドゥーテ画 美花選 2」学習研究社　1986
◇図24（カラー）1827〜1833

ベニバナダイモンジソウ
「彩色 江戸博物学集成」平凡社　1994
◇p351（カラー）　紅花　前田利保『本草通串証図』［杏雨書屋］

ベニバナハコネウツギ　Weigela coraeensis f. rubriflora
「江戸博物文庫 菜樹の巻」工作舎　2017
◇p165（カラー）　紅花箱根空木　岩崎灌園『本草図譜』［東京大学大学院理学系研究科附属植物園（小石川植物園）］

紅妙蓮寺
「日本椿集」平凡社　1966
◇図109（カラー）　津山尚著, 二口善雄画 1965

べにやろく
「高松松平家博物図譜 写生画帖 雑木」香川県立ミュージアム　2014
◇p100（カラー）　松平頼恭 江戸時代　紙本著色画帖装（折本形式）　33.2×48.4　［個人蔵］　※表紙・裏表紙見返し墨書 安永6（1777）6月 程赤城筆

紅豊　Prunus Lannesiana Wils. 'Beni–yutaka'
「日本桜集」平凡社　1973
◇Pl.16（カラー）　大井次三郎著, 太田洋愛画 1971写生　水彩

ベニユリズイセン
「ユリ科植物図譜 2」学習研究社　1988
◇図130（カラー）　アルストロメリア・リグトゥ　ルドゥーテ, ピエール＝ジョセフ 1802〜1815

紅侘助
「日本椿集」平凡社　1966
◇図224（カラー）　津山尚著, 二口善雄画 1956, 1957

へびいちご　Duchesnea chrysantha
「草木写生 春の巻」ピエ・ブックス　2010
◇p230〜231（カラー）　蛇苺　狩野織染藤原重賢　明暦3（1657）〜元禄12（1699）　［国立国会図書館］

へびいちご
「高松松平家博物図譜 写生画帖 雑草」香川県立ミュージアム　2013
◇p21（カラー）　松平頼恭 江戸時代　紙本著色 画帖装（折本形式）　33.2×48.4　［個人蔵］
「野の草の手帖」小学館　1989
◇p145（カラー）　蛇苺　岩崎常正（灌園）『本草図譜』 文政11（1828）　［国立国会図書館］

へびぢわん
「高松松平家博物図譜 写生画帖 雑草」香川県立ミュージアム　2013
◇p31（カラー）　松平頼恭 江戸時代　紙本著色 画帖装（折本形式）　33.2×48.4　［個人蔵］

へびのぼらず
「木の手帖」小学館　1991
◇図64（カラー）　蛇不登　岩崎灌園『本草図譜』文政11（1828）　約21×145　［国立国会図書館］

ベビー・マスケレード　'Baby Masquerade'
「ばら花譜」平凡社　1983
◇PL.160（カラー）　Baby Carnaval　二口善雄画, 鈴木省三, 籾山泰一著 1977　水彩

ペペロミア・オブツシフォリア　Peperomia obtusifolia
「植物精選百種図譜 博物画の至宝」平凡社 1996
◇pl.96（カラー）　Piper　トレウ, C.J., エーレト, G.D. 1750〜73

ヘマリア・ディスカラー　Haemaria discolor Ldl.
「蘭花譜」平凡社　1974
◇Pl.17–1（カラー）　加藤光治著, 二口善雄画 1940写生

ヘマリア・ドーソニアナ　Haemaria Dawsoniana Hassl.（H.discolor Ldl.var. Dawsoniana A.D.Hawkes）
「蘭花譜」平凡社　1974
◇Pl.17–2（カラー）　加藤光治著, 二口善雄画 1941写生

ヘマントゥス・アルビフロス（マユハケオモト）
「ユリ科植物図譜 1」学習研究社　1988
◇図205（カラー）　Haemanthus albiflos　ルドゥーテ, ピエール＝ジョセフ 1802〜1815

ヘマントゥス・コッキネウス
「ユリ科植物図譜 1」学習研究社　1988
◇図206（カラー）　Haemanthus coccineus　ルドゥーテ, ピエール＝ジョセフ 1802〜1815

ヘマントゥス・プニケウス
「ユリ科植物図譜 1」学習研究社　1988
◇図212（カラー）　Haemanthus puniceus　ルドゥーテ, ピエール＝ジョセフ 1802〜1815

ヘマントゥス・ムルティフロールス
「ユリ科植物図譜 1」学習研究社　1988
◇図207（カラー）　Haemanthus multiflorus　ルドゥーテ, ピエール＝ジョセフ 1802〜1815

ヘメロカリス　Hemerocallis caerulea
「ルドゥーテ画 美花選 2」学習研究社　1986
◇図44(カラー)　1827～1833

ヘメロカリス
「フローラの庭園」八坂書房　2015
◇p22(カラー)　ヴァルター, ヨハン『ナッサウ家の花譜』 1650～70頃　水彩 紙 ［ヴィクトリア&アルバート美術館(ロンドン)］

ヘメロカリス・フラバ
「ユリ科植物図譜 2」学習研究社　1988
◇図19(カラー)　Hemerocallis flava　ルドゥーテ, ピエール＝ジョセフ 1802～1815

ヘメロカリス・フルバ
「ユリ科植物図譜 2」学習研究社　1988
◇図20(カラー)　Hemerocallis fulva　ルドゥーテ, ピエール＝ジョセフ 1802～1815

ヘラオオバコ　Plantago lanceolata
「ビュフォンの博物誌」工作舎　1991
◇N103(カラー)『一般と個別の博物誌 ソンニーニ版』

ヘラオモダカ　Alisma canaliculatum
「江戸博物文庫 花草の巻」工作舎　2017
◇p159(カラー)　箆沢瀉　岩崎灌園『本草図譜』［東京大学大学院理学系研究科附属植物園(小石川植物園)］

ベラトルム・アルブム
「ユリ科植物図譜 2」学習研究社　1988
◇図212(カラー)　Veratrum album　ルドゥーテ, ピエール＝ジョセフ 1802～1815

ベラトルム・ニグルム
「ユリ科植物図譜 2」学習研究社　1988
◇図213(カラー)　Veratrum nigrum　ルドゥーテ, ピエール＝ジョセフ 1802～1815

ベラドンナリリー　Amaryllis belladonna
「花の王国 1」平凡社　1990
◇p28(カラー)　ドラピエ, P.A.J., ベッサ, パンクラース原図『園芸家・愛好家・工業家のための植物誌』 1836　手彩色図版

ベラドンナ・リリー
⇒アマリリス・ベラドンナ(ベラドンナ・リリー)を見よ

へらのき
「高松松平家博物図譜 写生画帖 雑木」香川県立ミュージアム　2014
◇p90(カラー)　松平頼恭 江戸時代　紙本著色 画帖装(折本形式)　33.2×48.4　［個人蔵］　※表紙・裏表紙見返し墨書 安永6(1777)6月 程赤城筆

ペラルゴニウム　Pelargonium paraemorsum
「花の本 ボタニカルアートの庭」角川書店 2010
◇p78(カラー)　Geranium　Curtis, William 1787～

ペラルゴニウム　Pelargonium peltatum
「花の本 ボタニカルアートの庭」角川書店 2010
◇p78(カラー)　Geranium　Curtis, William 1787～

ペラルゴニウム　Pelargonium tomentosum
「花の本 ボタニカルアートの庭」角川書店 2010
◇p78(カラー)　Geranium　Curtis, William 1787～

ペラルゴニウム
「美花図譜」八坂書房　1991
◇図40(カラー)　ウエインマン『花譜』 1736～1748　銅版刷手彩色　［群馬県館林市立図書館］

ペラルゴニウム・ダヴェイアヌム
Pelargonium×daveyanum
「美花選[普及版]」河出書房新社　2016
◇図53(カラー)　Geranium Variété　ルドゥーテ, ピエール＝ジョゼフ画 1827～1833　［コノサーズ・コレクション東京］

ヘリアンツス アングスチフォリウス[ヒマワリ属の1種]　Helianthusangustifolius
「ボタニカルアートの世界」朝日新聞社　1987
◇p95(カラー)　メールブルク図『Plantae rariores vivis colorbus depictae』 1789

ヘリオカルパス属の1種　Heliocarpus sp.
「植物精選百種図譜 博物画の至宝」平凡社 1996
◇pl.45(カラー)　Heliocarpus　トレウ, C.J., エーレト, G.D. 1750～73

ペリオサンテス・テタ
「ユリ科植物図譜 2」学習研究社　1988
◇図151(カラー)　Peliosanthes teta　ルドゥーテ, ピエール＝ジョセフ 1802～1815

ヘリオトロープ　Heliotropium arborescens
「ルドゥーテ画 美花選 2」学習研究社　1986
◇図23(カラー)　1827～1833

ヘリオトロープ(ニオイムラサキ)
Heliotropium corymbosum
「ボタニカルアート 西洋の美花集」パイ インターナショナル　2010
◇p45(カラー)　ルドゥーテ, ピエール＝ジョセフ画・著『美花選』 1827～33　点刻銅版画多色刷一部手彩色

ヘリクテレス・イソラ　Helicteres isora
「植物精選百種図譜 博物画の至宝」平凡社 1996
◇pl.92(カラー)　Helicteres　トレウ, C.J., エーレト, G.D. 1750～73

ヘリコニア・アデレアナ Heliconia adeleana
「イングリッシュ・ガーデン」求龍堂 2014
◇図144（カラー） ミー，マーガレット 1981 水彩 紙 65.8×48.5 ［キュー王立植物園］

ヘリコニア・プシッタコールム
「ユリ科植物図譜 1」学習研究社 1988
◇図27（カラー） Heliconia psittacorum ルドゥーテ，ピエール＝ジョセフ 1802～1815

ヘリコニア・フミリス
「ユリ科植物図譜 1」学習研究社 1988
◇図26（カラー） Heliconia humilis ルドゥーテ，ピエール＝ジョセフ 1802～1815
◇図31（カラー） Heliconia humilis ルドゥーテ，ピエール＝ジョセフ 1802～1815

ペリステリア・エラータ Peristeria elata Hk.
「蘭花譜」平凡社 1974
◇Pl.68-4（カラー） 加藤光治著，二口善雄画 1969写生

ヘリプテルム・イキシミウム Helipterum eximium
「美花選［普及版］」河出書房新社 2016
◇図47（カラー） Gnaphalium eximium/Gnaphale superbe ルドゥーテ，ピエール＝ジョゼフ画 1827～1833 ［コノサーズ・コレクション東京］

ペリプロカ・グラエカ Periploca graeca
「ウィリアム・カーティス 花図譜」同朋舎出版 1994
◇52図（カラー） Grecian Silk Vine カーティス，ウィリアム『カーティス・ボタニカル・マガジン』 1812

ペリプロカ・グレカ Periploca graeca
「植物精選百種図譜 博物画の至宝」平凡社 1996
◇pl.82（カラー） Periploca トレウ，C.J.，エーレト，G.D. 1750～73

ベリンダ 'Belinda'
「ばら花譜」平凡社 1983
◇PL.139（カラー） 二口善雄画，鈴木省三，籾山泰一著 1974 水彩

ペール・ギュント 'Peer Gynt'
「ばら花譜」平凡社 1983
◇PL.107（カラー） 二口善雄画，鈴木省三，籾山泰一著 1974 水彩

ペルシア・シクラメン Cyclamen
「ボタニカルアート 西洋の美花集」パイ インターナショナル 2010
◇p139（カラー） ペザー画，ソーントン，ロバート・ジョン編『フローラの神殿：リンネのセクシャル・システム新図解』 1804 銅版画多色刷一部手彩色 ［町田市立国際版画美術館］

ペルシア・シクラメン
「R・J・ソーントン フローラの神殿 新装版」リブロポート 1990
◇第31葉（カラー） The Persian Cyclamen ライナグル，フィリップ画，エルムズ彫版，ソーントン，R.J. 1812 アクアチント（茶，濃緑色インク）手彩色仕上げ

ペルシャン・アイリス
「フローラの庭園」八坂書房 2015
◇p69（カラー） マーシャル，アレクサンダー画『フラワー・ブック』 1680頃 水彩 紙 46.0×33.3 ［英国王室コレクション］

ベルテイミア・カペンシス
「ユリ科植物図譜 2」学習研究社 1988
◇図216（カラー） Veltheimia capensis ルドゥーテ，ピエール＝ジョセフ 1802～1815

ベルテイミア・グラウカ
「ユリ科植物図譜 2」学習研究社 1988
◇図215（カラー） Veltheimia glauca ルドゥーテ，ピエール＝ジョセフ 1802～1815

ヘルナンディア ソノラ Hernandia sonora
「ボタニカルアートの世界」朝日新聞社 1987
◇p64下左（カラー） エーレット画『Hortus Cliffortianus』 1737

ベレバリア・ロマーナ Bellevalia romana
「ユリ科植物図譜 2」学習研究社 1988
◇図24（カラー） ヒアキントゥス・ロマヌス ルドゥーテ，ピエール＝ジョセフ 1802～1815

ヘレボルス・コッチイ［クリスマスローズの1種］ Helleborus kochii
「ボタニカルアートの世界」朝日新聞社 1987
◇かんのんびらき 裏（カラー） オーブリエ画 ［大英博物館自然誌部門］

ヘレボルス・リウィドゥス Helleborus lividus
「図説 ボタニカルアート」河出書房新社 2010
◇p116（白黒） グリエルソン画，スターン『キュー植物園の植物画家』 1990

ヘレン・トローベル 'Helen Traubel'
「ばら花譜」平凡社 1983
◇PL.81（カラー） 二口善雄画，鈴木省三，籾山泰一著 1977 水彩

ヘロニアス・ブルラータ
「ユリ科植物図譜 2」学習研究社 1988
◇図21（カラー） Helonias bullata ルドゥーテ，ピエール＝ジョセフ 1802～1815

ベンガルヤハズカズラ Thunbergia grandiflora
「花の王国 1」平凡社 1990
◇p76（カラー）『カーチス・ボタニカル・マガジン』 1787～継続

べんけいさう
「高松松平家博物図譜 写生画帖 雑草」香川県立ミュージアム　2013
◇p56（カラー）　松平頼恭 江戸時代　紙本著色 画帖装（折本形式）　33.2×48.4　［個人蔵］

べんけいそう
「野の草の手帖」小学館　1989
◇p147（カラー）　弁慶草　岩崎常正（灌園）『本草図譜』　文政11（1828）　［国立国会図書館］

ベンケイソウの1種　Crassula sp.
「ビュフォンの博物誌」工作舎　1991
◇N128（カラー）『一般と個別の博物誌 ソンニーニ版』

ペンステモン・ディギタリス　Penstemon digitalis
「ウィリアム・カーティス 花図譜」同朋舎出版　1994
◇537図（カラー）　Fox-glove-like Pentstemon　カーティス, ジョン画『カーティス・ボタニカル・マガジン』　1825

弁天神楽
「日本椿集」平凡社　1966
◇図33（カラー）　津山尚著, 二口善雄画 1965

便殿　Prunus Lannesiana Wils. 'Rubida'
「日本桜集」平凡社　1973
◇Pl.12（カラー）　大井次三郎著, 太田洋愛画 1972写生　水彩

【ほ】

ホウガンボク　Couroupita guianensis
「花の王国 4」平凡社　1990
◇p83（カラー）　ベルトゥーフ, F.J.『子供のための図誌』　1810

箒桜　Prunus×Miyoshii Ohwi 'Miyoshii'
「日本桜集」平凡社　1973
◇Pl.41（カラー）　大井次三郎著, 太田洋愛画 1965写生　水彩

芳香生ジジフォーラ　Ziziphora serpyllacea
「ウィリアム・カーティス 花図譜」同朋舎出版　1994
◇264図（カラー）　Sweet-scented Ziziphora　エドワーズ, シデナム・ティースト画『カーティス・ボタニカル・マガジン』　1806

ほうこぐさ
「高松松平家博物図譜 写生画帖 雑草」香川県立ミュージアム　2013
◇p89（カラー）　松平頼恭 江戸時代　紙本著色 画帖装（折本形式）　33.2×48.4　［個人蔵］

ボウシバナ
⇒ツユクサ・ツキクサ・アオバナ・ボウシバナ・カマツカを見よ

ホウセンカ　Impatiens balsamina
「江戸博物文庫 花草の巻」工作舎　2017
◇p114（カラー）　鳳仙花　岩崎灌園『本草図譜』［東京大学大学院理学系研究科附属植物園（小石川植物園）］
「図説 ボタニカルアート」河出書房新社　2010
◇p108（カラー）　飯沼慾斎画
「ウィリアム・カーティス 花図譜」同朋舎出版　1994
◇59図（カラー）　Glandular-leaved Balsam　エドワーズ, シデナム・ティースト画『カーティス・ボタニカル・マガジン』　1810
「花の王国 1」平凡社　1990
◇p105（カラー）　ジョーム・サンティレール, H.『フランスの植物』　1805～09　彩色銅版画

ホウセンカ　Impatiens balsamina L.
「花の肖像 ボタニカルアートの名品と歴史」創土社　2006
◇fig.36（カラー）　飯沼慾齋画『草木図説』
「カーティスの植物図譜」エンタプライズ　1987
◇図1256（カラー）　Garden Balsam『カーティスのボタニカルマガジン』　1787～1887

ホウセンカ
「彩色 江戸博物学集成」平凡社　1994
◇p462～463（カラー）　山本渓愚筆『萬花帖』［岩瀬文庫］
「美花図譜」八坂書房　1991
◇図11（カラー）　ウエインマン『花譜』　1736～1748　銅版刷手彩色　［群馬県館林市立図書館］
「江戸の動植物図」朝日新聞社　1988
◇p68（カラー）　飯沼慾斎『草木図説稿本』　［個人蔵］
「ボタニカルアートの世界」朝日新聞社　1987
◇p121下（カラー）　鳳仙花　近衛予楽院『花木真寫』　［京都陽明文庫］

ホウセンカ・ツマクレナイ　Impatiens balsamina
「花木真寫」淡交社　2005
◇図108（カラー）　鳳仙花　近衛予楽院家熙［（財）陽明文庫］

ホウノキ　Magnolia hypoleuca Siebold & Zucc.
「シーボルト日本植物図譜コレクション」小学館　2008
◇図2-42（カラー）　Magnolia hypoleuca Sieb.et Zucc.　［日本人画家］画　［1820～ 1826頃］　薄い半透明の和紙 白色塗料 透明絵の具 墨　20.1×27.9　［ロシア科学アカデミーコマロフ植物学研究所図書館］　※目録129 コレクションI［593］/54

ホウライシダ　Adiantum capillus-veneris
「図説 ボタニカルアート」河出書房新社　2010

◇p20（カラー）　Adianthum nigrum seu Capillus Veneris　アルドロヴァンディ『植物図譜集（稿本）』　16世紀後半　［ボローニャ大学図書館］

ホウライチク　Bambusa nana var.normalis

「江戸博物文庫 菜樹の巻」工作舎　2017
◇p182（カラー）　蓬莱竹　岩崎灌園『本草図譜』［東京大学大学院理学系研究科附属植物園（小石川植物園）］

ホウラン

「高松松平家博物図譜 衆芳画譜 花卉 第四」香川県立ミュージアム　2010
◇p89（カラー）　松平頼恭 江戸時代　紙本著色 画帖装（折本形式）　33.0×48.2　［個人蔵］

ボウラン

「高松松平家博物図譜 衆芳画譜 花卉 第四」香川県立ミュージアム　2010
◇p99（カラー）　松平頼恭 江戸時代　紙本著色 画帖装（折本形式）　33.0×48.2　［個人蔵］

宝禄　Glottiphyllum linguiforme

「ウィリアム・カーティス 花図譜」同朋舎出版　1994
◇5図（カラー）　Depressed Tongue fig-marigold　園芸種　カーティス, ウィリアム『カーティス・ボタニカル・マガジン』　1816

ホオコグサの1種　Gnaphalium sp.

「ビュフォンの博物誌」工作舎　1991
◇N083（カラー）『一般と個別の博物誌 ソンニーニ版』

ほうずき

「江戸名作画帖全集 8」駸々堂出版　1995
◇図67（カラー）　すかん・あめもりそう・すぎごけ・ほうずき　松平頼恭編『写生画帖・衆芳画譜』　紙本着色　［松平公益会］

ほうづき

「高松松平家博物図譜 写生画帖 雑草」香川県立ミュージアム　2013
◇p52（カラー）　松平頼恭 江戸時代　紙本著色 画帖装（折本形式）　33.2×48.4　［個人蔵］

ほおずき

「野の草の手帖」小学館　1989
◇p149（カラー）　酸漿・鬼灯　岩崎常正（灌園）『本草図譜』　文政11（1828）　［国立国会図書館］

ホオズキ　Physalis alkekengi

「花の王国 3」平凡社　1990
◇p93（カラー）　ジョーム・サンティレール『フランスの植物』　1805〜09　彩色銅版画
◇p93（カラー）　ヴァインマン『薬用植物図譜』　1736〜48

ホオズキ

「ボタニカルアートの世界」朝日新聞社　1987
◇p125下（白黒）　酸漿　中村惕斎『訓蒙図彙』　1666

ほおのき

「木の手帖」小学館　1991
◇図50（カラー）　朴木・厚朴　岩崎灌園『本草図譜』　文政11（1828）　約21×145　［国立国会図書館］

ホオノキ　Magnolia obovata

「江戸博物文庫 菜樹の巻」工作舎　2017
◇p129（カラー）　朴の木　岩崎灌園『本草図譜』［東京大学大学院理学系研究科附属植物園（小石川植物園）］
「日本の博物図譜」東海大学出版会　2001
◇p73（白黒）　朴の木　筆者不詳『衆芳画譜』［個人蔵 香川県歴史博物館保管］
「牧野富太郎植物画集」ミュゼ　1999
◇p51（白黒）　ケント紙 墨（毛筆）　38.5×27.3
「花彙 下」八坂書房　1977
◇図127（白黒）　淡伯　小野蘭山, 島田充房 明和2（1765）　26.5×18.5　［国立公文書館・内閣文庫］

ホオノキ　Magnolia obovata Thunb.

「高木春山 本草図説 1」リブロポート　1988
◇図71（カラー）
「北海道主要樹木図譜［普及版］」北海道大学図書刊行会　1986
◇図44（カラー）　須崎忠助 大正9（1920）〜昭和6（1931）　［個人蔵］

ホオノキ

「江戸の動植物図」朝日新聞社　1988
◇p67（カラー）　飯沼慾斎『本草図譜』　［個人蔵］

ホクシャ　Fuchsia coccinea

「ルドゥーテ画 美花選 2」学習研究社　1986
◇図21（カラー）　1827〜1833

(墨書なし)

「高松松平家博物図譜 写生画帖 雑木」香川県立ミュージアム　2014
◇p9（カラー）　松平頼恭 江戸時代　紙本著色 画帖装（折本形式）　33.2×48.4　［個人蔵］　※表紙・裏表紙見返し墨書 安永6（1777）6月 程赤城筆
◇p10（カラー）　松平頼恭 江戸時代　紙本著色 画帖装（折本形式）　33.2×48.4　［個人蔵］　※表紙・裏表紙見返し墨書 安永6（1777）6月 程赤城筆
◇p13（カラー）　松平頼恭 江戸時代　紙本著色 画帖装（折本形式）　33.2×48.4　［個人蔵］　※表紙・裏表紙見返し墨書 安永6（1777）6月 程赤城筆
◇p25（カラー）　松平頼恭 江戸時代　紙本著色 画帖装（折本形式）　33.2×48.4　［個人蔵］　※表紙・裏表紙見返し墨書 安永6（1777）6月 程赤城筆
◇p51（カラー）　松平頼恭 江戸時代　紙本著色 画帖装（折本形式）　33.2×48.4　［個人蔵］　※表紙・裏表紙見返し墨書 安永6（1777）6月 程赤城筆
◇p58（カラー）　松平頼恭 江戸時代　紙本著色 画帖装（折本形式）　33.2×48.4　［個人蔵］　※表紙・裏表紙見返し墨書 安永6（1777）6月 程赤城筆
◇p71（カラー）　松平頼恭 江戸時代　紙本著色 画帖装（折本形式）　33.2×48.4　［個人蔵］　※表紙・裏表紙見返し墨書 安永6（1777）6月 程赤城筆

◇p90（カラー）　松平頼恭 江戸時代　紙本著色 画帖装（折本形式）　33.2×48.4 ［個人蔵］ ※表紙・裏表紙見返し墨書 安永6（1777）6月 程赤城筆
◇p93（カラー）　松平頼恭 江戸時代　紙本著色 画帖装（折本形式）　33.2×48.4 ［個人蔵］ ※表紙・裏表紙見返し墨書 安永6（1777）6月 程赤城筆

「高松松平家博物図譜 写生画帖 雑草」香川県立ミュージアム　2013
◇p10（カラー）　松平頼恭 江戸時代　紙本著色 画帖装（折本形式）　33.2×48.4 ［個人蔵］
◇p60（カラー）　松平頼恭 江戸時代　紙本著色 画帖装（折本形式）　33.2×48.4 ［個人蔵］
◇p64（カラー）　松平頼恭 江戸時代　紙本著色 画帖装（折本形式）　33.2×48.4 ［個人蔵］
◇p65（カラー）　松平頼恭 江戸時代　紙本著色 画帖装（折本形式）　33.2×48.4 ［個人蔵］
◇p68（カラー）　松平頼恭 江戸時代　紙本著色 画帖装（折本形式）　33.2×48.4 ［個人蔵］
◇p76（カラー）　松平頼恭 江戸時代　紙本著色 画帖装（折本形式）　33.2×48.4 ［個人蔵］
◇p78（カラー）　松平頼恭 江戸時代　紙本著色 画帖装（折本形式）　33.2×48.4 ［個人蔵］
◇p79（カラー）　松平頼恭 江戸時代　紙本著色 画帖装（折本形式）　33.2×48.4 ［個人蔵］
◇p80（カラー）　松平頼恭 江戸時代　紙本著色 画帖装（折本形式）　33.2×48.4 ［個人蔵］
◇p82（カラー）　松平頼恭 江戸時代　紙本著色 画帖装（折本形式）　33.2×48.4 ［個人蔵］
◇p83（カラー）　松平頼恭 江戸時代　紙本著色 画帖装（折本形式）　33.2×48.4 ［個人蔵］
◇p84（カラー）　松平頼恭 江戸時代　紙本著色 画帖装（折本形式）　33.2×48.4 ［個人蔵］
◇p96（カラー）　松平頼恭 江戸時代　紙本著色 画帖装（折本形式）　33.2×48.4 ［個人蔵］
◇p99（カラー）　松平頼恭 江戸時代　紙本著色 画帖装（折本形式）　33.2×48.4 ［個人蔵］
◇p101（カラー）　松平頼恭 江戸時代　紙本著色 画帖装（折本形式）　33.2×48.4 ［個人蔵］
◇p105（カラー）　松平頼恭 江戸時代　紙本著色 画帖装（折本形式）　33.2×48.4 ［個人蔵］

「高松松平家博物図譜 衆芳画譜 花果 第五」香川県立ミュージアム　2011
◇p88（カラー）　松平頼恭 江戸時代　紙本著色 画帖装（折本形式）　33.2×48.4 ［個人蔵］

ト伴

「日本椿集」平凡社　1966
◇図130（カラー）　津山尚著, 二口善雄画 1965

ホクロ・シュンラン　Cymbidium goeringii

「花木真寫」淡交社　2005
◇図30（カラー）　山蘭　近衛予楽院家熙 ［（財）陽明文庫］

ぼけ　Chaenomeles speciosa

「草木写生 春の巻」ピエ・ブックス　2010
◇p222〜223（カラー）　木瓜　狩野織染藤原重賢 明暦3（1657）〜元禄12（1699）［国立国会図書館］
◇p226〜227（カラー）　木瓜　狩野織染藤原重賢 明暦3（1657）〜元禄12（1699）［国立国会図書館］

ぼけ

「木の手帖」小学館　1991
◇図84（カラー）　木瓜　岩崎灌園『本草図譜』文政11（1828）　約21×145 ［国立国会図書館］

ボケ

⇒クサボケ, ボケを見よ

ボケ・モケ　Chaenomeles speciosa

「花木真寫」淡交社　2005
◇図4（カラー）　木瓜　近衛予楽院家熙 ［（財）陽明文庫］

ホザキアヤメ　Babiana stricta

「ユリ科植物図譜 1」学習研究社　1988
◇図77（カラー）　グラディオルス・ストリクトゥス　ルドゥーテ, ピエール＝ジョセフ 1802〜1815

ホザキアヤメの1種　Babiana sambucina

「イングリッシュ・ガーデン」求龍堂　2014
◇図21（カラー）　エドワーズ, シデナム・ティースト 1807　水彩 紙　22.3×18.4 ［キュー王立植物園］

ホザキイカリソウ　Epimedium sagittatum (Sieb.et Zucc.) Maxim.

「高木春山 本草図説 1」リブロポート　1988
◇図77（カラー）

ホザキイチヨウラン　Malaxis monophyllos (L.) Sw.

「須崎忠助植物画集」北海道大学出版会　2016
◇図11–22（カラー）　ホザキフタバラン『大雪山植物其他』 8月13日 ［北海道大学附属図書館］

ほざきおさらん　Eria Corneri Rchb.f.

「蘭花譜」平凡社　1974
◇Pl.66–5（カラー）　加藤光治著, 二口善雄画 1941写生

ホザキトケイソウ　Passiflora racemosa

「ボタニカルアートの世界」朝日新聞社　1987
◇p83下右（カラー）　ベルツーフ図『Fortsetzung des allgemeinen deutschen Garten–Magazins』1822

ホザキノトケイソウ　Passiflora racemosa

「美花選［普及版］」河出書房新社　2016
◇図142（カラー）　Grenadille à grappes/ Passiflora racemosa　ルドゥーテ, ピエール＝ジョゼフ画 1827〜1833 ［コノサーズ・コレクション東京］

「ルドゥーテ画 美花選 2」学習研究社　1986
◇図50（カラー）　1827〜1833

ホザキノフサモ　Myriophyllum spicatum

「江戸博物文庫 花草の巻」工作舎　2017
◇p169（カラー）　穂咲総藻　岩崎灌園『本草図譜』［東京大学大学院理学系研究科附属植物園（小石川植物園）］

ボサツバラ・ゴヤバラ Rosa multiflora var. carnea f.platyphylla
「花木真寫」淡交社 2005
◇図36(カラー) 菩薩茨 近衛予楽院家熙［(財)陽明文庫］

ホシアイ草
「高松松平家博物図譜 衆芳画譜 花卉 第四」香川県立ミュージアム 2010
◇p95(カラー) 松平頼恭 江戸時代 紙本著色 画帖装(折本形式) 33.0×48.2 ［個人蔵］

ホシオモト
「ユリ科植物図譜 2」学習研究社 1988
◇図6(カラー) エウコミス・プンクタータ ルドゥーテ, ピエール＝ジョセフ 1802〜1815

星車
「日本椿集」平凡社 1966
◇図43(カラー) 津山尚著, 二口善雄画 1960, 1961

ホシケイ Phaius minor forma punctatus
「花彙 上」八坂書房 1977
◇図43(白黒) 参果根 小野蘭山, 島田充房 明和2(1765) 26.5×18.5 ［国立公文書館・内閣文庫］

星桜 Prunus Jamasakura Sieb. 'Stellata'
「日本桜集」平凡社 1973
◇Pl.42(カラー) 大井次三郎著, 太田洋愛画 1968写生 水彩

ホジソニア Hodgisonia heteroclita
「花の王国 4」平凡社 1990
◇p32(カラー) ルメール, Ch.『園芸図譜誌』1854〜86

ホジソニア マクロカルパ Hodgsonia heteroclita
「ボタニカルアートの世界」朝日新聞社 1987
◇p12(カラー) フッカー, ジョセフ画, フィッチ, ウォルター彫版『Illustrations of Himalayan plants』 1855

星牡丹
「日本椿集」平凡社 1966
◇図142(カラー) 津山尚著, 二口善雄画 1960

細川匂 Prunus Lannesiana Wils. 'Hosokawa-odora'
「日本桜集」平凡社 1973
◇Pl.43(カラー) 大井次三郎著, 太田洋愛画 1970写生 水彩

ホソバイヌビワ Ficus erecta Thunb.f. sieboldii (Miq.) Corner
「シーボルト日本植物図譜コレクション」小学館 2008
◇図3-96(カラー) Ficus erecta Thunb.Varietas 川原慶賀画 紙 透明絵の具 墨 光沢 23.8×31.8 ［ロシア科学アカデミーコマロフ植物学研究所図書館］ ※目録 98 コレクションVII 138/823

ホソバイワベンケイ Rhodiola ishidae (Miyabe et Kudô) H.Hara
「須崎忠助植物画集」北海道大学出版会 2016
◇図20-40(カラー) クモマキリンサウ『大雪山植物其他』 6月3日 ［北海道大学附属図書館］
◇図39-68(カラー) クモマキリンサウ『大雪山植物其他』 昭和2(最後) ［北海道大学附属図書館］

ホソバウマノスズクサ
「彩色 江戸博物学集成」平凡社 1994
◇p323(カラー) 畔田翠山『和州吉野郡中物産志』［岩瀬文庫］

ホソバウルップソウ Lagotis yesoensis (Miyabe et Tatew.) Tatew.
「須崎忠助植物画集」北海道大学出版会 2016
◇図35-64(カラー) うるつぷさう『大雪山植物其他』 昭和2 ［北海道大学附属図書館］

ホソバオケラ Atractylodes lancea
「江戸博物文庫 花草の巻」工作舎 2017
◇p10(カラー) 細葉朮 岩崎灌園『本草図譜』［東京大学大学院理学系研究科附属植物園(小石川植物園)］

ホソバキスゲ Hemerocallis minor
「ウィリアム・カーティス 花図譜」同朋舎出版 1994
◇330図(カラー) Narrow-leaved day-lily エドワーズ, シデナム・ティースト画『カーティス・ボタニカル・マガジン』 1805

ホソバシャクヤク Paeonia tenuifolia
「美花選[普及版]」河出書房新社 2016
◇図134(カラー) Pæonia tenuifolia/Pivoine à feuilles Linaires ルドゥーテ, ピエール＝ジョゼフ画 1827〜1833 ［コノサーズ・コレクション東京］
「ボタニカルアート 西洋の美花集」パイ インターナショナル 2010
◇p24下(カラー) ルドゥーテ, ピエール＝ジョセフ画・著『美花選』 1827〜33 点刻銅版画多色刷 一部手彩色
「図説 ボタニカルアート」河出書房新社 2010
◇p93(カラー) エドワーズ, S.画『カーティス・ボタニカル・マガジン』 1806
「ルドゥーテ画 美花選 2」学習研究社 1986
◇図10(カラー) 1827〜1833

ホソバシャクヤク
⇒イトバシャクヤク(ホソバシャクヤク)を見よ

ホソバシュロソウ
⇒シュロソウ・ホソバシュロソウを見よ

ホソバナデシコ Dianthus carthusianorum
「ウィリアム・カーティス 花図譜」同朋舎出版 1994

◇97図(カラー)　Carthusian Pink　カーティス, ウィリアム『カーティス・ボタニカル・マガジン』 1819

ホソバヒメハナシノブ

「カーティスの植物図譜」エンタプライズ　1987
◇図5939(カラー)　Yarrow Gilia『カーティスのボタニカルマガジン』 1787〜1887

ボダイジュ　Tilia miqueliana

「花彙 下」八坂書房　1977
◇図116(白黒)　成道樹　小野蘭山, 島田充房 明和2(1765)　26.5×18.5 ［国立公文書館・内閣文庫］

ホタルカズラ

「彩色 江戸博物学集成」平凡社　1994
◇p350(カラー)　ルリカヅラ　前田利保『信筆鳩識』 ［杏雨書屋］

ホタルサイコ　Bupleurum longiradiatum var. breviradiatum

「花彙 上」八坂書房　1977
◇図10(白黒)　獐牙菜　小野蘭山, 島田充房 明和2(1765)　26.5×18.5 ［国立公文書館・内閣文庫］

ホタルブクロ　Campanula punctata

「花木真寫」淡交社　2005
◇図45(カラー)　釣金草　近衛予楽院家熙 ［(財)陽明文庫］

「四季草花譜」八坂書房　1988
◇図15(カラー)　飯沼慾斎筆『草木図説稿本』 ［個人蔵］

ホタルブクロ　Campanula trachelium

「ルドゥーテ画 美花選 2」学習研究社　1986
◇図65(カラー)　1827〜1833

ホタルブクロの1種　Campanula sp.

「ビュフォンの博物誌」工作舎　1991
◇N100(カラー)『一般と個別の博物誌 ソンニーニ版』

ホタルブクロの1種

「イングリッシュ・ガーデン」求龍堂　2014
◇図11(カラー)　キンギョウソウの一種、ホタルブクロの一種、フウロソウの一種、他　シューデル, セバスチャン『カレンダリウム』 17世紀初頭　水彩 紙　15.3×11.3 ［キュー王立植物園］

ぼたん　Paeonia suffruticosa

「草木写生 春の巻」ピエ・ブックス　2010
◇p122〜123(カラー)　牡丹　狩野織染藤原重賢 明暦3(1657)〜元禄12(1699) ［国立国会図書館］
◇p126〜127(カラー)　牡丹　狩野織染藤原重賢 明暦3(1657)〜元禄12(1699) ［国立国会図書館］
◇p130〜131(カラー)　牡丹　狩野織染藤原重賢 明暦3(1657)〜元禄12(1699) ［国立国会図書館］

ボタン　Paeonia flagrans

「ルドゥーテ画 美花選 2」学習研究社　1986
◇図3(カラー)　1827〜1833

ボタン　Paeonia moutan (suffruticosa)

「ルドゥーテ画 美花選 2」学習研究社　1986
◇図9(カラー)　1827〜1833

ボタン　Paeonia suffruticosa

「美花選［普及版］」河出書房新社　2016
◇図22(カラー)　Pivoine odorante/Pæonia flagrans　ルドゥーテ, ピエール＝ジョゼフ画 1827〜1833 ［コノサーズ・コレクション東京］
◇図39(カラー)　Pivoine de la Chine/Pæonia　ルドゥーテ, ピエール＝ジョゼフ画 1827〜1833 ［コノサーズ・コレクション東京］

「ボタニカルアート 西洋の美花集」パイ インターナショナル　2010
◇p47(カラー)　ルドゥーテ, ピエール＝ジョセフ画・著『美花選』 1827〜33　点刻銅版画多色刷一部手彩色
◇p48(カラー)　ルドゥーテ, ピエール＝ジョセフ画・著『美花選』 1827〜33　点刻銅版画多色刷一部手彩色

「ウィリアム・カーティス 花図譜」同朋舎出版 1994
◇462図(カラー)　The Moutan or Chinese Tree-pæony　エドワーズ, シデナム・ティースト画『カーティス・ボタニカル・マガジン』 1808

「花の王国 1」平凡社　1990
◇p106(カラー)　色変わりの品種　ルメール『一般園芸家雑誌』 1841〜？
◇p106(カラー)　ドラピエ, P.A.J., ベッサ, パンクラース原図『園芸家・愛好家・工業家のための植物誌』 1836　手彩色図版
◇p107(カラー)　高木春山『本草図説』 ？〜1852 ［西尾市立図書館岩瀬文庫(愛知県)］

ボタン　Paeonia suffruticosa Andrews

「ボタニカルアート 西洋の美花集」パイ インターナショナル　2010
◇p46(カラー)『Illustrations of plants』 1820

「シーボルト日本植物図譜コレクション」小学館 2008
◇図2-25(カラー)　［Paeonia moutan Sims var.］Empereur Alexandre II ［Ver Huell, Q. M.R.？］画　29.8×42.5cmの紙に貼られている 25.8×18.3 ［ロシア科学アカデミーコマロフ植物学研究所図書館］ ※目録269 コレクションI［546］A/123
◇図2-25(カラー)　［Paeonia moutan Sims varr.］ 2つの異なる種(Prince Albert Prince Frèdéric, Roidés Pays -Bas) ［Ver Huell, Q. M.R.？］画　29.8×42.6 ［ロシア科学アカデミーコマロフ植物学研究所図書館］ ※輪郭に沿って切り取られ、台紙の下部に貼られている. 目録269 コレクションI［546］Б/124

「高木春山 本草図説 1」リブロポート　1988
◇図4, 5(カラー)　牡丹

ボタン　Paeonia×moutan

「イングリッシュ・ガーデン」求龍堂　2014
◇図22（カラー）　エドワーズ, シデナム・ティースト 1809　水彩 紙　23.3×29.8　［キュー王立植物園］

ボタン

「彩色 江戸博物学集成」平凡社　1994
◇p86（カラー）　フカミクサ　松平頼恭『写生画帖』　［松平公益会］
「ボタニカルアートの世界」朝日新聞社　1987
◇p134（カラー）　賀来飛霞画, 伊藤圭介編『東京大学小石川植物園図説』　1881

牡丹　Prunus Lannesiana Wils. 'Moutan'

「日本桜集」平凡社　1973
◇Pl.17（カラー）　大井次三郎著, 太田洋愛画　1968写生　水彩

牡丹

「江戸名作画帖全集 8」駸々堂出版　1995
◇図77（カラー）　松平頼恭編『写生画帖・衆芳画譜』　紙本着色　［松平公益会］

ボタンイチゲ

「カーティスの植物図譜」エンタプライズ　1987
◇図841（カラー）　Poppy-Flowered Anemone『カーティスのボタニカルマガジン』　1787～1887

ボタンイチゲ

⇒ハナイチゲを見よ

ボタンウキクサ

「カーティスの植物図譜」エンタプライズ　1987
◇図4564（カラー）　Water Lettuce, Tropical Duckweed『カーティスのボタニカルマガジン』　1787～1887

牡丹バラ

「高松松平家博物図譜 衆芳画譜 花果 第五」香川県立ミュージアム　2011
◇p20（カラー）　松平頼恭 江戸時代　紙本著色 画帖装（折本形式）　33.2×48.4　［個人蔵］

ボタンボウフウ　Peucedanum japonicum

「江戸博物文庫 花草の巻」工作舎　2017
◇p99（カラー）　牡丹防風　岩崎灌園『本草図譜』　［東京大学大学院理学系研究科附属植物園（小石川植物園）］

ホテイアオイ　Eichhornia crassipes

「すごい博物画」グラフィック社　2017
◇図版63（カラー）　ホテイアオイ、アマガエルとオタマジャクシ、卵、そしてオオタガメ　メーリアン, マリア・シビラ 1701～05頃　子牛皮紙に軽く輪郭をエッチングした上に水彩 濃厚顔料 アラビアゴム　39.1×28.5　［ウィンザー城ロイヤル・ライブラリー］
「花の王国 1」平凡社　1990
◇p108（カラー）　ファン・ヘール編『愛好家の花々』　1847　手彩色石版画

ホテイアツモリソウ　Cypripedium macranthos Sw.var.macranthos

「須崎忠助植物画集」北海道大学出版会　2016
◇図59-92（カラー）　あつもりさう『大雪山植物其他』　［北海道大学附属図書館］

布袋草

「高松松平家博物図譜 衆芳画譜 花卉 第四」香川県立ミュージアム　2010
◇p12（カラー）　松平頼恭 江戸時代　紙本著色 画帖装（折本形式）　33.0×48.2　［個人蔵］

ほていちく

「高松松平家博物図譜 写生画帖 雑木」香川県立ミュージアム　2014
◇p49（カラー）　松平頼恭 江戸時代　紙本著色 画帖装（折本形式）　33.2×48.4　［個人蔵］　※表紙・裏表紙見返し墨書 安永6（1777）6月 程赤城筆

ホテイラン　Calypso bulbosa var.speciosa

「図説 ボタニカルアート」河出書房新社　2010
◇p114（カラー）　Calypso bulbosa var.japonica　牧野富太郎『大日本植物志』　1900～11
「牧野富太郎植物画集」ミュゼ　1999
◇p10（カラー）『大日本植物志』　1911（明治44）　石版印刷 多色刷り　47.6×35.4

ホテイラン　Calypso bulbosa（L.）Oakes var. speciosa（Schltr.）Makino

「花の肖像 ボタニカルアートの名品と歴史」創土社　2006
◇fig.88（カラー）　牧野富太郎画『大日本植物志』　1911

ホテイラン

「ボタニカルアートの世界」朝日新聞社　1987
◇p138（カラー）　牧野富太郎画, 東京帝国大学理科大学植物学教室編『大日本植物志第1巻4集』　1911

ホトケノザ

「彩色 江戸博物学集成」平凡社　1994
◇p350（カラー）　前田利保『信筆鳩識』　［杏雨書屋］

ほととぎす

「野の草の手帖」小学館　1989
◇p160（カラー）　杜鵑草・油点草　岩崎常正（灌園）『本草図譜』　文政11（1828）　［国立国会図書館］

ホトヽギス

「高松松平家博物図譜 衆芳画譜 花卉 第四」香川県立ミュージアム　2010
◇p49（カラー）　松平頼恭 江戸時代　紙本著色 画帖装（折本形式）　33.0×48.2　［個人蔵］

ホトトギス　Tricyrtis hirta

「四季草花譜」八坂書房　1988
◇図36（カラー）　飯沼慾斎筆『草木図説稿本』　［個人蔵］

ホトトギス
「江戸名作画帖全集 8」駸々堂出版 1995
◇図75（カラー） キキョウ・ホトトギス 松平頼恭編『写生画帖・衆芳画譜』 紙本着色 ［松平公益会］
「彩色 江戸博物学集成」平凡社 1994
◇p346（カラー） 前田利保『ほととぎす図説』［個人蔵］

不如帰
「日本椿集」平凡社 1966
◇図100（カラー） 津山尚著, 二口善雄画 1955

ポートランド・ローズ
⇒ロサ・ダマスケーナ・コッキネア（ポートランド・ローズ）を見よ

焔の波 'Honoo no Nami'
「ばら花譜」平凡社 1983
◇PL.151（カラー） 二口善雄画, 鈴木省三, 籾山泰一著 1976 水彩

ポピー Papaver rhoeas
「花の本 ボタニカルアートの庭」角川書店 2010
◇p49（カラー） Poppy Fuchs, Leonhart 1543

ポピー Papaver somniferum
「花の本 ボタニカルアートの庭」角川書店 2010
◇p48（カラー） Poppy Bulliard, Pierre『フランス本草誌』 1780〜91

ホーメリア・コリナ Homeria collina
「ユリ科植物図譜 1」学習研究社 1988
◇図159（カラー） シシリンキュウム・コリヌム ルドゥーテ, ピエール＝ジョセフ 1802〜1815

ポリゴナートゥム・ベルティキラートゥム
「ユリ科植物図譜 2」学習研究社 1988
◇図170（カラー） Polygonatum verticillatum ルドゥーテ, ピエール＝ジョセフ 1802〜1815

ポリゴナートゥム・ムルティフロールム
「ユリ科植物図譜 2」学習研究社 1988
◇図168（カラー） Polygonatum multiflorum ルドゥーテ, ピエール＝ジョセフ 1802〜1815

ポリゴナートゥム・ラティフォリウム
「ユリ科植物図譜 2」学習研究社 1988
◇図167（カラー） Polygonatum latifolium ルドゥーテ, ピエール＝ジョセフ 1802〜1815

ポリスタキア・カルトリフォルミス Polystachya cultriformis Ldl.
「蘭花譜」平凡社 1974
◇Pl.68–3（カラー） 加藤光治著, 二口善雄画 1969写生

ポリスタキア・ピニコラ Polystachya pinicola Rodrig.
「蘭花譜」平凡社 1974
◇Pl.68–2（カラー） 加藤光治著, 二口善雄画 1971写生

ホリドタ・アーチキュラタ Pholidota articulata Ldl.
「蘭花譜」平凡社 1974
◇Pl.19–9（カラー） 加藤光治著, 二口善雄画 1972写生

ポリネシアン・サンセット 'Polynesian Sunset'
「ばら花譜」平凡社 1983
◇PL.109（カラー） 二口善雄画, 鈴木省三, 籾山泰一著 1973 水彩

ポリポジウム スブディギターツム［エゾデンダ属の1種］ Polypodium subdigitatum
「ボタニカルアートの世界」朝日新聞社 1987
◇p94（カラー） ブルーメ図『Flora Javae』 1828〜1851

ホルトソウ Euphordia lathyris
「ビュフォンの博物誌」工作舎 1991
◇N050（カラー）『一般と個別の博物誌 ソンニーニ版』
「花彙 上」八坂書房 1977
◇図75（白黒） 半枝蓮 小野蘭山, 島田充房 明和2（1765） 26.5×18.5 ［国立公文書館・内閣文庫］

ホルトノキ Elaeocarpus sylbestris (Lour.) Poir.var.ellipticus (Thunb.) H.Hara
「シーボルト日本植物図譜コレクション」小学館 2008
◇図3–23（カラー） Elaeocarpus photiniaefolia Hook.et Arn. 川原慶賀画 紙 透明絵の具 墨 光沢 23.8×32.7 ［ロシア科学アカデミーコマロフ植物学研究所図書館］ ※目録567 コレクションII 158/177

ホルトノキ
「ボタニカルアートの世界」朝日新聞社 1987
◇p126下（白黒） 胆八樹 宋紫石画, 平賀源内『物類品隲』 1763

ほろすぎ
「高松松平家博物図譜 写生画帖 雑木」香川県立ミュージアム 2014
◇p84（カラー） 松平頼恭 江戸時代 紙本著色 画帖装（折本形式） 33.2×48.4 ［個人蔵］ ※表紙・裏表紙見返し墨書 安永6（1777）6月 程赤城筆

ホワイト・ウィングス 'White Wings'
「ばら花譜」平凡社 1983
◇PL.125（カラー） 二口善雄画, 鈴木省三, 籾山泰一著 1975 水彩

ホワイトオーク　Quercus alba
「イングリッシュ・ガーデン」求龍堂　2014
◇図77（カラー）　ルドゥーテ, ピエール＝ジョセフ 1770年代　ペン インク 網目紙　33.7×25.1 ［キュー王立植物園］

ホワイト・クリスマス　'White Christmas'
「ばら花譜」平凡社　1983
◇PL.123（カラー）　二口善雄画, 鈴木省三, 籾山泰一著 1977　水彩

ホワイト・ドロシー・パーキンス　'White Dorothy Perkins'
「ばら花譜」平凡社　1983
◇PL.158（カラー）　White Dorothy　二口善雄画, 鈴木省三, 籾山泰一著 1973　水彩

ホワイト・マスターピース　'White Masterpiece'
「ばら花譜」平凡社　1983
◇PL.124（カラー）　二口善雄画, 鈴木省三, 籾山泰一著 1976　水彩

ホンアマリリス　Amaryllis belladonna
「ウィリアム・カーティス 花図譜」同朋舎出版 1994
◇9図（カラー）　Belladonna Lily　カーティス, ウィリアム『カーティス・ボタニカル・マガジン』 1804
「ボタニカルアートの世界」朝日新聞社　1987
◇p9（カラー）　ルドゥテ画『Les Liliacées第3巻』 1807

ホンアマリリス　Hippeastrum puniceum
「美花選［普及版］」河出書房新社　2016
◇図61（カラー）　Amaryllis equestre　ルドゥーテ, ピエール＝ジョゼフ画 1827～1833 ［コノサーズ・コレクション東京］
「ボタニカルアート 西洋の美花集」パイ インターナショナル　2010
◇p71（カラー）　ルドゥーテ, ピエール＝ジョセフ画・著『美花選』 1827～33　点刻銅版画多色刷一部手彩色

ホンアマリリス
⇒ベラドンナリリーを見よ

ホンガウ櫻
「高松松平家博物図譜 衆芳画譜 花果 第五」香川県立ミュージアム　2011
◇p42（カラー）　松平頼恭 江戸時代　紙本著色 画帖装（折本形式）　33.2×48.4 ［個人蔵］

ホンコンドウダンツツジ　Enkianthus quinqueflorus
「美花選［普及版］」河出書房新社　2016
◇図56（カラー）　Enkianthus Quinqueflorus　ルドゥーテ, ピエール＝ジョゼフ画 1827～1833 ［コノサーズ・コレクション東京］

本所白
「日本椿集」平凡社　1966
◇図77（カラー）　津山尚著, 二口善雄画 1965

本白玉
「日本椿集」平凡社　1966
◇図47（カラー）　津山尚著, 二口善雄画 1960

ボンソワール　'Bonsoir'
「ばら花譜」平凡社　1983
◇PL.69（カラー）　二口善雄画, 鈴木省三, 籾山泰一著 1975　水彩

ポンテデリア・コルダータ　Pontederia cordata
「植物精選百種図譜 博物画の至宝」平凡社 1996
◇pl.83（カラー）　Pontederia　トレウ, C.J., エーレト, G.D. 1750～73

ボンテンカ　Urena lobata var.sinuata
「江戸博物文庫 菜樹の巻」工作舎　2017
◇p169（カラー）　梵天花　岩崎灌園『本草図譜』 ［東京大学大学院理学系研究科附属植物園（小石川植物園）］

ボンバックス・インシグネ　Bombax insigne Wall.
「花の肖像 ボタニカルアートの名品と歴史」創土社　2006
◇fig.15（カラー）　ヴィシュヌプラサッド画, ガウディー彫版, ウォーリック『アジア産稀産植物図譜』

ボンバックス インシグネ［パンヤ属の1種］ Bombax insigne
「ボタニカルアートの世界」朝日新聞社　1987
◇p68, 69（カラー）　ビシュヌープラサッド画, ガウディ彫版『Plantae asiaticae rariores第1巻』 1829～1830

本村白
「日本椿集」平凡社　1966
◇図71（カラー）　津山尚著, 二口善雄画 1965

【ま】

マイアンテムム・カナデンセ
「ユリ科植物図譜 2」学習研究社　1988
◇図52（カラー）　Maianthemum canadense　ルドゥーテ, ピエール＝ジョセフ 1802～1815

マイカイ　Rosa rugosa Thunberg plena Regel
「薔薇空間」ランダムハウス講談社　2009
◇図197（カラー）　二口善雄画, 鈴木省三, 籾山泰一解説『ばら花譜』 1983　水彩　382×270
「ばら花譜」平凡社　1983
◇PL.45（カラー）　玫瑰　二口善雄画, 鈴木省三, 籾山泰一著 1975　水彩

舞麒麟
「日本椿集」平凡社　1966
◇図118（カラー）　津山尚著, 二口善雄画 1965, 1961

マウント・シャスタ　'Mount Shasta'
「ばら花譜」平凡社　1983
◇PL.101（カラー）　二口善雄画, 鈴木省三, 籾山泰一著 1975　水彩

マカマンジュ
⇒ナツズイセン・キントウソウ・マカマンジュを見よ

マキシミリヤンヤシ　Maximiliana regia
「花の王国 4」平凡社　1990
◇p61（カラー）　ルメール, Ch.『園芸図譜誌』1854～86

マキシラリア・セイデリイ　Maxillaria Seidelii
「蘭花譜」平凡社　1974
◇Pl.92-10（カラー）　加藤光治著, 二口善雄画 1970写生

マキシラリア・テヌイホリア　Maxillaria tenuifolia Ldl.
「蘭花譜」平凡社　1974
◇Pl.92-6（カラー）　加藤光治著, 二口善雄画 1942写生

マキシラリア・バリアビリス　Maxillaria variabilis Batem.ex Ldl.
「蘭花譜」平凡社　1974
◇Pl.92-9（カラー）　加藤光治著, 二口善雄画 1968写生

マキシラリア・バリアビリス・ナナ　Maxillaria variabilis Batem.ex Ldl.var.nana
「蘭花譜」平凡社　1974
◇Pl.92-4（カラー）　加藤光治著, 二口善雄画 1969写生

マキシラリア・ピクタ　Maxillaria picta Hk.
「蘭花譜」平凡社　1974
◇Pl.92-7（カラー）　加藤光治著, 二口善雄画 1970写生

マキシラリア・フーテアナ　Maxillaria Houtteana Rchb.f.
「蘭花譜」平凡社　1974
◇Pl.92-1（カラー）　加藤光治著, 二口善雄画 1971写生

マキシラリア・ポーフィロステレ　Maxillaria porphyrostele Rchb.f.
「蘭花譜」平凡社　1974
◇Pl.92-8（カラー）　加藤光治著, 二口善雄画 1941写生

マキシラリア・マージナタ　Maxillaria marginata Fenzl.
「蘭花譜」平凡社　1974
◇Pl.92-5（カラー）　加藤光治著, 二口善雄画 1940写生

マキシラリア・ルテオ-アルバ　Maxillaria luteo-alba Ldl.
「蘭花譜」平凡社　1974
◇Pl.92-2（カラー）　加藤光治著, 二口善雄画 1941写生

マキシラリア・ルフェッセンス　Maxillaria rufescens Ldl.
「蘭花譜」平凡社　1974
◇Pl.92-3（カラー）　加藤光治著, 二口善雄画 1970写生

まきのみ
「高松松平家博物図譜 写生画帖 雑木」香川県立ミュージアム　2014
◇p98（カラー）　松平頼恭 江戸時代　紙本著色 画帖装（折本形式）　33.2×48.4 ［個人蔵］ ※表紙・裏表紙見返し墨書 安永6（1777）6月 程赤城筆

まきばらん　Saccolabium Somai Hayata (Gastrochilus Somai Hayata)
「蘭花譜」平凡社　1974
◇Pl.120-7（カラー）　加藤光治著, 二口善雄画 1940写生

マグノリア　Hura crepitans, Magnolia
「花の本 ボタニカルアートの庭」角川書店 2010
◇p59（カラー）　Magnolia　Ehret, Georg Dionysius 1754

マグノリア　Magnolia grandiflora
「花の本 ボタニカルアートの庭」角川書店 2010
◇p58（カラー）　Magnolia　Ehret, Georg Dionysius 1754

マグノリア
「フローラの庭園」八坂書房　2015
◇p37（カラー）　エーレット画 1736～47頃　黒鉛 水彩 紙？　40.5×29.3 ［英国王室コレクション］

マグノリア・キャンベリ　Magnolia campbellii
「図説 ボタニカルアート」河出書房新社　2010
◇p93（カラー）　カトカート原画, フッカー, J.D.『ヒマラヤ植物図解』 1855

マグノリア キャンベリイモクレン　Magnolia campbellii subsp.mollicomata
「ボタニカルアートの世界」朝日新聞社　1987
◇p102下（カラー）　ロス・クレイグ画『Asiatic Magnolias in cultivation』 1955

マグノリア・ツリペタラ　Magnolia tripetala
「植物精選百種図譜 博物画の至宝」平凡社 1996
◇pl.62（カラー）　Magnolia　トレウ, C.J., エーレト, G.D. 1750〜73
◇pl.63（カラー）　Magnolia　トレウ, C.J., エーレト, G.D. 1750〜73

マグノリア・フラセリ？　Magnolia fraseri ?
「植物精選百種図譜 博物画の至宝」平凡社 1996
◇pl.33（カラー）　Magnolia　トレウ, C.J., エーレト, G.D. 1750〜73
◇pl.35（カラー）　Magnolia　トレウ, C.J., エーレト, G.D. 1750〜73

マグノリア・マクロフィラ？（アメリカ産ホオノキ）　Magnolia macrophylla ?
「植物精選百種図譜 博物画の至宝」平凡社 1996
◇pl.9（カラー）　Magnolia　トレウ, C.J., エーレト, G.D. 1750〜73

マグレディス・アイヴォリー　'McGredy's Ivory'
「ばら花譜」平凡社　1983
◇PL.96（カラー）　Portadown Ivory　二口善雄画, 鈴木省三, 籾山泰一著 1976　水彩

マグワ　Morus alba
「江戸博物文庫 菜樹の巻」工作舎　2017
◇p151（カラー）　真桑　岩崎灌園『本草図譜』［東京大学大学院理学系研究科附属植物園（小石川植物園）］
「花の王国 3」平凡社　1990
◇p109（カラー）　ヴァインマン『薬用植物図譜』1736〜48

マコーデス・ペトラ　Macodes petola Ldl.
「蘭花譜」平凡社　1974
◇Pl.17–3（カラー）　加藤光治著, 二口善雄画 1940写生

真ノ蠟梅
「高松松平家博物図譜 衆芳画譜 花果 第五」香川県立ミュージアム　2011
◇p35（カラー）　松平頼恭 江戸時代　紙本著色 画帖装（折本形式）　33.2×48.4　［個人蔵］

まこも
「野の草の手帖」小学館　1989
◇p193（カラー）　真菰・真薦　岩崎常正（灌園）『本草図譜』 文政11（1828）［国立国会図書館］

まごやし
「高松松平家博物図譜 写生画帖 雑草」香川県立ミュージアム　2013
◇p37（カラー）　松平頼恭 江戸時代　紙本著色 画帖装（折本形式）　33.2×48.4　［個人蔵］

マサキ　Euonymus japonicus Thunb.
「シーボルト日本植物図譜コレクション」小学館 2008
◇図3–38（カラー）　Euonymus　川原慶賀画　紙 透明絵の具 墨 白色塗料s　23.6×32.5　［ロシア科学アカデミーコマロフ植物学研究所図書館］ ※目録548 コレクションIII 146/286

まさきかづら
「高松松平家博物図譜 写生画帖 雑草」香川県立ミュージアム　2013
◇p15（カラー）　松平頼恭 江戸時代　紙本著色 画帖装（折本形式）　33.2×48.4　［個人蔵］
◇p63（カラー）　松平頼恭 江戸時代　紙本著色 画帖装（折本形式）　33.2×48.4　［個人蔵］

マジック・モーメント　'Magic Moment'
「ばら花譜」平凡社　1983
◇PL.93（カラー）　二口善雄画, 鈴木省三, 籾山泰一著 1975　水彩

マーシュマロー　Malva sylvestris
「花の本 ボタニカルアートの庭」角川書店 2010
◇p98（カラー）　Fuchs, Leonhart 1543

マスデバリア・アマビリス　Masdevallia amabilis
「蘭百花図譜」八坂書房　2002
◇p54（カラー）　ウルウォード, フローレンス『マスデバリア属』 1896

マスデバリア・インフラクタ　Masdevallia infracta Ldl.
「蘭花譜」平凡社　1974
◇Pl.22–1〜2（カラー）　加藤光治著, 二口善雄画 1970写生

マスデバリア・ヴィーチアナ　Masdevallia veitchiana
「蘭百花図譜」八坂書房　2002
◇p58（カラー）　ワーナー, ロバート著, フィッチ, W.H.画『ラン類精選図譜 第2集』 1865〜75 石版刷手彩色

マスデバリア・コッキネア　Masdevallia coccinea
「蘭百花図譜」八坂書房　2002
◇p55（カラー）　ウルウォード, フローレンス『マスデバリア属』 1896

マスデバリア・シュロデリアナ　Masdevallia Schroederiana Sand.
「蘭花譜」平凡社　1974
◇Pl.22–4（カラー）　加藤光治著, 二口善雄画 1941写生

マスデバリア・デイヴィシー　Masdevallia davisii
「蘭百花図譜」八坂書房　2002
◇p56（カラー）　ランダン, ジャン『ランダニア』 1885〜1906　石版多色刷

マスデバリア・トバレンシス　Masdevallia tovarensis Rchb.f.
「蘭花譜」平凡社　1974
◇Pl.21-7（カラー）　加藤光治著, 二口善雄画 1941写生

マスデバリア・ビーチアナ　Masdevallia Veitchiana Rchb.f.
「蘭花譜」平凡社　1974
◇Pl.21-6（カラー）　加藤光治著, 二口善雄画 1941写生

マスデバリア・マクラタ　Masdevallia maculata
「蘭百花図譜」八坂書房　2002
◇p57（カラー）　ウルウォード, フローレンス『マスデバリア属』 1896

マスデバリア・ムスコサ　Masdevallia muscosa Rchb.f.
「蘭花譜」平凡社　1974
◇Pl.22-5（カラー）　加藤光治著, 二口善雄画 1941写生

マスデバリア・リリプチアナ　Masdevallia liliputiana Cgn.
「蘭花譜」平凡社　1974
◇Pl.22-6（カラー）　加藤光治著, 二口善雄画 1969写生

マスデバリア・ロルフェアナ　Masdevallia Rolfeana Krzl.
「蘭花譜」平凡社　1974
◇Pl.21-8（カラー）　加藤光治著, 二口善雄画 1969写生

マスデバリアsp.　Masdevallia sp.
「蘭花譜」平凡社　1974
◇Pl.22-3（カラー）　加藤光治著, 二口善雄画 1970写生

またけ
「高松松平家博物図譜 写生画帖 雑木」香川県立ミュージアム　2014
◇p28（カラー）　松平頼恭 江戸時代　紙本著色 画帖装（折本形式）　33.2×48.4　［個人蔵］　※表紙・裏表紙見返し墨書 安永6（1777）6月 程赤城筆

まだけ
「木の手帖」小学館　1991
◇図173（カラー）　真竹　岩崎灌園『本草図譜』 文政11（1828）　約21×145　［国立国会図書館］

またたび
「木の手帖」小学館　1991
◇図66（カラー）　木天蓼　岩崎灌園『本草図譜』 文政11（1828）　約21×145　［国立国会図書館］

マダム・バタフライ　'Mme.Butterfly'
「ばら花譜」平凡社　1983
◇PL.98（カラー）　二口善雄画, 鈴木省三, 籾山泰一著 1977　水彩

マダム・ピエール S.デュポン　'Mme.Pierre S.du Pont'
「ばら花譜」平凡社　1983
◇PL.99（カラー）　Mrs.Pierre S.du Pont　二口善雄画, 鈴木省三, 籾山泰一著 1978　水彩

マダムファクトリー
「ボタニカルアート 西洋の美花集」パイ インターナショナル　2010
◇p109（カラー）　ドノー, エドワード著『園芸家と園芸愛好家のためのバラ図譜』 1874　石版画 多色刷 一部手彩色

まつをき
「高松松平家博物図譜 写生画帖 雑木」香川県立ミュージアム　2014
◇p105（カラー）　松平頼恭 江戸時代　紙本著色 画帖装（折本形式）　33.2×48.4　［個人蔵］　※表紙・裏表紙見返し墨書 安永6（1777）6月 程赤城筆

松笠
「日本椿集」平凡社　1966
◇図40（カラー）　津山尚著, 二口善雄画 1965

マツ科植物の葉痕と葉枕
「シーボルト「フローラ・ヤポニカ」 日本植物誌」八坂書房　2000
◇図137（白黒）　［国立国会図書館］

マッソニア　Massonia depressa
「花の王国 4」平凡社　1990
◇p89（カラー）『カーチス・ボタニカル・マガジン』 1787～継続

マッソニア・アングスティフォリア
「ユリ科植物図譜 2」学習研究社　1988
◇図49（カラー）　Massonia angustifolia　ルドゥーテ, ピエール＝ジョセフ 1802～1815

マッソニア・ビオラケア
「ユリ科植物図譜 2」学習研究社　1988
◇図51（カラー）　Massonia violacea　ルドゥーテ, ピエール＝ジョセフ 1802～1815

マッソニア・プストゥラータ
「ユリ科植物図譜 2」学習研究社　1988
◇図50（カラー）　Massonia pustulata　ルドゥーテ, ピエール＝ジョセフ 1802～1815

まつのほや
「高松松平家博物図譜 写生画帖 雑木」香川県立ミュージアム　2014
◇p74（カラー）　松平頼恭 江戸時代　紙本著色 画帖装（折本形式）　33.2×48.4　［個人蔵］　※表紙・裏表紙見返し墨書 安永6（1777）6月 程赤城筆

マツバギクの1種　Mesembryanthemum sp.
「ビュフォンの博物誌」工作舎　1991
◇N129（カラー）『一般と個別の博物誌 ソンニーニ版』

まつばくさ

「高松松平家博物図譜 写生画帖 雑草」香川県立ミュージアム　2013
◇p39（カラー）　松平頼恭 江戸時代　紙本著色 画帖装（折本形式）　33.2×48.4　［個人蔵］

松前　Prunus Lannesiana Wils. ‘Matsumae’

「日本桜集」平凡社　1973
◇Pl.82（カラー）　大井次三郎著, 太田洋愛画 1972写生　水彩

松前早咲　Prunus Lannesiana Wils. ‘Matsumae–hayazaki’

「日本桜集」平凡社　1973
◇Pl.83（カラー）　大井次三郎著, 太田洋愛画 1971写生　水彩

まつむしそう　Scabiosa japonica

「草木写生 秋の巻」ピエ・ブックス　2010
◇p220～221（カラー）　松虫草　狩野織染藤原重賢 明暦3（1657）～元禄12（1699）［国立国会図書館］

マツムシソウ　Scabiosa japonica

「四季草花譜」八坂書房　1988
◇図9（カラー）　飯沼慾斎筆『草木図説稿本』［個人蔵］

「花彙 上」八坂書房　1977
◇図41（白黒）　玉毬花　小野蘭山, 島田充房 明和2（1765）　26.5×18.5　［国立公文書館・内閣文庫］

マツムシソウ属の1種　Scabiosa banatica.

「図説 ボタニカルアート」河出書房新社　2010
◇p84（カラー）　ヴァルドシュテイン, キタイベル『ハンガリア稀産植物の記載及び図解』 1799～1812

マツムシソウの1種　Scabiosa sp.

「ビュフォンの博物誌」工作舎　1991
◇N094（カラー）『一般と個別の博物誌 ソンニーニ版』

まつも

「高松松平家博物図譜 写生画帖 雑草」香川県立ミュージアム　2013
◇p19（カラー）　松平頼恭 江戸時代　紙本著色 画帖装（折本形式）　33.2×48.4　［個人蔵］

マツモ

「彩色 江戸博物学集成」平凡社　1994
◇p58（カラー）　くろも　丹羽正伯『尾張国産物絵図, 美濃国産物絵図』　［名古屋市博物館］

マツモトセンノウ　Lychnis sieboldii

「四季草花譜」八坂書房　1988
◇図43（カラー）　飯沼慾斎筆『草木図説稿本』［個人蔵］

マツモトセンノウ

「彩色 江戸博物学集成」平凡社　1994
◇p279（カラー）　馬場大助『詩経物産図譜〈蟲魚部〉』　［天猷寺］

マツモトセンヲウ

「高松松平家博物図譜 衆芳画譜 花卉 第四」香川県立ミュージアム　2010
◇p24（カラー）　松平頼恭 江戸時代　紙本著色 画帖装（折本形式）　33.0×48.2　［個人蔵］

マツユキソウ

「イングリッシュ・ガーデン」求龍堂　2014
◇図149（カラー）　Galanthus nivalis, Snowdrop セラーズ, パンドラ 2004　水彩 紙　27.5×20.8［キュー王立植物園］

「ボタニカルアート 西洋の美花集」パイ インターナショナル　2010
◇p190（カラー）　ラウドン, ジェーン・ウェルズ画・著『英国の野草』 1846　石版画 手彩色

マツヨイグサ　Oenothera stricta

「日本の博物図譜」東海大学出版会　2001
◇図30（カラー）　中島仰山（舟橋鍬次郎）筆『海雲楼博物雑纂』　［東京都立中央図書館］

「四季草花譜」八坂書房　1988
◇図38（カラー）　飯沼慾斎筆『草木図説稿本』［個人蔵］

茉莉花

「高松松平家博物図譜 衆芳画譜 花卉 第四」香川県立ミュージアム　2010
◇p87（カラー）　松平頼恭 江戸時代　紙本著色 画帖装（折本形式）　33.0×48.2　［個人蔵］

まてばしい

「高松松平家博物図譜 写生画帖 雑木」香川県立ミュージアム　2014
◇p70（カラー）　松平頼恭 江戸時代　紙本著色 画帖装（折本形式）　33.2×48.4　［個人蔵］　※表紙・裏表紙見返し墨書 安永6（1777）6月 程赤城筆

「木の手帖」小学館　1991
◇図40（カラー）　岩崎灌園『本草図譜』　文政11（1828）　約21×145　［国立国会図書館］

マテバシイ　Lithocarpus edulis (Makino) Nakai

「シーボルト「フローラ・ヤポニカ」 日本植物誌」八坂書房　2000
◇図89（カラー）　Mateba si, Satsuma si　［国立国会図書館］

マテバジイ　Lithocarpus edulis (Makino) Nakai

「シーボルト日本植物図譜コレクション」小学館　2008
◇図3–133（カラー）　Quercus glabra Thunb.　川原慶賀画　紙 透明絵の具 墨 光沢　23.5×31.5［ロシア科学アカデミーコマロフ植物学研究所図書館］　※目録80 コレクションVII /801

窓の月

「日本椿集」平凡社　1966
◇図51（カラー）　津山尚著, 二口善雄画 1965

マドンナリリー　Lilium candidum
「ボタニカルアートの世界」朝日新聞社　1987
◇p58左（カラー）　ノッダー, F.P.画および彫版『Thirty–eight plates, with explanations』 1788

マドンナ・リリーの八重咲き品種
⇒リリウム・カンディドゥム・モンストロスム（マドンナ・リリーの八重咲き品種）を見よ

マボケ　Chaenomeles cathayensis
「花木真寫」淡交社　2005
◇図5（カラー）　唐木瓜　マボケ, クサボケ　近衛予楽院家熙　［（財）陽明文庫］

マミラリア属の1種　Mamillaria sp.
「花の肖像 ボタニカルアートの名品と歴史」創土社　2006
◇fig.57（カラー）　ルドゥーテ画, ドゥ・カンドル『多肉植物誌』 1799〜1804

マムシソウ　Arisaema japonicum
「花彙 上」八坂書房　1977
◇図85（白黒）　蛇頭草　小野蘭山, 島田充房 明和2（1765）　26.5×18.5 ［国立公文書館・内閣文庫］

マーメイド　'Mermaid'
「ばら花譜」平凡社　1983
◇PL.152（カラー）　二口善雄画, 鈴木省三, 籾山泰一著 1973　水彩

マメ科　Inga
「昆虫の劇場」リブロポート　1991
◇p83（カラー）　メーリアン, M.S.『スリナム産昆虫の変態』 1726

マメ科植物
「すごい博物画」グラフィック社　2017
◇図版34（カラー）　果物、種、マメ科植物　ダル・ポッツォ, カシアーノ, 作者不詳 1630頃　黒いチョークの上にアラビアゴムを混ぜた水彩と濃厚顔料　32.7×17.2 ［ウィンザー城ロイヤル・ライブラリー］
「ボタニカルアートの世界」朝日新聞社　1987
◇p82左（カラー）　メリアン図『Dissertation de generatione et metamorphosibus–insetorum surinamensium第2版』 1719

マメ科の1種　Inga
「昆虫の劇場」リブロポート　1991
◇p76（カラー）　メーリアン, M.S.『スリナム産昆虫の変態』 1726

マメ科のデイコ属
「昆虫の劇場」リブロポート　1991
◇p36（カラー）　メーリアン, M.S.『スリナム産昆虫の変態』 1726

マメザクラ　Prunus incisa Thunb.
「日本桜集」平凡社　1973
◇Pl.149（カラー）　大井次三郎著, 太田洋愛画 1965写生　水彩

マメフジ
「高松松平家博物図譜 衆芳画譜 花果 第五」香川県立ミュージアム　2011
◇p56（カラー）　松平頼恭 江戸時代　紙本著色 画帖装（折本形式）　33.2×48.4 ［個人蔵］

まゆはき
「高松松平家博物図譜 写生画帖 雑草」香川県立ミュージアム　2013
◇p23（カラー）　松平頼恭 江戸時代　紙本著色 画帖装（折本形式）　33.2×48.4 ［個人蔵］

マユハケオモト　Hæmanthus albiflos
「ウィリアム・カーティス 花図譜」同朋舎出版　1994
◇22図（カラー）　White–flowered Hæmanthus エドワーズ, シデナム・ティースト画『カーティス・ボタニカル・マガジン』 1809

マユハケオモト
⇒ヘマントゥス・アルビフロス（マユハケオモト）を見よ

マユハケオモトの1種　Haemanthus pubescens
「花の王国 4」平凡社　1990
◇p88（カラー）　ヴァインマン, J.W.『薬用植物図譜』 1736〜48

まゆみ
「高松松平家博物図譜 写生画帖 雑木」香川県立ミュージアム　2014
◇p69（カラー）　松平頼恭 江戸時代　紙本著色 画帖装（折本形式）　33.2×48.4 ［個人蔵］ ※表紙・裏表紙見返し墨書 安永6（1777）6月 程赤城筆
「木の手帖」小学館　1991
◇図123（カラー）　檀・真弓　岩崎灌園『本草図譜』 文政11（1828）　約21×145 ［国立国会図書館］

マユミ　Euonymus hamiltonianus
「江戸博物文庫 菜樹の巻」工作舎　2017
◇p160（カラー）　檀/真弓　岩崎灌園『本草図譜』 ［東京大学大学院理学系研究科附属植物園（小石川植物園）］

マユミ　Euonymus sieboldianus
「日本の博物図譜」東海大学出版会　2001
◇図88（カラー）　岡順次筆『原色日本林業樹木図鑑』 ［地球社］

マユミ　Euonymus sieboldianus Blume
「北海道主要樹木図譜［普及版］」北海道大学図書刊行会　1986
◇図65（カラー）　Evonymus hians Koehne　須崎忠助 大正9（1920）〜昭和6（1931） ［個人蔵］

マリア・カラス　'Maria Callas'
「ばら花譜」平凡社　1983
◇PL.94（カラー）　Miss All–American Beauty 二口善雄画, 鈴木省三, 籾山泰一著 1977　水彩

マリコユリ 濃淺二種
「高松松平家博物図譜 衆芳画譜 花卉 第四」香川県立ミュージアム 2010
◇p81（カラー） 松平頼恭 江戸時代 紙本著色 画帖装（折本形式） 33.0×48.2 ［個人蔵］

マリーゴールド Tagetes patula
「花の本 ボタニカルアートの庭」角川書店 2010
◇p96（カラー） Marigold Curtis, William 1787～

マリゴールド
「美花図譜」八坂書房 1991
◇図77（カラー） ウエインマン『花譜』 1736～1748 銅版刷手彩色 ［群馬県館林市立図書館］

マリーナ 'Marina'
「ばら花譜」平凡社 1983
◇PL.95（カラー） 二口善雄画, 鈴木省三, 籾山泰一著 1975 水彩

まりやなぎ
「高松松平家博物図譜 写生画帖 雑木」香川県立ミュージアム 2014
◇p42（カラー） 松平頼恭 江戸時代 紙本著色 画帖装（折本形式） 33.2×48.4 ［個人蔵］ ※表紙・裏表紙見返し墨書 安永6（1777）6月 程赤城筆

マルコミア・マリティマ（ヴァージニア・ストック）
「フローラの庭園」八坂書房 2015
◇p12（カラー） ベスラー, バシリウス『アイヒシュテット庭園植物誌』 1613 銅版（エングレーヴィング）手彩色 紙 57×46 ［テイラー博物館（ハールレム）］

マルタゴンユリ Lilium martagon
「ボタニカルアートの世界」朝日新聞社 1987
◇p54上（白黒） スウェールツ図『Florilegium』 1612

マルタゴン・リリー Lilium martagon
「ウィリアム・カーティス 花図譜」同朋舎出版 1994
◇355図（カラー） Turk's–cap Lily エドワーズ, シデナム・ティースト画『カーティス・ボタニカル・マガジン』 1805

マルタゴン・リリー
「イングリッシュ・ガーデン」求龍堂 2014
◇図10（カラー） マルタゴン・リリーとクロアザミ、他 シューデル, セバスチャン『カレンダリウム』 17世紀初頭 水彩 紙 18.2×15.0 ［キュー王立植物園］
「美花図譜」八坂書房 1991
◇図50（カラー） ウエインマン『花譜』 1736～1748 銅版刷手彩色 ［群馬県館林市立図書館］
「ユリ科植物図譜 2」学習研究社 1988
◇図37・39（カラー） Lilium martagon ルドゥーテ, ピエール＝ジョセフ 1802～1815

マルティニア
「昆虫の劇場」リブロポート 1991
◇p17（カラー） エーレト, G.D.『花蝶珍種図録』 1748

マルバアサガオ Ipomoea purpurea
「美花選［普及版］」河出書房新社 2016
◇図118（カラー） Ipomœa Quamoclit ルドゥーテ, ピエール＝ジョゼフ画 1827～1833 ［コノサーズ・コレクション東京］
「ボタニカルアート 西洋の美花集」パイ インターナショナル 2010
◇p65（カラー） ルドゥーテ, ピエール＝ジョセフ画・著『美花選』 1827～33 点刻銅版画多色刷一部手彩色

マルバアサガオ
「フローラの庭園」八坂書房 2015
◇p10（カラー） ベスラー, バシリウス『アイヒシュテット庭園植物誌』 1613 銅版（エングレーヴィング）手彩色 紙 57×46 ［テイラー博物館（ハールレム）］

マルバウツギ Deutzia scabra
「図説 ボタニカルアート」河出書房新社 2010
◇p99（白黒） ツュンベルク『日本植物誌』 1784

マルバウツギ Deutzia scabra Thunb.
「シーボルト「フローラ・ヤポニカ」日本植物誌」八坂書房 2000
◇図7（白黒） Utsugi, Unohana ［国立国会図書館］

マルバウツギ
「カーティスの植物図譜」エンタプライズ 1987
◇図3838（カラー） Deutzia scabra Thunb.『カーティスのボタニカルマガジン』 1787～1887

マルバタバコ Nicotiana rustica
「花の王国 3」平凡社 1990
◇p91（カラー） ロック, J.著, オカール原図『薬用植物誌』 1821

マルバタマノカンザシ Hosta cordata
「図説 ボタニカルアート」河出書房新社 2010
◇p82（白黒） シュムッツアー, マティアス画『フランツ一世皇帝のための植物画集』 1798～1824 ［ウィーン国立図書館］

マルバタマノカンザシ Hosta plantaginea
「ユリ科植物図譜 2」学習研究社 1988
◇図25（カラー） ヘメロカリス・ヤポニカ ルドゥーテ, ピエール＝ジョセフ 1802～1815

マルバタマノカンザシ
「フローラの庭園」八坂書房 2015
◇p50（カラー） ルドゥーテ, ピエール＝ジョゼフ『ユリ科植物図譜』 1805 銅版多色刷（スティップル・エングレーヴィング）手彩色 紙 53.5×35.5 ［ミズーリ植物園（セント・ルイス）］

マルハチの1種　Cyathea sp.
「花の王国 4」平凡社　1990
　◇p105（カラー）　カルステン，H.『コロンビア植物誌』 1858～61　手彩色石版

マルバツユクサ　Commelina benghalensis
「日本の博物図譜」東海大学出版会　2001
　◇図60（カラー）　筆者不詳『植物集説』［東京国立博物館］

マルワ プルプレア　Malva purpurea
「ルドゥーテ画 美花選 2」学習研究社　1986
　◇図30（カラー）　1827～1833

まろすげ
「高松松平家博物図譜 写生画帖 雑草」香川県立ミュージアム　2013
　◇p29（カラー）　松平頼恭 江戸時代　紙本著色 画帖装（折本形式）　33.2×48.4　［個人蔵］

マロニエの1種　Aesculus sp.
「ビュフォンの博物誌」工作舎　1991
　◇N150（カラー）『一般と個別の博物誌 ソンニーニ版』

マンサク　Hamamelis japonica
「花木真寫」淡交社　2005
　◇図17（カラー）　青樅　近衛予楽院家熙　［（財）陽明文庫］

マンサク　Hamamelis japonica Siebold & Zucc.
「シーボルト日本植物図譜コレクション」小学館　2008
　◇図3-31（カラー）　Hamamelis　de Villeneuve, C.H., 川原慶賀画　紙 透明絵の具 墨　23.7×33.3 ［ロシア科学アカデミーコマロフ植物学研究所図書館］ ※目録311 コレクションIV 279/496

マンサク
「高松松平家博物図譜 衆芳画譜 花果 第五」香川県立ミュージアム　2011
　◇p30（カラー）　マンサクノ實，マンサクノ葉　松平頼恭 江戸時代　紙本著色 画帖装（折本形式） 33.2×48.4　［個人蔵］

マンサク
　⇒ハマメリス・ヤポニカ（マンサク）を見よ

まんじゆさけ
「高松松平家博物図譜 写生画帖 雑草」香川県立ミュージアム　2013
　◇p44（カラー）　松平頼恭 江戸時代　紙本著色 画帖装（折本形式）　33.2×48.4　［個人蔵］

まんねんくさ
「高松松平家博物図譜 写生画帖 雑草」香川県立ミュージアム　2013
　◇p60（カラー）　松平頼恭 江戸時代　紙本著色 画帖装（折本形式）　33.2×48.4　［個人蔵］

マンネングサ2種　Sedum spp.
「図説 ボタニカルアート」河出書房新社　2010
　◇p22（カラー）　ベスラー『アイヒシュテット庭園植物誌』 1613

マンネンスギ　Lycopodium annotinum
「江戸博物文庫 花草の巻」工作舎　2017
　◇p177（カラー）　万年杉　岩崎灌園『本草図譜』［東京大学大学院理学系研究科附属植物園（小石川植物園）］

まんねんそう
「高松松平家博物図譜 写生画帖 雑草」香川県立ミュージアム　2013
　◇p45（カラー）　松平頼恭 江戸時代　紙本著色 画帖装（折本形式）　33.2×48.4　［個人蔵］

萬年蔞
「高松松平家博物図譜 衆芳画譜 花卉 第四」香川県立ミュージアム　2010
　◇p86（カラー）　松平頼恭 江戸時代　紙本著色 画帖装（折本形式）　33.0×48.2　［個人蔵］

【み】

三浦乙女
「日本椿集」平凡社　1966
　◇図101（カラー）　津山尚著，二口善雄画 1965

実をつけたアオキ
「フローラの庭園」八坂書房　2015
　◇p89（カラー）　Aucuba japonica Thunb.　フィッチ，ウォルター原画『カーティス・ボタニカル・マガジン』 1865　石版手彩色 紙　21×13 ［個人蔵］

ミカヱリソウ
「高松松平家博物図譜 衆芳画譜 花卉 第四」香川県立ミュージアム　2010
　◇p41（カラー）　松平頼恭 江戸時代　紙本著色 画帖装（折本形式）　33.0×48.2　［個人蔵］

ミクランテス・アロペクロイデウス　Micranthus alopecuroideus
「ユリ科植物図譜 1」学習研究社　1988
　◇図127（カラー）　イクシア・ケパケア　ルドゥーテ，ピエール＝ジョセフ 1802～1815

ミクランテス・プランタギネウス　Micranthus plantagineus
「ユリ科植物図譜 1」学習研究社　1988
　◇図144（カラー）　イクシア・プランタギネア　ルドゥーテ，ピエール＝ジョセフ 1802～1815

御車返A　Prunus Lannesiana Wils. 'Mikurumakaisi'
「日本桜集」平凡社　1973
　◇Pl.85（カラー）　大井次三郎著，太田洋愛画 1971写生　水彩

御車返B　Prunus Lannesiana Wils. 'Mikurumakaisi'
「日本桜集」平凡社　1973
◇Pl.86（カラー）　大井次三郎著, 太田洋愛画　1971写生　水彩

眉間尺
「日本椿集」平凡社　1966
◇図141（カラー）　津山尚著, 二口善雄画　1956

三島桜　Prunus×yedoensis Matsum. 'Mishima–zakura'
「日本桜集」平凡社　1973
◇Pl.88（カラー）　大井次三郎著, 太田洋愛画　1972写生　水彩

みずあおい　Monochoria korsakowii
「草木写生 秋の巻」ピエ・ブックス　2010
◇p144～145（カラー）　水葵　狩野織染藤原重賢　明暦3（1657）～元禄12（1699）［国立国会図書館］

ミズアオイ　Monochoria korsakowii
「江戸博物文庫 花草の巻」工作舎　2017
◇p160（カラー）　水葵　岩崎灌園『本草図譜』［東京大学大学院理学系研究科附属植物園（小石川植物園）］
「岩崎灌園の草花写生」たにぐち書店　2013
◇p14（カラー）　水葵　［個人蔵］

ミズアオイ　Monochoria korsakowii Regel & Maack
「シーボルト日本植物図譜コレクション」小学館　2008
◇図3–126（カラー）　Monochoria vaginalis Presl　清水東谷画［1861］　和紙 透明絵の具 墨 白色塗料 光沢　28.7×38.6　［ロシア科学アカデミーコマロフ植物学研究所図書館］　※目録879 コレクションVIII 477/1033

ミズアオイ
「ボタニカルアートの世界」朝日新聞社　1987
◇p116（カラー）　狩野探幽『草木花写生図巻』［国立博物館］

ミズアオイ・ナギ・サワキキョウ　Monochoria korsakowii
「花木真寫」淡交社　2005
◇図110（カラー）　水葵　近衛予楽院家熙　［（財）陽明文庫］

ミズオオバコ　Ottelia alismoides
「江戸博物文庫 花草の巻」工作舎　2017
◇p162（カラー）　水大葉子　岩崎灌園『本草図譜』［東京大学大学院理学系研究科附属植物園（小石川植物園）］

水ヲトギリ
「高松松平家博物図譜 衆芳画譜 花卉 第四」香川県立ミュージアム　2010
◇p102（カラー）　松平頼恭 江戸時代　紙本著色 画帖装（折本形式）　33.0×48.2　［個人蔵］

ミズカンナ　Thalia dealbata
「ユリ科植物図譜 1」学習研究社　1988
◇図14（カラー）　ペロニア・ストリクタ　ルドゥーテ, ピエール＝ジョセフ　1802～1815

みづき
「高松松平家博物図譜 写生画帖 雑木」香川県立ミュージアム　2014
◇p26（カラー）　松平頼恭 江戸時代　紙本著色 画帖装（折本形式）　33.2×48.4　［個人蔵］　※表紙・裏表紙見返し墨書 安永6（1777）6月 程赤城筆
◇p104（カラー）　松平頼恭 江戸時代　紙本著色 画帖装（折本形式）　33.2×48.4　［個人蔵］　※表紙・裏表紙見返し墨書 安永6（1777）6月 程赤城筆

ミズキ　Cornus controversa Hemsl.
「シーボルト日本植物図譜コレクション」小学館　2008
◇図2–98（カラー）　Cornus brachypoda C.A. Meyer　［水谷助六？］画［1820年代前半］　紙 カラー（透明絵の具） 拓本画, 墨で加筆　23.0×32.2　［ロシア科学アカデミーコマロフ植物学研究所図書館］　※目録617 コレクションIV 555/528
「北海道主要樹木図譜［普及版］」北海道大学図書刊行会　1986
◇図81（カラー）　須崎忠助 大正9（1920）～昭和6（1931）［個人蔵］

ミズサンザシ　Aponogeton distachyos
「ウィリアム・カーティス 花図譜」同朋舎出版　1994
◇44図（カラー）　Water Hawthorn　エドワーズ, シデナム・ティースト画『カーティス・ボタニカル・マガジン』　1810

ミズタマソウの1種　Circaea sp.
「ビュフォンの博物誌」工作舎　1991
◇N132（カラー）『一般と個別の博物誌 ソンニーニ版』

ミスター・リンカーン　'Mister Lincoln'
「ばら花譜」平凡社　1983
◇PL.97（カラー）　二口善雄画, 鈴木省三, 籾山泰一著 1974　水彩

みずなら
「木の手帖」小学館　1991
◇図36（カラー）　水楢　岩崎灌園『本草図譜』 文政11（1828）　約21×145　［国立国会図書館］

ミズナラ　Quercus crispula
「図説 ボタニカルアート」河出書房新社　2010
◇p113（白黒）　須崎忠助画, 宮部金吾, 工藤祐舜『北海道主要樹木図譜』　1920～31

ミズナラ　Quercus crispula Bl.
「花の肖像 ボタニカルアートの名品と歴史」創土社　2006
◇fig.89（カラー）　須崎忠助画, 宮部金吾, 工藤祐舜『北海道主要樹木図譜』　1920～1931

ミズナラ　Quercus mongolica Fisch.var. grosseserrata Rehd.et Wils.
「北海道主要樹木図譜［普及版］」北海道大学図書刊行会　1986
◇図36（カラー）　Quercus crispula Bl.　須崎忠助　大正9（1920）～昭和6（1931）　［個人蔵］

みずばしょう
「野の草の手帖」小学館　1989
◇p57（カラー）　水芭蕉　岩崎常正（灌園）『本草図譜』　文政11（1828）　［国立国会図書館］

ミズバショウ　Lysichiton camtschatcense
「江戸博物文庫 花草の巻」工作舎　2017
◇p123（カラー）　水芭蕉　岩崎灌園『本草図譜』　［東京大学大学院理学系研究科附属植物園（小石川植物園）］

ミズバショウ
「江戸の動植物図」朝日新聞社　1988
◇p64（カラー）　岩崎灌園『本草図説』　［東京国立博物館］

みずひき　Polygonum filiforme
「草木写生 秋の巻」ピエ・ブックス　2010
◇p208～209（カラー）　水引　狩野織染藤原重賢　明暦3（1657）～元禄12（1699）　［国立国会図書館］

みずひき
「野の草の手帖」小学館　1989
◇p195（カラー）　水引　岩崎常正（灌園）『本草図譜』　文政11（1828）　［国立国会図書館］

ミズヒキ　Antenoron filiforme (Thunb.) Roberty & Vautier
「シーボルト日本植物図譜コレクション」小学館　2008
◇図1-55（カラー）　Polygonum filiforme Thunb.　シーボルト，フィリップ・フランツ・フォン監修　［ロシア科学アカデミーコマロフ植物学研究所図書館］　※類集写真の絵.目録933 コレクションVI 624л-п/722

ミズヒキ　Polygonum filiforme
「花木真寫」淡交社　2005
◇図88（カラー）　水引草　近衛予楽院家熙　［（財）陽明文庫］

ミズホオズキ　Mimulus guttatus
「ルドゥーテ画 美花選 2」学習研究社　1986
◇図32（カラー）　1827～1833

ミスミソウ　Hepatica nobilis
「すごい博物画」グラフィック社　2017
◇図版38（カラー）　ハナサフラン、クロス・オブ・ゴールド・クロッカス、ミスミソウ、アネモネ、カケス　マーシャル，アレクサンダー　1650～82頃　水彩　45.3×33.3　［ウィンザー城ロイヤル・ライブラリー］

ミセス・サム・マグレディ　'Mrs.Sam McGredy'
「ばら花譜」平凡社　1983
◇PL.102（カラー）　二口善雄画，鈴木省三，籾山泰一著 1977　水彩

みせばや
「野の草の手帖」小学館　1989
◇p197（カラー）　岩崎常正（灌園）『本草図譜』　文政11（1828）　［国立国会図書館］

ミセバヤ　Hylotelephium sieboldii
「江戸博物文庫 花草の巻」工作舎　2017
◇p173（カラー）　見せばや　岩崎灌園『本草図譜』　［東京大学大学院理学系研究科附属植物園（小石川植物園）］

ミセバヤ　Hylotelephium sieboldii H.Ohba
「岩崎灌園の草花写生」たにぐち書店　2013
◇p28（カラー）　見せばや草　［個人蔵］

ミセバヤ　Hylotelephium sieboldii (Sweet ex Hook.) H.Ohba
「シーボルト日本植物図譜コレクション」小学館　2008
◇図3-41（カラー）　Sedum Sieboldii Sweet　川原慶賀画　紙 透明絵の具 墨　23.8×33.5　［ロシア科学アカデミーコマロフ植物学研究所図書館］　※目録313 コレクションIV 379/431

ミセバヤ　Sedum sieboldii
「花彙 上」八坂書房　1977
◇図33（白黒）　費菜　小野蘭山，島田充房　明和2（1765）　26.5×18.5　［国立公文書館・内閣文庫］

ミセハヤ草
「高松松平家博物図譜 衆芳画譜 花卉 第四」香川県立ミュージアム　2010
◇p98（カラー）　松平頼恭 江戸時代　紙本著色 画帖装（折本形式）　33.0×48.2　［個人蔵］

みぞそば
「野の草の手帖」小学館　1989
◇p198～199（カラー）　溝蕎麦　岩崎常正（灌園）『本草図譜』　文政11（1828）　［国立国会図書館］

みそのき
「高松松平家博物図譜 写生画帖 雑草」香川県立ミュージアム　2013
◇p67（カラー）　松平頼恭 江戸時代　紙本著色 画帖装（折本形式）　33.2×48.4　［個人蔵］

みそはぎ
「高松松平家博物図譜 写生画帖 雑草」香川県立ミュージアム　2013
◇p34（カラー）　松平頼恭 江戸時代　紙本著色 画帖装（折本形式）　33.2×48.4　［個人蔵］

ミソハギ
「ボタニカルアート 西洋の美花集」パイ インターナショナル　2010

◇p188（カラー） ラウドン, ジェーン・ウェルズ 画・著『英国の野草』 1846 石版画 手彩色

ミソハギの1種 Lythrum sp.
「ビュフォンの博物誌」工作舎 1991
◇N131（カラー）『一般と個別の博物誌 ソンニーニ版』

みつがしわ
「野の草の手帖」小学館 1989
◇p151（カラー） 三柏 岩崎常正（灌園）『本草図譜』 文政11（1828） ［国立国会図書館］

ミツカシワ
「高松松平家博物図譜 衆芳画譜 花卉 第四」香川県立ミュージアム 2010
◇p70（カラー） 松平頼恭 江戸時代 紙本著色 画帖装（折本形式） 33.0×48.2 ［個人蔵］

ミツガシワ Menyanthes trifoliata
「花木真寫」淡交社 2005
◇図123（カラー） 三柏 近衛予楽院家熈 ［（財）陽明文庫］

密集して花をつけた温室のツバキ
「フローラの庭園」八坂書房 2015
◇p81（白黒） ファン・ウーテ, ルイ『ヨーロッパの温室と庭の花』 1874 ［ミズーリ植物園（セント・ルイス）］

ミツデウラボシ Crypsinus hastatus
「ボタニカルアートの世界」朝日新聞社 1987
◇p59右上（カラー） ツュンベリー『Icones plantarum japonicarum』 1794～1805

ミツデウラボシ
「江戸の動植物図」朝日新聞社 1988
◇p72（カラー） 飯沼慾斎『草木図説稿本』 ［個人蔵］

ミツデカエデ Acer cissifolium Koch
「北海道主要樹木図譜［普及版］」北海道大学図書刊行会 1986
◇図70（カラー） 須崎忠助 大正9（1920）～昭和6（1931） ［個人蔵］

ミツバアケビ Akebia trifoliata (Thunb.) Koidz.
「シーボルト日本植物図譜コレクション」小学館 2008
◇図3-88（カラー） ［Akebia quinata Decne.］［西洋人画家？］画 紙 鉛筆 墨 17.9×6.3 ［ロシア科学アカデミーコマロフ植物学研究所図書館］ ※目録207 コレクションI［764］A/136
「シーボルト「フローラ・ヤポニカ」日本植物誌」八坂書房 2000
◇図78（カラー） Mitsuba akebi ［国立国会図書館］

ミツバウツギ Staphylea bumalda (Thunb.) DC.
「シーボルト「フローラ・ヤポニカ」日本植物誌」八坂書房 2000
◇図95（カラー） ［国立国会図書館］

ミツバオウレン Coptis trifolia (L.) Salisb.
「須崎忠助植物画集」北海道大学出版会 2016
◇図18-35（カラー） ミツバワウレン『大雪山植物其他』 5月12日 ［北海道大学附属図書館］

ミツバセリ
「彩色 江戸博物学集成」平凡社 1994
◇p295（カラー） 川原慶賀『動植物図譜』 ［オランダ国立自然史博物館］

ミツバナテンナンショウ Arisaema ternatipartitum
「牧野富太郎植物画集」ミュゼ 1999
◇p34（白黒） 1885頃（明治18） 和紙 墨（毛筆） 19.3×27.5

ミツヒキ
「高松松平家博物図譜 衆芳画譜 花卉 第四」香川県立ミュージアム 2010
◇p67（カラー） 松平頼恭 江戸時代 紙本著色 画帖装（折本形式） 33.0×48.2 ［個人蔵］

みつぶき
「高松松平家博物図譜 写生画帖 雑草」香川県立ミュージアム 2013
◇p94（カラー） 松平頼恭 江戸時代 紙本著色 画帖装（折本形式） 33.2×48.4 ［個人蔵］

みつまた
「高松松平家博物図譜 写生画帖 雑木」香川県立ミュージアム 2014
◇p99（カラー） 松平頼恭 江戸時代 紙本著色 画帖装（折本形式） 33.2×48.4 ［個人蔵］ ※表紙・裏表紙見返し墨書 安永6（1777）6月 程赤城筆

ミツマタ Edgeworthia papyrifera
「花彙 下」八坂書房 1977
◇図136（白黒） 結香 小野蘭山, 島田充房 明和2（1765） 26.5×18.5 ［国立公文書館・内閣文庫］

水上 Prunus Lannesiana Wils. ‘Minakami’
「日本桜集」平凡社 1973
◇Pl.87（カラー） 大井次三郎著, 太田洋愛画 1965写生 水彩

ミナリアヤメ
「ユリ科植物図譜 1」学習研究社 1988
◇図86（カラー） Iris foetidissima ルドゥーテ, ピエール＝ジョセフ 1802～1815

ミネザクラ Prunus nipponica Matsum.
「日本桜集」平凡社 1973
◇Pl.150（カラー） 大井次三郎著, 太田洋愛画 1971写生 水彩

ミネズオウ Loiseleuria procumbens (L.) Desv.
「須崎忠助植物画集」北海道大学出版会 2016

◇図4–8（カラー）　ミネズワウ『大雪山植物其他』5月8日　［北海道大学附属図書館］

峰の雪

「日本椿集」平凡社　1966

◇図69（カラー）　津山尚著, 二口善雄画 1960

ミノスゲ

⇒カサスゲ・ミノスゲ・スゲを見よ

みのり　'Minori'

「ばら花譜」平凡社　1983

◇PL.47（カラー）　二口善雄画, 鈴木省三, 籾山泰一著 1974　水彩

ミミカキグサ　Utricularia bifida L.

「シーボルト日本植物図譜コレクション」小学館 2008

◇図2–77（カラー）　Utricularia diantha Roemer et J.A.Schult.　［川原慶賀？］画　紙 透明絵の具 墨　22.7×32.2　［ロシア科学アカデミーコマロフ植物学研究所図書館］　※目録745 コレクションV 595/621

ミミカキグサ

「カーティスの植物図譜」エンタプライズ　1987

◇図6689（カラー）　Utricularia bifida L.『カーティスのボタニカルマガジン』　1787〜1887

ミムルス・グッタトゥス　Mimulus guttatus

「美花選［普及版］」河出書房新社　2016

◇図69（カラー）　Mimulus　ルドゥーテ, ピエール＝ジョゼフ画 1827〜1833　［コノサーズ・コレクション東京］

ミムルス・ルテウス　Mimulus luteus var. youngeanus

「ウィリアム・カーティス 花図譜」同朋舎出版 1994

◇533図（カラー）　Yellow Chilian Monkey–flower, Mr.Young's variety　ハーバート, ウィリアム画『カーティス・ボタニカル・マガジン』 1834

ミモザ

「昆虫の劇場」リブロポート　1991

◇p70（カラー）　メーリアン, M.S.『スリナム産昆虫の変態』 1726

ミヤギノハギ　Lespedeza thunbergii (DC.) Nakai

「シーボルト日本植物図譜コレクション」小学館 2008

◇図3–113（カラー）　Desmodium racemosum DC.varietas　清水東谷画［1861頃］　紙 透明絵の具 墨　29.0×38.7　［ロシア科学アカデミーコマロフ植物学研究所図書館］　※目録454 コレクションIII 476/341

みやけせっこく　Dendrobium Miyakei Schltr.

「蘭花譜」平凡社　1974

◇Pl.55–8（カラー）　加藤光治著, 二口善雄画 1942写生

ミヤコアオイ　Asarum asperum

「花彙 上」八坂書房　1977

◇図65（白黒）　馬蹄莘　小野蘭山, 島田充房 明和2（1765）　26.5×18.5　［国立公文書館・内閣文庫］

ミヤコイバラ　Rosa paniculigera Makino ex Momiyama

「ばら花譜」平凡社　1983

◇PL.6（カラー）　二口善雄画, 鈴木省三, 籾山泰一著 1974,1976　水彩

ミヤコグサ？　Lotus corniculatus ?

「植物精選百種図譜 博物画の至宝」平凡社 1996

◇pl.65（カラー）　Sophora　トレウ, C.J., エーレト, G.D. 1750〜73

都鳥

「日本椿集」平凡社　1966

◇図58（カラー）　津山尚著, 二口善雄画 1965

ミヤコワスレ

⇒ミヤマヨメナ・ノシュンギク・ミヤコワスレを見よ

ミヤマアケボノソウ　Swertia perennis L. subsp.cuspidata (Maxim.) H.Hara

「須崎忠助植物画集」北海道大学出版会　2016

◇図50–80（カラー）　みやまあけぼのさう『大雪山植物其他』 7月16日　［北海道大学附属図書館］

みやまうずら　Goodyera Schlechtendaliana Rchb.f.

「蘭花譜」平凡社　1974

◇Pl.17–6（カラー）　加藤光治著, 二口善雄画 1940写生

ミヤマウズラ　Goodyera schlechtendaliana

「牧野富太郎植物画集」ミュゼ　1999

◇p21（白黒）1890頃（明治23）　ケント紙 墨（毛筆）鉛筆　26.6×19.1

ミヤマオダマキ　Aquilegia flabellata Siebold & Zucc.

「シーボルト日本植物図譜コレクション」小学館 2008

◇図2–19（カラー）　Aquilegia flabellata Sieb.et Zucc.　［桂川甫賢？］画［1820頃］　和紙 透明絵の具 墨　22.1×30.3　［ロシア科学アカデミーコマロフ植物学研究所図書館］　※目録168 コレクションI 78/12

◇図3–51（カラー）　Aquilegia flabellata Sieb.et Zucc.　［西洋人画家］画　紙 透明絵の具 墨 白色塗料　23.3×33.0　［ロシア科学アカデミーコマロフ植物学研究所図書館］　※目録167 コレクションI 80/14

みやまおもだか

「高松松平家博物図譜 写生画帖 雑草」香川県立ミュージアム　2013

◇p21（カラー）　松平頼恭 江戸時代　紙本著色 画帖装（折本形式）　33.2×48.4　［個人蔵］

「ミヤマキンバイ」　Potentilla matsumurae Th.Wolf

「須崎忠助植物画集」北海道大学出版会　2016

◇図1-2（カラー）　みやまきんばい『大雪山植物其他』　［北海道大学附属図書館］

◇図6-13（カラー）　（ミヤマ）キンバイ『大雪山植物其他』　5月1日　［北海道大学附属図書館］

◇図57-87（カラー）　みやまきんばい『大雪山植物其他』　［北海道大学附属図書館］

ミヤマキンポウゲ　Ranunculus acris L.subsp. nipponicus (H.Hara) Hultén

「須崎忠助植物画集」北海道大学出版会　2016

◇図20-39（カラー）『大雪山植物其他』　5月28日　［北海道大学附属図書館］

ミヤマザクラ　Prunus maximowiczii Rupr.

「北海道主要樹木図譜［普及版］」北海道大学図書刊行会　1986

◇図52（カラー）　シロザクラ　須崎忠助 大正9（1920）～昭和6（1931）　［個人蔵］

みやましきみ

「高松松平家博物図譜 写生画帖 雑木」香川県立ミュージアム　2014

◇p49（カラー）　松平頼恭 江戸時代　紙本著色 画帖装（折本形式）　33.2×48.4　［個人蔵］　※表紙・裏表紙見返し墨書 安永6（1777）6月 程赤城筆

◇p99（カラー）　松平頼恭 江戸時代　紙本著色 画帖装（折本形式）　33.2×48.4　［個人蔵］　※表紙・裏表紙見返し墨書 安永6（1777）6月 程赤城筆

ミヤマシキミ　Skimmia japonica

「花木真寫」淡交社　2005

◇図122（カラー）　（無名）　近衛予楽院家熈　［（財）陽明文庫］

「花彙 下」八坂書房　1977

◇図181（白黒）　茵芋　雄木の花枝　小野蘭山, 島田充房 明和2（1765）　26.5×18.5　［国立公文書館・内閣文庫］

ミヤマシキミ　Skimmia japonica Thunb.

「シーボルト「フローラ・ヤポニカ」日本植物誌」八坂書房　2000

◇図68（カラー）　Mijama Sikimi　［国立国会図書館］

ミヤマタニタデ　Circaea alpina L.

「須崎忠助植物画集」北海道大学出版会　2016

◇図27-54（カラー）　ミヤマタニタテ『大雪山植物其他』　7月5日　［北海道大学附属図書館］

ミヤマハハソ　Meliosma tenuis

「日本の博物図譜」東海大学出版会　2001

◇図38（カラー）　高橋由一筆『海雲楼博物雑纂』　［東京都立中央図書館］

ミヤマハンショウヅル（広義）　Clematis alpina Mill.

「カーティスの植物図譜」エンタプライズ　1987

◇図530（カラー）　Atragene alpina L.var. austriaca『カーティスのボタニカルマガジン』　1787～1887

ミヤマハンノキ　Alnus maximowiczii Call.

「北海道主要樹木図譜［普及版］」北海道大学図書刊行会　1986

◇図30（カラー）　須崎忠助 大正9（1920）～昭和6（1931）　［個人蔵］

ミヤマホツツジ　Elliottia bracteata (Maxim.) Hook.f.

「須崎忠助植物画集」北海道大学出版会　2016

◇図19-37（カラー）　ミヤマホツヽジ『大雪山植物其他』　7月11日　［北海道大学附属図書館］

みやまよめな　Gymnaster savatieri

「草木写生 春の巻」ピエ・ブックス　2010

◇p194～195（カラー）　深山嫁菜　狩野織染藤原重賢 明暦3（1657）～元禄12（1699）　［国立国会図書館］

ミヤマヨメナ　Gymnaster savatieri

「四季草花譜」八坂書房　1988

◇図62（カラー）　飯沼慾斎筆『草木図説稿本』　［個人蔵］

ミヤマヨメナ・ノシュンギク・ミヤコワスレ　Gymnaster savatieri

「花木真寫」淡交社　2005

◇図15（カラー）　春菊　近衛予楽院家熈　［（財）陽明文庫］

ミョウガ・メガ　Zingiber mioga

「花木真寫」淡交社　2005

◇図95（カラー）　蘘荷　近衛予楽院家熈　［（財）陽明文庫］

明星　Prunus Leveilleana Koehne ‘Myojo’

「日本桜集」平凡社　1973

◇Pl.92（カラー）　大井次三郎著, 太田洋愛画 1971写生　水彩

明正寺　Prunus×introrsa Yagi ‘Myoshoji’

「日本桜集」平凡社　1973

◇Pl.93（カラー）　大井次三郎著, 太田洋愛画 1970写生　水彩

ミルスベリヒユ　Sesuvium portulacastrum

「すごい博物画」グラフィック社　2017

◇図版64（カラー）　ミルスベリヒユとコモリガエル　メーリアン, マリア・シビラ 1701～05頃 子牛皮紙に軽く輪郭をエッチングした上に水彩 濃厚顔料 アラビアゴム　36.1×29.1　［ウィンザー城ロイヤル・ライブラリー］

ミルトニア・カンディダ　Miltonia candida

「蘭百花図譜」八坂書房　2002

◇p66（カラー）　リンドレー, ジョン著, ドレイク

画『ランの花冠』 1837〜41 石版手彩色

ミルトニア・クロエシイ Miltonia Clowesii Ldl.
「蘭花譜」平凡社 1974
◇Pl.101-3（カラー） 加藤光治著, 二口善雄画 1970写生

ミルトニア・スペクタビリス Miltonia spectabilis Ldl.
「蘭花譜」平凡社 1974
◇Pl.101-1（カラー） 加藤光治著, 二口善雄画 1970写生

ミルトニア・スペクタビリス・モレリアナ Miltonia spectabilis Ldl.var.Moreliana
「蘭花譜」平凡社 1974
◇Pl.101-2（カラー） 加藤光治著, 二口善雄画 1971写生

ミルトニア・スペクタビリス・モレリアナ Miltonia spectabilis var.moreliana
「蘭百花図譜」八坂書房 2002
◇p67（カラー） ワーナー, ロバート『ラン類精選図譜』 1862〜65 石版刷手彩色

ミルトニア・フラベッセンス Miltonia flavescens Ldl.
「蘭花譜」平凡社 1974
◇Pl.101-6（カラー） 加藤光治著, 二口善雄画 1968写生

ミルトニア・レグネリイ Miltonia Regnellii Rchb.f.
「蘭花譜」平凡社 1974
◇Pl.101-4（カラー） 加藤光治著, 二口善雄画 1970写生

ミルトニア・レグネリイ・オーレア Miltonia Regnellii Rchb.f.var.aurea
「蘭花譜」平凡社 1974
◇Pl.101-5（カラー） 加藤光治著, 二口善雄画 1971写生

ミルトニア・ロエズリ Miltonia roezli
「花の王国 1」平凡社 1990
◇p123（カラー） ルメール『フロリストの庭誌』 1851〜？

ミルトニア・ワーセウィッチイ Miltonia Warscewiczii Rchb.f.
「蘭花譜」平凡社 1974
◇Pl.101-7（カラー） 加藤光治著, 二口善雄画 1970写生

【む】

ムカゴイラクサ Laportea bulbifera
「江戸博物文庫 花草の巻」工作舎 2017
◇p122（カラー） 珠芽刺草 岩崎灌園『本草図譜』［東京大学大学院理学系研究科附属植物園（小石川植物園）］

ムカゴソウ Herminium lanceum（Thunb.）J. Vuijk var.longicrure（A.Gray）H.Hara
「シーボルト日本植物図譜コレクション」小学館 2008
◇図2-99（カラー） Habenaria ［水谷助六］画 ［1820〜1826頃］ 紙 カラー（透明絵の具） 拓本画, 墨で加筆 23.8×33.7 ［ロシア科学アカデミーコマロフ植物学研究所図書館］ ※目録922 コレクションVIII 553/941

ムカゴトラノオ Bistorta vivipara（L.）Delarbre
「須崎忠助植物画集」北海道大学出版会 2016
◇図14-27（カラー） コモチトラノヲ『大雪山植物其他』 6月27日 ［北海道大学附属図書館］

むかごにんしん
「高松松平家博物図譜 写生画帖 雑草」香川県立ミュージアム 2013
◇p34（カラー） 松平頼恭 江戸時代 紙本著色 画帖装（折本形式） 33.2×48.4 ［個人蔵］

ムギワラギク Helichrysum bracteatum
「花の王国 1」平凡社 1990
◇p112（カラー） ドラピエ, P.A.J., ベッサ, パンクラース原図『園芸家・愛好家・工業家のための植物誌』 1836 手彩色図版

むくげ Hibiscus syriacus
「草木写生 秋の巻」ピエ・ブックス 2010
◇p78〜79（カラー） 木槿 狩野織染藤原重賢 明暦3（1657）〜元禄12（1699） ［国立国会図書館］
◇p82〜83（カラー） 木槿 狩野織染藤原重賢 明暦3（1657）〜元禄12（1699） ［国立国会図書館］
◇p86〜87（カラー） 木槿 狩野織染藤原重賢 明暦3（1657）〜元禄12（1699） ［国立国会図書館］
◇p90〜91（カラー） 木槿 狩野織染藤原重賢 明暦3（1657）〜元禄12（1699） ［国立国会図書館］

むくげ
「木の手帖」小学館 1991
◇図134（カラー） 木槿・槿 岩崎灌園『本草図譜』 文政11（1828） 約21×145 ［国立国会図書館］

ムクゲ Hibiscus syriacus
「美花選［普及版］」河出書房新社 2016
◇図31（カラー） Althæa Frutex/Hibiscus Syriacus ルドゥーテ, ピエール＝ジョゼフ画 1827〜1833 ［コノサーズ・コレクション東京］
「ボタニカルアート 西洋の美花集」パイ インターナショナル 2010
◇p118（カラー） ルドゥーテ, ピエール＝ジョセフ画・著『美花選』 1827〜33 点刻銅版画多色刷 一部手彩色
「図説 ボタニカルアート」河出書房新社 2010
◇p40（カラー） エーレット画 1732 ［ダービー卿コレクション］
◇p74（白黒） エドワーズ, J.『花の写生画帖』 1801

「花木真寫」淡交社　2005
◇図77(カラー)　木槿　近衛予楽院家熈　[(財)陽明文庫]

ムクゲ　Hibiscus syriacus L.

「高木春山 本草図説 1」リブロポート　1988
◇図17(カラー)　木槿ハチス　宗旦木槿

ムクゲ　Hibiscus syriacus (Althaea frutex)

「ルドゥーテ画 美花選 2」学習研究社　1986
◇図54(カラー) 1827〜1833

ムクゲ

「フローラの庭園」八坂書房　2015
◇p12(カラー)　ベスラー, バシリウス『アイヒシュテット庭園植物誌』 1613　銅版(エングレーヴィング) 手彩色 紙　57×46　[テイラー博物館(ハールレム)]

「カーティスの植物図譜」エンタプライズ　1987
◇図83(カラー)　Shrubby Althea, Syrian Hibiscus『カーティスのボタニカルマガジン』1787〜1887

むくろじ

「木の手帖」小学館　1991
◇図117(カラー)　無患子　岩崎灌園『本草図譜』文政11(1828)　約21×145　[国立国会図書館]

ムクロジ　Sapindus mukurossi

「江戸博物文庫 菜樹の巻」工作舎　2017
◇p141(カラー)　無患子　岩崎灌園『本草図譜』[東京大学大学院理学系研究科附属植物園(小石川植物園)]

ムクロジ　Sapindus mukurossi Gaertn.

「シーボルト日本植物図譜コレクション」小学館　2008
◇図3–37(カラー)　Sapindus mukurosii Gaertn.　川原慶賀, de Villeneuve, C.H.画　紙 透明絵の具 墨　24.3×33.1　[ロシア科学アカデミーコマロフ植物学研究所図書館]　※目録532 コレクションII 102/228

ムサシアフミ

「高松松平家博物図譜 衆芳画譜 花卉 第四」香川県立ミュージアム　2010
◇p79(カラー)　松平頼恭 江戸時代　紙本著色 画帖装(折本形式)　33.0×48.2　[個人蔵]

ムサシアブミ　Arisaema ringens

「図説 ボタニカルアート」河出書房新社　2010
◇p104(カラー)　川原慶賀画　[ロシア科学アカデミー図書館]

「花木真寫」淡交社　2005
◇図25(カラー)　武蔵鐙　近衛予楽院家熈　[(財)陽明文庫]

「四季草花譜」八坂書房　1988
◇図77(カラー)　飯沼慾斎筆『草木図説稿本』[個人蔵]

「花彙 上」八坂書房　1977
◇図15(白黒)　由跋　小野蘭山, 島田充房 明和2(1765)　26.5×18.5　[国立公文書館・内閣文庫]

ムサシアブミ　Arisaema ringens Schott

「岩崎灌園の草花写生」たにぐち書店　2013
◇p48(カラー)　武蔵鐙　[個人蔵]

ムサシアブミ　Arisaema ringens (Thunb.) Schott

「シーボルト日本植物図譜コレクション」小学館　2008
◇図3–39(カラー)　Arum (Arisaema) ringens Thunb.　川原慶賀画　紙 透明絵の具 墨 光沢　23.6×32.9　[ロシア科学アカデミーコマロフ植物学研究所図書館]　※目録898 コレクションVIII 84/923

「花の肖像 ボタニカルアートの名品と歴史」創土社　2006
◇fig.34(カラー)　川原慶賀画

「高木春山 本草図説 1」リブロポート　1988
◇図64(カラー)　一種 ムサシアブミ

武者桜

⇒高砂(武者桜, 奈天, 南殿)を見よ

ムスカリ・アウケリ

「イングリッシュ・ガーデン」求龍堂　2014
◇図153(カラー)　Muscari ancheri, Grape Hyacinth　キング, クリスタベル 2002　水彩 紙　32.2×24.6　[キュー王立植物園]

ムスカリ・コモースム

「ユリ科植物図譜 2」学習研究社　1988
◇図60(カラー)　Muscari comosum　ルドゥーテ, ピエール＝ジョセフ 1802〜1815

ムスカリ・ネグレクトゥム　Muscari neglectum

「ユリ科植物図譜 2」学習研究社　1988
◇図61(カラー)　ムスカリ・ラケモースム　ルドゥーテ, ピエール＝ジョセフ 1802〜1815

〔無題〕

「彩色 江戸博物学集成」平凡社　1994
◇p114〜115(カラー)　小野蘭山, 島田充房『蘭品』　[国会図書館]
◇p114〜115(カラー)　小野蘭山『花彙』
◇p114〜115(カラー)　橘保国『絵本野山草』[東京都立中央図書館]
◇p114〜115(カラー)　飯沼慾斎『草木図説』[岩瀬文庫]

「昆虫の劇場」リブロポート　1991
◇p64(カラー)　メーリアン, M.S.『スリナム産昆虫の変態』 1726
◇p79(カラー)　メーリアン, M.S.『スリナム産昆虫の変態』 1726
◇p86(カラー)　メーリアン, M.S.『スリナム産昆虫の変態』 1726

ムバラ

「高松松平家博物図譜 衆芳画譜 花果 第五」香川県立ミュージアム　2011

◇p21（カラー）　松平頼恭 江戸時代　紙本著色 画帖装（折本形式）　33.2×48.4　［個人蔵］

ムバラノミ

「高松松平家博物図譜 衆芳画譜 花果 第五」香川県立ミュージアム　2011

◇p21（カラー）　松平頼恭 江戸時代　紙本著色 画帖装（折本形式）　33.2×48.4　［個人蔵］

むべ

「高松松平家博物図譜 写生画帖 雑木」香川県立ミュージアム　2014

◇p43（カラー）　松平頼恭 江戸時代　紙本著色 画帖装（折本形式）　33.2×48.4　［個人蔵］　※表紙・裏表紙見返し墨書 安永6（1777）6月 程赤城筆

ムベ　Stauntonia hexaphylla（Thunb.）Decne.

「シーボルト日本植物図譜コレクション」小学館　2008

◇図2–64（カラー）　Stauntonia hexaphylla Decne.　［川原慶賀？］画［1820～1827頃］　紙 透明絵の具 白色塗料 墨　24.0×33.3　［ロシア科学アカデミーコマロフ植物学研究所図書館］　※目録209 コレクションI 394/141

◇図3–89（カラー）　Stauntonia hexaphylla Decne.　川原慶賀, de Villeneuve, C.H.画　紙 透明絵の具 墨 白色塗料　23.8×33.1　［ロシア科学アカデミーコマロフ植物学研究所図書館］　※目録208 コレクションI 382/142

◇図3–90（カラー）　［Stauntonia hexaphylla Decne.］［Veith, K.F.M.？］画　紙 鉛筆 墨　26.0×33.8　［ロシア科学アカデミーコマロフ植物学研究所図書館］　※目録210 コレクションI 765/143

「花の肖像 ボタニカルアートの名品と歴史」創土社　2006

◇fig.86（カラー）　賀来飛霞画『東京大学小石川植物園草木図説』　1881,1884

ムベ　Stauntonia hexaphylla（Thunb.ex Murray）Decne.

「シーボルト「フローラ・ヤポニカ」日本植物誌」八坂書房　2000

◇図76（白黒）　Mube, Tokifa akebi, ikusi　［国立国会図書館］

ムベ・トキワアケビ・ウベ　Stauntonia hexaphylla

「花木真寫」淡交社　2005

◇図11（カラー）　木通　近衛予楽院家熙　［（財）陽明文庫］

ムメ

「高松松平家博物図譜 衆芳画譜 花果 第五」香川県立ミュージアム　2011

◇p9（カラー）　源氏サラサ, 八重兒, 十字梅, 八朔梅, 曲節　松平頼恭 江戸時代　紙本著色 画帖装（折本形式）　33.2×48.4　［個人蔵］

むめのほや

「高松松平家博物図譜 写生画帖 雑木」香川県立ミュージアム　2014

◇p64（カラー）　松平頼恭 江戸時代　紙本著色 画帖装（折本形式）　33.2×48.4　［個人蔵］　※表紙・裏表紙見返し墨書 安永6（1777）6月 程赤城筆

◇p65（カラー）　松平頼恭 江戸時代　紙本著色 画帖装（折本形式）　33.2×48.4　［個人蔵］　※表紙・裏表紙見返し墨書 安永6（1777）6月 程赤城筆

むめもどき

「高松松平家博物図譜 写生画帖 雑木」香川県立ミュージアム　2014

◇p46（カラー）　松平頼恭 江戸時代　紙本著色 画帖装（折本形式）　33.2×48.4　［個人蔵］　※表紙・裏表紙見返し墨書 安永6（1777）6月 程赤城筆

むらさき

「野の草の手帖」小学館　1989

◇p153（カラー）　紫　岩崎常正（灌園）『本草図譜』文政11（1828）　［国立国会図書館］

ムラサキオモト　Rhoeo discolor

「ユリ科植物図譜 2」学習研究社　1988

◇図233（カラー）　Tradescantia discolor　ルドゥーテ, ピエール＝ジョセフ　1802～1815

ムラサキオモト　Rhoeo spathacea

「ウィリアム・カーティス 花図譜」同朋舎出版　1994

◇104図（カラー）　Purple–leaved Spiderwort　エドワーズ, シデナム・ティースト画『カーティス・ボタニカル・マガジン』　1809　19.8×12.0　※原画を拡大

ムラサキオモト　Rhoeo spathacea（Sw.）Stearn

「シーボルト日本植物図譜コレクション」小学館　2008

◇図3–12（カラー）　Tradescantia discolor L'Herit.var.arborescens Sieb.　川原慶賀画　紙 透明絵の具 墨　24.4×31.6　［ロシア科学アカデミーコマロフ植物学研究所図書館］　※目録891 コレクションVIII 400/1045

ムラサキオモト

⇒トラデスカンティア・ディスコロル（ムラサキオモト）を見よ

ムラサキ科の植物

「ボタニカルアート 西洋の美花集」パイ インターナショナル　2010

◇p191（カラー）　ラウドン, ジェーン・ウェルズ画・著『英国の野草』　1846　石版画 手彩色

ムラサキギボウシ　Hosta ventricosa

「美花選［普及版］」河出書房新社　2016

◇図73（カラー）　Hemerocallis Cærulea　ルドゥーテ, ピエール＝ジョゼフ画　1827～1833　［コノサーズ・コレクション東京］

「ウィリアム・カーティス 花図譜」同朋舎出版　1994

◇331図（カラー）　Chinese Day–lily　エドワーズ, シデナム・ティースト画『カーティス・ボタニカル・マガジン』　1805

「ユリ科植物図譜 2」学習研究社　1988
◇図18（カラー）　Hemerocallis caerulea　ルドゥーテ, ピエール＝ジョセフ 1802～1815

ムラサキギボウシ
「フローラの庭園」八坂書房　2015
◇p49（カラー）　ルドゥーテ原画, ヴァントナ, エチエンヌ・ピエール『マルメゾンの庭園植物誌』1803　銅版多色刷（スティップル・エングレーヴィング）手彩色 紙　［ハント財団（ピッツバーグ）］

ムラサキクンシラン　Agapanthus africanus
「イングリッシュ・ガーデン」求龍堂　2014
◇図148（カラー）　セラーズ, パンドラ 1989　水彩 紙　45.5×66.0　［キュー王立植物園］

むらさきけまん　Corydalis incisa
「草木写生 春の巻」ピエ・ブックス　2010
◇p238～239（カラー）　紫華鬘　狩野織染藤原重賢 明暦3（1657）～元禄12（1699）　［国立国会図書館］

むらさきけまん
「野の草の手帖」小学館　1989
◇p23（カラー）　岩崎常正（灌園）『本草図譜』　文政11（1828）　［国立国会図書館］

ムラサキケマン　Corydalis incisa
「江戸博物文庫 菜樹の巻」工作舎　2017
◇p29（カラー）　紫華鬘　岩崎灌園『本草図譜』［東京大学大学院理学系研究科附属植物園（小石川植物園）］

ムラサキケマン　Corydalis incisa (Thunb.) Pers.
「シーボルト日本植物図譜コレクション」小学館　2008
◇図3-57（カラー）　Corydalis incisa Pers.var. chinensis Sieb.　川原慶賀画　紙 透明絵の具 墨 24.0×33.2　［ロシア科学アカデミーコマロフ植物学研究所図書館］　※目録296 コレクションII 37/153

紫桜　Prunus Lannesiana Wils. 'Purpurea'
「日本桜集」平凡社　1973
◇Pl.90（カラー）　大井次三郎著, 太田洋愛画 1968写生　水彩

ムラサキサフラン
⇒ハナサフラン（ムラサキサフラン）を見よ

むらさきしきぶ
「木の手帖」小学館　1991
◇図162（カラー）　紫式部　岩崎灌園『本草図譜』文政11（1828）　約21×145　［国立国会図書館］

紫絞
「日本椿集」平凡社　1966
◇図206（カラー）　津山尚著, 二口善雄画 1959

ムラサキスズメノオゴケ　Cynanchum purpurascens
「花木真寫」淡交社　2005
◇図42（カラー）　玉露草　近衛予楽院家熈［（財）陽明文庫］

ムラサキセイヨウハシバミまたはセイヨウハシバミ　Corylus maxima or orylus avellana
「すごい博物画」グラフィック社　2017
◇図版51（カラー）　シロムネオオハシ、ザクロ、クロヅル、イヌサフラン、おそらくシャチホコガの幼虫、ヨーロッパブドウの枝、コンゴウインコ、モナモンキー、ムラサキセイヨウハシバミまたはセイヨウハシバミ、オオモンシロチョウ、ヨーロッパアマガエル　マーシャル, アレクサンダー 1650～82頃　水彩　45.8×34.0　［ウィンザー城ロイヤル・ライブラリー］

ムラサキセンダイハギ　Baptisia australis
「美花選［普及版］」河出書房新社　2016
◇図34（カラー）　Podalyria Australis　ルドゥーテ, ピエール＝ジョゼフ画 1827～1833　［コノサーズ・コレクション東京］

ムラサキセンダイハギ　Baptisia (Podalyria) australis
「ルドゥーテ画 美花選 1」学習研究社　1986
◇図51（カラー）　1827～1833

むらさきたけ
「高松松平家博物図譜 写生画帖 雑木」香川県立ミュージアム　2014
◇p54（カラー）　松平頼恭 江戸時代　紙本著色 画帖装（折本形式）　33.2×48.4　［個人蔵］　※表紙・裏表紙見返し墨書 安永6（1777）6月 程赤城筆

ムラサキハシドイ　Syringa vulgaris
「ルドゥーテ画 美花選 2」学習研究社　1986
◇図11（カラー）　1827～1833

ムラサキハシドイ, ライラック
「カーティスの植物図譜」エンタプライズ　1987
◇図183（カラー）　Common Lilac.『カーティスのボタニカルマガジン』　1787～1887

紫花 シヤウシヤウ袴
「高松松平家博物図譜 衆芳画譜 花卉 第四」香川県立ミュージアム　2010
◇p60（カラー）　松平頼恭 江戸時代　紙本著色 画帖装（折本形式）　33.0×48.2　［個人蔵］

ムラサキヘイシソウ　Sarracenia purpurea
「すごい博物画」グラフィック社　2017
◇図版86（カラー）　トノサマガエルとムラサキヘイシソウ　ケイツビー, マーク 1722～26頃　アラビアゴムを混ぜたグラファイト 水彩 濃厚顔料 37.7×26.3　［ウィンザー城ロイヤル・ライブラリー］
「ウィリアム・カーティス 花図譜」同朋舎出版 1994
◇519図（カラー）　Broad-lipped Purple Side-

saddle Flower or Pitcher Plant　エドワーズ，シデナム・ティースト画『カーティス・ボタニカル・マガジン』 1805

むらちとり
「高松松平家博物図譜 写生画帖 雑草」香川県立ミュージアム　2013
◇p78（カラー）　松平頼恭 江戸時代　紙本著色 画帖装（折本形式） 33.2×48.4 ［個人蔵］

無類紋
「日本椿集」平凡社　1966
◇図199（カラー）　津山尚著，二口善雄画 1966，1965

ムレサギ
「高松松平家博物図譜 衆芳画譜 花卉 第四」香川県立ミュージアム　2010
◇p54（カラー）　松平頼恭 江戸時代　紙本著色 画帖装（折本形式） 33.0×48.2 ［個人蔵］

群桜　Prunus Jamasakura Sieb. ‘Nitida’
「日本桜集」平凡社　1973
◇Pl.91（カラー）　大井次三郎著，太田洋愛画 1968写生　水彩

【め】

明月　Prunus Lannesiana Wils. ‘Sancta’
「日本桜集」平凡社　1973
◇Pl.84（カラー）　大井次三郎著，太田洋愛画 1970写生　水彩

メガ
⇒ミョウガ・メガを見よ

メガルカヤ　Themeda japonica C.Tanaka
「岩崎灌園の草花写生」たにぐち書店　2013
◇p90（カラー）　カルカヤ別品　オガルカヤ，メガルカヤ ［個人蔵］

めぎ
「木の手帖」小学館　1991
◇図63（カラー）　目木　岩崎灌園『本草図譜』 文政11（1828）　約21×145 ［国立国会図書館］

メギ　Berberis thunbergii
「江戸博物文庫 菜樹の巻」工作舎　2017
◇p128（カラー）　目木　岩崎灌園『本草図譜』 ［東京大学大学院理学系研究科附属植物園（小石川植物園）］

メキシコソテツ　Zamia pumile
「花の王国 4」平凡社　1990
◇p104（カラー）　ファン・ヘール編『愛好家の花々』 1847　手彩色石版画

メキシコのピンポンノキ
「イングリッシュ・ガーデン」求龍堂　2014
◇図92（カラー）　Sterculia of Mexico　ノース，マリアン 1880年代　油彩 厚紙　50.9×35.5 ［キュー王立植物園］

メキシコヒマワリ　Tithonia rotundifolia
「ウィリアム・カーティス 花図譜」同朋舎出版 1994
◇125図（カラー）　Showy Mexican Sunflower グローバー，トーマス画『カーティス・ボタニカル・マガジン』 1834

メコノプシス・カンブリカ　Meconopsis cambrica
「美花選［普及版］」河出書房新社　2016
◇図68（カラー）　Papaver Cambricum　ルドゥーテ，ピエール＝ジョゼフ画 1827～1833 ［コノサーズ・コレクション東京］

メコノプシス シンプリキフォリア［ヒマラヤの青いケシ］　Meconopsis simplicifolia
「ボタニカルアートの世界」朝日新聞社　1987
◇p10（カラー）　フッカー，ジョセフ画，フィッチ，ウォルター彫版『Illustrations of Himalayan plants』 1855

メコノプシスの1種［ヒマラヤの黄色いケシ］　Meconopsis paniculata
「ボタニカルアートの世界」朝日新聞社　1987
◇p11（カラー）　フッカー，ジョセフ画，フィッチ，ウォルター彫版『Illustrations of Himalayan plants』 1855

メコノプシス・パニクラタ　Meconopsis paniculata
「図説 ボタニカルアート」河出書房新社　2010
◇p93（カラー）　フッカー，J.D.原画・著『ヒマラヤ植物図解』 1855

メコノプシス・パニクラタ　Meconopsis paniculata（D.Don）Prain
「花の肖像 ボタニカルアートの名品と歴史」創土社　2006
◇fig.13（カラー）　フッカー，ジョセフ画，フィッチ，W.彫版『ヒマラヤ植物図譜』 1855

めなもみ
「野の草の手帖」小学館　1989
◇p202～203（カラー）　豨薟　岩崎常正（灌園）『本草図譜』 文政11（1828） ［国立国会図書館］

メナモミ
「彩色 江戸博物学集成」平凡社　1994
◇p255（カラー）　飯沼慾斎『草木図説』 ［岩瀬文庫］

メヌエット　‘Minuette’
「ばら花譜」平凡社　1983
◇PL.139（カラー）　二口善雄画，鈴木省三，籾山泰一著 1975　水彩

めはじき
「野の草の手帖」小学館　1989
◇p201（カラー）　目弾　岩崎常正（灌園）『本草図譜』 文政11（1828） ［国立国会図書館］

メラスフェルラ・グラミネア Melasphaerula graminea
「ユリ科植物図譜 1」学習研究社 1988
◇図48（カラー） ディアシア・グラミニフォリア ルドゥーテ, ピエール＝ジョセフ 1802〜1815
◇図52（カラー） ディアシア・イリディフォリア ルドゥーテ, ピエール＝ジョセフ 1802〜1815

メランティウム・グラミネウム
「ユリ科植物図譜 2」学習研究社 1988
◇図55（カラー） Melanthium gramineum ルドゥーテ, ピエール＝ジョセフ 1802〜1815

メリアンツス・ミノル Melianthus comosus
「ウィリアム・カーティス 花図譜」同朋舎出版 1994
◇381図（カラー） Small Melianthus or Honey-Flower カーティス, ウィリアム『カーティス・ボタニカル・マガジン』 1795

メルセデス 'Mercedes'
「ばら花譜」平凡社 1983
◇PL.138（カラー） 二口善雄画, 鈴木省三, 籾山泰一著 1975 水彩

メルテンシア・ヴァージニカ Mertensia virginica
「植物精選百種図譜 博物画の至宝」平凡社 1996
◇pl.42（カラー） Pulmonaria トレウ, C.J., エーレト, G.D. 1750〜73

メレンデラ・ブルボコディウム
「ユリ科植物図譜 2」学習研究社 1988
◇図56（カラー） Merendera bulbocodium ルドゥーテ, ピエール＝ジョセフ 1802〜1815

メロカクタスの1種 Melocactus sp.
「図説 ボタニカルアート」河出書房新社 2010
◇p34（カラー） ロベール, M.画 ［フランス国立自然史博物館］

【も】

モイワナズナ Draba sachalinensis (F. Schmidt) Trautv.
「須崎忠助植物画集」北海道大学出版会 2016
◇図6-14（カラー） モイワナヅナ『大雪山植物其他』 5月1日 ［北海道大学附属図書館］

もうそうちく
「木の手帖」小学館 1991
◇図175（カラー） 孟宗竹 岩崎灌園『本草図譜』 文政11（1828） 約21×145 ［国立国会図書館］

モウリンカ Jasminum sambac
「花彙 下」八坂書房 1977
◇図166（白黒） 暗麝 小野蘭山, 島田充房 明和2（1765） 26.5×18.5 ［国立公文書館・内閣文庫］

もくげんし
「高松松平家博物図譜 写生画帖 雑木」香川県立ミュージアム 2014
◇p41（カラー） 松平頼恭 江戸時代 紙本著色 画帖装（折本形式） 33.2×48.4 ［個人蔵］ ※表紙・裏表紙見返し墨書 安永6（1777）6月 程赤城筆

もくげんじ
「木の手帖」小学館 1991
◇図118（カラー） 木槵子・木患子 岩崎灌園『本草図譜』 文政11（1828） 約21×145 ［国立国会図書館］

モクゲンジ Koelreuteria paniculata
「江戸博物文庫 菜樹の巻」工作舎 2017
◇p143（カラー） 木患子 岩崎灌園『本草図譜』 ［東京大学大学院理学系研究科附属植物園（小石川植物園）］
「花彙 下」八坂書房 1977
◇図196（白黒） 欒木 小野蘭山, 島田充房 明和2（1765） 26.5×18.5 ［国立公文書館・内閣文庫］

もくげんじゅ
「高松松平家博物図譜 写生画帖 雑木」香川県立ミュージアム 2014
◇p68（カラー） 松平頼恭 江戸時代 紙本著色 画帖装（折本形式） 33.2×48.4 ［個人蔵］ ※表紙・裏表紙見返し墨書 安永6（1777）6月 程赤城筆

モクセイ Osmanthus fragrans
「花彙 下」八坂書房 1977
◇図193（白黒） 九里香 小野蘭山, 島田充房 明和2（1765） 26.5×18.5 ［国立公文書館・内閣文庫］

木生シダの1種 Cyathea sp.
「図説 ボタニカルアート」河出書房新社 2010
◇p87（白黒） フィッチ画, フッカー, W.J.『庭植えのシダ類』 1862

モクマオウ Casuarina quadriralris
「花の王国 4」平凡社 1990
◇p102（カラー） ベルトゥーフ, F.J.『子供のための図誌』 1810

モクレイシ Microtropis japonica
「江戸博物文庫 菜樹の巻」工作舎 2017
◇p158（カラー） 木茘枝 岩崎灌園『本草図譜』 ［東京大学大学院理学系研究科附属植物園（小石川植物園）］

もくれん Magnolia quinquepeta
「草木写生 春の巻」ピエ・ブックス 2010
◇p186〜187（カラー） 木蓮 狩野織染藤原重賢 明暦3（1657）〜元禄12（1699） ［国立国会図書館］

もくれん
「木の手帖」小学館 1991

◇図51（カラー）　木蓮・木蘭　しもくれん，はくもくれん　岩崎灌園『本草図譜』　文政11（1828）約21×145　［国立国会図書館］

モクレン　Magnolia quinquepeta

「江戸博物文庫 菜樹の巻」工作舎　2017
◇p124（カラー）　木蓮　岩崎灌園『本草図譜』［東京大学大学院理学系研究科附属植物園（小石川植物園）］

モクレン属キャンベリイ種　Magnolia campbellii Hook.f. & Thomson

「花の肖像 ボタニカルアートの名品と歴史」創土社　2006
◇fig.70（カラー）　カトカルト画，フィッチ，ウォルター彫版，フッカー『ヒマラヤ植物図譜』 1855

モケ

⇒ボケ・モケを見よ

藻汐

「日本椿集」平凡社　1966
◇図15（カラー）　津山尚著，二口善雄画 1965

モヂズリ

「高松松平家博物図譜 衆芳画譜 花卉 第四」香川県立ミュージアム　2010
◇p9（カラー）　松平頼恭 江戸時代　紙本著色 画帖装（折本形式）　33.0×48.2　［個人蔵］

モスローズ　Rosa centifolia

「花の王国 1」平凡社　1990
◇p89（カラー）『カーチス・ボタニカル・マガジン』1787〜継続

モス・ローズ

⇒ロサ・ケンティフォリア・ムスコーサ（モス・ローズ）を見よ

モダマ　Entada phaseoloides

「花の王国 4」平凡社　1990
◇p84（カラー）　馬場大助『遠西舶上画譜』　制作年代不詳　［東京国立博物館］

もちのき

「木の手帖」小学館　1991
◇図120（カラー）　黐　岩崎灌園『本草図譜』　文政11（1828）　約21×145　［国立国会図書館］

モチノキの1種　Ilex sp.

「ビュフォンの博物誌」工作舎　1991
◇N136（カラー）『一般と個別の博物誌 ソンニーニ版』

木香花

「高松松平家博物図譜 衆芳画譜 花果 第五」香川県立ミュージアム　2011
◇p50（カラー）　松平頼恭　江戸時代　紙本著色 画帖装（折本形式）　33.2×48.4　［個人蔵］

モッコウバラ　Rosa banksiae

「江戸博物文庫 花草の巻」工作舎　2017
◇p133（カラー）　木香薔薇　岩崎灌園『本草図譜』［東京大学大学院理学系研究科附属植物園（小石川植物園）］

「美花選［普及版］」河出書房新社　2016
◇図116（カラー）　Rosier de Bancks Var.à fleurs jaunes　ルドゥーテ，ピエール＝ジョゼフ画 1827〜1833　［コノサーズ・コレクション東京］

「ボタニカルアート 西洋の美花集」パイ インターナショナル　2010
◇p93（カラー）　ルドゥーテ，ピエール＝ジョセフ画・著『美花選』 1827〜33　点刻銅版画多色刷一部手彩色

「ルドゥーテ画 美花選 1」学習研究社　1986
◇図59（カラー）　1827〜1833

モッコウバラ

⇒ロサ・バンクシアエ（モッコウバラ）を見よ

もつこく

「高松松平家博物図譜 写生画帖 雑木」香川県立ミュージアム　2014
◇p23（カラー）　松平頼恭 江戸時代　紙本著色 画帖装（折本形式）　33.2×48.4　［個人蔵］　※表紙・裏表紙見返し墨書 安永6（1777）6月 程赤城筆

モッコク　Ternstroemia gymnanthera（Wight & Arn.）Bedd.

「シーボルト日本植物図譜コレクション」小学館 2008
◇図2-11（カラー）　Ternstroemia　［桂川甫賢］画　［1820頃］　和紙 透明の絵の具 墨　25.0×31.0　［ロシア科学アカデミーコマロフ植物学研究所図書館］　※目録293 コレクションII 670/213

「シーボルト「フローラ・ヤポニカ」日本植物誌」八坂書房　2000
◇図80（カラー）　Mokkok'　［国立国会図書館］

モナコソルム・スブディギタトゥム

Monachosorum subdigitatum（Blume）Kuhn

「花の肖像 ボタニカルアートの名品と歴史」創土社　2006
◇fig.29（カラー）　ブルーメ著作

モナンテス ポリフィラ　Monanthos poliphylla

「ボタニカルアートの世界」朝日新聞社　1987
◇p81左（カラー）　ルドゥテ画『Plantarum historia succulentarum』 1798〜1804

もみ

「木の手帖」小学館　1991
◇図13（カラー）　樅　岩崎灌園『本草図譜』　文政11（1828）　約21×145　［国立国会図書館］

モミ　Abies firma

「江戸博物文庫 菜樹の巻」工作舎　2017
◇p120（カラー）　樅　岩崎灌園『本草図譜』［東京大学大学院理学系研究科附属植物園（小石川植物園）］

「花の王国 3」平凡社　1990
◇p117（カラー）　ショームトン他編，テュルパン，

P.J.F.図『薬用植物事典』 1833〜35
「花彙 下」八坂書房 1977
◇図107（白黒） 榁 小野蘭山, 島田充房 明和2（1765） 26.5×18.5 ［国立公文書館・内閣文庫］

モミ　Abies firma Siebold & Zucc.

「シーボルト日本植物図譜コレクション」小学館 2008
◇図3-117（カラー） Abies firma Sieb.et Zucc.cf. bifida Sieb.et Zucc. ［清水東谷］画 ［1861］ 和紙 透明絵の具 墨 白色塗料 28.2×38.5 ［ロシア科学アカデミーコマロフ植物学研究所図書館］ ※目録34 コレクションVII /845
「シーボルト「フローラ・ヤポニカ」 日本植物誌」八坂書房 2000
◇図107（カラー） Tô momi ［国立国会図書館］
◇図109（白黒） Saga momi ［国立国会図書館］

もみがさ

「高松松平家博物図譜 写生画帖 雑木」香川県立ミュージアム 2014
◇p98（カラー） 松平頼恭 江戸時代 紙本著色 画帖装（折本形式） 33.2×48.4 ［個人蔵］ ※表紙・裏表紙見返し墨書 安永6（1777）6月 程赤城筆

モミジガサ　Parasenecio delphiniifolia (Siebold & Zucc.) H.Koyama

「シーボルト日本植物図譜コレクション」小学館 2008
◇図3-66（カラー） Cacalia delphinifolia Sieb.et Zucc. 川原慶賀画 紙 透明絵の具 墨 23.9×32.2 ［ロシア科学アカデミーコマロフ植物学研究所図書館］ ※目録784 コレクションV 216/584

モミジカラマツ　Trautvetteria japonica

「日本の博物図譜」東海大学出版会 2001
◇p63（白黒） 関根雲停筆 ［高知県立牧野植物園］

紅葉狩

「日本椿集」平凡社 1966
◇図209（カラー） 津山尚著, 二口善雄画 1960

もみぢくさ

「高松松平家博物図譜 写生画帖 雑草」香川県立ミュージアム 2013
◇p24（カラー） 松平頼恭 江戸時代 紙本著色 画帖装（折本形式） 33.2×48.4 ［個人蔵］

モミジバスズカケノキ

「美花図譜」八坂書房 1991
◇図2（カラー） ウエインマン『花譜』 1736〜1748 銅版刷手彩色 ［群馬県館林市立図書館］

モミジバフウ　Liquidambar styraciflua

「すごい博物画」グラフィック社 2017
◇図版85（カラー） ガーマンアノールとモミジバフウ ケイツビー, マーク 1722〜26頃 アラビアゴムを混ぜた水彩 濃厚顔料 38.2×26.9 ［ウィンザー城ロイヤル・ライブラリー］
「ビュフォンの博物誌」工作舎 1991
◇N061（カラー）『一般と個別の博物誌 ソンニーニ版』

モミの1種　Abies sp.

「ビュフォンの博物誌」工作舎 1991
◇N057（カラー）『一般と個別の博物誌 ソンニーニ版』

桃色 亀甲草

「高松松平家博物図譜 衆芳画譜 花卉 第四」香川県立ミュージアム 2010
◇p83（カラー） 松平頼恭 江戸時代 紙本著色 画帖装（折本形式） 33.0×48.2 ［個人蔵］

百千鳥

「日本椿集」平凡社 1966
◇図175（カラー） 津山尚著, 二口善雄画 1960

モラエア・スピカタ　Homeria elegans

「ウィリアム・カーティス 花図譜」同朋舎出版 1994
◇243図（カラー） Flexuose Moræa エドワーズ, シデナム・ティースト画『カーティス・ボタニカル・マガジン』 1810

モラエア・トリクスピダタ　Moraea tricuspidata

「美花選［普及版］」河出書房新社 2016
◇図72（カラー） Vieusseuxie à taches bleues ルドゥーテ, ピエール＝ジョゼフ画 1827〜1833 ［コノサーズ・コレクション東京］
「ボタニカルアート 西洋の美花集」パイ インターナショナル 2010
◇p15（カラー） ルドゥーテ, ピエール＝ジョセフ画・著『美花選』 1827〜33 点刻銅版画多色刷手彩色

モリイバラ　Rosa jasminoides Koidzumi

「薔薇空間」ランダムハウス講談社 2009
◇図187（カラー） 二口善雄画, 鈴木省三, 籾山泰一解説『ばら花譜』 1983 水彩 382×270
「ばら花譜」平凡社 1983
◇PL.4（カラー） 二口善雄画, 鈴木省三, 籾山泰一著 1978,1972 水彩

盛岡枝垂　Prunus pendula Maxim. 'Morioka-pendula'

「日本桜集」平凡社 1973
◇Pl.89（カラー） 大井次三郎著, 太田洋愛画 1972写生 水彩

モリナ・ペルシカ　Morina persica

「図説 ボタニカルアート」河出書房新社 2010
◇p59（カラー） バウアー, フェルディナンド画, シブソープ, スミス, J.E.『ギリシア植物誌』 1806〜40

モルゴ・ウェルティキラタの花

「昆虫の劇場」リブロポート 1991
◇p21（カラー） エーレト, G.D.『花蝶珍種図録』

1748〜62

モルモーデス・イグニューム　Mormodes igneum Ldl.et Paxt.

「蘭花譜」平凡社　1974
◇Pl.80–5（カラー）　加藤光治著, 二口善雄画 1971写生

モルモーデス・フーケリー　Mormodes Hookeri Lem.

「蘭花譜」平凡社　1974
◇Pl.80–4（カラー）　加藤光治著, 二口善雄画 1970写生

モレア　Moraea aristata（Vieusseuxia glaucopis）

「ルドゥーテ画 美花選 2」学習研究社　1986
◇図16（カラー）1827〜1833

モレア・イリディオイデス

「ユリ科植物図譜 1」学習研究社　1988
◇図154（カラー）　Moraea iridioides　ルドゥーテ, ピエール＝ジョセフ 1802〜1815

モレア・グラコピス　Moraea glaucopis

「ユリ科植物図譜 1」学習研究社　1988
◇図165（カラー）　ビューセクシア・グラウコーピス　ルドゥーテ, ピエール＝ジョセフ 1802〜1815

モレア・トリスティス　Moraea tristis

「ユリ科植物図譜 1」学習研究社　1988
◇図156（カラー）　モレア・ソルデスケンス　ルドゥーテ, ピエール＝ジョセフ 1802〜1815

もろだ

「高松松平家博物図譜 写生画帖 雑木」香川県立ミュージアム　2014
◇p76（カラー）　松平頼恭 江戸時代　紙本著色 画帖装（折本形式）　33.2×48.4　［個人蔵］　※表紙・裏表紙見返し墨書 安永6（1777）6月 程赤城筆

モンゴリナラ　Quercus mongolica Fisch.

「北海道主要樹木図譜［普及版］」北海道大学図書刊行会　1986
◇図35（カラー）　カラフトガシワ　須崎忠助 大正9（1920）〜昭和6（1931）　［個人蔵］

紋繻子

「日本椿集」平凡社　1966
◇図12（カラー）　津山尚著, 二口善雄画 1960

モンソニア・ロバタ　Monsonia lobata

「ウィリアム・カーティス 花図譜」同朋舎出版 1994
◇189図（カラー）　Broad–leaved Monsonia　カーティス, ウィリアム『カーティス・ボタニカル・マガジン』 1797

問題作

「花の王国 4」平凡社　1990
◇p12（カラー）　鐵樹　ビュショー『中国ヨーロッパ植物図譜』 1776
◇p12（カラー）　虎茨　ビュショー『中国ヨーロッパ植物図譜』 1776

モンパルナス　'Montparnasse'

「ばら花譜」平凡社　1983
◇PL.100（カラー）　二口善雄画, 鈴木省三, 籾山泰一著 1975　水彩

モンペリエ・ラナンキュラス　Ranunculus monspeliacus

「すごい博物画」グラフィック社　2017
◇図版44（カラー）　ドイツアヤメ、モンペリエ・ラナンキュラス、ターバン・ラナンキュラス、イングリッシュ・ブルーベル　マーシャル, アレクサンダー 1650〜82頃　水彩　45.9×34.2　［ウィンザー城ロイヤル・ライブラリー］

【や】

八重大島　Prunus Lannesiana Wils. 'Plena'

「日本桜集」平凡社　1973
◇Pl.137（カラー）　大井次三郎著, 太田洋愛画 1972写生　水彩

ヤエオモダカ　Sagittaria trifolia f.plena

「花木真寫」淡交社　2005
◇図72（カラー）　慈姑　近衛予楽院家熙　［（財）陽明文庫］

八重咲きのオレンジ・リリー

「フローラの庭園」八坂書房　2015
◇p71（カラー）　マーシャル, アレクサンダー画『フラワー・ブック』 1680頃　水彩 紙　46.0×33.3　［英国王室コレクション］

八重咲きのキズイセン

「フローラの庭園」八坂書房　2015
◇p66（カラー）　マーシャル, アレクサンダー画『フラワー・ブック』 1680頃　水彩 紙　46.0×33.3　［英国王室コレクション］

八重咲きのクチベニズイセン

「フローラの庭園」八坂書房　2015
◇p66（カラー）　マーシャル, アレクサンダー画『フラワー・ブック』 1680頃　水彩 紙　46.0×33.3　［英国王室コレクション］

八重咲きのケシ

「フローラの庭園」八坂書房　2015
◇p24（カラー）　ロベール, ニコラ『ジュリーの花飾り』 1641　水彩 羊皮紙（パーチメント）　31×22　［フランス国立図書館（パリ）］

八重咲きのチューリップ

「フローラの庭園」八坂書房　2015
◇p16（カラー）　ホルツベッカー, ハンス・シモン『ゴットルプ家の写本』 1649〜59　水彩 羊皮紙（パーチメント）　［デンマーク国立美術館（コペンハーゲン）］

八重咲きのナツシロギク
「フローラの庭園」八坂書房　2015
◇p71(カラー)　マーシャル, アレクサンダー画『フラワー・ブック』1680頃　水彩 紙　46.0×33.3 ［英国王室コレクション］

八重咲きのヒマワリ
「フローラの庭園」八坂書房　2015
◇p10(カラー)　ベスラー, バシリウス『アイヒシュテット庭園植物誌』1613　銅版(エングレーヴィング) 手彩色 紙　57×46　［テイラー博物館(ハールレム)］

八重咲きのラナンキュラス
「フローラの庭園」八坂書房　2015
◇p68(カラー)　マーシャル, アレクサンダー画『フラワー・ブック』1680頃　水彩 紙　46.0×33.3 ［英国王室コレクション］

八重山椒バラ
「高松松平家博物図譜 衆芳画譜 花果 第五」香川県立ミュージアム　2011
◇p39(カラー)　松平頼恭 江戸時代　紙本著色 画帖装(折本形式)　33.2×48.4　［個人蔵］

八重白玉
「日本椿集」平凡社　1966
◇図60(カラー)　津山尚著, 二口善雄画 1965

八重ノウツキ
「高松松平家博物図譜 衆芳画譜 花果 第五」香川県立ミュージアム　2011
◇p49(カラー)　松平頼恭 江戸時代　紙本著色 画帖装(折本形式)　33.2×48.4　［個人蔵］

八重ノテツセン
「高松松平家博物図譜 衆芳画譜 花卉 第四」香川県立ミュージアム　2010
◇p19(カラー)　松平頼恭 江戸時代　紙本著色 画帖装(折本形式)　33.0×48.2　［個人蔵］

八重姫
「日本椿集」平凡社　1966
◇図120(カラー)　津山尚著, 二口善雄画 1959

八重紅枝垂　Prunus pendula Maxim. ‘Pleno–rosea’
「日本桜集」平凡社　1973
◇Pl.135(カラー)　大井次三郎著, 太田洋愛画 1965写生　水彩

八重紅虎の尾　Prunus Lannesiana Wils. ‘Yae–benitorano–o’
「日本桜集」平凡社　1973
◇Pl.136(カラー)　大井次三郎著, 太田洋愛画 1965写生　水彩

ヤエミヤマキンポウゲ　Double–flowered form of Ranunculus acris L.subsp.nipponicus (H.Hara) Hultén
「須崎忠助植物画集」北海道大学出版会　2016
◇図8–18(カラー)　八重咲ノきんぽうげ『大雪山植物其他』8月9日　［北海道大学附属図書館］

ヤエヤマブキ　Kerria japonica forma plena
「花木真寫」淡交社　2005
◇図13(カラー)　八重欵冬　近衛予楽院家熙［(財)陽明文庫］

ヤエヤマブキ　Kerria japonica (L.) DC.f.plena C.K.Schneid.
「シーボルト「フローラ・ヤポニカ」 日本植物誌」八坂書房　2000
◇図98–III(カラー)　Kerria japonica (L.) DC. (var.floribus plenis)　［国立国会図書館］

やくしさう
「高松松平家博物図譜 写生画帖 雑草」香川県立ミュージアム　2013
◇p53(カラー)　松平頼恭 江戸時代　紙本著色 画帖装(折本形式)　33.2×48.4　［個人蔵］

ヤグルマギク　Centaurea cyanus
「花の王国 1」平凡社　1990
◇p115(カラー)　ルソー, J.J., ルドゥーテ『植物学』1805

ヤグルマギク　Cyanus segetum
「ボタニカルアート 西洋の美花集」パイ インターナショナル　2010
◇p49(カラー)『Florilegium des Prinzen Eugen von Savoyen』1670 ?

ヤグルマギクの1種　Centaurea sp.
「ビュフォンの博物誌」工作舎　1991
◇N079(カラー)『一般と個別の博物誌 ソンニーニ版』

ヤグルマソウ
「美花図譜」八坂書房　1991
◇図35(カラー)　ウエインマン『花譜』1736〜1748　銅版刷手彩色　［群馬県館林市立図書館］

ヤシ
「昆虫の劇場」リブロポート　1991
◇p99(カラー)　メーリアン, M.S.『スリナム産昆虫の変態』1726

ヤシオネの1種　Jasione montana
「ビュフォンの博物誌」工作舎　1991
◇N100(カラー)『一般と個別の博物誌 ソンニーニ版』

ヤシ科の幼植物
「図説 ボタニカルアート」河出書房新社　2010
◇p84(カラー)　マルティウス『ヤシ科植物誌』1823〜53

やしゃびしゃく
「木の手帖」小学館　1991
◇図71(カラー)　夜叉柄杓　岩崎灌園『本草図譜』文政11(1828)　約21×145　［国立国会図書館］

ヤシャビシャク　Ribes ambiguum Maxim
「江戸博物文庫 菜樹の巻」工作舎　2017
◇p180（カラー）　夜叉柄杓　岩崎灌園『本草図譜』［東京大学大学院理学系研究科附属植物園（小石川植物園）］

ヤシャビシャク　Ribes fasciculatum Siebold & Zucc.
「シーボルト日本植物図譜コレクション」小学館　2008
◇図3–109（カラー）　Ribes fasciculatum Sieb.et Zucc.　清水東谷画［1861～1862］　和紙 透明絵の具 墨　29.0×38.7　［ロシア科学アカデミーコマロフ植物学研究所図書館］　※目録370 コレクションIV 472/500

ヤチダモ　Fraxinus mandshurica Rupr.var. japonica Maxim.
「北海道主要樹木図譜［普及版］」北海道大学図書刊行会　1986
◇図85（カラー）　須崎忠助 大正9（1920）～昭和6（1931）　［個人蔵］

ヤチツツジ　Chamaedaphne calyculata
「ウィリアム・カーティス 花図譜」同朋舎出版　1994
◇152図（カラー）　Globe–flowered calycled　エドワーズ, シデナム・ティースト画『カーティス・ボタニカル・マガジン』 1810

ヤッコソウ　Mitrastemon yamamotoi
「牧野富太郎植物画集」ミュゼ　1999
◇p11（カラー）『植物学雑誌』 1911（明治44）　石版印刷 水彩　25.2×25.8

ヤツシロソウ
「高松松平家博物図譜 衆芳画譜 花卉 第四」香川県立ミュージアム　2010
◇p36（カラー）　松平頼恭 江戸時代　紙本著色 画帖装（折本形式）　33.0×48.2　［個人蔵］

やつで
「高松松平家博物図譜 写生画帖 雑木」香川県立ミュージアム　2014
◇p24（カラー）　松平頼恭 江戸時代　紙本著色 画帖装（折本形式）　33.2×48.4　［個人蔵］　※表紙・裏表紙見返し墨書 安永6（1777）6月 程赤城筆

ヤツデ
⇒ファツィア・ヤポニカ（ヤツデ）を見よ

やどりぎ
「木の手帖」小学館　1991
◇図49（カラー）　宿木・寄木・寄生木　岩崎灌園『本草図譜』　文政11（1828）　約21×145　［国立国会図書館］

ヤドリギ　Viscum album subsp.coloratum
「江戸博物文庫 菜樹の巻」工作舎　2017
◇p179（カラー）　宿木/寄生木　岩崎灌園『本草図譜』　［東京大学大学院理学系研究科附属植物園（小石川植物園）］

「日本の博物図譜」東海大学出版会　2001
◇図26（カラー）　服部雪斎筆　［高知県立牧野植物園］

ヤナギイノコズチ　Achyranthes longifolia
「花彙 上」八坂書房　1977
◇図62（白黒）　通天杖　小野蘭山, 島田充房 明和2（1765）　26.5×18.5　［国立公文書館・内閣文庫］

ヤナギ科ヤマナラシ（ポプラ）属の1種
Populus sp.
「植物精選百種図譜 博物画の至宝」平凡社　1996
◇pl.46（カラー）　Tacamahaca　トレウ, C.J., エーレト, G.D. 1750～73

ヤナギタンポポの1種　Hieracium sp.
「ビュフォンの博物誌」工作舎　1991
◇N076（カラー）『一般と個別の博物誌 ソンニーニ版』

ヤナギバハゲイトウ　Amaranthus salicifolius
「花の王国 1」平凡社　1990
◇p85（カラー）　ルメール, シャイトヴァイラー, ファン・ホーテ著, セヴェリン図『ヨーロッパの温室と庭園の花々』 1845～60　色刷り石版

ヤナギラン　Chamaenerion angustifolium
「四季草花譜」八坂書房　1988
◇図37（カラー）　ヤナギソウ　飯沼慾斎筆『草木図説稿本』　［個人蔵］

ヤナギラン
「高松松平家博物図譜 衆芳画譜 花卉 第四」香川県立ミュージアム　2010
◇p92（カラー）　松平頼恭 江戸時代　紙本著色 画帖装（折本形式）　33.0×48.2　［個人蔵］

ヤブイチゲ　Anemone nemorosa
「すごい博物画」グラフィック社　2017
◇図版7（カラー）　オオアマナ、ヤブイチゲ、トウダイグサ　レオナルド・ダ・ヴィンチ 1505～10頃　ペンとインク 赤いチョーク　19.8×16.0　［ウィンザー城ロイヤル・ライブラリー］
◇図版8（カラー）　リュウキンカとヤブイチゲ　レオナルド・ダ・ヴィンチ 1505～10頃　黒いチョークの跡の上にペンとインク　85.0×14.0　［ウィンザー城ロイヤル・ライブラリー］

ヤブイチゲ
「ボタニカルアート 西洋の美花集」パイ インターナショナル　2010
◇p196（カラー）　ラウドン, ジェーン・ウェルズ画・著『英国の野草』 1846　石版画 手彩色

ヤブイバラ　Rosa onoei Makino
「ばら花譜」平凡社　1983
◇PL.5（カラー）　二口善雄画, 鈴木省三, 籾山泰一著 1975,1977,1973　水彩

ヤブウツギ　Weigela floribunda (Sieb.et Zucc.) K.Koch
「シーボルト「フローラ・ヤポニカ」日本植物誌」八坂書房　2000
◇図32(カラー)　Mumesaki utsugi　[国立国会図書館]

やぶからし
「高松松平家博物図譜 写生画帖 雑草」香川県立ミュージアム　2013
◇p88(カラー)　松平頼恭 江戸時代　紙本著色 画帖装(折本形式)　33.2×48.4　[個人蔵]

やぶがらし
「野の草の手帖」小学館　1989
◇p155(カラー)　藪枯　岩崎常正(灌園)『本草図譜』文政11(1828)　[国立国会図書館]

ヤブカラシ　Cayratia japonica (Thunb.) Gagnep.
「シーボルト日本植物図譜コレクション」小学館　2008
◇図2-31(カラー)　Vitis japonica Thunb.　[de Villeneuve, C.H.?]画　水彩画 墨 光沢　23.5×33.0, 11.7×16.5　[ロシア科学アカデミーコマロフ植物学研究所図書館]　※目録565 コレクションII 489л-п/246

ヤブカンゾウ　Hemerocallis fulva f.kwanso
「花木真寫」淡交社　2005
◇図81(カラー)　萱草　近衛予楽院家熈　[(財)陽明文庫]

やぶこうじ　Ardisia japonica
「草木写生 春の巻」ピエ・ブックス　2010
◇p90~91(カラー)　藪柑子　狩野織染藤原重賢　明暦3(1657)~元禄12(1699)　[国立国会図書館]

ヤブコウジ　Ardisia japonica
「江戸博物文庫 花草の巻」工作舎　2017
◇p34(カラー)　藪柑子　岩崎灌園『本草図譜』[東京大学大学院理学系研究科附属植物園(小石川植物園)]

ヤブコウジ
「フローラの庭園」八坂書房　2015
◇p90(白黒)　ツンベルク, カール・ペーター『日本植物誌』1784　[個人蔵]

ヤブツバキ　Camellia japonica
「牧野富太郎植物画集」ミュゼ　1999
◇p44(白黒)『日本植物志図篇』1888頃(明治21)　和紙 墨(毛筆)　27.1×19.2

ヤブツバキ　Camellia japonica cv.
「江戸博物文庫 菜樹の巻」工作舎　2017
◇p171(カラー)　藪椿　岩崎灌園『本草図譜』[東京大学大学院理学系研究科附属植物園(小石川植物園)]

ヤブツバキ
「カーティスの植物図譜」エンタプライズ　1987
◇図42(カラー)　Common Camellia　図は栽培品種『カーティスのボタニカルマガジン』1787~1887
「日本椿集」平凡社　1966
◇図1(カラー)　藪椿　津山尚著, 二口善雄画　1965

やぶでまり　Viburnum plicatum var. tomentosum
「草木写生 春の巻」ピエ・ブックス　2010
◇p58~59(カラー)　藪手毬　狩野織染藤原重賢　明暦3(1657)~元禄12(1699)　[国立国会図書館]

ヤブデマリ　Viburnum plicatum Thunb.ex Murray f.tomentosum (Thunb.ex Murray) Rehd.
「シーボルト「フローラ・ヤポニカ」日本植物誌」八坂書房　2000
◇図38(カラー)　Murikari, Gabe　[国立国会図書館]

やぶにっけい
「木の手帖」小学館　1991
◇図59(カラー)　藪肉桂　岩崎灌園『本草図譜』文政11(1828)　約21×145　[国立国会図書館]

やぶにつけい
「高松松平家博物図譜 写生画帖 雑木」香川県立ミュージアム　2014
◇p88(カラー)　松平頼恭 江戸時代　紙本著色 画帖装(折本形式)　33.2×48.4　[個人蔵]　※表紙・裏表紙見返し墨書 安永6(1777)6月 程赤城筆

ヤブニッケイ　Cinnamomum tenuifolium
「江戸博物文庫 菜樹の巻」工作舎　2017
◇p123(カラー)　藪肉桂　岩崎灌園『本草図譜』[東京大学大学院理学系研究科附属植物園(小石川植物園)]

やぶにんじん
「高松松平家博物図譜 写生画帖 雑草」香川県立ミュージアム　2013
◇p102(カラー)　松平頼恭 江戸時代　紙本著色 画帖装(折本形式)　33.2×48.4　[個人蔵]

やぶめうが
「高松松平家博物図譜 写生画帖 雑草」香川県立ミュージアム　2013
◇p13(カラー)　松平頼恭 江戸時代　紙本著色 画帖装(折本形式)　33.2×48.4　[個人蔵]

ヤブミョウガ　Pollia japonica
「江戸博物文庫 花草の巻」工作舎　2017
◇p69(カラー)　藪茗荷　岩崎灌園『本草図譜』[東京大学大学院理学系研究科附属植物園(小石川植物園)]
「花木真寫」淡交社　2005
◇図69(カラー)　花嚢荷　近衛予楽院家熈

［(財)陽明文庫］
「花彙 上」八坂書房　1977
◇図38（白黒）　杜若　小野蘭山, 島田充房 明和2（1765）　26.5×18.5　［国立公文書館・内閣文庫］

ヤブミョウガ　Pollia japonica Thunb.
「シーボルト日本植物図譜コレクション」小学館　2008
◇図3–35（カラー）　Pollia japonica Thunb.　川原慶賀画　紙 透明絵の具 墨 光沢　23.5×33.0　［ロシア科学アカデミーコマロフ植物学研究所図書館］　※目録890 コレクションVIII 412/1044

やぶらん
「野の草の手帖」小学館　1989
◇p205（カラー）　藪蘭　岩崎常正（灌園）『本草図譜』 文政11（1828）　［国立国会図書館］

ヤブラン
「彩色 江戸博物学集成」平凡社　1994
◇p27（カラー）　貝原益軒『大和本草諸品図』

やぶれがさ
「野の草の手帖」小学館　1989
◇p156（カラー）　破傘　岩崎常正（灌園）『本草図譜』 文政11（1828）　［国立国会図書館］

ヤブレガサ　Syneilesis palmata
「江戸博物文庫 花草の巻」工作舎　2017
◇p32（カラー）　破れ傘　岩崎灌園『本草図譜』　［東京大学大学院理学系研究科附属植物園（小石川植物園）］

ヤマアイ　Mercurialis leiocarpa
「花彙 上」八坂書房　1977
◇図99（白黒）　透骨草　小野蘭山, 島田充房 明和2（1765）　26.5×18.5　［国立公文書館・内閣文庫］

やまあじさい
「高松松平家博物図譜 写生画帖 雑木」香川県立ミュージアム　2014
◇p81（カラー）　松平頼恭 江戸時代　紙本著色 画帖装（折本形式）　33.2×48.4　［個人蔵］　※表紙・裏表紙見返し墨書 安永6（1777）6月 程赤城筆

ヤマアジサイ　Hydrangea serrata
「江戸博物文庫 花草の巻」工作舎　2017
◇p104（カラー）　山紫陽花　岩崎灌園『本草図譜』　［東京大学大学院理学系研究科附属植物園（小石川植物園）］

ヤマアジサイ　Hydrangea serrata（Thunb.ex Murray）Ser.var.serrata
「シーボルト「フローラ・ヤポニカ」 日本植物誌」八坂書房　2000
◇図56, 57（カラー/白黒）　Hydrangea acuminata Sieb.et Zucc.　［国立国会図書館］

ヤマアジサイ
⇒ヒドランゲア・ヤポニカ（ヤマアジサイ？）を見よ

やまあづき
「高松松平家博物図譜 写生画帖 雑草」香川県立ミュージアム　2013
◇p71（カラー）　松平頼恭 江戸時代　紙本著色 画帖装（折本形式）　33.2×48.4　［個人蔵］

ヤマイバラ　Rosa sambucina Koidzumi
「ばら花譜」平凡社　1983
◇PL.3（カラー）　二口善雄画, 鈴木省三, 籾山泰一著 1977　水彩

ヤマイモ　Diosorea japonica
「日本の博物図譜」東海大学出版会　2001
◇p103（白黒）　池田瑞月筆『草木写生画巻』　［個人蔵］

ヤマウグイスカグラ　Lonicera gracilipes Miq.
「シーボルト日本植物図譜コレクション」小学館　2008
◇図3–115（カラー）　Xylosteum philomelae Sieb.　清水東谷画［1862］　紙 透明絵の具 墨　29.8×42.0　［ロシア科学アカデミーコマロフ植物学研究所図書館］　※目録750 コレクションIV 685/522

ヤマウコギ　Acanthopanax spinosus
「花彙 下」八坂書房　1977
◇図133（白黒）　八角茶　小野蘭山, 島田充房 明和2（1765）　26.5×18.5　［国立公文書館・内閣文庫］

山ウツキ
「高松松平家博物図譜 衆芳画譜 花果 第五」香川県立ミュージアム　2011
◇p49（カラー）　ヤマウツギノ實　松平頼恭 江戸時代　紙本著色 画帖装（折本形式）　33.2×48.4　［個人蔵］

ヤマウルシ　Rhus trichocarpa Miq.
「北海道主要樹木図譜［普及版］」北海道大学図書刊行会　1986
◇図61（カラー）　須崎忠助 大正9（1920）～昭和6（1931）　［個人蔵］

やまおだまき　Aquilegia buergeriana
「草木写生 春の巻」ピエ・ブックス　2010
◇p46～47（カラー）　山苧環　狩野織染藤原重賢 明暦3（1657）～元禄12（1699）　［国立国会図書館］

ヤマオダマキ　Aquilegia buergeriana
「江戸博物文庫 花草の巻」工作舎　2017
◇p178（カラー）　山苧環　岩崎灌園『本草図譜』　［東京大学大学院理学系研究科附属植物園（小石川植物園）］

ヤマオダマキ　Aquilegia buergeriana Sieb.et Zucc.
「岩崎灌園の草花写生」たにぐち書店　2013
◇p42（カラー）　深山苧環　［個人蔵］

やまをとこ
「高松松平家博物図譜 写生画帖 雑木」香川県立ミュージアム　2014
◇p20（カラー）　松平頼恭 江戸時代　紙本著色 画帖装（折本形式）　33.2×48.4　［個人蔵］　※表紙・裏表紙見返し墨書 安永6（1777）6月 程赤城筆

やまかし
「高松松平家博物図譜 写生画帖 雑木」香川県立ミュージアム　2014
◇p30（カラー）　松平頼恭 江戸時代　紙本著色 画帖装（折本形式）　33.2×48.4　［個人蔵］　※表紙・裏表紙見返し墨書 安永6（1777）6月 程赤城筆

やまかぞ
「高松松平家博物図譜 写生画帖 雑草」香川県立ミュージアム　2013
◇p12（カラー）　松平頼恭 江戸時代　紙本著色 画帖装（折本形式）　33.2×48.4　［個人蔵］

ヤマグルマ　Trochodendron aralioides Sieb.et Zucc.
「シーボルト「フローラ・ヤポニカ」 日本植物誌」八坂書房　2000
◇図39, 40（白黒）　Jama Kuruma　［国立国会図書館］

やまぐわ
「高松松平家博物図譜 写生画帖 雑木」香川県立ミュージアム　2014
◇p72（カラー）　松平頼恭 江戸時代　紙本著色 画帖装（折本形式）　33.2×48.4　［個人蔵］　※表紙・裏表紙見返し墨書 安永6（1777）6月 程赤城筆

ヤマグワ　Morus bombycis Koidz.
「北海道主要樹木図譜［普及版］」北海道大学図書刊行会　1986
◇図41（カラー）　須崎忠助 大正9（1920）～昭和6（1931）　［個人蔵］

山越紫　Prunus Jamasakura Sieb.
「日本桜集」平凡社　1973
◇Pl.138（カラー）　大井次三郎著, 太田洋愛画 1971写生　水彩

やまざくら
「木の手帖」小学館　1991
◇図80（カラー）　山桜　岩崎灌園『本草図譜』 文政11（1828）　約21×145　［国立国会図書館］

ヤマサクラ　Prunus jamasakura Siebold ex Koidz.
「シーボルト日本植物図譜コレクション」小学館　2008
◇図3-119（カラー）　Cerasus pseudocerasus G. Don var.japonica Sieb.　清水東谷画［1862］ 紙 透明絵の具 墨 白色塗料　29.8×42.0　［ロシア科学アカデミーコマロフ植物学研究所図書館］　※目録400 コレクションIII 451/301
◇図3-120（カラー）　Cerasus pseudocerasus G. Don var.japonica Sieb.　清水東谷画［1862］ 紙 透明絵の具 墨 白色塗料　29.6×39.9　［ロシア科学アカデミーコマロフ植物学研究所図書館］　※目録399 コレクションIII 452/302

ヤマザクラ　Prunus Jamasakura Sieb.
「日本桜集」平凡社　1973
◇Pl.154（カラー）　大井次三郎著, 太田洋愛画 1971,1972写生　水彩

やましゃくやく　Paeonia japonica
「草木写生 春の巻」ピエ・ブックス　2010
◇p118～119（カラー）　山芍薬　狩野織染藤原重賢 明暦3（1657）～元禄12（1699）　［国立国会図書館］

ヤマシャクヤク　Paeonia mascula
「すごい博物画」グラフィック社　2017
◇図版45（カラー）　ヤマシャクヤク、ターバン・ラナンキュラス、チューリップ、オランダシャクヤク　マーシャル, アレクサンダー 1650～82頃 水彩　46.0×33.2　［ウィンザー城ロイヤル・ライブラリー］

ヤマシャクヤク、根はオランダシャクヤク　Paeonia mascula
「すごい博物画」グラフィック社　2017
◇図版35（カラー）　ダル・ポッツォ, カシアーノ, 作者不詳 1610～20頃　黒いチョークの上に水彩と濃厚顔料　36.2×27.2　［ウィンザー城ロイヤル・ライブラリー］

ヤマタチハナ
「高松松平家博物図譜 衆芳画譜 花卉 第四」香川県立ミュージアム　2010
◇p67（カラー）　松平頼恭 江戸時代　紙本著色 画帖装（折本形式）　33.0×48.2　［個人蔵］

ヤマタバコ　Ligularia angusta
「日本の博物図譜」東海大学出版会　2001
◇p61（白黒）　関根雲停筆　［高知県立牧野植物園］

やまつつじ　Rhododendron obtusum var. kaempferi
「草木写生 春の巻」ピエ・ブックス　2010
◇p62～63（カラー）　山躑躅　狩野織染藤原重賢 明暦3（1657）～元禄12（1699）　［国立国会図書館］

ヤマツツジ　Rhododendron kaempferi
「江戸博物文庫 花草の巻」工作舎　2017
◇p116（カラー）　山躑躅　岩崎灌園『本草図譜』 ［東京大学大学院理学系研究科附属植物園（小石川植物園）］
「花の王国 1」平凡社　1990
◇p73（カラー）　馬場大助『群英類聚図譜』 制作年代不詳 嘉永5年自序　［杏雨書屋（大阪府）］

ヤマトナテシコ

「高松松平家博物図譜 衆芳画譜 花卉 第四」香川県立ミュージアム　2010
◇p25（カラー）　松平頼恭 江戸時代　紙本著色 画帖装（折本形式）　33.0×48.2　［個人蔵］

ヤマトナデシコ

⇒カワラナデシコ・ナデシコ・ヤマトナデシコを見よ

やまとらのを

「高松松平家博物図譜 写生画帖 雑草」香川県立ミュージアム　2013
◇p23（カラー）　松平頼恭 江戸時代　紙本著色 画帖装（折本形式）　33.2×48.4　［個人蔵］

ヤマトラノオ？　Pseudolysimachion rotundatum (Nakai) Holub var.subintegrum (Nakai) T.Yamaz. ?

「シーボルト日本植物図譜コレクション」小学館　2008
◇図2–84（カラー）　Veronica longifolia　シーボルト, フィリップ・フランツ・フォン監修　［ロシア科学アカデミーコマロフ植物学研究所図書館］　※類集写真の絵.Veronicaと共に1枚の台紙に貼られ、左上に漢字の記述の入った同種の和紙の断片が貼られている.目録973 コレクションVI 625/692

やまなし

「高松松平家博物図譜 写生画帖 雑木」香川県立ミュージアム　2014
◇p81（カラー）　松平頼恭 江戸時代　紙本著色 画帖装（折本形式）　33.2×48.4　［個人蔵］　※表紙・裏表紙見返し墨書 安永6（1777）6月 程赤城筆

やまなす

「高松松平家博物図譜 写生画帖 雑木」香川県立ミュージアム　2014
◇p94（カラー）　松平頼恭 江戸時代　紙本著色 画帖装（折本形式）　33.2×48.4　［個人蔵］　※表紙・裏表紙見返し墨書 安永6（1777）6月 程赤城筆

やまなすび

「高松松平家博物図譜 写生画帖 雑木」香川県立ミュージアム　2014
◇p94（カラー）　松平頼恭 江戸時代　紙本著色 画帖装（折本形式）　33.2×48.4　［個人蔵］　※表紙・裏表紙見返し墨書 安永6（1777）6月 程赤城筆

ヤマナラシ　Populus sieboldii Miq.

「北海道主要樹木図譜［普及版］」北海道大学図書刊行会　1986
◇図12, 12B（カラー）　須崎忠助 大正9（1920）～昭和6（1931）　［個人蔵］

ヤマノイモ　Dioscorea japonica Thunb.

「シーボルト日本植物図譜コレクション」小学館　2008
◇図3–32（カラー）　Dioscorea japonica Thunb.　川原慶賀画　紙 透明絵の具 墨 白色塗料　23.8×32.1　［ロシア科学アカデミーコマロフ植物学研究所図書館］　※目録877 コレクションVIII 188/983

ヤマハナソウ　Saxifraga sachalinensis F. Schmidt

「須崎忠助植物画集」北海道大学出版会　2016
◇図7–15（カラー）　ヤマハナサウ『大雪山植物其他』 6月5日　［北海道大学附属図書館］

山バリ

「高松松平家博物図譜 衆芳画譜 花果 第五」香川県立ミュージアム　2011
◇p51（カラー）　松平頼恭 江戸時代　紙本著色 画帖装（折本形式）　33.2×48.4　［個人蔵］

やまぶき　Kerria japonica

「草木写生 春の巻」ピエ・ブックス　2010
◇p198～199（カラー）　山吹　狩野織染藤原重賢 明暦3（1657）～元禄12（1699）　［国立国会図書館］

ヤマブキ　Kerria japonica

「ボタニカルアート 西洋の美花集」パイ インターナショナル　2010
◇p50（カラー）　ウィッテ, ヘンリック『花譜』 1868
◇p51（カラー）　ミンジンガー画, シーボルト, フィリップ・フランツ・フォン, ツッカリーニ『日本植物誌』 1835～70　石版画 手彩色

「ウィリアム・カーティス 花図譜」同朋舎出版　1994
◇502図（カラー）　Double–flowered Japan Corchorus　エドワーズ, シデナム・ティースト画『カーティス・ボタニカル・マガジン』 1810

ヤマブキ　Kerria japonica (L.) DC.

「シーボルト日本植物図譜コレクション」小学館　2008
◇図3–91（カラー）　Kerria japonica DC.　川原慶賀画　紙 透明絵の具 墨 光沢 胡粉　23.9×33.5　［ロシア科学アカデミーコマロフ植物学研究所図書館］　※目録390 コレクションIII 302/362
◇図3–92（カラー）　Kerria jap［onica DC.］［Minsinger, S.］画　紙 鉛筆　23.5×31.0　［ロシア科学アカデミーコマロフ植物学研究所図書館］　※目録391 コレクションIII 836/363

ヤマブキ　Kerria japonica (L.) DC.f.japonica

「シーボルト「フローラ・ヤポニカ」 日本植物誌」八坂書房　2000
◇図98–I, II（カラー）　Jama buki, ただし一重咲き（I, II）をHitoje jamabuki, 斑入品をFuiri jamabuki, 八重咲き（III）をSenjô jama bukiと呼ぶことがある　［国立国会図書館］

ヤマブキ

「高松松平家博物図譜 衆芳画譜 花卉 第四」香川県立ミュージアム　2010
◇p11（カラー）　松平頼恭 江戸時代　紙本著色 画帖装（折本形式）　33.0×48.2　［個人蔵］

ヤマブキ
⇒ケリア・ヤポニカ（ヤマブキ）を見よ

ヤマブキショウマ　Aruncus dioicus (Wallt.) Fern.var.tenuifolius (Nakai) H.Hara
「シーボルト日本植物図譜コレクション」小学館　2008
◇図2–35（カラー）　Spiraea aruncus Thunb.　［桂川甫賢？］画［1820頃］　和紙 透明絵の具 墨 胡粉　41.3×30.9［ロシア科学アカデミーコマロフ植物学研究所図書館］※目録322 コレクションIII 642/378

やまぶきそう
「野の草の手帖」小学館　1989
◇p58〜59（カラー）　山吹草　岩崎常正（灌園）『本草図譜』　文政11（1828）［国立国会図書館］

ヤマブキソウ・クサヤマブキ　Chelidonium japonicum
「花木真寫」淡交社　2005
◇図12（カラー）　草欸冬　近衛予楽院家熙［（財）陽明文庫］

ヤマフジ　Wisteria brachybotrys
「江戸博物文庫 花草の巻」工作舎　2017
◇p156（カラー）　山藤　岩崎灌園『本草図譜』［東京大学大学院理学系研究科附属植物園（小石川植物園）］

ヤマフジ　Wisteria brachybotrys Sieb.et Zucc.
「シーボルト「フローラ・ヤポニカ」日本植物誌」八坂書房　2000
◇図45（白黒）　Jamma fudsi［国立国会図書館］

ヤマボウシ　Cornus kousa Buerg.ex Hance
「シーボルト日本植物図譜コレクション」小学館　2008
◇図2–62（カラー）　Benthamia japonica Sieb.et Zucc.［de Villeneuve, C.H.？］画［1820〜1826頃］　紙 透明絵の具 墨　23.4×33.3［ロシア科学アカデミーコマロフ植物学研究所図書館］※目録618 コレクションIV 30/526
「シーボルト「フローラ・ヤポニカ」日本植物誌」八坂書房　2000
◇図16（カラー）　Jama–boosi, またはTsukubani［国立国会図書館］

ヤマホトトギス　Tricyrtis macropoda
「江戸博物文庫 花草の巻」工作舎　2017
◇p179（カラー）　山杜鵑草　岩崎灌園『本草図譜』［東京大学大学院理学系研究科附属植物園（小石川植物園）］

やまみかん
「高松松平家博物図譜 写生画帖 雑木」香川県立ミュージアム　2014
◇p50（カラー）　松平頼恭 江戸時代　紙本著色 画帖装（折本形式）　33.2×48.4［個人蔵］※表紙・裏表紙見返し墨書 安永6（1777）6月 程赤城筆

ヤマモガシの近縁　Hakea sp.
「ビュフォンの博物誌」工作舎　1991
◇N070（カラー）『一般と個別の博物誌 ソンニーニ版』

ヤマモミジ　Acer palmatum Thunb.var. matsumurae Makino
「北海道主要樹木図譜［普及版］」北海道大学図書刊行会　1986
◇図69（カラー）　Acer palmatum Thunb.　須崎忠助 大正9（1920）〜昭和6（1931）［個人蔵］

ヤマモモ科？　Myricaceae
「ビュフォンの博物誌」工作舎　1991
◇N058（カラー）『一般と個別の博物誌 ソンニーニ版』

ヤマモモの近縁　Comptonia sp.
「ビュフォンの博物誌」工作舎　1991
◇N062（カラー）『一般と個別の博物誌 ソンニーニ版』

ヤマユリ　Lilium auratum
「図説 ボタニカルアート」河出書房新社　2010
◇p76（白黒）　フィッチ画, エルウィズ『ユリ属誌』　1877〜80
「花木真寫」淡交社　2005
◇図54（カラー）　為朝百合　近衛予楽院家熙［（財）陽明文庫］
「日本の博物図譜」東海大学出版会　2001
◇p107（白黒）　寺内萬治郎筆『東京国立文化財研究所』
「四季草花譜」八坂書房　1988
◇図26（カラー）　ホウライジユリ　飯沼慾斎筆『草木図説稿本』［個人蔵］

ヤマユリ　Lilium auratum Lindley
「シーボルト日本植物図譜コレクション」小学館　2008
◇図3–124（カラー）　Lilium speciosum Thunb. var.imperiale Sieb.　清水東谷画［1861］　和紙 透明絵の具 墨　28.7×38.7［ロシア科学アカデミーコマロフ植物学研究所図書館］※目録823 コレクションVIII 731/1012
「高木春山 本草図説 1」リブロポート　1988
◇図2（カラー）

ヤマユリ
「ボタニカルアートの世界」朝日新聞社　1987
◇p120下（カラー）　為朝百合　近衛予楽院『花木真寫』［京都陽明文庫］

ヤマユリ
⇒リリウム・アウラツム（ヤマユリ）を見よ

ヤモメカズラの1種　Petrea volubilis
「ビュフォンの博物誌」工作舎　1991
◇N113（カラー）『一般と個別の博物誌 ソンニーニ版』

ヤン・スペック　'Jan Spek'
「ばら花譜」平凡社　1983
◇PL.137（カラー）　二口善雄画, 鈴木省三, 籾山泰一著 1976　水彩

【ゆ】

ユウガギク　Aster iinumae Kitam.
「シーボルト日本植物図譜コレクション」小学館　2008
◇図3–55（カラー）　Heteropappus incisus Sieb.et Zucc.　川原慶賀画　紙 透明絵の具 墨　23.7×32.7　［ロシア科学アカデミーコマロフ植物学研究所図書館］　※目録781 コレクションV 226/589

ユウゲショウ　Oenothera rosea
「ウィリアム・カーティス 花図譜」同朋舎出版　1994
◇405図（カラー）　Rose–coloured Oenothera　カーティス, ウィリアム『カーティス・ボタニカル・マガジン』 1769

ゆうすげ
「野の草の手帖」小学館　1989
◇p157（カラー）　夕菅　図はニッコウキスゲの可能性が高い　岩崎常正（灌園）『本草図譜』 文政11（1828）　［国立国会図書館］

ユウスゲ　Hemelocallis citrina Banoni var. vesperitima M.Hotta
「岩崎灌園の草花写生」たにぐち書店　2013
◇p10（カラー）　粉条児菜・黄萱草　［個人蔵］

ユウバリソウ　Lagotis takedana Miyabe et Tatew.
「須崎忠助植物画集」北海道大学出版会　2016
◇図28–55（カラー）　くもゐうるつぷ草『大雪山植物其他』 大正2　［北海道大学附属図書館］

ユウバリツガザクラ　Phyllodoce caerulea (L.) Bab.f.takedana (Tatew.) Ohwi
「須崎忠助植物画集」北海道大学出版会　2016
◇図29–57（カラー）『大雪山植物其他』　［北海道大学附属図書館］

ユウリクレス・シルベストリス　Eurycles sylvestris
「ユリ科植物図譜 1」学習研究社　1988
◇図238・242（カラー）　パンクラティウム・アンボイネンセ　ルドゥーテ, ピエール＝ジョセフ 1802～1815

ユーカリの1種
「花の王国 4」平凡社　1990
◇p6（白黒）　バウワー, F.L.

ゆきかづら
「高松松平家博物図譜 写生画帖 雑草」香川県立ミュージアム　2013
◇p75（カラー）　松平頼恭 江戸時代　紙本著色 画帖装（折本形式）　33.2×48.4　［個人蔵］

ユキクラベ
「高松松平家博物図譜 衆芳画譜 花卉 第四」香川県立ミュージアム　2010
◇p75（カラー）　松平頼恭 江戸時代　紙本著色 画帖装（折本形式）　33.0×48.2　［個人蔵］

ゆきざさ
「野の草の手帖」小学館　1989
◇p61（カラー）　雪笹・鹿薬　岩崎常正（灌園）『本草図譜』 文政11（1828）　［国立国会図書館］

ユキツバキ
「日本椿集」平凡社　1966
◇図3（カラー）　雪椿　津山尚著, 二口善雄画 1965

ゆきのした
「野の草の手帖」小学館　1989
◇p159（カラー）　雪下　岩崎常正（灌園）『本草図譜』 文政11（1828）　［国立国会図書館］

ユキノシタ　Saxifraga stolonifera
「江戸博物文庫 花草の巻」工作舎　2017
◇p174（カラー）　雪の下　岩崎灌園『本草図譜』　［東京大学大学院理学系研究科附属植物園（小石川植物園）］
「図説 ボタニカルアート」河出書房新社　2010
◇p105（カラー）　川原慶賀画　［ロシア科学アカデミー図書館］

ユキノシタ
「ボタニカルアート 西洋の美花集」パイ インターナショナル　2010
◇p188（カラー）　ラウドン, ジェーン・ウェルズ画・著『英国の野草』 1846　石版画 手彩色
「彩色 江戸博物学集成」平凡社　1994
◇p351（カラー）　前田利保『本草通串証図』　［杏雨書屋］
「ボタニカルアートの世界」朝日新聞社　1987
◇p136（カラー）　伊藤篤太郎図『大日本植物図集 第1巻6集』 1924

ユキノシタの1種　Saxifraga sp.
「ビュフォンの博物誌」工作舎　1991
◇N127（カラー）『一般と個別の博物誌 ソンニーニ版』

ゆきふてさう
「高松松平家博物図譜 写生画帖 雑草」香川県立ミュージアム　2013
◇p93（カラー）　松平頼恭 江戸時代　紙本著色 画帖装（折本形式）　33.2×48.4　［個人蔵］

雪牡丹
「日本椿集」平凡社　1966
◇図67（カラー）　津山尚著, 二口善雄画 1959

雪見車
「日本椿集」平凡社　1966

◇図54（カラー）　津山尚著, 二口善雄画　1955

ユキモチソウ　Arisaema sikokianum

「江戸博物文庫 花草の巻」工作舎　2017
◇p109（カラー）　雪餅草　岩崎灌園『本草図譜』［東京大学大学院理学系研究科附属植物園（小石川植物園）］
「牧野富太郎植物画集」ミュゼ　1999
◇p45（白黒）　和紙 墨（毛筆）　27.2×19.7
「四季草花譜」八坂書房　1988
◇図78（カラー）　飯沼慾斎筆『草木図説稿本』［個人蔵］

ユキモチソウ　Arisaema sikokianum Franch. & Sav.

「シーボルト日本植物図譜コレクション」小学館　2008
◇図2-75（カラー）　Yukimochiso-　シーボルト, フィリップ・フランツ・フォン監修　和紙 透明絵の具 白色塗料 墨　9.0×12.5　［ロシア科学アカデミーコマロフ植物学研究所図書館］　※この絵はNo.274/918 の右下に貼られていた.コレクションVIII ［274］A/919
◇図2-75（カラー）　Arisaema clavatum Sieb.　水谷助六画　紙 透明絵の具 白色塗料 墨　24.1×33.2　［ロシア科学アカデミーコマロフ植物学研究所図書館］　※目録903 コレクションVIII 274/918

ユキモチソウ

「高松松平家博物図譜 衆芳画譜 花卉 第四」香川県立ミュージアム　2010
◇p12（カラー）　松平頼恭 江戸時代　紙本著色 画帖装（折本形式）　33.0×48.2　［個人蔵］
「江戸の動植物図」朝日新聞社　1988
◇p59（カラー）　岩崎灌園『本草図説』　［東京国立博物館］

ゆきやなぎ　Spiraea thunbergii

「草木写生 春の巻」ピエ・ブックス　2010
◇p234～235（カラー）　雪柳　狩野織染藤原重賢　明暦3（1657）～元禄12（1699）　［国立国会図書館］

ユキヤナギ　Spiraea thunbergii

「花彙 下」八坂書房　1977
◇図145（白黒）　噴雪花　小野蘭山, 島田充房 明和2（1765）　26.5×18.5　［国立公文書館・内閣文庫］

ユキヤナギ　Spiraea thunbergii Sieb.ex Blume

「シーボルト「フローラ・ヤポニカ」 日本植物誌」八坂書房　2000
◇図69（白黒）　Juki janagi, Iwa janagi

ユズリハ　Daphniphyllum macropodum

「花彙 下」八坂書房　1977
◇図180（白黒）　交譲木　小野蘭山, 島田充房 明和2（1765）　26.5×18.5　［国立公文書館・内閣文庫］

ユズリハ　Daphniphyllum macropodum Miq.

「シーボルト日本植物図譜コレクション」小学館　2008
◇図3-111（カラー）　Daphniphyllum teysmanni Zoll.　清水東谷画［1861］　和紙 透明絵の具 墨　29.5×41.7　［ロシア科学アカデミーコマロフ植物学研究所図書館］　※目録477 コレクションVI 473/765

ユッカ　Yucca filamentosa

「花の本 ボタニカルアートの庭」角川書店　2010
◇p122（カラー）　Yucca　Ehret, Georg Dionysius 1754

ユッカ・トレクレアナ？　Yucca treculeana？

「植物精選百種図譜 博物画の至宝」平凡社　1996
◇pl.37（カラー）　Yucca　トレウ, C.J., エーレト, G.D. 1750～73

ユーフォルビア　Euphorbia grandicornis

「花の本 ボタニカルアートの庭」角川書店　2010
◇p116（カラー）　Spurge　Chaumeton, Poiret他　1833～35

ユーフォルビア　Euphorbia neriifolia？

「花の本 ボタニカルアートの庭」角川書店　2010
◇p116（カラー）　Spurge　Buc'hoz, Pierre Joseph『エデンの園』　1781～83

ユーフォルビア　Euphorbia splendens

「花の王国 4」平凡社　1990
◇p87（カラー）　ドルビニ, Ch.編『万有博物学事典』 1837

ユーフォルビア・メリフェラ　Euphorbia mellifera

「ウィリアム・カーティス 花図譜」同朋舎出版　1994
◇175図（カラー）　Honey-bearing Euphorbia　エドワーズ, シデナム・ティースト画『カーティス・ボタニカル・マガジン』 1810

湯村　Prunus×tajimensis Makino 'Tajimensis'

「日本桜集」平凡社　1973
◇Pl.141（カラー）　大井次三郎著, 太田洋愛画　1971写生　水彩

ユリ　Lilium candidum

「ボタニカルアート 西洋の美花集」パイ インターナショナル　2010
◇p119（カラー）　カーティス, ウィリアム著『ボタニカル・マガジン8巻』 1794　銅版画 手彩色
「花の本 ボタニカルアートの庭」角川書店　2010
◇p76（カラー）　Lily　Passe, Crispin de 1614～15
◇p77（カラー）　Lily　Curtis, William 1787～

◇p77（カラー）　Lily　Elwe, Jan Barend 1794

ユリ　Lilium candidum？
「花の本 ボタニカルアートの庭」角川書店 2010
◇p77（カラー）　Lily　Lonicer, Adam 1564

ユリ　Lilium elegans？
「花の本 ボタニカルアートの庭」角川書店 2010
◇p75（カラー）　Lily　Redouté, Pierre Joseph 画, ルソー, J.J.『植物学』 1805

ユリ　Lilium martagon
「花の本 ボタニカルアートの庭」角川書店 2010
◇p74（カラー）　Lily　Ehret, Georg Dionysius 画, トルー, C.J.『美花図譜』 1753

ユリ　Lilium philadelphicum
「花の本 ボタニカルアートの庭」角川書店 2010
◇p74（カラー）　Lily　Curtis, William 1787〜

ユリ　Lilium sp.
「花の本 ボタニカルアートの庭」角川書店 2010
◇p77（カラー）　Lily　Lonicer, Adam 1564

ユリ　Lilium superbum
「ボタニカルアート 西洋の美花集」パイ インターナショナル　2010
◇p120（カラー）　ルドゥーテ, ピエール＝ジョセフ画・著『ユリ科植物図譜』 1802〜16　点刻銅版画多色刷

ユリ科コルチカム属イヌサフランの総称
「ボタニカルアート 西洋の美花集」パイ インターナショナル　2010
◇p190（カラー）　ラウドン, ジェーン・ウェルズ画・著『英国の野草』 1846　石版画 手彩色

ユリグルマ
⇒キツネユリ、ユリグルマ、センショウカズラを見よ

ユリズイセン　Alstroemeria pelegrina
「ルドゥーテ画 美花選 2」学習研究社　1986
◇図41（カラー）　1827〜1833

ユリズイセン属ウィオラケア種　Alstroemeria violacea Knight & Perty ex Loudon
「花の肖像 ボタニカルアートの名品と歴史」創土社　2006
◇fig.71（カラー）　ロス＝クレイグ, ステラ画『カーチス・ボタニカル・マガジン』 1948

ユリ属の1種　Lilium sp.
「ボタニカルアートの世界」朝日新聞社　1987
◇p19（カラー）　スウェールツ画『Florilegium amplissimum et selectissimum』 1612 ［王立キュー植物園］

百合椿
「日本椿集」平凡社　1966
◇図212（カラー）　津山尚著, 二口善雄画 1965

ユリの1種　Lilium sp.
「ビュフォンの博物誌」工作舎　1991
◇N040（カラー）『一般と個別の博物誌 ソンニーニ版』

ユリノキ　Liriodendron tulipifera
「美花選［普及版］」河出書房新社　2016
◇図84（カラー）　Tulipier/Tulipifera　ルドゥーテ, ピエール＝ジョゼフ画 1827〜1833 ［コノサーズ・コレクション東京］
「植物精選百種図譜 博物画の至宝」平凡社 1996
◇pl.10（カラー）　Lirio dendrum　トレウ, C.J., エーレト, G.D. 1750〜73
「花の王国 3」平凡社　1990
◇p125（カラー）　ミショー, フランソワ・アンドレ著, ルドゥーテ図『北アメリカ樹林誌』 1810〜13
「ルドゥーテ画 美花選 2」学習研究社　1986
◇図20（カラー）　1827〜1833

ユリノキ
「美花図譜」八坂書房　1991
◇図79（カラー）　ウエインマン『花譜』 1736〜1748　銅版刷手彩色 ［群馬県館林市立図書館］

ゆりらん　Bulbophyllum transarisanense Hayata
「蘭花譜」平凡社　1974
◇Pl.72–4（カラー）　加藤光治著, 二口善雄画 1971写生

ユーロヒア・ギニエンシス　Eulophia guineensis Ldl.
「蘭花譜」平凡社　1974
◇Pl.75–1（カラー）　加藤光治著, 二口善雄画 1970写生

ユーロヒア・クレブシイ　Eulophia Krebsii (Rchb.f.) Bolus
「蘭花譜」平凡社　1974
◇Pl.75–4（カラー）　加藤光治著, 二口善雄画 1970写生

ユーロヒア・サウンダーシアナ　Eulophia Saundersiana Rchb.f.
「蘭花譜」平凡社　1974
◇Pl.75–2（カラー）　加藤光治著, 二口善雄画 1940写生

ユーロピアーナ　'Europeana'
「ばら花譜」平凡社　1983
◇PL.132（カラー）　二口善雄画, 鈴木省三, 籾山泰一著 1975　水彩

ユーロヒア・ビカリナタ　Eulophia bicarinata (Ldl.) Hk.f.
「蘭花譜」平凡社　1974
◇Pl.75-3 (カラー)　加藤光治著, 二口善雄画 1971写生

ユーロヒジューム・マキュラタム
Eulophidium maculatum Pfitz.
「蘭花譜」平凡社　1974
◇Pl.75-6 (カラー)　加藤光治著, 二口善雄画 1969写生

ユーロヒジューム・レディエニイ
Eulophidium Ledienii Schltr.
「蘭花譜」平凡社　1974
◇Pl.75-5 (カラー)　加藤光治著, 二口善雄画 1971写生

ユンナンリンドウ　Gentiana cephalantha
「花の王国 1」平凡社　1990
◇p126 (カラー)　ルメール『園芸図譜誌』 1854～86

【よ】

よいちそう
「高松松平家博物図譜 写生画帖 雑草」香川県立ミュージアム　2013
◇p36 (カラー)　松平頼恭 江戸時代　紙本著色 画帖装 (折本形式)　33.2×48.4　［個人蔵］

楊貴妃　Prunus Lannesiana Wils. 'Mollis'
「日本桜集」平凡社　1973
◇Pl.139 (カラー)　大井次三郎著, 太田洋愛画 1971写生　水彩

ヨウシュヤマゴボウ　Phytolacca americana L.
「カーティスの植物図譜」エンタプライズ　1987
◇図931 (カラー)　Poke, Scoke, Garget『カーティスのボタニカルマガジン』 1787～1887

ヤウラクソウ
「高松松平家博物図譜 衆芳画譜 花卉 第四」香川県立ミュージアム　2010
◇p56 (カラー)　松平頼恭 江戸時代　紙本著色 画帖装 (折本形式)　33.0×48.2　［個人蔵］

ヨウラクツツアナナス
「カーティスの植物図譜」エンタプライズ　1987
◇図6423 (カラー)　Billbergia nutans H.Wendl.『カーティスのボタニカルマガジン』 1787～1887

ヨウラクツツジ
⇒ベニドウダン・ヨウラクツツジを見よ

ヨウラクボク　Amherstia nobilis
「花の王国 4」平凡社　1990
◇p21 (カラー)　ルメール, シャイトヴァイラー, ファン・ホーテ著, セヴェリン図『ヨーロッパの温室と庭園の花々』 1845～60　色刷り石版

ヨウラクボク
「カーティスの植物図譜」エンタプライズ　1987
◇図4453 (カラー)　Amherstia nobilis Wall.『カーティスのボタニカルマガジン』 1787～1887

ヨウラクユリ　Fritillaria imperialis
「すごい博物画」グラフィック社　2017
◇図版40 (カラー)　スイセン、ヨウラクユリ、クチベニズイセン、プリムローズ　マーシャル, アレクサンダー 1650～82頃　水彩　45.8×33.1 ［ウィンザー城ロイヤル・ライブラリー］
「美花選[普及版]」河出書房新社　2016
◇図59 (カラー)　Fritillaire Impériale　ルドゥーテ, ピエール＝ジョゼフ画 1827～1833　［コノサーズ・コレクション東京］
「イングリッシュ・ガーデン」求龍堂　2014
◇図48 (カラー)　エドワーズ, シデナム・ティースト 1809　黒鉛 水彩 紙, エングレーヴィング 紙 22.5×18.1 (ドローイング), 22.0×12.0 (版画)　［キュー王立植物園］
「ボタニカルアート 西洋の美花集」パイ インターナショナル　2010
◇p123下 (カラー)　ルドゥーテ, ピエール＝ジョセフ画・著『美花選』 1827～33　点刻銅版画多色刷 一部手彩色
「ウィリアム・カーティス 花図譜」同朋舎出版 1994
◇349図 (カラー)　Yellow Crown Imperial　エドワーズ, シデナム・ティースト画『カーティス・ボタニカル・マガジン』 1796
「ルドゥーテ画 美花選 1」学習研究社　1986
◇図23 (カラー)　1827～1833
◇図24 (カラー)　1827～1833

ヨウラクユリ
「すごい博物画」グラフィック社　2017
◇図17 (カラー)　ベスラー, バシリウス『アイヒシュテット庭園植物誌』 1613　銅版画　［ウィンザー城ロイヤル・ライブラリー］
「美花図譜」八坂書房　1991
◇図51 (カラー)　ウエインマン『花譜』 1736～1748　銅版刷手彩色　［群馬県館林市立図書館］
「ユリ科植物図譜 2」学習研究社　1988
◇図8 (カラー)　フリティラリア・インペリアリス　ルドゥーテ, ピエール＝ジョセフ 1802～1815

ヨウラクユリ
⇒フリチラリアを見よ

ヨウラクユリ (変種ルテア)　Fritillaria imperialis var.lutea
「美花選[普及版]」河出書房新社　2016
◇図2 (カラー)　Fritillaire Impériale Var.jaune　ルドゥーテ, ピエール＝ジョゼフ画 1827～1833　［コノサーズ・コレクション東京］
「ボタニカルアート 西洋の美花集」パイ インターナショナル　2010
◇p123上 (カラー)　ルドゥーテ, ピエール＝ジョセフ画・著『美花選』 1827～33　点刻銅版画多

色刷 一部手彩色

ヨウラクラン Oberonia japonica
「牧野富太郎植物画集」ミュゼ 1999
◇p20(白黒) 1891頃(明治24) ケント紙 墨(毛筆) 鉛筆 26.7×18.7

養老桜 Prunus Jamasakura Sieb. 'Yoro–zakura'
「日本桜集」平凡社 1973
◇Pl.140(カラー) 大井次三郎著, 太田洋愛画 1971写生 水彩

ヨーク・アンド・ランカスター 'York and Lancaster'
「ばら花譜」平凡社 1983
◇PL.35(カラー) 二口善雄画, 鈴木省三, 籾山泰一著 1978 水彩

横川絞
「日本椿集」平凡社 1966
◇図30(カラー) 津山尚著, 二口善雄画 1957

横雲
「日本椿集」平凡社 1966
◇図139(カラー) 津山尚著, 二口善雄画 1960

ヨコムラサキ
「高松松平家博物図譜 衆芳画譜 花卉 第四」香川県立ミュージアム 2010
◇p104(カラー) 松平頼恭 江戸時代 紙本著色 画帖装(折本形式) 33.0×48.2 [個人蔵]

ヨコヤマリンドウ Gentiana glauca Pall.
「須崎忠助植物画集」北海道大学出版会 2016
◇図17–32(カラー) タカネリンダウ『大雪山植物其他』 8月6日 [北海道大学附属図書館]

よそゝめ
「高松松平家博物図譜 写生画帖 雑木」香川県立ミュージアム 2014
◇p14(カラー) 松平頼恭 江戸時代 紙本著色 画帖装(折本形式) 33.2×48.4 [個人蔵] ※表紙・裏表紙見返し墨書 安永6(1777)6月 程赤城筆

よつぐるま
「高松松平家博物図譜 写生画帖 雑草」香川県立ミュージアム 2013
◇p63(カラー) 松平頼恭 江戸時代 紙本著色 画帖装(折本形式) 33.2×48.4 [個人蔵]

よつゝめ
「高松松平家博物図譜 写生画帖 雑木」香川県立ミュージアム 2014
◇p12(カラー) 松平頼恭 江戸時代 紙本著色 画帖装(折本形式) 33.2×48.4 [個人蔵] ※表紙・裏表紙見返し墨書 安永6(1777)6月 程赤城筆

ヨツバシオガマ Pedicularis chamissonis Steven
「須崎忠助植物画集」北海道大学出版会 2016
◇図3–6(カラー) (エゾノ)ヨツバシホガマ『大雪山植物其他』 6月20日 [北海道大学附属図書館]

淀の朝日
「日本椿集」平凡社 1966
◇図153(カラー) 津山尚著, 二口善雄画 1960

呼子鳥
「日本椿集」平凡社 1966
◇図90(カラー) 津山尚著, 二口善雄画 1961

よめがはぎ
「高松松平家博物図譜 写生画帖 雑草」香川県立ミュージアム 2013
◇p31(カラー) 松平頼恭 江戸時代 紙本著色 画帖装(折本形式) 33.2×48.4 [個人蔵]

よもぎ
「野の草の手帖」小学館 1989
◇p63(カラー) 艾・蓬 岩崎常正(灌園)『本草図譜』 文政11(1828) [国立国会図書館]

ヨモギ属の1種 Artemisia argentea
「図説 ボタニカルアート」河出書房新社 2010
◇p75(白黒) ルドゥーテ画, レリチエ『イギリス植物輯』 1788

夜咲きのケレウス属の1種
「ボタニカルアートの世界」朝日新聞社 1987
◇p99左(カラー) ライナグル, ペサー画, ダンカートン彫版『花の神殿』 1807

ヨルノジョオウ Selenicereus macdonaldiae
「植物精選百種図譜 博物画の至宝」平凡社 1996
◇pl.31(カラー) 夜の女王 トレウ, C.J., エーレト, G.D. 1750～73
◇pl.32(カラー) 夜の女王 トレウ, C.J., エーレト, G.D. 1750～73

ヨルノジョオウ(夜の女王)
「美花図譜」八坂書房 1991
◇図24(カラー) ウエインマン『花譜』 1736～1748 銅版刷手彩色 [群馬県館林市立図書館]

夜の女王
「R・J・ソーントン フローラの神殿 新装版」リブロポート 1990
◇第12葉(カラー) The Night–blowing Cereus 第2バージョン ペサー, エーブラム, ライナグル, フィリップ画, ダンカートン, ウィリアム彫版, ソーントン, R.J. 1812 メゾチント(褐色, 青色インク)
◇付図1(カラー) The Night–blowing Cereus 初版 ライナグル, フィリップ, ペサー, エーブラム画, ダンカートン, ウィリアム彫版, ソーントン, R.J. 1800 メゾチント(緑, 青, 褐色インク)

ヨレスギまたはクサリスギ Cryptomeria japonica (L.f.) D.Don 'Spiralis'
「シーボルト「フローラ・ヤポニカ」 日本植物誌」八坂書房 2000

◇図124b（白黒） Josisugi ［国立国会図書館］

ヨーロッパカエデ Acer platanoides
「植物精選百種図譜 博物画の至宝」平凡社 1996
◇pl.91（カラー） Acer トレウ, C.J., エーレト, G.D. 1750〜73

ヨーロッパキイチゴ Rubes idaeus
「ルドゥーテ画 美花選 2」学習研究社 1986
◇図28（カラー） 1827〜1833

ヨーロッパクロヤマナラシ Populus nigra
「花の王国 3」平凡社 1990
◇p116（カラー） ショームトン他編, テュルパン, P.J.F.図『薬用植物事典』 1833〜35

ヨーロッパシクラメン Cyclamen hederiforum
「花の王国 1」平凡社 1990
◇p55（カラー） ジョーム・サンティレール, H.『フランスの植物』 1805〜09 彩色銅版画

ヨーロッパナラ Quercus robur
「すごい博物画」グラフィック社 2017
◇図版11（カラー） ヨーロッパナラとヒトツバエニシダ レオナルド・ダ・ヴィンチ 1505〜10頃 薄い赤色の下処理を施した紙に赤いチョーク 白い仕上げ 18.8×15.4 ［ウィンザー城ロイヤル・ライブラリー］

ヨーロッパブナ Fagus silvatica
「ボタニカルアートの世界」朝日新聞社 1987
◇p101右（カラー） ミュラー, ワルター画『Köhler's Medizinal–Pflanzen第1巻』 1883〜1887

ヨーロッパミセバヤ
「カーティスの植物図譜」エンタプライズ 1987
◇図118（カラー） Sedum anacampseros L.『カーティスのボタニカルマガジン』 1787〜1887

ヨーロッパリンドウ Gentiana verna
「花の王国 1」平凡社 1990
◇p126（カラー） ヘンダーソン, P.Ch.『四季』 1806

【ら】

ライラック Syringa
「ボタニカルアート 西洋の美花集」パイ インターナショナル 2010
◇p53（カラー） ベシン『Flore par mlls』 1850 点刻銅版画多色刷 手彩色

ライラック Syringa vulgaris
「美花選[普及版]」河出書房新社 2016
◇図109（カラー） Lilas ルドゥーテ, ピエール＝ジョゼフ画 1827〜1833 ［コノサーズ・コレクション東京］
「ボタニカルアート 西洋の美花集」パイ インターナショナル 2010
◇p52（カラー） ルドゥーテ, ピエール＝ジョセフ画・著『美花選』 1827〜33 点刻銅版画多色刷一部手彩色
「花の本 ボタニカルアートの庭」角川書店 2010
◇p56（カラー） Lilac Duhamel du Monceau, Henri Louis 1801〜19
「花の王国 1」平凡社 1990
◇p120（カラー） ジョーム・サンティレール, H.『フランスの植物』 1805〜09 彩色銅版画

ライラック
「フローラの庭園」八坂書房 2015
◇p60（カラー） ライラックとプリムラの花束 ルドゥーテ画 1831 水彩 犢皮紙（ヴェラム） 25.3×17.2 ［ナショナル・ギャラリー（ワシントン）］

ライラック
⇒ムラサキハシドイ, ライラックを見よ

ラカンマキ Podocarpus macrophyllus (Thunb.ex Murray) Sweet var.maki Sieb.
「シーボルト「フローラ・ヤポニカ」 日本植物誌」八坂書房 2000
◇図134（白黒） Ken sin, またはSen Baku, 一般にInu Maki ［国立国会図書館］

ラクマンテス・ティンクトールム Lachmanthes tinctorum
「ユリ科植物図譜 1」学習研究社 1988
◇図253（カラー） ヘリティエラ・ティンクトールム ルドゥーテ, ピエール＝ジョセフ 1802〜1815

ラケナリア・アングスティフォリア
「ユリ科植物図譜 2」学習研究社 1988
◇図28（カラー） Lachenalia angustifolia ルドゥーテ, ピエール＝ジョセフ 1802〜1815

ラケナリア・トリコロール
「ユリ科植物図譜 2」学習研究社 1988
◇図32（カラー） Lachenalia tricolor ルドゥーテ, ピエール＝ジョセフ 1802〜1815

ラケナリア・パリダ
「ユリ科植物図譜 2」学習研究社 1988
◇図33（カラー） Lachenalia pallida ルドゥーテ, ピエール＝ジョセフ 1802〜1815

ラケナリア・ペンデュラ
「ユリ科植物図譜 2」学習研究社 1988
◇図31（カラー） Lachenalia pendula ルドゥーテ, ピエール＝ジョセフ 1802〜1815

ラケナリア・ルテオラ
「ユリ科植物図譜 2」学習研究社 1988
◇図30（カラー） Lachenalia luteola ルドゥーテ, ピエール＝ジョセフ 1802〜1815

らせうもん
「高松松平家博物図譜 写生画帖 雑草」香川県立ミュージアム　2013
◇p71(カラー)　松平頼恭 江戸時代　紙本著色 画帖装(折本形式)　33.2×48.4 ［個人蔵］

ラシヤウモン
「高松松平家博物図譜 衆芳画譜 花卉 第四」香川県立ミュージアム　2010
◇p10(カラー)　松平頼恭 江戸時代　紙本著色 画帖装(折本形式)　33.0×48.2 ［個人蔵］

ラショウモンカズラ　Meehania urticifolia
「四季草花譜」八坂書房　1988
◇図56(カラー)　飯沼慾斎筆『草木図説稿本』［個人蔵］

羅撰染
「日本椿集」平凡社　1966
◇図144(カラー)　津山尚著, 二口善雄画 1960

ラッパスイセン
「ボタニカルアート 西洋の美花集」パイ インターナショナル　2010
◇p190(カラー)　ラウドン, ジェーン・ウェルズ画・著『英国の野草』 1846　石版画 手彩色

ラッパズイセン　Narcissus
「イングリッシュ・ガーデン」求龍堂　2014
◇図8(カラー)　daffodils　シューデル, セバスチャン 17世紀初頭　水彩 紙　16.5×10.0 ［キュー王立植物園］

ラッパズイセン　Narcissus pseudonarcissus
「花の王国 1」平凡社　1990
◇p58(カラー)　ジョーム・サンティレール, H.『フランスの植物』 1805〜09　彩色銅版画
「ユリ科植物図譜 1」学習研究社　1988
◇図221(カラー)　ナルキッスス・カンディディシムス　ルドゥーテ, ピエール＝ジョセフ 1802〜1815

ラッパズイセン
「ユリ科植物図譜 1」学習研究社　1988
◇図232(カラー)　Narcissus pseudo–narcissus　ルドゥーテ, ピエール＝ジョセフ 1802〜1815

ラナンキュラス　Ranunculus asiaticus
「花の王国 1」平凡社　1990
◇p121(カラー)　ショームトン他編, テュルパン, P.J.F.図『薬用植物事典』 1833〜35
◇p121(カラー)　ハリソン, J.編『イギリスの園芸家の部屋』 1833〜59

ラナンキュラス
「美花選[普及版]」河出書房新社　2016
◇(カラー)　赤のラナンキュラス、紫と黄色のパンジーのブーケ　ルドゥーテ, ピエール＝ジョゼフ画 1821　黒チョーク 水彩 白のハイライト アラビアゴム ヴェラム　18.2×15.4 ［コノサーズ・コレクション東京］
「フローラの庭園」八坂書房　2015
◇p68(カラー)　マーシャル, アレクサンダー画『フラワー・ブック』 1680頃　水彩 紙　46.0×33.3 ［英国王室コレクション］
◇p70(カラー)　マーシャル, アレクサンダー画『フラワー・ブック』 1680頃　水彩 紙　46.0×33.3 ［英国王室コレクション］
「ボタニカルアート 西洋の美花集」パイ インターナショナル　2010
◇p206(カラー)　ベシン画・著『Flore par mlls』 1850　点刻銅版画多色刷 手彩色

ラナンキュラス
⇒ハナキンポウゲ(ラナンキュラス)を見よ

ラ・フランス　'La France'
「ばら花譜」平凡社　1983
◇PL.90(カラー)　二口善雄画, 鈴木省三, 籾山泰一著 1976　水彩

ラフレシア　Rafflesia arnoldi
「花の王国 4」平凡社　1990
◇p109(カラー)　ベルトゥーフ, F.J.『子供のための図誌』 1810

ラフレシアの1種　Rafflesia patma
「花の王国 4」平凡社　1990
◇p108〜109(カラー)　ブルーメ, K.L.『ジャワ植物誌』 1828〜51
◇p110〜111(カラー)　ブルーメ, K.L.『ジャワ植物誌』 1828〜51

ラフレシアの1種　Rafflesia zippelii
「花の王国 4」平凡社　1990
◇p112〜113(カラー)　ブルーメ, K.L.『ジャワ植物誌』 1828〜51

ラペイルーシア・ユンケア　Lapeirousia juncea
「ユリ科植物図譜 1」学習研究社　1988
◇図68(カラー)　グラディオルス・ユンケウス　ルドゥーテ, ピエール＝ジョセフ 1802〜1815

ラベンダー　Lavandula dentata
「花の本 ボタニカルアートの庭」角川書店　2010
◇p83(カラー)　Lavender　Curtis, William 1787〜

ラベンダー　Lavandula pinnata
「花の本 ボタニカルアートの庭」角川書店　2010
◇p83(カラー)　Lavender　Curtis, William 1787〜

ラン　Laelia SP.
「花の王国 1」平凡社　1990
◇p125(カラー)　エリオット, D.G.『ヤイロチョウの研究』 1863

ラン
「高松松平家博物図譜 衆芳画譜 花卉 第四」香川県立ミュージアム　2010

◇p62（カラー）　松平頼恭 江戸時代　紙本著色 画帖装（折本形式）　33.0×48.2　［個人蔵］

ランギク
⇒ダンギク・ランギクを見よ

蘭図
「江戸名作画帖全集 8」駸々堂出版　1995
◇図20（カラー）　III–74　佐竹曙山, 小田野直武『写生帖』　紙本・絹本着色　［秋田市立千秋美術館］

ランドラ　'Landora'
「ばら花譜」平凡社　1983
◇PL.91（カラー）　Sunblest　二口善雄画, 鈴木省三, 籾山泰一著 1976　水彩

乱拍子
「日本椿集」平凡社　1966
◇図154（カラー）　津山尚著, 二口善雄画 1965

【り】

リカステ・アロマチカ　Lycaste aromatica Ldl.
「蘭花譜」平凡社　1974
◇Pl.85–3（カラー）　加藤光治著, 二口善雄画 1940写生

リカステ・キャンディダ　Lycaste candida Ldl.
「蘭花譜」平凡社　1974
◇Pl.86–2（カラー）　加藤光治著, 二口善雄画 1970写生

リカステ・クルエンタ　Lycaste cruenta Ldl.
「蘭花譜」平凡社　1974
◇Pl.85–4（カラー）　加藤光治著, 二口善雄画 1970写生

リカステ・コスタタ　Lycaste costata Ldl.（L. fimbriata）
「蘭花譜」平凡社　1974
◇Pl.86–1（カラー）　加藤光治著, 二口善雄画 1971写生

リカステ・スキンネリ　Lycaste Skinneri Ldl.（L.virginalis Lind.）
「蘭花譜」平凡社　1974
◇Pl.85–6（カラー）　加藤光治著, 二口善雄画 1940写生

リカステ・デッペイ　Lycaste Deppei Ldl.
「蘭花譜」平凡社　1974
◇Pl.85–5（カラー）　加藤光治著, 二口善雄画 1940写生

リカステ・ドウィアナ　Lycaste Dowiana Endr.et Rchb.f.
「蘭花譜」平凡社　1974
◇Pl.85–1（カラー）　加藤光治著, 二口善雄画 1969写生

リカステ・トリカラー　Lycaste tricolor Rchb.f.
「蘭花譜」平凡社　1974
◇Pl.86–3（カラー）　加藤光治著, 二口善雄画 1972写生

リカステ・ラシオグロッサ　Lycaste lasioglossa Rchb.f.
「蘭花譜」平凡社　1974
◇Pl.85–2（カラー）　加藤光治著, 二口善雄画 1968写生

リコリス・アウレア　Lycoris aurea
「花の王国 1」平凡社　1990
◇p28（カラー）　ドラピエ, P.A.J., ベッサ, パンクラース原図『園芸家・愛好家・工業家のための植物誌』 1836　手彩色図版

リシリゲンゲ　Oxytropis campestris（L.）DC. subsp.rishiriensis（Matsum.）Toyok.
「須崎忠助植物画集」北海道大学出版会　2016
◇図47–77（カラー）　利尻アフギ『大雪山植物其他』　［北海道大学附属図書館］

リシリソウ　Anticlea sibirica（L.）Kunth
「須崎忠助植物画集」北海道大学出版会　2016
◇図51–81（カラー）　利尻草『大雪山植物其他』 7月中旬　［北海道大学附属図書館］

リシリヒナゲシ　Papaver fauriei（Fedde）Fedde ex Miyabe et Tatew.
「須崎忠助植物画集」北海道大学出版会　2016
◇図26–51（カラー）　千島ひなげし『大雪山植物其他』　［北海道大学附属図書館］

リディア　'Lydia'
「ばら花譜」平凡社　1983
◇PL.93（カラー）　二口善雄画, 鈴木省三, 籾山泰一著 1974　水彩

リド・ディ・ローマ　'Lido di Roma'
「ばら花譜」平凡社　1983
◇PL.103（カラー）　二口善雄画, 鈴木省三, 籾山泰一著 1976　水彩

リバティ・ベル　'Liberty Bell'
「ばら花譜」平凡社　1983
◇PL.92（カラー）　Damas de Yuste, Freiheitsglocke　二口善雄画, 鈴木省三, 籾山泰一著 1975　水彩

リパリス・リリフォリア　Liparis lilifolia
「ユリ科植物図譜 1」学習研究社　1988
◇図10（カラー）　オフィリス・リリフォリア　ルドゥーテ, ピエール＝ジョセフ 1802〜1815

離弁花類の花
「ボタニカルアートの世界」朝日新聞社　1987
◇p56下（白黒）　オーブリエ画, ツルヌフォール

『基礎植物学』 1700

リモドロン

「R・J・ソーントン フローラの神殿 新装版」リブロポート　1990

◇第14葉(カラー)　The Chinese Limodoron　蘭の1種　ライナグル, フィリップ画, ロッフェ, R.彫版, ソーントン, R.J. 1811　スティップル(赤, 青, 緑色インク) アクアチント(青, 緑色インク)

リュウキュウハンゲ　Typhonium blumei Nicolson et Sivadasan

「カーティスの植物図譜」エンタプライズ　1987

◇図339(カラー)　Arum trilobatum L.『カーティスのボタニカルマガジン』 1787～1887

リュウキュウハンゲ　Typhonium divaricatum

「江戸博物文庫 花草の巻」工作舎　2017

◇p124(カラー)　琉球半夏　岩崎灌園『本草図譜』［東京大学大学院理学系研究科附属植物園(小石川植物園)］

「ウィリアム・カーティス 花図譜」同朋舎出版　1994

◇43図(カラー)　Three–lobed Arum　カーティス, ウィリアム『カーティス・ボタニカル・マガジン』 1796

リウキンクハ

「高松松平家博物図譜 衆芳画譜 花卉 第四」香川県立ミュージアム　2010

◇p48(カフー)　松平頼恭 江戸時代　紙本著色 画帖装(折本形式)　33.0×48.2 ［個人蔵］

リュウキンカ　Caltha palustris

「すごい博物画」グラフィック社　2017

◇図版8(カラー)　リュウキンカとヤブイチゲ　レオナルド・ダ・ヴィンチ 1505～10頃　黒いチョークの跡の上にペンとインク　85.0×14.0 ［ウィンザー城ロイヤル・ライブラリー］

◇図版67(カラー)　カエルと卵、オタマジャクシなど、成長のさまざまな段階とリュウキンカ　メーリアン, マリア・シビラ 1705～10頃　子牛皮紙に水彩 濃厚顔料 アラビアゴム　30.6×39.9 ［ウィンザー城ロイヤル・ライブラリー］

「図説 ボタニカルアート」河出書房新社　2010

◇p35(カラー)　ロベール, N.画 ［フランス国立自然史博物館］

リュウケツジュ　Dracaena draco

「花の王国 4」平凡社　1990

◇p71(カラー)　ベルトゥーフ, F.J.『子供のための図誌』 1810

リュウケツジュ

「花の王国 4」平凡社　1990

◇p11(白黒)　エーゼンベック, N.フォン.『薬用植物誌』 1821

「カーティスの植物図譜」エンタプライズ　1987

◇図4571(カラー)　Dragon–Tree, Dragon Blood Tree『カーティスのボタニカルマガジン』 1787～1887

両面紅

「日本椿集」平凡社　1966

◇図123(カラー)　津山尚著, 二口善雄画 1961

緑萼桜　Prunus incisa Thunb. 'Yamadei'

「日本桜集」平凡社　1973

◇Pl.104(カラー)　大井次三郎著, 太田洋愛画 1972写生　水彩

リリウム・アウラツム(ヤマユリ)

「フローラの庭園」八坂書房　2015

◇p100(カラー)　Lilium auratum Lindl.　フィッチ, ウォルター原画『カーティス・ボタニカル・マガジン』 1862　石版手彩色 紙 ［個人蔵］

リリウム・カナデンセ

「ユリ科植物図譜 2」学習研究社　1988

◇図42(カラー)　Lilium canadense　ルドゥーテ, ピエール＝ジョセフ 1802～1815

リリウム・カルケドニクム　Lilium chalcedonicum

「花の王国 1」平凡社　1990

◇p118(カラー)　ジョーム・サンティレール, H.『フランスの植物』 1805～09　彩色銅版画

リリウム・カルケドニクム

「ユリ科植物図譜 2」学習研究社　1988

◇図36(カラー)　Lilium chalcedonicum　ルドゥーテ, ピエール＝ジョセフ 1802～1815

リリウム・カンディドゥム・モンストロスム(マドンナ・リリーの八重咲き品種)

「フローラの庭園」八坂書房　2015

◇p17(カラー)　ホルツベッカー, ハンス・シモン『ゴットルプ家の写本』 1649～59　水彩 羊皮紙(パーチメント) ［デンマーク国立美術館(コペンハーゲン)］

リリウム・スペキオスム(カノコユリ)

「フローラの庭園」八坂書房　2015

◇p101(カラー)　Lilium speciosum Thunb.　ドレイク, サラ・アン原画『ボタニカル・レジスター』 1837　銅版(エングレーヴィング) 手彩色 紙 ［ミズーリ植物園(セント・ルイス)］

リリウム・スペルブム　Lilium superbum

「花の王国 1」平凡社　1990

◇p118(カラー)　エルウス, H.J.『ユリ図譜』 1933～62　手彩色石版図

リリウム・スペルブム

「フローラの庭園」八坂書房　2015

◇p29(カラー)　エーレット原画, トリュー, クリストフ・ヤコブ『植物選集』 1751　銅版(エングレーヴィング) 手彩色 紙　50×35 ［テイラー博物館(ハールレム)］

「ユリ科植物図譜 2」学習研究社　1988

◇図48(カラー)　Lilium superbum　ルドゥーテ, ピエール＝ジョセフ 1802～1815

リリウム・ピレナイクム
「ユリ科植物図譜 2」学習研究社　1988
◇図47（カラー）　Lilium pyrenaicum　ルドゥーテ, ピエール＝ジョセフ 1802～1815

リリウム・フィラデルフィクム
「ユリ科植物図譜 2」学習研究社　1988
◇図38（カラー）　Lilium philadelphicum　ルドゥーテ, ピエール＝ジョセフ 1802～1815

リリウム・ブルビフェルム
「ユリ科植物図譜 2」学習研究社　1988
◇図34（カラー）　Lilium bulbiferum　ルドゥーテ, ピエール＝ジョセフ 1802～1815

リリウム・ブルビフェルム（ファイアー・リリーの奇形）
「フローラの庭園」八坂書房　2015
◇p13（カラー）　ベスラー, バシリウス『アイヒシュテット庭園植物誌』 1613　銅版（エングレーヴィング）手彩色 紙　57×46　［テイラー博物館（ハールレム）］

リリウム・ペンデュリフロールム
「ユリ科植物図譜 2」学習研究社　1988
◇図40（カラー）　Lilium penduliflorum　ルドゥーテ, ピエール＝ジョセフ 1802～1815

リリウム・ポンポニウム
「ユリ科植物図譜 2」学習研究社　1988
◇図41（カラー）　Lilium pomponium　ルドゥーテ, ピエール＝ジョセフ 1802～1815

リリウムマルタゴン　Lilium martagon
「ビュフォンの博物誌」工作舎　1991
◇N041（カラー）　ユリの1種『一般と個別の博物誌 ソンニーニ版』

リリウム・モナデルフム　Lilium monadelphum
「ウィリアム・カーティス 花図譜」同朋舎出版　1994
◇356図（カラー）　Monadelphous Lily　エドワーズ, シデナム・ティースト画『カーティス・ボタニカル・マガジン』 1811

リンゴ　Malus communis (sylvestris)
「ルドゥーテ画 美花選 1」学習研究社　1986
◇図35（カラー） 1827～1833

リンゴ　Malus domestica
「美花選［普及版］」河出書房新社　2016
◇図24（カラー）　Fleurs de Pommier/Flores Mali　ルドゥーテ, ピエール＝ジョゼフ画 1827～1833　［コノサーズ・コレクション東京］
「ボタニカルアート 西洋の美花集」パイ インターナショナル　2010
◇p54（カラー）　ルドゥーテ, ピエール＝ジョセフ画・著『美花選』 1827～33　点刻銅版画多色刷一部手彩色

リンコグロッスム・オブリクウム
Rhynchoglossum obliquum
「図説 ボタニカルアート」河出書房新社　2010
◇p63（カラー）　バウアー, フェルディナンド画, ホースフィールド『ジャワ稀産植物』 1838

リンコスチリス・ギガンテア　Rhynchostylis gigantea Ridl. (Saccolabium giganteum Ldl.)
「蘭花譜」平凡社　1974
◇Pl.119–3～5（カラー）　加藤光治著, 二口善雄画 1940,1971写生

リンコスチリス・セレスチス　Rhynchostylis coelestis Rchb.f.
「蘭花譜」平凡社　1974
◇Pl.119–2（カラー）　加藤光治著, 二口善雄画 1970,1941写生

リンコスチリス・レチューサ　Rhynchostylis retusa Bl.
「蘭花譜」平凡社　1974
◇Pl.119–1（カラー）　加藤光治著, 二口善雄画 1968,1941写生

りんどう
「野の草の手帖」小学館　1989
◇p207（カラー）　竜胆　岩崎常正（灌園）『本草図譜』 文政11（1828）　［国立国会図書館］

リンドウ　Gentiana scabra Bunge var.buergeri Maxim.
「高木春山 本草図説 1」リブロポート　1988
◇図36（カラー）

リンドウ　Gentiana scabra Bunge var.buergeri (Miq.) Maxim.ex Franch. & Sav.
「シーボルト日本植物図譜コレクション」小学館　2008
◇図3–10（カラー）　Gentiana sasarindô Sieb.　［川原慶賀］画　紙 透明絵の具 墨 白色塗料 光沢 23.0×32.0　［ロシア科学アカデミーコマロフ植物学研究所図書館］　※目録676 コレクションV 461/664

リンドウ　Gentiana scabra var.buergeri
「江戸博物文庫 花草の巻」工作舎　2017
◇p28（カラー）　竜胆　岩崎灌園『本草図譜』　［東京大学大学院理学系研究科附属植物園（小石川植物園）］
「花木真寫」淡交社　2005
◇図116（カラー）　龍膽　近衛予楽院家熙　［（財）陽明文庫］
「日本の博物図譜」東海大学出版会　2001
◇p103（白黒）　池田瑞月筆『草木写生画巻』　［個人蔵］
「四季草花譜」八坂書房　1988
◇図21（カラー）　飯沼慾斎筆『草木図説稿本』　［個人蔵］

リンドウ科のケンタウリウム・エリトラエア
「フローラの庭園」八坂書房　2015

◇p13（カラー）　ベスラー, バシリウス『アイヒシュテット庭園植物誌』 1613　銅版（エングレーヴィング）手彩色 紙　57×46　［テイラー博物館（ハールレム）］

リンドウの1種　Gentiana sp.

「ビュフォンの博物誌」工作舎　1991

◇N122（カラー）『一般と個別の博物誌 ソンニーニ版』

【る】

ルコウ

「高松松平家博物図譜 衆芳画譜 花卉 第四」香川県立ミュージアム　2010

◇p41（カラー）　松平頼恭 江戸時代　紙本著色 画帖装（折本形式）　33.0×48.2　［個人蔵］

ルコウソウ　Ipomea quamoclit（Quamoclit vulgaris）

「ルドゥーテ画 美花選 2」学習研究社　1986

◇図52（カラー）　1827～1833

ルコウソウ　Quamoclit pennata

「ボタニカルアートの世界」朝日新聞社　1987

◇p54下（白黒）　ムンチング図『Naauwkeurige beschryving der aardgewassen』 1696

「花彙 上」八坂書房　1977

◇図49（白黒）　藤菊　小野蘭山, 島田充房 明和2（1765）　26.5×18.5　［国立公文書館・内閣文庫］

ルコウソウ　Quamoclit vulgaris

「花木真寫」淡交社　2005

◇図111（カラー）　留紅草　近衛予楽院家熙　［（財）陽明文庫］

ルコウソウ2種

「美花図譜」八坂書房　1991

◇図31（カラー）　ウエインマン『花譜』 1736～1748　銅版刷手彩色　［群馬県館林市立図書館］

ルドゥーテア　Redutea heterophylla

「ルドゥーテ画 美花選 1」学習研究社　1986

◇図53（カラー）　1827～1833

ルドベキア　Rudbeckia purpurea

「花の王国 1」平凡社　1990

◇p127（カラー）『カーチス・ボタニカル・マガジン』 1787～継続

ルドルフィエラ・オーランチアカ　Rudolfiella aurantiaca（Ldl.）Hoehne

「蘭花譜」平凡社　1974

◇Pl.88-4（カラー）　加藤光治著, 二口善雄画 1970写生

ルナリア　Lunaria annua

「ビュフォンの博物誌」工作舎　1991

◇N139（カラー）『一般と個別の博物誌 ソンニーニ版』

ルピナス　Lupinus hirsutus

「すごい博物画」グラフィック社　2017

◇図版47（カラー）　ニオイニンドウ、ヨウム、ルピナス、コボウズオトギリ、ホエザル、キンバエ、ムラサキ、クワガタムシ　マーシャル, アレクサンダー 1650～82頃　水彩　45.8×33.1　［ウィンザー城ロイヤル・ライブラリー］

ルブス・ビフロルス　Rubus biflorus

「ウィリアム・カーティス 花図譜」同朋舎出版　1994

◇508図（カラー）　Twin-flowering Raspberry　フィッチ, ウォルター・フード画『カーティス・ボタニカル・マガジン』 1852

ルリスイレン　Nymphaea caerulea

「美花選［普及版］」河出書房新社　2016

◇図70（カラー）　Nymphæa Cærulea　ルドゥーテ, ピエール＝ジョゼフ画 1827～1833　［コノサーズ・コレクション東京］

ルリスイレン（ルリヒツジグサ）　Nymphaea caerulea

「ボタニカルアート 西洋の美花集」パイ インターナショナル　2010

◇p75（カラー）　ルドゥーテ, ピエール＝ジョセフ画・著『美花選』 1827～33　点刻銅版画多色刷一部手彩色

ルリトラノオ　Veronica subsessilis

「四季草花譜」八坂書房　1988

◇図3（カラー）　飯沼慾斎筆『草木図説稿本』　［個人蔵］

ルリハコベ　Anagallismonelli

「すごい博物画」グラフィック社　2017

◇図版46（カラー）　フレンチローズ、種類のわからないバラ、ルリハコベ、ダマスクローズ、シンワスレナグサ、オーストリアン・カッパー　マーシャル, アレクサンダー 1650～82頃　水彩　45.9×34.6　［ウィンザー城ロイヤル・ライブラリー］

ルリハナガサ　Eranthemum pulchellum

「ウィリアム・カーティス 花図譜」同朋舎出版　1994

◇2図（カラー）　Blue Sage　カーティス, ウィリアム『カーティス・ボタニカル・マガジン』 1811

ルリヒツジグサ

⇒ルリスイレン（ルリヒツジグサ）を見よ

ルリマツリ　Plumbago auriculata

「美花選［普及版］」河出書房新社　2016

◇図14（カラー）　Dentelaire bleu de ciel/ Plumbago cærulea　ルドゥーテ, ピエール＝ジョゼフ画 1827～1833　［コノサーズ・コレクション東京］

「ボタニカルアート 西洋の美花集」パイ インターナショナル　2010

◇p124（カラー）　ルドゥーテ, ピエール＝ジョセ

フ画・著『美花選』 1827〜33 点刻銅版画多色刷 一部手彩色

ルリマツリ Plumbago caerulea (auriculata)

「ルドゥーテ画 美花選 2」学習研究社 1986
◇図59（カラー） 1827〜1833

ルリムスカリ

「ユリ科植物図譜 2」学習研究社 1988
◇図59（カラー） ムスカリ・ボトリオイデス ルドゥーテ, ピエール＝ジョセフ 1802〜1815

ルロニウム・ナタンス Luronium natans

「ユリ科植物図譜 2」学習研究社 1988
◇図247（カラー） アリスマ・ナタンス ルドゥーテ, ピエール＝ジョセフ 1802〜1815

【れ】

レイジンソウ Aconitum loczyanum

「江戸博物文庫 花草の巻」工作舎 2017
◇p121（カラー） 伶人草 岩崎灌園『本草図譜』［東京大学大学院理学系研究科附属植物園（小石川植物園）］

「花彙 上」八坂書房 1977
◇図17（白黒） 秦艽 小野蘭山, 島田充房 明和2（1765） 26.5×18.5 ［国立公文書館・内閣文庫］

レウコイウム・オートゥムナーレ

「ユリ科植物図譜 1」学習研究社 1988
◇図214（カラー） Leucojum autumnale ルドゥーテ, ピエール＝ジョセフ 1802〜1815

レウコイウム・トリコフィルム Leucojum tricophyllum

「ユリ科植物図譜 1」学習研究社 1988
◇図213（カラー） レウコイウム・グランディフロールム ルドゥーテ, ピエール＝ジョセフ 1802〜1815

レウコイウム・トリコフィルム

「ユリ科植物図譜 1」学習研究社 1988
◇図214（カラー） Leucojum tricophyllum ルドゥーテ, ピエール＝ジョセフ 1802〜1815

レースソウ Aponogeton fenestrale Hook.f.

「カーティスの植物図譜」エンタプライズ 1987
◇図4894（カラー） Lace Leaf『カーティスのボタニカルマガジン』 1787〜1887

レストレピア・エレガンス Restrepia elegans Karst.

「蘭花譜」平凡社 1974
◇Pl.22-7（カラー） 加藤光治著, 二口善雄画 1968写生

レタス・ローズ

⇒ロサ・ケンティフォリア・ブラータ（レタス・ローズ）を見よ

レダマ Spartium junceum

「花木真寫」淡交社 2005
◇図38（カラー） 列珠 近衛予楽院家熙 ［（財）陽明文庫］

「ウィリアム・カーティス 花図譜」同朋舎出版 1994
◇305図（カラー） Spanish Broom カーティス, ウィリアム『カーティス・ボタニカル・マガジン』 1789

「花彙 下」八坂書房 1977
◇図146（白黒） 鷹爪 小野蘭山, 島田充房 明和2（1765） 26.5×18.5 ［国立公文書館・内閣文庫］

レッド・クイーン 'Red Queen'

「ばら花譜」平凡社 1983
◇PL.112（カラー） Liebestraum 二口善雄画, 鈴木省三, 籾山泰一著 1974 水彩

レッド・グローリー 'Red Glory'

「ばら花譜」平凡社 1983
◇PL.154（カラー） 二口善雄画, 鈴木省三, 籾山泰一著 1975 水彩

レッド・ピノキオ 'Red Pinocchio'

「ばら花譜」平凡社 1983
◇PL.145（カラー） 二口善雄画, 鈴木省三, 籾山泰一著 1978 水彩

レディ・エックス 'Lady X'

「ばら花譜」平凡社 1983
◇PL.89（カラー） 二口善雄画, 鈴木省三, 籾山泰一著 1973 水彩

レディーズ・スリッパ Cypripedium calceolus var.parviflorum

「ウィリアム・カーティス 花図譜」同朋舎出版 1994
◇422図（カラー） Yellow Ladies Slipper エドワーズ, シデナム・ティースト画『カーティス・ボタニカル・マガジン』 1806

レディ・ダンカン 'Lady Duncan'

「ばら花譜」平凡社 1983
◇PL.46（カラー） 二口善雄画, 鈴木省三, 籾山泰一著 1973,1974 水彩

レディ・ヒリンドン 'Lady Hillingdon'

「ばら花譜」平凡社 1983
◇PL.62（カラー） 二口善雄画, 鈴木省三, 籾山泰一著 1976 水彩

レナンテラ・イムシューチアナ Renanthera Imschootiana Rolfe

「蘭花譜」平凡社 1974
◇Pl.121-4（カラー） 加藤光治著, 二口善雄画 1941写生

レナンテラ・コクシネア　Renanthera coccinea Lour.
「蘭花譜」平凡社　1974
◇Pl.121-7（カラー）　加藤光治著, 二口善雄画 1942写生

レナンテラ・ストーリエー　Renanthera Storiei Rchb.f.
「蘭花譜」平凡社　1974
◇Pl.121-1～2（カラー）　加藤光治著, 二口善雄画 1940,1970写生

レナンテラ・ストーリエー・フィリピネンセ　Renanthera Storiei Rchb.f.var.philippinense Hort.
「蘭花譜」平凡社　1974
◇Pl.121-3（カラー）　加藤光治著, 二口善雄画 1970写生

レナンテラ・マツチナ　Renanthera matutina Ldl.
「蘭花譜」平凡社　1974
◇Pl.121-5（カラー）　加藤光治著, 二口善雄画 1940写生

レナンテラ・モナキカ　Renanthera monachica Ames
「蘭花譜」平凡社　1974
◇Pl.121-6（カラー）　加藤光治著, 二口善雄画 1971写生

レバノンスギ　Cedrus libani
「花の王国 3」平凡社　1990
◇p113（カラー）　ベルトゥーフ『子供のための図誌』 1810

レバノンスギ？　Cedrus libani ?
「植物精選百種図譜 博物画の至宝」平凡社 1996
◇pl.61（カラー）　Cedrus　トレウ, C.J., エーレト, G.D. 1750～73

レプトテス・テヌイス　Leptotes tenuis Rchb. f.
「蘭花譜」平凡社　1974
◇Pl.48-4（カラー）　加藤光治著, 二口善雄画 1970写生

レプトテス・ビカラー　Leptotes bicolor Ldl.
「蘭花譜」平凡社　1974
◇Pl.48-5（カラー）　加藤光治著, 二口善雄画 1940写生

レプトテス・ユニカラー　Leptotes unicolor B.-R.
「蘭花譜」平凡社　1974
◇Pl.48-3（カラー）　加藤光治著, 二口善雄画 1968写生

レブンアツモリソウ　Cypripedium macranthos Sw.var.rebunense (Kudô) Miyabe et Kudô
「須崎忠助植物画集」北海道大学出版会　2016
◇図7-16（カラー）　キバナノアツモリサウ『大雪山植物其他』 5月26日 ［北海道大学附属図書館］

レブンコザクラ　Primula modesta Bisset et S.Moore var.matsumurae (Petitm.) Takeda
「須崎忠助植物画集」北海道大学出版会　2016
◇図1-3（カラー）　れぶんこざくら『大雪山植物其他』 ［北海道大学附属図書館］

レブンサイコ　Bupleurum ajanense (Regel) Krasnob.ex T.Yamaz.
「須崎忠助植物画集」北海道大学出版会　2016
◇図24-48（カラー）　レブンサイゴ『大雪山植物其他』 7月10日 ［北海道大学附属図書館］

レブンソウ　Oxytropis megalantha H.Boissieu
「須崎忠助植物画集」北海道大学出版会　2016
◇図9-19（カラー）　レブンサウ『大雪山植物其他』 7月25日 ［北海道大学附属図書館］

レリア・アルビダ　Laelia albida Batem.
「蘭花譜」平凡社　1974
◇Pl.44-1（カラー）　加藤光治著, 二口善雄画 1968写生

レリア・アンセプス　Laelia anceps Ldl.
「蘭花譜」平凡社　1974
◇Pl.42-1（カラー）　加藤光治著, 二口善雄画 1940写生

レリア・アンセプス・アルバ　Laelia anceps Ldl.var.alba
「蘭花譜」平凡社　1974
◇Pl.42-2（カラー）　加藤光治著, 二口善雄画 1970写生

レリア・アンセプス・シュロデリアナ　Laelia anceps Ldl.var.Schroederiana
「蘭花譜」平凡社　1974
◇Pl.42-3（カラー）　加藤光治著, 二口善雄画 1940写生

レリア・オスターメイヤリイ　Laelia Ostermayerii Hoehne var.Fournieri Cgn.
「蘭花譜」平凡社　1974
◇Pl.45-5（カラー）　加藤光治著, 二口善雄画 1971写生

レリア・オータムナリス　Laelia autumnalis Ldl.
「蘭花譜」平凡社　1974
◇Pl.42-4（カラー）　加藤光治著, 二口善雄画 1940写生

レリア・グランディス　Laelia grandis Ldl.et Paxt.
「蘭花譜」平凡社　1974
◇Pl.41–2（カラー）　加藤光治著, 二口善雄画　1971写生

レリア・クリスパ　Laelia crispa
「蘭百花図譜」八坂書房　2002
◇p25（カラー）　ワーナー, ロバート著, フィッチ, W.H.画『ラン類精選図譜 第2集』 1865～75　石版刷手彩色

レリア・ゴールディアナ　Laelia Gouldiana Rchb.f.
「蘭花譜」平凡社　1974
◇Pl.42–5（カラー）　加藤光治著, 二口善雄画　1940写生

レリア・シンナバリナ　Laelia cinnabarina Batem.
「蘭花譜」平凡社　1974
◇Pl.45–2（カラー）　加藤光治著, 二口善雄画　1940写生

レリア・シンナバリナ・コワニイ　Laelia cinnabarina Batem.var.Cowanii Hort.
「蘭花譜」平凡社　1974
◇Pl.45–3（カラー）　加藤光治著, 二口善雄画　1969写生

レリア・スーパービエンス　Laelia superbiens Ldl.
「蘭花譜」平凡社　1974
◇Pl.41–5（カラー）　加藤光治著, 二口善雄画　1940写生

レリア・テネブロサ　Laelia tenebrosa
「蘭百花図譜」八坂書房　2002
◇p23（カラー）　ワーナー, ロバート著, フィッチ, J.N.画『オーキッド・アルバム』 1882～97　石版刷

レリア・テネブロサ　Laelia tenebrosa Rolfe
「蘭花譜」平凡社　1974
◇Pl.41–3（カラー）　加藤光治著, 二口善雄画　1940写生

レリア・ハーポフィラ　Laelia harpophylla Rchb.f.
「蘭花譜」平凡社　1974
◇Pl.45–1（カラー）　加藤光治著, 二口善雄画　1940写生

レリア・プミラ　Laelia pumila
「蘭百花図譜」八坂書房　2002
◇p24（カラー）　ワーナー, ロバート著, フィッチ, W.H.画『ラン類精選図譜 第2集』 1865～75　石版刷手彩色

レリア・プミラ　Laelia pumila Rchb.f.
「蘭花譜」平凡社　1974
◇Pl.43–1（カラー）　加藤光治著, 二口善雄画　1971写生

レリア・プミラ・ダイアナ　Laelia pumila Rchb.f.var.Dayana Rchb.f.
「蘭花譜」平凡社　1974
◇Pl.43–2（カラー）　加藤光治著, 二口善雄画　1969写生

レリア・プミラ・ダイアナ‘デリカタ’　Laelia pumila Rchb.f.var.Dayana Rchb.f. ‘Delicata’
「蘭花譜」平凡社　1974
◇Pl.43–3（カラー）　加藤光治著, 二口善雄画　1968写生

レリア・フラバ　Laelia flava Ldl.
「蘭花譜」平凡社　1974
◇Pl.44–2（カラー）　加藤光治著, 二口善雄画　1940写生

レリア・プルプラタ　Laelia purpurata
「蘭百花図譜」八坂書房　2002
◇p22（カラー）　ワーナー, ロバート『ラン類精選図譜』 1862～65　石版刷手彩色
「花の王国 1」平凡社　1990
◇p125（カラー）19世紀　※掲載書不詳

レリア・プルプラタ　Laelia purpurata Ldl.et Paxt.var.Schroederii
「蘭花譜」平凡社　1974
◇Pl.41–4（カラー）　加藤光治著, 二口善雄画　1940写生

レリア・ペリニイ　Laelia Perrinii (Ldl.) Batem.
「蘭花譜」平凡社　1974
◇Pl.41–1（カラー）　加藤光治著, 二口善雄画　1940写生

レリア・ミレリ　Laelia milleri Blumensh
「蘭花譜」平凡社　1974
◇Pl.45–4（カラー）　加藤光治著, 二口善雄画　1971写生

レリア・ルペストリス　Laelia rupestris Ldl.
「蘭花譜」平凡社　1974
◇Pl.44–3（カラー）　加藤光治著, 二口善雄画　1970写生

レリア・ルベッセンス　Laelia rubescens Ldl.
「蘭花譜」平凡社　1974
◇Pl.43–5～6（カラー）　加藤光治著, 二口善雄画　1968,1940写生

レリア・ルンディイ　Laelia Lundii Rchb.f.
「蘭花譜」平凡社　1974
◇Pl.43–4（カラー）　加藤光治著, 二口善雄画　1969写生

レリオカトレヤ・エレガンス　Laeliocattleya ×elegans
「蘭百花図譜」八坂書房　2002
◇p26（カラー）　ワーナー, ロバート『ラン類精選

図譜』 1862〜65　石版刷手彩色

れんぎょう　Forsythia suspensa
「草木写生 春の巻」ピエ・ブックス　2010
◇p246〜247（カラー）　連翹　狩野織染藤原重賢 明暦3（1657）〜元禄12（1699）［国立国会図書館］

レンギョウ　Forsythia suspensa
「ボタニカルアート 西洋の美花集」パイ インターナショナル　2010
◇p55（カラー）　ミンジンガー画, シーボルト, フィリップ・フランツ・フォン, ツッカリーニ『日本植物誌』 1835〜70　石版画 手彩色
「花彙 下」八坂書房　1977
◇図173（白黒）　連喬　小野蘭山, 島田充房 明和2（1765）　26.5×18.5　［国立公文書館・内閣文庫］

レンギョウ　Forsythia suspensa（Thunb.）Vahl
「シーボルト「フローラ・ヤポニカ」 日本植物誌」八坂書房　2000
◇図3（カラー）　Itatsi–Gusa, Kitatsi–Gusa　［国立国会図書館］

レンギョウ
「カーティスの植物図譜」エンタプライズ　1987
◇図4995（カラー）　Weeping Forsythia『カーティスのボタニカルマガジン』 1787〜1887

レンゲ
「彩色 江戸博物学集成」平凡社　1994
◇p462〜463（カラー）　紫雲英　山本渓愚筆『萬花帖』　［岩瀬文庫］

レンゲショウマ　Anemonopsis macrophylla
「四季草花譜」八坂書房　1988
◇図50（カラー）　クサレンゲ　飯沼慾斎筆『草木図説稿本』　［個人蔵］

レンゲショウマ　Anemonopsis macrophylla Siebold & Zucc.
「シーボルト日本植物図譜コレクション」小学館　2008
◇図2–67（カラー）　Anemonopsis macrophylla Sieb.et Zucc.　［de Villeneuve, C.H.？］画　［1820〜1827頃］　透明絵の具 墨　24.5×33.7　［ロシア科学アカデミーコマロフ植物学研究所図書館］　※目録165 コレクションI 27/15
「高木春山 本草図説 1」リブロポート　1988
◇図40（カラー）　一種 蓮花升麻又クサレンゲト云

れんげそう　Astragalus sinicus L.
「草木写生 春の巻」ピエ・ブックス　2010
◇p118〜119（カラー）　蓮華草　狩野織染藤原重賢 明暦3（1657）〜元禄12（1699）［国立国会図書館］

れんげそう
「高松松平家博物図譜 写生画帖 雑草」香川県立ミュージアム　2013
◇p17（カラー）　松平頼恭 江戸時代　紙本著色 画帖装（折本形式）　33.2×48.4　［個人蔵］

レンゲソウ　Astragalus sinicus
「花彙 上」八坂書房　1977
◇図39（白黒）　黄芪　小野蘭山, 島田充房 明和2（1765）　26.5×18.5　［国立公文書館・内閣文庫］

レンゲソウ
⇒ゲンゲ・ゲンゲバナ・レンゲソウを見よ

れんげつつじ　Rhododendron molle subsp. japonicum
「草木写生 春の巻」ピエ・ブックス　2010
◇p66〜67（カラー）　蓮華躑躅　狩野織染藤原重賢 明暦3（1657）〜元禄12（1699）［国立国会図書館］

レンゲツツジ　Rhododendron japonicus
「花の王国 1」平凡社　1990
◇p72（カラー）　ジョーム・サンティレール, H.『フランスの植物』 1805〜09　彩色銅版画

レンゲツツジ
⇒ロドデンドロン・ヤポニクム（レンゲツツジ）を見よ

蓮上の玉
「日本椿集」平凡社　1966
◇図70（カラー）　津山尚著, 二口善雄画 1959, 1958

レンプクソウ　Adoxa moschatellina L.
「須崎忠助植物画集」北海道大学出版会　2016
◇図46–75（カラー）　れんぷく草『大雪山植物其他』 5月　［北海道大学附属図書館］

レンリソウ　Lathyrus latifolius
「ルドゥーテ画 美花選 2」学習研究社　1986
◇図47（カラー）1827〜1833

【ろ】

ロイヤル・ハイネス　'Royal Highness'
「ばら花譜」平凡社　1983
◇PL.113（カラー）　Königliche Hoheit　二口善雄画, 鈴木省三, 籾山泰一著 1981　水彩

臘月
「日本椿集」平凡社　1966
◇図49（カラー）　津山尚著, 二口善雄画 1965

ろうたつゝじ
「高松松平家博物図譜 写生画帖 雑木」香川県立ミュージアム　2014
◇p38（カラー）　松平頼恭 江戸時代　紙本著色 画帖装（折本形式）　33.2×48.4　［個人蔵］　※表紙・裏表紙見返し墨書 安永6（1777）6月 程赤城筆

ロウダンツヽシ
「高松松平家博物図譜 衆芳画譜 花果 第五」香

川県立ミュージアム　2011
◇p17（カラー）　松平頼恭 江戸時代　紙本著色 画帖装（折本形式）　33.2×48.4　［個人蔵］

ろうばい

「木の手帖」小学館　1991
◇図55（カラー）　蠟梅・臘梅　岩崎灌園『本草図譜』 文政11（1828）　約21×145　［国立国会図書館］

ロウバイ　Chimonanthus praecox

「花彙 下」八坂書房　1977
◇図157（白黒）　九英梅　小野蘭山, 島田充房 明和2（1765）　26.5×18.5　［国立公文書館・内閣文庫］

ロウバイ・カラウメ・ナンキンウメ　Meratia praecox

「花木真寫」淡交社　2005
◇図118（カラー）　蠟梅　近衛予楽院家熙　［（財）陽明文庫］

ロウヤシ　Copernicia cerifera

「花の王国 4」平凡社　1990
◇p66（カラー）　ベルトゥーフ, F.J.『子供のための図誌』 1810

ロクオンソウ　Cynanchum amplexicaule (Siebold & Zucc.) Hemsl.

「シーボルト日本植物図譜コレクション」小学館　2008
◇図1-62（カラー）　Vincetoxicum brandtii Franch.et Savat.　Fuss, Cl.画 1874　紙 鉛筆 29.9×42.3　［ロシア科学アカデミーコマロフ植物学研究所図書館］　※絵の右下に種の入った紙袋が添付されている.目録681 コレクションV / 643
◇図1-62（カラー）　Vincetoxicum brandtii Franch.et Savat.　花の分析画　マキシモヴィッチ画 1874　筆記用紙に鉛筆　11.3×7.5　［ロシア科学アカデミーコマロフ植物学研究所図書館］　※ /643（目録681）の左上に貼られている.目録681 コレクションV A/644

ロサ・アキフィラ　Rosa aciphylla

「LESROSES バラ図譜［普及版］」河出書房新社　2012
◇図70（カラー）　Rosier cuspidé　ルドゥーテ, ピエール＝ジョゼフ画, トリー, クロード＝アントワーヌ解説 1817～1824　［コノサーズ・コレクション東京］

ロサ・アキフィラ

「バラ図譜 1」学習研究社　1988
◇図70（カラー）　Rosa aciphylla/Rosier cuspidé　ルドゥーテ, ピエール＝ジョゼフ画, トリー, クロード＝アントワーヌ解説 1817～1824　［ブリティッシュ・ミュージアム（ロンドン）］

ロサ・アキフュラ　Rosa aciphylla

「薔薇空間」ランダムハウス講談社　2009
◇図118（カラー）　ルドゥーテ, ピエール＝ジョセフ原画, シャピュイ彫版『バラ図譜』 1819　多色刷点刻銅版画（手彩色補助）　365×275

ロサ・アグレスティス　Rosa agrestis Savi

「バラ 全図版」タッシェン・ジャパン　2007
◇p167（カラー）　Rosier des Hayes　ルドゥーテ, ピエール＝ジョゼフ『バラ図譜』　［エアランゲン・ニュルンベルク大学付属図書館］　※原図139

ロサ・アグレスティス系　Rosa agrestis Savi. cv.

「バラ 全図版」タッシェン・ジャパン　2007
◇p136（カラー）　Rosier des hayes à fleurs semi-doubles　ルドゥーテ, ピエール＝ジョゼフ『バラ図譜』　［エアランゲン・ニュルンベルク大学付属図書館］　※原図108

ロサ・アグレスティス・セピウム　Rosa agrestis Savi var.sepium Thuill.

「バラ 全図版」タッシェン・ジャパン　2007
◇p113（カラー）　Rosier des hayes　ルドゥーテ, ピエール＝ジョゼフ『バラ図譜』　［エアランゲン・ニュルンベルク大学付属図書館］　※原図85

ロサ・'アデレイド・ドルレアン'　Rosa 'Adelaide d'Orléans'

「美花選［普及版］」河出書房新社　2016
◇図48（カラー）　Adélaïde d'Orléans/Adelia Aurelianensis　ルドゥーテ, ピエール＝ジョゼフ画 1827～1833　［コノサーズ・コレクション東京］

「ボタニカルアート 西洋の美花集」パイ インターナショナル　2010
◇p92（カラー）　ルドゥーテ, ピエール＝ジョセフ画・著『美花選』 1827～33　点刻銅版画多色刷一部手彩色

ロサ・アネモネフローラ　Rosa anemoneflora

「ボタニカルアート 西洋の美花集」パイ インターナショナル　2010
◇p102（カラー）　ウィルモット, エレン・アン画・著『バラ属』 1910～14　石版画多色刷

ローザ・アマビリス

「イングリッシュ・ガーデン」求龍堂　2014
◇図52（カラー）　Rosa amabilis, Fortune's yellow rose　フィッチ, ウォルター・フッド 1852　黒鉛 水彩 紙　23.8×14.6　［キュー王立植物園］

ロサ・アルウェンシス・オウァータ　Rosa arvensis ovata

「LESROSES バラ図譜［普及版］」河出書房新社　2012
◇図32（カラー）　Rosier des champs à fruits ovoïdes　ルドゥーテ, ピエール＝ジョゼフ画, トリー, クロード＝アントワーヌ解説 1817～1824　［コノサーズ・コレクション東京］

ロサ・アルヴェンシス・オバータ　Rosa arvensis Hudson

「バラ図譜 1」学習研究社　1988

◇図32（カラー）　Rosa arvensis ovata/Rosier des champs à fruits ovoïdes　ルドゥーテ, ピエール＝ジョゼフ画, トリー, クロード＝アントワーヌ解説 1817〜1824 ［ブリティッシュ・ミュージアム（ロンドン）］

ロサ・アルウェンシス・オワータ Rosa arvensis ovata
「薔薇空間」ランダムハウス講談社 2009
◇図152（カラー）　ルドゥーテ, ピエール＝ジョセフ原画, シャピュイ彫版『バラ図譜』 1818 多色刷点刻銅版画（手彩色補助） 365×275

ロサ・アルバ Rosa alba L.
「薔薇空間」ランダムハウス講談社 2009
◇図183（カラー）　パーソンズ, アルフレッド原画, ウィルモット, エレン著『バラ属』 1910〜14 多色刷リトグラフ 381×278

ロサ×アルバ'ア・フィユ・ド・シャンブル' Rosa×alba L. 'À feuilles de Chanvre'
「バラ 全図版」タッシェン・ジャパン 2007
◇p106（カラー）　Rosier blanc'à feuilles de Chanvre'　ルドゥーテ, ピエール＝ジョゼフ『バラ図譜』 ［エアランゲン・ニュルンベルク大学付属図書館］ ※原図78

ロサ・アルバ・キンバエフォリア Rosa Alba Cimbaefolia
「LESROSES バラ図譜［普及版］」河出書房新社 2012
◇図78（カラー）　Rosier blanc à feuilles de Chanvre　ルドゥーテ, ピエール＝ジョゼフ画, トリー, クロード＝アントワーヌ解説 1817〜1824 ［コノサーズ・コレクション東京］
「薔薇空間」ランダムハウス講談社 2009
◇図43（カラー）　ルドゥーテ, ピエール＝ジョセフ原画, ベッサン彫版『バラ図譜』 1819 多色刷点刻銅版画（手彩色補助） 540×355

ロサ・アルバ・キンベフォリア
「バラ図譜 1」学習研究社 1988
◇図78（カラー）　Rosa Alba Cimbaefolia/Rosier blanc à feuilles de Chanvre　ルドゥーテ, ピエール＝ジョゼフ画, トリー, クロード＝アントワーヌ解説 1817〜1824 ［ブリティッシュ・ミュージアム（ロンドン）］

ロサ×アルバ'グレイト・メイドゥンス・ブラッシュ' Rosa×alba L. 'Great maiden's blush'
「バラ 全図版」タッシェン・ジャパン 2007
◇p64（カラー）　Rosier blanc'Great Maiden's Blush'　ルドゥーテ, ピエール＝ジョゼフ『バラ図譜』 ［エアランゲン・ニュルンベルク大学付属図書館］ ※原図36

ロサ×アルバ系 Rosa×alba L.cv.
「バラ 全図版」タッシェン・ジャパン 2007
◇p150（カラー）　Variété du Rosier blanc　ルドゥーテ, ピエール＝ジョゼフ『バラ図譜』 ［エアランゲン・ニュルンベルク大学付属図書館］ ※原図122

ロサ×アルバ'セミプレナ' Rosa×alba L. 'Semiplena'
「バラ 全図版」タッシェン・ジャパン 2007
◇p74（カラー）　Rosier blanc ordinaire　ルドゥーテ, ピエール＝ジョゼフ『バラ図譜』 ［エアランゲン・ニュルンベルク大学付属図書館］ ※原図46

ロサ×アルバ'セレステ' Rosa×alba L. 'Celeste'
「バラ 全図版」タッシェン・ジャパン 2007
◇p103（カラー）　Rosier blanc'Celeste'　ルドゥーテ, ピエール＝ジョゼフ『バラ図譜』 ［エアランゲン・ニュルンベルク大学付属図書館］ ※原図75

ロサ・アルバ・フォリアケア Rosa alba foliacea
「LESROSES バラ図譜［普及版］」河出書房新社 2012
◇図122（カラー）　La Blanche foliacée de fleury　ルドゥーテ, ピエール＝ジョゼフ画, トリー, クロード＝アントワーヌ解説 1817〜1824 ［コノサーズ・コレクション東京］
「薔薇空間」ランダムハウス講談社 2009
◇図44（カラー）　ルドゥーテ, ピエール＝ジョセフ原画, ヴィクトール彫版『バラ図譜』 1821 多色刷点刻銅版画（手彩色補助） 365×275

ロサ・アルバ・フォリアケア
「バラ図譜 2」学習研究社 1988
◇図122（カラー）　Rosa alba foliacea/La Blanche foliacée de fleury　ルドゥーテ, ピエール＝ジョゼフ画, トリー, クロード＝アントワーヌ解説 1817〜1824 ［ブリティッシュ・ミュージアム（ロンドン）］

ロサ・アルバ・フローレ・プレノ Rosa alba flore pleno
「LESROSES バラ図譜［普及版］」河出書房新社 2012
◇図46（カラー）　Rosier blanc ordinaire　ルドゥーテ, ピエール＝ジョゼフ画, トリー, クロード＝アントワーヌ解説 1817〜1824 ［コノサーズ・コレクション東京］
「薔薇空間」ランダムハウス講談社 2009
◇図42（カラー）　ルドゥーテ, ピエール＝ジョセフ原画, ラングロワ彫版『バラ図譜』 1818 多色刷点刻銅版画（手彩色補助） 365×275

ロサ・アルバ・フローレ・プレノ Rosa alba semi–plena?
「バラ図譜 1」学習研究社 1988
◇図46（カラー）　Rosa alba flore pleno/Rosier blanc ordinaire　ルドゥーテ, ピエール＝ジョゼフ画, トリー, クロード＝アントワーヌ解説 1817〜1824 ［ブリティッシュ・ミュージアム（ロンドン）］

ロサ・アルバ・レガリス Rosa alba Regalis
「LESROSES バラ図譜[普及版]」河出書房新社 2012
◇図36（カラー） Rosier blanc Royal ルドゥーテ, ピエール＝ジョゼフ画, トリー, クロード＝アントワーヌ解説 1817～1824 ［コノサーズ・コレクション東京］
「薔薇空間」ランダムハウス講談社 2009
◇図41（カラー） ルドゥーテ, ピエール＝ジョセフ原画, ベッサン彫版『バラ図譜』 1818 多色刷点刻銅版画（手彩色補助） 365×275

ロサ・アルバ・レガリス
「バラ図譜 1」学習研究社 1988
◇図36（カラー） Rosa alba Regalis/Rosier blanc Royal ルドゥーテ, ピエール＝ジョゼフ画, トリー, クロード＝アントワーヌ解説 1817～1824 ［ブリティッシュ・ミュージアム（ロンドン）］

ロサ・アルピナ・ウルガーリス Rosa Alpina vulgaris
「LESROSES バラ図譜[普及版]」河出書房新社 2012
◇図110（カラー） Rosier des Alpes commun ルドゥーテ, ピエール＝ジョゼフ画, トリー, クロード＝アントワーヌ解説 1817～1824 ［コノサーズ・コレクション東京］
「薔薇空間」ランダムハウス講談社 2009
◇図148（カラー） ルドゥーテ, ピエール＝ジョセフ原画, シャピュイ彫版『バラ図譜』 1821 多色刷点刻銅版画（手彩色補助） 365×275

ロサ・アルピナ・ヴルガリス
「フローラの庭園」八坂書房 2015
◇p57（カラー） ルドゥーテ『バラ図譜 第3版』 1835 銅版多色刷（スティップル・エングレーヴィング）手彩色 紙 24.5×16 ［ボストン美術館］
「バラ図譜 2」学習研究社 1988
◇図110（カラー） Rosa Alpina vulgaris/Rosier des Alpes commun ルドゥーテ, ピエール＝ジョゼフ画, トリー, クロード＝アントワーヌ解説 1817～1824 ［ブリティッシュ・ミュージアム（ロンドン）］ ※17図のRosa Alpina pendulinaと全く同じであろう

ロサ・アルピナ・デビリス Rosa Alpina debilis
「LESROSES バラ図譜[普及版]」河出書房新社 2012
◇図121（カラー） Rosier des Alpes à tiges faibles ルドゥーテ, ピエール＝ジョゼフ画, トリー, クロード＝アントワーヌ解説 1817～1824 ［コノサーズ・コレクション東京］
「薔薇空間」ランダムハウス講談社 2009
◇図149（カラー） ルドゥーテ, ピエール＝ジョセフ原画, ベッサン彫版『バラ図譜』 1821 多色刷点刻銅版画（手彩色補助） 365×275

ロサ・アルピナ・デビリス
「バラ図譜 2」学習研究社 1988
◇図121（カラー） Rosa Alpina debilis/Rosier des Alpes à tiges faibles ルドゥーテ, ピエール＝ジョゼフ画, トリー, クロード＝アントワーヌ解説 1817～1824 ［ブリティッシュ・ミュージアム（ロンドン）］

ロサ・アルピナ・フローレ・ウァリエガート Rosa Alpina flore variegato
「LESROSES バラ図譜[普及版]」河出書房新社 2012
◇図82（カラー） Rosier des Alpes à fleurs panachées ルドゥーテ, ピエール＝ジョゼフ画, トリー, クロード＝アントワーヌ解説 1817～1824 ［コノサーズ・コレクション東京］

ロサ・アルピナ・フローレ・ヴァリエガート
「バラ図譜 1」学習研究社 1988
◇図82（カラー） Rosa Alpina flore variegato/Rosier des Alpes à fleurs panachées ルドゥーテ, ピエール＝ジョゼフ画, トリー, クロード＝アントワーヌ解説 1817～1824 ［ブリティッシュ・ミュージアム（ロンドン）］

ロサ・アルピーナ・フローレ・ワリエガート Rosa Alpina flore variegato
「薔薇空間」ランダムハウス講談社 2009
◇図147（カラー） ルドゥーテ, ピエール＝ジョセフ原画, シャピュイ彫版『バラ図譜』 1820 多色刷点刻銅版画（手彩色補助） 365×275

ロサ・アルピナ・ペンデュリナ Rosa pendulina Linnaeus
「バラ図譜 1」学習研究社 1988
◇図17（カラー） Rosa Alpina pendulina/Rosier des Alpes à fruits pendants ルドゥーテ, ピエール＝ジョゼフ画, トリー, クロード＝アントワーヌ解説 1817～1824 ［ブリティッシュ・ミュージアム（ロンドン）］

ロサ・アルピナ・ペンドゥリナ Rosa Alpina pendulina
「LESROSES バラ図譜[普及版]」河出書房新社 2012
◇図17（カラー） Rosier des Alpes à fruits pendants ルドゥーテ, ピエール＝ジョゼフ画, トリー, クロード＝アントワーヌ解説 1817～1824 ［コノサーズ・コレクション東京］
「薔薇空間」ランダムハウス講談社 2009
◇図145（カラー） ルドゥーテ, ピエール＝ジョセフ原画, ベッサン彫版『バラ図譜』 1817 多色刷点刻銅版画（手彩色補助） 365×275

ロサ・アルピーナ・ラエウィス Rosa Alpina Laevis
「LESROSES バラ図譜[普及版]」河出書房新社 2012
◇図18（カラー） Rosier des Alpes à pédoncule et calice glabres ルドゥーテ, ピエール＝ジョゼフ画, トリー, クロード＝アントワーヌ解説 1817～1824 ［コノサーズ・コレクション東京］
「薔薇空間」ランダムハウス講談社 2009
◇図146（カラー） ルドゥーテ, ピエール＝ジョセ

フ原画, ベッサン彫版『バラ図譜』 1817　多色刷点刻銅版画(手彩色補助)　365×275

ロサ・アルピナ・レヴィス

「バラ図譜 1」学習研究社　1988

◇図18(カラー)　Rosa Alpina Laevis/Rosier des Alpes à pédoncule et calice glabres　ルドゥーテ, ピエール=ジョゼフ画, トリー, クロード=アントワーヌ解説 1817～1824　[ブリティッシュ・ミュージアム(ロンドン)]

ロサ・アルベンシス　Rosa arvensis Hudson

「バラ 全図版」タッシェン・ジャパン　2007

◇p60(カラー)　Eglantier des champs　ルドゥーテ, ピエール=ジョゼフ『バラ図譜』　[エアランゲン・ニュルンベルク大学付属図書館]　※原図32

ロサ・アンデガヴェンシス　Rosa Andegavensis

「LESROSES バラ図譜[普及版]」河出書房新社　2012

◇図59(カラー)　Rosier d'Anjou　ルドゥーテ, ピエール=ジョゼフ画, トリー, クロード=アントワーヌ解説 1817～1824　[コノサーズ・コレクション東京]

「薔薇空間」ランダムハウス講談社　2009

◇図120(カラー)　ルドゥーテ, ピエール=ジョゼフ原画, シャピュイ彫版『バラ図譜』 1819　多色刷点刻銅版画(手彩色補助)　365×275

ロサ・アンデガベンシス　Rosa andegavensis Bastard, R.canina andegavensis (Bastard) Desportes

「バラ図譜 1」学習研究社　1988

◇図59(カラー)　Rosa Andegavensis/Rosier d'Anjou　ルドゥーテ, ピエール=ジョゼフ画, トリー, クロード=アントワーヌ解説 1817～1824　[ブリティッシュ・ミュージアム(ロンドン)]

ロサ・イネルミス　Rosa Inermis

「LESROSES バラ図譜[普及版]」河出書房新社　2012

◇図101(カラー)　Rosier Turbiné sans épines　ルドゥーテ, ピエール=ジョゼフ画, トリー, クロード=アントワーヌ解説 1817～1824　[コノサーズ・コレクション東京]

「薔薇空間」ランダムハウス講談社　2009

◇図27(カラー)　ルドゥーテ, ピエール=ジョゼフ原画, ルメール彫版『バラ図譜』 1820　多色刷点刻銅版画(手彩色補助)　365×275

ロサ・イネルミス　Rosa inermis Thory, R.×francofurtana Muenchhausen

「バラ図譜 2」学習研究社　1988

◇図101(カラー)　Rosa Inermis/Rosier Turbiné sans épines　ルドゥーテ, ピエール=ジョゼフ画, トリー, クロード=アントワーヌ解説 1817～1824　[ブリティッシュ・ミュージアム(ロンドン)]

ロサ・インディカ　Rosa Indica

「LESROSES バラ図譜[普及版]」河出書房新社　2012

◇図13(カラー)　Rosier des Indes　ルドゥーテ, ピエール=ジョゼフ画, トリー, クロード=アントワーヌ解説 1817～1824　[コノサーズ・コレクション東京]

◇図72(カラー)　Rosier du Bengale (Cent feuilles)　ルドゥーテ, ピエール=ジョゼフ画, トリー, クロード=アントワーヌ解説 1817～1824　[コノサーズ・コレクション東京]

◇図73(カラー)　La Bengale bichonne　ルドゥーテ, ピエール=ジョゼフ画, トリー, クロード=アントワーヌ解説 1817～1824　[コノサーズ・コレクション東京]

「ボタニカルアート 西洋の美花集」パイ インターナショナル　2010

◇p97(カラー)　ルドゥーテ, ピエール=ジョセフ画・著『バラ図譜』 1817～24　点刻銅版画多色刷 一部手彩色

「薔薇空間」ランダムハウス講談社　2009

◇図65(カラー)　ルドゥーテ, ピエール=ジョセフ原画, シャピュイ彫版『バラ図譜』 1817　多色刷点刻銅版画(手彩色補助)　365×275

◇図72(カラー)　ルドゥーテ, ピエール=ジョセフ原画, シャルラン彫版『バラ図譜』 1819　多色刷点刻銅版画(手彩色補助)　365×275

◇図76(カラー)　ルドゥーテ, ピエール=ジョセフ原画, ラングロワ彫版『バラ図譜』 1819　多色刷点刻銅版画(手彩色補助)　365×275

ロサ・インディカ

「バラ図譜 1」学習研究社　1988

◇図13(カラー)　Rosa Indica/Rosier des Indes　ルドゥーテ, ピエール=ジョゼフ画, トリー, クロード=アントワーヌ解説 1817～1824　[ブリティッシュ・ミュージアム(ロンドン)]

◇図72(カラー)　Rosa Indica/Rosier du Bengale (Cent feuilles)　ルドゥーテ, ピエール=ジョゼフ画, トリー, クロード=アントワーヌ解説 1817～1824　[ブリティッシュ・ミュージアム(ロンドン)]

◇図73(カラー)　Rosa Indica/La Bengale bichonne　ルドゥーテ, ピエール=ジョゼフ画, トリー, クロード=アントワーヌ解説 1817～1824　[ブリティッシュ・ミュージアム(ロンドン)]

ロサ・インディカ・アウトムナーリス　Rosa indica Automnalis

「LESROSES バラ図譜[普及版]」河出書房新社　2012

◇図161(カラー)　Le Bengale d'Automne　ルドゥーテ, ピエール=ジョゼフ画, トリー, クロード=アントワーヌ解説 1817～1824　[コノサーズ・コレクション東京]

「薔薇空間」ランダムハウス講談社　2009

◇図81(カラー)　ルドゥーテ, ピエール=ジョセフ原画, ベッサン彫版『バラ図譜』 1823　多色刷点刻銅版画(手彩色補助)　365×275

ロサ・インディカ・アウトムナリス
「バラ図譜 2」学習研究社　1988
◇図161（カラー）　Rosa Indica Automnalis/Le Bengale d'Automne　ルドゥーテ, ピエール＝ジョゼフ画, トリー, クロード＝アントワーヌ解説 1817～1824 ［ブリティッシュ・ミュージアム（ロンドン）］

ロサ・インディカ・アクミナータ　Rosa Indica acuminata
「LESROSES バラ図譜［普及版］」河出書房新社 2012
◇図15（カラー）　Rosier des Indes à pétales pointus　ルドゥーテ, ピエール＝ジョゼフ画, トリー, クロード＝アントワーヌ解説 1817～1824 ［コノサーズ・コレクション東京］
「薔薇空間」ランダムハウス講談社　2009
◇図67（カラー）　ルドゥーテ, ピエール＝ジョセフ原画, シャピュイ彫版『バラ図譜』 1817　多色刷点刻銅版画（手彩色補助）　365×275

ロサ・インディカ・アクミナータ　Rosa chinensis minima
「バラ図譜 1」学習研究社　1988
◇図15（カラー）　Rosa Indica acuminata/Rosier des Indes à pétales pointus　ルドゥーテ, ピエール＝ジョゼフ画, トリー, クロード＝アントワーヌ解説 1817～1824 ［ブリティッシュ・ミュージアム（ロンドン）］

ロサ・インディカ・ウルガーリス　Rosa Indica vulgaris
「LESROSES バラ図譜［普及版］」河出書房新社 2012
◇図14（カラー）　Rosier des Indes commun　ルドゥーテ, ピエール＝ジョゼフ画, トリー, クロード＝アントワーヌ解説 1817～1824 ［コノサーズ・コレクション東京］
「薔薇空間」ランダムハウス講談社　2009
◇図66（カラー）　ルドゥーテ, ピエール＝ジョセフ原画, ベッサン彫版『バラ図譜』 1817　多色刷点刻銅版画（手彩色補助）　365×275

ロサ・インディカ・ヴルガリス　Rosa chinensis Jacquin
「バラ図譜 1」学習研究社　1988
◇図14（カラー）　Rosa Indica vulgaris/Rosier des Indes commun　ルドゥーテ, ピエール＝ジョゼフ画, トリー, クロード＝アントワーヌ解説 1817～1824 ［ブリティッシュ・ミュージアム（ロンドン）］

ロサ・インディカ・カリオピレア
「バラ図譜 2」学習研究社　1988
◇図148（カラー）　Rosa Indica Caryophyllea/La Bengale OEillet　※R.caryophilleaとは全く違う　ルドゥーテ, ピエール＝ジョゼフ画, トリー, クロード＝アントワーヌ解説 1817～1824 ［ブリティッシュ・ミュージアム（ロンドン）］

ロサ・インディカ・カリオフィレア　Rosa Indica Caryophyllea
「LESROSES バラ図譜［普及版］」河出書房新社 2012
◇図148（カラー）　La Bengale Œillet　ルドゥーテ, ピエール＝ジョゼフ画, トリー, クロード＝アントワーヌ解説 1817～1824 ［コノサーズ・コレクション東京］

ロサ・インディカ・カリュオーフュレア　Rosa Indica Caryophyllea
「薔薇空間」ランダムハウス講談社　2009
◇図80（カラー）　ルドゥーテ, ピエール＝ジョセフ原画, ラングロワ彫版『バラ図譜』 1822　多色刷点刻銅版画（手彩色補助）　365×275

ロサ・インディカ・クルエンタ　Rosa Indica Cruenta
「LESROSES バラ図譜［普及版］」河出書房新社 2012
◇図49（カラー）　Rosier du Bengale à fleurs pourpre-de-sang　ルドゥーテ, ピエール＝ジョゼフ画, トリー, クロード＝アントワーヌ解説 1817～1824 ［コノサーズ・コレクション東京］
「薔薇空間」ランダムハウス講談社　2009
◇図71（カラー）　ルドゥーテ, ピエール＝ジョセフ原画, ラングロワ彫版『バラ図譜』 1818　多色刷点刻銅版画（手彩色補助）　365×275

ロサ・インディカ・クルエンタ　Rosa indica cruenta, R.chinensis semperflorens？
「バラ図譜 1」学習研究社　1988
◇図49（カラー）　Rosa Indica Cruenta/Rosier du Bengale à fleurs pourpre-de-sang　ルドゥーテ, ピエール＝ジョゼフ画, トリー, クロード＝アントワーヌ解説 1817～1824 ［ブリティッシュ・ミュージアム（ロンドン）］

ロサ・インディカ・ステリゲラ　Rosa Indica Stelligera
「LESROSES バラ図譜［普及版］」河出書房新社 2012
◇図134（カラー）　Le Bengale Etoilé　ルドゥーテ, ピエール＝ジョゼフ画, トリー, クロード＝アントワーヌ解説 1817～1824 ［コノサーズ・コレクション東京］
「薔薇空間」ランダムハウス講談社　2009
◇図77（カラー）　ルドゥーテ, ピエール＝ジョセフ原画, シャピュイ彫版『バラ図譜』 1822　多色刷点刻銅版画（手彩色補助）　365×275

ロサ・インディカ・ステリゲラ
「バラ図譜 2」学習研究社　1988
◇図134（カラー）　Rosa Indica Stelligera/Le Bengale Etoilé　ルドゥーテ, ピエール＝ジョゼフ画, トリー, クロード＝アントワーヌ解説 1817～1824 ［ブリティッシュ・ミュージアム（ロンドン）］

ロサ・インディカ・スバルバ Rosa Indica subalba
「LESROSES バラ図譜［普及版］」河出書房新社 2012
◇図94（カラー） Rosier du Bengale à fleurs blanches ルドゥーテ, ピエール＝ジョゼフ画, トリー, クロード＝アントワーヌ解説 1817～1824 ［コノサーズ・コレクション東京］
「薔薇空間」ランダムハウス講談社 2009
◇図73（カラー） ルドゥーテ, ピエール＝ジョセフ原画, ルメール彫版『バラ図譜』 1820 多色刷点刻銅版画（手彩色補助） 365×275

ロサ・インディカ・スバルバ
「バラ図譜 2」学習研究社 1988
◇図94（カラー） Rosa Indica subalba/Rosier du Bengale à fleurs blanches ルドゥーテ, ピエール＝ジョゼフ画, トリー, クロード＝アントワーヌ解説 1817～1824 ［ブリティッシュ・ミュージアム（ロンドン）］

ロサ・インディカ・スブヴィオラケア Rosa Indica subviolacea
「LESROSES バラ図譜［普及版］」河出書房新社 2012
◇図114（カラー） Rosier des Indes à fleurs presque violettes ルドゥーテ, ピエール＝ジョゼフ画, トリー, クロード＝アントワーヌ解説 1817～1824 ［コノサーズ・コレクション東京］
「薔薇空間」ランダムハウス講談社 2009
◇図74（カラー） ルドゥーテ, ピエール＝ジョセフ原画, ラングロワ彫版『バラ図譜』 1821 多色刷点刻銅版画（手彩色補助） 365×275

ロサ・インディカ・スブヴィオラケア
「バラ図譜 2」学習研究社 1988
◇図114（カラー） Rosa Indica subviolacea/Rosier des Indes à fleurs presque violettes ルドゥーテ, ピエール＝ジョゼフ画, トリー, クロード＝アントワーヌ解説 1817～1824 ［ブリティッシュ・ミュージアム（ロンドン）］

ロサ・インディカ・セルトゥラータ Rosa Indica Sertulata
「LESROSES バラ図譜［普及版］」河出書房新社 2012
◇図135（カラー） Le Bengale à Bouquets ルドゥーテ, ピエール＝ジョゼフ画, トリー, クロード＝アントワーヌ解説 1817～1824 ［コノサーズ・コレクション東京］
「薔薇空間」ランダムハウス講談社 2009
◇図78（カラー） ルドゥーテ, ピエール＝ジョセフ原画, ラングロワ彫版『バラ図譜』 1822 多色刷点刻銅版画（手彩色補助） 365×275

ロサ・インディカ・セルトゥラータ
「バラ図譜 2」学習研究社 1988
◇図135（カラー） Rosa Indica Sertulata/Le Bengale à Bouquets ルドゥーテ, ピエール＝ジョゼフ画, トリー, クロード＝アントワーヌ解説 1817～1824 ［ブリティッシュ・ミュージアム（ロンドン）］

ロサ・インディカ・ディコトマ Rosa Indica dichotoma
「LESROSES バラ図譜［普及版］」河出書房新社 2012
◇図145（カラー） Le Bengale animating ルドゥーテ, ピエール＝ジョゼフ画, トリー, クロード＝アントワーヌ解説 1817～1824 ［コノサーズ・コレクション東京］
「薔薇空間」ランダムハウス講談社 2009
◇図79（カラー） ルドゥーテ, ピエール＝ジョセフ原画, シャピュイ彫版『バラ図譜』 1822 多色刷点刻銅版画（手彩色補助） 365×275

ロサ・インディカ・ディコトマ
「バラ図譜 2」学習研究社 1988
◇図145（カラー） Rosa Indica dichotoma/Le Bengale animating ルドゥーテ, ピエール＝ジョゼフ画, トリー, クロード＝アントワーヌ解説 1817～1824 ［ブリティッシュ・ミュージアム（ロンドン）］

ロサ・インディカ・プミラ Rosa Indica Pumila
「LESROSES バラ図譜［普及版］」河出書房新社 2012
◇図45（カラー） Rosier nain du Bengale ルドゥーテ, ピエール＝ジョゼフ画, トリー, クロード＝アントワーヌ解説 1817～1824 ［コノサーズ・コレクション東京］
「薔薇空間」ランダムハウス講談社 2009
◇図68（カラー） ルドゥーテ, ピエール＝ジョセフ原画, シャピュイ彫版『バラ図譜』 1818 多色刷点刻銅版画（手彩色補助） 365×275

ロサ・インディカ・プミラ Rosa indica pumila Thory, R.chinensis minima (Sims) Voss
「バラ図譜 1」学習研究社 1988
◇図45（カラー） Rosa Indica Pumila/Rosier nain du Bengale ルドゥーテ, ピエール＝ジョゼフ画, トリー, クロード＝アントワーヌ解説 1817～1824 ［ブリティッシュ・ミュージアム（ロンドン）］

ロサ・インディカ・プミラ（フローレ・シンプリキ） Rosa Indica Pumila (flore simplici)
「LESROSES バラ図譜［普及版］」河出書房新社 2012
◇図67（カラー） Petit Rosier du Bengale (à fleurs simples) ルドゥーテ, ピエール＝ジョゼフ画, トリー, クロード＝アントワーヌ解説 1817～1824 ［コノサーズ・コレクション東京］
「ボタニカルアート 西洋の美花集」パイ インターナショナル 2010
◇p100（カラー） ルドゥーテ, ピエール＝ジョセフ画・著『バラ図譜』 1817～24 点刻銅版画多色刷 一部手彩色
「薔薇空間」ランダムハウス講談社 2009
◇図69（カラー） ルドゥーテ, ピエール＝ジョセフ原画, シャピュイ彫版『バラ図譜』 1819 多

色刷点刻銅版画(手彩色補助)　365×275

ロサ・インディカ・プミラ(フローレ・シンプリキ)　Rosa indica pumila Thory, R. chinensis minima (Sims) Voss
「バラ図譜 1」学習研究社　1988
◇図67(カラー)　Rosa Indica Pumila (flore simplici) /Petit Rosier du Bengale (à fleurs simples)　ルドゥーテ, ピエール＝ジョゼフ画, トリー, クロード＝アントワーヌ解説 1817〜1824 ［ブリティッシュ・ミュージアム(ロンドン)］

ロサ・インディカ・フラグランス　Rosa Indica fragrans
「LESROSES バラ図譜［普及版］」河出書房新社　2012
◇図19(カラー)　Rosier des Indes odorant　ルドゥーテ, ピエール＝ジョゼフ画, トリー, クロード＝アントワーヌ解説 1817〜1824 ［コノサーズ・コレクション東京］
「薔薇空間」ランダムハウス講談社　2009
◇図75(カラー)　ルドゥーテ, ピエール＝ジョセフ原画, ラングロワ彫版『バラ図譜』 1817　多色刷点刻銅版画(手彩色補助)　365×275

ロサ・インディカ・フラグランス　Rosa× odorata (Andrews) Sweet
「バラ図譜 1」学習研究社　1988
◇図19(カラー)　Rosa Indica fragrans/Rosier des Indes odorant　ルドゥーテ, ピエール＝ジョゼフ画, トリー, クロード＝アントワーヌ解説 1817〜1824 ［ブリティッシュ・ミュージアム(ロンドン)］

ロサ・インディカ・フラグランス・フローレ・シンプリキ　Rosa indica fragrans flore simplici
「LESROSES バラ図譜［普及版］」河出書房新社　2012
◇図166(カラー)　Le Bengale thé à fleurs simples　ルドゥーテ, ピエール＝ジョゼフ画, トリー, クロード＝アントワーヌ解説 1817〜1824 ［コノサーズ・コレクション東京］
「薔薇空間」ランダムハウス講談社　2009
◇図82(カラー)　ルドゥーテ, ピエール＝ジョセフ原画, ヴィクトール彫版『バラ図譜』 1823　多色刷点刻銅版画(手彩色補助)　365×275

ロサ・インディカ・フラグランス・フローレ・シンプリキ　Rosa indica frangrans Thory, R.×odorata
「バラ図譜 2」学習研究社　1988
◇図166(カラー)　Rosa Indica fragrans flore simplici/Le Bengale thé à fleurs simples　ルドゥーテ, ピエール＝ジョゼフ画, トリー, クロード＝アントワーヌ解説 1817〜1824 ［ブリティッシュ・ミュージアム(ロンドン)］

ロサ・ヴァントナティアーナ　Rosa Ventenatiana
「薔薇空間」ランダムハウス講談社　2009
◇図169(カラー)　ルドゥーテ, ピエール＝ジョセフ原画, ヴィクトール彫版『バラ図譜』 1823　多色刷点刻銅版画(手彩色補助)　540×355

ロサ・ウィルモッティアエ　Rosa willmottiae Hemsley
「薔薇空間」ランダムハウス講談社　2009
◇図196(カラー)　二口善雄画, 鈴木省三, 籾山泰一解説『ばら花譜』 1983　水彩　385×273

ローザ・ウィルモッティアエ　Rosa willmottiae Hemsley
「ばら花譜」平凡社　1983
◇PL.51(カラー)　二口善雄画, 鈴木省三, 籾山泰一著 1978　水彩

ロサ・ウィローサ・テレベンティナ　Rosa Villosa Terebenthina
「LESROSES バラ図譜［普及版］」河出書房新社　2012
◇図90(カラー)　Rosier Velu à odeur de Térébenthine　ルドゥーテ, ピエール＝ジョゼフ画, トリー, クロード＝アントワーヌ解説 1817〜1824 ［コノサーズ・コレクション東京］
「薔薇空間」ランダムハウス講談社　2009
◇図122(カラー)　ルドゥーテ, ピエール＝ジョセフ原画, ベッサン彫版『バラ図譜』 1820　多色刷点刻銅版画(手彩色補助)　365×275

ロサ・ヴィローサ・テレベンティナ
「バラ図譜 2」学習研究社　1988
◇図90(カラー)　Rosa Villosa Terebenthina/Rosier Velu à odeur de Térébenthine　ルドゥーテ, ピエール＝ジョゼフ画, トリー, クロード＝アントワーヌ解説 1817〜1824 ［ブリティッシュ・ミュージアム(ロンドン)］

ロサ・ウィローサ, ポミフェラ　Rosa Villosa, Pomifera
「LESROSES バラ図譜［普及版］」河出書房新社　2012
◇図22(カラー)　Rosier Velu, Pomifère　ルドゥーテ, ピエール＝ジョゼフ画, トリー, クロード＝アントワーヌ解説 1817〜1824 ［コノサーズ・コレクション東京］
「薔薇空間」ランダムハウス講談社　2009
◇図121(カラー)　ルドゥーテ, ピエール＝ジョセフ原画, シャピュイ彫版『バラ図譜』 1817　多色刷点刻銅版画(手彩色補助)　365×275

ロサ・ヴィローサ・ポミフェラ　Rosa pomifera Herrmann
「バラ図譜 1」学習研究社　1988
◇図22(カラー)　Rosa Villosa, Pomifera/Rosier Velu, Pomifère　ルドゥーテ, ピエール＝ジョゼフ画, トリー, クロード＝アントワーヌ解説 1817〜1824 ［ブリティッシュ・ミュージアム(ロンドン)］

ロサ・ウェンテナティアーナ　Rosa Ventenatiana
「LESROSES バラ図譜［普及版］」河出書房新社　2012
◇図157（カラー）　Rosier Ventenat　ルドゥーテ, ピエール＝ジョゼフ画, トリー, クロード＝アントワーヌ解説　1817〜1824　［コノサーズ・コレクション東京］

ロサ・ヴェンテナティアナ
「バラ図譜 2」学習研究社　1988
◇図157（カラー）　Rosa Ventenatiana/Rosier Ventenat　ルドゥーテ, ピエール＝ジョゼフ画, トリー, クロード＝アントワーヌ解説　1817〜1824　［ブリティッシュ・ミュージアム（ロンドン）］

ロサ・エヴラティーナ　Rosa Evratina
「LESROSES バラ図譜［普及版］」河出書房新社　2012
◇図162（カラー）　Rosier d'Evrat　ルドゥーテ, ピエール＝ジョゼフ画, トリー, クロード＝アントワーヌ解説　1817〜1824　［コノサーズ・コレクション東京］
「薔薇空間」ランダムハウス講談社　2009
◇図170（カラー）　ルドゥーテ, ピエール＝ジョセフ原画, ラングロワ彫版『バラ図譜』　1823　多色刷点刻銅版画（手彩色補助）　540×355

ロサ・エヴラティナ
「バラ図譜 2」学習研究社　1988
◇図162（カラー）　Rosa Evratina/Rosier d'Evrat　ルドゥーテ, ピエール＝ジョゼフ画, トリー, クロード＝アントワーヌ解説　1817〜1824　［ブリティッシュ・ミュージアム（ロンドン）］

ロサ・エグランテリア　Rosa Eglanteria
「LESROSES バラ図譜［普及版］」河出書房新社　2012
◇図23（カラー）　Rosier Eglantier　ルドゥーテ, ピエール＝ジョゼフ画, トリー, クロード＝アントワーヌ解説　1817〜1824　［コノサーズ・コレクション東京］

ロサ・エグランテリア　Rosa eglanteria Miller, not Linn., R.foetida Herrmann
「バラ図譜 1」学習研究社　1988
◇図23（カラー）　Rosa Eglanteria/Rosier Eglantier　ルドゥーテ, ピエール＝ジョゼフ画, トリー, クロード＝アントワーヌ解説　1817〜1824　［ブリティッシュ・ミュージアム（ロンドン）］

ロサ・エグランテリア（ロサ・フォエティダ、オーストリアン・イエロー）　Rosa Eglanteria
「薔薇空間」ランダムハウス講談社　2009
◇図91（カラー）　ルドゥーテ, ピエール＝ジョセフ原画, ラングロワ彫版『バラ図譜』　1817　多色刷点刻銅版画（手彩色補助）　365×275

ロサ・エグランテリア（変種プニケア）
Rosa Eglanteria var.punicea
「LESROSES バラ図譜［普及版］」河出書房新社　2012
◇図24（カラー）　Rosier Eglantier var.couleur ponceau　ルドゥーテ, ピエール＝ジョゼフ画, トリー, クロード＝アントワーヌ解説　1817〜1824　［コノサーズ・コレクション東京］

ロサ・エグランテリア（変種プニケア）
Rosa eglanteria punicea Thory, R.foetida bicolor (Jacq.) Willmott
「バラ図譜 1」学習研究社　1988
◇図24（カラー）　Rosa Eglanteria var.punicea/Rosier Eglantier var.couleur ponceau　ルドゥーテ, ピエール＝ジョゼフ画, トリー, クロード＝アントワーヌ解説　1817〜1824　［ブリティッシュ・ミュージアム（ロンドン）］

ローザ・エグランテリア　Rosa eglanteria
「図説 ボタニカルアート」河出書房新社　2010
◇p56（カラー）　Rosa lutea var.bicolor　バウアー, フェルディナンド画, N.J.ジャカン『オーストリア植物誌』　1773〜78

ロサ・エグランテリア・スブルブラ　Rosa Eglanteria sub rubra
「LESROSES バラ図譜［普及版］」河出書房新社　2012
◇図150（カラー）　L'Eglantier Cerise　ルドゥーテ, ピエール＝ジョゼフ画, トリー, クロード＝アントワーヌ解説　1817〜1824　［コノサーズ・コレクション東京］
「薔薇空間」ランダムハウス講談社　2009
◇図168（カラー）　ルドゥーテ, ピエール＝ジョセフ原画, ラングロワ彫版『バラ図譜』　1822　多色刷点刻銅版画（手彩色補助）　540×355

ロサ・エグランテリア・スブルブラ
「バラ図譜 2」学習研究社　1988
◇図150（カラー）　Rosa Eglanteria sub rubra/L'Eglantiar Cerise　ルドゥーテ, ピエール＝ジョゼフ画, トリー, クロード＝アントワーヌ解説　1817〜1824　［ブリティッシュ・ミュージアム（ロンドン）］

ローザ・エグランテリアの1栽培品種　Rosa eglanteria 'Luteola'
「図説 ボタニカルアート」河出書房新社　2010
◇p54（カラー）　ルドゥーテ画・著『バラ図譜 123図版』　1817〜24

ローザ・エグランテリアの1栽培品種　Rosa eglanteria 'Sub rubra'
「図説 ボタニカルアート」河出書房新社　2010
◇p54（カラー）　ルドゥーテ画・著『バラ図譜 150図版』　1817〜24

ロサ・エグランテリア・プニケア　Rosa Eglanteria var.punicea
「ボタニカルアート 西洋の美花集」パイ イン

ターナショナル　2010
◇p98（カラー）　ルドゥーテ, ピエール＝ジョセフ画・著『バラ図譜』 1817～24　点刻銅版画多色刷 一部手彩色

ロサ・エグランテリア・プニケア（ロサ・フォエティダ・ビコロル、オーストリアン・カッパー） Rosa Eglanteria var. punicea
「薔薇空間」ランダムハウス講談社　2009
◇図92（カラー）　ルドゥーテ, ピエール＝ジョセフ原画, クゥータン彫版『バラ図譜』 1817　多色刷点刻銅版画（手彩色補助）　365×275

ロサ・エグランテリア・ルテオラ Rosa Eglanteria Luteola
「LESROSES バラ図譜［普及版］」河出書房新社　2012
◇図123（カラー）　L'Eglantier Serin　ルドゥーテ, ピエール＝ジョゼフ画, トリー, クロード＝アントワーヌ解説 1817～1824 ［コノサーズ・コレクション東京］
「薔薇空間」ランダムハウス講談社　2009
◇図93（カラー）　ルドゥーテ, ピエール＝ジョセフ原画, ラングロワ彫版『バラ図譜』 1821　多色刷点刻銅版画（手彩色補助）　365×275

ロサ・エグランテリア・ルテオラ Rosa eglanteria Miller, R.foetida
「バラ図譜 2」学習研究社　1988
◇図123（カラー）　Rosa Eglanteria Luteola/L'Eglantier Serin　ルドゥーテ, ピエール＝ジョゼフ画, トリー, クロード＝アントワーヌ解説 1817～1824 ［ブリティッシュ・ミュージアム（ロンドン）］　※23図と同じ

ロサ・オドラタ Rosa×odorata
「美花選［普及版］」河出書房新社　2016
◇図122（カラー）　Rosa Indica/Grande Indienne　ルドゥーテ, ピエール＝ジョゼフ画 1827～1833 ［コノサーズ・コレクション東京］
◇図141（カラー）　Variétés de Rose jaune et de Rose du Bengale/Rosa lutea&Rosa Indica (Var.)　ルドゥーテ, ピエール＝ジョゼフ画 1827～1833 ［コノサーズ・コレクション東京］

ロサ・オドラタ Rosa×odorata 'Sulphurea'
「美花選［普及版］」河出書房新社　2016
◇図81（カラー）　Rosa Indica/Rosier des Indes jaune　栽培品種'スルフレア'　ルドゥーテ, ピエール＝ジョゼフ画 1827～1833 ［コノサーズ・コレクション東京］
◇図141（カラー）　Variétés de Rose jaune et de Rose du Bengale/Rosa lutea&Rosa Indica (Var.)　栽培品種'スルフレア'　ルドゥーテ, ピエール＝ジョゼフ画 1827～1833 ［コノサーズ・コレクション東京］

ロサ・オドラタ
⇒バラ（ロサ・オドラタ）を見よ

ロサ×オドラータ系 Rosa×odorata Sweet cv.
「バラ 全図版」タッシェン・ジャパン　2007
◇p194（カラー）　Variété du Rosier à odeur de thé à fleurs simples　ルドゥーテ, ピエール＝ジョゼフ『バラ図譜』 ［エアランゲン・ニュルンベルク大学付属図書館］ ※原図166

ロサ×オドラータ'ヒュームズ・ブラッシュ・ティー・センティド・チャイナ' Rosa×odorata Sweet 'Hume's blush tea scented China'
「バラ 全図版」タッシェン・ジャパン　2007
◇p47（カラー）　Rosier à odeur de thé'Hume's Blush Tea scented China'　ルドゥーテ, ピエール＝ジョゼフ『バラ図譜』 ［エアランゲン・ニュルンベルク大学付属図書館］ ※原図19

ロサ・オルベッサネア Rosa Orbessanea
「LESROSES バラ図譜［普及版］」河出書房新社　2012
◇図65（カラー）　Rosier d'Orbessan　ルドゥーテ, ピエール＝ジョゼフ画, トリー, クロード＝アントワーヌ解説 1817～1824 ［コノサーズ・コレクション東京］
「薔薇空間」ランダムハウス講談社　2009
◇図166（カラー）　ルドゥーテ, ピエール＝ジョセフ原画, ルメール彫版『バラ図譜』 1819　多色刷点刻銅版画（手彩色補助）　540×355

ロサ・オルベッサネア
「バラ図譜 1」学習研究社　1988
◇図65（カラー）　Rosa Orbessanea/Rosier d'Orbessan　ルドゥーテ, ピエール＝ジョゼフ画, トリー, クロード＝アントワーヌ解説 1817～1824 ［ブリティッシュ・ミュージアム（ロンドン）］

ロサ・カニーナ（ドッグ・ローズ） Rosa canina L. (Dog Rose)
「薔薇空間」ランダムハウス講談社　2009
◇図178（カラー）　パーソンズ, アルフレッド原画, ウィルモット, エレン著『バラ属』 1910～14　多色刷リトグラフ　381×278

ローザ・カニーナ Rosa canina Linn.
「ばら花譜」平凡社　1983
◇PL.42（カラー）　Brier Bush, Dog Rose　二口善雄画, 鈴木省三, 籾山泰一著 1973,1974　水彩

ロサ・カニーナ'アンデガヴェンシス' Rosa canina L.var.andegavensis Bast.
「バラ 全図版」タッシェン・ジャパン　2007
◇p87（カラー）　Rosier d'Anjou　ルドゥーテ, ピエール＝ジョゼフ『バラ図譜』 ［エアランゲン・ニュルンベルク大学付属図書館］ ※原図59

ロサ・カニーナ・グランディフローラ Rosa Canina grandiflora
「LESROSES バラ図譜［普及版］」河出書房新社 2012
◇図151（カラー） Rosier Canin à grandes fleurs ルドゥーテ, ピエール＝ジョゼフ画, トリー, クロード＝アントワーヌ解説 1817～1824 ［コノサーズ・コレクション東京］
「薔薇空間」ランダムハウス講談社 2009
◇図117（カラー） ルドゥーテ, ピエール＝ジョセフ原画, ルメール彫版『バラ図譜』 1822 多色刷点刻銅版画（手彩色補助） 365×275

ロサ・カニナ・グランディフローラ
「バラ図譜 2」学習研究社 1988
◇図151（カラー） Rosa Canina grandiflora/Rosier Canin à grandes fleurs ルドゥーテ, ピエール＝ジョゼフ画, トリー, クロード＝アントワーヌ解説 1817～1824 ［ブリティッシュ・ミュージアム（ロンドン）］

ローザ・カニーナ'サクセス' Rosa canina Linn.'Succes'
「ばら花譜」平凡社 1983
◇PL.42（カラー） 二口善雄画, 鈴木省三, 籾山泰一著 1973 水彩

ロサ・カニーナ・ニテンス Rosa Canina nitens
「LESROSES バラ図譜［普及版］」河出書房新社 2012
◇図80（カラー） Rosier Canin à feuilles luisantes ルドゥーテ, ピエール＝ジョゼフ画, トリー, クロード＝アントワーヌ解説 1817～1824 ［コノサーズ・コレクション東京］
「薔薇空間」ランダムハウス講談社 2009
◇図116（カラー） ルドゥーテ, ピエール＝ジョセフ原画, ルメール彫版『バラ図譜』 1820 多色刷点刻銅版画（手彩色補助） 365×275

ロサ・カニナ・ニテンス
「バラ図譜 1」学習研究社 1988
◇図80（カラー） Rosa Canina nitens/Rosier Canin à feuilles luisantes ルドゥーテ, ピエール＝ジョゼフ画, トリー, クロード＝アントワーヌ解説 1817～1824 ［ブリティッシュ・ミュージアム（ロンドン）］

ロサ・カニーナ・ブルボニアーナ Rosa Canina Burboniana
「LESROSES バラ図譜［普及版］」河出書房新社 2012
◇図168（カラー） Rosier de l'Ile de Bourbon ルドゥーテ, ピエール＝ジョゼフ画, トリー, クロード＝アントワーヌ解説 1817～1824 ［コノサーズ・コレクション東京］

ロサ・カニナ・ブルボニアナ Rosa canina burboniana Thory, R.×burboniana Desportes
「バラ図譜 2」学習研究社 1988
◇図168（カラー） Rosa Canina Burboniana/Rosier de l'Ile de Bourbon ルドゥーテ, ピエール＝ジョゼフ画, トリー, クロード＝アントワーヌ解説 1817～1824 ［ブリティッシュ・ミュージアム（ロンドン）］

ロサ・カニーナ・ブルボニアーナ（ブルボン・ローズ） Rosa Canina Burboniana
「薔薇空間」ランダムハウス講談社 2009
◇図84（カラー） ルドゥーテ, ピエール＝ジョセフ原画, ラングロワ彫版『バラ図譜』 1823 多色刷点刻銅版画（手彩色補助） 365×275

ローザ・カニーナ'ブレークス・ストッケローゼ' Rosa canina Linn.'Brögs Stochellose'
「ばら花譜」平凡社 1983
◇PL.42（カラー） 二口善雄画, 鈴木省三, 籾山泰一著 1973 水彩

ロサ・カニーナ・マンテズズマエ Rosa canina L.var.montezumae Humb. & Bonpl.
「バラ 全図版」タッシェン・ジャパン 2007
◇p44（カラー） Rosier de Montezuma ルドゥーテ, ピエール＝ジョゼフ『バラ図譜』 ［エアランゲン・ニュルンベルク大学付属図書館］ ※原図16

ロサ・カニーナ・ルテシアーナ・アシフィラ Rosa canina L.var.lutetiana Baker for. aciphylla
「バラ 全図版」タッシェン・ジャパン 2007
◇p98（カラー） Variété du Rosier de chien ルドゥーテ, ピエール＝ジョゼフ『バラ図譜』 ［エアランゲン・ニュルンベルク大学付属図書館］ ※原図70

ロサ・カニーナ・ルテティアーナ Rosa canina L.var.lutetiana Baker
「バラ 全図版」タッシェン・ジャパン 2007
◇p108（カラー） Variété du Rosier de Chien ルドゥーテ, ピエール＝ジョゼフ『バラ図譜』 ［エアランゲン・ニュルンベルク大学付属図書館］ ※原図80

ロサ・カムチャティカ Rosa Kamtschatica
「LESROSES バラ図譜［普及版］」河出書房新社 2012
◇図12（カラー） Rosier du Kamtschatka ルドゥーテ, ピエール＝ジョゼフ画, トリー, クロード＝アントワーヌ解説 1817～1824 ［コノサーズ・コレクション東京］
「薔薇空間」ランダムハウス講談社 2009
◇図100（カラー） ルドゥーテ, ピエール＝ジョセフ原画, シャピュイ彫版『バラ図譜』 1817 多色刷点刻銅版画（手彩色補助） 365×275

ロサ・カムチャティカ Rosa rugosa kamtchatica（Ventenat）Regel
「バラ図譜 1」学習研究社 1988
◇図12（カラー） Rosa Kamtschatica/Rosier du

Kamtschatka　ルドゥーテ, ピエール＝ジョゼフ画, トリー, クロード＝アントワーヌ解説 1817～1824 ［ブリティッシュ・ミュージアム(ロンドン)］

ロサ・ガリカ　Rosa gallica
「花の王国 1」平凡社　1990
◇p90(カラー)　ジョーム・サンティレール, H.『フランスの植物』 1805～09　彩色銅版画
◇p90(カラー)　ブリコーニュ, アニカ原図, レモン, N.刷 19世紀　手彩色銅版画　※掲載書不詳
◇p91(カラー)　ファン・ヘール編『愛好家の花々』 1847　手彩色石版画

ロサ・ガリカ　Rosa gallica L.
「バラ 全図版」タッシェン・ジャパン　2007
◇p170(カラー)　Rosier de France　ルドゥーテ, ピエール＝ジョゼフ『バラ図譜』 ［エアランゲン・ニュルンベルク大学付属図書館］ ※原図142

ロサ・ガリカ　Rosa gallica ‘Duchesse d’Orléans’
「美花選［普及版］」河出書房新社　2016
◇図129(カラー)　Rosa Gallica Aurelianensis/La Duchesse d’Orléans　栽培品種‘ダッチェス・ドルレアンス’　ルドゥーテ, ピエール＝ジョゼフ画 1827～1833 ［コノサーズ・コレクション東京］
「ボタニカルアート 西洋の美花集」パイ インターナショナル　2010
◇p89(カラー)　(栽培品種‘ダッチェス・ドルレアンス’)　ルドゥーテ, ピエール＝ジョセフ画・著『美花選』 1827～33　点刻銅版画多色刷 一部手彩色

ロサ・ガリカ(プルプロ・ウィオラケア・マグナ)　Rosa Gallica (Purpuro–violacea magna)
「LESROSES バラ図譜［普及版］」河出書房新社 2012
◇図69(カラー)　Rosier Evêque　ルドゥーテ, ピエール＝ジョゼフ画, トリー, クロード＝アントワーヌ解説 1817～1824 ［コノサーズ・コレクション東京］
「薔薇空間」ランダムハウス講談社　2009
◇図6(カラー)　ルドゥーテ, ピエール＝ジョセフ原画, ラングロワ彫版『バラ図譜』 1819　多色刷点刻銅版画(手彩色補助)　365×275

ロサ・ガリカ(プルプロ・ヴィオラケア・マグナ)
「バラ図譜 1」学習研究社　1988
◇図69(カラー)　Rosa Gallica (Purpuro–violacea magna) /Rosier Evêque　ルドゥーテ, ピエール＝ジョゼフ画, トリー, クロード＝アントワーヌ解説 1817～1824 ［ブリティッシュ・ミュージアム(ロンドン)］

ロサ・ガリカ(交雑種)　Rosa gallica L.hybr.
「バラ 全図版」タッシェン・ジャパン　2007
◇p92(カラー)　Rosier de France var.Grandeur Royale　ルドゥーテ, ピエール＝ジョゼフ『バラ図譜』 ［エアランゲン・ニュルンベルク大学付属図書館］ ※原図64

ロサ・ガリカ・アウレリアネンシス　Rosa Gallica Aurelianensis
「LESROSES バラ図譜［普及版］」河出書房新社 2012
◇図128(カラー)　La Duchesse d’Orléans　ルドゥーテ, ピエール＝ジョゼフ画, トリー, クロード＝アントワーヌ解説 1817～1824 ［コノサーズ・コレクション東京］
「薔薇空間」ランダムハウス講談社　2009
◇図19(カラー)　ルドゥーテ, ピエール＝ジョセフ原画, ラングロワ彫版『バラ図譜』 1821　多色刷点刻銅版画(手彩色補助)　365×275

ロサ・ガリカ・アウレリアネンシス
「バラ図譜 2」学習研究社　1988
◇図128(カラー)　Rosa Gallica Aurelianensis/La Duchesse d’Orléans　ルドゥーテ, ピエール＝ジョゼフ画, トリー, クロード＝アントワーヌ解説 1817～1824 ［ブリティッシュ・ミュージアム(ロンドン)］

ロサ・ガリカ・アガタ(ウァリエタス・パルウァ・ウィオラケア)　Rosa Gallica agatha (Varietas parva violacea)
「LESROSES バラ図譜［普及版］」河出書房新社 2012
◇図131(カラー)　La petite Renoncule violette　ルドゥーテ, ピエール＝ジョゼフ画, トリー, クロード＝アントワーヌ解説 1817～1824 ［コノサーズ・コレクション東京］

ロサ・ガリカ・アガタ(ヴァリエタス・パルヴァ・ヴィオラケア)　Rosa gallica agatha (Thory) Loiseleur
「バラ図譜 2」学習研究社　1988
◇図131(カラー)　Rose Gallica agatha (Varietas parva violacea) /La petite Renoncule violette　ルドゥーテ, ピエール＝ジョゼフ画, トリー, クロード＝アントワーヌ解説 1817～1824 ［ブリティッシュ・ミュージアム(ロンドン)］

ロサ・ガリカ・アガタ(変種デルピニアナ)
「バラ図譜 2」学習研究社　1988
◇図133(カラー)　Rosa Gallica agatha (var. Delphiniana) /L’Enfant de France　ルドゥーテ, ピエール＝ジョゼフ画, トリー, クロード＝アントワーヌ解説 1817～1824 ［ブリティッシュ・ミュージアム(ロンドン)］

ロサ・ガリカ・アガタ(変種デルフィニアーナ)　Rosa Gallica agatha (var.Delphiniana)
「LESROSES バラ図譜［普及版］」河出書房新社 2012
◇図133(カラー)　L’Enfant de France　ルドゥーテ, ピエール＝ジョゼフ画, トリー, クロード＝アントワーヌ解説 1817～1824 ［コノサーズ・コレクション東京］

ロサ・ガリカ・アガタ(変種プロリフェラ)
Rosa Gallica Agatha (var.Prolifera)
「LESROSES バラ図譜[普及版]」河出書房新社 2012
◇図137(カラー) Rosier Agathe Prolifère ルドゥーテ, ピエール＝ジョゼフ画, トリー, クロード＝アントワーヌ解説 1817～1824 [コノサーズ・コレクション東京]

ロサ・ガリカ・アガタ(変種プロリフェラ)
「バラ図譜 2」学習研究社 1988
◇図137(カラー) Rosa Gallica Agatha (var. Prolifera) /Rosier Agathe Prolifère ルドゥーテ, ピエール＝ジョゼフ画, トリー, クロード＝アントワーヌ解説 1817～1824 [ブリティッシュ・ミュージアム(ロンドン)]

ロサ・ガリカ・アガタ(変種レガリス)
Rosa Gallica–Agatha (var.Regalis)
「LESROSES バラ図譜[普及版]」河出書房新社 2012
◇図136(カラー) Rosier Agathe–Royale ルドゥーテ, ピエール＝ジョゼフ画, トリー, クロード＝アントワーヌ解説 1817～1824 [コノサーズ・コレクション東京]

ロサ・ガリカ・アガタ(変種レガリス)
「バラ図譜 2」学習研究社 1988
◇図136(カラー) Rosa Gallica–Agatha (Var. Regalis) /Rosier Agathe–Royale ルドゥーテ, ピエール＝ジョゼフ画, トリー, クロード＝アントワーヌ解説 1817～1824 [ブリティッシュ・ミュージアム(ロンドン)]

ロサ・ガリカ・アガタ・インカルナータ
Rosa Gallica Agatha incarnata
「LESROSES バラ図譜[普及版]」河出書房新社 2012
◇図152(カラー) L'Agathe Carnée ルドゥーテ, ピエール＝ジョゼフ画, トリー, クロード＝アントワーヌ解説 1817～1824 [コノサーズ・コレクション東京]
「薔薇空間」ランダムハウス講談社 2009
◇図18(カラー) ルドゥーテ, ピエール＝ジョセフ原画, ラングロワ彫版『バラ図譜』 1823 多色刷点刻銅版画(手彩色補助) 365×275

ロサ・ガリカ'アガタ・インカルナータ'
Rosa gallica L. 'Agatha incarnata
「バラ 全図版」タッシェン・ジャパン 2007
◇p180(カラー) Rosier de France'Agathe Carnée' ルドゥーテ, ピエール＝ジョゼフ『バラ図譜』 [エアランゲン・ニュルンベルク大学付属図書館] ※原図152

ロサ・ガリカ・アガタ・インカルナータ
「バラ図譜 2」学習研究社 1988
◇図152(カラー) Rosa Gallica Agatha incarnata/L'Agathe Carnée ルドゥーテ, ピエール＝ジョゼフ画, トリー, クロード＝アントワーヌ解説 1817～1824 [ブリティッシュ・ミュージアム(ロンドン)]

ロサ・ガリカ・アガタ・デルフィニアーナ
Rosa Gallica agatha (var.Delphiniana)
「薔薇空間」ランダムハウス講談社 2009
◇図16(カラー) ルドゥーテ, ピエール＝ジョセフ原画, ベッサン彫版『バラ図譜』 1821 多色刷点刻銅版画(手彩色補助) 365×275

ロサ・ガリカ・アガタ・プロリフェラ Rosa Gallica Agatha (var.Prolifera)
「薔薇空間」ランダムハウス講談社 2009
◇図14(カラー) ルドゥーテ, ピエール＝ジョセフ原画, ヴィクトール彫版『バラ図譜』 1822 多色刷点刻銅版画(手彩色補助) 365×275

ロサ・ガリカ・アガタ・レガーリス Rosa Gallica Agatha (Var.Regalis)
「薔薇空間」ランダムハウス講談社 2009
◇図17(カラー) ルドゥーテ, ピエール＝ジョセフ原画, ラングロワ彫版『バラ図譜』 1822 多色刷点刻銅版画(手彩色補助) 365×275

ロサ・ガリカ・アガタ・ワリエタス・パルウァ・ウィオラケア Rosa Gallica agatha (Varietas parva violacea)
「薔薇空間」ランダムハウス講談社 2009
◇図15(カラー) ルドゥーテ, ピエール＝ジョセフ原画, ルメール彫版『バラ図譜』 1821 多色刷点刻銅版画(手彩色補助) 365×275

ロサ・ガリカ'ヴィオラケア' Rosa gallica L. 'Violacea'
「バラ 全図版」タッシェン・ジャパン 2007
◇p181(カラー) Rosier de France'Violacea' ルドゥーテ, ピエール＝ジョゼフ『バラ図譜』 [エアランゲン・ニュルンベルク大学付属図書館] ※原図153

ロサ・ガリカ・ウェルシコロール Rosa Gallica Versicolor
「LESROSES バラ図譜[普及版]」河出書房新社 2012
◇図55(カラー) Rosier de France à fleurs panachées ルドゥーテ, ピエール＝ジョゼフ画, トリー, クロード＝アントワーヌ解説 1817～1824 [コノサーズ・コレクション東京]

ロサ・ガリカ・ヴェルシコロール Rosa gallica versicolor Linnaeus.
「バラ図譜 1」学習研究社 1988
◇図55(カラー) Rosa Gallica Versicolor/Rosier de France à fleurs panachées ルドゥーテ, ピエール＝ジョゼフ画, トリー, クロード＝アントワーヌ解説 1817～1824 [ブリティッシュ・ミュージアム(ロンドン)]

ロサ・ガリカ・ウェルシコロル'ロサ・ムンディ' Rosa Gallica Versicolor
「ボタニカルアート 西洋の美花集」パイ インターナショナル 2010
◇p96(カラー) ルドゥーテ, ピエール＝ジョセフ画・著『バラ図譜』 1817～24 点刻銅版画多色

刷 一部手彩色
「薔薇空間」ランダムハウス講談社　2009
◇図9（カラー）　ルドゥーテ，ピエール＝ジョセフ原画，ラングロワ彫版『バラ図譜』 1819　多色刷点刻銅版画（手彩色補助）　365×275

ロサ・ガリカ・ウェルシコロル‘ロサ・ムンディ’　Rosa gallica var.versicolor Thory ‘Rosa Mundi’
「薔薇空間」ランダムハウス講談社　2009
◇図171（カラー）　パーソンズ，アルフレッド原画，ウィルモット，エレン著『バラ属』 1910〜14　多色刷リトグラフ　381×278

ロサ・ガリカ・オフィキナーリス　Rosa Gallica officinalis
「LESROSES バラ図譜［普及版］」河出書房新社　2012
◇図25（カラー）　Rosier de Provins ordinaire　ルドゥーテ，ピエール＝ジョゼフ画，トリー，クロード＝アントワーヌ解説 1817〜1824 ［コノサーズ・コレクション東京］

ロサ・ガリカ‘オフィキナリス’　Rosa gallica L. ‘Officinalis’
「バラ 全図版」タッシェン・ジャパン　2007
◇p53（カラー）　Rosier des Apothicaires　ルドゥーテ，ピエール＝ジョゼフ『バラ図譜』［エアランゲン・ニュルンベルク大学付属図書館］ ※原図25

ロサ・ガリカ・オフィキナリス　Rosa gallica officinalis Thory
「バラ図譜 1」学習研究社　1988
◇図25（カラー）　Rosa Gallica officinalis/Rosier de Provins ordinaire　ルドゥーテ，ピエール＝ジョゼフ画，トリー，クロード＝アントワーヌ解説 1817〜1824 ［ブリティッシュ・ミュージアム（ロンドン）］

ロサ・ガリカ・オフィキナーリス（アポテカリー・ローズ）　Rosa Gallica officinalis
「薔薇空間」ランダムハウス講談社　2009
◇図2（カラー）　ルドゥーテ，ピエール＝ジョセフ原画，ラングロワ彫版『バラ図譜』 1818　多色刷点刻銅版画（手彩色補助）　365×275

ローザ・ガリカ・オフィシナリス　Rosa gallica Linn.officinalis Thory
「ばら花譜」平凡社　1983
◇PL.34（カラー）　Apothecary Rose, Double French Rose, Red Rose of Lancaster　二口善雄画，鈴木省三，籾山泰一著 1973　水彩

ロサ・ガリカ・カエルレア　Rosa Gallica caerulea
「LESROSES バラ図譜［普及版］」河出書房新社　2012
◇図100（カラー）　Rosier de Provins à feuilles bleuâtres　ルドゥーテ，ピエール＝ジョゼフ画，トリー，クロード＝アントワーヌ解説 1817〜1824 ［コノサーズ・コレクション東京］
「薔薇空間」ランダムハウス講談社　2009
◇図10（カラー）　ルドゥーテ，ピエール＝ジョセフ原画，タルボー彫版『バラ図譜』 1820　多色刷点刻銅版画（手彩色補助）　365×275

ローザ ガリカ グラナーツス［バラの1種］
Rosa gallica ‘Glanatus’
「ボタニカルアートの世界」朝日新聞社　1987
◇p7（カラー）　ルドゥテ画『Les roses第2巻』 1819〜1821

ロサ・ガリカ・グラナトゥス　Rosa Gallica Granatus
「LESROSES バラ図譜［普及版］」河出書房新社　2012
◇図107（カラー）　Rosier de France à Pomme de Grenade　ルドゥーテ，ピエール＝ジョゼフ画，トリー，クロード＝アントワーヌ解説 1817〜1824 ［コノサーズ・コレクション東京］
「薔薇空間」ランダムハウス講談社　2009
◇図11（カラー）　ルドゥーテ，ピエール＝ジョセフ原画，ヴィクトール彫版『バラ図譜』 1821　多色刷点刻銅版画（手彩色補助）　365×275

ロサ・ガリカ・グラナトゥス
「バラ図譜 2」学習研究社　1988
◇図107（カラー）　Rosa Gallica Granatus/Rosier de France à Pomme de Grenade　ルドゥーテ，ピエール＝ジョゼフ画，トリー，クロード＝アントワーヌ解説 1817〜1824 ［ブリティッシュ・ミュージアム（ロンドン）］

ロサ・ガリカ系　Rosa gallica L.cv.
「バラ 全図版」タッシェン・ジャパン　2007
◇p128（カラー）　Variété du Rosier de France　ルドゥーテ，ピエール＝ジョゼフ『バラ図譜』［エアランゲン・ニュルンベルク大学付属図書館］ ※原図100
◇p135（カラー）　Variété du Rosier de France　ルドゥーテ，ピエール＝ジョゼフ『バラ図譜』［エアランゲン・ニュルンベルク大学付属図書館］ ※原図107
◇p143（カラー）　Variété du Rosier de France　ルドゥーテ，ピエール＝ジョゼフ『バラ図譜』［エアランゲン・ニュルンベルク大学付属図書館］ ※原図115
◇p161（カラー）　Variété du Rosier de France　ルドゥーテ，ピエール＝ジョゼフ『バラ図譜』［エアランゲン・ニュルンベルク大学付属図書館］ ※原図133
◇p165（カラー）　Variété du Rosier de France　ルドゥーテ，ピエール＝ジョゼフ『バラ図譜』［エアランゲン・ニュルンベルク大学付属図書館］ ※原図137
◇p166（カラー）　Variété du Rosier de France à fleurs marbrées　ルドゥーテ，ピエール＝ジョゼフ『バラ図譜』 ［エアランゲン・ニュルンベルク大学付属図書館］ ※原図138
◇p168（カラー）　Variété du Rosier de France à grandes fleurs　ルドゥーテ，ピエール＝ジョゼフ『バラ図譜』 ［エアランゲン・ニュルンベルク大学付属図書館］ ※原図140

◇p169（カラー） Variété du Rosier de France à fleurs de Stapelie ルドゥーテ, ピエール＝ジョゼフ『バラ図譜』 ［エアランゲン・ニュルンベルク大学付属図書館］ ※原図141

ロサ・ガリカ系（交雑種） Rosa gallica L.–hybr.

「バラ 全図版」タッシェン・ジャパン 2007
◇p164（カラー） Rosier de France hybride ルドゥーテ, ピエール＝ジョゼフ『バラ図譜』 ［エアランゲン・ニュルンベルク大学付属図書館］ ※原図136

ロサ・ガリカ系？‘デュシェス・オルレアン’ Rosa gallica L.cv.？ ‘Duchesse d'Orléans'

「バラ 全図版」タッシェン・ジャパン 2007
◇p156（カラー） Rosier de France？ ‘Duchesse d'Orléans' ルドゥーテ, ピエール＝ジョゼフ『バラ図譜』 ［エアランゲン・ニュルンベルク大学付属図書館］ ※原図128

ロサ・ガリカ系？‘トスカニー’ Rosa gallica L.cv.？ ‘Tuscany'

「バラ 全図版」タッシェン・ジャパン 2007
◇p91（カラー） Variété du Rosier de France ルドゥーテ, ピエール＝ジョゼフ『バラ図譜』 ［エアランゲン・ニュルンベルク大学付属図書館］ ※原図63

ロサ・ガリカ系またはロサ・ケンティフォーリア系 Rosa gallica L.cv, Rosa centifolia L. cv.

「バラ 全図版」タッシェン・ジャパン 2007
◇p159（カラー） Variété du Rosier de France ou du Rosier à centfeuilles ルドゥーテ, ピエール＝ジョゼフ『バラ図譜』 ［エアランゲン・ニュルンベルク大学付属図書館］ ※原図131

ロサ・ガリカ・ゲラニアーナ Rosa Gallica Gueriniana

「薔薇空間」ランダムハウス講談社 2009
◇図25（カラー） ルドゥーテ, ピエール＝ジョセフ原画, ラングロワ彫版『バラ図譜』 1823 多色刷点刻銅版画（手彩色補助） 365×275

ロサ・ガリカ・ゲリニアーナ Rosa Gallica Gueriniana

「LESROSES バラ図譜［普及版］」河出書房新社 2012
◇図160（カラー） Rosier Guerin ルドゥーテ, ピエール＝ジョゼフ画, トリー, クロード＝アントワーヌ解説 1817～1824 ［コノサーズ・コレクション東京］

ロサ・ガリカ・ゲリニアナ

「バラ図譜 2」学習研究社 1988
◇図160（カラー） Rosa Gallica Gueriniana/Rosier Guerin ルドゥーテ, ピエール＝ジョゼフ画, トリー, クロード＝アントワーヌ解説 1817～1824 ［ブリティッシュ・ミュージアム（ロンドン）］

ロサ・ガリカ・ケルレア

「バラ図譜 2」学習研究社 1988
◇図100（カラー） Rosa Gallica caerulea/Rosier de Provins à feuilles bleuâtres ルドゥーテ, ピエール＝ジョゼフ画, トリー, クロード＝アントワーヌ解説 1817～1824 ［ブリティッシュ・ミュージアム（ロンドン）］

ローザ・ガリカ‘コンプリカータ’ Rosa gallica Linn.‘Complicata'

「ばら花譜」平凡社 1983
◇PL.34（カラー） Complicata 二口善雄画, 鈴木省三, 籾山泰一著 1975,1973 水彩

ロサ・ガリカ‘ザ・ビショップ’ Rosa gallica L. ‘The Bishop'

「バラ 全図版」タッシェン・ジャパン 2007
◇p97（カラー） Rosier Evêque ルドゥーテ, ピエール＝ジョゼフ『バラ図譜』 ［エアランゲン・ニュルンベルク大学付属図書館］ ※原図69

ロサ・ガリカ・スタペリアエ・フローラ
Rosa Gallica Stapeliae flora

「LESROSES バラ図譜［普及版］」河出書房新社 2012
◇図141（カラー） Rosier de Provins à fleurs de Stapelie ルドゥーテ, ピエール＝ジョゼフ画, トリー, クロード＝アントワーヌ解説 1817～1824 ［コノサーズ・コレクション東京］

「薔薇空間」ランダムハウス講談社 2009
◇図22（カラー） ルドゥーテ, ピエール＝ジョセフ原画, ベッサン彫版『バラ図譜』 1822 多色刷点刻銅版画（手彩色補助） 365×275

ロサ・ガリカ・スタペリアエ・フローラ

「バラ図譜 2」学習研究社 1988
◇図141（カラー） Rosa Gallica Stapeliae flora/Rosier de Provins à fleurs de Stapelie ルドゥーテ, ピエール＝ジョゼフ画, トリー, クロード＝アントワーヌ解説 1817～1824 ［ブリティッシュ・ミュージアム（ロンドン）］

ローザ・ガリカの1栽培品種 Rosa gallica ‘Flore giganteo'

「図説 ボタニカルアート」河出書房新社 2010
◇p8（カラー） ルドゥーテ画・著『バラ図譜 140図版』 1817～24

ロサ・ガリカ・プミラ Rosa gallica L.var. pumila

「バラ 全図版」タッシェン・ジャパン 2007
◇p114（カラー） Rosier d'Amour ルドゥーテ, ピエール＝ジョゼフ『バラ図譜』 ［エアランゲン・ニュルンベルク大学付属図書館］ ※原図86

ロサ・ガリカ・プルプレア・ウェルティナ, パルウァ Rosa Gallica purpurea Velutina, Parva

「LESROSES バラ図譜［普及版］」河出書房新社 2012
◇図63（カラー） Rosier de Van–Eeden ル

ドゥーテ, ピエール＝ジョゼフ画, トリー, クロード＝アントワーヌ解説 1817〜1824 ［コノサーズ・コレクション東京］
「薔薇空間」ランダムハウス講談社 2009
◇図4（カラー） ルドゥーテ, ピエール＝ジョセフ原画, ラングロワ彫版『バラ図譜』 1819 多色刷点刻銅版画（手彩色補助） 365×275

ロサ・ガリカ・プルプレア・ヴェルティナ・パルヴァ Rosa gallica cv.aff.'Tuscany'
「バラ図譜 1」学習研究社 1988
◇図63（カラー） Rosa Gallica Purpurea Velutina, Parva/Rosier de Van-Eeden ルドゥーテ, ピエール＝ジョゼフ画, トリー, クロード＝アントワーヌ解説 1817〜1824 ［ブリティッシュ・ミュージアム（ロンドン）］

ロサ・ガリカ・プルプレア・ウェルティーナ・パルファ Rosa Gallica purpurea Velutina, Parva
「ボタニカルアート 西洋の美花集」パイ インターナショナル 2010
◇p90（カラー） ルドゥーテ, ピエール＝ジョセフ画・著『バラ図譜』 1817〜24 点刻銅版画多色刷 一部手彩色

ロサ・ガリカ・フローレ・ギガンテオ Rosa Gallica flore giganteo
「LESROSES バラ図譜［普及版］」河出書房新社 2012
◇図140（カラー） Rosier de Provins à fleur gigantesque ルドゥーテ, ピエール＝ジョゼフ画, トリー, クロード＝アントワーヌ解説 1817〜1824 ［コノサーズ・コレクション東京］
「薔薇空間」ランダムハウス講談社 2009
◇図21（カラー） ルドゥーテ, ピエール＝ジョセフ原画, ヴィクトール彫版『バラ図譜』 1822 多色刷点刻銅版画（手彩色補助） 365×275

ロサ・ガリカ・フローレ・ギガンテオ
「バラ図譜 2」学習研究社 1988
◇図140（カラー） Rosa Gallica flore giganteo/Rosier de Provins à fleur gigantesque ルドゥーテ, ピエール＝ジョゼフ画, トリー, クロード＝アントワーヌ解説 1817〜1824 ［ブリティッシュ・ミュージアム（ロンドン）］

ロサ・ガリカ・フローレ・マルモレオ Rosa Gallica flore marmoreo
「LESROSES バラ図譜［普及版］」河出書房新社 2012
◇図138（カラー） Rosier de Provins à fleurs marbrées ルドゥーテ, ピエール＝ジョゼフ画, トリー, クロード＝アントワーヌ解説 1817〜1824 ［コノサーズ・コレクション東京］
「薔薇空間」ランダムハウス講談社 2009
◇図20（カラー） ルドゥーテ, ピエール＝ジョセフ原画, ベッサン彫版『バラ図譜』 1822 多色刷点刻銅版画（手彩色補助） 365×275

ロサ・ガリカ・フローレ・マルモレオ
「バラ図譜 2」学習研究社 1988
◇図138（カラー） Rosa Gallica flore marmoreo/Rosier de Provins à fleurs marbrées ルドゥーテ, ピエール＝ジョゼフ画, トリー, クロード＝アントワーヌ解説 1817〜1824 ［ブリティッシュ・ミュージアム（ロンドン）］

ロサ・ガリカ'ベルシコロール' Rosa gallica L. 'Versicolor'
「バラ 全図版」タッシェン・ジャパン 2007
◇p83（カラー） Rosier de France à fleurs panachées ルドゥーテ, ピエール＝ジョゼフ『バラ図譜』 ［エアランゲン・ニュルンベルク大学付属図書館］ ※原図55

ロサ・ガリカ・ポンティアーナ Rosa Gallica Pontiana
「LESROSES バラ図譜［普及版］」河出書房新社 2012
◇図115（カラー） Rosier du Pont ルドゥーテ, ピエール＝ジョゼフ画, トリー, クロード＝アントワーヌ解説 1817〜1824 ［コノサーズ・コレクション東京］
「薔薇空間」ランダムハウス講談社 2009
◇図12（カラー） ルドゥーテ, ピエール＝ジョセフ原画, ベッサン彫版『バラ図譜』 1821 多色刷点刻銅版画（手彩色補助） 365×275

ロサ・ガリカ・ポンティアナ
「バラ図譜 2」学習研究社 1988
◇図115（カラー） Rosa Gallica Pontiana/Rosier du Pont ルドゥーテ, ピエール＝ジョゼフ画, トリー, クロード＝アントワーヌ解説 1817〜1824 ［ブリティッシュ・ミュージアム（ロンドン）］

ロサ・ガリカ・マヘカ（フローレ・スブシンプリキ） Rosa Gallica Maheka（flore subsimplici）
「LESROSES バラ図譜［普及版］」河出書房新社 2012
◇図153（カラー） Le Maheka à fleurs simples ルドゥーテ, ピエール＝ジョゼフ画, トリー, クロード＝アントワーヌ解説 1817〜1824 ［コノサーズ・コレクション東京］
「薔薇空間」ランダムハウス講談社 2009
◇図24（カラー） ルドゥーテ, ピエール＝ジョセフ原画, ラングロワ彫版『バラ図譜』 1823 多色刷点刻銅版画（手彩色補助） 365×275

ロサ・ガリカ・マヘカ（フローレ・スブシンプリキ）
「バラ図譜 2」学習研究社 1988
◇図153（カラー） Rosa Gallica Maheka（flore subsimplici）/Le Maheka à fleurs simples ルドゥーテ, ピエール＝ジョゼフ画, トリー, クロード＝アントワーヌ解説 1817〜1824 ［ブリティッシュ・ミュージアム（ロンドン）］

ロサ・ガリカ・ラティフォリア Rosa Gallica latifolia
「LESROSES バラ図譜［普及版］」河出書房新社 2012
◇図116（カラー） Rosier de Provins à grandes feuilles ルドゥーテ, ピエール＝ジョゼフ画, トリー, クロード＝アントワーヌ解説 1817〜1824 ［コノサーズ・コレクション東京］
「薔薇空間」ランダムハウス講談社 2009
◇図13（カラー） ルドゥーテ, ピエール＝ジョセフ原画, ラングロワ彫版『バラ図譜』 1821 多色刷点刻銅版画（手彩色補助） 365×275

ロサ・ガリカ・ラティフォリア
「バラ図譜 2」学習研究社 1988
◇図116（カラー） Rosa Gallica latifolia/Rosier de Provins à grandes feuilles ルドゥーテ, ピエール＝ジョゼフ画, トリー, クロード＝アントワーヌ解説 1817〜1824 ［ブリティッシュ・ミュージアム（ロンドン）］

ロサ・ガリカ・レガリス Rosa Gallica Regalis
「LESROSES バラ図譜［普及版］」河出書房新社 2012
◇図64（カラー） Rosier Grandeur Royale ルドゥーテ, ピエール＝ジョゼフ画, トリー, クロード＝アントワーヌ解説 1817〜1824 ［コノサーズ・コレクション東京］
「薔薇空間」ランダムハウス講談社 2009
◇図5（カラー） ルドゥーテ, ピエール＝ジョセフ原画, ベッサン彫版『バラ図譜』 1819 多色刷点刻銅版画（手彩色補助） 365×275

ロサ・ガリカ・レガリス
「バラ図譜 1」学習研究社 1988
◇図64（カラー） Rosa Gallica Regalis/Rosier Grandeur Royale ルドゥーテ, ピエール＝ジョゼフ画, トリー, クロード＝アントワーヌ解説 1817〜1824 ［ブリティッシュ・ミュージアム（ロンドン）］

ロサ・ガリカ×ロサ・キネンシス？ Rosa gallica L.×Rosa chinensis Jacq.？
「バラ 全図版」タッシェン・ジャパン 2007
◇p188（カラー） Rosier Guerin ルドゥーテ, ピエール＝ジョゼフ『バラ図譜』 ［エアランゲン・ニュルンベルク大学付属図書館］ ※原図160

ロサ・ガリカ×ロサ・ケンティフォーリア？ Rosa gallica L.×Rosa centifolia L.？
「バラ 全図版」タッシェン・ジャパン 2007
◇p144（カラー） Variété du Rosier de France à grandes feuilles ルドゥーテ, ピエール＝ジョゼフ『バラ図譜』 ［エアランゲン・ニュルンベルク大学付属図書館］ ※原図116

ロサ・ガリカ・ロセア・フローレ・シンプリキ Rosa Gallica rosea flore simplici
「LESROSES バラ図譜［普及版］」河出書房新社 2012
◇図142（カラー） Rosier de Provins à fleurs roses et simples ルドゥーテ, ピエール＝ジョゼフ画, トリー, クロード＝アントワーヌ解説 1817〜1824 ［コノサーズ・コレクション東京］
「薔薇空間」ランダムハウス講談社 2009
◇図23（カラー） ルドゥーテ, ピエール＝ジョセフ原画, ラングロワ彫版『バラ図譜』 1822 多色刷点刻銅版画（手彩色補助） 365×275

ロサ・ガリカ・ロセア・フローレ・シンプリキ
「バラ図譜 2」学習研究社 1988
◇図142（カラー） Rosa Gallica rosea flore simplici/Rosier de Provins à fleurs roses et simples ルドゥーテ, ピエール＝ジョゼフ画, トリー, クロード＝アントワーヌ解説 1817〜1824 ［ブリティッシュ・ミュージアム（ロンドン）］

ロサ・カロリナ Rosa carolina L.
「バラ 全図版」タッシェン・ジャパン 2007
◇p56（カラー） Rosier des prés ルドゥーテ, ピエール＝ジョゼフ『バラ図譜』 ［エアランゲン・ニュルンベルク大学付属図書館］ ※原図28

ロサ・カロリーナ・コリュンボーサ Rosa Carolina Corymbosa
「LESROSES バラ図譜［普及版］」河出書房新社 2012
◇図28（カラー） Rosier de Caroline en Corymbe ルドゥーテ, ピエール＝ジョゼフ画, トリー, クロード＝アントワーヌ解説 1817〜1824 ［コノサーズ・コレクション東京］
「薔薇空間」ランダムハウス講談社 2009
◇図158（カラー） ルドゥーテ, ピエール＝ジョセフ原画, ラングロワ彫版『バラ図譜』 1818 多色刷点刻銅版画（手彩色補助） 540×355

ロサ・カロリナ・コリンボーサ
「バラ図譜 1」学習研究社 1988
◇図28（カラー） Rosa Carolina Corymbosa/Rosier de Caroline en Corymbe ルドゥーテ, ピエール＝ジョゼフ画, トリー, クロード＝アントワーヌ解説 1817〜1824 ［ブリティッシュ・ミュージアム（ロンドン）］

ロサ・カロリナ'プレナ' Rosa carolina L. 'Plena'
「バラ 全図版」タッシェン・ジャパン 2007
◇p119（カラー） Rosier des prés à fleurs doubles ルドゥーテ, ピエール＝ジョゼフ『バラ図譜』 ［エアランゲン・ニュルンベルク大学付属図書館］ ※原図91

ロサ・カンドレアナ・エレガンス Rosa Candolleana Elegans
「LESROSES バラ図譜［普及版］」河出書房新社 2012
◇図77（カラー） Rosier de Candolle ルドゥーテ, ピエール＝ジョゼフ画, トリー, クロード＝アントワーヌ解説 1817〜1824 ［コノサーズ・コレクション東京］
「薔薇空間」ランダムハウス講談社 2009

◇図167（カラー）　ルドゥーテ, ピエール＝ジョセフ原画, ラングロワ彫版『バラ図譜』 1819　多色刷点刻銅版画（手彩色補助）　540×355

ロサ・カンドレアナ・エレガンス

「バラ図譜 1」学習研究社　1988

◇図77（カラー）　Rosa Candolleana Elegans/Rosier de Candolle　ルドゥーテ, ピエール＝ジョゼフ画, トリー, クロード＝アントワーヌ解説 1817～1824 ［ブリティッシュ・ミュージアム（ロンドン）］

ロサ・カンパヌラータ・アルバ　Rosa Campanulata alba

「LESROSES バラ図譜［普及版］」河出書房新社　2012

◇図102（カラー）　Rosier Campanulé à fleurs blanches　ルドゥーテ, ピエール＝ジョゼフ画, トリー, クロード＝アントワーヌ解説 1817～1824 ［コノサーズ・コレクション東京］

「薔薇空間」ランダムハウス講談社　2009

◇図28（カラー）　ルドゥーテ, ピエール＝ジョセフ原画, ラングロワ彫版『バラ図譜』 1820　多色刷点刻銅版画（手彩色補助）　365×275

ロサ・カンパヌラータ・アルバ

「バラ図譜 2」学習研究社　1988

◇図102（カラー）　Rosa Campanulata alba/Rosier Campanulé à fleurs blanches　ルドゥーテ, ピエール＝ジョゼフ画, トリー, クロード＝アントワーヌ解説 1817～1824 ［ブリティッシュ・ミュージアム（ロンドン）］

ロサ・ギガンテア　Rosa giagantea

「ボタニカルアート 西洋の美花集」パイ インターナショナル　2010

◇p104（カラー）　ウィルモット, エレン・アン画・著『バラ属』 1910～14　石版画多色刷

ロサ・キナモメア・フローレ・シンプリキ

Rosa cinnamomea Linnaeus.

「バラ図譜 1」学習研究社　1988

◇図54（カラー）　Rosa Cinnamomea flore simplici/Rosier de Mai à fleurs simples　ルドゥーテ, ピエール＝ジョゼフ画, トリー, クロード＝アントワーヌ解説 1817～1824 ［ブリティッシュ・ミュージアム（ロンドン）］

ロサ・キナモメア・マイアリス　Rosa majalis Herrmann, R.cinnamomea plena Weston

「バラ図譜 1」学習研究社　1988

◇図40（カラー）　Rosa Cinnamomea Maialis/Rosier de Mai　ルドゥーテ, ピエール＝ジョゼフ画, トリー, クロード＝アントワーヌ解説 1817～1824 ［ブリティッシュ・ミュージアム（ロンドン）］

ロサ・キネンシス　Rosa chinensis Jacq.

「薔薇空間」ランダムハウス講談社　2009

◇図181（カラー）　パーソンズ, アルフレッド原画, ウィルモット, エレン著『バラ属』 1910～14　多色刷リトグラフ　381×278

ロサ・キネンシス‘オールド・ブラッシュ・チャイナ’　Rosa chinensis Jacq.‘Old blush china’

「バラ 全図版」タッシェン・ジャパン　2007

◇p42（カラー）　Rosier de Chine‘Old Blush China’　ルドゥーテ, ピエール＝ジョゼフ『バラ図譜』 ［エアランゲン・ニュルンベルク大学付属図書館］ ※原図14

ロサ・キネンシス系　Rosa chinensis Jacq.cv.

「バラ 全図版」タッシェン・ジャパン　2007

◇p163（カラー）　Variété du Rosier de Chine　ルドゥーテ, ピエール＝ジョゼフ『バラ図譜』 ［エアランゲン・ニュルンベルク大学付属図書館］ ※原図135

◇p173（カラー）　Variété du Rosier de Chine　ルドゥーテ, ピエール＝ジョゼフ『バラ図譜』 ［エアランゲン・ニュルンベルク大学付属図書館］ ※原図145

◇p189（カラー）　Variété du Rosier de Chine　ルドゥーテ, ピエール＝ジョゼフ『バラ図譜』 ［エアランゲン・ニュルンベルク大学付属図書館］ ※原図161

ロサ・キネンシス・センパーフローレンス

Rosa chinensis Jacq.var.semperflorens Koehne

「バラ 全図版」タッシェン・ジャパン　2007

◇p41（カラー）　Rosier mensuel　ルドゥーテ, ピエール＝ジョゼフ『バラ図譜』 ［エアランゲン・ニュルンベルク大学付属図書館］ ※原図13

◇p142（カラー）　Rosier mensuel　ルドゥーテ, ピエール＝ジョゼフ『バラ図譜』 ［エアランゲン・ニュルンベルク大学付属図書館］ ※原図114

◇p176（カラー）　Rosier mensuel　ルドゥーテ, ピエール＝ジョゼフ『バラ図譜』 ［エアランゲン・ニュルンベルク大学付属図書館］ ※原図148

ロサ・キネンシス・センパーフローレンス系

Rosa chinensis Jacq.var.semperflorens Koehne cv.

「バラ 全図版」タッシェン・ジャパン　2007

◇p122（カラー）　Variété du Rosier mensuel　ルドゥーテ, ピエール＝ジョゼフ『バラ図譜』 ［エアランゲン・ニュルンベルク大学付属図書館］ ※原図94

◇p162（カラー）　Variété du Rosier mensuel　ルドゥーテ, ピエール＝ジョゼフ『バラ図譜』 ［エアランゲン・ニュルンベルク大学付属図書館］ ※原図134

ロサ・キネンシス・センパーフローレンス‘スレーターズ・クリムソン・チャイナ’

Rosa chinensis Jacq.var.semperflorens Koehne ‘Slater’s crimson china’

「バラ 全図版」タッシェン・ジャパン　2007

◇p77（カラー）　Rosier mensuel‘Slater’s Crimson China’　ルドゥーテ, ピエール＝ジョゼフ『バラ図譜』 ［エアランゲン・ニュルンベルク大学付属図書館］ ※原図49

ロサ・キネンシス・プセウドインディカ'フォーチュンズ・ダブル・イエロー' Rosa chinensis var.pseudo–indica 'Fortune's Double Yellow', or 'Beauty of Glazenwood'
「薔薇空間」ランダムハウス講談社　2009
◇図177（カラー）　パーソンズ, アルフレッド原画, ウィルモット, エレン著『バラ属』 1910〜14　多色刷リトグラフ　381×278

ロサ・キネンシス'マルティペタラ' Rosa chinensis Jacq.'Multipetala'
「バラ 全図版」タッシェン・ジャパン　2007
◇p101（カラー）　Rosier de Chine à fleurs doubles　ルドゥーテ, ピエール＝ジョゼフ『バラ図譜』［エアランゲン・ニュルンベルク大学付属図書館］ ※原図73

ロサ・キネンシス・ミニマ Rosa chinensis Jacq.var.minima Voss
「バラ 全図版」タッシェン・ジャパン　2007
◇p43（カラー）　Rosier nain du Bengale　ルドゥーテ, ピエール＝ジョゼフ『バラ図譜』［エアランゲン・ニュルンベルク大学付属図書館］ ※原図15
◇p73（カラー）　Rosier nain du Bengale pompom　ルドゥーテ, ピエール＝ジョゼフ『バラ図譜』［エアランゲン・ニュルンベルク大学付属図書館］ ※原図45
◇p100（カラー）　La Bengale bichonne　ルドゥーテ, ピエール＝ジョゼフ『バラ図譜』［エアランゲン・ニュルンベルク大学付属図書館］ ※原図72

ロサ・キネンシス・ミニマ系 Rosa chinensis Jacq.var.minima Voss cv
「バラ 全図版」タッシェン・ジャパン　2007
◇p95（カラー）　Rosier nain du Bengale à fleurs simples　ルドゥーテ, ピエール＝ジョゼフ『バラ図譜』［エアランゲン・ニュルンベルク大学付属図書館］ ※原図67

ロサ・キネンシス'ロンギフォリア' Rosa chinensis Jacq.var.longifolia Rehder
「バラ 全図版」タッシェン・ジャパン　2007
◇p96（カラー）　Rosier de chine à feuilles de Pêcher　ルドゥーテ, ピエール＝ジョゼフ『バラ図譜』［エアランゲン・ニュルンベルク大学付属図書館］ ※原図68

ロサ・キンナモメア・フローレ・シンプリキ Rosa Cinnamomea flore simplici
「LESROSES バラ図譜［普及版］」河出書房新社　2012
◇図54（カラー）　Rosier de Mai à fleurs simples　ルドゥーテ, ピエール＝ジョゼフ画, トリー, クロード＝アントワーヌ解説 1817〜1824 ［コノサーズ・コレクション東京］
「薔薇空間」ランダムハウス講談社　2009
◇図144（カラー）　ルドゥーテ, ピエール＝ジョセフ原画, シャルラン彫版『バラ図譜』 1818　多色刷点刻銅版画（手彩色補助）　365×275

ロサ・キンナモメア・マイアリス Rosa Cinnamomea Maialis
「LESROSES バラ図譜［普及版］」河出書房新社　2012
◇図40（カラー）　Rosier de Mai　ルドゥーテ, ピエール＝ジョゼフ画, トリー, クロード＝アントワーヌ解説 1817〜1824 ［コノサーズ・コレクション東京］

ロサ・キンナモメア・マヤーリス Rosa Cinnamomea Maialis
「薔薇空間」ランダムハウス講談社　2009
◇図143（カラー）　ルドゥーテ, ピエール＝ジョセフ原画, シャピュイ彫版『バラ図譜』 1818　多色刷点刻銅版画（手彩色補助）　365×275

ロサ・グラウカ Rosa glauca Pourret
「バラ 全図版」タッシェン・ジャパン　2007
◇p32（カラー）　Rosier à feuilles rougeâtres　ルドゥーテ, ピエール＝ジョゼフ『バラ図譜』［エアランゲン・ニュルンベルク大学付属図書館］ ※原図4

ロサ・グラウカ×ロサ・ピンピネフォーリア（ルドゥーテ）？ Rosa glauca Pourret×Rosa pimpinellifolia L.？
「バラ 全図版」タッシェン・ジャパン　2007
◇p66（カラー）　Rosier Redouté　ルドゥーテ, ピエール＝ジョゼフ『バラ図譜』［エアランゲン・ニュルンベルク大学付属図書館］ ※原図38

ロサ・クリノフィラ Rosa Clynophylla
「LESROSES バラ図譜［普及版］」河出書房新社　2012
◇図10（カラー）　Rosier à feuilles penchées　ルドゥーテ, ピエール＝ジョゼフ画, トリー, クロード＝アントワーヌ解説 1817〜1824 ［コノサーズ・コレクション東京］

ロサ・クリノフィラ Rosa clinophylla Thory
「バラ 全図版」タッシェン・ジャパン　2007
◇p38（カラー）　Rosier à feuilles penchées　ルドゥーテ, ピエール＝ジョゼフ『バラ図譜』［エアランゲン・ニュルンベルク大学付属図書館］ ※原図10
「バラ図譜 1」学習研究社　1988
◇図10（カラー）　Rosa Clynophylla/Rosier à feuilles penchées　ルドゥーテ, ピエール＝ジョゼフ画, トリー, クロード＝アントワーヌ解説 1817〜1824 ［ブリティッシュ・ミュージアム（ロンドン）］

ロサ・クリュノフュラ Rosa Clynophylla
「薔薇空間」ランダムハウス講談社　2009
◇図94（カラー）　ルドゥーテ, ピエール＝ジョセフ原画, シャピュイ彫版『バラ図譜』 1817　多色刷点刻銅版画（手彩色補助）　365×275

ロサ・ゲミナータ Rosa geminata
「LESROSES バラ図譜［普及版］」河出書房新社

2012
◇図96（カラー）　Rosier à fleurs géminées　ルドゥーテ, ピエール＝ジョゼフ画, トリー, クロード＝アントワーヌ解説 1817～1824 ［コノサーズ・コレクション東京］
「薔薇空間」ランダムハウス講談社　2009
◇図140（カラー）　ルドゥーテ, ピエール＝ジョセフ原画, シャピュイ彫版『バラ図譜』 1820　多色刷点刻銅版画（手彩色補助） 365×275

ロサ・ゲミナータ

「バラ図譜 2」学習研究社　1988
◇図96（カラー）　Rosa geminata/Rosier à fleurs géminées　ルドゥーテ, ピエール＝ジョゼフ画, トリー, クロード＝アントワーヌ解説 1817～1824 ［ブリティッシュ・ミュージアム（ロンドン）］

ロサ・ケンティフォリア　Rosa centifolia Linnaeus

「バラ図譜 1」学習研究社　1988
◇図1（カラー）　Rosa centifolia/Rosier à cent feuilles　ルドゥーテ, ピエール＝ジョゼフ画, トリー, クロード＝アントワーヌ解説 1817～1824 ［ブリティッシュ・ミュージアム（ロンドン）］

ロサ・ケンティフォリア　Rosa×centifolia

「美花選［普及版］」河出書房新社　2016
◇図65（カラー）　Rosa centifolia/Rosier à cent feuilles　ルドゥーテ, ピエール＝ジョゼフ画 1827～1833 ［コノサーズ・コレクション東京］
◇図79（カラー）　Rosa centifolia/Rosier à cent feuilles　ルドゥーテ, ピエール＝ジョゼフ画 1827～1833 ［コノサーズ・コレクション東京］
◇図137（カラー）　Rosa Centifolia/Rosier à cent feuilles　ルドゥーテ, ピエール＝ジョゼフ画 1827～1833 ［コノサーズ・コレクション東京］
◇図143（カラー）　Rose　ルドゥーテ, ピエール＝ジョゼフ画 1827～1833 ［コノサーズ・コレクション東京］
「LESROSES バラ図譜［普及版］」河出書房新社　2012
◇図1（カラー）　Rosier à cent feuilles　ルドゥーテ, ピエール＝ジョゼフ画, トリー, クロード＝アントワーヌ解説 1817～1824 ［コノサーズ・コレクション東京］
「薔薇空間」ランダムハウス講談社　2009
◇図45（カラー）　ルドゥーテ, ピエール＝ジョセフ原画, クゥータン彫版『バラ図譜』 1817　多色刷点刻銅版画（手彩色補助） 365×275

ロサ・ケンティフォリア　Rosa×centifolia 'Bullata'

「美花選［普及版］」河出書房新社　2016
◇図102（カラー）　Rosa Centifolia Bullata/Rosier à feuilles de Laitue　栽培品種'ブラタ'　ルドゥーテ, ピエール＝ジョゼフ画 1827～1833 ［コノサーズ・コレクション東京］

ロサ・ケンティフォリア　Rosa×centifolia 'De Meaux'

「美花選［普及版］」河出書房新社　2016
◇図90（カラー）　Rosier Pompon/Rosa Pomponia　栽培品種'ドゥ・モー'　ルドゥーテ, ピエール＝ジョゼフ画 1827～1833 ［コノサーズ・コレクション東京］
「ボタニカルアート 西洋の美花集」パイ インターナショナル　2010
◇p88（カラー）　（栽培品種'ドゥ・モー'）　ルドゥーテ, ピエール＝ジョセフ画・著『美花選』 1827～33　点刻銅版画多色刷 一部手彩色

ロサ・ケンティフォリア　Rosa×centifolia 'Foliacea'

「美花選［普及版］」河出書房新社　2016
◇図132（カラー）　Rosier à cent–feuilles, foliacé　栽培品種'フォリアケア'　ルドゥーテ, ピエール＝ジョゼフ画 1827～1833 ［コノサーズ・コレクション東京］
「ボタニカルアート 西洋の美花集」パイ インターナショナル　2010
◇p87（カラー）　（栽培品種'フォリアケア'）　ルドゥーテ, ピエール＝ジョセフ画・著『美花選』 1827～33　点刻銅版画多色刷 一部手彩色

ロサ・ケンティフォリア　Rosa×centifolia 'Muscosa'

「美花選［普及版］」河出書房新社　2016
◇図87（カラー）　Rosa Muscosa/Rosier Mousseux　栽培品種'ムスコーサ'　ルドゥーテ, ピエール＝ジョゼフ画 1827～1833 ［コノサーズ・コレクション東京］

ロサ・ケンティフォリア

⇒バラ（ロサ・ケンティフォリア）を見よ

ロサ・ケンティフォリア（キャベッジ・ローズ）　Rosa centifolia L.（The Cabbage Rose）

「薔薇空間」ランダムハウス講談社　2009
◇図173（カラー）　パーソンズ, アルフレッド原画, ウィルモット, エレン著『バラ属』 1910～14　多色刷リトグラフ　381×278

ロサ・ケンティフォリア（キャベッジ・ローズ）　Rosa×centifolia

「ボタニカルアート 西洋の美花集」パイ インターナショナル　2010
◇p82（カラー）　ルドゥーテ, ピエール＝ジョセフ画・著『美花選』 1827～33　点刻銅版画多色刷 一部手彩色
◇p85（カラー）　ルドゥーテ, ピエール＝ジョセフ画・著『美花選』 1827～33　点刻銅版画多色刷 一部手彩色

ロサ・ケンティフォリア（プロヴァンス・ローズ）

「フローラの庭園」八坂書房　2015
◇p41（カラー）　ベッサ, パンクラス原画, デュアメル・デュ・モンソー, アンリ・ルイ『樹木概論 新版』 1819　銅版多色刷（スティップル・エングレーヴィング） 手彩色 紙 ［ハント財団（ピッツバーグ）］

ロサ・ケンティフォリア・アネモノイデス
Rosa Centifolia Anemonoides
「LESROSES バラ図譜[普及版]」河出書房新社 2012
◇図112(カラー) La Centfeuilles Anémone ルドゥーテ, ピエール＝ジョゼフ画, トリー, クロード＝アントワーヌ解説 1817～1824 [コノサーズ・コレクション東京]
「薔薇空間」ランダムハウス講談社 2009
◇図54(カラー) ルドゥーテ, ピエール＝ジョセフ原画, ヴィクトール彫版『バラ図譜』 1821 多色刷点刻銅版画(手彩色補助) 365×275

ロサ・ケンティフォーリア'アネモノイデス'
Rosa centifolia L. 'Anemonoides'
「バラ 全図版」タッシェン・ジャパン 2007
◇p140(カラー) Rosier à centfeuilles à fleurs d'anémone ルドゥーテ, ピエール＝ジョゼフ『バラ図譜』 [エアランゲン・ニュルンベルク大学付属図書館] ※原図112

ロサ・ケンティフォリア・アネモノイデス
「バラ図譜 2」学習研究社 1988
◇図112(カラー) Rosa Centifolia Anemonoides/La Centfeuilles Anémone ルドゥーテ, ピエール＝ジョゼフ画, トリー, クロード＝アントワーヌ解説 1817～1824 [ブリティッシュ・ミュージアム(ロンドン)]

ロサ・ケンティフォリア・アングリカ・ルブラ Rosa centifolia Anglica rubra
「LESROSES バラ図譜[普及版]」河出書房新社 2012
◇図105(カラー) Rosier de Cumberland ルドゥーテ, ピエール＝ジョゼフ画, トリー, クロード＝アントワーヌ解説 1817～1824 [コノサーズ・コレクション東京]
「薔薇空間」ランダムハウス講談社 2009
◇図53(カラー) ルドゥーテ, ピエール＝ジョセフ原画, ラングロワ彫版『バラ図譜』 1821 多色刷点刻銅版画(手彩色補助) 365×275

ロサ・ケンティフォリア・アングリカ・ルブラ
「バラ図譜 2」学習研究社 1988
◇図105(カラー) Rosa centifolia Anglica rubra/Rosier de Cumberland ルドゥーテ, ピエール＝ジョゼフ画, トリー, クロード＝アントワーヌ解説 1817～1824 [ブリティッシュ・ミュージアム(ロンドン)]

ロサ・ケンティフォーリア'アンドレウシイ'
Rosa centifolia L. 'Andrewsii'
「バラ 全図版」タッシェン・ジャパン 2007
◇p36(カラー) Rosier Mousseux à fleurs simples'Andrewsii' ルドゥーテ, ピエール＝ジョゼフ『バラ図譜』 [エアランゲン・ニュルンベルク大学付属図書館] ※原図8

ロサ・ケンティフォリア・カリオフィレア
Rosa Centifolia Caryophyllea
「LESROSES バラ図譜[普及版]」河出書房新社 2012
◇図44(カラー) Rosier Œillet ルドゥーテ, ピエール＝ジョゼフ画, トリー, クロード＝アントワーヌ解説 1817～1824 [コノサーズ・コレクション東京]

ロサ・ケンティフォリア・カリオフィレア
「バラ図譜 1」学習研究社 1988
◇図44(カラー) Rosa Centifolia Caryophyllea/Rosier OEillet ルドゥーテ, ピエール＝ジョゼフ画, トリー, クロード＝アントワーヌ解説 1817～1824 [ブリティッシュ・ミュージアム(ロンドン)]

ロサ・ケンティフォリア・カリュオーフュレア Rosa Centifolia Caryophyllea
「ボタニカルアート 西洋の美花集」パイ インターナショナル 2010
◇p95(カラー) ルドゥーテ, ピエール＝ジョセフ画・著『バラ図譜』 1817～24 点刻銅版画多色刷 一部手彩色
「薔薇空間」ランダムハウス講談社 2009
◇図50(カラー) ルドゥーテ, ピエール＝ジョセフ原画, シャルラン彫版『バラ図譜』 1818 多色刷点刻銅版画(手彩色補助) 365×275

ロサ・ケンティフォリア・カルネア Rosa Centifolia carnea
「LESROSES バラ図譜[普及版]」河出書房新社 2012
◇図27(カラー) Rosier Vilmorin ルドゥーテ, ピエール＝ジョゼフ画, トリー, クロード＝アントワーヌ解説 1817～1824 [コノサーズ・コレクション東京]
「薔薇空間」ランダムハウス講談社 2009
◇図48(カラー) ルドゥーテ, ピエール＝ジョセフ原画, シャルラン彫版『バラ図譜』 1818 多色刷点刻銅版画(手彩色補助) 365×275

ロサ・ケンティフォリア・カルネア
「バラ図譜 1」学習研究社 1988
◇図27(カラー) Rosa Centifolia carnea/Rosier Vilmorin ルドゥーテ, ピエール＝ジョゼフ画, トリー, クロード＝アントワーヌ解説 1817～1824 [ブリティッシュ・ミュージアム(ロンドン)]

ロサ・ケンティフォリア・クレナータ Rosa Centifolia crenata
「LESROSES バラ図譜[普及版]」河出書房新社 2012
◇図87(カラー) Rosier Centfeuilles à folioles crenélées ルドゥーテ, ピエール＝ジョゼフ画, トリー, クロード＝アントワーヌ解説 1817～1824 [コノサーズ・コレクション東京]
「薔薇空間」ランダムハウス講談社 2009
◇図55(カラー) ルドゥーテ, ピエール＝ジョセフ原画, シャピュイ彫版『バラ図譜』 1820 多

色刷点刻銅版画（手彩色補助）　365×275

ロサ・ケンティフォリア・クレナータ

「バラ図譜 2」学習研究社　1988
◇図87（カラー）　Rosa Centifolia crenata/Rosier Cent feuilles à folioles crenélées　ルドゥーテ, ピエール＝ジョゼフ画, トリー, クロード＝アントワーヌ解説　1817〜1824　［ブリティッシュ・ミュージアム（ロンドン）］

ロサ・ケンティフォーリア系　Rosa centifolia L.cv.

「バラ 全図版」タッシェン・ジャパン　2007
◇p55（カラー）　Variété du Rosier à centfeuilles　ルドゥーテ, ピエール＝ジョゼフ『バラ図譜』［エアランゲン・ニュルンベルク大学付属図書館］　※原図27
◇p72（カラー）　Rosier Œillet　ルドゥーテ, ピエール＝ジョゼフ『バラ図譜』［エアランゲン・ニュルンベルク大学付属図書館］　※原図44
◇p88（カラー）　Variété du Rosier à centfeuilles à feuilles de Céleri　ルドゥーテ, ピエール＝ジョゼフ『バラ図譜』［エアランゲン・ニュルンベルク大学付属図書館］　※原図60
◇p111（カラー）　Variété du Rosier à centfeuilles　ルドゥーテ, ピエール＝ジョゼフ『バラ図譜』［エアランゲン・ニュルンベルク大学付属図書館］　※原図83
◇p115（カラー）　Variété du Rosier à centfeuilles　ルドゥーテ, ピエール＝ジョゼフ『バラ図譜』［エアランゲン・ニュルンベルク大学付属図書館］　※原図87
◇p174（カラー）　Variété du Rosier à centfeuilles　ルドゥーテ, ピエール＝ジョゼフ『バラ図譜』［エアランゲン・ニュルンベルク大学付属図書館］　※原図146

ロサ・ケンティフォリア・シンプレックス

Rosa Centifolia simplex
「LESROSES バラ図譜［普及版］」河出書房新社　2012
◇図26（カラー）　Rosier Centfeuilles à fleurs simples　ルドゥーテ, ピエール＝ジョゼフ画, トリー, クロード＝アントワーヌ解説　1817〜1824　［コノサーズ・コレクション東京］
「薔薇空間」ランダムハウス講談社　2009
◇図47（カラー）　ルドゥーテ, ピエール＝ジョセフ原画, シャピュイ彫版『バラ図譜』　1818　多色刷点刻銅版画（手彩色補助）　365×275

ロサ・ケンティフォーリア‘シンプレックス’

Rosa centifolia L. ‘Simplex’
「バラ 全図版」タッシェン・ジャパン　2007
◇p54（カラー）　Rosier à centfeuilles à fleurs simples　ルドゥーテ, ピエール＝ジョゼフ『バラ図譜』［エアランゲン・ニュルンベルク大学付属図書館］　※原図26

ロサ・ケンティフォリア・シンプレックス

Rosa centifolia simplex Thory
「バラ図譜 1」学習研究社　1988
◇図26（カラー）　Rosa Centifolia simplex/Rosier Centfeuilles à fleurs simples　ルドゥーテ, ピエール＝ジョゼフ画, トリー, クロード＝アントワーヌ解説　1817〜1824　［ブリティッシュ・ミュージアム（ロンドン）］

ローザ・ケンティフォリアの1栽培品種

Rosa centifolia ‘Prolifera foliacea’
「図説 ボタニカルアート」河出書房新社　2010
◇p55（カラー）　ルドゥーテ画・著『バラ図譜 81図版』　1817〜24

ロサ・ケンティフォーリア‘パルビフォーリア’　Rosa centifolia L. ‘Parvifolia’

「バラ 全図版」タッシェン・ジャパン　2007
◇p197（カラー）　Rosier Pompon de Bourgogne　ルドゥーテ, ピエール＝ジョゼフ『バラ図譜』［エアランゲン・ニュルンベルク大学付属図書館］　※原図169

ロサ・ケンティフォリア・ビピナータ

「バラ図譜 1」学習研究社　1988
◇図60（カラー）　Rosa Centifolia Bipinnata/Rosier à feuilles de Céleri　ルドゥーテ, ピエール＝ジョゼフ画, トリー, クロード＝アントワーヌ解説　1817〜1824　［ブリティッシュ・ミュージアム（ロンドン）］

ロサ・ケンティフォリア・ビピンナータ

Rosa Centifolia Bipinnata
「LESROSES バラ図譜［普及版］」河出書房新社　2012
◇図60（カラー）　Rosier à feuilles de Céleri　ルドゥーテ, ピエール＝ジョゼフ画, トリー, クロード＝アントワーヌ解説　1817〜1824　［コノサーズ・コレクション東京］
「薔薇空間」ランダムハウス講談社　2009
◇図51（カラー）　ルドゥーテ, ピエール＝ジョセフ原画, ラングロワ彫版『バラ図譜』　1819　多色刷点刻銅版画（手彩色補助）　365×275

ロサ・ケンティフォリア・フォリアケア

Rosa centifolia foliacea
「LESROSES バラ図譜［普及版］」河出書房新社　2012
◇図84（カラー）　Rosier à cent feuilles, foliacé　ルドゥーテ, ピエール＝ジョゼフ画, トリー, クロード＝アントワーヌ解説　1817〜1824　［コノサーズ・コレクション東京］
「薔薇空間」ランダムハウス講談社　2009
◇図52（カラー）　ルドゥーテ, ピエール＝ジョセフ原画, ラングロワ彫版『バラ図譜』　1820　多色刷点刻銅版画（手彩色補助）　365×275

ロサ・ケンティフォリア・フォリアケア

「バラ図譜 1」学習研究社　1988
◇図84（カラー）　Rosa centifolia foliacea/Rosier à cent feuilles, foliacé　ルドゥーテ, ピエール＝ジョゼフ画, トリー, クロード＝アントワーヌ解説　1817〜1824　［ブリティッシュ・ミュージアム（ロンドン）］

ロサ・ケンティフォーリア・フォリアケア系
Rosa centifolia L.cv.
「バラ 全図版」タッシェン・ジャパン　2007
◇p112（カラー）　Variété du Rosier à centfeuilles　ルドゥーテ，ピエール＝ジョゼフ『バラ図譜』［エアランゲン・ニュルンベルク大学付属図書館］※原図84

ロサ・ケンティフォーリア'プチ・ド・オランド'　Rosa centifolia L. 'Petite de Hollande'
「バラ 全図版」タッシェン・ジャパン　2007
◇p158（カラー）　Rosier à centfeuilles'Petite de Hollande'　ルドゥーテ，ピエール＝ジョゼフ『バラ図譜』［エアランゲン・ニュルンベルク大学付属図書館］※原図130

ロサ・ケンティフォリア・ブラータ　Rosa centifolia Bullata
「LESROSES バラ図譜［普及版］」河出書房新社　2012
◇図7（カラー）　Rosier à feuilles de Laitue　ルドゥーテ，ピエール＝ジョゼフ画，トリー，クロード＝アントワーヌ解説　1817〜1824［コノサーズ・コレクション東京］

ロサ・ケンティフォーリア'ブラータ'　Rosa centifolia L. 'Bullata'
「バラ 全図版」タッシェン・ジャパン　2007
◇p35（カラー）　Rosier à feuilles de Laitue　ルドゥーテ，ピエール＝ジョゼフ『バラ図譜』［エアランゲン・ニュルンベルク大学付属図書館］※原図7

ロサ・ケンティフォリア・ブラータ　Rosa centifolia bullata hort.
「バラ図譜 1」学習研究社　1988
◇図7（カラー）　Rosa centifolia Bullata/Rosier à feuilles de Laitue　ルドゥーテ，ピエール＝ジョゼフ画，トリー，クロード＝アントワーヌ解説　1817〜1824［ブリティッシュ・ミュージアム（ロンドン）］

ロサ・ケンティフォリア・ブラータ（レタス・ローズ）　Rosa centifolia Bullata
「薔薇空間」ランダムハウス講談社　2009
◇図46（カラー）　ルドゥーテ，ピエール＝ジョセフ原画，ラングロワ彫版『バラ図譜』1817　多色刷点刻銅版画（手彩色補助）365×275

ロサ・ケンティフォリア・ブルグンディアカ
Rosa Centifolia Burgundiaca
「LESROSES バラ図譜［普及版］」河出書房新社　2012
◇図130（カラー）　La Cent–feuilles de Bordeaux　ルドゥーテ，ピエール＝ジョゼフ画，トリー，クロード＝アントワーヌ解説　1817〜1824［コノサーズ・コレクション東京］
「薔薇空間」ランダムハウス講談社　2009
◇図56（カラー）　ルドゥーテ，ピエール＝ジョセフ原画，ラングロワ彫版『バラ図譜』1821　多色刷点刻銅版画（手彩色補助）365×275

ロサ・ケンティフォリア・ブルグンディアカ
Rosa burgundica Ehret, R.centifolia parvifolia (Ehret) Rehder
「バラ図譜 2」学習研究社　1988
◇図130（カラー）　Rosa Centifolia Burgundiaca/La Cent–feuilles de Bordeaux　ルドゥーテ，ピエール＝ジョゼフ画，トリー，クロード＝アントワーヌ解説　1817〜1824［ブリティッシュ・ミュージアム（ロンドン）］

ロサ・ケンティフォリア・プロリフェラ・フォリアケア　Rosa Centifolia prolifera foliacea
「LESROSES バラ図譜［普及版］」河出書房新社　2012
◇図146（カラー）　La Cent feuilles prolifère foliacée　ルドゥーテ，ピエール＝ジョゼフ画，トリー，クロード＝アントワーヌ解説　1817〜1824［コノサーズ・コレクション東京］
「薔薇空間」ランダムハウス講談社　2009
◇図57（カラー）　ルドゥーテ，ピエール＝ジョセフ原画，ヴィクトール彫版『バラ図譜』1822　多色刷点刻銅版画（手彩色補助）365×275

ロサ・ケンティフォリア・プロリフェラ・フォリアケア
「バラ図譜 2」学習研究社　1988
◇図146（カラー）　Rosa Centifolia prolifera foliacea/La Cent feuilles prolifère foliacée　ルドゥーテ，ピエール＝ジョゼフ画，トリー，クロード＝アントワーヌ解説　1817〜1824［ブリティッシュ・ミュージアム（ロンドン）］

ロサ・ケンティフォーリア'ムスコーサ'
Rosa centifolia L. 'muscosa'
「バラ 全図版」タッシェン・ジャパン　2007
◇p37（カラー）　Rosier mousseux à fleurs doubles　ルドゥーテ，ピエール＝ジョゼフ『バラ図譜』［エアランゲン・ニュルンベルク大学付属図書館］※原図9

ロサ・ケンティフォリア・ムスコーサ（モス・ローズ）　Rosa centifolia var.muscosa Seringe (The Moss Rose)
「薔薇空間」ランダムハウス講談社　2009
◇図174（カラー）　パーソンズ，アルフレッド原画，ウィルモット，エレン著『バラ属』1910〜14　多色刷リトグラフ　381×278

ロサ・ケンティフォーリア・ムスコーサ'アルバ'　Rosa centifolia L.var.muscosa 'Alba'
「バラ 全図版」タッシェン・ジャパン　2007
◇p59（カラー）　Rosier Mousseux à fleurs blanches　ルドゥーテ，ピエール＝ジョゼフ『バラ図譜』［エアランゲン・ニュルンベルク大学付属図書館］※原図31

ロサ・ケンティフォーリア・ムスコーサ系
Rosa centifolia L.var.muscosa cv.
「バラ 全図版」タッシェン・ジャパン　2007
◇p192（カラー）　Variété du Rosier mousseux

ルドゥーテ, ピエール＝ジョゼフ『バラ図譜』［エアランゲン・ニュルンベルク大学付属図書館］ ※原図164

ロサ・ケンティフォリア・ムタビリス Rosa Centifolia mutabilis
「LESROSES バラ図譜［普及版］」河出書房新社 2012
◇図43（カラー） Rosier unique ルドゥーテ, ピエール＝ジョゼフ画, トリー, クロード＝アントワーヌ解説 1817～1824 ［コノサーズ・コレクション東京］
「薔薇空間」ランダムハウス講談社 2009
◇図49（カラー） ルドゥーテ, ピエール＝ジョセフ原画, ベッサン彫版『バラ図譜』 1818 多色刷点刻銅版画（手彩色補助） 365×275

ロサ・ケンティフォリア・ムタビリス Unique, Unique Blanche
「バラ図譜 1」学習研究社 1988
◇図43（カラー） Rosa Centifolia mutabilis/Rosier unique ルドゥーテ, ピエール＝ジョゼフ画, トリー, クロード＝アントワーヌ解説 1817～1824 ［ブリティッシュ・ミュージアム（ロンドン）］

ロサ・ケンティフォーリア'メージャー' Rosa centifolia L. 'Major'
「バラ 全図版」タッシェン・ジャパン 2007
◇p29（カラー） Rosier à centfeuilles ルドゥーテ, ピエール＝ジョゼフ『バラ図譜』 ［エアランゲン・ニュルンベルク大学付属図書館］ ※原図1

ロサ・ケンティフォーリア'モッシー・ド・モー' Rosa centifolia L. 'Mossy de Meaux'
「バラ 全図版」タッシェン・ジャパン 2007
◇p193（カラー） Rosier Pompon mousseux'De Meaux' ルドゥーテ, ピエール＝ジョゼフ『バラ図譜』 ［エアランゲン・ニュルンベルク大学付属図書館］ ※原図165

ロサ・ケンティフォーリア'ユニーク・ブランシエ' Rosa centifolia L. 'Unique blanche'
「バラ 全図版」タッシェン・ジャパン 2007
◇p71（カラー） Rosier à centfeuilles'Unique blanche' ルドゥーテ, ピエール＝ジョゼフ『バラ図譜』 ［エアランゲン・ニュルンベルク大学付属図書館］ ※原図43

ロサ・ケンティフォーリア'ローズ・ド・モー' Rosa centifolia L. 'de Meaux'
「バラ 全図版」タッシェン・ジャパン 2007
◇p49（カラー） Rosier Pompon'De Meaux' ルドゥーテ, ピエール＝ジョゼフ『バラ図譜』 ［エアランゲン・ニュルンベルク大学付属図書館］ ※原図21

ローザ・コリイフォリア Rosa coriifolia
「図説 ボタニカルアート」河出書房新社 2010
◇p115（カラー） スミス, E.D.画 ［リンドリー・ライブラリー］

ロサ・コリナ・ファスティギアータ Rosa Collina fastigiata
「LESROSES バラ図譜［普及版］」河出書房新社 2012
◇図61（カラー） Rosier Nivellé ルドゥーテ, ピエール＝ジョゼフ画, トリー, クロード＝アントワーヌ解説 1817～1824 ［コノサーズ・コレクション東京］
「薔薇空間」ランダムハウス講談社 2009
◇図114（カラー） ルドゥーテ, ピエール＝ジョセフ原画, シャピュイ彫版『バラ図譜』 1819 多色刷点刻銅版画（手彩色補助） 365×275

ロサ・コリナ・ファスティギアータ Rosa corymbifera Borkhausen
「バラ図譜 1」学習研究社 1988
◇図61（カラー） Rosa Collina fastigiata/Rosier Nivellé ルドゥーテ, ピエール＝ジョゼフ画, トリー, クロード＝アントワーヌ解説 1817～1824 ［ブリティッシュ・ミュージアム（ロンドン）］

ロサ・コリーナ・モンソニア（ロサ・コリーナ・モンソニアーナ） Rosa Collina Monsonia
「薔薇空間」ランダムハウス講談社 2009
◇図115（カラー） ルドゥーテ, ピエール＝ジョセフ原画, ラングロワ彫版『バラ図譜』 1822 多色刷点刻銅版画（手彩色補助） 365×275

ロサ・コリナ・モンソニアーナ Rosa Collina Monsoniana
「LESROSES バラ図譜［普及版］」河出書房新社 2012
◇図147（カラー） Rosier de Ladi–Monson ルドゥーテ, ピエール＝ジョゼフ画, トリー, クロード＝アントワーヌ解説 1817～1824 ［コノサーズ・コレクション東京］

ロサ・コリナ・モンソニアナ
「バラ図譜 2」学習研究社 1988
◇図147（カラー） Rosa Collina Monsoniana/Rosier de Ladi–Monson corymbifera×gallicaであろう ルドゥーテ, ピエール＝ジョゼフ画, トリー, クロード＝アントワーヌ解説 1817～1824 ［ブリティッシュ・ミュージアム（ロンドン）］

ロサ・コリンビフェラ Rosa corymbifera Borkh.
「バラ 全図版」タッシェン・ジャパン 2007
◇p125（カラー） Rosier des Buissons ルドゥーテ, ピエール＝ジョゼフ『バラ図譜』 ［エアランゲン・ニュルンベルク大学付属図書館］ ※原図97

ローザ・ザンティナ Rosa xanthina Lindley
「ばら花譜」平凡社 1983
◇PL.54（カラー） 二口善雄画, 鈴木省三, 籾山泰一著 1974,1975 水彩

ローザ・シネンシス'アルバ'　Rosa chinensis Jacquin 'Alba'
「ばら花譜」平凡社　1983
◇PL.24（カラー）　二口善雄画, 鈴木省三, 籾山泰一著 1978　水彩

ローザ・シネンシス・ヴィリディフローラ　Rosa chinensis Jacquin viridiflora (Lavallée) Schneider
「ばら花譜」平凡社　1983
◇PL.28（カラー）　二口善雄画, 鈴木省三, 籾山泰一著 1976　水彩

ローザ・シネンシス'オールド・ブラッシュ'　Rosa chinensis Jacquin 'Old Blush'
「ばら花譜」平凡社　1983
◇PL.24（カラー）　二口善雄画, 鈴木省三, 籾山泰一著 1973　水彩

ローザ・シネンシス'シングル・ピンク'　Rosa chinensis Jacquin 'Single Pink'
「ばら花譜」平凡社　1983
◇PL.29（カラー）　二口善雄画, 鈴木省三, 籾山泰一著 1977　水彩

ローザ・シネンシス・センパフローレンス　Rosa chinensis Jacquin semperflorens (Curtis) Koehne
「ばら花譜」平凡社　1983
◇PL.30（カラー）　Crimson China Rose　二口善雄画, 鈴木省三, 籾山泰一著 1976　水彩

ローザ・シネンシス'ファブヴィエール'　Rosa chinensis Jacquin 'Fabvier'
「ばら花譜」平凡社　1983
◇PL.26（カラー）　二口善雄画, 鈴木省三, 籾山泰一著 1973　水彩

ローザ・シネンシス'ミス・ロー'　Rosa chinensis Jacquin 'Miss Lowe'
「ばら花譜」平凡社　1983
◇PL.30（カラー）　二口善雄画, 鈴木省三, 籾山泰一著 1976　水彩

ローザ・シネンシス・ムタビリス　Rosa chinensis Jacquin mutabilis (Correvon) Rehder
「薔薇空間」ランダムハウス講談社　2009
◇図192（カラー）　二口善雄画, 鈴木省三, 籾山泰一解説『ばら花譜』 1983　水彩　340×250
「ばら花譜」平凡社　1983
◇PL.27（カラー）　二口善雄画, 鈴木省三, 籾山泰一著 1976,1973　水彩

ローザ・シネンシス'メイジャー'　Rosa chinensis Jacquin 'Major'
「ばら花譜」平凡社　1983
◇PL.25（カラー）　二口善雄画, 鈴木省三, 籾山泰一著 1978,1975　水彩

ロサ・スチュローサ　Rosa Stylosa
「薔薇空間」ランダムハウス講談社　2009
◇図142（カラー）　ルドゥーテ, ピエール＝ジョセフ原画, シャピュイ彫版『バラ図譜』 1821　多色刷点刻銅版画（手彩色補助）　365×275

ロサ・スティローサ　Rosa Stylosa
「LESROSES バラ図譜［普及版］」河出書房新社　2012
◇図129（カラー）　Rosier des Champs à tiges érigées　ルドゥーテ, ピエール＝ジョゼフ画, トリー, クロード＝アントワーヌ解説 1817～1824　［コノサーズ・コレクション東京］

ロサ・スティローサ　Rosa stylosa Desv.var. stylosa
「バラ 全図版」タッシェン・ジャパン　2007
◇p157（カラー）　Rosier à court-style　ルドゥーテ, ピエール＝ジョゼフ『バラ図譜』　［エアランゲン・ニュルンベルク大学付属図書館］　※原図129

ロサ・スティローサ　Rosa stylosa Desvaux
「バラ図譜 2」学習研究社　1988
◇図129（カラー）　Rosa Stylosa/Rosier des Champs à tiges érigées　ルドゥーテ, ピエール＝ジョゼフ画, トリー, クロード＝アントワーヌ解説 1817～1824　［ブリティッシュ・ミュージアム（ロンドン）］

ロサ・スティローサ・シスタイラ　Rosa stylosa Desv.var.systyla
「バラ 全図版」タッシェン・ジャパン　2007
◇p61（カラー）　Rosier à court-style (var.à fleurs jaunes et blanches)　ルドゥーテ, ピエール＝ジョゼフ『バラ図譜』　［エアランゲン・ニュルンベルク大学付属図書館］　※原図33

ロサ・スティローサ・ファスティギアータ？　Rosa stylosa var.systyla for.fastigiata？
「バラ 全図版」タッシェン・ジャパン　2007
◇p89（カラー）　Rosier des Collines　ルドゥーテ, ピエール＝ジョゼフ『バラ図譜』　［エアランゲン・ニュルンベルク大学付属図書館］　※原図61

ロサ×スピニューリフォリア　Rosa× spinulifolia dematra
「バラ 全図版」タッシェン・ジャパン　2007
◇p145（カラー）　Rosier des Alpes-hybride spontané　ルドゥーテ, ピエール＝ジョゼフ『バラ図譜』　［エアランゲン・ニュルンベルク大学付属図書館］　※原図117

ロサ・スピヌリフォリア・デマトラティアナ　Rosa Spinulifolia Dematratiana
「LESROSES バラ図譜［普及版］」河出書房新社　2012
◇図117（カラー）　Rosier Spinulé de Dematra　ルドゥーテ, ピエール＝ジョゼフ画, トリー, クロード＝アントワーヌ解説 1817～1824　［コノ

サーズ・コレクション東京］
「薔薇空間」ランダムハウス講談社　2009
◇図141（カラー）　ルドゥーテ,ピエール＝ジョセフ原画,シャピュイ彫版『バラ図譜』 1821　多色刷点刻銅版画（手彩色補助）　365×275

ロサ・スピヌリフォリア・デマトラティアナ
「バラ図譜 2」学習研究社　1988
◇図117（カラー）　Rosa Spinulifolia Dematratiana/Rosier Spinulé de Dematra　ルドゥーテ,ピエール＝ジョゼフ画,トリー,クロード＝アントワーヌ解説 1817～1824　［ブリティッシュ・ミュージアム（ロンドン）］

ローザ・スピノシッシマ'アルバ'　Rosa spinosissima Linn.'Alba'
「ばら花譜」平凡社　1983
◇PL.52（カラー）　Scotch Rose, Burnet Rose　二口善雄画,鈴木省三,籾山泰一著 1975,1973　水彩

ローザ・スピノシッシマ'ウィリアムズ・ダブル・イエロー'　Rosa spinosissima Linn. 'Williams Double Yellow'
「ばら花譜」平凡社　1983
◇PL.52（カラー）　二口善雄画,鈴木省三,籾山泰一著 1975　水彩

ロサ・スルフレア　Rosa Sulfurea
「LESROSES バラ図譜［普及版］」河出書房新社　2012
◇図3（カラー）　Rosier jaune de souffre　ルドゥーテ,ピエール＝ジョゼフ画,トリー,クロード＝アントワーヌ解説 1817～1824　［コノサーズ・コレクション東京］

ロサ・スルフレア　Rosa hemisphaerica Herrmann
「バラ図譜 1」学習研究社　1988
◇図3（カラー）　Rosa Sulfurea/Rosier jaune de souffre　ルドゥーテ,ピエール＝ジョゼフ画,トリー,クロード＝アントワーヌ解説 1817～1824　［ブリティッシュ・ミュージアム（ロンドン）］

ロサ・スルフレア（ロサ・ヘミスファエリカ）　Rosa Sulfurea
「薔薇空間」ランダムハウス講談社　2009
◇図96（カラー）　ルドゥーテ,ピエール＝ジョセフ原画,ラングロワ彫版『バラ図譜』 1817　多色刷点刻銅版画（手彩色補助）　365×275

ロサ・セティゲラ　Rosa setigera Michaux
「バラ 全図版」タッシェン・ジャパン　2007
◇p177（カラー）　Rosier des Prairies　ルドゥーテ,ピエール＝ジョゼフ『バラ図譜』　［エアランゲン・ニュルンベルク大学付属図書館］　※原図149

ローザ・セピウムの1栽培品種　Rosa sepium 'Flore submultiplici'
「図説 ボタニカルアート」河出書房新社　2010
◇p52（カラー）　ルドゥーテ画・著『バラ図譜 108図版』 1817～24

ロサ・セピウム・フローレ・スブムルティプリキ　Rosa sepium flore submultiplici
「LESROSES バラ図譜［普及版］」河出書房新社　2012
◇図108（カラー）　Rosier des hayes à fleurs semi doubles　ルドゥーテ,ピエール＝ジョゼフ画,トリー,クロード＝アントワーヌ解説 1817～1824　［コノサーズ・コレクション東京］
「薔薇空間」ランダムハウス講談社　2009
◇図137（カラー）　ルドゥーテ,ピエール＝ジョセフ原画,タルボー彫版『バラ図譜』 1821　多色刷点刻銅版画（手彩色補助）　365×275

ロサ・セピウム・フローレ・スブムルティプリキ
「バラ図譜 2」学習研究社　1988
◇図108（カラー）　Rosa sepium flore submultiplici/Rosier des hayes à fleurs semi doubles　ルドゥーテ,ピエール＝ジョゼフ画,トリー,クロード＝アントワーヌ解説 1817～1824　［ブリティッシュ・ミュージアム（ロンドン）］

ロサ・セピウム・ミュルティフォリア　Rosa Sepium Myrtifolia
「薔薇空間」ランダムハウス講談社　2009
◇図138（カラー）　ルドゥーテ,ピエール＝ジョセフ原画,ラングロワ彫版『バラ図譜』 1822　多色刷点刻銅版画（手彩色補助）　365×275

ロサ・セピウム・ミルティフォリア　Rosa Sepium Myrtifolia
「LESROSES バラ図譜［普及版］」河出書房新社　2012
◇図139（カラー）　Rosier des Hayes à feuilles de Myrte　ルドゥーテ,ピエール＝ジョゼフ画,トリー,クロード＝アントワーヌ解説 1817～1824　［コノサーズ・コレクション東京］

ロサ・セピウム・ミルティフォリア
「バラ図譜 2」学習研究社　1988
◇図139（カラー）　Rosa Sepium Myrtifolia/Rosier des Hayes à feuilles de Myrte　ルドゥーテ,ピエール＝ジョゼフ画,トリー,クロード＝アントワーヌ解説 1817～1824　［ブリティッシュ・ミュージアム（ロンドン）］

ロサ・セピウム・ロセア　Rosa sepium Thuiller, R.agrestis Savi
「バラ図譜 1」学習研究社　1988
◇図85（カラー）　Rosa sepium rosea/Rosier des hayes à fleurs roses　ルドゥーテ,ピエール＝ジョゼフ画,トリー,クロード＝アントワーヌ解説 1817～1824　［ブリティッシュ・ミュージアム（ロンドン）］

ロサ・セピウム・ロセア　Rosa sepium rosea
「LESROSES バラ図譜［普及版］」河出書房新社　2012
◇図85（カラー）　Rosier des hayes à fleurs roses　ルドゥーテ,ピエール＝ジョゼフ画,トリー,ク

ロード＝アントワーヌ解説 1817～1824 ［コノサーズ・コレクション東京］
「薔薇空間」ランダムハウス講談社 2009
◇図136（カラー） ルドゥーテ，ピエール＝ジョセフ原画，ルメール彫版『バラ図譜』 1820 多色刷点刻銅版画（手彩色補助） 365×275

ローザ・セリセア・オメイエンシス Rosa sericea Lindley omeiensis（Rolfe）Rowley
「ばら花譜」平凡社 1983
◇PL.58（カラー） 二口善雄画，鈴木省三，籾山泰一著 1975,1974,1978 水彩

ローザ・センティフォリア・パルヴィフォリア Rosa centifolia Linn.parvifolia（Ehrhart）Rehder
「ばら花譜」平凡社 1983
◇PL.39（カラー） Burgundian Rose 二口善雄画，鈴木省三，籾山泰一著 1978 水彩

ローザ・センティフォリア・ムスコーサ Rosa centifolia Linn.muscosa（Aiton）Seringe
「ばら花譜」平凡社 1983
◇PL.39（カラー） Moss Rose 二口善雄画，鈴木省三，籾山泰一著 1975 水彩

ロサ・センペルヴィレンス Rosa sempervirens L.
「バラ 全図版」タッシェン・ジャパン 2007
◇p90（カラー） Rosier à feuilles persistantes ルドゥーテ，ピエール＝ジョゼフ『バラ図譜』［エアランゲン・ニュルンベルク大学付属図書館］ ※原図62

ロサ・センペルウィレンス・グロボーサ Rosa Semper–Virens globosa
「LESROSES バラ図譜［普及版］」河出書房新社 2012
◇図62（カラー） Rosier grimpant à fruits globuleux ルドゥーテ，ピエール＝ジョゼフ画，トリー，クロード＝アントワーヌ解説 1817～1824 ［コノサーズ・コレクション東京］
「薔薇空間」ランダムハウス講談社 2009
◇図150（カラー） ルドゥーテ，ピエール＝ジョセフ原画，シャピュイ彫版『バラ図譜』 1819 多色刷点刻銅版画（手彩色補助） 365×275

ロサ・センペルヴィレンス・グロボーサ
「バラ図譜 1」学習研究社 1988
◇図62（カラー） Rosa Semper–Virens globosa/Rosier grimpant à fruits globuleux ルドゥーテ，ピエール＝ジョゼフ画，トリー，クロード＝アントワーヌ解説 1817～1824 ［ブリティッシュ・ミュージアム（ロンドン）］

ロサ・センペルヴィレンス系 Rosa sempervirens L.cv
「バラ 全図版」タッシェン・ジャパン 2007
◇p107（カラー） Variété du Rosier à feuilles persistantes ルドゥーテ，ピエール＝ジョゼフ『バラ図譜』 ［エアランゲン・ニュルンベルク大学付属図書館］ ※原図79

ロサ・センペルウィレンス・ラティフォリア Rosa Sempervirens latifolia
「LESROSES バラ図譜［普及版］」河出書房新社 2012
◇図79（カラー） Rosier grimpant à grandes feuilles ルドゥーテ，ピエール＝ジョゼフ画，トリー，クロード＝アントワーヌ解説 1817～1824 ［コノサーズ・コレクション東京］
「薔薇空間」ランダムハウス講談社 2009
◇図151（カラー） ルドゥーテ，ピエール＝ジョセフ原画，ラングロワ彫版『バラ図譜』 1819 多色刷点刻銅版画（手彩色補助） 365×275

ロサ・センペルヴィレンス・ラティフォリア Rosa sempervirens Linnaeus
「バラ図譜 1」学習研究社 1988
◇図79（カラー） Rosa Sempervirens latifolia/Rosier grimpant à grandes feuilles ルドゥーテ，ピエール＝ジョゼフ画，トリー，クロード＝アントワーヌ解説 1817～1824 ［ブリティッシュ・ミュージアム（ロンドン）］

ロサ・センペルウィレンス・レシュノーティアーナ Rosa sempervirens Leschenaultiana
「薔薇空間」ランダムハウス講談社 2009
◇図95（カラー） ルドゥーテ，ピエール＝ジョセフ原画，ラングロワ彫版『バラ図譜』 1823 多色刷点刻銅版画（手彩色補助） 365×275

ロサ・センペルウィレンス・レシュノールティアーナ Rosa sempervirens Leschenaultiana
「LESROSES バラ図譜［普及版］」河出書房新社 2012
◇図159（カラー） Le Rosier Leschenault ルドゥーテ，ピエール＝ジョゼフ画，トリー，クロード＝アントワーヌ解説 1817～1824 ［コノサーズ・コレクション東京］

ロサ・センペルヴィレンス・レスケナウルティアナ
「バラ図譜 2」学習研究社 1988
◇図159（カラー） Rosa sempervirens Leschenaultiana/Le Rosier Leschenault ルドゥーテ，ピエール＝ジョゼフ画，トリー，クロード＝アントワーヌ解説 1817～1824 ［ブリティッシュ・ミュージアム（ロンドン）］

ロサ・センペルヴィレンス・レスケナルティアナ Rosa sempervirens L.var. leschenaultiana
「バラ 全図版」タッシェン・ジャパン 2007
◇p187（カラー） Le Rosier Leschenault ルドゥーテ，ピエール＝ジョゼフ『バラ図譜』［エアランゲン・ニュルンベルク大学付属図書館］ ※原図159

ロサ・ダマスケナ Rosa Damascena
「LESROSES バラ図譜［普及版］」河出書房新社

2012
◇図81（カラー）　Rosier de Cels　ルドゥーテ, ピエール＝ジョゼフ画, トリー, クロード＝アントワーヌ解説 1817～1824 ［コノサーズ・コレクション東京］
「薔薇空間」ランダムハウス講談社　2009
◇図31（カラー）　ルドゥーテ, ピエール＝ジョセフ原画, シャルラン彫版『バラ図譜』 1820　多色刷点刻銅版画（手彩色補助）　365×275

ロサ・ダマスケナ
「バラ図譜 1」学習研究社　1988
◇図81（カラー）　Rosa Damascena/Rosier de Cels　ルドゥーテ, ピエール＝ジョゼフ画, トリー, クロード＝アントワーヌ解説 1817～1824 ［ブリティッシュ・ミュージアム（ロンドン）］

ローザ・ダマスケーナ　Rosa damascena Miller
「ばら花譜」平凡社　1983
◇PL.38（カラー）　Damask Rose　二口善雄画, 鈴木省三, 籾山泰一著 1973　水彩

ロサ・ダマスケナ・アウロラ　Rosa Damascena aurora
「LESROSES バラ図譜［普及版］」河出書房新社 2012
◇図75（カラー）　Rosier Aurore Poniatowska ルドゥーテ, ピエール＝ジョゼフ画, トリー, クロード＝アントワーヌ解説 1817～1824 ［コノサーズ・コレクション東京］

ロサ・ダマスケナ・アウロラ
「バラ図譜 1」学習研究社　1988
◇図75（カラー）　Rosa Damascena aurora/Rosier Aurore Poniatowska　ルドゥーテ, ピエール＝ジョゼフ画, トリー, クロード＝アントワーヌ解説 1817～1824 ［ブリティッシュ・ミュージアム（ロンドン）］

ロサ・ダマスケーナ・アウローラ‘セレスシャル’　Rosa Damascena aurora
「薔薇空間」ランダムハウス講談社　2009
◇図30（カラー）　ルドゥーテ, ピエール＝ジョセフ原画, シャルラン彫版『バラ図譜』 1819　多色刷点刻銅版画（手彩色補助）　365×275

ロサ・ダマスケナ・イタリカ　Rosa Damascena Italica
「LESROSES バラ図譜［普及版］」河出書房新社 2012
◇図132（カラー）　La Quatre–Saisons d'Italie ルドゥーテ, ピエール＝ジョゼフ画, トリー, クロード＝アントワーヌ解説 1817～1824 ［コノサーズ・コレクション東京］
「薔薇空間」ランダムハウス講談社　2009
◇図35（カラー）　ルドゥーテ, ピエール＝ジョセフ原画, ヴィクトール彫版『バラ図譜』 1821 多色刷点刻銅版画（手彩色補助）　365×275

ロサ・ダマスケナ・イタリカ
「バラ図譜 2」学習研究社　1988
◇図132（カラー）　Rosa Damascena Italica/La Quatre–Saisons d'Italie　ルドゥーテ, ピエール＝ジョゼフ画, トリー, クロード＝アントワーヌ解説 1817～1824 ［ブリティッシュ・ミュージアム（ロンドン）］

ロサ・ダマスケナ・ウァリエガータ　Rosa Damascena Variegata
「LESROSES バラ図譜［普及版］」河出書房新社 2012
◇図56（カラー）　Rosier d'Yorck et de Lancastre ルドゥーテ, ピエール＝ジョゼフ画, トリー, クロード＝アントワーヌ解説 1817～1824 ［コノサーズ・コレクション東京］

ロサ・ダマスケナ・ヴァリエガータ
「バラ図譜 1」学習研究社　1988
◇図56（カラー）　Rosa Damascena Variegata/Rosier d'Yorck et de Lancastre　ルドゥーテ, ピエール＝ジョゼフ画, トリー, クロード＝アントワーヌ解説 1817～1824 ［ブリティッシュ・ミュージアム（ロンドン）］

ロサ×ダマスケナ系　Rosa×damascena IMiller cv.
「バラ 全図版」タッシェン・ジャパン　2007
◇p160（カラー）　Variété du Rosier damascène ルドゥーテ, ピエール＝ジョゼフ『バラ図譜』 ［エアランゲン・ニュルンベルク大学付属図書館］ ※原図132

ロサ・ダマスケナ・ケルシアーナ・プロリフェラ　Rosa Damascena Celsiana prolifera
「LESROSES バラ図譜［普及版］」河出書房新社 2012
◇図120（カラー）　Rosier de Cels à fleurs prolifères　ルドゥーテ, ピエール＝ジョゼフ画, トリー, クロード＝アントワーヌ解説 1817～1824 ［コノサーズ・コレクション東京］

ロサ・ダマスケナ・ケルシアナ・プロリフェラ
「バラ図譜 2」学習研究社　1988
◇図120（カラー）　Rosa Damascena Celsiana prolifera/Rosier de Cels à fleurs prolifères　ルドゥーテ, ピエール＝ジョゼフ画, トリー, クロード＝アントワーヌ解説 1817～1824 ［ブリティッシュ・ミュージアム（ロンドン）］

ロサ・ダマスケナ・コッキネア　Rosa Damascena Coccinea
「LESROSES バラ図譜［普及版］」河出書房新社 2012
◇図42（カラー）　Rosier de Portland　ルドゥーテ, ピエール＝ジョゼフ画, トリー, クロード＝アントワーヌ解説 1817～1824 ［コノサーズ・コレクション東京］

ロサ・ダマスケナ・コッキネア
「バラ図譜 1」学習研究社　1988
◇図42（カラー）　Rosa Damascena Coccinea/Rosier de Portland　ルドゥーテ, ピエール＝

ジョゼフ画, トリー, クロード＝アントワーヌ解説 1817〜1824 ［ブリティッシュ・ミュージアム（ロンドン）］

ロサ・ダマスケーナ・コッキネア（ポートランド・ローズ） Rosa Damascena Coccinea

「薔薇空間」ランダムハウス講談社 2009

◇図83（カラー） ルドゥーテ, ピエール＝ジョゼフ原画, ベッサン彫版『バラ図譜』 1818 多色刷点刻銅版画（手彩色補助） 365×275

ロサ・ダマスケナ・スバルバ Rosa Damascena subalba

「LESROSES バラ図譜［普及版］」河出書房新社 2012

◇図20（カラー） Rosier de Damas à Pétale teinté de rose ルドゥーテ, ピエール＝ジョゼフ画, トリー, クロード＝アントワーヌ解説 1817〜1824 ［コノサーズ・コレクション東京］

「薔薇空間」ランダムハウス講談社 2009

◇図32（カラー） ルドゥーテ, ピエール＝ジョゼフ原画, シャピュイ彫版『バラ図譜』 1817 多色刷点刻銅版画（手彩色補助） 540×355

ロサ・ダマスケナ・スバルバ Rosa dupontii Déséglise

「バラ図譜 1」学習研究社 1988

◇図20（カラー） Rosa Damascena subalba/ Rosier de Damas à Pétale teinté de rose ルドゥーテ, ピエール＝ジョゼフ画, トリー, クロード＝アントワーヌ解説 1817〜1824 ［ブリティッシュ・ミュージアム（ロンドン）］

ロサ×ダマスケナ'セルシアーナ' Rosa× damascena Miller 'Celsiana'

「バラ 全図版」タッシェン・ジャパン 2007

◇p109（カラー） Rosier damascène'Celesiana' ルドゥーテ, ピエール＝ジョゼフ『バラ図譜』 ［エアランゲン・ニュルンベルク大学付属図書館］ ※原図81

◇p148（カラー） Rosier de damascène'Celsiana' ルドゥーテ, ピエール＝ジョゼフ『バラ図譜』 ［エアランゲン・ニュルンベルク大学付属図書館］ ※原図120

ロサ・ダマスケーナ・セルシアナ・プロリフェラ Rosa Damascena Celsiana prolifera

「薔薇空間」ランダムハウス講談社 2009

◇図34（カラー） ルドゥーテ, ピエール＝ジョゼフ原画, ラングロワ彫版『バラ図譜』 1821 多色刷点刻銅版画（手彩色補助） 365×275

ロサ×ダマスケナ'ベルシコロール' Rosa× damascena 'Versicolor'

「バラ 全図版」タッシェン・ジャパン 2007

◇p84（カラー） Rosier d'Yorck et de Lancastre ルドゥーテ, ピエール＝ジョゼフ『バラ図譜』 ［エアランゲン・ニュルンベルク大学付属図書館］ ※原図56

ロサ×ダマスケナ×ロサ・キネンシス・センパーフローレンス'ローズ・ド・ロア' Rosa×damascena Miller×Rosa chinensis Jacq.var.semperflorens Koehne 'Rose du Roi'

「バラ 全図版」タッシェン・ジャパン 2007

◇p146（カラー） Rosier de Portland'Rose du Roi' ルドゥーテ, ピエール＝ジョゼフ『バラ図譜』 ［エアランゲン・ニュルンベルク大学付属図書館］ ※原図118

ロサ・ダマスケーナ・ワリエガータ'ヨーク・アンド・ランカスター' Rosa Damascena Variegata

「薔薇空間」ランダムハウス講談社 2009

◇図33（カラー） ルドゥーテ, ピエール＝ジョゼフ原画, ベッサン彫版『バラ図譜』 1819 多色刷点刻銅版画（手彩色補助） 365×275

ロサ・'テ・ヒメネ' Rosa 'Thé Hymenée'

「美花選［普及版］」河出書房新社 2016

◇図71（カラー） Bengale Thé hyménée ルドゥーテ, ピエール＝ジョゼフ画 1827〜1833 ［コノサーズ・コレクション東京］

「ボタニカルアート 西洋の美花集」パイ インターナショナル 2010

◇p86（カラー） ルドゥーテ, ピエール＝ジョゼフ画・著『美花選』 1827〜33 点刻銅版画多色刷一部手彩色

ロサ×デュポンティ Rosa×dupontii Déségl.

「バラ 全図版」タッシェン・ジャパン 2007

◇p47（カラー） Rosier de Damas'Petale teinte de rose' ルドゥーテ, ピエール＝ジョゼフ『バラ図譜』 ［エアランゲン・ニュルンベルク大学付属図書館］ ※原図20

ロサ・デュメトルム Rosa dumetorum Thuiller, R.corymbifera Borkhausen.

「バラ図譜 2」学習研究社 1988

◇図97（カラー） Rosa Dumetorum/Rosier des Buissons ルドゥーテ, ピエール＝ジョゼフ画, トリー, クロード＝アントワーヌ解説 1817〜1824 ［ブリティッシュ・ミュージアム（ロンドン）］

ロサ・ドゥマリス・マルムンダリエンシス Rosa dumalis Bechstein var.malmundariensis

「バラ 全図版」タッシェン・ジャパン 2007

◇p99（カラー） Rosier de Malmedy ルドゥーテ, ピエール＝ジョゼフ『バラ図譜』 ［エアランゲン・ニュルンベルク大学付属図書館］ ※原図71

ロサ・ドゥマリス・マルムンダリエンシス・ビサラータ Rosa dumalis Bechstein var. malmundariensis for biserrata

「バラ 全図版」タッシェン・ジャパン 2007

◇p155（カラー） Rosier de Malmedy à folioles bidentées？ ルドゥーテ, ピエール＝ジョゼフ『バラ図譜』 ［エアランゲン・ニュルンベルク大

学付属図書館］ ※原図127

ロサ・ドゥメトルム Rosa Dumetorum

「LESROSES バラ図譜［普及版］」河出書房新社 2012

◇図97（カラー） Rosier des Buissons ルドゥーテ, ピエール＝ジョゼフ画, トリー, クロード＝アントワーヌ解説 1817～1824 ［コノサーズ・コレクション東京］

「薔薇空間」ランダムハウス講談社 2009

◇図113（カラー） ルドゥーテ, ピエール＝ジョセフ原画, シャピュイ彫版『バラ図譜』 1820 多色刷点刻銅版画（手彩色補助） 365×275

ロサ・ドゥメトルム'オブツシフォリア'？ Rosa dumetorum Thuill 'Obtusifolia'？

「バラ 全図版」タッシェン・ジャパン 2007

◇p80（カラー） Rosier à fleurs blanches ルドゥーテ, ピエール＝ジョゼフ『バラ図譜』［エアランゲン・ニュルンベルク大学付属図書館］ ※原図52

ロサ・トゥルビナータ Rosa Turbinata

「LESROSES バラ図譜［普及版］」河出書房新社 2012

◇図51（カラー） Rosier de Francfort ルドゥーテ, ピエール＝ジョゼフ画, トリー, クロード＝アントワーヌ解説 1817～1824 ［コノサーズ・コレクション東京］

「薔薇空間」ランダムハウス講談社 2009

◇図3（カラー） ルドゥーテ, ピエール＝ジョセフ原画, ベッサン彫版『バラ図譜』 1818 多色刷点刻銅版画（手彩色補助） 365×275

ロサ・トゥルビナータ Rosa turbinata Aiton, R.×francofurtana Muenchhausen

「バラ図譜 1」学習研究社 1988

◇図51（カラー） Rosa Turbinata/Rosier de Francfort ルドゥーテ, ピエール＝ジョゼフ画, トリー, クロード＝アントワーヌ解説 1817～1824 ［ブリティッシュ・ミュージアム（ロンドン）］

ロサ・トメントーサ Rosa Tomentosa

「LESROSES バラ図譜［普及版］」河出書房新社 2012

◇図74（カラー） Rosier Cotonneux ルドゥーテ, ピエール＝ジョゼフ画, トリー, クロード＝アントワーヌ解説 1817～1824 ［コノサーズ・コレクション東京］

◇図98（カラー） Rosier Cotonneux ルドゥーテ, ピエール＝ジョゼフ画, トリー, クロード＝アントワーヌ解説 1817～1824 ［コノサーズ・コレクション東京］

「薔薇空間」ランダムハウス講談社 2009

◇図134（カラー） ルドゥーテ, ピエール＝ジョセフ原画, ラングロワ彫版『バラ図譜』 1819 多色刷点刻銅版画（手彩色補助） 365×275

◇図135（カラー） ルドゥーテ, ピエール＝ジョセフ原画, ベッサン彫版『バラ図譜』 1820 多色刷点刻銅版画（手彩色補助） 365×275

ロサ・トメントーサ Rosa tomentosa Smith

「バラ 全図版」タッシェン・ジャパン 2007

◇p102（カラー） Rosier Tomenteux ルドゥーテ, ピエール＝ジョゼフ『バラ図譜』 ［エアランゲン・ニュルンベルク大学付属図書館］ ※原図74

「バラ図譜 2」学習研究社 1988

◇図98（カラー） Rosa Tomentosa/Rosier Cotonneux ルドゥーテ, ピエール＝ジョゼフ画, トリー, クロード＝アントワーヌ解説 1817～1824 ［ブリティッシュ・ミュージアム（ロンドン）］

ロサ・トーメントーサ

「バラ図譜 1」学習研究社 1988

◇図74（カラー） Rosa Tomentosa/Rosier Cotonneux ルドゥーテ, ピエール＝ジョゼフ画, トリー, クロード＝アントワーヌ解説 1817～1824 ［ブリティッシュ・ミュージアム（ロンドン）］

ローザ・トメントサ Rosa tomentosa

「図説 ボタニカルアート」河出書房新社 2010

◇p54（カラー） ルドゥーテ画・著『バラ図譜 98図版』 1817～24

ロサ・トメントーサ系 Rosa tomentosa Smith cv.

「バラ 全図版」タッシェン・ジャパン 2007

◇p126（カラー） Variété du Rosier Tomenteux à fleurs doubles ルドゥーテ, ピエール＝ジョゼフ『バラ図譜』 ［エアランゲン・ニュルンベルク大学付属図書館］ ※原図98

◇p127（カラー） Variété du Rosier Tomenteux à fleurs semi–doubles ルドゥーテ, ピエール＝ジョゼフ『バラ図譜』 ［エアランゲン・ニュルンベルク大学付属図書館］ ※原図99

ロサ・トメントーサ・ファリノーサ Rosa tomentosa Smith var.farinosa

「バラ 全図版」タッシェン・ジャパン 2007

◇p172（カラー） Variété du Rosier Tomenteux ルドゥーテ, ピエール＝ジョゼフ『バラ図譜』［エアランゲン・ニュルンベルク大学付属図書館］ ※原図144

ロサ・トメントーサ・ブリタニカ？ Rosa tomentosa Smith var.britannica？

「バラ 全図版」タッシェン・ジャパン 2007

◇p81（カラー） Variété du Rosier Tomenteux ルドゥーテ, ピエール＝ジョゼフ『バラ図譜』［エアランゲン・ニュルンベルク大学付属図書館］ ※原図53

ロサ・ニウェア Rosa Nivea

「LESROSES バラ図譜［普及版］」河出書房新社 2012

◇図95（カラー） Rosier blanc de Neige ルドゥーテ, ピエール＝ジョゼフ画, トリー, クロード＝アントワーヌ解説 1817～1824 ［コノサーズ・コレクション東京］

ロサ・ニウェア(ナニワイバラ)　Rosa Nivea
「薔薇空間」ランダムハウス講談社　2009
◇図97(カラー)　ルドゥーテ, ピエール＝ジョセフ原画, ラングロワ彫版『バラ図譜』 1820　多色刷点刻銅版画(手彩色補助)　365×275

ロサ・ニヴェア　Rosa nivea De Candolle, R. laevigata Michaux
「バラ図譜 2」学習研究社　1988
◇図95(カラー)　Rosa Nivea/Rosier blanc de Neige　ルドゥーテ, ピエール＝ジョゼフ画, トリー, クロード＝アントワーヌ解説 1817～1824 ［ブリティッシュ・ミュージアム(ロンドン)］

ロサ×ノアゼッティーナ?　Rosa× noisettiana Thory ?
「バラ 全図版」タッシェン・ジャパン　2007
◇p121(カラー)　Rosier de Noisette ?　ルドゥーテ, ピエール＝ジョゼフ『バラ図譜』［エアランゲン・ニュルンベルク大学付属図書館］ ※原図93

ロサ・ノワゼッティアーナ　Rosa Noisettiana
「LESROSES バラ図譜[普及版]」河出書房新社　2012
◇図93(カラー)　Rosier de Philippe Noisette　ルドゥーテ, ピエール＝ジョゼフ画, トリー, クロード＝アントワーヌ解説 1817～1824 ［コノサーズ・コレクション東京］

ロサ・ノワゼッティアナ　Rosa×noisettiana Thory
「バラ図譜 2」学習研究社　1988
◇図93(カラー)　Rosa Noisettiana/Rosier de Philippe Noisette　ルドゥーテ, ピエール＝ジョゼフ画, トリー, クロード＝アントワーヌ解説 1817～1824 ［ブリティッシュ・ミュージアム(ロンドン)］

ロサ・ノワゼッティアーナ(ノワゼット・ローズ)　Rosa Noisettiana
「ボタニカルアート 西洋の美花集」パイ インターナショナル　2010
◇p91(カラー)　ルドゥーテ, ピエール＝ジョセフ画・著『バラ図譜』 1817～24　点刻銅版画多色刷 一部手彩色
「薔薇空間」ランダムハウス講談社　2009
◇図85(カラー)　ルドゥーテ, ピエール＝ジョセフ原画, ラングロワ彫版『バラ図譜』 1820　多色刷点刻銅版画(手彩色補助)　365×275

ロサ・ノワゼッティアーナ・プルプレア
Rosa Noisettiana purpurea
「LESROSES バラ図譜[普及版]」河出書房新社　2012
◇図167(カラー)　Rosier Noisette à fleurs rouges　ルドゥーテ, ピエール＝ジョゼフ画, トリー, クロード＝アントワーヌ解説 1817～1824 ［コノサーズ・コレクション東京］
「薔薇空間」ランダムハウス講談社　2009
◇図86(カラー)　ルドゥーテ, ピエール＝ジョセフ原画, ラングロワ彫版『バラ図譜』 1823　多色刷点刻銅版画(手彩色補助)　365×275

ロサ・ノワゼッティアナ・プルプレア
「バラ図譜 2」学習研究社　1988
◇図167(カラー)　Rosa Noisettiana purpurea/ Rosier Noisette à fleurs rouges　ルドゥーテ, ピエール＝ジョゼフ画, トリー, クロード＝アントワーヌ解説 1817～1824 ［ブリティッシュ・ミュージアム(ロンドン)］

ローザ・パウリイ　Rosa×paulii Rehder
「ばら花譜」平凡社　1983
◇PL.44(カラー)　二口善雄画, 鈴木省三, 籾山泰一著 1973　水彩

ローザ・ハーディイ　Rosa×hardii Cels
「ばら花譜」平凡社　1983
◇PL.21(カラー)　二口善雄画, 鈴木省三, 籾山泰一著 1974　水彩

ロサ・ハドソニアーナ・サリキフォリア
Rosa Hudsoniana Salicifolia
「LESROSES バラ図譜[普及版]」河出書房新社　2012
◇図35(カラー)　Rosier d'Hudson à feuilles de Saule　ルドゥーテ, ピエール＝ジョゼフ画, トリー, クロード＝アントワーヌ解説 1817～1824 ［コノサーズ・コレクション東京］
「薔薇空間」ランダムハウス講談社　2009
◇図159(カラー)　ルドゥーテ, ピエール＝ジョセフ原画, ラングロワ彫版『バラ図譜』 1818　多色刷点刻銅版画(手彩色補助)　540×355

ロサ・ハドソニアナ・サリキフォリア　Rosa hudsoniana Thory, R.palustris Marshall
「バラ図譜 1」学習研究社　1988
◇図35(カラー)　Rosa Hudsoniana Salicifolia/ Rosier d'Hudson à feuilles de Saule　ルドゥーテ, ピエール＝ジョゼフ画, トリー, クロード＝アントワーヌ解説 1817～1824 ［ブリティッシュ・ミュージアム(ロンドン)］

ロサ・ハドソニアーナ・スカンデンス　Rosa Hudsoniana scandens
「LESROSES バラ図譜[普及版]」河出書房新社　2012
◇図109(カラー)　Rosier d'Hudson à tiges grimpantes　ルドゥーテ, ピエール＝ジョゼフ画, トリー, クロード＝アントワーヌ解説 1817～1824 ［コノサーズ・コレクション東京］
「薔薇空間」ランダムハウス講談社　2009
◇図160(カラー)　ルドゥーテ, ピエール＝ジョセフ原画, ティリアール彫版『バラ図譜』 1821　多色刷点刻銅版画(手彩色補助)　540×355

ロサ・ハドソニアナ・スカンデンス　Rosa hudsoniana, R.palustris
「バラ図譜 2」学習研究社　1988
◇図109(カラー)　Rosa Hudsoniana scandens/ Rosier d'Hudson à tiges grimpantes　ルドゥーテ, ピエール＝ジョゼフ画, トリー, クロード＝ア

ントワーヌ解説 1817〜1824 ［ブリティッシュ・ミュージアム(ロンドン)］

ロサ・ハドソニアーナ・スブコリュンボーサ Rosa Hudsoniana Subcorymbosa

「LESROSES バラ図譜［普及版］」河出書房新社 2012

◇図113(カラー) Rosier d'Hudson à fleurs presqu'en Corymbe ルドゥーテ, ピエール＝ジョゼフ画, トリー, クロード＝アントワーヌ解説 1817〜1824 ［コノサーズ・コレクション東京］

「薔薇空間」ランダムハウス講談社 2009

◇図161(カラー) ルドゥーテ, ピエール＝ジョセフ原画, タルボー彫版『バラ図譜』 1821 多色刷点刻銅版画(手彩色補助) 540×355

ロサ・ハドソニアーナ・スブコリンボーサ

「バラ図譜 2」学習研究社 1988

◇図113(カラー) Rosa Hudsoniana Subcorymbosa/Rosier d'Hudson à fleurs presqu'en Corymbe ルドゥーテ, ピエール＝ジョゼフ画, トリー, クロード＝アントワーヌ解説 1817〜1824 ［ブリティッシュ・ミュージアム(ロンドン)］

ローザ・ハリソニイ Rosa×harisonii Rivers

「ばら花譜」平凡社 1983

◇PL.57(カラー) Harison's Yellow Rose 二口善雄画, 鈴木省三, 籾山泰一著 1975,1973 水彩

ロサ×ハリソニー'ルテラ' Rosa×harisonii Rivers 'Lutea'

「バラ 全図版」タッシェン・ジャパン 2007

◇p151(カラー) Eglantier Serin ルドゥーテ, ピエール＝ジョゼフ『バラ図譜』 ［エアランゲン・ニュルンベルク大学付属図書館］ ※原図123

ロサ・パルウィフローラ Rosa parvi–flora

「LESROSES バラ図譜［普及版］」河出書房新社 2012

◇図91(カラー) Rosier à petites fleurs ルドゥーテ, ピエール＝ジョゼフ画, トリー, クロード＝アントワーヌ解説 1817〜1824 ［コノサーズ・コレクション東京］

「薔薇空間」ランダムハウス講談社 2009

◇図157(カラー) ルドゥーテ, ピエール＝ジョセフ原画, ラングロワ彫版『バラ図譜』 1820 多色刷点刻銅版画(手彩色補助) 540×355

ロサ・パルヴィフローラ Rosa carolina plena (Marshall) Doris Lynes

「バラ図譜 2」学習研究社 1988

◇図91(カラー) Rosa parvi–flora/Rosier à petites fleurs ルドゥーテ, ピエール＝ジョゼフ画, トリー, クロード＝アントワーヌ解説 1817〜1824 ［ブリティッシュ・ミュージアム(ロンドン)］

ロサ・パルヴィ–フロラ

「フローラの庭園」八坂書房 2015

◇p55(カラー) ルドゥーテ『バラ図譜』 1821 銅版多色刷(スティップル・エングレーヴィング) 手彩色 紙 54×36.5 ［ボストン美術館］

ロサ・パルストリス Rosa palustris Marshall

「バラ 全図版」タッシェン・ジャパン 2007

◇p63(カラー) Rosier des Marais ルドゥーテ, ピエール＝ジョゼフ『バラ図譜』 ［エアランゲン・ニュルンベルク大学付属図書館］ ※原図35

ロサ・パルストリス系 Rosa palustris Marshall cv.

「バラ 全図版」タッシェン・ジャパン 2007

◇p141(カラー) Variété du Rosier d'Hudson à fleurs semi–doubles ルドゥーテ, ピエール＝ジョゼフ『バラ図譜』 ［エアランゲン・ニュルンベルク大学付属図書館］ ※原図113

ロサ・パルストリス系？ Rosa palustris Marshall cv. ?

「バラ 全図版」タッシェン・ジャパン 2007

◇p137(カラー) Variété du Rosier d'Hudson à fleurs semi–doubles ルドゥーテ, ピエール＝ジョゼフ『バラ図譜』 ［エアランゲン・ニュルンベルク大学付属図書館］ ※原図109

ロサ・バンクシアエ Rosa Banksiæ

「LESROSES バラ図譜［普及版］」河出書房新社 2012

◇図76(カラー) Rosier de Lady Banks ルドゥーテ, ピエール＝ジョゼフ画, トリー, クロード＝アントワーヌ解説 1817〜1824 ［コノサーズ・コレクション東京］

ロサ・バンクシアエ Rosa banksiae Aiton

「バラ図譜 1」学習研究社 1988

◇図76(カラー) Rosa Banksiae/Rosier de Lady Banks ルドゥーテ, ピエール＝ジョゼフ画, トリー, クロード＝アントワーヌ解説 1817〜1824 ［ブリティッシュ・ミュージアム(ロンドン)］

ロサ・バンクシアエ(モッコウバラ) Rosa Banksiae

「薔薇空間」ランダムハウス講談社 2009

◇図98(カラー) ルドゥーテ, ピエール＝ジョセフ原画, シャピュイ彫版『バラ図譜』 1819 多色刷点刻銅版画(手彩色補助) 365×275

ロサ・バンクシアエ'アルバ・プレナ' Rosa banksiae Aiton fil.var.banksiae 'Alba plena'

「バラ 全図版」タッシェン・ジャパン 2007

◇p104(カラー) Rosier de Lady Banks à fleurs blanches et doubles ルドゥーテ, ピエール＝ジョゼフ『バラ図譜』 ［エアランゲン・ニュルンベルク大学付属図書館］ ※原図76

ローザ・バンクシアエ・ノルマリス Rosa banksiae Aiton normalis Regel

「ばら花譜」平凡社 1983

◇PL.32(カラー) 二口善雄画, 鈴木省三, 籾山泰一著 1978 水彩

ロサ・ヒスピダ・アルゲンテア　Rosa hispida Argentea
「LESROSES バラ図譜［普及版］」河出書房新社 2012
◇図156（カラー）　Rosier hispide à fleurs Argentées　ルドゥーテ, ピエール＝ジョゼフ画, トリー, クロード＝アントワーヌ解説 1817～1824 ［コノサーズ・コレクション東京］
「薔薇空間」ランダムハウス講談社　2009
◇図112（カラー）　ルドゥーテ, ピエール＝ジョセフ原画, ルメール彫版『バラ図譜』 1823　多色刷点刻銅版画（手彩色補助） 365×275

ロサ・ヒスピダ・アルゲンテア
「バラ図譜 2」学習研究社　1988
◇図156（カラー）　Rosa hispida Argentea/Rosier hispide à fleurs Argentées　R. spinosissima hispidaの白色種　ルドゥーテ, ピエール＝ジョゼフ画, トリー, クロード＝アントワーヌ解説 1817～1824 ［ブリティッシュ・ミュージアム（ロンドン）］

ロサ・ビセラータ　Rosa Biserrata
「LESROSES バラ図譜［普及版］」河出書房新社 2012
◇図127（カラー）　Rosier des Montagnes à folioles bidentées　ルドゥーテ, ピエール＝ジョゼフ画, トリー, クロード＝アントワーヌ解説 1817～1824 ［コノサーズ・コレクション東京］
「ボタニカルアート 西洋の美花集」パイ インターナショナル　2010
◇p99（カラー）　ルドゥーテ, ピエール＝ジョセフ画・著『バラ図譜』 1817～24　点刻銅版画多色刷 一部手彩色
「薔薇空間」ランダムハウス講談社　2009
◇図153（カラー）　ルドゥーテ, ピエール＝ジョセフ原画, シャピュイ彫版『バラ図譜』 1821　多色刷点刻銅版画（手彩色補助） 365×275

ロサ・ビセラータ
「バラ図譜 2」学習研究社　1988
◇図127（カラー）　Rosa Biserrata/Rosier des Montagnes à folioles bidentées　ルドゥーテ, ピエール＝ジョゼフ画, トリー, クロード＝アントワーヌ解説 1817～1824 ［ブリティッシュ・ミュージアム（ロンドン）］

ロサ×ビフェラ　Rosa×bifera Pers.
「バラ 全図版」タッシェン・ジャパン　2007
◇p69（カラー）　Rosier damascène d'Automne　ルドゥーテ, ピエール＝ジョゼフ『バラ図譜』 ［エアランゲン・ニュルンベルク大学付属図書館］ ※原図41
◇p76（カラー）　Variété du Rosier damascène d'Automne à fleurs blanches　ルドゥーテ, ピエール＝ジョゼフ『バラ図譜』 ［エアランゲン・ニュルンベルク大学付属図書館］ ※原図48

ロサ・ビフェラ・アルバ　Rosa Bifera alba
「LESROSES バラ図譜［普及版］」河出書房新社 2012
◇図48（カラー）　Rosier des quatre Saisons à fleurs blanches　ルドゥーテ, ピエール＝ジョゼフ画, トリー, クロード＝アントワーヌ解説 1817～1824 ［コノサーズ・コレクション東京］
「薔薇空間」ランダムハウス講談社　2009
◇図37（カラー）　ルドゥーテ, ピエール＝ジョセフ原画, ベッサン彫版『バラ図譜』 1818　多色刷点刻銅版画（手彩色補助） 365×275

ロサ・ビフェラ・アルバ
「バラ図譜 1」学習研究社　1988
◇図48（カラー）　Rosa Bifera alba/Rosier des quatre Saisons à fleurs blanches　ルドゥーテ, ピエール＝ジョゼフ画, トリー, クロード＝アントワーヌ解説 1817～1824 ［ブリティッシュ・ミュージアム（ロンドン）］

ロサ・ビフェラ・ウァリエガータ　Rosa Bifera Variegata
「LESROSES バラ図譜［普及版］」河出書房新社 2012
◇図158（カラー）　La Quatre Saisons à feuilles panachées　ルドゥーテ, ピエール＝ジョゼフ画, トリー, クロード＝アントワーヌ解説 1817～1824 ［コノサーズ・コレクション東京］

ロサ・ビフェラ・ヴァリエガータ
「バラ図譜 2」学習研究社　1988
◇図158（カラー）　Rosa Bifera Variegata/La Quatre Saisons à feuilles panachées　ルドゥーテ, ピエール＝ジョゼフ画, トリー, クロード＝アントワーヌ解説 1817～1824 ［ブリティッシュ・ミュージアム（ロンドン）］

ロサ・ビフェラ・オフィキナリス　Rosa bifera Persoon, R.damascena semperflorens (Duhamel de Courset) Rowley
「バラ図譜 1」学習研究社　1988
◇図41（カラー）　Rosa bifera officinalis/Rosier des Parfumeurs　ルドゥーテ, ピエール＝ジョゼフ画, トリー, クロード＝アントワーヌ解説 1817～1824 ［ブリティッシュ・ミュージアム（ロンドン）］

ロサ・ビフェラ・オフィキナリス　Rosa bifera officinalis
「LESROSES バラ図譜［普及版］」河出書房新社 2012
◇図41（カラー）　Rosier des Parfumeurs　ルドゥーテ, ピエール＝ジョゼフ画, トリー, クロード＝アントワーヌ解説 1817～1824 ［コノサーズ・コレクション東京］
「薔薇空間」ランダムハウス講談社　2009
◇図36（カラー）　ルドゥーテ, ピエール＝ジョセフ原画, ラングロワ彫版『バラ図譜』 1818　多色刷点刻銅版画（手彩色補助） 365×275

ロサ×ビフェラ系　Rosa×bifera Pers.cv.
「バラ 全図版」タッシェン・ジャパン　2007
◇p171（カラー）　Variété du Petit Quatre Saisons　ルドゥーテ, ピエール＝ジョゼフ『バラ図譜』 ［エアランゲン・ニュルンベルク大学付属図書館］ ※原図143

◇p186(カラー) Variété du Rosier damascène d'Automne panaché ルドゥーテ, ピエール=ジョゼフ『バラ図譜』 [エアランゲン・ニュルンベルク大学付属図書館] ※原図158

ロサ・ビフェラ・プミラ Rosa Bifera pumila

「LESROSES バラ図譜[普及版]」河出書房新社 2012

◇図143(カラー) Le petit Quatre–Saisons ルドゥーテ, ピエール=ジョゼフ画, トリー, クロード=アントワーヌ解説 1817~1824 [コノサーズ・コレクション東京]

「薔薇空間」ランダムハウス講談社 2009

◇図39(カラー) ルドゥーテ, ピエール=ジョセフ原画, ルメール彫版『バラ図譜』 1822 多色刷点刻銅版画(手彩色補助) 365×275

ロサ・ビフェラ・プミラ

「バラ図譜 2」学習研究社 1988

◇図143(カラー) Rosa Bifera pumila/Le petit Quatre–Saisons ルドゥーテ, ピエール=ジョゼフ画, トリー, クロード=アントワーヌ解説 1817~1824 [ブリティッシュ・ミュージアム(ロンドン)]

ロサ・ビフェラ・マクロカルパ Rosa Bifera macrocarpa

「LESROSES バラ図譜[普及版]」河出書房新社 2012

◇図118(カラー) La Quatre Saisons Lelieur ルドゥーテ, ピエール=ジョゼフ画, トリー, クロード=アントワーヌ解説 1817~1824 [コノサーズ・コレクション東京]

ロサ・ビフェラ・マクロカルパ Rosa damascena semperflorens (Duhamel de Courset) Rowley, R.bifera Persoon

「バラ図譜 2」学習研究社 1988

◇図118(カラー) Rosa Bifera macrocarpa/La Quatre Saisons Lelieur ルドゥーテ, ピエール=ジョゼフ画, トリー, クロード=アントワーヌ解説 1817~1824 [ブリティッシュ・ミュージアム(ロンドン)]

ロサ・ビフェラ・マクロカルパ(オータム・ダマスク) Rosa Bifera macrocarpa

「薔薇空間」ランダムハウス講談社 2009

◇図38(カラー) ルドゥーテ, ピエール=ジョセフ原画, ヴィクトール彫版『バラ図譜』 1821 多色刷点刻銅版画(手彩色補助) 365×275

ロサ・ビフェラ・ワリエガータ Rosa Bifera Variegata

「薔薇空間」ランダムハウス講談社 2009

◇図40(カラー) ルドゥーテ, ピエール=ジョセフ原画, ヴィクトール彫版『バラ図譜』 1823 多色刷点刻銅版画(手彩色補助) 365×275

ロサ・ビルギニアーナ Rosa virginiana Herrm.

「バラ 全図版」タッシェン・ジャパン 2007

◇p39(カラー) Rosier à feuilles luisantes ルドゥーテ, ピエール=ジョゼフ『バラ図譜』 [エアランゲン・ニュルンベルク大学付属図書館] ※原図11

ロサ・ビローサ Rosa villosa L.

「バラ 全図版」タッシェン・ジャパン 2007

◇p50(カラー) Rosier pomme ルドゥーテ, ピエール=ジョゼフ『バラ図譜』 [エアランゲン・ニュルンベルク大学付属図書館] ※原図22

ロサ・ビローサ×ロサ・ピンピネリフォーリア Rosa villosa L.×Rosa pimpinellifolia L.

「バラ 全図版」タッシェン・ジャパン 2007

◇p184(カラー) Rosier pomme hybride ルドゥーテ, ピエール=ジョゼフ『バラ図譜』 [エアランゲン・ニュルンベルク大学付属図書館] ※原図156

ロサ・ビローサ×ロサ・ピンピネリフォーリア(ルドゥーテ) Rosa villosa L.×Rosa pimpinellifolia L.

「バラ 全図版」タッシェン・ジャパン 2007

◇p67(カラー) Rosier Redouté à tiges et à épines rouges ルドゥーテ, ピエール=ジョゼフ『バラ図譜』 [エアランゲン・ニュルンベルク大学付属図書館] ※原図39

ロサ・ピンピネリフォーリア Rosa pimpinellifolia L.var.pimpinellifolia

「バラ 全図版」タッシェン・ジャパン 2007

◇p58(カラー) Rosier Pimprenelle ルドゥーテ, ピエール=ジョゼフ『バラ図譜』 [エアランゲン・ニュルンベルク大学付属図書館] ※原図30

ロサ・ピンピネリフォーリア(交雑種) Rosa pimpinellifolia L.–hybr.

「バラ 全図版」タッシェン・ジャパン 2007

◇p185(カラー) Rosier Pimprenelle hybride ルドゥーテ, ピエール=ジョゼフ『バラ図譜』 [エアランゲン・ニュルンベルク大学付属図書館] ※原図157

ロサ・ピンピネリフォリア・アルバ・フローレ・ムルティプリキ Rosa Pimpinellifolia alba flore multiplici

「LESROSES バラ図譜[普及版]」河出書房新社 2012

◇図104(カラー) Rosier Pimprenelle blanc à fleurs doubles ルドゥーテ, ピエール=ジョゼフ画, トリー, クロード=アントワーヌ解説 1817~1824 [コノサーズ・コレクション東京]

「薔薇空間」ランダムハウス講談社 2009

◇図108(カラー) ルドゥーテ, ピエール=ジョセフ原画, ティリアール彫版『バラ図譜』 1821 多色刷点刻銅版画(手彩色補助) 365×275

ロサ・ピンピネリフォリア・アルバ・フローレ・ムルティプリキ

「バラ図譜 2」学習研究社 1988

◇図104(カラー) Rosa Pimpinellifolia alba flore

multiplici/Rosier Pimprenelle blanc à fleurs doubles　ルドゥーテ, ピエール＝ジョゼフ画, トリー, クロード＝アントワーヌ解説　1817～1824　［ブリティッシュ・ミュージアム(ロンドン)］

ロサ・ピンピネリフォーリア・イナーミス?　Rosa pimpinellifolia L.var.inermis DC?
「バラ 全図版」タッシェン・ジャパン　2007
◇p153(カラー)　Rosier Pimprenelle à tiges sans épines　ルドゥーテ, ピエール＝ジョゼフ『バラ図譜』［エアランゲン・ニュルンベルク大学付属図書館］　※原図125

ロサ・ピンピネリフォリア・イネルミス　Rosa Pimpinelli–folia inermis
「LESROSES バラ図譜［普及版］」河出書房新社　2012
◇図125(カラー)　Rosier Pimprenelle à tiges sans épines　ルドゥーテ, ピエール＝ジョゼフ画, トリー, クロード＝アントワーヌ解説　1817～1824　［コノサーズ・コレクション東京］
「薔薇空間」ランダムハウス講談社　2009
◇図110(カラー)　ルドゥーテ, ピエール＝ジョセフ原画, ラングロワ彫版『バラ図譜』　1821　多色刷点刻銅版画(手彩色補助)　365×275

ロサ・ピンピネリフォリア・イネルミス　Rosa pimpinellifolia inermis De Candolle, R. spinosissima inermis (De Candolle) Rehder
「バラ図譜 2」学習研究社　1988
◇図125(カラー)　Rosa Pimpinelli–folia inermis/Rosier Pimprenelle à tiges sans épines　ルドゥーテ, ピエール＝ジョゼフ画, トリー, クロード＝アントワーヌ解説　1817～1824　［ブリティッシュ・ミュージアム(ロンドン)］

ロサ・ピンピネリフォーリア系　Rosa pimpinellifolia L.cv.
「バラ 全図版」タッシェン・ジャパン　2007
◇p57(カラー)　Rosier Pimprenelle de Marienbourg　ルドゥーテ, ピエール＝ジョゼフ『バラ図譜』［エアランゲン・ニュルンベルク大学付属図書館］　※原図29
◇p132(カラー)　Variété du Rosier Pimprenelle à fleurs semi–doubles　ルドゥーテ, ピエール＝ジョゼフ『バラ図譜』［エアランゲン・ニュルンベルク大学付属図書館］　※原図104
◇p133(カラー)　Variété du Rosier à centfeuilles　ルドゥーテ, ピエール＝ジョゼフ『バラ図譜』［エアランゲン・ニュルンベルク大学付属図書館］　※原図105

ロサ・ピンピネリフォーリア・シフィアナ　Rosa pimpinellifolia L.var.siphiana
「バラ 全図版」タッシェン・ジャパン　2007
◇p134(カラー)　Variété du Rosier Pimprenelle à fleurs panachées　ルドゥーテ, ピエール＝ジョゼフ『バラ図譜』［エアランゲン・ニュルンベルク大学付属図書館］　※原図106

ロサ・ピンピネリフォーリア'ダブル・ピンク・スコッチ・ブライアー'　Rosa pimpinellifolia L. 'Double pink scotch briar'
「バラ 全図版」タッシェン・ジャパン　2007
◇p75(カラー)　Rosier Pimprenelle'Double Pink Scotch Briar'　ルドゥーテ, ピエール＝ジョゼフ『バラ図譜』［エアランゲン・ニュルンベルク大学付属図書館］　※原図47

ローザ・ピンピネリフォリアの1栽培品種　Rosa pimpinellifolia 'Inermis'
「図説 ボタニカルアート」河出書房新社　2010
◇p54(カラー)　ルドゥーテ画・著『バラ図譜 125図版』　1817～24

ロサ・ピンピネリフォリア・プミラ　Rosa Pimpinellifolia Pumila
「LESROSES バラ図譜［普及版］」河出書房新社　2012
◇図30(カラー)　Petit Rosier Pimprenelle　ルドゥーテ, ピエール＝ジョゼフ画, トリー, クロード＝アントワーヌ解説　1817～1824　［コノサーズ・コレクション東京］
「薔薇空間」ランダムハウス講談社　2009
◇図106(カラー)　ルドゥーテ, ピエール＝ジョセフ原画, シャピュイ彫版『バラ図譜』　1818　多色刷点刻銅版画(手彩色補助)　365×275

ロサ・ピンピネリフォリア・プミラ
「バラ図譜 1」学習研究社　1988
◇図30(カラー)　Rosa Pimpinellifolia Pumila/Petit Rosier Pimprenelle　ルドゥーテ, ピエール＝ジョゼフ画, トリー, クロード＝アントワーヌ解説　1817～1824　［ブリティッシュ・ミュージアム(ロンドン)］

ロサ・ピンピネリフォリア・フローレ・ウァリエガート　Rosa Pimpinellifolia flore variegato
「LESROSES バラ図譜［普及版］」河出書房新社　2012
◇図106(カラー)　La Pimprenelle aux Cent–Ecus　ルドゥーテ, ピエール＝ジョゼフ画, トリー, クロード＝アントワーヌ解説　1817～1824　［コノサーズ・コレクション東京］

ロサ・ピンピネリフォリア・フローレ・ヴァリエガート
「バラ図譜 2」学習研究社　1988
◇図106(カラー)　Rosa Pimpinellifolia flore variegato/La Pimprenelle aux Cent–Ecus　ルドゥーテ, ピエール＝ジョゼフ画, トリー, クロード＝アントワーヌ解説　1817～1824　［ブリティッシュ・ミュージアム(ロンドン)］

ロサ・ピンピネリフォリア・フローレ・ワリエガート　Rosa Pimpinellifolia flore variegato
「薔薇空間」ランダムハウス講談社　2009
◇図109(カラー)　ルドゥーテ, ピエール＝ジョセ

フ原画, ラングロワ彫版『バラ図譜』 1821　多色刷点刻銅版画 (手彩色補助)　365×275

ロサ・ピンピネリフォリア・マリアエブルゲンシス　Rosa Pimpinellifolia Mariaeburgensis

「LESROSES バラ図譜［普及版］」河出書房新社　2012

◇図29 (カラー)　Rosier de Marienbourg　ルドゥーテ, ピエール＝ジョゼフ画, トリー, クロード＝アントワーヌ解説 1817〜1824 ［コノサーズ・コレクション東京］

「薔薇空間」ランダムハウス講談社　2009

◇図105 (カラー)　ルドゥーテ, ピエール＝ジョセフ原画, シャピュイ彫版『バラ図譜』 1818　多色刷点刻銅版画 (手彩色補助)　365×275

ロサ・ピンピネリフォリア・マリエブルゲンシス　Rosa pimpinellifolia Linnaeus

「バラ図譜 1」学習研究社　1988

◇図29 (カラー)　Rosa Pimpinellifolia Mariaeburgensis/Rosier de Marienbourg　ルドゥーテ, ピエール＝ジョゼフ画, トリー, クロード＝アントワーヌ解説 1817〜1824 ［ブリティッシュ・ミュージアム (ロンドン)］

ロサ・ピンピネリフォーリア・ミリアカンサ？　Rosa pimpinellifolia L.var. myriacantha Ser.？

「バラ 全図版」タッシェン・ジャパン　2007

◇p147 (カラー)　Variété du Rosier Pimprenelle à mille épines　ルドゥーテ, ピエール＝ジョゼフ『バラ図譜』 ［エアランゲン・ニュルンベルク大学付属図書館］ ※原図119

ロサ・ピンピネリフォリア・ルブラ (フローレ・ムルティプリキ)　Rosa Pimpinellifolia rubra (Flore multiplici)

「LESROSES バラ図譜［普及版］」河出書房新社　2012

◇図47 (カラー)　Rosier Pimprenelle rouge (Variété à fleurs doubles)　ルドゥーテ, ピエール＝ジョゼフ画, トリー, クロード＝アントワーヌ解説 1817〜1824 ［コノサーズ・コレクション東京］

「薔薇空間」ランダムハウス講談社　2009

◇図107 (カラー)　ルドゥーテ, ピエール＝ジョセフ原画, シャピュイ彫版『バラ図譜』 1818　多色刷点刻銅版画 (手彩色補助)　365×275

ロサ・ピンピネリフォリア・ルブラ (フローレ・ムルティプリキ)　Rosa spinosissima 'Double Pink Scotch Rose'？

「バラ図譜 1」学習研究社　1988

◇図47 (カラー)　Rosa Pimpinellifolia rubra (Flore multiplici) /Rosier Pimprenelle rouge (Variété à fleurs doubles)　ルドゥーテ, ピエール＝ジョゼフ画, トリー, クロード＝アントワーヌ解説 1817〜1824 ［ブリティッシュ・ミュージアム (ロンドン)］

ロサ・ファリノーサ　Rosa farinosa

「LESROSES バラ図譜［普及版］」河出書房新社　2012

◇図144 (カラー)　Rosier farineux　ルドゥーテ, ピエール＝ジョゼフ画, トリー, クロード＝アントワーヌ解説 1817〜1824 ［コノサーズ・コレクション東京］

「薔薇空間」ランダムハウス講談社　2009

◇図124 (カラー)　ルドゥーテ, ピエール＝ジョセフ原画, ヴィクトール彫版『バラ図譜』 1822　多色刷点刻銅版画 (手彩色補助)　365×275

ロサ・ファリノーサ

「バラ図譜 2」学習研究社　1988

◇図144 (カラー)　Rosa farinosa/Rosier farineux　ルドゥーテ, ピエール＝ジョゼフ画, トリー, クロード＝アントワーヌ解説 1817〜1824 ［ブリティッシュ・ミュージアム (ロンドン)］

ロサ・フェティダ　Rosa foetida Herrm.

「バラ 全図版」タッシェン・ジャパン　2007

◇p51 (カラー)　Rosier fétide　ルドゥーテ, ピエール＝ジョゼフ『バラ図譜』 ［エアランゲン・ニュルンベルク大学付属図書館］ ※原図23

ロサ・フェティダ

「バラ図譜 1」学習研究社　1988

◇図53 (カラー)　Rosa foetida/Rosier à fruit fétide　現在のR.foetidaではない　ルドゥーテ, ピエール＝ジョゼフ画, トリー, クロード＝アントワーヌ解説 1817〜1824 ［ブリティッシュ・ミュージアム (ロンドン)］

ローザ・フェティダ　Rosa foetida Herrmann

「ばら花譜」平凡社　1983

◇PL.55 (カラー)　Austrian Brier Rose, Austrian Yellow Rose　二口善雄画, 鈴木省三, 籾山泰一著 1978　水彩

ローザ・フェティダ・ビカラー　Rosa foetida Herrmann bicolor (Jacquin) Willmott

「ばら花譜」平凡社　1983

◇PL.55 (カラー)　Austrian Copper Rose　二口善雄画, 鈴木省三, 籾山泰一著 1977,1978　水彩

ロサ・フェティダ'ビコロール'　Rosa foetida Herrm.'Bicolor'

「バラ 全図版」タッシェン・ジャパン　2007

◇p52 (カラー)　Rosier Capucine　ルドゥーテ, ピエール＝ジョゼフ『バラ図譜』 ［エアランゲン・ニュルンベルク大学付属図書館］ ※原図24

◇p178 (カラー)　Rosier Capucine　ルドゥーテ, ピエール＝ジョゼフ『バラ図譜』 ［エアランゲン・ニュルンベルク大学付属図書館］ ※原図150

ローザ・フェティダ・ペルシアーナ　Rosa foetida Herrmann persiana (Lemaire) Rehder

「ばら花譜」平凡社　1983

◇PL.56 (カラー)　Persian Yellow Rose　二口善雄画, 鈴木省三, 籾山泰一著 1973,1977　水彩

ロサ・フォエティダ　Rosa foetida
「LESROSES バラ図譜［普及版］」河出書房新社　2012
◇図53（カラー）　Rosier à fruit fétide　ルドゥーテ, ピエール＝ジョゼフ画, トリー, クロード＝アントワーヌ解説 1817〜1824 ［コノサーズ・コレクション東京］
「薔薇空間」ランダムハウス講談社　2009
◇図164（カラー）　ルドゥーテ, ピエール＝ジョセフ原画, シャピュイ彫版『バラ図譜』 1818　多色刷点刻銅版画（手彩色補助）　540×355

ロサ・フォエティダ
⇒ロサ・エグランテリア（ロサ・フォエティダ、オーストリアン・イエロー）を見よ

ロサ・フォエティダ・ビコロル　Rosa foetida Herrmann bicolor (Jacquin) Willmott
「薔薇空間」ランダムハウス講談社　2009
◇図199（カラー）　二口善雄画, 鈴木省三, 籾山泰一解説『ばら花譜』 1983　水彩　380×270

ロサ・フォエティダ・ビコロル
⇒ロサ・エグランテリア・プニケア（ロサ・フォエティダ・ビコロル、オーストリアン・カッパー）を見よ

ロサ・プミラ　Rosa Pumila
「LESROSES バラ図譜［普及版］」河出書房新社　2012
◇図86（カラー）　Rosier d'Amour　ルドゥーテ, ピエール＝ジョゼフ画, トリー, クロード＝アントワーヌ解説 1817〜1824 ［コノサーズ・コレクション東京］
「薔薇空間」ランダムハウス講談社　2009
◇図7（カラー）　ルドゥーテ, ピエール＝ジョセフ原画, ベッサン彫版『バラ図譜』 1820　多色刷点刻銅版画（手彩色補助）　365×275

ロサ・プミラ　Rosa pumila Jacquin, R.gallica pumila (Jacq.) Seringe
「バラ図譜 2」学習研究社　1988
◇図86（カラー）　Rosa Pumila/Rosier d'Amour　ルドゥーテ, ピエール＝ジョゼフ画, トリー, クロード＝アントワーヌ解説 1817〜1824 ［ブリティッシュ・ミュージアム（ロンドン）］

ロサ・ブラクテアータ　Rosa bracteata
「LESROSES バラ図譜［普及版］」河出書房新社　2012
◇図6（カラー）　Rosier de Macartney　ルドゥーテ, ピエール＝ジョゼフ画, トリー, クロード＝アントワーヌ解説 1817〜1824 ［コノサーズ・コレクション東京］
「ボタニカルアート 西洋の美花集」パイ インターナショナル　2010
◇p107（カラー）　ウィルモット, エレン・アン画・著『バラ属』 1910〜14　石版画多色刷

ロサ・ブラクテアタ　Rosa bracteata Wendland
「バラ図譜 1」学習研究社　1988
◇図6（カラー）　Rosa Bracteata/Rosier de Macartney　ルドゥーテ, ピエール＝ジョゼフ画, トリー, クロード＝アントワーヌ解説 1817〜1824 ［ブリティッシュ・ミュージアム（ロンドン）］

ロサ・ブラクテアータ（カカヤンバラ）　Rosa Bracteata
「薔薇空間」ランダムハウス講談社　2009
◇図99（カラー）　ルドゥーテ, ピエール＝ジョセフ原画, シャピュイ彫版『バラ図譜』 1817　多色刷点刻銅版画（手彩色補助）　365×275

ロサ・ブラクティアタ　Rosa bracteata Wendl.
「バラ 全図版」タッシェン・ジャパン　2007
◇p34（カラー）　Rosier Macartney　ルドゥーテ, ピエール＝ジョゼフ『バラ図譜』 ［エアランゲン・ニュルンベルク大学付属図書館］ ※原図6

ロサ'フランコフルターナ'　Rosa 'Francofurtana'
「バラ 全図版」タッシェン・ジャパン　2007
◇p79（カラー）　'Impératrice Joséphine'　ルドゥーテ, ピエール＝ジョゼフ『バラ図譜』 ［エアランゲン・ニュルンベルク大学付属図書館］ ※原図51

ロサ×フランコフルターナ　Rosa× francofurtana Thory
「バラ 全図版」タッシェン・ジャパン　2007
◇p93（カラー）　Rosier d'Orbessan？　ルドゥーテ, ピエール＝ジョゼフ『バラ図譜』 ［エアランゲン・ニュルンベルク大学付属図書館］ ※原図65

ロサ・ブランダ　Rosa blanda Aiton
「バラ 全図版」タッシェン・ジャパン　2007
◇p46（カラー）　Rosier à feuilles de frêne　ルドゥーテ, ピエール＝ジョゼフ『バラ図譜』 ［エアランゲン・ニュルンベルク大学付属図書館］ ※原図18

ロサ・ブランダ系　Rosa blanda Aiton cv.
「バラ 全図版」タッシェン・ジャパン　2007
◇p110（カラー）　Rosier de frêne à fleurs panachées　ルドゥーテ, ピエール＝ジョゼフ『バラ図譜』 ［エアランゲン・ニュルンベルク大学付属図書館］ ※原図82

ロサ・ブレヴィスチュラ・レウコクロア　Rosa Brevistyla leucochroa
「薔薇空間」ランダムハウス講談社　2009
◇図165（カラー）　ルドゥーテ, ピエール＝ジョセフ原画, ルメール彫版『バラ図譜』 1818　多色刷点刻銅版画（手彩色補助）　540×355

ロサ・ブレウィスティラ・レウコクロア　Rosa Brevistyla leucochroa
「LESROSES バラ図譜[普及版]」河出書房新社 2012
◇図33(カラー)　Rosier à court–style (var.à fleurs jaunes et blanches)　ルドゥーテ, ピエール＝ジョゼフ画, トリー, クロード＝アントワーヌ解説 1817～1824 [コノサーズ・コレクション東京]

ロサ・ブレヴィスティラ・レウコクロア　Rosa stylosa Desvaux ?
「バラ図譜 1」学習研究社 1988
◇図33(カラー)　Rosa Brevistyla leucochroa/ Rosier à court–style (var.à fleurs jaunes et blanches)　ルドゥーテ, ピエール＝ジョゼフ画, トリー, クロード＝アントワーヌ解説 1817～1824 [ブリティッシュ・ミュージアム(ロンドン)]

ロサ・プロウィンキアーリス・ワリエガータ　Rosa provincialis var.veriegata Hort.
「薔薇空間」ランダムハウス講談社 2009
◇図176(カラー)　パーソンズ, アルフレッド原画, ウィルモット, エレン著『バラ属』 1910～14 多色刷リトグラフ 381×278

ロサ・ヘミスファアエリカ　Rosa hemisphaerica Herrm.
「バラ 全図版」タッシェン・ジャパン 2007
◇p31(カラー)　Rosier à fleurs jaune soufre　ルドゥーテ, ピエール＝ジョゼフ『バラ図譜』 [エアランゲン・ニュルンベルク大学付属図書館] ※原図3

ロサ・ヘミスファアエリカ
⇒ロサ・スルフレア(ロサ・ヘミスファアエリカ)を見よ

ロサ・ヘミスファアエリカ(サルファー・ローズ)　Rosa hemisphaerica Herrm. (The Sulphur Rose)
「薔薇空間」ランダムハウス講談社 2009
◇図180(カラー)　パーソンズ, アルフレッド原画, ウィルモット, エレン著『バラ属』 1910～14 多色刷リトグラフ 381×278

ロサ・ヘミスフェリカ　Rosa hemisphaerica
「美花選[普及版]」河出書房新社 2016
◇図62(カラー)　Rose jaune de soufre/Rosa sulfurea　ルドゥーテ, ピエール＝ジョゼフ画 1827～1833 [コノサーズ・コレクション東京]
「ボタニカルアート 西洋の美花集」パイ インターナショナル 2010
◇p84(カラー)　ルドゥーテ, ピエール＝ジョセフ画・著『美花選』 1827～33 点刻銅版画多色刷一部手彩色

ロサ・ペルシカ　Rosa persica Michaux
「バラ 全図版」タッシェン・ジャパン 2007
◇p30(カラー)　Rosier de Perse　ルドゥーテ, ピエール＝ジョゼフ『バラ図譜』 [エアランゲン・ニュルンベルク大学付属図書館] ※原図2

ローザ・ペルシカ　Rosa persica Michaux
「ばら花譜」平凡社 1983
◇PL.21(カラー)　二口善雄画, 鈴木省三, 籾山泰一著 1978,1977 水彩

ロサ・ベルベリフォリア　Rosa Berberifolia
「LESROSES バラ図譜[普及版]」河出書房新社 2012
◇図2(カラー)　Rosier à feuilles d'Epine–vinette ルドゥーテ, ピエール＝ジョゼフ画, トリー, クロード＝アントワーヌ解説 1817～1824 [コノサーズ・コレクション東京]

ロサ・ベルベリフォリア　Rosa persica (Michaux) Bornmueller
「バラ図譜 1」学習研究社 1988
◇図2(カラー)　Rosa Berberifolia/Rosier à feuilles d'Epine–vinette　ルドゥーテ, ピエール＝ジョゼフ画, トリー, クロード＝アントワーヌ解説 1817～1824 [ブリティッシュ・ミュージアム(ロンドン)]

ロサ・ベルベリフォリア(ロサ・ペルシカ)　Rosa Berberifolia
「薔薇空間」ランダムハウス講談社 2009
◇図90(カラー)　ルドゥーテ, ピエール＝ジョセフ原画, シャピュイ彫版『バラ図譜』 1817 多色刷点刻銅版画(手彩色補助) 365×275

ロサ・ペンドゥリナ　Rosa pendulina L.var. pendulina
「バラ 全図版」タッシェン・ジャパン 2007
◇p45(カラー)　Rosier des Alpes　ルドゥーテ, ピエール＝ジョゼフ『バラ図譜』 [エアランゲン・ニュルンベルク大学付属図書館] ※原図17
◇p138(カラー)　Rosier des Alpes　ルドゥーテ, ピエール＝ジョゼフ『バラ図譜』 [エアランゲン・ニュルンベルク大学付属図書館] ※原図110

ロサ×ボボンニャーナ　Rosa×borboniana N. Desp.
「バラ 全図版」タッシェン・ジャパン 2007
◇p196(カラー)　Rosier Bourbon　ルドゥーテ, ピエール＝ジョゼフ『バラ図譜』 [エアランゲン・ニュルンベルク大学付属図書館] ※原図168

ロサ・ポミフェラ　Rosa pomifera Herrmann
「薔薇空間」ランダムハウス講談社 2009
◇図195(カラー)　二口善雄画, 鈴木省三, 籾山泰一解説『ばら花譜』 1983 水彩 383×270

ローザ・ポミフェラ　Rosa pomifera Herrmann
「ばら花譜」平凡社 1983
◇PL.41(カラー)　Apple Rose　二口善雄画, 鈴木省三, 籾山泰一著 1978 水彩

ロサ・ボルボニカ(ブルボン・ローズ)
Rosa borbonica Morren (The Bourbon Rose)
「薔薇空間」ランダムハウス講談社　2009
◇図179(カラー)　パーソンズ, アルフレッド原画, ウィルモット, エレン著『バラ属』 1910～14 多色刷リトグラフ 381×278

ロサ・ポンポニア Rosa Pomponia
「LESROSES バラ図譜[普及版]」河出書房新社 2012
◇図21(カラー)　Rosier Pompon　ルドゥーテ, ピエール＝ジョゼフ画, トリー, クロード＝アントワーヌ解説 1817～1824 [コノサーズ・コレクション東京]
「薔薇空間」ランダムハウス講談社　2009
◇図58(カラー)　ルドゥーテ, ピエール＝ジョセフ原画, ラングロワ彫版『バラ図譜』 1817 多色刷点刻銅版画(手彩色補助) 365×275

ロサ・ポンポニア
「バラ図譜 1」学習研究社　1988
◇図21(カラー)　Rosa Pomponia/Rosier Pompon　ルドゥーテ, ピエール＝ジョゼフ画, トリー, クロード＝アントワーヌ解説 1817～1824 [ブリティッシュ・ミュージアム(ロンドン)]

ロサ・ポンポニアナ・ムスコーサ Rosa Pomponiana muscosa
「LESROSES バラ図譜[普及版]」河出書房新社 2012
◇図165(カラー)　Le Pompon mousseux　ルドゥーテ, ピエール＝ジョゼフ画, トリー, クロード＝アントワーヌ解説 1817～1824 [コノサーズ・コレクション東京]
「薔薇空間」ランダムハウス講談社　2009
◇図64(カラー)　ルドゥーテ, ピエール＝ジョセフ原画, ヴィクトール彫版『バラ図譜』 1823 多色刷点刻銅版画(手彩色補助) 365×275

ロサ・ポンポニアナ・ムスコーサ
「バラ図譜 2」学習研究社　1988
◇図165(カラー)　Rosa Pomponiana muscosa/Le Pompon mousseux　R.muscosaの矮性種　ルドゥーテ, ピエール＝ジョゼフ画, トリー, クロード＝アントワーヌ解説 1817～1824 [ブリティッシュ・ミュージアム(ロンドン)]

ロサ・ポンポニア・ブルグンディアカ Rosa Pomponia Burgundiaca
「LESROSES バラ図譜[普及版]」河出書房新社 2012
◇図169(カラー)　Le Pompon de Bourgogne　ルドゥーテ, ピエール＝ジョゼフ画, トリー, クロード＝アントワーヌ解説 1817～1824 [コノサーズ・コレクション東京]
「薔薇空間」ランダムハウス講談社　2009
◇図8(カラー)　ルドゥーテ, ピエール＝ジョセフ原画, ラングロワ彫版『バラ図譜』 1823 多色刷点刻銅版画(手彩色補助) 365×275

ロサ・ポンポニア・ブルグンディアカ
「バラ図譜 2」学習研究社　1988
◇図169(カラー)　Rosa Pomponia Burgundiaca/Le Pompon de Bourgogne　ルドゥーテ, ピエール＝ジョゼフ画, トリー, クロード＝アントワーヌ解説 1817～1824 [ブリティッシュ・ミュージアム(ロンドン)]

ロサ・ポンポニア・フローレ・スブシンプリキ Rosa Pomponia flore subsimplici
「LESROSES バラ図譜[普及版]」河出書房新社 2012
◇図83(カラー)　Rosier Pompon à fleurs presque simples　ルドゥーテ, ピエール＝ジョゼフ画, トリー, クロード＝アントワーヌ解説 1817～1824 [コノサーズ・コレクション東京]
「薔薇空間」ランダムハウス講談社　2009
◇図59(カラー)　ルドゥーテ, ピエール＝ジョセフ原画, シャピュイ彫版『バラ図譜』 1820 多色刷点刻銅版画(手彩色補助) 365×275

ロサ・ポンポニア・フローレ・スブシンプリキ
「バラ図譜 1」学習研究社　1988
◇図83(カラー)　Rosa Pomponia flore subsimplici/Rosier Pompon à fleurs presque simples　ルドゥーテ, ピエール＝ジョゼフ画, トリー, クロード＝アントワーヌ解説 1817～1824 [ブリティッシュ・ミュージアム(ロンドン)]

ロサ・ポンポニア'ローズ・ド・モー' Rosa pomponia De Candolle (The Pompon Rose, or Rose de Meaux)
「薔薇空間」ランダムハウス講談社　2009
◇図175(カラー)　パーソンズ, アルフレッド原画, ウィルモット, エレン著『バラ属』 1910～14 多色刷リトグラフ 381×278

ロサ・マイクランサ Rosa micrantha Borrer var.micrantha
「バラ 全図版」タッシェン・ジャパン　2007
◇p94(カラー)　Eglantier des bois　ルドゥーテ, ピエール＝ジョゼフ『バラ図譜』 [エアランゲン・ニュルンベルク大学付属図書館] ※原図66

ロサ・マジャリス Rosa majalis Herrm.
「バラ 全図版」タッシェン・ジャパン　2007
◇p82(カラー)　Rosier de Mai　ルドゥーテ, ピエール＝ジョゼフ『バラ図譜』 [エアランゲン・ニュルンベルク大学付属図書館] ※原図54

ロサ・マジャリス'フィーカンディシマ' Rosa majalis Herrm.'Foecundissima'
「バラ 全図版」タッシェン・ジャパン　2007
◇p68(カラー)　Rosier de Mai à fleurs doubles　ルドゥーテ, ピエール＝ジョゼフ『バラ図譜』 [エアランゲン・ニュルンベルク大学付属図書館] ※原図40

ロサ・マヤリス(ノバラ) Rosa majalis
「ボタニカルアート 西洋の美花集」パイ イン

ターナショナル　2010
◇p108（カラー）　ウッドヴィル, ウィリアム著『薬用植物図譜』　1810

ロサ・マルムンダリエンシス　Rosa Malmundariensis
「LESROSES バラ図譜［普及版］」河出書房新社　2012
◇図71（カラー）　Rosier de Malmedy　ルドゥーテ, ピエール＝ジョゼフ画, トリー, クロード＝アントワーヌ解説　1817〜1824　［コノサーズ・コレクション東京］
「薔薇空間」ランダムハウス講談社　2009
◇図119（カラー）　ルドゥーテ, ピエール＝ジョセフ原画, ラングロワ彫版『バラ図譜』　1819　多色刷点刻銅版画（手彩色補助）　365×275

ロサ・マルムンダリエンシス
「バラ図譜 1」学習研究社　1988
◇図71（カラー）　Rosa Malmundariensis/Rosier de Malmedy　ルドゥーテ, ピエール＝ジョゼフ画, トリー, クロード＝アントワーヌ解説　1817〜1824　［ブリティッシュ・ミュージアム（ロンドン）］

ロサ・ミクランサ・ラクティフロラ？
Rosa micrantha Borrer var.lactiflora？
「バラ 全図版」タッシェン・ジャパン　2007
◇p191（カラー）　Eglantine de Vaillant　ルドゥーテ, ピエール＝ジョゼフ『バラ図譜』［エアランゲン・ニュルンベルク大学付属図書館］　※原図163

ロサ・ミクルゴーサ　Rosa×micrugosa Henkel
「薔薇空間」ランダムハウス講談社　2009
◇図198（カラー）　二口善雄画, 鈴木省三, 籾山泰一解説『ばら花譜』　1983　水彩　345×253

ローザ・ミクルゴサ　Rosa×micrugosa Henkel
「ばら花譜」平凡社　1983
◇PL.48, 49（カラー）　二口善雄画, 鈴木省三, 籾山泰一著 1974,1975,1976　水彩

ロサ・ミュリアカンタ　Rosa Myriacantha
「ボタニカルアート 西洋の美花集」パイ インターナショナル　2010
◇p101（カラー）　ルドゥーテ, ピエール＝ジョセフ画・著『バラ図譜』　1817〜24　点刻銅版画多色刷 一部手彩色
「薔薇空間」ランダムハウス講談社　2009
◇図111（カラー）　ルドゥーテ, ピエール＝ジョセフ原画, シャピュイ彫版『バラ図譜』　1821　多色刷点刻銅版画（手彩色補助）　365×275

ロサ・ミリアカンタ　Rosa Myriacantha
「LESROSES バラ図譜［普及版］」河出書房新社　2012
◇図119（カラー）　Rosier à Mille–Epines　ルドゥーテ, ピエール＝ジョゼフ画, トリー, クロード＝アントワーヌ解説　1817〜1824　［コノサーズ・コレクション東京］

ロサ・ミリアカンタ　Rosa myriacantha De Candolle, R.Spinosissima myriacantha（De Candolle）Koehne
「バラ図譜 2」学習研究社　1988
◇図119（カラー）　Rosa Myriacantha/Rosier à Mille–Epines　ルドゥーテ, ピエール＝ジョゼフ画, トリー, クロード＝アントワーヌ解説　1817〜1824　［ブリティッシュ・ミュージアム（ロンドン）］

ロサ・ムスコーサ　Rosa muscosa
「LESROSES バラ図譜［普及版］」河出書房新社　2012
◇図8（カラー）　Rosier mousseux　ルドゥーテ, ピエール＝ジョゼフ画, トリー, クロード＝アントワーヌ解説　1817〜1824　［コノサーズ・コレクション東京］
「薔薇空間」ランダムハウス講談社　2009
◇図61（カラー）　ルドゥーテ, ピエール＝ジョセフ原画, グータン彫版『バラ図譜』　1817　多色刷点刻銅版画（手彩色補助）　365×275

ロサ・ムスコーサ　Rosa muscosa simplex Andrews？
「バラ図譜 1」学習研究社　1988
◇図8（カラー）　Rosa muscosa/Rosier mousseux　ルドゥーテ, ピエール＝ジョゼフ画, トリー, クロード＝アントワーヌ解説　1817〜1824　［ブリティッシュ・ミュージアム（ロンドン）］

ロサ・ムスコーサ・アネモネフローラ　Rosa Muscosa Anemone–flora
「LESROSES バラ図譜［普及版］」河出書房新社　2012
◇図164（カラー）　La Mousseuse de la Flèche　ルドゥーテ, ピエール＝ジョゼフ画, トリー, クロード＝アントワーヌ解説　1817〜1824　［コノサーズ・コレクション東京］
「薔薇空間」ランダムハウス講談社　2009
◇図63（カラー）　ルドゥーテ, ピエール＝ジョセフ原画, ヴィクトール彫版『バラ図譜』　1823　多色刷点刻銅版画（手彩色補助）　365×275

ロサ・ムスコーサ・アネモネフローラ　Rosa muscosa Aiton, R.centifolia muscosa（Aiton）Seringe
「バラ図譜 2」学習研究社　1988
◇図164（カラー）　Rosa Muscosa Anemone–flora/La Mousseuse de la Flèche　ルドゥーテ, ピエール＝ジョゼフ画, トリー, クロード＝アントワーヌ解説　1817〜1824　［ブリティッシュ・ミュージアム（ロンドン）］

ロサ・ムスコーサ・アルバ　Rosa Muscosa alba
「LESROSES バラ図譜［普及版］」河出書房新社　2012
◇図31（カラー）　Rosier Mousseux à fleurs blanches　ルドゥーテ, ピエール＝ジョゼフ画, トリー, クロード＝アントワーヌ解説　1817〜1824　［コノサーズ・コレクション東京］

「薔薇空間」ランダムハウス講談社　2009
◇図62（カラー）　ルドゥーテ，ピエール＝ジョセフ原画，ラングロワ彫版『バラ図譜』 1818　多色刷点刻銅版画（手彩色補助） 365×275

ロサ・ムスコーサ・アルバ Rosa muscosa Thory, R.centifolia alba–muscosa Willmott
「バラ図譜 1」学習研究社　1988
◇図31（カラー）　Rosa Muscosa alba/Rosier Mousseux à fleurs blanches　ルドゥーテ，ピエール＝ジョゼフ画，トリー，クロード＝アントワーヌ解説 1817～1824 ［ブリティッシュ・ミュージアム（ロンドン）］

ロサ・ムスコーサ・ムルティプレックス
Rosa centifolia muscosa (Aiton) Seringe
「バラ図譜 1」学習研究社　1988
◇図9（カラー）　Rosa muscosa multiplex/Rosier mousseux à fleurs doubles　ルドゥーテ，ピエール＝ジョゼフ画，トリー，クロード＝アントワーヌ解説 1817～1824 ［ブリティッシュ・ミュージアム（ロンドン）］

ロサ・ムスコーサ・ムルティプレックス
Rosa muscosa multiplex
「LESROSES バラ図譜［普及版］」河出書房新社 2012
◇図9（カラー）　Rosier mousseux à fleurs doubles　ルドゥーテ，ピエール＝ジョゼフ画，トリー，クロード＝アントワーヌ解説 1817～1824 ［コノサーズ・コレクション東京］
「薔薇空間」ランダムハウス講談社　2009
◇図60（カラー）　ルドゥーテ，ピエール＝ジョセフ原画，ラングロワ彫版『バラ図譜』 1817　多色刷点刻銅版画（手彩色補助） 365×275

ロサ・ムルティフロラ（ノイバラ） Rosa multiflora Thunb.var.multiflora
「バラ 全図版」タッシェン・ジャパン　2007
◇p116（カラー）　Rosier du japon à fleurs carnées　ルドゥーテ，ピエール＝ジョゼフ『バラ図譜』 ［エアランゲン・ニュルンベルク大学付属図書館］ ※原図88

ロサ・ムルティフローラ・カルネア Rosa Multiflora carnea
「LESROSES バラ図譜［普及版］」河出書房新社 2012
◇図88（カラー）　Rosier Multiflore à fleurs carnées　ルドゥーテ，ピエール＝ジョゼフ画，トリー，クロード＝アントワーヌ解説 1817～1824 ［コノサーズ・コレクション東京］
「薔薇空間」ランダムハウス講談社　2009
◇図101（カラー）　ルドゥーテ，ピエール＝ジョセフ原画，タルボー彫版『バラ図譜』 1820　多色刷点刻銅版画（手彩色補助） 365×275

ロサ・ムルティフローラ・カルネア Rosa multiflora carnea Thory, R.multiflora plena Regel
「バラ図譜 2」学習研究社　1988
◇図88（カラー）　Rosa Multiflora carnea/Rosier Multiflore à fleurs carnées　ルドゥーテ，ピエール＝ジョゼフ画，トリー，クロード＝アントワーヌ解説 1817～1824 ［ブリティッシュ・ミュージアム（ロンドン）］

ロサ・ムルティフロラ‘セブン・シスターズ・ローズ’ Rosa multiflora Thunb.var. platyphylla Rehder et Wilson ‘Seven sisters rose’
「バラ 全図版」タッシェン・ジャパン　2007
◇p117（カラー）　Rosier du japon ‘Seven Sisters Rose’　ルドゥーテ，ピエール＝ジョゼフ『バラ図譜』 ［エアランゲン・ニュルンベルク大学付属図書館］ ※原図89

ロサ・ムルティフローラ・プラティピラ
Rosa multiflora platyphylla (Thory) Rehder & Wilson, R.cathayensis platyphylla (Thory) Bailey
「バラ図譜 2」学習研究社　1988
◇図89（カラー）　Rosa Multiflora platyphylla/Rosier Multiflore à grandes feuilles　ルドゥーテ，ピエール＝ジョゼフ画，トリー，クロード＝アントワーヌ解説 1817～1824 ［ブリティッシュ・ミュージアム（ロンドン）］

ロサ・ムルティフローラ・プラティフィラ
Rosa Multiflora platyphylla
「LESROSES バラ図譜［普及版］」河出書房新社 2012
◇図89（カラー）　Rosier Multiflore à grandes feuilles　ルドゥーテ，ピエール＝ジョゼフ画，トリー，クロード＝アントワーヌ解説 1817～1824 ［コノサーズ・コレクション東京］

ロサ・ムルティフロラ・プラティフィラ
「フローラの庭園」八坂書房　2015
◇p54（カラー）　ルドゥーテ『バラ図譜』 1820　銅版多色刷（スティップル・エングレーヴィング）手彩色 紙　54×36.5 ［ボストン美術館］

ロサ・ムルティフローラ・プラテュフュラ（セブンシスターズ） Rosa Multiflora platyphylla
「薔薇空間」ランダムハウス講談社　2009
◇図102（カラー）　ルドゥーテ，ピエール＝ジョセフ原画，ラングロワ彫版『バラ図譜』 1820　多色刷点刻銅版画（手彩色補助） 365×275

ロサ・モエシー Rosa moyesii Hemsl. & Wils.
「薔薇空間」ランダムハウス講談社　2009
◇図182（カラー）　パーソンズ，アルフレッド原画，ウィルモット，エレン著『バラ属』 1910～14　多色刷リトグラフ　381×278

ロサ・モスカータ Rosa chinensis×Moschata koehne
「ボタニカルアート 西洋の美花集」パイ インターナショナル　2010
◇p106（カラー）　ウィルモット，エレン・アン画・

著『バラ属』 1910〜14　石版画多色刷

ロサ・モスカータ　Rosa moschata

「LESROSES バラ図譜［普及版］」河出書房新社　2012

◇図5（カラー）　Rosier musqué　ルドゥーテ, ピエール＝ジョゼフ画, トリー, クロード＝アントワーヌ解説 1817〜1824　［コノサーズ・コレクション東京］

「薔薇空間」ランダムハウス講談社　2009

◇図103（カラー）　ルドゥーテ, ピエール＝ジョセフ原画, シャピュイ彫版『バラ図譜』 1817　多色刷点刻銅版画（手彩色補助）　365×275

ロサ・モスカータ　Rosa moschata Herrmann

「バラ 全図版」タッシェン・ジャパン　2007

◇p33（カラー）　Rosier musqué　ルドゥーテ, ピエール＝ジョゼフ『バラ図譜』　［エアランゲン・ニュルンベルク大学付属図書館］　※原図5

「バラ図譜 1」学習研究社　1988

◇図5（カラー）　Rosa moschata/Rosier musqué　ルドゥーテ, ピエール＝ジョゼフ画, トリー, クロード＝アントワーヌ解説 1817〜1824　［ブリティッシュ・ミュージアム（ロンドン）］

ローザ・モスカータ　Rosa moschata Herrmann

「ばら花譜」平凡社　1983

◇PL.23（カラー）　Musk Rose　二口善雄画, 鈴木省三, 籾山泰一著 1973　水彩

ロサ・モスカータ'セミプレナ'　Rosa moschata Herrm.'Semiplena'

「バラ 全図版」タッシェン・ジャパン　2007

◇p65（カラー）　Rosier musqué à fleurs semi-doubles　ルドゥーテ, ピエール＝ジョゼフ『バラ図譜』　［エアランゲン・ニュルンベルク大学付属図書館］　※原図37

ロサ・モスカータ・フローレ・セミプレノ　Rosa Moschata flore semi-pleno

「LESROSES バラ図譜［普及版］」河出書房新社　2012

◇図37（カラー）　Rosier Muscade à fleurs semi-doubles　ルドゥーテ, ピエール＝ジョゼフ画, トリー, クロード＝アントワーヌ解説 1817〜1824　［コノサーズ・コレクション東京］

「薔薇空間」ランダムハウス講談社　2009

◇図104（カラー）　ルドゥーテ, ピエール＝ジョセフ原画, シャルラン彫版『バラ図譜』 1818　多色刷点刻銅版画（手彩色補助）　365×275

ロサ・モスカータ・フローレ・セミプレノ　Rosa moschata fl.semipleno Thory, R. moschata plena Weston

「バラ図譜 1」学習研究社　1988

◇図37（カラー）　Rosa Moschata flore semi-pleno/Rosier Muscade à fleurs semi-doubles　ルドゥーテ, ピエール＝ジョゼフ画, トリー, クロード＝アントワーヌ解説 1817〜1824　［ブリティッシュ・ミュージアム（ロンドン）］

ロサ・モリッシマ　Rosa mollissima

「LESROSES バラ図譜［普及版］」河出書房新社　2012

◇図99（カラー）　Rosier à feuilles molles　ルドゥーテ, ピエール＝ジョゼフ画, トリー, クロード＝アントワーヌ解説 1817〜1824　［コノサーズ・コレクション東京］

「ボタニカルアート 西洋の美花集」パイ インターナショナル　2010

◇p94（カラー）　ルドゥーテ, ピエール＝ジョセフ画・著『バラ図譜』 1817〜24　点刻銅版画多色刷 一部手彩色

「薔薇空間」ランダムハウス講談社　2009

◇図123（カラー）　ルドゥーテ, ピエール＝ジョセフ原画, ヴィクトール彫版『バラ図譜』 1820　多色刷点刻銅版画（手彩色補助）　365×275

ロサ・モリッシマ　Rosa mollissima Fries, R. villosa Linnaeus in part

「バラ図譜 2」学習研究社　1988

◇図99（カラー）　Rosa mollissima/Rosier à feuilles molles　ルドゥーテ, ピエール＝ジョゼフ画, トリー, クロード＝アントワーヌ解説 1817〜1824　［ブリティッシュ・ミュージアム（ロンドン）］

ロサ・モンソーニエ？　Rosa monsoniae Lindley ?

「バラ 全図版」タッシェン・ジャパン　2007

◇p175（カラー）　Rosier de Lady Monson　ルドゥーテ, ピエール＝ジョゼフ『バラ図譜』　［エアランゲン・ニュルンベルク大学付属図書館］　※原図147

ロサ・モンテズマ　Rosa Montezuma

「LESROSES バラ図譜［普及版］」河出書房新社　2012

◇図16（カラー）　Rosier de Montezuma　ルドゥーテ, ピエール＝ジョゼフ画, トリー, クロード＝アントワーヌ解説 1817〜1824　［コノサーズ・コレクション東京］

「薔薇空間」ランダムハウス講談社　2009

◇図162（カラー）　ルドゥーテ, ピエール＝ジョセフ原画, ラングロワ彫版『バラ図譜』 1817　多色刷点刻銅版画（手彩色補助）　540×355

ロサ・モンテズマ　Rosa montezumae Humboldt & Bonpland ex Thory

「バラ図譜 1」学習研究社　1988

◇図16（カラー）　Rosa Montezuma/Rosier de Montezuma　ルドゥーテ, ピエール＝ジョゼフ画, トリー, クロード＝アントワーヌ解説 1817〜1824　［ブリティッシュ・ミュージアム（ロンドン）］

ローザ・ユーゴニス　Rosa hugonis Hemsley

「ばら花譜」平凡社　1983

◇PL.53（カラー）　Father Hugo Rose, Golden Rose of China　二口善雄画, 鈴木省三, 籾山泰一著 1974,1973,1975　水彩

ロサ・ラエヴィガータ　Rosa laevigata×chinensis
「ボタニカルアート 西洋の美花集」パイ インターナショナル　2010
◇p105（カラー）　ウィルモット, エレン・アン画・著『バラ属』 1910〜14　石版画多色刷

ロサ・ラーパ　Rosa Rapa
「LESROSES バラ図譜［普及版］」河出書房新社　2012
◇図58（カラー）　Rosier Turneps　ルドゥーテ, ピエール＝ジョゼフ画, トリー, クロード＝アントワーヌ解説 1817〜1824 ［コノサーズ・コレクション東京］
「薔薇空間」ランダムハウス講談社　2009
◇図26（カラー）　ルドゥーテ, ピエール＝ジョセフ原画, シャルラン彫版『バラ図譜』 1819　多色刷点刻銅版画（手彩色補助）　365×275

ロサ・ラパ
「バラ図譜 1」学習研究社　1988
◇図58（カラー）　Rosa Rapa/Rosier Turneps　ルドゥーテ, ピエール＝ジョゼフ画, トリー, クロード＝アントワーヌ解説 1817〜1824 ［ブリティッシュ・ミュージアム（ロンドン）］

ロサ×ラパ？　Rosa×rapa Bosc？
「バラ 全図版」タッシェン・ジャパン　2007
◇p86（カラー）　Rosier d'Amour？　ルドゥーテ, ピエール＝ジョゼフ『バラ図譜』 ［エアランゲン・ニュルンベルク大学付属図書館］ ※原図58
◇p130（カラー）　Rosier Campanulé à fleurs blanches　ルドゥーテ, ピエール＝ジョゼフ『バラ図譜』 ［エアランゲン・ニュルンベルク大学付属図書館］ ※原図102

ロサ×ラパ系？　Rosa×rapa Bosc cv.？
「バラ 全図版」タッシェン・ジャパン　2007
◇p139（カラー）　Rosier de Rosenberg　ルドゥーテ, ピエール＝ジョゼフ『バラ図譜』 ［エアランゲン・ニュルンベルク大学付属図書館］ ※原図111

ロサ×リヴァーサ　Rosa×reversa Waldst. & Kit.
「バラ 全図版」タッシェン・ジャパン　2007
◇p105（カラー）　Rosier de Candolle　ルドゥーテ, ピエール＝ジョゼフ『バラ図譜』 ［エアランゲン・ニュルンベルク大学付属図書館］ ※原図77

ロサ×リヴァーサ？　Rosa×reversa Waldst. & Kit.？
「バラ 全図版」タッシェン・ジャパン　2007
◇p149（カラー）　Rosier des Alpes–hybride spontané　ルドゥーテ, ピエール＝ジョゼフ『バラ図譜』 ［エアランゲン・ニュルンベルク大学付属図書館］ ※原図121

ロサ・リウェルサ　Rosa×reversa
「美花選［普及版］」河出書房新社　2016
◇図128（カラー）　Rosier du Candolle Variété　ルドゥーテ, ピエール＝ジョゼフ画 1827〜1833 ［コノサーズ・コレクション東京］

ロサ・ルガ　Rosa ruga Lindl.
「薔薇空間」ランダムハウス講談社　2009
◇図172（カラー）　パーソンズ, アルフレッド原画, ウィルモット, エレン著『バラ属』 1910〜14　多色刷リトグラフ　381×278

ロサ・ルキダ　Rosa Lucida
「LESROSES バラ図譜［普及版］」河出書房新社　2012
◇図11（カラー）　Rosier Luisant　ルドゥーテ, ピエール＝ジョゼフ画, トリー, クロード＝アントワーヌ解説 1817〜1824 ［コノサーズ・コレクション東京］
「薔薇空間」ランダムハウス講談社　2009
◇図156（カラー）　ルドゥーテ, ピエール＝ジョセフ原画, ベッサン彫版『バラ図譜』 1817　多色刷点刻銅版画（手彩色補助）　540×355

ロサ・ルキダ　Rosa lucida Ehrhart
「バラ図譜 1」学習研究社　1988
◇図11（カラー）　Rosa Lucida/Rosier Luisant　ルドゥーテ, ピエール＝ジョゼフ画, トリー, クロード＝アントワーヌ解説 1817〜1824 ［ブリティッシュ・ミュージアム（ロンドン）］

ロサ・ルゴサ　Rosa rugosa
「ボタニカルアート 西洋の美花集」パイ インターナショナル　2010
◇p103（カラー）　ウィルモット, エレン・アン画・著『バラ属』 1910〜14　石版画多色刷

ロサ・ルゴサ（ハマナシ）　Rosa rugosa Thunb.
「バラ 全図版」タッシェン・ジャパン　2007
◇p40（カラー）　Rosier à feuilles rugueuses　ルドゥーテ, ピエール＝ジョゼフ『バラ図譜』 ［エアランゲン・ニュルンベルク大学付属図書館］ ※原図12

ロサ・ルビギノーサ　Rosa rubiginosa L.
「バラ 全図版」タッシェン・ジャパン　2007
◇p78（カラー）　Rosier rubigineux　ルドゥーテ, ピエール＝ジョゼフ『バラ図譜』 ［エアランゲン・ニュルンベルク大学付属図書館］ ※原図50

ロサ・ルビギノーサ・アクレアティッシマ　Rosa rubiginosa aculeatissima
「LESROSES バラ図譜［普及版］」河出書房新社　2012
◇図103（カラー）　Rosier rouillé très épineux　ルドゥーテ, ピエール＝ジョゼフ画, トリー, クロード＝アントワーヌ解説 1817〜1824 ［コノサーズ・コレクション東京］
「薔薇空間」ランダムハウス講談社　2009
◇図131（カラー）　ルドゥーテ, ピエール＝ジョセフ原画, シャピュイ彫版『バラ図譜』 1820　多色刷点刻銅版画（手彩色補助）　365×275

ロサ・ルビギノーサ・アクレアティッシマ
「バラ図譜 2」学習研究社　1988
◇図103（カラー）　Rosa rubiginosa aculeatissima/Rosier rouillé très épineux　ルドゥーテ, ピエール＝ジョゼフ画, トリー, クロード＝アントワーヌ解説 1817～1824 ［ブリティッシュ・ミュージアム（ロンドン）］

ロサ・ルビギノーサ・アネモネフローラ
Rosa Rubiginosa anemone–flora
「LESROSES バラ図譜［普及版］」河出書房新社 2012
◇図126（カラー）　Rosier Rouillé à fleurs d'anémone　ルドゥーテ, ピエール＝ジョゼフ画, トリー, クロード＝アントワーヌ解説 1817～1824 ［コノサーズ・コレクション東京］
「薔薇空間」ランダムハウス講談社　2009
◇図132（カラー）　ルドゥーテ, ピエール＝ジョセフ原画, ラングロワ彫版『バラ図譜』 1821 多色刷点刻銅版画（手彩色補助） 365×275

ロサ・ルビギノーサ・アネモネフローラ
「バラ図譜 2」学習研究社　1988
◇図126（カラー）　Rosa Rubiginosa anemone–flora/Rosier Rouillé à fleurs d'anémone　ルドゥーテ, ピエール＝ジョゼフ画, トリー, クロード＝アントワーヌ解説 1817～1824 ［ブリティッシュ・ミュージアム（ロンドン）］

ロサ・ルビギノーサ・ヴァイランティアーナ
Rosa Rubiginosa Vaillantiana
「LESROSES バラ図譜［普及版］」河出書房新社 2012
◇図163（カラー）　L'Eglantine de Vaillant　ルドゥーテ, ピエール＝ジョゼフ画, トリー, クロード＝アントワーヌ解説 1817～1824 ［コノサーズ・コレクション東京］

ロサ・ルビギノーサ・ヴァイランティアナ
「バラ図譜 2」学習研究社　1988
◇図163（カラー）　Rosa Rubiginosa Vaillantiana/L'Eglantine de Vaillant　ルドゥーテ, ピエール＝ジョゼフ画, トリー, クロード＝アントワーヌ解説 1817～1824 ［ブリティッシュ・ミュージアム（ロンドン）］

ロサ・ルビギノーサ・ヴァヤンティアーナ
Rosa Rubiginosa Vaillantiana
「薔薇空間」ランダムハウス講談社　2009
◇図128（カラー）　ルドゥーテ, ピエール＝ジョセフ原画, ヴィクトール彫版『バラ図譜』 1823 多色刷点刻銅版画（手彩色補助） 365×275

ロサ・ルビギノーサ・ウンベレタ　Rosa rubiginosa L.var.umbellata
「バラ 全図版」タッシェン・ジャパン　2007
◇p131（カラー）　Rosier rubigineux très épineux　ルドゥーテ, ピエール＝ジョゼフ『バラ図譜』［エアランゲン・ニュルンベルク大学付属図書館］ ※原図103

ロサ・ルビギノーサ・ウンベレタ？　Rosa rubiginosa L.var.umbellata？
「バラ 全図版」タッシェン・ジャパン　2007
◇p62（カラー）　Variété du Rosier rubigineux　ルドゥーテ, ピエール＝ジョゼフ『バラ図譜』［エアランゲン・ニュルンベルク大学付属図書館］ ※原図34

ロサ・ルビギノーサ・クレティカ　Rosa Rubiginosa Cretica
「LESROSES バラ図譜［普及版］」河出書房新社 2012
◇図50（カラー）　Rosier de Crète　ルドゥーテ, ピエール＝ジョゼフ画, トリー, クロード＝アントワーヌ解説 1817～1824 ［コノサーズ・コレクション東京］
「薔薇空間」ランダムハウス講談社　2009
◇図125（カラー）　ルドゥーテ, ピエール＝ジョセフ原画, ラングロワ彫版『バラ図譜』 1818 多色刷点刻銅版画（手彩色補助） 365×275

ロサ・ルビギノーサ・クレティカ
「バラ図譜 1」学習研究社　1988
◇図50（カラー）　Rosa Rubiginosa Cretica/Rosier de Crète　ルドゥーテ, ピエール＝ジョゼフ画, トリー, クロード＝アントワーヌ解説 1817～1824 ［ブリティッシュ・ミュージアム（ロンドン）］

ロサ・ルビギノーサ系　Rosa rubiginosa L.cv.
「バラ 全図版」タッシェン・ジャパン　2007
◇p154（カラー）　Rosier rubigineux à fleurs d'anémone　ルドゥーテ, ピエール＝ジョゼフ『バラ図譜』［エアランゲン・ニュルンベルク大学付属図書館］ ※原図126

ロサ・ルビギノーサ'ザベス'　Rosa rubiginosa L. 'Zabeth'
「バラ 全図版」タッシェン・ジャパン　2007
◇p85（カラー）　Rosier rubigineux'Reine Elisabeth　ルドゥーテ, ピエール＝ジョゼフ『バラ図譜』［エアランゲン・ニュルンベルク大学付属図書館］ ※原図57

ロサ・ルビギノーサ・ザベト　Rosa Rubiginosa Zabeth
「LESROSES バラ図譜［普及版］」河出書房新社 2012
◇図57（カラー）　Eglantine de la Reine Elisabeth　ルドゥーテ, ピエール＝ジョゼフ画, トリー, クロード＝アントワーヌ解説 1817～1824 ［コノサーズ・コレクション東京］
「薔薇空間」ランダムハウス講談社　2009
◇図127（カラー）　ルドゥーテ, ピエール＝ジョセフ原画, ラングロワ彫版『バラ図譜』 1819 多色刷点刻銅版画（手彩色補助） 365×275

ロサ・ルビギノーサ・ザベト
「バラ図譜 1」学習研究社　1988
◇図57（カラー）　Rosa Rubiginosa Zabeth/Eglantine de la Reine Elisabeth　ルドゥーテ,

ピエール＝ジョゼフ画, トリー, クロード＝アントワーヌ解説 1817～1824 ［ブリティッシュ・ミュージアム（ロンドン）］

ロサ・ルビギノーサ'セミプレナ' Rosa rubiginosa L. 'Semiplena'

「バラ 全図版」タッシェン・ジャパン 2007
◇p120（カラー） Rosier rubigineux à fleurs semi–doubles ルドゥーテ, ピエール＝ジョゼフ『バラ図譜』 ［エアランゲン・ニュルンベルク大学付属図書館］ ※原図92

ロサ・ルビギノーサ・トゥリフローラ Rosa Rubiginosa triflora

「LESROSES バラ図譜［普及版］」河出書房新社 2012
◇図34（カラー） Rosier Rouillé à trois fleurs ルドゥーテ, ピエール＝ジョゼフ画, トリー, クロード＝アントワーヌ解説 1817～1824 ［コノサーズ・コレクション東京］

ロサ・ルビギノーサ・トゥリフローラ Rosa rubiginosa Linnaeus, R.eglanteria Linnaeus ?

「バラ図譜 1」学習研究社 1988
◇図34（カラー） Rosa Rubiginosa triflora/Rosier Rouillé à trois fleurs ルドゥーテ, ピエール＝ジョゼフ画, トリー, クロード＝アントワーヌ解説 1817～1824 ［ブリティッシュ・ミュージアム（ロンドン）］

ロサ・ルビギノ一サ・トリフローラ Rosa Rubiginosa triflora

「薔薇空間」ランダムハウス講談社 2009
◇図126（カラー） ルドゥーテ, ピエール＝ジョセフ原画, シャピュイ彫版『バラ図譜』 1818 多色刷点刻銅版画（手彩色補助） 365×275

ロサ・ルビギノーサ・ネモラーリス Rosa Rubiginosa nemoralis

「LESROSES バラ図譜［普及版］」河出書房新社 2012
◇図66（カラー） L'Eglantine des bois ルドゥーテ, ピエール＝ジョゼフ画, トリー, クロード＝アントワーヌ解説 1817～1824 ［コノサーズ・コレクション東京］

「薔薇空間」ランダムハウス講談社 2009
◇図129（カラー） ルドゥーテ, ピエール＝ジョセフ原画, シャピュイ彫版『バラ図譜』 1819 多色刷点刻銅版画（手彩色補助） 365×275

ロサ・ルビギノーサ・ネモラリス Rosa rubiginosa nemoralis Thory, R.micrantha Smith

「バラ図譜 1」学習研究社 1988
◇図66（カラー） Rosa Rubiginosa nemoralis/L'Eglantine des bois ルドゥーテ, ピエール＝ジョゼフ画, トリー, クロード＝アントワーヌ解説 1817～1824 ［ブリティッシュ・ミュージアム（ロンドン）］

ローザ・ルビギノサの1栽培品種 Rosa rubiginosa 'Aculeatissima'

「図説 ボタニカルアート」河出書房新社 2010
◇p55（カラー） ルドゥーテ画・著『バラ図譜 103図版』 1817～24

ロサ・ルビギノーサ・フローレ・セミプレノ Rosa Rubiginosa flore semi–pleno

「LESROSES バラ図譜［普及版］」河出書房新社 2012
◇図92（カラー） Rosier Rouillé à fleurs semi–doubles ルドゥーテ, ピエール＝ジョゼフ画, トリー, クロード＝アントワーヌ解説 1817～1824 ［コノサーズ・コレクション東京］

「薔薇空間」ランダムハウス講談社 2009
◇図130（カラー） ルドゥーテ, ピエール＝ジョセフ原画, シャピュイ彫版『バラ図譜』 1820 多色刷点刻銅版画（手彩色補助） 365×275

ロサ・ルビギノーサ・フローレ・セミプレノ

「バラ図譜 2」学習研究社 1988
◇図92（カラー） Rosa Rubiginosa flore semi–pleno/Rosier Rouillé à fleurs semi–doubles R.eglanteriaの1種と考えられる ルドゥーテ, ピエール＝ジョゼフ画, トリー, クロード＝アントワーヌ解説 1817～1824 ［ブリティッシュ・ミュージアム（ロンドン）］

ロサ・ルビフォリア Rosa Rubifolia

「LESROSES バラ図譜［普及版］」河出書房新社 2012
◇図149（カラー） Rosier à feuilles de Ronce ルドゥーテ, ピエール＝ジョゼフ画, トリー, クロード＝アントワーヌ解説 1817～1824 ［コノサーズ・コレクション東京］

「薔薇空間」ランダムハウス講談社 2009
◇図163（カラー） ルドゥーテ, ピエール＝ジョセフ原画, ヴィクトール彫版『バラ図譜』 1822 多色刷点刻銅版画（手彩色補助） 540×355

ロサ・ルビフォリア Rosa rubifolia R.Brown ex Ait.fil., R.setigera tomentosa

「バラ図譜 2」学習研究社 1988
◇図149（カラー） Rosa Rubifolia/Rosier à feuilles de Ronce ルドゥーテ, ピエール＝ジョゼフ画, トリー, クロード＝アントワーヌ解説 1817～1824 ［ブリティッシュ・ミュージアム（ロンドン）］

ロサ・ルブリフォリア Rosa Rubrifolia

「LESROSES バラ図譜［普及版］」河出書房新社 2012
◇図4（カラー） Rosier à feuilles rougeâtres ルドゥーテ, ピエール＝ジョゼフ画, トリー, クロード＝アントワーヌ解説 1817～1824 ［コノサーズ・コレクション東京］

「薔薇空間」ランダムハウス講談社 2009
◇図133（カラー） ルドゥーテ, ピエール＝ジョセフ原画, シャピュイ彫版『バラ図譜』 1817 多色刷点刻銅版画（手彩色補助） 365×275

ロサ・ルブリフォリア　Rosa rubrifolia Villars

「バラ図譜 1」学習研究社　1988
◇図4（カラー）　Rosa Rubrifolia/Rosier à feuilles rougeâtres　ルドゥーテ, ピエール＝ジョゼフ画, トリー, クロード＝アントワーヌ解説 1817～1824 ［ブリティッシュ・ミュージアム（ロンドン）］

ロサ・レウカンタ　Rosa Leucantha

「LESROSES バラ図譜［普及版］」河出書房新社 2012
◇図52（カラー）　Rosier à fleurs blanches　ルドゥーテ, ピエール＝ジョゼフ画, トリー, クロード＝アントワーヌ解説 1817～1824 ［コノサーズ・コレクション東京］
「薔薇空間」ランダムハウス講談社　2009
◇図139（カラー）　ルドゥーテ, ピエール＝ジョセフ原画, ラングロワ彫版『バラ図譜』 1818 多色刷点刻銅版画（手彩色補助） 365×275

ロサ・レウカンタ

「フローラの庭園」八坂書房　2015
◇p56（カラー）　ルドゥーテ『バラ図譜』 1817 銅版多色刷（スティップル・エングレーヴィング）手彩色 紙 54×36.5 ［ボストン美術館］
「バラ図譜 1」学習研究社　1988
◇図52（カラー）　Rosa Leucantha/Rosier à fleurs blanches　ルドゥーテ, ピエール＝ジョゼフ画, トリー, クロード＝アントワーヌ解説 1817～1824 ［ブリティッシュ・ミュージアム（ロンドン）］

ロサ・レクリナータ・フローレ・シンプリキ　Rosa Reclinata flore simplici

「LESROSES バラ図譜［普及版］」河出書房新社 2012
◇図154（カラー）　Rosier à boutons renversés, Var.à fleurs simples　ルドゥーテ, ピエール＝ジョゼフ画, トリー, クロード＝アントワーヌ解説 1817～1824 ［コノサーズ・コレクション東京］
「薔薇空間」ランダムハウス講談社　2009
◇図88（カラー）　ルドゥーテ, ピエール＝ジョセフ原画, ベッサン彫版『バラ図譜』 1823 多色刷点刻銅版画（手彩色補助） 365×275

ロサ・レクリナータ・フローレ・シンプリキ　Rosa reclinata Thory, R.×l'heritieranea Thory

「バラ図譜 2」学習研究社　1988
◇図154（カラー）　Rosa Reclinata flore simplici/Rosier à boutons renversés, Var.à fleurs simples　ルドゥーテ, ピエール＝ジョゼフ画, トリー, クロード＝アントワーヌ解説 1817～1824 ［ブリティッシュ・ミュージアム（ロンドン）］

ロサ・レクリナータ・フローレ・スブムルティプリキ　Rosa Reclinata flore sub multiplici

「LESROSES バラ図譜［普及版］」河出書房新社 2012
◇図155（カラー）　Rosier à boutons penchés（var.à fleurs semi doubles）　ルドゥーテ, ピエール＝ジョゼフ画, トリー, クロード＝アントワーヌ解説 1817～1824 ［コノサーズ・コレクション東京］
「薔薇空間」ランダムハウス講談社　2009
◇図89（カラー）　ルドゥーテ, ピエール＝ジョセフ原画, ラングロワ彫版『バラ図譜』 1823 多色刷点刻銅版画（手彩色補助） 365×275

ロサ・レクリナータ・フローレ・スブムルティプリキ

「バラ図譜 2」学習研究社　1988
◇図155（カラー）　Rosa Reclinata flore sub multiplici/Rosier à boutons penchés（var.à fleurs semi doubles）　ルドゥーテ, ピエール＝ジョゼフ画, トリー, クロード＝アントワーヌ解説 1817～1824 ［ブリティッシュ・ミュージアム（ロンドン）］

ロサ・レドゥーテア・グラウカ　Rosa Redutea glauca

「LESROSES バラ図譜［普及版］」河出書房新社 2012
◇図38（カラー）　Rosier Redouté à feuilles glauques　ルドゥーテ, ピエール＝ジョゼフ画, トリー, クロード＝アントワーヌ解説 1817～1824 ［コノサーズ・コレクション東京］
「薔薇空間」ランダムハウス講談社　2009
◇図154（カラー）　ルドゥーテ, ピエール＝ジョセフ原画, シャピュイ彫版『バラ図譜』 1818 多色刷点刻銅版画（手彩色補助） 365×275

ロサ・レドゥーテア・グラウカ　Rosa glauca Villars, not Pourret, R.dumalis Beschtein？

「バラ図譜 1」学習研究社　1988
◇図38（カラー）　Rosa Redutea glauca/Rosier Redouté à feuilles glauques　ルドゥーテ, ピエール＝ジョゼフ画, トリー, クロード＝アントワーヌ解説 1817～1824 ［ブリティッシュ・ミュージアム（ロンドン）］

ロサ・レドゥーテア・ルベスケンス　Rosa Redutea rubescens

「LESROSES バラ図譜［普及版］」河出書房新社 2012
◇図39（カラー）　Rosier Redouté à tiges et à épines rouges　ルドゥーテ, ピエール＝ジョゼフ画, トリー, クロード＝アントワーヌ解説 1817～1824 ［コノサーズ・コレクション東京］
「薔薇空間」ランダムハウス講談社　2009
◇図155（カラー）　ルドゥーテ, ピエール＝ジョセフ原画, ベッサン彫版『バラ図譜』 1818 多色刷点刻銅版画（手彩色補助） 540×355

ロサ・レドゥーテア・ルベスケンス

「バラ図譜 1」学習研究社　1988
◇図39（カラー）　Rosa Redutea rubescens/Rosier Redouté à tiges et à épines rouges　ルドゥーテ, ピエール＝ジョゼフ画, トリー, クロード＝アントワーヌ解説 1817～1824 ［ブリティッシュ・ミュージアム（ロンドン）］

ロサ・レビガータ(ナニワイバラ)　Rosa laevigata Michaux
「バラ 全図版」タッシェン・ジャパン　2007
◇p123(カラー)　Cherokee Rose　ルドゥーテ, ピエール＝ジョゼフ『バラ図譜』　[エアランゲン・ニュルンベルク大学付属図書館]　※原図95

ロサ・レリチエラネア　Rosa×l'heritieranea Thory, R.boursaultii hort.
「バラ図譜 2」学習研究社　1988
◇図124(カラー)　Rosa l'heritieranea/Rosier l'héritier　ルドゥーテ, ピエール＝ジョゼフ画, トリー, クロード＝アントワーヌ解説 1817〜1824　[ブリティッシュ・ミュージアム(ロンドン)]

ロサ×レリティエラーナ　Rosa× l'heritieranea Thory
「バラ 全図版」タッシェン・ジャパン　2007
◇p152(カラー)　Rosier de Boursault　ルドゥーテ, ピエール＝ジョゼフ『バラ図譜』　[エアランゲン・ニュルンベルク大学付属図書館]　※原図124
◇p183(カラー)　Rosier de Boursault　ルドゥーテ, ピエール＝ジョゼフ『バラ図譜』　[エアランゲン・ニュルンベルク大学付属図書館]　※原図155

ロサ×レリティエラーナ?　Rosa× l'heritieranea Thory ?
「バラ 全図版」タッシェン・ジャパン　2007
◇p195(カラー)　Rosier de Boursault　ルドゥーテ, ピエール＝ジョゼフ『バラ図譜』　[エアランゲン・ニュルンベルク大学付属図書館]　※原図167

ロサ×レリティエラーナ系　Rosa× l'heritieranea Thory cv.
「バラ 全図版」タッシェン・ジャパン　2007
◇p129(カラー)　Rosier de Boursault　ルドゥーテ, ピエール＝ジョゼフ『バラ図譜』　[エアランゲン・ニュルンベルク大学付属図書館]　※原図101
◇p182(カラー)　Variété du Rosier de Boursault à fleurs simples　ルドゥーテ, ピエール＝ジョゼフ『バラ図譜』　[エアランゲン・ニュルンベルク大学付属図書館]　※原図154

ロサ・レリティエラーネア　Rosa l'heritieranea
「LESROSES バラ図譜[普及版]」河出書房新社 2012
◇図124(カラー)　Rosier l'héritier　ルドゥーテ, ピエール＝ジョゼフ画, トリー, クロード＝アントワーヌ解説 1817〜1824　[コノサーズ・コレクション東京]

ロサ・レリティエラネア(ブールソー・ローズ)　Rosa l'heritieranea
「薔薇空間」ランダムハウス講談社　2009
◇図87(カラー)　ルドゥーテ, ピエール＝ジョセフ原画, ヴィクトール彫版『バラ図譜』 1821　多色刷点刻銅版画(手彩色補助)　365×275

ロサ・ローセンベルギアーナ　Rosa Rosenbergiana
「LESROSES バラ図譜[普及版]」河出書房新社 2012
◇図111(カラー)　Rosier de Rosenberg　ルドゥーテ, ピエール＝ジョゼフ画, トリー, クロード＝アントワーヌ解説 1817〜1824　[コノサーズ・コレクション東京]

ロサ・ローセンベルギアナ
「バラ図譜 2」学習研究社　1988
◇図111(カラー)　Rosa Rosenbergiana/Rosier de Rosenberg　ルドゥーテ, ピエール＝ジョゼフ画, トリー, クロード＝アントワーヌ解説 1817〜1824　[ブリティッシュ・ミュージアム(ロンドン)]

ロサ・ローゼンベルギアーナ　Rosa Rosenbergiana
「薔薇空間」ランダムハウス講談社　2009
◇図29(カラー)　ルドゥーテ, ピエール＝ジョセフ原画, ラングロワ彫版『バラ図譜』 1821　多色刷点刻銅版画(手彩色補助)　365×275

ロサ・ロンギフォリア　Rosa Longifolia
「LESROSES バラ図譜[普及版]」河出書房新社 2012
◇図68(カラー)　Rosier à feuilles de Pêcher　ルドゥーテ, ピエール＝ジョゼフ画, トリー, クロード＝アントワーヌ解説 1817〜1824　[コノサーズ・コレクション東京]
「薔薇空間」ランダムハウス講談社　2009
◇図70(カラー)　ルドゥーテ, ピエール＝ジョセフ原画, シャルラン彫版『バラ図譜』 1819　多色刷点刻銅版画(手彩色補助)　365×275

ロサ・ロンギフォリア　Rosa longifolia Willdenow, R.chinensis longifolia (Willdenow) Rehder
「バラ図譜 1」学習研究社　1988
◇図68(カラー)　Rosa Longifolia/Rosier à feuilles de Pêcher　ルドゥーテ, ピエール＝ジョゼフ画, トリー, クロード＝アントワーヌ解説 1817〜1824　[ブリティッシュ・ミュージアム(ロンドン)]

ロサ×ワイツィアナ　Rosa×waitziana Tratt.
「バラ 全図版」タッシェン・ジャパン　2007
◇p179(カラー)　Rosier de Chien hybride　ルドゥーテ, ピエール＝ジョゼフ『バラ図譜』　[エアランゲン・ニュルンベルク大学付属図書館]　※原図151

ローズ・ド・メ　'Rose de Mai'
「ばら花譜」平凡社　1983
◇PL.37(カラー)　二口善雄画, 鈴木省三, 籾山泰一著 1978,1975　水彩

ローソンヒノキ　Chamaecyparis lawsoniana Parl.

「カーティスの植物図譜」エンタプライズ　1987
◇図5581（カラー）　Lawson's Cypress, White Cedar『カーティスのボタニカルマガジン』　1787〜1887

ロツス・ヒルスツス　Dorycnium hirsutum

「ウィリアム・カーティス 花図譜」同朋舎出版　1994
◇287図（カラー）　Hairy Bird's–foor–trefoil　カーティス, ウィリアム『カーティス・ボタニカル・マガジン』　1796

ロドデンドロン　Rhododendron arboreum subsp.campbelliae

「ウィリアム・カーティス 花図譜」同朋舎出版　1994
◇162図（カラー）　Tree Rhododendron, White–flowered var.　ハーバート, ウィリアム画『カーティス・ボタニカル・マガジン』　1834

ロドデンドロン・アルゲンテウム
Rhododendron argenteum

「イングリッシュ・ガーデン」求龍堂　2014
◇fig.7（カラー）　フィッチ, ウォルター・フッド　石版 紙　48.2×32.2　［キュー王立植物園］

ロドデンドロン・アルゲンテウム
Rhododendron grande

「イングリッシュ・ガーデン」求龍堂　2014
◇図69（カラー）　Rhododendron argenteum　フッカー, ジョセフ・ダルトン 1848頃　黒鉛 水彩 紙　27.0×20.5　［キュー王立植物園］

ロドデンドロン・アルボレウム
Rhododendron arboreum

「花の王国 1」平凡社　1990
◇p73（カラー）　キンナモメウムと呼ばれる白花の亜種　パックストン, J.『パックストン植物雑誌』　1834〜49

ロドデンドロン・ウィスコスム
Rhododendron viscosum

「花の王国 1」平凡社　1990
◇p72（カラー）　ロディゲス, C.原図, クック, ジョージ製版『植物学の博物館』　1817〜27

ロドデンドロン・キンナバリウム
Rhododendron cinnabarinum

「イングリッシュ・ガーデン」求龍堂　2014
◇図70（カラー）　フッカー, ジョセフ・ダルトン　1848頃　黒鉛 水彩 紙　29.1×23.1　［キュー王立植物園］

ロドデンドロン・サルエネンセ
Rhododendron saluenense

「ウィリアム・カーティス 花図譜」同朋舎出版　1994
◇166図（カラー）　Saluean Rhododendron　スネリング, リリアン画『カーティス・ボタニカル・マガジン』　1926

ロードデンドロン・ダルハウジエ
Rhododendron dalhousiae

「図説 ボタニカルアート」河出書房新社　2010
◇p92（カラー）　フッカー, J.D.画・著『シッキム・ヒマラヤのシャクナゲ類』　1849〜51

ロードデンドロン トリフロールム［シャクナゲの1種］　Rhododendron triflorum

「ボタニカルアートの世界」朝日新聞社　1987
◇p66左（カラー）　フッカー, ジョセフ画, フィッチ, ウォルター彫版『The Rhododendron of Sikkim–Himalaya』　1849〜1851

ロードデンドロン ニバーレ　Rhododendron nivale

「ボタニカルアートの世界」朝日新聞社　1987
◇p66右（カラー）　ロードデンドロン ニバーレとロードデンドロン ビルガーツム［シャクナゲの1種］　フッカー, ジョセフ画, フィッチ, ウォルター彫版『The Rhododendron of Sikkim–Himalaya』　1849〜1851

ロードデンドロン ビルガーツム［シャクナゲの1種］　Rhododendron virgatum

「ボタニカルアートの世界」朝日新聞社　1987
◇p66右（カラー）　ロードデンドロン ニバーレとロードデンドロン ビルガーツム［シャクナゲの1種］　フッカー, ジョセフ画, フィッチ, ウォルター彫版『The Rhododendron of Sikkim–Himalaya』　1849〜1851

ロドデンドロン・ファルコネリ
Rhododendron falconeri

「イングリッシュ・ガーデン」求龍堂　2014
◇fig.8（カラー）　フィッチ, ウォルター・フッド　石版 紙　46.5×31.5　［キュー王立植物園］
◇図71（カラー）　フッカー, ジョセフ・ダルトン　1848頃　黒鉛 水彩 紙　29.5×23.8　［キュー王立植物園］
◇図72（カラー）　フィッチ, ウォルター・フッド　1856　黒鉛 水彩 紙　28.6×23.2　［キュー王立植物園］

ロドデンドロン・フッケリ　Rhododendron hookeri

「イングリッシュ・ガーデン」求龍堂　2014
◇図73（カラー）　フィッチ, ウォルター・フッド　1856　黒鉛 水彩 紙, 石版 紙　25.2×18.4（ドローイング）, 24.9×15.5（版画）　［キュー王立植物園］

ロードデンドロン・ホジソニィ
Rhododendron hodgsoni

「図説 ボタニカルアート」河出書房新社　2010
◇p92（カラー）　フッカー, J.D.画・著『シッキム・ヒマラヤのシャクナゲ類』　1849〜51

ロドデンドロン・ポンティクム

「イングリッシュ・ガーデン」求龍堂　2014
◇図33f（カラー）　The Pontic Rhododendron

ヘンダーソン, ピーター, ソーントン, R.J.編『フローラの神殿』 1802　銅版 紙　52.5×41.5［マイケル&マリコ・ホワイトウェイ］

ロドデンドロン・マクシムム
Rhododendron maximum
「花の王国 1」平凡社　1990
◇p72（カラー）　ショームトン他編, テュルパン, P.J.F.図『薬用植物事典』 1833～35

ロドデンドロン・ヤポニクム（レンゲツツジ）
「フローラの庭園」八坂書房　2015
◇p98（カラー）　Rhododendron sinense（Lodd.）Sweet　フィッチ, ウォルター原画『カーティス・ボタニカル・マガジン』 1871　石版手彩色 紙［個人蔵］

ロドデンドロン・ヤワニクム
Rhododendron javanicum
「花の王国 1」平凡社　1990
◇p56（カラー）　ブルーメ, K.L.『ジャワ植物誌』 1828～51

ロドリゲチア・セクンダ　Rodriguezia secunda HBK
「蘭花譜」平凡社　1974
◇Pl.94–3（カラー）　加藤光治著, 二口善雄画 1941写生

ロドリゲチア・デコラ　Rodriguezia decora（Ldl.）Rchb.f.
「蘭花譜」平凡社　1974
◇Pl.94–1（カラー）　加藤光治著, 二口善雄画 1969写生

ロドリゲチア・ベナスタ　Rodriguezia venusta（Ldl.）Rchb.f.（Burlingtonia fragrans Ldl.）
「蘭花譜」平凡社　1974
◇Pl.94–2（カラー）　加藤光治著, 二口善雄画 1941写生

ロドリゲチオプシス・ミクロヒタ
Rodrigueziopsis microphyta（B.–R.）Schltr.
「蘭花譜」平凡社　1974
◇Pl.94–4（カラー）　加藤光治著, 二口善雄画 1971写生

ロニケラ・カプリフォリウム　Lonicera caprifolium
「美花選［普及版］」河出書房新社　2016
◇図123（カラー）　Chèvrefeuille/Lonicera　ルドゥーテ, ピエール＝ジョゼフ画 1827～1833［コノサーズ・コレクション東京］

ロペシア・ラケモサ　Lopezia coronata
「ウィリアム・カーティス 花図譜」同朋舎出版 1994
◇402図（カラー）　Mexican Lopezia　エドワーズ, シデナム・ティースト画『カーティス・ボタニカル・マガジン』 1798

ローベリア・スリナメンシス　Centropogon surinamensis
「ウィリアム・カーティス 花図譜」同朋舎出版 1994
◇83図（カラー）　Shrubby Lobelia　カーティス, ウィリアム『カーティス・ボタニカル・マガジン』 1793

ローベリア・ツパ　Lobelia tupa
「ウィリアム・カーティス 花図譜」同朋舎出版 1994
◇87図（カラー）　Mullein–leaved Lobelia　カーティス, ジョン画『カーティス・ボタニカル・マガジン』 1825

ローベリア・ミヌタ　Laurentia minuta
「ウィリアム・カーティス 花図譜」同朋舎出版 1994
◇82図（カラー）　Small Lobelia　カーティス, ジョン画『カーティス・ボタニカル・マガジン』 1825

ロムレア・ブルボコディウム　Romulea bulbocodium
「ユリ科植物図譜 1」学習研究社　1988
◇図124（カラー）　イクシア・ブルボコディウム　ルドゥーテ, ピエール＝ジョセフ 1802～1815

【わ】

ワイルドパンジー
「ボタニカルアート 西洋の美花集」パイ インターナショナル　2010
◇p189（カラー）　ラウドン, ジェーン・ウェルズ画・著『英国の野草』 1846　石版画 手彩色

ワイルドパンジー（黄色）
「ボタニカルアート 西洋の美花集」パイ インターナショナル　2010
◇p189（カラー）　ラウドン, ジェーン・ウェルズ画・著『英国の野草』 1846　石版画 手彩色

ワカキノサクラ　Prunus jamasakura ‘Humilis’
「牧野富太郎植物画集」ミュゼ　1999
◇p49（白黒）　ケント紙 墨（毛筆）鉛筆　38.8×27.6

和歌の浦
「日本椿集」平凡社　1966
◇図192（カラー）　津山尚著, 二口善雄画 1956

わかば
「高松松平家博物図譜 写生画帖 雑木」香川県立ミュージアム　2014
◇p40（カラー）　松平頼恭 江戸時代　紙本著色 画帖装（折本形式）　33.2×48.4［個人蔵］※表紙・裏表紙見返し墨書 安永6（1777）6月 程赤城筆

鷲の尾　Prunus Lannesiana Wils.‘Wasinowo’
「日本桜集」平凡社　1973

◇Pl.134（カラー）　大井次三郎著, 太田洋愛画　1971写生　水彩

鷲の山

「日本椿集」平凡社　1966
◇図164（カラー）　津山尚著, 二口善雄画 1960

ワスレクサ

「高松松平家博物図譜 衆芳画譜 花卉 第四」香川県立ミュージアム　2010
◇p44（カラー）　松平頼恭 江戸時代　紙本著色 画帖装（折本形式）　33.0×48.2　［個人蔵］

ワスレナグサ　Myosotis alpestris

「ボタニカルアート 西洋の美花集」パイ インターナショナル　2010
◇p57（カラー）　ステップ, エミリー画, ステップ, エドワード『温室と庭園の花々』 1896〜97　石版画多色刷

ワスレナグサ　Myosotis dissitiflora

「ボタニカルアート 西洋の美花集」パイ インターナショナル　2010
◇p56（カラー）　カーティス, ウィリアム著『カーティス・ボタニカル・マガジン124巻』 1898　カラー印刷

ワスレナグサ　Myosotis scorpioides

「美花選［普及版］」河出書房新社　2016
◇図112（カラー）　Le ne m'oubliez pas ou Vergissmeinnicth/Myosotis scorpioides　ルドゥーテ, ピエール＝ジョゼフ画 1827〜1833　［コノサーズ・コレクション東京］

「ボタニカルアート 西洋の美花集」パイ インターナショナル　2010
◇p58（カラー）　ルドゥーテ, ピエール＝ジョセフ画・著『美花選』 1827〜33　点刻銅版画多色刷一部手彩色

「ルドゥーテ画 美花選 2」学習研究社　1986
◇図46（カラー）　1827〜1833

わた

「高松松平家博物図譜 写生画帖 雑草」香川県立ミュージアム　2013
◇p38（カラー）　松平頼恭 江戸時代　紙本著色 画帖装（折本形式）　33.2×48.4　［個人蔵］

ワタ　Gossypium arboreum

「江戸博物文庫 菜樹の巻」工作舎　2017
◇p174（カラー）　綿　アジア綿　岩崎灌園『本草図譜』　［東京大学大学院理学系研究科附属植物園（小石川植物園）］

ワタ　Gossypium indicum

「花木真寫」淡交社　2005
◇図96（カラー）　綿　近衛予楽院家熙　［（財）陽明文庫］

ワタ

「ボタニカルアートの世界」朝日新聞社　1987
◇p120上（カラー）　綿　近衛予楽院『花木真寫』　［京都陽明文庫］

ワタ, あるいはハナアオイのたぐい（?）

「昆虫の劇場」リブロポート　1991
◇p62（カラー）　メーリアン, M.S.『スリナム産昆虫の変態』 1726

ワタゲカマツカ　Pourthiaea villosa Decne.

「北海道主要樹木図譜［普及版］」北海道大学図書刊行会　1986
◇図50（カラー）　カマツカ　須崎忠助 大正9（1920）〜昭和6（1931）　［個人蔵］

ワタゲトウヒレン　Saussurea gossipiphora D. Don

「花の肖像 ボタニカルアートの名品と歴史」創土社　2006
◇fig.64（カラー）　ゴラチャント画, ガウチ彫版, ウォーリック『アジア産稀産植物』 1829〜1832

わたのみ

「高松松平家博物図譜 写生画帖 雑草」香川県立ミュージアム　2013
◇p38（カラー）　松平頼恭 江戸時代　紙本著色 画帖装（折本形式）　33.2×48.4　［個人蔵］

ワッケンドルフィア・ティルシフローラ

「ユリ科植物図譜 1」学習研究社　1988
◇図252（カラー）　Wachendorfia thyrsiflora　ルドゥーテ, ピエール＝ジョセフ 1802〜1815

ワトソニア・ストリクティフロラ　Watsonia strictiflora

「ウィリアム・カーティス 花図譜」同朋舎出版　1994
◇254図（カラー）　Straight-flowered Watsonia　エドワーズ, シデナム・ティースト画『カーティス・ボタニカル・マガジン』 1811

ワトソニア・フミリス　Watsonia humilis

「ユリ科植物図譜 1」学習研究社　1988
◇図65（カラー）　グラディオルス・ラッカートゥス　ルドゥーテ, ピエール＝ジョセフ 1802〜1815

ワトソニア・メリアナ　Watsonia meriana

「美花選［普及版］」河出書房新社　2016
◇図60（カラー）　Glayeul couleur de Laque/Gladiolus Laccatus　ルドゥーテ, ピエール＝ジョゼフ画 1827〜1833　［コノサーズ・コレクション東京］

「植物精選百種図譜 博物画の至宝」平凡社　1996
◇pl.40（カラー）　Meriana　トレウ, C.J., エーレト, G.D. 1750〜73

「ユリ科植物図譜 1」学習研究社　1988
◇図69（カラー）　グラディオルス・メリアーヌス　ルドゥーテ, ピエール＝ジョセフ 1802〜1815

ワビスケ　Camellia 'Wabisuke'

「図説 ボタニカルアート」河出書房新社　2010
◇p118（カラー）　侘助　二口善雄画, 津山尚『日本椿集』 1966　［富山県中央植物園］

侘助

「日本椿集」平凡社　1966

◇図225（カラー）　津山尚著, 二口善雄画 1965, 1956

ワラタ　Telopea speciosissima

「ウィリアム・カーティス 花図譜」同朋舎出版 1994

◇483図（カラー）　The Waratah　エドワーズ, シデナム・ティースト画『カーティス・ボタニカル・マガジン』 1808

われもこう

「野の草の手帖」小学館　1989

◇p208（カラー）　吾木香・我毛香・吾亦紅　図の左上方はナガボノシロワレモコウ　岩崎常正（灌園）『本草図譜』 文政11（1828）［国立国会図書館］

ワレモコウ　Sanguisorba officinalis

「江戸博物文庫 花草の巻」工作舎　2017

◇p15（カラー）　吾亦紅　岩崎灌園『本草図譜』［東京大学大学院理学系研究科附属植物園（小石川植物園）］

「花木真寫」淡交社　2005

◇図94（カラー）　地楡　近衛予楽院家熙　［（財）陽明文庫］

「花彙 上」八坂書房　1977

◇図37（白黒）　玉豉　小野蘭山, 島田充房 明和2（1765）　26.5×18.5　［国立公文書館・内閣文庫］

ワレモコウ

「彩色 江戸博物学集成」平凡社　1994

◇p286（カラー）　岩崎灌園『本草図譜』　［岩瀬文庫］

【 記号・英数 】

III–73～93

「江戸名作画帖全集 8」駸々堂出版　1995

◇図19～37（カラー）　佐竹曙山, 小田野直武『写生帖』　紙本・絹本着色　［秋田市立千秋美術館］

Acacia oncinophylla Benth.

「カーティスの植物図譜」エンタプライズ　1987

◇図4353（カラー）『カーティスのボタニカルマガジン』 1787～1887

Acacia riceana Henslow

「カーティスの植物図譜」エンタプライズ　1987

◇図5835（カラー）『カーティスのボタニカルマガジン』 1787～1887

Acanthus montanus T.Anders.

「カーティスの植物図譜」エンタプライズ　1987

◇図5516（カラー）『カーティスのボタニカルマガジン』 1787～1887

Acer insigne Boiss.et Buhse

「カーティスの植物図譜」エンタプライズ　1987

◇図6697（カラー）『カーティスのボタニカルマガジン』 1787～1887

Achillea ageratifolia Benth.et Hook.f.

「カーティスの植物図譜」エンタプライズ　1987

◇図6117（カラー）『カーティスのボタニカルマガジン』 1787～1887

Achillea clavennae L.

「カーティスの植物図譜」エンタプライズ　1987

◇図1287（カラー）『カーティスのボタニカルマガジン』 1787～1887

Achimenes multiflora Gardn.

「カーティスの植物図譜」エンタプライズ　1987

◇図3993（カラー）『カーティスのボタニカルマガジン』 1787～1887

Acrophyllum verticillatum Hook.

「カーティスの植物図譜」エンタプライズ　1987

◇図4050（カラー）『カーティスのボタニカルマガジン』 1787～1887

Admirable Lælia　Lælia pumila cv. praestans

「ウィリアム・カーティス 花図譜」同朋舎出版 1994

◇440図（カラー）　Lælia præstans　フィッチ, ウォルター・フード画『カーティス・ボタニカル・マガジン』 1865

Aeranthes arachnitis Lindl.

「カーティスの植物図譜」エンタプライズ　1987

◇図6034（カラー）　Acranthus arachnitis Hook.f.『カーティスのボタニカルマガジン』 1787～1887

Aerides crispum Lindl.

「カーティスの植物図譜」エンタプライズ　1987

◇図4427（カラー）『カーティスのボタニカルマガジン』 1787～1887

Aerides multiflora Roxb.

「カーティスの植物図譜」エンタプライズ　1987

◇図4049（カラー）　Aerides affine Lindl.『カーティスのボタニカルマガジン』 1787～1887

African marigold　Tagetes erecta

「アイヒシュテットの庭園」タッシェン・ジャパン　2002

◇p154–I（カラー）　ベスラー, バシリウス

Aganisia ionoptera

「ウィリアム・カーティス 花図譜」同朋舎出版 1994

◇410図（カラー）　スミス, マチルダ画『カーティス・ボタニカル・マガジン』 1892

Alder–leaved Hermannia　Hermannia alnifolia

「ウィリアム・カーティス 花図譜」同朋舎出版 1994

◇547図（カラー）　カーティス, ウィリアム『カーティス・ボタニカル・マガジン』 1795

Aletris–like Watsonia Watsonia aletroides
「ウィリアム・カーティス 花図譜」同朋舎出版 1994
◇251図(カラー) エドワーズ, シデナム・ティースト画『カーティス・ボタニカル・マガジン』 1801

Allium stellerianum Willd.
「カーティスの植物図譜」エンタプライズ 1987
◇図1381(カラー) Allium bisulcum Red.『カーティスのボタニカルマガジン』 1787〜1887

Allium unifolium Kellogg
「カーティスの植物図譜」エンタプライズ 1987
◇図6320(カラー)『カーティスのボタニカルマガジン』 1787〜1887

Aloe–leaved Anthericum Bulbine alooides
「ウィリアム・カーティス 花図譜」同朋舎出版 1994
◇319図(カラー) Anthericum alooides エドワーズ, シデナム・ティースト画『カーティス・ボタニカル・マガジン』 1810

Aloe–leaved Epidendrum Cymbidium simulans
「ウィリアム・カーティス 花図譜」同朋舎出版 1994
◇431図(カラー) Epidendrum aloides カーティス, ウィリアム『カーティス・ボタニカル・マガジン』 1797

Alpine auricula Primula auricula
「アイヒシュテットの庭園」タッシェン・ジャパン 2002
◇p41–I(カラー) ベスラー, バシリウス
◇p41–II(カラー) ベスラー, バシリウス
◇p41–III(カラー) ベスラー, バシリウス

Alpine Eryngo Eryngium alpinum
「ウィリアム・カーティス 花図譜」同朋舎出版 1994
◇562図(カラー) エドワーズ, シデナム・ティースト画『カーティス・ボタニカル・マガジン』 1806

Alpine houseleek Sempervivum montanum
「アイヒシュテットの庭園」タッシェン・ジャパン 2002
◇p70–II(カラー) ベスラー, バシリウス

Alpine Lychnis Lychnis alpina
「ウィリアム・カーティス 花図譜」同朋舎出版 1994
◇98図(カラー) カーティス, ウィリアム『カーティス・ボタニカル・マガジン』 1798

Alpine scabious Cephalaria alpina
「アイヒシュテットの庭園」タッシェン・ジャパン 2002
◇p137–I(カラー) ベスラー, バシリウス

Alpine Snowball Soldanella alpina L.
「カーティスの植物図譜」エンタプライズ 1987
◇図2163(カラー) Soldanella clusii F.W. Schmidt.『カーティスのボタニカルマガジン』 1787〜1887

Alysicarpus bupleurifolius DC.
「カーティスの植物図譜」エンタプライズ 1987
◇図1722(カラー) Hedysarum bupleurifolium Herb.『カーティスのボタニカルマガジン』 1787〜1887

Amboyna Pancratium Eurycles amboinensis
「ウィリアム・カーティス 花図譜」同朋舎出版 1994
◇36図(カラー) Pancratium amboinense エドワーズ, シデナム・ティースト画『カーティス・ボタニカル・マガジン』 1811

American Narthecium Narthecium americanum
「ウィリアム・カーティス 花図譜」同朋舎出版 1994
◇361図(カラー) エドワーズ, シデナム・ティースト画『カーティス・ボタニカル・マガジン』 1812

American Pancratium Hymenocallis rotata
「ウィリアム・カーティス 花図譜」同朋舎出版 1994
◇33図(カラー) Pancratium rotatum(α) エドワーズ, シデナム・ティースト画『カーティス・ボタニカル・マガジン』 1808

Amorphophallus dubius Bl.
「カーティスの植物図譜」エンタプライズ 1987
◇図5187(カラー)『カーティスのボタニカルマガジン』 1787〜1887

Anchomanes hookeri Schott
「カーティスの植物図譜」エンタプライズ 1987
◇図3728(カラー) Caladium petiolatum Hook.『カーティスのボタニカルマガジン』 1787〜1887

Androsace alpina Lam.
「カーティスの植物図譜」エンタプライズ 1987
◇図5808(カラー) Androsace pubescens DC.『カーティスのボタニカルマガジン』 1787〜1887

Androsace rotundifolia Hardw.var. macrocalyx
「カーティスの植物図譜」エンタプライズ 1987
◇図6617(カラー)『カーティスのボタニカルマガジン』 1787〜1887

Anemone Clematis
「カーティスの植物図譜」エンタプライズ 1987
◇図4061(カラー) Clematis montana Buch.–Ham.ex DC.var.grandiflora『カーティスのボタニカルマガジン』 1787〜1887

Anemone palmata L.var.albida
「カーティスの植物図譜」エンタプライズ　1987
◇図2079（カラー）『カーティスのボタニカルマガジン』 1787～1887

Anemone polyanthes D.Don
「カーティスの植物図譜」エンタプライズ　1987
◇図6840（カラー）『カーティスのボタニカルマガジン』 1787～1887

Anemonopsis macrophylla Sieb.et Zucc.
「カーティスの植物図譜」エンタプライズ　1987
◇図6413（カラー）『カーティスのボタニカルマガジン』 1787～1887

Anguloa clowesii Lindl.
「カーティスの植物図譜」エンタプライズ　1987
◇図4313（カラー）『カーティスのボタニカルマガジン』 1787～1887

Annam　Vanda watsoni
「ウィリアム・カーティス 花図譜」同朋舎出版　1994
◇458図（カラー）　スミス, マチルダ画『カーティス・ボタニカル・マガジン』 1906

Anthocercis viscosa R.Br.
「カーティスの植物図譜」エンタプライズ　1987
◇図4200（カラー）　Anthocercis ilicifolia Hook.『カーティスのボタニカルマガジン』 1787～1887

Aponogeton spathaceum E.Mey.var. junceum
「カーティスの植物図譜」エンタプライズ　1987
◇図6399（カラー）『カーティスのボタニカルマガジン』 1787～1887

Apothecary's rose（Red rose of Lancaster）　Rosa gallica officinalis
「アイヒシュテットの庭園」タッシェン・ジャパン　2002
◇p67–III（カラー）　ベスラー, バシリウス

Aquilegia moorcroftiana Wall.
「カーティスの植物図譜」エンタプライズ　1987
◇図4693（カラー）　Aquilegia kanaoriensis Jacquem.ex Camb.『カーティスのボタニカルマガジン』 1787～1887

Arctotis aspera L.var.arborescens
「カーティスの植物図譜」エンタプライズ　1987
◇図6528（カラー）『カーティスのボタニカルマガジン』 1787～1887

Ariopsis peltata J.Grah.
「カーティスの植物図譜」エンタプライズ　1987
◇図4222（カラー）『カーティスのボタニカルマガジン』 1787～1887

Arisarum proboscideum Savi
「カーティスの植物図譜」エンタプライズ　1987
◇図6634（カラー）『カーティスのボタニカルマガジン』 1787～1887

Aristolochia arborea Linden
「カーティスの植物図譜」エンタプライズ　1987
◇図5295（カラー）『カーティスのボタニカルマガジン』 1787～1887

Aristolochia barbata Jacq.
「カーティスの植物図譜」エンタプライズ　1987
◇図5869（カラー）『カーティスのボタニカルマガジン』 1787～1887

Aristolochia sempervirens L.
「カーティスの植物図譜」エンタプライズ　1987
◇図6586（カラー）　Aristolochia altissima Desf.『カーティスのボタニカルマガジン』 1787～1887

Aristotelia peduncularis Hook.
「カーティスの植物図譜」エンタプライズ　1987
◇図4246（カラー）　Friesia peduncularis DC.『カーティスのボタニカルマガジン』 1787～1887

Aromatic Diosma　Adenandra fragrans
「ウィリアム・カーティス 花図譜」同朋舎出版　1994
◇514図（カラー）　Diosma fragrans　エドワーズ, シデナム・ティースト画『カーティス・ボタニカル・マガジン』 1813

Asian buttercup（Crowfoot）
Ranunculus spec.
「アイヒシュテットの庭園」タッシェン・ジャパン　2002
◇p43–I（カラー）　ベスラー, バシリウス
◇p43–II（カラー）　Asian buttercup, Crowfoot　ベスラー, バシリウス
◇p43–III（カラー）　Asian buttercup, Crowfoot　ベスラー, バシリウス
◇p43–IIII（カラー）　Asian buttercup, Crowfoot　ベスラー, バシリウス
◇p43–V（カラー）　Asian buttercup, Crowfoot　ベスラー, バシリウス

Asiatic Globe–flower　Trollius asiaticus
「ウィリアム・カーティス 花図譜」同朋舎出版　1994
◇500図（カラー）　エドワーズ, シデナム・ティースト画『カーティス・ボタニカル・マガジン』 1793

Asphodel　Asphodelus ramosus
「アイヒシュテットの庭園」タッシェン・ジャパン　2002
◇p89–I（カラー）　ベスラー, バシリウス

Asplenium hemionitis L.
「カーティスの植物図譜」エンタプライズ　1987
◇図4911（カラー）『カーティスのボタニカルマガジン』 1787～1887

Aster bigelovii A.Gray
「カーティスの植物図譜」エンタプライズ　1987
◇図6430（カラー）　Aster townshendii Hook.f.

『カーティスのボタニカルマガジン』 1787〜1887

Aster canescens Pursh
「カーティスの植物図譜」エンタプライズ　1987
◇図3382（カラー）　Diplopappus incanus Lindl.『カーティスのボタニカルマガジン』 1787〜1887

Aster diplostephioides Benth.et Hook. f.
「カーティスの植物図譜」エンタプライズ　1987
◇図6718（カラー）『カーティスのボタニカルマガジン』 1787〜1887

Aster gymnocephalus A.Gray
「カーティスの植物図譜」エンタプライズ　1987
◇図6549（カラー）『カーティスのボタニカルマガジン』 1787〜1887

Aster laevis L.
「カーティスの植物図譜」エンタプライズ　1987
◇図2995（カラー）　Aster laevigatus Hook.『カーティスのボタニカルマガジン』 1787〜1887

Aster stracheyi Hook.f.
「カーティスの植物図譜」エンタプライズ　1987
◇図6912（カラー）『カーティスのボタニカルマガジン』 1787〜1887

Asterostigma luschnathianum Schott
「カーティスの植物図譜」エンタプライズ　1987
◇図5972（カラー）『カーティスのボタニカルマガジン』 1787〜1887

Astilbe rubra Hook.f.et Thoms.
「カーティスの植物図譜」エンタプライズ　1987
◇図4959（カラー）『カーティスのボタニカルマガジン』 1787〜1887

Astragalus monspessulanus L.
「カーティスの植物図譜」エンタプライズ　1987
◇図375（カラー）『カーティスのボタニカルマガジン』 1787〜1887

Austrian Briar　Rosa foetida Herrm.
「カーティスの植物図譜」エンタプライズ　1987
◇図363（カラー）　Rosa lutea Mill.『カーティスのボタニカルマガジン』 1787〜1887

Austrian Flax　Linum austriacum
「ウィリアム・カーティス 花図譜」同朋舎出版　1994
◇366図（カラー）　エドワーズ, シデナム・ティースト画『カーティス・ボタニカル・マガジン』 1808

Austrian yellow rose（Austrian briar）
Rosa foetida
「アイヒシュテットの庭園」タッシェン・ジャパン　2002
◇p69–I（カラー）　ベスラー, バシリウス

Autumn crocus（Naked ladies with striped leaves）　Colchicum spec.
「アイヒシュテットの庭園」タッシェン・ジャパン　2002
◇p175–II（カラー）　ベスラー, バシリウス

Autumn daffodil　Sternbergia lutea
「アイヒシュテットの庭園」タッシェン・ジャパン　2002
◇p174–I（カラー）　ベスラー, バシリウス
◇p174–VI（カラー）　ベスラー, バシリウス

Autumn squill　Scilla autumnalis
「アイヒシュテットの庭園」タッシェン・ジャパン　2002
◇p174–II（カラー）　ベスラー, バシリウス

Bachelor's buttons（Fair maids of France, Fair maids of Kent）
Ranunculus aconitifolius
「アイヒシュテットの庭園」タッシェン・ジャパン　2002
◇p42–I（カラー）　ベスラー, バシリウス

Balsam–scented Sea–daffodil
Hymenocallis speciosa
「ウィリアム・カーティス 花図譜」同朋舎出版　1994
◇41図（カラー）　Pancratium speciousum　エドワーズ, シデナム・ティースト画『カーティス・ボタニカル・マガジン』 1812

Barleria cristata L.
「カーティスの植物図譜」エンタプライズ　1987
◇図1615（カラー）『カーティスのボタニカルマガジン』 1787〜1887

Barrel–flowered Gentian or Soapwort Gentian　Gentiana saponaria
「ウィリアム・カーティス 花図譜」同朋舎出版　1994
◇185図（カラー）　エドワーズ, シデナム・ティースト画『カーティス・ボタニカル・マガジン』 1807

Bauhinia porrecta Sw.
「カーティスの植物図譜」エンタプライズ　1987
◇図1708（カラー）『カーティスのボタニカルマガジン』 1787〜1887

Bearded–leaved Heath　Erica aristata
「ウィリアム・カーティス 花図譜」同朋舎出版　1994
◇154図（カラー）　エドワーズ, シデナム・ティースト画『カーティス・ボタニカル・マガジン』 1809

Bear's breeches　Acanthus mollis
「アイヒシュテットの庭園」タッシェン・ジャパン　2002
◇p143–III（カラー）　ベスラー, バシリウス

Beautiful Yellow Anigozanthus
Anigozanthus pulcherrimus
「ウィリアム・カーティス 花図譜」同朋舎出版　1994
◇201図（カラー）　フィッチ, ウォルター・フード

画『カーティス・ボタニカル・マガジン』 1845

Bee larkspur Delphinium elatum
「アイヒシュテットの庭園」タッシェン・ジャパン 2002
◇p102-I(カラー) ベスラー, バシリウス

Begonia falcifolia Hook.f.
「カーティスの植物図譜」エンタプライズ 1987
◇図5707(カラー)『カーティスのボタニカルマガジン』 1787~1887

Begonia palmata D.Don
「カーティスの植物図譜」エンタプライズ 1987
◇図5021(カラー) Begonia laciniata Roxb. 『カーティスのボタニカルマガジン』 1787~1887

Begonia xanthina Hook.var.pictifolia
「カーティスの植物図譜」エンタプライズ 1987
◇図5102(カラー)『カーティスのボタニカルマガジン』 1787~1887

Bellflower Campanula latifolia
「アイヒシュテットの庭園」タッシェン・ジャパン 2002
◇p126-II(カラー) ベスラー, バシリウス

Bellflower Campanula patula
「アイヒシュテットの庭園」タッシェン・ジャパン 2002
◇p36-III(カラー) ベスラー, バシリウス

Bell-flower Solanum Solanum campanulatum
「ウィリアム・カーティス 花図譜」同朋舎出版 1994
◇542図(カラー) フィッチ, ウォルター・フード画『カーティス・ボタニカル・マガジン』 1838

Bellis annua L.
「カーティスの植物図譜」エンタプライズ 1987
◇図2174(カラー)『カーティスのボタニカルマガジン』 1787~1887

Bells of Ireland (Shell-flower) Moluccella laevis
「アイヒシュテットの庭園」タッシェン・ジャパン 2002
◇p129-I(カラー) ベスラー, バシリウス

Bending-flowered Tritonia Ixia bellendenii
「ウィリアム・カーティス 花図譜」同朋舎出版 1994
◇249図(カラー) Tritonia rochensis (α) エドワーズ, シデナム・ティースト画『カーティス・ボタニカル・マガジン』 1812

Bergenia ligulata Engl.
「カーティスの植物図譜」エンタプライズ 1987
◇図3406(カラー) Saxifraga ligulata Wall.『カーティスのボタニカルマガジン』 1787~1887

Betony-leaved Rampion Phyteuma betonicifolium
「ウィリアム・カーティス 花図譜」同朋舎出版 1994
◇84図(カラー) カーティス, ウィリアム『カーティス・ボタニカル・マガジン』 1819

Bi-coloured autumn crocus in leaf (Naked ladies) Colchicum spec.
「アイヒシュテットの庭園」タッシェン・ジャパン 2002
◇p175-III(カラー) ベスラー, バシリウス

Bidens aristosa Britt.
「カーティスの植物図譜」エンタプライズ 1987
◇図6462(カラー) Coreopsis aristosa Michx. 『カーティスのボタニカルマガジン』 1787~1887

Bird's nest orchid Neottia nidus-avis
「アイヒシュテットの庭園」タッシェン・ジャパン 2002
◇p119-III(カラー) ベスラー, バシリウス

Bistort (Snakeweed, Easter ledges) Polygonum bistorta
「アイヒシュテットの庭園」タッシェン・ジャパン 2002
◇p86-I(カラー) ベスラー, バシリウス

Bladder campion (Catchfly) Silene vulgaris
「アイヒシュテットの庭園」タッシェン・ジャパン 2002
◇p101-II(カラー) ベスラー, バシリウス

Bladdernut Staphylea pinnata
「アイヒシュテットの庭園」タッシェン・ジャパン 2002
◇p35-I(カラー) ベスラー, バシリウス

Blood-red Gladiolus Gladiolus cruentus
「ウィリアム・カーティス 花図譜」同朋舎出版 1994
◇220図(カラー) フィッチ, ウォルター・フード画『カーティス・ボタニカル・マガジン』 1869 25.2×15.8 ※原画を拡大

Bloodroot, Red Puccoon
「カーティスの植物図譜」エンタプライズ 1987
◇図162(カラー) Sanguinaria canadensis L. 『カーティスのボタニカルマガジン』 1787~1887

Blue anemone Hepatica nobilis
「アイヒシュテットの庭園」タッシェン・ジャパン 2002
◇p46-IIII(カラー) ベスラー, バシリウス
◇p46-V(カラー) ベスラー, バシリウス

Blue buttons (Field scabious) Knautia arvensis
「アイヒシュテットの庭園」タッシェン・ジャパン 2002

◇p137–III(カラー) ベスラー, バシリウス

Blue canterbury bells(Cup and saucer) Campanula medium
「アイヒシュテットの庭園」タッシェン・ジャパン 2002
◇p100–III(カラー) ベスラー, バシリウス

Blue dwarf bearded iris Iris pumila
「アイヒシュテットの庭園」タッシェン・ジャパン 2002
◇p78–IIII(カラー) ベスラー, バシリウス

Blue Lotus of Egypt
「カーティスの植物図譜」エンタプライズ 1987
◇図552(カラー) Nymphaea caerulea Sav.『カーティスのボタニカルマガジン』 1787〜1887

Blue meadow clary Salvia pratensis
「アイヒシュテットの庭園」タッシェン・ジャパン 2002
◇p86–II(カラー) ベスラー, バシリウス

Bluebell Hyacinthoides non–scripta
「アイヒシュテットの庭園」タッシェン・ジャパン 2002
◇p50–II(カラー) ベスラー, バシリウス

Bluebell(Harebell) Campanula rotundifolia
「アイヒシュテットの庭園」タッシェン・ジャパン 2002
◇p153–I(カラー) ベスラー, バシリウス

Blumenbachia chuquitensis Hook.f.
「カーティスの植物図譜」エンタプライズ 1987
◇図6143(カラー)『カーティスのボタニカルマガジン』 1787〜1887

Blumenbachia hieronymi Urb.
「カーティスの植物図譜」エンタプライズ 1987
◇図3599(カラー) Blumenbachia multifida Griseb.『カーティスのボタニカルマガジン』 1787〜1887

Blush–colourd Crinum Crinum erubescens
「ウィリアム・カーティス 花図譜」同朋舎出版 1994
◇24図(カラー) エドワーズ, シデナム・ティースト画『カーティス・ボタニカル・マガジン』 1809

Blush Trichonema Romulea rosea var. pudica
「ウィリアム・カーティス 花図譜」同朋舎出版 1994
◇247図(カラー) Trichonema pudicum エドワーズ, シデナム・ティースト画『カーティス・ボタニカル・マガジン』 1809

Bog arum(Water arum, Wild calla, Water dragon) Calla palustris
「アイヒシュテットの庭園」タッシェン・ジャパン 2002
◇p50–IIII(カラー) ベスラー, バシリウス

Bomarea acutifolia Herb.
「カーティスの植物図譜」エンタプライズ 1987
◇図3050(カラー) Alstroemeria acutifolia Link et Otto『カーティスのボタニカルマガジン』 1787〜1887

Bongardia rauwolfii C.A.Mey.
「カーティスの植物図譜」エンタプライズ 1987
◇図6244(カラー)『カーティスのボタニカルマガジン』 1787〜1887

Bowiea volubilis Harv.ex Hook.f.
「カーティスの植物図譜」エンタプライズ 1987
◇図5619(カラー)『カーティスのボタニカルマガジン』 1787〜1887

Box–thorn–like Vestia Vestia lycioides
「ウィリアム・カーティス 花図譜」同朋舎出版 1994
◇546図(カラー) カーティス, ジョン画『カーティス・ボタニカル・マガジン』 1823

Brachystelma tuberosum R.Br.
「カーティスの植物図譜」エンタプライズ 1987
◇図2343(カラー)『カーティスのボタニカルマガジン』 1787〜1887

Branched Asphodel or Kingspear Asphodelus ramosus
「ウィリアム・カーティス 花図譜」同朋舎出版 1994
◇322図(カラー) エドワーズ, シデナム・ティースト画『カーティス・ボタニカル・マガジン』 1804

Brassaiopsis speciosa Decne.et Planch.
「カーティスの植物図譜」エンタプライズ 1987
◇図4804(カラー) Hedera glomerulata DC.『カーティスのボタニカルマガジン』 1787〜1887

Bright yellow dwarf bearded iris Iris pumila
「アイヒシュテットの庭園」タッシェン・ジャパン 2002
◇p78–III(カラー) ベスラー, バシリウス

Brillantaisia owariensis Beauv.
「カーティスの植物図譜」エンタプライズ 1987
◇図4717(カラー)『カーティスのボタニカルマガジン』 1787〜1887

Bristly–rooted albuca Albuca setosa
「ウィリアム・カーティス 花図譜」同朋舎出版 1994
◇333図(カラー) エドワーズ, シデナム・ティースト画『カーティス・ボタニカル・マガジン』

1812

Britter–Root

「カーティスの植物図譜」エンタプライズ 1987

◇図5395(カラー) Lewisia rediviva Pursh.『カーティスのボタニカルマガジン』 1787〜1887

Broad leaved Clerodendrum Clerodendrum serrantum

「ウィリアム・カーティス 花図譜」同朋舎出版 1994

◇566図(カラー) Clerodendrum macrophyllum カーティス, ジョン画『カーティス・ボタニカル・マガジン』 1824

Broad–leaved Colchicum Colchicum byzantinum

「ウィリアム・カーティス 花図譜」同朋舎出版 1994

◇324図(カラー) エドワーズ, シデナム・ティースト画『カーティス・ボタニカル・マガジン』 1808

Broad–leaved marsh orchid Dactylorhiza majalis

「アイヒシュテットの庭園」タッシェン・ジャパン 2002

◇p48–III(カラー) ベスラー, バシリウス

Broad–leaved Massonia Massonia depressa

「ウィリアム・カーティス 花図譜」同朋舎出版 1994

◇343図(カラー) Massonia latifolia エドワーズ, シデナム・ティースト画『カーティス・ボタニカル・マガジン』 1805

Broadest–leaved Eustrephus Eustrephus latifolius

「ウィリアム・カーティス 花図譜」同朋舎出版 1994

◇318図(カラー) エドワーズ, シデナム・ティースト画『カーティス・ボタニカル・マガジン』 1809

Broom Cytisus ciliatus

「アイヒシュテットの庭園」タッシェン・ジャパン 2002

◇p37–III(カラー) ベスラー, バシリウス

Broom Cytisus sessilifolius

「アイヒシュテットの庭園」タッシェン・ジャパン 2002

◇p37–II(カラー) ベスラー, バシリウス

Brownea ariza Benth.

「カーティスの植物図譜」エンタプライズ 1987

◇図6469(カラー)『カーティスのボタニカルマガジン』 1787〜1887

Brown–flowered Uvularia Disporum cantoniense

「ウィリアム・カーティス 花図譜」同朋舎出版 1994

◇327図(カラー) Uvularia chinensis エドワーズ, シデナム・ティースト画『カーティス・ボタニカル・マガジン』 1806

Bug orchid Orchis coriophora

「アイヒシュテットの庭園」タッシェン・ジャパン 2002

◇p119–II(カラー) ベスラー, バシリウス

Bulb and basal leaves of martagon or turk's cap lily Lilium martagon

「アイヒシュテットの庭園」タッシェン・ジャパン 2002

◇p113–I(カラー) ベスラー, バシリウス

Bulbil–producing varietas with bulb Lilium bulbiferum ssp.Bulbiferum

「アイヒシュテットの庭園」タッシェン・ジャパン 2002

◇p63–I(カラー) ベスラー, バシリウス

◇p63–II(カラー) ベスラー, バシリウス

Bulbophyllum reticulatum Batem.

「カーティスの植物図譜」エンタプライズ 1987

◇図5605(カラー)『カーティスのボタニカルマガジン』 1787〜1887

Bulbous buttercup (Crowfoot) Ranunculus bulbosus

「アイヒシュテットの庭園」タッシェン・ジャパン 2002

◇p42–III(カラー) ベスラー, バシリウス

Bunch–flowered narcissus (Polyanthus narcissus) Narcissus tazetta

「アイヒシュテットの庭園」タッシェン・ジャパン 2002

◇p54–I(カラー) ベスラー, バシリウス

Burnet rose (Scotch rose) Rosa spinosissima

「アイヒシュテットの庭園」タッシェン・ジャパン 2002

◇p69–IIII(カラー) ベスラー, バシリウス

Burnt orchid Orchis ustulata

「アイヒシュテットの庭園」タッシェン・ジャパン 2002

◇p89–II(カラー) ベスラー, バシリウス

Butcher's broom (Box holly, Jew's myrtle) Ruscus aculeatus

「アイヒシュテットの庭園」タッシェン・ジャパン 2002

◇p32–I(カラー) ベスラー, バシリウス

Butter–bur–leaved Cineraria Senecio petasites

「ウィリアム・カーティス 花図譜」同朋舎出版 1994

◇116図(カラー) Cineraria petasitis エドワー

ズ, シデナム・ティースト画『カーティス・ボタニカル・マガジン』 1813

Butterbur (Sweet coltsfoot) Petasites albus
「アイヒシュテットの庭園」タッシェン・ジャパン 2002
◇p184–III (カラー) ベスラー, バシリウス

Caiophora pentlandii G.Don ex Loud.
「カーティスの植物図譜」エンタプライズ 1987
◇図4095 (カラー) Loasa pentlandii Paxt.『カーティスのボタニカルマガジン』 1787〜1887

Calceolaria violacea Cav.
「カーティスの植物図譜」エンタプライズ 1987
◇図4929 (カラー)『カーティスのボタニカルマガジン』 1787〜1887

California Buckeye
「カーティスの植物図譜」エンタプライズ 1987
◇図5077 (カラー) Aesculus californica Nutt.『カーティスのボタニカルマガジン』 1787〜1887

Calliandra tetragona Benth.
「カーティスの植物図譜」エンタプライズ 1987
◇図2651 (カラー) Acacia quadrangularis Link『カーティスのボタニカルマガジン』 1787〜1887

Calochilus campestris R.Br.
「カーティスの植物図譜」エンタプライズ 1987
◇図3187 (カラー)『カーティスのボタニカルマガジン』 1787〜1887

Calopogon pulchellus R.Br.
「カーティスの植物図譜」エンタプライズ 1987
◇図116 (カラー) Limodorum tuberosum L.『カーティスのボタニカルマガジン』 1787〜1887

Camellia rosaeflora Hook.
「カーティスの植物図譜」エンタプライズ 1987
◇図5044 (カラー)『カーティスのボタニカルマガジン』 1787〜1887

Campanula caespitosa Scop.
「カーティスの植物図譜」エンタプライズ 1987
◇図512 (カラー) Campanula pumila Curt.『カーティスのボタニカルマガジン』 1787〜1887

Campanula fragilis Cyrill.
「カーティスの植物図譜」エンタプライズ 1987
◇図6504 (カラー)『カーティスのボタニカルマガジン』 1787〜1887

Campanula peregrina L.
「カーティスの植物図譜」エンタプライズ 1987
◇図1257 (カラー)『カーティスのボタニカルマガジン』 1787〜1887

Campanula sarmatica Ker–Gawl.
「カーティスの植物図譜」エンタプライズ 1987
◇図2019 (カラー)『カーティスのボタニカルマガジン』 1787〜1887

Campion (Catchfly) Silene nutans
「アイヒシュテットの庭園」タッシェン・ジャパン 2002
◇p101–III (カラー) ベスラー, バシリウス

Canada Lily, Meadow Lily
「カーティスの植物図譜」エンタプライズ 1987
◇図6146 (カラー) Lilium canadense L.var. parvum『カーティスのボタニカルマガジン』 1787〜1887

Canarina canariensis
「花の本 ボタニカルアートの庭」角川書店 2010
◇p87 (カラー) Curtis, William『ボタニカルマガジン』 1787〜

Canary Bell–flower Canaria canariensis
「ウィリアム・カーティス 花図譜」同朋舎出版 1994
◇76図 (カラー) Canaria campanulna エドワーズ, シデナム・ティースト画『カーティス・ボタニカル・マガジン』 1799

Canary Bindweed Convolvulus canariensis
「ウィリアム・カーティス 花図譜」同朋舎出版 1994
◇138図 (カラー) エドワーズ, シデナム・ティースト画『カーティス・ボタニカル・マガジン』 1809

Canterbury bells (Cup and saucer) Campanula medium
「アイヒシュテットの庭園」タッシェン・ジャパン 2002
◇p101–I (カラー) ベスラー, バシリウス

Cantua bicolor Lem.
「カーティスの植物図譜」エンタプライズ 1987
◇図4729 (カラー)『カーティスのボタニカルマガジン』 1787〜1887

Cardamine kitaibelii Becherer
「カーティスの植物図譜」エンタプライズ 1987
◇図6796 (カラー) Dentaria polyphylla Waldst. et Kit.『カーティスのボタニカルマガジン』 1787〜1887

Carinthian Wulfenia Wulfenia carinnthiaca
「ウィリアム・カーティス 花図譜」同朋舎出版 1994
◇539図 (カラー) カーティス, ジョン画『カーティス・ボタニカル・マガジン』 1824

Carnation (Pink) Dianthus spec.
「アイヒシュテットの庭園」タッシェン・ジャパン 2002
◇p113–II (カラー) ベスラー, バシリウス
◇p113–III (カラー) ベスラー, バシリウス

Carolina dotted–leaved Rhododendron Rhododendron minus
「ウィリアム・カーティス 花図譜」同朋舎出版 1994
◇169図(カラー) Rhododendron punctatum (α) カーティス, ジョン画『カーティス・ボタニカル・マガジン』 1821

Carolina Menziesia or Minnie Bush Menziesia pilosa
「ウィリアム・カーティス 花図譜」同朋舎出版 1994
◇161図(カラー) Menziesia ferruginea (β) エドワーズ, シデナム・ティースト画『カーティス・ボタニカル・マガジン』 1813

Carpathian Bellflower
「カーティスの植物図譜」エンタプライズ 1987
◇図117(カラー) Campanula carpatica Jacq. 『カーティスのボタニカルマガジン』 1787〜1887

Catesbaea spinosa L.
「カーティスの植物図譜」エンタプライズ 1987
◇図131(カラー)『カーティスのボタニカルマガジン』 1787〜1887

Cat's ears (Pussy–toes) Antennaria dioica
「アイヒシュテットの庭園」タッシェン・ジャパン 2002
◇p55–II(カラー) ベスラー, バシリウス
◇p55–III(カラー) ベスラー, バシリウス

Cattleya violacea Rolfe
「カーティスの植物図譜」エンタプライズ 1987
◇図4083(カラー) Cattleya superba Schomb. 『カーティスのボタニカルマガジン』 1787〜1887

Caucasian Centaury Centaurea axillaris
「ウィリアム・カーティス 花図譜」同朋舎出版 1994
◇113図(カラー) Centaurea ochroleuca エドワーズ, シデナム・ティースト画『カーティス・ボタニカル・マガジン』 1809

Caucasian Gentian Gentianella caucasea
「ウィリアム・カーティス 花図譜」同朋舎出版 1994
◇184図(カラー) エドワーズ, シデナム・ティースト画『カーティス・ボタニカル・マガジン』 1807

Centaurea ragusina L.
「カーティスの植物図譜」エンタプライズ 1987
◇図494(カラー)『カーティスのボタニカルマガジン』 1787〜1887

Centaurea spinosa L.
「カーティスの植物図譜」エンタプライズ 1987
◇図2493(カラー)『カーティスのボタニカルマガジン』 1787〜1887

Cereus eyriesii Hort.Berol.ex Pfeiff.
「カーティスの植物図譜」エンタプライズ 1987
◇図3411(カラー) Echinocactus eyriesii Turp. 『カーティスのボタニカルマガジン』 1787〜1887

Cereus speciosissimus DC.
「カーティスの植物図譜」エンタプライズ 1987
◇図3822(カラー)『カーティスのボタニカルマガジン』 1787〜1887

Ceropegia barkleyi Hook.f.
「カーティスの植物図譜」エンタプライズ 1987
◇図6315(カラー)『カーティスのボタニカルマガジン』 1787〜1887

Ceropegia gardneri Hook.
「カーティスの植物図譜」エンタプライズ 1987
◇図5306(カラー)『カーティスのボタニカルマガジン』 1787〜1887

Ceropegia hirsuta Wight et Arn.
「カーティスの植物図譜」エンタプライズ 1987
◇図3740(カラー) Ceropegia vincaefolia Hook. 『カーティスのボタニカルマガジン』 1787〜1887

Cestrum endlicheri Miers
「カーティスの植物図譜」エンタプライズ 1987
◇図4201(カラー) Habrothamnus Corymbosus Endl.ex Meissn.『カーティスのボタニカルマガジン』 1787〜1887

Changeable Dalea Dalea mutabilis
「ウィリアム・カーティス 花図譜」同朋舎出版 1994
◇275図(カラー) カーティス, ジョン画『カーティス・ボタニカル・マガジン』 1824

Changeable Gompholobium or Aurple–stemmed variety Gompholobium polymorphum
「ウィリアム・カーティス 花図譜」同朋舎出版 1994
◇281図(カラー) Gompholobium versicolor var.Caulibus purpureis フィッチ, ウォルター・フード画『カーティス・ボタニカル・マガジン』 1845

Chatham Island Forget–me–not Myosotidium hortensia
「ウィリアム・カーティス 花図譜」同朋舎出版 1994
◇65図(カラー) Myosotidium nobile フィッチ, ウォルター・フード画『カーティス・ボタニカル・マガジン』 1859

Cherimoya, cherimolla Annona cherimolia Mill.
「カーティスの植物図譜」エンタプライズ 1987
◇図2011(カラー) Annona tripetala Ait.『カーティスのボタニカルマガジン』 1787〜1887

Chickweed Claytonia Montia sibirica
「ウィリアム・カーティス 花図譜」同朋舎出版

1994
◇470図（カラー）　Claytonia alsinoides　エドワーズ, シデナム・ティースト画『カーティス・ボタニカル・マガジン』 1810

Chiltern gentian　Gentiana germanica
「アイヒシュテットの庭園」タッシェン・ジャパン 2002
◇p163–III（カラー）　ベスラー, バシリウス

Christmas rose　Helleborus niger
「アイヒシュテットの庭園」タッシェン・ジャパン 2002
◇p183–I（カラー）　ベスラー, バシリウス

Chrysanthemum broussonetii Balb.
「カーティスの植物図譜」エンタプライズ 1987
◇図5067（カラー）　Ismelia broussonetii Sch.–Bip.『カーティスのボタニカルマガジン』 1787〜1887

Chrysanthemum catananche Ball
「カーティスの植物図譜」エンタプライズ 1987
◇図6107（カラー）『カーティスのボタニカルマガジン』 1787〜1887

Cinnamon–leaved Melastoma or Black Strawberry Tree　Melastoma sanguineum
「ウィリアム・カーティス 花図譜」同朋舎出版 1994
◇380図（カラー）　Melastoma malabathrica　エドワーズ, シデナム・ティースト画『カーティス・ボタニカル・マガジン』 1801

Cirsium grahami A.Gray
「カーティスの植物図譜」エンタプライズ 1987
◇図5885（カラー）『カーティスのボタニカルマガジン』 1787〜1887

Clammy Currant　Ribes orientale
「ウィリアム・カーティス 花図譜」同朋舎出版 1994
◇520図（カラー）　Ribes resinosum　カーティス, ウィリアム『カーティス・ボタニカル・マガジン』 1813

Clavija ornata D.Don
「カーティスの植物図譜」エンタプライズ 1987
◇図4922（カラー）『カーティスのボタニカルマガジン』 1787〜1887

Clematis barbellata Edgew.
「カーティスの植物図譜」エンタプライズ 1987
◇図4794（カラー）『カーティスのボタニカルマガジン』 1787〜1887

Clematis crispa L.
「カーティスの植物図譜」エンタプライズ 1987
◇図1816（カラー）　Clematis cordata Sims『カーティスのボタニカルマガジン』 1787〜1887

Clematis graveolens Lindl.
「カーティスの植物図譜」エンタプライズ 1987
◇図4495（カラー）『カーティスのボタニカルマガジン』 1787〜1887

Clematis heracleaefolia DC.
「カーティスの植物図譜」エンタプライズ 1987
◇図4269（カラー）　Clematis tubulosa Hook.『カーティスのボタニカルマガジン』 1787〜1887

Clerodendron tomentosum R.Br.
「カーティスの植物図譜」エンタプライズ 1987
◇図1518（カラー）『カーティスのボタニカルマガジン』 1787〜1887

Clerodendron umbellatum Poir.
「カーティスの植物図譜」エンタプライズ 1987
◇図4354（カラー）　Clerodendron scandens Beauv.『カーティスのボタニカルマガジン』 1787〜1887

Clustered Bell–flower　Campanula lingulata
「ウィリアム・カーティス 花図譜」同朋舎出版 1994
◇77図（カラー）　Campanula capitata　エドワーズ, シデナム・ティースト画『カーティス・ボタニカル・マガジン』 1805

Cnicus spinosissimus L.
「カーティスの植物図譜」エンタプライズ 1987
◇図1366（カラー）『カーティスのボタニカルマガジン』 1787〜1887

Cobaea Penduliflora Hook.f.
「カーティスの植物図譜」エンタプライズ 1987
◇図5757（カラー）『カーティスのボタニカルマガジン』 1787〜1887

Cobweb Slipperwort　Calceolaria arachnoidea
「ウィリアム・カーティス 花図譜」同朋舎出版 1994
◇528図（カラー）　ハーバート, ウィリアム画『カーティス・ボタニカル・マガジン』 1828

Coccinia quinqueloba Cogn.
「カーティスの植物図譜」エンタプライズ 1987
◇図1820（カラー）　Bryonia quinqueloba Thunb.『カーティスのボタニカルマガジン』 1787〜1887

Cocos plumosa Hook.
「カーティスの植物図譜」エンタプライズ 1987
◇図5180（カラー）『カーティスのボタニカルマガジン』 1787〜1887

Coelogyne corrugata Wight
「カーティスの植物図譜」エンタプライズ 1987
◇図5601（カラー）『カーティスのボタニカルマガジン』 1787〜1887

Colchicum triphyllum Kuntze
「カーティスの植物図譜」エンタプライズ 1987
◇図6443（カラー）　Colchicum montanum『カーティスのボタニカルマガジン』 1787〜1887

Colchicum variegatum L.
「カーティスの植物図譜」エンタプライズ　1987
◇図6090（カラー）　Colchicum parkinsoni Hook. f.『カーティスのボタニカルマガジン』 1787～1887

Colensoa physaloides Hook.f.
「カーティスの植物図譜」エンタプライズ　1987
◇図6864（カラー）『カーティスのボタニカルマガジン』 1787～1887

Colorado Columbine
「カーティスの植物図譜」エンタプライズ　1987
◇図5477（カラー）　Aquilegia caerulea James『カーティスのボタニカルマガジン』 1787～1887

Columbine with starlike, double, deep violet flowers（Granny's bonnets）
Aquilegia vulgaris
「アイヒシュテットの庭園」タッシェン・ジャパン　2002
◇p108–I（カラー）　ベスラー, バシリウス

Columnea schiedeana Schlecht.
「カーティスの植物図譜」エンタプライズ　1987
◇図4045（カラー）『カーティスのボタニカルマガジン』 1787～1887

Colvillea racemosa Bojer
「カーティスの植物図譜」エンタプライズ　1987
◇図3325（カラー）『カーティスのボタニカルマガジン』 1787～1887

Combretum loeflingii Eichl.
「カーティスの植物図譜」エンタプライズ　1987
◇図5617（カラー）　Combretum micropetalum DC.『カーティスのボタニカルマガジン』 1787～1887

Commerson's Melastoma　Tibouchina granulosa
「ウィリアム・カーティス 花図譜」同朋舎出版　1994
◇379図（カラー）　Melastoma granulosa　エドワーズ, シデナム・ティースト画『カーティス・ボタニカル・マガジン』 1823

Common candytuft　Iberis umbellata
「アイヒシュテットの庭園」タッシェン・ジャパン　2002
◇p130–II（カラー）　ベスラー, バシリウス
◇p130–III（カラー）　ベスラー, バシリウス

Common Columbine of Europe
Aquilegia vulgaris L.
「カーティスの植物図譜」エンタプライズ　1987
◇図1221（カラー）　Aquilegia hybrida Sims『カーティスのボタニカルマガジン』 1787～1887

Common gladiolus with dark flowers
Gladiolus communis
「アイヒシュテットの庭園」タッシェン・ジャパン　2002
◇p120–III（カラー）　ベスラー, バシリウス

Common gladiolus with violet flowers
Gladiolus communis
「アイヒシュテットの庭園」タッシェン・ジャパン　2002
◇p120–IIII（カラー）　ベスラー, バシリウス

Common grape hyacinth　Muscari neglectum
「アイヒシュテットの庭園」タッシェン・ジャパン　2002
◇p49–I（カラー）　ベスラー, バシリウス

Common hawkweed　Hieracium inuloides or Hieracium vulgatum
「アイヒシュテットの庭園」タッシェン・ジャパン　2002
◇p146–II（カラー）　ベスラー, バシリウス

Common houseleek　Sempervivum tectorum
「アイヒシュテットの庭園」タッシェン・ジャパン　2002
◇p152–I（カラー）　ベスラー, バシリウス

Common moonwort　Botrychium lunaria
「アイヒシュテットの庭園」タッシェン・ジャパン　2002
◇p33–III（カラー）　ベスラー, バシリウス

Common morning glory　Pharbitis purpurea
「アイヒシュテットの庭園」タッシェン・ジャパン　2002
◇p153–II（カラー）　ベスラー, バシリウス

Common peony　Paeonia peregrina
「アイヒシュテットの庭園」タッシェン・ジャパン　2002
◇p73–I（カラー）　ベスラー, バシリウス
◇p73–II（カラー）　ベスラー, バシリウス
◇p73–III（カラー）　ベスラー, バシリウス

Common privet　Ligustrum vulgare
「アイヒシュテットの庭園」タッシェン・ジャパン　2002
◇p38–II（カラー）　ベスラー, バシリウス

Common sunflower　Helianthus annuus
「アイヒシュテットの庭園」タッシェン・ジャパン　2002
◇p122–I（カラー）　ベスラー, バシリウス

Convolvulus althaeoides L.
「カーティスの植物図譜」エンタプライズ　1987
◇図359（カラー）『カーティスのボタニカルマガジン』 1787～1887

Coral root bittercress（Coralwort）
Dentaria bulbifera
「アイヒシュテットの庭園」タッシェン・ジャパ

ン 2002
◇p131-II（カラー） ベスラー, バシリウス

Coralroot orchid Corallorhiza trifida
「アイヒシュテットの庭園」タッシェン・ジャパン 2002
◇p119-IIII（カラー） ベスラー, バシリウス

Cordia decandra Hook.et Arn.
「カーティスの植物図譜」エンタプライズ 1987
◇図6279（カラー）『カーティスのボタニカルマガジン』 1787〜1887

Corn poppy（Field poppy） Papaver rhoeas
「アイヒシュテットの庭園」タッシェン・ジャパン 2002
◇p148-II（カラー） ベスラー, バシリウス

Cornus canadensis L.
「カーティスの植物図譜」エンタプライズ 1987
◇図880（カラー）『カーティスのボタニカルマガジン』 1787〜1887

Corydalis tuberosa DC.
「カーティスの植物図譜」エンタプライズ 1987
◇図232（カラー） Fumaria cava Mill.『カーティスのボタニカルマガジン』 1787〜1887

Corylopsis Griffithii Hemsl.
「カーティスの植物図譜」エンタプライズ 1987
◇図6779（カラー） Corylopsis himalayana Hook.f., non Griff.『カーティスのボタニカルマガジン』 1787〜1887

Corysanthes limbata Hook.f.
「カーティスの植物図譜」エンタプライズ 1987
◇図5357（カラー）『カーティスのボタニカルマガジン』 1787〜1887

Cottage pink Dianthus plumarius
「アイヒシュテットの庭園」タッシェン・ジャパン 2002
◇p155-II（カラー） ベスラー, バシリウス

Cotyledon orbiculata L.
「カーティスの植物図譜」エンタプライズ 1987
◇図321（カラー）『カーティスのボタニカルマガジン』 1787〜1887

Cotyledon pachyphytum Baker
「カーティスの植物図譜」エンタプライズ 1987
◇図4951（カラー） Pachyphytum bracteosum Link, Klotzsh et Otto『カーティスのボタニカルマガジン』 1787〜1887

Craspedia richea Cass.
「カーティスの植物図譜」エンタプライズ 1987
◇図5271（カラー）『カーティスのボタニカルマガジン』 1787〜1887

Crataegus coccinea L.
「カーティスの植物図譜」エンタプライズ 1987
◇図3432（カラー）『カーティスのボタニカルマガジン』 1787〜1887

Cream-coloured Bastard-Iris Iris spuria subsp.halophila
「ウィリアム・カーティス 花図譜」同朋舎出版 1994
◇234図（カラー） Iris spuria（ζ）stenogyna エドワーズ, シデナム・ティースト画『カーティス・ボタニカル・マガジン』 1812

Creeping-rooted Medick Medicago carstiensis
「ウィリアム・カーティス 花図譜」同朋舎出版 1994
◇290図（カラー） エドワーズ, シデナム・ティースト画『カーティス・ボタニカル・マガジン』 1806

Crested Paphinia Paphinia cristata
「ウィリアム・カーティス 花図譜」同朋舎出版 1994
◇450図（カラー） フィッチ, ウォルター・フード画『カーティス・ボタニカル・マガジン』 1855

Crested Sida Anoda cristata
「ウィリアム・カーティス 花図譜」同朋舎出版 1994
◇377図（カラー） Sida cristata カーティス, ウィリアム『カーティス・ボタニカル・マガジン』 1796

Crested Vanda Vanda cristata
「ウィリアム・カーティス 花図譜」同朋舎出版 1994
◇456図（カラー） フィッチ, ウォルター・フード画『カーティス・ボタニカル・マガジン』 1847

Cretian Fagonia Fagonia cretica
「ウィリアム・カーティス 花図譜」同朋舎出版 1994
◇570図（カラー） エドワーズ, シデナム・ティースト画『カーティス・ボタニカル・マガジン』 1793

Crimson Babiana Babiana villosa
「ウィリアム・カーティス 花図譜」同朋舎出版 1994
◇208図（カラー） エドワーズ, シデナム・ティースト画『カーティス・ボタニカル・マガジン』 1802

Crocus Crocus vernus
「アイヒシュテットの庭園」タッシェン・ジャパン 2002
◇p46-II（カラー） ベスラー, バシリウス
◇p46-III（カラー） ベスラー, バシリウス

Crocus cancellatus Herb.
「カーティスの植物図譜」エンタプライズ 1987
◇図6103（カラー）『カーティスのボタニカルマガジン』 1787〜1887

Cross-branched Fuchsia Fuchsia magellanica var.macrostema
「ウィリアム・カーティス 花図譜」同朋舎出版

1994
◇401図（カラー） Fuchsia decussata カーティス, ウィリアム『カーティス・ボタニカル・マガジン』 1824

Cross–leaved Chironia Orphium frutescens
「ウィリアム・カーティス 花図譜」同朋舎出版 1994
◇179図（カラー） Chironia decussata エドワーズ, シデナム・ティースト画『カーティス・ボタニカル・マガジン』 1803

Cross–leaved Dillwynia Eutaxia myrtifolia
「ウィリアム・カーティス 花図譜」同朋舎出版 1994
◇276図（カラー） Dillwynia obovata エドワーズ, シデナム・ティースト画『カーティス・ボタニカル・マガジン』 1810

Crown imperial with two crowns Fritillaria imperialis
「アイヒシュテットの庭園」タッシェン・ジャパン 2002
◇p61（カラー） ベスラー, バシリウス

Cuphea cordata Ruiz et Pav.
「カーティスの植物図譜」エンタプライズ 1987
◇図4208（カラー）『カーティスのボタニカルマガジン』 1787～1887

Curcuma petiolata Roxb.
「カーティスの植物図譜」エンタプライズ 1987
◇図4435（カラー） Curcuma cordata Wall.『カーティスのボタニカルマガジン』 1787～1887

Curled–flowered Anthericum Trachyandra revoluta
「ウィリアム・カーティス 花図譜」同朋舎出版 1994
◇321図（カラー） Anthericum revolutum エドワーズ, シデナム・ティースト画『カーティス・ボタニカル・マガジン』 1807

Cuscuta reflexa Roxb.
「カーティスの植物図譜」エンタプライズ 1987
◇図6566（カラー）『カーティスのボタニカルマガジン』 1787～1887

Cyananthus lobatus Wall.
「カーティスの植物図譜」エンタプライズ 1987
◇図6485（カラー）『カーティスのボタニカルマガジン』 1787～1887

Cypella peruviana Baker
「カーティスの植物図譜」エンタプライズ 1987
◇図6213（カラー）『カーティスのボタニカルマガジン』 1787～1887

Daffodil Narcissus×Incomparabilis
「アイヒシュテットの庭園」タッシェン・ジャパン 2002
◇p52–I（カラー） ベスラー, バシリウス
◇p52–II（カラー） ベスラー, バシリウス

Daisy Bellis spec.
「アイヒシュテットの庭園」タッシェン・ジャパン 2002
◇p151–II（カラー） ベスラー, バシリウス
◇p151–III（カラー） ベスラー, バシリウス

Dalmatian iris Iris pallida
「アイヒシュテットの庭園」タッシェン・ジャパン 2002
◇p80–III（カラー） ベスラー, バシリウス
◇p82–I（カラー） ベスラー, バシリウス

Damask violet（Dame's violet, Sweet rocket） Hesperis matronalis
「アイヒシュテットの庭園」タッシェン・ジャパン 2002
◇p79–II（カラー） ベスラー, バシリウス
◇p79–III（カラー） ベスラー, バシリウス

Dandelion–leaved Evening Primrose Oenothera triloba
「ウィリアム・カーティス 花図譜」同朋舎出版 1994
◇406図（カラー） Œnothera triloba カーティス, ジョン画『カーティス・ボタニカル・マガジン』 1825

Dark mullein Verbascum nigrum
「アイヒシュテットの庭園」タッシェン・ジャパン 2002
◇p141–III（カラー） ベスラー, バシリウス

Dark red dwarf bearded iris Iris pumila
「アイヒシュテットの庭園」タッシェン・ジャパン 2002
◇p78–II（カラー） ベスラー, バシリウス

Dark red hyacinth Hyacinthus orientalis
「アイヒシュテットの庭園」タッシェン・ジャパン 2002
◇p47–II（カラー） ベスラー, バシリウス

Date plum Diospyros lotus
「アイヒシュテットの庭園」タッシェン・ジャパン 2002
◇p38–I（カラー） ベスラー, バシリウス

Deelingia baccata Moq.
「カーティスの植物図譜」エンタプライズ 1987
◇図2717（カラー） Deeringia celosioides R.Br.『カーティスのボタニカルマガジン』 1787～1887

Deep Orange–flowered Ada Ada aurantiaca
「ウィリアム・カーティス 花図譜」同朋舎出版 1994
◇409図（カラー） フィッチ, ウォルター・フード画『カーティス・ボタニカル・マガジン』 1864

Dendrobium atroviolaceum
「ウィリアム・カーティス 花図譜」同朋舎出版 1994
◇423図（カラー） スミス, マチルダ画『カーティス・ボタニカル・マガジン』 1894

Dendrobium draconis Reichb.f.
「カーティスの植物図譜」エンタプライズ 1987
◇図5459（カラー） Dendrobium eburneum Reichb.f.『カーティスのボタニカルマガジン』 1787～1887

Dendrobium farmeri Paxt.
「カーティスの植物図譜」エンタプライズ 1987
◇図4659（カラー）『カーティスのボタニカルマガジン』 1787～1887

Dendrobium gratiosissimum Reichb.f.
「カーティスの植物図譜」エンタプライズ 1987
◇図5652（カラー） Dendrobium bullerianum Batem.『カーティスのボタニカルマガジン』 1787～1887

Dendrobium laevifolium
「ウィリアム・カーティス 花図譜」同朋舎出版 1994
◇428図（カラー） スネリング, リリアン画『カーティス・ボタニカル・マガジン』 1924

Dendrobium victoriæ–reginæ
「ウィリアム・カーティス 花図譜」同朋舎出版 1994
◇430図（カラー） スネリング, リリアン画『カーティス・ボタニカル・マガジン』 1925

Desert Rose Trichodiadema densum
「ウィリアム・カーティス 花図譜」同朋舎出版 1994
◇4図（カラー） Mesembryanthemum densum カーティス, ウィリアム『カーティス・ボタニカル・マガジン』 1809

Desert Rose
「カーティスの植物図譜」エンタプライズ 1987
◇図5418（カラー） Adenium obesum Roem.et Schult.『カーティスのボタニカルマガジン』 1787～1887

Didymocarpus crinita Jack
「カーティスの植物図譜」エンタプライズ 1987
◇図4554（カラー）『カーティスのボタニカルマガジン』 1787～1887

Didymocarpus humboldtiana Gardn.
「カーティスの植物図譜」エンタプライズ 1987
◇図4757（カラー）『カーティスのボタニカルマガジン』 1787～1887

Digitate–leaved Nuttallia Callirhoe digitata
「ウィリアム・カーティス 花図譜」同朋舎出版 1994
◇375図（カラー） Nuttallia digitata カーティス, チャールズ M.画『カーティス・ボタニカル・マガジン』 1826

Dingy Flag Iris×lurida
「ウィリアム・カーティス 花図譜」同朋舎出版 1994
◇230図（カラー） エドワーズ, シデナム・ティースト画『カーティス・ボタニカル・マガジン』 1802

Dingy–flowered Aspidistra Aspidistra lurida
「ウィリアム・カーティス 花図譜」同朋舎出版 1994
◇323図（カラー） カーティス, ジョン画『カーティス・ボタニカル・マガジン』 1824

Dingy–flowered Wachendorfia Wachendorfia hirsuta var.brevifolia
「ウィリアム・カーティス 花図譜」同朋舎出版 1994
◇199図（カラー） Wachendorfia brevifolia エドワーズ, シデナム・ティースト画『カーティス・ボタニカル・マガジン』 1809

Dioscorea crinita Hook.f.
「カーティスの植物図譜」エンタプライズ 1987
◇図6804（カラー）『カーティスのボタニカルマガジン』 1787～1887

Diploglottis cunninghamii Hook.f.
「カーティスの植物図譜」エンタプライズ 1987
◇図4470（カラー） Cupania cunninghami Hook.『カーティスのボタニカルマガジン』 1787～1887

Disporum leschenaultianum D.Don
「カーティスの植物図譜」エンタプライズ 1987
◇図6935（カラー）『カーティスのボタニカルマガジン』 1787～1887

Divaricate–petaled Amaryllis Nerine humilis
「ウィリアム・カーティス 花図譜」同朋舎出版 1994
◇11図（カラー） Amaryllis humilis エドワーズ, シデナム・ティースト画『カーティス・ボタニカル・マガジン』 1804

Dog's–Tooth Violet
「カーティスの植物図譜」エンタプライズ 1987
◇図5（カラー） Erythronium dens–canis L.『カーティスのボタニカルマガジン』 1787～1887

Dog violet（Heath violet） Viola canina
「アイヒシュテットの庭園」タッシェン・ジャパン 2002
◇p76–II（カラー） ベスラー, バシリウス

Double apple blossom Malus spec.
「アイヒシュテットの庭園」タッシェン・ジャパン 2002
◇p36–I（カラー） ベスラー, バシリウス

Double blue columbine（Granny's bonnets） Aquilegia vulgaris
「アイヒシュテットの庭園」タッシェン・ジャパ

ン 2002
◇p108–III（カラー） ベスラー，バシリウス

Double blue hollyhock Alcea rosea
「アイヒシュテットの庭園」タッシェン・ジャパン 2002
◇p128–II（カラー） ベスラー，バシリウス

Double common peony Paeonia officinalis
「アイヒシュテットの庭園」タッシェン・ジャパン 2002
◇p70–I（カラー） ベスラー，バシリウス

Double deep blue larkspur Consolida ajacis
「アイヒシュテットの庭園」タッシェン・ジャパン 2002
◇p110–II（カラー） ベスラー，バシリウス

Double gillyflower（Stock） Matthiola incana
「アイヒシュテットの庭園」タッシェン・ジャパン 2002
◇p105–I（カラー） ベスラー，バシリウス

Double pink gillyflower（Stock） Matthiola incana
「アイヒシュテットの庭園」タッシェン・ジャパン 2002
◇p104–I（カラー） ベスラー，バシリウス

Double pink hollyhock Alcea rosea
「アイヒシュテットの庭園」タッシェン・ジャパン 2002
◇p128–I（カラー） ベスラー，バシリウス

Double pink larkspur Consolida regalis
「アイヒシュテットの庭園」タッシェン・ジャパン 2002
◇p110–I（カラー） ベスラー，バシリウス

Double purple larkspur Consolida ajacis
「アイヒシュテットの庭園」タッシェン・ジャパン 2002
◇p110–III（カラー） ベスラー，バシリウス

Double wallflower Cheiranthus cheiri
「アイヒシュテットの庭園」タッシェン・ジャパン 2002
◇p106–II（カラー） ベスラー，バシリウス
◇p106–III（カラー） ベスラー，バシリウス

Double white columbine（Granny's bonnets） Aquilegia vulgaris
「アイヒシュテットの庭園」タッシェン・ジャパン 2002
◇p108–II（カラー） ベスラー，バシリウス

Double white rose（Double white rose of York） Rosa×Alba
「アイヒシュテットの庭園」タッシェン・ジャパン 2002
◇p68–I（カラー） ベスラー，バシリウス

Downy Androsace Androsace pubescens
「ウィリアム・カーティス 花図譜」同朋舎出版 1994
◇472図（カラー） フィッチ，ウォルター・フード画『カーティス・ボタニカル・マガジン』 1869

Dragon arum（with rhizome） Dracunculus vulgaris
「アイヒシュテットの庭園」タッシェン・ジャパン 2002
◇p118–I（カラー） ベスラー，バシリウス

Drimys winteri Forst.
「カーティスの植物図譜」エンタプライズ 1987
◇図4800（カラー）『カーティスのボタニカルマガジン』 1787〜1887

Drooping Alpinia Alpinia calcarata
「ウィリアム・カーティス 花図譜」同朋舎出版 1994
◇567図（カラー） Alpinia cernua エドワーズ，シデナム・ティースト画『カーティス・ボタニカル・マガジン』 1817

Drop–wort–leaved Night–smelling Pelargonium Pelargonium triste var. filipendulifolium
「ウィリアム・カーティス 花図譜」同朋舎出版 1994
◇191図（カラー） Pelargonium triste (β) filipendulifolium エドワーズ，シデナム・ティースト画『カーティス・ボタニカル・マガジン』 1814

Dryandra armata R.Br.
「カーティスの植物図譜」エンタプライズ 1987
◇図3236（カラー）『カーティスのボタニカルマガジン』 1787〜1887

Dryandra nobilis Lindl.
「カーティスの植物図譜」エンタプライズ 1987
◇図4633（カラー）『カーティスのボタニカルマガジン』 1787〜1887

Drymoda picta Lindl.
「カーティスの植物図譜」エンタプライズ 1987
◇図5904（カラー）『カーティスのボタニカルマガジン』 1787〜1887

Dutch crocus Crocus spec.
「アイヒシュテットの庭園」タッシェン・ジャパン 2002
◇p117–III（カラー） ベスラー，バシリウス

Dwarf Antholyza Watsonia coccinea
「ウィリアム・カーティス 花図譜」同朋舎出版

1994
◇204図（カラー） Antholyza merianella エドワーズ, シデナム・ティースト画『カーティス・ボタニカル・マガジン』 1799

Dwarf–bearded iris with multi–coloured flowers Iris pumila
「アイヒシュテットの庭園」タッシェン・ジャパン 2002
◇p78–I（カラー） ベスラー, バシリウス

Dwarf Cattleya Laelia pumila
「ウィリアム・カーティス 花図譜」同朋舎出版 1994
◇416図（カラー） Cattleya pumila ウィザーズ, オーガスタ・イネス画『カーティス・ボタニカル・マガジン』 1838

Dwarf Clematis Clematis nannophylla
「ウィリアム・カーティス 花図譜」同朋舎出版 1994
◇494図（カラー） スネリング, リリアン画『カーティス・ボタニカル・マガジン』 1942

Dwarf Melanthium Androcymbium eucomoides
「ウィリアム・カーティス 花図譜」同朋舎出版 1994
◇359図（カラー） Melanthium Eucomoides エドワーズ, シデナム・ティースト画『カーティス・ボタニカル・マガジン』 1803

Early, carmine–red tulip with large yellow petals Tulipa spec.
「アイヒシュテットの庭園」タッシェン・ジャパン 2002
◇p56–II（カラー） ベスラー, バシリウス

Early, white tulip, purple striped Tulipa spec.
「アイヒシュテットの庭園」タッシェン・ジャパン 2002
◇p57–III（カラー） ベスラー, バシリウス

Early, white tulip, yellow inside Tulipa spec.
「アイヒシュテットの庭園」タッシェン・ジャパン 2002
◇p57–II（カラー） ベスラー, バシリウス

Early, yellow, purple flecked tulip Tulipa spec.
「アイヒシュテットの庭園」タッシェン・ジャパン 2002
◇p57–I（カラー） ベスラー, バシリウス

Echinacea purpurea Moench.
「カーティスの植物図譜」エンタプライズ 1987
◇図2（カラー） Rudbeckia purpurea L.『カーティスのボタニカルマガジン』 1787～1887

Echinocactus myriostigma Salm–Dyck
「カーティスの植物図譜」エンタプライズ 1987
◇図4177（カラー）『カーティスのボタニカルマガジン』 1787～1887

Echinocactus rhodophthalmus Hook.
「カーティスの植物図譜」エンタプライズ 1987
◇図4486（カラー）『カーティスのボタニカルマガジン』 1787～1887

Echinocactus tubiflorus Hort.Angl.ex Pfeiff.
「カーティスの植物図譜」エンタプライズ 1987
◇図3627（カラー）『カーティスのボタニカルマガジン』 1787～1887

Eichhornia martiana Seub.
「カーティスの植物図譜」エンタプライズ 1987
◇図5020（カラー） Eichhornia tricolor Seub.『カーティスのボタニカルマガジン』 1787～1887

Elder–flower–scented Babiana Babiana sambucina
「ウィリアム・カーティス 花図譜」同朋舎出版 1994
◇207図（カラー） エドワーズ, シデナム・ティースト画『カーティス・ボタニカル・マガジン』 1807

Elleanthus caravata Reichb.f.
「カーティスの植物図譜」エンタプライズ 1987
◇図5141（カラー） Evelyna caravata Lindl.『カーティスのボタニカルマガジン』 1787～1887

English iris Iris xiphioides
「アイヒシュテットの庭園」タッシェン・ジャパン 2002
◇p120–I（カラー） ベスラー, バシリウス

Entire–leaved Tacca Tacca integrifolia
「ウィリアム・カーティス 花図譜」同朋舎出版 1994
◇552図（カラー） カーティス, ウィリアム『カーティス・ボタニカル・マガジン』 1812

Epimedium pinnatum Fisch.
「カーティスの植物図譜」エンタプライズ 1987
◇図4456（カラー）『カーティスのボタニカルマガジン』 1787～1887

Episcia bicolor Hook.
「カーティスの植物図譜」エンタプライズ 1987
◇図4390（カラー）『カーティスのボタニカルマガジン』 1787～1887

Episcia erythropus Hook.f.
「カーティスの植物図譜」エンタプライズ 1987
◇図6219（カラー）『カーティスのボタニカルマガジン』 1787～1887

Eria extinctoria Oliver
「カーティスの植物図譜」エンタプライズ 1987
◇図5910（カラー）『カーティスのボタニカルマガジン』 1787～1887

Eria myristicaeformis Hook.
「カーティスの植物図譜」エンタプライズ 1987
◇図5415(カラー)『カーティスのボタニカルマガジン』 1787〜1887

Erica propendens Andr.
「カーティスの植物図譜」エンタプライズ 1987
◇図2140(カラー)『カーティスのボタニカルマガジン』 1787〜1887

European dog's–tooth violet Erythronium dens–canis
「アイヒシュテットの庭園」タッシェン・ジャパン 2002
◇p40–II(カラー) ベスラー, バシリウス
◇p40–III(カラー) ベスラー, バシリウス

European globe–flower Trollius europaeus
「アイヒシュテットの庭園」タッシェン・ジャパン 2002
◇p42–II(カラー) ベスラー, バシリウス

European Moræa or Spanish Nut Gynandriris sisyrinchium
「ウィリアム・カーティス 花図譜」同朋舎出版 1994
◇242図(カラー) Moræa sisyrinchium エドワーズ, シデナム・ティースト画『カーティス・ボタニカル・マガジン』 1811

European white water lily Nymphaea alba
「アイヒシュテットの庭園」タッシェン・ジャパン 2002
◇p75–I(カラー) ベスラー, バシリウス
◇p75–II(カラー) ベスラー, バシリウス

Evergreen Birthwort Aristolochia sempervirens
「ウィリアム・カーティス 花図譜」同朋舎出版 1994
◇47図(カラー) エドワーズ, シデナム・ティースト画『カーティス・ボタニカル・マガジン』 1808

Everlasting flower Helichrysum orientale
「アイヒシュテットの庭園」タッシェン・ジャパン 2002
◇p131–I(カラー) ベスラー, バシリウス

Exacum tetragonum Roxb.var.bicolor
「カーティスの植物図譜」エンタプライズ 1987
◇図4340(カラー)『カーティスのボタニカルマガジン』 1787〜1887

Falkia repens L.
「カーティスの植物図譜」エンタプライズ 1987
◇図2228(カラー)『カーティスのボタニカルマガジン』 1787〜1887

Fallugia paradoxa Endl.
「カーティスの植物図譜」エンタプライズ 1987
◇図6660(カラー)『カーティスのボタニカルマガジン』 1787〜1887

False hellebore(White hellebore)
Veratrum album
「アイヒシュテットの庭園」タッシェン・ジャパン 2002
◇p132–I(カラー) ベスラー, バシリウス

False lily of the vally Maianthemum bifolium
「アイヒシュテットの庭園」タッシェン・ジャパン 2002
◇p33–II(カラー) ベスラー, バシリウス

Feathery–headed Cnicus Cirsium spinosissimum
「ウィリアム・カーティス 花図譜」同朋舎出版 1994
◇120図(カラー) Cnicus spinosissimus エドワーズ, シデナム・ティースト画『カーティス・ボタニカル・マガジン』 1811

Fennel–flower Nigella hispanica
「アイヒシュテットの庭園」タッシェン・ジャパン 2002
◇p109–I(カラー) ベスラー, バシリウス

Fire lily Lilium bulbiferum
「アイヒシュテットの庭園」タッシェン・ジャパン 2002
◇p62–I(カラー) ベスラー, バシリウス

Five–leaved Wood–Sorrel
「カーティスの植物図譜」エンタプライズ 1987
◇図1549(カラー) Oxalis pentaphylla Sims『カーティスのボタニカルマガジン』 1787〜1887

F.J.グローテンドルスト 'F.J.Grootendorst'
「ばら花譜」平凡社 1983
◇PL.46(カラー) 二口善雄画, 鈴木省三, 籾山泰一著 1973,1974 水彩

Flame–coloured pheasant's eye Adonis flammea
「アイヒシュテットの庭園」タッシェン・ジャパン 2002
◇p125–III(カラー) ベスラー, バシリウス

Flat–stemmed Bossiaea Bossiaea scolopendria
「ウィリアム・カーティス 花図譜」同朋舎出版 1994
◇266図(カラー) エドワーズ, シデナム・ティースト画『カーティス・ボタニカル・マガジン』 1810

Flesh–coloured common Cornflag
Gladiolus communis
「ウィリアム・カーティス 花図譜」同朋舎出版 1994
◇221図(カラー) Gladiolus communis (β) carneus エドワーズ, シデナム・ティースト

画『カーティス・ボタニカル・マガジン』 1813

Flesh–coloured Cornflag Gladiolus carneus
「ウィリアム・カーティス 花図譜」同朋舎出版 1994
◇218図(カラー) エドワーズ, シデナム・ティースト画『カーティス・ボタニカル・マガジン』 1802

Flesh–coloured Long–leaved Heath Erica longifolia
「ウィリアム・カーティス 花図譜」同朋舎出版 1994
◇156図(カラー) Erica longifolia, vars.carnea エドワーズ, シデナム・ティースト画『カーティス・ボタニカル・マガジン』 1803

Florida Oplotheca Froelichia floridana
「ウィリアム・カーティス 花図譜」同朋舎出版 1994
◇7図(カラー) Oplotheca floridana カーティス, ジョン画『カーティス・ボタニカル・マガジン』 1825

Flowering rush (Water gladiolus, Grassy rush) Butomus umbellatus
「アイヒシュテットの庭園」タッシェン・ジャパン 2002
◇p85–IIII(カラー) ベスラー, バシリウス

Four–coloured Lachenalia Lachenalia aloides var.quadricolor
「ウィリアム・カーティス 花図譜」同朋舎出版 1994
◇341図(カラー) Lachenalia quadricolor エドワーズ, シデナム・ティースト画『カーティス・ボタニカル・マガジン』 1802

Four–leaved Flax Linum quadrifolium
「ウィリアム・カーティス 花図譜」同朋舎出版 1994
◇367図(カラー) エドワーズ, シデナム・ティースト画『カーティス・ボタニカル・マガジン』 1799

Fox and cubs (Orange hawkweed) Hieracium aurantiacum
「アイヒシュテットの庭園」タッシェン・ジャパン 2002
◇p99–III(カラー) ベスラー, バシリウス

Fragrant Clerodendrum Clerodendrum fragrans
「ウィリアム・カーティス 花図譜」同朋舎出版 1994
◇565図(カラー) カーティス, ウィリアム『カーティス・ボタニカル・マガジン』 1816

Fragrant Vanda Vanda tricolor
「ウィリアム・カーティス 花図譜」同朋舎出版 1994
◇457図(カラー) Vanda suavis フィッチ, ウォルター・フード画『カーティス・ボタニカル・マガジン』 1860

Fraser's Hairy Phlox Phlox amœna
「ウィリアム・カーティス 花図譜」同朋舎出版 1994
◇467図(カラー) カーティス, ウィリアム『カーティス・ボタニカル・マガジン』 1810

French marigold Tagetes patula
「アイヒシュテットの庭園」タッシェン・ジャパン 2002
◇p154–II(カラー) ベスラー, バシリウス
◇p154–III(カラー) ベスラー, バシリウス

Fringed Epidendrum Epidendrum ciliare
「ウィリアム・カーティス 花図譜」同朋舎出版 1994
◇432図(カラー) エドワーズ, シデナム・ティースト画『カーティス・ボタニカル・マガジン』 1799

Fringed Gentian
「カーティスの植物図譜」エンタプライズ 1987
◇図2031(カラー) Gentiana crinita Froel.『カーティスのボタニカルマガジン』 1787〜1887

Fringed gentian Gentianella ciliata
「アイヒシュテットの庭園」タッシェン・ジャパン 2002
◇p163–II(カラー) ベスラー, バシリウス

Fringe–lipped Dendrobium var.with sanguineous eye Dendrobium fimbriatum var.oculatum
「ウィリアム・カーティス 花図譜」同朋舎出版 1994
◇427図(カラー) フィッチ, ウォルター・フード画『カーティス・ボタニカル・マガジン』 1845

Fritillaria dasyphylla Baker
「カーティスの植物図譜」エンタプライズ 1987
◇図6321(カラー)『カーティスのボタニカルマガジン』 1787〜1887

Fritillaria elwesii Boiss.
「カーティスの植物図譜」エンタプライズ 1987
◇図6321(カラー) Fritillaria acmopetala Baker, non Boiss.『カーティスのボタニカルマガジン』 1787〜1887

Frosted–flowered Neottia Spiranthes orchioides
「ウィリアム・カーティス 花図譜」同朋舎出版 1994
◇444図(カラー) Neottia orchioides エドワーズ, シデナム・ティースト画『カーティス・ボタニカル・マガジン』 1807

Frosted Stiff–leaved Tillandsia Tillandsia stricta
「ウィリアム・カーティス 花図譜」同朋舎出版 1994
◇70図(カラー) エドワーズ, シデナム・ティース

ト画『カーティス・ボタニカル・マガジン』
1813 19.8×12.0 ※原図を拡大

Fuchsia–like Begonia or Elephant's Ear Begonia fuchsioides
「ウィリアム・カーティス 花図譜」同朋舎出版 1994
◇60図（カラー） フィッチ, ウォルター・フード画『カーティス・ボタニカル・マガジン』 1847

Fumitory Fumaria spicata
「アイヒシュテットの庭園」タッシェン・ジャパン 2002
◇p89–III（カラー） ベスラー, バシリウス

Galax
「カーティスの植物図譜」エンタプライズ 1987
◇図754（カラー） Galax aphylla L.『カーティスのボタニカルマガジン』 1787〜1887

Gand flower（Milkwort） Polygala chamaebuxus
「アイヒシュテットの庭園」タッシェン・ジャパン 2002
◇p72–III（カラー） ベスラー, バシリウス

Garden balsam（Rose balsam） Impatiens balsamina
「アイヒシュテットの庭園」タッシェン・ジャパン 2002
◇p160–I（カラー） ベスラー, バシリウス

Gasteria pulchra Haw.
「カーティスの植物図譜」エンタプライズ 1987
◇図765（カラー） Aloe maculata Ker–Gawl.『カーティスのボタニカルマガジン』 1787〜1887

Gaultheria insipida Benth.
「カーティスの植物図譜」エンタプライズ 1987
◇図6070（カラー）『カーティスのボタニカルマガジン』 1787〜1887

Gentiana caucasea Sims
「カーティスの植物図譜」エンタプライズ 1987
◇図1038（カラー）『カーティスのボタニカルマガジン』 1787〜1887

Gentiana Kurroo Royle.
「カーティスの植物図譜」エンタプライズ 1987
◇図6470（カラー）『カーティスのボタニカルマガジン』 1787〜1887

Gentiana serrata Gunner
「カーティスの植物図譜」エンタプライズ 1987
◇図639（カラー） Gentiana ciliata L.『カーティスのボタニカルマガジン』 1787〜1887

Geranium angulatum Curt.
「カーティスの植物図譜」エンタプライズ 1987
◇図203（カラー）『カーティスのボタニカルマガジン』 1787〜1887

German catchfly Lychnis viscaria
「アイヒシュテットの庭園」タッシェン・ジャパン 2002
◇p36–II（カラー） ベスラー, バシリウス

Gerrardanthus tomentosus Hook.f.
「カーティスの植物図譜」エンタプライズ 1987
◇図6694（カラー）『カーティスのボタニカルマガジン』 1787〜1887

Gesneriana hybrid with yellow base Tulipa spec.
「アイヒシュテットの庭園」タッシェン・ジャパン 2002
◇p56–V（カラー） ベスラー, バシリウス
◇p57–V（カラー） ベスラー, バシリウス

Gesneria tuberosa Mart.
「カーティスの植物図譜」エンタプライズ 1987
◇図3664（カラー）『カーティスのボタニカルマガジン』 1787〜1887

Ghent Azalea 'Scintillans' Rhododendron×azalcoides scintillans
「ウィリアム・カーティス 花図譜」同朋舎出版 1994
◇168図（カラー） Rhododendron nudiflorum, var.scintillans（hybridum） カーティス, ウィリアム『カーティス・ボタニカル・マガジン』 1838

Gillyflower（Stock） Matthiola incana
「アイヒシュテットの庭園」タッシェン・ジャパン 2002
◇p104–II（カラー） ベスラー, バシリウス
◇p104–III（カラー） ベスラー, バシリウス
◇p111–I（カラー） ベスラー, バシリウス
◇p111–III（カラー） ベスラー, バシリウス

Gladiolus blandus Ait.
「カーティスの植物図譜」エンタプライズ 1987
◇図625（カラー）『カーティスのボタニカルマガジン』 1787〜1887

Gladiolus mortonius Herb.
「カーティスの植物図譜」エンタプライズ 1987
◇図3680（カラー）『カーティスのボタニカルマガジン』 1787〜1887

Gladiolus tristis L.
「カーティスの植物図譜」エンタプライズ 1987
◇図272（カラー）『カーティスのボタニカルマガジン』 1787〜1887

Glaucous–leaved Amaryllis Nerine curvifolia
「ウィリアム・カーティス 花図譜」同朋舎出版 1994
◇10図（カラー） Amaryllis corvifolia エドワーズ, シデナム・ティースト画『カーティス・ボタニカル・マガジン』 1804

Glaucous–leaved Templetonia Templetonia retusa
「ウィリアム・カーティス 花図譜」同朋舎出版 1994

◇307図(カラー)　Templetonia glauca　カーティス, ジョン画『カーティス・ボタニカル・マガジン』 1819

Glittering–flowerd Strumaria　Hessea cinnamomea
「ウィリアム・カーティス 花図譜」同朋舎出版 1994
◇34図(カラー)　Strumaria crispa　エドワーズ, シデナム・ティースト画『カーティス・ボタニカル・マガジン』 1811

Gloriosa simplex L.
「カーティスの植物図譜」エンタプライズ　1987
◇図4938(カラー)　Methonica virescens Kunth『カーティスのボタニカルマガジン』 1787～1887

Glory Pea
「カーティスの植物図譜」エンタプライズ　1987
◇図5051(カラー)　Clianthus dampieri A.Cunn.『カーティスのボタニカルマガジン』 1787～1887

Goat's beard　Aruncus dioicus
「アイヒシュテットの庭園」タッシェン・ジャパン　2002
◇p136–II(カラー)　ベスラー, バシリウス

Goat's beard　Tragopogon dubius
「アイヒシュテットの庭園」タッシェン・ジャパン　2002
◇p103–II(カラー)　ベスラー, バシリウス

Golden Centaury or Knapweed　Centaurea aurea
「ウィリアム・カーティス 花図譜」同朋舎出版 1994
◇111図(カラー)　エドワーズ, シデナム・ティースト画『カーティス・ボタニカル・マガジン』 1798

Golden saxifrage　Chrysosplenium alternifolium
「アイヒシュテットの庭園」タッシェン・ジャパン　2002
◇p185–V(カラー)　ベスラー, バシリウス

Golden saxifrage　Chrysosplenium oppositifolium
「アイヒシュテットの庭園」タッシェン・ジャパン　2002
◇p33–IIII(カラー)　ベスラー, バシリウス

Gompholobium latifolium Sm.
「カーティスの植物図譜」エンタプライズ　1987
◇図4171(カラー)　Gompholobium barbigerum DC.『カーティスのボタニカルマガジン』 1787～1887

Gordonia anomala Spreng.
「カーティスの植物図譜」エンタプライズ　1987
◇図4019(カラー)　Polyspora axillaris Sweet『カーティスのボタニカルマガジン』 1787～1887

Grammatocarpus volubilis Presl
「カーティスの植物図譜」エンタプライズ　1987
◇図5028(カラー)『カーティスのボタニカルマガジン』 1787～1887

Grape hyacinth　Muscari botryoides
「アイヒシュテットの庭園」タッシェン・ジャパン　2002
◇p51–IIII(カラー)　ベスラー, バシリウス
◇p51–V(カラー)　ベスラー, バシリウス

Grape hyacinth　Muscari moschatum
「アイヒシュテットの庭園」タッシェン・ジャパン　2002
◇p49–II(カラー)　ベスラー, バシリウス
◇p49–III(カラー)　ベスラー, バシリウス

Grass–green Albuca　Albuca viridiflora
「ウィリアム・カーティス 花図譜」同朋舎出版 1994
◇334図(カラー)　エドワーズ, シデナム・ティースト画『カーティス・ボタニカル・マガジン』 1814

Grass–leaved Aristea　Aristea africana
「ウィリアム・カーティス 花図譜」同朋舎出版 1994
◇205図(カラー)　Aristea cyanea　エドワーズ, シデナム・ティースト画『カーティス・ボタニカル・マガジン』 1799

Grass–leaved Flag　Iris graminea
「ウィリアム・カーティス 花図譜」同朋舎出版 1994
◇228図(カラー)　エドワーズ, シデナム・ティースト画『カーティス・ボタニカル・マガジン』 1803

Grass–leaved Kefersteinia　Kefersteinia graminea
「ウィリアム・カーティス 花図譜」同朋舎出版 1994
◇439図(カラー)　カーティス, ウィリアム『カーティス・ボタニカル・マガジン』 1858

Grass–leaved Sisyrinchium　Sisyrinchium angustifolium
「ウィリアム・カーティス 花図譜」同朋舎出版 1994
◇245図(カラー)　Sisyrinchium gramineum　エドワーズ, シデナム・ティースト画『カーティス・ボタニカル・マガジン』 1799

Grass of Parnassus　Parnassia palustris
「アイヒシュテットの庭園」タッシェン・ジャパン　2002
◇p134–III(カラー)　ベスラー, バシリウス

Great Alpine rockfoil (Greater evergreen saxifrage)　Saxifraga cotyledon
「アイヒシュテットの庭園」タッシェン・ジャパ

ン 2002
◇p124–I（カラー） ベスラー, バシリウス

Great–flowered Heath Erica grandiflora
「ウィリアム・カーティス 花図譜」同朋舎出版 1994
◇155図（カラー） カーティス, ウィリアム『カーティス・ボタニカル・マガジン』 1792

Greater periwinkle Vinca major
「アイヒシュテットの庭園」タッシェン・ジャパン 2002
◇p85–I（カラー） ベスラー, バシリウス

Green box–leaved Lachnæa Lachnæa buxifolia
「ウィリアム・カーティス 花図譜」同朋舎出版 1994
◇557図（カラー） Lachnæa buxifolia (α) virens エドワーズ, シデナム・ティースト画『カーティス・ボタニカル・マガジン』 1814

Greenovia aurea Webb.et Berth.
「カーティスの植物図譜」エンタプライズ 1987
◇図4087（カラー）『カーティスのボタニカルマガジン』 1787～1887

Grevillea ericifolia R.Br.
「カーティスの植物図譜」エンタプライズ 1987
◇図6361（カラー）『カーティスのボタニカルマガジン』 1787～1887

Grevillea intricata Meissn.
「カーティスの植物図譜」エンタプライズ 1987
◇図5919（カラー）『カーティスのボタニカルマガジン』 1787～1887

Greyia sutherlandi Hook.et Harv.
「カーティスの植物図譜」エンタプライズ 1987
◇図6040（カラー）『カーティスのボタニカルマガジン』 1787～1887

Groundsel Senecio doria
「アイヒシュテットの庭園」タッシェン・ジャパン 2002
◇p90–II（カラー） ベスラー, バシリウス

Gussone's Heron's–bill Erodium gussonei
「ウィリアム・カーティス 花図譜」同朋舎出版 1994
◇188図（カラー） カーティス, ジョン画『カーティス・ボタニカル・マガジン』 1823

Haemanthus magnificus Herb.
「カーティスの植物図譜」エンタプライズ 1987
◇図4745（カラー） Haemanthus insignis Hook.『カーティスのボタニカルマガジン』 1787～1887

Haemanthus tigrinus Jacq.
「カーティスの植物図譜」エンタプライズ 1987
◇図1705（カラー）『カーティスのボタニカルマガジン』 1787～1887

Hairy Kalmia or Sandhill Laurel Kalmia hirsuta
「ウィリアム・カーティス 花図譜」同朋舎出版 1994
◇160図（カラー） エドワーズ, シデナム・ティースト画『カーティス・ボタニカル・マガジン』 1790

Hairy Oxytropis Oxytropis pilosa
「ウィリアム・カーティス 花図譜」同朋舎出版 1994
◇296図（カラー） カーティス, ジョン画『カーティス・ボタニカル・マガジン』 1824

Hairy Rhododendron or Alpen Rose Rhododendron hirsutum
「ウィリアム・カーティス 花図譜」同朋舎出版 1994
◇165図（カラー） カーティス, ウィリアム『カーティス・ボタニカル・マガジン』 1816

Hairy–stemmed Mimosa Acacia pubescens
「ウィリアム・カーティス 花図譜」同朋舎出版 1994
◇291図（カラー） Mimosa pubescens エドワーズ, シデナム・ティースト画『カーティス・ボタニカル・マガジン』 1810

Hairy Wachendorfia Wachendorfia hirsuta
「ウィリアム・カーティス 花図譜」同朋舎出版 1994
◇200図（カラー） エドワーズ, シデナム・ティースト画『カーティス・ボタニカル・マガジン』 1803

Halbert–leaved Mexican Sida Anoda cristata
「ウィリアム・カーティス 花図譜」同朋舎出版 1994
◇378図（カラー） Sida Hastata エドワーズ, シデナム・ティースト画『カーティス・ボタニカル・マガジン』 1813 ※377図と同種

Handsome Speedwell Veronica formosa
「ウィリアム・カーティス 花図譜」同朋舎出版 1994
◇536図（カラー） フィッチ, ウォルター・フード画『カーティス・ボタニカル・マガジン』 1850

Hawk's–beard Crepis tectorum
「アイヒシュテットの庭園」タッシェン・ジャパン 2002
◇p167–II（カラー） ベスラー, バシリウス

Heart–leaved Tiarella Tiarella cordifolia
「ウィリアム・カーティス 花図譜」同朋舎出版 1994
◇525図（カラー） エドワーズ, シデナム・ティースト画『カーティス・ボタニカル・マガジン』 1813

Heath–leaved Banksia　Banksia ericifolia
「ウィリアム・カーティス 花図譜」同朋舎出版 1994
◇482図（カラー）　Banksia ericæfolia　エドワーズ, シデナム・ティースト画『カーティス・ボタニカル・マガジン』 1804

Hebecladus biflorus Miers
「カーティスの植物図譜」エンタプライズ　1987
◇図4192（カラー）『カーティスのボタニカルマガジン』 1787～1887

Hechtia stenopetala Klotzsch
「カーティスの植物図譜」エンタプライズ　1987
◇図6554（カラー）　Hechtia cordylinoides Baker『カーティスのボタニカルマガジン』 1787～1887

Helianthemum ochymoides Pers.
「カーティスの植物図譜」エンタプライズ　1987
◇図5621（カラー）『カーティスのボタニカルマガジン』 1787～1887

Heliophila pilosa Lam.
「カーティスの植物図譜」エンタプライズ　1987
◇図496（カラー）　Heliophila arabioides Sims『カーティスのボタニカルマガジン』 1787～1887

Helipterum manglesii
「カーティスの植物図譜」エンタプライズ　1987
◇図3483（カラー）　Rhodanthe manglesii Lindl.『カーティスのボタニカルマガジン』 1787～1887

Hepatica angulosa DC.
「カーティスの植物図譜」エンタプライズ　1987
◇図5518（カラー）　Anemone angulosa Lam.『カーティスのボタニカルマガジン』 1787～1887

Heptapleurum polybotryum Seem.
「カーティスの植物図譜」エンタプライズ　1987
◇図6238（カラー）『カーティスのボタニカルマガジン』 1787～1887

Herbaceous Coral–tree　Erythrina herbacea
「ウィリアム・カーティス 花図譜」同朋舎出版 1994
◇279図（カラー）　エドワーズ, シデナム・ティースト画『カーティス・ボタニカル・マガジン』 1805

Herb Paris　Paris quadrifolia
「アイヒシュテットの庭園」タッシェン・ジャパン　2002
◇p98–I（カラー）　ベスラー, バシリウス

Hibbertia grossulariaefolia Salisb.
「カーティスの植物図譜」エンタプライズ　1987
◇図1218（カラー）『カーティスのボタニカルマガジン』 1787～1887

High–crowned Rudbeckia　Ratibida columnifera
「ウィリアム・カーティス 花図譜」同朋舎出版 1994
◇128図（カラー）　Rudbeckia columnaris　エドワーズ, シデナム・ティースト画『カーティス・ボタニカル・マガジン』 1813

Hippeastrum rutilum Herb.
「カーティスの植物図譜」エンタプライズ　1987
◇図2273（カラー）　Hippeastrum pulverulentum Hook.『カーティスのボタニカルマガジン』 1787～1887

Hispid Buckler Mustard　Biscutella cichoriifolia
「ウィリアム・カーティス 花図譜」同朋舎出版 1994
◇144図（カラー）　Biscutella hispida　カーティス, ジョン画『カーティス・ボタニカル・マガジン』 1823

Hoary Lupine　Lupinus incanus
「ウィリアム・カーティス 花図譜」同朋舎出版 1994
◇289図（カラー）　マクナブ, ジェームズ画『カーティス・ボタニカル・マガジン』 1833

Hollow–rooted corydalis　Corydalis cava
「アイヒシュテットの庭園」タッシェン・ジャパン　2002
◇p41–IIII（カラー）　ベスラー, バシリウス

Homogyne alpina Cass.
「カーティスの植物図譜」エンタプライズ　1987
◇図84（カラー）　Tussilago alpina L.『カーティスのボタニカルマガジン』 1787～1887

Honeywort
「カーティスの植物図譜」エンタプライズ　1987
◇図5264（カラー）　Cerinthe retorta Sibth.et Sm.『カーティスのボタニカルマガジン』 1787～1887

Hoop–Petticoat Daffodil
「カーティスの植物図譜」エンタプライズ　1987
◇図5831（カラー）　Narcissus bulbocodium L. var.monophyllus『カーティスのボタニカルマガジン』 1787～1887

Houseleek　Aeonium arboreum
「アイヒシュテットの庭園」タッシェン・ジャパン　2002
◇p175–I（カラー）　ベスラー, バシリウス

Hoya coriacea Bl.
「カーティスの植物図譜」エンタプライズ　1987
◇図4518（カラー）『カーティスのボタニカルマガジン』 1787～1887

Huernia hystrix N.E.Br.
「カーティスの植物図譜」エンタプライズ　1987
◇図5751（カラー）　Stapelia hystrix Hook.『カーティスのボタニカルマガジン』 1787～1887

Hymenocallis littoralis Salisb.
「カーティスの植物図譜」エンタプライズ　1987
◇図825（カラー）　Pancratim littorale Jacq.

『カーティスのボタニカルマガジン』 1787〜1887

Hypericum calycinum L.

「カーティスの植物図譜」エンタプライズ 1987
◇図146（カラー）『カーティスのボタニカルマガジン』 1787〜1887

Iberian Crane's–Bill

「カーティスの植物図譜」エンタプライズ 1987
◇図1386（カラー） Geranium ibericum Cav.『カーティスのボタニカルマガジン』 1787〜1887

Illairea canarinoides Lenne et C.Koch

「カーティスの植物図譜」エンタプライズ 1987
◇図5022（カラー）『カーティスのボタニカルマガジン』 1787〜1887

Indian Cucumber Medeola virginica

「ウィリアム・カーティス 花図譜」同朋舎出版 1994
◇362図（カラー） エドワーズ，シデナム・ティースト画『カーティス・ボタニカル・マガジン』 1810

Indian fig（Prickly pear） Opuntia ficus–indica

「アイヒシュテットの庭園」タッシェン・ジャパン 2002
◇p180–I（カラー） ベスラー，バシリウス

Indian fig（Prickly pear（stem segment and fruits）） Opuntia ficus–indica

「アイヒシュテットの庭園」タッシェン・ジャパン 2002
◇p181–I〜III（カラー） ベスラー，バシリウス

Indigofera atropurpurea Buch.–Ham. ex Hormem.

「カーティスの植物図譜」エンタプライズ 1987
◇図3348（カラー） Indigofera violacea Roxb.『カーティスのボタニカルマガジン』 1787〜1887

Inflorescence of martagon or turk's cap lily Lilium martagon

「アイヒシュテットの庭園」タッシェン・ジャパン 2002
◇p112–I（カラー） ベスラー，バシリウス

Ipomoea alatipes Hook.

「カーティスの植物図譜」エンタプライズ 1987
◇図5330（カラー）『カーティスのボタニカルマガジン』 1787〜1887

Ipomoea palmata Forsk.

「カーティスの植物図譜」エンタプライズ 1987
◇図699（カラー） Convolvulus cairicus L.『カーティスのボタニカルマガジン』 1787〜1887

Ipomoea robertsii Hook.f.

「カーティスの植物図譜」エンタプライズ 1987
◇図6952（カラー）『カーティスのボタニカルマガジン』 1787〜1887

Iris Gynandriris sisyrinchium

「アイヒシュテットの庭園」タッシェン・ジャパン 2002
◇p116–I（カラー） ベスラー，バシリウス

Iris Iris spec.

「アイヒシュテットの庭園」タッシェン・ジャパン 2002
◇p80–I（カラー） ベスラー，バシリウス
◇p81–II（カラー） ベスラー，バシリウス

Iris kolpakowskiana Regel

「カーティスの植物図譜」エンタプライズ 1987
◇図6489（カラー） Xiphion kolpakowskianum Baker『カーティスのボタニカルマガジン』 1787〜1887

Iris persica L.

「カーティスの植物図譜」エンタプライズ 1987
◇図1（カラー）『カーティスのボタニカルマガジン』 1787〜1887

Isotoma axillaris Lindl.

「カーティスの植物図譜」エンタプライズ 1987
◇図5073（カラー） Isotoma senecioides A.DC. var.subpinnatifida『カーティスのボタニカルマガジン』 1787〜1887

Italian woodbine（Italian honeysuckle） Lonicera caprifolium

「アイヒシュテットの庭園」タッシェン・ジャパン 2002
◇p85–II（カラー） ベスラー，バシリウス

Ixora furgens Roxb.

「カーティスの植物図譜」エンタプライズ 1987
◇図4523（カラー） Ixora salicifolia DC.『カーティスのボタニカルマガジン』 1787〜1887

Jacob's ladder（Greek valerian with mauve flowers, Charity） Polemonium caeruleum

「アイヒシュテットの庭園」タッシェン・ジャパン 2002
◇p139–III（カラー） ベスラー，バシリウス

Jacob's ladder（Greek valerian with white flowers, Charity） Polemonium caeruleum

「アイヒシュテットの庭園」タッシェン・ジャパン 2002
◇p139–II（カラー） ベスラー，バシリウス

Jagged–leaved Siberian Pæony Pæonia anomala

「ウィリアム・カーティス 花図譜」同朋舎出版 1994
◇459図（カラー） カーティス，ウィリアム『カーティス・ボタニカル・マガジン』 1815

Jasmine (Jessamine) Jasminum odoratissimum or Jasminum fruticans
「アイヒシュテットの庭園」タッシェン・ジャパン 2002
◇p143-II (カラー) ベスラー, バシリウス

Jerusalem cowslip (Soldiers and sailors, Spotted dog) Pulmonaria officinalis
「アイヒシュテットの庭園」タッシェン・ジャパン 2002
◇p40-IIII (カラー) ベスラー, バシリウス

Jointed-podded Lathyrus Lathyrus clymenum
「ウィリアム・カーティス 花図譜」同朋舎出版 1994
◇284図 (カラー) Lathyrus articulatus エドワーズ, シデナム・ティースト画『カーティス・ボタニカル・マガジン』 1794

Jonquil Narcissus jonquilla
「アイヒシュテットの庭園」タッシェン・ジャパン 2002
◇p53-II (カラー) ベスラー, バシリウス

Jonquil-scented Narcissus Narcissus intermedius var.bifrons
「ウィリアム・カーティス 花図譜」同朋舎出版 1994
◇27図 (カラー) Narcissus bifrons エドワーズ, シデナム・ティースト画『カーティス・ボタニカル・マガジン』 1809

Judas tree (Love tree) Cercis siliquastrum
「アイヒシュテットの庭園」タッシェン・ジャパン 2002
◇p33-I (カラー) ベスラー, バシリウス

Kennedya glabrata Lindl.
「カーティスの植物図譜」エンタプライズ 1987
◇図3956 (カラー) Zichya glabrata Benth.『カーティスのボタニカルマガジン』 1787〜1887

Kingcup (Marsh marigold, Meadow bright, May-blob) Caltha palustris
「アイヒシュテットの庭園」タッシェン・ジャパン 2002
◇p76-I (カラー) ベスラー, バシリウス

Koellikeria argyrostigma Regel
「カーティスの植物図譜」エンタプライズ 1987
◇図4175 (カラー) Achimenes argyrostigma Hook.『カーティスのボタニカルマガジン』 1787〜1887

Kreysigia multiflora Reichb.
「カーティスの植物図譜」エンタプライズ 1987
◇図3905 (カラー)『カーティスのボタニカルマガジン』 1787〜1887

Lady orchid Orchis purpurea
「アイヒシュテットの庭園」タッシェン・ジャパン 2002
◇p119-I (カラー) ベスラー, バシリウス

Lady's slipper orchid Cypripedium calceolus
「アイヒシュテットの庭園」タッシェン・ジャパン 2002
◇p81-I (カラー) ベスラー, バシリウス

Lambkill or Sheep Laurel Kalmia angustifolia
「ウィリアム・カーティス 花図譜」同朋舎出版 1994
◇159図 (カラー) カーティス, ウィリアム『カーティス・ボタニカル・マガジン』 1796

Lapeyrousia fissifolia Ker-Gawl.
「カーティスの植物図譜」エンタプライズ 1987
◇図1246 (カラー)『カーティスのボタニカルマガジン』 1787〜1887

Large-flowered Goodenia Goodenia grandiflora
「ウィリアム・カーティス 花図譜」同朋舎出版 1994
◇195図 (カラー) エドワーズ, シデナム・ティースト画『カーティス・ボタニカル・マガジン』 1805

Large-flowered Hamelia Hamelia ventricosa
「ウィリアム・カーティス 花図譜」同朋舎出版 1994
◇512図 (カラー) カーティス, ウィリアム『カーティス・ボタニカル・マガジン』 1817

Large-flowered Ladies Slipper Cypripedium macranthum
「ウィリアム・カーティス 花図譜」同朋舎出版 1994
◇421図 (カラー) ハーバート, ウィリアム画『カーティス・ボタニカル・マガジン』 1829

Large-flowered Scutellaria Scutellaria grandiflora
「ウィリアム・カーティス 花図譜」同朋舎出版 1994
◇534図 (カラー) エドワーズ, シデナム・ティースト画『カーティス・ボタニカル・マガジン』 1803

Large-flowered Sobralia Sobralia macrantha
「ウィリアム・カーティス 花図譜」同朋舎出版 1994
◇453図 (カラー) フィッチ, ウォルター・フード画『カーティス・ボタニカル・マガジン』 1849

Large-involucred genetyllis Darwinia macrostegia
「ウィリアム・カーティス 花図譜」同朋舎出版

1994
◇384図(カラー) Genetyllis macrostegia カーティス, ウィリアム『カーティス・ボタニカル・マガジン』 1855

Large–leaved Bell–flower Campanula alliariifolia
「ウィリアム・カーティス 花図譜」同朋舎出版 1994
◇79図(カラー) Campanula macrophylla エドワーズ, シデナム・ティースト画『カーティス・ボタニカル・マガジン』 1806

Large Purple–flowered Twiggy Evening Primrose Clarkia purpurea var.viminea
「ウィリアム・カーティス 花図譜」同朋舎出版 1994
◇407図(カラー) Œnothera viminea ハーバート, ウィリアム画『カーティス・ボタニカル・マガジン』 1828

Large Yellow Spanish Narcissus Narcissus hispanicus
「ウィリアム・カーティス 花図譜」同朋舎出版 1994
◇30図(カラー) Narcissus major.β.γ エドワーズ, シデナム・ティースト画『カーティス・ボタニカル・マガジン』 1810

Large yellow Uvularia Uvularia grandiflora
「ウィリアム・カーティス 花図譜」同朋舎出版 1994
◇328図(カラー) エドワーズ, シデナム・ティースト画『カーティス・ボタニカル・マガジン』 1808

Larger Albuca Albuca canadensis
「ウィリアム・カーティス 花図譜」同朋舎出版 1994
◇332図(カラー) Albuca major エドワーズ, シデナム・ティースト画『カーティス・ボタニカル・マガジン』 1805

Larger Savanna–flower Neriandra suberecta
「ウィリアム・カーティス 花図譜」同朋舎出版 1994
◇39図(カラー) Echites suberecta (β) エドワーズ, シデナム・ティースト画『カーティス・ボタニカル・マガジン』 1807

Largest Persian Fritillary Fritillaria persica
「ウィリアム・カーティス 花図譜」同朋舎出版 1994
◇352図(カラー) Fritillaria persica (α) エドワーズ, シデナム・ティースト画『カーティス・ボタニカル・マガジン』 1813

Late tulip with large red flower Tulipa spec.
「アイヒシュテットの庭園」タッシェン・ジャパン 2002
◇p58–I(カラー) ベスラー, バシリウス

Late, white, red–margined tulip, fringed Tulipa spec.
「アイヒシュテットの庭園」タッシェン・ジャパン 2002
◇p56–I(カラー) ベスラー, バシリウス

Laurel–leaved Fuchsia Fuchsia arborescens
「ウィリアム・カーティス 花図譜」同朋舎出版 1994
◇400図(カラー) カーティス, チャールズ M.画『カーティス・ボタニカル・マガジン』 1826

Laurel–leaved Rhododendron or Rosebat Rhododendron maximum
「ウィリアム・カーティス 花図譜」同朋舎出版 1994
◇167図(カラー) エドワーズ, シデナム・ティースト画『カーティス・ボタニカル・マガジン』 1806

Laurentia erinoides Nichols.
「カーティスの植物図譜」エンタプライズ 1987
◇図3609(カラー) Lobelia erinoides L.『カーティスのボタニカルマガジン』 1787～1887

Lavender Lavandula spec.
「アイヒシュテットの庭園」タッシェン・ジャパン 2002
◇p156–II(カラー) ベスラー, バシリウス
◇p156–III(カラー) ベスラー, バシリウス

Leafy Cytisus Adenocarpus foliosus
「ウィリアム・カーティス 花図譜」同朋舎出版 1994
◇273図(カラー) Cytisus foliolosus エドワーズ, シデナム・ティースト画『カーティス・ボタニカル・マガジン』 1798

Leafy–spiked Lapeyrousia Lapeyrousia fissifolia
「ウィリアム・カーティス 花図譜」同朋舎出版 1994
◇240図(カラー) エドワーズ, シデナム・ティースト画『カーティス・ボタニカル・マガジン』 1809

Leavenworthia michauxii Torr.
「カーティスの植物図譜」エンタプライズ 1987
◇図5730(カラー) Leavenworthia aurea Torr.『カーティスのボタニカルマガジン』 1787～1887

Lent lily (Wild daffodil, Trumpet narcissus) Narcissus pseudonarcissus
「アイヒシュテットの庭園」タッシェン・ジャパン 2002
◇p51–I(カラー) ベスラー, バシリウス

◇p51–II（カラー） ベスラー, バシリウス
◇p52–III（カラー） ベスラー, バシリウス
◇p53–III（カラー） ベスラー, バシリウス

Lespedeza bicolor Turcz
「カーティスの植物図譜」エンタプライズ 1987
◇図6602（カラー）『カーティスのボタニカルマガジン』 1787〜1887 ※図はこの学名（種名）と一致していない

Lesser Altaic Fritillary Fritillaria meleagroides
「ウィリアム・カーティス 花図譜」同朋舎出版 1994
◇351図（カラー） Fritillaria minor マクナブ, ジェームズ画『カーティス・ボタニカル・マガジン』 1833

Lesser broad–leaved Watsonia Watsonia marginata
「ウィリアム・カーティス 花図譜」同朋舎出版 1994
◇252図（カラー） Watsonia marginata (β) minor エドワーズ, シデナム・ティースト画『カーティス・ボタニカル・マガジン』 1813

Lesser celandine（Pilewort） Ranunculus ficaria
「アイヒシュテットの庭園」タッシェン・ジャパン 2002
◇p84–II（カラー） ベスラー, バシリウス

Lesser periwinkle Vinca minor
「アイヒシュテットの庭園」タッシェン・ジャパン 2002
◇p35–II（カラー） ベスラー, バシリウス
◇p35–III（カラー） ベスラー, バシリウス
◇p35–IIII（カラー） ベスラー, バシリウス
◇p35–V（カラー） ベスラー, バシリウス

Lesser trumpet Tritonia Tritonia flabellifolia
「ウィリアム・カーティス 花図譜」同朋舎出版 1994
◇248図（カラー） Tritonia capensis (β) エドワーズ, シデナム・ティースト画『カーティス・ボタニカル・マガジン』 1813

Lesser wintergreen Pyrola minor
「アイヒシュテットの庭園」タッシェン・ジャパン 2002
◇p125–I（カラー） ベスラー, バシリウス

Liabum uniflorum Ball.
「カーティスの植物図譜」エンタプライズ 1987
◇図5826（カラー） Paranephelius uniflorus Poepp.et Endl.『カーティスのボタニカルマガジン』 1787〜1887

Lilium monadelphum Marsh et Bieb.
「カーティスの植物図譜」エンタプライズ 1987
◇図1405（カラー）『カーティスのボタニカルマガジン』 1787〜1887

Lilium parryi Wats.
「カーティスの植物図譜」エンタプライズ 1987
◇図6650（カラー）『カーティスのボタニカルマガジン』 1787〜1887

Lilium roseum Wall.
「カーティスの植物図譜」エンタプライズ 1987
◇図4725（カラー）『カーティスのボタニカルマガジン』 1787〜1887

Lily Lilium pomponium
「アイヒシュテットの庭園」タッシェン・ジャパン 2002
◇p114–I（カラー） ベスラー, バシリウス

Limonium suworowii Kuntze
「カーティスの植物図譜」エンタプライズ 1987
◇図6959（カラー） Statice suworowi Regel『カーティスのボタニカルマガジン』 1787〜1887

Litsea geniculata Benth.et Hook.
「カーティスの植物図譜」エンタプライズ 1987
◇図1471（カラー） Laurus geniculata Michx.『カーティスのボタニカルマガジン』 1787〜1887

Loasa lateritia Gill.ex Arn.
「カーティスの植物図譜」エンタプライズ 1987
◇図3632（カラー）『カーティスのボタニカルマガジン』 1787〜1887

Loasa picta Hook.
「カーティスの植物図譜」エンタプライズ 1987
◇図4428（カラー）『カーティスのボタニカルマガジン』 1787〜1887

Lobed–leaved Pultenaea Pultenaea scabra
「ウィリアム・カーティス 花図譜」同朋舎出版 1994
◇301図（カラー） Pultenaea biloba カーティス, ジョン画『カーティス・ボタニカル・マガジン』 1819

Lobelia corymbosa R.Grah.
「カーティスの植物図譜」エンタプライズ 1987
◇図2693（カラー）『カーティスのボタニカルマガジン』 1787〜1887

Lobelia minuta L.
「カーティスの植物図譜」エンタプライズ 1987
◇図2590（カラー）『カーティスのボタニカルマガジン』 1787〜1887

Lobelia robusta R.Grah.
「カーティスの植物図譜」エンタプライズ 1987
◇図3138（カラー）『カーティスのボタニカルマガジン』 1787〜1887

Long–flowered Virgin's–bower Clematis crispa
「ウィリアム・カーティス 花図譜」同朋舎出版 1994
◇493図（カラー） Clematis cylindrica エド

ワーズ, シデナム・ティースト画『カーティス・ボタニカル・マガジン』 1808

Long–leaved Flag Iris spuria
「ウィリアム・カーティス 花図譜」同朋舎出版 1994
◇229図(カラー) Iris halophila エドワーズ, シデナム・ティースト画『カーティス・ボタニカル・マガジン』 1805

Long–leaved Gentian Gentiana macrophylla
「ウィリアム・カーティス 花図譜」同朋舎出版 1994
◇180図(カラー) エドワーズ, シデナム・ティースト画『カーティス・ボタニカル・マガジン』 1811

Long–rooted Garlic Allium victorialis
「ウィリアム・カーティス 花図譜」同朋舎出版 1994
◇312図(カラー) エドワーズ, シデナム・ティースト画『カーティス・ボタニカル・マガジン』 1809

Long–spiked Bell–flower Campanula thyrsoidea
「ウィリアム・カーティス 花図譜」同朋舎出版 1994
◇80図(カラー) エドワーズ, シデナム・ティースト画『カーティス・ボタニカル・マガジン』 1810

Long–stalked Epidendrum Epidendrum secundum
「ウィリアム・カーティス 花図譜」同朋舎出版 1994
◇433図(カラー) Epidendrum elongatum エドワーズ, シデナム・ティースト画『カーティス・ボタニカル・マガジン』 1802

Long–stalked Stapelia Tridentia pedunculata
「ウィリアム・カーティス 花図譜」同朋舎出版 1994
◇54図(カラー) Stapelia pedunculata エドワーズ, シデナム・ティースト画『カーティス・ボタニカル・マガジン』 1804

Looking–Glass Orchis
「カーティスの植物図譜」エンタプライズ 1987
◇図5844(カラー) Ophrys speculum Link.『カーティスのボタニカルマガジン』 1787〜1887

Love–in–a–mist (Ragged lady) Nigella damascena
「アイヒシュテットの庭園」タッシェン・ジャパン 2002
◇p109–II(カラー) ベスラー, バシリウス
◇p109–III(カラー) ベスラー, バシリウス

Macartny's Rose Rosa bracteata
「ウィリアム・カーティス 花図譜」同朋舎出版 1994
◇505図(カラー) エドワーズ, シデナム・ティースト画『カーティス・ボタニカル・マガジン』 1811

Madagascar Combretum Combretum coccineum
「ウィリアム・カーティス 花図譜」同朋舎出版 1994
◇103図(カラー) Combretum purpureum カーティス, ウィリアム『カーティス・ボタニカル・マガジン』 1819

Madonna lily (White lily with bulb) Lilium candidum
「アイヒシュテットの庭園」タッシェン・ジャパン 2002
◇p65–I(カラー) ベスラー, バシリウス
◇p65–III(カラー) ベスラー, バシリウス

Mammillaria pycnacantha Mart.
「カーティスの植物図譜」エンタプライズ 1987
◇図3972(カラー)『カーティスのボタニカルマガジン』 1787〜1887

Many–flowered Blood–flower Hæmanthus multiflorus
「ウィリアム・カーティス 花図譜」同朋舎出版 1994
◇23図(カラー) エドワーズ, シデナム・ティースト画『カーティス・ボタニカル・マガジン』 1806

Many–flowered Melanthium Wurmbea monopetala
「ウィリアム・カーティス 花図譜」同朋舎出版 1994
◇360図(カラー) Melanthium monopetalum エドワーズ, シデナム・ティースト画『カーティス・ボタニカル・マガジン』 1810

Many–stemmed Coleostephus Chrysanthemum multicaule
「ウィリアム・カーティス 花図譜」同朋舎出版 1994
◇115図(カラー) Chrysanthemum multicaule カーティス, ウィリアム『カーティス・ボタニカル・マガジン』 1887

Marianthus caeruleopunctatus Klotzsch
「カーティスの植物図譜」エンタプライズ 1987
◇図3893(カラー)『カーティスのボタニカルマガジン』 1787〜1887

Marianthus drummondianus Benth.
「カーティスの植物図譜」エンタプライズ 1987
◇図5521(カラー)『カーティスのボタニカルマガジン』 1787〜1887

Marsh gentian (Calathian violet) Gentiana pneumonanthe
「アイヒシュテットの庭園」タッシェン・ジャパン 2002
◇p134–II(カラー) ベスラー, バシリウス

Marsh gladiolus Gladiolus palustris
「アイヒシュテットの庭園」タッシェン・ジャパン 2002
◇p120–II（カラー） ベスラー, バシリウス

Marsh orchid Dactylorhiza maculata
「アイヒシュテットの庭園」タッシェン・ジャパン 2002
◇p50–III（カラー） ベスラー, バシリウス

Martagon lily（Turk's cap lily） Lilium martagon
「アイヒシュテットの庭園」タッシェン・ジャパン 2002
◇p115–I（カラー） ベスラー, バシリウス
◇p115–II（カラー） ベスラー, バシリウス

Martynia fragrans Lindl.
「カーティスの植物図譜」エンタプライズ 1987
◇図4292（カラー）『カーティスのボタニカルマガジン』 1787〜1887

Martynia proboscidea Glox.
「カーティスの植物図譜」エンタプライズ 1987
◇図1056（カラー）『カーティスのボタニカルマガジン』 1787〜1887

Marvel of Peru（Four–o'clock flower） Mirabilis jalapa
「アイヒシュテットの庭園」タッシェン・ジャパン 2002
◇p163–I（カラー） ベスラー, バシリウス
◇p164–I（カラー） ベスラー, バシリウス

Masdevallia caudata
「ウィリアム・カーティス 花図譜」同朋舎出版 1994
◇443図（カラー） Masdevallia shuttleworth フィッチ, ウォルター・フード画『カーティス・ボタニカル・マガジン』 1878

Masdevallia coccinea
「ウィリアム・カーティス 花図譜」同朋舎出版 1994
◇442図（カラー） Masdevallia lindeni フィッチ, ウォルター・フード画『カーティス・ボタニカル・マガジン』 1872

Maxillaria warreana Lodd.ex Lindl.
「カーティスの植物図譜」エンタプライズ 1987
◇図4235（カラー）『カーティスのボタニカルマガジン』 1787〜1887

Meconopsis villosa G.Taylor
「カーティスの植物図譜」エンタプライズ 1987
◇図4596（カラー） Cathcartia villosa Hook.f.『カーティスのボタニカルマガジン』 1787〜1887

Melancholy or Black–flower'd Toad–flax Linaria tristis
「ウィリアム・カーティス 花図譜」同朋舎出版 1994
◇527図（カラー） Antirrhinum Triste カーティス, ウィリアム『カーティス・ボタニカル・マガジン』 1789

Melilot–like Psoralea Psoralea melilotoides
「ウィリアム・カーティス 花図譜」同朋舎出版 1994
◇300図（カラー） カーティス, ウィリアム『カーティス・ボタニカル・マガジン』 1819

Mentzelia gronoviaefolia Fisch.et Mey.
「カーティスの植物図譜」エンタプライズ 1987
◇図4491（カラー） Microsperma bartonioides Walp.『カーティスのボタニカルマガジン』 1787〜1887

Mesembryanthemum introrsum Haw.
「カーティスの植物図譜」エンタプライズ 1987
◇図6057（カラー）『カーティスのボタニカルマガジン』 1787〜1887

Microcachrys tetragona Hook.f.
「カーティスの植物図譜」エンタプライズ 1987
◇図5576（カラー）『カーティスのボタニカルマガジン』 1787〜1887

Milk and Wine Lily Crinum latifolium var.zeylanicum
「ウィリアム・カーティス 花図譜」同朋舎出版 1994
◇12図（カラー） Amaryllis ornata（α） エドワーズ, シデナム・ティースト画『カーティス・ボタニカル・マガジン』 1810 19.8×12.0 ※原画を拡大

Milk–blue hyacinth Hyacinthus orientalis
「アイヒシュテットの庭園」タッシェン・ジャパン 2002
◇p47–III（カラー） ベスラー, バシリウス

Milk blue lily of the valley Convallaria majalis
「アイヒシュテットの庭園」タッシェン・ジャパン 2002
◇p88–II（カラー） ベスラー, バシリウス

Miltonia regnelli Reichb.f.
「カーティスの植物図譜」エンタプライズ 1987
◇図5436（カラー）『カーティスのボタニカルマガジン』 1787〜1887

Miltonia spectabilis Lindl.
「カーティスの植物図譜」エンタプライズ 1987
◇図4204（カラー）『カーティスのボタニカルマガジン』 1787〜1887

Mirbelia dilatata R.Br.
「カーティスの植物図譜」エンタプライズ 1987
◇図4419（カラー） Mirbelia meisneri Hook.『カーティスのボタニカルマガジン』 1787〜1887

Mock orange Philadelphus coronarius
「アイヒシュテットの庭園」タッシェン・ジャパン 2002

◇p32–II（カラー） ベスラー，バシリウス
◇p32–III（カラー） ベスラー，バシリウス

Molucca Crinum Crinum latifolium var. moluccanum
「ウィリアム・カーティス 花図譜」同朋舎出版 1994
◇25図（カラー） Crinum moluccanum サワビー，ジェームズ画『カーティス・ボタニカル・マガジン』 1822

Momordica involucrata E.Mey.
「カーティスの植物図譜」エンタプライズ 1987
◇図6932（カラー）『カーティスのボタニカルマガジン』 1787〜1887

Morenia fragrans Ruiz et Pav.
「カーティスの植物図譜」エンタプライズ 1987
◇図5492（カラー）『カーティスのボタニカルマガジン』 1787〜1887

Morning glory Pharbitis nil
「アイヒシュテットの庭園」タッシェン・ジャパン 2002
◇p153–III（カラー） ベスラー，バシリウス

Mount Atlas daisy Anacyclus pyrethrum
「アイヒシュテットの庭園」タッシェン・ジャパン 2002
◇p124–II（カラー） ベスラー，バシリウス

Mountain Crocus Crocus serotinus
「ウィリアム・カーティス 花図譜」同朋舎出版 1994
◇210図（カラー） エドワーズ，シデナム・ティースト画『カーティス・ボタニカル・マガジン』 1810

Mournful widow（Double sweet scabious, Pincushion flower, Egyptian rose） Scabiosa atropurpurea
「アイヒシュテットの庭園」タッシェン・ジャパン 2002
◇p138–I（カラー） ベスラー，バシリウス

Mournful widow（Sweet scabious, Pincushion flower, Egyptian rose） Scabiosa atropurpurea
「アイヒシュテットの庭園」タッシェン・ジャパン 2002
◇p138–II（カラー） ベスラー，バシリウス

Mourning–flowered Aristea Aristea lugens
「ウィリアム・カーティス 花図譜」同朋舎出版 1994
◇206図（カラー） Aristea melaleuca エドワーズ，シデナム・ティースト画『カーティス・ボタニカル・マガジン』 1810

Mr.Ellis's Grammathophyllum Grammangis ellisii
「ウィリアム・カーティス 花図譜」同朋舎出版 1994
◇438図（カラー） Grammathophyllum ellisii フィッチ，ウォルター・フード画『カーティス・ボタニカル・マガジン』 1860

Mr.Griffin's Amaryllis Zephyranthes tubispatha
「ウィリアム・カーティス 花図譜」同朋舎出版 1994
◇14図（カラー） Amaryllis tubispatha カーティス，ウィリアム『カーティス・ボタニカル・マガジン』 1813

Mr.Hadwen's Bifrenaria Scuticaria hadwenii
「ウィリアム・カーティス 花図譜」同朋舎出版 1994
◇411図（カラー） Bifrenaria hadwenii フィッチ，ウォルター・フード画『カーティス・ボタニカル・マガジン』 1852

Mr.Loddiges' Swanwort Cycnoches loddigesii
「ウィリアム・カーティス 花図譜」同朋舎出版 1994
◇419図（カラー） フィッチ，ウォルター・フード画『カーティス・ボタニカル・マガジン』 1846

Mr.Murray's Scarlet Pentstemon Penstemon murrayanus
「ウィリアム・カーティス 花図譜」同朋舎出版 1994
◇538図（カラー） カーティス，ウィリアム『カーティス・ボタニカル・マガジン』 1836

Multi–flowered crown imperial Fritillaria imperialis
「アイヒシュテットの庭園」タッシェン・ジャパン 2002
◇p60（カラー） ベスラー，バシリウス

Multi–flowered red tulip Tulipa spec.
「アイヒシュテットの庭園」タッシェン・ジャパン 2002
◇p59–I（カラー） ベスラー，バシリウス

Muscari aestivale Baker
「カーティスの植物図譜」エンタプライズ 1987
◇図6269（カラー）『カーティスのボタニカルマガジン』 1787〜1887

Musk–scented Starwort Olearia argyrophylla
「ウィリアム・カーティス 花図譜」同朋舎出版 1994
◇107図（カラー） Aster argophyllus エドワーズ，シデナム・ティースト画『カーティス・ボタニカル・マガジン』 1813

Mutisia decurrens Cav.
「カーティスの植物図譜」エンタプライズ 1987
◇図5273(カラー)『カーティスのボタニカルマガジン』 1787〜1887

Myrtle–leaved Melaleuca Melaleuca squarrosa
「ウィリアム・カーティス 花図譜」同朋舎出版 1994
◇385図(カラー) カーティス, ウィリアム『カーティス・ボタニカル・マガジン』 1817

Narrowest–leaved Tile–root Geissorhiza setacea
「ウィリアム・カーティス 花図譜」同朋舎出版 1994
◇216図(カラー) エドワーズ, シデナム・ティースト画『カーティス・ボタニカル・マガジン』 1810

Narrow–leaved Aponogeton Aponogeton angustifolius
「ウィリアム・カーティス 花図譜」同朋舎出版 1994
◇40図(カラー) エドワーズ, シデナム・ティースト画『カーティス・ボタニカル・マガジン』 1810

Narrow–leaved Chironia Orphium frutescens var.angustifolium
「ウィリアム・カーティス 花図譜」同朋舎出版 1994
◇183図(カラー) Chironia angustifolia エドワーズ, シデナム・ティースト画『カーティス・ボタニカル・マガジン』 1805

Narrow–leaved Cornflag Gladiolus angustus
「ウィリアム・カーティス 花図譜」同朋舎出版 1994
◇217図(カラー) エドワーズ, シデナム・ティースト画『カーティス・ボタニカル・マガジン』 1802

Narrow–leaved Epidendrum Epidendrum bractescens
「ウィリアム・カーティス 花図譜」同朋舎出版 1994
◇434図(カラー) Epidendrum linearifolium フィッチ, ウォルター・フード画『カーティス・ボタニカル・マガジン』 1851

Narrow–leaved Galaxia Galaxia fugacissima
「ウィリアム・カーティス 花図譜」同朋舎出版 1994
◇213図(カラー) Galaxia graminea エドワーズ, シデナム・ティースト画『カーティス・ボタニカル・マガジン』 1810

Narrow–leaved Indigo Indigofera angustifolia
「ウィリアム・カーティス 花図譜」同朋舎出版 1994
◇283図(カラー) エドワーズ, シデナム・ティースト画『カーティス・ボタニカル・マガジン』 1799

Nasturtium (Indian cress, Canary bird vine, Canary bird flower, Flame flower) Tropaeolum minus
「アイヒシュテットの庭園」タッシェン・ジャパン 2002
◇p151–I(カラー) ベスラー, バシリウス

Nepal Christ's–thorn Paliurus spina–christi
「ウィリアム・カーティス 花図譜」同朋舎出版 1994
◇501図(カラー) Paliurus virgatus カーティス, ジョン画『カーティス・ボタニカル・マガジン』 1824

Nepal Everlasting Anaphalis triplinervis
「ウィリアム・カーティス 花図譜」同朋舎出版 1994
◇106図(カラー) Antennaria triplinervis カーティス, ジョン画『カーティス・ボタニカル・マガジン』 1824

Neptunia plena Benth.
「カーティスの植物図譜」エンタプライズ 1987
◇図4695(カラー)『カーティスのボタニカルマガジン』 1787〜1887

Neuwiedia lindleyi
「ウィリアム・カーティス 花図譜」同朋舎出版 1994
◇446図(カラー) スミス, マチルダ画『カーティス・ボタニカル・マガジン』 1894

New Jersey Iris Iris prismatica
「ウィリアム・カーティス 花図譜」同朋舎出版 1994
◇231図(カラー) エドワーズ, シデナム・ティースト画『カーティス・ボタニカル・マガジン』 1812

New Zealand Entelea Entelea arborescens
「ウィリアム・カーティス 花図譜」同朋舎出版 1994
◇560図(カラー) カーティス, ジョン画『カーティス・ボタニカル・マガジン』 1824

Night–flowering catchfly Silene noctiflora
「アイヒシュテットの庭園」タッシェン・ジャパン 2002
◇p131–III(カラー) ベスラー, バシリウス

Night–smelling Hermannia Hermannia flammea
「ウィリアム・カーティス 花図譜」同朋舎出版 1994
◇548図(カラー) カーティス, ウィリアム『カーティス・ボタニカル・マガジン』 1811

Nodding–flowered Trillium Trillium cernuum
「ウィリアム・カーティス 花図譜」同朋舎出版 1994
◇363図(カラー) エドワーズ,シデナム・ティースト画『カーティス・ボタニカル・マガジン』 1806

Nodding Savannah–flower Prestonia venosa
「ウィリアム・カーティス 花図譜」同朋舎出版 1994
◇38図(カラー) Echites nutans カーティス,ジョン画『カーティス・ボタニカル・マガジン』 1824

Odontoglossum prænitens
「ウィリアム・カーティス 花図譜」同朋舎出版 1994
◇447図(カラー) フィッチ,ウォルター・フード画『カーティス・ボタニカル・マガジン』 1876

Oenothera missourensis Sims
「カーティスの植物図譜」エンタプライズ 1987
◇図1592(カラー)『カーティスのボタニカルマガジン』 1787〜1887

Olearia argophylla F.Muell.
「カーティスの植物図譜」エンタプライズ 1987
◇図1563(カラー) Aster argophyllus Labill.『カーティスのボタニカルマガジン』 1787〜1887

Olearia dentata Moench.
「カーティスの植物図譜」エンタプライズ 1987
◇図5973(カラー)『カーティスのボタニカルマガジン』 1787〜1887

Olearia stellulata DC.
「カーティスの植物図譜」エンタプライズ 1987
◇図1509(カラー) Aster liratus Sims『カーティスのボタニカルマガジン』 1787〜1887

Omphalodes luciliae Boiss.
「カーティスの植物図譜」エンタプライズ 1987
◇図6047(カラー)『カーティスのボタニカルマガジン』 1787〜1887

One–flowered Berckheya Berkheya uniflora
「ウィリアム・カーティス 花図譜」同朋舎出版 1994
◇109図(カラー) カーティス,ジョン画『カーティス・ボタニカル・マガジン』 1819

Opuntia brasiliensis Haw.
「カーティスの植物図譜」エンタプライズ 1987
◇図3293(カラー)『カーティスのボタニカルマガジン』 1787〜1887

Orange Lily Lilium bulbiferum
「ウィリアム・カーティス 花図譜」同朋舎出版 1994
◇353図(カラー) サワビー,ジェームズ画『カーティス・ボタニカル・マガジン』 1788

Oriental Fennel–flower Nigella orientalis
「ウィリアム・カーティス 花図譜」同朋舎出版 1994
◇498図(カラー) エドワーズ,シデナム・ティースト画『カーティス・ボタニカル・マガジン』 1810

Ornithogalum lacteum Jacq.
「カーティスの植物図譜」エンタプライズ 1987
◇図1134(カラー)『カーティスのボタニカルマガジン』 1787〜1887

Orris root Iris florentina
「アイヒシュテットの庭園」タッシェン・ジャパン 2002
◇p80–II(カラー) ベスラー,バシリウス

Othonna amplexifolia DC.
「カーティスの植物図譜」エンタプライズ 1987
◇図1312(カラー) Othonna amplexicaulis Sims, non Thunb.『カーティスのボタニカルマガジン』 1787〜1887

Oval–spiked Psoralea Psoralea bracteata
「ウィリアム・カーティス 花図譜」同朋舎出版 1994
◇299図(カラー) エドワーズ,シデナム・ティースト画『カーティス・ボタニカル・マガジン』 1799

Oxalis articalata Savign.
「カーティスの植物図譜」エンタプライズ 1987
◇図6748(カラー)『カーティスのボタニカルマガジン』 1787〜1887

Oxalis–leaved Loddigesia Loddigesia oxalidifolia
「ウィリアム・カーティス 花図譜」同朋舎出版 1994
◇286図(カラー) エドワーズ,シデナム・ティースト画『カーティス・ボタニカル・マガジン』 1806

Oxalis rosea Feuill.
「カーティスの植物図譜」エンタプライズ 1987
◇図2830(カラー)『カーティスのボタニカルマガジン』 1787〜1887

Oxalis versicolor L.
「カーティスの植物図譜」エンタプライズ 1987
◇図155(カラー)『カーティスのボタニカルマガジン』 1787〜1887

Oxybaphus viscosus L, Herit.ex Choisy
「カーティスの植物図譜」エンタプライズ 1987
◇図434(カラー)『カーティスのボタニカルマガジン』 1787〜1887

Oxydendron arboreum DC.
「カーティスの植物図譜」エンタプライズ 1987
◇図905(カラー) Andromeda arborea L.『カーティスのボタニカルマガジン』 1787〜1887

Oxypetalum solanoides Hook.et Arn.
「カーティスの植物図譜」エンタプライズ 1987
◇図4367（カラー）『カーティスのボタニカルマガジン』 1787〜1887

Oxyspora paniculata DC.
「カーティスの植物図譜」エンタプライズ 1987
◇図4553（カラー） Oxyspora vagans Hook, non Wall.『カーティスのボタニカルマガジン』 1787〜1887

Paeonia tenuifolia L.
「カーティスの植物図譜」エンタプライズ 1987
◇図926（カラー）『カーティスのボタニカルマガジン』 1787〜1887

Palaua flexuosa Mast.
「カーティスの植物図譜」エンタプライズ 1987
◇図5768（カラー） Palava flexuosa Mast.『カーティスのボタニカルマガジン』 1787〜1887

Papaver–like Nuttallia Callirhoe papaver
「ウィリアム・カーティス 花図譜」同朋舎出版 1994
◇376図（カラー） Nuttallia papaver グレヴィル，ロバート・ケイ画『カーティス・ボタニカル・マガジン』 1833

Parnassia–leaved Crowfoot Ranunculus parnassifolius
「ウィリアム・カーティス 花図譜」同朋舎出版 1994
◇499図（カラー） カーティス，ウィリアム『カーティス・ボタニカル・マガジン』 1797

Parrotia persica C.A.Mey.
「カーティスの植物図譜」エンタプライズ 1987
◇図5744（カラー）『カーティスのボタニカルマガジン』 1787〜1887

Particolored Eucrosia Eucrosia bicolor
「ウィリアム・カーティス 花図譜」同朋舎出版 1994
◇19図（カラー） ハーバート，ウィリアム画『カーティス・ボタニカル・マガジン』 1824

Particoloured bitter–vetch Lathyrus pannonicus subsp.varius
「ウィリアム・カーティス 花図譜」同朋舎出版 1994
◇295図（カラー） Orobus varius エドワーズ，シデナム・ティースト画『カーティス・ボタニカル・マガジン』 1803

Party–coloured Crocus Crocus versicolor
「ウィリアム・カーティス 花図譜」同朋舎出版 1994
◇212図（カラー） エドワーズ，シデナム・ティースト画『カーティス・ボタニカル・マガジン』 1808

Pasque flower Pulsatilla vernalis
「アイヒシュテットの庭園」タッシェン・ジャパン 2002
◇p185–III（カラー） ベスラー，バシリウス

Pasque flower Pulsatilla vulgaris
「アイヒシュテットの庭園」タッシェン・ジャパン 2002
◇p185–II（カラー） ベスラー，バシリウス

Passiflora jorullensis H.B.K.
「カーティスの植物図譜」エンタプライズ 1987
◇図4752（カラー） Passiflora medusaea Lem.『カーティスのボタニカルマガジン』 1787〜1887

Passiflora raddiana DC.
「カーティスの植物図譜」エンタプライズ 1987
◇図3503（カラー） Passiflora kermesina Link et Otto『カーティスのボタニカルマガジン』 1787〜1887

Pavonia multiflora St.Hil.
「カーティスの植物図譜」エンタプライズ 1987
◇図6398（カラー）『カーティスのボタニカルマガジン』 1787〜1887

Pelargonium glutinosum L'Herit.
「カーティスの植物図譜」エンタプライズ 1987
◇図143（カラー）『カーティスのボタニカルマガジン』 1787〜1887

Pelargonium oblongatum E.Mey.
「カーティスの植物図譜」エンタプライズ 1987
◇図5996（カラー）『カーティスのボタニカルマガジン』 1787〜1887

Pentapterygium rugosum Hook.
「カーティスの植物図譜」エンタプライズ 1987
◇図5198（カラー）『カーティスのボタニカルマガジン』 1787〜1887

Pentstemon cyananthus Hook.
「カーティスの植物図譜」エンタプライズ 1987
◇図4464（カラー）『カーティスのボタニカルマガジン』 1787〜1887

Peony Paeonia mascula
「アイヒシュテットの庭園」タッシェン・ジャパン 2002
◇p72–I（カラー） ベスラー，バシリウス

Perennial flax Linum perenne
「アイヒシュテットの庭園」タッシェン・ジャパン 2002
◇p103–I（カラー） ベスラー，バシリウス

Perfoliate Uvularia Uvularia perfoliata
「ウィリアム・カーティス 花図譜」同朋舎出版 1994
◇329図（カラー） Uvularia perfoliata (α) エドワーズ，シデナム・ティースト画『カーティス・ボタニカル・マガジン』 1806

Peristrophe speciosa Nees
「カーティスの植物図譜」エンタプライズ 1987
◇図2722（カラー） Justicia speciosa Roxb.『カー

ティスのボタニカルマガジン』 1787〜1887

Phacelia sericea A.Gray

「カーティスの植物図譜」エンタプライズ 1987
◇図3003 (カラー) Eutoca sericea R.Grah.『カーティスのボタニカルマガジン』 1787〜1887

Phaenocoma prolifera D.Don

「カーティスの植物図譜」エンタプライズ 1987
◇図2365 (カラー) Elichrysum proliferm Willd.『カーティスのボタニカルマガジン』 1787〜1887

Pheasant's eye Adonis annua

「アイヒシュテットの庭園」タッシェン・ジャパン 2002
◇p125-II (カラー) ベスラー, バシリウス

Philadelphus hirsutus Nutt.

「カーティスの植物図譜」エンタプライズ 1987
◇図5334 (カラー)『カーティスのボタニカルマガジン』 1787〜1887

Phragmipedium longifolium

「ウィリアム・カーティス 花図譜」同朋舎出版 1994
◇424図 (カラー) Cypripedium roezli フィッチ, ウォルター・フード画『カーティス・ボタニカル・マガジン』 1876

Phyllocactus phyllanthus Link

「カーティスの植物図譜」エンタプライズ 1987
◇図2692 (カラー) Cactus phyllanthus L.『カーティスのボタニカルマガジン』 1787〜1887

Physostelma wallichii Wight

「カーティスの植物図譜」エンタプライズ 1987
◇図4545 (カラー) Hoya campanulata Bl.『カーティスのボタニカルマガジン』 1787〜1887

Picridium tingitanum Desf.

「カーティスの植物図譜」エンタプライズ 1987
◇図142 (カラー) Scorzonera tingitana L.『カーティスのボタニカルマガジン』 1787〜1887

Pierard's Dendrobium Dendrobium aphyllum

「ウィリアム・カーティス 花図譜」同朋舎出版 1994
◇429図 (カラー) Dendrobium pierardi ハーバート, ウィリアム画『カーティス・ボタニカル・マガジン』 1825

Pigmy Iris Iris ruthenica

「ウィリアム・カーティス 花図譜」同朋舎出版 1994
◇233図 (カラー) エドワーズ, シデナム・ティースト画『カーティス・ボタニカル・マガジン』 1811

Pimelea hispida R.Br.

「カーティスの植物図譜」エンタプライズ 1987
◇図3459 (カラー)『カーティスのボタニカルマガジン』 1787〜1887

Pincushion flower (Scabious) Scabiosa stellata

「アイヒシュテットの庭園」タッシェン・ジャパン 2002
◇p137-II (カラー) ベスラー, バシリウス

Pinguicula hirtiflora Tenore

「カーティスの植物図譜」エンタプライズ 1987
◇図6785 (カラー)『カーティスのボタニカルマガジン』 1787〜1887

Pink lily of the valley Convallaria majalis

「アイヒシュテットの庭園」タッシェン・ジャパン 2002
◇p88-III (カラー) ベスラー, バシリウス

Pink tulip, finely veined yellow Tulipa spec.

「アイヒシュテットの庭園」タッシェン・ジャパン 2002
◇p57-IIII (カラー) ベスラー, バシリウス

Pitcher Plant: male Nepenthes mirabilis

「ウィリアム・カーティス 花図譜」同朋舎出版 1994
◇390図 (カラー) Nepenthes distillatoria mas. ハーバート, ウィリアム画『カーティス・ボタニカル・マガジン』 1828

Plagianthus divaricatus Forst.

「カーティスの植物図譜」エンタプライズ 1987
◇図3271 (カラー)『カーティスのボタニカルマガジン』 1787〜1887

Plaid Ixia Ixia paniculata var.rochensis

「ウィリアム・カーティス 花図譜」同朋舎出版 1994
◇239図 (カラー) Ixia rochensis (α) エドワーズ, シデナム・ティースト画『カーティス・ボタニカル・マガジン』 1802

Pleione praecox D.Don

「カーティスの植物図譜」エンタプライズ 1987
◇図4496 (カラー) Coelogyne wallichiana Lindl.『カーティスのボタニカルマガジン』 1787〜1887

Pleurothallis raymondii Reichb.f.

「カーティスの植物図譜」エンタプライズ 1987
◇図5385 (カラー)『カーティスのボタニカルマガジン』 1787〜1887

Pogonia discolor Bl.

「カーティスの植物図譜」エンタプライズ 1987
◇図6125 (カラー)『カーティスのボタニカルマガジン』 1787〜1887

Polack's Streptocarpus Streptocarpus cyaneus

「ウィリアム・カーティス 花図譜」同朋舎出版 1994
◇194図 (カラー) Streptocarpus polackii ロ

ス＝クレイグ, ステラ, スネリング, リリアン画『カーティス・ボタニカル・マガジン』 1946

Polemonium flavum Greene
「カーティスの植物図譜」エンタプライズ 1987
◇図6965（カラー）『カーティスのボタニカルマガジン』 1787〜1887

Pontic Azalea Rhododendron luteum Sweet
「カーティスの植物図譜」エンタプライズ 1987
◇図433（カラー） Azalea pontica L.『カーティスのボタニカルマガジン』 1787〜1887

Porcelain Heath or Wax Heath Erica ventricosa
「ウィリアム・カーティス 花図譜」同朋舎出版 1994
◇158図（カラー） カーティス, ウィリアム『カーティス・ボタニカル・マガジン』 1796

Prickly saltwort Salsola kali
「アイヒシュテットの庭園」タッシェン・ジャパン 2002
◇p126–III（カラー） ベスラー, バシリウス

Prickly–stalked Hibiscus Hibiscus surattensis
「ウィリアム・カーティス 花図譜」同朋舎出版 1994
◇374図（カラー） エドワーズ, シデナム・ティースト画『カーティス・ボタニカル・マガジン』 1811

Primrose Primula vulgaris
「アイヒシュテットの庭園」タッシェン・ジャパン 2002
◇p40–V（カラー） ベスラー, バシリウス

Primula capitata Hook.var.
「カーティスの植物図譜」エンタプライズ 1987
◇図6916B（カラー）『カーティスのボタニカルマガジン』 1787〜1887

Primula denticulata Sm.
「カーティスの植物図譜」エンタプライズ 1987
◇図3959（カラー）『カーティスのボタニカルマガジン』 1787〜1887

Primula erosa Regel.
「カーティスの植物図譜」エンタプライズ 1987
◇図6916A（カラー） Primula erosa Wall.『カーティスのボタニカルマガジン』 1787〜1887

Primula laciniata
「ウィリアム・カーティス 花図譜」同朋舎出版 1994
◇478図（カラー） スネリング, リリアン画『カーティス・ボタニカル・マガジン』 1939

Prionium palmita E.Mey.
「カーティスの植物図譜」エンタプライズ 1987
◇図5722（カラー）『カーティスのボタニカルマガジン』 1787〜1887

Procumbent yellow sorrel（Creeping oxalis） Oxalis corniculata
「アイヒシュテットの庭園」タッシェン・ジャパン 2002
◇p66–III（カラー） ベスラー, バシリウス

Proliferation of fire lily Lilium bulbiferum
「アイヒシュテットの庭園」タッシェン・ジャパン 2002
◇p64–I（カラー） ベスラー, バシリウス

Proustia pyrifolia Lag.
「カーティスの植物図譜」エンタプライズ 1987
◇図5489（カラー）『カーティスのボタニカルマガジン』 1787〜1887

Provence rose Rosa centifolia
「アイヒシュテットの庭園」タッシェン・ジャパン 2002
◇p67–I（カラー） ベスラー, バシリウス

Purple amaranth（Red amaranth, Prince's feather） Amaranthus paniculatus
「アイヒシュテットの庭園」タッシェン・ジャパン 2002
◇p167–I（カラー） ベスラー, バシリウス

Purple Coronilla Coronilla valentina var. glauca
「ウィリアム・カーティス 花図譜」同朋舎出版 1994
◇271図（カラー） Coronilla varia カーティス, ウィリアム『カーティス・ボタニカル・マガジン』 1794

Purple–flowered Autumnal Squil Scilla autumnalis
「ウィリアム・カーティス 花図譜」同朋舎出版 1994
◇344図（カラー） Scilla autumnalis（α） エドワーズ, シデナム・ティースト画『カーティス・ボタニカル・マガジン』 1809

Purple–flowered Calanthe Calanthe masuca
「ウィリアム・カーティス 花図譜」同朋舎出版 1994
◇412図（カラー） フィッチ, ウォルター・フード画『カーティス・ボタニカル・マガジン』 1850

Purple–flowered Cytisus Cytisus purpureus
「ウィリアム・カーティス 花図譜」同朋舎出版 1994
◇274図（カラー） エドワーズ, シデナム・ティースト画『カーティス・ボタニカル・マガジン』 1809

Purple–flowered Galaxia Galaxia versicolor
「ウィリアム・カーティス 花図譜」同朋舎出版 1994
◇214図（カラー） Galaxia ovata (γ) purpurea エドワーズ, シデナム・ティースト画『カーティス・ボタニカル・マガジン』 1812

Purple–flowered Mullein Verbascum phœniceum
「ウィリアム・カーティス 花図譜」同朋舎出版 1994
◇535図（カラー） エドワーズ, シデナム・ティースト画『カーティス・ボタニカル・マガジン』 1805

Rajania brasiliensis Griseb.
「カーティスの植物図譜」エンタプライズ 1987
◇図2825（カラー） Dioscorea cinnamomifolia Hook.『カーティスのボタニカルマガジン』 1787〜1887

Ramified antheric Anthericum ramosum
「アイヒシュテットの庭園」タッシェン・ジャパン 2002
◇p74–II（カラー） ベスラー, バシリウス

Ram's–head Ladies Slipper Cypripedium arietinum
「ウィリアム・カーティス 花図譜」同朋舎出版 1994
◇420図（カラー） エドワーズ, シデナム・ティースト画『カーティス・ボタニカル・マガジン』 1813

Ranunculus parnassifolius L.
「カーティスの植物図譜」エンタプライズ 1987
◇図386（カラー）『カーティスのボタニカルマガジン』 1787〜1887

Reclining Stapelia Duvalia reclinata
「ウィリアム・カーティス 花図譜」同朋舎出版 1994
◇57図（カラー） Stapelia reclinata エドワーズ, シデナム・ティースト画『カーティス・ボタニカル・マガジン』 1811

Red Alpine rose Rosa pendulina
「アイヒシュテットの庭園」タッシェン・ジャパン 2002
◇p69–III（カラー） ベスラー, バシリウス

Red–flowered clammy Whortle berry or Black Huckleberry Gaylussacia baccata
「ウィリアム・カーティス 花図譜」同朋舎出版 1994
◇173図（カラー） Vaccinium resinosum (β) エドワーズ, シデナム・ティースト画『カーティス・ボタニカル・マガジン』 1810

Red–flowered Corræa Corræa reflexa
「ウィリアム・カーティス 花図譜」同朋舎出版 1994
◇513図（カラー） Corræa speciosa カーティス, ウィリアム『カーティス・ボタニカル・マガジン』 1815

Red–flowered Neottia Spiranthes speciosa
「ウィリアム・カーティス 花図譜」同朋舎出版 1994
◇445図（カラー） Neottia speciosa エドワーズ, シデナム・ティースト画『カーティス・ボタニカル・マガジン』 1811

Red–Flowered Water Lily Nymphæa rubra
「ウィリアム・カーティス 花図譜」同朋舎出版 1994
◇398図（カラー） カーティス, ウィリアム『カーティス・ボタニカル・マガジン』 1810

Red Indian shot Canna indica
「アイヒシュテットの庭園」タッシェン・ジャパン 2002
◇p162–I（カラー） ベスラー, バシリウス

Red rose（French rose） Rosa gallica
「アイヒシュテットの庭園」タッシェン・ジャパン 2002
◇p68–III（カラー） ベスラー, バシリウス

Red valerian（Jupiter's beard, Fox's brush） Centranthus ruber
「アイヒシュテットの庭園」タッシェン・ジャパン 2002
◇p100–I（カラー） ベスラー, バシリウス

Red–yellow day lily Hemerocallis fulva
「アイヒシュテットの庭園」タッシェン・ジャパン 2002
◇p90–I（カラー） ベスラー, バシリウス

Reflexed–leaved Whortle–berry Vaccinium reflexum
「ウィリアム・カーティス 花図譜」同朋舎出版 1994
◇172図（カラー） フィッチ, ウォルター・フード画『カーティス・ボタニカル・マガジン』 1869

Restharrow Ononis natrix
「アイヒシュテットの庭園」タッシェン・ジャパン 2002
◇p140–II（カラー） ベスラー, バシリウス

Restrepia antennifera H.B.K.
「カーティスの植物図譜」エンタプライズ 1987
◇図6288（カラー）『カーティスのボタニカルマガジン』 1787〜1887

Rhipsalis houlletiana Lem.
「カーティスの植物図譜」エンタプライズ 1987
◇図6089（カラー） Rhipsalis houlletii Hook.『カーティスのボタニカルマガジン』 1787〜1887

Rhododendron caucasicum Pall.var. stramineum
「カーティスの植物図譜」エンタプライズ 1987
◇図3422(カラー)『カーティスのボタニカルマガジン』 1787~1887

Rhododendron fulvum
「ウィリアム・カーティス 花図譜」同朋舎出版 1994
◇164図(カラー) スネリング, リリアン画『カーティス・ボタニカル・マガジン』 1939

Rhododendron hookeri Nutt.
「カーティスの植物図譜」エンタプライズ 1987
◇図4926(カラー)『カーティスのボタニカルマガジン』 1787~1887

Riband Albuca Ornithogalum vittatum
「ウィリアム・カーティス 花図譜」同朋舎出版 1994
◇335図(カラー) Albuca vittata エドワーズ, シデナム・ティースト画『カーティス・ボタニカル・マガジン』 1810

Ribes oxycanthoides L.
「カーティスの植物図譜」エンタプライズ 1987
◇図6892(カラー)『カーティスのボタニカルマガジン』 1787~1887

Rival Banksia Banksia æmula
「ウィリアム・カーティス 花図譜」同朋舎出版 1994
◇481図(カラー) カーティス, チャールズ M.画『カーティス・ボタニカル・マガジン』 1826

Rochea coccinea DC.
「カーティスの植物図譜」エンタプライズ 1987
◇図495(カラー) Crassula coccinea L.『カーティスのボタニカルマガジン』 1787~1887

Rolled–leaved Moræa Moræa angusta
「ウィリアム・カーティス 花図譜」同朋舎出版 1994
◇241図(カラー) カーティス, ウィリアム『カーティス・ボタニカル・マガジン』 1810

Rootsheathed Cape squill Dipcadi brevifolium
「ウィリアム・カーティス 花図譜」同朋舎出版 1994
◇346図(カラー) Scilla brevifolia エドワーズ, シデナム・ティースト画『カーティス・ボタニカル・マガジン』 1812

Rosa evratina Bosc?
「バラ 全図版」タッシェン・ジャパン 2007
◇p190(カラー) ルドゥーテ, ピエール=ジョゼフ『バラ図譜』 [エアランゲン・ニュルンベルク大学付属図書館] ※原図162

Rosa L.Hort
「バラ 全図版」タッシェン・ジャパン 2007
◇p118(カラー) ルドゥーテ, ピエール=ジョゼフ『バラ図譜』 [エアランゲン・ニュルンベルク大学付属図書館] ※原図90

Rosa mundi Rosa gallica officinalis–versicolor
「アイヒシュテットの庭園」タッシェン・ジャパン 2002
◇p67–II(カラー) ベスラー, バシリウス

Rosa pendulina L.
「カーティスの植物図譜」エンタプライズ 1987
◇図6724(カラー) Rosa alpina L.『カーティスのボタニカルマガジン』 1787~1887

Rosa pisocarpa A.Gray
「カーティスの植物図譜」エンタプライズ 1987
◇図6857(カラー)『カーティスのボタニカルマガジン』 1787~1887

Rosa×polliniana Sprengel
「バラ 全図版」タッシェン・ジャパン 2007
◇p124(カラー) ルドゥーテ, ピエール=ジョゼフ『バラ図譜』 [エアランゲン・ニュルンベルク大学付属図書館] ※原図96

Rosa sericea Lindl.
「カーティスの植物図譜」エンタプライズ 1987
◇図5200(カラー)『カーティスのボタニカルマガジン』 1787~1887

Rose bay(Oleander) Nerium oleander
「アイヒシュテットの庭園」タッシェン・ジャパン 2002
◇p93–I(カラー) ベスラー, バシリウス

Rose bay(Oleander(in fruit)) Nerium oleander
「アイヒシュテットの庭園」タッシェン・ジャパン 2002
◇p93–II(カラー) ベスラー, バシリウス

Rose–coloured Hairy Cornflag Gladiolus caryophyllaceus
「ウィリアム・カーティス 花図譜」同朋舎出版 1994
◇223図(カラー) Gladiolus hirsutus(var.β) エドワーズ, シデナム・ティースト画『カーティス・ボタニカル・マガジン』 1802

Rose of Jericho(Resurrection plant) Anastatica hierochuntica
「アイヒシュテットの庭園」タッシェン・ジャパン 2002
◇p176–II(カラー) ベスラー, バシリウス
◇p176–III(カラー) ベスラー, バシリウス

Rough–leaved Bell–flower Campanula peregrina
「ウィリアム・カーティス 花図譜」同朋舎出版 1994
◇74図(カラー) エドワーズ, シデナム・ティースト画『カーティス・ボタニカル・マガジン』 1810

Round–leaved Rest–harrow Ononis rotundifolia
「ウィリアム・カーティス 花図譜」同朋舎出版 1994
◇294図（カラー） カーティス, ウィリアム『カーティス・ボタニカル・マガジン』 1796

Rush–leaved Sowerbaea Sowerbaea juncea
「ウィリアム・カーティス 花図譜」同朋舎出版 1994
◇313図（カラー） エドワーズ, シデナム・ティースト画『カーティス・ボタニカル・マガジン』 1808

Salsify vegetable oyster（Oyster plant） Tragopogon porrifolius
「アイヒシュテットの庭園」タッシェン・ジャパン 2002
◇p103–III（カラー） ベスラー, バシリウス

Salt–plain Michaelmas Daisy or Flea Bane Aster sibiricus
「ウィリアム・カーティス 花図譜」同朋舎出版 1994
◇108図（カラー） Aster salsuginosus ハーバート, ウィリアム画『カーティス・ボタニカル・マガジン』 1829

Salver–flowered Ixia Ixia longituba
「ウィリアム・カーティス 花図譜」同朋舎出版 1994
◇237図（カラー） Ixia aristata エドワーズ, シデナム・ティースト画『カーティス・ボタニカル・マガジン』 1802

Salvia asperata Falc.ex Benth.
「カーティスの植物図譜」エンタプライズ 1987
◇図4884（カラー）『カーティスのボタニカルマガジン』 1787〜1887

Salvia carduacea Benth.
「カーティスの植物図譜」エンタプライズ 1987
◇図4874（カラー）『カーティスのボタニカルマガジン』 1787〜1887

Salvia confertiflora Pohl var.coccinea
「カーティスの植物図譜」エンタプライズ 1987
◇図3899（カラー）『カーティスのボタニカルマガジン』 1787〜1887

Salvia indica L.
「カーティスの植物図譜」エンタプライズ 1987
◇図395（カラー）『カーティスのボタニカルマガジン』 1787〜1887

Sarcanthus erinaceus Reichb.f.
「カーティスの植物図譜」エンタプライズ 1987
◇図5630（カラー）『カーティスのボタニカルマガジン』 1787〜1887

Satin Poppy
「カーティスの植物図譜」エンタプライズ 1987
◇図4668（カラー） Meconopsis wallichii Hook.『カーティスのボタニカルマガジン』 1787〜1887

Savoy Anthericum or St.Bruno's Lily
Paradisea liliastrum
「ウィリアム・カーティス 花図譜」同朋舎出版 1994
◇320図（カラー） Anthericum liliastrum エドワーズ, シデナム・ティースト画『カーティス・ボタニカル・マガジン』 1795

Saxifraga leucanthemifolia Michx.
「カーティスの植物図譜」エンタプライズ 1987
◇図2959（カラー）『カーティスのボタニカルマガジン』 1787〜1887

Saxifraga longifolia Lapeyr.
「カーティスの植物図譜」エンタプライズ 1987
◇図5889（カラー）『カーティスのボタニカルマガジン』 1787〜1887

Saxifraga maweana Baker
「カーティスの植物図譜」エンタプライズ 1987
◇図6384（カラー）『カーティスのボタニカルマガジン』 1787〜1887

Scaly Pultenaea Pultenaea stipularis
「ウィリアム・カーティス 花図譜」同朋舎出版 1994
◇302図（カラー） エドワーズ, シデナム・ティースト画『カーティス・ボタニカル・マガジン』 1800

Scarlet–flowered Schisandra Schisandra coccinea
「ウィリアム・カーティス 花図譜」同朋舎出版 1994
◇526図（カラー） エドワーズ, シデナム・ティースト画『カーティス・ボタニカル・マガジン』 1811

Scarlet turk's cap lily（Red martagon of Constantinople） Lilium chalcedonicum
「アイヒシュテットの庭園」タッシェン・ジャパン 2002
◇p117–II（カラー） ベスラー, バシリウス

Scilla cooperi Hook.
「カーティスの植物図譜」エンタプライズ 1987
◇図5580（カラー）『カーティスのボタニカルマガジン』 1787〜1887

Scorzonera purpurea L.var.grandiflora
「カーティスの植物図譜」エンタプライズ 1987
◇図2294（カラー）『カーティスのボタニカルマガジン』 1787〜1887

Scotch laburnum（Alpine golden chain） Laburnum alpinum
「アイヒシュテットの庭園」タッシェン・ジャパン 2002
◇p34–II（カラー） ベスラー, バシリウス

Scrophularia chrysantha Jaub.et Spach
「カーティスの植物図譜」エンタプライズ 1987
◇図6629(カラー)『カーティスのボタニカルマガジン』 1787～1887

Scutellaria incarnata Vent.
「カーティスの植物図譜」エンタプライズ 1987
◇図4268(カラー)『カーティスのボタニカルマガジン』 1787～1887

Scutellaria orientalis L.
「カーティスの植物図譜」エンタプライズ 1987
◇図635(カラー) Scutellaria grandiflora Sims『カーティスのボタニカルマガジン』 1787～1887

Sea lily Pancratium illyricum
「アイヒシュテットの庭園」タッシェン・ジャパン 2002
◇p55-I(カラー) ベスラー, バシリウス

Sea onion(Squill) Urginea maritima
「アイヒシュテットの庭園」タッシェン・ジャパン 2002
◇p46-I(カラー) ベスラー, バシリウス

Sea purslane Halimione portulacoides
「アイヒシュテットの庭園」タッシェン・ジャパン 2002
◇p168-II(カラー) ベスラー, バシリウス

Sedum pulchellum Michx.
「カーティスの植物図譜」エンタプライズ 1987
◇図6223(カラー)『カーティスのボタニカルマガジン』 1787～1887

Selenipedium caricinum Reichb.f.
「カーティスの植物図譜」エンタプライズ 1987
◇図5466(カラー) Cypripedium caricinum Lindl.et Paxt.『カーティスのボタニカルマガジン』 1787～1887

Sempervivum grandiflorum Haw.?
「カーティスの植物図譜」エンタプライズ 1987
◇図2115(カラー) Sempervivum globiferum Sims, non L.var.villosum『カーティスのボタニカルマガジン』 1787～1887

Senecio pyramidatus DC.
「カーティスの植物図譜」エンタプライズ 1987
◇図5396(カラー)『カーティスのボタニカルマガジン』 1787～1887

Senecio subscandens Hochst ex A Rich.
「カーティスの植物図譜」エンタプライズ 1987
◇図6363(カラー)『カーティスのボタニカルマガジン』 1787～1887

Serratula quinquefolia Bieb.
「カーティスの植物図譜」エンタプライズ 1987
◇図1871(カラー)『カーティスのボタニカルマガジン』 1787～1887

Shining-calyxed Saxifrage Saxifraga trifurcata
「ウィリアム・カーティス 花図譜」同朋舎出版 1994
◇523図(カラー) Saxifraga ceratophylla エドワーズ, シデナム・ティースト画『カーティス・ボタニカル・マガジン』 1814

Shining-leaved Loasa Loasa nitida
「ウィリアム・カーティス 花図譜」同朋舎出版 1994
◇368図(カラー) カーティス, ジョン画『カーティス・ボタニカル・マガジン』 1823

Showy Gooseberry Ribes speciosum
「ウィリアム・カーティス 花図譜」同朋舎出版 1994
◇521図(カラー) カーティス, ウィリアム画『カーティス・ボタニカル・マガジン』 1836

Siberian iris Iris sibirica
「アイヒシュテットの庭園」タッシェン・ジャパン 2002
◇p79-I(カラー) ベスラー, バシリウス
◇p114-III(カラー) ベスラー, バシリウス

Sibthorpia peregrina L.
「カーティスの植物図譜」エンタプライズ 1987
◇図218(カラー) Disandra prostrata Murr.『カーティスのボタニカルマガジン』 1787～1887

Sierra Leone Eulophia Eulophia guineensis
「ウィリアム・カーティス 花図譜」同朋舎出版 1994
◇436図(カラー) カーティス, ジョン画『カーティス・ボタニカル・マガジン』 1824

Silky Patersonia Patersonia sericea
「ウィリアム・カーティス 花図譜」同朋舎出版 1994
◇244図(カラー) エドワーズ, シデナム・ティースト画『カーティス・ボタニカル・マガジン』 1807

Single common peony Paeonia officinalis
「アイヒシュテットの庭園」タッシェン・ジャパン 2002
◇p71-I(カラー) ベスラー, バシリウス

Single purple gillyflower(Stock) Matthiola incana
「アイヒシュテットの庭園」タッシェン・ジャパン 2002
◇p105-III(カラー) ベスラー, バシリウス

Single wallflower Cheiranthus cheiri
「アイヒシュテットの庭園」タッシェン・ジャパン 2002
◇p107-II(カラー) ベスラー, バシリウス
◇p107-III(カラー) ベスラー, バシリウス

Single white gillyflower (Stock)
Matthiola incana
「アイヒシュテットの庭園」タッシェン・ジャパン 2002
◇p105–II(カラー) ベスラー, バシリウス
◇p106–I(カラー) ベスラー, バシリウス

Single white rose (Single white rose of York) Rosa×Alba
「アイヒシュテットの庭園」タッシェン・ジャパン 2002
◇p68–II(カラー) ベスラー, バシリウス

Sinningia speciosa Hiern
「カーティスの植物図譜」エンタプライズ 1987
◇図1937(カラー) Gloxinia speciosa Lodd.『カーティスのボタニカルマガジン』 1787〜1887
◇図3943(カラー) Gloxinia speciosa Lodd.var. menziesii『カーティスのボタニカルマガジン』 1787〜1887

Small scabious Scabiosa columbaria
「アイヒシュテットの庭園」タッシェン・ジャパン 2002
◇p138–III(カラー) ベスラー, バシリウス

Smaller White Spanish Daffodil
Narcissus pseudnarcissus moschatus
「ウィリアム・カーティス 花図譜」同朋舎出版 1994
◇29図(カラー) Narcissus moschatus (ζ) エドワーズ, シデナム・ティースト画『カーティス・ボタニカル・マガジン』 1810

Smeathmannia pubescens R.Br.
「カーティスの植物図譜」エンタプライズ 1987
◇図4364(カラー)『カーティスのボタニカルマガジン』 1787〜1887

Smooth Fabricia Leptospermum lævigatum
「ウィリアム・カーティス 花図譜」同朋舎出版 1994
◇383図(カラー) Fabricia Lævigata カーティス, ウィリアム『カーティス・ボタニカル・マガジン』 1810

Smooth–leaved Barbadoes–cherry
Malpighia glabra
「ウィリアム・カーティス 花図譜」同朋舎出版 1994
◇370図(カラー) エドワーズ, シデナム・ティースト画『カーティス・ボタニカル・マガジン』 1805

Smooth–leaved Rock Candy–tuft
Iberis sempervirens var.correifolia
「ウィリアム・カーティス 花図譜」同朋舎出版 1994
◇145図(カラー) Iberis saxatilis (β) corifolia エドワーズ, シデナム・ティースト画『カーティス・ボタニカル・マガジン』 1814

Snake's head fritillary (Guinea–hen flower, Chequered lily, Leper lily)
Fritillaria meleagris
「アイヒシュテットの庭園」タッシェン・ジャパン 2002
◇p53–I(カラー) ベスラー, バシリウス

Snowdrop Galanthus nivalis
「アイヒシュテットの庭園」タッシェン・ジャパン 2002
◇p183–II(カラー) ベスラー, バシリウス
◇p183–III(カラー) ベスラー, バシリウス

Solanum balbisii Dun.var.bipinnata
「カーティスの植物図譜」エンタプライズ 1987
◇図3954(カラー)『カーティスのボタニカルマガジン』 1787〜1887

Sonchus gummifer Link
「カーティスの植物図譜」エンタプライズ 1987
◇図5219(カラー)『カーティスのボタニカルマガジン』 1787〜1887

Sophora tetraptera Ait.
「カーティスの植物図譜」エンタプライズ 1987
◇図167(カラー)『カーティスのボタニカルマガジン』 1787〜1887

Sophora tetraptera J.Mull.
「カーティスの植物図譜」エンタプライズ 1987
◇図1442(カラー) Edwardsia microphylla Salisb.『カーティスのボタニカルマガジン』 1787〜1887

Sorrel Crane's–bill Pelargonium acetosum
「ウィリアム・カーティス 花図譜」同朋舎出版 1994
◇190図(カラー) カーティス, ウィリアム『カーティス・ボタニカル・マガジン』 1789

Sowbread Cyclamen hederifolium
「アイヒシュテットの庭園」タッシェン・ジャパン 2002
◇p172–I(カラー) ベスラー, バシリウス
◇p173–I(カラー) ベスラー, バシリウス

Sowbread Cyclamen purpurascens
「アイヒシュテットの庭園」タッシェン・ジャパン 2002
◇p173–II(カラー) ベスラー, バシリウス
◇p173–III(カラー) ベスラー, バシリウス

Spanish catchfly Silene otites
「アイヒシュテットの庭園」タッシェン・ジャパン 2002
◇p167–III(カラー) ベスラー, バシリウス

Spanish Fennel–flower Nigella hispanica
「ウィリアム・カーティス 花図譜」同朋舎出版 1994
◇497図(カラー) エドワーズ, シデナム・ティー

スト画『カーティス・ボタニカル・マガジン』 1810

Spanish iris Iris xiphium
「アイヒシュテットの庭園」タッシェン・ジャパン 2002
◇p114–II(カラー) ベスラー, バシリウス
◇p117–I(カラー) ベスラー, バシリウス
◇p121–II(カラー) ベスラー, バシリウス
◇p121–III(カラー) ベスラー, バシリウス

Species tulip, green Tulipa spec.
「アイヒシュテットの庭園」タッシェン・ジャパン 2002
◇p56–IIII(カラー) ベスラー, バシリウス

Speedwell(Bird's–eye) Veronica longifolia
「アイヒシュテットの庭園」タッシェン・ジャパン 2002
◇p65–II(カラー) ベスラー, バシリウス

Sphaeralcea cisplatina St.Hil.
「カーティスの植物図譜」エンタプライズ 1987
◇図5938(カラー) Sphaeralcea miniata Spach.『カーティスのボタニカルマガジン』 1787〜1887

Spike lavender Lavandula latifolia
「アイヒシュテットの庭園」タッシェン・ジャパン 2002
◇p172–II(カラー) ベスラー, バシリウス
◇p172–III(カラー) ベスラー, バシリウス

Spotted Copperas–leaved Lachenalia Ledebouria revoluta
「ウィリアム・カーティス 花図譜」同朋舎出版 1994
◇339図(カラー) Lachenalia lanceaefolia エドワーズ, シデナム・ティースト画『カーティス・ボタニカル・マガジン』 1803

Spotted–flowered Ibbetsonia Cyclopia genistoides (L.) Vent
「ウィリアム・カーティス 花図譜」同朋舎出版 1994
◇282図(カラー) Ibbetsonia genistoides カーティス, ウィリアム『カーティス・ボタニカル・マガジン』 1810

Spotted–flowered Sisyrinchium Sisyrinchium graminifolium var.maculatum
「ウィリアム・カーティス 花図譜」同朋舎出版 1994
◇246図(カラー) Sisyrinchium maculatum ハーバート, ウィリアム画『カーティス・ボタニカル・マガジン』 1832

Spotted–leaved Eucomis Eucomis comosa
「ウィリアム・カーティス 花図譜」同朋舎出版 1994
◇337図, 338図(カラー) Eucomis punctata エドワーズ, シデナム・ティースト画『カーティス・ボタニカル・マガジン』 1813,1806

Spotted–leaved Orchis–like Lachenalia Lachenalia orchioides
「ウィリアム・カーティス 花図譜」同朋舎出版 1994
◇340図(カラー) Lachenalia orchioides (α) エドワーズ, シデナム・ティースト画『カーティス・ボタニカル・マガジン』 1810

Spotted Lobelia Lobelia erinus
「ウィリアム・カーティス 花図譜」同朋舎出版 1994
◇81図(カラー) Lobelia Bicolor エドワーズ, シデナム・ティースト画『カーティス・ボタニカル・マガジン』 1801

Sprengelia–like Andersonia Andersonia sprengelioides
「ウィリアム・カーティス 花図譜」同朋舎出版 1994
◇150図(カラー) エドワーズ, シデナム・ティースト画『カーティス・ボタニカル・マガジン』 1814

Spring gentian Gentiana verna
「アイヒシュテットの庭園」タッシェン・ジャパン 2002
◇p76–III(カラー) ベスラー, バシリウス

Spring meadow saffron Bulbocodium vernum
「アイヒシュテットの庭園」タッシェン・ジャパン 2002
◇p45–III(カラー) ベスラー, バシリウス
◇p51–III(カラー) ベスラー, バシリウス

Spring Snowflake
「カーティスの植物図譜」エンタプライズ 1987
◇図46(カラー) Leucojum vernum L.『カーティスのボタニカルマガジン』 1787〜1887

Spring snowflake Leucojum vernum
「アイヒシュテットの庭園」タッシェン・ジャパン 2002
◇p183–IIII(カラー) ベスラー, バシリウス
◇p183–V(カラー) ベスラー, バシリウス

Squill Scilla amoena
「アイヒシュテットの庭園」タッシェン・ジャパン 2002
◇p45–IIII(カラー) ベスラー, バシリウス

Squill of Peru Scilla peruviana
「アイヒシュテットの庭園」タッシェン・ジャパン 2002
◇p48–I(カラー) ベスラー, バシリウス

Squirting cucumber Ecballium elaterium
「アイヒシュテットの庭園」タッシェン・ジャパン 2002
◇p146–I(カラー) ベスラー, バシリウス

St Bruno's lily (Paradise lily) Paradisea liliastrum
「アイヒシュテットの庭園」タッシェン・ジャパン 2002
◇p88-I (カラー) ベスラー, バシリウス

St John's wort Hypericum hircinum
「アイヒシュテットの庭園」タッシェン・ジャパン 2002
◇p133-II (カラー) ベスラー, バシリウス

St John's wort Hypericum maculatum
「アイヒシュテットの庭園」タッシェン・ジャパン 2002
◇p133-III (カラー) ベスラー, バシリウス

Stapelia pulvinata Mass.
「カーティスの植物図譜」エンタプライズ 1987
◇図1240 (カラー)『カーティスのボタニカルマガジン』 1787〜1887

Star Anemone or Broad-leav'd Garden Anemone Anemone pavonina
「ウィリアム・カーティス 花図譜」同朋舎出版 1994
◇487図 (カラー) Anemone hortensis カーティス, ウィリアム『カーティス・ボタニカル・マガジン』 1790

Star-of-Bethlehem Ornithogalum umbellatum
「アイヒシュテットの庭園」タッシェン・ジャパン 2002
◇p47-I (カラー) ベスラー, バシリウス

Stemonacanthus pearcei Hook.
「カーティスの植物図譜」エンタプライズ 1987
◇図5648 (カラー)『カーティスのボタニカルマガジン』 1787〜1887

Stenocarpus sinuatus Endl.
「カーティスの植物図譜」エンタプライズ 1987
◇図4263 (カラー) Stenocarpus cunninghami Hook.『カーティスのボタニカルマガジン』 1787〜1887

Stonecrop Sedum pilosum
「アイヒシュテットの庭園」タッシェン・ジャパン 2002
◇p152-II (カラー) ベスラー, バシリウス

Stonecrop Sedum sexangulare
「アイヒシュテットの庭園」タッシェン・ジャパン 2002
◇p152-IIII (カラー) ベスラー, バシリウス

Stonecrop (Wall pepper) Sedum acre
「アイヒシュテットの庭園」タッシェン・ジャパン 2002
◇p152-III (カラー) ベスラー, バシリウス

Strawberry-leaved Dalibarda or Barren Strawberry Waldsteinia fragarioides
「ウィリアム・カーティス 花図譜」同朋舎出版 1994
◇503図 (カラー) Dalibarda fragarioides エドワーズ, シデナム・ティースト画『カーティス・ボタニカル・マガジン』 1813

Streaked-flowered Amaryllis Hippeastrum advenum
「ウィリアム・カーティス 花図譜」同朋舎出版 1994
◇8図 (カラー) Amaryllis advena カーティス, ウィリアム『カーティス・ボタニカル・マガジン』 1808

Sulphur rose Rosa hemisphaerica
「アイヒシュテットの庭園」タッシェン・ジャパン 2002
◇p67-IIII (カラー) ベスラー, バシリウス

Sunflower Helianthus×Multiflorus
「アイヒシュテットの庭園」タッシェン・ジャパン 2002
◇p123-I (カラー) ベスラー, バシリウス

Superb Lily Lilium superbum
「ウィリアム・カーティス 花図譜」同朋舎出版 1994
◇358図 (カラー) エドワーズ, シデナム・ティースト画『カーティス・ボタニカル・マガジン』 1806

Swainsona greyana Lindl.
「カーティスの植物図譜」エンタプライズ 1987
◇図4416 (カラー)『カーティスのボタニカルマガジン』 1787〜1887

Sweet-scented Brunswick-lily Cybistetes longifolia
「ウィリアム・カーティス 花図譜」同朋舎出版 1994
◇20図 (カラー) Brunsvigia falcata エドワーズ, シデナム・ティースト画『カーティス・ボタニカル・マガジン』 1808

Sweet-scented Crataeva Crataeva capparoides
「ウィリアム・カーティス 花図譜」同朋舎出版 1994
◇90図 (カラー) Crataeva fragrans エドワーズ, シデナム・ティースト画『カーティス・ボタニカル・マガジン』 1802

Sweet-scented Tagetes or Chili Marigold Tagetes lucida
「ウィリアム・カーティス 花図譜」同朋舎出版 1994
◇132図 (カラー) エドワーズ, シデナム・ティースト画『カーティス・ボタニカル・マガジン』 1804

Sweet–scented Tritonia Tritonia Squalida
「ウィリアム・カーティス 花図譜」同朋舎出版 1994
◇250図（カラー） カーティス, ウィリアム『カーティス・ボタニカル・マガジン』 1802

Sweet–scented Water Lily Nymphæa odorata
「ウィリアム・カーティス 花図譜」同朋舎出版 1994
◇397図（カラー） エドワーズ, シデナム・ティースト画『カーティス・ボタニカル・マガジン』 1805

Swertia alata C.B.Clarke
「カーティスの植物図譜」エンタプライズ 1987
◇図5687（カラー） Ophelia alata Griseb.var. angustifolia, and var.paniculata.『カーティスのボタニカルマガジン』 1787〜1887

Synthyris reniformis Benth.
「カーティスの植物図譜」エンタプライズ 1987
◇図6860（カラー）『カーティスのボタニカルマガジン』 1787〜1887

Tacsonia mixta Juss.
「カーティスの植物図譜」エンタプライズ 1987
◇図5750（カラー） Tacsonia eriantha Benth.『カーティスのボタニカルマガジン』 1787〜1887

Tacsonia pinnatistipula Juss.
「カーティスの植物図譜」エンタプライズ 1987
◇図4062（カラー）『カーティスのボタニカルマガジン』 1787〜1887

Tall Cornelag Gladiolus undulatus
「ウィリアム・カーティス 花図譜」同朋舎出版 1994
◇222図（カラー） Gladiolus cuspidatus エドワーズ, シデナム・ティースト画『カーティス・ボタニカル・マガジン』 1802

Tampala (Chinese spinach) Amaranthus tricolor
「アイヒシュテットの庭園」タッシェン・ジャパン 2002
◇p166–I（カラー） ベスラー, バシリウス

Tangier Pea Lathyrus tingitanus
「ウィリアム・カーティス 花図譜」同朋舎出版 1994
◇285図（カラー） カーティス, ウィリアム『カーティス・ボタニカル・マガジン』 1789

Tassel grape hyacinth Muscari comosum
「アイヒシュテットの庭園」タッシェン・ジャパン 2002
◇p50–I（カラー） ベスラー, バシリウス

Teucrium betonicum L'Herit.
「カーティスの植物図譜」エンタプライズ 1987
◇図1114（カラー）『カーティスのボタニカルマガジン』 1787〜1887

Thapsia garganica L.
「カーティスの植物図譜」エンタプライズ 1987
◇図6293（カラー）『カーティスのボタニカルマガジン』 1787〜1887

The Bourbon Aloe Lomatophyllum borbonicum
「ウィリアム・カーティス 花図譜」同朋舎出版 1994
◇317図（カラー） Phylloma aloiflorum エドワーズ, シデナム・ティースト画『カーティス・ボタニカル・マガジン』 1813

The Duke of Devonshire's Dendrobium Dendrobium devonianum
「ウィリアム・カーティス 花図譜」同朋舎出版 1994
◇426図（カラー） フィッチ, ウォルター・フード画『カーティス・ボタニカル・マガジン』 1849

Thick–leaved Whortle–berry or Creeping Blueberry Vaccinium crassifolium
「ウィリアム・カーティス 花図譜」同朋舎出版 1994
◇170図（カラー） エドワーズ, シデナム・ティースト画『カーティス・ボタニカル・マガジン』 1808

Thladiantha dubia Bunge
「カーティスの植物図譜」エンタプライズ 1987
◇図5469（カラー）『カーティスのボタニカルマガジン』 1787〜1887

Tiger–spotted Stanhopea Stanhopea tigrina
「ウィリアム・カーティス 花図譜」同朋舎出版 1994
◇454図（カラー） フィッチ, ウォルター・フード画『カーティス・ボタニカル・マガジン』 1850

Tillandsia bulbosa Hook.var.picta
「カーティスの植物図譜」エンタプライズ 1987
◇図4288（カラー）『カーティスのボタニカルマガジン』 1787〜1887

Tinantia fugax Scheidw.
「カーティスの植物図譜」エンタプライズ 1987
◇図1340（カラー） Tradescantia erecta Jacq.『カーティスのボタニカルマガジン』 1787〜1887

Tithonia speciosa Hook.ex Griseb.
「カーティスの植物図譜」エンタプライズ 1987
◇図3295（カラー） Helianthus speciosus Hook.『カーティスのボタニカルマガジン』 1787〜1887

Toothed orchid Orchis tridentata
「アイヒシュテットの庭園」タッシェン・ジャパン 2002
◇p48–II（カラー） ベスラー, バシリウス

Toothed Saccolabium Gastrochilus acutifolius
「ウィリアム・カーティス 花図譜」同朋舎出版 1994
◇452図（カラー） Saccolabium denticulatum フィッチ, ウォルター・フード画『カーティス・ボタニカル・マガジン』 1854

Toothwort Lathraea squamaria
「アイヒシュテットの庭園」タッシェン・ジャパン 2002
◇p40–I（カラー） ベスラー, バシリウス

Torch–Lily
「カーティスの植物図譜」エンタプライズ 1987
◇図4816（カラー） Kniphofia uvaria Hook.『カーティスのボタニカルマガジン』 1787～1887

Tradescantia crassula Link et Otto
「カーティスの植物図譜」エンタプライズ 1987
◇図2935（カラー）『カーティスのボタニカルマガジン』 1787～1887

Tradescantia virginica L.
「カーティスの植物図譜」エンタプライズ 1987
◇図105（カラー）『カーティスのボタニカルマガジン』 1787～1887

Tragopogon hybridus L.
「カーティスの植物図譜」エンタプライズ 1987
◇図479（カラー） Geropogon glabrum L.『カーティスのボタニカルマガジン』 1787～1887

Trautvetteria carolinensis Vail.
「カーティスの植物図譜」エンタプライズ 1987
◇図1630（カラー） Cimicifuga palmata Michx.『カーティスのボタニカルマガジン』 1787～1887

Tree Flax Linum arboreum
「ウィリアム・カーティス 花図譜」同朋舎出版 1994
◇364図（カラー） カーティス, ウィリアム『カーティス・ボタニカル・マガジン』 1793

Tree–like Cleome Cleome dendroides
「ウィリアム・カーティス 花図譜」同朋舎出版 1994
◇88図（カラー） ヤング嬢, M.画『カーティス・ボタニカル・マガジン』 1834

Tree Lupine Lupinus arboreus
「ウィリアム・カーティス 花図譜」同朋舎出版 1994
◇288図（カラー） エドワーズ, シデナム・ティースト画『カーティス・ボタニカル・マガジン』 1803

Tree mallow Lavatera arborea
「アイヒシュテットの庭園」タッシェン・ジャパン 2002
◇p127–I（カラー） ベスラー, バシリウス

Triangular–leaved Flat–pea Platylobium obtusangulum
「ウィリアム・カーティス 花図譜」同朋舎出版 1994
◇297図（カラー） Platylobium triangulare エドワーズ, シデナム・ティースト画『カーティス・ボタニカル・マガジン』 1812

Trichopilia coccinea Warsc.ex Lindl.et Paxt.
「カーティスの植物図譜」エンタプライズ 1987
◇図4857（カラー）『カーティスのボタニカルマガジン』 1787～1887

Trillium nivale Ridd.
「カーティスの植物図譜」エンタプライズ 1987
◇図6449（カラー）『カーティスのボタニカルマガジン』 1787～1887

Trillium sessile L.
「カーティスの植物図譜」エンタプライズ 1987
◇図40（カラー）『カーティスのボタニカルマガジン』 1787～1887

Tripterospermum affine H.Sm.
「カーティスの植物図譜」エンタプライズ 1987
◇図4838（カラー） Crawfurdia fasciculata auct. non Wall.『カーティスのボタニカルマガジン』 1787～1887

Tropaeolum brachyceras Hook.et Arn.
「カーティスの植物図譜」エンタプライズ 1987
◇図3851（カラー）『カーティスのボタニカルマガジン』 1787～1887

Tropaeolum pentaphyllum Lam.
「カーティスの植物図譜」エンタプライズ 1987
◇図3190（カラー）『カーティスのボタニカルマガジン』 1787～1887

Trumpet Gilia Gilia androsacea Steud.
「カーティスの植物図譜」エンタプライズ 1987
◇図3491（カラー） Leptosiphon androsaceus Benth.『カーティスのボタニカルマガジン』 1787～1887

Tsted–leaved Garlic Allium obliquum
「ウィリアム・カーティス 花図譜」同朋舎出版 1994
◇310図（カラー） カーティス, ウィリアム『カーティス・ボタニカル・マガジン』 1811

Tulipa ostrowskiana Regel
「カーティスの植物図譜」エンタプライズ 1987
◇図6895（カラー）『カーティスのボタニカルマガジン』 1787～1887

Tulipa undulatifolia Boiss.
「カーティスの植物図譜」エンタプライズ 1987
◇図6308（カラー）『カーティスのボタニカルマガジン』 1787～1887

Tulip with yellow–feathered petals Tulipa spec.
「アイヒシュテットの庭園」タッシェン・ジャパン 2002
◇p58–II(カラー) ベスラー, バシリウス

Turkish Cornelag Gladiolus byzantinus
「ウィリアム・カーティス 花図譜」同朋舎出版 1994
◇219図(カラー) エドワーズ, シデナム・ティースト画『カーティス・ボタニカル・マガジン』 1805

Turk's cap cactus Melocactus intortus
「アイヒシュテットの庭園」タッシェン・ジャパン 2002
◇p176–I(カラー) ベスラー, バシリウス

Tutsan Hypericum androsaemum
「アイヒシュテットの庭園」タッシェン・ジャパン 2002
◇p133–I(カラー) ベスラー, バシリウス

Twayblade Liparis lilifolia A.Rich.ex Endl.
「カーティスの植物図譜」エンタプライズ 1987
◇図2004(カラー) Malaxis lilifolia Sw.『カーティスのボタニカルマガジン』 1787~1887

Twin–flowered Daphne Daphne pontica
「ウィリアム・カーティス 花図譜」同朋舎出版 1994
◇555図(カラー) エドワーズ, シデナム・ティースト画『カーティス・ボタニカル・マガジン』 1810

Twin–flowered Hebecladus Hebecladus biflorus
「ウィリアム・カーティス 花図譜」同朋舎出版 1994
◇540図(カラー) フィッチ, ウォルター・フード画『カーティス・ボタニカル・マガジン』 1845

Twin–flowered Mimosa Acacia stricta
「ウィリアム・カーティス 花図譜」同朋舎出版 1994
◇292図(カラー) Mimosa stricta エドワーズ, シデナム・ティースト画『カーティス・ボタニカル・マガジン』 1808

Twining Rhodochiton Rhodochiton atrosanguineus
「ウィリアム・カーティス 花図譜」同朋舎出版 1994
◇544図(カラー) Rhodochiton volubile カーティス, ウィリアム『カーティス・ボタニカル・マガジン』 1834

Twisted–petaled Eulophia Eulophia streptopetala
「ウィリアム・カーティス 花図譜」同朋舎出版 1994
◇437図(カラー) ハーバート, ウィリアム画『カーティス・ボタニカル・マガジン』 1829

Two–coloured Columbine Aquilegia×hybrida
「ウィリアム・カーティス 花図譜」同朋舎出版 1994
◇489図(カラー) カーティス, ウィリアム『カーティス・ボタニカル・マガジン』 1809

Two–coloured–leaved Calandrinia Calandrinia discolor
「ウィリアム・カーティス 花図譜」同朋舎出版 1994
◇469図(カラー) ハーバート, ウィリアム画『カーティス・ボタニカル・マガジン』 1834

Two–warted Oncidium Oncidium bicallosum
「ウィリアム・カーティス 花図譜」同朋舎出版 1994
◇448図(カラー) フィッチ, ウォルター・フード画『カーティス・ボタニカル・マガジン』 1845

Umbel–flowered Diosma Adenandra umbellata
「ウィリアム・カーティス 花図譜」同朋舎出版 1994
◇516図(カラー) Diosma speciosa エドワーズ, シデナム・ティースト画『カーティス・ボタニカル・マガジン』 1810

Unequal–winged Acacia Acacia nigricans
「ウィリアム・カーティス 花図譜」同朋舎出版 1994
◇265図(カラー) カーティス, ジョン画『カーティス・ボタニカル・マガジン』 1820

Upright Globe–thistle Echinops exaltatus
「ウィリアム・カーティス 花図譜」同朋舎出版 1994
◇123図(カラー) Echinops strictus カーティス, ジョン画『カーティス・ボタニカル・マガジン』 1824

Upright Stapelia Stapelia stricta
「ウィリアム・カーティス 花図譜」同朋舎出版 1994
◇58図(カラー) カーティス, ウィリアム『カーティス・ボタニカル・マガジン』 1819

Uvaria kirkii Oliv.ex Hook.f.
「カーティスの植物図譜」エンタプライズ 1987
◇図6006(カラー)『カーティスのボタニカルマガジン』 1787~1887

Vaccinium vacciniaceum Sleumer
「カーティスの植物図譜」エンタプライズ 1987
◇図5103(カラー) Epigynium leucobotrys Nutt.ex Hook.『カーティスのボタニカルマガジン』 1787~1887

Valerian Valeriana phu
「アイヒシュテットの庭園」タッシェン・ジャパン 2002

◇p139-I（カラー）　ベスラー, バシリウス

Vanda caerulescens Griff.var.boxallii
「カーティスの植物図譜」エンタプライズ　1987
◇図6328（カラー）『カーティスのボタニカルマガジン』 1787～1887

Variegated iris　Iris variegata
「アイヒシュテットの庭園」タッシェン・ジャパン　2002
◇p82-II（カラー）　ベスラー, バシリウス

Variegated iris with multi-coloured flowers　Iris spec.
「アイヒシュテットの庭園」タッシェン・ジャパン　2002
◇p81-III（カラー）　ベスラー, バシリウス

Variegated long-tubed Watsonia　Watsonia roseo-alba
「ウィリアム・カーティス 花図譜」同朋舎出版　1994
◇253図（カラー）　Watsonia roseo-alba（β）　エドワーズ, シデナム・ティースト画『カーティス・ボタニカル・マガジン』 1809

Various-leaved Fugosia　Cienfuegosia heterophylla
「ウィリアム・カーティス 花図譜」同朋舎出版　1994
◇373図（カラー）　Fugosia heterophylla　フィッチ, ウォルター・フード画『カーティス・ボタニカル・マガジン』 1846

Varnished heath or Lantern Heath　Erica blenna
「ウィリアム・カーティス 花図譜」同朋舎出版　1994
◇157図（カラー）　Erica resinosa　エドワーズ, シデナム・ティースト画『カーティス・ボタニカル・マガジン』 1808

Velvet-flowered Ixia　Sparaxis grandiflora
「ウィリアム・カーティス 花図譜」同朋舎出版　1994
◇238図（カラー）　Ixia grandiflora　エドワーズ, シデナム・ティースト画『カーティス・ボタニカル・マガジン』 1801

Ventricose Pitcher Plant　Nepenthes mirabilis
「ウィリアム・カーティス 花図譜」同朋舎出版　1994
◇391図（カラー）　Nepenthes phyllamphora　カーティス, ジョン画『カーティス・ボタニカル・マガジン』 1826

Venus'looking glass　Legousia speculum-veneris
「アイヒシュテットの庭園」タッシェン・ジャパン　2002
◇p74-I（カラー）　ベスラー, バシリウス

Vernal Gentian　Gentiana verna
「ウィリアム・カーティス 花図譜」同朋舎出版　1994
◇187図（カラー）　エドワーズ, シデナム・ティースト画『カーティス・ボタニカル・マガジン』 1800

Vetch-leaved Virgilia　Virgilia capensis
「ウィリアム・カーティス 花図譜」同朋舎出版　1994
◇306図（カラー）　エドワーズ, シデナム・ティースト画『カーティス・ボタニカル・マガジン』 1813

Violet　Viola elatior
「アイヒシュテットの庭園」タッシェン・ジャパン　2002
◇p62-II（カラー）　ベスラー, バシリウス
◇p62-III（カラー）　ベスラー, バシリウス

Violet-flowered Conanthera　Conanthera simsii
「ウィリアム・カーティス 花図譜」同朋舎出版　1994
◇15図（カラー）　Conanthera bifolia　カーティス, ジョン画『カーティス・ボタニカル・マガジン』 1824

Virgilia capensis Lam.
「カーティスの植物図譜」エンタプライズ　1987
◇図1590（カラー）『カーティスのボタニカルマガジン』 1787～1887

Virginian Claytonia　Claytonia virginica
「ウィリアム・カーティス 花図譜」同朋舎出版　1994
◇471図（カラー）　エドワーズ, シデナム・ティースト画『カーティス・ボタニカル・マガジン』 1800

Wahlenbergia tuberosa Hook.f.
「カーティスの植物図譜」エンタプライズ　1987
◇図6155（カラー）『カーティスのボタニカルマガジン』 1787～1887

Wallflower　Erysimum spec.
「アイヒシュテットの庭園」タッシェン・ジャパン　2002
◇p111-II（カラー）　ベスラー, バシリウス

"Wallflower of Eichstätt"　Cheiranthus cheiri
「アイヒシュテットの庭園」タッシェン・ジャパン　2002
◇p107-I（カラー）　ベスラー, バシリウス

Warszewicz's Sciadacalyx　Kohleria warscewiczii
「ウィリアム・カーティス 花図譜」同朋舎出版　1994
◇193図（カラー）　Sciadacalyx warszewiczii　カーティス, ウィリアム『カーティス・ボタニカル・マガジン』 1855

Warty St.John's–wort Hypericum balearicum
「ウィリアム・カーティス 花図譜」同朋舎出版 1994
◇197図(カラー) エドワーズ, シデナム・ティースト画『カーティス・ボタニカル・マガジン』 1790

Waved–leaved Capraria Freylinia undulata
「ウィリアム・カーティス 花図譜」同朋舎出版 1994
◇529図(カラー) Capraria undulata エドワーズ, シデナム・ティースト画『カーティス・ボタニカル・マガジン』 1813

White–blue daffodil Narcissus spec.
「アイヒシュテットの庭園」タッシェン・ジャパン 2002
◇p54–III(カラー) ベスラー, バシリウス

White botanical tulip, flower closed Tulipa spec.
「アイヒシュテットの庭園」タッシェン・ジャパン 2002
◇p59–III(カラー) ベスラー, バシリウス

White botanical tulip, flower open Tulipa spec.
「アイヒシュテットの庭園」タッシェン・ジャパン 2002
◇p59–II(カラー) ベスラー, バシリウス

White Brasil Pancratium Hymenocallis narcissiflora
「ウィリアム・カーティス 花図譜」同朋舎出版 1994
◇32図(カラー) Pancratium calathinum エドワーズ, シデナム・ティースト画『カーティス・ボタニカル・マガジン』 1813

White canterbury bells(Cup and saucer) Campanula medium
「アイヒシュテットの庭園」タッシェン・ジャパン 2002
◇p100–II(カラー) ベスラー, バシリウス

White–flowered Star Hypoxis Spiloxene capensis
「ウィリアム・カーティス 花図譜」同朋舎出版 1994
◇202図(カラー) Hypoxis stellata(β) エドワーズ, シデナム・ティースト画『カーティス・ボタニカル・マガジン』 1809

White–flowering mallow(Rose mallow, Giant mallow) Hibiscus syriacus
「アイヒシュテットの庭園」タッシェン・ジャパン 2002
◇p97–I(カラー) ベスラー, バシリウス

White helleborine Cephalanthera damasonium
「アイヒシュテットの庭園」タッシェン・ジャパン 2002
◇p87–II(カラー) ベスラー, バシリウス

White meadow clary Salvia pratensis
「アイヒシュテットの庭園」タッシェン・ジャパン 2002
◇p86–III(カラー) ベスラー, バシリウス

White rose Rosa spec.
「アイヒシュテットの庭園」タッシェン・ジャパン 2002
◇p66–I(カラー) ベスラー, バシリウス
◇p68–IIII(カラー) ベスラー, バシリウス

Whitsuntide rose(May rose) Rosa majalis
「アイヒシュテットの庭園」タッシェン・ジャパン 2002
◇p69–II(カラー) ベスラー, バシリウス

Whorl–leaved Silphium or Rosinweed Silphium trifoliatum
「ウィリアム・カーティス 花図譜」同朋舎出版 1994
◇131図(カラー) ハーバート, ウィリアム画『カーティス・ボタニカル・マガジン』 1834

Wild carnation Dianthus caryophyllus
「アイヒシュテットの庭園」タッシェン・ジャパン 2002
◇p155–I(カラー) ベスラー, バシリウス
◇p155–III(カラー) ベスラー, バシリウス
◇p156–I(カラー) ベスラー, バシリウス

Wild pansy(Heart's–ease, Love–in–idleness, Jonny jump up, Pink of my John) Viola tricolor
「アイヒシュテットの庭園」タッシェン・ジャパン 2002
◇p147–II(カラー) ベスラー, バシリウス
◇p147–III(カラー) ベスラー, バシリウス

Windflower Anemone hortensis
「アイヒシュテットの庭園」タッシェン・ジャパン 2002
◇p44–III(カラー) ベスラー, バシリウス

Windflower Anemone palmata
「アイヒシュテットの庭園」タッシェン・ジャパン 2002
◇p44–IIII(カラー) ベスラー, バシリウス

Windflower Anemone spec.
「アイヒシュテットの庭園」タッシェン・ジャパン 2002
◇p44–I(カラー) ベスラー, バシリウス
◇p44–II(カラー) ベスラー, バシリウス

Windflower (Wood anemone)
Anemone nemorosa
「アイヒシュテットの庭園」タッシェン・ジャパン 2002
◇p41-V (カラー) ベスラー, バシリウス
◇p185-IIII (カラー) ベスラー, バシリウス

Winged Mahernia Hermannia pinnata
「ウィリアム・カーティス 花図譜」同朋舎出版 1994
◇549図 (カラー) Mahernia pinnata カーティス, ウィリアム『カーティス・ボタニカル・マガジン』 1794

Winter aconite Eranthis hyemalis
「アイヒシュテットの庭園」タッシェン・ジャパン 2002
◇p184-II (カラー) ベスラー, バシリウス

Woad-leaved Centaury Chartolepis glastifolia
「ウィリアム・カーティス 花図譜」同朋舎出版 1994
◇112図 (カラー) Centaurea glastifolia カーティス, ウィリアム『カーティス・ボタニカル・マガジン』 1788

Wolfsbane (Badger's bane, Monkshood) Aconitum vulparia
「アイヒシュテットの庭園」タッシェン・ジャパン 2002
◇p102-II (カラー) ベスラー, バシリウス

Wood nymph (One-flowered wintergreen) Moneses uniflora
「アイヒシュテットの庭園」タッシェン・ジャパン 2002
◇p72-II (カラー) ベスラー, バシリウス

Wood sage (Sage-leaved germander)
Teucrium scorodonia
「アイヒシュテットの庭園」タッシェン・ジャパン 2002
◇p130-I (カラー) ベスラー, バシリウス

Wood sorrel (Cuckoo bread, Alleluia)
Oxalis acetosella
「アイヒシュテットの庭園」タッシェン・ジャパン 2002
◇p66-II (カラー) ベスラー, バシリウス

Woodbine (Honeysuckle) Lonicera periclymenum
「アイヒシュテットの庭園」タッシェン・ジャパン 2002
◇p85-III (カラー) ベスラー, バシリウス

Xanthorrhoea minor R.Br.
「カーティスの植物図譜」エンタプライズ 1987
◇図6297 (カラー)『カーティスのボタニカルマガジン』 1787~1887

Xyris operculata Labill.
「カーティスの植物図譜」エンタプライズ 1987
◇図1158 (カラー)『カーティスのボタニカルマガジン』 1787~1887

Yellow daffodil Narcissus aureus
「アイヒシュテットの庭園」タッシェン・ジャパン 2002
◇p54-II (カラー) ベスラー, バシリウス

Yellow day lily Hemerocallis lilioasphodelus
「アイヒシュテットの庭園」タッシェン・ジャパン 2002
◇p87-III (カラー) ベスラー, バシリウス

Yellow flag Iris pseudoacorus
「アイヒシュテットの庭園」タッシェン・ジャパン 2002
◇p82-III (カラー) ベスラー, バシリウス

Yellow-flamed tulip Tulipa spec.
「アイヒシュテットの庭園」タッシェン・ジャパン 2002
◇p56-III (カラー) ベスラー, バシリウス

Yellow-flowered Geissorhiza
Geissorhiza imbricata
「ウィリアム・カーティス 花図譜」同朋舎出版 1994
◇215図 (カラー) Geissorhiza obtusata エドワーズ, シデナム・ティースト画『カーティス・ボタニカル・マガジン』 1803

Yellow-flowered Lachenalia Lachenalia aloides var.
「ウィリアム・カーティス 花図譜」同朋舎出版 1994
◇342図 (カラー) Lachenalia tricolor (β) luteola エドワーズ, シデナム・ティースト画『カーティス・ボタニカル・マガジン』 1807

Yellow-flowered Rest-harrow Ononis natrix
「ウィリアム・カーティス 花図譜」同朋舎出版 1994
◇293図 (カラー) カーティス, ウィリアム『カーティス・ボタニカル・マガジン』 1796

Yellow Fritillary Fritillaria collina
「ウィリアム・カーティス 花図譜」同朋舎出版 1994
◇350図 (カラー) Fritillaria latifolia (γ) lutea エドワーズ, シデナム・ティースト画『カーティス・ボタニカル・マガジン』 1813

Yellow Garlic Allium flavum
「ウィリアム・カーティス 花図譜」同朋舎出版 1994
◇309図 (カラー) エドワーズ, シデナム・ティースト画『カーティス・ボタニカル・マガジン』 1810

Yellow spotted turk's cap lily Lilium pyrenaicum
「アイヒシュテットの庭園」タッシェン・ジャパン 2002
◇p116-III(カラー) ベスラー, バシリウス

Yellow turk's cap lily Lilium pyrenaicum
「アイヒシュテットの庭園」タッシェン・ジャパン 2002
◇p116-II(カラー) ベスラー, バシリウス

Yellow water lily(Brandy bottle) Nuphar lutea
「アイヒシュテットの庭園」タッシェン・ジャパン 2002
◇p75-III(カラー) ベスラー, バシリウス

Yellow-wort Blackstonia serotina
「アイヒシュテットの庭園」タッシェン・ジャパン 2002
◇p63-III(カラー) ベスラー, バシリウス

Zantedeschia melanoleuca Engl.
「カーティスの植物図譜」エンタプライズ 1987
◇図5765(カラー) Richardia melanoleuca Hook.f.『カーティスのボタニカルマガジン』1787〜1887

Zig-zag Vernonia Vernonia flexuosa
「ウィリアム・カーティス 花図譜」同朋舎出版 1994
◇133図(カラー) カーティス, ジョン画『カーティス・ボタニカル・マガジン』1824

野菜・果物

【あ】

あをたで
「高松松平家博物図譜 写生画帖 菜蔬」香川県立ミュージアム　2012
◇p33（カラー）　松平頼恭 江戸時代　紙本著色 画帖装（折本形式）　33.2×48.4　［個人蔵］

あをなすび
「高松松平家博物図譜 写生画帖 菜蔬」香川県立ミュージアム　2012
◇p16（カラー）　松平頼恭 江戸時代　紙本著色 画帖装（折本形式）　33.2×48.4　［個人蔵］

アカガシ　Quercus acuta
「江戸博物文庫 菜樹の巻」工作舎　2017
◇p95（カラー）　赤樫　岩崎灌園『本草図譜』［東京大学大学院理学系研究科附属植物園（小石川植物園）］

アカカブ　Brassica campestris var.glabra
「江戸博物文庫 菜樹の巻」工作舎　2017
◇p24（カラー）　赤蕪　岩崎灌園『本草図譜』［東京大学大学院理学系研究科附属植物園（小石川植物園）］

あかざ
「高松松平家博物図譜 写生画帖 菜蔬」香川県立ミュージアム　2012
◇p11（カラー）　松平頼恭 江戸時代　紙本著色 画帖装（折本形式）　33.2×48.4　［個人蔵］

あかだいこん
「高松松平家博物図譜 写生画帖 菜蔬」香川県立ミュージアム　2012
◇p19（カラー）　松平頼恭 江戸時代　紙本著色 画帖装（折本形式）　33.2×48.4　［個人蔵］
◇p68（カラー）　松平頼恭 江戸時代　紙本著色 画帖装（折本形式）　33.2×48.4　［個人蔵］
「江戸名作画帖全集 8」駸々堂出版　1995
◇図66（カラー）　あかだいこん・かぶらだいこん　松平頼恭編『写生画帖・衆芳画譜』　紙本着色［松平公益会］

アカダイコン
「江戸の動植物図」朝日新聞社　1988
◇p25（カラー）　松平頼恭，三木文柳『写生画帖』［松平公益会］

アカフサスグリ　Ribes rubrum
「ルドゥーテ画 美花選 1」学習研究社　1986
◇図66（カラー）　1827～1833

アカフサスグリ（レッドカラント）
「フローラの庭園」八坂書房　2015
◇p23（カラー）　ヴァルター，ヨハン『ナッサウ家の花譜』　1650～70頃　水彩 紙　［ヴィクトリア&アルバート美術館（ロンドン）］

あきぐみ
「木の手帖」小学館　1991
◇図139（カラー）　秋胡頽子　岩崎灌園『本草図譜』　文政11（1828）　約21×145　［国立国会図書館］

アキノノゲシ　Lactuca indica
「江戸博物文庫 菜樹の巻」工作舎　2017
◇p38（カラー）　秋の野罌粟　岩崎灌園『本草図譜』　［東京大学大学院理学系研究科附属植物園（小石川植物園）］

あけび　Akebia quinata
「草木写生 春の巻」ピエ・ブックス　2010
◇p250～251（カラー）　通草　狩野織染藤原重賢　明暦3（1657）～元禄12（1699）　［国立国会図書館］

アケビ　Akebia quinata
「江戸博物文庫 花草の巻」工作舎　2017
◇p147（カラー）　木通　岩崎灌園『本草図譜』［東京大学大学院理学系研究科附属植物園（小石川植物園）］
「図説 ボタニカルアート」河出書房新社　2010
◇p112（カラー）　加藤竹斎画，東京大学（伊藤圭介）『東京大学小石川植物園草木図説』　1883
「花の王国 3」平凡社　1990
◇p54（カラー）　シーボルト，P.F.フォン『日本植物誌』　1835～70

アケビ　Akebia quinata (Houtt.) Decne.
「花の肖像 ボタニカルアートの名品と歴史」創土社　2006
◇fig.83（カラー）　飯沼慾齋画『草木図説』
「シーボルト「フローラ・ヤポニカ」 日本植物誌」八坂書房　2000
◇図77（カラー）　Akebi, Akebi Kadsura　［国立

国会図書館］

アケビ　Akebia quinata (Thunb.ex Houtt.) Decne.

「シーボルト日本植物図譜コレクション」小学館　2008

◇図3-86（カラー）　Akebia quinata Decne.　川原慶賀画　紙 透明絵の具 墨　23.1×32.2　［ロシア科学アカデミーコマロフ植物学研究所図書館］　※目録202 コレクションI 74/134

◇図3-87（カラー）　Akebia quinata Decne.　［西洋人画家］画　紙 鉛筆 墨　24.6×33.1　［ロシア科学アカデミーコマロフ植物学研究所図書館］　※目録203 コレクションI 764/135

◇図3-88（カラー）　［Akebia quinata Decne.］　［西洋人画家？］画　葉の鉛筆の素描画　22.9×24.6　［ロシア科学アカデミーコマロフ植物学研究所図書館］　※目録204 コレクションI ［764］Б/137

アケビ

「江戸の動植物図」朝日新聞社　1988

◇p70（カラー）　飯沼慾斎『草木図説稿本』　［個人蔵］

「カーティスの植物図譜」エンタプライズ　1987

◇図4864（カラー）　Akebia quinata Decne.『カーティスのボタニカルマガジン』　1787〜1887

あさぎすいくわ

「高松松平家博物図譜 写生画帖 菜蔬」香川県立ミュージアム　2012

◇p91（カラー）　松平頼恭 江戸時代　紙本著色 画帖装（折本形式）　33.2×48.4　［個人蔵］

あさつき

「高松松平家博物図譜 写生画帖 菜蔬」香川県立ミュージアム　2012

◇p75（カラー）　松平頼恭 江戸時代　紙本著色 画帖装（折本形式）　33.2×48.4　［個人蔵］

アサツキ　Allium schoenoprasum var.foliosum

「江戸博物文庫 菜樹の巻」工作舎　2017

◇p21（カラー）　浅葱　岩崎灌園『本草図譜』　［東京大学大学院理学系研究科附属植物園（小石川植物園）］

あさふり

「高松松平家博物図譜 写生画帖 菜蔬」香川県立ミュージアム　2012

◇p60（カラー）　松平頼恭 江戸時代　紙本著色 画帖装（折本形式）　33.2×48.4　［個人蔵］

アスパラガス　Asparagus officinalis

「花の王国 3」平凡社　1990

◇p76（カラー）　ショームトン他編, テュルパン, P.J.F.図『薬用植物事典』　1833〜35

アスパラガス

「美花図譜」八坂書房　1991

◇図9（カラー）　ウエインマン『花譜』　1736〜1748　銅版刷手彩色　［群馬県館林市立図書館］

アナナス

「昆虫の劇場」リブロポート　1991

◇p27（カラー）　メーリアン, M.S.『スリナム産昆虫の変態』　1726

アブラナ　Brassica campestris

「江戸博物文庫 菜樹の巻」工作舎　2017

◇p22（カラー）　油菜　岩崎灌園『本草図譜』　［東京大学大学院理学系研究科附属植物園（小石川植物園）］

アブラナ

「彩色 江戸博物学集成」平凡社　1994

◇p426〜427（カラー）　服部雪斎『服部雪斎自筆写生帖』　明治18写生　［国会図書館］

アボガド　Persea gratissima

「ボタニカルアートの世界」朝日新聞社　1987

◇p74（カラー）　ブンゲロート画『L'Illustration horticole』　1834

アマトウガラシ　Capsicum annuum

「すごい博物画」グラフィック社　2017

◇図版52（カラー）　トウガラシ、アマトウガラシ、ショウガ、クラリセージ　マーシャル, アレクサンダー　1675〜82頃　水彩　45.8×34.1　［ウィンザー城ロイヤル・ライブラリー］

アメリカスモモ　Prunus americana Marsh.

「花の肖像 ボタニカルアートの名品と歴史」創土社　2006

◇fig.99（カラー）　ニュエンフュイス, テオドール『花と植物―オランダ王立博物館蔵絵画印刷物写真コレクション』　1994

アメリカブドウ　Vitis labrusca

「花の王国 3」平凡社　1990

◇p49（カラー）　メーリアン, M.S.『スリナム産昆虫の変態』　1726

アメリカホドイモ　Apios americana

「ウィリアム・カーティス 花図譜」同朋舎出版　1994

◇280図（カラー）　Tuberous-rooted Glycine or Potato Bean　エドワーズ, シデナム・ティースト画『カーティス・ボタニカル・マガジン』　1809

アメンドウ

「高松松平家博物図譜 衆芳画譜 花果 第五」香川県立ミュージアム　2011

◇p44（カラー）　松平頼恭 江戸時代　紙本著色 画帖装（折本形式）　33.2×48.4　［個人蔵］

アーモンド　Prunus amygdalus

「ビュフォンの博物誌」工作舎　1991

◇N135（カラー）『一般と個別の博物誌 ソンニーニ版』

アーモンド　Prunus dulcis

「花の王国 3」平凡社　1990

◇p98（カラー）　ドラピエ, P.A.J., ベッサ, パンクラース原図『園芸家・愛好家・工業家のための植

物誌』 1836 手彩色図版
◇p98（カラー） ノワゼット, L., ベッサ, パンクラース原図『果樹園』 1839

アラビアコーヒー Coffea arabica
「ウィリアム・カーティス 花図譜」同朋舎出版 1994
◇510図（カラー） Coffee-tree エドワーズ, シデナム・ティースト画『カーティス・ボタニカル・マガジン』 1810

アリウム・アムペロプラスム
「ユリ科植物図譜 2」学習研究社 1988
◇図92（カラー） Allium ampeloprasum ルドゥーテ, ピエール＝ジョセフ 1802～1815

アリウム・ウルシヌム
「ユリ科植物図譜 2」学習研究社 1988
◇図128（カラー） Allium ursinum ルドゥーテ, ピエール＝ジョセフ 1802～1815

あわいも
「高松松平家博物図譜 写生画帖 菜蔬」香川県立ミュージアム 2012
◇p92（カラー） 松平頼恭 江戸時代 紙本著色 画帖装（折本形式） 33.2×48.4 ［個人蔵］

あんず
「木の手帖」小学館 1991
◇図74（カラー） 杏子・杏 岩崎灌園『本草図譜』 文政11（1828） 約21×145 ［国立国会図書館］

アンス
「高松松平家博物図譜 衆芳画譜 花果 第五」香川県立ミュージアム 2011
◇p12（カラー） 松平頼恭 江戸時代 紙本著色 画帖装（折本形式） 33.2×48.4 ［個人蔵］

アンズ Prunus armeniaca
「花の王国 3」平凡社 1990
◇p36（カラー） ポルトガルのアンズ, ネパールのアンズ ノワゼット, L., ベッサ, パンクラース原図『果樹園』 1839
◇p36（カラー） ジョーム・サンティレール『フランスの植物』 1805～09 彩色銅版画

アンズ Prunus armeniaca（Armeniaca vulgaris）
「美花選［普及版］」河出書房新社 2016
◇図75（カラー） Abricot-Pêche ルドゥーテ, ピエール＝ジョゼフ画 1827～1833 ［コノサーズ・コレクション東京］
「ボタニカルアート 西洋の美花集」パイ インターナショナル 2010
◇p158（カラー） ルドゥーテ, ピエール＝ジョセフ画・著『美花選』 1827～33 点刻銅版画多色刷 一部手彩色

アンズモヽ
「高松松平家博物図譜 衆芳画譜 花果 第五」香川県立ミュージアム 2011
◇p86（カラー） 松平頼恭 江戸時代 紙本著色 画帖装（折本形式） 33.2×48.4 ［個人蔵］

【い】

いゑさわ
「高松松平家博物図譜 写生画帖 菜蔬」香川県立ミュージアム 2012
◇p71（カラー） 松平頼恭 江戸時代 紙本著色 画帖装（折本形式） 33.2×48.4 ［個人蔵］

イシモチソウ Drosera peltata
「江戸博物文庫 菜樹の巻」工作舎 2017
◇p45（カラー） 石持草 岩崎灌園『本草図譜』 ［東京大学大学院理学系研究科附属植物園（小石川植物園）］

イチゴ Fragaria×ananassa
「ボタニカルアート 西洋の美花集」パイ インターナショナル 2010
◇p161（カラー） ナップ, ヨハン, ナップ, ヨセフ著『Pomologia』 1808？ ～60
「花の王国 3」平凡社 1990
◇p46～47（カラー） マンモスイチゴ ルメール, シャイトヴァイラー, ファン・ホーテ著, セヴェリン図『ヨーロッパの温室と庭園の花々』 1845～1860

イチゴ
「高松松平家博物図譜 衆芳画譜 花果 第五」香川県立ミュージアム 2011
◇p60（カラー） 松平頼恭 江戸時代 紙本著色 画帖装（折本形式） 33.2×48.4 ［個人蔵］

イチゴ属 Fragaria
「ボタニカルアートの世界」朝日新聞社 1987
◇p87右（カラー） ルスワーム図『Les plus nouvelles decouvertes dans le regne vegetal』 1770

イチゴ'ローズベリー' Fragaria×amanassa（Dunchesne）, Dunchesne 'Roseberry'
「ボタニカルアート 西洋の美花集」パイ インターナショナル 2010
◇p159（カラー） フッカー, ウィリアム画 1817

いちじく
「木の手帖」小学館 1991
◇図48（カラー） 無花果・映日果 岩崎灌園『本草図譜』 文政11（1828） 約21×145 ［国立国会図書館］

イチヾク
「高松松平家博物図譜 衆芳画譜 花果 第五」香川県立ミュージアム 2011
◇p55（カラー） 松平頼恭 江戸時代 紙本著色 画帖装（折本形式） 33.2×48.4 ［個人蔵］

イチジク Ficus caria
「図説 ボタニカルアート」河出書房新社 2010
◇p44（カラー） エーレット画, トリュー『美花園

誌』 1750〜92

イチジク　Ficus carica

「江戸博物文庫 菜樹の巻」工作舎　2017
◇p99（カラー）　無花果　岩崎灌園『本草図譜』［東京大学大学院理学系研究科附属植物園（小石川植物園）］

「美花選［普及版］」河出書房新社　2016
◇図42（カラー）　Figue violette/Ficus violacea　ルドゥーテ, ピエール＝ジョゼフ画 1827〜1833［コノサーズ・コレクション東京］

「ボタニカルアート 西洋の美花集」パイ インターナショナル　2010
◇p162右（カラー）　ガレッシオ, ジョルジオ著『Pomona italiana』 1817〜39
◇p162左（カラー）　ルドゥーテ, ピエール＝ジョセフ画・著『美花選』 1827〜33　点刻銅版画多色刷 一部手彩色

「植物精選百種図譜 博物画の至宝」平凡社　1996
◇pl.73（カラー）　Ficus　トレウ, C.J., エーレト, G.D. 1750〜73
◇pl.74（カラー）　Ficus　トレウ, C.J., エーレト, G.D. 1750〜73

「ビュフォンの博物誌」工作舎　1991
◇N053（カラー）『一般と個別の博物誌 ソンニーニ版』

「花の王国 3」平凡社　1990
◇p52（カラー）　ショームトン他編, テュルパン, P.J.F.図『薬用植物事典』 1833〜35

「花彙 下」八坂書房　1977
◇図182（白黒）　仙桃　小野蘭山, 島田充房 明和2（1765）　26.5×18.5 ［国立公文書館・内閣文庫］

イチジク　Ficus carica L.

「シーボルト日本植物図譜コレクション」小学館　2008
◇図2–54（カラー）　Ficus carica L. ［桂川甫賢？］画　和紙 透明絵の具 墨 薄く溶いた白色塗料　18.8×26.6, 16.9×22.7 ［ロシア科学アカデミーコマロフ植物学研究所図書館］ ※目録96 コレクションVII 254/820
◇図2–55（カラー）　Ficus carica L. ［桂川甫賢？］画　和紙 透明絵の具 墨 薄く溶いた白色塗料　19.6×27.5, 17.1×22.6 ［ロシア科学アカデミーコマロフ植物学研究所図書館］ ※目録94 コレクションVII 255/821
◇図2–56（カラー）　Ficus carica L. ［桂川甫賢？］画　和紙 透明絵の具 墨 薄く溶いた白色塗料　19.5×27.2, 16.9×22.7 ［ロシア科学アカデミーコマロフ植物学研究所図書館］ ※目録95 コレクションVII 256/822

「花の肖像 ボタニカルアートの名品と歴史」創土社　2006
◇fig.02（カラー）　エーレット画
◇fig.82（カラー）　桂川甫賢画『シーボルト旧蔵日本植物図譜集コレクション』 1994

イチジク

「彩色 江戸博物学集成」平凡社　1994
◇p294（カラー）　川原慶賀『動植物図譜』 ［オランダ国立自然史博物館］

「昆虫の劇場」リブロポート　1991
◇p92（カラー）　メーリアン, M.S.『スリナム産昆虫の変態』 1726

イチヂク　Ficus violacea

「ルドゥーテ画 美花選 1」学習研究社　1986
◇図71（カラー） 1827〜1833

イチジクの1種

「花の王国 4」平凡社　1990
◇p8（白黒）　メリアン『樹木と植物の博物誌』 1768〜69
◇p8（白黒）　ビュショー, P.J.『植物界の博物誌』 1783
◇p14（白黒）　メリアン『樹木と植物の博物誌』

イチョウ　Ginkgo biloba

「江戸博物文庫 菜樹の巻」工作舎　2017
◇p92（カラー）　銀杏　岩崎灌園『本草図譜』［東京大学大学院理学系研究科附属植物園（小石川植物園）］

いぬたで

「高松松平家博物図譜 写生画帖 菜蔬」香川県立ミュージアム　2012
◇p33（カラー）　松平頼恭 江戸時代　紙本著色 画帖装（折本形式）　33.2×48.4 ［個人蔵］

イヌビワ　Ficus erecta

「江戸博物文庫 菜樹の巻」工作舎　2017
◇p100（カラー）　犬枇杷　岩崎灌園『本草図譜』［東京大学大学院理学系研究科附属植物園（小石川植物園）］

イヌビワ　Ficus erecta Thunb.

「シーボルト日本植物図譜コレクション」小学館　2008
◇図2–57（カラー）　Ficus erecta Thunb.var. latifolia Maxim. ［桂川甫賢？］画　和紙 透明絵の具 墨　18.5× 27.5, 17.1×22.6 ［ロシア科学アカデミーコマロフ植物学研究所図書館］ ※目録97 コレクションVII 257/824

イネ　Oryza sativa

「江戸博物文庫 菜樹の巻」工作舎　2017
◇p8（カラー）　稲　岩崎灌園『本草図譜』 ［東京大学大学院理学系研究科附属植物園（小石川植物園）］

「ビュフォンの博物誌」工作舎　1991
◇N029（カラー）『一般と個別の博物誌 ソンニーニ版』

「花の王国 3」平凡社　1990
◇p84（カラー）　イネ, ソバ, ウキイネ系のもの　ベルトゥーフ『子供のための図誌』 1810

いふきたいこんの花

「高松松平家博物図譜 写生画帖 菜蔬」香川県立ミュージアム　2012
◇p45（カラー）　松平頼恭 江戸時代　紙本著色 画帖装（折本形式）　33.2×48.4 ［個人蔵］

イホミカン
「高松松平家博物図譜 衆芳画譜 花果 第五」香川県立ミュージアム　2011
◇p64（カラー）　松平頼恭 江戸時代　紙本著色 画帖装（折本形式）　33.2×48.4　［個人蔵］

【う】

ウイキョウ　Foeniculum vulgare
「江戸博物文庫 菜樹の巻」工作舎　2017
◇p30（カラー）　茴香　岩崎灌園『本草図譜』［東京大学大学院理学系研究科附属植物園（小石川植物園）］

内紫 ジヤガタラミカン
「高松松平家博物図譜 衆芳画譜 花果 第五」香川県立ミュージアム　2011
◇p73（カラー）　松平頼恭 江戸時代　紙本著色 画帖装（折本形式）　33.2×48.4　［個人蔵］

ウメ　Prunus mume
「花の王国 3」平凡社　1990
◇p32（カラー）　シーボルト, P.F.フォン『日本植物誌』 1835～70

ウンシュウミカン　Citrus reticulata Blanco
「シーボルト日本植物図譜コレクション」小学館　2008
◇図3-28（カラー）　Citrus nobilis Lour.var. nakasima Sieb.　川原慶賀画　紙 透明絵の具 墨 光沢 白色塗料　23.5×32.2　［ロシア科学アカデミーコマロフ植物学研究所図書館］ ※目録489 コレクションII 208/256

【え】

ゑぐいも
「高松松平家博物図譜 写生画帖 菜蔬」香川県立ミュージアム　2012
◇p14（カラー）　松平頼恭 江戸時代　紙本著色 画帖装（折本形式）　33.2×48.4　［個人蔵］

エゴノキ　Styrax japonica
「江戸博物文庫 菜樹の巻」工作舎　2017
◇p103（カラー）　轆轤木　岩崎灌園『本草図譜』［東京大学大学院理学系研究科附属植物園（小石川植物園）］

エゾヘビイチゴ　Fragaria vesca
「花の王国 3」平凡社　1990
◇p48（カラー）　ショームトン他編, テュルパン, P.J.F.図『薬用植物事典』 1833～35
◇p48（カラー）　ジョーム・サンティレール『フランスの植物』 1805～09　彩色銅版画

エビガライチゴ　Rubus phoenicolasius Maxim.
「高木春山 本草図説 1」リブロポート　1988
◇図34（カラー）

えびづる
「木の手帖」小学館　1991
◇図130（カラー）　虁薁・蝦蔓　岩崎灌園『本草図譜』 文政11（1828）　約21×145　［国立国会図書館］

エビズル　Vitis ficifolia
「江戸博物文庫 菜樹の巻」工作舎　2017
◇p112（カラー）　蝦蔓　岩崎灌園『本草図譜』［東京大学大学院理学系研究科附属植物園（小石川植物園）］

エンドウ　Pisum sativum
「図説 ボタニカルアート」河出書房新社　2010
◇p22（カラー）　ベスラー『アイヒシュテット庭園植物誌』 1613

エンバク　Avena sativa
「花の王国 3」平凡社　1990
◇p83（カラー）　ヴァインマン『薬用植物図譜』 1736～48

【お】

オウシュウグリ　Castanea sativa
「イングリッシュ・ガーデン」求龍堂　2014
◇図26（カラー）　Fagus castanea　ミーン, マーガレット 1783　水彩 ヴェラム　35.4×24.7　［キュー王立植物園］

大ザホン
「高松松平家博物図譜 衆芳画譜 花果 第五」香川県立ミュージアム　2011
◇p83（カラー）　松平頼恭 江戸時代　紙本著色 画帖装（折本形式）　33.2×48.4　［個人蔵］

大密柑
「高松松平家博物図譜 衆芳画譜 花果 第五」香川県立ミュージアム　2011
◇p64（カラー）　松平頼恭 江戸時代　紙本著色 画帖装（折本形式）　33.2×48.4　［個人蔵］

オオミノツルコケモモ　Vaccinium macrocarpon
「ウィリアム・カーティス 花図譜」同朋舎出版　1994
◇171図（カラー）　American Cranberry　エドワーズ, シデナム・ティースト画『カーティス・ボタニカル・マガジン』 1825

をゝむぎ
「高松松平家博物図譜 写生画帖 菜蔬」香川県立ミュージアム　2012
◇p102（カラー）　松平頼恭 江戸時代　紙本著色 画帖装（折本形式）　33.2×48.4　［個人蔵］
◇p106（カラー）　松平頼恭 江戸時代　紙本著色 画帖装（折本形式）　33.2×48.4　［個人蔵］

オオムギ　Hordeum vulgare
「花の王国 3」平凡社　1990
◇p82(カラー)　ベルトゥーフ『子供のための図誌』 1810

おにぐるみ
「木の手帖」小学館　1991
◇図22(カラー)　鬼胡桃　岩崎灌園『本草図譜』文政11(1828)　約21×145　[国立国会図書館]

オニグルミ　Juglans ailanthifolia
「江戸博物文庫 菜樹の巻」工作舎　2017
◇p93(カラー)　鬼胡桃　岩崎灌園『本草図譜』[東京大学大学院理学系研究科附属植物園(小石川植物園)]

をはこべ
「高松松平家博物図譜 写生画帖 菜蔬」香川県立ミュージアム　2012
◇p101(カラー)　松平頼恭 江戸時代　紙本著色画帖装(折本形式)　33.2×48.4　[個人蔵]

をほふきゝ
「高松松平家博物図譜 写生画帖 菜蔬」香川県立ミュージアム　2012
◇p96(カラー)　松平頼恭 江戸時代　紙本著色 画帖装(折本形式)　33.2×48.4　[個人蔵]

オランダキジカクシ　Asparagus officinalis
「図説 ボタニカルアート」河出書房新社　2010
◇p22(カラー)　ベスラー『アイヒシュテット庭園植物誌』 1613
◇p28(白黒)　ヴァイディツ画, ブリュンフェルス『本草真写図譜』 1530

をらんだだいこん
「高松松平家博物図譜 写生画帖 菜蔬」香川県立ミュージアム　2012
◇p43(カラー)　松平頼恭 江戸時代　紙本著色 画帖装(折本形式)　33.2×48.4　[個人蔵]

をらんだちさ
「高松松平家博物図譜 写生画帖 菜蔬」香川県立ミュージアム　2012
◇p64(カラー)　松平頼恭 江戸時代　紙本著色 画帖装(折本形式)　33.2×48.4　[個人蔵]

オリーヴ　Olea europaea
「花の王国 3」平凡社　1990
◇p75(カラー)　ショームトン他編, テュルパン, P.J.F.図『薬用植物事典』 1833～35

オリーブ　Olea europaea
「ビュフォンの博物誌」工作舎　1991
◇N111(カラー)『一般と個別の博物誌 ソンニーニ版』

オレンジ　Citrus sinensis
「ビュフォンの博物誌」工作舎　1991
◇N148(カラー)『一般と個別の博物誌 ソンニーニ版』

オレンジ
「昆虫の劇場」リブロポート　1991
◇p54(カラー)　メーリアン, M.S.『スリナム産昆虫の変態』 1726
◇p90(カラー)　メーリアン, M.S.『スリナム産昆虫の変態』 1726

オレンジの枝と実
「花の王国 3」平凡社　1990
◇p11(白黒)　マッティオリ著『コマンテール』 1579

【か】

海紅柑
「高松松平家博物図譜 衆芳画譜 花果 第五」香川県立ミュージアム　2011
◇p75(カラー)　松平頼恭 江戸時代　紙本著色 画帖装(折本形式)　33.2×48.4　[個人蔵]

カカオ　Theobroma cacao
「花の王国 3」平凡社　1990
◇p87(カラー)　ショームトン他編, テュルパン, P.J.F.図『薬用植物事典』 1833～35

カカオ
「昆虫の劇場」リブロポート　1991
◇p51(カラー)　メーリアン, M.S.『スリナム産昆虫の変態』 1726
「美花図譜」八坂書房　1991
◇図16(カラー)　ウエインマン『花譜』 1736～1748　銅版刷手彩色　[群馬県館林市立図書館]

かき
「木の手帖」小学館　1991
◇図149(カラー)　柿　岩崎灌園『本草図譜』 文政11(1828)　約21×145　[国立国会図書館]

カキ　Diospyros kaki
「図説 ボタニカルアート」河出書房新社　2010
◇p107(白黒)　清水東谷画　[ロシア科学アカデミー図書館]
「花彙 下」八坂書房　1977
◇図137(白黒)　八稜柿　八稜柿(ハチワウジ) 小野蘭山, 島田充房 明和2(1765)　26.5×18.5 [国立公文書館・内閣文庫]

カキ　Diospyros kaki Thunb.
「シーボルト日本植物図譜コレクション」小学館 2008
◇図3-118(カラー)　Diospyros kaki Thunb.　清水東谷画 [1861]　和紙 透明・非透明絵の具 墨 29.5×40.2　[ロシア科学アカデミーコマロフ植物学研究所図書館]　※目録662 コレクションV/653

柿
「高松松平家博物図譜 衆芳画譜 花果 第五」香川県立ミュージアム　2011
◇p53(カラー)　松平頼恭 江戸時代　紙本著色 画

帖装(折本形式)　33.2×48.4　[個人蔵]
◇p65(カラー)　アマボシカキ, 大和ガキ　松平頼恭 江戸時代　紙本著色 画帖装(折本形式)　33.2×48.4　[個人蔵]

柿 三種

「高松松平家博物図譜 衆芳画譜 花果 第五」香川県立ミュージアム　2011
◇p77(カラー)　ハチヤ, ベンケイ　松平頼恭 江戸時代　紙本著色 画帖装(折本形式)　33.2×48.4　[個人蔵]
「江戸名作画帖全集 8」駸々堂出版　1995
◇図62(カラー)　柿三種　ベンケイ, ハチヤ, 富有 松平頼恭編『写生画帖・衆芳画譜』　紙本着色 [松平公益会]

カキノキ　Diospyros kaki

「江戸博物文庫 菜樹の巻」工作舎　2017
◇p83(カラー)　柿の木　岩崎灌園『本草図譜』 [東京大学大学院理学系研究科附属植物園(小石川植物園)]

カキの様々な加工食品　Diospyros kaki

「江戸博物文庫 菜樹の巻」工作舎　2017
◇p2(白黒)　岩崎灌園『本草図譜』　[東京大学大学院理学系研究科附属植物園(小石川植物園)]

各種のムギ類

「花の王国 3」平凡社　1990
◇p83(カラー)　コムギ, オオムギ, ライムギ, カラスムギ　ベルトゥーフ『子供のための図誌』 1810

カジイチゴ　Rubus trifidus Thunb.

「シーボルト日本植物図譜コレクション」小学館　2008
◇図3-70(カラー)　Rubus palustris Thunb.　川原慶賀画　紙 透明絵の具 墨 白色塗料　23.3×31.9　[ロシア科学アカデミーコマロフ植物学研究所図書館]　※目録430 コレクションIII 375/374

カシグルミ

⇒テウチグルミ(カシグルミ)を見よ

かしう

「高松松平家博物図譜 写生画帖 菜蔬」香川県立ミュージアム　2012
◇p29(カラー)　松平頼恭 江戸時代　紙本著色 画帖装(折本形式)　33.2×48.4　[個人蔵]

カニシ

「高松松平家博物図譜 衆芳画譜 花果 第五」香川県立ミュージアム　2011
◇p41(カラー)　松平頼恭 江戸時代　紙本著色 画帖装(折本形式)　33.2×48.4　[個人蔵]

カブ　Brassica campestris var.glabra

「花の王国 3」平凡社　1990
◇p80(カラー)　ヴァインマン『薬用植物図譜』 1736〜48

カブス

「高松松平家博物図譜 衆芳画譜 花果 第五」香川県立ミュージアム　2011
◇p74(カラー)　松平頼恭 江戸時代　紙本著色 画帖装(折本形式)　33.2×48.4　[個人蔵]

カブトスモモ　Prunus salicina'Kelsey'

「江戸博物文庫 菜樹の巻」工作舎　2017
◇p72(カラー)　兜酢桃/兜李　岩崎灌園『本草図譜』　[東京大学大学院理学系研究科附属植物園(小石川植物園)]

かぶら

「高松松平家博物図譜 写生画帖 菜蔬」香川県立ミュージアム　2012
◇p18(カラー)　松平頼恭 江戸時代　紙本著色 画帖装(折本形式)　33.2×48.4　[個人蔵]

かぶらだいこん

「高松松平家博物図譜 写生画帖 菜蔬」香川県立ミュージアム　2012
◇p19(カラー)　松平頼恭 江戸時代　紙本著色 画帖装(折本形式)　33.2×48.4　[個人蔵]
「江戸名作画帖全集 8」駸々堂出版　1995
◇図66(カラー)　あかだいこん・かぶらだいこん 松平頼恭編『写生画帖・衆芳画譜』　紙本着色 [松平公益会]

カブラダイコン

「江戸の動植物図」朝日新聞社　1988
◇p25(カラー)　松平頼恭, 三木文柳『写生画帖』 [松平公益会]

かぼちゃ

「江戸名作画帖全集 8」駸々堂出版　1995
◇図60(カラー)　松平頼恭編『写生画帖・衆芳画譜』　紙本着色　[松平公益会]

かぼちや

「高松松平家博物図譜 写生画帖 菜蔬」香川県立ミュージアム　2012
◇p28(カラー)　松平頼恭 江戸時代　紙本著色 画帖装(折本形式)　33.2×48.4　[個人蔵]
◇p44(カラー)　松平頼恭 江戸時代　紙本著色 画帖装(折本形式)　33.2×48.4　[個人蔵]

カボチャ　Cucurbita moschata

「花の王国 3」平凡社　1990
◇p66(カラー)　馬場大助『遠西船上画譜』　製作年代不詳　[東京国立博物館]

カボチャ　Cucurbita moschata (Duchesne) Poir.var.meloniformis (Carrière) Makino

「シーボルト日本植物図譜コレクション」小学館　2008
◇図3-99(カラー)　Cucurbita verrucosa Blume 清水東谷画 [1861]　紙 絵の具 白色塗料 墨(細部画の輪郭)　29.4×40.4　[ロシア科学アカデミーコマロフ植物学研究所図書館]　※目録604 コレクションIV 443/422

カボチャ

「彩色 江戸博物学集成」平凡社　1994
◇p446〜447(カラー)　さまざまな品種　松森胤保『両羽博物図譜』
「江戸の動植物図」朝日新聞社　1988
◇p24(カラー)　松平頼恭, 三木文柳『写生画帖』［松平公益会］

カヤ　Torreya nucifera

「江戸博物文庫 菜樹の巻」工作舎　2017
◇p96(カラー)　榧　岩崎灌園『本草図譜』［東京大学大学院理学系研究科附属植物園(小石川植物園)］

からすうり

「江戸名作画帖全集 8」駸々堂出版　1995
◇図63(カラー)　からすうり・まくわうり・れんこん　松平頼恭編『写生画帖・衆芳画譜』　紙本着色［松平公益会］

からすふり

「高松松平家博物図譜 写生画帖 菜蔬」香川県立ミュージアム　2012
◇p39(カラー)　松平頼恭 江戸時代　紙本著色 画帖装(折本形式)　33.2×48.4［個人蔵］

カラスムギ　Avena fatua

「江戸博物文庫 菜樹の巻」工作舎　2017
◇p6(カラー)　烏麦　岩崎灌園『本草図譜』［東京大学大学院理学系研究科附属植物園(小石川植物園)］

カラタチ　Poncirus trifoliata Raf.

「カーティスの植物図譜」エンタプライズ　1987
◇図6513(カラー)　Citrus trifoliata L.『カーティスのボタニカルマガジン』 1787〜1887

カラタチ　Poncirus trifoliatus (L.) Rafin.

「シーボルト日本植物図譜コレクション」小学館　2008
◇図3–26(カラー)　Aegle sepiaria DC.　川原慶賀画　紙 透明絵の具 墨 光沢　23.3×31.6［ロシア科学アカデミーコマロフ植物学研究所図書館］ ※目録501 コレクションII 130/264

カラタチ

「高松松平家博物図譜 衆芳画譜 花果 第五」香川県立ミュージアム　2011
◇p22(カラー)　松平頼恭 江戸時代　紙本著色 画帖装(折本形式)　33.2×48.4［個人蔵］

からみたいこん

「高松松平家博物図譜 写生画帖 菜蔬」香川県立ミュージアム　2012
◇p92(カラー)　松平頼恭 江戸時代　紙本著色 画帖装(折本形式)　33.2×48.4［個人蔵］

からみだいこん

「高松松平家博物図譜 写生画帖 菜蔬」香川県立ミュージアム　2012
◇p55(カラー)　松平頼恭 江戸時代　紙本著色 画帖装(折本形式)　33.2×48.4［個人蔵］

カラモモ　Prunus persica var.densa

「花彙 下」八坂書房　1977
◇図141(白黒)　壽星桃　小野蘭山, 島田充房 明和2(1765)　26.5×18.5［国立公文書館・内閣文庫］

かりん

「木の手帖」小学館　1991
◇図86(カラー)　榠樝　岩崎灌園『本草図譜』 文政11(1828)　約21×145［国立国会図書館］

カリン　Chaenomeles sinensis

「花の王国 3」平凡社　1990
◇p25(カラー)　クサボケ　ルメール, Ch.『園芸図譜誌』 1854〜86
「花彙 下」八坂書房　1977
◇図168(白黒)　菴羅果　小野蘭山, 島田充房 明和2(1765)　26.5×18.5［国立公文書館・内閣文庫］

カリン　Chaenomeles sinensis (Thouin) Koehne

「シーボルト日本植物図譜コレクション」小学館　2008
◇図3–65(カラー)　Cydonia chinensis Tournef.［川原慶賀］画　紙 透明絵の具 墨　24.0×33.5［ロシア科学アカデミーコマロフ植物学研究所図書館］ ※目録383 コレクションIII 210/394

クワリン

「高松松平家博物図譜 衆芳画譜 花果 第五」香川県立ミュージアム　2011
◇p43(カラー)　松平頼恭 江戸時代　紙本著色 画帖装(折本形式)　33.2×48.4［個人蔵］

かはたけ

「高松松平家博物図譜 写生画帖 菜蔬」香川県立ミュージアム　2012
◇p32(カラー)　松平頼恭 江戸時代　紙本著色 画帖装(折本形式)　33.2×48.4［個人蔵］

かわちさ

「高松松平家博物図譜 写生画帖 菜蔬」香川県立ミュージアム　2012
◇p47(カラー)　松平頼恭 江戸時代　紙本著色 画帖装(折本形式)　33.2×48.4［個人蔵］

くわんとうわせ

「高松松平家博物図譜 写生画帖 菜蔬」香川県立ミュージアム　2012
◇p69(カラー)　松平頼恭 江戸時代　紙本著色 画帖装(折本形式)　33.2×48.4［個人蔵］

カンラン　Canarium album

「花彙 下」八坂書房　1977
◇図130(白黒)　翠顆　小野蘭山, 島田充房 明和2(1765)　26.5×18.5［国立公文書館・内閣文庫］

【き】

キイチゴ属の1種 Rubus fruticosus
「図説 ボタニカルアート」河出書房新社 2010
◇p9(カラー) ディオスクリデス『薬物誌(ウィーン写本)』 512頃 [ウィーン国立図書館]

キイチゴ属の1種 Rubus tomentosus
「ボタニカルアートの世界」朝日新聞社 1987
◇p44(カラー) ディオスコリデス『Antike Heilkunst in Miniaturen des Wiener Dioskurides』 513 [ウィーン国立図書館]

キクザカボチャ Cucurbita moschata var. meloniformis
「江戸博物文庫 菜樹の巻」工作舎 2017
◇p61(カラー) 菊座南瓜 キクザカボチャ, キントウガ(C.pepo) 岩崎灌園『本草図譜』 [東京大学大学院理学系研究科附属植物園(小石川植物園)]

キクジサ Cichorium endivia
「花彙 上」八坂書房 1977
◇図14(白黒) 花苦苣 小野蘭山, 島田充房 明和2(1765) 26.5×18.5 [国立公文書館・内閣文庫]

キクジサ
⇒エンダイブを見よ

キクヂシャ Cichorium endivia
「江戸博物文庫 菜樹の巻」工作舎 2017
◇p37(カラー) 菊乳草 岩崎灌園『本草図譜』 [東京大学大学院理学系研究科附属植物園(小石川植物園)]

キバンジロウ Psidium littorale
「イングリッシュ・ガーデン」求龍堂 2014
◇図88(カラー) ノース, マリアン 1870頃 油彩 厚紙 16.4×10.4 [キュー王立植物園]

キマメ
「カーティスの植物図譜」エンタプライズ 1987
◇図6440(カラー) Pigeon Pea『カーティスのボタニカルマガジン』 1787〜1887

キャッサバ Manihot esculenta
「すごい博物画」グラフィック社 2017
◇図版55(カラー) キャッサバの根にスズメガの成虫、スズメガの幼虫とさなぎ、ガーデン・ツリーボア メーリアン, マリア・シビラ 1701〜05頃 子牛皮紙に軽く輪郭をエッチングした上に水彩 濃厚顔料 アラビアゴム 39.9×29.5 [ウィンザー城ロイヤル・ライブラリー]

キャッサバ
「紙の上の動物園」グラフィック社 2017
◇p19(カラー) メーリアン, マリア・シビラ『メーリアンのスリナムの昆虫種とその変態論』 1726
「昆虫の劇場」リブロポート 1991
◇p29(カラー) メーリアン, M.S.『スリナム産昆虫の変態』 1726
◇p30(カラー) メーリアン, M.S.『スリナム産昆虫の変態』 1726

キャッサバ(タピオカ)
「花の王国 3」平凡社 1990
◇p71(カラー) ベルトゥーフ『子供のための図誌』 1810

キャベツ Brassica oleracea var.capitata
「花の王国 3」平凡社 1990
◇p69(カラー) ヴァインマン『薬用植物図譜』 1736〜48

キャベツ
「美花図譜」八坂書房 1991
◇図14(カラー) ウエインマン『花譜』 1736〜1748 銅版刷手彩色 [群馬県館林市立図書館]

きうり
「高松松平家博物図譜 写生画帖 菜蔬」香川県立ミュージアム 2012
◇p47(カラー) 松平頼恭 江戸時代 紙本著色 画帖装(折本形式) 33.2×48.4 [個人蔵]

キュウリ Cucumis sativus
「江戸博物文庫 菜樹の巻」工作舎 2017
◇p62(カラー) 胡瓜 岩崎灌園『本草図譜』 [東京大学大学院理学系研究科附属植物園(小石川植物園)]
「花の王国 3」平凡社 1990
◇p64(カラー) ジョーム・サンティレール『フランスの植物』 1805〜09 彩色銅版画
◇p65(カラー) 胡瓜 馬場大助『遠西舶上画譜』 製作年代不詳 [東京国立博物館]
◇p65(カラー) ショームトン他編, テュルパン, P.J.F.図『薬用植物事典』 1833〜35

キュウリグサ Trigonotis peduncularis
「江戸博物文庫 菜樹の巻」工作舎 2017
◇p40(カラー) 胡瓜草 岩崎灌園『本草図譜』 [東京大学大学院理学系研究科附属植物園(小石川植物園)]

ギョウジャニンニク Allium victorialis subsp.platyphyllum
「花彙 上」八坂書房 1977
◇図72(白黒) 鹿耳葱 小野蘭山, 島田充房 明和2(1765) 26.5×18.5 [国立公文書館・内閣文庫]

きやうちさ
「高松松平家博物図譜 写生画帖 菜蔬」香川県立ミュージアム 2012
◇p64(カラー) 松平頼恭 江戸時代 紙本著色 画帖装(折本形式) 33.2×48.4 [個人蔵]

きやうわせ
「高松松平家博物図譜 写生画帖 菜蔬」香川県立ミュージアム 2012
◇p69(カラー) 松平頼恭 江戸時代 紙本著色 画

帖装（折本形式）　33.2×48.4　［個人蔵］

きんかん

「木の手帖」小学館　1991

◇図106（カラー）　金柑　岩崎灌園『本草図譜』　文政11（1828）　約21×145　［国立国会図書館］

金柑

「高松松平家博物図譜 衆芳画譜 花果 第五」香川県立ミュージアム　2011

◇p41（カラー）　松平頼恭 江戸時代　紙本著色 画帖装（折本形式）　33.2×48.4　［個人蔵］

金カウジ

「高松松平家博物図譜 衆芳画譜 花果 第五」香川県立ミュージアム　2011

◇p73（カラー）　松平頼恭 江戸時代　紙本著色 画帖装（折本形式）　33.2×48.4　［個人蔵］

銀カウジ

「高松松平家博物図譜 衆芳画譜 花果 第五」香川県立ミュージアム　2011

◇p73（カラー）　松平頼恭 江戸時代　紙本著色 画帖装（折本形式）　33.2×48.4　［個人蔵］

【く】

グァバ

⇒バンジロウ（グァバ）を見よ

グアバ　Psidium guineense

「すごい博物画」グラフィック社　2017

◇図版58（カラー）　グアバの木の枝にハキリアリ、グンタイアリ、ピンクトゥー・タランチュラ、アシダカグモ、そしてルビートパーズハチドリ　メーリアン，マリア・シビラ 1701～05頃　子牛皮紙に軽く輪郭をエッチングした上に水彩 濃厚顔料 アラビアゴム　39×32.3　［ウィンザー城ロイヤル・ライブラリー］

くさぼけ

「木の手帖」小学館　1991

◇図85（カラー）　草木瓜　岩崎灌園『本草図譜』　文政11（1828）　約21×145　［国立国会図書館］

クサボケ　Chaenomeles japonica

「江戸博物文庫 菜樹の巻」工作舎　2017

◇p79（カラー）　草木瓜　岩崎灌園『本草図譜』　［東京大学大学院理学系研究科附属植物園（小石川植物園）］

クサボケ　Chaenomeles japonica (Thunb.) Lindl.ex Spach

「シーボルト日本植物図譜コレクション」小学館　2008

◇図3-30（カラー）　Cydonia japonica Pers.　川原慶賀画　紙 透明絵の具 白色塗料　22.9×29.9　［ロシア科学アカデミーコマロフ植物学研究所図書館］　※目録380 コレクションIII［222］/393

果物

「すごい博物画」グラフィック社　2017

◇図版34（カラー）　果物、種、マメ科植物　ダル・ポッツォ，カシアーノ，作者不詳 1630頃　黒いチョークの上にアラビアゴムを混ぜた水彩と濃厚顔料　32.7×17.2　［ウィンザー城ロイヤル・ライブラリー］

◇図版72（カラー）　果物とセアオマイコドリ　メーリアン，マリア・シビラ 1705～10頃　子牛皮紙に水彩 濃厚顔料 アラビアゴム　31.1×41.9　［ウィンザー城ロイヤル・ライブラリー］

クダモノトケイ

「美花図譜」八坂書房　1991

◇図28（カラー）　ウエインマン『花譜』 1736～1748　銅版刷手彩色　［群馬県館林市立図書館］

クネンボ　Citrus ×nobilis Lour.

「シーボルト日本植物図譜コレクション」小学館　2008

◇図3-24（カラー）　Citrus kuneno Sieb.　川原慶賀画　紙 透明絵の具 白色塗料 墨 光沢　23.2×32.3　［ロシア科学アカデミーコマロフ植物学研究所図書館］　※目録488 コレクションII 11/258

ク子ンポ

「高松松平家博物図譜 衆芳画譜 花果 第五」香川県立ミュージアム　2011

◇p22（カラー）　松平頼恭 江戸時代　紙本著色 画帖装（折本形式）　33.2×48.4　［個人蔵］

ぐみ

「木の手帖」小学館　1991

◇図138（カラー）　胡頽子・茱萸　グミの1種　岩崎灌園『本草図譜』　文政11（1828）　約21×145　［国立国会図書館］

くり

「木の手帖」小学館　1991

◇図31（カラー）　栗　岩崎灌園『本草図譜』　文政11（1828）　約21×145　［国立国会図書館］

クリ　Castanea crenata

「江戸博物文庫 菜樹の巻」工作舎　2017

◇p75（カラー）　栗　岩崎灌園『本草図譜』　［東京大学大学院理学系研究科附属植物園（小石川植物園）］

「花の王国 3」平凡社　1990

◇p100（カラー）　シャンテーニュ，マロン　ノワゼット，L.，ベッサ，パンクラース原図『果樹園』 1839

クリソフィルム カイニトー［カイニトあるいはスターアップルという］

Chrysophyllum cainito

「ボタニカルアートの世界」朝日新聞社　1987

◇p61上右（カラー）　ヤコイン図『Selectarum stirpium americanarum historia』 1763

クルマユリ　Lilium medeoloides

「江戸博物文庫 菜樹の巻」工作舎　2017

◇p52（カラー）　車百合　岩崎灌園『本草図譜』

［東京大学大学院理学系研究科附属植物園（小石川植物園）］

クルミ　Juglans ailanthifolia, J.ailanthifolia var.cordiformis
「花彙 下」八坂書房　1977
◇図104（白黒）　萬歳子　オニグルミ, ヒメグルミ　小野蘭山, 島田充房　明和2（1765）　26.5×18.5　［国立公文書館・内閣文庫］

くろくわい
「高松松平家博物図譜 写生画帖 菜蔬」香川県立ミュージアム　2012
◇p82（カラー）　松平頼恭 江戸時代　紙本著色 画帖装（折本形式）　33.2×48.4　［個人蔵］

くろまめ
「高松松平家博物図譜 写生画帖 菜蔬」香川県立ミュージアム　2012
◇p109（カラー）　松平頼恭 江戸時代　紙本著色 画帖装（折本形式）　33.2×48.4　［個人蔵］

クロミグワ　Morus nigla
「ビュフォンの博物誌」工作舎　1991
◇N054（カラー）『一般と個別の博物誌 ソンニーニ版』

くろもち
「高松松平家博物図譜 写生画帖 菜蔬」香川県立ミュージアム　2012
◇p69（カラー）　松平頼恭 江戸時代　紙本著色 画帖装（折本形式）　33.2×48.4　［個人蔵］

クロユリ　Fritillaria camtschatcensis
「江戸博物文庫 菜樹の巻」工作舎　2017
◇p53（カラー）　黒百合　岩崎灌園『本草図譜』［東京大学大学院理学系研究科附属植物園（小石川植物園）］

くわひ
「高松松平家博物図譜 写生画帖 菜蔬」香川県立ミュージアム　2012
◇p22（カラー）　松平頼恭 江戸時代　紙本著色 画帖装（折本形式）　33.2×48.4　［個人蔵］

クワイ　Sagittaria trifolia L.'Caerulea'
「江戸博物文庫 菜樹の巻」工作舎　2017
◇p116（カラー）　慈姑　岩崎灌園『本草図譜』［東京大学大学院理学系研究科附属植物園（小石川植物園）］

【け】

けいとうまめ
「高松松平家博物図譜 写生画帖 菜蔬」香川県立ミュージアム　2012
◇p38（カラー）　松平頼恭 江戸時代　紙本著色 画帖装（折本形式）　33.2×48.4　［個人蔵］

ケイヌビエ　Echinochloa crus–galli var. echinata
「江戸博物文庫 菜樹の巻」工作舎　2017
◇p11（カラー）　毛犬稗　岩崎灌園『本草図譜』［東京大学大学院理学系研究科附属植物園（小石川植物園）］

ケシ　Papaver somniferum
「江戸博物文庫 菜樹の巻」工作舎　2017
◇p14（カラー）　芥子　岩崎灌園『本草図譜』［東京大学大学院理学系研究科附属植物園（小石川植物園）］

けたで
「高松松平家博物図譜 写生画帖 菜蔬」香川県立ミュージアム　2012
◇p33（カラー）　松平頼恭 江戸時代　紙本著色 画帖装（折本形式）　33.2×48.4　［個人蔵］

ケモモ
「彩色 江戸博物学集成」平凡社　1994
◇p294（カラー）　毛桃　川原慶賀『動植物図譜』［オランダ国立自然史博物館］

げんごべゑ
「高松松平家博物図譜 写生画帖 菜蔬」香川県立ミュージアム　2012
◇p71（カラー）　松平頼恭 江戸時代　紙本著色 画帖装（折本形式）　33.2×48.4　［個人蔵］

けんぽなし
「木の手帖」小学館　1991
◇図127（カラー）　玄圃梨　岩崎灌園『本草図譜』文政11（1828）　約21×145　［国立国会図書館］

ケンポナシ　Hovenia dulcis
「江戸博物文庫 菜樹の巻」工作舎　2017
◇p104（カラー）　玄圃梨　岩崎灌園『本草図譜』［東京大学大学院理学系研究科附属植物園（小石川植物園）］
「花彙 下」八坂書房　1977
◇図171（白黒）　金鉤梨　小野蘭山, 島田充房　明和2（1765）　26.5×18.5　［国立公文書館・内閣文庫］

ケンポナシ　Hovenia dulcis Thunb.
「シーボルト「フローラ・ヤポニカ」 日本植物誌」八坂書房　2000
◇図73, 74（カラー/白黒）　Kenponasi　［国立国会図書館］

【こ】

コウジ　Citrus leiocarpa
「江戸博物文庫 菜樹の巻」工作舎　2017
◇p86（カラー）　柑子　岩崎灌園『本草図譜』［東京大学大学院理学系研究科附属植物園（小石川植物園）］

コウス

「高松松平家博物図譜 衆芳画譜 花果 第五」香川県立ミュージアム 2011
◇p71（カラー） 松平頼恭 江戸時代 紙本著色 画帖装（折本形式） 33.2×48.4 ［個人蔵］

コウメ Prunus mume var.microcarpa

「江戸博物文庫 菜樹の巻」工作舎 2017
◇p73（カラー） 小梅 岩崎灌園『本草図譜』［東京大学大学院理学系研究科附属植物園（小石川植物園）］

コエンドロ Coriandrum sativum

「江戸博物文庫 菜樹の巻」工作舎 2017
◇p28（カラー） 胡荽 岩崎灌園『本草図譜』［東京大学大学院理学系研究科附属植物園（小石川植物園）］

こきび

「高松松平家博物図譜 写生画帖 菜蔬」香川県立ミュージアム 2012
◇p85（カラー） 松平頼恭 江戸時代 紙本著色 画帖装（折本形式） 33.2×48.4 ［個人蔵］

こけもゝ

「高松松平家博物図譜 写生画帖 雑草」香川県立ミュージアム 2013
◇p33（カラー） 松平頼恭 江戸時代 紙本著色 画帖装（折本形式） 33.2×48.4 ［個人蔵］

コケモモ Vaccinium vitis–idaea L.

「須崎忠助植物画集」北海道大学出版会 2016
◇図13–25（カラー） コケモ、『大雪山植物其他』6月11日 ［北海道大学附属図書館］

ココヤシ Cocos nucifera

「ビュフォンの博物誌」工作舎 1991
◇N033（カラー）『一般と個別の博物誌 ソンニーニ版』

ココヤシ

「美花図譜」八坂書房 1991
◇図63（カラー） ウエインマン『花譜』 1736～1748 銅版刷手彩色 ［群馬県館林市立図書館］

ゴシキパイナップル？ Ananas bracteatus？

「植物精選百種図譜 博物画の至宝」平凡社 1996
◇pl.3（カラー） Ananas トレウ, C.J., エーレト, G.D. 1750～73

ゴシュユ Tetradium ruticarpum

「江戸博物文庫 菜樹の巻」工作舎 2017
◇p106（カラー） 呉茱萸 岩崎灌園『本草図譜』［東京大学大学院理学系研究科附属植物園（小石川植物園）］

コーヒー Coffea arabica

「花の王国 3」平凡社 1990
◇p86（カラー） コッピーボーム 馬場大助『遠西舶上画譜』 製作年代不詳 ［東京国立博物館］

コーヒー

「花の王国 3」平凡社 1990
◇p15（白黒） 18世紀初期

コーヒーノキ Coffea arabica

「ビュフォンの博物誌」工作舎 1991
◇N097（カラー）『一般と個別の博物誌 ソンニーニ版』

「花の王国 3」平凡社 1990
◇p86（カラー） ショームトン他編, テュルパン, P.J.F.図『薬用植物事典』 1833～35

ごぼう

「高松松平家博物図譜 写生画帖 菜蔬」香川県立ミュージアム 2012
◇p92（カラー） 松平頼恭 江戸時代 紙本著色 画帖装（折本形式） 33.2×48.4 ［個人蔵］

ゴボウ Arctium lappa

「江戸博物文庫 花草の巻」工作舎 2017
◇p65（カラー） 牛蒡 岩崎灌園『本草図譜』［東京大学大学院理学系研究科附属植物園（小石川植物園）］

こむぎ

「高松松平家博物図譜 写生画帖 菜蔬」香川県立ミュージアム 2012
◇p103（カラー） 松平頼恭 江戸時代 紙本著色 画帖装（折本形式） 33.2×48.4 ［個人蔵］

コールラビ

「美花図譜」八坂書房 1991
◇図15（カラー） ウエインマン『花譜』 1736～1748 銅版刷手彩色 ［群馬県館林市立図書館］

こんにゃく

「江戸名作画帖全集 8」駸々堂出版 1995
◇図69（カラー） 松平頼恭編『写生画帖・衆芳画譜』 紙本着色 ［松平公益会］

こんにやく

「高松松平家博物図譜 写生画帖 菜蔬」香川県立ミュージアム 2012
◇p83（カラー） 松平頼恭 江戸時代 紙本著色 画帖装（折本形式） 33.2×48.4 ［個人蔵］

コンニャク Amorphophalus rivieri

「四季草花譜」八坂書房 1988
◇図75（カラー） 飯沼慾斎筆『草木図説稿本』［個人蔵］

コンニャク

「江戸の動植物図」朝日新聞社 1988
◇p26（カラー） 松平頼恭, 三木文柳『写生画帖』［松平公益会］

【さ】

サクランボ　Cerasus domestica（Prunas cerasus）
「ルドゥーテ画 美花選 1」学習研究社　1986
◇図67（カラー）　1827〜1833

サクランボ　Prunus avium
「ボタニカルアート 西洋の美花集」パイ インターナショナル　2010
◇p169（カラー）　ガレッシオ, ジョルジオ著『Pomona italiana』　1817〜39

サクランボ
「フローラの庭園」八坂書房　2015
◇p23（カラー）　ヴァルター, ヨハン『ナッサウ家の花譜』　1650〜70頃　水彩 紙　［ヴィクトリア＆アルバート美術館（ロンドン）］
「世界大博物図鑑 1」平凡社　1991
◇p319（カラー）『オーレリアン』　1766　手彩色図版

サクランボ'ブラック・イーグル'　Prunus avium 'Black Eagle'
「ボタニカルアート 西洋の美花集」パイ インターナショナル　2010
◇p168（カラー）　フッカー, ウィリアム画 1815

サクランボ'フローレンス'　Prunus avium 'Florence'
「ボタニカルアート 西洋の美花集」パイ インターナショナル　2010
◇p166（カラー）　フッカー, ウィリアム画 1816

ざくろ
「木の手帖」小学館　1991
◇図143（カラー）　石榴・柘榴　岩崎灌園『本草図譜』　文政11（1828）　約21×145　［国立国会図書館］

ザクロ　Morpho menelaus
「昆虫の劇場」リブロポート　1991
◇p34（カラー）　メーリアン, M.S.『スリナム産昆虫の変態』　1726

ザクロ　Punica granatum
「すごい博物画」グラフィック社　2017
◇図版51（カラー）　シロムネオオハシ、ザクロ、クロヅル、イヌサフラン、おそらくシャチホコガの幼虫、ヨーロッパブドウの枝、コンゴウインコ、モナモンキー、ムラサキセイヨウハシバミまたはセイヨウハシバミ、オオモンシロチョウ、ヨーロッパアマガエル　マーシャル, アレクサンダー　1650〜82頃　水彩　45.8×34.0　［ウィンザー城ロイヤル・ライブラリー］
「江戸博物文庫 菜樹の巻」工作舎　2017
◇p85（カラー）　柘榴　岩崎灌園『本草図譜』［東京大学大学院理学系研究科附属植物園（小石川植物園）］
「美花選［普及版］」河出書房新社　2016
◇図82（カラー）　Grenade/Grenadier punica　ルドゥーテ, ピエール＝ジョゼフ画 1827〜1833　［コノサーズ・コレクション東京］
「イングリッシュ・ガーデン」求龍堂　2014
◇図14（カラー）　作者不詳 恐らく17世紀　水彩 ヴェラム　35.1×24.4　［キュー王立植物園］
「ボタニカルアート 西洋の美花集」パイ インターナショナル　2010
◇p170（カラー）　ルドゥーテ, ピエール＝ジョセフ画・著『美花選』　1827〜33　点刻銅版画多色刷 一部手彩色
◇p171（カラー）　ガレッシオ, ジョルジオ著『Pomona italiana』　1817〜39
「図説 ボタニカルアート」河出書房新社　2010
◇p31（白黒）　デラ・ポルタ『植物指南』　1588
「植物精選百種図譜 博物画の至宝」平凡社　1996
◇pl.71（カラー）　Punica　トレウ, C.J., エーレト, G.D. 1750〜73
◇pl.72（カラー）　Punica　トレウ, C.J., エーレト, G.D. 1750〜73
「ビュフォンの博物誌」工作舎　1991
◇N133（カラー）『一般と個別の博物誌 ソンニーニ版』
「ルドゥーテ画 美花選 1」学習研究社　1986
◇図70（カラー）　1827〜1833

ザクロ　Punica granatum L.
「花の肖像 ボタニカルアートの名品と歴史」創土社　2006
◇fig.45（カラー）　デラ・ポルタ『植物指南』　1588

ザクロ
「美花図譜」八坂書房　1991
◇図41（カラー）　ウエインマン『花譜』　1736〜1748　銅版刷手彩色　［群馬県館林市立図書館］
「江戸の動植物図」朝日新聞社　1988
◇p21（カラー）　松平頼恭, 三木文柳『衆芳画譜』［松平公益会］
「ボタニカルアートの世界」朝日新聞社　1987
◇p112, 113（カラー）　狩野探幽『草木花写生図巻』　［国立博物館］

サゴヤシ　Metroxylon sagu
「花の王国 4」平凡社　1990
◇p58（カラー）　ショームトン他編, テュルパン, P.J.F.図『薬用植物事典』　1833〜35
◇p59（カラー）　実の図　ショームトン他編, テュルパン, P.J.F.図『薬用植物事典』　1833〜35

さつまいも
「高松松平家博物図譜 写生画帖 菜蔬」香川県立ミュージアム　2012
◇p51（カラー）　松平頼恭 江戸時代　紙本著色 画帖装（折本形式）　33.2×48.4　［個人蔵］

サツマイモ　Ipomoea batatas
「すごい博物画」グラフィック社　2017
◇図版61（カラー）　サツマイモとオウムバナ

メーリアン，マリア・シビラ 1701〜05頃　子牛皮紙に軽く輪郭をエッチングした上に水彩 濃厚顔料 アラビアゴム　39.5×29.7　［ウィンザー城ロイヤル・ライブラリー］

「江戸博物文庫 菜樹の巻」工作舎　2017

◇p49（カラー）　薩摩芋　岩崎灌園『本草図譜』［東京大学大学院理学系研究科附属植物園（小石川植物園）］

「花の王国 3」平凡社　1990

◇p71（カラー）　ベルトゥーフ『子供のための図誌』 1810

サツマイモ

「昆虫の劇場」リブロポート　1991

◇p66（カラー）　メーリアン，M.S.『スリナム産昆虫の変態』 1726

「江戸の動植物図」朝日新聞社　1988

◇p62（カラー）　岩崎灌園『本草図説』　［東京国立博物館］

サトイモ　Colocasia esculenta Schott.

「高木春山 本草図説 1」リブロポート　1988

◇図63（カラー）

さとうきび

「高松松平家博物図譜 写生画帖 菜蔬」香川県立ミュージアム　2012

◇p77（カラー）　松平頼恭 江戸時代　紙本著色 画帖装（折本形式）　33.2×48.4　［個人蔵］

「江戸名作画帖全集 8」駸々堂出版　1995

◇図70（カラー）　松平頼恭編『写生画帖・衆芳画譜』　紙本着色　［松平公益会］

サトウキビ　Saccharum officinarum

「花の王国 3」平凡社　1990

◇p95（カラー）　ショームトン他編，テュルパン，P.J.F.図『薬用植物事典』 1833〜35

「花彙 上」八坂書房　1977

◇図100（白黒）　瑤池絳節　小野蘭山，島田充房 明和2（1765）　26.5×18.5　［国立公文書館・内閣文庫］

サトウキビ

「花の王国 3」平凡社　1990

◇p15（白黒） 18世紀初頭

「江戸の動植物図」朝日新聞社　1988

◇p25（カラー）　松平頼恭，三木文柳『写生画帖』［松平公益会］

さどふき

「高松松平家博物図譜 写生画帖 菜蔬」香川県立ミュージアム　2012

◇p35（カラー）　松平頼恭 江戸時代　紙本著色 画帖装（折本形式）　33.2×48.4　［個人蔵］

サボン

「高松松平家博物図譜 衆芳画譜 花果 第五」香川県立ミュージアム　2011

◇p83（カラー）　松平頼恭 江戸時代　紙本著色 画帖装（折本形式）　33.2×48.4　［個人蔵］

ザホン

「高松松平家博物図譜 衆芳画譜 花果 第五」香川県立ミュージアム　2011

◇p74（カラー）　松平頼恭 江戸時代　紙本著色 画帖装（折本形式）　33.2×48.4　［個人蔵］

ザボン　Citrus grandis

「すごい博物画」グラフィック社　2017

◇図版19（カラー）　ザボン：丸ごとと半分に切った実　ダル・ポッツォ，カシアーノ，レオナルディ，ヴィンチェンソ作（？） 1640頃　黒いチョークの上に水彩とアラビアゴムを混ぜた濃厚顔料　24.8×25.5　［ウィンザー城ロイヤル・ライブラリー］

ザボン　Citrus grandis Osbeck

「高木春山 本草図説 1」リブロポート　1988

◇図18，19（カラー）　一種 香欒ザンホ又タウク子ンボトモ云

ザボン

「高松松平家博物図譜 衆芳画譜 花果 第五」香川県立ミュージアム　2011

◇p58（カラー）　松平頼恭 江戸時代　紙本著色 画帖装（折本形式）　33.2×48.4　［個人蔵］

「彩色 江戸博物学集成」平凡社　1994

◇p287（カラー）　岩崎灌園『本草図説』　［東京国立博物館］

◇p287（カラー）　岩崎灌園『本草図譜（田安家本）』　［国会図書館］

◇p287（カラー）　岩崎灌園『本草図譜』　［岩瀬文庫］

「木の手帖」小学館　1991

◇図104（カラー）　朱欒　ザボン，ウチムラサキ 岩崎灌園『本草図譜』 文政11（1828）　約21×145　［国立国会図書館］

サモヽ

「高松松平家博物図譜 衆芳画譜 花果 第五」香川県立ミュージアム　2011

◇p79（カラー）　松平頼恭 江戸時代　紙本著色 画帖装（折本形式）　33.2×48.4　［個人蔵］

さるがき

「木の手帖」小学館　1991

◇図150（カラー）　猿柿　岩崎灌園『本草図譜』文政11（1828）　約21×145　［国立国会図書館］

サルナシ　Actinidia arguta

「江戸博物文庫 菜樹の巻」工作舎　2017

◇p113（カラー）　猿梨　岩崎灌園『本草図譜』［東京大学大学院理学系研究科附属植物園（小石川植物園）］

三月ミカン

「高松松平家博物図譜 衆芳画譜 花果 第五」香川県立ミュージアム　2011

◇p63（カラー）　松平頼恭 江戸時代　紙本著色 画帖装（折本形式）　33.2×48.4　［個人蔵］

さんごじゆな

「高松松平家博物図譜 写生画帖 菜蔬」香川県立

ミュージアム　2012
◇p10（カラー）　松平頼恭 江戸時代　紙本著色 画帖装（折本形式）　33.2×48.4 ［個人蔵］

サンザシ　Crataegus cuneata

「江戸博物文庫 菜樹の巻」工作舎　2017
◇p81（カラー）　山査子　岩崎灌園『本草図譜』［東京大学大学院理学系研究科附属植物園（小石川植物園）］

さんしょう

「木の手帖」小学館　1991
◇図108（カラー）　山椒　岩崎灌園『本草図譜』文政11（1828）　約21×145 ［国立国会図書館］

サンショウ　Zanthoxylum piperitum

「江戸博物文庫 菜樹の巻」工作舎　2017
◇p105（カラー）　山椒　岩崎灌園『本草図譜』［東京大学大学院理学系研究科附属植物園（小石川植物園）］

サンズ

「高松松平家博物図譜 衆芳画譜 花果 第五」香川県立ミュージアム　2011
◇p76（カラー）　松平頼恭 江戸時代　紙本著色 画帖装（折本形式）　33.2×48.4 ［個人蔵］

山東菜

「彩色 江戸博物学集成」平凡社　1994
◇p426〜427（カラー）　服部雪斎『服部雪斎自筆写生帖』［国会図書館］

【し】

7月の果物

「フローラの庭園」八坂書房　2015
◇p73（カラー）　カステールス, ピーテル原画, ファーバー, ロバート『果物の12ヶ月』1732 銅版（エングレーヴィング）手彩色 紙　43.5×35.0 ［個人蔵］

しちりころばし

「高松松平家博物図譜 写生画帖 菜蔬」香川県立ミュージアム　2012
◇p42（カラー）　松平頼恭 江戸時代　紙本著色 画帖装（折本形式）　33.2×48.4 ［個人蔵］

シトロン　Citrus medica

「ボタニカルアート 西洋の美花集」パイ インターナショナル　2010
◇p172（カラー）　ベッサ画, デュハメル・モンソー, アンリ・ルイ著『新樹木概論』1800〜19 点刻銅版画多色刷
◇p173（カラー）　ナップ, ヨハン, ナップ, ヨセフ著『Pomologia』1808？〜60
「図説 ボタニカルアート」河出書房新社　2010
◇p5（カラー）　Medica mala　アルドロヴァンディ『植物図譜集（稿本）』16世紀後半 ［ボローニア大学図書館］
「花の王国 3」平凡社　1990
◇p19（カラー）　リッソ, A.著, ポワトー, A.画『オレンジ図誌』1818〜22

シトロン

「昆虫の劇場」リブロポート　1991
◇p42（カラー）　メーリアン, M.S.『スリナム産昆虫の変態』1726

ジャガイモ　Solanum tuberosum

「花の王国 3」平凡社　1990
◇p70（カラー）　ベルトゥーフ『子供のための図誌』1810
「ボタニカルアートの世界」朝日新聞社　1987
◇p78右（カラー）　ベルツーフ図『Fortsetzung des allgemeinen deutshen Garten Magazins』1820

ジャガイモ　Solanum tuberosum L.

「花の肖像 ボタニカルアートの名品と歴史」創土社　2006
◇fig.07（カラー）　クルシウス画 16世紀後半

ジャガイモの1変種　Solanum verrucosum

「ボタニカルアートの世界」朝日新聞社　1987
◇p78左（カラー）　リオクロー画『Revew Horticole第3巻』1854

ジヤガタラミカン

「高松松平家博物図譜 衆芳画譜 花果 第五」香川県立ミュージアム　2011
◇p38（カラー）　松平頼恭 江戸時代　紙本著色 画帖装（折本形式）　33.2×48.4 ［個人蔵］

じゆずたま

「高松松平家博物図譜 写生画帖 菜蔬」香川県立ミュージアム　2012
◇p82（カラー）　松平頼恭 江戸時代　紙本著色 画帖装（折本形式）　33.2×48.4 ［個人蔵］

シュンギク　Glebionis coronaria

「江戸博物文庫 菜樹の巻」工作舎　2017
◇p27（カラー）　春菊　岩崎灌園『本草図譜』［東京大学大学院理学系研究科附属植物園（小石川植物園）］

ショウガ　Zingiber officinale

「江戸博物文庫 菜樹の巻」工作舎　2017
◇p26（カラー）　生姜　岩崎灌園『本草図譜』［東京大学大学院理学系研究科附属植物園（小石川植物園）］

じやうはくこむき

「高松松平家博物図譜 写生画帖 菜蔬」香川県立ミュージアム　2012
◇p105（カラー）　松平頼恭 江戸時代　紙本著色 画帖装（折本形式）　33.2×48.4 ［個人蔵］

ショクヨウカンナ　Canna edulis

「ウィリアム・カーティス 花図譜」同朋舎出版　1994
◇85図（カラー）　Tuberous-rooted Indian Reed カーティス, ジョン画『カーティス・ボタニカル・マガジン』1824

しらき
「高松松平家博物図譜 写生画帖 菜蔬」香川県立ミュージアム 2012
◇p71（カラー） 松平頼恭 江戸時代 紙本著色 画帖装（折本形式） 33.2×48.4 ［個人蔵］

シラワ柑子
「高松松平家博物図譜 衆芳画譜 花果 第五」香川県立ミュージアム 2011
◇p64（カラー） 松平頼恭 江戸時代 紙本著色 画帖装（折本形式） 33.2×48.4 ［個人蔵］

シロウリ Cucumis melo var.conomon
「花の王国 3」平凡社 1990
◇p63（カラー） シマウリ 馬場大助『遠西舶上画譜』 製作年代不詳 ［東京国立博物館］

しろきうり
「高松松平家博物図譜 写生画帖 菜蔬」香川県立ミュージアム 2012
◇p46（カラー） 松平頼恭 江戸時代 紙本著色 画帖装（折本形式） 33.2×48.4 ［個人蔵］

しろなすび
「高松松平家博物図譜 写生画帖 菜蔬」香川県立ミュージアム 2012
◇p17（カラー） 松平頼恭 江戸時代 紙本著色 画帖装（折本形式） 33.2×48.4 ［個人蔵］
「江戸名作画帖全集 8」駸々堂出版 1995
◇図68（カラー） なすび・しろなすび 松平頼恭編『写生画帖・衆芳画譜』 紙本着色 ［松平公益会］

しろまくわ
「高松松平家博物図譜 写生画帖 菜蔬」香川県立ミュージアム 2012
◇p91（カラー） 松平頼恭 江戸時代 紙本著色 画帖装（折本形式） 33.2×48.4 ［個人蔵］

シロヤマモモ Myrica rubra f.alba
「江戸博物文庫 菜樹の巻」工作舎 2017
◇p90（カラー） 白山桃 岩崎灌園『本草図譜』 ［東京大学大学院理学系研究科附属植物園（小石川植物園）］

【す】

すいくわ
「高松松平家博物図譜 写生画帖 菜蔬」香川県立ミュージアム 2012
◇p50（カラー） 松平頼恭 江戸時代 紙本著色 画帖装（折本形式） 33.2×48.4 ［個人蔵］

スイカ Citrullus lanatus
「江戸博物文庫 菜樹の巻」工作舎 2017
◇p110（カラー） 西瓜 岩崎灌園『本草図譜』 ［東京大学大学院理学系研究科附属植物園（小石川植物園）］

スイートオレンジ Citrus sinensis
「花の王国 3」平凡社 1990
◇p18（カラー） リッソ, A.著, ポワトー, A.画『オレンジ図誌』 1818～22
◇p18（カラー） ジェノヴァ種 リッソ, A.著, ポワトー, A.画『オレンジ図誌』 1818～22
◇p19（カラー） リッソ, A.著, ポワトー, A.画『オレンジ図誌』 1818～22

すぎな
「高松松平家博物図譜 写生画帖 菜蔬」香川県立ミュージアム 2012
◇p30（カラー） 松平頼恭 江戸時代 紙本著色 画帖装（折本形式） 33.2×48.4 ［個人蔵］

すぐり
「木の手帖」小学館 1991
◇図70（カラー） 酸塊 岩崎灌園『本草図譜』 文政11（1828） 約21×145 ［国立国会図書館］

スグリ属の1種 Ribes petraeum
「ボタニカルアートの世界」朝日新聞社 1987
◇p47（カラー） フックス図『De historia stirpium commentarii insignes』 1542

スダチ
「高松松平家博物図譜 衆芳画譜 花果 第五」香川県立ミュージアム 2011
◇p69（カラー） 松平頼恭 江戸時代 紙本著色 画帖装（折本形式） 33.2×48.4 ［個人蔵］

スミノミザクラ Cerasus vulgaris Mill. (Prunus cerasus L.)
「花の肖像 ボタニカルアートの名品と歴史」創土社 2006
◇fig.08（カラー） メイヤー写生, フュルマウラー版下作製, スペクレ彫版, フックス著『植物誌』 1542

スミノミザクラ Cerasus vulgaris Miller
「花の肖像 ボタニカルアートの名品と歴史」創土社 2006
◇fig.41（カラー） フックスフクシウス『植物誌』 1542

スミノミザクラ Prunus cerasus (Cerasus domestica)
「ボタニカルアート 西洋の美花集」パイ インターナショナル 2010
◇p167（カラー） ルドゥーテ, ピエール＝ジョセフ画・著『美花選』 1827～33 点刻銅版画多色刷 一部手彩色

すもも
「木の手帖」小学館 1991
◇図73（カラー） 酸桃・李 岩崎灌園『本草図譜』 文政11（1828） 約21×145 ［国立国会図書館］

スモヽ
「高松松平家博物図譜 衆芳画譜 花果 第五」香川県立ミュージアム 2011

◇p56（カラー）　松平頼恭 江戸時代　紙本著色 画帖装（折本形式）　33.2×48.4　［個人蔵］

スモモ　Prunus domestica var.italica

「ルドゥーテ画 美花選 1」学習研究社　1986
◇図62（カラー）　1827〜1833

スモモ　Prunus salicina

「花の王国 3」平凡社　1990
◇p34（カラー）　ヴァインマン『薬用植物図譜』　1736〜48
「花彙 下」八坂書房　1977
◇図185（白黒）　朱仲實　小野蘭山, 島田充房 明和2（1765）　26.5×18.5　［国立公文書館・内閣文庫］

スモモ

「彩色 江戸博物学集成」平凡社　1994
◇p294（カラー）　川原慶賀『動植物図譜』　［オランダ国立自然史博物館］

【せ】

セイヨウカボチャ　Cucurbita pepo L.

「シーボルト日本植物図譜コレクション」小学館　2008
◇図3-97（カラー）　Cucurbita pepo L.varietas　清水東谷画［1861］　紙 絵の具 墨 白色塗料　29.2×38.8　［ロシア科学アカデミーコマロフ植物学研究所図書館］　※目録605 コレクションIV 442/421

セイヨウカリン　Mespilus germanica

「花の王国 3」平凡社　1990
◇p25（カラー）　ノワゼット, L., ベッサ, パンクラース原図『果樹園』　1839
◇p25（カラー）　ジョーム・サンティレール『フランスの植物』　1805〜09　彩色銅版画

セイヨウスグリ（グーズベリー）

「フローラの庭園」八坂書房　2015
◇p23（カラー）　ヴァルター, ヨハン『ナッサウ家の花譜』　1650〜70頃　水彩 紙　［ヴィクトリア&アルバート美術館（ロンドン）］

セイヨウスモモ　Prunus domestica

「美花選［普及版］」河出書房新社　2016
◇図92（カラー）　Prune Royale/Prunus Domestica　ルドゥーテ, ピエール＝ジョゼフ画　1827〜1833　［コノサーズ・コレクション東京］
◇図136（カラー）　Reine Claude franche　ルドゥーテ, ピエール＝ジョゼフ画 1827〜1833　［コノサーズ・コレクション東京］
「ボタニカルアート 西洋の美花集」パイ インターナショナル　2010
◇p176（カラー）　ルドゥーテ, ピエール＝ジョセフ画・著『美花選』　1827〜33　点刻銅版画多色刷 一部手彩色
◇p177（カラー）　ベッサ画, デュハメル・モンソー, アンリ・ルイ著『新樹木概論』　1800〜19　点刻銅版画多色刷
◇p178（カラー）　ルドゥーテ, ピエール＝ジョセフ画・著『美花選』　1827〜33　点刻銅版画多色刷 一部手彩色
◇p179（カラー）　ベッサ画, デュハメル・モンソー, アンリ・ルイ著『新樹木概論』　1800〜19　点刻銅版画多色刷
「花の王国 3」平凡社　1990
◇p35（カラー）　ジョーム・サンティレール『フランスの植物』　1805〜09　彩色銅版画
◇p35（カラー）　緑の島, アジャンのスモモ, ロイヤル, 聖カテリーナのスモモ, クェッチュ種, ブリアンソンのスモモ　ノワゼット, L., ベッサ, パンクラース原図『果樹園』　1839
◇p35（カラー）　ミロボラン, ビフェール, ムッシュー, ロワイヤル・ドゥ・トゥール　ノワゼット, L., ベッサ, パンクラース原図『果樹園』　1839

セイヨウスモモ

「美花図譜」八坂書房　1991
◇図66（カラー）　ウエインマン『花譜』　1736〜1748　銅版刷手彩色　［群馬県館林市立図書館］

セイヨウナシ　Pyrus communis

「美花選［普及版］」河出書房新社　2016
◇図55（カラー）　Poire Tarquin　ルドゥーテ, ピエール＝ジョゼフ画 1827〜1833　［コノサーズ・コレクション東京］
「ボタニカルアート 西洋の美花集」パイ インターナショナル　2010
◇p180（カラー）　ルドゥーテ, ピエール＝ジョセフ画・著『美花選』　1827〜33　点刻銅版画多色刷 一部手彩色
「花の王国 3」平凡社　1990
◇p30（カラー）　スペインの善きキリスト教徒　ノワゼット, L., ベッサ, パンクラース原図『果樹園』　1839
◇p30（カラー）　こぶのあるヒョウタン　ノワゼット, L., ベッサ, パンクラース原図『果樹園』　1839
◇p30（カラー）　サンギン種　ノワゼット, L., ベッサ, パンクラース原図『果樹園』　1839
◇p31（カラー）　ルソー, J.J., ルドゥーテ『植物学』　1805
「ルドゥーテ画 美花選 1」学習研究社　1986
◇図68（カラー）　1827〜1833

セイヨウナシ

「美花図譜」八坂書房　1991
◇図67（カラー）　ウエインマン『花譜』　1736〜1748　銅版刷手彩色　［群馬県館林市立図書館］

セイヨウハシバミ　Corylus avellana

「花の王国 3」平凡社　1990
◇p101（カラー）　ジョーム・サンティレール『フランスの植物』　1805〜09　彩色銅版画
◇p101（カラー）　ノアゼット, アヴェラン　ノワゼット, L., ベッサ, パンクラース原図『果樹園』　1839

セイヨウヒイラギ　Ilex aquifolium
「ボタニカルアート 西洋の美花集」パイ インターナショナル　2010
◇p181（カラー）　ルドゥーテ, ピエール＝ジョセフ画, デュハメル・モンソー, アンリ・ルイ著『新樹木概論』 1800〜19　点刻銅版画多色刷

セイヨウミザクラ　Cerasus avium
「図説 ボタニカルアート」河出書房新社　2010
◇p18（カラー）　フックス『植物誌』 1542

セイヨウミザクラ　Prunus avium
「花の王国 3」平凡社　1990
◇p40（カラー）　ノワゼット, L., ベッサ, パンクラース原図『果樹園』 1839
◇p40（カラー）　グリオットあるいはモレロ, 万聖節のサクランボ　ノワゼット, L., ベッサ, パンクラース原図『果樹園』 1839
◇p40（カラー）　メリジェ　ノワゼット, L., ベッサ, パンクラース原図『果樹園』 1839
◇p41（カラー）　コルトン・チェリー　フッカー, ウィリアム『ロンドン果樹誌』 1818　アクアチント
◇p41（カラー）　ビガルー種　ジョーム・サンティレール『フランスの植物』 1805〜09　彩色銅版画

セイヨウミザクラ
「美花図譜」八坂書房　1991
◇図23（カラー）　ウエインマン『花譜』 1736〜1748　銅版刷手彩色　［群馬県館林市立図書館］

セイヨウミザクラの栽培品種
「フローラの庭園」八坂書房　2015
◇p44（カラー）　ルドゥーテ原画, デュアメル・デュ・モンソー, アンリ・ルイ『樹木概論 新版』 1812　銅版多色刷（スティップル・エングレーヴィング）手彩色 紙　［スペイン王立植物園（マドリッド）］

せり
「高松松平家博物図譜 写生画帖 菜蔬」香川県立ミュージアム　2012
◇p9（カラー）　松平頼恭 江戸時代　紙本著色 画帖装（折本形式）　33.2×48.4　［個人蔵］

セリ？　Oenanthe javanica（Blume）DC. ?
「シーボルト日本植物図譜コレクション」小学館　2008
◇図2-2（カラー）　［Umbelliferae］　シーボルト, フィリップ・フランツ・フォン監修　29.6×24.1　［ロシア科学アカデミーコマロフ植物学研究所図書館］　※類集写真の絵.2つの絵が内枠で貼り合わされている.目録965 コレクションIV 628/547

ぜんまい
「高松松平家博物図譜 写生画帖 菜蔬」香川県立ミュージアム　2012
◇p98（カラー）　松平頼恭 江戸時代　紙本著色 画帖装（折本形式）　33.2×48.4　［個人蔵］

ゼンマイ　Osmunda japonica
「江戸博物文庫 菜樹の巻」工作舎　2017
◇p44（カラー）　薇　岩崎灌園『本草図譜』　［東京大学大学院理学系研究科附属植物園（小石川植物園）］

【そ】

ソテツ　Cycas revoluta
「江戸博物文庫 菜樹の巻」工作舎　2017
◇p98（カラー）　蘇鉄　岩崎灌園『本草図譜』　［東京大学大学院理学系研究科附属植物園（小石川植物園）］

そらまめ
「高松松平家博物図譜 写生画帖 菜蔬」香川県立ミュージアム　2012
◇p38（カラー）　松平頼恭 江戸時代　紙本著色 画帖装（折本形式）　33.2×48.4　［個人蔵］

ソラマメ　Vicia faba
「江戸博物文庫 菜樹の巻」工作舎　2017
◇p17（カラー）　空豆　岩崎灌園『本草図譜』　［東京大学大学院理学系研究科附属植物園（小石川植物園）］

ソラマメ　Vicia faba L.
「岩崎灌園の草花写生」たにぐち書店　2013
◇p76（カラー）　蚕豆　［個人蔵］

ソラマメ
「イングリッシュ・ガーデン」求龍堂　2014
◇図9（カラー）　サンシキスミレ、ヒアシンス、ソラマメ、アラセイトウの一種、他　シューデル, セバスチャン『カレンダリウム』 17世紀初頭　水彩 紙　17.9×15.0　［キュー王立植物園］

【た】

だいこん　Raphanus sativus L.
「草木写生 春の巻」ピエ・ブックス　2010
◇p254〜255（カラー）　大根　狩野織染藤原重賢　明暦3（1657）〜元禄12（1699）　［国立国会図書館］

ダイコン　Raphanus sativus
「図説 ボタニカルアート」河出書房新社　2010
◇p21（カラー）　Rapum sessile, album et purpureum　アルドロヴァンディ『植物図譜集（稿本）』 16世紀後半　［ボローニャ大学図書館］
「花の王国 3」平凡社　1990
◇p79（カラー）　ヴァインマン『薬用植物図譜』 1736〜48

ダイコン
「彩色 江戸博物学集成」平凡社　1994
◇p142〜143（カラー）　島津重豪『成形図説』　［鹿児島県立図書館］

◇p426～427(カラー)　若苗　服部雪斎『服部雪斎自筆写生帖』［国会図書館］
「美花図譜」八坂書房　1991
◇図69(カラー)　ウエインマン『花譜』1736～1748　銅版刷手彩色　［群馬県館林市立図書館］

ダイズ　Glycine max
「江戸博物文庫 菜樹の巻」工作舎　2017
◇p16(カラー)　大豆　岩崎灌園『本草図譜』［東京大学大学院理学系研究科附属植物園(小石川植物園)］

だいだい
「木の手帖」小学館　1991
◇図102(カラー)　橙・臭橙　岩崎灌園『本草図譜』文政11(1828)　約21×145　［国立国会図書館］

ダイダイ　Citrus×aurantium
「すごい博物画」グラフィック社　2017
◇図版37(カラー)　ダイダイ、ハナサフラン、ヨーロッパヤマカガシ、オオボクトウの幼虫　マーシャル, アレクサンダー　1650～82頃　水彩　［ウィンザー城ロイヤル・ライブラリー］
「美花選［普及版］」河出書房新社　2016
◇図120(カラー)　Oranger à fruits déprimés　ルドゥーテ, ピエール＝ジョゼフ画　1827～1833　［コノサーズ・コレクション東京］
「ボタニカルアート 西洋の美花集」パイ インターナショナル　2010
◇p182(カラー)　ルドゥーテ, ピエール＝ジョセフ画・著『美花選』1827～33　点刻銅版画多色刷 一部手彩色
「花の王国 3」平凡社　1990
◇p23(カラー)『エドワーズ植物記録簿』1815～47
◇p23(カラー)　リッソ, A.著, ポワトー, A.画『オレンジ図誌』1818～22
「ルドゥーテ画 美花選 1」学習研究社　1986
◇図64(カラー)　1827～1833

ダイダイ
「高松松平家博物図譜 衆芳画譜 花果 第五」香川県立ミュージアム　2011
◇p22(カラー)　松平頼恭 江戸時代　紙本著色 画帖装(折本形式)　33.2×48.4　［個人蔵］

ダイダイの仲間
「フローラの庭園」八坂書房　2015
◇p43(カラー)　ベッサ, パンクラス原画, デュアメル・デュ・モンソー, アンリ・ルイ『樹木概論 新版』1819　銅版多色刷(スティップル・エングレーヴィング)　手彩色 紙　［ハント財団(ピッツバーグ)］

たけいも
「高松松平家博物図譜 写生画帖 菜蔬」香川県立ミュージアム　2012
◇p56(カラー)　松平頼恭 江戸時代　紙本著色 画帖装(折本形式)　33.2×48.4　［個人蔵］
◇p87(カラー)　松平頼恭 江戸時代　紙本著色 画帖装(折本形式)　33.2×48.4　［個人蔵］

たけのこ
「高松松平家博物図譜 写生画帖 菜蔬」香川県立ミュージアム　2012
◇p100(カラー)　松平頼恭 江戸時代　紙本著色 画帖装(折本形式)　33.2×48.4　［個人蔵］

タチスベリヒユ　Portulaca oleracea var.sativa
「江戸博物文庫 菜樹の巻」工作舎　2017
◇p35(カラー)　立滑莧　岩崎灌園『本草図譜』［東京大学大学院理学系研究科附属植物園(小石川植物園)］

たちばな
「木の手帖」小学館　1991
◇図100(カラー)　橘　岩崎灌園『本草図譜』文政11(1828)　約21×145　［国立国会図書館］

タチハナ
「高松松平家博物図譜 衆芳画譜 花果 第五」香川県立ミュージアム　2011
◇p40(カラー)　松平頼恭 江戸時代　紙本著色 画帖装(折本形式)　33.2×48.4　［個人蔵］

タチバナ
「高松松平家博物図譜 衆芳画譜 花果 第五」香川県立ミュージアム　2011
◇p40(カラー)　松平頼恭 江戸時代　紙本著色 画帖装(折本形式)　33.2×48.4　［個人蔵］

タチハナ 二種
「高松松平家博物図譜 衆芳画譜 花果 第五」香川県立ミュージアム　2011
◇p75(カラー)　ミカン, 八代ミカン　松平頼恭 江戸時代　紙本著色 画帖装(折本形式)　33.2×48.4　［個人蔵］

たね
「高松松平家博物図譜 写生画帖 菜蔬」香川県立ミュージアム　2012
◇p91(カラー)　松平頼恭 江戸時代　紙本著色 画帖装(折本形式)　33.2×48.4　［個人蔵］

タピオカ　Manihot utilissima Phol
「カーティスの植物図譜」エンタプライズ　1987
◇図3071(カラー)　Bitter Cassava, Cassava, Manioc『カーティスのボタニカルマガジン』1787～1887

たんほゝ
「高松松平家博物図譜 写生画帖 菜蔬」香川県立ミュージアム　2012
◇p30(カラー)　松平頼恭 江戸時代　紙本著色 画帖装(折本形式)　33.2×48.4　［個人蔵］

【ち】

ちさ
「高松松平家博物図譜 写生画帖 菜蔬」香川県立ミュージアム　2012
◇p40(カラー)　松平頼恭 江戸時代　紙本著色 画

帖装（折本形式）　33.2×48.4　［個人蔵］

チモヒユービーコムギ　Triticum timopheebi

「花の王国 3」平凡社　1990
◇p82（カラー）　ジョーム・サンティレール『フランスの植物』　1805〜09　彩色銅版画

チョウセンゴヨウ　Pinus koraiensis

「江戸博物文庫 菜樹の巻」工作舎　2017
◇p97（カラー）　朝鮮五葉　岩崎灌園『本草図譜』［東京大学大学院理学系研究科附属植物園（小石川植物園）］

チョロギ　Stachys sieboldii

「江戸博物文庫 菜樹の巻」工作舎　2017
◇p54（カラー）　丁梠木　岩崎灌園『本草図譜』［東京大学大学院理学系研究科附属植物園（小石川植物園）］

チリイチゴ　Fragaria chiloensis

「美花選［普及版］」河出書房新社　2016
◇図103（カラー）　Fraisier à Bouquets/Fragaria　ルドゥーテ, ピエール＝ジョゼフ画　1827〜1833［コノサーズ・コレクション東京］
「ボタニカルアート 西洋の美花集」パイ インターナショナル　2010
◇p160（カラー）　ルドゥーテ, ピエール＝ジョセフ画・著『美花選』　1827〜33　点刻銅版画多色刷 一部手彩色
「ルドゥーテ画 美花選 1」学習研究社　1986
◇図34（カラー）　1827〜1833

【つ】

つくづくし

「高松松平家博物図譜 写生画帖 菜蔬」香川県立ミュージアム　2012
◇p30（カラー）　松平頼恭 江戸時代　紙本著色 画帖装（折本形式）　33.2×48.4　［個人蔵］

つくねいも

「高松松平家博物図譜 写生画帖 菜蔬」香川県立ミュージアム　2012
◇p52（カラー）　松平頼恭 江戸時代　紙本著色 画帖装（折本形式）　33.2×48.4　［個人蔵］

（付札なし）

「高松松平家博物図譜 写生画帖 菜蔬」香川県立ミュージアム　2012
◇p26（カラー）　甜瓜四種　松平頼恭 江戸時代　紙本著色 画帖装（折本形式）　33.2×48.4　［個人蔵］
◇p36（カラー）　赤菘属　松平頼恭 江戸時代　紙本著色 画帖装（折本形式）　33.2×48.4　［個人蔵］
◇p61（カラー）　紅豆　松平頼恭 江戸時代　紙本著色 画帖装（折本形式）　33.2×48.4　［個人蔵］
◇p62（カラー）　著蓬菜　松平頼恭 江戸時代　紙本著色 画帖装（折本形式）　33.2×48.4　［個人蔵］
◇p65（カラー）　香稲二種　松平頼恭 江戸時代　紙本著色 画帖装（折本形式）　33.2×48.4　［個人蔵］
◇p71（カラー）　黄粱五種　松平頼恭 江戸時代　紙本著色 画帖装（折本形式）　33.2×48.4　［個人蔵］
◇p72（カラー）　甜瓜四種　松平頼恭 江戸時代　紙本著色 画帖装（折本形式）　33.2×48.4　［個人蔵］
「高松松平家博物図譜 衆芳画譜 花果 第五」香川県立ミュージアム　2011
◇p38（カラー）　松平頼恭 江戸時代　紙本著色 画帖装（折本形式）　33.2×48.4　［個人蔵］
◇p58（カラー）　松平頼恭 江戸時代　紙本著色 画帖装（折本形式）　33.2×48.4　［個人蔵］
◇p69（カラー）　松平頼恭 江戸時代　紙本著色 画帖装（折本形式）　33.2×48.4　［個人蔵］
◇p83（カラー）　松平頼恭 江戸時代　紙本著色 画帖装（折本形式）　33.2×48.4　［個人蔵］
◇p84（カラー）　松平頼恭 江戸時代　紙本著色 画帖装（折本形式）　33.2×48.4　［個人蔵］

ツノハシバミ　Corylus sieboldiana

「江戸博物文庫 菜樹の巻」工作舎　2017
◇p94（カラー）　角榛　岩崎灌園『本草図譜』［東京大学大学院理学系研究科附属植物園（小石川植物園）］

ツハクロモヽ

「高松松平家博物図譜 衆芳画譜 花果 第五」香川県立ミュージアム　2011
◇p44（カラー）　ツバクロモヽノ實　松平頼恭 江戸時代　紙本著色 画帖装（折本形式）　33.2×48.4　［個人蔵］

つるあづき

「高松松平家博物図譜 写生画帖 菜蔬」香川県立ミュージアム　2012
◇p73（カラー）　松平頼恭 江戸時代　紙本著色 画帖装（折本形式）　33.2×48.4　［個人蔵］

ツルニンジン属の3種　Codonopsis gracillis, C.javanica, C.inflata

「ボタニカルアートの世界」朝日新聞社　1987
◇p83上左（カラー）　フィッチ, W.画および彫版『Illustration of Himakayan plants』　1855

ツルムラサキ　Basella alba

「江戸博物文庫 菜樹の巻」工作舎　2017
◇p41（カラー）　蔓紫　岩崎灌園『本草図譜』［東京大学大学院理学系研究科附属植物園（小石川植物園）］

つるれいし

「高松松平家博物図譜 写生画帖 菜蔬」香川県立ミュージアム　2012
◇p13（カラー）　松平頼恭 江戸時代　紙本著色 画帖装（折本形式）　33.2×48.4　［個人蔵］
「江戸名作画帖全集 8」駸々堂出版　1995
◇図64（カラー）　松平頼恭編『写生画帖・衆芳画譜』　紙本着色　［松平公益会］

ツルレイシ　Momordica charantia var.pavel
「江戸博物文庫 菜樹の巻」工作舎　2017
◇p63（カラー）　蔓荔枝　岩崎灌園『本草図譜』［東京大学大学院理学系研究科附属植物園（小石川植物園）］

【て】

テウチグルミ（カシグルミ）
「美花図譜」八坂書房　1991
◇図57（カラー）　ウエインマン『花譜』 1736～1748　銅版刷手彩色　［群馬県館林市立図書館］

てこいも
「高松松平家博物図譜 写生画帖 菜蔬」香川県立ミュージアム　2012
◇p63（カラー）　松平頼恭 江戸時代　紙本著色 画帖装（折本形式）　33.2×48.4　［個人蔵］

テッポウユリ　Lilium longiflorum
「江戸博物文庫 菜樹の巻」工作舎　2017
◇p51（カラー）　鉄砲百合　岩崎灌園『本草図譜』［東京大学大学院理学系研究科附属植物園（小石川植物園）］

テリハバンジロウ　Psidium cattleianum
「ウィリアム・カーティス 花図譜」同朋舎出版　1994
◇388図（カラー）　Purple fruited Guava　カーティス, ジョン画『カーティス・ボタニカル・マガジン』 1824

テンサイ　Beta vulgaris subsp.vulgaris
「花の王国 3」平凡社　1990
◇p74（カラー）　馬場大助『遠西舶上画譜』 製作年代不詳　［東京国立博物館］

てんのうしかぶ
「高松松平家博物図譜 写生画帖 菜蔬」香川県立ミュージアム　2012
◇p41（カラー）　松平頼恭 江戸時代　紙本著色 画帖装（折本形式）　33.2×48.4　［個人蔵］

【と】

とうがらし
「高松松平家博物図譜 写生画帖 菜蔬」香川県立ミュージアム　2012
◇p23（カラー）　松平頼恭 江戸時代　紙本著色 画帖装（折本形式）　33.2×48.4　［個人蔵］

トウガラシ　Capsicum annuum
「図説 ボタニカルアート」河出書房新社　2010
◇p73（白黒）　ボネリ『ローマ庭園植物誌』 1772～93
「四季草花譜」八坂書房　1988
◇図16（カラー）　天竺マモリ　ヤツブサ（八房）　飯沼慾斎筆『草木図説稿本』　［個人蔵］

トウガラシ　Capsicum annuum L.
「花の肖像 ボタニカルアートの名品と歴史」創土社　2006
◇fig.47（カラー）　ボネリ『ローマ植物園誌』 1772～1793

トウガラシ　Capsicum frutescens
「すごい博物画」グラフィック社　2017
◇図版52（カラー）　トウガラシ、アマトウガラシ、ショウガ、クラリセージ　マーシャル, アレクサンダー 1675～82頃　水彩　45.8×34.1　［ウィンザー城ロイヤル・ライブラリー］

トウガラシ
「彩色 江戸博物学集成」平凡社　1994
◇p102（カラー）　サンゴジュ, 九曜, サクラ, 鷹の爪　細川重賢『百卉侔状』　［永青文庫］
「昆虫の劇場」リブロポート　1991
◇p80（カラー）　メーリアン, M.S.『スリナム産昆虫の変態』 1726
「美花図譜」八坂書房　1991
◇図73（カラー）　ウエインマン『花譜』 1736～1748　銅版刷手彩色　［群馬県館林市立図書館］
「江戸の動植物図」朝日新聞社　1988
◇p24（カラー）　松平頼恭, 三木文柳『写生画帖』［松平公益会］
「ボタニカルアートの世界」朝日新聞社　1987
◇p114上（カラー）　狩野探幽『草木花写生図巻』［国立博物館］

とうがん　Benincasa hispida
「草木写生 秋の巻」ピエ・ブックス　2010
◇p160～161（カラー）　冬瓜　狩野織染藤原重賢 明暦3（1657）～元禄12（1699）　［国立国会図書館］
◇p164～165（カラー）　冬瓜　狩野織染藤原重賢 明暦3（1657）～元禄12（1699）　［国立国会図書館］

トウガン　Benincasa cerifera
「図説 ボタニカルアート」河出書房新社　2010
◇p106（白黒）　川原慶賀画　［ロシア科学アカデミー図書館］

トウガン　Benincasa hispida
「江戸博物文庫 菜樹の巻」工作舎　2017
◇p60（カラー）　冬瓜　岩崎灌園『本草図譜』［東京大学大学院理学系研究科附属植物園（小石川植物園）］

トウガン　Benincasa hispida（Thunb.）Cogn.
「花の肖像 ボタニカルアートの名品と歴史」創土社　2006
◇fig.91（カラー）　川原慶賀画『シーボルト旧蔵日本植物図譜集コレクション』 1994

とうぐわ
「高松松平家博物図譜 写生画帖 菜蔬」香川県立ミュージアム　2012
◇p76（カラー）　松平頼恭 江戸時代　紙本著色 画帖装（折本形式）　33.2×48.4　［個人蔵］

ドゥケーネア　Decaisnea insignis
「花の王国 4」平凡社　1990
◇p33（カラー）　ルメール, Ch.『園芸図譜誌』1854〜86

とうだいこん
「高松松平家博物図譜 写生画帖 菜蔬」香川県立ミュージアム　2012
◇p15（カラー）　松平頼恭 江戸時代　紙本著色 画帖装（折本形式）　33.2×48.4　［個人蔵］

トウチャ　Camellia sinensis f.macrophylla
「江戸博物文庫 菜樹の巻」工作舎　2017
◇p108（カラー）　唐茶　岩崎灌園『本草図譜』［東京大学大学院理学系研究科附属植物園（小石川植物園）］

とうな
「高松松平家博物図譜 写生画帖 菜蔬」香川県立ミュージアム　2012
◇p53（カラー）　松平頼恭 江戸時代　紙本著色 画帖装（折本形式）　33.2×48.4　［個人蔵］

とうなす
「高松松平家博物図譜 写生画帖 菜蔬」香川県立ミュージアム　2012
◇p44（カラー）　松平頼恭 江戸時代　紙本著色 画帖装（折本形式）　33.2×48.4　［個人蔵］

とうのいも
「高松松平家博物図譜 写生画帖 菜蔬」香川県立ミュージアム　2012
◇p108（カラー）　松平頼恭 江戸時代　紙本著色画帖装（折本形式）　33.2×48.4　［個人蔵］

トウミカン
「高松松平家博物図譜 衆芳画譜 花果 第五」香川県立ミュージアム　2011
◇p82（カラー）　松平頼恭 江戸時代　紙本著色 画帖装（折本形式）　33.2×48.4　［個人蔵］

とうもろこし
「高松松平家博物図譜 写生画帖 菜蔬」香川県立ミュージアム　2012
◇p95（カラー）　松平頼恭 江戸時代　紙本著色 画帖装（折本形式）　33.2×48.4　［個人蔵］

トウモロコシ　Zea mays
「江戸博物文庫 菜樹の巻」工作舎　2017
◇p9（カラー）　玉蜀黍　岩崎灌園『本草図譜』［東京大学大学院理学系研究科附属植物園（小石川植物園）］
「花の王国 3」平凡社　1990
◇p85（カラー）　ベルトゥーフ『子供のための図誌』 1810
◇p85（カラー）　ジョーム・サンティレール『フランスの植物』 1805〜09　彩色銅版画
「ボタニカルアートの世界」朝日新聞社　1987
◇p79下（カラー）　ルドゥテ画『Histoire naturelle, agricole et économique du maïs』1836

トウモロコシ　Zea mays L.
「高木春山 本草図説 1」リブロポート　1988
◇図25（カラー）　タウモロコシ 玉蜀黍 寄生菌ヲ有ス　図は黒穂病にかかったもの

トウモロコシ
「美花図譜」八坂書房　1991
◇図39（カラー）　ウエインマン『花譜』 1736〜1748　銅版刷手彩色　［群馬県館林市立図書館］
「花の王国 3」平凡社　1990
◇p13（カラー）　ボナフゥ, M., ボティオヌロッシ, A.絵, デュプレル彫刻『トウモロコシの農業経済誌』 1836

ときわがき
「木の手帖」小学館　1991
◇図151（カラー）　常磐柿　岩崎灌園『本草図譜』文政11（1828）　約21×145　［国立国会図書館］

ドクダミ　Houttuynia cordata
「江戸博物文庫 菜樹の巻」工作舎　2017
◇p42（カラー）　蕺草　岩崎灌園『本草図譜』［東京大学大学院理学系研究科附属植物園（小石川植物園）］

ところ
「高松松平家博物図譜 写生画帖 菜蔬」香川県立ミュージアム　2012
◇p25（カラー）　松平頼恭 江戸時代　紙本著色 画帖装（折本形式）　33.2×48.4　［個人蔵］

どだれいも
「高松松平家博物図譜 写生画帖 菜蔬」香川県立ミュージアム　2012
◇p58（カラー）　松平頼恭 江戸時代　紙本著色 画帖装（折本形式）　33.2×48.4　［個人蔵］

トチノキ　Aesculus turbinata
「江戸博物文庫 菜樹の巻」工作舎　2017
◇p77（カラー）　橡　岩崎灌園『本草図譜』［東京大学大学院理学系研究科附属植物園（小石川植物園）］

トマト　Lycopersicon esculentum
「花の王国 3」平凡社　1990
◇p68（カラー）　ジョーム・サンティレール『フランスの植物』 1805〜09　彩色銅版画
◇p68（カラー）　馬場大助『遠西舶上画譜』 製作年代不詳　［東京国立博物館］

トマト　Solanum lycopersicum
「江戸博物文庫 菜樹の巻」工作舎　2017
◇p58（カラー）　蕃茄　岩崎灌園『本草図譜』［東京大学大学院理学系研究科附属植物園（小石川植物園）］

トマト
「美花図譜」八坂書房　1991
◇図75（カラー）　ウエインマン『花譜』 1736〜1748　銅版刷手彩色　［群馬県館林市立図書館］
「ボタニカルアートの世界」朝日新聞社　1987
◇p112, 113（カラー）　狩野探幽『草木花写生図

巻』［国立博物館］

【な】

な

「高松松平家博物図譜 写生画帖 菜蔬」香川県立ミュージアム　2012
◇p18（カラー）　松平頼恭 江戸時代　紙本著色 画帖装（折本形式）　33.2×48.4　［個人蔵］
◇p36（カラー）　松平頼恭 江戸時代　紙本著色 画帖装（折本形式）　33.2×48.4　［個人蔵］

ながいも

「高松松平家博物図譜 写生画帖 菜蔬」香川県立ミュージアム　2012
◇p67（カラー）　松平頼恭 江戸時代　紙本著色 画帖装（折本形式）　33.2×48.4　［個人蔵］

ナガイモ　Dioscorea polystachya

「江戸博物文庫 菜樹の巻」工作舎　2017
◇p48（カラー）　長芋　岩崎灌園『本草図譜』［東京大学大学院理学系研究科附属植物園（小石川植物園）］

ながかぼちや

「高松松平家博物図譜 写生画帖 菜蔬」香川県立ミュージアム　2012
◇p49（カラー）　松平頼恭 江戸時代　紙本著色 画帖装（折本形式）　33.2×48.4　［個人蔵］

ナガキンカン　Citrus margarita

「花の王国 3」平凡社　1990
◇p22（カラー）　シーボルト, P.F.フォン『日本植物誌』　1835～70

ナガキンカン　Fortunella japonica (Thunb.) Swingle var.margarita (Lour.) Makino

「シーボルト「フローラ・ヤポニカ」 日本植物誌」八坂書房　2000
◇図15-III（カラー）　Too-kin-kan　［国立国会図書館］

ナガキンカン　Fortunella margarita

「江戸博物文庫 菜樹の巻」工作舎　2017
◇p88（カラー）　長金柑　岩崎灌園『本草図譜』［東京大学大学院理学系研究科附属植物園（小石川植物園）］

ながさゝげ

「高松松平家博物図譜 写生画帖 菜蔬」香川県立ミュージアム　2012
◇p21（カラー）　松平頼恭 江戸時代　紙本著色 画帖装（折本形式）　33.2×48.4　［個人蔵］

ながとうぐわ

「高松松平家博物図譜 写生画帖 菜蔬」香川県立ミュージアム　2012
◇p74（カラー）　松平頼恭 江戸時代　紙本著色 画帖装（折本形式）　33.2×48.4　［個人蔵］

ながなすび

「高松松平家博物図譜 写生画帖 菜蔬」香川県立ミュージアム　2012
◇p16（カラー）　松平頼恭 江戸時代　紙本著色 画帖装（折本形式）　33.2×48.4　［個人蔵］

ナガバノモミジイチゴ　Rubus palmatus

「ボタニカルアートの世界」朝日新聞社　1987
◇p59左（カラー）　ツュンベリー『Icones plantarum japonicarum』　1794～1805

ながふくべ

「高松松平家博物図譜 写生画帖 菜蔬」香川県立ミュージアム　2012
◇p27（カラー）　松平頼恭 江戸時代　紙本著色 画帖装（折本形式）　33.2×48.4　［個人蔵］
◇p80（カラー）　松平頼恭 江戸時代　紙本著色 画帖装（折本形式）　33.2×48.4　［個人蔵］

なかへちま

「高松松平家博物図譜 写生画帖 菜蔬」香川県立ミュージアム　2012
◇p78（カラー）　松平頼恭 江戸時代　紙本著色 画帖装（折本形式）　33.2×48.4　［個人蔵］

なし　Pyrus pyrifolia var.culta

「草木写生 春の巻」ピエ・ブックス　2010
◇p218～219（カラー）　梨　狩野織染藤原重賢 明暦3（1657）～元禄12（1699）　［国立国会図書館］

なし

「木の手帖」小学館　1991
◇図82（カラー）　梨・梨子　岩崎灌園『本草図譜』文政11（1828）　約21×145　［国立国会図書館］

ナシ

「彩色 江戸博物学集成」平凡社　1994
◇p294（カラー）　川原慶賀『動植物図譜』　［オランダ国立自然史博物館］

梨 二種

「高松松平家博物図譜 衆芳画譜 花果 第五」香川県立ミュージアム　2011
◇p80（カラー）　マツオナシ, ツリガ子ナシ　松平頼恭 江戸時代　紙本著色 画帖装（折本形式）33.2×48.4　［個人蔵］
◇p80（カラー）　古河ナシ, 細ツル青ナシ　松平頼恭 江戸時代　紙本著色 画帖装（折本形式）　33.2×48.4　［個人蔵］

なす　Solanum melongena

「草木写生 秋の巻」ピエ・ブックス　2010
◇p114～115（カラー）　茄子　狩野織染藤原重賢 明暦3（1657）～元禄12（1699）　［国立国会図書館］

ナス　Solanum melongena

「江戸博物文庫 菜樹の巻」工作舎　2017
◇p57（カラー）　茄子　岩崎灌園『本草図譜』［東京大学大学院理学系研究科附属植物園（小石川植物園）］
「花の王国 3」平凡社　1990

◇p77（カラー）　ヴァインマン『薬用植物図譜』 1736〜48

ナス

「彩色 江戸博物学集成」平凡社　1994
◇p142〜143（カラー）　島津重豪『成形図説』［鹿児島県立図書館］
◇p242（カラー）　高木春山『本草図説』［岩瀬文庫］
「美花図譜」八坂書房　1991
◇図74（カラー）　ウエインマン『花譜』 1736〜1748　銅版刷手彩色　［群馬県館林市立図書館］

ナスのなかま

「昆虫の劇場」リブロポート　1991
◇p31（カラー）　メーリアン, M.S.『スリナム産昆虫の変態』 1726

なすび

「高松松平家博物図譜 写生画帖 菜蔬」香川県立ミュージアム　2012
◇p17（カラー）　松平頼恭 江戸時代　紙本著色 画帖装（折本形式）　33.2×48.4　［個人蔵］
「江戸名作画帖全集 8」駸々堂出版　1995
◇図68（カラー）　なすび・しろなすび　松平頼恭編『写生画帖・衆芳画譜』　紙本着色　［松平公益会］

なたまめ

「高松松平家博物図譜 写生画帖 菜蔬」香川県立ミュージアム　2012
◇p20（カラー）　松平頼恭 江戸時代　紙本著色 画帖装（折本形式）　33.2×48.4　［個人蔵］

ナタマメ　Canavalia gladiata

「江戸博物文庫 菜樹の巻」工作舎　2017
◇p19（カラー）　鉈豆　岩崎灌園『本草図譜』［東京大学大学院理学系研究科附属植物園（小石川植物園）］

ナツミカン　Citrus natsudaidai

「花彙 下」八坂書房　1977
◇図184（白黒）　蘆橘　小野蘭山, 島田充房 明和2（1765）　26.5×18.5　［国立公文書館・内閣文庫］

夏ミカン

「高松松平家博物図譜 衆芳画譜 花果 第五」香川県立ミュージアム　2011
◇p69（カラー）　松平頼恭 江戸時代　紙本著色 画帖装（折本形式）　33.2×48.4　［個人蔵］

なつめ

「木の手帖」小学館　1991
◇図128（カラー）　棗　岩崎灌園『本草図譜』 文政11（1828）　約21×145　［国立国会図書館］

ナツメ　Ziziphus jujuba

「江戸博物文庫 菜樹の巻」工作舎　2017
◇p78（カラー）　棗　岩崎灌園『本草図譜』［東京大学大学院理学系研究科附属植物園（小石川植物園）］
「花の王国 3」平凡社　1990
◇p43（カラー）　ショームトン他編, テュルパン, P.J.F.図『薬用植物事典』 1833〜35

ナツメ

「彩色 江戸博物学集成」平凡社　1994
◇p294（カラー）　川原慶賀『動植物図譜』［オランダ国立自然史博物館］

ナツメヤシ　Phoenix dactylifera

「ビュフォンの博物誌」工作舎　1991
◇N032（カラー）『一般と個別の博物誌 ソンニーニ版』
「花の王国 3」平凡社　1990
◇p58（カラー）　ショームトン他編, テュルパン, P.J.F.図『薬用植物事典』 1833〜35

ナンキンマメ　Arachis hypogaea L.

「花の肖像 ボタニカルアートの名品と歴史」創土社　2006
◇fig.46（カラー）　トリュー『稀産植物』 1763〜1784

南京リンゴ

「高松松平家博物図譜 衆芳画譜 花果 第五」香川県立ミュージアム　2011
◇p86（カラー）　松平頼恭 江戸時代　紙本著色 画帖装（折本形式）　33.2×48.4　［個人蔵］

【に】

にがいちご　Rubus microphyllus L.f.

「草木写生 春の巻」ピエ・ブックス　2010
◇p222〜223（カラー）　苦苺　狩野織染藤原重賢 明暦3（1657）〜元禄12（1699）［国立国会図書館］

にらのはな

「高松松平家博物図譜 写生画帖 菜蔬」香川県立ミュージアム　2012
◇p37（カラー）　松平頼恭 江戸時代　紙本著色 画帖装（折本形式）　33.2×48.4　［個人蔵］

にらのみ

「高松松平家博物図譜 写生画帖 菜蔬」香川県立ミュージアム　2012
◇p37（カラー）　松平頼恭 江戸時代　紙本著色 画帖装（折本形式）　33.2×48.4　［個人蔵］

にんじん

「高松松平家博物図譜 写生画帖 菜蔬」香川県立ミュージアム　2012
◇p9（カラー）　松平頼恭 江戸時代　紙本著色 画帖装（折本形式）　33.2×48.4　［個人蔵］

ニンジン　Daucus carota

「花の王国 3」平凡社　1990
◇p78（カラー）　ヴァインマン『薬用植物図譜』 1736〜48

人参
「彩色 江戸博物学集成」平凡社　1994
◇p13（白黒）　栽培図『物類品隲』 1763

にんにく
「高松松平家博物図譜 写生画帖 菜蔬」香川県立ミュージアム　2012
◇p46（カラー）　松平頼恭 江戸時代　紙本著色 画帖装（折本形式）　33.2×48.4　［個人蔵］

【ぬ】

ぬなわ
「高松松平家博物図譜 写生画帖 菜蔬」香川県立ミュージアム　2012
◇p22（カラー）　松平頼恭 江戸時代　紙本著色 画帖装（折本形式）　33.2×48.4　［個人蔵］

ヌルデ　Rhus javanica
「江戸博物文庫 菜樹の巻」工作舎　2017
◇p107（カラー）　白膠木　岩崎灌園『本草図譜』［東京大学大学院理学系研究科附属植物園（小石川植物園）］

【ね】

ネギ　Allium fistulosum
「江戸博物文庫 菜樹の巻」工作舎　2017
◇p20（カラー）　葱　品種「イッポンネギ」　岩崎灌園『本草図譜』　［東京大学大学院理学系研究科附属植物園（小石川植物園）］

ネギ
「彩色 江戸博物学集成」平凡社　1994
◇p426～427（カラー）　服部雪斎『服部雪斎自筆写生帖』　［国会図書館］

ネギボウズ
「彩色 江戸博物学集成」平凡社　1994
◇p327（カラー）　毛利梅園

ねこのて
「高松松平家博物図譜 写生画帖 菜蔬」香川県立ミュージアム　2012
◇p71（カラー）　松平頼恭 江戸時代　紙本著色 画帖装（折本形式）　33.2×48.4　［個人蔵］

ネコマタ　Setaria italica var.ramifera
「江戸博物文庫 菜樹の巻」工作舎　2017
◇p10（カラー）　猫又　岩崎灌園『本草図譜』［東京大学大学院理学系研究科附属植物園（小石川植物園）］

ねりまたいこんの花
「高松松平家博物図譜 写生画帖 菜蔬」香川県立ミュージアム　2012
◇p45（カラー）　松平頼恭 江戸時代　紙本著色 画帖装（折本形式）　33.2×48.4　［個人蔵］

【の】

ノイチゴ　Fragaria vesca
「ボタニカルアートの世界」朝日新聞社　1987
◇p52左下（白黒）　ワイデッツ画

ノヂシャ　Valerianella olitoria
「ビュフォンの博物誌」工作舎　1991
◇N095（カラー）『一般と個別の博物誌 ソンニーニ版』

のびる
「高松松平家博物図譜 写生画帖 菜蔬」香川県立ミュージアム　2012
◇p37（カラー）　松平頼恭 江戸時代　紙本著色 画帖装（折本形式）　33.2×48.4　［個人蔵］

のぶどう
「木の手帖」小学館　1991
◇図132（カラー）　野葡萄・蛇葡萄　岩崎灌園『本草図譜』 文政11（1828）　約21×145　［国立国会図書館］

ノボタン　Melastoma candidum
「江戸博物文庫 菜樹の巻」工作舎　2017
◇p101（カラー）　野牡丹　岩崎灌園『本草図譜』［東京大学大学院理学系研究科附属植物園（小石川植物園）］

【は】

パイナップル　Ananas comosus
「すごい博物画」グラフィック社　2017
◇図版54（カラー）　パイナップルにコワモンゴキブリとチャバネゴキブリ　メーリアン, マリア・シビラ 1701～05頃　子牛皮紙に軽く輪郭をエッチングした上に水彩 濃厚顔料 アラビアゴム 48.3×34.8 ［ウィンザー城ロイヤル・ライブラリー］
「図説 ボタニカルアート」河出書房新社　2010
◇p24（カラー）　メリアン『スリナム産昆虫の変態』 1705
「植物精選百種図譜 博物画の至宝」平凡社　1996
◇pl.2（カラー）　Ananas　トレウ, C.J., エーレト, G.D. 1750～73
「花の王国 3」平凡社　1990
◇p60（カラー）　メーリアン, M.S.『スリナム産昆虫の変態』 1726
◇p61（カラー）　馬場大助『遠西舶上画譜』 製作年代不詳　［東京国立博物館］
◇p61（カラー）　ショームトン他編, テュルパン, P.J.F.図『薬用植物事典』 1833～35
「ユリ科植物図譜 2」学習研究社　1988
◇図237（カラー）　Bromelia ananas　ルドゥーテ, ピエール＝ジョセフ 1802～1815

パイナップル　Ananas comosus (L.) Merr.
「花の肖像 ボタニカルアートの名品と歴史」創土社　2006
◇fig.03 (カラー)　メリアン画『スリナム産昆虫の変態』 1714頃
「高木春山 本草図説 1」リブロポート　1988
◇図74 (カラー)

パイナップル
「フローラの庭園」八坂書房　2015
◇p32 (カラー)　エーレット原画, トリュー, クリストフ・ヤコブ『植物選集』 1750　銅版 (エングレーヴィング) 手彩色 紙　50×35　[テイラー博物館 (ハールレム)]
「昆虫の劇場」リブロポート　1991
◇p26 (カラー)　メーリアン, M.S.『スリナム産昆虫の変態』 1726
「花の王国 3」平凡社　1990
◇p10 (白黒)　18世紀後半
「ユリ科植物図譜 2」学習研究社　1988
◇図241 (カラー)　Bromelia ananas　ルドゥーテ, ピエール＝ジョセフ 1802～1815

ハシカンボク　Bredia hirsuta
「江戸博物文庫 菜樹の巻」工作舎　2017
◇p102 (カラー)　波志干木　岩崎灌園『本草図譜』 [東京大学大学院理学系研究科附属植物園 (小石川植物園)]

はせをな
「高松松平家博物図譜 写生画帖 菜蔬」香川県立ミュージアム　2012
◇p66 (カラー)　松平頼恭 江戸時代　紙本著色 画帖装 (折本形式)　33.2×48.4　[個人蔵]

ハス　Nelumbo nucifera
「江戸博物文庫 菜樹の巻」工作舎　2017
◇p114 (カラー)　蓮　毎曜蓮　岩崎灌園『本草図譜』　[東京大学大学院理学系研究科附属植物園 (小石川植物園)]

ハスイモ
「彩色 江戸博物学集成」平凡社　1994
◇p243 (カラー)　高木春山『本草図説』　[岩瀬文庫]

はすのね
「高松松平家博物図譜 写生画帖 菜蔬」香川県立ミュージアム　2012
◇p39 (カラー)　松平頼恭 江戸時代　紙本著色 画帖装 (折本形式)　33.2×48.4　[個人蔵]

はだかむき
「高松松平家博物図譜 写生画帖 菜蔬」香川県立ミュージアム　2012
◇p104 (カラー)　松平頼恭 江戸時代　紙本著色画帖装 (折本形式)　33.2×48.4　[個人蔵]

ハタササゲ　Vigna unguiculata var.catjang
「江戸博物文庫 菜樹の巻」工作舎　2017
◇p18 (カラー)　めがねささげ　岩崎灌園『本草図譜』　[東京大学大学院理学系研究科附属植物園 (小石川植物園)]

はたなだいこん
「高松松平家博物図譜 写生画帖 菜蔬」香川県立ミュージアム　2012
◇p54 (カラー)　松平頼恭 江戸時代　紙本著色 画帖装 (折本形式)　33.2×48.4　[個人蔵]

ハチクの竹の子
「彩色 江戸博物学集成」平凡社　1994
◇p426～427 (カラー)　服部雪斎『服部雪斎自筆写生帖』　[国会図書館]

ハトムギ　Coix lacryma–jobi var.ma–yuen
「江戸博物文庫 菜樹の巻」工作舎　2017
◇p13 (カラー)　鳩麦　岩崎灌園『本草図譜』 [東京大学大学院理学系研究科附属植物園 (小石川植物園)]

ハナカイドウ　Malus halliana
「江戸博物文庫 菜樹の巻」工作舎　2017
◇p80 (カラー)　花海棠　岩崎灌園『本草図譜』 [東京大学大学院理学系研究科附属植物園 (小石川植物園)]

バナナ　Musa acuminata
「花の王国 3」平凡社　1990
◇p59 (カラー)　ヴァインマン『薬用植物図譜』 1736～48

バナナ　Musa paradisiaca
「すごい博物画」グラフィック社　2017
◇図版57 (カラー)　バナナの木の枝にガの幼虫と成虫　メーリアン, マリア・シビラ 1701～05頃　子牛皮紙に軽く輪郭をエッチングした上に水彩 濃厚顔料 アラビアゴム　39.5×31.0　[ウィンザー城ロイヤル・ライブラリー]
「花の王国 3」平凡社　1990
◇p59 (カラー)　ショームトン他編, テュルパン, P.J.F.図『薬用植物事典』 1833～35

バナナ　Musa sp.
「植物精選百種図譜 博物画の至宝」平凡社　1996
◇pl.18 (カラー)　Musa　トレウ, C.J., エーレト, G.D. 1750～73
◇pl.19 (カラー)　Musae　トレウ, C.J., エーレト, G.D. 1750～73
◇pl.20 (カラー)　Musae　トレウ, C.J., エーレト, G.D. 1750～73
◇pl.21 (カラー)　Musa　トレウ, C.J., エーレト, G.D. 1750～73
◇pl.23 (カラー)　Musae　トレウ, C.J., エーレト, G.D. 1750～73

バナナ
「昆虫の劇場」リブロポート　1991
◇p37 (カラー)　メーリアン, M.S.『スリナム産昆虫の変態』 1726
◇p48 (カラー)　メーリアン, M.S.『スリナム産昆虫の変態』 1726

「美花図譜」八坂書房　1991
◇図12(カラー)　ウエインマン『花譜』 1736～1748　銅版刷手彩色　［群馬県館林市立図書館］
「花の王国 3」平凡社　1990
◇p14(白黒)　ジョンソン, T.編『ジェラード本草誌』 17世紀
「ユリ科植物図譜 1」学習研究社　1988
◇図32(カラー)　Musa paradisiaca　ルドゥーテ, ピエール＝ジョセフ 1802～1815
◇図33(カラー)　Musa paradisiaca　ルドゥーテ, ピエール＝ジョセフ 1802～1815

バナナの1種　Musa sp.

「ビュフォンの博物誌」工作舎　1991
◇N046(カラー)『一般と個別の博物誌 ソンニーニ版』

ハナニガナ　Ixeris dentata var.albiflora

「江戸博物文庫 菜樹の巻」工作舎　2017
◇p39(カラー)　花苦菜　岩崎灌園『本草図譜』［東京大学大学院理学系研究科附属植物園(小石川植物園)］

パパイア　Carica papaya

「植物精選百種図譜 博物画の至宝」平凡社 1996
◇pl.7(カラー)　Papaya　トレウ, C.J., エーレト, G.D. 1750～73

パパイヤ　Carica papaya

「花の王国 3」平凡社　1990
◇p57(カラー)　ベルトゥーフ『子供のための図誌』 1810

パパイヤ

「昆虫の劇場」リブロポート　1991
◇p19(カラー)　エーレト, G.D.『花蝶珍種図録』 1748～62
◇p65(カラー)　メーリアン, M.S.『スリナム産昆虫の変態』 1726
◇p87(カラー)　メーリアン, M.S.『スリナム産昆虫の変態』 1726
「世界大博物図鑑 1」平凡社　1991
◇p208(カラー)　メーリアン, M.S.『スリナム産昆虫の変態』 1726

ハヤトウリ　Sechium edule (Jacq.) Sw.

「シーボルト日本植物図譜コレクション」小学館 2008
◇図3-98(カラー)　Cucurbita　清水東谷画［1861］　紙 透明絵の具 墨　29.7×41.9　［ロシア科学アカデミーコマロフ植物学研究所図書館］ ※目録607 コレクションIV 460/423

バンジロウ(グァバ)　Psidium guajava

「植物精選百種図譜 博物画の至宝」平凡社 1996
◇pl.43(カラー)　Guaiaba　トレウ, C.J., エーレト, G.D. 1750～73

パンノキ　Artocarpus communis

「花の王国 3」平凡社　1990
◇p81(カラー)　ベルトゥーフ『子供のための図誌』 1810

パンノキの実

「花の王国 3」平凡社　1990
◇p10(白黒)　ジョリ, L.素描, ランリュメリトグラフ　［パリ国立図書館］

【ひ】

ピスタチオ　Pistacia vera

「花の王国 3」平凡社　1990
◇p99(カラー)　ノワゼット, L., ベッサ, パンクラース原図『果樹園』 1839

ひともじ

「高松松平家博物図譜 写生画帖 菜蔬」香川県立ミュージアム　2012
◇p14(カラー)　松平頼恭 江戸時代　紙本著色 画帖装(折本形式)　33.2×48.4　［個人蔵］

ヒナゲシ　Papaver rhoeas

「江戸博物文庫 菜樹の巻」工作舎　2017
◇p15(カラー)　雛芥子　岩崎灌園『本草図譜』［東京大学大学院理学系研究科附属植物園(小石川植物園)］

ひまくわ

「高松松平家博物図譜 写生画帖 菜蔬」香川県立ミュージアム　2012
◇p91(カラー)　松平頼恭 江戸時代　紙本著色 画帖装(折本形式)　33.2×48.4　［個人蔵］

ひめうり

「高松松平家博物図譜 写生画帖 菜蔬」香川県立ミュージアム　2012
◇p48(カラー)　松平頼恭 江戸時代　紙本著色 画帖装(折本形式)　33.2×48.4　［個人蔵］

ヒメサユリ　Lilium rubellum

「江戸博物文庫 菜樹の巻」工作舎　2017
◇p50(カラー)　姫早百合　岩崎灌園『本草図譜』［東京大学大学院理学系研究科附属植物園(小石川植物園)］

ヒメビシ　Trapa incisa

「江戸博物文庫 菜樹の巻」工作舎　2017
◇p115(カラー)　姫菱　岩崎灌園『本草図譜』［東京大学大学院理学系研究科附属植物園(小石川植物園)］

姫ブシユカン

「高松松平家博物図譜 衆芳画譜 花果 第五」香川県立ミュージアム　2011
◇p23(カラー)　松平頼恭 江戸時代　紙本著色 画帖装(折本形式)　33.2×48.4　［個人蔵］

ヒョウタン　Lagenaria siceraria Stand.var. gourda Hara

「高木春山 本草図説 1」リブロポート　1988

◇図69（カラー）

ヒョウタン　Lagenaria siceraria var.gourda
「江戸博物文庫 菜樹の巻」工作舎　2017
◇p59（カラー）　瓢簞　岩崎灌園『本草図譜』［東京大学大学院理学系研究科附属植物園（小石川植物園）］

ヒョウタン　Lagenaria siceraria var. microcarpa
「花の王国 3」平凡社　1990
◇p107（カラー）　馬場大助『遠西舶上画譜』製作年代不詳［東京国立博物館］

ヒョウタン
「美花図譜」八坂書房　1991
◇図34（カラー）　ウエインマン『花譜』1736〜1748　銅版刷手彩色［群馬県館林市立図書館］

ヒルガオ
「ボタニカルアートの世界」朝日新聞社　1987
◇p127下右（白黒）　橘保国画『絵本野山草』

びわ　Eriobotrya japonica
「草木写生 秋の巻」ピエ・ブックス　2010
◇p236〜237（カラー）　枇杷　狩野織染藤原重賢　明暦3（1657）〜元禄12（1699）［国立国会図書館］

びわ
「木の手帖」小学館　1991
◇図88（カラー）　枇杷　岩崎灌園『本草図譜』文政11（1828）　約21×145［国立国会図書館］

ビワ　Eriobotrya japonica
「江戸博物文庫 菜樹の巻」工作舎　2017
◇p89（カラー）　枇杷　岩崎灌園『本草図譜』［東京大学大学院理学系研究科附属植物園（小石川植物園）］
「図説 ボタニカルアート」河出書房新社　2010
◇p96（カラー）　シーボルト, ツッカリーニ『日本植物誌』1835〜41
「花の王国 3」平凡社　1990
◇p37（カラー）　シーボルト, P.F.フォン『日本植物誌』1835〜70

ビワ　Eriobotrya japonica（Thunb.）Lindl.
「花の肖像 ボタニカルアートの名品と歴史」創土社　2006
◇fig.26（カラー）　シーボルト, ツッカリーニ著作『フロラ・ヤポニカ』1835〜1870

ビワ　Eriobotrya japonica（Thunb.ex Murray）Lindl.
「シーボルト「フローラ・ヤポニカ」日本植物誌」八坂書房　2000
◇図97（カラー）　Eriobotrya japonica（Thunb.）Lindl.［国立国会図書館］

ビワの果実の横断面
「イングリッシュ・ガーデン」求龍堂　2014
◇図29（カラー）　Cross–sections of the fruit of Eriobotrya japonica　プレートル, ジャン・ガブリエル　1822　水彩 紙　35.0×25.3［キュー王立植物園］

【ふ】

フォゼオルス ロストラーツス［インゲンマメの1種］　Phaseolus rostratus
「ボタニカルアートの世界」朝日新聞社　1987
◇p70（カラー）　ビシュヌープラサッド画, ガウディ彫版『Plantae asiaticae rariores第1巻』1829〜1830

フキノトウ
「彩色 江戸博物学集成」平凡社　1994
◇p327（カラー）　款冬花　雄株らしい　毛利梅園

フサスグリ　Ribes rubrum
「美花選［普及版］」河出書房新社　2016
◇図3（カラー）　Groseiller rouge/Ribes rubrum　ルドゥーテ, ピエール＝ジョゼフ画　1827〜1833［コノサーズ・コレクション東京］
「ボタニカルアート 西洋の美花集」パイ インターナショナル　2010
◇p174（カラー）　ルドゥーテ, ピエール＝ジョセフ画・著『美花選』1827〜33　点刻銅版画多色刷 一部手彩色
◇p175（カラー）　ルドゥーテ, ピエール＝ジョセフ画, デュハメル・モンソー, アンリ・ルイ著『新樹木概論』1800〜19　点刻銅版画多色刷

フサスグリ　Ribes ruburum L.
「花の肖像 ボタニカルアートの名品と歴史」創土社　2006
◇fig.21（カラー）　ルドゥーテ画

ふじまめ
「高松松平家博物図譜 写生画帖 菜蔬」香川県立ミュージアム　2012
◇p20（カラー）　松平頼恭 江戸時代　紙本著色 画帖装（折本形式）　33.2×48.4［個人蔵］

フジマメ　Dolichos lablab
「ウィリアム・カーティス 花図譜」同朋舎出版　1994
◇277図（カラー）　Black–seeded dolichos or Hyacinth Bean　エドワーズ, シデナム・ティースト画『カーティス・ボタニカル・マガジン』1806

フジマメ　Dolichos lablab L.
「高木春山 本草図説 1」リブロポート　1988
◇図41（カラー）　インゲンマメ

フジマメ
「彩色 江戸博物学集成」平凡社　1994
◇p26（カラー）　眉兒豆　貝原益軒『大和本草諸品図』
◇p243（カラー）　高木春山『本草図説』［岩瀬文庫］

「カーティスの植物図譜」エンタプライズ　1987
◇図896（カラー）　Hyacinth Bean, Lablab『カーティスのボタニカルマガジン』　1787～1887

ブシュカン　Citrus medica var.sarcodactylis

「花彙 下」八坂書房　1977
◇図109（白黒）　花柑　小野蘭山, 島田充房　明和2（1765）　26.5×18.5　［国立公文書館・内閣文庫］

フタゴヤシの1種　Lodoicea sp.

「ビュフォンの博物誌」工作舎　1991
◇N034（カラー）『一般と個別の博物誌 ソンニーニ版』

フダンソウ　Beta vulgaris var.cicla

「江戸博物文庫 菜樹の巻」工作舎　2017
◇p34（カラー）　不断草　岩崎灌園『本草図譜』［東京大学大学院理学系研究科附属植物園（小石川植物園）］

ぶっしゅかん

「木の手帖」小学館　1991
◇図105（カラー）　仏手柑　岩崎灌園『本草図譜』文政11（1828）　約21×145　［国立国会図書館］

ブッシュカン　Citrus medica var.sarcodactylis

「花の王国 3」平凡社　1990
◇p20（カラー）　リッソ, A.著, ポワトー, A.画『オレンジ図誌』　1818～22

ブッシュカン　Citrus medica var. sarcodactylus

「江戸博物文庫 菜樹の巻」工作舎　2017
◇p87（カラー）　仏手柑　岩崎灌園『本草図譜』［東京大学大学院理学系研究科附属植物園（小石川植物園）］

佛手柑

「高松松平家博物図譜 衆芳画譜 花果 第五」香川県立ミュージアム　2011
◇p59（カラー）　松平頼恭 江戸時代　紙本著色 画帖装（折本形式）　33.2×48.4　［個人蔵］
◇p76（カラー）　松平頼恭 江戸時代　紙本著色 画帖装（折本形式）　33.2×48.4　［個人蔵］

ぶどう

「木の手帖」小学館　1991
◇図131（カラー）　葡萄　岩崎灌園『本草図譜』文政11（1828）　約21×145　［国立国会図書館］

ブドウ　Vitis

「ルドゥーテ画 美花選 1」学習研究社　1986
◇図72（カラー）　1827～1833

ブドウ　Vitis vinifera

「すごい博物画」グラフィック社　2017
◇図版60（カラー）　ブドウの枝と実にスズメガの成虫、幼虫、さなぎ　メーリアン, マリア・シビラ　1701～05頃　子牛皮紙に軽く輪郭をエッチングした上に水彩 濃厚顔料 アラビアゴム　37.4×28.1　［ウィンザー城ロイヤル・ライブラリー］

「江戸博物文庫 菜樹の巻」工作舎　2017
◇p111（カラー）　葡萄　岩崎灌園『本草図譜』［東京大学大学院理学系研究科附属植物園（小石川植物園）］

「美花選［普及版］」河出書房新社　2016
◇図32（カラー）　Raisins blancs var.　ルドゥーテ, ピエール＝ジョゼフ画 1827～1833　［コノサーズ・コレクション東京］

「ボタニカルアート 西洋の美花集」パイ インターナショナル　2010
◇p183右（カラー）　ナップ, ヨハン, ナップ, ヨセフ著『Pomologia』　1808？～60
◇p183左（カラー）　ルドゥーテ, ピエール＝ジョセフ画・著『美花選』　1827～33　点刻銅版画多色刷 一部手彩色

「図説 ボタニカルアート」河出書房新社　2010
◇p12（カラー）　Vignga desmestega『カララ本草書（稿本）』　1390～1400の間

「ボタニカルアートの世界」朝日新聞社　1987
◇p76（カラー）　フッカー, ウィリアム画『Pomona londinensis第1巻』　1818

ブドウ

「昆虫の劇場」リブロポート　1991
◇p59（カラー）　メーリアン, M.S.『スリナム産昆虫の変態』　1726
◇p72（カラー）　メーリアン, M.S.『スリナム産昆虫の変態』　1726

「極楽の魚たち」リブロポート　1991
◇p5（白黒）　メーリアン『スリナム産昆虫の変態』

「美花図譜」八坂書房　1991
◇図80（カラー）　ウエインマン『花譜』　1736～1748　銅版刷手彩色　［群馬県館林市立図書館］

ブドウの1種　Vitis sp.

「ビュフォンの博物誌」工作舎　1991
◇N146（カラー）『一般と個別の博物誌 ソンニーニ版』

フトモモ　Eugenia jambos L.

「カーティスの植物図譜」エンタプライズ　1987
◇図3356（カラー）　Rose-Apple, Jambos『カーティスのボタニカルマガジン』　1787～1887

フトモモ　Syzygium jambos

「江戸博物文庫 菜樹の巻」工作舎　2017
◇p117（カラー）　蒲桃　岩崎灌園『本草図譜』［東京大学大学院理学系研究科附属植物園（小石川植物園）］

フトモモ

「彩色 江戸博物学集成」平凡社　1994
◇p139（カラー）　島津重豪『質問本草（玉里本）』［鹿児島大学図書館］

ブナ　Fagus crenata

「江戸博物文庫 菜樹の巻」工作舎　2017
◇p76（カラー）　橅　岩崎灌園『本草図譜』　［東京大学大学院理学系研究科附属植物園（小石川植物園）］

フユイチゴ
「江戸の動植物図」朝日新聞社　1988
◇p71（カラー）　飯沼慾斎『草木図説稿本』　[個人蔵]

ブラックベリー　Rubus fruticosus
「ボタニカルアート 西洋の美花集」パイ インターナショナル　2010
◇p164（カラー）　ベッサ画, デュハメル・モンソー, アンリ・ルイ著『新樹木概論』　1800〜19　点刻銅版画多色刷

ブラックベリーの枝　Rubus fruticosus
「すごい博物画」グラフィック社　2017
◇図版12（カラー）　レオナルド・ダ・ヴィンチ　1505〜10頃　薄い赤色の下処理を施した紙に赤いチョーク 白い仕上げ　15.5×16.2　[ウィンザー城ロイヤル・ライブラリー]

ブラックベリーの小枝　Rubus fruticosus
「すごい博物画」グラフィック社　2017
◇図版9（カラー）　レオナルド・ダ・ヴィンチ　1505〜10頃　赤いチョークとペンによる仕上げ　9.0×6.0　[ウィンザー城ロイヤル・ライブラリー]

ブンタン　Citrus grandis
「花の王国 3」平凡社　1990
◇p20（カラー）　リッソ, A.著, ポワトー, A.画『オレンジ図誌』　1818〜22

【へ】

へちま
「高松松平家博物図譜 写生画帖 菜蔬」香川県立ミュージアム　2012
◇p75（カラー）　松平頼恭 江戸時代　紙本著色 画帖装（折本形式）　33.2×48.4　[個人蔵]

ヘチマ　Luffa cylindrica
「花彙 上」八坂書房　1977
◇図97（白黒）　布瓜　小野蘭山, 島田充房 明和2（1765）　26.5×18.5　[国立公文書館・内閣文庫]

ヘチマ
「彩色 江戸博物学集成」平凡社　1994
◇p18（カラー）　喜多川歌麿『画本虫えらみ』　[国会図書館]

べにふき
「高松松平家博物図譜 写生画帖 菜蔬」香川県立ミュージアム　2012
◇p12（カラー）　松平頼恭 江戸時代　紙本著色 画帖装（折本形式）　33.2×48.4　[個人蔵]

ヘニミカン
「高松松平家博物図譜 衆芳画譜 花果 第五」香川県立ミュージアム　2011
◇p40（カラー）　松平頼恭 江戸時代　紙本著色 画帖装（折本形式）　33.2×48.4　[個人蔵]

ベニミカン
「高松松平家博物図譜 衆芳画譜 花果 第五」香川県立ミュージアム　2011
◇p84（カラー）　松平頼恭 江戸時代　紙本著色 画帖装（折本形式）　33.2×48.4　[個人蔵]

ペポカボチャ　Cucurbita pepo
「花の王国 3」平凡社　1990
◇p67（カラー）　馬場大助『遠西舶上画譜』　製作年代不詳　[東京国立博物館]
◇p67（カラー）　馬場大助『遠西舶上画譜』　製作年代不詳　[東京国立博物館]

ベルガモットとレモンの交配種　Citrus bergamia×Limon
「花の王国 3」平凡社　1990
◇p19（カラー）　リッソ, A.著, ポワトー, A.画『オレンジ図誌』　1818〜22

ペルシアグルミ　Juglans regia
「花の王国 3」平凡社　1990
◇p96（カラー）　ジョーム・サンティレール『フランスの植物』　1805〜09　彩色銅版画
◇p96（カラー）　ノワゼット, L., ベッサ, パンクラース原図『果樹園』　1839
◇p97（カラー）　ヴァインマン『薬用植物図譜』　1736〜48

変形したブロッコリー　Brassica oleracea, var.italica
「すごい博物画」グラフィック社　2017
◇図版36（カラー）　ダル・ポッツォ, カシアーノ, 作者不詳 1650頃　黒いチョークの上に水彩と濃厚顔料　34.3×46.4　[ウィンザー城ロイヤル・ライブラリー]

変形したメロン　Cucumis melo
「すごい博物画」グラフィック社　2017
◇図版32（カラー）　ダル・ポッツォ, カシアーノ, レオナルディ, ヴィンチェンソ作（？）1630〜40頃　黒いチョークの上にアラビアゴムを混ぜた水彩と濃厚顔料　53.2×34.8　[ウィンザー城ロイヤル・ライブラリー]

【ほ】

ぼうふら
「高松松平家博物図譜 写生画帖 菜蔬」香川県立ミュージアム　2012
◇p31（カラー）　松平頼恭 江戸時代　紙本著色 画帖装（折本形式）　33.2×48.4　[個人蔵]
◇p70（カラー）　松平頼恭 江戸時代　紙本著色 画帖装（折本形式）　33.2×48.4　[個人蔵]
「江戸名作画帖全集 8」駸々堂出版　1995
◇図61（カラー）　松平頼恭編『写生画帖・衆芳画譜』　紙本着色　[松平公益会]

ほうれんそう
「高松松平家博物図譜 写生画帖 菜蔬」香川県立ミュージアム　2012
◇p40（カラー）　松平頼恭 江戸時代　紙本著色 画帖装（折本形式）　33.2×48.4　［個人蔵］

（墨書なし）
「高松松平家博物図譜 写生画帖 菜蔬」香川県立ミュージアム　2012
◇p24（カラー）　此宗正名未詳　松平頼恭 江戸時代　紙本著色 画帖装（折本形式）　33.2×48.4　［個人蔵］
◇p48（カラー）　松平頼恭 江戸時代　紙本著色 画帖装（折本形式）　33.2×48.4　［個人蔵］

ホソネダイコン　Raphanus sativus var. hortensis
「江戸博物文庫 菜樹の巻」工作舎　2017
◇p25（カラー）　細根大根　岩崎灌園『本草図譜』［東京大学大学院理学系研究科附属植物園（小石川植物園）］

ホップ　Humlus lupulus
「花の王国 3」平凡社　1990
◇p94（カラー）　ショームトン他編, テュルパン, P.J.F.図『薬用植物事典』　1833〜35

ホドイモ　Apios fortunei
「江戸博物文庫 菜樹の巻」工作舎　2017
◇p47（カラー）　塊芋　岩崎灌園『本草図譜』［東京大学大学院理学系研究科附属植物園（小石川植物園）］

ポポーノキ　Asimina triloba
「植物精選百種図譜 博物画の至宝」平凡社　1996
◇pl.5（カラー）　Anona　トレウ, C.J., エーレト, G.D.　1750〜73

ホワイト・グアバ
「昆虫の劇場」リブロポート　1991
◇p82（カラー）　White guava　メーリアン, M.S.『スリナム産昆虫の変態』　1726

ホンアンズ　Prunus armeniaca
「ルドゥーテ画 美花選 1」学習研究社　1986
◇図65（カラー）　1827〜1833

ホンホロモンス
「高松松平家博物図譜 衆芳画譜 花果 第五」香川県立ミュージアム　2011
◇p84（カラー）　松平頼恭 江戸時代　紙本著色 画帖装（折本形式）　33.2×48.4　［個人蔵］

【ま】

マクサ　Gelidium amansii
「江戸博物文庫 菜樹の巻」工作舎　2017
◇p64（カラー）　真草　岩崎灌園『本草図譜』［東京大学大学院理学系研究科附属植物園（小石川植物園）］

まくわ
「高松松平家博物図譜 写生画帖 菜蔬」香川県立ミュージアム　2012
◇p26（カラー）　松平頼恭 江戸時代　紙本著色 画帖装（折本形式）　33.2×48.4　［個人蔵］
◇p39（カラー）　松平頼恭 江戸時代　紙本著色 画帖装（折本形式）　33.2×48.4　［個人蔵］

まくわうり
「江戸名作画帖全集 8」駸々堂出版　1995
◇図63（カラー）　からすうり・まくわうり・れんこん　松平頼恭編『写生画帖・衆芳画譜』　紙本着色　［松平公益会］

マクワウリ　Cucumis melo var.makuwa
「江戸博物文庫 菜樹の巻」工作舎　2017
◇p109（カラー）　真桑瓜　岩崎灌園『本草図譜』［東京大学大学院理学系研究科附属植物園（小石川植物園）］

マダケ　Phyllostachys bambusoides
「江戸博物文庫 菜樹の巻」工作舎　2017
◇p55（カラー）　真竹　岩崎灌園『本草図譜』［東京大学大学院理学系研究科附属植物園（小石川植物園）］

まつな
「高松松平家博物図譜 写生画帖 菜蔬」香川県立ミュージアム　2012
◇p99（カラー）　松平頼恭 江戸時代　紙本著色 画帖装（折本形式）　33.2×48.4　［個人蔵］

マツバニンジン　Linum stelleroides
「江戸博物文庫 菜樹の巻」工作舎　2017
◇p5（カラー）　松葉人参　岩崎灌園『本草図譜』［東京大学大学院理学系研究科附属植物園（小石川植物園）］

まめ
「高松松平家博物図譜 写生画帖 菜蔬」香川県立ミュージアム　2012
◇p35（カラー）　松平頼恭 江戸時代　紙本著色 画帖装（折本形式）　33.2×48.4　［個人蔵］

マメガキ　Diospyros lotus
「江戸博物文庫 菜樹の巻」工作舎　2017
◇p84（カラー）　豆柿　岩崎灌園『本草図譜』［東京大学大学院理学系研究科附属植物園（小石川植物園）］

マメガキ　Diospyros lotus L.
「シーボルト日本植物図譜コレクション」小学館　2008
◇図3-118（カラー）　Diospyros lotus L.　清水東谷画［1861］　和紙 透明・非透明絵の具 墨　29.5×40.2　［ロシア科学アカデミーコマロフ植物学研究所図書館］　※目録662 コレクションV /653

マルキンカン　Fortunella japonica
「花の王国 3」平凡社　1990
◇p22（カラー）　シーボルト, P.F.フォン『日本植

物誌』 1835〜70

マルキンカン　Fortunella japonica (Thunb.) Swingle var.japonica

「シーボルト「フローラ・ヤポニカ」 日本植物誌」八坂書房　2000
◇図15-I, 15-II（カラー）　Kin-kan, またはKin-kits ［国立国会図書館］

マルキンカン［広義］　Fortunella japonica (Thunb.) Swingle

「シーボルト「フローラ・ヤポニカ」 日本植物誌」八坂書房　2000
◇図15（カラー）　Citrus japonica Thunb. ［国立国会図書館］

まるふくべ

「高松松平家博物図譜 写生画帖 菜蔬」香川県立ミュージアム　2012
◇p27（カラー）　松平頼恭 江戸時代　紙本著色 画帖装（折本形式） 33.2×48.4 ［個人蔵］

マルメロ　Cydonia oblonga

「花の王国 3」平凡社　1990
◇p24（カラー）　ジョーム・サンティレール『フランスの植物』 1805〜09　彩色銅版画

「花彙 下」八坂書房　1977
◇図149（白黒）　榲桲　小野蘭山, 島田充房 明和2（1765） 26.5×18.5 ［国立公文書館・内閣文庫］

マルメロ

「木の手帖」小学館　1991
◇図87（カラー）　榲桲　岩崎灌園『本草図譜』 文政11（1828） 約21×145 ［国立国会図書館］

マロニエ　Aesculus hippocastanum

「花の王国 3」平凡社　1990
◇p102（カラー）　ヴァインマン『薬用植物図譜』 1736〜48

マンゴー　Mangifera indica

「図説 ボタニカルアート」河出書房新社　2010
◇p83（白黒）　ジャカン, N.J.『稀産植物図譜』 1781〜93

「ウィリアム・カーティス 花図譜」同朋舎出版　1994
◇554図（カラー）　Mango Tree　フィッチ, ウォルター・フード画『カーティス・ボタニカル・マガジン』 1850

マンゴー　Mangifera indica L.

「花の肖像 ボタニカルアートの名品と歴史」創土社　2006
◇fig.49（カラー）　ジャカン, N.J.『稀産植物図譜』 1781〜1793

マンゴスチン　Garcinia mangostana

「花の王国 3」平凡社　1990
◇p55（カラー）　ベルトゥーフ『子供のための図誌』 1810

【み】

みかん

「木の手帖」小学館　1991
◇図101（カラー）　蜜柑　洞庭柑, 紀伊国みかん, 雲州たちばな　岩崎灌園『本草図譜』 文政11（1828） 約21×145 ［国立国会図書館］

ミズナ　Brassica rapa var.nipposinica

「江戸博物文庫 菜樹の巻」工作舎　2017
◇p23（カラー）　水菜　岩崎灌園『本草図譜』 ［東京大学大学院理学系研究科附属植物園（小石川植物園）］

ミズハコベ　Callitriche palustris

「江戸博物文庫 菜樹の巻」工作舎　2017
◇p36（カラー）　水繁縷　岩崎灌園『本草図譜』 ［東京大学大学院理学系研究科附属植物園（小石川植物園）］

ミゾソバ　Polygonum thunbergii

「江戸博物文庫 菜樹の巻」工作舎　2017
◇p7（カラー）　溝蕎麦　ダッタンソバ（Fagopyrum tataricum）と混同されている　岩崎灌園『本草図譜』 ［東京大学大学院理学系研究科附属植物園（小石川植物園）］

ミツガシワ　Menyanthes trifoliata

「江戸博物文庫 菜樹の巻」工作舎　2017
◇p65（カラー）　三槲　岩崎灌園『本草図譜』 ［東京大学大学院理学系研究科附属植物園（小石川植物園）］

みつば

「高松松平家博物図譜 写生画帖 菜蔬」香川県立ミュージアム　2012
◇p32（カラー）　松平頼恭 江戸時代　紙本著色 画帖装（折本形式） 33.2×48.4 ［個人蔵］

めうが

「高松松平家博物図譜 写生画帖 菜蔬」香川県立ミュージアム　2012
◇p10（カラー）　松平頼恭 江戸時代　紙本著色 画帖装（折本形式） 33.2×48.4 ［個人蔵］

ミョウガ　Zingiber mioga

「江戸博物文庫 花草の巻」工作舎　2017
◇p68（カラー）　茗荷　岩崎灌園『本草図譜』 ［東京大学大学院理学系研究科附属植物園（小石川植物園）］

ミョウガ　Zingiber mioga (Thunb.) Roscoe

「花の肖像 ボタニカルアートの名品と歴史」創土社　2006
◇fig.35（カラー）　川原慶賀画

【む】

〔無題〕
「昆虫の劇場」リブロポート　1991
◇p40（カラー）　メーリアン, M.S.『スリナム産昆虫の変態』 1726

ムベ　Stauntonia hexaphylla
「江戸博物文庫 花草の巻」工作舎　2017
◇p148（カラー）　郁子　岩崎灌園『本草図譜』［東京大学大学院理学系研究科附属植物園（小石川植物園）］
「花彙 下」八坂書房　1977
◇図152（白黒）　假荔枝　小野蘭山, 島田充房 明和2（1765）　26.5×18.5　［国立公文書館・内閣文庫］

ムベ
「ボタニカルアートの世界」朝日新聞社　1987
◇p124右（カラー）　宇田川榕菴『植学啓原』
◇p135（カラー）　賀来飛霞画, 伊藤圭介編『東京大学小石川植物園図説』 1884

むらさきかぶ
「高松松平家博物図譜 写生画帖 菜蔬」香川県立ミュージアム　2012
◇p89（カラー）　松平頼恭 江戸時代　紙本著色 画帖装（折本形式）　33.2×48.4　［個人蔵］

むらさきたで
「高松松平家博物図譜 写生画帖 菜蔬」香川県立ミュージアム　2012
◇p33（カラー）　松平頼恭 江戸時代　紙本著色 画帖装（折本形式）　33.2×48.4　［個人蔵］

むらさきふき
「高松松平家博物図譜 写生画帖 菜蔬」香川県立ミュージアム　2012
◇p12（カラー）　松平頼恭 江戸時代　紙本著色 画帖装（折本形式）　33.2×48.4　［個人蔵］

むらさきふくじろ
「高松松平家博物図譜 写生画帖 菜蔬」香川県立ミュージアム　2012
◇p65（カラー）　松平頼恭 江戸時代　紙本著色 画帖装（折本形式）　33.2×48.4　［個人蔵］

【め】

めはこべ
「高松松平家博物図譜 写生画帖 菜蔬」香川県立ミュージアム　2012
◇p101（カラー）　松平頼恭 江戸時代　紙本著色 画帖装（折本形式）　33.2×48.4　［個人蔵］

メボウキ　Ocimum basilicum
「江戸博物文庫 菜樹の巻」工作舎　2017
◇p31（カラー）　目箒　岩崎灌園『本草図譜』［東京大学大学院理学系研究科附属植物園（小石川植物園）］

めほふき>
「高松松平家博物図譜 写生画帖 菜蔬」香川県立ミュージアム　2012
◇p97（カラー）　松平頼恭 江戸時代　紙本著色 画帖装（折本形式）　33.2×48.4　［個人蔵］

メロン　Cucumis melo
「花の王国 3」平凡社　1990
◇p62（カラー）　ヴァインマン『薬用植物図譜』 1736〜48
◇p62（カラー）　カンタループ種　ショームトン他編, テュルパン, P.J.F.図『薬用植物事典』 1833〜35

【も】

モウソウチク　Phyllostachys heterocycla f. pubescens
「江戸博物文庫 菜樹の巻」工作舎　2017
◇p56（カラー）　孟宗竹　岩崎灌園『本草図譜』［東京大学大学院理学系研究科附属植物園（小石川植物園）］

もも　Amygdalus persica
「草木写生 春の巻」ピエ・ブックス　2010
◇p50〜51（カラー）　桃　狩野織染藤原重賢 明暦3（1657）〜元禄12（1699）　［国立国会図書館］
◇p234〜235（カラー）　桃　狩野織染藤原重賢 明暦3（1657）〜元禄12（1699）　［国立国会図書館］

もも
「木の手帖」小学館　1991
◇図79（カラー）　桃　もも, けもも, すいみつとう　岩崎灌園『本草図譜』 文政11（1828）　約21×145　［国立国会図書館］

モヽ
「高松松平家博物図譜 衆芳画譜 花果 第五」香川県立ミュージアム　2011
◇p10（カラー）　残雪　松平頼恭 江戸時代　紙本著色 画帖装（折本形式）　33.2×48.4　［個人蔵］

モモ　Amygdalus persica
「江戸博物文庫 菜樹の巻」工作舎　2017
◇p74（カラー）　桃　岩崎灌園『本草図譜』　［東京大学大学院理学系研究科附属植物園（小石川植物園）］

モモ　Prunus persica
「すごい博物画」グラフィック社　2017
◇図版68（カラー）　モモの木にとまるズグロゴシキインコ　メーリアン, マリア・シビラ 1691〜99頃　子牛皮紙に水彩 濃厚顔料 アラビアゴム　27.2×37.7　［ウィンザー城ロイヤル・ライブラリー］
「ビュフォンの博物誌」工作舎　1991
◇N135（カラー）『一般と個別の博物誌 ソンニー

ニ版』
「花の王国 3」平凡社　1990
◇p38（カラー）　ガランド，ブレール　ノワゼット，L.，ベッサ，パンクラース原図『果樹園』　1839
◇p38（カラー）　ノワゼット，L.，ベッサ，パンクラース原図『果樹園』　1839
◇p38（カラー）　アドミラブル・ジョーヌ　ノワゼット，L.，ベッサ，パンクラース原図『果樹園』　1839
◇p39（カラー）　フッカー，ウィリアム『ロンドン果樹誌』　1818　アクアチント
「ボタニカルアートの世界」朝日新聞社　1987
◇p75左（カラー）　フッカー，ウィリアム画『Pomona londinensis第1巻』　1818
「ルドゥーテ画 美花選 1」学習研究社　1986
◇図60（カラー）　1827〜1833
◇図61（カラー）　1827〜1833

モモ　Prunus persica（Amygdalus persica）
「美花選［普及版］」河出書房新社　2016
◇図28（カラー）　Pêcher à fruits lisses　ネクタリン系統の栽培品種　ルドゥーテ，ピエール＝ジョゼフ画　1827〜1833　［コノサーズ・コレクション東京］
◇図43（カラー）　La Pêche　ルドゥーテ，ピエール＝ジョゼフ画　1827〜1833　［コノサーズ・コレクション東京］

モモ（ネクタリン系統の栽培品種）　Prunus persica（Amygdalus persica）
「ボタニカルアート 西洋の美花集」パイ インターナショナル　2010
◇p184（カラー）　ルドゥーテ，ピエール＝ジョセフ画・著『美花選』　1827〜33　点刻銅版画多色刷 一部手彩色

桃
「紙の上の動物園」グラフィック社　2017
◇p114（カラー）　桃の木の一種にいるクジャクチョウ　ウィルクス，ベンジャミン『イギリスのチョウとガ：通常居場所であり、エサにもなる、植物、花、果実とともに』　1747〜60
「高松松平家博物図譜 衆芳画譜 花果 第五」香川県立ミュージアム　2011
◇p78（カラー）　松平頼恭 江戸時代　紙本著色 画帖装（折本形式）　33.2×48.4　［個人蔵］

モモの1栽培品種　Amygdalus persica 'Braddick's American
「図説 ボタニカルアート」河出書房新社　2010
◇p78（白黒）　フッカー，ウィリアム画　［リンドリー・ライブラリー］

もろこし
「高松松平家博物図譜 写生画帖 菜蔬」香川県立ミュージアム　2012
◇p93（カラー）　松平頼恭 江戸時代　紙本著色 画帖装（折本形式）　33.2×48.4　［個人蔵］

【や】

やゑなり
「高松松平家博物図譜 写生画帖 菜蔬」香川県立ミュージアム　2012
◇p107（カラー）　松平頼恭 江戸時代　紙本著色 画帖装（折本形式）　33.2×48.4　［個人蔵］

ヤナギヨモギ　Artemisia monophylla
「江戸博物文庫 菜樹の巻」工作舎　2017
◇p12（カラー）　飛蓬　岩崎灌園『本草図譜』［東京大学大学院理学系研究科附属植物園（小石川植物園）］

ヤマガラシ　Barbarea orthoceras
「江戸博物文庫 菜樹の巻」工作舎　2017
◇p32（カラー）　山芥子　岩崎灌園『本草図譜』［東京大学大学院理学系研究科附属植物園（小石川植物園）］

ヤマザクラ　Prunus jamasakura
「江戸博物文庫 菜樹の巻」工作舎　2017
◇p91（カラー）　山桜　岩崎灌園『本草図譜』［東京大学大学院理学系研究科附属植物園（小石川植物園）］

やまついも
「高松松平家博物図譜 写生画帖 菜蔬」香川県立ミュージアム　2012
◇p76（カラー）　松平頼恭 江戸時代　紙本著色 画帖装（折本形式）　33.2×48.4　［個人蔵］

ヤマブドウ　Vitis coignetiae
「江戸博物文庫 花草の巻」工作舎　2017
◇p152（カラー）　山葡萄　岩崎灌園『本草図譜』［東京大学大学院理学系研究科附属植物園（小石川植物園）］

やまもも
「木の手帖」小学館　1991
◇図24（カラー）　山桃・楊梅　岩崎灌園『本草図譜』　文政11（1828）　約21×145　［国立国会図書館］

ヤマモモ　Myrica rubra
「花彙 下」八坂書房　1977
◇図191（白黒）　鶴頂紅　小野蘭山，島田充房 明和2（1765）　26.5×18.5　［国立公文書館・内閣文庫］

ヤマモモ　Myrica rubra Siebold & Zucc.
「シーボルト日本植物図譜コレクション」小学館　2008
◇図3-33（カラー）　Myrica rubra Sieb.et Zucc.［日本人画家］画　紙 絵の具 墨 胡粉　30.0×42.3　［ロシア科学アカデミーコマロフ植物学研究所図書館］　※目録68 コレクションVII 314/833

【ゆ】

ゆうがお Lagenaria siceraria
「草木写生 秋の巻」ピエ・ブックス 2010
◇p156〜157（カラー） 夕顔 狩野織染藤原重賢 明暦3（1657）〜元禄12（1699）［国立国会図書館］
◇p164〜165（カラー） 夕顔 狩野織染藤原重賢 明暦3（1657）〜元禄12（1699）［国立国会図書館］

ゆふがほ
「高松松平家博物図譜 写生画帖 菜蔬」香川県立ミュージアム 2012
◇p11（カラー） 松平頼恭 江戸時代 紙本著色 画帖装（折本形式） 33.2×48.4 ［個人蔵］

ユウガオ Lagenaria siceraria Stand.var. hispida Hara
「高木春山 本草図説 1」リブロポート 1988
◇図70（カラー）

ユキノシタ科スグリ属の1種 Ribes mogollonicum Greene
「花の肖像 ボタニカルアートの名品と歴史」創土社 2006
◇fig.16（カラー） スミス, マチルダ画, フィッチ, J.彫版

ユカウ
「高松松平家博物図譜 衆芳画譜 花果 第五」香川県立ミュージアム 2011
◇p66（カラー） 松平頼恭 江戸時代 紙本著色 画帖装（折本形式） 33.2×48.4 ［個人蔵］

ゆず
「木の手帖」小学館 1991
◇図103（カラー） 柚・柚子 岩崎灌園『本草図譜』 文政11（1828） 約21×145 ［国立国会図書館］

柚 二種
「高松松平家博物図譜 衆芳画譜 花果 第五」香川県立ミュージアム 2011
◇p75（カラー） ハナユ, モチ柚 松平頼恭 江戸時代 紙本著色 画帖装（折本形式） 33.2×48.4 ［個人蔵］

ゆすらうめ
「木の手帖」小学館 1991
◇図76（カラー） 英桃・毛桜桃 岩崎灌園『本草図譜』 文政11（1828） 約21×145 ［国立国会図書館］

ユスラウメ Prunus tomentosa
「花の王国 3」平凡社 1990
◇p33（カラー） シーボルト, P.F.フォン『日本植物誌』 1835〜70
「花彙 下」八坂書房 1977
◇図110（白黒） 梅桃 小野蘭山, 島田充房 明和2（1765） 26.5×18.5 ［国立公文書館・内閣文庫］

ユスラウメ Prunus tomentosa Thunb.ex Murray
「シーボルト「フローラ・ヤポニカ」 日本植物誌」八坂書房 2000
◇図22（カラー） Jusura–mume ［国立国会図書館］

指状の突起のあるレモン Citrus limon
「すごい博物画」グラフィック社 2017
◇図版20（カラー） ダル・ポッツォ, カシアーノ, レオナルディ, ヴィンチェンソ作（?） 1640頃 黒いチョークの上にアラビアゴムを混ぜた水彩と濃厚顔料 24.8×25.5 ［ウィンザー城ロイヤル・ライブラリー］

ゆりね
「高松松平家博物図譜 写生画帖 菜蔬」香川県立ミュージアム 2012
◇p79（カラー） 松平頼恭 江戸時代 紙本著色 画帖装（折本形式） 33.2×48.4 ［個人蔵］

【よ】

ヨウナシ Pyrus communis
「ボタニカルアートの世界」朝日新聞社 1987
◇p77右（カラー） クロモリス, S.画『Revue Horticole第3巻』 1854
◇p77左（カラー） フッカー, ウィリアム画『Pomona londinensis第1巻』 1818

よもぎだいこん
「高松松平家博物図譜 写生画帖 菜蔬」香川県立ミュージアム 2012
◇p15（カラー） 松平頼恭 江戸時代 紙本著色 画帖装（折本形式） 33.2×48.4 ［個人蔵］

ヨーロッパキイチゴ Rubus idaeus
「花の王国 3」平凡社 1990
◇p44（カラー） 赤い実のフランボワーズ, 2つの季節, 肉色 ノワゼット, L., ベッサ, パンクラース原図『果樹園』 1839
◇p45（カラー） 黄色いアントワープ種のラズベリー フッカー, ウィリアム『ロンドン果樹誌』 1818 アクアチント

ヨーロッパスグリ Ribes grossularia
「花の王国 3」平凡社 1990
◇p42（カラー） ノワゼット, L., ベッサ, パンクラース原図『果樹園』 1839

ヨーロッパスモモ Prunus domestica
「ルドゥーテ画 美花選 1」学習研究社 1986
◇図63（カラー） 1827〜1833

ヨーロッパブドウ Vitis vinifera
「すごい博物画」グラフィック社 2017
◇図版51（カラー） シロムネオオハシ、ザクロ、

クロヅル、イヌサフラン、おそらくシャチホコガの幼虫、ヨーロッパブドウの枝、コンゴウインコ、モナモンキー、ムラサキセイヨウハシバミまたはセイヨウハシバミ、オオモンシロチョウ、ヨーロッパアマガエル　マーシャル, アレクサンダー 1650〜82頃　水彩　45.8×34.0　［ウィンザー城ロイヤル・ライブラリー］
「花の王国 3」平凡社　1990
◇p50（カラー）　コルニション種とその白色系の種　ノワゼット, L., ベッサ, パンクラース原図『果樹園』 1839
◇p50（カラー）　シャスラ・シュータ種　ノワゼット, L., ベッサ, パンクラース原図『果樹園』 1839
◇p50（カラー）　紫色のマスカット種　ノワゼット, L., ベッサ, パンクラース原図『果樹園』 1839
◇p51（カラー）　モリリョン・パナシェ種　ノワゼット, L., ベッサ, パンクラース原図『果樹園』 1839
◇p51（カラー）　カルメル会のブドウ　フッカー, ウィリアム『ロンドン果樹誌』 1818　アクアチント

【ら】

ライム　Citrus aurantifolia
「花の王国 3」平凡社　1990
◇p21（カラー）　リッソ, A.著, ポワトー, A.画『オレンジ図誌』 1818〜22

ラズベリー　Rubus idaeus
「美花選［普及版］」河出書房新社　2016
◇図110（カラー）　Framboisier/Rubus　ルドゥーテ, ピエール＝ジョゼフ画 1827〜1833　［コノサーズ・コレクション東京］
「ボタニカルアート 西洋の美花集」パイ インターナショナル　2010
◇p163（カラー）　ナップ, ヨハン, ナップ, ヨセフ著『Pomologia』 1808？ 〜60
◇p165（カラー）　ルドゥーテ, ピエール＝ジョセフ画・著『美花選』 1827〜33　点刻銅版画多色刷 一部手彩色

ラズベリーの1品種　Rubus idaeus
「ボタニカルアートの世界」朝日新聞社　1987
◇p41右上（カラー）　ルメルシエ彫版『Revue Horticole第2巻』 1853

ラッカセイ　Arachis hypogaea
「図説 ボタニカルアート」河出書房新社　2010
◇p73（白黒）　トリュー『ニュールンベルグの稀産植物』 1763〜84

ランブータン　Nephelium lappaceum
「花の王国 3」平凡社　1990
◇p56（カラー）　ベルトゥーフ『子供のための図誌』 1810

【り】

リベス モゴロニクム［スグリ属の1種］
Ribes mogollonicum
「ボタニカルアートの世界」朝日新聞社　1987
◇p40左上（カラー）　スミス, マチルダ画, フィッチ, ジョン石版『Curtis' Botanical Magazine第133巻』 1907

リマン
「高松松平家博物図譜 衆芳画譜 花果 第五」香川県立ミュージアム　2011
◇p63（カラー）　松平頼恭 江戸時代　紙本著色 画帖装（折本形式）　33.2×48.4　［個人蔵］
◇p64（カラー）　松平頼恭 江戸時代　紙本著色 画帖装（折本形式）　33.2×48.4　［個人蔵］

料理用栽培バナナ
「フローラの庭園」八坂書房　2015
◇p33（カラー）　エーレット原画, トリュー, クリストフ・ヤコブ『植物選集』 1752　銅版（エングレーヴィング）手彩色 紙　50×35　［テイラー博物館（ハールレム）］

りんご
「木の手帖」小学館　1991
◇図91（カラー）　林檎　岩崎灌園『本草図譜』 文政11（1828）　約21×145　［国立国会図書館］

リンゴ　Malus communis (sylvestris)
「ルドゥーテ画 美花選 1」学習研究社　1986
◇図69（カラー） 1827〜1833

リンゴ　Malus domestica
「美花選［普及版］」河出書房新社　2016
◇図138（カラー）　Calville blanc　ルドゥーテ, ピエール＝ジョゼフ画 1827〜1833　［コノサーズ・コレクション東京］
「ボタニカルアート 西洋の美花集」パイ インターナショナル　2010
◇p186（カラー）　ルドゥーテ, ピエール＝ジョセフ画・著『美花選』 1827〜33　点刻銅版画多色刷 一部手彩色

リンゴ　Malus pumila
「花の王国 3」平凡社　1990
◇p26（カラー）　ノワゼット, L., ベッサ, パンクラース原図『果樹園』 1839
◇p26（カラー）　インジュストリー・ピパン　フッカー, ウィリアム『ロンドン果樹誌』 1818　アクアチント
◇p27（カラー）　クァレンデン　フッカー, ウィリアム『ロンドン果樹誌』 1818　アクアチント
◇p27（カラー）　小さな女王（レネット）　ノワゼット, L., ベッサ, パンクラース原図『果樹園』 1839
◇p28（カラー）　鳩の心臓　ノワゼット, L., ベッサ, パンクラース原図『果樹園』 1839
◇p28（カラー）　クリの木のリンゴ　ノワゼット,

L., ベッサ, パンクラース原図『果樹園』 1839
◇p29（カラー） ヴァインマン『薬用植物図譜』 1736〜48
「ボタニカルアートの世界」朝日新聞社 1987
◇p75右（カラー） フッカー, ウィリアム画『Pomona londinensis第1巻』 1818

リンゴ
「美花図譜」八坂書房 1991
◇図52（カラー） ウエインマン『花譜』 1736〜1748 銅版刷手彩色 ［群馬県館林市立図書館］

リンゴ（ワリンゴ） Malus asiatica Nakai
「高木春山 本草図説 1」リブロポート 1988
◇図26（カラー） 林檎

リンゴウ
「高松松平家博物図譜 衆芳画譜 花果 第五」香川県立ミュージアム 2011
◇p43（カラー） 松平頼恭 江戸時代 紙本著色 画帖装（折本形式） 33.2×48.4 ［個人蔵］

リンゴ'レッド・クァーレンデン' Malus domestica 'Red Quarrenden'
「ボタニカルアート 西洋の美花集」パイ インターナショナル 2010
◇p185（カラー） フッカー, ウィリアム画 1817

【れ】

レイシ Litchi chinensis
「花の王国 3」平凡社 1990
◇p53（カラー） 馬場大助『遠西舶上画譜』 製作年代不詳 ［東京国立博物館］

レタス Lactuca sativa
「花の王国 3」平凡社 1990
◇p72（カラー） ショームトン他編, テュルパン, P.J.F.図『薬用植物事典』 1833〜35

レタス？ Lactuca sativa
「花の王国 3」平凡社 1990
◇p73（カラー） ちさ 馬場大助『遠西舶上画譜』 製作年代不詳 ［東京国立博物館］

レッドカラント
⇒アカフサスグリ（レッドカラント）を見よ

レモン Citrus limon
「ビュフォンの博物誌」工作舎 1991
◇N148（カラー）『一般と個別の博物誌 ソンニーニ版』

れんこん
「江戸名作画帖全集 8」駸々堂出版 1995
◇図63（カラー） からすうり・まくわうり・れんこん 松平頼恭編『写生画帖・衆芳画譜』 紙本着色 ［松平公益会］

【わ】

わさび
「高松松平家博物図譜 写生画帖 菜蔬」香川県立ミュージアム 2012
◇p24（カラー） 松平頼恭 江戸時代 紙本著色 画帖装（折本形式） 33.2×48.4 ［個人蔵］

ワサビ Eutrema japonicum (Miq.) Koidz.
「須崎忠助植物画集」北海道大学出版会 2016
◇図30–58（カラー） からふとわさび『大雪山植物其他』 （大正）9 ［北海道大学附属図書館］

ワサビ Wasabia japonica
「江戸博物文庫 菜樹の巻」工作舎 2017
◇p33（カラー） 山葵 岩崎灌園『本草図譜』［東京大学大学院理学系研究科附属植物園（小石川植物園）］
「花彙 上」八坂書房 1977
◇図94（白黒） 葶菜 小野蘭山, 島田充房 明和2 (1765) 26.5×18.5 ［国立公文書館・内閣文庫］

わらび
「高松松平家博物図譜 写生画帖 菜蔬」香川県立ミュージアム 2012
◇p99（カラー） 松平頼恭 江戸時代 紙本著色 画帖装（折本形式） 33.2×48.4 ［個人蔵］

ワラビ Pteridium aquilinum
「江戸博物文庫 菜樹の巻」工作舎 2017
◇p43（カラー） 蕨 岩崎灌園『本草図譜』 ［東京大学大学院理学系研究科附属植物園（小石川植物園）］

わりんご Malus asiatica
「草木写生 春の巻」ピエ・ブックス 2010
◇p82〜83（カラー） 和林檎 狩野織染藤原重賢 明暦3 (1657) 〜元禄12 (1699) ［国立国会図書館］
◇p86〜87（カラー） 和林檎 狩野織染藤原重賢 明暦3 (1657) 〜元禄12 (1699) ［国立国会図書館］

ワリンゴ Malus asiatica
「江戸博物文庫 菜樹の巻」工作舎 2017
◇p82（カラー） 和林檎 岩崎灌園『本草図譜』［東京大学大学院理学系研究科附属植物園（小石川植物園）］

ワリンゴ
「彩色 江戸博物学集成」平凡社 1994
◇p163（カラー） 増山雪斎『草花写生図』 ［東洋文庫］

ワリンゴ
⇒リンゴ(ワリンゴ)を見よ

【記号・英数】

Alpine currant (Mountain currant) Ribes alpinum
「アイヒシュテットの庭園」タッシェン・ジャパン 2002
◇p39–I(カラー) ベスラー, バシリウス

Apricot Prunus armeniaca
「アイヒシュテットの庭園」タッシェン・ジャパン 2002
◇p96–III(カラー) ベスラー, バシリウス

Asparagus with flowers and fruits Asparagus officinalis
「アイヒシュテットの庭園」タッシェン・ジャパン 2002
◇p91–I(カラー) ベスラー, バシリウス

Balsam apple Momordica balsamina
「アイヒシュテットの庭園」タッシェン・ジャパン 2002
◇p160–II(カラー) ベスラー, バシリウス
◇p160–III(カラー) ベスラー, バシリウス

Black currant Ribes nigrum
「アイヒシュテットの庭園」タッシェン・ジャパン 2002
◇p39–III(カラー) ベスラー, バシリウス

Cardoon Cynara cardunculus
「アイヒシュテットの庭園」タッシェン・ジャパン 2002
◇p145–I(カラー) ベスラー, バシリウス

Carica cadamarcensis Hook.f.
「カーティスの植物図譜」エンタプライズ 1987
◇図6198(カラー)『カーティスのボタニカルマガジン』 1787〜1887

Cherry Plum
「カーティスの植物図譜」エンタプライズ 1987
◇図5934(カラー) Prunus cerasifera Ehrh.『カーティスのボタニカルマガジン』 1787〜1887

Cherry plum (Myrobalan) Prunus cerasifera
「アイヒシュテットの庭園」タッシェン・ジャパン 2002
◇p96–II(カラー) ベスラー, バシリウス

Chilli pepper Capsicum spec.
「アイヒシュテットの庭園」タッシェン・ジャパン 2002
◇p161–I(カラー) ベスラー, バシリウス

Citron Citrus medica
「アイヒシュテットの庭園」タッシェン・ジャパン 2002
◇p94–II(カラー) ベスラー, バシリウス

Cocoyam (Taro, Dasheen) Colocasia esculenta
「アイヒシュテットの庭園」タッシェン・ジャパン 2002
◇p171–I(カラー) ベスラー, バシリウス

Common or sweet orange Citrus sinensis
「アイヒシュテットの庭園」タッシェン・ジャパン 2002
◇p94–III(カラー) ベスラー, バシリウス

Darwin Potato
「カーティスの植物図譜」エンタプライズ 1987
◇図6756(カラー) Solanum maglia Schlecht.『カーティスのボタニカルマガジン』 1787〜1887

Earth chestnut (Tuberous pea, Fyfield pea, Earth–nut pea, Dutch mice, Tuberous vetch) Lathyrus tuberosus
「アイヒシュテットの庭園」タッシェン・ジャパン 2002
◇p152–V(カラー) ベスラー, バシリウス

Garden pea Pisum sativum
「アイヒシュテットの庭園」タッシェン・ジャパン 2002
◇p152–VI(カラー) ベスラー, バシリウス

Globe artichoke Cynara scolymus
「アイヒシュテットの庭園」タッシェン・ジャパン 2002
◇p178–I(カラー) ベスラー, バシリウス
◇p179–I(カラー) ベスラー, バシリウス
◇p179–II(カラー) ベスラー, バシリウス
◇p179–III(カラー) ベスラー, バシリウス

Large–fruited Strawberry Fragaria spec.
「アイヒシュテットの庭園」タッシェン・ジャパン 2002
◇p77–I(カラー) ベスラー, バシリウス

Luffa acutangula Roxb.
「カーティスの植物図譜」エンタプライズ 1987
◇図1638(カラー) Luffa foetida Cav.『カーティスのボタニカルマガジン』 1787〜1887

Melon Cucumis melo
「アイヒシュテットの庭園」タッシェン・ジャパン 2002
◇p158–II(カラー) ベスラー, バシリウス

Pomegranate Punica granatum
「アイヒシュテットの庭園」タッシェン・ジャパン 2002

◇p95–I(カラー) ベスラー, バシリウス

Pomegranate with fruits Punica granatum
「アイヒシュテットの庭園」タッシェン・ジャパン 2002
◇p96–I(カラー) ベスラー, バシリウス

Potato Solanum tuberosum
「アイヒシュテットの庭園」タッシェン・ジャパン 2002
◇p170–I(カラー) ベスラー, バシリウス

Pumpkin (Squash, Marrow, Courgette, Zucchini) Cucurbita pepo
「アイヒシュテットの庭園」タッシェン・ジャパン 2002
◇p171–III(カラー) ベスラー, バシリウス

Red currant Ribes rubrum
「アイヒシュテットの庭園」タッシェン・ジャパン 2002
◇p39–II(カラー) ベスラー, バシリウス
◇p39–IIII(カラー) ベスラー, バシリウス
◇p39–V(カラー) ベスラー, バシリウス

Rocky Mountain Flowering Raspberry
「カーティスの植物図譜」エンタプライズ 1987
◇図6062(カラー) Rubus deliciosus James『カーティスのボタニカルマガジン』 1787～1887

Rubus arcticus L.
「カーティスの植物図譜」エンタプライズ 1987
◇図132(カラー)『カーティスのボタニカルマガジン』 1787～1887

Rubus rosaefolius Sm.
「カーティスの植物図譜」エンタプライズ 1987
◇図6970(カラー)『カーティスのボタニカルマガジン』 1787～1887

Seville orange (Bitter orange, Sour orange, Bigarade) Citrus aurantium
「アイヒシュテットの庭園」タッシェン・ジャパン 2002
◇p94–I(カラー) ベスラー, バシリウス

Siberian Crab.
「カーティスの植物図譜」エンタプライズ 1987
◇図6112(カラー) Pyrus baccata L.『カーティスのボタニカルマガジン』 1787～1887

Small–fruited strawberry Fragaria spec.
「アイヒシュテットの庭園」タッシェン・ジャパン 2002
◇p77–III(カラー) ベスラー, バシリウス

Solanum uporo Dun.
「カーティスの植物図譜」エンタプライズ 1987
◇図5424(カラー) Solanum anthropophagorum Seem.『カーティスのボタニカルマガジン』 1787～1887

Sorghum (Great millet, Kafir corn) Sorghum bicolor
「アイヒシュテットの庭園」タッシェン・ジャパン 2002
◇p169–I(カラー) ベスラー, バシリウス
◇p169–II(カラー) ベスラー, バシリウス

Spears of asparagus Asparagus officinalis
「アイヒシュテットの庭園」タッシェン・ジャパン 2002
◇p91–II(カラー) ベスラー, バシリウス

Tomato (Love apple) Lycopersicon esculentum
「アイヒシュテットの庭園」タッシェン・ジャパン 2002
◇p159–I(カラー) ベスラー, バシリウス

Tomato with orange–coloured fruits Lycopersicon spec.
「アイヒシュテットの庭園」タッシェン・ジャパン 2002
◇p158–I(カラー) ベスラー, バシリウス

Water melon Citrullus lanatus
「アイヒシュテットの庭園」タッシェン・ジャパン 2002
◇p158–III(カラー) ベスラー, バシリウス

White–flowered gourd (Calabash gourd, Bottle gourd) Lagenaria spec.
「アイヒシュテットの庭園」タッシェン・ジャパン 2002
◇p171–II(カラー) ベスラー, バシリウス

White–fruited strawberry Fragaria spec.
「アイヒシュテットの庭園」タッシェン・ジャパン 2002
◇p77–II(カラー) ベスラー, バシリウス

Wild leek (Levant garlic, Kurrat) Allium ampeloprasum
「アイヒシュテットの庭園」タッシェン・ジャパン 2002
◇p121–I(カラー) ベスラー, バシリウス

ハーブ・薬草

【あ】

アイ　Polygonum tinctorium Loureiro
「薬用植物画譜」日本臨牀社　1985
◇図138（カラー）　刈米達夫解説, 小磯良平画 1971

アオノリュウゼツラン　Agave americana
「花の王国 2」平凡社　1990
◇p30（カラー）　ヴァインマン『薬用植物図譜』 1736～48

アカキナノキ　Cinchona pubscens
「花の王国 2」平凡社　1990
◇p54（カラー）　ロック, J., オカール原図『薬用植物誌』 1821

アカネ　Rubia akane Nakai
「薬用植物画譜」日本臨牀社　1985
◇図57（カラー）　刈米達夫解説, 小磯良平画 1971

アカネ
「江戸の動植物図」朝日新聞社　1988
◇p32（カラー）　森野藤助『松山本草』 ［森野旧薬園］

茜根
「高松松平家所蔵 衆芳画譜 薬木 第三」香川県歴史博物館友の会博物図譜刊行会　2008
◇p65（カラー）　和名アカ子　松平頼恭 江戸時代 紙本著色 画帖装（折本形式） 33.0×48.2 ［個人蔵］

アカバナジョチュウギク　Chrysanthemum coccineum
「花の王国 2」平凡社　1990
◇p66（カラー）　ルメール, ch.『園芸図譜誌』 1854～86

アギ　Ferula assa–foetida
「ハーブとスパイス」八坂書房　1990
◇図1（カラー）　Giant fennel　ウッドヴィル, ウィリアム著, サワビー, ジェームズ画『薬用植物誌』 1790～1795　銅版手彩色 ［八坂書房］

惡實
「高松松平家所蔵 衆芳画譜 薬草 第二」香川県歴史博物館友の会博物図譜刊行会　2007
◇p86（カラー）　松平頼恭 江戸時代　紙本著色 画帖装（折本形式） 33.0×48.2 ［個人蔵］

アケビ　Akebia quinata Decaisne
「薬用植物画譜」日本臨牀社　1985
◇図121（カラー）　刈米達夫解説, 小磯良平画 1971

アコニツム・ウンキナツム　Aconitum uncinatum
「ウィリアム・カーティス 花図譜」同朋舎出版 1994
◇490図（カラー）　Hook–flowered Wolf's–bane エドワーズ, シデナム・ティースト画『カーティス・ボタニカル・マガジン』 1808

アサ
「ボタニカルアートの薬草手帖」西日本新聞社 2014
◇p19（カラー）　Wagner 1829
◇p19（カラー）　Turpin

アサガオ　Pharbitis nil Choisy
「薬用植物画譜」日本臨牀社　1985
◇図53（カラー）　刈米達夫解説, 小磯良平画 1971

アサガオ
「ボタニカルアートの薬草手帖」西日本新聞社 2014
◇p92（カラー）　Step, Edward

アサガオの仲間
「ボタニカルアートの薬草手帖」西日本新聞社 2014
◇p92（カラー）　Petermann

アサクラザンショウ　Zanthoxylum piperitum De Candolle var.inerme Makino
「薬用植物画譜」日本臨牀社　1985
◇図94（カラー）　刈米達夫解説, 小磯良平画 1971

アセビ　Pieris japonica D.Don
「薬用植物画譜」日本臨牀社　1985
◇図66（カラー）　刈米達夫解説, 小磯良平画 1971

阿蘓 細辛
「高松松平家所蔵 衆芳画譜 薬草 第二」香川県歴史博物館友の会博物図譜刊行会　2007
◇p52（カラー）　松平頼恭 江戸時代　紙本著色 画帖装（折本形式） 33.0×48.2 ［個人蔵］

アニス　Pimpinella anisum
「花の王国 2」平凡社　1990
◇p107（カラー）　ショームトン他編, テュルパン, P.J.F.図『薬用植物事典』 1833〜35
「ハーブとスパイス」八坂書房　1990
◇図2（カラー）　Anise　ウッドヴィル, ウィリアム著, サワビー, ジェームズ画『薬用植物誌』 1790〜1795　銅版手彩色　［八坂書房］

アニス？
「花の本 ボタニカルアートの庭」角川書店　2010
◇p86（カラー）　Meydenbach, Jacob『健康の園』 1487　木版に手彩色

アブサン　Artemisia absinthium
「ハーブとスパイス」八坂書房　1990
◇図3（カラー）　Absinth, Wormwood　ウッドヴィル, ウィリアム著, サワビー, ジェームズ画『薬用植物誌』 1790〜1795　銅版手彩色　［八坂書房］

アブラヤシ　Elaeis guineensis
「花の王国 2」平凡社　1990
◇p112（カラー）　ルメール, ch.『園芸図譜誌』 1854〜86

アマ
「ボタニカルアートの薬草手帖」西日本新聞社　2014
◇p20（カラー）　Turpin

アマチャ　Hydrangea serrata Seringe var. thunbergii Makino
「薬用植物画譜」日本臨牀社　1985
◇図110（カラー）　刈米達夫解説, 小磯良平画　1971

アマドコロ　Polygonatum odoratum Druce var.pluriflorum Ohwi
「薬用植物画譜」日本臨牀社　1985
◇図22（カラー）　刈米達夫解説, 小磯良平画　1971

アマドコロ類
「ボタニカルアートの薬草手帖」西日本新聞社　2014
◇p111（カラー）　Maund

アミガサユリ　Fritillaria thunbergii Miquel
「薬用植物画譜」日本臨牀社　1985
◇図19（カラー）　刈米達夫解説, 小磯良平画　1971

アミガサユリ類
「ボタニカルアートの薬草手帖」西日本新聞社　2014
◇p112（カラー）　Step, Edward

アリストロキア　Aristolochia longa
「花の王国 4」平凡社　1990
◇p40（カラー）　ショームトン他編, テュルパン, P.J.F.図『薬用植物事典』 1833〜35

アルカンナ
「ボタニカルアートの薬草手帖」西日本新聞社　2014
◇p104（カラー）　Turpin

アルニカ　Arnica montana
「花の王国 2」平凡社　1990
◇p83（カラー）　ジョーム・サンティレール, H.『フランスの植物』 1805〜09　彩色銅版画

アルム属の1種　Arum maculatum
「図説 ボタニカルアート」河出書房新社　2010
◇p11（カラー）　Drakontion mikron　ディオスクリデス『薬物誌（ウィーン写本）』 512頃　［ウィーン国立図書館］

アルムマクラートゥム　Arum maculatum
「花の王国 4」平凡社　1990
◇p47（カラー）　ロック, J.著, オカール原図『薬用植物誌』 1821

アレクザンダース　Smyrnium olusatrum L.
「花の肖像 ボタニカルアートの名品と歴史」創土社　2006
◇fig.37（カラー）　プラトニクス・アプレイウス『本草書（植物図譜）』　［オックスフォード大学ボードレアン・ライブラリー］

アロエ　Aloe ferox Miller
「薬用植物画譜」日本臨牀社　1985
◇図16（カラー）　刈米達夫解説, 小磯良平画　1971

アロエ　Aloe nobilis
「花の王国 2」平凡社　1990
◇p35（カラー）　ドラピエ, P.A.J., ベッサ, パンクラース原図『園芸家・愛好家・工業家のための植物誌』 1836　手彩色図版

アロエ　Aloe peglevae
「花の王国 2」平凡社　1990
◇p34（カラー）　ロック, J., オカール原図『薬用植物誌』 1821

アロエ　Aloe variegata
「花の王国 2」平凡社　1990
◇p34（カラー）　ドラピエ, P.A.J., ベッサ, パンクラース原図『園芸家・愛好家・工業家のための植物誌』 1836　手彩色図版

アロエ
「ボタニカルアートの薬草手帖」西日本新聞社　2014
◇p116（カラー）　Petermann
「江戸の動植物図」朝日新聞社　1988
◇p26（カラー）　松平頼恭, 三木文柳『衆芳画譜』　［松平公益会］

アロエの1種　Aloe humilis？
「花の王国 2」平凡社　1990
◇p33（カラー）　ヴァインマン『薬用植物図譜』 1736〜48

アンズ Prunus armeniaca Linnaeus var.ansu Maximowicz
「薬用植物画譜」日本臨牀社 1985
◇図106(カラー) 刈米達夫解説, 小磯良平画 1971

アンゼリカ Angelica archangelica
「花の王国 2」平凡社 1990
◇p102(カラー) ヴァインマン『薬用植物図譜』 1736〜48
「ハーブとスパイス」八坂書房 1990
◇図4(カラー) Angelica ウッドヴィル, ウィリアム著, サワビー, ジェームズ画『薬用植物誌』 1790〜1795 銅版手彩色 [八坂書房]

アンソクコウノキ Styrax benzoin
「花の王国 2」平凡社 1990
◇p126(カラー) ビュショー, P.J.『動植鉱物百図 第1集(および第2集)』 1775〜81

【い】

イカリソウ属 Epimedium spp.
「花の肖像 ボタニカルアートの名品と歴史」創土社 2006
◇fig.76(カラー) 森野藤助画『松山本草』

イカリソウの三種
「江戸の動植物図」朝日新聞社 1988
◇p30(カラー) 森野藤助『松山本草』 [森野旧薬園]

イカリソウ類
「ボタニカルアートの薬草手帖」西日本新聞社 2014
◇p106(カラー) トキワイカリソウ 馬屋原操
◇p106(カラー) Curtis
◇p106(カラー) 作者不詳 年代不詳

郁李
「高松松平家所蔵 衆芳画譜 薬木 第三」香川県歴史博物館友の会博物図譜刊行会 2008
◇p39(カラー) 俗称ニハムメ 松平頼恭 江戸時代 紙本著色 画帖装(折本形式) 33.0×48.2 [個人蔵]

萎蕤
「高松松平家所蔵 衆芳画譜 薬草 第二」香川県歴史博物館友の会博物図譜刊行会 2007
◇p25(カラー) ハ子ムマ 松平頼恭 江戸時代 紙本著色 画帖装(折本形式) 33.0×48.2 [個人蔵]

萎蛇
「高松松平家所蔵 衆芳画譜 薬草 第二」香川県歴史博物館友の会博物図譜刊行会 2007
◇p26(カラー) 松平頼恭 江戸時代 紙本著色 画帖装(折本形式) 33.0×48.2 [個人蔵]

覆盆子
「高松松平家所蔵 衆芳画譜 薬木 第三」香川県歴史博物館友の会博物図譜刊行会 2008
◇p54(カラー) 和名イチゴ俗称ツルイチゴ 松平頼恭 江戸時代 紙本著色 画帖装(折本形式) 33.0×48.2 [個人蔵]

イチジク
「ボタニカルアートの薬草手帖」西日本新聞社 2014
◇p45(カラー) 作者不詳 年代不詳

イチヤクソウ
「ボタニカルアートの薬草手帖」西日本新聞社 2014
◇p22(カラー) Baxter, William 1830頃

イヌサフラン Colchicum autumnale
「すごい博物画」グラフィック社 2017
◇図版51(カラー) シロムネオオハシ、ザクロ、クロヅル、イヌサフラン、おそらくシャチホコガの幼虫、ヨーロッパブドウの枝、コンゴウインコ、モナモンキー、ムラサキセイヨウハシバミまたはセイヨウハシバミ、オオモンシロチョウ、ヨーロッパアマガエル マーシャル, アレクサンダー 1650〜82頃 水彩 45.8×34.0 [ウィンザー城ロイヤル・ライブラリー]
「花の王国 2」平凡社 1990
◇p48(カラー) ジョーム・サンティレール, H.『フランスの植物』 1805〜09 彩色銅版画
◇p48(カラー) ロック, J., オカール原図『薬用植物誌』 1821
◇p49(カラー) ショームトン他編, テュルパン, P.J.F.図『薬用植物事典』 1833〜35

イヌサフラン Colchicum autumnale Linnaeus
「花の肖像 ボタニカルアートの名品と歴史」創土社 2006
◇fig.98(カラー) モニンクス, マリア『花と植物—オランダ王立博物館蔵絵画印刷物写真コレクション』 1994
「薬用植物画譜」日本臨牀社 1985
◇図18(カラー) 刈米達夫解説, 小磯良平画 1971

イヌサフラン
「ボタニカルアートの薬草手帖」西日本新聞社 2014
◇p113(カラー) Bulliard, Pierre 1780年代
◇p113(カラー) Turpin 1780年代
「美花図譜」八坂書房 1991
◇図29(カラー) ウエインマン『花譜』 1736〜1748 銅版刷手彩色 [群馬県館林市立図書館]
「ユリ科植物図譜 2」学習研究社 1988
◇図77(カラー) Colchicum autumnale ルドゥーテ, ピエール＝ジョセフ 1802〜1815

イヌサフラン(変種ラティフォリウム)
「ユリ科植物図譜 2」学習研究社 1988
◇図75(カラー) Colchicum autumnale var. latifolium ルドゥーテ, ピエール＝ジョセフ 1802〜1815

イヌサフランの1種　Colchicum sp.
「ビュフォンの博物誌」工作舎　1991
◇N039（カラー）『一般と個別の博物誌 ソンニーニ版』

葳靈仙根
「高松松平家所蔵 衆芳画譜 薬草 第二」香川県歴史博物館友の会博物図譜刊行会　2007
◇p16（カラー）　松平頼恭 江戸時代　紙本著色 画帖装（折本形式）　33.0×48.2 ［個人蔵］

茵蔯
「高松松平家所蔵 衆芳画譜 薬草 第二」香川県歴史博物館友の会博物図譜刊行会　2007
◇p82（カラー）　和名ヒキヨモキ　松平頼恭 江戸時代　紙本著色 画帖装（折本形式）　33.0×48.2 ［個人蔵］

インドジャボク　Rauwolfia serpentina Bentham
「薬用植物画譜」日本臨牀社　1985
◇図59（カラー）　刈米達夫解説, 小磯良平画 1971

淫羊霍
「高松松平家所蔵 衆芳画譜 薬草 第二」香川県歴史博物館友の会博物図譜刊行会　2007
◇p32（カラー）　俗称イカリ草 クモキリ草　松平頼恭 江戸時代　紙本著色 画帖装（折本形式）33.0×48.2 ［個人蔵］

淫羊藿根
「高松松平家所蔵 衆芳画譜 薬草 第二」香川県歴史博物館友の会博物図譜刊行会　2007
◇p32（カラー）　松平頼恭 江戸時代　紙本著色 画帖装（折本形式）　33.0×48.2 ［個人蔵］

【う】

ウイキョウ　Foeniculum vulgare
「花の王国 2」平凡社　1990
◇p98（カラー）　ショームトン他編, テュルパン, P.J.F.図『薬用植物事典』 1833～35
◇p98（カラー）　簡州茴香子　ビュショー, P.J.『動植鉱物百図第1集（および第2集）』 1775～81
「花彙 下」八坂書房　1977
◇図16（白黒）　大茴香　小野蘭山, 島田充房 明和2（1765）　26.5×18.5 ［国立公文書館・内閣文庫］

ウイキョウ　Foeniculum vulgare Miller
「シーボルト日本植物図譜コレクション」小学館　2008
◇図2-8（カラー）　Foeniculum vulgare Mill.［桂川甫賢？］画 ［1820頃］　和紙 透明絵の具 墨　17.0×31.0 ［ロシア科学アカデミーコマロフ植物学研究所図書館］ ※目録631 コレクションIV 657/544
「薬用植物画譜」日本臨牀社　1985
◇図71（カラー）　刈米達夫解説, 小磯良平画 1971

ウイキョウ
「ボタニカルアートの薬草手帖」西日本新聞社　2014
◇p63（カラー）　作者不詳 年代不詳
「花の王国 2」平凡社　1990
◇p75（カラー）『本草誌』 1510～20

ウォーターミント
⇒ホザキハッカ（ウォーターミント）を見よ

うこん　Curcuma longa
「草木写生 秋の巻」ピエ・ブックス　2010
◇p106～107（カラー）　鬱金　狩野織染藤原重賢 明暦3（1657）～元禄12（1699） ［国立国会図書館］

ウコン　Curcuma domestica
「花木真寫」淡交社　2005
◇図105（カラー）　欝金　近衛予楽院家熙 ［（財）陽明文庫］
「花の王国 2」平凡社　1990
◇p109（カラー）　高木春山『本草図説』 ？～1852 ［西尾市立図書館岩瀬文庫（愛知県）］

ウコン　Curcuma longa
「図説 ボタニカルアート」河出書房新社　2010
◇p103（白黒）　島田充房, 小野蘭山『花彙』 1759～63
「花彙 上」八坂書房　1977
◇図77（白黒）　玉金　小野蘭山, 島田充房 明和2（1765）　26.5×18.5 ［国立公文書館・内閣文庫］

ウコン　Curcuma longa Linnaeus
「薬用植物画譜」日本臨牀社　1985
◇図4（カラー）　刈米達夫解説, 小磯良平画 1971

ウスバサイシン　Asarum sieboldii
「江戸博物文庫 花草の巻」工作舎　2017
◇p30（カラー）　薄葉細辛　岩崎灌園『本草図譜』［東京大学大学院理学系研究科附属植物園（小石川植物園）］
「花彙 上」八坂書房　1977
◇図20（白黒）　細辛　小野蘭山, 島田充房 明和2（1765）　26.5×18.5 ［国立公文書館・内閣文庫］

ウスバサイシン　Asarum sieboldii Miquel
「薬用植物画譜」日本臨牀社　1985
◇図118（カラー）　刈米達夫解説, 小磯良平画 1971

ウツボグサ　Prunella vulgaris Linnaeus var. asiatica Nakai
「薬用植物画譜」日本臨牀社　1985
◇図50（カラー）　刈米達夫解説, 小磯良平画 1971

ウツボグサ
「ボタニカルアートの薬草手帖」西日本新聞社　2014
◇p55（カラー）　Sowerby

獨活
「高松松平家所蔵 衆芳画譜 薬草 第二」香川県歴史博物館友の会博物図譜刊行会　2007
◇p46（カラー）　和名ウド ツチダラ　松平頼恭 江戸時代　紙本著色 画帖装（折本形式）　33.0×48.2 ［個人蔵］

獨活花
「高松松平家所蔵 衆芳画譜 薬草 第二」香川県歴史博物館友の会博物図譜刊行会　2007
◇p47（カラー）　松平頼恭 江戸時代　紙本著色 画帖装（折本形式）　33.0×48.2 ［個人蔵］

ウマノスズクサ類
「ボタニカルアートの薬草手帖」西日本新聞社　2014
◇p25（カラー）　Petermann
◇p25（カラー）　作者不詳 年代不詳

ウミタケ
「高松松平家所蔵 衆芳画譜 薬木 第三」香川県歴史博物館友の会博物図譜刊行会　2008
◇p79（カラー）　松平頼恭 江戸時代　紙本著色 画帖装（折本形式）　33.0×48.2 ［個人蔵］

ウメ　Prunus mume Siebold et Zuccarini
「薬用植物画譜」日本臨牀社　1985
◇図107（カラー）　刈米達夫解説, 小磯良平画　1971

ウメ
「ボタニカルアートの薬草手帖」西日本新聞社　2014
◇p82（カラー）　馬屋原操

ウヤク　Lindera strychnifolium
「花彙 下」八坂書房　1977
◇図102（白黒）　矮脚樟　小野蘭山, 島田充房 明和2（1765）　26.5×18.5 ［国立公文書館・内閣文庫］

ウラルカンゾウ　Glycyrrhiza uralensis
「江戸博物文庫 花草の巻」工作舎　2017
◇p2（白黒）　烏拉爾甘草　岩崎灌園『本草図譜』［東京大学大学院理学系研究科附属植物園（小石川植物園）］

ウンシウミカン　Citrus unshu Marcovich
「薬用植物画譜」日本臨牀社　1985
◇図91（カラー）　刈米達夫解説, 小磯良平画　1971

【え】

白蘓
「高松松平家所蔵 衆芳画譜 薬草 第二」香川県歴史博物館友の会博物図譜刊行会　2007
◇p79（カラー）　和名ヱゴマ　松平頼恭 江戸時代 紙本著色 画帖装（折本形式）　33.0×48.2 ［個人蔵］

エサシソウ　Verbascum blattaria
「植物精選百種図譜 博物画の至宝」平凡社　1996
◇pl.16（カラー）　Blattaria　トレウ, C.J., エーレト, G.D. 1750〜73

蝦夷附子
「高松松平家所蔵 衆芳画譜 薬木 第三」香川県歴史博物館友の会博物図譜刊行会　2008
◇p47（カラー）　松平頼恭 江戸時代　紙本著色 画帖装（折本形式）　33.0×48.2 ［個人蔵］

エビスグサ　Cassia obtusifolia Linnaeus
「薬用植物画譜」日本臨牀社　1985
◇図98（カラー）　刈米達夫解説, 小磯良平画　1971

ヱビスクスリ
「高松松平家所蔵 衆芳画譜 薬草 第二」香川県歴史博物館友の会博物図譜刊行会　2007
◇p62（カラー）　松平頼恭 江戸時代　紙本著色 画帖装（折本形式）　33.0×48.2 ［個人蔵］

エルダー　Sambucus nigra
「ハーブとスパイス」八坂書房　1990
◇図5（カラー）　Elder　ウッドヴィル, ウィリアム著, サワビー, ジェームズ画『薬用植物誌』1790〜1795　銅版手彩色 ［八坂書房］

エンジュ　Sophora japonica Linnaeus
「薬用植物画譜」日本臨牀社　1985
◇図104（カラー）　刈米達夫解説, 小磯良平画　1971

槐
「高松松平家所蔵 衆芳画譜 薬木 第三」香川県歴史博物館友の会博物図譜刊行会　2008
◇p20（カラー）　和名ヱニス俗称ヱンジユ　松平頼恭 江戸時代　紙本著色 画帖装（折本形式）33.0×48.2 ［個人蔵］

【お】

黄芪
「高松松平家所蔵 衆芳画譜 薬草 第二」香川県歴史博物館友の会博物図譜刊行会　2007
◇p13（カラー）　俗称冨士黄芪　松平頼恭 江戸時代　紙本著色 画帖装（折本形式）　33.0×48.2 ［個人蔵］

黄芩
「高松松平家所蔵 衆芳画譜 薬草 第二」香川県歴史博物館友の会博物図譜刊行会　2007
◇p41（カラー）　松平頼恭 江戸時代　紙本著色 画帖装（折本形式）　33.0×48.2 ［個人蔵］

黄精
「高松松平家所蔵 衆芳画譜 薬草 第二」香川県歴史博物館友の会博物図譜刊行会　2007
◇p23（カラー）　松平頼恭 江戸時代　紙本著色 画帖装（折本形式）　33.0×48.2 ［個人蔵］

王孫
「高松松平家所蔵 衆芳画譜 薬草 第二」香川県歴史博物館友の会博物図譜刊行会　2007
◇p36（カラー）　フタリシツカ　松平頼恭 江戸時代　紙本著色 画帖装（折本形式）　33.0×48.2［個人蔵］

桜桃
「彩色 江戸博物学集成」平凡社　1994
◇扉（p23）（カラー）『質問本草』　［鹿児島大学附属図書館］

黄檗
「高松松平家所蔵 衆芳画譜 薬木 第三」香川県歴史博物館友の会博物図譜刊行会　2008
◇p28（カラー）　和名キワダ　松平頼恭 江戸時代 紙本著色 画帖装（折本形式）　33.0×48.2　［個人蔵］

黄蘗
「高松松平家所蔵 衆芳画譜 薬木 第三」香川県歴史博物館友の会博物図譜刊行会　2008
◇p17（カラー）　俗称キワダ　松平頼恭 江戸時代 紙本著色 画帖装（折本形式）　33.0×48.2　［個人蔵］

黄蘗實
「高松松平家所蔵 衆芳画譜 薬木 第三」香川県歴史博物館友の会博物図譜刊行会　2008
◇p17（カラー）　松平頼恭 江戸時代　紙本著色 画帖装（折本形式）　33.0×48.2　［個人蔵］

王不留行
「高松松平家所蔵 衆芳画譜 薬草 第二」香川県歴史博物館友の会博物図譜刊行会　2007
◇p94（カラー）　松平頼恭 江戸時代　紙本著色 画帖装（折本形式）　33.0×48.2　［個人蔵］

オウレン　Coptis japonica
「花彙 上」八坂書房　1977
◇図51（白黒）　滴膽芝　小野蘭山, 島田充房 明和2（1765）　26.5×18.5　［国立公文書館・内閣文庫］

オウレン　Coptis japonica Makino
「薬用植物画譜」日本臨牀社　1985
◇図126（カラー）　刈米達夫解説, 小磯良平画 1971

オウレン　Coptis japonica (Thunb.) Makino var.anemonifolia (Siebold & Zucc.) H.Ohba
「シーボルト日本植物図譜コレクション」小学館 2008
◇図2–50（カラー）　Coptis anemonaefolia Sieb. et Zucc.　［桂川甫賢？］画［1820頃］　和紙 透明絵の具 墨 白色塗料　34.0×31.0　［ロシア科学アカデミーコマロフ植物学研究所図書館］　※目録186 コレクションI 676/34

オオイヌタデ　Persicaria lapatifolia
「日本の博物図譜」東海大学出版会　2001
◇p40（白黒）『馬医草紙』　文永4（1267）　［東京国立博物館］

オオグルマ　Inula helenium
「江戸博物文庫 花草の巻」工作舎　2017
◇p37（カラー）　大車　岩崎灌園『本草図譜』［東京大学大学院理学系研究科附属植物園（小石川植物園）］
「花彙 上」八坂書房　1977
◇図57（白黒）　天通緑　小野蘭山, 島田充房 明和2（1765）　26.5×18.5　［国立公文書館・内閣文庫］

オオケタデ　Polygonum orientale
「ウィリアム・カーティス 花図譜」同朋舎出版 1994
◇468図（カラー）　Tall Persicaria　カーティス, ウィリアム『カーティス・ボタニカル・マガジン』 1792

オオケタデ
「ボタニカルアートの薬草手帖」西日本新聞社 2014
◇p66（カラー）　Curtis

オオトウワタ　Asclepias syriaca
「花の王国 2」平凡社　1990
◇p37（カラー）　ロック, J., オカール原図『薬用植物誌』 1821

オオバコ　Plantago asiatica Linnaeus
「薬用植物画譜」日本臨牀社　1985
◇図36（カラー）　刈米達夫解説, 小磯良平画 1971

オオバコ
「ボタニカルアートの薬草手帖」西日本新聞社 2014
◇p29（カラー）　Petermann

オオバコの1種　Plantago psyllium
「花の王国 2」平凡社　1990
◇p51（カラー）　ハリス, M.『オーレリアン英国昆虫図誌』 1766

オオバショウマ
「彩色 江戸博物学集成」平凡社　1994
◇p139（カラー）　島津重豪『質問本草（薩摩府学版）』　［岩瀬文庫］

オオバナセッコク　Dendrobium nobile Lindley
「薬用植物画譜」日本臨牀社　1985
◇図2（カラー）　刈米達夫解説, 小磯良平画 1971

大半夏
「高松松平家所蔵 衆芳画譜 薬木 第三」香川県歴史博物館友の会博物図譜刊行会　2008
◇p51（カラー）　松平頼恭 江戸時代　紙本著色 画帖装（折本形式）　33.0×48.2　［個人蔵］

オキナグサ　Pulsatilla cernua Sprengel
「薬用植物画譜」日本臨牀社　1985
◇図127（カラー）　刈米達夫解説, 小磯良平画

1971

オクトリカブト？
「彩色 江戸博物学集成」平凡社　1994
◇p139（カラー）　島津重豪『質問本草（玉里本）』［鹿児島大学図書館］

オシダ　Dryopteris crassirhizoma Nakai
「薬用植物画譜」日本臨牀社　1985
◇図146（カラー）　刈米達夫解説, 小磯良平画 1971

オタネニンジン　Panax ginseng C.A.Meyer
「薬用植物画譜」日本臨牀社　1985
◇図73（カラー）　刈米達夫解説, 小磯良平画 1971

オドリコソウ
「ボタニカルアートの世界」朝日新聞社　1987
◇p110上（カラー）　法薬草　西阿『馬医草紙』1267［国立博物館］

菜耳
「高松松平家所蔵 衆芳画譜 薬草 第二」香川県歴史博物館友の会博物図譜刊行会　2007
◇p86（カラー）　ヲナモミ　松平頼恭 江戸時代 紙本著色 画帖装（折本形式）　33.0×48.2［個人蔵］

オニオン　Allium cepa
「ハーブとスパイス」八坂書房　1990
◇図6（カラー）　Onion『カーチス・ボタニカル・マガジン』1787〜1984

オニノヤガラ　Gastrodia elata Blume
「薬用植物画譜」日本臨牀社　1985
◇図3（カラー）　刈米達夫解説, 小磯良平画 1971

オニノヤガラ
「ボタニカルアートの薬草手帖」西日本新聞社　2014
◇p80（カラー）　馬屋原操

赤箭
「高松松平家所蔵 衆芳画譜 薬草 第二」香川県歴史博物館友の会博物図譜刊行会　2007
◇p27（カラー）　カミノヤガラ ヲトヲトシ　松平頼恭 江戸時代　紙本著色 画帖装（折本形式）33.0×48.2［個人蔵］

オミナエシ　Patrinia scabiosaefolia Fischer
「薬用植物画譜」日本臨牀社　1985
◇図33（カラー）　刈米達夫解説, 小磯良平画 1971

澤瀉
「高松松平家所蔵 衆芳画譜 薬木 第三」香川県歴史博物館友の会博物図譜刊行会　2008
◇p81（カラー）　俗称サジヲモダカ　松平頼恭 江戸時代　紙本著色 画帖装（折本形式）　33.0×48.2［個人蔵］

オモト　Rhodea japonica Roth
「薬用植物画譜」日本臨牀社　1985
◇図23（カラー）　刈米達夫解説, 小磯良平画 1971

オモト
「ボタニカルアートの薬草手帖」西日本新聞社　2014
◇p114（カラー）　Curtis

オリーブ　Olea europaea Linnaeus
「薬用植物画譜」日本臨牀社　1985
◇図65（カラー）　刈米達夫解説, 小磯良平画 1971

オールスパイス　Pimenta dioica
「ハーブとスパイス」八坂書房　1990
◇図7（カラー）　All-spice, Pimento　ウッドヴィル, ウィリアム著, サワビー, ジェームズ画『薬用植物誌』1790〜1795　銅版手彩色［八坂書房］

オレガノ　Origanum vulgare
「ハーブとスパイス」八坂書房　1990
◇図8（カラー）　Oregano, Wild marjoram　ウッドヴィル, ウィリアム著, サワビー, ジェームズ画『薬用植物誌』1790〜1795　銅版手彩色［八坂書房］

遠志
「高松松平家所蔵 衆芳画譜 薬草 第二」香川県歴史博物館友の会博物図譜刊行会　2007
◇p31（カラー）　松平頼恭 江戸時代　紙本著色 画帖装（折本形式）　33.0×48.2［個人蔵］

【か】

カイケイジオウ　Rehmannia glutinosa Liboschitz forma hueichingensis (Chao et Schih) Hsiao
「薬用植物画譜」日本臨牀社　1985
◇図40（カラー）　刈米達夫解説, 小磯良平画 1971

蘿摩
「高松松平家所蔵 衆芳画譜 薬木 第三」香川県歴史博物館友の会博物図譜刊行会　2008
◇p68（カラー）　俗称カヾミクサ又ジカイモ ガヾイモ　松平頼恭 江戸時代　紙本著色 画帖装（折本形式）　33.0×48.2［個人蔵］

カギカズラ　Uncaria rhynchophylla
「花彙 下」八坂書房　1977
◇図177（白黒）　天吊藤　小野蘭山, 島田充房 明和2（1765）　26.5×18.5［国立公文書館・内閣文庫］

カギカズラ　Uncaria rhynchophylla Miquel
「薬用植物画譜」日本臨牀社　1985
◇図58（カラー）　刈米達夫解説, 小磯良平画 1971

カキドウシ
「江戸の動植物図」朝日新聞社　1988
◇p32（カラー）　森野藤助『松山本草』［森野旧薬園］

カキドオシ　Glechoma hederacea Linnaeus subsp.grandis Hara
「薬用植物画譜」日本臨牀社　1985
◇図46（カラー）　刈米達夫解説, 小磯良平画 1971

カキドオシ　Glechoma hederacea var.grandis
「四季草花譜」八坂書房　1988
◇図53（カラー）　飯沼慾斎筆『草木図説稿本』［個人蔵］

藿菜
「高松松平家所蔵 衆芳画譜 薬草 第二」香川県歴史博物館友の会博物図譜刊行会　2007
◇p75（カラー）　俗称エンドリ草　松平頼恭 江戸時代　紙本著色 画帖装（折本形式）　33.0×48.2［個人蔵］

瞿麥
「高松松平家所蔵 衆芳画譜 薬草 第二」香川県歴史博物館友の会博物図譜刊行会　2007
◇p94（カラー）　ナテシコ　松平頼恭 江戸時代　紙本著色 画帖装（折本形式）　33.0×48.2［個人蔵］

カサモチ　Nothosmyrnium japonicum
「花彙 上」八坂書房　1977
◇図5（白黒）　藁本　小野蘭山, 島田充房 明和2（1765）　26.5×18.5［国立公文書館・内閣文庫］

何首烏
「高松松平家所蔵 衆芳画譜 薬木 第三」香川県歴史博物館友の会博物図譜刊行会　2008
◇p61（カラー）　俗稱朝鮮カシユウ　松平頼恭 江戸時代　紙本著色 画帖装（折本形式）　33.0×48.2［個人蔵］

ガジュツ　Curcuma zedoaria
「花の王国 2」平凡社　1990
◇p108（カラー）　ロクスバラ, W.『コロマンデル海岸植物誌』 1795～1819

莪朮
「高松松平家所蔵 衆芳画譜 薬草 第二」香川県歴史博物館友の会博物図譜刊行会　2007
◇p72（カラー）　松平頼恭 江戸時代　紙本著色 画帖装（折本形式）　33.0×48.2［個人蔵］

カタクリ
「ボタニカルアートの薬草手帖」西日本新聞社　2014
◇p115（カラー）　Maund
「江戸の動植物図」朝日新聞社　1988
◇p31（カラー）　森野藤助『松山本草』［森野旧薬園］

葛根
「高松松平家所蔵 衆芳画譜 薬木 第三」香川県歴史博物館友の会博物図譜刊行会　2008
◇p57（カラー）　松平頼恭 江戸時代　紙本著色 画帖装（折本形式）　33.0×48.2［個人蔵］

カーネーション　Dianthus caryophyllus
「図説 ボタニカルアート」河出書房新社　2010
◇p30（白黒）　ドドネウス『本草書』 1554

カーネーション　Dianthus caryophyllus L.
「花の肖像 ボタニカルアートの名品と歴史」創土社　2006
◇fig.42（カラー）　ドドネウス『本草書』 1554

カノコソウ　Valeriana fauriei Briquet
「薬用植物画譜」日本臨牀社　1985
◇図34（カラー）　刈米達夫解説, 小磯良平画 1971

カブラゼリ（チャーヴィル）　Chaerophyllum bulbosum L.
「花の肖像 ボタニカルアートの名品と歴史」創土社　2006
◇fig.37（カラー）　プラトニクス・アプレイウス『本草書（植物図譜）』［オックスフォード大学ボードレアン・ライブラリー］

カミツレ　Matricaria chamomilla
「花の王国 2」平凡社　1990
◇p96（カラー）　馬場大助『遠西舶上画譜』 制作年代不詳［東京国立博物館］
◇p96（カラー）　ジョーム・サンティレール, H.『フランスの植物』 1805～09　彩色銅版画
◇p97（カラー）『エドワーズ植物記録簿』 1815～47

カミツレ（カモミール）
「ボタニカルアートの薬草手帖」西日本新聞社　2014
◇p33（カラー）　作者不詳 1870年代

カラシナ　Brassica juncea Czerniaew et Cosson
「薬用植物画譜」日本臨牀社　1985
◇図112（カラー）　刈米達夫解説, 小磯良平画 1971

カラスウリ
「江戸の動植物図」朝日新聞社　1988
◇p35（カラー）　森野藤助『松山本草』［森野旧薬園］

王瓜
「高松松平家所蔵 衆芳画譜 薬木 第三」香川県歴史博物館友の会博物図譜刊行会　2008
◇p56（カラー）　俗称タマヅサ　松平頼恭 江戸時代　紙本著色 画帖装（折本形式）　33.0×48.2［個人蔵］

カラスビシャク　Pinellia ternata
「江戸博物文庫 花草の巻」工作舎　2017
◇p110（カラー）　烏柄杓　岩崎灌園『本草図譜』［東京大学大学院理学系研究科附属植物園（小石川植物園）］

カラスビシャク　Pinellia ternata Breitenbach
「薬用植物画譜」日本臨牀社　1985
◇図7（カラー）　刈米達夫解説, 小磯良平画 1971

カラムシ
「ボタニカルアートの世界」朝日新聞社　1987
◇p111上（カラー）　衣草　西阿『馬医草紙』1267　［国立博物館］

ガラモ
「高松松平家所蔵 衆芳画譜 薬木 第三」香川県歴史博物館友の会博物図譜刊行会　2008
◇p76（カラー）　松平頼恭 江戸時代　紙本著色 画帖装（折本形式）　33.0×48.2　［個人蔵］
◇p77（カラー）　松平頼恭 江戸時代　紙本著色 画帖装（折本形式）　33.0×48.2　［個人蔵］

ガーリック　Allium sativum
「ハーブとスパイス」八坂書房　1990
◇図9（カラー）　Garlic　ウッドヴィル, ウィリアム著, サワビー, ジェームズ画『薬用植物誌』1790～1795　銅版手彩色　［八坂書房］

カリン　Chaenomeles sinensis Koehne
「薬用植物画譜」日本臨牀社　1985
◇図105（カラー）　刈米達夫解説, 小磯良平画 1971

カルダモン　Elettaria cardamomum
「ハーブとスパイス」八坂書房　1990
◇図10（カラー）　Cardamon　ウッドヴィル, ウィリアム著, サワビー, ジェームズ画『薬用植物誌』1790～1795　銅版手彩色　［八坂書房］

カルダモンの1種　Zingiber roseum？
「花の王国 2」平凡社　1990
◇p82（カラー）　ロクスバラ, W.『コロマンデル海岸植物誌』　1795～1819

カワミドリ　Agastache rugosa
「花彙 上」八坂書房　1977
◇図95（白黒）　藿菜　小野蘭山, 島田充房 明和2（1765）　26.5×18.5　［国立公文書館・内閣文庫］

雲實
「高松松平家所蔵 衆芳画譜 薬木 第三」香川県歴史博物館友の会博物図譜刊行会　2008
◇p41（カラー）　和名サルトリノハナ俗称サルトリハラ　松平頼恭 江戸時代　紙本著色 画帖装（折本形式）　33.0×48.2　［個人蔵］

カンアオイ類
「ボタニカルアートの薬草手帖」西日本新聞社 2014
◇p26（カラー）　作者不詳 年代不詳

カンサイタンポポ　Taraxacum japonicum Koidzumi
「薬用植物画譜」日本臨牀社　1985
◇図31（カラー）　刈米達夫解説, 小磯良平画 1971

漢産 杜衡
「高松松平家所蔵 衆芳画譜 薬草 第二」香川県歴史博物館友の会博物図譜刊行会　2007
◇p54（カラー）　松平頼恭 江戸時代　紙本著色 画帖装（折本形式）　33.0×48.2　［個人蔵］

漢産 杜仲
「高松松平家所蔵 衆芳画譜 薬木 第三」香川県歴史博物館友の会博物図譜刊行会　2008
◇p42（カラー）　松平頼恭 江戸時代　紙本著色 画帖装（折本形式）　33.0×48.2　［個人蔵］

貫衆
「高松松平家所蔵 衆芳画譜 薬草 第二」香川県歴史博物館友の会博物図譜刊行会　2007
◇p29（カラー）　松平頼恭 江戸時代　紙本著色 画帖装（折本形式）　33.0×48.2　［個人蔵］
「江戸名作画帖全集 8」駸々堂出版　1995
◇図65（カラー）　狗脊根・貫衆　松平頼恭編『写生画帖・衆芳画譜』　紙本着色　［松平公益会］

甘遂
「高松松平家所蔵 衆芳画譜 薬草 第二」香川県歴史博物館友の会博物図譜刊行会　2007
◇p105（カラー）　俗称ナツトウタイ　松平頼恭 江戸時代　紙本著色 画帖装（折本形式）　33.0×48.2　［個人蔵］

カンゾウ　Glycyrrhiza glabra
「花の王国 2」平凡社　1990
◇p53（カラー）　ショームトン他編, テュルパン, P.J.F.図『薬用植物事典』　1833～35
「花彙 上」八坂書房　1977
◇図53（白黒）　兪蜜珊瑚　小野蘭山, 島田充房 明和2（1765）　26.5×18.5　［国立公文書館・内閣文庫］

カンゾウ　Glycyrrhiza glabra Linnaeus
「薬用植物画譜」日本臨牀社　1985
◇図101（カラー）　刈米達夫解説, 小磯良平画 1971

カンゾウ
「ボタニカルアートの薬草手帖」西日本新聞社 2014
◇p100（カラー）　Turpin
◇p100（カラー）　作者不詳 1200～1300年代

甘草
「高松松平家所蔵 衆芳画譜 薬草 第二」香川県歴史博物館友の会博物図譜刊行会　2007
◇p11（カラー）　アマキ　松平頼恭 江戸時代　紙本著色 画帖装（折本形式）　33.0×48.2　［個人蔵］
「花の王国 2」平凡社　1990
◇p11（白黒）　平賀源内『物類品隲』

カンチク　Chimonobambusa marmorea (Mitf.) Makino
「シーボルト日本植物図譜コレクション」小学館 2008
◇図1-24（カラー）　Bambusa purpureus var. minor Bot.　［一部は川原慶賀］画　和紙 透明絵の具 墨 光沢　23.9×27.9　［ロシア科学アカデミーコマロフ植物学研究所図書館］　※目録892 コレクションVIII 41/1048

カントウ　Tussilago farfara
「図説 ボタニカルアート」河出書房新社　2010
◇p86（白黒）　カーティス, W.画・著『ロンドン植物誌』 1775

カンナ・ウァルセビッチー　Canna warscewiczii
「花の王国 1」平凡社　1990
◇p38（カラー）　ショームトン他編, テュルパン, P.J.F.図『薬用植物事典』 1833～35

カンナの1種　Canna auravittata
「花の王国 1」平凡社　1990
◇p38（カラー）　ショームトン他編, テュルパン, P.J.F.図『薬用植物事典』 1833～35

カンボク　Viburnum opulus L.var.calvescens (Rehder) H.Hara
「シーボルト日本植物図譜コレクション」小学館　2008
◇図2-84（カラー）　Viburnum opulus L.　シーボルト, フィリップ・フランツ・フォン監修　［ロシア科学アカデミーコマロフ植物学研究所図書館］ ※類集写真の絵.細部画と要素画は拓本技術で制作された.目録974 コレクションIV 598л-п/516

カンボク　Viburnum opulus var.calvescens
「花彙 下」八坂書房　1977
◇図106（白黒）　折傷木　小野蘭山, 島田充房 明和2（1765）　26.5×18.5　［国立公文書館・内閣文庫］

【き】

祈艾
「高松松平家所蔵 衆芳画譜 薬草 第二」香川県歴史博物館友の会博物図譜刊行会　2007
◇p81（カラー）　和名ヨモキ サシモクサ サセマクサ　松平頼恭 江戸時代　紙本著色 画帖装（折本形式）　33.0×48.2　［個人蔵］

キカラスウリ　Trichosanthes kirilowii Maximowicz var.japonica Kitamura
「薬用植物画譜」日本臨牀社　1985
◇図80（カラー）　刈米達夫解説, 小磯良平画 1971

キキョウ　Platycodon grandiflorum A.De Candolle
「薬用植物画譜」日本臨牀社　1985
◇図32（カラー）　刈米達夫解説, 小磯良平画 1971

キキョウ
「ボタニカルアートの薬草手帖」西日本新聞社　2014
◇p32（カラー）　Curtis

桔梗
「高松松平家所蔵 衆芳画譜 薬草 第二」香川県歴史博物館友の会博物図譜刊行会　2007
◇p22（カラー）　松平頼恭 江戸時代　紙本著色 画帖装（折本形式）　33.0×48.2　［個人蔵］

桔梗根
「高松松平家所蔵 衆芳画譜 薬草 第二」香川県歴史博物館友の会博物図譜刊行会　2007
◇p22（カラー）　松平頼恭 江戸時代　紙本著色 画帖装（折本形式）　33.0×48.2　［個人蔵］

キク
「ボタニカルアートの薬草手帖」西日本新聞社　2014
◇p34（カラー）　馬屋原操

菊葉 常山
「高松松平家所蔵 衆芳画譜 薬木 第三」香川県歴史博物館友の会博物図譜刊行会　2008
◇p35（カラー）　コクサギ　松平頼恭 江戸時代　紙本著色 画帖装（折本形式）　33.0×48.2　［個人蔵］

菊葉常山葉
「高松松平家所蔵 衆芳画譜 薬木 第三」香川県歴史博物館友の会博物図譜刊行会　2008
◇p35（カラー）　松平頼恭 江戸時代　紙本著色 画帖装（折本形式）　33.0×48.2　［個人蔵］

キササゲ　Catalpa ovata G.Don
「薬用植物画譜」日本臨牀社　1985
◇図38（カラー）　刈米達夫解説, 小磯良平画 1971

羊蹄
「高松松平家所蔵 衆芳画譜 薬木 第三」香川県歴史博物館友の会博物図譜刊行会　2008
◇p71（カラー）　俗称シフクサ　松平頼恭 江戸時代　紙本著色 画帖装（折本形式）　33.0×48.2　［個人蔵］

ギシギシ属の1種　Rumex sp.
「図説 ボタニカルアート」河出書房新社　2010
◇p11（カラー）　Lapathon　ディオスクリデス『薬物誌（ナポリ写本）』 7世紀

黄子 山査子
「高松松平家所蔵 衆芳画譜 薬木 第三」香川県歴史博物館友の会博物図譜刊行会　2008
◇p40（カラー）　松平頼恭 江戸時代　紙本著色 画帖装（折本形式）　33.0×48.2　［個人蔵］

キショウブ？　Iris？ pseudacorus
「図説 ボタニカルアート」河出書房新社　2010
◇p32（白黒）　シェーファー『ラテン本草』 1484

キダチアロエ
「ボタニカルアートの薬草手帖」西日本新聞社　2014
◇p116（カラー）　Step, Edward

キダチチョウセンアサガオ類
「ボタニカルアートの薬草手帖」西日本新聞社　2014
◇p73（カラー）　Datura sanguinea　Step,

Edward

キツネノテブクロ、別名ジギタリス Digitalis purpurea

「イングリッシュ・ガーデン」求龍堂　2014
◇図18（カラー）　エーレット, ゲオルク・ディオニシウス 18世紀中頃　グアッシュ ヴェラム　47.2×33.7 ［キュー王立植物園］

鬼督郵

「高松松平家所蔵 衆芳画譜 薬草 第二」香川県歴史博物館友の会博物図譜刊行会　2007
◇p54（カラー）　俗称ヤグルマ草　松平頼恭 江戸時代　紙本著色 画帖装（折本形式）　33.0×48.2 ［個人蔵］

キナ Cinchona succirubra Pavon

「薬用植物画譜」日本臨牀社　1985
◇図54（カラー）　刈米達夫解説, 小磯良平画 1971

キナ

「ボタニカルアートの薬草手帖」西日本新聞社 2014
◇p16（カラー）　Herfort, Schenk 1857

キハダ Phellodendron amurense

「花彙 下」八坂書房　1977
◇図153（白黒）　山層　小野蘭山, 島田充房 明和2（1765）　26.5×18.5 ［国立公文書館・内閣文庫］

キハダ Phellodendron amurense Ruprecht

「シーボルト日本植物図譜コレクション」小学館 2008
◇図2-38（カラー）　［Rutaceae］［日本人画家］画 ［1820～1826頃］　薄い半透明の和紙 白色塗料 透明の絵の具 墨　20.2×28.0 ［ロシア科学アカデミーコマロフ植物学研究所図書館］　※目録500 コレクションII［574］/270

「薬用植物画譜」日本臨牀社　1985
◇図93（カラー）　刈米達夫解説, 小磯良平画 1971

キボウホウロカイ Aloe africana

「花の王国 2」平凡社　1990
◇p33（カラー）　ヴァインマン『薬用植物図譜』 1736～48

キボウホウロカイ？ Aloe africana？

「花の王国 2」平凡社　1990
◇p32（カラー）　ヴァインマン『薬用植物図譜』 1736～48

木饅頭

「高松松平家所蔵 衆芳画譜 薬木 第三」香川県歴史博物館友の会博物図譜刊行会　2008
◇p26（カラー）　和名イタビカヅラノミ　松平頼恭 江戸時代　紙本著色 画帖装（折本形式）　33.0×48.2 ［個人蔵］

キャラウェイ Carum carvi

「ハーブとスパイス」八坂書房　1990
◇図11（カラー）　Caraway　ウッドヴィル, ウィリアム著, サワビー, ジェームズ画『薬用植物誌』 1790～1795　銅版手彩色 ［八坂書房］

キャラウェーの1種 Trachyspermum anni

「花の王国 2」平凡社　1990
◇p103（カラー）　ルメール, シャイトヴァイラー, ファン・ホーテ著, セヴェリン図『ヨーロッパの温室と庭園の花々』 1845～60　色刷り石版

牛遍

「高松松平家所蔵 衆芳画譜 薬木 第三」香川県歴史博物館友の会博物図譜刊行会　2008
◇p52（カラー）　和名タチマチクサ俗称ケンノシヤウコ　松平頼恭 江戸時代　紙本著色 画帖装（折本形式）　33.0×48.2 ［個人蔵］

キョウオウ Curcuma aromatica

「ウィリアム・カーティス 花図譜」同朋舎出版 1994
◇568図（カラー）　Aromatic Turmeric　エドワーズ, シデナム・ティースト画『カーティス・ボタニカル・マガジン』 1813

「花の王国 2」平凡社　1990
◇p108（カラー）　ショームトン他編, テュルパン, P.J.F.図『薬用植物事典』 1833～35

羌活

「高松松平家所蔵 衆芳画譜 薬草 第二」香川県歴史博物館友の会博物図譜刊行会　2007
◇p47（カラー）　別種 羌活　俗称ミツキサイ　松平頼恭 江戸時代　紙本著色 画帖装（折本形式） 33.0×48.2 ［個人蔵］

キョウチクトウ

「ボタニカルアートの薬草手帖」西日本新聞社 2014
◇p38（カラー）　Step, Edward

杏葉 沙参

「高松松平家所蔵 衆芳画譜 薬草 第二」香川県歴史博物館友の会博物図譜刊行会　2007
◇p20（カラー）　俗称フウリン草 ツリカ子草　松平頼恭 江戸時代　紙本著色 画帖装（折本形式） 33.0×48.2 ［個人蔵］

キランソウ

「ボタニカルアートの世界」朝日新聞社　1987
◇p111下（カラー）　仏座　西阿『馬医草紙』 1267 ［国立博物館］

豨薟

「高松松平家所蔵 衆芳画譜 薬草 第二」香川県歴史博物館友の会博物図譜刊行会　2007
◇p87（カラー）　和名メナモミ　松平頼恭 江戸時代　紙本著色 画帖装（折本形式）　33.0×48.2 ［個人蔵］

キンマ Piper betle

「花の王国 3」平凡社　1990
◇p92（カラー）　ショームトン他編, テュルパン, P.J.F.図『薬用植物事典』 1833～35

キンミズヒキ
「ボタニカルアートの世界」朝日新聞社　1987
◇p111上(カラー)　草王　西阿『馬医草紙』1267　[国立博物館]

キンランソウの1種　Ajuga sp.
「ビュフォンの博物誌」工作舎　1991
◇N114(カラー)『一般と個別の博物誌 ソンニーニ版』

【く】

狗棘
「高松松平家所蔵 衆芳画譜 薬木 第三」香川県歴史博物館友の会博物図譜刊行会　2008
◇p12(カラー)　俗称ハリクコ　松平頼恭 江戸時代　紙本著色 画帖装(折本形式)　33.0×48.2　[個人蔵]

クコ　Lycium barbarum
「植物精選百種図譜 博物画の至宝」平凡社　1996
◇pl.68(カラー)　Lycium　トレウ, C.J., エーレト, G.D. 1750〜73

クコ　Lycium chinense Miller
「薬用植物画譜」日本臨牀社　1985
◇図43(カラー)　刈米達夫解説, 小磯良平画 1971

枸杞
「高松松平家所蔵 衆芳画譜 薬木 第三」香川県歴史博物館友の会博物図譜刊行会　2008
◇p12(カラー)　和名ヌミクスリ又クコ　松平頼恭 江戸時代　紙本著色 画帖装(折本形式)　33.0×48.2　[個人蔵]

枸杞子
「高松松平家所蔵 衆芳画譜 薬木 第三」香川県歴史博物館友の会博物図譜刊行会　2008
◇p12(カラー)　松平頼恭 江戸時代　紙本著色 画帖装(折本形式)　33.0×48.2　[個人蔵]

クサギ　Clerodendrum trichotomum
「江戸博物文庫 花草の巻」工作舎　2017
◇p103(カラー)　臭木　岩崎灌園『本草図譜』[東京大学大学院理学系研究科附属植物園(小石川植物園)]

クサギ　Clerodendrum trichotomum Thunb.
「花の肖像 ボタニカルアートの名品と歴史」創土社　2006
◇fig.90(カラー)　宇田川榕菴画『シーボルト旧蔵日本植物図譜集コレクション』　1994

臭梧桐
「高松松平家所蔵 衆芳画譜 薬木 第三」香川県歴史博物館友の会博物図譜刊行会　2008
◇p36(カラー)　和名クサギ　松平頼恭 江戸時代　紙本著色 画帖装(折本形式)　33.0×48.2　[個人蔵]

クサノオウ　Chelidonium glaucium
「花の王国 2」平凡社　1990
◇p64(カラー)　ジョーム・サンティレール, H.『フランスの植物』 1805〜09　彩色銅版画

クサノオウ　Chelidonium majus
「図説 ボタニカルアート」河出書房新社　2010
◇p18(カラー)　フックス[フクシウス]『フックス本草稿本』 1536頃〜66　[オーストリア国立図書館]

「花の王国 2」平凡社　1990
◇p64(カラー)　ショームトン他編, テュルパン, P.J.F.図『薬用植物事典』 1833〜35

クサノオウ　Chelidonium majus L.
「花の肖像 ボタニカルアートの名品と歴史」創土社　2006
◇fig.06(カラー)　メイヤー, アルブレヒト画 16世紀中葉　[オーストリア国立図書館]

クサノオウ　Chelidonium majus var.asiaticum
「牧野富太郎植物画集」ミュゼ　1999
◇p54(白黒)　ケント紙 墨(毛筆)　13.7×19.4

クサノオウ
「ボタニカルアートの薬草手帖」西日本新聞社　2014
◇p48(カラー)　Chaumeton, François–Pierre

「花の王国 2」平凡社　1990
◇p17(カラー)　マッティオリ, P.『本草釈義図説』

クサボケ　Chaenomeles japonica
「花の王国 2」平凡社　1990
◇p44(カラー)　モリス, R., クラーク, W.図『華麗花卉図誌』 1826　手彩色銅版

苦参
「高松松平家所蔵 衆芳画譜 薬草 第二」香川県歴史博物館友の会博物図譜刊行会　2007
◇p49(カラー)　和名クラ、　松平頼恭 江戸時代　紙本著色 画帖装(折本形式)　33.0×48.2　[個人蔵]

クズ　Pueraria lobata
「花の王国 2」平凡社　1990
◇p50(カラー)　ビュショー, P.J.『動植鉱物百図 第1集(および第2集)』 1775〜81

クズ　Pueraria lobata Ohwi
「薬用植物画譜」日本臨牀社　1985
◇図102(カラー)　刈米達夫解説, 小磯良平画 1971

クズ
「ボタニカルアートの薬草手帖」西日本新聞社　2014
◇p101(カラー)　馬屋原操

「江戸の動植物図」朝日新聞社　1988
◇p35(カラー)　森野藤助『松山本草』　[森野旧薬園]

葛

「高松松平家所蔵 衆芳画譜 薬木 第三」香川県歴史博物館友の会博物図譜刊行会 2008
◇p57（カラー） 和名クズ 松平頼恭 江戸時代 紙本著色 画帖装（折本形式） 33.0×48.2 ［個人蔵］

クスノキ Cinnamomum camphora

「花の王国 2」平凡社 1990
◇p52（カラー） ロック, J., オカール原図『薬用植物誌』 1821

クスノキ Cinnamomum camphora Siebold

「薬用植物画譜」日本臨牀社 1985
◇図128（カラー） 刈米達夫解説, 小磯良平画 1971

狗脊

「高松松平家所蔵 衆芳画譜 薬草 第二」香川県歴史博物館友の会博物図譜刊行会 2007
◇p28（カラー） ゼンマイ 松平頼恭 江戸時代 紙本著色 画帖装（折本形式） 33.0×48.2 ［個人蔵］

狗脊根

「高松松平家所蔵 衆芳画譜 薬草 第二」香川県歴史博物館友の会博物図譜刊行会 2007
◇p29（カラー） 松平頼恭 江戸時代 紙本著色 画帖装（折本形式） 33.0×48.2 ［個人蔵］
「江戸名作画帖全集 8」駸々堂出版 1995
◇図65（カラー） 狗脊根・貫衆 松平頼恭編『写生画帖・衆芳画譜』 紙本着色 ［松平公益会］

クチナシ Gardenia jasminoides

「ウィリアム・カーティス 花図譜」同朋舎出版 1994
◇511図（カラー） Single-flowered Cape Jasmine ハーバート, ウィリアム画『カーティス・ボタニカル・マガジン』 1834
「花の王国 2」平凡社 1990
◇p36（カラー） 八重咲きのもの グリーン, T.『万有本草事典』 1816

クチナシ Gardenia jasminoides Ellis forma grandiflora Makino

「薬用植物画譜」日本臨牀社 1985
◇図56（カラー） 刈米達夫解説, 小磯良平画 1971

クチナシ Gardenia jasminoides var. grandiflora

「花彙 下」八坂書房 1977
◇図197（白黒） 白玉花 小野蘭山, 島田充房 明和2（1765） 26.5×18.5 ［国立公文書館・内閣文庫］

クチナシ

「ボタニカルアートの薬草手帖」西日本新聞社 2014
◇p17（カラー） Petermann
「江戸の動植物図」朝日新聞社 1988
◇p23（カラー） 松平頼恭, 三木文柳『衆芳画譜』 ［松平公益会］

クマツヅラ Verbena officinalis L.

「花の肖像 ボタニカルアートの名品と歴史」創土社 2006
◇fig.38（カラー） プラトニクス『Herbarium』 1462

クミン Cuminum cyminum

「花の王国 2」平凡社 1990
◇p100（カラー） ショームトン他編, テュルパン, P.J.F.図『薬用植物事典』 1833〜35
「ハーブとスパイス」八坂書房 1990
◇図12（カラー） Cuminum ウッドヴィル, ウィリアム著, サワビー, ジェームズ画『薬用植物誌』 1790〜1795 銅版手彩色 ［八坂書房］

グラウキウム・フラウム Glaucium flavum

「イングリッシュ・ガーデン」求龍堂 2014
◇図17（カラー） Chelidonium, Yellow horned poppy エーレット, ゲオルク・ディオニシウス 1764 水彩 ヴェラム 25.5×17.3 ［キュー王立植物園］

クラムヨモギ Artemisia kurramensis Quazilbash

「薬用植物画譜」日本臨牀社 1985
◇図26（カラー） 刈米達夫解説, 小磯良平画 1971

クララ Sophora angustifolia Siebold et Zuccarini

「薬用植物画譜」日本臨牀社 1985
◇図103（カラー） 刈米達夫解説, 小磯良平画 1971

クラリセージ Salvia horminum

「すごい博物画」グラフィック社 2017
◇図版52（カラー） トウガラシ、アマトウガラシ、ショウガ、クラリセージ マーシャル, アレクサンダー 1675〜82頃 水彩 45.8×34.1 ［ウィンザー城ロイヤル・ライブラリー］

クリスマスローズ Helleborus niger

「図説 ボタニカルアート」河出書房新社 2010
◇p19（カラー） マッティオリ『薬物誌』 1586

クリスマスローズ［広義］ Helleborus viridis

「図説 ボタニカルアート」河出書房新社 2010
◇p13（カラー）『植物誌（稿本）』 14世紀 ［ローマ・カザナテンセ図書館］

クレソン Nasturtium officinale

「花の王国 2」平凡社 1990
◇p81（カラー） ショームトン他編, テュルパン, P.J.F.図『薬用植物事典』 1833〜35
「ハーブとスパイス」八坂書房 1990
◇図13（カラー） Water cress ウッドヴィル, ウィリアム著, サワビー, ジェームズ画『薬用植物誌』 1790〜1795 銅版手彩色 ［八坂書房］

クレマチス

「ボタニカルアートの薬草手帖」西日本新聞社

2014
◇p40（カラー）　Step, Edward

クロガラシ　Brassica nigra
「花の王国 2」平凡社　1990
◇p77（カラー）　ルメール, シャイトヴァイラー, ファン・ホーテ著, セヴェリン図『ヨーロッパの温室と庭園の花々』　1845〜60　色刷り石版

クローブ　Syzygium aromaticum
「ハーブとスパイス」八坂書房　1990
◇図14（カラー）　Clove tree　ウッドヴィル, ウィリアム著, サワビー, ジェームズ画『薬用植物誌』　1790〜1795　銅版手彩色　［八坂書房］

クワ
「ボタニカルアートの薬草手帖」西日本新聞社　2014
◇p46（カラー）　Petermann

桑
「高松松平家所蔵 衆芳画譜 薬木 第三」香川県歴史博物館友の会博物図譜刊行会　2008
◇p13（カラー）　和名クワ　松平頼恭 江戸時代　紙本著色 画帖装（折本形式）　33.0×48.2　［個人蔵］

慈姑
「高松松平家所蔵 衆芳画譜 薬草 第二」香川県歴史博物館友の会博物図譜刊行会　2007
◇p50（カラー）　俗称ヒメカサユリ ハツユリ アマナ　松平頼恭 江戸時代　紙本著色 画帖装（折本形式）　33.0×48.2　［個人蔵］

桒葉 菩提樹
「高松松平家所蔵 衆芳画譜 薬木 第三」香川県歴史博物館友の会博物図譜刊行会　2008
◇p27（カラー）　松平頼恭 江戸時代　紙本著色 画帖装（折本形式）　33.0×48.2　［個人蔵］

【け】

荊芥
「高松松平家所蔵 衆芳画譜 薬草 第二」香川県歴史博物館友の会博物図譜刊行会　2007
◇p77（カラー）　松平頼恭 江戸時代　紙本著色 画帖装（折本形式）　33.0×48.2　［個人蔵］

荊三稜
「高松松平家所蔵 衆芳画譜 薬草 第二」香川県歴史博物館友の会博物図譜刊行会　2007
◇p73（カラー）　ミクリ　松平頼恭 江戸時代　紙本著色 画帖装（折本形式）　33.0×48.2　［個人蔵］

ケイトウ
「ボタニカルアートの薬草手帖」西日本新聞社　2014
◇p91（カラー）　Step, Edward

ケイヒ類
「ボタニカルアートの薬草手帖」西日本新聞社　2014
◇p43（カラー）　Petermann

ケシ　Papaver somniferum
「ビュフォンの博物誌」工作舎　1991
◇N138（カラー）『一般と個別の博物誌 ソンニーニ版』
「花の王国 2」平凡社　1990
◇p68（カラー）　ビュラール, P.編『フランス本草誌』　1780〜95　色刷り銅版
◇p69（カラー）　ジョーム・サンティレール, H.『フランスの植物』　1805〜09　彩色銅版画
◇p69（カラー）　ボタンシゲシ（Papaver paeoniflorium）　高木春山『本草図説』　？〜1852　［西尾市立図書館岩瀬文庫（愛知県）］
◇p69（カラー）　ベルトゥーフ『子供のための図誌』　1810
「ハーブとスパイス」八坂書房　1990
◇図15（カラー）　Poppy, Opium poppy　ウッドヴィル, ウィリアム著, サワビー, ジェームズ画『薬用植物誌』　1790〜1795　銅版手彩色　［八坂書房］
「ボタニカルアートの世界」朝日新聞社　1987
◇p28上（カラー）　ミュラー, W.画, Pabst, G.編『Köhler's Medizinal–Pflanzen第1巻』　1883〜1887
◇p45（カラー）　ディオスコリデス『Antike Heilkunst in Miniaturen des Wiener Dioskurides』　513　［ウィーン国立図書館］

ケシ　Papaver somniferum Linnaeus
「高木春山 本草図説 1」リブロポート　1988
◇図8（カラー）
◇図49〜51（カラー）
「薬用植物画譜」日本臨牀社　1985
◇図113（カラー）　刈米達夫解説, 小磯良平画　1971

ケシ
「ボタニカルアートの薬草手帖」西日本新聞社　2014
◇p49（カラー）　Step, Edward
「美花図譜」八坂書房　1991
◇図64（カラー）　ウエインマン『花譜』　1736〜1748　銅版刷手彩色　［群馬県館林市立図書館］
「花の王国 2」平凡社　1990
◇p57（カラー）『ウィーン写本 “Codex Vindobonensis”』
「江戸の動植物図」朝日新聞社　1988
◇p66（カラー）　飯沼慾斎『本草図譜』　［個人蔵］

ケジギタリス　Digitalis lanata
「ウィリアム・カーティス 花図譜」同朋舎出版　1994
◇530図（カラー）　Woolly–spiked Fox–glove　カーティス, ウィリアム『カーティス・ボタニカル・マガジン』　1808

ケジギタリス
「ボタニカルアートの薬草手帖」西日本新聞社　2014
◇p52（カラー）　Maund

月桂
「高松松平家所蔵 衆芳画譜 薬木 第三」香川県歴史博物館友の会博物図譜刊行会　2008
◇p18（カラー）　俗称ヤフニツケヒ ダモ タブ　松平頼恭 江戸時代　紙本著色 画帖装（折本形式）　33.0×48.2　［個人蔵］

ゲッケイジュ　Laurus nobilis
「図説 ボタニカルアート」河出書房新社　2010
◇p14（カラー）『健康指南（稿本）』　15世紀か？　［パリ国立図書館］
「花の王国 2」平凡社　1990
◇p116（カラー）　ショームトン他編, テュルパン, P.J.F.図『薬用植物事典』　1833～35

ケーパ　Capparis spinosa
「ビュフォンの博物誌」工作舎　1991
◇N140（カラー）『一般と個別の博物誌 ソンニーニ版』
「ハーブとスパイス」八坂書房　1990
◇図16（カラー）　Caper bush　ウッドヴィル, ウィリアム著, サワビー, ジェームズ画『薬用植物誌』　1790～1795　銅版手彩色　［八坂書房］

芫花
「高松松平家所蔵 衆芳画譜 薬木 第三」香川県歴史博物館友の会博物図譜刊行会　2008
◇p33（カラー）　俗称サツマフジ シゲンジ　松平頼恭 江戸時代　紙本著色 画帖装（折本形式）　33.0×48.2　［個人蔵］

牽牛子
「高松松平家所蔵 衆芳画譜 薬木 第三」香川県歴史博物館友の会博物図譜刊行会　2008
◇p55（カラー）　和名アサガホ　松平頼恭 江戸時代　紙本著色 画帖装（折本形式）　33.0×48.2　［個人蔵］

見腫消
「高松松平家所蔵 衆芳画譜 薬草 第二」香川県歴史博物館友の会博物図譜刊行会　2007
◇p99（カラー）　俗称スイセンソウ ハルコマ　松平頼恭 江戸時代　紙本著色 画帖装（折本形式）　33.0×48.2　［個人蔵］

拳参
「高松松平家所蔵 衆芳画譜 薬草 第二」香川県歴史博物館友の会博物図譜刊行会　2007
◇p56（カラー）　俗稱イブキトラノヲ　松平頼恭 江戸時代　紙本著色 画帖装（折本形式）　33.0×48.2　［個人蔵］

玄参
「高松松平家所蔵 衆芳画譜 薬草 第二」香川県歴史博物館友の会博物図譜刊行会　2007
◇p33（カラー）　松平頼恭 江戸時代　紙本著色 画帖装（折本形式）　33.0×48.2　［個人蔵］

玄参根
「高松松平家所蔵 衆芳画譜 薬草 第二」香川県歴史博物館友の会博物図譜刊行会　2007
◇p33（カラー）　松平頼恭 江戸時代　紙本著色 画帖装（折本形式）　33.0×48.2　［個人蔵］

ケンタウリウム
「花の王国 2」平凡社　1990
◇p111（カラー）『アプレイウス・プラトニクス写本』　1200頃

ゲンチアナ
「ボタニカルアートの薬草手帖」西日本新聞社　2014
◇p123（カラー）　Sweertius, E.　1620　本版画

げんのせうこ
「高松松平家博物図譜 写生画帖 雑草」香川県立ミュージアム　2013
◇p61（カラー）　松平頼恭 江戸時代　紙本著色 画帖装（折本形式）　33.2×48.4　［個人蔵］

ゲンノショウコ　Geranium nepalense Sweet
「薬用植物画譜」日本臨牀社　1985
◇図97（カラー）　刈米達夫解説, 小磯良平画　1971

ゲンノショウコ　Geranium thunbergii
「花彙 上」八坂書房　1977
◇図45（白黒）　牛扁　小野蘭山, 島田充房 明和2（1765）　26.5×18.5　［国立公文書館・内閣文庫］

ゲンノショウコ
「ボタニカルアートの薬草手帖」西日本新聞社　2014
◇p94（カラー）　Curtis
「彩色 江戸博物学集成」平凡社　1994
◇p27（カラー）　貝原益軒『大和本草諸品図』

枳椇
「高松松平家所蔵 衆芳画譜 薬草 第二」香川県歴史博物館友の会博物図譜刊行会　2007
◇p44（カラー）　俗称ケンポノナシ　松平頼恭 江戸時代　紙本著色 画帖装（折本形式）　33.0×48.2　［個人蔵］

【こ】

香薷
「高松松平家所蔵 衆芳画譜 薬草 第二」香川県歴史博物館友の会博物図譜刊行会　2007
◇p76（カラー）　松平頼恭 江戸時代　紙本著色 画帖装（折本形式）　33.0×48.2　［個人蔵］

楮
「高松松平家所蔵 衆芳画譜 薬木 第三」香川県歴史博物館友の会博物図譜刊行会　2008
◇p36（カラー）　和名カウソ　松平頼恭 江戸時代　紙本著色 画帖装（折本形式）　33.0×48.2　［個人蔵］

江南大青
「高松松平家所蔵 衆芳画譜 薬草 第二」香川県歴史博物館友の会博物図譜刊行会　2007
◇p85(カラー)　松平頼恭 江戸時代　紙本著色 画帖装(折本形式)　33.0×48.2　[個人蔵]

香附子
「高松松平家所蔵 衆芳画譜 薬草 第二」香川県歴史博物館友の会博物図譜刊行会　2007
◇p74(カラー)　ヤカラ　松平頼恭 江戸時代　紙本著色 画帖装(折本形式)　33.0×48.2　[個人蔵]

茳芒決明
「高松松平家所蔵 衆芳画譜 薬草 第二」香川県歴史博物館友の会博物図譜刊行会　2007
◇p93(カラー)　俗稱センダイハギ　松平頼恭 江戸時代　紙本著色 画帖装(折本形式)　33.0×48.2　[個人蔵]

厚朴
「高松松平家所蔵 衆芳画譜 薬木 第三」香川県歴史博物館友の会博物図譜刊行会　2008
◇p24(カラー)　和名ホウカシワノキ俗称ホウノキ 松平頼恭 江戸時代　紙本著色 画帖装(折本形式)　33.0×48.2　[個人蔵]

厚朴實
「高松松平家所蔵 衆芳画譜 薬木 第三」香川県歴史博物館友の会博物図譜刊行会　2008
◇p25(カラー)　松平頼恭 江戸時代　紙本著色 画帖装(折本形式)　33.0×48.2　[個人蔵]

コウホネ　Nuphar japonicum De Candolle
「薬用植物画譜」日本臨牀社　1985
◇図120(カラー)　刈米達夫解説, 小磯良平画 1971

コウホネ
「ボタニカルアートの薬草手帖」西日本新聞社 2014
◇p62(カラー)　Petermann

香蒲蒲黄
「高松松平家所蔵 衆芳画譜 薬木 第三」香川県歴史博物館友の会博物図譜刊行会　2008
◇p73(カラー)　和名ガマ　松平頼恭 江戸時代 紙本著色 画帖装(折本形式)　33.0×48.2　[個人蔵]

藁本花
「高松松平家所蔵 衆芳画譜 薬草 第二」香川県歴史博物館友の会博物図譜刊行会　2007
◇p60(カラー)　松平頼恭 江戸時代　紙本著色 画帖装(折本形式)　33.0×48.2　[個人蔵]

コエンドロ(コリアンダー)
「ボタニカルアートの薬草手帖」西日本新聞社 2014
◇p64(カラー)　作者不詳 年代不詳

コカ　Erythroxylon novogranatense Hieronymus
「薬用植物画譜」日本臨牀社　1985
◇図96(カラー)　刈米達夫解説, 小磯良平画 1971

五加
「高松松平家所蔵 衆芳画譜 薬木 第三」香川県歴史博物館友の会博物図譜刊行会　2008
◇p19(カラー)　和名ムコキ　松平頼恭 江戸時代 紙本著色 画帖装(折本形式)　33.0×48.2　[個人蔵]

コガネバナ　Scutellaria baicalensis Georgi
「薬用植物画譜」日本臨牀社　1985
◇図51(カラー)　刈米達夫解説, 小磯良平画 1971

五加葉 黄蓮
「高松松平家所蔵 衆芳画譜 薬草 第二」香川県歴史博物館友の会博物図譜刊行会　2007
◇p41(カラー)　松平頼恭 江戸時代　紙本著色 画帖装(折本形式)　33.0×48.2　[個人蔵]

コクショクトコン　Cephaelis emetica
「花の王国 2」平凡社　1990
◇p22(カラー)　ショームトン他編, テュルパン, P.J.F.図『薬用植物事典』 1833〜35

黒點人彡
「高松松平家所蔵 衆芳画譜 薬草 第二」香川県歴史博物館友の会博物図譜刊行会　2007
◇p15(カラー)　松平頼恭 江戸時代　紙本著色 画帖装(折本形式)　33.0×48.2　[個人蔵]

ココヤシの1種?　Cocos botryophora
「花の王国 2」平凡社　1990
◇p113(カラー)　ルメール, ch.『園芸図譜誌』 1854〜86

ゴシュユ　Evodia rutaecarpa Hooker fil.et Thomson
「薬用植物画譜」日本臨牀社　1985
◇図92(カラー)　刈米達夫解説, 小磯良平画 1971

呉茱萸
「高松松平家所蔵 衆芳画譜 薬木 第三」香川県歴史博物館友の会博物図譜刊行会　2008
◇p22(カラー)　和名カワハジカミ　松平頼恭 江戸時代　紙本著色 画帖装(折本形式)　33.0×48.2　[個人蔵]

コショウ　Piper nigrum
「花の王国 2」平凡社　1990
◇p78(カラー)　ショームトン他編, テュルパン, P.J.F.図『薬用植物事典』 1833〜35
「ハーブとスパイス」八坂書房　1990
◇図17(カラー)　Pepper　ウッドヴィル, ウィリアム著, サワビー, ジェームズ画『薬用植物誌』 1790〜1795　銅版手彩色　[八坂書房]
「ボタニカルアートの世界」朝日新聞社　1987
◇p57右下(カラー)　エーレット画『Phytanthoza Iconographia』 1737〜45

コショウ
「ボタニカルアートの薬草手帖」西日本新聞社 2014
◇p51（カラー）　Petermann
「美花図譜」八坂書房　1991
◇図65（カラー）　ウエインマン『花譜』 1736～1748　銅版刷手彩色　［群馬県館林市立図書館］
「カーティスの植物図譜」エンタプライズ　1987
◇図3139（カラー）　Common Pepper『カーティスのボタニカルマガジン』 1787～1887

コタニワタリ　Phyllitis scolopendrium
「図説 ボタニカルアート」河出書房新社　2010
◇p15（カラー）『本草注解（稿本）』 1520～30 ［パリ国立図書館］

コーヒーノキ　Coffea arabica Linnaeus
「薬用植物画譜」日本臨牀社　1985
◇図55（カラー）　刈米達夫解説, 小磯良平画 1971

コブシ　Magnolia kobus De Candolle
「薬用植物画譜」日本臨牀社　1985
◇図131（カラー）　刈米達夫解説, 小磯良平画 1971

コブシ
「彩色 江戸博物学集成」平凡社　1994
◇p138（カラー）　辛夷　島津重豪『質問本草（玉里本）』 ［鹿児島大学図書館］

辛夷
「高松松平家所蔵 衆芳画譜 薬木 第三」香川県歴史博物館友の会博物図譜刊行会　2008
◇p12（カラー）　俗称姫コブシ　松平頼恭 江戸時代　紙本著色 画帖装（折本形式） 33.0×48.2 ［個人蔵］
◇p23（カラー）　俗称八重コブシ　松平頼恭 江戸時代　紙本著色 画帖装（折本形式） 33.0×48.2 ［個人蔵］

辛夷子
「高松松平家所蔵 衆芳画譜 薬木 第三」香川県歴史博物館友の会博物図譜刊行会　2008
◇p23（カラー）　コフシノ實　松平頼恭 江戸時代 紙本著色 画帖装（折本形式） 33.0×48.2 ［個人蔵］

ゴマ　Sesamum indicum
「ビュフォンの博物誌」工作舎　1991
◇N121（カラー）『一般と個別の博物誌 ソンニーニ版』

ゴマ　Sesamum indicum Linnaeus
「薬用植物画譜」日本臨牀社　1985
◇図37（カラー）　刈米達夫解説, 小磯良平画 1971

コメナモミ　Siegesbeckia glabrescens
「花彙 上」八坂書房　1977
◇図59（白黒）　希賢艸　小野蘭山, 島田充房 明和2（1765） 26.5×18.5 ［国立公文書館・内閣文庫］

コリアンダー　Coriandrum sativum
「花の王国 2」平凡社　1990
◇p110（カラー）　ルメール, シャイトヴァイラー, ファン・ホーテ著, セヴェリン図『ヨーロッパの温室と庭園の花々』 1845～60　色刷り石版
「ハーブとスパイス」八坂書房　1990
◇図18（カラー）　Coriander　ウッドヴィル, ウィリアム著, サワビー, ジェームズ画『薬用植物誌』 1790～1795　銅版手彩色 ［八坂書房］

コリアンダー
⇒コエンドロ（コリアンダー）を見よ

コリダリス
「ボタニカルアートの薬草手帖」西日本新聞社 2014
◇p50（カラー）　Curtis

コロシントウリ
「ボタニカルアートの薬草手帖」西日本新聞社 2014
◇p27（カラー）　作者不詳 年代不詳

コロハ　Trigonella foenum-graecum
「花の王国 2」平凡社　1990
◇p105（カラー）　ルメール, シャイトヴァイラー, ファン・ホーテ著, セヴェリン図『ヨーロッパの温室と庭園の花々』 1845～60　色刷り石版
「花彙 上」八坂書房　1977
◇図78（白黒）　腎曹都尉　小野蘭山, 島田充房 明和2（1765） 26.5×18.5 ［国立公文書館・内閣文庫］

ゴンズイ　Euscaphis japonica
「花の王国 2」平凡社　1990
◇p39（カラー）　シーボルト, P.F.フォン『日本植物誌』 1835～70

コンフリー
「花の王国 2」平凡社　1990
◇p8（白黒）　アプレイウス・プラトニクス『薬物誌』
◇p10（白黒）　ブルンフェルス『本草生写図譜』

【さ】

サイカチ　Gleditschia japonica Miquel
「薬用植物画譜」日本臨牀社　1985
◇図100（カラー）　刈米達夫解説, 小磯良平画 1971

皂莢
「高松松平家所蔵 衆芳画譜 薬木 第三」香川県歴史博物館友の会博物図譜刊行会　2008
◇p43（カラー）　松平頼恭 江戸時代　紙本著色 画帖装（折本形式） 33.0×48.2 ［個人蔵］

サイコ
「ボタニカルアートの薬草手帖」西日本新聞社 2014

◇p65（カラー）　作者不詳 年代不詳
◇p65（カラー）　Sowerby

細辛
「高松松平家所蔵 衆芳画譜 薬草 第二」香川県歴史博物館友の会博物図譜刊行会　2007
◇p53（カラー）　和名アオ井クサ モロハクサ ミラノ子クサ ヒキノヒタイクサ　松平頼恭 江戸時代 紙本著色 画帖装（折本形式） 33.0×48.2 ［個人蔵］

サガリバナ
「彩色 江戸博物学集成」平凡社　1994
◇p139（カラー）　島津重豪『質問本草（薩摩府学版）』［岩瀬文庫］

ザクロ　Punica granatum
「花の王国 2」平凡社　1990
◇p123（カラー）　ヴァインマン『薬用植物図譜』1736～48

ザクロ　Punica granatum Linnaeus
「薬用植物画譜」日本臨牀社　1985
◇図77（カラー）　刈米達夫解説, 小磯良平画 1971

ザクロ
「ボタニカルアートの薬草手帖」西日本新聞社　2014
◇p53（カラー）　Step, Edward

石榴
「高松松平家所蔵 衆芳画譜 薬木 第三」香川県歴史博物館友の会博物図譜刊行会　2008
◇p31（カラー）　花ザクロ　松平頼恭 江戸時代 紙本著色 画帖装（折本形式） 33.0×48.2 ［個人蔵］

ササユリ　Lilium japonicum Thunberg
「薬用植物画譜」日本臨牀社　1985
◇図20（カラー）　刈米達夫解説, 小磯良平画 1971

サザンカ
「江戸の動植物図」朝日新聞社　1988
◇p35（カラー）　森野藤助『松山本草』［森野旧薬園］

サジ
「ボタニカルアートの薬草手帖」西日本新聞社　2014
◇p44（カラー）　Sowerby

サジオモダカ　Alisma orientale
「花の王国 2」平凡社　1990
◇p27（カラー）　ビュショー, P.J.『動植鉱物百図 第1集（および第2集）』 1775～81

サジオモダカ　Alisma plantago–aquatica Linnaeus var.orientale Samuelsson
「薬用植物画譜」日本臨牀社　1985
◇図25（カラー）　刈米達夫解説, 小磯良平画 1971

南五味子
「高松松平家所蔵 衆芳画譜 薬木 第三」香川県歴史博物館友の会博物図譜刊行会　2008
◇p54（カラー）　和名サ子カヅラ俗称ビナンカツラ　松平頼恭 江戸時代　紙本著色 画帖装（折本形式） 33.0×48.2 ［個人蔵］

サフラン　Crocus sativus
「美花選［普及版］」河出書房新社　2016
◇図63（カラー）　Crocus sativus/Safran cultivé　ルドゥーテ, ピエール＝ジョゼフ画 1827～1833 ［コノサーズ・コレクション東京］
「花の王国 2」平凡社　1990
◇p95（カラー）　ビュラール, P.編『フランス本草誌』 1780～95　色刷り銅版
「ハーブとスパイス」八坂書房　1990
◇図19（カラー）　Saffron　ウッドヴィル, ウィリアム著, サワビー, ジェームズ画『薬用植物誌』 1790～1795　銅版手彩色 ［八坂書房］
「ボタニカルアートの世界」朝日新聞社　1987
◇p53左（白黒）『Stirpium historiae』 1616
◇p57左（カラー）　エーレット画『Phytanthoza Iconographia』 1737～45

サフラン　Crocus sativus Linnaeus
「薬用植物画譜」日本臨牀社　1985
◇図9（カラー）　刈米達夫解説, 小磯良平画 1971

サフラン
「ボタニカルアートの薬草手帖」西日本新聞社　2014
◇p21（カラー）　Turpin
「彩色 江戸博物学集成」平凡社　1994
◇p286（カラー）　蘭画ウエイマン　岩崎灌園『草木図説』［東京国立博物館］
「美花図譜」八坂書房　1991
◇図33（カラー）　ウエインマン『花譜』 1736～1748　銅版刷手彩色 ［群馬県館林市立図書館］
「ユリ科植物図譜 1」学習研究社　1988
◇図46・47（カラー）　Crocus sativus　ルドゥーテ, ピエール＝ジョセフ 1802～1815

サフラン（ヤクヨウサフラン）　Crocus sativus L.
「花の肖像 ボタニカルアートの名品と歴史」創土社　2006
◇fig.60（カラー）　エーレット画, ウェインマン『美花選』 1737～1745

サボンソウ　Saponaria officinalis
「ビュフォンの博物誌」工作舎　1991
◇N142（カラー）『一般と個別の博物誌 ソンニーニ版』

サボンソウ　Saponaria officinalis Linnaeus
「薬用植物画譜」日本臨牀社　1985
◇図135（カラー）　刈米達夫解説, 小磯良平画 1971

サラシナショウマの1種　Cimicifuga foetida
「花の王国 2」平凡社　1990
◇p42（カラー）　ビュショー, P.J.『動植鉱物百図 第1集（および第2集）』　1775〜81

サルトリイバラ　Smilax china Linnaeus
「薬用植物画譜」日本臨牀社　1985
◇図24（カラー）　刈米達夫解説, 小磯良平画 1971

サルトリイバラ類
「ボタニカルアートの薬草手帖」西日本新聞社 2014
◇p117（カラー）　Chaumeton, François–Pierre

澤漆
「高松松平家所蔵 衆芳画譜 薬草 第二」香川県歴史博物館友の会博物図譜刊行会　2007
◇p105（カラー）　俗稱トウタイクサ　松平賴恭 江戸時代　紙本著色 画帖装（折本形式）　33.0×48.2 ［個人蔵］

澤蘭
「高松松平家所蔵 衆芳画譜 薬草 第二」香川県歴史博物館友の会博物図譜刊行会　2007
◇p76（カラー）　和名サワアラヽキ アカマクサ　松平賴恭 江戸時代　紙本著色 画帖装（折本形式）　33.0×48.2　［個人蔵］

山楂子
「高松松平家所蔵 衆芳画譜 薬木 第三」香川県歴史博物館友の会博物図譜刊行会　2008
◇p14（カラー）　松平賴恭 江戸時代　紙本著色 画帖装（折本形式）　33.0×48.2　［個人蔵］

山慈姑
「高松松平家所蔵 衆芳画譜 薬草 第二」香川県歴史博物館友の会博物図譜刊行会　2007
◇p50（カラー）　俗称キツ子ノカミソリ　松平賴恭 江戸時代　紙本著色 画帖装（折本形式）　33.0×48.2　［個人蔵］

山梔子
「高松松平家所蔵 衆芳画譜 薬木 第三」香川県歴史博物館友の会博物図譜刊行会　2008
◇p21（カラー）　和名クチナシ　松平賴恭 江戸時代　紙本著色 画帖装（折本形式）　33.0×48.2 ［個人蔵］

山梔子葉
「高松松平家所蔵 衆芳画譜 薬木 第三」香川県歴史博物館友の会博物図譜刊行会　2008
◇p21（カラー）　松平賴恭 江戸時代　紙本著色 画帖装（折本形式）　33.0×48.2　［個人蔵］

三七
「高松松平家所蔵 衆芳画譜 薬草 第二」香川県歴史博物館友の会博物図譜刊行会　2007
◇p39（カラー）　松平賴恭 江戸時代　紙本著色 画帖装（折本形式）　33.0×48.2　［個人蔵］

三七花
「高松松平家所蔵 衆芳画譜 薬草 第二」香川県歴史博物館友の会博物図譜刊行会　2007
◇p39（カラー）　松平賴恭 江戸時代　紙本著色 画帖装（折本形式）　33.0×48.2　［個人蔵］

三七根
「高松松平家所蔵 衆芳画譜 薬草 第二」香川県歴史博物館友の会博物図譜刊行会　2007
◇p40（カラー）　松平賴恭 江戸時代　紙本著色 画帖装（折本形式）　33.0×48.2　［個人蔵］

サンシュユ　Cornus officinalis
「花の王国 2」平凡社　1990
◇p45（カラー）　ビュショー, P.J.『動植鉱物百図 第1集（および第2集）』　1775〜81

サンシュユ　Cornus officinalis Siebold et Zuccarini
「シーボルト「フローラ・ヤポニカ」日本植物誌」八坂書房　2000
◇図50（カラー）　［国立国会図書館］
「薬用植物画譜」日本臨牀社　1985
◇図75（カラー）　刈米達夫解説, 小磯良平画 1971

サンシュユ
「彩色 江戸博物学集成」平凡社　1994
◇p139（カラー）　島津重豪『質問本草（薩摩府学版）』　［岩瀬文庫］

山茱萸
「高松松平家所蔵 衆芳画譜 薬木 第三」香川県歴史博物館友の会博物図譜刊行会　2008
◇p28（カラー）　松平賴恭 江戸時代　紙本著色 画帖装（折本形式）　33.0×48.2　［個人蔵］

山茱萸實
「高松松平家所蔵 衆芳画譜 薬木 第三」香川県歴史博物館友の会博物図譜刊行会　2008
◇p28（カラー）　松平賴恭 江戸時代　紙本著色 画帖装（折本形式）　33.0×48.2　［個人蔵］

サンショウ類
「ボタニカルアートの薬草手帖」西日本新聞社 2014
◇p102（カラー）　Petermann

山豆根
「高松松平家所蔵 衆芳画譜 薬木 第三」香川県歴史博物館友の会博物図譜刊行会　2008
◇p64（カラー）　松平賴恭 江戸時代　紙本著色 画帖装（折本形式）　33.0×48.2　［個人蔵］

酸棗仁
「高松松平家所蔵 衆芳画譜 薬木 第三」香川県歴史博物館友の会博物図譜刊行会　2008
◇p42（カラー）　俗称マルナツメ　松平賴恭 江戸時代　紙本著色 画帖装（折本形式）　33.0×48.2 ［個人蔵］

ザントクシルム・ニティドゥム
Zanthoxylum bungei
「ウィリアム・カーティス 花図譜」同朋舎出版 1994

◇517図（カラー）　Shining-leaved Zanthoxylum　カーティス, ウィリアム『カーティス・ボタニカル・マガジン』 1825

【し】

シオノキ　Halimodendron halodendron
「ウィリアム・カーティス 花図譜」同朋舎出版　1994
◇303図（カラー）　Salt-tree Robinia　エドワーズ, シデナム・ティースト画『カーティス・ボタニカル・マガジン』 1807

紫菀
「高松松平家所蔵 衆芳画譜 薬草 第二」香川県歴史博物館友の会博物図譜刊行会　2007
◇p90（カラー）　和名シヲニ ヲニノシコクサ ノシ　松平頼恭 江戸時代　紙本著色 画帖装（折本形式） 33.0×48.2 ［個人蔵］

ジギタリス　Digitalis ferruginea
「花の王国 2」平凡社　1990
◇p20（カラー）　ショームトン他編, テュルパン, P.J.F.図『薬用植物事典』 1833～35

ジギタリス　Digitalis grandiflora
「花の王国 2」平凡社　1990
◇p20（カラー）　ロック, J., オカール原図『薬用植物誌』 1821

ジギタリス　Digitalis mertonensis
「花の王国 2」平凡社　1990
◇p21（カラー）　ベスラー, B.『アイヒシュタットの庭』 1713

ジギタリス　Digitalis purpurea
「ビュフォンの博物誌」工作舎　1991
◇N116（カラー）『一般と個別の博物誌 ソンニーニ版』
「花の王国 2」平凡社　1990
◇p20（カラー）　ロック, J., オカール原図『薬用植物誌』 1821
◇p20（カラー）　ショームトン他編, テュルパン, P.J.F.図『薬用植物事典』 1833～35
◇p21（カラー）　ベスラー, B.『アイヒシュタットの庭』 1713

ジギタリス　Digitalis purpurea Linnaeus
「薬用植物画譜」日本臨牀社　1985
◇図39（カラー）　刈米達夫解説, 小磯良平画 1971

ジギタリス
「美花図譜」八坂書房　1991
◇図37（カラー）　ウエインマン『花譜』 1736～1748　銅版刷手彩色 ［群馬県館林市立図書館］
「花の王国 2」平凡社　1990
◇p75（カラー）『本草誌』 1510～20

ジギタリス
⇒キツネノテブクロ、別名ジギタリスを見よ

シクンシ　Quisqualis indica
「花彙 下」八坂書房　1977
◇図101（白黒）　留求子花　小野蘭山, 島田充房　明和2（1765）　26.5×18.5 ［国立公文書館・内閣文庫］

シクンシ　Quisqualis indica L.
「岩崎灌園の草花写生」たにぐち書店　2013
◇p92（カラー）　使君子 ［個人蔵］
「シーボルト日本植物図譜コレクション」小学館　2008
◇図3-40（カラー）　Quisqualis sinensis Lindl.　川原慶賀画　紙 透明・白色顔料入り絵の具 墨 23.9×33.3 ［ロシア科学アカデミーコマロフ植物学研究所図書館］ ※目録612 コレクションIV 329/416

シクンシ　Quisqualis indica Linnaeus var. villosa Clarke
「薬用植物画譜」日本臨牀社　1985
◇図76（カラー）　刈米達夫解説, 小磯良平画 1971

使君子
「高松松平家所蔵 衆芳画譜 薬木 第三」香川県歴史博物館友の会博物図譜刊行会　2008
◇p34（カラー）　松平頼恭 江戸時代　紙本著色 画帖装（折本形式） 33.0×48.2 ［個人蔵］

紫荊
「高松松平家所蔵 衆芳画譜 薬木 第三」香川県歴史博物館友の会博物図譜刊行会　2008
◇p11（カラー）　俗称ハナスヲウ　松平頼恭 江戸時代　紙本著色 画帖装（折本形式） 33.0×48.2 ［個人蔵］

紫参
「高松松平家所蔵 衆芳画譜 薬草 第二」香川県歴史博物館友の会博物図譜刊行会　2007
◇p36（カラー）　ヲキツソウ　松平頼恭 江戸時代　紙本著色 画帖装（折本形式） 33.0×48.2 ［個人蔵］

シソ　Perilla frutescens Britton var.crispa Decaisne
「薬用植物画譜」日本臨牀社　1985
◇図49（カラー）　刈米達夫解説, 小磯良平画 1971

紫蘓
「高松松平家所蔵 衆芳画譜 薬草 第二」香川県歴史博物館友の会博物図譜刊行会　2007
◇p78（カラー）　チリメン草　松平頼恭 江戸時代　紙本著色 画帖装（折本形式） 33.0×48.2 ［個人蔵］

蒺藜
「高松松平家所蔵 衆芳画譜 薬草 第二」香川県歴史博物館友の会博物図譜刊行会　2007
◇p98（カラー）　和名ハマビシ　松平頼恭 江戸時代　紙本著色 画帖装（折本形式） 33.0×48.2

［個人蔵］

シナモン Cinnamomum cassia

「花の王国 2」平凡社 1990

◇p85（カラー） ルメール, シャイトヴァイラー, ファン・ホーテ著, セヴェリン図『ヨーロッパの温室と庭園の花々』 1845～60 色刷り石版

シナモン Cinnamomum verum

「花の王国 2」平凡社 1990

◇p85（カラー） ショームトン他編, テュルパン, P.J.F.図『薬用植物事典』 1833～35

「ハーブとスパイス」八坂書房 1990

◇図20（カラー） Cinnamon ウッドヴィル, ウィリアム著, サワビー, ジェームズ画『薬用植物誌』 1790～1795 銅版手彩色 ［八坂書房］

シマカンギク Chrysanthemum indicum Linnaeus

「薬用植物画譜」日本臨牀社 1985

◇図30（カラー） 刈米達夫解説, 小磯良平画 1971

射干

「高松松平家所蔵 衆芳画譜 薬木 第三」香川県歴史博物館友の会博物図譜刊行会 2008

◇p52（カラー） 和名カラスヲヽギ俗稱ヒヲヽギ 松平頼恭 江戸時代 紙本著色 画帖装（折本形式） 33.0×48.2 ［個人蔵］

シャク Anthriscus silvestris

「花の王国 2」平凡社 1990

◇p104（カラー） ルメール, シャイトヴァイラー, ファン・ホーテ著, セヴェリン図『ヨーロッパの温室と庭園の花々』 1845～60 色刷り石版

シャクヤク Paeonia lactiflora Pallas

「薬用植物画譜」日本臨牀社 1985

◇図116（カラー） 刈米達夫解説, 小磯良平画 1971

シャクヤク

「ボタニカルアートの薬草手帖」西日本新聞社 2014

◇p97（カラー） 白花・八重 Maund

◇p97（カラー） Step, Edward

芍薬根

「高松松平家所蔵 衆芳画譜 薬草 第二」香川県歴史博物館友の会博物図譜刊行会 2007

◇p62（カラー） 松平頼恭 江戸時代 紙本著色 画帖装（折本形式） 33.0×48.2 ［個人蔵］

ジャスミン Jasminum sambac

「花の王国 2」平凡社 1990

◇p87（カラー） カー, Ch.『中国産植物図譜』 1821 手彩色石版

ジャノヒゲ Ophiopogon japonicus Ker-Gawler

「薬用植物画譜」日本臨牀社 1985

◇図21（カラー） 刈米達夫解説, 小磯良平画 1971

縮砂

「高松松平家所蔵 衆芳画譜 薬草 第二」香川県歴史博物館友の会博物図譜刊行会 2007

◇p69（カラー） 俗称クマタケラン 松平頼恭 江戸時代 紙本著色 画帖装（折本形式） 33.0×48.2 ［個人蔵］

ジュズダマ

「江戸の動植物図」朝日新聞社 1988

◇p33（カラー） 森野藤助『松山本草』 ［森野旧薬園］

ジュニパー Juniperus communis

「ハーブとスパイス」八坂書房 1990

◇図21（カラー） Juniper ウッドヴィル, ウィリアム著, サワビー, ジェームズ画『薬用植物誌』 1790～1795 銅版手彩色 ［八坂書房］

シュロソウ Veratrum nigrum

「花彙 上」八坂書房 1977

◇図28（白黒） 藜蘆 小野蘭山, 島田充房 明和2（1765） 26.5×18.5 ［国立公文書館・内閣文庫］

シュロソウ

「ボタニカルアートの薬草手帖」西日本新聞社 2014

◇p118（カラー） Bulliard, Pierre 1780年代

藜蘆

「高松松平家所蔵 衆芳画譜 薬草 第二」香川県歴史博物館友の会博物図譜刊行会 2007

◇p107（カラー） 日光蘭 シユロ草 松平頼恭 江戸時代 紙本著色 画帖装（折本形式） 33.0×48.2 ［個人蔵］

藜蘆花

「高松松平家所蔵 衆芳画譜 薬草 第二」香川県歴史博物館友の会博物図譜刊行会 2007

◇p107（カラー） 松平頼恭 江戸時代 紙本著色 画帖装（折本形式） 33.0×48.2 ［個人蔵］

ショウガ Zingiber officinale

「花の王国 2」平凡社 1990

◇p76（カラー） ショームトン他編, テュルパン, P.J.F.図『薬用植物事典』 1833～35

ショウガ Zingiber officinalis

「すごい博物画」グラフィック社 2017

◇図版52（カラー） トウガラシ、アマトウガラシ、ショウガ、クラリセージ マーシャル, アレクサンダー 1675～82頃 水彩 45.8×34.1 ［ウィンザー城ロイヤル・ライブラリー］

ショウガ Zingiber officinalis Roscoe

「薬用植物画譜」日本臨牀社 1985

◇図5（カラー） 刈米達夫解説, 小磯良平画 1971

ショウガ

「ボタニカルアートの薬草手帖」西日本新聞社 2014

◇p58（カラー） Petermann

ショウブ　Acorus calamus Linnaeus var. angustatus Besser
「薬用植物画譜」日本臨牀社　1985
◇図6（カラー）　刈米達夫解説, 小磯良平画 1971

ショウブ
「ボタニカルアートの薬草手帖」西日本新聞社　2014
◇p54（カラー）　Turpin

升麻
「高松松平家所蔵 衆芳画譜 薬草 第二」香川県歴史博物館友の会博物図譜刊行会　2007
◇p48（カラー）　俗稱アワボ　松平頼恭 江戸時代　紙本著色 画帖装（折本形式）　33.0×48.2 ［個人蔵］

ショウヨウダイオウ　Rheum palmatum
「花の王国 2」平凡社　1990
◇p23（カラー）　掌葉大黄　ショームトン他編, テュルパン, P.J.F.図『薬用植物事典』 1833～35

商陸
「高松松平家所蔵 衆芳画譜 薬草 第二」香川県歴史博物館友の会博物図譜刊行会　2007
◇p102（カラー）　俗稱山ゴボウ　松平頼恭 江戸時代　紙本著色 画帖装（折本形式） 33.0×48.2 ［個人蔵］

蜀椒
「高松松平家所蔵 衆芳画譜 薬木 第三」香川県歴史博物館友の会博物図譜刊行会　2008
◇p15（カラー）　和名アサクラサンセウ　松平頼恭 江戸時代　紙本著色 画帖装（折本形式） 33.0×48.2 ［個人蔵］

蜀羊泉
「高松松平家所蔵 衆芳画譜 薬草 第二」香川県歴史博物館友の会博物図譜刊行会　2007
◇p92（カラー）　俗称ホロシ カウカヅラ　松平頼恭 江戸時代　紙本著色 画帖装（折本形式） 33.0×48.2 ［個人蔵］

ショクヨウダイオウ　Rheum rhaponicum
「花の王国 2」平凡社　1990
◇p23（カラー）　ショームトン他編, テュルパン, P.J.F.図『薬用植物事典』 1833～35

徐長郷
「高松松平家所蔵 衆芳画譜 薬草 第二」香川県歴史博物館友の会博物図譜刊行会　2007
◇p55（カラー）　俗稱スヾサイコ　松平頼恭 江戸時代　紙本著色 画帖装（折本形式） 33.0×48.2 ［個人蔵］

シラン　Bletilla striata Reichenbach fil.
「薬用植物画譜」日本臨牀社　1985
◇図1（カラー）　刈米達夫解説, 小磯良平画 1971

白及
「高松松平家所蔵 衆芳画譜 薬草 第二」香川県歴史博物館友の会博物図譜刊行会　2007
◇p38（カラー）　俗称シラン シケヒ　松平頼恭 江戸時代　紙本著色 画帖装（折本形式） 33.0×48.2 ［個人蔵］

白及根
「高松松平家所蔵 衆芳画譜 薬草 第二」香川県歴史博物館友の会博物図譜刊行会　2007
◇p38（カラー）　松平頼恭 江戸時代　紙本著色 画帖装（折本形式） 33.0×48.2 ［個人蔵］

白花 藿采
「高松松平家所蔵 衆芳画譜 薬草 第二」香川県歴史博物館友の会博物図譜刊行会　2007
◇p75（カラー）　俗称エントリソウ　松平頼恭 江戸時代　紙本著色 画帖装（折本形式） 33.0×48.2 ［個人蔵］

シロバナムシヨケギク　Chrysanthemum cinerariaefolium Visiani
「薬用植物画譜」日本臨牀社　1985
◇図29（カラー）　刈米達夫解説, 小磯良平画 1971

シロバナムシヨケギク　Tanacetum cinerariaefolium Sch.–Bip.
「カーティスの植物図譜」エンタプライズ　1987
◇図6781（カラー）　Dalmatian Chrysanthemum『カーティスのボタニカルマガジン』 1787～1887

シロバナヨウシュチョウセンアサガオ
Datura stramonium
「花の王国 2」平凡社　1990
◇p70（カラー）　ロック, J., オカール原図『薬用植物誌』 1821
◇p70（カラー）　ショームトン他編, テュルパン, P.J.F.図『薬用植物事典』 1833～35

シロバナヨウシュチョウセンアサガオ
Datura stramonium Linnaeus
「薬用植物画譜」日本臨牀社　1985
◇図42（カラー）　刈米達夫解説, 小磯良平画 1971

白附子
「高松松平家所蔵 衆芳画譜 薬木 第三」香川県歴史博物館友の会博物図譜刊行会　2008
◇p49（カラー）　松平頼恭 江戸時代　紙本著色 画帖装（折本形式） 33.0×48.2 ［個人蔵］

秦艽
「高松松平家所蔵 衆芳画譜 薬草 第二」香川県歴史博物館友の会博物図譜刊行会　2007
◇p42（カラー）　松平頼恭 江戸時代　紙本著色 画帖装（折本形式） 33.0×48.2 ［個人蔵］
◇p43（カラー）　松平頼恭 江戸時代　紙本著色 画帖装（折本形式） 33.0×48.2 ［個人蔵］

真細辛
「高松松平家所蔵 衆芳画譜 薬草 第二」香川県歴史博物館友の会博物図譜刊行会　2007
◇p51（カラー）　松平頼恭 江戸時代　紙本著色 画帖装（折本形式） 33.0×48.2 ［個人蔵］

ジンジャー Zingiber officinalis
「ハーブとスパイス」八坂書房 1990
◇図22(カラー) Ginger ウッドヴィル, ウィリアム著, サワビー, ジェームズ画『薬用植物誌』 1790〜1795 銅版手彩色 [八坂書房]

秦椒
「高松松平家所蔵 衆芳画譜 薬木 第三」香川県歴史博物館友の会博物図譜刊行会 2008
◇p15(カラー) 俗称フユサンセウ又ユシヤウ 松平頼恭 江戸時代 紙本著色 画帖装(折本形式) 33.0×48.2 [個人蔵]

真薔蘼
「高松松平家所蔵 衆芳画譜 薬草 第二」香川県歴史博物館友の会博物図譜刊行会 2007
◇p79(カラー) 俗称山ドリ草 松平頼恭 江戸時代 紙本著色 画帖装(折本形式) 33.0×48.2 [個人蔵]

ジンチョウゲの1種 Daphne mezereum
「花の王国 2」平凡社 1990
◇p63(カラー) ショームトン他編, テュルパン, P.J.F.図『薬用植物事典』 1833〜35

【す】

スイカズラ Lonicera japonica
「花の王国 2」平凡社 1990
◇p46(カラー) ビュショー, P.J.『動植鉱物百図 第1集(および第2集)』 1775〜81

スイカズラ Lonicera japonica Thunberg
「薬用植物画譜」日本臨牀社 1985
◇図35(カラー) 刈米達夫解説, 小磯良平画 1971

スイカズラの1種 Lonicera caprifolium
「花の王国 2」平凡社 1990
◇p47(カラー) ジョーム・サンティレール, H.『フランスの植物』 1805〜09 彩色銅版画

スイカズラ類
「ボタニカルアートの薬草手帖」西日本新聞社 2014
◇p60(カラー) Sowerby

スイセン Narcissus tazetta Linnaeus var. chinensis Roemer
「薬用植物画譜」日本臨牀社 1985
◇図13(カラー) 刈米達夫解説, 小磯良平画 1971

スイートフラッグ Acorus calamus
「ハーブとスパイス」八坂書房 1990
◇図23(カラー) Sweet flag ウッドヴィル, ウィリアム著, サワビー, ジェームズ画『薬用植物誌』 1790〜1795 銅版手彩色 [八坂書房]

スイバ Rumex acetosa
「ビュフォンの博物誌」工作舎 1991
◇N065(カラー)『一般と個別の博物誌 ソンニーニ版』

酸模
「高松松平家所蔵 衆芳画譜 薬木 第三」香川県歴史博物館友の会博物図譜刊行会 2008
◇p72(カラー) 俗称スイベラ スイバ 松平頼恭 江戸時代 紙本著色 画帖装(折本形式) 33.0×48.2 [個人蔵]

スギナ
「ボタニカルアートの薬草手帖」西日本新聞社 2014
◇p72(カラー) Petermann

スターアニス Illcium verum
「花の王国 2」平凡社 1990
◇p107(カラー) ショームトン他編, テュルパン, P.J.F.図『薬用植物事典』 1833〜35

ストロファンツスグラツス Strophanthus gratus Baillon
「薬用植物画譜」日本臨牀社 1985
◇図60(カラー) 刈米達夫解説, 小磯良平画 1971

スペアミント Mentha viridis
「ハーブとスパイス」八坂書房 1990
◇図24(カラー) Spearmint ウッドヴィル, ウィリアム著, サワビー, ジェームズ画『薬用植物誌』 1790〜1795 銅版手彩色 [八坂書房]

【せ】

青蒿
「高松松平家所蔵 衆芳画譜 薬草 第二」香川県歴史博物館友の会博物図譜刊行会 2007
◇p82(カラー) 俗称ノラニンジン 松平頼恭 江戸時代 紙本著色 画帖装(折本形式) 33.0×48.2 [個人蔵]

青箱子
「高松松平家所蔵 衆芳画譜 薬草 第二」香川県歴史博物館友の会博物図譜刊行会 2007
◇p84(カラー) 和名アマクサ ウマクサ俗稱ノケイトウ 松平頼恭 江戸時代 紙本著色 画帖装(折本形式) 33.0×48.2 [個人蔵]

薺苨
「高松松平家所蔵 衆芳画譜 薬草 第二」香川県歴史博物館友の会博物図譜刊行会 2007
◇p19(カラー) 俗称唐沙参 ツリカ子艸 松平頼恭 江戸時代 紙本著色 画帖装(折本形式) 33.0×48.2 [個人蔵]
◇p21(カラー) 松平頼恭 江戸時代 紙本著色 画帖装(折本形式) 33.0×48.2 [個人蔵]

薺蘼
「高松松平家所蔵 衆芳画譜 薬草 第二」香川県歴史博物館友の会博物図譜刊行会 2007
◇p79(カラー) 俗称山ドリ草 松平頼恭 江戸時代 紙本著色 画帖装(折本形式) 33.0×48.2

［個人蔵］

セイヨウオキナグサ　Pulsatilla vulgaris
「図説 ボタニカルアート」河出書房新社　2010
◇p28（白黒）　ヴァイディツ画, ブリュンフェルス『本草真写態図譜』 1530

セイヨウオキナグサ
「ボタニカルアートの薬草手帖」西日本新聞社　2014
◇p41（カラー）　Maund

セイヨウオダマキ
「花の王国 2」平凡社　1990
◇p8（白黒）　デューラー, A. ［アルベルティナ宮（ウィーン）］

セイヨウオトギリソウ
「ボタニカルアートの薬草手帖」西日本新聞社　2014
◇p30（カラー）　Curtis

セイヨウカノコソウ
「ボタニカルアートの薬草手帖」西日本新聞社　2014
◇p31（カラー）　Turpin

セイヨウキンミズヒキ
「ボタニカルアートの薬草手帖」西日本新聞社　2014
◇p83（カラー）　作者不詳 年代不詳

セイヨウサンシュユ　Cornus mas
「花の王国 2」平凡社　1990
◇p45（カラー）　ジョーム・サンティレール, H.『フランスの植物』 1805～09　彩色銅版画

セイヨウシナノキ（セイヨウボダイジュ）
「ボタニカルアートの薬草手帖」西日本新聞社　2014
◇p57（カラー）　Sowerby

セイヨウタンポポ　Taraxacum officinale
「ハーブとスパイス」八坂書房　1990
◇図25（カラー）　Dandelion　ウッドヴィル, ウィリアム著, サワビー, ジェームズ画『薬用植物誌』 1790～1795　銅版手彩色　［八坂書房］

セイヨウタンポポ
「ボタニカルアートの薬草手帖」西日本新聞社　2014
◇p35（カラー）　Petermann

セイヨウナナカマド　Sorbus aucuparia
「花の王国 2」平凡社　1990
◇p120（カラー）　ジョーム・サンティレール, H.『フランスの植物』 1805～09　彩色銅版画

セイヨウニワトコ　Sambucus nigra
「花の王国 2」平凡社　1990
◇p56（カラー）　ショームトン他編, テュルパン, P.J.F.図『薬用植物事典』 1833～35

セイヨウニワトコ
「ボタニカルアートの薬草手帖」西日本新聞社　2014
◇p61（カラー）　Petermann

セイヨウニンジンボク　Vitex agnus–castus
「図説 ボタニカルアート」河出書房新社　2010
◇p10（カラー）　Agnos　ディオスクリデス『薬物誌（ウィーン写本）』 512頃　［ウィーン国立図書館］
◇p65（白黒）　マッティオリ『ヘルバルツ』 1562

セイヨウネズ　Juniperus communis
「花の王国 2」平凡社　1990
◇p24（カラー）　ショームトン他編, テュルパン, P.J.F.図『薬用植物事典』 1833～35

セイヨウハッカ　Mentha piperita Linnaeus
「薬用植物画譜」日本臨牀社　1985
◇図48（カラー）　刈米達夫解説, 小磯良平画 1971

セイヨウハッカ
「ボタニカルアートの薬草手帖」西日本新聞社　2014
◇p56（カラー）　Turpin

セイヨウハッカ（ペパーミント）　Mentha pipprita
「花の王国 2」平凡社　1990
◇p79（カラー）　ロック, J., オカール原図『薬用植物誌』 1821

セイヨウボダイジュ
⇒セイヨウシナノキ（セイヨウボダイジュ）を見よ

セイロンニッケイ
「美花図譜」八坂書房　1991
◇図26（カラー）　ウエインマン『花譜』 1736～1748　銅版刷手彩色　［群馬県館林市立図書館］

石菖蒲
「高松松平家所蔵 衆芳画譜 薬木 第三」香川県歴史博物館友の会博物図譜刊行会　2008
◇p72（カラー）　松平頼恭 江戸時代　紙本著色 画帖装（折本形式）　33.0×48.2 ［個人蔵］

石薄荷
「高松松平家所蔵 衆芳画譜 薬草 第二」香川県歴史博物館友の会博物図譜刊行会　2007
◇p78（カラー）　和名ヒメヽクサ　松平頼恭 江戸時代　紙本著色 画帖装（折本形式）　33.0×48.2 ［個人蔵］

セージ　Salvia officinale
「ビュフォンの博物誌」工作舎　1991
◇N114（カラー）『一般と個別の博物誌 ソンニーニ版』

セージ　Salvia officinalis
「花の王国 2」平凡社　1990
◇p86（カラー）　ルメール, シャイトヴァイラー,

ファン・ホーテ著, セヴェリン図『ヨーロッパの温室と庭園の花々』 1845〜60 色刷り石版

「ハーブとスパイス」八坂書房 1990

◇図26（カラー） Sage ウッドヴィル, ウィリアム著, サワビー, ジェームズ画『薬用植物誌』 1790〜1795 銅版手彩色 ［八坂書房］

雪下紅

「高松松平家所蔵 衆芳画譜 薬草 第二」香川県歴史博物館友の会博物図譜刊行会 2007

◇p92（カラー） 俗称ヒヨドリジヤウゴ 松平頼恭 江戸時代 紙本著色 画帖装（折本形式） 33.0×48.2 ［個人蔵］

棱骨木

「高松松平家所蔵 衆芳画譜 薬木 第三」香川県歴史博物館友の会博物図譜刊行会 2008

◇p27（カラー） 和名ミヤウツギ俗称ニハトコタヅ 松平頼恭 江戸時代 紙本著色 画帖装（折本形式） 33.0×48.2 ［個人蔵］

折傷木

「高松松平家所蔵 衆芳画譜 薬木 第三」香川県歴史博物館友の会博物図譜刊行会 2008

◇p38（カラー） 俗称カンボク 松平頼恭 江戸時代 紙本著色 画帖装（折本形式） 33.0×48.2 ［個人蔵］

セネガ

「ボタニカルアートの薬草手帖」西日本新聞社 2014

◇p89（カラー） Turpin

セリバオウレン Coptis japonica

「日本の博物図譜」東海大学出版会 2001

◇図29（カラー） 中島仰山（舟橋鍬次郎）筆『海雲楼博物雑纂』 ［東京都立中央図書館］

セリバオウレン Coptis japonica (Thunb.) Makino var.major (Miq.) Satake

「シーボルト日本植物図譜コレクション」小学館 2008

◇図2-15（カラー） Coptis ［川原慶賀？］画 紙 透明絵の具 墨 白色塗料 20.2×28.2 ［ロシア科学アカデミーコマロフ植物学研究所図書館］ ※目録187 コレクションI 164/31

◇図2-50（カラー） Coptis brachypetala Sieb.et Zucc. ［桂川甫賢？］画 ［1820頃］ 和紙 透明絵の具 墨 白色塗料 34.0×31.0 ［ロシア科学アカデミーコマロフ植物学研究所図書館］ ※目録186 コレクションI 676/34

◇図2-52（カラー） Coptis anemonaefolia Sieb. et Zucc. ［日本人画家］画 ［1820〜 1826頃］ 薄い半透明の和紙 透明絵の具 墨 白色塗料 20.3×27.8 ［ロシア科学アカデミーコマロフ植物学研究所図書館］ ※Coptis anemonaefoliaの絵とほとんど同じ.目録185 コレクションI ［592］/33

芹葉 黄蓮

「高松松平家所蔵 衆芳画譜 薬草 第二」香川県歴史博物館友の会博物図譜刊行会 2007

◇p40（カラー） 和名カニクサ 松平頼恭 江戸時代 紙本著色 画帖装（折本形式） 33.0×48.2 ［個人蔵］

セルピルムソウ Thymus serpyllum

「ハーブとスパイス」八坂書房 1990

◇図27（カラー） Wild thyme『カーチス・ボタニカル・マガジン』 1787〜1984

センキュウ Cnidium officinale Makino

「薬用植物画譜」日本臨牀社 1985

◇図70（カラー） 刈米達夫解説, 小磯良平画 1971

センキュウ Ligusticum officinale

「花彙 上」八坂書房 1977

◇図48（白黒） 川芎 小野蘭山, 島田充房 明和2 (1765) 26.5×18.5 ［国立公文書館・内閣文庫］

川芎

「高松松平家所蔵 衆芳画譜 薬草 第二」香川県歴史博物館友の会博物図譜刊行会 2007

◇p58（カラー） 松平頼恭 江戸時代 紙本著色 画帖装（折本形式） 33.0×48.2 ［個人蔵］

前胡

「高松松平家所蔵 衆芳画譜 薬草 第二」香川県歴史博物館友の会博物図譜刊行会 2007

◇p45（カラー） 松平頼恭 江戸時代 紙本著色 画帖装（折本形式） 33.0×48.2 ［個人蔵］

センナの1種 Cassia australis

「花の王国 2」平凡社 1990

◇p18（カラー）『カーチス・ボタニカル・マガジン』 1787〜継続

旋覆

「高松松平家所蔵 衆芳画譜 薬草 第二」香川県歴史博物館友の会博物図譜刊行会 2007

◇p84（カラー） 俗稱ヲクルマ, ミヅジトウ 松平頼恭 江戸時代 紙本著色 画帖装（折本形式） 33.0×48.2 ［個人蔵］

センブリ Swertia japonica

「日本の博物図譜」東海大学出版会 2001

◇p42（白黒） 岩崎灌園著『本草図譜』 ［東京国立博物館］

センブリ Swertia japonica Makino

「薬用植物画譜」日本臨牀社 1985

◇図63（カラー） 刈米達夫解説, 小磯良平画 1971

仙茅

「高松松平家所蔵 衆芳画譜 薬草 第二」香川県歴史博物館友の会博物図譜刊行会 2007

◇p32（カラー） 俗稱キンバイサ、 松平頼恭 江戸時代 紙本著色 画帖装（折本形式） 33.0×48.2 ［個人蔵］

【そ】

草烏頭
「高松松平家所蔵 衆芳画譜 薬木 第三」香川県歴史博物館友の会博物図譜刊行会　2008
◇p49（カラー）　俗称ハナヅル，トリカブト カフトギク　松平頼恭 江戸時代　紙本著色 画帖装（折本形式）　33.0×48.2　［個人蔵］

草蓯蓉
「高松松平家所蔵 衆芳画譜 薬草 第二」香川県歴史博物館友の会博物図譜刊行会　2007
◇p27（カラー）　俗称ハマウツボ　松平頼恭 江戸時代　紙本著色 画帖装（折本形式）　33.0×48.2［個人蔵］

草豆蔻
「高松松平家所蔵 衆芳画譜 薬草 第二」香川県歴史博物館友の会博物図譜刊行会　2007
◇p68（カラー）　俗稱クマタケラン　松平頼恭 江戸時代　紙本著色 画帖装（折本形式）　33.0×48.2　［個人蔵］

蒴藋
「高松松平家所蔵 衆芳画譜 薬草 第二」香川県歴史博物館友の会博物図譜刊行会　2007
◇p97（カラー）　和名ソクズ，ソクズノ實　松平頼恭 江戸時代　紙本著色 画帖装（折本形式）　33.0×48.2　［個人蔵］

ソゴウコウノキ　Liquidambar orientalis
「花の王国 2」平凡社　1990
◇p119（カラー）　ルメール，シャイトヴァイラー，ファン・ホーテ著，セヴェリン図『ヨーロッパの温室と庭園の花々』　1845～60　色刷り石版

ソテツ
「江戸の動植物図」朝日新聞社　1988
◇p34（カラー）　森野藤助『松山本草』　［森野旧薬園］

ソバナ　Adenophora remotiflora Miq.
「岩崎灌園の草花写生」たにぐち書店　2013
◇p98（カラー）　沙参　［個人蔵］

ソーレル　Rumex acetosa
「ハーブとスパイス」八坂書房　1990
◇図28（カラー）　Sorrel　ウッドヴィル，ウィリアム著，サワビー，ジェームズ画『薬用植物誌』1790～1795　銅版手彩色　［八坂書房］

【た】

ダイオウ
「ボタニカルアートの薬草手帖」西日本新聞社　2014
◇p67（カラー）　作者不詳 年代不詳

大戟
「高松松平家所蔵 衆芳画譜 薬草 第二」香川県歴史博物館友の会博物図譜刊行会　2007
◇p104（カラー）　松平頼恭 江戸時代　紙本著色 画帖装（折本形式）　33.0×48.2　［個人蔵］

台州烏薬
「高松松平家所蔵 衆芳画譜 薬木 第三」香川県歴史博物館友の会博物図譜刊行会　2008
◇p13（カラー）　松平頼恭 江戸時代　紙本著色 画帖装（折本形式）　33.0×48.2　［個人蔵］

ダイダイ
「ボタニカルアートの薬草手帖」西日本新聞社　2014
◇p103（カラー）　Step, Edward

ダイフウシ　Hydnocarpus alpina Wight
「薬用植物画譜」日本臨牀社　1985
◇図82（カラー）　刈米達夫解説，小磯良平画 1971

タイマツバナ　Monarda didyma
「植物精選百種図譜 博物画の至宝」平凡社　1996
◇pl.64（カラー）　Monarda　トレウ，C.J.，エーレト，G.D.　1750～73

タイム　Thymus vulgaris
「ハーブとスパイス」八坂書房　1990
◇図29（カラー）　Thyme, Garden thyme　ウッドヴィル，ウィリアム著，サワビー，ジェームズ画『薬用植物誌』　1790～1795　銅版手彩色　［八坂書房］

タケニグサ　Macleaya cordata
「江戸博物文庫 花草の巻」工作舎　2017
◇p102（カラー）　竹似草　岩崎灌園『本草図譜』［東京大学大学院理学系研究科附属植物園（小石川植物園）］

タバコ　Nicotiana tabacum
「花彙 上」八坂書房　1977
◇図19（白黒）　煙草　小野蘭山，島田充房 明和2（1765）　26.5×18.5　［国立公文書館・内閣文庫］

タバコ　Nicotiana tabacum Linnaeus
「薬用植物画譜」日本臨牀社　1985
◇図44（カラー）　刈米達夫解説，小磯良平画 1971

タマネギ　Allium cepa
「花の王国 2」平凡社　1990
◇p125（カラー）　ショームトン他編，テュルパン，P.J.F.図『薬用植物事典』　1833～35

タマリンド　Tamarindus indica
「ハーブとスパイス」八坂書房　1990
◇図30（カラー）　Tamarind tree　ウッドヴィル，ウィリアム著，サワビー，ジェームズ画『薬用植物誌』　1790～1795　銅版手彩色　［八坂書房］

ターメリック　Curcuma longa
「ハーブとスパイス」八坂書房　1990
◇図31(カラー)　Turmeric　ウッドヴィル, ウィリアム著, サワビー, ジェームズ画『薬用植物誌』1790〜1795　銅版手彩色　[八坂書房]

タンジー　Chrysanthemum vulgare
「ハーブとスパイス」八坂書房　1990
◇図32(カラー)　Tansy　ウッドヴィル, ウィリアム著, サワビー, ジェームズ画『薬用植物誌』1790〜1795　銅版手彩色　[八坂書房]

淡州艾
「高松松平家所蔵 衆芳画譜 薬草 第二」香川県歴史博物館友の会博物図譜刊行会　2007
◇p81(カラー)　和名サシモクサ サシマクサ ヨモキ　松平頼恭 江戸時代　紙本著色 画帖装(折本形式)　33.0×48.2　[個人蔵]

丹参
「高松松平家所蔵 衆芳画譜 薬草 第二」香川県歴史博物館友の会博物図譜刊行会　2007
◇p35(カラー)　松平頼恭 江戸時代　紙本著色 画帖装(折本形式)　33.0×48.2　[個人蔵]

【ち】

チクセツニンジン　Panax japonicus C.A. Meyer
「薬用植物画譜」日本臨牀社　1985
◇図74(カラー)　刈米達夫解説, 小磯良平画 1971

チクセツニンジン
「江戸の動植物図」朝日新聞社　1988
◇p35(カラー)　森野藤助『松山本草』　[森野旧薬園]

竹節人参
「高松松平家所蔵 衆芳画譜 薬草 第二」香川県歴史博物館友の会博物図譜刊行会　2007
◇p17(カラー)　和名クマノ井又カノニゲクサ　松平頼恭 江戸時代　紙本著色 画帖装(折本形式)　33.0×48.2　[個人蔵]
◇p18(カラー)　俗稱日光人参　松平頼恭 江戸時代　紙本著色 画帖装(折本形式)　33.0×48.2　[個人蔵]

竹節人参根
「高松松平家所蔵 衆芳画譜 薬草 第二」香川県歴史博物館友の会博物図譜刊行会　2007
◇p17(カラー)　松平頼恭 江戸時代　紙本著色 画帖装(折本形式)　33.0×48.2　[個人蔵]

竹節人参實
「高松松平家所蔵 衆芳画譜 薬草 第二」香川県歴史博物館友の会博物図譜刊行会　2007
◇p17(カラー)　松平頼恭 江戸時代　紙本著色 画帖装(折本形式)　33.0×48.2　[個人蔵]

竹葉 茈胡
「高松松平家所蔵 衆芳画譜 薬草 第二」香川県歴史博物館友の会博物図譜刊行会　2007
◇p44(カラー)　松平頼恭 江戸時代　紙本著色 画帖装(折本形式)　33.0×48.2　[個人蔵]

竹葉 土伏苓
「高松松平家所蔵 衆芳画譜 薬木 第三」香川県歴史博物館友の会博物図譜刊行会　2008
◇p62(カラー)　松平頼恭 江戸時代　紙本著色 画帖装(折本形式)　33.0×48.2　[個人蔵]

竹葉 百部
「高松松平家所蔵 衆芳画譜 薬木 第三」香川県歴史博物館友の会博物図譜刊行会　2008
◇p60(カラー)　松平頼恭 江戸時代　紙本著色 画帖装(折本形式)　33.0×48.2　[個人蔵]

チコリ　Cichorium intybus
「花の王国 2」平凡社　1990
◇p89(カラー)　ルソー, J.J., ルドゥーテ『植物学』1805
◇p89(カラー)　ショームトン他編, テュルパン, P.J.F.図『薬用植物事典』1833〜35
「ハーブとスパイス」八坂書房　1990
◇図33(カラー)　Chicory　ウッドヴィル, ウィリアム著, サワビー, ジェームズ画『薬用植物誌』1790〜1795　銅版手彩色　[八坂書房]

知母
「高松松平家所蔵 衆芳画譜 薬草 第二」香川県歴史博物館友の会博物図譜刊行会　2007
◇p26(カラー)　松平頼恭 江戸時代　紙本著色 画帖装(折本形式)　33.0×48.2　[個人蔵]

チャ　Thea sinensis Linnaeus
「薬用植物画譜」日本臨牀社　1985
◇図115(カラー)　刈米達夫解説, 小磯良平画 1971

チャ
「江戸の動植物図」朝日新聞社　1988
◇p35(カラー)　森野藤助『松山本草』　[森野旧薬園]

チャイブ　Allium schoenoprasum
「ハーブとスパイス」八坂書房　1990
◇図34(カラー)　Chive『カーチス・ボタニカル・マガジン』1787〜1984

チャーヴィル
⇒カブラゼリ(チャーヴィル)を見よ

チャノキ
「ボタニカルアートの薬草手帖」西日本新聞社　2014
◇p68(カラー)　Chaumeton, François-Pierre

茶葉 常山
「高松松平家所蔵 衆芳画譜 薬木 第三」香川県歴史博物館友の会博物図譜刊行会　2008
◇p32(カラー)　松平頼恭 江戸時代　紙本著色 画

帖装（折本形式）　33.0×48.2　［個人蔵］

茶葉 巴戟天

「高松松平家所蔵 衆芳画譜 薬草 第二」香川県歴史博物館友の会博物図譜刊行会　2007
◇p30（カラー）　松平頼恭 江戸時代　紙本著色 画帖装（折本形式）　33.0×48.2　［個人蔵］

チャービル　Anthriscus cerefolium

「ハーブとスパイス」八坂書房　1990
◇図35（カラー）　Chervil　スミス, J.E., サワビー, J.著『英国植物誌』 1790～1814

地楡

「高松松平家所蔵 衆芳画譜 薬草 第二」香川県歴史博物館友の会博物図譜刊行会　2007
◇p34（カラー）　ワレモコフ　松平頼恭 江戸時代 紙本著色 画帖装（折本形式）　33.0×48.2　［個人蔵］

地楡根

「高松松平家所蔵 衆芳画譜 薬草 第二」香川県歴史博物館友の会博物図譜刊行会　2007
◇p34（カラー）　松平頼恭 江戸時代　紙本著色 画帖装（折本形式）　33.0×48.2　［個人蔵］

ちょうじ

「木の手帖」小学館　1991
◇図142（カラー）　丁香, ワイマンに載る図　岩崎灌園『本草図譜』 文政11（1828）　約21×145［国立国会図書館］

チョウジ　Syzygium aromaticum

「花の王国 2」平凡社　1990
◇p90（カラー）　高木春山『本草図説』　？ ～1852［西尾市立図書館岩瀬文庫（愛知県）］
◇p90（カラー）　ビュショー, P.J.『動植鉱物百図第1集（および第2集）』 1775～81

チョウジ　Syzygium aromaticum（L.）Merrill & L.M.Perry

「高木春山 本草図説 1」リブロポート　1988
◇図67, 68（カラー）　丁香 蛮名 カリユト ナーゲレン カリヨツベル　チョウジの樹容と丁香および丁皮など

チョウジ

「美花図譜」八坂書房　1991
◇図20（カラー）　ウエインマン『花譜』 1736～1748　銅版刷手彩色　［群馬県館林市立図書館］

チョウセンアサガオ　Datura metel

「花の王国 2」平凡社　1990
◇p71（カラー）　ヴァインマン『薬用植物図譜』 1736～48

チョウセンアサガオの1種

「ビュフォンの博物誌」工作舎　1991
◇N117（カラー）『一般と個別の博物誌 ソンニーニ版』

チョウセンアザミ　Cynara cardunculus

「花の王国 2」平凡社　1990
◇p94（カラー）　ジョーム・サンティレール, H.『フランスの植物』 1805～09　彩色銅版画

朝鮮 黄芪

「高松松平家所蔵 衆芳画譜 薬草 第二」香川県歴史博物館友の会博物図譜刊行会　2007
◇p13（カラー）　松平頼恭 江戸時代　紙本著色 画帖装（折本形式）　33.0×48.2　［個人蔵］

チョウセンゴミシ　Schizandra chinensis Baillon

「薬用植物画譜」日本臨牀社　1985
◇図133（カラー）　刈米達夫解説, 小磯良平画 1971

朝鮮種 人参

「高松松平家所蔵 衆芳画譜 薬草 第二」香川県歴史博物館友の会博物図譜刊行会　2007
◇p14（カラー）　松平頼恭 江戸時代　紙本著色 画帖装（折本形式）　33.0×48.2　［個人蔵］

チョウセンダイオウ　Rheum coreanum Nakai

「薬用植物画譜」日本臨牀社　1985
◇図139（カラー）　刈米達夫解説, 小磯良平画 1971

チョウセンニンジン　Panax ginseng

「植物精選百種図譜 博物画の至宝」平凡社 1996
◇pl.6（カラー）　Araliastrum　トレウ, C.J., エーレト, G.D. 1750～73
「花の王国 2」平凡社　1990
◇p19（カラー）　ビュショー, P.J.『動植鉱物百図第1集（および第2集）』 1775～81

チョウセンニンジン

「江戸の動植物図」朝日新聞社　1988
◇p35（カラー）　森野藤助『松山本草』　［森野旧薬園］

釣藤鈎

「高松松平家所蔵 衆芳画譜 薬木 第三」香川県歴史博物館友の会博物図譜刊行会　2008
◇p19（カラー）　俗称カラスノカキツル　松平頼恭 江戸時代　紙本著色 画帖装（折本形式）　33.0×48.2　［個人蔵］

長葉 車前

「高松松平家所蔵 衆芳画譜 薬草 第二」香川県歴史博物館友の会博物図譜刊行会　2007
◇p95（カラー）　和名ヲホバコ　松平頼恭 江戸時代　紙本著色 画帖装（折本形式）　33.0×48.2［個人蔵］

【つ】

月に類する植物

「花の王国 2」平凡社　1990

◇p15（白黒） デラ・ポルタ, G.B.『植物観相学』

ツクバネソウ類 Paris quadorifolia

「ボタニカルアートの薬草手帖」西日本新聞社 2014

◇p119（カラー） Curtis

ツクバネソウ類

「ボタニカルアートの薬草手帖」西日本新聞社 2014

◇p119（カラー） 作者不詳 年代不詳

（付札なし）

「高松松平家所蔵 衆芳画譜 薬木 第三」香川県歴史博物館友の会博物図譜刊行会 2008

◇p34（カラー） 松平頼恭 江戸時代 紙本著色 画帖装（折本形式） 33.0×48.2 ［個人蔵］

◇p41（カラー） 松平頼恭 江戸時代 紙本著色 画帖装（折本形式） 33.0×48.2 ［個人蔵］

◇p44（カラー） 松平頼恭 江戸時代 紙本著色 画帖装（折本形式） 33.0×48.2 ［個人蔵］

◇p61（カラー） 松平頼恭 江戸時代 紙本著色 画帖装（折本形式） 33.0×48.2 ［個人蔵］

◇p64（カラー） 松平頼恭 江戸時代 紙本著色 画帖装（折本形式） 33.0×48.2 ［個人蔵］

◇p65（カラー） 松平頼恭 江戸時代 紙本著色 画帖装（折本形式） 33.0×48.2 ［個人蔵］

◇p75（カラー） 松平頼恭 江戸時代 紙本著色 画帖装（折本形式） 33.0×48.2 ［個人蔵］

◇p78（カラー） 松平頼恭 江戸時代 紙本著色 画帖装（折本形式） 33.0×48.2 ［個人蔵］

「高松松平家所蔵 衆芳画譜 薬草 第二」香川県歴史博物館友の会博物図譜刊行会 2007

◇p27（カラー） 松平頼恭 江戸時代 紙本著色 画帖装（折本形式） 33.0×48.2 ［個人蔵］

◇p60（カラー） 松平頼恭 江戸時代 紙本著色 画帖装（折本形式） 33.0×48.2 ［個人蔵］

◇p71（カラー） 松平頼恭 江戸時代 紙本著色 画帖装（折本形式） 33.0×48.2 ［個人蔵］

◇p88（カラー） 松平頼恭 江戸時代 紙本著色 画帖装（折本形式） 33.0×48.2 ［個人蔵］

◇p90（カラー） 松平頼恭 江戸時代 紙本著色 画帖装（折本形式） 33.0×48.2 ［個人蔵］

◇p96（カラー） 松平頼恭 江戸時代 紙本著色 画帖装（折本形式） 33.0×48.2 ［個人蔵］

ツユクサ

「ボタニカルアートの薬草手帖」西日本新聞社 2014

◇p70（カラー） Maund

ツルドクダミ Polygonum multiflorum Thunberg

「薬用植物画譜」日本臨牀社 1985

◇図137（カラー） 刈米達夫解説, 小磯良平画 1971

ツルニンジン Codonopsis lanceolata

「江戸博物文庫 花草の巻」工作舎 2017

◇p5（カラー） 蔓人参 岩崎灌園『本草図譜』［東京大学大学院理学系研究科附属植物園（小石川植物園）］

ツルニンジン Codonopsis lanceolata (Sieb.et Zucc.) Trautv.

「シーボルト「フローラ・ヤポニカ」日本植物誌」八坂書房 2000

◇図91（白黒） Tsuru ninzin

【て】

ディクタムヌスの1種 Dictamnus sp.

「ビュフォンの博物誌」工作舎 1991

◇N141（カラー）『一般と個別の博物誌 ソンニーニ版』

ディル Anethum graveolens

「ハーブとスパイス」八坂書房 1990

◇図36（カラー） Dill ウッドヴィル, ウィリアム著, サワビー, ジェームズ画『薬用植物誌』 1790～1795 銅版手彩色 ［八坂書房］

亭歴

「高松松平家所蔵 衆芳画譜 薬草 第二」香川県歴史博物館友の会博物図譜刊行会 2007

◇p95（カラー） ナツナ 松平頼恭 江戸時代 紙本著色 画帖装（折本形式） 33.0×48.2 ［個人蔵］

テッポウウリ Momordica elaterium

「図説 ボタニカルアート」河出書房新社 2010

◇p25（白黒） Sikus Agrios ディオスクリデス『薬物誌（ウィーン写本）』 512頃 ［ウィーン国立図書館］

デリス Derris elliptica Bentham

「薬用植物画譜」日本臨牀社 1985

◇図99（カラー） 刈米達夫解説, 小磯良平画 1971

テリハノイバラ Rosa wichuraiana Crépin

「薬用植物画譜」日本臨牀社 1985

◇図109（カラー） 刈米達夫解説, 小磯良平画 1971

天竺桂

「高松松平家所蔵 衆芳画譜 薬木 第三」香川県歴史博物館友の会博物図譜刊行会 2008

◇p25（カラー） 俗称タモノキ 松平頼恭 江戸時代 紙本著色 画帖装（折本形式） 33.0×48.2 ［個人蔵］

てんだいうやく

「木の手帖」小学館 1991

◇図62（カラー） 天台烏薬 岩崎灌園『本草図譜』文政11（1828） 約21×145 ［国立国会図書館］

テンダイウヤク Lindera strychnifolia F. Villar

「薬用植物画譜」日本臨牀社 1985

◇図130（カラー） 刈米達夫解説, 小磯良平画 1971

天南星
「高松松平家所蔵 衆芳画譜 薬木 第三」香川県歴史博物館友の会博物図譜刊行会　2008
◇p50（カラー）　俗称マムシクサ ホセ　松平頼恭　江戸時代　紙本著色 画帖装（折本形式）　33.0×48.2　［個人蔵］

天南星根
「高松松平家所蔵 衆芳画譜 薬木 第三」香川県歴史博物館友の会博物図譜刊行会　2008
◇p50（カラー）　松平頼恭 江戸時代　紙本著色 画帖装（折本形式）　33.0×48.2　［個人蔵］

天門冬
「高松松平家所蔵 衆芳画譜 薬木 第三」香川県歴史博物館友の会博物図譜刊行会　2008
◇p58（カラー）　松平頼恭 江戸時代　紙本著色 画帖装（折本形式）　33.0×48.2　［個人蔵］

【と】

ドイツスズラン
「ボタニカルアートの薬草手帖」西日本新聞社　2014
◇p120（カラー）　Petermann

唐延胡索
「高松松平家所蔵 衆芳画譜 薬草 第二」香川県歴史博物館友の会博物図譜刊行会　2007
◇p49（カラー）　松平頼恭 江戸時代　紙本著色 画帖装（折本形式）　33.0×48.2　［個人蔵］

トウオオバコ　Plantago major
「図説 ボタニカルアート」河出書房新社　2010
◇p32（白黒）　シェーファー『ラテン本草』 1484

唐霍香
「高松松平家所蔵 衆芳画譜 薬草 第二」香川県歴史博物館友の会博物図譜刊行会　2007
◇p74（カラー）　松平頼恭 江戸時代　紙本著色 画帖装（折本形式）　33.0×48.2　［個人蔵］

トウガラシ　Capsicum annuum
「ハーブとスパイス」八坂書房　1990
◇図37（カラー）　Red pepper, Chili pepper　ウッドヴィル, ウィリアム著, サワビー, ジェームズ画『薬用植物誌』 1790～1795　銅版手彩色　［八坂書房］

トウガラシ　Capsicum annuum Linnaeus
「薬用植物画譜」日本臨牀社　1985
◇図41（カラー）　刈米達夫解説, 小磯良平画 1971

トウキ　Angelica acutiloba
「花の王国 2」平凡社　1990
◇p25（カラー）　毛利梅園『梅園草木花譜』

トウキ　Angelica acutiloba Kitagawa
「薬用植物画譜」日本臨牀社　1985
◇図68（カラー）　刈米達夫解説, 小磯良平画 1971

當歸
「高松松平家所蔵 衆芳画譜 薬草 第二」香川県歴史博物館友の会博物図譜刊行会　2007
◇p57（カラー）　和名山セリ　松平頼恭 江戸時代　紙本著色 画帖装（折本形式）　33.0×48.2　［個人蔵］

當歸根
「高松松平家所蔵 衆芳画譜 薬草 第二」香川県歴史博物館友の会博物図譜刊行会　2007
◇p57（カラー）　松平頼恭 江戸時代　紙本著色 画帖装（折本形式）　33.0×48.2　［個人蔵］

トウゴマ　Ricinus communis
「ビュフォンの博物誌」工作舎　1991
◇N051（カラー）『一般と個別の博物誌 ソンニーニ版』

トウゴマ　Ricinus communis Linnaeus
「薬用植物画譜」日本臨牀社　1985
◇図95（カラー）　刈米達夫解説, 小磯良平画 1971

トウゴマ
「カーティスの植物図譜」エンタプライズ　1987
◇図2209（カラー）　Castor-Bean, Castor-Oil-Plant『カーティスのボタニカルマガジン』 1787～1887

トウゴマ（ヒマ）
「美花図譜」八坂書房　1991
◇図70（カラー）　ウエインマン『花譜』 1736～1748　銅版刷手彩色　［群馬県館林市立図書館］

唐秦艽
「高松松平家所蔵 衆芳画譜 薬草 第二」香川県歴史博物館友の会博物図譜刊行会　2007
◇p43（カラー）　松平頼恭 江戸時代　紙本著色 画帖装（折本形式）　33.0×48.2　［個人蔵］

トウセンダン　Melia azedarach Linnaeus var. toosendan Makino
「薬用植物画譜」日本臨牀社　1985
◇図89（カラー）　刈米達夫解説, 小磯良平画 1971

唐 蒼朮
「高松松平家所蔵 衆芳画譜 薬草 第二」香川県歴史博物館友の会博物図譜刊行会　2007
◇p28（カラー）　松平頼恭 江戸時代　紙本著色 画帖装（折本形式）　33.0×48.2　［個人蔵］

唐大黄
「高松松平家所蔵 衆芳画譜 薬草 第二」香川県歴史博物館友の会博物図譜刊行会　2007
◇p101（カラー）　松平頼恭 江戸時代　紙本著色 画帖装（折本形式）　33.0×48.2　［個人蔵］

トウダイグサの1種　Euphorbia sp.
「花の肖像 ボタニカルアートの名品と歴史」創土社　2006
◇fig.37（カラー）　プラトニクス・アプレイウス『本草書（植物図譜）』　［オックスフォード大学ボードレアン・ライブラリー］

唐 地楡

「高松松平家所蔵 衆芳画譜 薬草 第二」香川県歴史博物館友の会博物図譜刊行会　2007
◇p34（カラー）　松平頼恭 江戸時代　紙本著色 画帖装（折本形式）　33.0×48.2 ［個人蔵］

唐地楡根

「高松松平家所蔵 衆芳画譜 薬草 第二」香川県歴史博物館友の会博物図譜刊行会　2007
◇p35（カラー）　松平頼恭 江戸時代　紙本著色 画帖装（折本形式）　33.0×48.2 ［個人蔵］

藤天蓼

「高松松平家所蔵 衆芳画譜 薬木 第三」香川県歴史博物館友の会博物図譜刊行会　2008
◇p30（カラー）　俗称マタヽビ ナツムメ　松平頼恭 江戸時代　紙本著色 画帖装（折本形式）　33.0×48.2 ［個人蔵］

桃葉 衛矛

「高松松平家所蔵 衆芳画譜 薬木 第三」香川県歴史博物館友の会博物図譜刊行会　2008
◇p14（カラー）　和名マユミ俗称ニワマユミ アラヽギ　松平頼恭 江戸時代　紙本著色 画帖装（折本形式）　33.0×48.2 ［個人蔵］

トウロカイ　Aloe vera

「江戸博物文庫 菜樹の巻」工作舎　2017
◇p126（カラー）　唐盧會　岩崎灌園『本草図譜』［東京大学大学院理学系研究科附属植物園（小石川植物園）］

トキワイカリソウ　Epimedium sempervirens Nakai

「岩崎灌園の草花写生」たにぐち書店　2013
◇p52（カラー）　淫羊藿　［個人蔵］
「薬用植物画譜」日本臨牀社　1985
◇図122（カラー）　刈米達夫解説, 小磯良平画 1971

木賊

「高松松平家所蔵 衆芳画譜 薬草 第二」香川県歴史博物館友の会博物図譜刊行会　2007
◇p88（カラー）　和名トクサ　松平頼恭 江戸時代　紙本著色 画帖装（折本形式）　33.0×48.2 ［個人蔵］

ドクダミ　Houttuynia cordata

「四季草花譜」八坂書房　1988
◇図7（カラー）　飯沼慾斎筆『草木図説稿本』［個人蔵］

ドクダミ　Houttuynia cordata Thunberg

「シーボルト日本植物図譜コレクション」小学館　2008
◇図1–35（カラー）　Houttuynia cordata Thunb.　川原慶賀画　紙 透明絵の具 墨 白色塗料　24.0×32.0 ［ロシア科学アカデミーコマロフ植物学研究所図書館］　※目録213 コレクションVII 277/782
「薬用植物画譜」日本臨牀社　1985
◇図119（カラー）　刈米達夫解説, 小磯良平画 1971

ドクダミ　Houtuynia cordata

「図説 ボタニカルアート」河出書房新社　2010
◇p99（白黒）　ツュンベルク『日本植物誌』 1784

ドクダミ

「ボタニカルアートの世界」朝日新聞社　1987
◇p132右上（白黒）　飯沼慾齋『草木図説草部2』 1856
「カーティスの植物図譜」エンタプライズ　1987
◇図2731（カラー）　Houttuynia cordata Thunb.『カーティスのボタニカルマガジン』 1787〜1887

杜衡

「高松松平家所蔵 衆芳画譜 薬草 第二」香川県歴史博物館友の会博物図譜刊行会　2007
◇p54（カラー）　松平頼恭 江戸時代　紙本著色 画帖装（折本形式）　33.0×48.2 ［個人蔵］

トコロ　Dioscorea tokoro Makino

「薬用植物画譜」日本臨牀社　1985
◇図11（カラー）　刈米達夫解説, 小磯良平画 1971

トコン　Cephaelis ipecacuanha

「ボタニカルアートの薬草手帖」西日本新聞社　2014
◇p18（カラー）　作者不詳 年代不詳

トコン

「ボタニカルアートの薬草手帖」西日本新聞社　2014
◇p18（カラー）　Ipecacuanha　Chaumeton, François–Pierre

土細辛

「高松松平家所蔵 衆芳画譜 薬草 第二」香川県歴史博物館友の会博物図譜刊行会　2007
◇p53（カラー）　松平頼恭 江戸時代　紙本著色 画帖装（折本形式）　33.0×48.2 ［個人蔵］

兎絲子

「高松松平家所蔵 衆芳画譜 薬木 第三」香川県歴史博物館友の会博物図譜刊行会　2008
◇p53（カラー）　和名子ナシクサ俗稱子ナシカヅラ ウシノソウメン　松平頼恭 江戸時代　紙本著色 画帖装（折本形式）　33.0×48.2 ［個人蔵］

トチバニンジン　Panax japonicus

「花彙 上」八坂書房　1977
◇図23（白黒）　人参　小野蘭山, 島田充房 明和2（1765）　26.5×18.5 ［国立公文書館・内閣文庫］

トチバニンジン

「ボタニカルアートの薬草手帖」西日本新聞社　2014
◇p23（カラー）　馬屋原操

トチュウ　Eucommia ulmoides Oliver

「薬用植物画譜」日本臨牀社　1985
◇図142（カラー）　刈米達夫解説, 小磯良平画 1971

トネリコ　Fraxinus excelsior
「花の王国 2」平凡社　1990
◇p122（カラー）　ショームトン他編, テュルパン, P.J.F.図『薬用植物事典』1833〜35

トリカブト　Aconitum chinense Paxton
「シーボルト日本植物図譜コレクション」小学館　2008
◇図2–22（カラー）　Aconitum chinense Sieb.　［桂川甫賢？］画［1820頃］　和紙 絵の具 墨　40.7×31.1　［ロシア科学アカデミーコマロフ植物学研究所図書館］　※目録159 コレクションI 66/1

トリカブト　Aconitum paniculatum
「花の王国 2」平凡社　1990
◇p60（カラー）　ドラピエ, P.A.J., ベッサ, パンクラース原図『園芸家・愛好家・工業家のための植物誌』1836　手彩色図版

トリカブト
「ボタニカルアートの薬草手帖」西日本新聞社　2014
◇p42（カラー）　Maund
◇p42（カラー）　Step, Edward
◇p42（カラー）　Turpin

トリカブト属の1種　Aconitum anthora
「図説 ボタニカルアート」河出書房新社　2010
◇p68（白黒）　オーブリエ画　［王立園芸協会］

トリカブトの1種
「彩色 江戸博物学集成」平凡社　1994
◇p278（カラー）　ヤマトリカブトか？　馬場大助『詩経物産図譜〈蟲魚部〉』［天猷寺］

トロロアオイ　Hibiscus manihot Linnaeus
「薬用植物画譜」日本臨牀社　1985
◇図85（カラー）　刈米達夫解説, 小磯良平画　1971

【な】

ナガコショウ　Piper longum
「ハーブとスパイス」八坂書房　1990
◇図38（カラー）　Long pepper　ウッドヴィル, ウィリアム著, サワビー, ジェームズ画『薬用植物誌』1790〜1795　銅版手彩色　［八坂書房］

ナスターチューム　Tropaeolum majus
「ハーブとスパイス」八坂書房　1990
◇図39（カラー）　Nasturtium　ウッドヴィル, ウィリアム著, サワビー, ジェームズ画『薬用植物誌』1790〜1795　銅版手彩色　［八坂書房］

ナツシロギク　Chrysanthemum parthenium
「花の王国 2」平凡社　1990
◇p96（カラー）　ショームトン他編, テュルパン, P.J.F.図『薬用植物事典』1833〜35

ナツトウダイ　Euphorbia sieboldiana
「花彙 上」八坂書房　1977
◇図7（白黒）　甘蕤　小野蘭山, 島田充房　明和2（1765）　26.5×18.5　［国立公文書館・内閣文庫］

ナツメ　Zizyphus jujuba Miller var.inermis Rehder
「薬用植物画譜」日本臨牀社　1985
◇図86（カラー）　刈米達夫解説, 小磯良平画　1971

棗
「高松松平家所蔵 衆芳画譜 薬木 第三」香川県歴史博物館友の会博物図譜刊行会　2008
◇p24（カラー）　和名ナツメ　松平頼恭 江戸時代　紙本著色 画帖装（折本形式）　33.0×48.2　［個人蔵］

ナツメグ　Myristica fragrans
「ハーブとスパイス」八坂書房　1990
◇図40（カラー）　Nutmeg tree　ウッドヴィル, ウィリアム著, サワビー, ジェームズ画『薬用植物誌』1790〜1795　銅版手彩色　［八坂書房］

偏精
「高松松平家所蔵 衆芳画譜 薬草 第二」香川県歴史博物館友の会博物図譜刊行会　2007
◇p24（カラー）　俗稱ナルコユリ サヽユリ　松平頼恭 江戸時代　紙本著色 画帖装（折本形式）　33.0×48.2　［個人蔵］

烏臼木
「高松松平家所蔵 衆芳画譜 薬木 第三」香川県歴史博物館友の会博物図譜刊行会　2008
◇p32（カラー）　俗称チヤウセンハゼ　松平頼恭 江戸時代　紙本著色 画帖装（折本形式）　33.0×48.2　［個人蔵］

ナンテン　Nandina domestica Thunberg
「薬用植物画譜」日本臨牀社　1985
◇図123（カラー）　刈米達夫解説, 小磯良平画　1971

ナンバンカラスウリ　Momordica cochinchinensis Sprenger
「薬用植物画譜」日本臨牀社　1985
◇図79（カラー）　刈米達夫解説, 小磯良平画　1971

南部 細辛
「高松松平家所蔵 衆芳画譜 薬草 第二」香川県歴史博物館友の会博物図譜刊行会　2007
◇p52（カラー）　松平頼恭 江戸時代　紙本著色 画帖装（折本形式）　33.0×48.2　［個人蔵］

ナンヨウソテツ　Cycas circinnalia var. riuminiana
「花の王国 2」平凡社　1990
◇p74（カラー）　ルメール, Ch.『園芸図譜誌』1854〜86

【に】

ニオイスミレ　Viola odorata
「図説 ボタニカルアート」河出書房新社　2010
◇p19（カラー）　Viola martia purpurea　マッティオリ『薬物誌』 1586

ニオイニンドウ　Lonicera perichymenum
「花の王国 2」平凡社　1990
◇p46（カラー）　ショームトン他編, テュルパン, P.J.F.図『薬用植物事典』 1833〜35

ニガキ　Picrasma quassioides Bennett
「薬用植物画譜」日本臨牀社　1985
◇図90（カラー）　刈米達夫解説, 小磯良平画 1971

ニガキ　Picrasma quassioides（D.Don）Benn.
「シーボルト日本植物図譜コレクション」小学館　2008
◇図2–97（カラー）　Picrasma ［水谷助六？］画 ［1820〜1828頃］ 紙 拓本技術で制作されたカラー絵（墨で部分的に加筆） 花柱と細部：透明絵の具、墨　23.3×32.3 ［ロシア科学アカデミーコマロフ植物学研究所図書館］ ※目録508 コレクションII 557/275

ニガハッカ　Marrubium vulgare
「ハーブとスパイス」八坂書房　1990
◇図41（カラー）　Horehound　ウッドヴィル, ウィリアム著, サワビー, ジェームズ画『薬用植物誌』 1790〜1795　銅版手彩色 ［八坂書房］

ニガヨモギ　Artemisia absinthium
「花の王国 2」平凡社　1990
◇p80（カラー）　ロック, J., オカール原図『薬用植物誌』 1821

ニガヨモギの1種　Artemisia sp.
「ビュフォンの博物誌」工作舎　1991
◇N091（カラー）『一般と個別の博物誌 ソンニーニ版』

肉蓯蓉
「高松松平家所蔵 衆芳画譜 薬草 第二」香川県歴史博物館友の会博物図譜刊行会　2007
◇p27（カラー）　松平頼恭 江戸時代　紙本著色 画帖装（折本形式）　33.0×48.2 ［個人蔵］

ニクズク　Myristica fragrans
「ビュフォンの博物誌」工作舎　1991
◇N067（カラー）『一般と個別の博物誌 ソンニーニ版』
「図説 ボタニカルアート」河出書房新社　2010
◇p26（白黒）　ツイーグラー画, フックス『フックス本草稿本』 1536頃〜66 ［オーストリア国立図書館］

ニクズク　Myristica officinalis
「花の王国 2」平凡社　1990
◇p92（カラー）　ショームトン他編, テュルパン, P.J.F.図『薬用植物事典』 1833〜35

ニクズク
「美花図譜」八坂書房　1991
◇図58（カラー）　ウエインマン『花譜』 1736〜1748　銅版刷手彩色 ［群馬県館林市立図書館］

ニクズク（ナツメグ）
「ボタニカルアートの薬草手帖」西日本新聞社　2014
◇p95（カラー）　作者不詳 年代不詳

ニクズク, ナツメグ　Myristica fragrans Houtt.
「カーティスの植物図譜」エンタプライズ　1987
◇図2757（カラー）　Common Nutmeg『カーティスのボタニカルマガジン』 1787〜1887

ニクズク, ナツメグ
⇒ナツメグを見よ

鬼箭
「高松松平家所蔵 衆芳画譜 薬木 第三」香川県歴史博物館友の会博物図譜刊行会　2008
◇p26（カラー）　俗称ニシキヾ　松平頼恭 江戸時代　紙本著色 画帖装（折本形式）　33.0×48.2 ［個人蔵］

ニチニチソウ
「ボタニカルアートの薬草手帖」西日本新聞社　2014
◇p39（カラー）　Curtis

にっけい
「木の手帖」小学館　1991
◇図58（カラー）　肉桂　シナモン図（シンナモミ）はウェインマンをもとに改変　岩崎灌園『本草図譜』 文政11（1828）　約21×145 ［国立国会図書館］

ニッケイ　Cinnamomum loureiri
「花彙 下」八坂書房　1977
◇図150（白黒）　梫　小野蘭山, 島田充房 明和2（1765）　26.5×18.5 ［国立公文書館・内閣文庫］

ニッケイ　Cinnamomum sieboldii Meisner
「薬用植物画譜」日本臨牀社　1985
◇図129（カラー）　刈米達夫解説, 小磯良平画 1971

ニュウコウジュ　Boswellia carteii
「花の王国 2」平凡社　1990
◇p118（カラー）　乳香, 雞舌香, 薫陸香　ビュショー, P.J.『動植鉱物百図第1集（および第2集）』 1775〜81

ニラ　Allium tuberosum Rottl.ex Spreng.
「シーボルト日本植物図譜コレクション」小学館　2008
◇図3–56（カラー）　［Liliaceae］ 川原慶賀画　紙 透明絵の具 墨　23.8×33.4 ［ロシア科学アカデミーコマロフ植物学研究所図書館］ ※目録803

コレクションVIII 87/971

ニラ　Allium tuberosum Rottler
「薬用植物画譜」日本臨牀社　1985
◇図15（カラー）　刈米達夫解説, 小磯良平画 1971

ニワシロユリ（マドンナリリー）　Lilium candidum L.
「花の肖像 ボタニカルアートの名品と歴史」創土社　2006
◇fig.37（カラー）　プラトニクス・アプレイウス『本草書（植物図譜）』［オックスフォード大学ボードレアン・ライブラリー］

ニワトコ　Sambucus sieboldiana
「花彙 下」八坂書房　1977
◇図142（白黒）　野黄楊　小野蘭山, 島田充房 明和2（1765）　26.5×18.5 ［国立公文書館・内閣文庫］

ニンジンボク　Vitex negundo
「花彙 下」八坂書房　1977
◇図176（白黒）　黄荊　小野蘭山, 島田充房 明和2（1765）　26.5×18.5 ［国立公文書館・内閣文庫］

忍冬
「高松松平家所蔵 衆芳画譜 薬木 第三」香川県歴史博物館友の会博物図譜刊行会　2008
◇p68（カラー）　和名スイカヅラ俗稱キンキン花　松平頼恭 江戸時代　紙本著色 画帖装（折本形式）　33.0×48.2 ［個人蔵］
◇p69（カラー）　ジヤカタラ　松平頼恭 江戸時代 紙本著色 画帖装（折本形式）　33.0×48.2 ［個人蔵］

ニンニク　Allium sativum
「花の王国 2」平凡社　1990
◇p124（カラー）　ロック, J., オカール原図『薬用植物誌』 1821

ニンニク　Allium sativum Linnaeus
「薬用植物画譜」日本臨牀社　1985
◇図14（カラー）　刈米達夫解説, 小磯良平画 1971

ニンニク
「ボタニカルアートの薬草手帖」西日本新聞社　2014
◇p121（カラー）　Turpin

ニンニクの栽培品種
「彩色 江戸博物学集成」平凡社　1994
◇p62（カラー）　行者ニンニク　丹羽正伯『芸藩土産図』［岩瀬文庫］

【ぬ】

ヌルデ　Rhus javanica
「花彙 下」八坂書房　1977
◇図140（白黒）　鹽敷樹　小野蘭山, 島田充房 明和2（1765）　26.5×18.5 ［国立公文書館・内閣文庫］

【ね】

ネナシカズラ類
「ボタニカルアートの薬草手帖」西日本新聞社　2014
◇p93（カラー）　Maund

合歓木
「高松松平家所蔵 衆芳画譜 薬木 第三」香川県歴史博物館友の会博物図譜刊行会　2008
◇p18（カラー）　和名子ムリノキ カウコノキ シユメウノキ　松平頼恭 江戸時代　紙本著色 画帖装（折本形式）　33.0×48.2 ［個人蔵］

【の】

野菊
「高松松平家所蔵 衆芳画譜 薬草 第二」香川県歴史博物館友の会博物図譜刊行会　2007
◇p80（カラー）　松平頼恭 江戸時代　紙本著色 画帖装（折本形式）　33.0×48.2 ［個人蔵］

ノコギリソウ
「花の王国 2」平凡社　1990
◇p7（白黒）　ディオスコリデス『薬物誌』 6世紀初頭 ［ウィーン王立図書館］

【は】

バイオレット　Viola odorata
「ハーブとスパイス」八坂書房　1990
◇図42（カラー）　Violet　ウッドヴィル, ウィリアム著, サワビー, ジェームズ画『薬用植物誌』 1790～1795　銅版手彩色 ［八坂書房］

バイモ　Fritillaria thunbergii
「花彙 上」八坂書房　1977
◇図2（白黒）　貝母　小野蘭山, 島田充房 明和2（1765）　26.5×18.5 ［国立公文書館・内閣文庫］

バイモ
「花の王国 2」平凡社　1990
◇p28（カラー）　越州貝母, 峡州貝母　ビュショー, P.J.『動植鉱物百図第1集（および第2集）』 1775～81

貝母
「高松松平家所蔵 衆芳画譜 薬草 第二」香川県歴史博物館友の会博物図譜刊行会　2007
◇p50（カラー）　松平頼恭 江戸時代　紙本著色 画帖装（折本形式）　33.0×48.2 ［個人蔵］

バオバブ　Adansonia digitata

「花の王国 4」平凡社　1990
◇p81（カラー）　ショームトン他編, テュルパン, P.J.F.図『薬用植物事典』 1833〜35

ハギクソウ　Euphorbia octoradiata

「江戸博物文庫 花草の巻」工作舎　2017
◇p100（カラー）　葉菊草　岩崎灌園『本草図譜』［東京大学大学院理学系研究科附属植物園（小石川植物園）］

白英

「高松松平家所蔵 衆芳画譜 薬木 第三」香川県歴史博物館友の会博物図譜刊行会　2008
◇p67（カラー）　俗称ホロシ　松平頼恭 江戸時代 紙本著色 画帖装（折本形式） 33.0×48.2 ［個人蔵］

バクチノキ　Laurocerasus zippeliana

「図説 ボタニカルアート」河出書房新社　2010
◇p106（白黒）　Prunus zippeliana　川原慶賀画［ロシア科学アカデミー図書館］

バクチノキ　Prunus zippeliana Miq.

「シーボルト日本植物図譜コレクション」小学館 2008
◇図3–61（カラー）　Prunus macrophylla Sieb.et Zucc.　川原慶賀画　紙 透明絵の具 墨　23.0×32.4 ［ロシア科学アカデミーコマロフ植物学研究所図書館］ ※目録415 コレクションIII 422/312

白頭翁

「高松松平家所蔵 衆芳画譜 薬草 第二」香川県歴史博物館友の会博物図譜刊行会　2007
◇p37（カラー）　和名ヲキナ草 ナカクサ　松平頼恭 江戸時代　紙本著色 画帖装（折本形式） 33.0×48.2 ［個人蔵］

白兎藿

「高松松平家所蔵 衆芳画譜 薬木 第三」香川県歴史博物館友の会博物図譜刊行会　2008
◇p67（カラー）　俗称イケマ ヤマコガメ　松平頼恭 江戸時代　紙本著色 画帖装（折本形式） 33.0×48.2 ［個人蔵］

ハクモクレン

「ボタニカルアートの薬草手帖」西日本新聞社 2014
◇p96（カラー）　Maund

白木蓮

「高松松平家所蔵 衆芳画譜 薬木 第三」香川県歴史博物館友の会博物図譜刊行会　2008
◇p16（カラー）　松平頼恭 江戸時代　紙本著色 画帖装（折本形式） 33.0×48.2 ［個人蔵］

麥門冬

「高松松平家所蔵 衆芳画譜 薬草 第二」香川県歴史博物館友の会博物図譜刊行会　2007
◇p91（カラー）　和名ヤマスケ　松平頼恭 江戸時代　紙本著色 画帖装（折本形式） 33.0×48.2 ［個人蔵］

巴戟根

「高松松平家所蔵 衆芳画譜 薬草 第二」香川県歴史博物館友の会博物図譜刊行会　2007
◇p30（カラー）　松平頼恭 江戸時代　紙本著色 画帖装（折本形式） 33.0×48.2 ［個人蔵］

ハコベ

「ボタニカルアートの世界」朝日新聞社　1987
◇p110下（カラー）　色々　西阿『馬医草紙』 1267 ［国立博物館］

バショウ

「ボタニカルアートの世界」朝日新聞社　1987
◇p110下（カラー）　長小草　西阿『馬医草紙』 1267 ［国立博物館］

ハシリドコロ　Scopolia japonica Maximowicz

「シーボルト日本植物図譜コレクション」小学館 2008
◇図1–18（カラー）　Atropa ［日本人画家？］画 ［1820〜1826頃］ 和紙 透明絵の具 墨　27.4×40.0 ［ロシア科学アカデミーコマロフ植物学研究所図書館］ ※水谷助六が贈った絵.目録721 コレクションVI 111/676

「薬用植物画譜」日本臨牀社　1985
◇図45（カラー）　刈米達夫解説, 小磯良平画 1971

莨菪

「高松松平家所蔵 衆芳画譜 薬草 第二」香川県歴史博物館友の会博物図譜刊行会　2007
◇p106（カラー）　ハシリドコロ　松平頼恭 江戸時代　紙本著色 画帖装（折本形式） 33.0×48.2 ［個人蔵］

ハシリドコロ類

「ボタニカルアートの薬草手帖」西日本新聞社 2014
◇p74（カラー）　Petermann

バジル　Ocimum basilicum

「花の王国 2」平凡社　1990
◇p93（カラー）　ショームトン他編, テュルパン, P.J.F.図『薬用植物事典』 1833〜35

ハス

「ボタニカルアートの薬草手帖」西日本新聞社 2014
◇p78（カラー）　Step, Edward

「江戸の動植物図」朝日新聞社　1988
◇p35（カラー）　森野藤助『松山本草』 ［森野旧薬園］

ハゼノキ　Rhus succendanea Linnaeus

「薬用植物画譜」日本臨牀社　1985
◇図87（カラー）　刈米達夫解説, 小磯良平画 1971

パセリ　Petroselinum crispum

「ハーブとスパイス」八坂書房　1990
◇図43（カラー）　Parsley　ウッドヴィル, ウィリアム著, サワビー, ジェームズ画『薬用植物誌』

1790〜1795　銅版手彩色　［八坂書房］

淡竹
「高松松平家所蔵 衆芳画譜 薬木 第三」香川県歴史博物館友の会博物図譜刊行会　2008
◇p33（カラー）　俗称ハチク　松平頼恭 江戸時代 紙本著色 画帖装（折本形式）　33.0×48.2　［個人蔵］

ハッカ　Mentha arvensis Linnaeus var. piperascens Malinvaud
「薬用植物画譜」日本臨牀社　1985
◇図48（カラー）　刈米達夫解説, 小磯良平画 1971

薄荷
「高松松平家所蔵 衆芳画譜 薬草 第二」香川県歴史博物館友の会博物図譜刊行会　2007
◇p77（カラー）　メクサ　松平頼恭 江戸時代　紙本著色 画帖装（折本形式）　33.0×48.2　［個人蔵］

バッカク　Claviceps purpurea Tulasne
「薬用植物画譜」日本臨牀社　1985
◇図148（カラー）　刈米達夫解説, 小磯良平画 1971

バッカク
「ボタニカルアートの薬草手帖」西日本新聞社　2014
◇p79（カラー）　Bulliard, Pierre 1780〜1793

ハッカの1種　Mentha sp.
「ビュフォンの博物誌」工作舎　1991
◇N115（カラー）『一般と個別の博物誌 ソンニーニ版』

馬蹄決明
「高松松平家所蔵 衆芳画譜 薬草 第二」香川県歴史博物館友の会博物図譜刊行会　2007
◇p93（カラー）　俗称イタチサ丶ケ　松平頼恭 江戸時代　紙本著色 画帖装（折本形式）　33.0×48.2　［個人蔵］

ハトムギ　Coix lacryma–jobi Linnaeus var. ma–yuen Stapf
「薬用植物画譜」日本臨牀社　1985
◇図8（カラー）　刈米達夫解説, 小磯良平画 1971

ハトムギ
「江戸の動植物図」朝日新聞社　1988
◇p33（カラー）　森野藤助『松山本草』　［森野旧薬園］

ハナスゲ　Anemarrhena asphodeloides Bunge
「薬用植物画譜」日本臨牀社　1985
◇図17（カラー）　刈米達夫解説, 小磯良平画 1971

ハナトリカブト　Aconitum chinense
「江戸博物文庫 花草の巻」工作舎　2017
◇p107（カラー）　花鳥兜　岩崎灌園『本草図譜』［東京大学大学院理学系研究科附属植物園（小石川植物園）］

ハナトリカブト　Aconitum fauriei Léveillé et Vaniot
「薬用植物画譜」日本臨牀社　1985
◇図124（カラー）　刈米達夫解説, 小磯良平画 1971

バニステリア　Banisteria tomentosa
「花の王国 2」平凡社　1990
◇p67（カラー）　ドラピエ, P.A.J., ベッサ, パンクラース原図『園芸家・愛好家・工業家のための植物誌』 1836　手彩色図版

バニラ　Epidendram vanilla・Vanilla planifolia
「花の王国 2」平凡社　1990
◇p84（カラー）　ショームトン他編, テュルパン, P.J.F.図『薬用植物事典』 1833〜35

バニラ　Vanilla planifolia
「ハーブとスパイス」八坂書房　1990
◇図44（カラー）　Vanilla　オーブリエ, クロードベラム画

バニラの1種　Vanilla sp.
「ビュフォンの博物誌」工作舎　1991
◇N048（カラー）『一般と個別の博物誌 ソンニーニ版』

パパイア　Carica papaya Linnaeus
「薬用植物画譜」日本臨牀社　1985
◇図81（カラー）　刈米達夫解説, 小磯良平画 1971

列當
「高松松平家所蔵 衆芳画譜 薬草 第二」香川県歴史博物館友の会博物図譜刊行会　2007
◇p28（カラー）　俗称白ツユ艸 ユウレイ艸 ヲランダキセル　松平頼恭 江戸時代　紙本著色 画帖装（折本形式）　33.0×48.2　［個人蔵］

ハマウツボ類
「ボタニカルアートの薬草手帖」西日本新聞社　2014
◇p81（カラー）　Sowerby

ハマボウフウ　Glehnia littoralis Fr.Schmidt
「薬用植物画譜」日本臨牀社　1985
◇図72（カラー）　刈米達夫解説, 小磯良平画 1971

バーム　Melissa officinalis
「ハーブとスパイス」八坂書房　1990
◇図45（カラー）　Balm, Lemon balm　ウッドヴィル, ウィリアム著, サワビー, ジェームズ画『薬用植物誌』 1790〜1795　銅版手彩色　［八坂書房］

バラ
「ボタニカルアートの薬草手帖」西日本新聞社　2014
◇p84（カラー）　Curtis

バラ科キイチゴ属の1種　Rubus fruticosus L.
「花の肖像 ボタニカルアートの名品と歴史」創土社　2006

◇fig.05(カラー)　クラテウアス画, ディオスクリデス『薬物誌 稿本「ウィーン写本」』［オーストリア国立図書館］

バルバドスアロエ　Aloe vera

「花の王国 2」平凡社　1990

◇p33(カラー)　おそらくA.barbadensisのシノニム　ヴァインマン『薬用植物図譜』 1736〜48

半夏

「高松松平家所蔵 衆芳画譜 薬木 第三」香川県歴史博物館友の会博物図譜刊行会　2008

◇p51(カラー)　俗称カラスヒシャク トクホセ　松平頼恭 江戸時代　紙本著色 画帖装(折本形式)　33.0×48.2 ［個人蔵］

【ひ】

ヒカゲノカズラ　Lycopodium clavatum Linnaeus

「薬用植物画譜」日本臨牀社　1985

◇図147(カラー)　刈米達夫解説, 小磯良平画 1971

ヒカゲノカズラ

「ボタニカルアートの薬草手帖」西日本新聞社 2014

◇p87(カラー)　Petermann

ヒガンバナ　Lycoris radiata Herbert

「薬用植物画譜」日本臨牀社　1985

◇図12(カラー)　刈米達夫解説, 小磯良平画 1971

獼猴桃

「高松松平家所蔵 衆芳画譜 薬木 第三」香川県歴史博物館友の会博物図譜刊行会　2008

◇p37(カラー)　俗称サルナシ　松平頼恭 江戸時代　紙本著色 画帖装(折本形式)　33.0×48.2 ［個人蔵］

ヒシ

「ボタニカルアートの薬草手帖」西日本新聞社 2014

◇p88(カラー)　作者不詳 年代不詳

ヒソップ　Hyssopus officinalis

「花の王国 2」平凡社　1990

◇p101(カラー)　ショームトン他編, テュルパン, P.J.F.図『薬用植物事典』 1833〜35

◇p101(カラー)　ビュラール, P.編『フランス本草誌』 1780〜95　色刷り銅版

「ハーブとスパイス」八坂書房　1990

◇図46(カラー)　Hissop　ウッドヴィル, ウィリアム著, サワビー, ジェームズ画『薬用植物誌』 1790〜1795　銅版手彩色 ［八坂書房］

ヒトツバ　Pyrrosia lingua Farwell

「薬用植物画譜」日本臨牀社　1985

◇図145(カラー)　刈米達夫解説, 小磯良平画 1971

ヒナゲシ　Papaver rhoeas

「花の王国 1」平凡社　1990

◇p95(カラー)　ショームトン他編, テュルパン, P.J.F.図『薬用植物事典』 1833〜35

ヒナタイノコズチ　Achyranthes fauriei Léveillé et Vaniot

「薬用植物画譜」日本臨牀社　1985

◇図134(カラー)　刈米達夫解説, 小磯良平画 1971

ヒマ　Ricinus communis

「花の王国 2」平凡社　1990

◇p40(カラー)　ショームトン他編, テュルパン, P.J.F.図『薬用植物事典』 1833〜35

◇p40(カラー)　ジョーム・サンティレール, H.『フランスの植物』 1805〜09　彩色銅版画

◇p41(カラー)　ロック, J., オカール原図『薬用植物誌』 1821

ヒマ

「ボタニカルアートの薬草手帖」西日本新聞社 2014

◇p71(カラー)　Step, Edward

ヒマ

⇒トウゴマ(ヒマ)を見よ

蓖麻

「高松松平家所蔵 衆芳画譜 薬草 第二」香川県歴史博物館友の会博物図譜刊行会　2007

◇p106(カラー)　和名カラヱ カラカシワ俗称トウゴマ　松平頼恭 江戸時代　紙本著色 画帖装(折本形式)　33.0×48.2 ［個人蔵］

ヒメハギ　Polygala japonica

「花彙 上」八坂書房　1977

◇図13(白黒)　遠志　小野蘭山, 島田充房 明和2 (1765)　26.5×18.5 ［国立公文書館・内閣文庫］

ヒメハギの1種　Polygala vulgaris

「ビュフォンの博物誌」工作舎　1991

◇N106(カラー)『一般と個別の博物誌 ソンニーニ版』

白芷

「高松松平家所蔵 衆芳画譜 薬草 第二」香川県歴史博物館友の会博物図譜刊行会　2007

◇p61(カラー)　俗称ムマセリ　松平頼恭 江戸時代　紙本著色 画帖装(折本形式)　33.0×48.2 ［個人蔵］

白前

「高松松平家所蔵 衆芳画譜 薬草 第二」香川県歴史博物館友の会博物図譜刊行会　2007

◇p56(カラー)　松平頼恭 江戸時代　紙本著色 画帖装(折本形式)　33.0×48.2 ［個人蔵］

ビャクダン

「ボタニカルアートの薬草手帖」西日本新聞社 2014

◇p90（カラー）　Turpin

百部

「高松松平家所蔵 衆芳画譜 薬木 第三」香川県歴史博物館友の会博物図譜刊行会　2008
◇p60（カラー）　松平頼恭 江戸時代　紙本著色 画帖装（折本形式）　33.0×48.2　［個人蔵］

白歛

「高松松平家所蔵 衆芳画譜 薬木 第三」香川県歴史博物館友の会博物図譜刊行会　2008
◇p63（カラー）　松平頼恭 江戸時代　紙本著色 画帖装（折本形式）　33.0×48.2　［個人蔵］

ヒヨス　Hyoscyamus niger

「花の王国 2」平凡社　1990
◇p58（カラー）　ショームトン他編，テュルパン，P.J.F.図『薬用植物事典』　1833～35
◇p59（カラー）　ロック，J.，オカール原図『薬用植物誌』　1821

ヒヨス

「ボタニカルアートの薬草手帖」西日本新聞社　2014
◇p75（カラー）　Bulliard, Pierre 1780～1793
◇p75（カラー）　Maund
◇p75（カラー）　作者不詳 1200年代

ヒヨスの1種　Hyoscyamus aureus

「花の王国 2」平凡社　1990
◇p58（カラー）　ロック，J.，オカール原図『薬用植物誌』　1821

ヒヨドリジョウゴ類

「ボタニカルアートの薬草手帖」西日本新聞社　2014
◇p76（カラー）　Maund

ヒルムシロ　Potamageton distinctus

「日本の博物図譜」東海大学出版会　2001
◇p40（白黒）『馬医草紙』　文永4（1267）　［東京国立博物館］

ヒレハリソウ　Symphytum officinale

「図説 ボタニカルアート」河出書房新社　2010
◇p29（白黒）　マッティオリ『ディオスクリデス薬物誌注解』　1565

ヒロハセネガ　Polygala senega Linnaeus var. latifolia Torrey et Gray

「薬用植物画譜」日本臨牀社　1985
◇図88（カラー）　刈米達夫解説，小磯良平画 1971

枇杷

「高松松平家所蔵 衆芳画譜 薬木 第三」香川県歴史博物館友の会博物図譜刊行会　2008
◇p39（カラー）　和名ミハ俗称コフクベ　松平頼恭 江戸時代　紙本著色 画帖装（折本形式）　33.0×48.2　［個人蔵］

ビンロウジュ　Areca catechu

「花の王国 2」平凡社　1990
◇p114（カラー）　ショームトン他編，テュルパン，P.J.F.図『薬用植物事典』　1833～35
◇p115（カラー）　ショームトン他編，テュルパン，P.J.F.図『薬用植物事典』　1833～35

【ふ】

フィーバーフュー　Chrysanthemum parthenium

「ハーブとスパイス」八坂書房　1990
◇図47（カラー）　Feverfew　ウッドヴィル，ウィリアム著，サワビー，ジェームズ画『薬用植物誌』　1790～1795　銅版手彩色　［八坂書房］

フェヌグリーク　Trigonella foenum–graecum

「ハーブとスパイス」八坂書房　1990
◇図48（カラー）　Fenugreek　ウッドヴィル，ウィリアム著，サワビー，ジェームズ画『薬用植物誌』　1790～1795　銅版手彩色　［八坂書房］

フェンネル　Foeniculum vulgare

「ハーブとスパイス」八坂書房　1990
◇図49（カラー）　Fennel　ウッドヴィル，ウィリアム著，サワビー，ジェームズ画『薬用植物誌』　1790～1795　銅版手彩色　［八坂書房］

フキタンポポ　Tussilago farfara L.

「花の肖像 ボタニカルアートの名品と歴史」創土社　2006
◇fig.99（カラー）　ニュエンフュイス，テオドール『花と植物―オランダ王立博物館蔵絵画印刷物写真コレクション』　1994

フクジュソウ　Adonis amurensis Regel et Radde

「薬用植物画譜」日本臨牀社　1985
◇図125（カラー）　刈米達夫解説，小磯良平画 1971

茯神

「高松松平家所蔵 衆芳画譜 薬木 第三」香川県歴史博物館友の会博物図譜刊行会　2008
◇p32（カラー）　俗称マツホド　松平頼恭 江戸時代　紙本著色 画帖装（折本形式）　33.0×48.2　［個人蔵］

ブクリョウ　Poria cocos Wolf（=Pachyma hoelen Rumphius）

「薬用植物画譜」日本臨牀社　1985
◇図149（カラー）　刈米達夫解説，小磯良平画 1971

附子

「高松松平家所蔵 衆芳画譜 薬木 第三」香川県歴史博物館友の会博物図譜刊行会　2008
◇p46（カラー）　松平頼恭 江戸時代　紙本著色 画帖装（折本形式）　33.0×48.2　［個人蔵］

「花の王国 2」平凡社　1990
◇p11（白黒）　平賀源内『物類品隲』

フジモドキ　Daphne genkwa Siebold et Zuccarini
「薬用植物画譜」日本臨牀社　1985
◇図83（カラー）　刈米達夫解説，小磯良平画 1971

筆防風
「高松松平家所蔵 衆芳画譜 薬草 第二」香川県歴史博物館友の会博物図譜刊行会　2007
◇p46（カラー）　松平頼恭 江戸時代　紙本著色 画帖装（折本形式）　33.0×48.2　［個人蔵］

フナバラソウ
「ボタニカルアートの世界」朝日新聞社　1987
◇p110上（カラー）　薬師草　西阿『馬医草紙』1267　［国立博物館］

冬葵
「高松松平家所蔵 衆芳画譜 薬草 第二」香川県歴史博物館友の会博物図譜刊行会　2007
◇p91（カラー）　俗稱カンアオイ　松平頼恭 江戸時代　紙本著色 画帖装（折本形式）　33.0×48.2　［個人蔵］

ブリオニアの1種　Bryonia dioica
「ビュフォンの博物誌」工作舎　1991
◇N101（カラー）『一般と個別の博物誌 ソンニーニ版』

フリティラリア・アッシリアカ　Fritillaria assyriaca
「花の王国 2」平凡社　1990
◇p28（カラー）　ジョーム・サンティレール，H.『フランスの植物』　1805～09　彩色銅版画

【へ】

ヘチマ
「ボタニカルアートの薬草手帖」西日本新聞社　2014
◇p28（カラー）　Curtis

ベニバナ　Carthamus tinctorius
「図説 ボタニカルアート」河出書房新社　2010
◇p102（白黒）　島田充房，小野蘭山『花彙』　1759～63
「ビュフォンの博物誌」工作舎　1991
◇N078（カラー）『一般と個別の博物誌 ソンニーニ版』
「四季草花譜」八坂書房　1988
◇図61（カラー）　飯沼慾斎筆『草木図説稿本』［個人蔵］
「花彙 上」八坂書房　1977
◇図55（白黒）　紅花菜　小野蘭山，島田充房 明和2（1765）　26.5×18.5　［国立公文書館・内閣文庫］

ベニバナ　Carthamus tinctorius Linnaeus
「シーボルト日本植物図譜コレクション」小学館　2008
◇図2–44（カラー）　Carthamus tinctorius L.　［桂川甫賢？］画　［1820～1825頃］　和紙 透明絵の具 墨　17.2×31.2　［ロシア科学アカデミーコマロフ植物学研究所図書館］　※目録787 コレクションV 653/588
「薬用植物画譜」日本臨牀社　1985
◇図28（カラー）　刈米達夫解説，小磯良平画 1971

ベニバナ
「ボタニカルアートの薬草手帖」西日本新聞社　2014
◇p36（カラー）　Turpin
「美花図譜」八坂書房　1991
◇図19（カラー）　ウエインマン『花譜』1736～1748　銅版刷手彩色　［群馬県館林市立図書館］

紅花
「高松松平家所蔵 衆芳画譜 薬草 第二」香川県歴史博物館友の会博物図譜刊行会　2007
◇p83（カラー）　和名スヘツムハナ クレナイ　松平頼恭 江戸時代　紙本著色 画帖装（折本形式）　33.0×48.2　［個人蔵］

ペニーローヤル　Mentha pulegium
「ハーブとスパイス」八坂書房　1990
◇図50（カラー）　Pennyroyal　ウッドヴィル，ウィリアム著，サワビー，ジェームズ画『薬用植物誌』　1790～1795　銅版手彩色　［八坂書房］

ペパーミント　Mentha piperita
「ハーブとスパイス」八坂書房　1990
◇図51（カラー）　Peppermint　ウッドヴィル，ウィリアム著，サワビー，ジェームズ画『薬用植物誌』　1790～1795　銅版手彩色　［八坂書房］

ペパーミント
⇒セイヨウハッカ（ペパーミント）を見よ

ベラドンナ　Atropa belladonna
「花の王国 2」平凡社　1990
◇p62（カラー）　ロック，J.，オカール原図『薬用植物誌』　1821

ベラドンナ
「ボタニカルアートの薬草手帖」西日本新聞社　2014
◇p77（カラー）　Turpin
◇p77（カラー）　Maund

ヘリオトロープ
「ボタニカルアートの薬草手帖」西日本新聞社　2014
◇p105（カラー）　Step, Edward
「花の王国 2」平凡社　1990
◇p14（白黒）　サソリに類する植物　デラ・ポルタ，G.B.『植物観相学』　1588

萹蓄
「高松松平家所蔵 衆芳画譜 薬草 第二」香川県歴史博物館友の会博物図譜刊行会　2007
◇p98（カラー）　和名ウシクサ俗称ニワヤナギ　松平頼恭 江戸時代　紙本著色 画帖装（折本形

式）　33.0×48.2　［個人蔵］

へんるうだ

「高松松平家博物図譜 写生画帖 雑草」香川県立ミュージアム　2013

◇p49（カラー）　松平頼恭 江戸時代　紙本著色 画帖装（折本形式）　33.2×48.4　［個人蔵］

ヘンルーダ　Ruta graveolens

「ビュフォンの博物誌」工作舎　1991

◇N141（カラー）『一般と個別の博物誌 ソンニーニ版』

「花の王国 2」平凡社　1990

◇p106（カラー）『エドワーズ植物記録簿』　1815〜47

「ハーブとスパイス」八坂書房　1990

◇図52（カラー）　Rue　ウッドヴィル, ウィリアム著, サワビー, ジェームズ画『薬用植物誌』　1790〜1795　銅版手彩色　［八坂書房］

【ほ】

防巳

「高松松平家所蔵 衆芳画譜 薬木 第三」香川県歴史博物館友の会博物図譜刊行会　2008

◇p66（カラー）　俗称ツヾラフヂ　松平頼恭 江戸時代　紙本著色 画帖装（折本形式）　33.0×48.2　［個人蔵］

ホウノキ　Magnolia obovata Thunberg

「薬用植物画譜」日本臨牀社　1985

◇図132（カラー）　刈米達夫解説, 小磯良平画　1971

ホオズキ　Physalis alkekengi

「図説 ボタニカルアート」河出書房新社　2010

◇p11（カラー）　Phusalis　ディオスクリデス『薬物誌（ナポリ写本）』　7世紀

◇p15（カラー）『本草注解（稿本）』　1520〜30　［パリ国立図書館］

ホオズキ　Physalis alkekengi var.franchetii

「江戸博物文庫 花草の巻」工作舎　2017

◇p78（カラー）　鬼灯、酸漿　岩崎灌園『本草図譜』　［東京大学大学院理学系研究科附属植物園（小石川植物園）］

「四季草花譜」八坂書房　1988

◇図17（カラー）　飯沼慾斎筆『草木図説稿本』　［個人蔵］

ホオズキ？

「図説 ボタニカルアート」河出書房新社　2010

◇p12（カラー）　Physalis alkekengi？　シェーファー『健康の庭』　1485

ホオノキ

「彩色 江戸博物学集成」平凡社　1994

◇p135（カラー）　厚朴　島津重豪『質問本草（王里本）』　［鹿児島大学図書館］

北五味子

「高松松平家所蔵 衆芳画譜 薬木 第三」香川県歴史博物館友の会博物図譜刊行会　2008

◇p53（カラー）　俗称朝鮮五味子 信州五味子 モツコカツラ　松平頼恭 江戸時代　紙本著色 画帖装（折本形式）　33.0×48.2　［個人蔵］

ボケ

「ボタニカルアートの薬草手帖」西日本新聞社　2014

◇p85（カラー）　Maund

木瓜

「高松松平家所蔵 衆芳画譜 薬木 第三」香川県歴史博物館友の会博物図譜刊行会　2008

◇p38（カラー）　俗称ボケ, 寒ボケ　松平頼恭 江戸時代　紙本著色 画帖装（折本形式）　33.0×48.2　［個人蔵］

牡荊

「高松松平家所蔵 衆芳画譜 薬木 第三」香川県歴史博物館友の会博物図譜刊行会　2008

◇p11（カラー）　俗称ニンヂンボク　松平頼恭 江戸時代　紙本著色 画帖装（折本形式）　33.0×48.2　［個人蔵］

破故紙

「高松松平家所蔵 衆芳画譜 薬草 第二」香川県歴史博物館友の会博物図譜刊行会　2007

◇p70（カラー）　松平頼恭 江戸時代　紙本著色 画帖装（折本形式）　33.0×48.2　［個人蔵］

ホザキハッカ（ウォーターミント）　Mentha aquatica L.

「花の肖像 ボタニカルアートの名品と歴史」創土社　2006

◇fig.37（カラー）　プラトニクス・アプレイウス『本草書（植物図譜）』　［オックスフォード大学ボードレアン・ライブラリー］

ホシクサ　Eriocaulon cinereum R.Br.

「岩崎灌園の草花写生」たにぐち書店　2013

◇p86（カラー）　穀精草　［個人蔵］

穀精草

「高松松平家所蔵 衆芳画譜 薬草 第二」香川県歴史博物館友の会博物図譜刊行会　2007

◇p99（カラー）　俗称ホシクサ タイコノバチ カミナリノバチ　松平頼恭 江戸時代　紙本著色 画帖装（折本形式）　33.0×48.2　［個人蔵］

ホースラディッシュ　Armoracia rusticana

「ハーブとスパイス」八坂書房　1990

◇図53（カラー）　Horse-radish　ウッドヴィル, ウィリアム著, サワビー, ジェームズ画『薬用植物誌』　1790〜1795　銅版手彩色　［八坂書房］

ホソイトスギ（あるいはネズの1種）？　Cupressus sempervirens

「図説 ボタニカルアート」河出書房新社　2010

◇p13（カラー）『植物誌（稿本）』　14世紀　［ロー

マ・カザナテンセ図書館］

ホソバオケラ　Atractylodes lancea De Candolle
「薬用植物画譜」日本臨牀社　1985
◇図27（カラー）　刈米達夫解説, 小磯良平画 1971

ホソバシャクヤク
「ボタニカルアートの薬草手帖」西日本新聞社 2014
◇p97（カラー）　Step, Edward

ボタン　Paeonia suffruticosa Andrews
「薬用植物画譜」日本臨牀社　1985
◇図117（カラー）　刈米達夫解説, 小磯良平画 1971

ボタン
「ボタニカルアートの薬草手帖」西日本新聞社 2014
◇p98（カラー）　Step, Edward
◇p98（カラー）　Maund

牡丹
「高松松平家所蔵 衆芳画譜 薬草 第二」香川県歴史博物館友の会博物図譜刊行会　2007
◇p64（カラー）　フカミクサ ヤマタチハナ ハツカクサ 名トリクサ　松平頼恭 江戸時代　紙本著色 画帖装（折本形式）　33.0×48.2 ［個人蔵］

牡丹葉 延胡索
「高松松平家所蔵 衆芳画譜 薬草 第二」香川県歴史博物館友の会博物図譜刊行会　2007
◇p49（カラー）　松平頼恭 江戸時代　紙本著色 画帖装（折本形式）　33.0×48.2 ［個人蔵］

ホップ　Humulus lupulus Linnaeus
「薬用植物画譜」日本臨牀社　1985
◇図140（カラー）　刈米達夫解説, 小磯良平画 1971

ホップ
「ボタニカルアートの薬草手帖」西日本新聞社 2014
◇p47（カラー）　Sowerby

ボリッジ　Borago officinalis
「花の王国 2」平凡社　1990
◇p91（カラー）　ショームトン他編, テュルパン, P.J.F.図『薬用植物事典』 1833～35
「ハーブとスパイス」八坂書房　1990
◇図54（カラー）　Borage　ウッドヴィル, ウィリアム著, サワビー, ジェームズ画『薬用植物誌』 1790～1795　銅版手彩色 ［八坂書房］

ボリッジ
「フローラの庭園」八坂書房　2015
◇p22（カラー）　ヴァルター, ヨハン『ナッサウ家の花譜』 1650～70頃　水彩 紙 ［ヴィクトリア&アルバート美術館（ロンドン）］

ボリビアキナノキ　Chinchona undata
「花の王国 2」平凡社　1990
◇p55（カラー）　カルステン, H.『コロンビア植物誌』 1858～61　手彩色石版

ホンシャクナゲ　Rhododendron metternichii Siebold et Zuccarini var.hondoense Nakai
「薬用植物画譜」日本臨牀社　1985
◇図67（カラー）　刈米達夫解説, 小磯良平画 1971

【ま】

マオウ　Ephedra distachya Linnaeus
「薬用植物画譜」日本臨牀社　1985
◇図144（カラー）　刈米達夫解説, 小磯良平画 1971

麻黄
「高松松平家所蔵 衆芳画譜 薬草 第二」香川県歴史博物館友の会博物図譜刊行会　2007
◇p87（カラー）　ミヅトクサ　松平頼恭 江戸時代 紙本著色 画帖装（折本形式）　33.0×48.2 ［個人蔵］

マクリ　Digenea simplex Agardh
「薬用植物画譜」日本臨牀社　1985
◇図150（カラー）　刈米達夫解説, 小磯良平画 1971

マジョラム　Origanum majorana
「ハーブとスパイス」八坂書房　1990
◇図55（カラー）　Sweet marjoram　ウッドヴィル, ウィリアム著, サワビー, ジェームズ画『薬用植物誌』 1790～1795　銅版手彩色 ［八坂書房］

マスタード　Brassica nigra
「ハーブとスパイス」八坂書房　1990
◇図56（カラー）　Mustard, Black mustard　ウッドヴィル, ウィリアム著, サワビー, ジェームズ画『薬用植物誌』 1790～1795　銅版手彩色 ［八坂書房］

マタタビ　Actinidia polygama
「花彙 下」八坂書房　1977
◇図129（白黒）　蓬莱金蓮枝　小野蘭山, 島田充房 明和2（1765）　26.5×18.5 ［国立公文書館・内閣文庫］

マタタビ
「ボタニカルアートの薬草手帖」西日本新聞社 2014
◇p99（カラー）　馬屋原操

マチン　Strychnos nux-vomica
「花の王国 2」平凡社　1990
◇p73（カラー）　ロック, J., オカール原図『薬用植物誌』 1821

マドンナリリー
⇒ニワシロユリ（マドンナリリー）を見よ

マムシグサ
「ボタニカルアートの世界」朝日新聞社　1987
◇p111下（カラー）　天衣草　西阿『馬医草紙』 1267 ［国立博物館］

マムシグサの1種　Arisaema sp.
「花の肖像 ボタニカルアートの名品と歴史」創土社　2006
◇fig.73（カラー）　伝 高階隆景画, 大江秀光（西阿）『馬医草紙』 1274

圓葉 細辛
「高松松平家所蔵 衆芳画譜 薬草 第二」香川県歴史博物館友の会博物図譜刊行会　2007
◇p52（カラー）　松平頼恭 江戸時代　紙本著色 画帖装（折本形式）　33.0×48.2 ［個人蔵］

丸葉特生 百部
「高松松平家所蔵 衆芳画譜 薬木 第三」香川県歴史博物館友の会博物図譜刊行会　2008
◇p59（カラー）　松平頼恭 江戸時代　紙本著色 画帖装（折本形式）　33.0×48.2 ［個人蔵］

丸葉 百部
「高松松平家所蔵 衆芳画譜 薬木 第三」香川県歴史博物館友の会博物図譜刊行会　2008
◇p58（カラー）　松平頼恭 江戸時代　紙本著色 画帖装（折本形式）　33.0×48.2 ［個人蔵］

マルミノヤマゴボウ
「美花図譜」八坂書房　1991
◇図76（カラー）　ウエインマン『花譜』 1736～1748　銅版刷手彩色　［群馬県館林市立図書館］

榲桲
「高松松平家所蔵 衆芳画譜 薬木 第三」香川県歴史博物館友の会博物図譜刊行会　2008
◇p31（カラー）　俗称マルメロ　松平頼恭 江戸時代　紙本著色 画帖装（折本形式）　33.0×48.2 ［個人蔵］

蔓生 牛膝
「高松松平家所蔵 衆芳画譜 薬草 第二」香川県歴史博物館友の会博物図譜刊行会　2007
◇p89（カラー）　メイジンソウ　松平頼恭 江戸時代　紙本著色 画帖装（折本形式）　33.0×48.2 ［個人蔵］

蔓生 百部
「高松松平家所蔵 衆芳画譜 薬木 第三」香川県歴史博物館友の会博物図譜刊行会　2008
◇p59（カラー）　松平頼恭 江戸時代　紙本著色 画帖装（折本形式）　33.0×48.2 ［個人蔵］

マンドラゴラ　Mandragora officinarum
「花の王国 2」平凡社　1990
◇p72（カラー）　ヴァインマン『薬用植物図譜』 1736～48

マンドラゴラ
「美花図譜」八坂書房　1991
◇図53（カラー）　ウエインマン『花譜』 1736～1748　銅版刷手彩色　［群馬県館林市立図書館］

マンドレーク　Mandragora officinalis
「図説 ボタニカルアート」河出書房新社　2010
◇p66（白黒）　ドダル『薬草覚書き』 1701

【み】

黒三稜
「高松松平家所蔵 衆芳画譜 薬草 第二」香川県歴史博物館友の会博物図譜刊行会　2007
◇p73（カラー）　和名ミクリ　松平頼恭 江戸時代　紙本著色 画帖装（折本形式）　33.0×48.2 ［個人蔵］

ミシマサイコ　Bupleurum falcatum
「花彙 上」八坂書房　1977
◇図70（白黒）　蘆頭豹子　小野蘭山, 島田充房 明和2（1765）　26.5×18.5 ［国立公文書館・内閣文庫］

ミシマサイコ　Bupleurum falcatum Linnaeus
「薬用植物画譜」日本臨牀社　1985
◇図69（カラー）　刈米達夫解説, 小磯良平画 1971

ミズガシワ
「江戸の動植物図」朝日新聞社　1988
◇p35（カラー）　森野藤助『松山本草』　［森野旧薬園］

ミツガシワ　Menyanthes trifoliata Linnaeus
「薬用植物画譜」日本臨牀社　1985
◇図61（カラー）　刈米達夫解説, 小磯良平画 1971

ミツガシワ
「ボタニカルアートの薬草手帖」西日本新聞社　2014
◇p124（カラー）　Bulliard, Pierre 1780年代

ミツマタ
「ボタニカルアートの薬草手帖」西日本新聞社　2014
◇p59（カラー）　馬屋原操

百脉根
「高松松平家所蔵 衆芳画譜 薬草 第二」香川県歴史博物館友の会博物図譜刊行会　2007
◇p31（カラー）　ミヤコクサ　松平頼恭 江戸時代　紙本著色 画帖装（折本形式）　33.0×48.2 ［個人蔵］

【む】

無患子
「高松松平家所蔵 衆芳画譜 薬木 第三」香川県

歴史博物館友の会博物図譜刊行会　2008
◇p29（カラー）　俗称ムクロジ　松平頼恭 江戸時代　紙本著色 画帖装（折本形式）　33.0×48.2［個人蔵］

無患子實
「高松松平家所蔵 衆芳画譜 薬木 第三」香川県歴史博物館友の会博物図譜刊行会　2008
◇p29（カラー）　俗稱ムクロジノミ　松平頼恭 江戸時代　紙本著色 画帖装（折本形式）　33.0×48.2 ［個人蔵］

ムラサキ　Lithospermum erythrorhizon
「花彙 上」八坂書房　1977
◇図96（白黒）　紫果　小野蘭山, 島田充房 明和2（1765）　26.5×18.5 ［国立公文書館・内閣文庫］

ムラサキ　Lithospermum erythrorhizon Siebold et Zuccarini
「薬用植物画譜」日本臨牀社　1985
◇図52（カラー）　刈米達夫解説, 小磯良平画 1971

ムラサキ　Pentaglottis sempervirens
「すごい博物画」グラフィック社　2017
◇図版47（カラー）　ニオイニンドウ、ヨウム、ルピナス、コボウズオトギリ、ホエザル、キンバエ、ムラサキ、クワガタムシ　マーシャル, アレクサンダー 1650〜82頃　水彩　45.8×33.1［ウィンザー城ロイヤル・ライブラリー］

紫草
「高松松平家所蔵 衆芳画譜 薬草 第二」香川県歴史博物館友の会博物図譜刊行会　2007
◇p37（カラー）　和名ムラサキ　松平頼恭 江戸時代　紙本著色 画帖装（折本形式）　33.0×48.2［個人蔵］

紫花 白薇
「高松松平家所蔵 衆芳画譜 薬草 第二」香川県歴史博物館友の会博物図譜刊行会　2007
◇p55（カラー）　フナワラ　松平頼恭 江戸時代 紙本著色 画帖装（折本形式）　33.0×48.2 ［個人蔵］

【め】

メギ
「ボタニカルアートの薬草手帖」西日本新聞社 2014
◇p107（カラー）　Chaumeton, François-Pierre
「彩色 江戸博物学集成」平凡社　1994
◇p323（カラー）　畔田翠山『和州吉野郡中物産志』［岩瀬文庫］

メハジキ　Leonurus japonicus
「花彙 上」八坂書房　1977
◇図26（白黒）　茺蔚　小野蘭山, 島田充房 明和2（1765）　26.5×18.5 ［国立公文書館・内閣文庫］

メハジキ　Leonurus sibiricus Linnaeus
「薬用植物画譜」日本臨牀社　1985
◇図47（カラー）　刈米達夫解説, 小磯良平画 1971

メボウキ　Ocymum basillicum
「花彙 上」八坂書房　1977
◇図86（白黒）　瞖子草　小野蘭山, 島田充房 明和2（1765）　26.5×18.5 ［国立公文書館・内閣文庫］

綿黄芪
「高松松平家所蔵 衆芳画譜 薬草 第二」香川県歴史博物館友の会博物図譜刊行会　2007
◇p12（カラー）　松平頼恭 江戸時代　紙本著色 画帖装（折本形式）　33.0×48.2 ［個人蔵］

【も】

モウシロカイ　Aloe ferox
「花の王国 2」平凡社　1990
◇p32（カラー）　ヴァインマン『薬用植物図譜』1736〜48

モウズイカ属の1種　Verbascum sp.
「図説 ボタニカルアート」河出書房新社　2010
◇p11（カラー）　Phlomos　ディオスクリデス『薬物誌（ナポリ写本）』 7世紀

モウズイカの1種　Verbascum sp.
「ビュフォンの博物誌」工作舎　1991
◇N117（カラー）『一般と個別の博物誌 ソンニーニ版』

莽草
「高松松平家所蔵 衆芳画譜 薬木 第三」香川県歴史博物館友の会博物図譜刊行会　2008
◇p30（カラー）　和名シキミ　松平頼恭 江戸時代 紙本著色 画帖装（折本形式）　33.0×48.2 ［個人蔵］

木通
「高松松平家所蔵 衆芳画譜 薬木 第三」香川県歴史博物館友の会博物図譜刊行会　2008
◇p66（カラー）　和名アケビカツラ　松平頼恭 江戸時代　紙本著色 画帖装（折本形式）　33.0×48.2 ［個人蔵］

木香
「高松松平家所蔵 衆芳画譜 薬草 第二」香川県歴史博物館友の会博物図譜刊行会　2007
◇p65（カラー）　松平頼恭 江戸時代　紙本著色 画帖装（折本形式）　33.0×48.2 ［個人蔵］
◇p66（カラー）　俗称ヲヽモツカウ シンノモツカウ　松平頼恭 江戸時代　紙本著色 画帖装（折本形式）　33.0×48.2 ［個人蔵］

モツヤクジュ　Balsamodendron myrrha
「花の王国 2」平凡社　1990
◇p117（カラー）　ルメール, シャイトヴァイラー, ファン・ホーテ著, セヴェリン図『ヨーロッパの

温室と庭園の花々』 1845〜60　色刷り石版

モナルダ　Monarda didyma

「ハーブとスパイス」八坂書房　1990
◇図57（カラー）　Bee balm『カーチス・ボタニカル・マガジン』 1787〜1984

モハ

「高松松平家所蔵 衆芳画譜 薬木 第三」香川県歴史博物館友の会博物図譜刊行会　2008
◇p80（カラー）　松平頼恭 江戸時代　紙本著色 画帖装（折本形式）　33.0×48.2　［個人蔵］

モモ　Prunus persica Batch

「薬用植物画譜」日本臨牀社　1985
◇図108（カラー）　刈米達夫解説，小磯良平画 1971

モモ

「ボタニカルアートの薬草手帖」西日本新聞社 2014
◇p86（カラー）　作者不詳 年代不詳

【や】

益母草

「高松松平家所蔵 衆芳画譜 薬草 第二」香川県歴史博物館友の会博物図譜刊行会　2007
◇p83（カラー）　和名メハジキ　松平頼恭 江戸時代　紙本著色 画帖装（折本形式）　33.0×48.2［個人蔵］

ヤクヨウサフラン

⇒サフラン（ヤクヨウサフラン）を見よ

ヤグルマハッカ

「カーティスの植物図譜」エンタプライズ　1987
◇図145（カラー）　Wild Bergamot『カーティスのボタニカルマガジン』 1787〜1887

ヤツデ

「ボタニカルアートの薬草手帖」西日本新聞社 2014
◇p24（カラー）　Step, Edward

ヤツマタオオバコ　Plantago japonica forma polystachya

「花彙 上」八坂書房　1977
◇図61（白黒）　野甜菜　小野蘭山，島田充房 明和2（1765）　26.5×18.5　［国立公文書館・内閣文庫］

ヤドリギ類

「ボタニカルアートの薬草手帖」西日本新聞社 2014
◇p108（カラー）　Chaumeton, François-Pierre

ヤナギ　Salix acuminata

「花の王国 2」平凡社　1990
◇p121（カラー）　ジョーム・サンティレール，H.『フランスの植物』 1805〜09　彩色銅版画

ヤナギ

「ボタニカルアートの薬草手帖」西日本新聞社 2014
◇p109（カラー）　Sowerby

ヤブツバキ　Camellia japonica Linnaeus var. spontanea Makino

「薬用植物画譜」日本臨牀社　1985
◇図114（カラー）　刈米達夫解説，小磯良平画 1971

ヤブツバキ

「ボタニカルアートの薬草手帖」西日本新聞社 2014
◇p69（カラー）　Step, Edward

ヤブラン

「ボタニカルアートの薬草手帖」西日本新聞社 2014
◇p122（カラー）　Curtis

ヤマゴボウ　Phytolacca esculenta Van Houtte

「高木春山 本草図説 1」リブロポート　1988
◇図20, 21（カラー）　商陸ヤマゴハウ

「薬用植物画譜」日本臨牀社　1985
◇図136（カラー）　刈米達夫解説，小磯良平画 1971

やまとりかぶと　Aconitum japonicum

「草木写生 秋の巻」ピエ・ブックス　2010
◇p200〜201（カラー）　山鳥兜　狩野織染藤原重賢 明暦3（1657）〜元禄12（1699）　［国立国会図書館］

ヤマトリカブト　Aconitum japonicum Thunb.

「高木春山 本草図説 1」リブロポート　1988
◇図62（カラー）

ヤマトリカブト　Aconitum japonicum var. montanum

「花の王国 2」平凡社　1990
◇p61（カラー）　高木春山『本草図説』 ? 〜1852［西尾市立図書館岩瀬文庫（愛知県）］

ヤマノイモ　Dioscorea japonica Thunberg

「薬用植物画譜」日本臨牀社　1985
◇図10（カラー）　刈米達夫解説，小磯良平画 1971

ヤマモモ　Myrica rubra Siebold et Zuccarini

「薬用植物画譜」日本臨牀社　1985
◇図143（カラー）　刈米達夫解説，小磯良平画 1971

ヤマヨモギ　Artemisia vulgaris

「ビュフォンの博物誌」工作舎　1991
◇N091（カラー）『一般と個別の博物誌 ソンニーニ版』

ヤラッパ　Ipomæa purga

「ウィリアム・カーティス 花図譜」同朋舎出版 1994
◇137図（カラー）　Purga or True Jalap　フィッ

チ, ウォルター・フード画『カーティス・ボタニカル・マガジン』 1849

【ゆ】

有毒ゼリの1種　Oenanthe crocata？
「花の王国 2」平凡社　1990
◇p65（カラー）　ジョーム・サンティレール, H.『フランスの植物』 1805〜09　彩色銅版画

ユーカリ　Eucalyptus globulus La Billardière
「薬用植物画譜」日本臨牀社　1985
◇図78（カラー）　刈米達夫解説, 小磯良平画 1971

ユーカリノキ　Eucalyptus cordata
「花の王国 2」平凡社　1990
◇p88（カラー）　ショームトン他編, テュルパン, P.J.F.図『薬用植物事典』 1833〜35

ユキノシタ　Saxifraga stolonifera Meerburg
「薬用植物画譜」日本臨牀社　1985
◇図111（カラー）　刈米達夫解説, 小磯良平画 1971

ユキノシタ
「ボタニカルアートの薬草手帖」西日本新聞社　2014
◇p110（カラー）　作者不詳 年代不詳

ユスラ
「高松松平家所蔵 衆芳画譜 薬草 第二」香川県歴史博物館友の会博物図譜刊行会　2007
◇p70（カラー）　俗称 ユスラ　松平頼恭 江戸時代 紙本著色 画帖装（折本形式） 33.0×48.2 ［個人蔵］

ユーフォルビア　Euphorbia barnardii
「花の王国 4」平凡社　1990
◇p86（カラー）　ショームトン他編, テュルパン, P.J.F.図『薬用植物事典』 1833〜35

【よ】

ヨウシュチョウセンアサガオ　Datura tatula Linnaeus
「薬用植物画譜」日本臨牀社　1985
◇図42（カラー）　刈米達夫解説, 小磯良平画 1971

ヨウシュトリカブト　Aconitum napellus
「花の王国 2」平凡社　1990
◇p60（カラー）　ジョーム・サンティレール, H.『フランスの植物』 1805〜09　彩色銅版画

ヨウシュハクセン　Dictamnus albus
「花の王国 2」平凡社　1990
◇p43（カラー）　ジョーム・サンティレール, H.『フランスの植物』 1805〜09　彩色銅版画

羊乳根
「高松松平家所蔵 衆芳画譜 薬草 第二」香川県歴史博物館友の会博物図譜刊行会　2007
◇p20（カラー）　俗称ツルニンジン　松平頼恭 江戸時代　紙本著色 画帖装（折本形式） 33.0×48.2 ［個人蔵］

楊梅
「高松松平家所蔵 衆芳画譜 薬木 第三」香川県歴史博物館友の会博物図譜刊行会　2008
◇p40（カラー）　俗称ヤマモヽ　松平頼恭 江戸時代　紙本著色 画帖装（折本形式） 33.0×48.2 ［個人蔵］

ヨウラクユリ　Fritillaria imperialis
「花の王国 2」平凡社　1990
◇p29（カラー）　ロック, J., オカール原図『薬用植物誌』 1821

ヨモギギク　Tanesetum vulgare
「ビュフォンの博物誌」工作舎　1991
◇N090（カラー）『一般と個別の博物誌 ソンニーニ版』

ヨモギ属の1種　Artemisia arborescens
「図説 ボタニカルアート」河出書房新社　2010
◇p4（カラー）　Artemisia leptophullos　ディオスクリデス『薬物誌（ウィーン写本）』 512頃 ［ウィーン国立図書館］

ヨモギ類
「ボタニカルアートの薬草手帖」西日本新聞社　2014
◇p37（カラー）　Petermann

【ら】

ライラック　Syringa vulgaris
「図説 ボタニカルアート」河出書房新社　2010
◇p27（白黒）　マッティオリ『ディオスクリデス薬物誌注解』 1565

ライラック　Syringa vulgaris L.
「花の肖像 ボタニカルアートの名品と歴史」創土社　2006
◇fig.43（カラー）　マッティオリ『ディオスクリデス薬物誌注解』 1565

落新婦
「高松松平家所蔵 衆芳画譜 薬草 第二」香川県歴史博物館友の会博物図譜刊行会　2007
◇p48（カラー）　和名トリノアシクサ　松平頼恭 江戸時代　紙本著色 画帖装（折本形式） 33.0×48.2 ［個人蔵］

ラベッジ　Levisticum officinale
「ハーブとスパイス」八坂書房　1990
◇図58（カラー）　Lavage　ウッドヴィル, ウィリアム著, サワビー, ジェームズ画『薬用植物誌』 1790〜1795　銅版手彩色 ［八坂書房］

蘭草

「高松松平家所蔵 衆芳画譜 薬草 第二」香川県歴史博物館友の会博物図譜刊行会　2007
◇p75（カラー）　和名ラニ フジハカマ　松平頼恭 江戸時代　紙本著色 画帖装（折本形式）　33.0×48.2 ［個人蔵］

【り】

リコライス　Glycyrrhiza glabra

「ハーブとスパイス」八坂書房　1990
◇図59（カラー）　Liquorice　ウッドヴィル, ウィリアム著, サワビー, ジェームズ画『薬用植物誌』 1790～1795　銅版手彩色 ［八坂書房］

劉寄奴

「高松松平家所蔵 衆芳画譜 薬草 第二」香川県歴史博物館友の会博物図譜刊行会　2007
◇p83（カラー）　俗稱ヲトキリ草　松平頼恭 江戸時代　紙本著色 画帖装（折本形式）　33.0×48.2 ［個人蔵］

リュウキュウハンゲ　Typhonium divaricatum

「花の王国 2」平凡社　1990
◇p31（カラー）　カー, Ch.『中国産植物図譜』 1821　手彩色石版

リュウゼツランの1種　Agava sp.

「花の王国 2」平凡社　1990
◇p30（カラー）　アメリカ・アロエ 19世紀　手彩色銅版画　※掲載書不詳

リンドウ　Gentiana scabra Bunge var.buergeri Maximowicz

「薬用植物画譜」日本臨牀社　1985
◇図62（カラー）　刈米達夫解説, 小磯良平画 1971

リンドウ

「ボタニカルアートの薬草手帖」西日本新聞社 2014
◇p125（カラー）　Curtis
◇p125（カラー）　Maund

龍膽

「高松松平家所蔵 衆芳画譜 薬草 第二」香川県歴史博物館友の会博物図譜刊行会　2007
◇p51（カラー）　和名リンダウ サヽリンダウ　松平頼恭 江戸時代　紙本著色 画帖装（折本形式） 33.0×48.2 ［個人蔵］

【る】

ルイヨウショウマ　Actaea asiatica

「花の王国 2」平凡社　1990
◇p42（カラー）　ジョーム・サンティレール, H.『フランスの植物』 1805～09　彩色銅版画

【れ】

蠡實

「高松松平家所蔵 衆芳画譜 薬草 第二」香川県歴史博物館友の会博物図譜刊行会　2007
◇p85（カラー）　俗称ハリンノミ　松平頼恭 江戸時代　紙本著色 画帖装（折本形式）　33.0×48.2 ［個人蔵］

レモン　Citrus limon

「ハーブとスパイス」八坂書房　1990
◇図60（カラー）　Lemon tree　ウッドヴィル, ウィリアム著, サワビー, ジェームズ画『薬用植物誌』 1790～1795　銅版手彩色 ［八坂書房］

レモンバーム　Melissa officinalis

「花の王国 2」平凡社　1990
◇p99（カラー）　ルメール, シャイトヴァイラー, ファン・ホーテ著, セヴェリン図『ヨーロッパの温室と庭園の花々』 1845～60　色刷り石版

レンギョウ　Forsythia suspensa

「花の王国 2」平凡社　1990
◇p38（カラー）　ロクスバラ, W.『コロマンデル海岸植物誌』 1795～1819

レンギョウ　Forsythia suspensa Vahl

「薬用植物画譜」日本臨牀社　1985
◇図64（カラー）　刈米達夫解説, 小磯良平画 1971

連翹

「高松松平家所蔵 衆芳画譜 薬草 第二」香川県歴史博物館友の会博物図譜刊行会　2007
◇p97（カラー）　松平頼恭 江戸時代　紙本著色 画帖装（折本形式）　33.0×48.2 ［個人蔵］

【ろ】

藺茹

「高松松平家所蔵 衆芳画譜 薬草 第二」香川県歴史博物館友の会博物図譜刊行会　2007
◇p103（カラー）　松平頼恭 江戸時代　紙本著色 画帖装（折本形式）　33.0×48.2 ［個人蔵］

ローズマリー　Rosmarinus officinalis

「ハーブとスパイス」八坂書房　1990
◇図61（カラー）　Rosemary　ウッドヴィル, ウィリアム著, サワビー, ジェームズ画『薬用植物誌』 1790～1795　銅版手彩色 ［八坂書房］

ロソウ　Morus multicaulis Perrott

「薬用植物画譜」日本臨牀社　1985
◇図141（カラー）　刈米達夫解説, 小磯良平画 1971

ローマカミツレ　Anthemis nobilis

「ハーブとスパイス」八坂書房　1990
◇図62（カラー）　Chamomile　ウッドヴィル,

ウィリアム著, サワビー, ジェームズ画『薬用植物誌』 1790〜1795　銅版手彩色　［八坂書房］

ローレル　Laurus nobilis
「ハーブとスパイス」八坂書房　1990
◇図63（カラー）　Laurel　ウッドヴィル, ウィリアム著, サワビー, ジェームズ画『薬用植物誌』 1790〜1795　銅版手彩色　［八坂書房］

【わ】

和産 大黄
「高松松平家所蔵 衆芳画譜 薬草 第二」香川県歴史博物館友の会博物図譜刊行会　2007
◇p100（カラー）　松平頼恭 江戸時代　紙本著色 画帖装（折本形式）　33.0×48.2　［個人蔵］

和沙参
「高松松平家所蔵 衆芳画譜 薬草 第二」香川県歴史博物館友の会博物図譜刊行会　2007
◇p18（カラー）　俗称ツリカ子草　松平頼恭 江戸時代　紙本著色 画帖装（折本形式）　33.0×48.2　［個人蔵］

ワタ　Gossypium nanking Meyen
「薬用植物画譜」日本臨牀社　1985
◇図84（カラー）　刈米達夫解説, 小磯良平画 1971

【記号・英数】

Asarabacca　Asarum europaeum
「アイヒシュテットの庭園」タッシェン・ジャパン　2002
◇p71–II（カラー）　ベスラー, バシリウス

Asclepias speciosa Torr.
「カーティスの植物図譜」エンタプライズ　1987
◇図4413（カラー）　Asclepias douglasii Hook.『カーティスのボタニカルマガジン』 1787〜1887

Autumn mandrake　Mandragora autumnalis
「アイヒシュテットの庭園」タッシェン・ジャパン　2002
◇p84–I（カラー）　ベスラー, バシリウス

Barbados aloe（Curaçao aloe）　Aloë vera
「アイヒシュテットの庭園」タッシェン・ジャパン　2002
◇p177–I（カラー）　ベスラー, バシリウス

Black hellebore　Veratrum nigrum
「アイヒシュテットの庭園」タッシェン・ジャパン　2002
◇p132–II（カラー）　ベスラー, バシリウス

Bog bean（Buck bean, Marsh trefoil）　Menyanthes trifoliata
「アイヒシュテットの庭園」タッシェン・ジャパン　2002
◇p74–III（カラー）　ベスラー, バシリウス

Bog rhubarb（Common butterbur）　Petasites hybridus
「アイヒシュテットの庭園」タッシェン・ジャパン　2002
◇p184–I（カラー）　ベスラー, バシリウス

Broad–leaved thyme（Large thyme）　Thymus pulegioides
「アイヒシュテットの庭園」タッシェン・ジャパン　2002
◇p170–II（カラー）　ベスラー, バシリウス

Castor oil plant（Palma Christi, Castor bean plant）　Ricinus communis
「アイヒシュテットの庭園」タッシェン・ジャパン　2002
◇p134–I（カラー）　ベスラー, バシリウス
◇p135–I（カラー）　ベスラー, バシリウス

Chamomile（Roman chamomile）　Chamaemelum nobile
「アイヒシュテットの庭園」タッシェン・ジャパン　2002
◇p144–II（カラー）　ベスラー, バシリウス

Coltsfoot　Tussilago farfara
「アイヒシュテットの庭園」タッシェン・ジャパン　2002
◇p185–I（カラー）　ベスラー, バシリウス

Common centaury　Centaurium erythraea
「アイヒシュテットの庭園」タッシェン・ジャパン　2002
◇p64–II（カラー）　ベスラー, バシリウス
◇p64–III（カラー）　ベスラー, バシリウス

Common jasmine（True jasmine, Jessamine）　Jasminum grandiflorum or Jasminum officinale
「アイヒシュテットの庭園」タッシェン・ジャパン　2002
◇p143–I（カラー）　ベスラー, バシリウス

Common laburnum（Golden chain）　Laburnum anagyroides
「アイヒシュテットの庭園」タッシェン・ジャパン　2002
◇p34–I（カラー）　ベスラー, バシリウス

Common plantain（White–man's foot, Cart–track plant）　Plantago major
「アイヒシュテットの庭園」タッシェン・ジャパン　2002

◇p95-II(カラー)　ベスラー, バシリウス
◇p95-III(カラー)　ベスラー, バシリウス

Common thyme　Thymus vulgaris
「アイヒシュテットの庭園」タッシェン・ジャパン　2002
◇p170-III(カラー)　ベスラー, バシリウス

Common viper's grass　Scorzonera hispanica
「アイヒシュテットの庭園」タッシェン・ジャパン　2002
◇p136-I(カラー)　ベスラー, バシリウス

Dittany(Burning bushu)　Dictamnus albus
「アイヒシュテットの庭園」タッシェン・ジャパン　2002
◇p87-I(カラー)　ベスラー, バシリウス

Double chamomile(Roman chamomile)　Chamaemelum nobile
「アイヒシュテットの庭園」タッシェン・ジャパン　2002
◇p144-III(カラー)　ベスラー, バシリウス

Double meadow saffron　Colchicum autumnale
「アイヒシュテットの庭園」タッシェン・ジャパン　2002
◇p174-V(カラー)　ベスラー, バシリウス

Double opium poppy　Papaver somniferum
「アイヒシュテットの庭園」タッシェン・ジャパン　2002
◇p148-I(カラー)　ベスラー, バシリウス
◇p150-I(カラー)　ベスラー, バシリウス
◇p150-II(カラー)　ベスラー, バシリウス
◇p150-III(カラー)　ベスラー, バシリウス

Double opium poppy with bi-coloured flowers　Papaver somniferum
「アイヒシュテットの庭園」タッシェン・ジャパン　2002
◇p149-II(カラー)　ベスラー, バシリウス
◇p149-III(カラー)　ベスラー, バシリウス

Dragon's head　Dracocephalum moldavica
「アイヒシュテットの庭園」タッシェン・ジャパン　2002
◇p129-II(カラー)　ベスラー, バシリウス

Elecampane　Inula helenium
「アイヒシュテットの庭園」タッシェン・ジャパン　2002
◇p165-I(カラー)　ベスラー, バシリウス

Ferula galbaniflua Boiss.et Buhse, F. rubricaulis Boiss.
「カーティスの植物図譜」エンタプライズ　1987
◇図2096(カラー)　Ferula persica Sims, non Willd.『カーティスのボタニカルマガジン』 1787～1887

Ferula narthex Boiss.
「カーティスの植物図譜」エンタプライズ　1987
◇図5168(カラー)　Narthex asafoetida Falc.『カーティスのボタニカルマガジン』 1787～1887

Forskohl's Plectranthus　Plectanthus forskohlei
「ウィリアム・カーティス 花図譜」同朋舎出版　1994
◇256図(カラー)　カーティス, ウィリアム『カーティス・ボタニカル・マガジン』 1819

Ginseng
「カーティスの植物図譜」エンタプライズ　1987
◇図1333(カラー)　Panax quinquefolia L.『カーティスのボタニカルマガジン』 1787～1887

Goat's rue　Galega officinalis
「アイヒシュテットの庭園」タッシェン・ジャパン　2002
◇p142-II(カラー)　ベスラー, バシリウス
◇p142-III(カラー)　ベスラー, バシリウス

Ground pine(Running pine)　Lycopodium clavatum
「アイヒシュテットの庭園」タッシェン・ジャパン　2002
◇p135-II(カラー)　ベスラー, バシリウス

Hartwort　Tordylium apulum or Tordylium officinale
「アイヒシュテットの庭園」タッシェン・ジャパン　2002
◇p149-I(カラー)　ベスラー, バシリウス

Horn of plenty(Downy thorn apple)　Datura metel
「アイヒシュテットの庭園」タッシェン・ジャパン　2002
◇p168-I(カラー)　ベスラー, バシリウス

Iron-coloured Fox-glove　Digitalis ferruginea
「ウィリアム・カーティス 花図譜」同朋舎出版　1994
◇532図(カラー)　カーティス, ウィリアム『カーティス・ボタニカル・マガジン』 1816

Large foxglove　Digitalis grandiflora
「アイヒシュテットの庭園」タッシェン・ジャパン　2002
◇p98-III(カラー)　ベスラー, バシリウス

Lords-and-ladies(Cuckoo-pint, Jack-in-the-pulpit)　Arum maculatum
「アイヒシュテットの庭園」タッシェン・ジャパン　2002
◇p45-I(カラー)　ベスラー, バシリウス

◇p45–II（カラー）　ベスラー, バシリウス
◇p168–III（カラー）　ベスラー, バシリウス

Meadow saffron　Colchicum autumnale
「アイヒシュテットの庭園」タッシェン・ジャパン　2002
◇p174–IIII（カラー）　ベスラー, バシリウス

Moth mullein　Verbascum blattaria
「アイヒシュテットの庭園」タッシェン・ジャパン　2002
◇p141–I（カラー）　ベスラー, バシリウス
◇p141–II（カラー）　ベスラー, バシリウス

Orthosiphon stamineus Benth.
「カーティスの植物図譜」エンタプライズ　1987
◇図5833（カラー）『カーティスのボタニカルマガジン』 1787〜1887

Pendulous–flowered Henbane　Scopolia carniolica
「ウィリアム・カーティス 花図譜」同朋舎出版　1994
◇541図（カラー）　Hyoscyamus scopolia　エドワーズ, シデナム・ティースト画『カーティス・ボタニカル・マガジン』 1808

Red foxglove　Digitalis purpurea
「アイヒシュテットの庭園」タッシェン・ジャパン　2002
◇p98–II（カラー）　ベスラー, バシリウス
◇p99–II（カラー）　ベスラー, バシリウス

Roselle（Jamaica sorrel, Red sorrel）　Hibiscus sabdariffa
「アイヒシュテットの庭園」タッシェン・ジャパン　2002
◇p126–I（カラー）　ベスラー, バシリウス

Rosemary　Rosmarinus officinalis
「アイヒシュテットの庭園」タッシェン・ジャパン　2002
◇p146–III（カラー）　ベスラー, バシリウス

Safflower（False saffron）　Carthamus tinctorius
「アイヒシュテットの庭園」タッシェン・ジャパン　2002
◇p144–I（カラー）　ベスラー, バシリウス

Saffron　Crocus sativus
「アイヒシュテットの庭園」タッシェン・ジャパン　2002
◇p174–III（カラー）　ベスラー, バシリウス

Saffron crocus　Crocus sativus
「アイヒシュテットの庭園」タッシェン・ジャパン　2002
◇p117–IIII（カラー）　ベスラー, バシリウス

Salpiglossis linearis Hook.
「カーティスの植物図譜」エンタプライズ　1987
◇図3256（カラー）『カーティスのボタニカルマガジン』 1787〜1887

Snowball bush（Guelder rose, European cranberry bush）　Viburnum opulus
「アイヒシュテットの庭園」タッシェン・ジャパン　2002
◇p37–I（カラー）　ベスラー, バシリウス

Solanum trilobatum L.
「カーティスの植物図譜」エンタプライズ　1987
◇図6866（カラー）『カーティスのボタニカルマガジン』 1787〜1887

Sweet flag（Sweet calamus, Myrtle flag, Calamus, Flagroot）　Acorus calamus
「アイヒシュテットの庭園」タッシェン・ジャパン　2002
◇p83–I（カラー）　ベスラー, バシリウス

Syrian bean caper　Zygophyllum fabago
「アイヒシュテットの庭園」タッシェン・ジャパン　2002
◇p140–I（カラー）　ベスラー, バシリウス

Tailwort（Borage）　Borago officinalis
「アイヒシュテットの庭園」タッシェン・ジャパン　2002
◇p73–IIII（カラー）　ベスラー, バシリウス
◇p73–V（カラー）　ベスラー, バシリウス

Tartarian Garlic　Allium ramosum
「ウィリアム・カーティス 花図譜」同朋舎出版　1994
◇311図（カラー）　Allium tartaricum　エドワーズ, シデナム・ティースト画『カーティス・ボタニカル・マガジン』 1808

Wall germander　Teucrium chamaedrys
「アイヒシュテットの庭園」タッシェン・ジャパン　2002
◇p83–III（カラー）　ベスラー, バシリウス

Water germander　Teucrium scordium
「アイヒシュテットの庭園」タッシェン・ジャパン　2002
◇p83–II（カラー）　ベスラー, バシリウス

White foxglove　Digitalis purpurea
「アイヒシュテットの庭園」タッシェン・ジャパン　2002
◇p99–I（カラー）　ベスラー, バシリウス

Wild marjoram（Oregano）　Origanum vulgare
「アイヒシュテットの庭園」タッシェン・ジャパン　2002
◇p165–II（カラー）　ベスラー, バシリウス
◇p165–III（カラー）　ベスラー, バシリウス

Yellow horned poppy　Glaucium flavum
「アイヒシュテットの庭園」タッシェン・ジャパン　2002
◇p147–I（カラー）　ベスラー，バシリウス

Yellow melilot（Ribbed melilot, Yellow sweet clover）　Melilotus officinalis
「アイヒシュテットの庭園」タッシェン・ジャパン　2002
◇p142–I（カラー）　ベスラー，バシリウス

きのこ・菌類

【あ】

アイカシワギタケ(?)　Cortinarius cyanites
「ジャン・アンリ・ファーブルのきのこ」同朋舎出版　1993
◇図80(カラー/白黒) 1886

アイシメジ　Tricholoma sejunctum
「ジャン・アンリ・ファーブルのきのこ」同朋舎出版　1993
◇図212(カラー/白黒)　Tricholoma sejunctum 189?

アイゾメイグチ　Boletus cyanescens (=Gyroporus cyanescens)
「ジャン・アンリ・ファーブルのきのこ」同朋舎出版　1993
◇図20(カラー/白黒)　Boletus cyanescens 1893

アイゾメイグチの変種　Boletus cyanescens var.lacteus (=Gyroporus lacteus)
「ジャン・アンリ・ファーブルのきのこ」同朋舎出版　1993
◇図21(カラー/白黒)　Boletus lacteus　乳白色に変化したアイゾメイグチ 1893

アカアシフウセンタケ　Cortinarius bulliardii
「ジャン・アンリ・ファーブルのきのこ」同朋舎出版　1993
◇図85(カラー/白黒)　Cortinarius Bulliardi 1893

アカカゴタケ　Clathrus ruber
「ジャン・アンリ・ファーブルのきのこ」同朋舎出版　1993
◇図50(カラー/白黒) 1877

アカカゴタケの1種　Cathrus sp.
「ビュフォンの博物誌」工作舎　1991
◇N019(カラー)『一般と個別の博物誌 ソンニーニ版』

アカカゴタケの1種　Clathrus volcaerus
「花の王国 4」平凡社　1990
◇p116(カラー)　ビュラール, P.編『フランス本草誌』 1780~95　色刷り銅版

あかたけ
「高松松平家博物図譜 写生画帖 菜蔬」香川県立ミュージアム　2012
◇p34(カラー)　松平頼恭 江戸時代　紙本著色 画帖装(折本形式)　33.2×48.4 ［個人蔵］

アカダマスッポンタケ(?)　Phallus hadriani?
「ジャン・アンリ・ファーブルのきのこ」同朋舎出版　1993
◇図154(カラー/白黒)　Phallus (Ithyphallus) imperialis Schulzer 1893

アカチャツエタケの近縁種　Collybia fusipes
「ジャン・アンリ・ファーブルのきのこ」同朋舎出版　1993
◇図58(カラー/白黒)　Collybia fusipes Bull. 1886
◇図59(カラー/白黒)　Collybia fusipes Bull. 1893
◇図60(カラー/白黒)　Collybia fusipes Bull. 1889

アカモミタケなどの近縁種　Lactarius deliciosus sensu lato
「ジャン・アンリ・ファーブルのきのこ」同朋舎出版　1993
◇図118–119(カラー/白黒)　Lactarius deliciosus Linn., Lactarius deliciosus 1888

アカヤマタケ　Hygrocybe conica
「ジャン・アンリ・ファーブルのきのこ」同朋舎出版　1993
◇図100(カラー/白黒)　Hygrophorus conicus 1893
◇図101(カラー/白黒)

アクイロウスタケ　Cantharellus cinereus
「ジャン・アンリ・ファーブルのきのこ」同朋舎出版　1993
◇図46(カラー/白黒)

アクゲシメジ　Tricholoma scalpturatum
「ジャン・アンリ・ファーブルのきのこ」同朋舎出版　1993
◇図213(カラー/白黒)　Tricholoma terreum ssp. scalpturatum
◇図214(カラー/白黒)

アシグロタケ　Polyporus durus
「ジャン・アンリ・ファーブルのきのこ」同朋舎出版　1993
◇図165（カラー/白黒）　Polyporus picipes Fries optim. 1888

アシナガタケ（?）　Mycena polygramma ?
「ジャン・アンリ・ファーブルのきのこ」同朋舎出版　1993
◇図140（カラー/白黒）　Mycena polygramma 1892

アシベニイグチの近縁種　Boletus radicans
「ジャン・アンリ・ファーブルのきのこ」同朋舎出版　1993
◇図28（カラー/白黒）　Boletus candicans Nob. 1892
◇図29（カラー/白黒）　Boletus candicans Nob. 1891,1892

アシベニイグチの近縁種　Boletus radicans ?
「ジャン・アンリ・ファーブルのきのこ」同朋舎出版　1993
◇図33（カラー/白黒）　B.purpureus 1892

アミガサタケ　Morchella esculenta
「ジャン・アンリ・ファーブルのきのこ」同朋舎出版　1993
◇図145（カラー/白黒）　Morchella vulgaris 1888

アミガサタケ　Morchella sp.
「花の王国 3」平凡社　1990
◇p89（カラー）　ロック, J.著, オカール原図『薬用植物誌』 1821

アミガサタケ
「イングリッシュ・ガーデン」求龍堂　2014
◇図151（カラー）　Morchella esculenta, morel mushroom　小林路子 2008頃　水彩 紙　33.1×24.1 ［キュー王立植物園］

アミガサタケの1種　Morchella sp.
「ビュフォンの博物誌」工作舎　1991
◇N017（カラー）『一般と個別の博物誌 ソンニーニ版』

アミタケの1種　Suillus sp.
「花の王国 4」平凡社　1990
◇p117（カラー）　ビュラール, P.編『フランス本草誌』 1780～95　色刷り銅版

アミヒラタケ　Polyporus squamosus
「ジャン・アンリ・ファーブルのきのこ」同朋舎出版　1993
◇図166（カラー/白黒）

アミヒラタケを上から見たところ
Polyporus squamosus
「すごい博物画」グラフィック社　2017
◇図版29（カラー）　ダル・ポッツォ, カシアーノ, 作者不詳 1650頃　ペンとインク 黒いチョークの上に水彩と濃厚顔料　26.5×34.8 ［ウィンザー城ロイヤル・ライブラリー］

アミヒラタケを下から見たところ
Polyporus squamosus
「すごい博物画」グラフィック社　2017
◇図版30（カラー）　ダル・ポッツォ, カシアーノ, 作者不詳 1650頃　黒いチョークの上に水彩と濃厚顔料　26.5×33.5 ［ウィンザー城ロイヤル・ライブラリー］

アラゲカワラタケ（?）　Coriolus hirsutus ?
「ジャン・アンリ・ファーブルのきのこ」同朋舎出版　1993
◇図175（カラー/白黒）　Polyporus salignus Fries 1893

アルキュリア［ウツボカビ］
「生物の驚異的な形」河出書房新社　2014
◇図版93（カラー）　ヘッケル, エルンスト 1904

アワタケ　Boletus subtomentosus
（=Xerocomus subtomentosus）
「ジャン・アンリ・ファーブルのきのこ」同朋舎出版　1993
◇図41（カラー/白黒）　B.collinitus Fries 1889
◇図42（カラー/白黒）　Boletus subtomentosus 1890

アンズタケ　Cantharellus cibarius
「ジャン・アンリ・ファーブルのきのこ」同朋舎出版　1993
◇図45（カラー/白黒） 1892
「ビュフォンの博物誌」工作舎　1991
◇N017（カラー）『一般と個別の博物誌 ソンニーニ版』

【い】

いくち
「高松松平家博物図譜 写生画帖 菜蔬」香川県立ミュージアム　2012
◇p57（カラー）　松平頼恭 江戸時代　紙本著色 画帖装（折本形式）　33.2×48.4 ［個人蔵］

イグチの1種　Boletus
「ビュフォンの博物誌」工作舎　1991
◇N020（カラー）『一般と個別の博物誌 ソンニーニ版』

イタチタケ　Psathyrella candolleana
「ジャン・アンリ・ファーブルのきのこ」同朋舎出版　1993
◇図107（カラー/白黒）　Hypholoma candolleanus 1893

イチョウタケ　Paxillus panuoides
「ジャン・アンリ・ファーブルのきのこ」同朋舎出版　1993
◇図150（カラー/白黒）　Ag.lamellirugus 1887

イチョウタケ(?)　Paxillus panuoides ?
「ジャン・アンリ・ファーブルのきのこ」同朋舎出版　1993
◇図151(カラー/白黒)　Paxillus lamellirugus D. C. 1886

【う】

ウシグソヒトヨタケ　Coprinus cinereus ?
「ジャン・アンリ・ファーブルのきのこ」同朋舎出版　1993
◇図66(カラー/白黒)　Coprinus fimetarius
◇図67(カラー/白黒)　Coprinus fimetarius 1891

ウスタケ　Gomphus floccosus
「江戸博物文庫 菜樹の巻」工作舎　2017
◇p66(カラー)　臼茸　岩崎灌園『本草図譜』［東京大学大学院理学系研究科附属植物園(小石川植物園)］

ウズハツ　Lactarius violascens
「ジャン・アンリ・ファーブルのきのこ」同朋舎出版　1993
◇図132(カラー/白黒)　Lactarius violascens Otto 1890

ウツボカビ
⇒アルキュリア［ウツボカビ］を見よ

ウドンコカビ
⇒エリュシーペー［ウドンコカビ］を見よ

ウラベニイグチ　Boletus satanas
「ジャン・アンリ・ファーブルのきのこ」同朋舎出版　1993
◇図40(カラー/白黒)　Boletus tuberosus Bulliard satanas Lenz 1891

【え】

ゑのきだけ
「高松松平家博物図譜 写生画帖 菜蔬」香川県立ミュージアム　2012
◇p34(カラー)　松平頼恭 江戸時代　紙本著色 画帖装(折本形式)　33.2×48.4　［個人蔵］

エノキタケ　Flammulina velutipes
「ジャン・アンリ・ファーブルのきのこ」同朋舎出版　1993
◇図61(カラー/白黒)　Collybia longipes 1888
◇図62(カラー/白黒)　Collybia longipes 1887

エリュシーペー［ウドンコカビ］
「生物の驚異的な形」河出書房新社　2014
◇図版73(カラー)　ヘッケル, エルンスト 1904

【お】

オオイヌシメジ　Clitocybe geotropa
「ジャン・アンリ・ファーブルのきのこ」同朋舎出版　1993
◇図54(カラー/白黒)　Clitocybe maxima 1892

オオキヌハダトマヤタケ　Inocybe rimosa
「ジャン・アンリ・ファーブルのきのこ」同朋舎出版　1993
◇図114(カラー/白黒)　1893
◇図115(カラー/白黒)　Inocybe fastigiata Sch. 1891

オオニガシメジ　Tricholoma acerbum
「ジャン・アンリ・ファーブルのきのこ」同朋舎出版　1993
◇図207(カラー/白黒)　1889

オオムラサキシメジ　Lepista saeva
「ジャン・アンリ・ファーブルのきのこ」同朋舎出版　1993
◇図197(カラー/白黒)　Tricholoma sordidum 1892

オオワカフサタケ　Hebeloma crustuliniforme
「ジャン・アンリ・ファーブルのきのこ」同朋舎出版　1993
◇図94(カラー/白黒)　Hebeloma crustuliniforme Bull.
◇図95(カラー/白黒)　Hebeloma crustuliniforme Bull. 1893

オオワライタケ　Gymnopilus spectabilis
「日本の博物図譜」東海大学出版会　2001
◇図72(カラー)　南方熊楠筆『南方熊楠コレクション』［国立科学博物館］

オサムシタケ
「世界大博物図鑑 1」平凡社　1991
◇p365(カラー)　オサムシに寄生　栗本丹洲『千蟲譜』 文化8(1811)

オトメノカサ　Camarophyllas sp.
「花の王国 3」平凡社　1990
◇p88(カラー)　ロック, J.著, オカール原図『薬用植物誌』 1821

オニノケヤリタケ　Queletia mirabilis
「日本の博物図譜」東海大学出版会　2001
◇図89(カラー)　本郷次雄筆『原色日本新菌類図鑑』［個人蔵］

オニフスベ　Lasiosphaera sp.
「花の王国 4」平凡社　1990
◇p115(カラー)　ビュラール, P.編『フランス本草誌』 1780～95　色刷り銅版

【か】

カイガラタケ（?） Lenzites betulina?
「ジャン・アンリ・ファーブルのきのこ」同朋舎出版 1993
◇図136（カラー/白黒） Lenzites flaccida Fries var.variegata 1893

かきしめじ
「高松松平家博物図譜 写生画帖 菜蔬」香川県立ミュージアム 2012
◇p90（カラー） 松平頼恭 江戸時代 紙本著色 画帖装（折本形式） 33.2×48.4 ［個人蔵］

各種のセミタケ
「彩色 江戸博物学集成」平凡社 1994
◇p235（カラー） 水谷豊文『虫豸写真』 ［国会図書館］

カノシタ Hydnum repandum var.repandum
「ジャン・アンリ・ファーブルのきのこ」同朋舎出版 1993
◇図98（カラー/白黒） Hydnum repandum 1889

カラハツタケ Lactarius torminosus（?）
「ジャン・アンリ・ファーブルのきのこ」同朋舎出版 1993
◇図126（カラー/白黒） Lactarius torminosus 1889

カンゾウタケ Fistulina hepatica
「ジャン・アンリ・ファーブルのきのこ」同朋舎出版 1993
◇図88（カラー/白黒） 1887

ガンタケ Amanita rubescens
「日本の博物図譜」東海大学出版会 2001
◇図71（カラー） 南方熊楠筆『南方熊楠コレクション』 ［国立科学博物館］

【き】

キウロコタケ Stereum hirsutum
「ジャン・アンリ・ファーブルのきのこ」同朋舎出版 1993
◇図195（カラー/白黒） 1893

キカイガラタケ Gloeophyllum sepiarium
「ジャン・アンリ・ファーブルのきのこ」同朋舎出版 1993
◇図137（カラー/白黒） Lenzites sepiaria Schaeff. 1886

キカラハツタケ Lactarius scrobiculatus
「ジャン・アンリ・ファーブルのきのこ」同朋舎出版 1993
◇図122–123（カラー/白黒） 1890, 1890

キカラハツモドキの変種 Lactarius zonarius var.scrobipes
「ジャン・アンリ・ファーブルのきのこ」同朋舎出版 1993
◇図127–128–129（カラー/白黒） Lactarius insulsus=zonarius Bull., Lactarius zonarius Bull., Lactarius insulsus=zonarius Bull. 1893, 1891

キクメタケ Calvatia utriformis
「ジャン・アンリ・ファーブルのきのこ」同朋舎出版 1993
◇図218（カラー/白黒） Utraria caelata Bull. 1886
◇図219（カラー/白黒） Utraria caelata 1889

キクラゲ Auricularia auricula–judae
「ジャン・アンリ・ファーブルのきのこ」同朋舎出版 1993
◇図18（カラー/白黒） Auricularia auricula–judae Linn.nidiformis Lév. いくらか乾いているもの

キクラゲの1種など Auricularia sp.
「ビュフォンの博物誌」工作舎 1991
◇N017（カラー）『一般と個別の博物誌 ソンニーニ版』

キコブタケ=一名ニセホクチタケ（?） Phellinus ignarius?
「ジャン・アンリ・ファーブルのきのこ」同朋舎出版 1993
◇図172（カラー/白黒） Polyporus ignarius Linn. 1888

きしめじ
「高松松平家博物図譜 写生画帖 菜蔬」香川県立ミュージアム 2012
◇p90（カラー） 松平頼恭 江戸時代 紙本著色 画帖装（折本形式） 33.2×48.4 ［個人蔵］

キシメジ Tricholoma flavovirens
「ジャン・アンリ・ファーブルのきのこ」同朋舎出版 1993
◇図208（カラー/白黒） Tricholoma equestre
◇図209（カラー/白黒） Tricholoma equestre

キッコウアワタケ Boletus chrysenteron（=Xerocomus chrysenteron）
「ジャン・アンリ・ファーブルのきのこ」同朋舎出版 1993
◇図44（カラー/白黒） 1878

キッコウスギタケ Hemipholiota populnea
「ジャン・アンリ・ファーブルのきのこ」同朋舎出版 1993
◇図158（カラー/白黒） Pholiota destruens 1893

キツネノカラカサ Lepiota cristata
「ジャン・アンリ・ファーブルのきのこ」同朋舎出版 1993

◇図144（カラー/白黒）　Lepiota cristata Bolton 1885

キツネノロウソク　Mutinus caninus
「江戸博物文庫 菜樹の巻」工作舎　2017
◇p71（カラー）　狐の蠟燭　図はキツネノエフデ（M.bambusinus）の可能性もある　岩崎灌園『本草図譜』［東京大学大学院理学系研究科附属植物園（小石川植物園）］

キヌガサタケ
⇒ディクテュオポーラ［キヌガサタケ］を見よ

キホウキタケ　Ramaria flava（？）
「ジャン・アンリ・ファーブルのきのこ」同朋舎出版　1993
◇図52（カラー/白黒）　Clavaria flava 1892

キララタケ　Coprinus micaceus
「ジャン・アンリ・ファーブルのきのこ」同朋舎出版　1993
◇図65（カラー/白黒）　Coprinus deliquescens Bull. 1886

キンチャヤマイグチの近縁種　Boletus duriusculus（=Leccinum duriusculum）
「ジャン・アンリ・ファーブルのきのこ」同朋舎出版　1993
◇図27（カラー/白黒）　Boletus duriusculus Kalchbr. 1889

【く】

クギタケ　Chroogomphus rutilus
「ジャン・アンリ・ファーブルのきのこ」同朋舎出版　1993
◇図93（カラー/白黒）

クサハツ　Russula foetens
「ジャン・アンリ・ファーブルのきのこ」同朋舎出版　1993
◇図188（カラー/白黒）1890

クヌギタケ　Mycena galericulata
「ジャン・アンリ・ファーブルのきのこ」同朋舎出版　1993
◇図142（カラー/白黒）1888,1891
◇図143（カラー/白黒）　Mycena polygramma 1886

クマシメジ　Tricholoma terreum
「ジャン・アンリ・ファーブルのきのこ」同朋舎出版　1993
◇図215（カラー/白黒）1889

クリイロイグチ　Boletus castaneus（=Gyroporus castaneus）
「ジャン・アンリ・ファーブルのきのこ」同朋舎出版　1993
◇図19（カラー/白黒）　Boletus castaneus Bull. 1893

クリタケ　Hypholoma sublateritium
「ジャン・アンリ・ファーブルのきのこ」同朋舎出版　1993
◇図110（カラー/白黒）1889
◇図111（カラー/白黒）　Hypholoma sublateritium Schaeff. 1886

くろかわ
「高松松平家博物図譜 写生画帖 菜蔬」香川県立ミュージアム　2012
◇p90（カラー）　松平頼恭 江戸時代　紙本著色 画帖装（折本形式）　33.2×48.4　［個人蔵］
◇p94（カラー）　松平頼恭 江戸時代　紙本著色 画帖装（折本形式）　33.2×48.4　［個人蔵］

クロゲシメジ（？）　Tricholoma squarrulosum？
「ジャン・アンリ・ファーブルのきのこ」同朋舎出版　1993
◇図213（カラー/白黒）　Tricholoma murinaceum（var.squarrulosum）

クロノボリリュウ　Helvella lacunosa
「江戸博物文庫 菜樹の巻」工作舎　2017
◇p70（カラー）　黒昇龍　岩崎灌園『本草図譜』［東京大学大学院理学系研究科附属植物園（小石川植物園）］

クロラッパタケ　Craterellus cornucopioides
「ジャン・アンリ・ファーブルのきのこ」同朋舎出版　1993
◇図49（カラー/白黒）1889

くわたけ
「高松松平家博物図譜 写生画帖 菜蔬」香川県立ミュージアム　2012
◇p34（カラー）　松平頼恭 江戸時代　紙本著色 画帖装（折本形式）　33.2×48.4　［個人蔵］

【け】

ケガワタケ　Lentinus tigrinus
「ジャン・アンリ・ファーブルのきのこ」同朋舎出版　1993
◇図135（カラー/白黒）1890

ケシロハツ（？）　Lactarius vellereus？
「ジャン・アンリ・ファーブルのきのこ」同朋舎出版　1993
◇図121（カラー/白黒）　Lactarius piperatus

【こ】

コウジタケの近縁種　Boletus rubellus（=Xerocomus rubellus）
「ジャン・アンリ・ファーブルのきのこ」同朋舎

出版　1993
◇図43（カラー/白黒）　Gyrodon 1891

かうたけ
「高松松平家博物図譜 写生画帖 菜蔬」香川県立ミュージアム　2012
◇p86（カラー）　松平頼恭 江戸時代　紙本著色 画帖装（折本形式）　33.2×48.4　［個人蔵］

コウタケ　Sarcodon aspratus
「牧野富太郎植物画集」ミュゼ　1999
◇p50（白黒）1945（昭和20）　ケント紙 墨（毛筆）27×19.7

コガネタケ　Phaeolepiota sp.
「花の王国 3」平凡社　1990
◇p88（カラー）　ロック, J.著, オカール原図『薬用植物誌』1821

コキハダチチタケ
「ジャン・アンリ・ファーブルのきのこ」同朋舎出版　1993
◇図131（カラー/白黒）1892, 1892

コケイロヌメリガサの近縁種　Hygrophorus latitabundus
「ジャン・アンリ・ファーブルのきのこ」同朋舎出版　1993
◇図104（カラー/白黒）　Hygrophorus limacinus 1893

コザラミノシメジ（？）　Melanoleuca vulgaris ?
「ジャン・アンリ・ファーブルのきのこ」同朋舎出版　1993
◇図204（カラー/白黒）　Tricholoma melaleucum 1892
◇図205（カラー/白黒）　Tricholoma melaleucum 1888

コシワツバタケ（？）　Stropharia coronilla ?
「ジャン・アンリ・ファーブルのきのこ」同朋舎出版　1993
◇図196（カラー/白黒）　Stropharia coronilla 1891

【さ】

サクラシメジ　Hygrophorus russula
「ジャン・アンリ・ファーブルのきのこ」同朋舎出版　1993
◇図106（カラー/白黒）

ササクレヒトヨタケ　Coprinus comatus
「ジャン・アンリ・ファーブルのきのこ」同朋舎出版　1993
◇図63（カラー/白黒）1886,1892

ザラツキカタワタケ　Scleroderma verrucosum
「ジャン・アンリ・ファーブルのきのこ」同朋舎出版　1993
◇図193（カラー/白黒）1891

さるのこしかけ
「高松松平家博物図譜 写生画帖 菜蔬」香川県立ミュージアム　2012
◇p94（カラー）　松平頼恭 江戸時代　紙本著色 画帖装（折本形式）　33.2×48.4　［個人蔵］

【し】

しゝたけ
「高松松平家博物図譜 写生画帖 菜蔬」香川県立ミュージアム　2012
◇p88（カラー）　松平頼恭 江戸時代　紙本著色 画帖装（折本形式）　33.2×48.4　［個人蔵］

シシタケ　Sarcodon imbricatus
「ジャン・アンリ・ファーブルのきのこ」同朋舎出版　1993
◇図97（カラー/白黒）　Hydnum imbricatum 1889

しばたけ
「高松松平家博物図譜 写生画帖 菜蔬」香川県立ミュージアム　2012
◇p57（カラー）　松平頼恭 江戸時代　紙本著色 画帖装（折本形式）　33.2×48.4　［個人蔵］

シバフタケ　Marasmius oreades
「ジャン・アンリ・ファーブルのきのこ」同朋舎出版　1993
◇図139（カラー/白黒）1889

しめじ
「高松松平家博物図譜 写生画帖 菜蔬」香川県立ミュージアム　2012
◇p90（カラー）　松平頼恭 江戸時代　紙本著色 画帖装（折本形式）　33.2×48.4　［個人蔵］

せうぜうたけ
「高松松平家博物図譜 写生画帖 菜蔬」香川県立ミュージアム　2012
◇p88（カラー）　松平頼恭 江戸時代　紙本著色 画帖装（折本形式）　33.2×48.4　［個人蔵］

しらたけ
「高松松平家博物図譜 写生画帖 菜蔬」香川県立ミュージアム　2012
◇p84（カラー）　松平頼恭 江戸時代　紙本著色 画帖装（折本形式）　33.2×48.4　［個人蔵］

シロエノクギタケ　Gomphidius glutinosus ?
「ジャン・アンリ・ファーブルのきのこ」同朋舎出版　1993
◇図92（カラー/白黒）　Gomphidius glutinosus

1887

シロオニタケの近縁種　Amanita echinocephala
「ジャン・アンリ・ファーブルのきのこ」同朋舎出版　1993
◇図1（カラー/白黒）1893

シロタマゴタケ　Amanita ovoidea
「ジャン・アンリ・ファーブルのきのこ」同朋舎出版　1993
◇図8（カラー/白黒）

シロタマゴテングタケ　Amanita verna
「ジャン・アンリ・ファーブルのきのこ」同朋舎出版　1993
◇図14–15（カラー/白黒）　Amanita verna 1889, 1893

シロテングタケの近縁種　Amanita curtipes ?
「ジャン・アンリ・ファーブルのきのこ」同朋舎出版　1993
◇図6（カラー/白黒）　Amanita leiocephala 1891

シロヌメリガサ　Hygrophorus eburneus
「ジャン・アンリ・ファーブルのきのこ」同朋舎出版　1993
◇図103（カラー/白黒）1893

シロハツ　Russula delica ?
「ジャン・アンリ・ファーブルのきのこ」同朋舎出版　1993
◇図182（カラー/白黒）　Russula delica 1892

シロフクロタケ　Volvariella speciosa
「ジャン・アンリ・ファーブルのきのこ」同朋舎出版　1993
◇図220–221（カラー/白黒）　Volvaria gloiocephala 1890, 1895

【す】

スッポンタケ　Phallus impudicus
「ジャン・アンリ・ファーブルのきのこ」同朋舎出版　1993
◇図155（カラー/白黒）1890

スッポンタケの1種　Phallus sp.
「ビュフォンの博物誌」工作舎　1991
◇N017（カラー）『一般と個別の博物誌 ソンニーニ版』

【せ】

セイヨウショウロの1種　Tuber sp.
「ビュフォンの博物誌」工作舎　1991
◇N019（カラー）『一般と個別の博物誌 ソンニーニ版』

セミタケ
「彩色 江戸博物学集成」平凡社　1994
◇p147（カラー）　佐竹曙山『龍亀昆虫写生帖』［千秋美術館］

【た】

タマゴタケの近縁種　Amanita caesarea
「ジャン・アンリ・ファーブルのきのこ」同朋舎出版　1993
◇図2–3（カラー/白黒）　Amanita caesarea Scop. 1890

タマゴテングタケ　Amanita phalloides
「ジャン・アンリ・ファーブルのきのこ」同朋舎出版　1993
◇図10（カラー/白黒）1892

【ち】

チギレハツタケの一品種（?）　Russula vesca forma lactea ?
「ジャン・アンリ・ファーブルのきのこ」同朋舎出版　1993
◇図189（カラー/白黒）　Russula lactea 1890

チチアワタケ　Boletus granulatus (=Suillus granulatus)
「ジャン・アンリ・ファーブルのきのこ」同朋舎出版　1993
◇図23（カラー/白黒）　Boletus flavidus Fries 1889

チチアワタケ？（品種）　Boletus granulatus (=Suillus granulatus)
「ジャン・アンリ・ファーブルのきのこ」同朋舎出版　1993
◇図22（カラー/白黒）　Boletus bovinus Linn. 1889

チチタケ　Lactarius volemus
「ジャン・アンリ・ファーブルのきのこ」同朋舎出版　1993
◇図133（カラー/白黒）　Lactarius volemus Fries, Lactarius lactifluus Schaeff. 1893

チチタケの類　Lactarius sp.
「花の王国 3」平凡社　1990
◇p89（カラー）　ロック, J.著, オカール原図『薬用植物誌』1821

チャツムタケの近縁種　Gymnopilus sapineus ?
「ジャン・アンリ・ファーブルのきのこ」同朋舎出版　1993

◇図91（カラー/白黒）　Flammula sapinea Fries 1886

チャヌメリガサ　Hygrophorus discoideus
「ジャン・アンリ・ファーブルのきのこ」同朋舎出版　1993
◇図102（カラー/白黒）1893

【つ】

ツガサルノコシカケ　Fomitopsis pinicola
「ジャン・アンリ・ファーブルのきのこ」同朋舎出版　1993
◇図174（カラー/白黒）　Polyporus pinicola 1886

（付札なし）
「高松松平家博物図譜 写生画帖 菜蔬」香川県立ミュージアム　2012
◇p57（カラー）　菌属六種名稱未詳　松平頼恭 江戸時代　紙本著色 画帖装（折本形式）　33.2×48.4 ［個人蔵］
◇p84（カラー）　菌属六種　松平頼恭 江戸時代 紙本著色 画帖装（折本形式）　33.2×48.4 ［個人蔵］
◇p88（カラー）　菌属三種　松平頼恭 江戸時代 紙本著色 画帖装（折本形式）　33.2×48.4 ［個人蔵］
◇p90（カラー）　菌六種　松平頼恭 江戸時代　紙本著色 画帖装（折本形式）　33.2×48.4 ［個人蔵］

ツチグリの1種　Astraeus hygrometricus
「花の王国 4」平凡社　1990
◇p114（カラー）　ビュラール, P.編『フランス本草誌』 1780～95　色刷り銅版

ツチグリの1種　Gastrum sp.
「花の王国 4」平凡社　1990
◇p114（カラー）　ベルトゥーフ, F.J.『子供のための図誌』 1810

ツブカケカサタケ　Leucocoprinus bresadolae
「日本の博物図譜」東海大学出版会　2001
◇図69（カラー）　南方熊楠筆『南方熊楠コレクション』　［国立科学博物館］

ツルタケの変種　Amanita vaginata var. nivalis ?
「ジャン・アンリ・ファーブルのきのこ」同朋舎出版　1993
◇図13（カラー/白黒）　Amanita vaginata var. nivea 1891

ツルタケの変種　Amanita vaginata var. plumbea
「ジャン・アンリ・ファーブルのきのこ」同朋舎出版　1993
◇図11–12（カラー/白黒）　Amanita vaginata 1893, 1894

【て】

ディクテュオポーラ［キヌガサタケ］
「生物の驚異的な形」河出書房新社　2014
◇図版63（カラー）　ヘッケル, エルンスト 1904

てんぐだけ
「高松松平家博物図譜 写生画帖 菜蔬」香川県立ミュージアム　2012
◇p57（カラー）　松平頼恭 江戸時代　紙本著色 画帖装（折本形式）　33.2×48.4 ［個人蔵］

テングタケ　Amanita pantherina
「ジャン・アンリ・ファーブルのきのこ」同朋舎出版　1993
◇図9（カラー/白黒）　Amanita pantherina D.C. 1893

【と】

冬虫夏草
「高木春山 本草図説 動物」リブロポート　1989
◇p91（カラー）

冬虫夏草のセミタケ
「鳥獣虫魚譜」八坂書房　1988
◇p88（カラー）　松森胤保『両羽飛虫図譜』 ［酒田市立光丘文庫］

トウチュウカソウの類　Cordyceps sp.
「花の王国 2」平凡社　1990
◇p127（カラー）　ビュショー, P.J.『動植鉱物百図 第1集（および第2集）』 1775～81

ドクベニタケ群の1種　Russula sp.（groupe emetica）
「ジャン・アンリ・ファーブルのきのこ」同朋舎出版　1993
◇図183（カラー/白黒）　Russula emetica 1893

【な】

ナスフクロホコリ　Physarum nasuense
「日本の博物図譜」東海大学出版会　2001
◇図82（カラー）　佐藤醇吉筆『那須産変形菌類図説』 ［国立科学博物館］

ナラタケ　Armillaria mellea
「ジャン・アンリ・ファーブルのきのこ」同朋舎出版　1993
◇図16–17（カラー/白黒）1890

ナラタケ　Armillariella sp.
「花の王国 3」平凡社　1990
◇p88（カラー）　ロック, J.著, オカール原図『薬用植物誌』 1821

ナラタケモドキ　Armillaria tabescens
「ジャン・アンリ・ファーブルのきのこ」同朋舎出版　1993
◇図55（カラー/白黒）　Collybia socialis D.C.
◇図56（カラー/白黒）　Clitocybe socialis D.C.

【に】

ニオイアシナガタケ　Mycena amygdalina
「ジャン・アンリ・ファーブルのきのこ」同朋舎出版　1993
◇図144（カラー/白黒）　Mycena vitilis Fries

ニガクリタケ　Hypholoma fasciculare
「ジャン・アンリ・ファーブルのきのこ」同朋舎出版　1993
◇図108（カラー/白黒）　Hypholoma fasciculare Huds.
◇図109（カラー/白黒）　Hypholoma fasciculare 1892

ニセホクチタケ
⇒キコブタケ＝一名ニセホクチタケ（？）を見よ

【ぬ】

ぬのびき
「高松松平家博物図譜 写生画帖 菜蔬」香川県立ミュージアム　2012
◇p90（カラー）　松平頼恭 江戸時代　紙本著色 画帖装（折本形式）　33.2×48.4　［個人蔵］

【ね】

ねずみたけ
「高松松平家博物図譜 写生画帖 菜蔬」香川県立ミュージアム　2012
◇p86（カラー）　松平頼恭 江戸時代　紙本著色 画帖装（折本形式）　33.2×48.4　［個人蔵］

【の】

ノボリリュウタケ　Helvella crispa
「ジャン・アンリ・ファーブルのきのこ」同朋舎出版　1993
◇図96（カラー/白黒）　1891

ノボリリョウの1種　Helvella sp.
「ビュフォンの博物誌」工作舎　1991
◇N020（カラー）『一般と個別の博物誌 ソンニーニ版』

【は】

ハイムラサキフウセンタケ群の1種
Cortinarius azureus Fr.群の一種
「ジャン・アンリ・ファーブルのきのこ」同朋舎出版　1993
◇図82（カラー/白黒）　1888

ハタケシメジ　Lyophyllum decastes
「ジャン・アンリ・ファーブルのきのこ」同朋舎出版　1993
◇図202（カラー/白黒）　Tricholoma aggregatum 1892
◇図203（カラー/白黒）　Tricholoma decastes 1891
◇図206（カラー/白黒）　Tricholoma conglobatum 1892

ハチノスタケ　Polyporus mori
「ジャン・アンリ・ファーブルのきのこ」同朋舎出版　1993
◇図167（カラー/白黒）　Polyporus arcularius Batsch

ハツタケの近縁種　Lactarius vinosus
「ジャン・アンリ・ファーブルのきのこ」同朋舎出版　1993
◇図120（カラー/白黒）　Lactarius deliciosus, var.à lames vineuses 1891,1892

ハラタケ　Agaricus campestris
「ジャン・アンリ・ファーブルのきのこ」同朋舎出版　1993
◇図177（カラー/白黒）　Psalliota campestris 1889

ハラタケ（？）　Agaricus campestris ?
「ジャン・アンリ・ファーブルのきのこ」同朋舎出版　1993
◇図178（カラー/白黒）　Psalliota campestris 1891

ハラタケ属の1種
「ジャン・アンリ・ファーブルのきのこ」同朋舎出版　1993
◇図176（カラー/白黒）　Psalliota arvensis 1893
◇図179（カラー/白黒）　Psalliota campestris

ハラタケの1種　Agaricus sp.
「ビュフォンの博物誌」工作舎　1991
◇N020（カラー）『一般と個別の博物誌 ソンニーニ版』

ハラタケの類　Agaricus sp.
「花の王国 3」平凡社　1990
◇p89（カラー）　ロック, J.著, オカール原図『薬用植物誌』　1821

ハリタケの1種　Hydnum sp.
「ビュフォンの博物誌」工作舎　1991
◇N020（カラー）『一般と個別の博物誌 ソンニーニ版』

【ひ】

ヒイロガサ　Hygrocybe punicea
「ジャン・アンリ・ファーブルのきのこ」同朋舎出版　1993
◇図99（カラー/白黒）　Hygrophorus puniceus（！）1890

ヒカゲタケ　Panaeolus sphinctrinus
「ジャン・アンリ・ファーブルのきのこ」同朋舎出版　1993
◇図146（カラー/白黒）　Panaeolus campanulatus Linn. 1886
◇図147（カラー/白黒）1893

ヒダキクラゲ　Auricularia mesenterica
「ジャン・アンリ・ファーブルのきのこ」同朋舎出版　1993
◇図18（カラー/白黒）　Auricularia mesenterica Pers.tremelloides Bull.　新鮮な子実体 1892

ヒダハタケ　Paxillus involutus
「ジャン・アンリ・ファーブルのきのこ」同朋舎出版　1993
◇図148（カラー/白黒）1893
◇図149（カラー/白黒）1889

ヒトヨタケ　Coprinus atramentarius
「ジャン・アンリ・ファーブルのきのこ」同朋舎出版　1993
◇図64（カラー/白黒）1890

ヒメキツネタケモドキ（?）　Laccaria tortilis ?
「ジャン・アンリ・ファーブルのきのこ」同朋舎出版　1993
◇図117（カラー/白黒）　Clitocybe tortilis Bolt., Laccaria tortilis, Clitocybe tortilis, Laccaria tortilis 1886, 1891

ヒメチチタケ（?）　Lactarius subdulcis ?
「ジャン・アンリ・ファーブルのきのこ」同朋舎出版　1993
◇図125（カラー/白黒）　Lactarius subdulcis 1893

ヒラタケ　Pleurotus ostreatus
「ジャン・アンリ・ファーブルのきのこ」同朋舎出版　1993
◇図160-161-162（カラー/白黒）1892, 1891

ビロードツエタケ　Oudemansiella longipes
「ジャン・アンリ・ファーブルのきのこ」同朋舎出版　1993
◇図143（カラー/白黒）　Collybia longipes 1886

ビロードベニヒダタケ（?）　Pluteus salicinus ?
「ジャン・アンリ・ファーブルのきのこ」同朋舎出版　1993
◇図164（カラー/白黒）　Pluteus cervinus Schaeff. 1878,1891

【ふ】

フウセンタケ属の1種　Cortinarius sp.
「日本の博物図譜」東海大学出版会　2001
◇図70（カラー）　南方熊楠筆『南方熊楠コレクション』［国立科学博物館］

フウセンタケ属の1種
「ジャン・アンリ・ファーブルのきのこ」同朋舎出版　1993
◇図144（カラー/白黒）　?

フキサクラシメジ　Hygrophorus pudorinus
「ジャン・アンリ・ファーブルのきのこ」同朋舎出版　1993
◇図105（カラー/白黒）　Hygrophorus robustus 1891

【へ】

べにたけ
「高松松平家博物図譜 写生画帖 菜蔬」香川県立ミュージアム　2012
◇p84（カラー）　松平頼恭 江戸時代　紙本著色 画帖装（折本形式）　33.2×48.4［個人蔵］

ベニテングタケの変種　Amanita muscaria var.aureola
「ジャン・アンリ・ファーブルのきのこ」同朋舎出版　1993
◇図7（カラー/白黒）　Amanita muscaria Linn.

【ほ】

ホウキタケ　Ramaria botrytis
「江戸博物文庫 菜樹の巻」工作舎　2017
◇p69（カラー）　箒竹　岩崎灌園『本草図譜』［東京大学大学院理学系研究科附属植物園（小石川植物園）］
「ジャン・アンリ・ファーブルのきのこ」同朋舎出版　1993
◇図51（カラー/白黒）　Clavaria botrytis Persoon, Clavaria acroporphyrea Schaeff. 1891

ホウキタケ　Ramaria sp.
「花の王国 3」平凡社　1990

◇p89（カラー）　ロック, J.著, オカール原図『薬用植物誌』 1821

ホコリタケ　Lycoperdon perlatum
「日本の博物図譜」東海大学出版会　2001
◇図63（カラー）　田中延次郎筆か『菌類写生図』［東京大学小石川植物園］

ホコリタケの1種　Lycoperdon sp.
「ビュフォンの博物誌」工作舎　1991
◇N019（カラー）『一般と個別の博物誌 ソンニーニ版』

ホテイシメジ　Clitocybe clavipes
「ジャン・アンリ・ファーブルのきのこ」同朋舎出版　1993
◇図53（カラー/白黒）　Clitocybe infundibuliformis 1888

【ま】

マグソヒトヨタケ　Coprinus sterquilinus
「ジャン・アンリ・ファーブルのきのこ」同朋舎出版　1993
◇図68（カラー/白黒）　Coprinus sterquilinus Fri. 1893

マツカサモドキの近縁種
「ジャン・アンリ・ファーブルのきのこ」同朋舎出版　1993
◇図4–5（カラー/白黒）　Amanita solitaria Bull. 1886, 1892

マツシメジの近縁種　Tricholoma fracticum
「ジャン・アンリ・ファーブルのきのこ」同朋舎出版　1993
◇図210（カラー/白黒）　Tricholoma albobrunneum Pers. 1886

マツタケ　Tricholoma matsutake
「江戸博物文庫 菜樹の巻」工作舎　2017
◇p67（カラー）　松茸　岩崎灌園『本草図譜』［東京大学大学院理学系研究科附属植物園（小石川植物園）］

マンジュウガサ　Cortinarius multiformis
「ジャン・アンリ・ファーブルのきのこ」同朋舎出版　1993
◇図70（カラー/白黒）　Cortinarius multiformis Fri.

マンネンタケ　Ganoderma lucidum
「ジャン・アンリ・ファーブルのきのこ」同朋舎出版　1993
◇図168–169（カラー/白黒）　Polyporus lucidus, Polyporus lucidus 1888

マンネンタケ
⇒レイシ（マンネンタケ）を見よ

【む】

ムクゲヒダハタケ（?）　Paxillus filamentosus ?
「ジャン・アンリ・ファーブルのきのこ」同朋舎出版　1993
◇図152（カラー/白黒）　Paxillus 1893

ムジナタケ　Psathyrella lacrymabunda ?
「ジャン・アンリ・ファーブルのきのこ」同朋舎出版　1993
◇図112（カラー/白黒）　Hypholoma lacrymabunda, Lacrymaria lacrymabunda Bull. 1886

〔無題〕
「ジャン・アンリ・ファーブルのきのこ」同朋舎出版　1993
◇図192（カラー/白黒）　トウモロコシに発生する腹菌亜綱？ ニセショウロ属？　1889,1893

ムラサキシメジ　Lepista nuda
「ジャン・アンリ・ファーブルのきのこ」同朋舎出版　1993
◇図198（カラー/白黒）　Tricholoma nudum Bull. 1886
◇図199（カラー/白黒）　Tricholoma nudum 1886,1891
◇図200（カラー/白黒）　Tricholoma nudum 1893
◇図201（カラー/白黒）　Tricholoma nudum 1891

ムラサキシメジモドキ　Cortinarius caerulescens
「ジャン・アンリ・ファーブルのきのこ」同朋舎出版　1993
◇図78（カラー/白黒）　Cortinarius Julii sp.nov. 1888
◇図79（カラー/白黒）　Cortinarius Julii Nob.

ムラサキヤマドリタケ　Boletus violaceofuscus
「江戸博物文庫 菜樹の巻」工作舎　2017
◇p68（カラー）　紫山鳥茸　岩崎灌園『本草図譜』［東京大学大学院理学系研究科附属植物園（小石川植物園）］

【も】

モミサルノコシカケ（?）　Phellinus hartigii ?
「ジャン・アンリ・ファーブルのきのこ」同朋舎出版　1993
◇図171（カラー/白黒）　Polyporus hispidus 1891

モリノカレバタケ　Collybia dryophila
「ジャン・アンリ・ファーブルのきのこ」同朋舎出版　1993
◇図57（カラー/白黒）　Collybia dryophila Bull. 1886
◇図144（カラー/白黒）

【や】

ヤケアトツムタケ　Pholiota highlandensis？
「ジャン・アンリ・ファーブルのきのこ」同朋舎出版　1993
◇図89（カラー/白黒）　Flammula alnicola 1893
◇図90（カラー/白黒）　Flammula alnicola 1889

ヤケコゲタケ（？）　Inonotus hispidus？
「ジャン・アンリ・ファーブルのきのこ」同朋舎出版　1993
◇図173（カラー/白黒）　Polyporus hirsutus 1891

ヤナギマツタケ　Agrocybe aegerita
「ジャン・アンリ・ファーブルのきのこ」同朋舎出版　1993
◇図156–157（カラー/白黒）　Pholiota aegerita 1892, 1898

ヤマドリタケ　Boletus edulis
「ジャン・アンリ・ファーブルのきのこ」同朋舎出版　1993
◇図34（カラー/白黒）1891

ヤマドリタケの1種　Boletus sp.
「花の王国 3」平凡社　1990
◇p88（カラー）　ロック, J.著, オカール原図『薬用植物誌』 1821

【ら】

ラッパタケ　Gomphus clavatus
「ジャン・アンリ・ファーブルのきのこ」同朋舎出版　1993
◇図48（カラー/白黒）　Craterellus clavatus 1889

【れ】

レイシ（マンネンタケ）　Ganoderma lucidum
「花の王国 2」平凡社　1990
◇p26（カラー）　ビュショー, P.J.『中国ヨーロッパ植物図譜』 1776

【わ】

和名なし　Agaricus xanthoderma
「ジャン・アンリ・ファーブルのきのこ」同朋舎出版　1993
◇図180（カラー/白黒）　Psalliota cretacea 1892

和名なし　Agrocybe molesta？
「ジャン・アンリ・ファーブルのきのこ」同朋舎出版　1993
◇図159（カラー/白黒）　Pholiota praecox 1893

和名なし　Boletus amarellus（=Chalciporus amarellus）
「ジャン・アンリ・ファーブルのきのこ」同朋舎出版　1993
◇図25（カラー/白黒）　Boletus roseus sp.nov. 1888
◇図26（カラー/白黒）　Boletus roseus sp.nov. 1889

和名なし　Boletus bellinii（=Suillus bellinii）
「ジャン・アンリ・ファーブルのきのこ」同朋舎出版　1993
◇図24（カラー/白黒）　Boletus granulatus Linn. 1893

和名なし　Boletus impolitus
「ジャン・アンリ・ファーブルのきのこ」同朋舎出版　1993
◇図35（カラー/白黒）　B.ericetorum sp.nov. Leccinum hortoni（シワチャヤマイグチ）に似るが, Boletus regius（アケボノヤマドリタケ）に近い種 1888

和名なし　Boletus lupinus
「ジャン・アンリ・ファーブルのきのこ」同朋舎出版　1993
◇図37（カラー/白黒）　Boletus purpureus var. non réticulé　網目のない変種 1889,1892
◇図38（カラー/白黒）　Boletus purpureus var. non réticulé　網目のない変種 1887,1892

和名なし　Boletus radicans
「ジャン・アンリ・ファーブルのきのこ」同朋舎出版　1993
◇図30（カラー/白黒）　Boletus candicans vieux 1890,1892
◇図31（カラー/白黒）　B.subtomentosus 1890
◇図32（カラー/白黒）1893

和名なし　Boletus rhodoxanthus
「ジャン・アンリ・ファーブルのきのこ」同朋舎出版　1993
◇図39（カラー/白黒）　B.purpureus 1892

和名なし　Boletus torosus？
「ジャン・アンリ・ファーブルのきのこ」同朋舎出版　1993

◇図36（カラー/白黒）　B.pachypus 1890

和名なし　Calvatia excipuliformis
「ジャン・アンリ・ファーブルのきのこ」同朋舎出版　1993
◇図217（カラー/白黒）　Utraria excipuliformis

和名なし　Cantharellus lutescens
「ジャン・アンリ・ファーブルのきのこ」同朋舎出版　1993
◇図47（カラー/白黒）　Cantharellus infundibuliformis 1889

和名なし　Cortinarius arquatus
「ジャン・アンリ・ファーブルのきのこ」同朋舎出版　1993
◇図71（カラー/白黒）　Cortinarius calochrous Pers.

和名なし　Cortinarius atrovirens ?
「ジャン・アンリ・ファーブルのきのこ」同朋舎出版　1993
◇図77（カラー/白黒）　Cortinarius turbinatus 1891

和名なし　Cortinarius biveloides
「ジャン・アンリ・ファーブルのきのこ」同朋舎出版　1993
◇図83（カラー/白黒）　Cortinarius bivelus 1893

和名なし　Cortinarius bivelus
「ジャン・アンリ・ファーブルのきのこ」同朋舎出版　1993
◇図84（カラー/白黒）1889

和名なし　Cortinarius caninus
「ジャン・アンリ・ファーブルのきのこ」同朋舎出版　1993
◇図81（カラー/白黒）　Cortinarius caninus Fri. 1891

和名なし　Cortinarius castaneus var. erythrinus ?
「ジャン・アンリ・ファーブルのきのこ」同朋舎出版　1993
◇図86（カラー/白黒）　Cortinarius dilutus Pers. 1888

和名なし　Cortinarius prasinus
「ジャン・アンリ・ファーブルのきのこ」同朋舎出版　1993
◇図72（カラー/白黒）　Cortinarius Emilii Nob.
◇図73（カラー/白黒）　Cortinarius Emilii 1893

和名なし　Cortinarius rufoolivaceus
「ジャン・アンリ・ファーブルのきのこ」同朋舎出版　1993
◇図74（カラー/白黒）　Cortinarius miniatus Nob.

和名なし　Cortinarius subferrugineus
「ジャン・アンリ・ファーブルのきのこ」同朋舎出版　1993
◇図87（カラー/白黒）　Cortinarius subferrugineus Batsch 1889

和名なし　Cortinarius subfulgens ?
「ジャン・アンリ・ファーブルのきのこ」同朋舎出版　1993
◇図76（カラー/白黒）　Cortinarius fulgens 1888

和名なし　Cortinarius trivialis
「ジャン・アンリ・ファーブルのきのこ」同朋舎出版　1993
◇図69（カラー/白黒）　Cortinarius collinitus 1891

和名なし　Inocybe Patouillardii
「ジャン・アンリ・ファーブルのきのこ」同朋舎出版　1993
◇図113（カラー/白黒）　Inocybe trinii 1891

和名なし　Inocybe adaequata ?
「ジャン・アンリ・ファーブルのきのこ」同朋舎出版　1993
◇図116（カラー/白黒）　Inocybe jurana 1893

和名なし　Macrolepiota mastoidea
「ジャン・アンリ・ファーブルのきのこ」同朋舎出版　1993
◇図138（カラー/白黒）　Lepiota radicata

和名なし　Mycenastrum corium
「ジャン・アンリ・ファーブルのきのこ」同朋舎出版　1993
◇図191（カラー/白黒）　Scleroderma corium De Candolle 1887

和名なし　Omphalotus illudens
「ジャン・アンリ・ファーブルのきのこ」同朋舎出版　1993
◇図163（カラー/白黒）　Pleurotus phosphoreus Battara

和名なし　Phellinus ribis f.evonymi
「ジャン・アンリ・ファーブルのきのこ」同朋舎出版　1993
◇図170（カラー/白黒）　Polyporus evonymi Kalch. 1891

和名なし　Phellodon confluens ?
「ジャン・アンリ・ファーブルのきのこ」同朋舎出版　1993
◇図194（カラー/白黒）　Sistotrema confluens 1893

和名なし　Russula albonigra
「ジャン・アンリ・ファーブルのきのこ」同朋舎出版　1993
◇図181（カラー/白黒）　Russula adusta 1893

和名なし　Russula torulosa ?
「ジャン・アンリ・ファーブルのきのこ」同朋舎

出版　1993
◇図190（カラー/白黒）　Russula queletii 1891

和名なし　Sarcosphaera crassa
「ジャン・アンリ・ファーブルのきのこ」同朋舎出版　1993
◇図153（カラー/白黒）　Peziza coronaria Jacquin 1889

和名なし　Tuber brumaleまたはTuber melanosporum
「ジャン・アンリ・ファーブルのきのこ」同朋舎出版　1993
◇図216（カラー/白黒）　Tuber brumale Vitt. 1892

和名なし　Tuber mesentericum
「ジャン・アンリ・ファーブルのきのこ」同朋舎出版　1993
◇図216（カラー/白黒）1892

和名なし
「ジャン・アンリ・ファーブルのきのこ」同朋舎出版　1993
◇図75（カラー/白黒）　Cortinarius fulgens 1890
◇図134（カラー/白黒）　Lactarius 1893

【記号・英数】

Clitocybe membranaceus
「ジャン・アンリ・ファーブルのきのこ」同朋舎出版　1993
◇図144（カラー/白黒）

Lactarius
「ジャン・アンリ・ファーブルのきのこ」同朋舎出版　1993
◇図130（カラー/白黒）1893

Lactarius serifluus
「ジャン・アンリ・ファーブルのきのこ」同朋舎出版　1993
◇図124（カラー/白黒）1893

Mycena sp.
「ジャン・アンリ・ファーブルのきのこ」同朋舎出版　1993
◇図141（カラー/白黒）　Marasmius pulcherripes Peck（ハナオチバタケ）またはM.siccus (Schw.) Fries（ハリガネオチバタケ）に近いものの（？）1889

Pluteus pellitus
「ジャン・アンリ・ファーブルのきのこ」同朋舎出版　1993
◇図164（カラー/白黒）1886,1890

Russula integra
「ジャン・アンリ・ファーブルのきのこ」同朋舎出版　1993
◇図184–185–186–187（カラー/白黒）　Russula integra Linn. 1893, 1892

Tricholoma oedipus
「ジャン・アンリ・ファーブルのきのこ」同朋舎出版　1993
◇図211（カラー/白黒）1893

その他

【う】

ウスバゼニゴケの1種　Blasia sp.

「ビュフォンの博物誌」工作舎　1991
◇N022（カラー）『一般と個別の博物誌 ソンニーニ版』

ウマスギゴケ
⇒ポリュトゥリクム［スギゴケ、ウマスギゴケ］を見よ

ウミトラノオ

「彩色 江戸博物学集成」平凡社　1994
◇p55（カラー）　ねずみの尾　芽生え　丹羽正伯『御書上産物之内御不審物図』　［盛岡市中央公民館］

【お】

オオツボゴケの1種　Spalachnum sp.

「ビュフォンの博物誌」工作舎　1991
◇N023（カラー）『一般と個別の博物誌 ソンニーニ版』

【き】

キセルゴケの1種　Buxbaumia sp.

「ビュフォンの博物誌」工作舎　1991
◇N023（カラー）『一般と個別の博物誌 ソンニーニ版』

キッコウジュズモ　Chaetomorpha chelonum var.japonica

「世界大博物図鑑 3」平凡社　1990
◇p112（カラー）　後藤黎春『随観写真』　明和8（1771）頃

ギンゴケの1種　Bryum sp.

「ビュフォンの博物誌」工作舎　1991
◇N023（カラー）『一般と個別の博物誌 ソンニーニ版』

【く】

クラドニア［ハナゴケ］

「生物の驚異的な形」河出書房新社　2014
◇図版83（カラー）　ヘッケル, エルンスト 1904

クロキヅタ　Caulerpa scalpelliformis

「日本の博物図譜」東海大学出版会　2001
◇図83（カラー）　岡村金太郎筆『日本藻類図譜』［国立科学博物館］

クンショウモ
⇒ペディアストゥルム［クンショウモ］を見よ

【こ】

コウヤノマンネングサ　Climacium japonicum

「花木真寫」淡交社　2005
◇図125（カラー）　萬年草　近衛予楽院家熙［（財）陽明文庫］

木の葉の化石

「彩色 江戸博物学集成」平凡社　1994
◇p343（カラー）　前田利保『赭鞭会品物論定纂』［国会図書館］
◇p414～415（カラー）　服部雪斎『唐本草石譜』［東京国立博物館］

【さ】

サヤツナギ
⇒ディーノブリュオン［サヤツナギ］を見よ

【し】

シマオウギ
⇒ゾーナリア［シマオウギ］を見よ

シミズゴケの1種　Fontinalis sp.

「ビュフォンの博物誌」工作舎　1991
◇N023（カラー）『一般と個別の博物誌 ソンニーニ版』

【す】

すぎこけ
「高松松平家博物図譜 写生画帖 雑草」香川県立ミュージアム　2013
◇p53（カラー）　松平頼恭 江戸時代　紙本著色 画帖装（折本形式）　33.2×48.4 ［個人蔵］

すぎごけ
「江戸名作画帖全集 8」駸々堂出版　1995
◇図67（カラー）　すかん・あめもりそう・すぎごけ・ほうずき　松平頼恭編『写生画帖・衆芳画譜』　紙本着色 ［松平公益会］

スギゴケ
「彩色 江戸博物学集成」平凡社　1994
◇p350（カラー）　カギバニワスギゴケの雌株か　前田利保『信筆鳩識』 ［杏雨書屋］

スギゴケ
⇒ポリュトゥリクム［スギゴケ、ウマスギゴケ］を見よ

スタウラストゥルム
「生物の驚異的な形」河出書房新社　2014
◇図版24（カラー）　ヘッケル, エルンスト 1904

【せ】

ゼニゴケ
⇒マルカンティア［ゼニゴケ］を見よ

ゼニゴケの1種　Marchantia sp.
「ビュフォンの博物誌」工作舎　1991
◇N022（カラー）『一般と個別の博物誌 ソンニーニ版』

【そ】

ゾーナリア［シマオウギ］
「生物の驚異的な形」河出書房新社　2014
◇図版15（カラー）　ヘッケル, エルンスト 1904

【た】

種
「すごい博物画」グラフィック社　2017
◇図版34（カラー）　果物、種、マメ科植物　ダル・ポッツォ, カシアーノ, 作者不詳 1630頃　黒いチョークの上にアラビアゴムを混ぜた水彩と濃厚顔料　32.7×17.2 ［ウィンザー城ロイヤル・ライブラリー］

【つ】

ツノゴケの1種　Anthoceros sp..
「ビュフォンの博物誌」工作舎　1991
◇N022（カラー）『一般と個別の博物誌 ソンニーニ版』

ツボミゴケの1種　Jungermannia sp.
「ビュフォンの博物誌」工作舎　1991
◇N022（カラー）『一般と個別の博物誌 ソンニーニ版』

【て】

ディーノブリュオン［サヤツナギ］
「生物の驚異的な形」河出書房新社　2014
◇図版13（カラー）　ヘッケル, エルンスト 1904

デレッセリア［ヌメハノリ］
「生物の驚異的な形」河出書房新社　2014
◇図版65（カラー）　ヘッケル, エルンスト 1904

【と】

トゥリケラティウム［ミカドケイソウ］
「生物の驚異的な形」河出書房新社　2014
◇図版4（カラー）　ヘッケル, エルンスト 1904

【な】

ナーウィクラ［フナガタケイソウ］
「生物の驚異的な形」河出書房新社　2014
◇図版84（カラー）　ヘッケル, エルンスト 1904

【ぬ】

ヌメハノリ
⇒デレッセリア［ヌメハノリ］を見よ

【は】

ハイゴケの1種　Hypnum sp.
「ビュフォンの博物誌」工作舎　1991
◇N023（カラー）『一般と個別の博物誌 ソンニーニ版』

ハナゴケ
⇒クラドニア［ハナゴケ］を見よ

【ひ】

ヒバタマの1種　Fucus sp.
「ビュフォンの博物誌」工作舎　1991
◇N021（カラー）『一般と個別の博物誌 ソンニーニ版』

ヒビロウド　Dudresnaya japonica
「日本の博物図譜」東海大学出版会　2001
◇p101（白黒）　岡村金太郎筆『日本藻類図譜』［国立科学博物館］

【ふ】

フナガタケイソウ
⇒ナーウィクラ［フナガタケイソウ］を見よ

【へ】

ペディアストゥルム［クンショウモ］
「生物の驚異的な形」河出書房新社　2014
◇図版34（カラー）　ヘッケル, エルンスト 1904

ペリディニウム
「生物の驚異的な形」河出書房新社　2014
◇図版14（カラー）　ヘッケル, エルンスト 1904

【ほ】

ポリュトゥリクム［スギゴケ、ウマスギゴケ］
「生物の驚異的な形」河出書房新社　2014
◇図版72（カラー）　ヘッケル, エルンスト 1904

【ま】

マルカンティア［ゼニゴケ］
「生物の驚異的な形」河出書房新社　2014
◇図版82（カラー）　ヘッケル, エルンスト 1904

【み】

ミカドケイソウ
⇒トゥリケラティウム［ミカドケイソウ］を見よ

ミズゴケの1種　Sphagnum sp.
「ビュフォンの博物誌」工作舎　1991
◇N023（カラー）『一般と個別の博物誌 ソンニーニ版』

【り】

緑藻類　Chlorophyceae
「ビュフォンの博物誌」工作舎　1991
◇N021（カラー）『一般と個別の博物誌 ソンニーニ版』

作品名索引

【あ】

アイ〔ハーブ・薬草〕…………… 437
アイカシワギタケ（？）〔きのこ・菌類〕…………………… 487
アイシメジ〔きのこ・菌類〕…… 487
アイゾメイグチ〔きのこ・菌類〕…………………………… 487
アイゾメイグチの変種〔きのこ・菌類〕…………………… 487
アイリス〔花・草・木〕……………3
アヲイ〔花・草・木〕………………3
アオイ科イチビ属〔花・草・木〕…3
あおいらん〔花・草・木〕…………3
あをき〔花・草・木〕………………3
アオキ〔花・草・木〕………………3
あおぎり〔花・草・木〕……………3
あほぎり〔花・草・木〕……………3
アオギリ〔花・草・木〕……………3
アオギリ科の1種？〔花・草・木〕‥4
あをたで〔野菜・果物〕………… 398
アオダモ〔花・草・木〕……………4
アオツヅラフジ〔花・草・木〕……4
アオトドマツ〔花・草・木〕………4
あをなすび〔野菜・果物〕……… 398
アオネカズラ〔花・草・木〕………4
アオノイワレンゲ〔花・草・木〕…4
アオノリュウゼツラン〔ハーブ・薬草〕…………………… 437
アオハダ〔花・草・木〕……………4
アオミノアカエゾ〔花・草・木〕…4
アカアシフウセンタケ〔きのこ・菌類〕…………………… 487
あかいす〔花・草・木〕……………4
アカウキクサ〔花・草・木〕………4
アカエゾマツ〔花・草・木〕………4
アカカゴタケ〔きのこ・菌類〕‥ 487
アカカゴタケの1種〔きのこ・菌類〕……………………………… 487
あかがし〔花・草・木〕……………4
アカガシ〔野菜・果物〕………… 398
アカカブ〔野菜・果物〕………… 398
アカキナノキ〔ハーブ・薬草〕‥ 437
赤腰簑〔花・草・木〕………………4
あかざ〔野菜・果物〕…………… 398
アカザ〔花・草・木〕………………4
アカザの1種〔花・草・木〕………4
アカシアの1種〔花・草・木〕……4
明石潟〔花・草・木〕………………4
アカシデ〔花・草・木〕……………4
アカショウマ〔花・草・木〕………5
赤角倉〔花・草・木〕………………5
あかだいこん〔野菜・果物〕…… 398
アカダイコン〔野菜・果物〕…… 398
あかたけ〔きのこ・菌類〕……… 487
あかたぶ〔花・草・木〕……………5
アカダマスッポンタケ（？）〔きのこ・菌類〕……………… 487
アカチャツエタケの近縁種〔きのこ・菌類〕……………………… 487
アカトドマツ〔花・草・木〕………5
あかね〔花・草・木〕………………5
アカネ〔ハーブ・薬草〕………… 437
茜根〔ハーブ・薬草〕…………… 437
アカネ科の双子葉植物〔花・草・木〕…………………………5
アカバナアメリカトチノキ〔花・草・木〕……………………5
アカバナジョチュウギク〔ハーブ・薬草〕………………… 437
アカバナツユクサ〔花・草・木〕…5
アカバナの1種〔花・草・木〕……5
アカバナの1種、エピロビウム・オブコルダトゥム〔花・草・木〕…………………………5
アカバナバナナノキ〔花・草・木〕……………………………5
アカバナマユハケオモト〔花・草・木〕…………………………5
アカバナルリハコベ〔花・草・木〕……………………………5
アガパンサス〔花・草・木〕………5
アガパンツス・アフリカヌス〔花・草・木〕……………………5
アガパントゥス・アフリカヌス〔花・草・木〕……………………5
アカビユ〔花・草・木〕……………5
アカフサスグリ〔野菜・果物〕‥ 398
アカフサスグリ（レッドカラント）〔野菜・果物〕…………… 398
アガーベ・アメリカナ〔花・草・木〕……………………………5
アガベ・スピカータ〔花・草・木〕‥5
アガベ・ユッケフォリア〔花・草・木〕…………………………5
あかまつ〔花・草・木〕……………6
アカマツ〔花・草・木〕……………6
紅美香登〔花・草・木〕……………6
あかめがしわ〔花・草・木〕………6
アカメガシワ〔花・草・木〕………6
アカモミタケなどの近縁種〔きのこ・菌類〕…………………… 487
アカヤマタケ〔きのこ・菌類〕‥ 487
赤佗助〔花・草・木〕………………6
唖甘蔗〔花・草・木〕………………6
アカンセヒッピューム・マンチニアナム〔花・草・木〕…………6
アカントゥス・カロリ＝アレクサンドリ〔花・草・木〕…………6
アカントゥス・スピノスス〔花・草・木〕……………………6
アカントピッピウム・ジャワニクム〔花・草・木〕……………6
アカンペ・デンタタ〔花・草・木〕‥6
アカンペ・パピロサ〔花・草・木〕‥6
アギ〔ハーブ・薬草〕…………… 437
アキギリ〔花・草・木〕……………6
あきぐみ〔野菜・果物〕………… 398
アキグミ〔花・草・木〕……………7
アキザキスノーフレーク〔花・草・木〕…………………………7
アキザキチュウラッパ〔花・草・木〕…………………………7
アキザクラ〔花・草・木〕…………7
アギナシ〔花・草・木〕……………7
あきにれ〔花・草・木〕……………7
アキニレ〔花・草・木〕……………7
アキノキリンソウの1種〔花・草・木〕…………………………7
アキノタムラソウ〔花・草・木〕…7
アキノノゲシ〔野菜・果物〕…… 398
アキノノゲシの1種〔花・草・木〕‥7
アキノハハコグサ〔花・草・木〕…7
秋の山〔花・草・木〕………………7
アキレア・クラウェンナエ〔花・草・木〕……………………7
アクイロウスタケ〔きのこ・菌類〕……………………………… 487
アクゲシメジ〔きのこ・菌類〕‥ 487
悪實〔ハーブ・薬草〕…………… 437
アークトチス・アコーリス〔花・草・木〕……………………7
アグロステンマ〔花・草・木〕……7
あけび〔野菜・果物〕…………… 398
アケビ〔野菜・果物〕………398,399
アケビ〔ハーブ・薬草〕………… 437
曙〔花・草・木〕……………………7
あこう〔花・草・木〕………………7
アコニツム・ウンキナツム〔ハーブ・薬草〕………………… 437
アサ〔ハーブ・薬草〕…………… 437
あさがお〔花・草・木〕……………7
アサカホ〔花・草・木〕……………7
アサガオ〔花・草・木〕……………8
アサガオ〔ハーブ・薬草〕……… 437
アサガホ〔花・草・木〕……………8
アサガオの仲間〔ハーブ・薬草〕…………………………… 437
アサガラ〔花・草・木〕……………8
あさぎすいくわ〔野菜・果物〕‥ 399
アサクラザンショウ〔ハーブ・薬草〕………………………… 437
アサザ〔花・草・木〕………………8
あさざ・あざさ〔花・草・木〕……8
アサダ〔花・草・木〕………………8
あさつき〔野菜・果物〕………… 399
アサツキ〔野菜・果物〕………… 399
あさふり〔野菜・果物〕………… 399
アサミ〔花・草・木〕………………8
アザミケシ〔花・草・木〕…………8
アザミゲシ属〔花・草・木〕………8
アザミの1種〔花・草・木〕………8
あし〔花・草・木〕…………………8
アシグロタケ〔きのこ・菌類〕‥ 488
アジサイ〔花・草・木〕…………8,9
アジサイ［オタクサアジサイ］〔花・草・木〕……………………9
あしたば〔花・草・木〕……………9
アシタバ〔花・草・木〕……………9
アシナガタケ（？）〔きのこ・菌類〕……………………………… 488
アシナガムシトリスミレ〔花・

草・木〕……………………………9
アシベニイグチの近縁種〔きのこ・菌類〕…………………… 488
アズキナシ〔花・草・木〕…………9
アスクレピアス・ウァリエガタ〔花・草・木〕……………………9
アスクレピアス・ニウェア〔花・草・木〕……………………9
アスコセントラム・アンプラシューム〔花・草・木〕…………9
アスコセントラム・カービホリューム〔花・草・木〕…………9
アスコセントラム・プミラム〔花・草・木〕…………………10
アスコセントラム・ヘンダーソニアナム〔花・草・木〕………10
アスコセントラム・ミクランサム〔花・草・木〕………………10
アスコセントラム・ミニアタム・ルテオラム〔花・草・木〕‥10
アスター〔花・草・木〕…………10
アスター（エゾギク）〔花・草・木〕……………………………10
あすなろ〔花・草・木〕…………10
アスナロ〔花・草・木〕…………10
アスパシア・ルナタ〔花・草・木〕……………………………10
アスパラガス〔野菜・果物〕…… 399
アスパラグス・アスパラゴイデス〔花・草・木〕………………10
アスパラグス・サルメントースス〔花・草・木〕………………10
アスパラグス・スティプラリス〔花・草・木〕…………………10
アスパラグス・トリカリナートゥス〔花・草・木〕……………10
アスパラグス・マリティムス〔花・草・木〕…………………10
アスフォデリネ・タウリカ〔花・草・木〕…………………10
アスフォデリネ・リブルニカ〔花・草・木〕…………………10
アスフォデリネ・ルテア〔花・草・木〕………………………11
アスプレニウム リゾフィルム［チャセンシダの1種］〔花・草・木〕………………………11
アズマイチゲ〔花・草・木〕……11
アズマイバラ〔花・草・木〕……11
あずまぎく〔花・草・木〕………11
アズマギク〔花・草・木〕………11
アズマシャクナゲ〔花・草・木〕‥11
アズマシロカネソウ〔花・草・木〕……………………………11
東錦〔花・草・木〕………………11
あすはひのき〔花・草・木〕……11
あせび〔花・草・木〕……………11
アセビ〔花・草・木〕……………11
アセビ〔ハーブ・薬草〕………… 437
アセビ/アセボ〔花・草・木〕……11
阿蕪 細辛〔ハーブ・薬草〕……… 437
アダ・オーランチアカ〔花・草・木〕……………………………11
あたこほうづき〔花・草・木〕……11
アダン〔花・草・木〕……………11
アツバキミガヨラン〔花・草・木〕…………………………11,12
アツバサクラソウ〔花・草・木〕‥12
あつまぎく〔花・草・木〕………12
あつもりそう〔花・草・木〕……12
アツモリソウ〔花・草・木〕……12
アツモリ草〔花・草・木〕………12
アーティチョーク（チョウセンアザミ）〔花・草・木〕…………12
アティロカルプス・ペルシカリエフォリウス〔花・草・木〕……12
アデニア・ハスタタ〔花・草・木〕……………………………12
アトラゲネ・アメリカナ〔花・草・木〕…………………………12
アトラゲネ・アルピナ〔花・草・木〕……………………………12
アナナス〔野菜・果物〕………… 399
アニゴザントス・フラビーダ〔花・草・木〕…………………12
アニス〔ハーブ・薬草〕………… 438
アニス？〔ハーブ・薬草〕……… 438
アネモネ〔花・草・木〕………12,13
アネモネ（ハナイチゲ）〔花・草・木〕……………………………13
アネモネ エレガンス〔花・草・木〕……………………………13
アネモネ咲きの日本のキク〔花・草・木〕……………………13
アネモネ・シルベストリス〔花・草・木〕……………………13
アネモネの栽培品種〔花・草・木〕……………………………13
アネモネ・フルゲンス〔花・草・木〕……………………………13
アネモネ ヘパチカ［スハマソウの1種］〔花・草・木〕………13
アネモネ・ヘパティカ〔花・草・木〕……………………………13
アネモネ・ホルテンシス〔花・草・木〕…………………………13
アフィランテス・モンペリエンシス〔花・草・木〕……………13
アブサン〔ハーブ・薬草〕……… 438
アブチロン・フルティコーサム〔花・草・木〕…………………13
アブノメ〔花・草・木〕…………13
あぶらぎり〔花・草・木〕………13
アブラナ〔花・草・木〕…………13
アブラナ〔野菜・果物〕………… 399
アブラヤシ〔ハーブ・薬草〕…… 438
アフリカナガバモウセンゴケ〔花・草・木〕…………………14
アボガド〔野菜・果物〕………… 399
アーポフィラム・カーディナル〔花・草・木〕…………………14
アーポフィラム・ギガンチューム〔花・草・木〕………………14
アマ〔花・草・木〕………………14
アマ〔ハーブ・薬草〕………… 438
蜑小船〔花・草・木〕……………14
天が下〔花・草・木〕……………14
天城吉野〔花・草・木〕…………14
あまきらん〔花・草・木〕………14
アマチャ〔花・草・木〕…………14
アマチャ〔ハーブ・薬草〕……… 438
あまちゃづる〔花・草・木〕……14
天津乙女〔花・草・木〕…………14
アマトウガラシ〔野菜・果物〕‥ 399
あまどころ〔花・草・木〕………14
アマドコロ〔花・草・木〕………14
アマドコロ〔ハーブ・薬草〕…… 438
アマドコロの1種〔花・草・木〕‥14
アマドコロ類〔ハーブ・薬草〕‥ 438
あまな〔花・草・木〕……………14
アマナ〔花・草・木〕……………14
アマナの1種〔花・草・木〕……14
天の川〔花・草・木〕…………14,15
アマママツバ〔花・草・木〕………15
雨宿〔花・草・木〕………………15
アマヨクサ〔花・草・木〕………15
アマラントゥスの1種〔花・草・木〕……………………………15
アマリリス〔花・草・木〕………15
アマリリス・ウィッタム〔花・草・木〕…………………………15
アマリリス科の植物〔花・草・木〕……………………………15
アマリリス・ジョセフィーネ〔花・草・木〕…………………15
アマリリスの1種〔花・草・木〕‥15
アマリリスの類（？）〔花・草・木〕……………………………15
アマリリス・パリダ〔花・草・木〕……………………………15
アマリリス・フミリス〔花・草・木〕……………………………15
アマリリス・ベラドンナ（ベラドンナ・リリー）〔花・草・木〕……………………………15
アマリリス・レウォルタ〔花・草・木〕…………………………15
アミガサタケ〔きのこ・菌類〕‥ 488
アミガサタケの1種〔きのこ・菌類〕…………………………… 488
アミガサユリ〔ハーブ・薬草〕‥ 438
アミガサユリ類〔ハーブ・薬草〕…………………………………… 438
アミタケの1種〔きのこ・菌類〕‥ 488
アミヒラタケ〔きのこ・菌類〕‥ 488
アミヒラタケを上から見たところ〔きのこ・菌類〕………… 488
アミヒラタケを下から見たところ〔きのこ・菌類〕………… 488
アムラノキ〔花・草・木〕………15
あめもりそう〔花・草・木〕……15
アメリカ〔花・草・木〕…………15
アメリカアサガラ〔花・草・木〕‥16
アメリカキササゲ〔花・草・木〕‥16
アメリカシャガ〔花・草・木〕……16

アメリカシャクナゲ〔花・草・木〕……16
アメリカスモモ〔野菜・果物〕……399
アメリカタツタソウ〔花・草・木〕……16
アメリカーナ〔花・草・木〕……16
アメリカナデシコ, ヒゲナデシコ〔花・草・木〕……16
アメリカノウゼンカズラ〔花・草・木〕……16
アメリカハナノキ〔花・草・木〕……16
アメリカブドウ〔野菜・果物〕……399
アメリカホドイモ〔野菜・果物〕……399
アメリカマンサク〔花・草・木〕……16
アメリカミズアオイ〔花・草・木〕……16
アメリカヤマボウシ〔花・草・木〕……16
アメリカン・カウスリップ〔花・草・木〕……16
アメンドウ〔野菜・果物〕……399
アモルファ属（クロバナエンジュ属）の1種〔花・草・木〕……16
アモルフォファルス〔花・草・木〕……16
アモルフォファルス アイヒレリ［コンニャクの1種］〔花・草・木〕……16
アーモンド〔野菜・果物〕……399
アーモンドの1種〔花・草・木〕……16
綾川絞〔花・草・木〕……16
綾錦〔花・草・木〕……16
アヤメ〔花・草・木〕……17
アヤメ属の1種〔花・草・木〕……17
アヤメの仲間〔花・草・木〕……17
アライトヒナゲシ〔花・草・木〕……17
アライトヨモギ〔花・草・木〕……17
アラウカリア［ナンヨウスギ］〔花・草・木〕……17
アラカシ〔花・草・木〕……17
アラゲカワラタケ（？）〔きのこ・菌類〕……488
アラゲハンゴンソウ〔花・草・木〕……17
荒獅子〔花・草・木〕……17
嵐山〔花・草・木〕……17
あらせいとう〔花・草・木〕……17
アラセイトウ〔花・草・木〕……17
アラセイトウの1種〔花・草・木〕……17
新珠〔花・草・木〕……17
アラビアコザクラ〔花・草・木〕……17
アラビアコーヒー〔野菜・果物〕……400
荒法師〔花・草・木〕……17
あらゝぎ〔花・草・木〕……17
アラン〔花・草・木〕……17
有明〔花・草・木〕……18
アリアケカズラ〔花・草・木〕……18
アリウム・アムペロプラスム〔野菜・果物〕……400
アリウム・アレナリウム〔花・草・木〕……18
アリウム・アングロスム〔花・草・木〕……18
アリウム・ウルシヌム〔野菜・果物〕……400
アリウム・オブトゥシフロールム〔花・草・木〕……18
アリウム・オブリクーム〔花・草・木〕……18
アリウム・カメモリ〔花・草・木〕……18
アリウム・カリナトゥム〔花・草・木〕……18
アリウム・カロリニアヌム〔花・草・木〕……18
アリウム・グロボースム〔花・草・木〕……18
アリウム・ケルヌウム〔花・草・木〕……18
アリウム・スコルゾネラエフォリウム〔花・草・木〕……18
アリウム・スファエロケファロン〔花・草・木〕……18
アリウム・スブヒルストゥム〔花・草・木〕……18
アリウム・タタリクム〔花・草・木〕……18
アリウム・デヌダトゥム〔花・草・木〕……18
アリウム・トリケトルム〔花・草・木〕……18
アリウム・ニグルム〔花・草・木〕……18
アリウム・ヌタンス〔花・草・木〕……18
アリウム・ネポリターヌム〔花・草・木〕……18
アリウム・パニクラートゥム〔花・草・木〕……18
アリウム・パレンス〔花・草・木〕……18
アリウム・ビクトリアリス〔花・草・木〕……19
アリウム・ビスルクム〔花・草・木〕……19
アリウム・フォリオースム〔花・草・木〕……19
アリウム・プラキステモン〔花・草・木〕……19
アリウム・フラグランス〔花・草・木〕……19
アリウム・ムタビーレ〔花・草・木〕……19
アリウム・モスカトゥム〔花・草・木〕……19
アリウム・モンターヌム〔花・草・木〕……19
アリウム・ロゼウム〔花・草・木〕……19
ありさんすずむしそう〔花・草・木〕……19
アリステア・キアネア〔花・草・木〕……19
アリステア・コリンボーサ〔花・草・木〕……19
アリストロキア〔花・草・木〕……19
アリストロキア〔ハーブ・薬草〕……438
アリストロキア・ラビオサ〔花・草・木〕……19
アリスマ・プランタゴアクアティカ〔花・草・木〕……19
アリッスム・モンタヌム〔花・草・木〕……19
アリマ草〔花・草・木〕……19
アーリン・フランシス〔花・草・木〕……19
有川〔花・草・木〕……19
アルカンナ〔ハーブ・薬草〕……438
アルキュリア［ウツボカビ］〔きのこ・菌類〕……488
アルストレメリア・ペレグリナ〔花・草・木〕……19
アルストロメリア〔花・草・木〕……19
アルストロメリア属の1種〔花・草・木〕……19
アルストロメリア・ペレグリナ〔花・草・木〕……20
アルソピラ〔花・草・木〕……20
アルティシモ〔花・草・木〕……20
アルテミシア・アルゲンテア〔花・草・木〕……20
アルトロポディウム・パニクラートゥム〔花・草・木〕……20
アルニカ〔ハーブ・薬草〕……438
アルバータイン〔花・草・木〕……20
アルバート公のバラ〔花・草・木〕……20
アルピナ・カルカラータ〔花・草・木〕……20
アルファ〔花・草・木〕……20
アルブカ・アビシニカ〔花・草・木〕……20
アルブカ・コルヌータ〔花・草・木〕……20
アルブカ・ファスティギアータ〔花・草・木〕……20
アルブカ・マイヨール〔花・草・木〕……20
アルブカ・ミノール〔花・草・木〕……20
アルブツスの1種〔花・草・木〕……20
アルフレッド・ソルター〔花・草・木〕……20
アルム・キレナイクム〔花・草・木〕……20
アルム属の1種〔ハーブ・薬草〕……438
アルムマクラートゥム〔ハーブ・薬草〕……438
アレクザンダース〔ハーブ・薬草〕……438
アレクサンドラ〔花・草・木〕……20
アレナリア・モンタナ〔花・草・

木〕……20
アロエ〔ハーブ・薬草〕……438
アロエ・ウェラ〔花・草・木〕……20
アロエの1種〔ハーブ・薬草〕……438
あわいも〔野菜・果物〕……400
淡路島〔花・草・木〕……20
アワタケ〔きのこ・菌類〕……488
アワモリソウ〔花・草・木〕……20
アワモリソウ/アワモリショウマ〔花・草・木〕……21
アングレカム・アイクレリアナム〔花・草・木〕……21
アングレカム・アーキュアタム〔花・草・木〕……21
アングレカム・アーチキュラタム〔花・草・木〕……21
アングレカム・エブルニューム〔花・草・木〕……21
アングレカム・カペンス〔花・草・木〕……21
アングレカム・グラシリペス〔花・草・木〕……21
アングレカム・コンパクタム〔花・草・木〕……21
アングレカム・スコッチアナム〔花・草・木〕……21
アングレカム・セスキペダーレ〔花・草・木〕……21
アングレカム・ディスチカム〔花・草・木〕……21
アングレカム・フィリピネンセ〔花・草・木〕……21
アングレカム・マグダレネー〔花・草・木〕……21
アングレカム・ロスチャイルディアナム〔花・草・木〕……21
アングレクム・セスキペダーレ〔花・草・木〕……21
アングロア・クラウシー〔花・草・木〕……21
アングロア・クリフトニ〔花・草・木〕……21
アングロア・クロエシイ〔花・草・木〕……21
あんず〔野菜・果物〕……400
アンス〔野菜・果物〕……400
アンズ〔野菜・果物〕……400
アンズ〔ハーブ・薬草〕……439
アンズタケ〔きのこ・菌類〕……488
アンズモ、〔野菜・果物〕……400
アンセリア・アフリカナ〔花・草・木〕……22
アンゼリカ〔ハーブ・薬草〕……439
アンソクコウノキ〔ハーブ・薬草〕……439
アンチューサの1種〔花・草・木〕……22
アンテミス・コツラ（カミツレモドキ）〔花・草・木〕……22
アンテリクム・ラモースム〔花・草・木〕……22
アントリザ・エチオピカ〔花・草・木〕……22
アントリザ・クノニア〔花・草・木〕……22
アントリザ・プレアルタ〔花・草・木〕……22
アンドロサケ・ウィロサ〔花・草・木〕……22
アンドロサケ・スピヌリフェラ〔花・草・木〕……22
アンドロメダ・アクシラリス〔花・草・木〕……22
アン・レッツ〔花・草・木〕……22

【い】

いゝかし〔花・草・木〕……22
いいぎり〔花・草・木〕……22
イイギリ〔花・草・木〕……22
いゑさわ〔野菜・果物〕……400
イェローサルタン〔花・草・木〕……22
イェロー・ジャイアント〔花・草・木〕……22
イェロー・ドール〔花・草・木〕……22
イェロー・ピノキオ〔花・草・木〕……22
イワウソウ〔花・草・木〕……22
イオノプシス・パニキュラタ〔花・草・木〕……23
いかりそう〔花・草・木〕……23
イカリソウ〔花・草・木〕……23
イカリソウ（広義）〔花・草・木〕……23
イカリソウ属〔ハーブ・薬草〕……439
イカリソウの三種〔ハーブ・薬草〕……439
イカリソウ類〔ハーブ・薬草〕……439
イキシア〔花・草・木〕……23
イキシア・ウィリディフロラ〔花・草・木〕……23
イキシア属の1種〔花・草・木〕……23
イキシア属［ヤリズイセン］の1種〔花・草・木〕……23
イキシア・ポリスタキア〔花・草・木〕……23
イキシア・マキュラタ（変種フスコキトリナ）〔花・草・木〕……23
イキシア・ラティフォリア〔花・草・木〕……23
イグサ〔花・草・木〕……23
イグサの1種〔花・草・木〕……23
イクシア〔花・草・木〕……24
イクシア・コニカ〔花・草・木〕……24
イクシア・スカリオーサ〔花・草・木〕……24
イクシア・スキラリス〔花・草・木〕……24
イクシア・セクンダ〔花・草・木〕……24
イクシア・パテンス〔花・草・木〕……24
イクシア・ビリディフローラ〔花・草・木〕……24
イクシア・フィリフォーリア〔花・草・木〕……24
イクシア・フィリフォルミス〔花・草・木〕……24
イクシア・ポリスタキア〔花・草・木〕……24
イクシア・マクラータ〔花・草・木〕……24
イクシア・ラプンクロイデス〔花・草・木〕……24
イクシア・ルテア〔花・草・木〕……24
イクシア・レクルーバ〔花・草・木〕……24
イクシア・ロイカンタ〔花・草・木〕……24
イクシア・ロンギフローラ〔花・草・木〕……24
イクシオリリオン・モンタヌム〔花・草・木〕……24
いくち〔きのこ・菌類〕……488
イグチの1種〔きのこ・菌類〕……488
郁李〔ハーブ・薬草〕……439
イザヨイバラ〔花・草・木〕……24
いしみかわ〔花・草・木〕……24
イシミカワ〔花・草・木〕……25
いしもちくさ〔花・草・木〕……25
イシモチソウ〔花・草・木〕……25
イシモチソウ〔野菜・果物〕……400
萎蕤〔ハーブ・薬草〕……439
いすのき〔花・草・木〕……25
イスノキ〔花・草・木〕……25
イズハハコの1種〔花・草・木〕……25
伊豆吉野〔花・草・木〕……25
イソギク〔花・草・木〕……25
イソマツ〔花・草・木〕……25
イソマツの1種〔花・草・木〕……25
萎蛇〔ハーブ・薬草〕……439
イタチササゲ〔花・草・木〕……25
イタチタケ〔きのこ・菌類〕……488
いたどり〔花・草・木〕……25
イタドリ〔花・草・木〕……25
イタビカズラ〔花・草・木〕……25
いたみかづら〔花・草・木〕……25
イタヤカエデ〔花・草・木〕……25
イタヤモミチ〔花・草・木〕……25
イタリアイシマツ〔花・草・木〕……26
いちい〔花・草・木〕……26
イチイ〔花・草・木〕……26
イチイガシ〔花・草・木〕……26
イチゲコザクラ〔花・草・木〕……26
イチゲサクラソウ〔花・草・木〕……26
イチゴ〔野菜・果物〕……400
覆盆子〔ハーブ・薬草〕……439
イチゴ属〔野菜・果物〕……400
イチゴ‘ローズベリー’〔野菜・果物〕……400
いちじく〔野菜・果物〕……400
イチヾク〔野菜・果物〕……400
イチジク〔野菜・果物〕……400,401
イチジク〔ハーブ・薬草〕……439

イチヂク〔野菜・果物〕……… 401
イチジクの1種〔野菜・果物〕… 401
イチハツ〔花・草・木〕………… 26
市原虎の尾〔花・草・木〕……… 26
イチビ〔花・草・木〕…………… 26
イチマツユリ(バイモの1種)〔花・草・木〕…………………… 26
イチヤクソウ〔ハーブ・薬草〕‥ 439
いちょう〔花・草・木〕………… 26
イチョウ〔花・草・木〕………… 26
イチョウ〔野菜・果物〕……… 401
イテウ〔花・草・木〕…………… 26
一葉〔花・草・木〕……………… 26
イチョウタケ〔きのこ・菌類〕‥ 488
イチョウタケ(?)〔きのこ・菌類〕…………………………… 489
いちりんそう〔花・草・木〕…… 26
イチリンソウ〔花・草・木〕…… 26
一リン草〔花・草・木〕………… 27
イチリンソウの1種〔花・草・木〕………………………………… 27
早晩山〔花・草・木〕…………… 27
いつけくさ〔花・草・木〕……… 27
いつまてくさ〔花・草・木〕…… 27
いつもきく〔花・草・木〕……… 27
糸括〔花・草・木〕……………… 27
イトザクラ〔花・草・木〕……… 27
糸桜〔花・草・木〕……………… 27
イトシャジン〔花・草・木〕…… 27
いとすぎ〔花・草・木〕………… 27
イトスギ〔花・草・木〕………… 27
イトスギの1種〔花・草・木〕… 27
イトテンモンドウ〔花・草・木〕‥ 27
イトバシャクヤク(ホソバシャクヤク)〔花・草・木〕……… 27
イトハユリ〔花・草・木〕……… 27
イトヒバ〔花・草・木〕………… 27
イトラン〔花・草・木〕………… 27
稲負鳥〔花・草・木〕…………… 28
いぬえんじゅ〔花・草・木〕…… 28
イヌエンジュ〔花・草・木〕…… 28
イヌガシ〔花・草・木〕………… 28
いぬがや〔花・草・木〕………… 28
イヌガヤ〔花・草・木〕………… 28
イヌガヤの一型〔花・草・木〕… 28
いぬさかき〔花・草・木〕……… 28
イヌザクラ/シロザクラ〔花・草・木〕………………………… 28
イヌサフラン〔ハーブ・薬草〕‥ 439
イヌサフラン(変種ラティフォリウム)〔ハーブ・薬草〕…… 439
イヌサフランの1種〔ハーブ・薬草〕…………………………… 440
いぬざんしょう〔花・草・木〕… 28
イヌザンショウ〔花・草・木〕… 28
イヌショウマ〔花・草・木〕…… 28
いぬたで〔花・草・木〕………… 28
いぬたで〔野菜・果物〕……… 401
イヌタデ属の1種〔花・草・木〕‥ 28
いぬつげ〔花・草・木〕………… 28
イヌツゲ〔花・草・木〕………… 28
イヌナズナ〔花・草・木〕……… 28
イヌビワ〔野菜・果物〕……… 401
イヌホオズキ〔花・草・木〕… 28,29
イヌマキ〔花・草・木〕………… 29
いぬわかば〔花・草・木〕……… 29
イネ〔野菜・果物〕…………… 401
イネ科〔花・草・木〕…………… 29
いのこずち〔花・草・木〕……… 29
イノコズチ〔花・草・木〕……… 29
イノモトソウの1種〔花・草・木〕………………………………… 29
いぶき〔花・草・木〕…………… 29
イブキ〔花・草・木〕…………… 29
いふきたいこんの花〔野菜・果物〕………………………… 401
イブキトラノオ〔花・草・木〕… 29
イブキボウフウ属の1種〔花・草・木〕……………………… 29
イボサボテン〔花・草・木〕…… 29
いぼた〔花・草・木〕…………… 29
イホミカン〔野菜・果物〕…… 402
妹背〔花・草・木〕……………… 29
伊予薄墨〔花・草・木〕………… 29
イヨカズラ〔花・草・木〕……… 29
伊豫カヅラ〔花・草・木〕……… 30
いよがや〔花・草・木〕………… 30
いらくさ〔花・草・木〕………… 30
イラクサ科の仲間〔花・草・木〕‥ 30
イラクサの1種〔花・草・木〕… 30
イランイランノキ〔花・草・木〕‥ 30
入相桜〔花・草・木〕…………… 30
イリキウム・フロリダヌム〔花・草・木〕…………………… 30
イリス アウレア〔花・草・木〕‥ 30
イリス・アモエナ〔花・草・木〕‥ 30
イリス アラータ〔花・草・木〕‥ 30
イリス・アレナリア〔花・草・木〕………………………………… 30
イリス・クシフィウム(スパニッシュ・アイリス)〔花・草・木〕……………………… 30
イリス・クシフィオイデス(イングリッシュ・アイリス)〔花・草・木〕…………………… 30
イリス・グラミネア〔花・草・木〕………………………………… 30
イリス・クリスタータ〔花・草・木〕………………………………… 30
イリス・クリスタタ〔花・草・木〕………………………………… 30
イリス・クルトペタラ〔花・草・木〕………………………………… 30
イリス・ゲルデンステッチアナ〔花・草・木〕…………………… 30
イリス・コエルレア〔花・草・木〕………………………………… 30
イリス・サンブキナ〔花・草・木〕………………………………… 30
イリス・シシリンキウム〔花・草・木〕………………………… 31
イリス・シシリンキウム(変種)〔花・草・木〕……………… 31
イリス・スエルテイ〔花・草・木〕………………………………… 31
イリス・スクアレンス〔花・草・木〕………………………………… 31
イリス・スコルピオイデス〔花・草・木〕…………………… 31
イリス・スシアナ〔花・草・木〕‥ 31
イリス・スプリア〔花・草・木〕‥ 31
イリス・ダンフォルディアエ〔花・草・木〕…………………… 31
イリス・トゥベローサ〔花・草・木〕………………………………… 31
イリス・トリフローラ〔花・草・木〕………………………………… 31
イリス・パリダ〔花・草・木〕… 31
イリス ヒストリオ オルトペタラ〔花・草・木〕……………… 31
イリス・ビレスケンス〔花・草・木〕………………………………… 31
イリス・フラベスケンス〔花・草・木〕………………………… 31
イリス・プリカータ〔花・草・木〕………………………………… 31
イリス フルバ〔花・草・木〕… 31
イリス フルバラ〔花・草・木〕‥ 31
イリス・ブルボサ〔花・草・木〕‥ 31
イリス ベーカリアナ〔花・草・木〕………………………………… 31
イリス・ペルシカ〔花・草・木〕‥ 31
イリス・ベルシコロール〔花・草・木〕………………………… 31
イリス・モンニエリ〔花・草・木〕………………………………… 31
イリス・ルテスケンス〔花・草・木〕………………………………… 32
イリス・ルリダ〔花・草・木〕… 32
イリス レチクラータ〔花・草・木〕………………………………… 32
葳靈仙根〔ハーブ・薬草〕…… 440
イレクス・ファルゲシイ〔花・草・木〕………………………… 32
イロハモミジ〔花・草・木〕…… 32
祝桜〔花・草・木〕……………… 32
いわうつぎ〔花・草・木〕……… 32
イワウメ〔花・草・木〕………… 32
イワウメ(広義)〔花・草・木〕… 32
イワオウギ〔花・草・木〕……… 32
イワカガミ〔花・草・木〕……… 32
イワガラミ〔花・草・木〕……… 32
イワギキョウ〔花・草・木〕…… 32
イワギボウシ〔花・草・木〕…… 32
いわぎり〔花・草・木〕………… 32
イワクロウメモドキ〔花・草・木〕………………………………… 32
いわざゝ〔花・草・木〕………… 32
いわしのぶ〔花・草・木〕……… 32
イワチドリ〔花・草・木〕……… 32
岩チトリ草〔花・草・木〕……… 33
イワツツジ〔花・草・木〕……… 33
いわてしのぶ〔花・草・木〕…… 33
いわな〔花・草・木〕…………… 33
イワナンテン〔花・草・木〕…… 33

岩根絞〔花・草・木〕……33
イワブクロ〔花・草・木〕……33
いわふぢ〔花・草・木〕……33
イワヤシダ〔花・草・木〕……33
イワレンゲ〔花・草・木〕……33
インカルビレアの1種〔花・草・木〕……33
イングリッシュ・アイリス〔花・草・木〕……33
イングリッシュ・ブルーベル〔花・草・木〕……33
インターフローラ〔花・草・木〕……33
茵蔯〔ハーブ・薬草〕……440
インディアン・チーフ〔花・草・木〕……33
インディゴフェラ・ペンデューラ〔花・草・木〕……34
インドクワズイモ〔花・草・木〕……34
インドジャボク〔ハーブ・薬草〕……440
インドソケイ（プルメリア）〔花・草・木〕……34
淫羊霍〔ハーブ・薬草〕……440
淫羊藿根〔ハーブ・薬草〕……440

【う】

ヴァリエガタ・ディ・ボローニャ〔花・草・木〕……34
ヴァレアナ・モンタナ〔花・草・木〕……34
ヴァンダ・テレス〔花・草・木〕……34
ウィオラ・トリコロル〔花・草・木〕……34
ウイキョウ〔野菜・果物〕……402
ウイキョウ〔ハーブ・薬草〕……440
ヴィザ〔花・草・木〕……34
ウィセニア・マウラ〔花・草・木〕……34
ウィセニア・マウラ（変種ラティフォーリア）〔花・草・木〕……34
ウィブルヌム・ティヌス〔花・草・木〕……34
ウィルモットユリ〔花・草・木〕……34
ウィルモットユリ？〔花・草・木〕……34
ウィローオーク〔花・草・木〕……34
ウィンナー・シャルム〔花・草・木〕……34
ウェロニカ・カマエドリス〔花・草・木〕……34
ウクイスイタヤ〔花・草・木〕……34
うくゐすくさ〔花・草・木〕……34
うこぎ〔花・草・木〕……34
うこん〔ハーブ・薬草〕……440
ウコン〔ハーブ・薬草〕……440
鬱金〔花・草・木〕……35
うさきがくれ〔花・草・木〕……35
ウサギギク〔花・草・木〕……35
ウシグソヒトヨタケ〔きのこ・菌類〕……489
うしびたい〔花・草・木〕……35
ウスイロシャクナゲ〔花・草・木〕……35
薄重大島〔花・草・木〕……35
ウスギズイセン〔花・草・木〕……35
渦桜〔花・草・木〕……35
ウスタケ〔きのこ・菌類〕……489
ウスバサイシン〔ハーブ・薬草〕……440
ウスバゼニゴケの1種〔その他〕……501
ウズハツ〔きのこ・菌類〕……489
ウダイカンバ〔花・草・木〕……35
歌枕〔花・草・木〕……35
内紫 ジヤガタラミカン〔野菜・果物〕……402
ウチヤウラン〔花・草・木〕……35
ウチワサボテン〔花・草・木〕……35
ウチワサボテン属の1種〔花・草・木〕……35
ウチワサボテンの1種〔花・草・木〕……35
ウチワマンネンスギ〔花・草・木〕……35
うつぎ〔花・草・木〕……36
ウツギ〔花・草・木〕……36
うつぎのみ〔花・草・木〕……36
空蟬〔花・草・木〕……36
ウツボカズラ〔花・草・木〕……36
うつぼぐさ〔花・草・木〕……36
ウツボグサ〔花・草・木〕……36
ウツボグサ〔ハーブ・薬草〕……440
ウド〔花・草・木〕……36
獨活〔ハーブ・薬草〕……441
獨活花〔ハーブ・薬草〕……441
ウナギツカミ〔花・草・木〕……36
ウバタマ〔花・草・木〕……36
うはゆり〔花・草・木〕……36
ウバユリ〔花・草・木〕……36
ウブラリア・ペルフォリアータ〔花・草・木〕……36
うまごやし〔花・草・木〕……36
ウマゴヤシ〔花・草・木〕……36
うまのあしがた〔花・草・木〕……36
ウマノアシガタ〔花・草・木〕……37
ウマノスズクサ属2種〔花・草・木〕……37
ウマノスズクサの1種〔花・草・木〕……37
ウマノスズクサ類〔ハーブ・薬草〕……441
ウマノミツバの1種〔花・草・木〕……37
ウミタケ〔ハーブ・薬草〕……441
ウミトラノオ〔その他〕……501
うめ〔花・草・木〕……37
ウメ〔花・草・木〕……37
ウメ〔野菜・果物〕……402
ウメ〔ハーブ・薬草〕……441
ウメバチソウ〔花・草・木〕……37
ウメバチソウの1種〔花・草・木〕……37
ウヤク〔ハーブ・薬草〕……441
うらしまそう〔花・草・木〕……37
ウラシマソウ〔花・草・木〕……37
ウラジロガシ〔花・草・木〕……37
ウラジロタデ〔花・草・木〕……37
ウラジロノキ〔花・草・木〕……37
ウラジロモミ〔花・草・木〕……38
ウラベニイグチ〔きのこ・菌類〕……489
うらみひば〔花・草・木〕……38
ウラルカンゾウ〔ハーブ・薬草〕……441
ウリカエデ〔花・草・木〕……38
ウリセッコク〔花・草・木〕……38
うりのき〔花・草・木〕……38
ウリノキ〔花・草・木〕……38
ウリハダカエデ〔花・草・木〕……38
うるし〔花・草・木〕……38
ウルシの1種〔花・草・木〕……38
ウーレティア・オドラティッシマ・アンティオキエンシス〔花・草・木〕……38
ウワミズザクラ〔花・草・木〕……38
ウンシウミカン〔ハーブ・薬草〕……441
ウンシュウミカン〔野菜・果物〕……402
ウンラン〔花・草・木〕……38
ウンランの1種〔花・草・木〕……38

【え】

永源寺〔花・草・木〕……38
エイザンスギ〔花・草・木〕……38
エイザンスミレ〔花・草・木〕……38
永楽〔花・草・木〕……38
ヱイラン〔花・草・木〕……38
エヴァブルーミング・ブレイズ〔花・草・木〕……38
エウオニムス・ラティフォリウス〔花・草・木〕……39
エウコミス・レギア〔花・草・木〕……39
エウロフィア・ギネーンシス・プルプラタ〔花・草・木〕……39
エオニア・オンシディフロラ〔花・草・木〕……39
エオニエラ・ポリスタキス〔花・草・木〕……39
エキナケア〔花・草・木〕……39
ゑぐいも〔野菜・果物〕……402
エクメア・ファスキアタ〔花・草・木〕……39
エクリプス〔花・草・木〕……39
エケアンディア・テルニフローラ〔花・草・木〕……39
ゑご〔花・草・木〕……39
えごのき〔花・草・木〕……39

エゴノキ〔花・草・木〕……39
エゴノキ〔野菜・果物〕……402
白蘞〔ハーブ・薬草〕……441
エサシソウ〔ハーブ・薬草〕……441
エジプト・スイレン〔花・草・木〕……39
エジプト睡蓮〔花・草・木〕……39
エジプト・ハス〔花・草・木〕……39
エジプトロータス〔花・草・木〕……39
エゾウスユキソウ〔花・草・木〕……40
エゾエノキ〔花・草・木〕……40
エゾオオサクラソウ〔花・草・木〕……40
エゾオヤマリンドウ〔花・草・木〕……40
エゾカラマツ〔花・草・木〕……40
エゾギク〔花・草・木〕……40
エゾギク(アスター)〔花・草・木〕……40
エゾスカシユリ〔花・草・木〕……40
ヱゾスミレ〔花・草・木〕……40
エゾタカネツメクサ〔花・草・木〕……40
エゾタチツボスミレ〔花・草・木〕……40
エゾタンポポ〔花・草・木〕……40
エゾツツジ〔花・草・木〕……40
エゾデンダの1種〔花・草・木〕……40
蝦夷錦〔花・草・木〕……40
エゾノウワミズザクラ〔花・草・木〕……40
エゾノカワヤナギ〔花・草・木〕……40
エゾノキヌヤナギ〔花・草・木〕……40
エゾノコリンゴ〔花・草・木〕……40
エゾノツガザクラ〔花・草・木〕……40
エゾハナシノブ〔花・草・木〕……40
蝦夷附子〔ハーブ・薬草〕……441
エゾヘビイチゴ〔野菜・果物〕……402
エゾマツ〔花・草・木〕……41
エゾミヤマクワガタ〔花・草・木〕……41
エゾムラサキツツジ〔花・草・木〕……41
エゾヤナギ〔花・草・木〕……41
エゾヤマザクラ〔花・草・木〕……41
「エゾリンドウ」〔花・草・木〕……41
エドヒガン〔花・草・木〕……41
ヱニスタ〔花・草・木〕……41
ゑのきだけ〔きのこ・菌類〕……489
エノキタケ〔きのこ・菌類〕……489
ゑのきのほや〔花・草・木〕……41
えのころぐさ〔花・草・木〕……41
エノコログサ〔花・草・木〕……41
エビガライチゴ〔野菜・果物〕……402
エビスグサ〔花・草・木〕……41
エビスグサ〔ハーブ・薬草〕……441
ヱヒスクスリ〔花・草・木〕……41
ヱビスクスリ〔ハーブ・薬草〕……441
えびづる〔野菜・果物〕……402
エビズル〔野菜・果物〕……402
エビヅル〔花・草・木〕……41
エピデンドラム・アトロプルプレウム〔花・草・木〕……41
エピデンドラム・アトロプルプレウム・ロゼウム〔花・草・木〕……41
エピデンドラム・アロマチカム〔花・草・木〕……41
エピデンドラム・クネミドホラム〔花・草・木〕……42
エピデンドラム・コクレアタム〔花・草・木〕……42
エピデンドラム・シリアレ〔花・草・木〕……42
エピデンドラム・スキンネリ〔花・草・木〕……42
エピデンドラム・スタンホーディアナム〔花・草・木〕……42
エピデンドラム・タンペンス〔花・草・木〕……42
エピデンドラム・ディクロマム〔花・草・木〕……42
エピデンドラム・ネモラール〔花・草・木〕……42
エピデンドラム・パーキンソニアナム〔花・草・木〕……42
エピデンドラム・バーベイアナム〔花・草・木〕……42
エピデンドラム・ビテリナム〔花・草・木〕……42
エピデンドラム・ビリディフロラム〔花・草・木〕……42
エピデンドラム・ビレンス〔花・草・木〕……42
エピデンドラム・ファスチギアタム〔花・草・木〕……42
エピデンドラム・ファルカタム〔花・草・木〕……42
エピデンドラム・プーシイ〔花・草・木〕……42
エピデンドラム・ブラクテアタム〔花・草・木〕……42
エピデンドラム・フラグランス〔花・草・木〕……42
エピデンドラム・ブラサボレー〔花・草・木〕……42
エピデンドラム・プリズマトカーパム〔花・草・木〕……42
エピデンドラム・フロリバンダム〔花・草・木〕……43
エピデンドラム・ベスパ〔花・草・木〕……43
エピデンドラム・ペントチス〔花・草・木〕……43
エピデンドラム・ポーパックス〔花・草・木〕……43
エピデンドラム・ポリブルボン〔花・草・木〕……43
エピデンドラム・マリエ〔花・草・木〕……43
エピデンドラム・ミリアンサム〔花・草・木〕……43
エピデンドラム・モイオバンベー〔花・草・木〕……43
エピデンドラム・ラジアタム〔花・草・木〕……43
エピデンドラム・ラディカンス〔花・草・木〕……43
エピデンドラム・リンドレアナム〔花・草・木〕……43
エピデンドラム・ワリシイ〔花・草・木〕……43
エピデンドルム〔花・草・木〕……43
エピデンドルム・キリアーレ〔花・草・木〕……43
エピデンドルム・コクレアートゥム〔花・草・木〕……43
エピデンドルム・コルディゲルム〔花・草・木〕……43
エピデンドルム・シネンセ〔花・草・木〕……43
エピデンドルム・パーキンソニアヌム〔花・草・木〕……44
エピデンドルム・ビフィードゥム〔花・草・木〕……44
エビネ〔花・草・木〕……44
ヱビ子〔花・草・木〕……44
エランギス・クリプトドン〔花・草・木〕……44
エランギス・フスカタ〔花・草・木〕……44
エランギス・フリーシオラム〔花・草・木〕……44
エランギス・モデスタ〔花・草・木〕……44
エランギス・ロドスチクタ〔花・草・木〕……44
エランセス・アラクニチス〔花・草・木〕……44
エランセス・グランディフロラス〔花・草・木〕……44
エランセス・ラモサス〔花・草・木〕……44
エリア・オルナタ〔花・草・木〕……44
エリア・ジャバニカ〔花・草・木〕……44
エリア・パンネア〔花・草・木〕……44
エリア・ヒヤシンソイデス〔花・草・木〕……44
エリア・ブラクテッセンス〔花・草・木〕……44
エリア・フロリブンダ〔花・草・木〕……44
エリア・ルフィヌラ〔花・草・木〕……44
エリーアンサス・ブラジリエンシス〔花・草・木〕……44
エリオスペルムム・ランケエフォリウム〔花・草・木〕……44
エリカ〔花・草・木〕……44,45
エリカ・アンドロメダエフロラ〔花・草・木〕……45
エリカ・ウェスティタ〔花・草・木〕……45
エリカ・グランディフロラ

〔花・草・木〕……45
エリカ・コッキネア〔花・草・木〕……45
エリカ属の1種〔花・草・木〕……45
エリカ属マムモサ種〔花・草・木〕……45
エリカの1種〔花・草・木〕……45
エリカモドキ〔花・草・木〕……45
エリカ・レギア〔花・草・木〕……45
エリシア・ニクテレア〔花・草・木〕……45
エリシーナ・ディアファナ〔花・草・木〕……45
エリスリナ・アメリカナ〔花・草・木〕……45
エリスロニウム〔花・草・木〕……45
エリデス・オドラタム〔花・草・木〕……45
エリデス・オドラタム・アルバム〔花・草・木〕……45
エリデス・キンケバルネラム〔花・草・木〕……45
エリデス・クラシホリューム〔花・草・木〕……45
エリデス・バンダラム〔花・草・木〕……45
エリデス・ビレンス〔花・草・木〕……46
エリデス・ファルカタム〔花・草・木〕……46
エリデス・フィールディンギー〔花・草・木〕……46
エリデス・フィールディンギイ〔花・草・木〕……46
エリデス・フラベラタム〔花・草・木〕……46
エリデス・フレチアナム〔花・草・木〕……46
エリデス・ミトラタム〔花・草・木〕……46
エリデス・ムルチフロラム〔花・草・木〕……46
エリデス・リーアナム〔花・草・木〕……46
エリデス・ローレンセー〔花・草・木〕……46
エリトロニウム・アメリカヌム〔花・草・木〕……46
エリュシーペー［ウドンコカビ］〔きのこ・菌類〕……489
エルダー〔ハーブ・薬草〕……441
エンケファラルトス・アツテンステイニイ〔花・草・木〕……46
エンコウスギ〔花・草・木〕……46
エンゴサク〔花・草・木〕……46
エンゴサクの1種〔花・草・木〕……46
えんじゅ〔花・草・木〕……46
エンジュ〔花・草・木〕……46
エンジュ〔ハーブ・薬草〕……441
槐〔ハーブ・薬草〕……441
エンジュ属の1種〔花・草・木〕……46
エンドウ〔野菜・果物〕……402
エンバク〔野菜・果物〕……402
エンビセンノウ〔花・草・木〕……46
ヱンメイラン〔花・草・木〕……47
えんれいそう〔花・草・木〕……47
エンレイソウ〔花・草・木〕……47

【お】

老松〔花・草・木〕……47
黄茋〔ハーブ・薬草〕……441
黄芩〔ハーブ・薬草〕……441
オウゴンソウ〔花・草・木〕……47
オウゴンヤグルマソウ〔花・草・木〕……47
オウシュウカラマツ〔花・草・木〕……47
オウシュウカラマツの1種〔花・草・木〕……47
オウシュウグリ〔野菜・果物〕……402
黄精〔ハーブ・薬草〕……441
王孫〔ハーブ・薬草〕……442
おふち〔花・草・木〕……47
桜桃〔ハーブ・薬草〕……442
オウバイ〔花・草・木〕……47
ワウバイ〔花・草・木〕……47
黄檗〔ハーブ・薬草〕……442
黄蘗〔ハーブ・薬草〕……442
黄蘗實〔ハーブ・薬草〕……442
王不留行〔ハーブ・薬草〕……442
オウムバナ〔花・草・木〕……47
オウレン〔ハーブ・薬草〕……442
オエノテラ・ミズーリエンシス〔花・草・木〕……47
大アオ井〔花・草・木〕……47
オオアジサイ〔花・草・木〕……47
オオアマナ〔花・草・木〕……47
オオイタビ〔花・草・木〕……48
オオイヌシメジ〔きのこ・菌類〕……489
オオイヌダテ〔ハーブ・薬草〕……442
オオイワカガミ〔花・草・木〕……48
オオイワギリソウの1種〔花・草・木〕……48
おおうらじろのき〔花・草・木〕……48
をゝうろ〔花・草・木〕……48
オオオニバス〔花・草・木〕……48
大唐子〔花・草・木〕……48
大寒桜〔花・草・木〕……48
オオカンユリ〔花・草・木〕……48
オオキヌタソウ〔花・草・木〕……48
オオキヌハダトマヤタケ〔きのこ・菌類〕……489
オオキバナアツモリソウ〔花・草・木〕……48
オオキバナノアツモリ〔花・草・木〕……48
ヲヽギボウシ〔花・草・木〕……48
オオグルマ〔花・草・木〕……48
オオグルマ〔ハーブ・薬草〕……442
ヲヽクハノスミレ〔花・草・木〕……48
おおけたで〔花・草・木〕……48
オオケタデ〔ハーブ・薬草〕……442
オオゴクラクチョウカ〔花・草・木〕……49
オオサクラソウ〔花・草・木〕……49
大ザホン〔野菜・果物〕……402
オオサンザシ〔花・草・木〕……49
おゝしだ〔花・草・木〕……49
大芝山〔花・草・木〕……49
オオシマザクラ〔花・草・木〕……49
おゝしゆすだま〔花・草・木〕……49
大提灯〔花・草・木〕……49
大白玉〔花・草・木〕……49
オオシラビソ〔花・草・木〕……49
大関〔花・草・木〕……49
オオタカネイバラ〔花・草・木〕……49
オオタカネバラ〔花・草・木〕……49
オオタザクラ〔花・草・木〕……49
太田桜〔花・草・木〕……49
おゝたで〔花・草・木〕……49
をゝち〔花・草・木〕……49
オオツボゴケの1種〔その他〕……501
オオツルボ〔花・草・木〕……49
オオツワブキ〔花・草・木〕……49
オオデマリ〔花・草・木〕……49
オオテンニンギク〔花・草・木〕……49
オオトウワタ〔ハーブ・薬草〕……442
おゝとふじゆ〔花・草・木〕……50
オオトリトマ〔花・草・木〕……50
おゝとりとまらず〔花・草・木〕……50
おおながばうずら〔花・草・木〕……50
おゝなら〔花・草・木〕……50
オオナルコユリ〔花・草・木〕……50
オオニガシメジ〔きのこ・菌類〕……489
大虹〔花・草・木〕……50
オオパイプカズラ〔花・草・木〕……50
オオバギボウシ〔花・草・木〕……50
おおばこ〔花・草・木〕……50
オオバコ〔花・草・木〕……50
オオバコ〔ハーブ・薬草〕……442
オオバコの1種〔ハーブ・薬草〕……442
大葉 五葉松〔花・草・木〕……50
オオバショウマ〔花・草・木〕……50
オオバショウマ〔ハーブ・薬草〕……442
オオバセンキュウ〔花・草・木〕……50
オオバナキバナセツブンソウ〔花・草・木〕……50
オオバナセッコク〔ハーブ・薬草〕……442
オオバボダイジュ〔花・草・木〕……50
オオハマボウ亜種ハスタトゥス〔花・草・木〕……50
オオハマモト〔花・草・木〕……50
オオハリソウ〔花・草・木〕……50
オヽバレン〔花・草・木〕……51
オオハンゲ〔花・草・木〕……51
大半夏〔ハーブ・薬草〕……442
おゝひるがほ〔花・草・木〕……51

オヽヒルガホ〔花・草・木〕……51
オオフジシダの1種〔花・草・木〕……51
オオボウシバナ〔花・草・木〕……51
大星 ハクホウユリ〔花・草・木〕……51
オオマツヨイグサ〔花・草・木〕……51
大密柑〔野菜・果物〕……402
大乱〔花・草・木〕……51
オオミノツルコケモモ〔野菜・果物〕……402
オオミノトケイソウ〔花・草・木〕……51
オオミヤシ〔花・草・木〕……51
をヽむぎ〔野菜・果物〕……402
オオムギ〔野菜・果物〕……403
オオムラサキシメジ〔きのこ・菌類〕……489
オオムラサキツユクサ〔花・草・木〕……51
大村桜〔花・草・木〕……51
オオヤマカタバミ〔花・草・木〕……51
オオヤマザクラ〔花・草・木〕……51
おおやまれんげ〔花・草・木〕……51
オオヤマレンゲ〔花・草・木〕……51
大山蓮花〔花・草・木〕……51
オオユウガギク〔花・草・木〕……52
オオユキノハナ〔花・草・木〕……52
オオワカフサタケ〔きのこ・菌類〕……489
オオワライタケ〔きのこ・菌類〕……489
おがたまのき〔花・草・木〕……52
オカトラノオ〔花・草・木〕……52
オカヒジキ〔花・草・木〕……52
オガラバナ〔花・草・木〕……52
オガルカヤ〔花・草・木〕……52
オキザリス〔花・草・木〕……52
おきなぐさ〔花・草・木〕……52
オキナグサ〔花・草・木〕……52
オキナグサ〔ハーブ・薬草〕……442
翁更紗〔花・草・木〕……52
沖の石〔花・草・木〕……52
沖の浪〔花・草・木〕……52
オギヨシ〔花・草・木〕……52
オーク〔花・草・木〕……52
オクエゾガラガラの1種〔花・草・木〕……52
オクチョウジザクラ〔花・草・木〕……53
オクトリカブト？〔ハーブ・薬草〕……443
おくるま〔花・草・木〕……53
オグルマ〔花・草・木〕……53
をけすい〔花・草・木〕……53
おけら〔花・草・木〕……53
オケラ〔花・草・木〕……53
オサバグサ〔花・草・木〕……53
オサムシタケ〔きのこ・菌類〕……489
ヲサラン〔花・草・木〕……53
オジギソウ〔花・草・木〕……53
オシダ〔ハーブ・薬草〕……443
鴛鴦桜〔花・草・木〕……53
ヲシロイ〔花・草・木〕……53
オシロイバナ〔花・草・木〕……53
オーストリアクロマツ〔花・草・木〕……53
オーストリアン・カッパー〔花・草・木〕……53
オタカラコウ〔花・草・木〕……54
オタネニンジン〔ハーブ・薬草〕……443
オダマキ〔花・草・木〕……54
ヲダマキソウ〔花・草・木〕……54
オダマキ属の様々な品種〔花・草・木〕……54
おとぎりそう〔花・草・木〕……54
オトギリソウ〔花・草・木〕……54
オトギリソウ属各種〔花・草・木〕……54
オトコベシ〔花・草・木〕……54
男ベシ實〔花・草・木〕……54
乙姫〔花・草・木〕……54
乙女〔花・草・木〕……54
オトメニラ〔花・草・木〕……54
オトメノカサ〔きのこ・菌類〕……489
おどりこそう〔花・草・木〕……54
オドリコソウ〔花・草・木〕……54
オドリコソウ〔ハーブ・薬草〕……443
ヲトリコソウ〔花・草・木〕……54
オドリコソウの1種〔花・草・木〕……55
オドントグロッサム・インズレイ〔花・草・木〕……55
オドントグロッサム・ウロ–スキンネリ〔花・草・木〕……55
オドントグロッサム・エクセレンス〔花・草・木〕……55
オドントグロッサム・クラメリ〔花・草・木〕……55
オドントグロッサム・クラメリー〔花・草・木〕……55
オドントグロッサム・クラメリー・アルバム〔花・草・木〕……55
オドントグロッサム・グランデ〔花・草・木〕……55
オドントグロッサム・クリスパム〔花・草・木〕……55
オドントグロッサム・コーダタム〔花・草・木〕……55
オドントグロッサム・コロナリウム〔花・草・木〕……55
オドントグロッサム・シトロスマム〔花・草・木〕……55
オドントグロッサム・シュリーペリアナム〔花・草・木〕……55
オドントグロッサム・シュロデリアナム〔花・草・木〕……55
オドントグロッサム・セルバンテシイ〔花・草・木〕……55
オドントグロッサム・トライアンファンス〔花・草・木〕……55
オドントグロッサム・トリウンファンス〔花・草・木〕……55
オドントグロッサム・ハリアナム〔花・草・木〕……55
オドントグロッサム・ビクトニエンス〔花・草・木〕……55
オドントグロッサム・ビクトニエンス・アルバム〔花・草・木〕……56
オドントグロッサム・ビクトニエンセ〔花・草・木〕……56
オドントグロッサム・プルケラム〔花・草・木〕……56
オドントグロッサム・ペスカトレー〔花・草・木〕……56
オドントグロッサム・ペスカトレイ〔花・草・木〕……56
オドントグロッサム・レーベ〔花・草・木〕……56
オドントグロッサム・レーベ・ライヘンハイミイ〔花・草・木〕……56
オドントグロッサム・ロッシイ〔花・草・木〕……56
オドントグロッスム・グランデ〔花・草・木〕……56
オトンナ・アンプレクシカウリス〔花・草・木〕……56
おながえびね〔花・草・木〕……56
葈耳〔ハーブ・薬草〕……443
おにあざみ〔花・草・木〕……56
オニオン〔ハーブ・薬草〕……443
おにぐるみ〔野菜・果物〕……403
オニグルミ〔花・草・木〕……56
オニグルミ〔野菜・果物〕……403
オニゲシ〔花・草・木〕……56
オーニシジューム・ソフロニチス〔花・草・木〕……56
オーニソセファラス・グランディフロラス〔花・草・木〕……56
オーニソセファラス・ビコルニス〔花・草・木〕……56
オニソテツ〔花・草・木〕……56
おにたびらこ〔花・草・木〕……57
オニツルボ〔花・草・木〕……57
オニドコロ〔花・草・木〕……57
オニノケヤリタケ〔きのこ・菌類〕……489
オニノヤガラ〔花・草・木〕……57
オニノヤガラ〔ハーブ・薬草〕……443
赤箭〔ハーブ・薬草〕……443
おにはこべ〔花・草・木〕……57
オニバス〔花・草・木〕……57
おにひば〔花・草・木〕……57
オニフスベ〔きのこ・菌類〕……489
オニマツ[別名カイガンショウ]〔花・草・木〕……57
オニユリ〔花・草・木〕……57
ヲニユリ〔花・草・木〕……57
オノエヤナギ〔花・草・木〕……57
オノスマ・タウリカ〔花・草・木〕……57
をのれ〔花・草・木〕……57

をはこべ〔野菜・果物〕……403
オヒョウ〔花・草・木〕……57
オフェリア〔花・草・木〕……57
オペラ〔花・草・木〕……58
オベロニア〔花・草・木〕……58
をほふきゝ〔野菜・果物〕……403
おみなえし〔花・草・木〕……58
オミナエシ〔ハーブ・薬草〕……443
オミナエシ/オミナメシ〔花・草・木〕……58
オミナメシ〔花・草・木〕……58
おもだか〔花・草・木〕……58
オモダカ〔花・草・木〕……58
ヲモダカ〔花・草・木〕……58
澤瀉〔ハーブ・薬草〕……443
オモト〔花・草・木〕……58
オモト〔ハーブ・薬草〕……443
ヲモト〔花・草・木〕……58
オヤマボクチ〔花・草・木〕……58
オランダカイウ〔花・草・木〕……58
オランダキジカクシ〔野菜・果物〕……403
阿蘭陀紅〔花・草・木〕……58
オランダシャクヤク〔花・草・木〕……58
オランダセキチク/アンジャベル〔花・草・木〕……59
をらんだだいこん〔野菜・果物〕……403
をらんだちさ〔野菜・果物〕……403
オランダビユ〔花・草・木〕……59
オリーヴ〔野菜・果物〕……403
オーリキュラ〔花・草・木〕……59
オーリキュラ各種〔花・草・木〕……59
オーリキュラの栽培品種「愛しいお嬢さん」〔花・草・木〕……59
オリーブ〔野菜・果物〕……403
オリーブ〔ハーブ・薬草〕……443
オルキス〔花・草・木〕……59
オルキス・マデレンシス〔花・草・木〕……59
オールゴールド〔花・草・木〕……59
オールスパイス〔ハーブ・薬草〕……443
オルニトガルム・ティルソイデス〔花・草・木〕……59
オルニトガルム・テヌイフォリウム〔花・草・木〕……59
オルニトガルム・ナルボネンセ〔花・草・木〕……59
オルニトガルム・ヌタンス〔花・草・木〕……59
オルニトガルム・ピラミダーレ〔花・草・木〕……59
オルニトガルム・ピレナイクム〔花・草・木〕……59
オルニトガルム・ラクテウム〔花・草・木〕……59
オルニトガルム・ロンギブラクテアトゥム〔花・草・木〕……59
オレガノ〔ハーブ・薬草〕……443
オレンジ〔野菜・果物〕……403
オレンジの枝と実〔野菜・果物〕……403
大蛇〔花・草・木〕……59
オンキディウム・バウエリ〔花・草・木〕……59
オンキディウム・パピリオ〔花・草・木〕……59
遠志〔ハーブ・薬草〕……443
オンシジウム・ウェントワーシアヌム〔花・草・木〕……59
オンシジウム・オルニソリンクム〔花・草・木〕……60
オンシジウム・クリスプム〔花・草・木〕……60
オンシジウム・コンコロル〔花・草・木〕……60
オンシジウム・ルリドゥム'グッタツム'〔花・草・木〕……60
オンシジューム・アルチシマム〔花・草・木〕……60
オンシジューム・アンプリアタム〔花・草・木〕……60
オンシジューム・インカーバム〔花・草・木〕……60
オンシジューム・ウェントウォーシアナム〔花・草・木〕……60
オンシジューム・ウロフィラム〔花・草・木〕……60
オンシジューム・オナスタム〔花・草・木〕……60
オンシジューム・オーニソリンカム〔花・草・木〕……60
オンシジューム・オブリザツム〔花・草・木〕……60
オンシジューム・オーリフェラム〔花・草・木〕……60
オンシジューム・カベンディシアナム〔花・草・木〕……60
オンシジューム・カルタギネンセ〔花・草・木〕……60
オンシジューム・クラメリアナム〔花・草・木〕……60
オンシジューム・クリスパム〔花・草・木〕……60
オンシジューム・ケイロホラム〔花・草・木〕……60
オンシジューム・コンカラー〔花・草・木〕……60
オンシジューム・サルコデス〔花・草・木〕……60
オンシジューム・ジョンジアナム〔花・草・木〕……61
オンシジューム・スチピタタム〔花・草・木〕……61
オンシジューム・ストラミニューム〔花・草・木〕……61
オンシジューム・スファセラタム〔花・草・木〕……61
オンシジューム・スフェギフェラム〔花・草・木〕……61
オンシジューム・スプレンジダム〔花・草・木〕……61
オンシジューム・セボレタ〔花・草・木〕……61
オンシジューム・チグリナム〔花・草・木〕……61
オンシジューム・テトラペタラム〔花・草・木〕……61
オンシジューム・テレス〔花・草・木〕……61
オンシジューム・トリケトラム〔花・草・木〕……61
オンシジューム・ヌビゲナム〔花・草・木〕……61
オンシジューム・バーバタム〔花・草・木〕……61
オンシジューム・パピリオ・マユス〔花・草・木〕……61
オンシジューム・バリコサム・ロジャーシイ〔花・草・木〕……61
オンシジューム・ハリソニアナム〔花・草・木〕……61
オンシジューム・ヒアンス〔花・草・木〕……61
オンシジューム・ファレノプシス〔花・草・木〕……61
オンシジューム・プシラム〔花・草・木〕……61
オンシジューム・プベス〔花・草・木〕……61
オンシジューム・プミラム〔花・草・木〕……62
オンシジューム・プルケラム〔花・草・木〕……62
オンシジューム・フレクスオサム〔花・草・木〕……62
オンシジューム・プレテクスタム〔花・草・木〕……62
オンシジューム・マキュラタム〔花・草・木〕……62
オンシジューム・マーシャリアナム〔花・草・木〕……62
オンシジューム・ミクロキラム〔花・草・木〕……62
オンシジューム・ラーキニアナム〔花・草・木〕……62
オンシジューム・ラニフェラム〔花・草・木〕……62
オンシジューム・ランセアナム〔花・草・木〕……62
オンシジューム・リープマニイ〔花・草・木〕……62
オンシジューム・リミンゲイ〔花・草・木〕……62
オンシジューム・リューコキラム〔花・草・木〕……62
オンシジューム・ロンギペス〔花・草・木〕……62
オンシジューム・ワーセウィッチイ〔花・草・木〕……62
温室で生長した着生ランのヴァニラと様々なシダ類〔花・草・木〕……62
オンシディウム・パピリオ

〔花・草・木〕……62

【か】

カイガラサルビア〔花・草・木〕…62
カイガラタケ(?)〔きのこ・菌類〕……490
カイケイジオウ〔ハーブ・薬草〕……443
海紅柑〔野菜・果物〕……403
かいこんそう〔花・草・木〕……62
カイソウ〔花・草・木〕……63
かいどう〔花・草・木〕……63
カイドウ〔花・草・木〕……63
海棠〔花・草・木〕……63
カイドウバラ〔花・草・木〕……63
ガヴィエア・パタゴニカ〔花・草・木〕……63
カウレルパ[イワヅタ]〔花・草・木〕……63
カヘテ〔花・草・木〕……63
カエデ科ミネカエデ属(ロックメイプル)の1種〔花・草・木〕‥63
カエデ属の1種〔花・草・木〕……63
カエデの1種〔花・草・木〕……63
カエデ類〔花・草・木〕……63
カエンキセワタ〔花・草・木〕……63
顔好鳥〔花・草・木〕……63
かゞいも〔花・草・木〕……63
ガガイモ〔花・草・木〕……63
カカオ〔野菜・果物〕……403
ががぶた〔花・草・木〕……63
蘿摩〔ハーブ・薬草〕……443
カガミグサ〔花・草・木〕……63
カカヤンバラ〔花・草・木〕……64
かき〔野菜・果物〕……403
カキ〔野菜・果物〕……403
柿〔野菜・果物〕……403
カギカズラ〔ハーブ・薬草〕……443
柿 三種〔野菜・果物〕……404
かきしめじ〔きのこ・菌類〕……490
カキツバタ〔花・草・木〕……64
カキドウシ〔ハーブ・薬草〕……443
かきどおし〔花・草・木〕……64
カキドオシ〔ハーブ・薬草〕……444
カキノキ〔野菜・果物〕……404
カキの様々な加工食品〔野菜・果物〕……404
かきのはくさ〔花・草・木〕……64
カキノハグサ〔花・草・木〕……64
カギバナルコユリ〔花・草・木〕‥64
限り〔花・草・木〕……64
ガクアジサイ〔花・草・木〕……64
ガクアジサイの1型〔花・草・木〕……64
ガクウツギ〔花・草・木〕……64
藿菜〔ハーブ・薬草〕……444
各種のセミタケ〔きのこ・菌類〕……490
各種のムギ類〔野菜・果物〕……404
カクチョウラン〔花・草・木〕……64
カクテル〔花・草・木〕……64
鬘麥〔ハーブ・薬草〕……444
神楽獅子〔花・草・木〕……64
かくらそう〔花・草・木〕……65
かくらん〔花・草・木〕……65
カクラン〔花・草・木〕……65
カクレミノ〔花・草・木〕……65
ガゲア・スパタケア〔花・草・木〕……65
ガゲア・フィストゥローサ〔花・草・木〕……65
ガゲア・ミニマ〔花・草・木〕……65
鹿児島〔花・草・木〕……65
かごしまらん〔花・草・木〕……65
風折〔花・草・木〕……65
かざぐるま〔花・草・木〕……65
カザグルマ〔花・草・木〕……65
カサスゲ/ミノスゲ/スゲ〔花・草・木〕……65
かさぶくろ〔花・草・木〕……65
笠松〔花・草・木〕……65
カサモチ〔ハーブ・薬草〕……444
カジイチゴ〔野菜・果物〕……404
かしをしみ〔花・草・木〕……65
カシの1種〔花・草・木〕……66
かじのき〔花・草・木〕……66
カジノキ〔花・草・木〕……66
カシノキラン〔花・草・木〕……66
かしう〔野菜・果物〕……404
何首烏〔ハーブ・薬草〕……444
ガジュツ〔ハーブ・薬草〕……444
莪朮〔ハーブ・薬草〕……444
かしわ〔花・草・木〕……66
カシワ〔花・草・木〕……66
春日野〔花・草・木〕……66
かすしほり〔花・草・木〕……66
カスミザクラ〔花・草・木〕……66
かすもや〔花・草・木〕……66
カタイチゴ〔花・草・木〕……66
片丘桜〔花・草・木〕……66
かたくり〔花・草・木〕……66
カタクリ〔花・草・木〕……66
カタクリ〔ハーブ・薬草〕……444
カタクリモドキ〔花・草・木〕……66
かたじろ〔花・草・木〕……67
カタセタム・オエルステディイ〔花・草・木〕……67
カタセタム・カッシジューム〔花・草・木〕……67
カタセタム・サッカタム〔花・草・木〕……67
カタセタム・セルヌウム〔花・草・木〕……67
カタセタム・ディレクタム〔花・草・木〕……67
カタセタム・ビリディフラバム〔花・草・木〕……67
カタセタム・ピレアタム〔花・草・木〕……67
カタセタム・フィンブリアタム〔花・草・木〕……67
カタセタム・プルム〔花・草・木〕……67
カタセタム・ロジガシアナム〔花・草・木〕……67
カタセタム・ワーセウィッチイ〔花・草・木〕……67
カタセツム・カロスム・グランディフォルム〔花・草・木〕……67
カタセトゥム・ブンゲロティ〔花・草・木〕……67
かたばみ〔花・草・木〕……67
カタバミ〔花・草・木〕……67
カタバミのなかま〔花・草・木〕‥67
勝鬨〔花・草・木〕……67
葛根〔ハーブ・薬草〕……444
カッシア・アウストラリス〔花・草・木〕……67
カツラ〔花・草・木〕……68
カディア・プルプレア〔花・草・木〕……68
ガーデンチューリップ〔花・草・木〕……68
カトレア〔花・草・木〕……68
カトレアの変種〔花・草・木〕……68
カトレア・ハルディヤナ〔花・草・木〕……68
カトレア・フォーブシー〔花・草・木〕……68
カトレア・リンドレイアナ〔花・草・木〕……68
カトレヤ・アメシストグロサ〔花・草・木〕……68
カトレヤ・インターメディア〔花・草・木〕……68
カトレヤ・インターメディア・アキニイ〔花・草・木〕……68
カトレヤ・ウィオラケア〔花・草・木〕……68
カトレヤ・ウォーネリ〔花・草・木〕……68
カトレヤ・オブリエニアナ・アルバ〔花・草・木〕……68
カトレヤ・オーランチアカ〔花・草・木〕……68
カトレヤ・ガスケリアナ〔花・草・木〕……68
カトレヤ・ガテマレンシス〔花・草・木〕……68
カトレヤ・グッタタ〔花・草・木〕……68
カトレヤ・グッタタ・レオポルディー〔花・草・木〕……69
カトレヤ・グラニュロサ〔花・草・木〕……69
カトレヤ・シトリナ〔花・草・木〕……69
カトレヤ・シュロデレー〔花・草・木〕……69
カトレヤ・シレリアナ〔花・草・木〕……69

カトレヤ・スキネリ〔花・草・木〕……69
カトレヤ・スキンネリ〔花・草・木〕……69
カトレヤ・ダウィアナ〔花・草・木〕……69
カトレヤ・ドウィアナ〔花・草・木〕……69
カトレヤ・トリアネー〔花・草・木〕……69
カトレヤ・パーシバリアナ〔花・草・木〕……69
カトレヤ・ハーディアナ〔花・草・木〕……69
カトレヤ・ハリソニエー〔花・草・木〕……69
カトレヤ・ビカラー〔花・草・木〕……69
カトレヤ・フォーベシイ〔花・草・木〕……69
カトレヤ・ボーリンギアナ〔花・草・木〕……69
カトレヤ・ホワイティ〔花・草・木〕……69
カトレヤ・メンデリイ〔花・草・木〕……69
カトレヤ・メンデリー'ベラ'〔花・草・木〕……69
カトレヤ・モッシエー〔花・草・木〕……69
カトレヤ・ラビアタ〔花・草・木〕……70
カトレヤ・ルテオラ〔花・草・木〕……70
カトレヤ・ワーセウィッチイ〔花・草・木〕……70
カトレヤ・ワーネリー〔花・草・木〕……70
カトレヤ・ワルケリアナ〔花・草・木〕……70
カナウツギ〔花・草・木〕……70
カナダサイシン〔花・草・木〕……70
カナダユリ〔花・草・木〕……70
カナリー・バード〔花・草・木〕……70
カナリーバードブッシュ〔花・草・木〕……70
カナリーヤシの1種〔花・草・木〕……70
かにくさ〔花・草・木〕……70
カニクサ〔花・草・木〕……70
カニシ〔野菜・果物〕……404
カニヒ〔花・草・木〕……70
カーネーション〔花・草・木〕……70,71
カーネーション〔ハーブ・薬草〕……444
カーネーションの三つの栽培品種〔花・草・木〕……71
カノコソウ〔花・草・木〕……71
カノコソウ〔ハーブ・薬草〕……444
カノコユリ〔花・草・木〕……71
カノコユリ/タキユリ〔花・草・木〕……71
カノシタ〔きのこ・菌類〕……490
蒲桜〔花・草・木〕……72
カピタンギボウシ〔花・草・木〕……72
カブ〔野菜・果物〕……404
カフカスマツムシソウ〔花・草・木〕……72
カブス〔野菜・果物〕……404
カブトスモモ〔野菜・果物〕……404
かぶら〔野菜・果物〕……404
カブラゼリ(チャーヴィル)〔ハーブ・薬草〕……444
かぶらだいこん〔野菜・果物〕……404
カブラダイコン〔野菜・果物〕……404
かぼちゃ〔野菜・果物〕……404
かぼちや〔野菜・果物〕……404
カボチャ〔野菜・果物〕……404,405
がま〔花・草・木〕……72
ガマ〔花・草・木〕……72
ガマ科〔花・草・木〕……72
がまずみ〔花・草・木〕……72
ガマズミ〔花・草・木〕……72
カマヤマショウブ〔花・草・木〕……72
カミツレ〔ハーブ・薬草〕……444
カミツレ(カモミール)〔ハーブ・薬草〕……444
カミツレモドキの1種〔花・草・木〕……72
カメリア〔花・草・木〕……72
カメリア・ヤポニカ(ツバキ)〔花・草・木〕……72
カメリリウム・ルテウム〔花・草・木〕……72
加茂本阿弥〔花・草・木〕……72
かもめくさ〔花・草・木〕……72
カモメヅル属の1種〔花・草・木〕……72
かや〔花・草・木〕……73
カヤ〔花・草・木〕……73
カヤ〔野菜・果物〕……405
かやつりぐさ〔花・草・木〕……73
カヤツリグサ〔花・草・木〕……73
カヤツリグサ科〔花・草・木〕……73
通い鳥〔花・草・木〕……73
カライチコ〔花・草・木〕……73
唐糸〔花・草・木〕……73
カライトソウ〔花・草・木〕……73
カラカサアマナ〔花・草・木〕……73
ガラクシア・イクシエフローラ〔花・草・木〕……73
ガラクシア・オバータ〔花・草・木〕……73
からくわ〔花・草・木〕……73
カラコギカエデ〔花・草・木〕……73
唐獅子〔花・草・木〕……73
カラシナ〔ハーブ・薬草〕……444
からすうり〔野菜・果物〕……405
からすふり〔野菜・果物〕……405
カラスウリ〔花・草・木〕……73
カラスウリ〔ハーブ・薬草〕……444
王瓜〔ハーブ・薬草〕……444
カラスウリ/タマズサ〔花・草・木〕……73
カラスザンショウ〔花・草・木〕……73
カラスビシャク〔ハーブ・薬草〕……444
カラスムギ〔野菜・果物〕……405
カラタス・プルミエリ〔花・草・木〕……73
からたち〔花・草・木〕……73,74
カラタチ〔野菜・果物〕……405
からなし〔花・草・木〕……74
カラナテシコ〔花・草・木〕……74
唐錦〔花・草・木〕……74
カラハツタケ〔きのこ・菌類〕……490
カラハナソウ〔花・草・木〕……74
カラフトアツモリソウ〔花・草・木〕……74
カラフトイバラ〔花・草・木〕……74
カラフトシラビソ〔花・草・木〕……74
カラフトヒヨクソウ〔花・草・木〕……74
カラフトマンテマ〔花・草・木〕……74
からまつ〔花・草・木〕……74
カラマツ〔花・草・木〕……74
カラマツソウ〔花・草・木〕……74
カラマツソウ属デラヴェイ種〔花・草・木〕……74
からみたいこん〔野菜・果物〕……405
からみだいこん〔野菜・果物〕……405
からむし〔花・草・木〕……74
カラムシ〔ハーブ・薬草〕……445
ガラモ〔ハーブ・薬草〕……445
カラモモ〔野菜・果物〕……405
クワラン〔花・草・木〕……75
カランセ'ウィリアム・マレイ'〔花・草・木〕……75
カランセ'ベラ'〔花・草・木〕……75
カランセ'ルビー・キング'〔花・草・木〕……75
ガランツス・ラティフォリウス〔花・草・木〕……75
カランテ・マスカ〔花・草・木〕……75
ガラントゥス・ニバリス〔花・草・木〕……75
カリカ・キトリフォルミス〔花・草・木〕……75
狩衣〔花・草・木〕……75
ガーリック〔ハーブ・薬草〕……445
カリネラ〔花・草・木〕……75
かりやす〔花・草・木〕……75
迦陵頻〔花・草・木〕……75
かりん〔野菜・果物〕……405
カリン〔野菜・果物〕……405
カリン〔ハーブ・薬草〕……445
クワリン〔野菜・果物〕……405
かるかや〔花・草・木〕……75
カルセオラリア各種〔花・草・木〕……75
カルダモン〔ハーブ・薬草〕……445
カルダモンの1種〔ハーブ・薬草〕……445
カルディナール・ド・リシュ

リュー〔花・草・木〕…………75
カルドゥス・アフェル〔花・草・木〕…………75
カルドン〔花・草・木〕…………75
カルピヌス・ベツルス（セイヨウシデ）〔花・草・木〕…………75
カルミア〔花・草・木〕…………75
カルミア・アングスティフォリア〔花・草・木〕…………75
カルリーナ属の1種〔花・草・木〕…………75
ガレアンドラ・デボニアナ〔花・草・木〕…………76
ガレガ・キネレア〔花・草・木〕…76
カロポゴン・プルケラス〔花・草・木〕…………76
カロリネア・ミノル〔花・草・木〕…………76
かはたけ〔野菜・果物〕…………405
かわちさ〔野菜・果物〕…………405
カワホ子〔花・草・木〕…………76
カワミドリ〔ハーブ・薬草〕…………445
かわやなぎ〔花・草・木〕…………76
カワラナデシコ〔花・草・木〕…………76
カワラナデシコ（広義）〔花・草・木〕…………76
カワラナデシコ/ナデシコ/ヤマトナデシコ〔花・草・木〕…………76
雲實〔ハーブ・薬草〕…………445
カワラヨモギ〔花・草・木〕…………76
カンアオイ〔花・草・木〕…………76
カンアオイ類〔ハーブ・薬草〕…445
灌花絞〔花・草・木〕…………76
カンキク〔花・草・木〕…………76
かんかうぼく〔花・草・木〕…………76
カンサイタンポポ〔花・草・木〕…76
カンサイタンポポ〔ハーブ・薬草〕…………445
カンザキアヤメ〔花・草・木〕…………76
カンザクラ〔花・草・木〕…………76
寒桜〔花・草・木〕…………76
カンサクラソウ〔花・草・木〕…………76
簪桜〔花・草・木〕…………76
関山〔花・草・木〕…………77
漢産 杜衡〔ハーブ・薬草〕…………445
漢産 杜仲〔ハーブ・薬草〕…………445
貫衆〔ハーブ・薬草〕…………445
甘遂〔ハーブ・薬草〕…………445
かんすゝき〔花・草・木〕…………77
がんぜきらん〔花・草・木〕…………77
ガンゼキラン〔花・草・木〕…………77
カンゾウ〔ハーブ・薬草〕…………445
甘草〔ハーブ・薬草〕…………445
カンゾウタケ〔きのこ・菌類〕…490
ガンタケ〔きのこ・菌類〕…………490
カンチク〔ハーブ・薬草〕…………445
寒椿〔花・草・木〕…………77
カントウ〔ハーブ・薬草〕…………446
くわんとうわせ〔野菜・果物〕…405
カンナ〔花・草・木〕…………77
カンナ・ウァルセビッチー〔ハーブ・薬草〕…………446
カンナ・ギガンテア〔花・草・木〕…………77
カンナ・グラウカ〔花・草・木〕…77
カンナの1種〔ハーブ・薬草〕…………446
カンナ・フラキーダ〔花・草・木〕…………77
クワンヲンソウ〔花・草・木〕…………77
乾杯〔花・草・木〕…………77
カンパニュラ・グランディフローラ〔花・草・木〕…………77
カンパニュラ・スペクルム〔花・草・木〕…………77
カンパヌラ・アッフィニス〔花・草・木〕…………77
カンパヌラ・カルパティカ〔花・草・木〕…………77
カンパヌラの1種〔花・草・木〕…77
カンパヌラ・プラ〔花・草・木〕…77
ガンピ〔花・草・木〕…………77,78
カンヒザクラ〔花・草・木〕…………78
カンペリア・ザノニア〔花・草・木〕…………78
かんぽうらん〔花・草・木〕…………78
カンボク〔ハーブ・薬草〕…………446
ガンボリンボ〔花・草・木〕…………78
寒陽袋〔花・草・木〕…………78
カンラン〔野菜・果物〕…………405

【き】

木〔花・草・木〕…………78
キアイの1種〔花・草・木〕…………78
キアサミ〔花・草・木〕…………78
キアネラ・ルテア〔花・草・木〕…78
キアネルラ・カペンシス〔花・草・木〕…………78
キアマチヤ〔花・草・木〕…………78
キイチゴ属の1種〔野菜・果物〕…406
キイロウメバチソウ〔花・草・木〕…………78
キウロコタケ〔きのこ・菌類〕…490
きえびね〔花・草・木〕…………78
キエビネ〔花・草・木〕…………78
キエンフェゴシア・ヘテロフィラ〔花・草・木〕…………79
祈艾〔ハーブ・薬草〕…………446
キカイガラタケ〔きのこ・菌類〕…………490
きからすうり〔花・草・木〕…………79
キカラスウリ〔花・草・木〕…………79
キカラスウリ〔ハーブ・薬草〕…446
キカラハツタケ〔きのこ・菌類〕…………490
キカラハツモドキの変種〔きのこ・菌類〕…………490
ききょう〔花・草・木〕…………79
キ、ヤウ〔花・草・木〕…………79
キキョウ〔花・草・木〕…………79
キキョウ〔ハーブ・薬草〕…………446
桔梗〔ハーブ・薬草〕…………446
桔梗根〔ハーブ・薬草〕…………446
キキョウラン〔花・草・木〕…………79
きく〔花・草・木〕…………79
キク〔花・草・木〕…………79
キク〔ハーブ・薬草〕…………446
キク科植物の花（1）〔花・草・木〕…………80
キク科植物の花（2）〔花・草・木〕…………80
キク科の植物〔花・草・木〕…………80
キクゴボウ〔花・草・木〕…………80
キクザカボチャ〔野菜・果物〕…406
キクザキイチゲ〔花・草・木〕…………80
菊更紗〔花・草・木〕…………80
キクジサ〔野菜・果物〕…………406
キクヂシャ〔野菜・果物〕…………406
菊枝垂〔花・草・木〕…………80
菊月〔花・草・木〕…………80
キクチシャ/オランダチシャ〔花・草・木〕…………80
菊冬至〔花・草・木〕…………80
キクの栽培品種〔花・草・木〕…………80
キクバクワガタ〔花・草・木〕…………80
菊葉 常山〔ハーブ・薬草〕…………446
菊葉常山葉〔ハーブ・薬草〕…………446
キクバヤマボクチ〔花・草・木〕…80
キクメタケ〔きのこ・菌類〕…………490
キクラゲ〔きのこ・菌類〕…………490
キクラゲの1種など〔きのこ・菌類〕…………490
きけまん〔花・草・木〕…………80
キケマン〔花・草・木〕…………80
キコブタケ＝一名ニセホクチタケ（？）〔きのこ・菌類〕…………490
きさゝぎ〔花・草・木〕…………80
きささげ〔花・草・木〕…………80
キササゲ〔花・草・木〕…………80
キササゲ〔ハーブ・薬草〕…………446
きさむご〔花・草・木〕…………80
ぎしぎし〔花・草・木〕…………81
羊蹄〔ハーブ・薬草〕…………446
ギシギシ属の1種〔ハーブ・薬草〕…………446
ギシギシの1種〔花・草・木〕…………81
黄子 山査子〔ハーブ・薬草〕…………446
きしめじ〔きのこ・菌類〕…………490
キシメジ〔きのこ・菌類〕…………490
紀州司〔花・草・木〕…………81
祇女〔花・草・木〕…………81
キショウブ〔花・草・木〕…………81
キショウブ？〔ハーブ・薬草〕…446
キズイセン〔花・草・木〕…………81
キスケ〔花・草・木〕…………81
キヅタシクラメン〔花・草・木〕…81
キスツス属の様々な品種〔花・草・木〕…………81
キスツスの1種〔花・草・木〕…………81
キセルゴケの1種〔その他〕…………501
キセワタ〔花・草・木〕…………81

キソウテンガイ, サバクオモト〔花・草・木〕……81
キタコブシ〔花・草・木〕……81
キタゴヨウ〔花・草・木〕……81
キダチアロエ〔ハーブ・薬草〕……446
キダチチョウセンアサガオ類〔ハーブ・薬草〕……446
キダチニンドウ〔花・草・木〕……81
キタノコギリソウ〔花・草・木〕……81
キチジョウソウ〔花・草・木〕……81
キッコウアワタケ〔きのこ・菌類〕……490
キッコウジュズモ〔その他〕……501
キッコウスギタケ〔きのこ・菌類〕……490
きつかふそう〔花・草・木〕……81
きつかふそうのみ〔花・草・木〕……82
キツネアザミ〔花・草・木〕……82
きつねあづき〔花・草・木〕……82
キツネアヤメ〔花・草・木〕……82
きつねのかみそり〔花・草・木〕……82
キツネノカラカサ〔きのこ・菌類〕……490
キツネノゴマ科キンヨウボク属の1種か？〔花・草・木〕……82
きつねのちやぶくろ〔花・草・木〕……82
キツネノテブクロ、別名ジギタリス〔ハーブ・薬草〕……447
キツネノマゴの1種〔花・草・木〕……82
キツネノロウソク〔きのこ・菌類〕……491
キツネユリ、ユリグルマ、センショウカズラ〔花・草・木〕……82
キツリフネ〔花・草・木〕……82
木連川〔花・草・木〕……82
キティスス・ステノペタルス〔花・草・木〕……82
鬼督郵〔ハーブ・薬草〕……447
キナ〔ハーブ・薬草〕……447
鬼無稚児桜〔花・草・木〕……82
キナンクム・ディスコロル〔花・草・木〕……82
衣笠〔花・草・木〕……82
キヌガサソウ〔花・草・木〕……82
きぬたくさ〔花・草・木〕……82
きぬたそう〔花・草・木〕……82
きはだ〔花・草・木〕……82
キハダ〔花・草・木〕……82
キハダ〔ハーブ・薬草〕……447
キバナアキギリ〔花・草・木〕……82
キバナアサツキ〔花・草・木〕……83
キバナアザミ〔花・草・木〕……83
キバナギョウジャニンニク〔花・草・木〕……83
黄花 紫苑〔花・草・木〕……83
キバナシャクナゲ〔花・草・木〕……83
きばなしゅすらん〔花・草・木〕……83
キバナスイセン〔花・草・木〕……83
キバナチョウノスケソウ〔花・草・木〕……83
キバナノアマナ〔花・草・木〕……83
キバナノカワラマツバ〔花・草・木〕……83
キバナノクリンザクラ〔花・草・木〕……83
キバナノコマノツメ〔花・草・木〕……83
きばなのせっこく〔花・草・木〕……83
キバナノセッコク〔花・草・木〕……83
キバナノタマスダレ〔花・草・木〕……83
キバナノツキヌキニンドウ〔花・草・木〕……83
キバナノホトトギス〔花・草・木〕……83
キバナハス〔花・草・木〕……83
キバナヘイシソウ〔花・草・木〕……83
キバナホトトギス〔花・草・木〕……83
キバナルリソウ〔花・草・木〕……84
キバラ〔花・草・木〕……84
黄ハラ〔花・草・木〕……84
キバンジロウ〔野菜・果物〕……406
キヒメユリ〔花・草・木〕……84
キヒラトユリ〔花・草・木〕……84
黄覆輪紅唐子〔花・草・木〕……84
黄覆輪弁天〔花・草・木〕……84
キフヂ〔花・草・木〕……84
キブシ〔花・草・木〕……84
貴船雲珠〔花・草・木〕……84
キフ子キク〔花・草・木〕……84
キブネギク〔花・草・木〕……84
キプリペディウム・カルケオルス〔花・草・木〕……84
キプリペディウム・フラベスケンス〔花・草・木〕……84
キホウキタケ〔きのこ・菌類〕……491
ギボウシ〔花・草・木〕……84
キボウホウロカイ〔ハーブ・薬草〕……447
キボウホウロカイ？〔ハーブ・薬草〕……447
キマメ〔野菜・果物〕……406
木饅頭〔ハーブ・薬草〕……447
君が代〔花・草・木〕……84
キモッコウバラ〔花・草・木〕……84
キャッサバ〔野菜・果物〕……406
キャッサバ(タピオカ)〔野菜・果物〕……406
キャベツ〔野菜・果物〕……406
キヤマウメバチソウ〔花・草・木〕……84
キャラウェイ〔ハーブ・薬草〕……447
キャラウェーの1種〔ハーブ・薬草〕……447
きゃらぼく〔花・草・木〕……84
きやらぼく〔花・草・木〕……84
キャラ・ミア〔花・草・木〕……85
牛角〔花・草・木〕……85
牛遍〔ハーブ・薬草〕……447
きうり〔野菜・果物〕……406
キュウリ〔野菜・果物〕……406
キュウリグサ〔野菜・果物〕……406
キュプリペディウム[アツモリソウ]〔花・草・木〕……85
ギョイコウ〔花・草・木〕……85
御衣黄〔花・草・木〕……85
キョウオウ〔ハーブ・薬草〕……447
羌活〔ハーブ・薬草〕……447
京唐子〔花・草・木〕……85
京小町〔花・草・木〕……85
ギョウジャニンニク〔野菜・果物〕……406
キョウチクトウ〔花・草・木〕……85
キョウチクトウ〔ハーブ・薬草〕……447
夾竹桃〔花・草・木〕……85
きやうちさ〔野菜・果物〕……406
京錦〔花・草・木〕……85
京牡丹〔花・草・木〕……85
杏葉 沙参〔ハーブ・薬草〕……447
きやうらん〔花・草・木〕……85
キヤウラン〔花・草・木〕……85
きやうわせ〔野菜・果物〕……406
ギョクダンカ〔花・草・木〕……85
玉牡丹〔花・草・木〕……85
きよまさにんしん〔花・草・木〕……85
ギョリュウ〔花・草・木〕……85
御柳〔花・草・木〕……85
ギョリュウカズラ〔花・草・木〕……86
キララタケ〔きのこ・菌類〕……491
きらんさう〔花・草・木〕……86
きらんそう〔花・草・木〕……86
キランソウ〔ハーブ・薬草〕……447
きり〔花・草・木〕……86
キリ〔花・草・木〕……86
キリシマ 紅白〔花・草・木〕……86
キリシマツツジ〔花・草・木〕……86
麒麟〔花・草・木〕……86
麒麟角〔花・草・木〕……86
キリンギク〔花・草・木〕……86
きりんそう〔花・草・木〕……86
キリンソウ〔花・草・木〕……86
キルタンサス〔花・草・木〕……86
キルタンツス〔花・草・木〕……86
キルタンツス・スピトリアツス〔花・草・木〕……86
キルタンツス・パリドゥス〔花・草・木〕……86
キルタントゥス・アングスティフォリウス〔花・草・木〕……87
キルタントゥス・オブリクウス〔花・草・木〕……87
キルタントゥス・オブリクース〔花・草・木〕……87
キルタントゥス・ビッタートゥス〔花・草・木〕……87
蘄菱〔ハーブ・薬草〕……447
きれんげつつじ〔花・草・木〕……87
キレンゲツツジ〔花・草・木〕……87
キロペタルム・オルナティッシムム〔花・草・木〕……87

きんかん〔野菜・果物〕……407
金柑〔野菜・果物〕……407
キンキマメザクラ〔花・草・木〕……87
キンギョウソウの1種〔花・草・木〕……87
キンギョソウ〔花・草・木〕……87
錦魚椿〔花・草・木〕……87
金晃〔花・草・木〕……87
金カウジ〔野菜・果物〕……407
銀カウジ〔野菜・果物〕……407
キンコウボク〔花・草・木〕……87
ギンゴケの1種〔その他〕……501
キンサンジコ〔花・草・木〕……87
キンシバイ〔花・草・木〕……87
キンシレン〔花・草・木〕……87
銀世界〔花・草・木〕……87
キンセンカ〔花・草・木〕……87,88
ギンセンカ〔花・草・木〕……88
ギンダン花〔花・草・木〕……88
キンチャヤマイグチの近縁種〔きのこ・菌類〕……491
ギンネム〔花・草・木〕……88
ギンバイ艸〔花・草・木〕……88
キンヒモ〔花・草・木〕……88
きんひらすぎ〔花・草・木〕……88
キンフウラン〔花・草・木〕……88
キンホウケ〔花・草・木〕……88
キンボウゲ〔花・草・木〕……88
キンポウゲ科の花束〔花・草・木〕……88
キンポウゲの1種〔花・草・木〕……88
キンマ〔ハーブ・薬草〕……447
きんみずひき〔花・草・木〕……88
キンミズヒキ〔花・草・木〕……88
キンミズヒキ〔ハーブ・薬草〕……448
きんめいちく〔花・草・木〕……88
キンメイチク〔花・草・木〕……88
きんもくせい〔花・草・木〕……88
ぎんもくせい〔花・草・木〕……88
キンラン〔花・草・木〕……89
キンランソウの1種〔ハーブ・薬草〕……448
キンレンカ〔花・草・木〕……89
キンレンカの1種〔花・草・木〕……89

【く】

グアバ〔野菜・果物〕……407
グイマツ〔花・草・木〕……89
クイーン・エリザベス〔花・草・木〕……89
クエルクス セシリフローラ［コナラ属の1種］〔花・草・木〕……89
クガイソウ〔花・草・木〕……89
クギタケ〔きのこ・菌類〕……491
茎で束ねられた花の静物画〔花・草・木〕……89
狗棘〔ハーブ・薬草〕……448
くこ〔花・草・木〕……89
クコ〔花・草・木〕……89
クコ〔ハーブ・薬草〕……448
枸杞〔ハーブ・薬草〕……448
枸杞子〔ハーブ・薬草〕……448
クサアジサイ〔花・草・木〕……89
クサガク〔花・草・木〕……89
クサギ〔ハーブ・薬草〕……448
臭梧桐〔ハーブ・薬草〕……448
クサキョウチクトウ〔花・草・木〕……89
くささんご〔花・草・木〕……89
クサシモツケ〔花・草・木〕……89
クサスギカズラ〔花・草・木〕……89
クサタチバナ〔花・草・木〕……89
草タチハナ〔花・草・木〕……89
クサノオウ〔ハーブ・薬草〕……448
クサハツ〔きのこ・菌類〕……491
くさふじ〔花・草・木〕……90
クサフヨウ〔花・草・木〕……90
くさぼけ〔花・草・木〕……90
くさぼけ〔野菜・果物〕……407
クサボケ〔花・草・木〕……90
クサボケ〔野菜・果物〕……407
クサボケ〔ハーブ・薬草〕……448
クサボケ, ボケ〔花・草・木〕……90
クサマオ〔花・草・木〕……90
玖島桜〔花・草・木〕……90
孔雀〔花・草・木〕……90
クジャクシダの1種〔花・草・木〕……90
クジャクソウ〔花・草・木〕……90
クジャクヤシ属カミンギイ種〔花・草・木〕……90
クジャクヤシ属の1種〔花・草・木〕……90
アカシア〔花・草・木〕……90
苦参〔ハーブ・薬草〕……448
くず〔花・草・木〕……90
クズ〔花・草・木〕……90
クズ〔ハーブ・薬草〕……448
葛〔ハーブ・薬草〕……449
クズウコン〔花・草・木〕……90
くすどいげ〔花・草・木〕……90
クスドイゲ〔花・草・木〕……90
くすのき〔花・草・木〕……90
クスノキ〔ハーブ・薬草〕……449
狗脊〔ハーブ・薬草〕……449
狗脊根〔ハーブ・薬草〕……449
クセランテムム・カネスケンス〔花・草・木〕……91
くそにんしん〔花・草・木〕……91
果物〔野菜・果物〕……407
クダモノトケイ〔野菜・果物〕……407
くちなし〔花・草・木〕……91
クチナシ〔花・草・木〕……91
クチナシ〔ハーブ・薬草〕……449
クチベニズイセン〔花・草・木〕……91
グニディア・シンプレクス〔花・草・木〕……91
クニフォフィア・アビシニカ〔花・草・木〕……91
クニフォフィア・サルメントーサ〔花・草・木〕……91
くぬぎ〔花・草・木〕……91
クヌギ〔花・草・木〕……91
クヌギタケ〔きのこ・菌類〕……491
クネンボ〔野菜・果物〕……407
ク子ンポ〔野菜・果物〕……407
くまがいそう〔花・草・木〕……91
クマガイソウ〔花・草・木〕……91
熊谷草〔花・草・木〕……91
クマガイソウの1種〔花・草・木〕……91
熊が谷〔花・草・木〕……92
熊谷〔花・草・木〕……92
熊坂〔花・草・木〕……92
クマザサ〔花・草・木〕……92
クマシメジ〔きのこ・菌類〕……491
クマタケラン〔花・草・木〕……92
クマツヅラ〔ハーブ・薬草〕……449
クマツヅラの1種〔花・草・木〕……92
ぐみ〔野菜・果物〕……407
グミの1種〔花・草・木〕……92
クミン〔ハーブ・薬草〕……449
クモノスバンダイソウ〔花・草・木〕……92
クモマクサ〔花・草・木〕……92
クモマユキノシタ〔花・草・木〕……92
クライミング・デインティ・ベス〔花・草・木〕……92
クライミング・ミセス・ハーバート・スティーヴンス〔花・草・木〕……92
グラウキウム・フラウム〔ハーブ・薬草〕……449
クラガリシダ〔花・草・木〕……92
グラジオラス〔花・草・木〕……92,93
グラジオラス・トリスティス〔花・草・木〕……93
グラジオラスの一品種〔花・草・木〕……93
グラジオラスの仲間(?)〔花・草・木〕……93
グラディオラスの1種、グラディオルス・プシタキヌス〔花・草・木〕……93
グラディオルス・アングストゥス〔花・草・木〕……93
グラディオルス・ウンドゥラートゥス〔花・草・木〕……93
グラディオルス・ウンドゥラトゥス〔花・草・木〕……93
グラディオルス・カルディナリス〔花・草・木〕……93
グラディオルス・カルネウス〔花・草・木〕……93
グラディオルス・クサントスピルス〔花・草・木〕……93
グラディオルス・クスピダートゥス〔花・草・木〕……93
グラディオルス・グラキリス〔花・草・木〕……93

グラディオルス・コンミュニス〔花・草・木〕……93
グラディオルス・ストリクチフロールス〔花・草・木〕……93
グラディオルス・トリスチス〔花・草・木〕……93
グラディオルス・ヒルストゥス〔花・草・木〕……93
グラディオルス・ブレビフォリウス〔花・草・木〕……94
グラディオルス・リネアートゥス〔花・草・木〕……94
グラディオルス・リンゲンス〔花・草・木〕……94
グラディオルス・ワトソニウス〔花・草・木〕……94
クラドニア[ハナゴケ]〔その他〕……501
鞍馬桜〔花・草・木〕……94
グラマトフィラム・ムルチフロラム〔花・草・木〕……94
グラマンギス・エリシイ〔花・草・木〕……94
クラムヨモギ〔ハーブ・薬草〕……449
くらら〔花・草・木〕……94
クララ〔花・草・木〕……94
クララ〔ハーブ・薬草〕……449
クラリセージ〔ハーブ・薬草〕……449
くり〔野菜・果物〕……407
クリ〔花・草・木〕……94
クリ〔野菜・果物〕……407
クリイロイグチ〔きのこ・菌類〕……491
クリサンテムム・インディクム（シマカンギク？）〔花・草・木〕……94
クリサンテムム・カタナンケ〔花・草・木〕……94
クリスチャン・ディオール〔花・草・木〕……94
クリスマス・ローズ〔花・草・木〕……95
クリスマスローズ〔花・草・木〕……94,95
クリスマスローズ〔ハーブ・薬草〕……449
クリスマスローズ[広義]〔ハーブ・薬草〕……449
クリソフィルム カイニトー[カイニトあるいはスターアップルという]〔野菜・果物〕……407
クリタケ〔きのこ・菌類〕……491
クリナムの1種〔花・草・木〕……95
クリヌム・アメリカーヌム〔花・草・木〕……95
クリヌム・エルベスケンス〔花・草・木〕……95
クリヌム・ギガンテウム〔花・草・木〕……95
クリヌム・コンメリニ〔花・草・木〕……95
クリヌム・スプメルスム〔花・草・木〕……95
クリヌム・ペドゥンクラートゥム〔花・草・木〕……95
クリヌム・ユッケフロールム〔花・草・木〕……95
クリヌム・ロンギフォリウム〔花・草・木〕……95
クリプトキラス・サンギニュース〔花・草・木〕……95
クリプトプス・エラタス〔花・草・木〕……95
クリムソン・グローリー〔花・草・木〕……95
くりんそう〔花・草・木〕……95
クリンソウ〔花・草・木〕……95
クルクマ・ロンガ〔花・草・木〕……95
クルクリゴ・プリカータ〔花・草・木〕……96
車ガンヒ〔花・草・木〕……96
クルマシダ〔花・草・木〕……96
車駐〔花・草・木〕……96
クルマバソウ〔花・草・木〕……96
クルマバツクバネソウ〔花・草・木〕……96
クルマバハグマ〔花・草・木〕……96
クルマユリ〔花・草・木〕……96
クルマユリ〔野菜・果物〕……407
クルマユリ（タケシマユリ）〔花・草・木〕……96
クルミ〔野菜・果物〕……408
クルミの1種〔花・草・木〕……96
グレイシャ〔花・草・木〕……96
グレヴィエラ・バンクシイ〔花・草・木〕……96
クレソン〔ハーブ・薬草〕……449
クレトラ・アルボレア〔花・草・木〕……96
クレナイロケア〔花・草・木〕……96
クレマチス〔花・草・木〕……96,97
クレマチス〔ハーブ・薬草〕……449
クレマチス・ウィティケラ〔花・草・木〕……97
クレマチス・ビタルバ〔花・草・木〕……97
クレマティス・フロリダ・シーボルディー（テッセンの二色咲き品種）〔花・草・木〕……97
クロアザミ〔花・草・木〕……97
クロアヤメ〔花・草・木〕……97
くろうめもどき〔花・草・木〕……97
クロウメモドキ〔花・草・木〕……97
クロエゾ〔花・草・木〕……97
くろがねかづら〔花・草・木〕……97
クロガラシ〔ハーブ・薬草〕……450
くろかわ〔きのこ・菌類〕……491
クロキ〔花・草・木〕……97
グロキシニア〔花・草・木〕……97
クロキヅタ〔その他〕……501
クロクス・オウレウス〔花・草・木〕……97
クロクス・クリサントゥス〔花・草・木〕……97
クロクス・シーヘアヌス〔花・草・木〕……98
クロクス・スジアヌス〔花・草・木〕……98
クロクス・スペキオスス〔花・草・木〕……98
クロクス・ヌディフロルス〔花・草・木〕……98
クロクス・ビフロールス〔花・草・木〕……98
クロクス・フラウス〔花・草・木〕……98
クロクス・ミニムス〔花・草・木〕……98
くろくわい〔野菜・果物〕……408
クロゲシメジ（？）〔きのこ・菌類〕……491
クロス・オブ・ゴールド・クロッカス〔花・草・木〕……98
クロタネソウ〔花・草・木〕……98
クロッカス〔花・草・木〕……98
黒椿〔花・草・木〕……98
グロッパの1種〔花・草・木〕……98
クロトウヒレン〔花・草・木〕……98
クローネンブルグ〔花・草・木〕……98
クロノボリリュウ〔きのこ・菌類〕……491
クローバー（トリフォリウム・オクロレウコム）〔花・草・木〕……98
くろばい〔花・草・木〕……98
クロバイ〔花・草・木〕……98
クロバナイリス〔花・草・木〕……98
クロビイタヤ〔花・草・木〕……99
クローブ〔ハーブ・薬草〕……450
クロホシオオアマナ〔花・草・木〕……99
くろまつ〔花・草・木〕……99
クロマツ〔花・草・木〕……99
くろまめ〔野菜・果物〕……408
クロミグワ〔野菜・果物〕……408
クロミサンザシ〔花・草・木〕……99
くろもじ〔花・草・木〕……99
くろもち〔野菜・果物〕……408
クロヤマナラシ〔花・草・木〕……99
クロユリ〔花・草・木〕……99
クロユリ〔野菜・果物〕……408
クロラッパタケ〔きのこ・菌類〕……491
クロランツス・インコンスピクース（チャラン）〔花・草・木〕……99
クロロガルム・ポメリディアヌム〔花・草・木〕……99
クロロフィトゥム・エラートゥム〔花・草・木〕……99
黒侘助〔花・草・木〕……99
グロワール・デュ・ミディ〔花・草・木〕……99
グロワール・ド・ギラン〔花・

草・木〕……99
くわ〔花・草・木〕……99
クワ〔花・草・木〕……99,100
クワ〔ハーブ・薬草〕……450
桑〔ハーブ・薬草〕……450
くわひ〔野菜・果物〕……408
クワイ〔野菜・果物〕……408
慈姑〔ハーブ・薬草〕……450
クワカタ草〔花・草・木〕……100
クワガタソウの1種〔花・草・木〕……100
クワズイモ〔花・草・木〕……100
くわたけ〔きのこ・菌類〕……491
桑の葉〔花・草・木〕……100
桒葉 菩提樹〔ハーブ・薬草〕……450
クンシラン〔花・草・木〕……100

【け】

啓翁桜〔花・草・木〕……100
荊芥〔ハーブ・薬草〕……450
荊三稜〔ハーブ・薬草〕……450
けいとう〔花・草・木〕……100
ケイトウ〔花・草・木〕……100
ケイトウ〔ハーブ・薬草〕……450
ケイトウの仲間(ノゲイトウ?)〔花・草・木〕……100
けいとうまめ〔野菜・果物〕……408
ゲイトノプレシウス・キモースム〔花・草・木〕……100
ケイヌビエ〔野菜・果物〕……408
ケイヒ類〔ハーブ・薬草〕……450
ケガワタケ〔きのこ・菌類〕……491
ケシ〔花・草・木〕……100
ケシ〔野菜・果物〕……408
ケシ〔ハーブ・薬草〕……450
ケジギタリス〔ハーブ・薬草〕……450,451
ケシの1種、パパウエル・ブラクテアトゥム〔花・草・木〕……100
ケシロハツ(?)〔きのこ・菌類〕……491
ゲスネリア・プルプレア〔花・草・木〕……100
けたで〔野菜・果物〕……408
気多白菊桜〔花・草・木〕……100
ゲッカコウ〔花・草・木〕……101
月季花〔花・草・木〕……101
月桂〔ハーブ・薬草〕……451
ゲッケイジュ〔ハーブ・薬草〕……451
ゲットウ〔花・草・木〕……101
ゲットウの1種〔花・草・木〕……101
ケーニギン・デル・ローゼン〔花・草・木〕……101
ケーパ〔ハーブ・薬草〕……451
下馬桜〔花・草・木〕……101
ケマンソウ〔花・草・木〕……101
ケモモ〔野菜・果物〕……408
けやき〔花・草・木〕……101
ケヤマハンノキ〔花・草・木〕……101
ゲラニウム・アコニティフォリウム〔花・草・木〕……101
ケリア・ヤポニカ(ヤマブキ)〔花・草・木〕……101
ケレウス〔花・草・木〕……101
ケレンステイニア・トリカラー〔花・草・木〕……101
芫花〔花・草・木〕……102
芫花〔ハーブ・薬草〕……451
見鷲〔花・草・木〕……102
ゲンゲ/ゲンゲバナ/レンゲソウ〔花・草・木〕……102
牽牛子〔ハーブ・薬草〕……451
げんごべゑ〔野菜・果物〕……408
けんごほう〔花・草・木〕……102
源氏合〔花・草・木〕……102
源氏唐子〔花・草・木〕……102
源氏車〔花・草・木〕……102
見腫消〔ハーブ・薬草〕……451
拳参〔ハーブ・薬草〕……451
玄参〔ハーブ・薬草〕……451
玄参根〔ハーブ・薬草〕……451
ケンタウリウム〔花・草・木〕……102
ケンタウリウム〔ハーブ・薬草〕……451
ケンタウレア・ラグシナ〔花・草・木〕……102
ゲンチアナ〔ハーブ・薬草〕……451
ゲンチアナ インブリカ〔花・草・木〕……102
ゲンチアナ ピレナイカ〔花・草・木〕……102
ゲンチアナ フリギーダ〔花・草・木〕……102
ケンチャヤシ属の1種〔花・草・木〕……102
ゲンティアナ・アカウリス〔花・草・木〕……102
ゲンティアナ・アドシェンデンス〔花・草・木〕……102
ゲンティアナ・オクロレウカ〔花・草・木〕……102
ゲンティアナ・グラキリペス〔花・草・木〕……102
ゲンティアナ・コーカシア〔花・草・木〕……102
ゲンティアナ・サポナリア〔花・草・木〕……103
ゲンティアナ・トリコトマ〔花・草・木〕……103
げんのせうこ〔ハーブ・薬草〕……451
ゲンノショウコ〔ハーブ・薬草〕……451
ゲンペイクサギ〔花・草・木〕……103
ケンペリア・アングスティフォリア〔花・草・木〕……103
ケンペリア・ロツンダ〔花・草・木〕……103
ケンペリア・ロトゥンダ〔花・草・木〕……103
けんぽなし〔野菜・果物〕……408
ケンポナシ〔野菜・果物〕……408
枳椇〔ハーブ・薬草〕……451
兼六園菊桜〔花・草・木〕……103
兼六熊谷〔花・草・木〕……103

【こ】

コアジサイ〔花・草・木〕……103
コアツモリソウ〔花・草・木〕……103
コアヤメ〔花・草・木〕……103
コアヤメ(変種B)〔花・草・木〕……103
コアヤメ(変種プミラ)〔花・草・木〕……103
碁石〔花・草・木〕……103
カウアフソウ〔花・草・木〕……103
カウワウソウ〔花・草・木〕……103
コウオウソウ〔花・草・木〕……103
紅乙女〔花・草・木〕……103
かうくわやまかぞ〔花・草・木〕……103
紅麒麟〔花・草・木〕……103
コウジ〔野菜・果物〕……408
紅獅子〔花・草・木〕……104
コウジタケの近縁種〔きのこ・菌類〕……491
香薷〔ハーブ・薬草〕……451
ゴウシュウモウセンゴケ〔花・草・木〕……104
コウシンソウ〔花・草・木〕……104
コウシンバラ〔花・草・木〕……104
コウシンバラ/チョウシュン〔花・草・木〕……104
コウス〔野菜・果物〕……409
こうぞ〔花・草・木〕……104
コウゾ〔花・草・木〕……104
楮〔ハーブ・薬草〕……451
かうたけ〔きのこ・菌類〕……492
コウタケ〔きのこ・菌類〕……492
コウツボカズラ〔花・草・木〕……104
こうとうらん〔花・草・木〕……104
江南大青〔ハーブ・薬草〕……452
香附子〔ハーブ・薬草〕……452
茳芒決明〔ハーブ・薬草〕……452
厚朴〔ハーブ・薬草〕……452
厚朴實〔ハーブ・薬草〕……452
紅牡丹〔花・草・木〕……104
コウホネ〔花・草・木〕……104
コウホネ〔ハーブ・薬草〕……452
香蒲蒲黄〔ハーブ・薬草〕……452
藁本花〔ハーブ・薬草〕……452
光明〔花・草・木〕……104
コウメ〔野菜・果物〕……409
カウモリ桐〔花・草・木〕……104
コウヤノマンネングサ〔その他〕……501
コウヤボウキ/タマボウキ〔花・草・木〕……104
かうやまき〔花・草・木〕……104

コウヤマキ〔花・草・木〕…104,105
コウヤワラビの1種〔花・草・木〕…105
コウヨウザン〔花・草・木〕…105
髙麗ギボウシ〔花・草・木〕…105
コウリンカ〔花・草・木〕…105
こゑんとろ〔花・草・木〕…105
コエンドロ〔花・草・木〕…105
コエンドロ〔野菜・果物〕…409
コエンドロ（コリアンダー）〔ハーブ・薬草〕…452
コオロギラン〔花・草・木〕…105
コカ〔ハーブ・薬草〕…452
五加〔ハーブ・薬草〕…452
コカキツバタ〔花・草・木〕…105
小型のプレイオネ〔花・草・木〕…105
コガネタケ〔きのこ・菌類〕…492
コガネバナ〔ハーブ・薬草〕…452
コガネヤナギ〔花・草・木〕…105
五加葉 黄蓮〔ハーブ・薬草〕…452
コギク〔花・草・木〕…105
ゴキヅル〔花・草・木〕…105
コキハダチチタケ〔きのこ・菌類〕…492
こきび〔野菜・果物〕…409
こきんばい〔花・草・木〕…105
コキンバイザサ〔花・草・木〕…105
古金襴〔花・草・木〕…105
コクショクトコン〔ハーブ・薬草〕…452
コクチナシ〔花・草・木〕…105
コクテンギ〔花・草・木〕…105
黒點人⺕〔ハーブ・薬草〕…452
ゴクラクチョウカの1種〔花・草・木〕…106
コクリオーダ・サンギネア〔花・草・木〕…106
コクリオダ・ネーツリアナ〔花・草・木〕…106
黒龍〔花・草・木〕…106
コケイロヌメリガサの近縁種〔きのこ・菌類〕…492
コケオトギリ〔花・草・木〕…106
こけさぎさう〔花・草・木〕…106
コケバラ〔花・草・木〕…106
こけもゝ〔野菜・果物〕…409
コケモモ〔野菜・果物〕…409
コケリンドウ〔花・草・木〕…106
コヽメザクラ〔花・草・木〕…106
コゴメバナ〔花・草・木〕…106
ココヤシ〔野菜・果物〕…409
ココヤシの1種？〔ハーブ・薬草〕…452
ココリコ〔花・草・木〕…106
コザラミノシメジ（？）〔きのこ・菌類〕…492
こしあぶら〔花・草・木〕…106
コシアブラ〔花・草・木〕…106
ごじか〔花・草・木〕…106
ゴジカ〔花・草・木〕…106
ゴジクハ〔花・草・木〕…106
ゴジカモドキ〔花・草・木〕…106
五色散椿〔花・草・木〕…106
ゴシキパイナップル？〔野菜・果物〕…409
虎耳草〔花・草・木〕…106
コシダ〔花・草・木〕…106
ゴシュユ〔花・草・木〕…107
ゴシュユ〔野菜・果物〕…409
ゴシュユ〔ハーブ・薬草〕…452
呉茱萸〔ハーブ・薬草〕…452
コショウ〔ハーブ・薬草〕…452,453
御所車〔花・草・木〕…107
五所桜〔花・草・木〕…107
御所匂〔花・草・木〕…107
コシワツバタケ（？）〔きのこ・菌類〕…492
御信桜〔花・草・木〕…107
コスモス〔花・草・木〕…107
ゴゼンタチバナ〔花・草・木〕…107
コタニワタリ〔ハーブ・薬草〕…453
コチニールサボテン〔花・草・木〕…107
胡蝶〔花・草・木〕…107
小蝶の舞〔花・草・木〕…107
コツクバネウツギ〔花・草・木〕…107
コデマリ/スズカケ〔花・草・木〕…107
ゴードニア〔花・草・木〕…107
琴平〔花・草・木〕…107
寿〔花・草・木〕…107
こなすび〔花・草・木〕…107
こなら〔花・草・木〕…107
コナラ〔花・草・木〕…107,108
このてがしわ〔花・草・木〕…108
コノテガシワ〔花・草・木〕…108
木の花桜〔花・草・木〕…108
木の葉の化石〔その他〕…501
小葉桜〔花・草・木〕…108
コハス〔花・草・木〕…108
コバナカンアオイ〔花・草・木〕…108
コバノズイナ〔花・草・木〕…108
コハマナシ〔花・草・木〕…108
コバンユリ〔花・草・木〕…108
コーヒー〔野菜・果物〕…409
小彼岸〔花・草・木〕…108
コヒガンザクラ、ヒガンザクラ〔花・草・木〕…108
コーヒーノキ〔野菜・果物〕…409
コーヒーノキ〔ハーブ・薬草〕…453
子福桜〔花・草・木〕…108
こぶし〔花・草・木〕…108
コブシ〔花・草・木〕…108
コブシ〔ハーブ・薬草〕…453
辛夷〔ハーブ・薬草〕…453
辛夷子〔ハーブ・薬草〕…453
こぶなぐさ〔花・草・木〕…108
ごぼう〔野菜・果物〕…409
ゴボウ〔野菜・果物〕…409
コボウズオトギリ〔花・草・木〕…108
小星 ハクホウユリ〔花・草・木〕…108
ゴマ〔ハーブ・薬草〕…453
ゴマキ〔花・草・木〕…108
こまつなぎ〔花・草・木〕…109
コマツナギ〔花・草・木〕…109
コマツナギ属の1種〔花・草・木〕…109
ゴマノハグサ〔花・草・木〕…109
コマルバユーカリ〔花・草・木〕…109
こみかんそう〔花・草・木〕…109
コミネカエデ〔花・草・木〕…109
コミヤマカタバミ〔花・草・木〕…109
コミヤマスミレ〔花・草・木〕…109
こむぎ〔野菜・果物〕…409
コムナ〔花・草・木〕…109
ゴムノキの1種〔花・草・木〕…109
コムラサキ〔花・草・木〕…109
こめこめ〔花・草・木〕…109
ゴメザ・プラニホリア〔花・草・木〕…109
ゴメザ・レクルバ〔花・草・木〕…109
コメツツジ〔花・草・木〕…109
コメツブウマゴヤシ〔花・草・木〕…109
コメナモミ〔ハーブ・薬草〕…453
小紅葉〔花・草・木〕…109
こもんくさ〔花・草・木〕…110
コモンマロー〔花・草・木〕…110
ゴヤヲキ〔花・草・木〕…110
ゴヤバラ〔花・草・木〕…110
ごようまつ〔花・草・木〕…110
ゴヨウマツ〔花・草・木〕…110
五葉松〔花・草・木〕…110
コリアンダー〔ハーブ・薬草〕…453
コリアンテス・マクランタ〔花・草・木〕…110
コリシア属の1種〔花・草・木〕…110
コリダリス〔ハーブ・薬草〕…453
コリダリス・カウァ〔花・草・木〕…110
こりやなぎ〔花・草・木〕…110
コリンソニア・カナデンシス〔花・草・木〕…110
コリンソニア属カナデンシス種〔花・草・木〕…110
コルヴィレア・ラケモサ〔花・草・木〕…110
コルチクム・アルピヌム〔花・草・木〕…110
コルチクム・バリエガートゥム〔花・草・木〕…110
コルデス・パーフェクタ〔花・草・木〕…110
ゴールデン・マスターピース〔花・草・木〕…110
ゴールドマリー〔花・草・木〕…110
コールラビ〔野菜・果物〕…409

コロシントウリ〔ハーブ・薬草〕……453
コロハ〔ハーブ・薬草〕……453
コンウォルウルス・クネオルム〔花・草・木〕……110
コンウォルウルス・ダフリクス〔花・草・木〕……111
コンギク〔花・草・木〕……111
ゴンゴラ・アルメニアカ〔花・草・木〕……111
ゴンゴラ・ガレアタ〔花・草・木〕……111
ゴンズイ〔花・草・木〕……111
ゴンズイ〔ハーブ・薬草〕……453
コンドロリンカ・ディスカラー〔花・草・木〕……111
こんにゃく〔野菜・果物〕……409
こんにやく〔野菜・果物〕……409
コンニャク〔野菜・果物〕……409
コンパレッチア・コクシネア〔花・草・木〕……111
コンパレッチア・スペシオサ〔花・草・木〕……111
コンパレッチア・ファルカタ〔花・草・木〕……111
コンパレッチア・マクロプレクトロン〔花・草・木〕……111
コンフィダンス〔花・草・木〕……111
コンフリー〔ハーブ・薬草〕……453
コンボルブルス・トリコロール〔花・草・木〕……111
コンボルブルス・プルプレウス〔花・草・木〕……111
コンメリナ・アフリカナ〔花・草・木〕……111
コンメリナ・ディアンティフォリア〔花・草・木〕……111
コンメリナ・ドゥビア〔花・草・木〕……111
コンメリナ・トゥベロサ〔花・草・木〕……111
コンメリナ・パリダ〔花・草・木〕……111
金輪寺白妙〔花・草・木〕……111
崑崙黒〔花・草・木〕……112

【さ】

皂莢〔ハーブ・薬草〕……453
さいかち〔花・草・木〕……112
サイカチ〔花・草・木〕……112
サイカチ〔ハーブ・薬草〕……453
サイコ〔ハーブ・薬草〕……453
細辛〔ハーブ・薬草〕……454
才布〔花・草・木〕……112
ザイフリボク〔花・草・木〕……112
サインノキ〔花・草・木〕……112
さかき〔花・草・木〕……112
サカキ〔花・草・木〕……112
サカキカズラ〔花・草・木〕……112
盃葉〔花・草・木〕……112
サカネラン〔花・草・木〕……112
サガリバナ〔ハーブ・薬草〕……454
さがりらん〔花・草・木〕……112
さぎそう〔花・草・木〕……112
サギソウ〔花・草・木〕……112
サギッタリア・オバータ〔花・草・木〕……113
サギッタリア・サギッティフォリア〔花・草・木〕……113
サクユリ〔花・草・木〕……113
さくら〔花・草・木〕……113
サクラ〔花・草・木〕……113
櫻〔花・草・木〕……113
桜鏡〔花・草・木〕……113
サクラシメジ〔きのこ・菌類〕……492
さくらせっこく〔花・草・木〕……113
さくらそう〔花・草・木〕……113
サクラソウ〔花・草・木〕……113
サクラソウ・オーリキュラ栽培新種群〔花・草・木〕……113
桜草五種〔花・草・木〕……113
サクラソウの1種〔花・草・木〕……113
サクラソウの諸品種〔花・草・木〕……113
サクラソウ類〔花・草・木〕……113
さくらたで〔花・草・木〕……113
サクラタデ〔花・草・木〕……114
サクラバラ〔花・草・木〕……114
サクラバラの一系〔花・草・木〕……114
サクラランン〔花・草・木〕……114
サクラ蘭〔花・草・木〕……114
サクランボ〔野菜・果物〕……410
サクランボ‘ブラック・イーグル’〔野菜・果物〕……410
サクランボ‘フローレンス’〔野菜・果物〕……410
ざくろ〔野菜・果物〕……410
ザクロ〔花・草・木〕……114
ザクロ〔野菜・果物〕……410
ザクロ〔ハーブ・薬草〕……454
石榴〔ハーブ・薬草〕……454
サケバヤトロファ〔花・草・木〕……114
サゴヤシ〔野菜・果物〕……410
ササガニユリ〔花・草・木〕……114
さゝくさ〔花・草・木〕……114
ササクレヒトヨタケ〔きのこ・菌類〕……492
ササゲ〔花・草・木〕……114
漣〔花・草・木〕……114
ササバサンキライ〔花・草・木〕……114
さゝほうづき〔花・草・木〕……114
ササユリ〔ハーブ・薬草〕……454
さざんか〔花・草・木〕……114
サヽンクハ〔花・草・木〕……114
サザンカ〔花・草・木〕……114,115
サザンカ〔ハーブ・薬草〕……454
サジ〔ハーブ・薬草〕……454
サジオモダカ〔ハーブ・薬草〕……454
サジオモダカの1種〔花・草・木〕……115
ざぜんそう〔花・草・木〕……115
ザゼンソウ〔花・草・木〕……115
サダソウ〔花・草・木〕……115
サツキ〔花・草・木〕……115
サッコラビューム・ダシポゴン〔花・草・木〕……115
サッコラビューム・ベリナム〔花・草・木〕……115
サッサフラスノキ〔花・草・木〕……115
サツマイナモリ〔花・草・木〕……115
さつまいも〔野菜・果物〕……410
サツマイモ〔野菜・果物〕……410,411
サトイモ〔野菜・果物〕……411
サトイモ科〔花・草・木〕……115
さとうきび〔野菜・果物〕……411
サトウキビ〔野菜・果物〕……411
さとざくら〔花・草・木〕……115
さどふき〔野菜・果物〕……411
サネカズラ〔花・草・木〕……115
南五味子〔ハーブ・薬草〕……454
佐野桜〔花・草・木〕……115
サフラン〔花・草・木〕……115
サフラン〔ハーブ・薬草〕……454
サフラン(ヤクヨウサフラン)〔ハーブ・薬草〕……454
サポジラ, チューインガムノキ〔花・草・木〕……115
サボテン(ウチワサボテン)〔花・草・木〕……115
サボテンの1種〔花・草・木〕……115
サボテンの1種「大輪柱」〔花・草・木〕……116
サボテンノハナ〔花・草・木〕……116
サボン〔野菜・果物〕……411
ザホン〔野菜・果物〕……411
ザボン〔野菜・果物〕……411
サボンソウ〔花・草・木〕……116
サボンソウ〔ハーブ・薬草〕……454
さまざまなキク科植物〔花・草・木〕……116
さまざまなセリ科植物〔花・草・木〕……116
サマー・サンシャイン〔花・草・木〕……116
サマニユキワリ〔花・草・木〕……116
サマンサ〔花・草・木〕……116
ザミア(フロリダソテツ)の1種〔花・草・木〕……116
サモヽ〔野菜・果物〕……411
サラサバナ, パイプカズラ〔花・草・木〕……116
サラサレンゲ〔花・草・木〕……116
サラシナショウマの1種〔ハーブ・薬草〕……455
サラセニア〔花・草・木〕……116
ザラツキカタワタケ〔きのこ・菌類〕……492

サラトガ〔花・草・木〕……116
サラバンド〔花・草・木〕……116
サルウィア・アウレア〔花・草・木〕……116
サルウィア・アモエナ〔花・草・木〕……116
サルヴィア・インウォルクラタ〔花・草・木〕……116
サルウィア・インディカ〔花・草・木〕……116
サルウィア・スパタケア〔花・草・木〕……116
さるがき〔野菜・果物〕……411
サルカンサス・エリナシュース〔花・草・木〕……116
サルコキラス・セシリエー〔花・草・木〕……117
サルコキラス・ハートマンニイ〔花・草・木〕……117
サルコキラス・ファルカタス〔花・草・木〕……117
サルスベリ〔花・草・木〕……117
サルトリイバラ〔花・草・木〕……117
サルトリイバラ〔ハーブ・薬草〕……455
サルトリイバラ類〔ハーブ・薬草〕……455
さるなし〔花・草・木〕……117
サルナシ〔野菜・果物〕……411
さるのこしかけ〔きのこ・菌類〕……492
さるのめ〔花・草・木〕……117
サルメンエビネ〔花・草・木〕……117
ザロンウメ〔花・草・木〕……117
澤漆〔ハーブ・薬草〕……455
さわおぐるま〔花・草・木〕……117
サワキヽヤウ〔花・草・木〕……117
サワギキョウ属アスルゲンス種〔花・草・木〕……117
サワギキョウ属の1種〔花・草・木〕……117
さわぐるみ〔花・草・木〕……117
サワグルミ〔花・草・木〕……117
サワシバ〔花・草・木〕……118
さわだつ〔花・草・木〕……118
さわてらし〔花・草・木〕……118
さわふさき〔花・草・木〕……118
さわふさぎ〔花・草・木〕……118
さわら〔花・草・木〕……118
サワラ〔花・草・木〕……118
サワラの栽培品種〔花・草・木〕……118
澤蘭〔ハーブ・薬草〕……455
3月の花〔花・草・木〕……118
三月ミカン〔野菜・果物〕……411
さんごじゆな〔野菜・果物〕……411
さんごさう〔花・草・木〕……118
サンゴソウ〔花・草・木〕……118
さんざし〔花・草・木〕……118
サンザシ〔花・草・木〕……118
サンザシ〔野菜・果物〕……412
山樝子〔ハーブ・薬草〕……455
サンシキアサガオ〔花・草・木〕……118
サンシキカミツレ〔花・草・木〕……118
サンシキスミレ〔花・草・木〕……118
サンシキヒルガオ〔花・草・木〕……119
山慈姑〔ハーブ・薬草〕……455
山梔子〔ハーブ・薬草〕……455
山梔子葉〔ハーブ・薬草〕……455
三七〔ハーブ・薬草〕……455
三七花〔ハーブ・薬草〕……455
三七根〔ハーブ・薬草〕……455
サンシチソウ〔花・草・木〕……119
さんしゅゆ〔花・草・木〕……119
サンシュユ〔花・草・木〕……119
サンシュユ〔ハーブ・薬草〕……455
山茱萸〔ハーブ・薬草〕……455
山茱萸實〔ハーブ・薬草〕……455
さんしょう〔野菜・果物〕……412
サンショウ〔野菜・果物〕……412
さんしょうばら〔花・草・木〕……119
サンショウバラ〔花・草・木〕……119
山椒バラ〔花・草・木〕……119
サンショウ類〔ハーブ・薬草〕……455
サンズ〔野菜・果物〕……412
山豆根〔ハーブ・薬草〕……455
残雪〔花・草・木〕……119
サンセビエリア・ギイネエンシス〔花・草・木〕……119
酸棗仁〔ハーブ・薬草〕……455
サンダンカ〔花・草・木〕……119
山東菜〔野菜・果物〕……412
ザントクシルム・ニティドゥム〔ハーブ・薬草〕……455
サンドボックスツリー〔花・草・木〕……119
サンドボックスツリーの果実〔花・草・木〕……119
ザンブラ〔花・草・木〕……119
サンヘンプ〔花・草・木〕……119
サンホテイ〔花・草・木〕……119

【し】

しい〔花・草・木〕……120
シイ〔花・草・木〕……120
シイノキ〔花・草・木〕……120
シウリザクラ〔花・草・木〕……120
塩釜〔花・草・木〕……120
しおがまざくら〔花・草・木〕……120
シオノキ〔ハーブ・薬草〕……456
しおん〔花・草・木〕……120
シオン〔花・草・木〕……120
紫菀〔ハーブ・薬草〕……456
シオンの1種〔花・草・木〕……120
四海波〔花・草・木〕……120
シカゴ・ピース〔花・草・木〕……120
ジガデヌス・グラウクス〔花・草・木〕……120
ジガデヌス・グラベリムス〔花・草・木〕……120
ジギタリス〔ハーブ・薬草〕……456
しきみ〔花・草・木〕……120
シキミ〔花・草・木〕……120
しきみのはな〔花・草・木〕……120
紫玉〔花・草・木〕……121
シクノケス・エゲルトニアナム〔花・草・木〕……121
シクノケス・ハーギイ〔花・草・木〕……121
シクノケス・ピントナス〔花・草・木〕……121
シクノケス・ベントリコーサム〔花・草・木〕……121
シクノケス・ベントリコーサム・クロロキロン〔花・草・木〕……121
シグマトスタリックス・コスタリケンシス〔花・草・木〕……121
シグマトスタリックス・ラディカンス〔花・草・木〕……121
シクラメン〔花・草・木〕……121
シクラメン・コウム〔花・草・木〕……121
シクンシ〔ハーブ・薬草〕……456
使君子〔ハーブ・薬草〕……456
紫荊〔ハーブ・薬草〕……456
シコクチャルメルソウ〔花・草・木〕……121
ジゴスタテス・ルナタ〔花・草・木〕……121
シコタンハコベ〔花・草・木〕……122
ジゴペタラム・クリニタム〔花・草・木〕……122
ジゴペタラム・ゴーチエリ〔花・草・木〕……122
ジゴペタラム・マッケイイ〔花・草・木〕……122
シコンノボタン〔花・草・木〕……122
シシウド〔花・草・木〕……122
シシウドの1種〔花・草・木〕……122
獅子頭〔花・草・木〕……122
しいたけ〔きのこ・菌類〕……492
シシタケ〔きのこ・菌類〕……492
じしばり〔花・草・木〕……122
シジミバナ〔花・草・木〕……122
シシリンキュウム・アングスティフォリウム〔花・草・木〕……122
シシリンキュウム・エレガンス〔花・草・木〕……122
シシリンキュウム・コンボルトゥム〔花・草・木〕……122
シシリンキュウム・ストリアートゥム〔花・草・木〕……122
シシリンキュウム・テヌイフォリウム〔花・草・木〕……122
シシリンキュウム・パルミフォリウム〔花・草・木〕……122
シシリンキュウム・ベルムディ

アナ〔花・草・木〕……122
紫参〔ハーブ・薬草〕……456
静香〔花・草・木〕……122
しそ〔花・草・木〕……122
シソ〔ハーブ・薬草〕……456
紫蘇〔ハーブ・薬草〕……456
シソバキスミレ〔花・草・木〕……122
しだれざくら〔花・草・木〕……122
シダレザクラ〔花・草・木〕……122
シダレザクラ、イトザクラ〔花・草・木〕……123
しだれやなぎ〔花・草・木〕……123
シダレヤナギ〔花・草・木〕……123
7月の果物〔野菜・果物〕……412
しちしやう〔花・草・木〕……123
シチタンクハ〔花・草・木〕……123
シチダンカ〔花・草・木〕……123
ぢゝのくし〔花・草・木〕……123
シチョウゲ、イワハギ〔花・草・木〕……123
しちりころばし〔野菜・果物〕……412
日月〔花・草・木〕……123
日光〔花・草・木〕……123
蒺藜〔ハーブ・薬草〕……456
シデコブシ〔花・草・木〕……123
シデコブシ/ヒメコブシ〔花・草・木〕……123
シデシャジン〔花・草・木〕……123
シトロン〔野菜・果物〕……412
しなのき〔花・草・木〕……123
シナノキ〔花・草・木〕……123
シナミザクラ〔花・草・木〕……123
シナモン〔ハーブ・薬草〕……457
シナユリノキ〔花・草・木〕……123
シナレンギョウ〔花・草・木〕……123
シネラリア・アウリタ〔花・草・木〕……123
シネラリア・クルエンタ〔花・草・木〕……124
しのびひば〔花・草・木〕……124
しのぶ〔花・草・木〕……124
シハイスミレ〔花・草・木〕……124
しばたけ〔きのこ・菌類〕……492
シバナの1種〔花・草・木〕……124
シバフタケ〔きのこ・菌類〕……492
芝山〔花・草・木〕……124
シー・フォーム〔花・草・木〕……124
シブソーピア・ペレグリア〔花・草・木〕……124
シプリペジューム・アコーレ〔花・草・木〕……124
シプリペジューム・カルセオラス〔花・草・木〕……124
シプリペジューム・プベッセンス〔花・草・木〕……124
シプリペディウム・アカウレ〔花・草・木〕……124
シプリペディウム・カルケオルス・パルウィフロルム〔花・草・木〕……124
シプリペディウム・マクランツム〔花・草・木〕……124
シプリペディウム・レギナエ〔花・草・木〕……124
シボリアサガオ〔花・草・木〕……124
シボリアサガホ〔花・草・木〕……124
シボリアヤメ〔花・草・木〕……124
絞乙女〔花・草・木〕……124
絞唐子〔花・草・木〕……124
絞朧月〔花・草・木〕……125
しまあし〔花・草・木〕……125
しまがま〔花・草・木〕……125
シマカンギク〔花・草・木〕……125
シマカンギク〔ハーブ・薬草〕……457
しまさゝ〔花・草・木〕……125
しますゝき〔花・草・木〕……125
しまたけ〔花・草・木〕……125
しまなし〔花・草・木〕……125
シマナンヨウスギ〔花・草・木〕……125
シミズゴケの1種〔その他〕……501
ジムカデ〔花・草・木〕……125
しめじ〔きのこ・菌類〕……492
シメティス・プラニフォリア〔花・草・木〕……125
シメノウチ〔花・草・木〕……125
シモツケ〔花・草・木〕……125
ジャイアント・プロテア〔花・草・木〕……125
しゃが〔花・草・木〕……125
シャガ〔花・草・木〕……125,126
シヤガ〔花・草・木〕……126
射干〔ハーブ・薬草〕……457
ジャガイモ〔野菜・果物〕……412
ジャガイモの1変種〔野菜・果物〕……412
ジヤガタラ〔花・草・木〕……126
ジャガタラスイセン〔花・草・木〕……126
ジヤカタラフジ〔花・草・木〕……126
ジヤガタラミカン〔野菜・果物〕……412
シャク〔ハーブ・薬草〕……457
しやくせんだん〔花・草・木〕……126
しゃくなげ〔花・草・木〕……126
シャクナゲ属の1種〔花・草・木〕……126
シャクナゲの1種〔花・草・木〕……126
シャクナゲの1種ウィルガツム種〔花・草・木〕……126
シャクナゲの1種グリフィシィアヌム種〔花・草・木〕……126
シャグマユリ、アカバナトリトマ〔花・草・木〕……126
シャクヤク〔花・草・木〕……126,127
シャクヤク〔ハーブ・薬草〕……457
芍薬根〔ハーブ・薬草〕……457
シャクヤクの1種〔花・草・木〕……127
シャクヤクの仲間〔花・草・木〕……127
ジャケツイバラ〔花・草・木〕……127
シヤカウソウ〔花・草・木〕……127
ジャコウソウ〔花・草・木〕……127
ジャコウソウモドキ〔花・草・木〕……127
ジャコウムスカリ〔花・草・木〕……127
しやこたんちく〔花・草・木〕……127
シャジクソウ〔花・草・木〕……127
シヤヂクソウ〔花・草・木〕……127
ジャスミン〔花・草・木〕……127
ジャスミン〔ハーブ・薬草〕……457
じゃのひげ〔花・草・木〕……127
ジャノヒゲ〔花・草・木〕……127
ジャノヒゲ〔ハーブ・薬草〕……457
シャポー・ド・ナポレオン〔花・草・木〕……127
ジャーマン・アイリス〔花・草・木〕……127
ジャーマンアイリス〔花・草・木〕……127
じややなぎ〔花・草・木〕……128
シャリンバイ〔花・草・木〕……128
シャーロット・アームストロング〔花・草・木〕……128
11月の花々〔花・草・木〕……128
しゅうかいどう〔花・草・木〕……128
シュウカイドウ〔花・草・木〕……128
十月桜〔花・草・木〕……128
19世紀のヒアシンスの栽培品種〔花・草・木〕……128
十二ヒトヘ〔花・草・木〕……128
重弁のアネモネ〔花・草・木〕……128
衆芳唐子〔花・草・木〕……128
しゅうめいぎく〔花・草・木〕……128
シュウメイギク〔花・草・木〕……128
シュクシャ〔花・草・木〕……129
縮砂〔ハーブ・薬草〕……457
繻子重〔花・草・木〕……129
しゆすだま〔花・草・木〕……129
じゅずだま〔花・草・木〕……129
じゆずたま〔野菜・果物〕……412
ジュズダマ〔花・草・木〕……129
ジュズダマ〔ハーブ・薬草〕……457
ジュスティキア・エクボリウム〔花・草・木〕……129
シュスラン、ビロードラン〔花・草・木〕……129
酒中花〔花・草・木〕……129
ジュニパー〔ハーブ・薬草〕……457
シュプリーム〔花・草・木〕……129
シュペーンドンシア〔花・草・木〕……129
聚楽〔花・草・木〕……129
しゅろ〔花・草・木〕……129
シュロ〔花・草・木〕……129
椶櫚〔花・草・木〕……129
シュロソウ〔ハーブ・薬草〕……457
藜蘆〔ハーブ・薬草〕……457
藜蘆花〔ハーブ・薬草〕……457
シュロソウ/ホソバシュロソウ〔花・草・木〕……129
シュロチク〔花・草・木〕……129

シュンギク〔花・草・木〕……… 129
シュンギク〔野菜・果物〕……… 412
シユンキク〔花・草・木〕……… 129
ジュンサイ〔花・草・木〕……… 129
春曙紅〔花・草・木〕……………… 129
シュンラン〔花・草・木〕……… 130
正永寺〔花・草・木〕……………… 130
ショウガ〔野菜・果物〕………… 412
ショウガ〔ハーブ・薬草〕……… 457
松花〔花・草・木〕………………… 130
ショウキズイセン〔花・草・木〕……………………………………… 130
ショウキズイセン、ショウキラン〔花・草・木〕……………… 130
ショウキラン〔花・草・木〕…… 130
せうぜうたけ〔きのこ・菌類〕… 492
ショウジョウバカマ〔花・草・木〕…………………………………… 130
ショウジョウバカマの1種〔花・草・木〕………………………… 130
正体不明〔花・草・木〕………… 130
上匂〔花・草・木〕………………… 130
情熱〔花・草・木〕………………… 130
ショウノスケバラ〔花・草・木〕……………………………………… 130
じやうはくこむき〔野菜・果物〕……………………………………… 412
ショウブ〔花・草・木〕………… 130
ショウブ〔ハーブ・薬草〕……… 458
正福寺〔花・草・木〕……………… 130
升麻〔ハーブ・薬草〕…………… 458
ショウヨウダイオウ〔ハーブ・薬草〕………………………………… 458
商陸〔ハーブ・薬草〕…………… 458
ジョウロウホトトギス〔花・草・木〕………………………………… 130
昭和錦〔花・草・木〕……………… 130
昭和の誉〔花・草・木〕………… 131
昭和侘助〔花・草・木〕………… 131
蜀椒〔ハーブ・薬草〕…………… 458
ショクヨウカンナ〔野菜・果物〕……………………………………… 412
蜀羊泉〔ハーブ・薬草〕………… 458
ショクヨウダイオウ〔ハーブ・薬草〕………………………………… 458
ジョセフィン・ブルース〔花・草・木〕………………………… 131
ジョセフィン・ベーカー〔花・草・木〕………………………… 131
徐長郷〔ハーブ・薬草〕………… 458
蜀紅〔花・草・木〕………………… 131
ションバーキア・ウンデュラタ〔花・草・木〕…………………… 131
ションバーキア・クリスパ〔花・草・木〕…………………… 131
ショーンバキア・スペルビエンス〔花・草・木〕……………… 131
ションバーキア・チビシニス〔花・草・木〕…………………… 131
ショーンバキア・ティビキニス〔花・草・木〕…………………… 131
ジョン・S.アームストロング〔花・草・木〕…………………… 131
シラー〔花・草・木〕……………… 131
シライトソウ〔花・草・木〕…… 131
しらかし〔花・草・木〕………… 131
しらかば〔花・草・木〕………… 131
シラカ姫小松〔花・草・木〕…… 131
シラカ松〔花・草・木〕………… 131
シラカンバ〔花・草・木〕……… 131
しらき〔花・草・木〕……………… 131
しらき〔野菜・果物〕…………… 413
シラキ〔花・草・木〕……………… 131
白菊〔花・草・木〕………………… 132
しらたけ〔きのこ・菌類〕……… 492
白玉絞〔花・草・木〕……………… 132
シラネアオイ〔花・草・木〕…… 132
しらはぎ〔花・草・木〕………… 132
白拍子〔花・草・木〕……………… 132
シラフジ〔花・草・木〕………… 132
しらやまあおい〔花・草・木〕… 132
しらやまぶき〔花・草・木〕…… 132
白雪〔花・草・木〕………………… 132
しらよもぎ〔花・草・木〕……… 132
シラワ柑子〔野菜・果物〕……… 413
しらん〔花・草・木〕……………… 132
シラン〔花・草・木〕……………… 132
シラン〔ハーブ・薬草〕………… 458
白及〔ハーブ・薬草〕…………… 458
白及根〔ハーブ・薬草〕………… 458
シリブカガシ〔花・草・木〕…… 132
シルヴァー・ムーン〔花・草・木〕…………………………………… 132
シルトポジューム・プンクタタム〔花・草・木〕……………… 132
シルフィウム・アルビフロルム〔花・草・木〕…………………… 132
シルホペタラム・ウライエンセ〔花・草・木〕…………………… 133
シルホペタラム・オーナチシマム〔花・草・木〕……………… 133
シルホペタラム・ソーアルシイ〔花・草・木〕…………………… 133
シルホペタラム・ピクチュラタム〔花・草・木〕……………… 133
シルホペタラム・フラビセパラム〔花・草・木〕……………… 133
シルホペタラム・マコイヤナム〔花・草・木〕…………………… 133
シルホペタラム・メデューセー〔花・草・木〕…………………… 133
シルレア・ディペンデンス〔花・草・木〕…………………… 133
シレネ・ヴァージニカ〔花・草・木〕………………………………… 133
シレネ・フィンブリアタ〔花・草・木〕………………………… 133
シロイヌサフラン〔花・草・木〕……………………………………… 133
シロウマアサツキ〔花・草・木〕……………………………………… 133
シロウリ〔野菜・果物〕………… 413
シロエノクギタケ〔きのこ・菌類〕……………………………………… 492
シロオニタケの近縁種〔きのこ・菌類〕…………………………… 493
シロカノコユリ〔花・草・木〕… 133
白唐子〔花・草・木〕……………… 133
しろきうり〔野菜・果物〕……… 413
白角倉〔花・草・木〕……………… 133
白妙〔花・草・木〕………………… 133
シロタマゴタケ〔きのこ・菌類〕……………………………………… 493
シロタマゴテングタケ〔きのこ・菌類〕…………………………… 493
しろだも〔花・草・木〕………… 133
シロツブ〔花・草・木〕………… 133
シロテングタケの近縁種〔きのこ・菌類〕…………………………… 493
しろなすび〔野菜・果物〕……… 413
シロヌメリガサ〔きのこ・菌類〕……………………………………… 493
しろね〔花・草・木〕……………… 133
シロ子アヲイ〔花・草・木〕…… 133
シロハツ〔きのこ・菌類〕……… 493
シロバナウツギ〔花・草・木〕… 134
白花 藿采〔ハーブ・薬草〕……… 458
白花 シヤウシヤウ袴〔花・草・木〕…………………………………… 134
シロバナスミレ〔花・草・木〕… 134
シロバナタチツボスミレ〔花・草・木〕………………………… 134
しろばなたんぽぽ〔花・草・木〕……………………………………… 134
シロバナタンポポ〔花・草・木〕……………………………………… 134
白花のブルーベル〔花・草・木〕……………………………………… 134
シロバナブラシノキ〔花・草・木〕…………………………………… 134
シロバナムシヨケギク〔ハーブ・薬草〕………………………… 458
シロバナユウガオ〔花・草・木〕……………………………………… 134
シロバナヨウシュチョウセンアサガオ〔ハーブ・薬草〕……… 458
シロバナワタ〔花・草・木〕…… 134
シロハマナシ〔花・草・木〕…… 134
シロフクロタケ〔きのこ・菌類〕……………………………………… 493
白フジ〔花・草・木〕……………… 134
白附子〔ハーブ・薬草〕………… 458
しろまくわ〔野菜・果物〕……… 413
シロモッコウバラ〔花・草・木〕……………………………………… 134
シロヤナギ〔花・草・木〕……… 134
シロヤブツバキ〔花・草・木〕… 134
シロヤマブキ〔花・草・木〕…… 134
シロヤマモモ〔野菜・果物〕…… 413
シロユリ〔花・草・木〕………… 135
白ラン〔花・草・木〕……………… 135
白侘助〔花・草・木〕……………… 135
秦艽〔ハーブ・薬草〕…………… 458
ジングウツツジ〔花・草・木〕… 135
真細辛〔ハーブ・薬草〕………… 458
ジンジャー〔ハーブ・薬草〕…… 459

秦椒〔ハーブ・薬草〕……459
真薺藶〔ハーブ・薬草〕……459
ジンチョウゲ〔花・草・木〕……135
ヂンチヨウケ〔花・草・木〕……135
ジンチョウゲ科〔花・草・木〕……135
ジンチョウゲの1種〔ハーブ・薬草〕……459
シンデレラ〔花・草・木〕……135
しんどうげ〔花・草・木〕……135
シンビジウム〔花・草・木〕……135
シンビジウム・アロイフォリウム〔花・草・木〕……135
シンビジウム・エブルネウム〔花・草・木〕……135
シンビジウム・エンシフォリウム〔花・草・木〕……135
シンビジウム・ギガンテウム〔花・草・木〕……135
シンビジウム・シネンセ〔花・草・木〕……135
シンビジウム・ティグリヌム〔花・草・木〕……135
シンビジウム・トレイシアヌム〔花・草・木〕……135
シンビジウム・ロウイアヌム・フラウェオルム〔花・草・木〕……135
シンビジューム・アロイホリューム〔花・草・木〕……135
シンビジューム・インシグネ〔花・草・木〕……135
シンビジューム・エリスロスチラム〔花・草・木〕……136
シンビジューム・デボニアナム〔花・草・木〕……136
シンビジューム・トラシアナム〔花・草・木〕……136
シンビジューム・フィンレイソニアナム〔花・草・木〕……136
シンビジューム・ローイヤナム〔花・草・木〕……136
シンビディウム・アロイフォリウム〔花・草・木〕……136
シンビディウム・フッケリアヌム〔花・草・木〕……136
シンワスレナグサ〔花・草・木〕……136

【す】

すいくわ〔野菜・果物〕……413
スイカ〔野菜・果物〕……413
スイカズラ〔花・草・木〕……136
スイカズラ〔ハーブ・薬草〕……459
スイカズラ科ガマズミ属の1種〔花・草・木〕……136
スイカズラ科の植物〔花・草・木〕……136
スイカズラ/ニンドウ〔花・草・木〕……136
スイカズラの1種〔ハーブ・薬草〕……459
スイカズラ類〔ハーブ・薬草〕……459
水晶〔花・草・木〕……136
水生のキンポウゲ科の植物の総称〔花・草・木〕……136
すいせん〔花・草・木〕……136
スイセン〔花・草・木〕……136,137
スイセン〔ハーブ・薬草〕……459
水仙〔花・草・木〕……137
スイセンアヤメ〔花・草・木〕……137
スイゼンジナ〔花・草・木〕……137
スイート・アフトン〔花・草・木〕……137
スイートオレンジ〔野菜・果物〕……413
スイートピー〔花・草・木〕……137
スイートピーの宿根性種〔花・草・木〕……137
スイートフラッグ〔ハーブ・薬草〕……459
すいば〔花・草・木〕……137
スイバ〔ハーブ・薬草〕……459
すいらん〔花・草・木〕……138
スイレン〔花・草・木〕……138
スウィートピー〔花・草・木〕……138
スカシユリ〔花・草・木〕……138
スカチカリア・スティーリイ〔花・草・木〕……138
スカビオサ〔花・草・木〕……138
スカホセパラム・オクソーデス〔花・草・木〕……138
スカホセパラム・スウェルチイホリューム〔花・草・木〕……138
スカホセパラム・プンクタタム〔花・草・木〕……138
スカーレット・ジェム〔花・草・木〕……138
すかん〔花・草・木〕……138
スカンク・キャベツ〔花・草・木〕……138
酸模〔ハーブ・薬草〕……459
すぎ〔花・草・木〕……139
スギ〔花・草・木〕……139
すぎこけ〔その他〕……502
すぎごけ〔その他〕……502
スギゴケ〔その他〕……502
すぎな〔花・草・木〕……139
すぎな〔野菜・果物〕……413
スギナ〔花・草・木〕……139
スギナ〔ハーブ・薬草〕……459
すきのみ〔花・草・木〕……139
数寄屋〔花・草・木〕……139
スキラ・アモエナ〔花・草・木〕……139
スキラ・オートゥムナリス〔花・草・木〕……139
スキラ・オブトゥシフォリア〔花・草・木〕……139
スキラ・ビフォリア〔花・草・木〕……139
スキラ・ベルナ〔花・草・木〕……139
スキラ・ランケエフォリア〔花・草・木〕……139
スキラ・リリオヒアキントゥス〔花・草・木〕……139
スキラ・リングラータ〔花・草・木〕……139
スクテラリア・アルティッシマ〔花・草・木〕……139
すぐり〔野菜・果物〕……413
スグリ属の1種〔野菜・果物〕……413
すげ〔花・草・木〕……139
スコッチ・クロッカス〔花・草・木〕……139
スコティア・タマリンディフォリア〔花・草・木〕……139
スコリムス・ヒスパニクス〔花・草・木〕……140
スジタマスダレ〔花・草・木〕……140
スヽカケ〔花・草・木〕……140
スズカケノキ〔花・草・木〕……140
スズカケモミジ〔花・草・木〕……140
鈴鹿の関〔花・草・木〕……140
すゝき〔花・草・木〕……140
すすき〔花・草・木〕……140
ススキ〔花・草・木〕……140
スズサイコ〔花・草・木〕……140
すゞたけ〔花・草・木〕……140
すずむしそう〔花・草・木〕……140
すゞめのはしご〔花・草・木〕……140
すゝめふり〔花・草・木〕……140
スヽラン〔花・草・木〕……140
スターアニス〔ハーブ・薬草〕……459
スタウラストゥルム〔その他〕……502
スタエヘリナドビア〔花・草・木〕……140
スダジイ〔花・草・木〕……140
スダジイ(一部はコジイ)〔花・草・木〕……141
スダチ〔野菜・果物〕……413
スタペリア〔花・草・木〕……141
スタペリア・ゲミナタ〔花・草・木〕……141
スタペリア属の1種〔花・草・木〕……141
スターリング・シルヴァー〔花・草・木〕……141
スタンホペア・インシグニス〔花・草・木〕……141
スタンホペア・グラベオレンス・イノドラ〔花・草・木〕……141
スタンホペア・チグリナ〔花・草・木〕……141
スチリジウム レクルブム〔花・草・木〕……141
スッポンタケ〔きのこ・菌類〕……493
スッポンタケの1種〔きのこ・菌類〕……493
スティラクス・ラエウィガツム〔花・草・木〕……141
スティリディウム・ウィオラケウム〔花・草・木〕……141
ステノグロチス・ロンギフォリ

ア〔花・草・木〕……………… 142
ステノコリネ・ビテリナ〔花・草・木〕……………………… 142
ステノメソン・クロケウム〔花・草・木〕………………… 142
すとう〔花・草・木〕…………… 142
ストレプトカルプス・レクシイ〔花・草・木〕………………… 142
ストレプトプス・アンプレクシフォリウス〔花・草・木〕…… 142
ストレリチア〔花・草・木〕…… 142
ストレリッチア（ゴクラクチョウカ）〔花・草・木〕………… 142
ストロファンツスグラツス〔ハーブ・薬草〕……………… 459
ストローブマツ〔花・草・木〕‥ 142
ストロベリー・クラッシュ〔花・草・木〕………………… 142
スナバコノキ〔花・草・木〕…… 142
スノードロップ〔花・草・木〕‥ 142
スノーフレーク〔花・草・木〕‥ 142
スノーフレーク（スズランズイセン）〔花・草・木〕………… 142
スノーフレーク属の1種〔花・草・木〕……………………… 143
スーパー・スター〔花・草・木〕‥ 143
スパソグロチス・イクシオイデス〔花・草・木〕…………… 143
スパソグロチス・プリカタ〔花・草・木〕………………… 143
スパソグロチス・プリカタ・アルバ〔花・草・木〕………… 143
スパニッシュ・アイリス〔花・草・木〕……………………… 143
スパニッシュアイリス〔花・草・木〕……………………… 143
スパニッシュ・ダフォディル（スペインのラッパズイセン）〔花・草・木〕…………… 143
スパニッシュ・ビューティー〔花・草・木〕………………… 143
スハマソウ〔花・草・木〕……… 143
スハマソウ（広義）〔花・草・木〕……………………………… 143
スパラクシス・グランディフローラ〔花・草・木〕………… 143
スパラクシス・トリコロール〔花・草・木〕………………… 143
スパラクシス・プルビフェラ〔花・草・木〕………………… 143
スピラエア・トリフォリアタ〔花・草・木〕………………… 143
スピロキシネ〔花・草・木〕…… 143
スペアミント〔ハーブ・薬草〕‥ 459
スペインアヤメ〔花・草・木〕‥ 143
ずみ〔花・草・木〕……………… 144
墨染〔花・草・木〕……………… 144
角田川〔花・草・木〕…………… 144
スミノミザクラ〔花・草・木〕‥ 144
スミノミザクラ〔野菜・果物〕‥ 413
墨鉾〔花・草・木〕……………… 144
スミラキナ・ステラータ〔花・草・木〕……………………… 144
スミラキナ・ボレアリス〔花・草・木〕……………………… 144
スミラキナ・ラセモーサ〔花・草・木〕……………………… 144
すみれ〔花・草・木〕…………… 144
スミレ〔花・草・木〕…………… 144
スミレの1種〔花・草・木〕…… 144
すもも〔野菜・果物〕…………… 413
スモヽ〔野菜・果物〕…………… 413
スモモ〔野菜・果物〕…………… 414
駿河桜〔花・草・木〕…………… 144
するがらん〔花・草・木〕……… 144
スルガラン〔花・草・木〕…144,145
するぼ〔花・草・木〕…………… 145
スルボ/ツルボ/サンダイガサ〔花・草・木〕………………… 145

【せ】

西王母〔花・草・木〕…………… 145
聖火〔花・草・木〕……………… 145
セイガイツツジ〔花・草・木〕‥ 145
誓願桜〔花・草・木〕…………… 145
青蒿〔ハーブ・薬草〕…………… 459
星光〔花・草・木〕……………… 145
青箱子〔ハーブ・薬草〕………… 459
薺苨〔ハーブ・薬草〕…………… 459
薺薴〔ハーブ・薬草〕…………… 459
セイヨウアサガオの1種〔花・草・木〕……………………… 145
セイヨウアマドコロ〔花・草・木〕………………………… 145
セイヨウエビラフジ〔花・草・木〕………………………… 145
セイヨウオキナグサ〔ハーブ・薬草〕……………………… 460
セイヨウオダマキ〔ハーブ・薬草〕………………………… 460
セイヨウオトギリソウ〔花・草・木〕……………………… 145
セイヨウオトギリソウ〔ハーブ・薬草〕…………………… 460
セイヨウオモダカ〔花・草・木〕……………………………… 145
セイヨウカタクリ〔花・草・木〕……………………………… 145
セイヨウカノコソウ〔ハーブ・薬草〕……………………… 460
セイヨウカボチャ〔野菜・果物〕……………………………… 414
セイヨウカリン〔野菜・果物〕‥ 414
セイヨウカワホネ〔花・草・木〕……………………………… 145
セイヨウキョウチクトウ〔花・草・木〕……………………… 145
セイヨウキンバイ〔花・草・木〕……………………………… 145
セイヨウキンミズヒキ〔ハーブ・薬草〕…………………… 460
セイヨウサンシュユ〔ハーブ・薬草〕……………………… 460
セイヨウシナノキ〔花・草・木〕……………………………… 145
セイヨウシナノキ（セイヨウボダイジュ）〔ハーブ・薬草〕… 460
セイヨウショウロの1種〔きのこ・菌類〕………………… 493
セイヨウスグリ（グーズベリー）〔野菜・果物〕………… 414
セイヨウスモモ〔野菜・果物〕‥ 414
セイヨウタンポポ〔花・草・木〕……………………………… 145
セイヨウタンポポ〔ハーブ・薬草〕………………………… 460
セイヨウナシ〔野菜・果物〕…… 414
セイヨウナナカマド〔ハーブ・薬草〕……………………… 460
セイヨウニワトコ〔ハーブ・薬草〕………………………… 460
セイヨウニンジンボク〔ハーブ・薬草〕…………………… 460
セイヨウネズ〔ハーブ・薬草〕‥ 460
セイヨウノコギリソウ〔花・草・木〕……………………… 145
セイヨウハシバミ〔花・草・木〕……………………………… 145
セイヨウハシバミ〔野菜・果物〕……………………………… 414
セイヨウハッカ〔ハーブ・薬草〕……………………………… 460
セイヨウハッカ（ペパーミント）〔ハーブ・薬草〕………… 460
セイヨウバラ〔花・草・木〕…… 146
セイヨウヒイラギ〔花・草・木〕……………………………… 146
セイヨウヒイラギ〔野菜・果物〕……………………………… 415
セイヨウヒツジグサ〔花・草・木〕………………………… 146
セイヨウヒルガオの1種〔花・草・木〕……………………… 146
セイヨウフクジュソウ〔花・草・木〕……………………… 146
セイヨウマツムシソウ〔花・草・木〕……………………… 146
セイヨウミザクラ〔野菜・果物〕……………………………… 415
セイヨウミザクラの栽培品種〔野菜・果物〕……………… 415
セイヨウミズキの1種〔花・草・木〕………………………… 146
セイヨウヤチヤナギ〔花・草・木〕………………………… 146
セイロンチトセラン〔花・草・木〕………………………… 146
セイロンニッケイ〔ハーブ・薬草〕………………………… 460
セイロンベンケイ〔花・草・木〕……………………………… 146
セキコク〔花・草・木〕………… 146
石菖蒲〔ハーブ・薬草〕………… 460
セキチク〔花・草・木〕………… 146

石薄荷〔ハーブ・薬草〕…………460
赤陽〔花・草・木〕…………146
セコイアオスギ〔花・草・木〕…146
セコイヤオスギ〔花・草・木〕…146
セージ〔ハーブ・薬草〕…………460
セダム ポプリフォリウム［ベンケイソウ属の1種］〔花・草・木〕…………146
雪下紅〔ハーブ・薬草〕…………461
セッコウボク〔花・草・木〕…146
椶骨木〔ハーブ・薬草〕…………461
折傷木〔ハーブ・薬草〕…………461
せつぶんそう〔花・草・木〕…147
セドゥム？〔花・草・木〕…147
セニアヲイ〔花・草・木〕…147
ゼニアオイ〔花・草・木〕…147
ゼニゴケの1種〔その他〕…………502
セネガ〔ハーブ・薬草〕…………461
セネキオ・ビコロル（シロタエギク）〔花・草・木〕…………147
セネシオ〔花・草・木〕…………147
セネシオの1種〔花・草・木〕…147
ゼフィランテス・アタマスコ〔花・草・木〕…………147
ゼフィラントゥス・アタマスコ〔花・草・木〕…………147
セミタケ〔きのこ・菌類〕…………493
セラトスチリス・ルブラ〔花・草・木〕…………147
ゼラニウム〔花・草・木〕…………147
ゼラニウムの1種〔花・草・木〕…147
セラピアス・リンガ〔花・草・木〕…………147
せり〔花・草・木〕…………147
せり〔野菜・果物〕…………415
セリ？〔野菜・果物〕…………415
セリア・ベラ〔花・草・木〕…147
セリ科の植物〔花・草・木〕…147
セリバオウレン〔ハーブ・薬草〕…………461
芹葉 黄蓮〔ハーブ・薬草〕…………461
セルピルムソウ〔ハーブ・薬草〕…………461
セルラツラ・シンプレクス〔花・草・木〕…………147
セレニケレウス・グランディフロルス、園芸名 大輪柱〔花・草・木〕…………147
セロジネ・インターメジア〔花・草・木〕…………147
セロジネ・クリスタタ〔花・草・木〕…………148
セロジネ・クリスタタ・アルバ〔花・草・木〕…………148
セロジネ・サンデリアナ〔花・草・木〕…………148
セロジネ・スペシオサ〔花・草・木〕…………148
セロジネ・トメントサの1変種？〔花・草・木〕…………148
セロジネ・パンジュラタ〔花・草・木〕…………148
セロジネ・フエトネリアナ〔花・草・木〕…………148
セロジネ・フラクシダ〔花・草・木〕…………148
セロジネ・フリギノサ〔花・草・木〕…………148
セロジネ・マイエリアナ〔花・草・木〕…………148
セロジネ・マッサンゲアナ〔花・草・木〕…………148
セロジネ・ロッシアナ〔花・草・木〕…………148
センキュウ〔ハーブ・薬草〕…461
川芎〔ハーブ・薬草〕…………461
前胡〔ハーブ・薬草〕…………461
センコウハナビ〔花・草・木〕…148
センシティヴプラント〔花・草・木〕…………148
センジユガンヒ〔花・草・木〕…148
センジュラン〔花・草・木〕…148
仙台枝垂〔花・草・木〕…………148
せんだいはぎ〔花・草・木〕…148
センダイハギ〔花・草・木〕…149
せんだん〔花・草・木〕…………149
センダン〔花・草・木〕…………149
センダン/アウチ〔花・草・木〕…149
センダンの1種〔花・草・木〕…149
センナの1種〔ハーブ・薬草〕…461
センニチコウ〔花・草・木〕…149
千日紅〔花・草・木〕…………149
センニチコウ/センニチソウ〔花・草・木〕…………149
センニンソウ〔花・草・木〕…149
千年菊〔花・草・木〕…………149
センネンボク〔花・草・木〕…149
せんのう〔花・草・木〕…………149
センノウ〔花・草・木〕…………149
センヲウケ〔花・草・木〕…………148
旋覆〔ハーブ・薬草〕…………461
センブリ〔ハーブ・薬草〕…………461
センペルウィウム・ウィロスム〔花・草・木〕…………149
センペルウィウム・トルツオスム〔花・草・木〕…………149
センペルビーブム テクトールム［バンダイソウ属の1種］〔花・草・木〕…………150
センペルビブムの1種〔花・草・木〕…………150
仙茅〔ハーブ・薬草〕…………461
センボンヤリ〔花・草・木〕…150
ぜんまい〔野菜・果物〕…………415
ゼンマイ〔花・草・木〕…………150
ゼンマイ〔野菜・果物〕…………415
千里香〔花・草・木〕…………150
センリゴマ〔花・草・木〕…………150
センリョウ〔花・草・木〕…………150

【そ】

草烏頭〔ハーブ・薬草〕…………462
ソウェルベア（サワビア）・ユンケア〔花・草・木〕…………150
草紙洗〔花・草・木〕…………150
ソウシジュ〔花・草・木〕…………150
草蓯蓉〔ハーブ・薬草〕…………462
草豆蔻〔ハーブ・薬草〕…………462
そうちく〔花・草・木〕…………150
蒴藋〔ハーブ・薬草〕…………462
ソクズ〔花・草・木〕…………150
ソケイ〔花・草・木〕…………150
ソケイの1種〔花・草・木〕…150
ソケイノウゼン〔花・草・木〕…150
ソゴウコウノキ〔ハーブ・薬草〕…………462
袖隠〔花・草・木〕…………150
そてつ〔花・草・木〕…………150
ソテツ〔野菜・果物〕…………415
ソテツ〔ハーブ・薬草〕…………462
ソテツの1種〔花・草・木〕…150
ソテツの近縁〔花・草・木〕…150
ソテツノ實〔花・草・木〕…………150
衣通姫〔花・草・木〕…………150
ゾーナリア［シマオウギ］〔その他〕…………502
ソニア〔花・草・木〕…………150
ソバナ〔ハーブ・薬草〕…………462
ソブラリア・マクランサ〔花・草・木〕…………151
ソブラリア・マクランサ・アルバ〔花・草・木〕…………151
ソブラリア・マクランタ〔花・草・木〕…………151
ソブラリア・リリアストルム〔花・草・木〕…………151
ソフロニチス・グランディフロラ〔花・草・木〕…………151
ソフロニチス・グランディフロラ・ロゼア〔花・草・木〕…151
ソフロニチス・セルヌア〔花・草・木〕…………151
ソフロニチス・ビオラセア〔花・草・木〕…………151
ソフロニティス・コッキネア〔花・草・木〕…………151
染井吉野〔花・草・木〕…………151
染川〔花・草・木〕…………151
ソライロレースソウ〔花・草・木〕…………151
ソラヌム ドゥルカマラ〔花・草・木〕…………151
ソラヌム・ピラカンツム〔花・草・木〕…………151
ソラヌム・マルギナツム〔花・草・木〕…………151
そらまめ〔野菜・果物〕…………415
ソラマメ〔野菜・果物〕…………415

ソリチャ〔花・草・木〕………… 151
ソルブス ウィルモリニ［ナナカマドの1種］〔花・草・木〕‥ 151
ソーレル〔ハーブ・薬草〕……… 462
そろ〔花・草・木〕……………… 151

【た】

ダイオウ〔ハーブ・薬草〕……… 462
ダイオウヤシ〔花・草・木〕…… 151
太神楽〔花・草・木〕…………… 151
大戟〔ハーブ・薬草〕…………… 462
大黒天〔花・草・木〕…………… 152
だいこん〔野菜・果物〕………… 415
ダイコン〔野菜・果物〕………… 415
たいこんそう〔花・草・木〕…… 152
だいこんな〔花・草・木〕……… 152
泰山府君〔花・草・木〕………… 152
タイサンボク〔花・草・木〕…… 152
台州烏薬〔ハーブ・薬草〕……… 462
大城冠〔花・草・木〕…………… 152
ダイズ〔野菜・果物〕…………… 416
だいだい〔野菜・果物〕………… 416
ダイダイ〔野菜・果物〕………… 416
ダイダイ〔ハーブ・薬草〕……… 462
ダイダイの仲間〔野菜・果物〕‥ 416
タイニア・ペナンギアナ〔花・草・木〕………………………… 152
ダイフウシ〔ハーブ・薬草〕…… 462
タイマツバナ〔ハーブ・薬草〕‥ 462
だいめふちく〔花・草・木〕…… 152
タイム〔ハーブ・薬草〕………… 462
ダイモンジソウ〔花・草・木〕‥ 152
タイリンアオイ〔花・草・木〕‥ 152
タイリンウツボグサ〔花・草・木〕……………………………… 152
タイリンソケイ〔花・草・木〕‥ 152
たいりんときそう〔花・草・木〕……………………………… 152
たいわんきばなせっこく〔花・草・木〕………………………… 152
タイワンショウキラン〔花・草・木〕………………………… 152
タイワンツバキ〔花・草・木〕‥ 153
たいわんむかごそう〔花・草・木〕……………………………… 153
たうこぎ〔花・草・木〕………… 153
タウコギ〔花・草・木〕………… 153
ダウソニアモクレン〔花・草・木〕……………………………… 153
手弱女〔花・草・木〕…………… 153
タカアザミ〔花・草・木〕……… 153
高砂（武者桜, 奈天, 南殿）〔花・草・木〕………………… 153
たかさぶろ〔花・草・木〕……… 153
たかとうだい〔花・草・木〕…… 153
タカトウダイ〔花・草・木〕…… 153
たかね〔花・草・木〕…………… 153
タカネイバラ〔花・草・木〕…… 153
タカネグンバイ〔花・草・木〕‥ 153
タカネナデシコ〔花・草・木〕‥ 153
タカネバラ〔花・草・木〕……… 153
タカネマンネングサ〔花・草・木〕……………………………… 153
たかのはくさ〔花・草・木〕…… 153
たかのはすゝき〔花・草・木〕‥ 153
たかはしせっこく〔花・草・木〕……………………………… 153
たがやさん〔花・草・木〕……… 154
宝合〔花・草・木〕……………… 154
タカラカウ〔花・草・木〕……… 154
たがらし〔花・草・木〕………… 154
タガラシ〔花・草・木〕………… 154
ターキーオーク〔花・草・木〕‥ 154
滝匂〔花・草・木〕……………… 154
たけいも〔野菜・果物〕………… 416
タケウマヤシ〔花・草・木〕…… 154
ダケカンバ〔花・草・木〕……… 154
たけくさ〔花・草・木〕………… 154
タケニグサ〔花・草・木〕……… 154
タケニグサ〔ハーブ・薬草〕…… 462
タケネンガ〔花・草・木〕……… 154
タケの1種〔花・草・木〕……… 154
たけのこ〔野菜・果物〕………… 416
たけのみ〔花・草・木〕………… 154
たこのき〔花・草・木〕………… 154
たせり〔花・草・木〕…………… 154
たそがれ〔花・草・木〕………… 154
タチアオイ〔花・草・木〕…154, 155
タチイヌノフグリの1種〔花・草・木〕………………………… 155
タチシノブ〔花・草・木〕……… 155
ダチス・オブ・ポートランド〔花・草・木〕………………… 155
タチスベリヒユ〔野菜・果物〕‥ 416
たちつぼすみれ〔花・草・木〕‥ 155
タチツボスミレ〔花・草・木〕‥ 155
タチドコロ〔花・草・木〕……… 155
たちばな〔野菜・果物〕………… 416
タチハナ〔野菜・果物〕………… 416
タチバナ〔野菜・果物〕………… 416
タチハナ 二種〔野菜・果物〕… 416
タチビャクブ〔花・草・木〕…… 155
タチホロギク〔花・草・木〕…… 155
タツタナデシコ〔花・草・木〕‥ 155
たつなみ〔花・草・木〕………… 155
たで〔花・草・木〕……………… 155
たであい/あい〔花・草・木〕… 156
タデの1種〔花・草・木〕……… 156
たにうつぎ〔花・草・木〕……… 156
タニウツギ〔花・草・木〕……… 156
たにこま〔花・草・木〕………… 156
タニワタシ〔花・草・木〕……… 156
タヌキアヤメ〔花・草・木〕…… 156
タヌキマメ属の1種〔花・草・木〕……………………………… 156
田主丸〔花・草・木〕…………… 156
たね〔野菜・果物〕……………… 416
種〔その他〕……………………… 502
たねつけばな〔花・草・木〕…… 156
ターネラ・ウルミフォリア〔花・草・木〕………………… 156
ターネラ属の1種〔花・草・木〕‥ 156
たばこ〔花・草・木〕…………… 156
タバコ〔花・草・木〕…………… 156
タバコ〔ハーブ・薬草〕………… 462
たばこのはな〔花・草・木〕…… 156
ターバン・ラナンキュラス〔花・草・木〕………………… 156
タピオカ〔野菜・果物〕………… 416
タビビトノキ〔花・草・木〕…… 156
たびらこ〔花・草・木〕………… 156
たぶ〔花・草・木〕……………… 157
多福弁天〔花・草・木〕………… 157
ダフネ・メゼレウム〔花・草・木〕……………………………… 157
たぶのき〔花・草・木〕………… 157
ダフリア〔花・草・木〕………… 157
タマアジサイ〔花・草・木〕…… 157
タマオキナ属の1種〔花・草・木〕……………………………… 157
タマガヤツリ〔花・草・木〕…… 157
タマゴタケの近縁種〔きのこ・菌類〕………………………… 493
タマゴテングタケ〔きのこ・菌類〕………………………… 493
たまごほうづき〔花・草・木〕‥ 157
タマサボテン〔花・草・木〕…… 157
ダマスクバラの1栽培品種〔花・草・木〕………………………… 157
ダマスクローズ〔花・草・木〕‥ 157
ダマソニウム・アリスマ〔花・草・木〕………………………… 157
玉垂〔花・草・木〕……………… 157
タマツユクサ〔花・草・木〕…… 157
玉手箱〔花・草・木〕…………… 157
タマネギ〔ハーブ・薬草〕……… 462
タマノカンザシ〔花・草・木〕‥ 157
玉姫〔花・草・木〕……………… 157
たまみづき〔花・草・木〕……… 158
たまもすぎ〔花・草・木〕……… 158
たまらん〔花・草・木〕………… 158
タマリンド〔ハーブ・薬草〕…… 462
たむらさう〔花・草・木〕……… 158
たむらそう〔花・草・木〕……… 158
タムラソウ〔花・草・木〕……… 158
ターメリック〔ハーブ・薬草〕‥ 463
だも〔花・草・木〕……………… 158
タモトユリ〔花・草・木〕……… 158
たらのき〔花・草・木〕………… 158
タラノキ〔花・草・木〕………… 158
たらやう〔花・草・木〕………… 158
タラヨウ〔花・草・木〕………… 158
ダリア〔花・草・木〕…………… 158
ダリア属〔花・草・木〕………… 159
タリエラヤシ〔花・草・木〕…… 159
タリクトルム デラヴァイ［カラマツソウの1種］〔花・草・木〕………………………… 159
ダルマギク〔花・草・木〕……… 159
太郎庵〔花・草・木〕…………… 159

太郎冠者〔花・草・木〕……159
ダンギク〔花・草・木〕……159
ダンギク/ランギク〔花・草・木〕……159
タンジー〔ハーブ・薬草〕……463
淡州艾〔ハーブ・薬草〕……463
丹参〔ハーブ・薬草〕……463
ダンドク〔花・草・木〕……159
たんほゝ〔野菜・果物〕……416
たんぽぽ〔花・草・木〕……159
タンポヽ〔花・草・木〕……159
タンポポ〔花・草・木〕……159
タンポポの1種〔花・草・木〕……159

【ち】

チェリモヤ〔花・草・木〕……159
チガーヌ〔花・草・木〕……159
ちからしば〔花・草・木〕……160
チカラシバ〔花・草・木〕……160
チギレハツタケの一品種(?)〔きのこ・菌類〕……493
チクセツニンジン〔ハーブ・薬草〕……463
竹節人参〔ハーブ・薬草〕……463
竹節人参根〔ハーブ・薬草〕……463
竹節人参實〔ハーブ・薬草〕……463
竹葉 茈胡〔ハーブ・薬草〕……463
竹葉 土伏苓〔ハーブ・薬草〕……463
竹葉 百部〔ハーブ・薬草〕……463
チグリディア(トラフユリ)〔花・草・木〕……160
竹林寺〔花・草・木〕……160
チゴユリ〔花・草・木〕……160
チコリ〔ハーブ・薬草〕……463
ちさ〔野菜・果物〕……416
チシス・ブラクテッセンス〔花・草・木〕……160
チシス・レービス〔花・草・木〕……160
チシマアマナ〔花・草・木〕……160
チシマイワブキ〔花・草・木〕……160
チシマギキョウ〔花・草・木〕……160
チシマキンレイカ〔花・草・木〕……160
チシマクモマグサ〔花・草・木〕……160
チシマコゴメグサ〔花・草・木〕……160
チシマザクラ〔花・草・木〕……160
チシマゼキショウ〔花・草・木〕……160
チシマノキンバイソウ〔花・草・木〕……160
チシマルリソウの1種〔花・草・木〕……160
ちしゃのき〔花・草・木〕……160
チシャノキ〔花・草・木〕……160
チチアワタケ〔きのこ・菌類〕……493
チチアワタケ?(品種)〔きのこ・菌類〕……493
チチタケ〔きのこ・菌類〕……493
チチタケの類〔きのこ・菌類〕……493
チドリソウ〔花・草・木〕……160
チドリノキ〔花・草・木〕……161
千原桜〔花・草・木〕……161
知母〔ハーブ・薬草〕……463
チモヒュービーコムギ〔野菜・果物〕……417
ちゃ〔花・草・木〕……161
チャ〔花・草・木〕……161
チャ〔ハーブ・薬草〕……463
チャ(広義)〔花・草・木〕……161
チャイブ〔ハーブ・薬草〕……463
チャセンシダの1種〔花・草・木〕……161
チヤダイアサガホ〔花・草・木〕……161
チャツムタケの近縁種〔きのこ・菌類〕……493
チャヌメリガサ〔きのこ・菌類〕……494
チャノキ〔ハーブ・薬草〕……463
ちやのはな み〔花・草・木〕……161
茶葉 常山〔ハーブ・薬草〕……463
茶葉 巴戟天〔ハーブ・薬草〕……464
チャービル〔ハーブ・薬草〕……464
チャボアザミ〔花・草・木〕……161
チャボゼキショウ〔花・草・木〕……161
チャボトケイソウ〔花・草・木〕……161
チヤボミヅヒキ〔花・草・木〕……161
チャボリンドウ〔花・草・木〕……161
チャラン〔花・草・木〕……161
ちやるめるさう〔花・草・木〕……161
ちゃんちん〔花・草・木〕……161
チャンチン〔花・草・木〕……161
ちやんぱきく〔花・草・木〕……162
地楡〔ハーブ・薬草〕……464
中国の紙の植物〔花・草・木〕……162
チウサギ〔花・草・木〕……162
中南米産ヤマゴボウ科の1種〔花・草・木〕……162
地楡根〔ハーブ・薬草〕……464
チューベロース〔花・草・木〕……162
チューベローズ〔花・草・木〕……162
チュベローズ(ゲッカコウ)〔花・草・木〕……162
チューリップ〔花・草・木〕……162,163
チューリップ(変種ドラコンティア)〔花・草・木〕……163
チューリップ(変種ルテオルブラ)〔花・草・木〕……163
チューリップ栽培品種〔花・草・木〕……163
チューリップの1種〔花・草・木〕……163
チューリップ「バッケト・リゴー・オプチムス」〔花・草・木〕……163
千代〔花・草・木〕……163
長久草〔花・草・木〕……163
ちょうじ〔ハーブ・薬草〕……464
チョウジ〔花・草・木〕……163
チョウジ〔ハーブ・薬草〕……464
チョウジアサガオ〔花・草・木〕……163
チョウジカズラ〔花・草・木〕……164
チョウジザクラ〔花・草・木〕……164
ちょうじそう〔花・草・木〕……164
チヤウジソウ〔花・草・木〕……164
てうじなすび〔花・草・木〕……164
長州緋桜〔花・草・木〕……164
チヨウシユン〔花・草・木〕……164
長春〔花・草・木〕……164
チョウセンアサガオ〔花・草・木〕……164
チョウセンアサガオ〔ハーブ・薬草〕……464
朝鮮アサカホ〔花・草・木〕……164
チョウセンアサガオの1種〔ハーブ・薬草〕……464
てうせんあさがほ〔花・草・木〕……164
チョウセンアザミ〔花・草・木〕……164
チョウセンアザミ〔ハーブ・薬草〕……464
チョウセンアザミ/アーティチョウク〔花・草・木〕……164
チョウセンアザミ[アーティチョーク]〔花・草・木〕……164
てふせんいちじく〔花・草・木〕……164
朝鮮ウツキ〔花・草・木〕……164
チョウセンエンゴサク〔花・草・木〕……164
朝鮮 黄芪〔ハーブ・薬草〕……464
チョウセンゴミシ〔ハーブ・薬草〕……464
チョウセンゴヨウ〔野菜・果物〕……417
朝鮮種 人参〔ハーブ・薬草〕……464
チョウセンダイオウ〔ハーブ・薬草〕……464
朝鮮椿〔花・草・木〕……164
チョウセンニンジン〔ハーブ・薬草〕……464
ちょうせんまつ〔花・草・木〕……165
チョウセンマツ〔花・草・木〕……165
朝鮮松〔花・草・木〕……165
朝鮮マツノミ〔花・草・木〕……165
チョウダイアイリス〔花・草・木〕……165
蝶千鳥〔花・草・木〕……165
チョウチンバナ〔花・草・木〕……165
釣藤鈎〔ハーブ・薬草〕……464
チョウノスケソウ〔花・草・木〕……165
蝶の花形〔花・草・木〕……165
チョウマメ〔花・草・木〕……165
長葉 車前〔ハーブ・薬草〕……464
テウロソウ〔花・草・木〕……165

ちよかずら〔花・草・木〕……… 165
千代田錦〔花・草・木〕………… 165
チョロギ〔野菜・果物〕………… 417
チリイチゴ〔野菜・果物〕……… 417
チリマツの雄性毬果(松かさ)
〔花・草・木〕…………………… 165
チリメンカエデ〔花・草・木〕‥ 165
チログロティス・レフレクサ
〔花・草・木〕…………………… 165
チングルマ〔花・草・木〕……… 165

【つ】

ツガ〔花・草・木〕……………… 166
ツガサルノコシカケ〔きのこ・
菌類〕…………………………… 494
月に類する植物〔ハーブ・薬草〕
………………………………… 464
ツキヌキニンドウ〔花・草・木〕
………………………………… 166
月の都〔花・草・木〕…………… 166
月見車〔花・草・木〕…………… 166
ツキミソウ〔花・草・木〕……… 166
ツクシアオイ？〔花・草・木〕‥ 166
ツクシイバラ〔花・草・木〕…… 166
ツクシカイドウ〔花・草・木〕‥ 166
ツクシシャクナゲ〔花・草・木〕
………………………………… 166
ツクシ/スギナ〔花・草・木〕… 166
ツクシヤブウツギ〔花・草・木〕
………………………………… 166
つくづくし〔野菜・果物〕……… 417
つくねいも〔野菜・果物〕……… 417
つくばね〔花・草・木〕………… 166
ツクバネ〔花・草・木〕………… 166
突羽根〔花・草・木〕…………… 166
ツクバネウツギ〔花・草・木〕‥ 167
ツクバネソウ類〔ハーブ・薬草〕
………………………………… 465
つげ〔花・草・木〕……………… 167
(付札なし)〔花・草・木〕……… 167
(付札なし)〔野菜・果物〕……… 417
(付札なし)〔ハーブ・薬草〕…… 465
(付札なし)〔きのこ・菌類〕…… 494
つさのき〔花・草・木〕………… 167
ツタ〔花・草・木〕……………… 167
つちあけび〔花・草・木〕……… 168
ツチアケビ〔花・草・木〕……… 168
ツチグリの1種〔きのこ・菌類〕‥ 494
ツチトリモチ〔花・草・木〕…… 168
つつじ〔花・草・木〕…………… 168
ツ、シ〔花・草・木〕…………… 168
ツツジ〔花・草・木〕…………… 168
ツツジの1種〔花・草・木〕…… 168
ツツジの仲間〔花・草・木〕…… 168
ツニア・アルバ〔花・草・木〕‥ 168
ツニア・ビーチアナ〔花・草・
木〕……………………………… 168
ツニア・マーシャリアナ〔花・
草・木〕………………………… 168
ツノゴケの1種〔その他〕……… 502
つのはしばみ〔花・草・木〕…… 168
ツノハシバミ〔野菜・果物〕…… 417
つばき〔花・草・木〕…………… 168
ツバキ〔花・草・木〕………168,169
ツバキ(品種)〔花・草・木〕…… 169
椿寒桜〔花・草・木〕…………… 169
ツバキの栽培品種〔花・草・木〕
………………………………… 170
ツバキの品種〔花・草・木〕…… 170
ツバキ 四種〔花・草・木〕…… 170
ツハクロモ、〔野菜・果物〕…… 417
ツバメスイセン〔花・草・木〕‥ 170
ツバメズイセン〔花・草・木〕‥ 170
つばめせっこく〔花・草・木〕‥ 170
ツブカケカサタケ〔きのこ・菌
類〕……………………………… 494
つほくさ〔花・草・木〕………… 170
ツボサンゴ〔花・草・木〕……… 170
ツボサンゴの1種〔花・草・木〕‥ 170
つぼすみれ〔花・草・木〕……… 170
ツボミゴケの1種〔その他〕…… 502
ツマクレナイ〔花・草・木〕…… 170
つみ〔花・草・木〕……………… 170
ツメレンゲ〔花・草・木〕……… 170
つゆくさ〔花・草・木〕………… 170
ツユクサ〔花・草・木〕……170,171
ツユクサ〔ハーブ・薬草〕……… 465
ツユクサ/ツキクサ/アオバナ/
ボウシバナ/カマツカ〔花・
草・木〕………………………… 171
釣篝〔花・草・木〕……………… 171
ツリガネズイセン〔花・草・木〕
………………………………… 171
つりかねそう〔花・草・木〕…… 171
つりがねにんじん〔花・草・木〕
………………………………… 171
ツリガネニンジン〔花・草・木〕
………………………………… 171
ツリガネヤナギ〔花・草・木〕‥ 171
ツリシュスラン〔花・草・木〕‥ 171
つりばな〔花・草・木〕………… 171
ツリバナ〔花・草・木〕………… 171
つりふねそう〔花・草・木〕…… 171
ツリフネソウ〔花・草・木〕…… 171
ツルアジサイ〔花・草・木〕…… 171
つるあづき〔野菜・果物〕……… 417
ツルアダン属の1種〔花・草・
木〕……………………………… 171
つるうめもどき〔花・草・木〕‥ 171
ツルキジムシロ〔花・草・木〕‥ 171
つるくちなし〔花・草・木〕…… 171
ツルグミ〔花・草・木〕………… 172
ツルコウジ〔花・草・木〕……… 172
ツルタケの変種〔きのこ・菌類〕
………………………………… 494
ツルデンダ〔花・草・木〕……… 172
ツルドクダミ〔花・草・木〕…… 172
ツルドクダミ〔ハーブ・薬草〕‥ 465
ツルニチニチソウの1種〔花・
草・木〕………………………… 172
ツルニンジン〔ハーブ・薬草〕‥ 465
ツルニンジン属の3種〔野菜・果
物〕……………………………… 417
ツルネラ ウルミフォリア〔花・
草・木〕………………………… 172
ツルネラ・ウルミフォリア
〔花・草・木〕…………………… 172
鶴の毛衣〔花・草・木〕………… 172
ツルハナシノブ〔花・草・木〕‥ 172
ツルフジバカマ〔花・草・木〕‥ 172
ツルボ〔花・草・木〕…………… 172
ツルボラン〔花・草・木〕……… 172
ツルボランの1種〔花・草・木〕‥ 172
ツルマサキ〔花・草・木〕……… 172
つるまめ〔花・草・木〕………… 172
つるむらさき〔花・草・木〕…… 172
ツルムラサキ〔花・草・木〕…… 172
ツルムラサキ〔野菜・果物〕…… 417
つるらん〔花・草・木〕………… 172
ツルリンドウ〔花・草・木〕…… 172
つるれいし〔野菜・果物〕……… 417
ツルレイシ〔野菜・果物〕……… 418
ツワフキ〔花・草・木〕………… 173
ツワブキ〔花・草・木〕………… 173

【て】

ディアクリューム・ビコルナタ
ム〔花・草・木〕………………… 173
ディアネラ・ケルレア〔花・草・
木〕……………………………… 173
ディアファナンセ・フラグラン
チシマ〔花・草・木〕…………… 173
ディアレリア・ビーチイ〔花・
草・木〕………………………… 173
ディアンツス・アレナリウス
〔花・草・木〕…………………… 173
ディオスマ・プルケラ〔花・草・
木〕……………………………… 173
テイカカズラ〔花・草・木〕…… 173
ディクタムヌスの1種〔ハーブ・
薬草〕…………………………… 465
ディクテュオポーラ[キヌガサ
タケ]〔きのこ・菌類〕………… 494
デイコ〔花・草・木〕…………… 173
デイコの仲間〔花・草・木〕…… 173
ディサ・ウニフロラ〔花・草・
木〕……………………………… 173
デイジー〔花・草・木〕……173,174
ディーノブリュオン[サヤツナ
ギ]〔その他〕…………………… 502
ディプカディ・セロティヌム
〔花・草・木〕…………………… 174
ディポジューム・ピクタム
〔花・草・木〕…………………… 174
ディポジューム・プンクタタム
〔花・草・木〕…………………… 174
ティランジア〔花・草・木〕…… 174
ティリア ウルミフォリア[シ

ナノキの1種]〔花・草・木〕‥ 174
ティリア パルビフォリア[シナノキの1種]〔花・草・木〕‥ 174
ディル〔ハーブ・薬草〕………… 465
亭歴〔ハーブ・薬草〕……………… 465
ディレーニア〔花・草・木〕…… 174
ディレニア・アウレア〔花・草・木〕……………………………… 174
ディレニア・アラータ〔花・草・木〕……………………………… 174
ディレニア オルナータ[ビワモドキの1種]〔花・草・木〕‥ 174
ティーローズ〔花・草・木〕…… 174
テウチグルミ(カシグルミ)〔野菜・果物〕…………………… 418
てこいも〔野菜・果物〕………… 418
デージー〔花・草・木〕………… 174
デージー(ヒナギク)〔花・草・木〕……………………………… 174
テッセン〔花・草・木〕………… 174
テツセン〔花・草・木〕………… 174
テッポウウリ〔ハーブ・薬草〕‥ 465
テッポウユリ〔花・草・木〕…… 174
テッポウユリ〔野菜・果物〕…… 418
テッポウユリの変種か? 〔花・草・木〕………………………… 174
テハリボク科〔花・草・木〕…… 174
デプカディ・ビリデ〔花・草・木〕……………………………… 175
手毬〔花・草・木〕……………… 175
てまりばな〔花・草・木〕……… 175
テマリバナ/オオデマリ〔花・草・木〕………………………… 175
てむくわぼ〔花・草・木〕……… 175
テュベロース〔花・草・木〕…… 175
デリス〔ハーブ・薬草〕………… 465
テリハコハマナシ〔花・草・木〕……………………………… 175
テリハノイバラ〔花・草・木〕‥ 175
テリハノイバラ〔ハーブ・薬草〕……………………………… 465
テリハバンジロウ〔野菜・果物〕……………………………… 418
デルフィニウム属の様々な品種〔花・草・木〕………………… 175
デレッセリア[ヌメハノリ]〔その他〕……………………… 502
てんぐだけ〔きのこ・菌類〕…… 494
テングタケ〔きのこ・菌類〕…… 494
テンクハナ〔花・草・木〕……… 175
テンサイ〔野菜・果物〕………… 418
天竺桂〔ハーブ・薬草〕………… 465
テンジクボタン〔花・草・木〕‥ 175
テンジクレン〔花・草・木〕…… 175
テンジンクワ〔花・草・木〕…… 175
てんだいうやく〔ハーブ・薬草〕……………………………… 465
テンダイウヤク〔ハーブ・薬草〕……………………………… 465
デンドロキラム・ククメリナム〔花・草・木〕………………… 175
デンドロキラム・グルマシューム〔花・草・木〕……………… 175
デンドロキラム・コビアナム〔花・草・木〕………………… 175
デンドロキラム・フィリホルメ〔花・草・木〕……………… 175
デンドロキラム・ラチホリューム〔花・草・木〕…………… 175
デンドロビウム・アクエウム〔花・草・木〕………………… 175
デンドロビウム・アグレガツム・ジェンキンシー〔花・草・木〕……………………………… 175
デンドロビウム・アドゥンクム〔花・草・木〕……………… 176
デンドロビウム・アノスムム〔花・草・木〕………………… 176
デンドロビウム・アフィルム〔花・草・木〕………………… 176
デンドロビウム・ウォーディアヌム〔花・草・木〕………… 176
デンドロビウム・シルシフロルム〔花・草・木〕…………… 176
デンドロビウム・タウリヌム〔花・草・木〕………………… 176
デンドロビウム・ディスコロル〔花・草・木〕……………… 176
デンドロビウム・デンシフロルム〔花・草・木〕…………… 176
デンドロビウム・ノビレ'クックソニアヌム'〔花・草・木〕‥ 176
デンドロビウム・フィンブリアツム・オクラツム〔花・草・木〕……………………………… 176
デンドロビウム・フォルモスム〔花・草・木〕……………… 176
デンドロビウム・プライマリアヌム〔花・草・木〕………… 176
デンドロビウム・ラメラツム〔花・草・木〕………………… 176
デンドロビウム・リツイフロルム〔花・草・木〕…………… 176
デンドロビューム・アグレガタム〔花・草・木〕…………… 176
デンドロビューム・アダンカム〔花・草・木〕……………… 176
デンドロビューム・アメシストグロッサム〔花・草・木〕…… 176
デンドロビューム・インファンディブラム〔花・草・木〕…… 176
デンドロビューム・ウンデュラタム〔花・草・木〕………… 176
デンドロビューム・オクレアタム〔花・草・木〕…………… 177
デンドロビューム・オフィオグロサム〔花・草・木〕……… 177
デンドロビューム・オーリューム〔花・草・木〕…………… 177
デンドロビューム・カナリキュラタム〔花・草・木〕……… 177
デンドロビューム・カリニフェラム・ラテリチューム〔花・草・木〕………………………… 177
デンドロビューム・キンギアナム〔花・草・木〕…………… 177
デンドロビューム・ククメリナム〔花・草・木〕…………… 177
デンドロビューム・クラシノーデ〔花・草・木〕…………… 177
デンドロビューム・グラシリコーレ〔花・草・木〕………… 177
デンドロビューム・クリサンサム〔花・草・木〕…………… 177
デンドロビューム・クリソトクサム〔花・草・木〕………… 177
デンドロビューム・クルメナタム〔花・草・木〕…………… 177
デンドロビューム・クレピダタム〔花・草・木〕…………… 177
デンドロビューム・サンデレー〔花・草・木〕……………… 177
デンドロビューム・ジャメシアナム〔花・草・木〕………… 177
デンドロビューム・シルシフロラム〔花・草・木〕………… 177
デンドロビューム・シンビディオイデス〔花・草・木〕…… 177
デンドロビューム・スアビッシマム〔花・草・木〕………… 177
デンドロビューム・スカブリリンゲ〔花・草・木〕………… 177
デンドロビューム・スーパーバム〔花・草・木〕…………… 177
デンドロビューム・スーパーバム・アルバム〔花・草・木〕‥ 178
デンドロビューム・スーパーバム・フットニイ〔花・草・木〕……………………………… 178
デンドロビューム・スーパービエンス〔花・草・木〕……… 178
デンドロビューム・スペシオサム・ヒリイ〔花・草・木〕…… 178
デンドロビューム・セクンダム〔花・草・木〕……………… 178
デンドロビューム・ダルベルチシイ〔花・草・木〕………… 178
デンドロビューム・ダルホーシアナム〔花・草・木〕……… 178
デンドロビューム・ディアレー〔花・草・木〕……………… 178
デンドロビューム・テトラゴナム〔花・草・木〕…………… 178
デンドロビューム・デボニアナム〔花・草・木〕…………… 178
デンドロビューム・テレチホリューム〔花・草・木〕……… 178
デンドロビューム・デンシフロラム〔花・草・木〕………… 178
デンドロビューム・トパジアカム〔花・草・木〕…………… 178
デンドロビューム・ドラコニス〔花・草・木〕……………… 178
デンドロビューム・トーリナム〔花・草・木〕……………… 178
デンドロビューム・ノビル

〔花・草・木〕……………………178
デンドロビューム・ノビル・クックソニアナム〔花・草・木〕……………………178
デンドロビューム・ノビル・バージナーレ〔花・草・木〕‥178
デンドロビューム・バイルディアナム〔花・草・木〕…………178
デンドロビューム・パリシイ〔花・草・木〕……………………179
デンドロビューム・ピエラルディイ〔花・草・木〕…………179
デンドロビューム・ビギバム〔花・草・木〕……………………179
デンドロビューム・ビクトリア-レギネー〔花・草・木〕……179
デンドロビューム・ヒルデブランディイ〔花・草・木〕………179
デンドロビューム・ヒンブリアタム・オクラタム〔花・草・木〕……………………179
デンドロビューム・ファーメリー〔花・草・木〕……………179
デンドロビューム・ファルコロストラム〔花・草・木〕………179
デンドロビューム・ファレノプシス・シュロデリアナム〔花・草・木〕……………………179
デンドロビューム・ファレノプシス・ホロリューカム〔花・草・木〕……………………179
デンドロビューム・フォルモサム・ギガンチューム〔花・草・木〕……………………179
デンドロビューム・プリムリナム〔花・草・木〕……………179
デンドロビューム・プリメリアナム〔花・草・木〕…………179
デンドロビューム・ブロンカルチイ〔花・草・木〕…………179
デンドロビューム・マクロフィラム〔花・草・木〕…………179
デンドロビューム・モスカタム〔花・草・木〕……………………179
デンドロビューム・ユニフロラム〔花・草・木〕……………179
デンドロビューム・ヨハンニス〔花・草・木〕……………………179
デンドロビューム・リオニイ〔花・草・木〕……………………179
デンドロビューム・リケナストラム〔花・草・木〕…………180
デンドロビューム・リジダム〔花・草・木〕……………………180
デンドロビューム・リンギホルメ〔花・草・木〕……………180
デンドロビューム・ロディゲシイ〔花・草・木〕……………180
デンドロビューム・ワーディアナム〔花・草・木〕…………180
テンナンショウ〔花・草・木〕‥180
天南星〔ハーブ・薬草〕…………466
天南星根〔ハーブ・薬草〕………466
テンナンショウ属1種〔花・草・木〕……………………180
テンナンショウの1種〔花・草・木〕……………………180
テンニヨコウ〔花・草・木〕……180
テンニンカ〔花・草・木〕………180
テンニンギク〔花・草・木〕……180
天人松島〔花・草・木〕…………180
てんのうしかぶ〔野菜・果物〕‥418
てんのうめ〔花・草・木〕………180
テンノウメ〔花・草・木〕………180
天門冬〔ハーブ・薬草〕…………466

【と】

と〔花・草・木〕……………………180
ドイツアヤメ〔花・草・木〕……180
ドイツアヤメ（ジャーマン・アイリス）〔花・草・木〕………180
ドイツィア・クレナタ（ウツギ）〔花・草・木〕……………180
ドイツスズラン〔花・草・木〕‥181
ドイツスズラン〔ハーブ・薬草〕……………………466
ドイツトウヒ〔花・草・木〕……181
唐アヂサイ〔花・草・木〕………181
唐延胡索〔ハーブ・薬草〕………466
トウオオバコ〔ハーブ・薬草〕‥466
東海桜〔花・草・木〕……………181
トウカエデ〔花・草・木〕………181
唐カヱデ〔花・草・木〕…………181
唐霍香〔ハーブ・薬草〕…………466
とうがらし〔野菜・果物〕………418
トウガラシ〔野菜・果物〕………418
トウガラシ〔ハーブ・薬草〕……466
とうがん〔野菜・果物〕…………418
トウガン〔野菜・果物〕…………418
ドウカンソウ〔花・草・木〕……181
トウキ〔ハーブ・薬草〕…………466
當歸〔ハーブ・薬草〕……………466
當歸根〔ハーブ・薬草〕…………466
トウギボウシ〔花・草・木〕……181
トウキリ〔花・草・木〕…………181
トウグミ〔花・草・木〕…………181
とうぐわ〔野菜・果物〕…………418
とうげしば〔花・草・木〕………181
ドゥケーネア〔野菜・果物〕……419
トウゴマ〔ハーブ・薬草〕………466
トウゴマ（ヒマ）〔ハーブ・薬草〕……………………466
唐秦芃〔ハーブ・薬草〕…………466
トウセンダン〔花・草・木〕……181
トウセンダン〔ハーブ・薬草〕‥466
唐 蒼朮〔ハーブ・薬草〕…………466
唐大黄〔ハーブ・薬草〕…………466
トウダイグサ〔花・草・木〕……181
トウダイグサの1種〔ハーブ・薬草〕……………………466
とうだいこん〔野菜・果物〕……419
とうたんつゝじ〔花・草・木〕‥181
ドウダンツツジ〔花・草・木〕‥181
トウチャ〔野菜・果物〕…………419
唐 地楡〔ハーブ・薬草〕…………467
冬虫夏草〔きのこ・菌類〕………494
冬虫夏草のセミタケ〔きのこ・菌類〕……………………494
トウチュウカソウの類〔きのこ・菌類〕……………………494
唐地楡根〔ハーブ・薬草〕………467
トウツバキ〔花・草・木〕………181
トウテイラン〔花・草・木〕……………………181,182
藤天蓼〔ハーブ・薬草〕…………467
とうな〔野菜・果物〕……………419
とうなす〔野菜・果物〕…………419
トウの1種〔花・草・木〕………182
とうのいも〔野菜・果物〕………419
トウミカン〔野菜・果物〕………419
トウモクレン〔花・草・木〕……182
とうもろこし〔野菜・果物〕……419
トウモロコシ〔野菜・果物〕……419
桃葉 衛矛〔ハーブ・薬草〕……467
トゥリケラティウム［ミカドケイソウ］〔その他〕……………502
トゥリパ・エゲネンシス〔花・草・木〕……………………182
トゥリパ・オクルスソリス〔花・草・木〕……………………182
トゥリパ・クルジアナ〔花・草・木〕……………………182
トゥリパ・ケルシアナ〔花・草・木〕……………………182
トゥリパ・コルヌータ〔花・草・木〕……………………182
トゥリパ・シルベストリス〔花・草・木〕……………………182
トウロウバイ〔花・草・木〕……182
トウロカイ〔ハーブ・薬草〕……467
トウワタ〔花・草・木〕…………182
とがさわら〔花・草・木〕………182
トカチヤナギ〔花・草・木〕……182
鴇白〔花・草・木〕………………182
鴇の羽重〔花・草・木〕…………182
トキワイカリソウ〔ハーブ・薬草〕……………………467
ときわがき〔野菜・果物〕………419
トキワバナ〔花・草・木〕………182
トクサ〔花・草・木〕……………182
木賊〔ハーブ・薬草〕……………467
どくだみ〔花・草・木〕…………182
ドクダミ〔野菜・果物〕…………419
ドクダミ〔ハーブ・薬草〕………467
ドクベニタケ群の1種〔きのこ・菌類〕……………………494
トケイソウ〔花・草・木〕…182,183
トケイ草〔花・草・木〕…………183
トケイソウ属アンティオクィエンシス種〔花・草・木〕………183
トゲハアザミ〔花・草・木〕……183

トゲヨルガオ〔花・草・木〕…… 183
杜衡〔ハーブ・薬草〕…… 467
ところ〔野菜・果物〕…… 419
トコロ〔ハーブ・薬草〕…… 467
トコン〔ハーブ・薬草〕…… 467
土細辛〔ハーブ・薬草〕…… 467
トサノミツバツツジ〔花・草・木〕…… 183
とさみづき〔花・草・木〕…… 183
トサミズキ〔花・草・木〕…… 183
土参〔花・草・木〕…… 183
兎絲子〔ハーブ・薬草〕…… 467
ドシニア・マルモラタ〔花・草・木〕…… 183
トスカ〔花・草・木〕…… 184
トダシバ〔花・草・木〕…… 184
どだれいも〔野菜・果物〕…… 419
とち〔花・草・木〕…… 184
トチ〔花・草・木〕…… 184
トチカガミ〔花・草・木〕…… 184
とちのき〔花・草・木〕…… 184
トチノキ〔花・草・木〕…… 184
トチノキ〔野菜・果物〕…… 419
トチノキの1種〔花・草・木〕… 184
トチバニンジン〔ハーブ・薬草〕…… 467
トチュウ〔ハーブ・薬草〕…… 467
ドデカテオン・ミーディア〔花・草・木〕…… 184
ドデカテオン メアディア〔花・草・木〕…… 184
トヽロアヲイ〔花・草・木〕…… 184
トネアザミ〔花・草・木〕…… 184
とねりこ〔花・草・木〕…… 184
トネリコ〔ハーブ・薬草〕…… 468
飛入乙女〔花・草・木〕…… 184
トフィエルディア・パルストリス〔花・草・木〕…… 184
トフィエルディア・プベスケンス〔花・草・木〕…… 184
トベラ〔花・草・木〕…… 184
とべらのはな〔花・草・木〕…… 184
とへらのみ〔花・草・木〕…… 185
トマト〔野菜・果物〕…… 419
トモエソウ〔花・草・木〕…… 185
土用フシ〔花・草・木〕…… 185
土用フジ〔花・草・木〕…… 185
ドラクンクルス〔花・草・木〕‥ 185
ドラクンクルス?〔花・草・木〕…… 185
ドラクンクルス属の1種〔花・草・木〕…… 185
ドラケナ・レフレクサ〔花・草・木〕…… 185
ドラゴン・アルム〔花・草・木〕‥ 185
トラデスカンティア・スパタケア、スパイダーウォート〔花・草・木〕…… 185
トラデスカンティア・ディスコロル(ムラサキオモト)〔花・草・木〕…… 185
トラデスカンティア・ロゼア〔花・草・木〕…… 185
虎の尾〔花・草・木〕…… 185
トラフツツアナナス〔花・草・木〕…… 185
トラフユリ〔花・草・木〕…… 185
とりあししょうま〔花・草・木〕…… 185
ドリアンテス・エクセルサ〔花・草・木〕…… 185
ドリアンテス・パルメリ〔花・草・木〕…… 186
とりかぶと〔花・草・木〕…… 186
トリカブト〔ハーブ・薬草〕…… 468
トリカブト/カブトバナ/カブトギク〔花・草・木〕…… 186
トリカブト属の1種〔ハーブ・薬草〕…… 468
トリカブトの1種〔ハーブ・薬草〕…… 468
トリコグロチス・イオノスマ〔花・草・木〕…… 186
トリコグロチス・ブラキアタ〔花・草・木〕…… 186
ドリコス・リグノスス〔花・草・木〕…… 186
トリコセントラム・フスカム〔花・草・木〕…… 186
トリゴニジューム・オブチュサム〔花・草・木〕…… 186
トリゴニジューム・シーマニ〔花・草・木〕…… 186
トリゴニジューム・リンゲンス〔花・草・木〕…… 186
トリコピリア・コクシネア〔花・草・木〕…… 186
トリコピリア・スアウィス〔花・草・木〕…… 186
トリコピリア・スアビス〔花・草・木〕…… 186
トリコピリア・トーチリス〔花・草・木〕…… 186
トリサカクサ〔花・草・木〕…… 186
ドリチス・プルケリマ〔花・草・木〕…… 186
トリトニア・ウンドゥラータ〔花・草・木〕…… 186
トリトニア・クロカータあるいはトリトニア・ミニアータ〔花・草・木〕…… 186
トリトニア・スクアリダ〔花・草・木〕…… 186
トリトニア・セクリゲラ〔花・草・木〕…… 186
トリトニア・デウスタ〔花・草・木〕…… 187
トリトニア・リネアータ〔花・草・木〕…… 187
鶏の子〔花・草・木〕…… 187
ドリミア・エラータ〔花・草・木〕…… 187
ドリミス属の1種〔花・草・木〕‥ 187
トリメジア・ルリダ〔花・草・木〕…… 187
トリリウム・セシレ〔花・草・木〕…… 187
トリリウム・ロンボイデウム〔花・草・木〕…… 187
ドルチェ・ヴィータ〔花・草・木〕…… 187
トロイメライ〔花・草・木〕…… 187
どろのき〔花・草・木〕…… 187
ドロノキ〔花・草・木〕…… 187
トロパエオルム クリサンテウム[ナスタチウムの1種]〔花・草・木〕…… 187
とろろあおい〔花・草・木〕…… 187
トロロアオイ〔花・草・木〕…… 187
トロロアオイ〔ハーブ・薬草〕‥ 468
ドンベヤ・アメリエ〔花・草・木〕…… 187
トンボソウ〔花・草・木〕…… 187

【な】

な〔野菜・果物〕…… 420
ナーウィクラ[フナガタケイソウ]〔その他〕…… 502
ながいも〔野菜・果物〕…… 420
ナガイモ〔野菜・果物〕…… 420
ながかぼちや〔野菜・果物〕…… 420
ナガキンカン〔野菜・果物〕…… 420
ナガコショウ〔ハーブ・薬草〕‥ 468
ナガサキマンネングサ〔花・草・木〕…… 187
ながさヽげ〔野菜・果物〕…… 420
ながつめせっこく〔花・草・木〕…… 188
ながとうぐわ〔野菜・果物〕…… 420
ながなすび〔野菜・果物〕…… 420
ナガハグサ〔花・草・木〕…… 188
ナガバツガザクラ〔花・草・木〕…… 188
ナガバノモミジイチゴ〔野菜・果物〕…… 420
ナガバユキノシタ〔花・草・木〕…… 188
なかはらせっこく〔花・草・木〕…… 188
ながふくべ〔野菜・果物〕…… 420
なかへちま〔野菜・果物〕…… 420
ナガボノシロワレモコウ〔花・草・木〕…… 188
なぎ〔花・草・木〕…… 188
ナギ〔花・草・木〕…… 188
なぎもち〔花・草・木〕…… 188
ナギラン〔花・草・木〕…… 188
なごらん〔花・草・木〕…… 188
ナゴラン〔花・草・木〕…… 188
なし〔野菜・果物〕…… 420
ナシ〔野菜・果物〕…… 420
梨 二種〔野菜・果物〕…… 420
ナシノハナ〔花・草・木〕…… 188

名島桜〔花・草・木〕……………189
なす〔野菜・果物〕………………420
ナス〔野菜・果物〕…………420,421
ナスターチューム〔ハーブ・薬草〕…………………………468
なずな〔花・草・木〕……………189
ナスのなかま〔野菜・果物〕……421
なすび〔野菜・果物〕……………421
ナスフクロホコリ〔きのこ・菌類〕…………………………494
なたまめ〔野菜・果物〕…………421
ナタマメ〔野菜・果物〕…………421
ナツエビネ〔花・草・木〕………189
ナツヱビ子〔花・草・木〕………189
ナツシロギク〔花・草・木〕……189
ナツシロギク〔ハーブ・薬草〕‥468
なつずいせん〔花・草・木〕……189
ナツスイセン〔花・草・木〕……189
ナツズイセン〔花・草・木〕……189
ナツズイセン/キントウソウ/マカマンジュ〔花・草・木〕‥189
ナツヽバキ〔花・草・木〕………189
ナツツバキ〔花・草・木〕………189
ナツツバキ/シャラノキ〔花・草・木〕…………………………189
ナツトウダイ〔ハーブ・薬草〕‥468
なつはぎ〔花・草・木〕…………189
ナツフジ〔花・草・木〕…………189
ナツミカン〔野菜・果物〕………421
夏ミカン〔野菜・果物〕…………421
なつむめ〔花・草・木〕…………189
なつめ〔野菜・果物〕……………421
ナツメ〔野菜・果物〕……………421
ナツメ〔ハーブ・薬草〕…………468
棗〔ハーブ・薬草〕………………468
ナツメグ〔ハーブ・薬草〕………468
ナツメヤシ〔野菜・果物〕………421
ナツリンドウ〔花・草・木〕……189
なでしこ〔花・草・木〕…………189
ナデシコ属の2種〔花・草・木〕‥190
ナデシコの1種〔花・草・木〕…190
ナナカマド〔花・草・木〕………190
ナナカマド属ウィルモリニィ種〔花・草・木〕…………………190
ナナカマド属の1種〔花・草・木〕…………………………190
ナヽツクリ〔花・草・木〕………190
ナニワイバラ〔花・草・木〕……190
浪速潟〔花・草・木〕……………190
なべわり〔花・草・木〕…………190
ナベワリ〔花・草・木〕…………190
ナポレオーナ〔花・草・木〕……190
なら〔花・草・木〕………………190
奈良桜〔花・草・木〕……………190
ならしば〔花・草・木〕…………190
ナラ属の1種〔花・草・木〕……190
ナラ属の堅果〔花・草・木〕……190
ナラタケ〔きのこ・菌類〕………494
ナラタケモドキ〔きのこ・菌類〕…………………………495
なりやらん〔花・草・木〕………191
ナルキッスス・インコンパラビリス〔花・草・木〕……………191
ナルキッスス・インテルメディウス〔花・草・木〕……………191
ナルキッスス・オドールス〔花・草・木〕…………………191
ナルキッスス・カラティヌス〔花・草・木〕…………………191
ナルキッスス・タゼッタ(フサザキズイセン)〔花・草・木〕‥191
ナルキッスス・ドゥビウス〔花・草・木〕…………………191
ナルキッスス・ビフロールス〔花・草・木〕…………………191
ナルキッスス・プミルス〔花・草・木〕…………………………191
ナルキッスス・ブルボコディウム〔花・草・木〕………………191
ナルキッスス・ポエティクス(クチベニズイセン)〔花・草・木〕…………………………191
ナルキッスス・ミノール〔花・草・木〕…………………………191
ナルキッスス・ラディアートゥス〔花・草・木〕………………191
ナルキッスス・レトゥス〔花・草・木〕…………………………191
なるこまめ〔花・草・木〕………191
偏精〔ハーブ・薬草〕……………468
ナルテキウム・オッシフラグム〔花・草・木〕…………………191
ナワシロイチゴ〔花・草・木〕‥191
なわしろぐみ〔花・草・木〕……191
ナンキンアヤメ〔花・草・木〕‥191
南京白〔花・草・木〕……………192
ナンキンハゼ〔花・草・木〕……192
烏臼木〔ハーブ・薬草〕…………468
ナンキンマメ〔野菜・果物〕……421
ナンキンムメ〔花・草・木〕……192
南京リンゴ〔野菜・果物〕………421
ナンディナ・ドメスティカ(ナンテン)〔花・草・木〕………192
なんてん〔花・草・木〕…………192
ナンテン〔花・草・木〕…………192
ナンテン〔ハーブ・薬草〕………468
南天燭〔花・草・木〕……………192
なんてんそう〔花・草・木〕……192
ナンバンカラスウリ〔ハーブ・薬草〕…………………………468
ナンバンギセル〔花・草・木〕‥192
ナンバンギセル？〔花・草・木〕…………………………192
南蛮星〔花・草・木〕……………192
ナンブイヌナズナ〔花・草・木〕…………………………192
南部 細辛〔ハーブ・薬草〕……468
南部ユリ〔花・草・木〕…………192
南米産クコの1種〔花・草・木〕‥192
ナンヨウスギ〔花・草・木〕……192
ナンヨウソテツ〔ハーブ・薬草〕…………………………468
ナンヨウハリギリの枝〔花・草・木〕…………………………192

【に】

ニオイアシナガタケ〔きのこ・菌類〕…………………………495
ニオイアラセイトウ〔花・草・木〕…………………………193
ニオイイリス〔花・草・木〕……193
においえびね〔花・草・木〕……193
ニオイスミレ〔花・草・木〕……193
ニオイスミレ〔ハーブ・薬草〕‥469
ニオイセンネンボク〔花・草・木〕…………………………193
ニオイニンドウ〔花・草・木〕‥193
ニオイニンドウ〔ハーブ・薬草〕…………………………469
ニオイムラサキ〔花・草・木〕‥193
ニオイヤハズカツラ〔花・草・木〕…………………………193
においらん〔花・草・木〕………193
にがいちご〔野菜・果物〕………421
ニガキ〔花・草・木〕……………193
ニガキ〔ハーブ・薬草〕…………469
ニガクリタケ〔きのこ・菌類〕‥495
にがな〔花・草・木〕……………193
ニガハッカ〔ハーブ・薬草〕……469
ニガヨモギ〔ハーブ・薬草〕……469
ニガヨモギの1種〔ハーブ・薬草〕…………………………469
肉蓯蓉〔ハーブ・薬草〕…………469
ニクスグ〔ハーブ・薬草〕………469
ニクズク〔ハーブ・薬草〕………469
ニクズク(ナツメグ)〔ハーブ・薬草〕…………………………469
ニクズク，ナツメグ〔ハーブ・薬草〕…………………………469
ニゲラ〔花・草・木〕……………193
ニシキイモ(広義)〔花・草・木〕…………………………193
錦重〔花・草・木〕………………193
にしきぎ〔花・草・木〕…………194
鬼箭〔ハーブ・薬草〕……………469
ニシキギの1種〔花・草・木〕…194
にしきそう〔花・草・木〕………194
ニシキ草〔花・草・木〕…………194
ニシキハギ/ビッチュウヤマハギ〔花・草・木〕………………194
ニシキフタエギキョウ〔花・草・木〕…………………………194
ニシキモクレン〔花・草・木〕‥194
にしかうり〔花・草・木〕………194
ニセアカシヤ(ハリエンジュ)〔花・草・木〕…………………194
二尊院普賢象〔花・草・木〕……194
ニチニチソウ〔花・草・木〕……194
ニチニチソウ〔ハーブ・薬草〕‥469
にっけい〔ハーブ・薬草〕………469
ニッケイ〔ハーブ・薬草〕………469
日光〔花・草・木〕………………194

ニッコウキスゲ〔花・草・木〕‥194
二度桜〔花・草・木〕……………194
ニホンズイセン〔花・草・木〕‥194
日本の誉〔花・草・木〕…………194
ニムファエア・ルブラ〔花・草・木〕……………………………194
ニュウコウジュ〔ハーブ・薬草〕……………………………………469
ニュウサイラン〔花・草・木〕‥195
ニラ〔ハーブ・薬草〕………469,470
にらのはな〔野菜・果物〕………421
にらのみ〔野菜・果物〕…………421
ニリンソウ〔花・草・木〕………195
ニリンソウ/ガショウソウ/ギンサカズキ〔花・草・木〕……195
ニレの1種〔花・草・木〕………195
にわうめ〔花・草・木〕…………195
ニワウメ〔花・草・木〕…………195
にわざくら〔花・草・木〕………195
ニワサクラ〔花・草・木〕………195
ニワザクラ〔花・草・木〕………195
ニワシロユリ〔花・草・木〕……195
ニワシロユリ(マドンナリリー)〔ハーブ・薬草〕………470
にわとこ〔花・草・木〕…………195
ニワトコ〔ハーブ・薬草〕………470
ニワフジ〔花・草・木〕…………195
ニワレ種〔花・草・木〕…………195
にんじん〔野菜・果物〕…………421
ニンジン〔野菜・果物〕…………421
人参〔野菜・果物〕………………422
にんじんぼく〔花・草・木〕……196
ニンジンボク〔花・草・木〕……196
ニンジンボク〔ハーブ・薬草〕‥470
忍冬〔ハーブ・薬草〕……………470
にんにく〔野菜・果物〕…………422
ニンニク〔ハーブ・薬草〕………470
ニンニクの栽培品種〔ハーブ・薬草〕……………………………470
ニンファエア・アコウェナ〔花・草・木〕……………………196
ニンファエア・ニティダ〔花・草・木〕…………………………196
ニンファエア・ルブラ〔花・草・木〕……………………………196

【ぬ】

抜筆〔花・草・木〕………………196
ぬなわ〔野菜・果物〕……………422
ぬのびき〔きのこ・菌類〕………495
ヌマダイコン〔花・草・木〕……196
ヌマトラノオ〔花・草・木〕……196
ぬりばしそう〔花・草・木〕……196
ぬるで〔花・草・木〕……………196
ヌルデ〔花・草・木〕……………196
ヌルデ〔野菜・果物〕……………422
ヌルデ〔ハーブ・薬草〕…………470

【ね】

ネオッティア・エラータ〔花・草・木〕…………………………196
ネオッティア・スペシオーサ〔花・草・木〕……………………196
ネギ〔野菜・果物〕………………422
ネギ属の1種〔花・草・木〕……196
ネギボウズ〔野菜・果物〕………422
ネコシデ〔花・草・木〕…………196
ねこのて〔野菜・果物〕…………422
ネコマタ〔野菜・果物〕…………422
ねこやなぎ〔花・草・木〕………196
ネコヤナギ〔花・草・木〕………196
ネジアヤメ〔花・草・木〕…196,197
ねじき〔花・草・木〕……………197
ネージュ・パルファン〔花・草・木〕……………………………197
ネズ〔花・草・木〕………………197
ネズミサシ〔花・草・木〕………197
ねずみたけ〔きのこ・菌類〕……495
ねずみもち〔花・草・木〕………197
ネズミモチ〔花・草・木〕………197
ネナシカズラ〔花・草・木〕……197
ネナシカズラ類〔ハーブ・薬草〕……………………………………470
ネーペンテス[ウツボカズラ]〔花・草・木〕……………………197
ネペンテス・ノーシアナ〔花・草・木〕…………………………197
ねむのき〔花・草・木〕…………197
ネムノキ〔花・草・木〕…………197
合歓木〔ハーブ・薬草〕…………470
子リギ〔花・草・木〕……………197
ねりそ〔花・草・木〕……………197
ネリネ・ウンドゥラータ〔花・草・木〕…………………………197
ネリネ・クルビフォリア〔花・草・木〕…………………………197
ネリネ・サルニエンシス〔花・草・木〕…………………………197
ねりまたいこんの花〔野菜・果物〕……………………………422

【の】

ノアザミ〔花・草・木〕……197,198
ノイチゴ〔野菜・果物〕…………422
ノイバラ〔花・草・木〕…………198
ノイバラの1栽培品種〔花・草・木〕……………………………198
ノイバラの1種〔花・草・木〕…198
ノイバラの園芸品種「セブン・シスターズ」〔花・草・木〕‥198
のうぜんかずら〔花・草・木〕‥198
ノウゼンカズラ〔花・草・木〕‥198
凌霄花〔花・草・木〕……………198
ノウゼンハレン〔花・草・木〕‥198
能牡丹〔花・草・木〕……………198
のゑんとう〔花・草・木〕………198
のゑんどう〔花・草・木〕………198
ノカンゾウ〔花・草・木〕………199
野菊〔ハーブ・薬草〕……………470
ノグルミ〔花・草・木〕…………199
ノゲイトウ〔花・草・木〕………199
のげし〔花・草・木〕……………199
ノコギリソウ〔ハーブ・薬草〕‥470
ノコギリソウ/ハゴロモソウ〔花・草・木〕……………………199
鋸葉椿〔花・草・木〕……………199
のこまさう〔花・草・木〕………199
ノジアオイ〔花・草・木〕………199
ノジギク〔花・草・木〕…………199
ノヂシャ〔野菜・果物〕…………422
ノシラン〔花・草・木〕…………199
ノーゼンハレン〔花・草・木〕‥199
ノダケ〔花・草・木〕……………199
のだふじ〔花・草・木〕…………199
後瀬山〔花・草・木〕……………199
のでまり〔花・草・木〕…………199
ノトスコルドゥム・ストリアトゥム〔花・草・木〕…………199
ノヒメユリ〔花・草・木〕………199
のびる〔野菜・果物〕……………422
のぶ〔花・草・木〕………………199
のぶどう〔野菜・果物〕…………422
ノブドウ〔花・草・木〕……199,200
ノボタン〔花・草・木〕…………200
ノボタン〔野菜・果物〕…………422
ノボリリュウタケ〔きのこ・菌類〕……………………………495
ノボリリョウの1種〔きのこ・菌類〕……………………………495
ノリウツギ〔花・草・木〕………200

【は】

ハアザミ〔花・草・木〕…………200
バイオレット〔ハーブ・薬草〕‥470
バイカアマチャ〔花・草・木〕‥200
バイカイカリソウ〔花・草・木〕……………………………………200
バイカウツギ〔花・草・木〕……200
バイカオウレン〔花・草・木〕‥200
バイカカラマツソウ〔花・草・木〕……………………………200
ハイケイ草〔花・草・木〕………200
バイケイソウ〔花・草・木〕……200
バイケイソウの1種〔花・草・木〕……………………………200
ハイゴケの1種〔その他〕………502
梅護寺珠数掛桜〔花・草・木〕‥200
ハイナス〔花・草・木〕…………200
パイナップル〔野菜・果物〕…………………………………422,423
ハイビスカス〔花・草・木〕

……200,201
ハイビスカスの近縁〔花・草・木〕……201
ハイビャクシン〔花・草・木〕……201
はいまつ〔花・草・木〕……201
ハイマツ〔花・草・木〕……201
ハイムラサキフウセンタケ群の1種〔きのこ・菌類〕……495
ばいも〔花・草・木〕……201
バイモ〔花・草・木〕……201
バイモ〔ハーブ・薬草〕……470
貝母〔ハーブ・薬草〕……470
バウエルハケヤシ〔花・草・木〕……201
葉団扇〔花・草・木〕……201
ハウチワカエデ〔花・草・木〕……201
パエオニア・クルシイ〔花・草・木〕……201
ハエジゴク〔花・草・木〕……201
ハエトリグサ〔花・草・木〕……201
バオバブ〔花・草・木〕……201
バオバブ〔ハーブ・薬草〕……471
ハカタユリ〔花・草・木〕……201
ハカマカズラ〔花・草・木〕……202
バガリア・パルビフローラ〔花・草・木〕……202
ハギ〔花・草・木〕……202
ハギクソウ〔ハーブ・薬草〕……471
パーキンソニア アクレアタ〔花・草・木〕……202
はくうんぼく〔花・草・木〕……202
ハクウンボク〔花・草・木〕……202
白英〔ハーブ・薬草〕……471
白黄〔花・草・木〕……202
白乙女〔花・草・木〕……202
白雁〔花・草・木〕……202
ハクサンイチゲ〔花・草・木〕……202
ハクサンオミナエシ〔花・草・木〕……202
ハクサンチドリの1種〔花・草・木〕……202
白獅子〔花・草・木〕……202
ハクセン〔花・草・木〕……202
白太神楽〔花・草・木〕……202
バクチノキ〔ハーブ・薬草〕……471
ハクテウ〔花・草・木〕……202
白頭翁〔ハーブ・薬草〕……471
白兎藿〔ハーブ・薬草〕……471
白牡丹〔花・草・木〕……202
ハクモクレン〔花・草・木〕……202
ハクモクレン〔ハーブ・薬草〕……471
白木蓮〔ハーブ・薬草〕……471
麥門冬〔ハーブ・薬草〕……471
白露錦〔花・草・木〕……203
ハケイトウ〔花・草・木〕……203
ハゲイトウ〔花・草・木〕……203
巴戟根〔ハーブ・薬草〕……471
はこねうつぎ〔花・草・木〕……203
ハコネウツギ〔花・草・木〕……203
ハコ子ウツキ〔花・草・木〕……203
ハコ子バラ〔花・草・木〕……203
はこべ〔花・草・木〕……203
ハコベ〔ハーブ・薬草〕……471
はこやなぎのはな〔花・草・木〕……203
羽衣〔花・草・木〕……203
ハコロモソウ〔花・草・木〕……203
ハゴロモソウ〔花・草・木〕……203
ハシカンボク〔野菜・果物〕……423
ハシドイ〔花・草・木〕……203
ハシドイの1種〔花・草・木〕……203
ハシニキ〔花・草・木〕……203
はしばみ〔花・草・木〕……203
ハシバミ〔花・草・木〕……203
ハシバミ 二種〔花・草・木〕……204
バショウ〔ハーブ・薬草〕……471
はせをな〔野菜・果物〕……423
バショウの1種〔花・草・木〕……204
ばせふのはな〔花・草・木〕……204
ハシラサボテン〔花・草・木〕……204
柱サボテン〔花・草・木〕……204
ハシラサボテン(セレウス)の1種〔花・草・木〕……204
ハシラサボテンの1種〔花・草・木〕……204
ハシリドコロ〔ハーブ・薬草〕……471
莨菪〔ハーブ・薬草〕……471
ハシリドコロ類〔ハーブ・薬草〕……471
バジル〔ハーブ・薬草〕……471
はす〔花・草・木〕……204
ハス〔花・草・木〕……204,205
ハス〔野菜・果物〕……423
ハス〔ハーブ・薬草〕……471
ハズ〔花・草・木〕……205
ハスイモ〔野菜・果物〕……423
はすのね〔野菜・果物〕……423
ハスノハギリ〔花・草・木〕……205
蓮見白〔花・草・木〕……205
ハゼノキ〔花・草・木〕……205
ハゼノキ〔ハーブ・薬草〕……471
パセリ〔ハーブ・薬草〕……471
ハゼリソウの1種〔花・草・木〕……205
はだかむき〔野菜・果物〕……423
ハタケシメジ〔きのこ・菌類〕……495
旗桜〔花・草・木〕……205
ハタササゲ〔野菜・果物〕……423
はたなだいこん〔野菜・果物〕……423
はちく〔花・草・木〕……205
淡竹〔ハーブ・薬草〕……472
ハチクの竹の子〔野菜・果物〕……423
はちじやうさう〔花・草・木〕……205
ハチジョウナ〔花・草・木〕……205
ハチノスタケ〔きのこ・菌類〕……495
初嵐〔花・草・木〕……205
ハッカ〔ハーブ・薬草〕……472
薄荷〔ハーブ・薬草〕……472
バッカク〔ハーブ・薬草〕……472
白鶴〔花・草・木〕……205
ハッカの1種〔ハーブ・薬草〕……472
初雁〔花・草・木〕……205
白鷗〔花・草・木〕……205
バッコヤナギ〔花・草・木〕……205
八朔絞〔花・草・木〕……205
パッシフロラ・アウランティア〔花・草・木〕……205
パッシフロラ・アラタ〔花・草・木〕……205
パッシフロラ・ツクマネンシス〔花・草・木〕……205
パッションフラワー〔花・草・木〕……205
初瀬山〔花・草・木〕……206
ハツタケの近縁種〔きのこ・菌類〕……495
ハッピー・イヴェント〔花・草・木〕……206
ハツユキソウ〔花・草・木〕……206
馬蹄決明〔ハーブ・薬草〕……472
バテマニア・コレイイ〔花・草・木〕……206
ハートウェギア・プルプレア〔花・草・木〕……206
はとくさ〔花・草・木〕……206
ハトバラ〔花・草・木〕……206
ハトムギ〔野菜・果物〕……423
ハトムギ〔ハーブ・薬草〕……472
ハトヤバラ〔花・草・木〕……206
ハナアオイ〔花・草・木〕……206
ハナイ〔花・草・木〕……206
ハナイカダ〔花・草・木〕……206
ハナイチゲ〔花・草・木〕……206
ハナウド〔花・草・木〕……206
ハナエンジュ〔花・草・木〕……206
ハナカイドウ〔野菜・果物〕……423
花笠〔花・草・木〕……206
ハナガサシャクナゲ〔花・草・木〕……206
ハナカズラ〔花・草・木〕……206
ハナキンポウゲ〔花・草・木〕……206
ハナキンポウゲ(ラナンキュラス)〔花・草・木〕……207
花車〔花・草・木〕……207
ハナケマンソウ〔花・草・木〕……207
ハナサフラン〔花・草・木〕……207
ハナサフラン(ムラサキサフラン)〔花・草・木〕……207
ハナシノブ〔花・草・木〕……207
ハナシノブの1種〔花・草・木〕……207
ハナショウブ〔花・草・木〕……207
はなずおう〔花・草・木〕……207
ハナズオウ〔花・草・木〕……207
ハナスグリ〔花・草・木〕……207
ハナスゲ〔ハーブ・薬草〕……472
ハナセンナ〔花・草・木〕……207
花橘〔花・草・木〕……207
ハナタネツケバナ〔花・草・木〕……208
花チヤウジ〔花・草・木〕……208
ハナツルボラン〔花・草・木〕……208
ハナトリカブト〔ハーブ・薬草〕……472
バナナ〔野菜・果物〕……423

バナナの1種〔野菜・果物〕…… 424
バナナの花〔花・草・木〕……… 208
ハナニガナ〔野菜・果物〕……… 424
ハナネコノメ〔花・草・木〕…… 208
ハナノキ〔花・草・木〕………… 208
ハナビシソウ〔花・草・木〕…… 208
花富貴〔花・草・木〕…………… 208
ハナマキ〔花・草・木〕………… 208
花見車—東京〔花・草・木〕…… 208
花見車—名古屋〔花・草・木〕‥ 208
ハナミズキ〔花・草・木〕……… 208
はなもつこく〔花・草・木〕…… 208
ハナヤスリの1種〔花・草・木〕‥ 208
ハナワギク〔花・草・木〕……… 208
はなわらび〔花・草・木〕……… 208
バニステリア〔ハーブ・薬草〕‥ 472
バニラ〔ハーブ・薬草〕………… 472
バニラの1種〔ハーブ・薬草〕…… 472
バニラ・プラニホリア〔花・草・木〕…………………………… 208
パパイア〔野菜・果物〕………… 424
パパイア〔ハーブ・薬草〕……… 472
パパイヤ〔野菜・果物〕………… 424
ははこぐさ〔花・草・木〕……… 209
ハハコグサ〔花・草・木〕……… 209
ハハコヨモギ〔花・草・木〕…… 209
パパ・メイヤン〔花・草・木〕‥ 209
バビアナ・ストリクタ〔花・草・木〕…………………………… 209
バビアナ・トゥバータ〔花・草・木〕…………………………… 209
バビアナ・トゥビフローラ〔花・草・木〕…………………… 209
パヒオペジラム・アーガス〔花・草・木〕…………………… 209
パヒオペジラム・アップレトニアナム〔花・草・木〕………… 209
パヒオペジラム・インシグネ〔花・草・木〕…………………… 209
パヒオペジラム・インシグネ・サンデレー〔花・草・木〕…… 209
パヒオペジラム・インシグネ・ヘヤヒールド–ホール〔花・草・木〕………………………… 209
パヒオペジラム・インシグネ・モンタナム〔花・草・木〕…… 209
パヒオペジラム・エクザル〔花・草・木〕…………………… 209
パヒオペジラム・カーチシイ・サンデレー〔花・草・木〕…… 209
パヒオペジラム・カロサム〔花・草・木〕…………………… 209
パヒオペジラム・カロサム・サンデレー〔花・草・木〕……… 209
パヒオペジラム・グローコヒラム〔花・草・木〕……………… 209
パヒオペジラム・ゴデフロイ〔花・草・木〕…………………… 209
パヒオペジラム・コンカラー〔花・草・木〕…………………… 210
パヒオペジラム・サクハクリイ〔花・草・木〕………………… 210
パヒオペジラム・ジャバニカム〔花・草・木〕………………… 210
パヒオペジラム・シリオレア〔花・草・木〕…………………… 210
パヒオペジラム・ストネイ〔花・草・木〕…………………… 210
パヒオペジラム・スピセリアナム〔花・草・木〕……………… 210
パヒオペジラム・ダイヤナム〔花・草・木〕…………………… 210
パヒオペジラム・チャールズウォーシイ〔花・草・木〕…… 210
パヒオペジラム・デレナチイ〔花・草・木〕…………………… 210
パヒオペジラム・ドルリアイ〔花・草・木〕…………………… 210
パヒオペジラム・トンサム〔花・草・木〕…………………… 210
パヒオペジラム・ニビューム〔花・草・木〕…………………… 210
パヒオペジラム・ハイナルディアナム〔花・草・木〕………… 210
パヒオペジラム・バーバタム〔花・草・木〕…………………… 210
パヒオペジラム・パリシイ〔花・草・木〕…………………… 210
パヒオペジラム・ヒルスチシマム〔花・草・木〕……………… 210
パヒオペジラム・ビロサム〔花・草・木〕…………………… 210
パヒオペジラム・フィリピネンセ〔花・草・木〕……………… 210
パヒオペジラム・フィリピネンセ・ヘレン〔花・草・木〕…… 210
パヒオペジラム・フェイリアナム〔花・草・木〕……………… 210
パヒオペジラム・プルプラタム〔花・草・木〕………………… 211
パヒオペジラム・プレニアナム〔花・草・木〕………………… 211
パヒオペジラム・ベナスタム〔花・草・木〕…………………… 211
パヒオペジラム・ヘニシアナム〔花・草・木〕………………… 211
パヒオペジラム・ベラチュラム〔花・草・木〕………………… 211
パヒオペジラム・リニイ〔花・草・木〕……………………… 211
パヒオペジラム・ローウィイ〔花・草・木〕…………………… 211
パヒオペジラム・ローレンセアナム〔花・草・木〕…………… 211
バビショウ〔花・草・木〕……… 211
パフィオペディルム・ウィロスム〔花・草・木〕……………… 211
パフィオペディルム・ウェヌスツム〔花・草・木〕…………… 211
パフィオペディルム・ゴドフロイアエ〔花・草・木〕………… 211
パフィオペディルム・スペルビエンス〔花・草・木〕………… 211
パフィオペディルム・ヒルスティッシムム〔花・草・木〕‥ 211
パフィオペディルム・ローレンセアヌム・ハイアヌム〔花・草・木〕…………………………… 211
ハベナリア・カルネア〔花・草・木〕…………………………… 211
ハベナリア・コランベ〔花・草・木〕…………………………… 211
ハベナリア・シリアリス〔花・草・木〕……………………… 211
ハベナリア・ヒンブリアタ〔花・草・木〕…………………… 211
ハベナリア・ブレファリグロチス〔花・草・木〕……………… 212
はぼたん〔花・草・木〕………… 212
はまあかざ〔花・草・木〕……… 212
ハマアザミ〔花・草・木〕……… 212
はまうこぎ〔花・草・木〕……… 212
ハマウツボ〔花・草・木〕……… 212
列當〔ハーブ・薬草〕…………… 472
ハマウツボの1種〔花・草・木〕‥ 212
ハマウツボ類〔ハーブ・薬草〕‥ 472
はまえんどう〔花・草・木〕…… 212
ハマカヽミ草〔花・草・木〕…… 212
はまごう〔花・草・木〕………… 212
ハマゴウ〔花・草・木〕………… 212
ハマゴウの1種〔花・草・木〕… 212
はまづる〔花・草・木〕………… 212
ハマナシ〔花・草・木〕………… 212
ハマナス〔花・草・木〕……212,213
ハマナテシコ〔花・草・木〕…… 213
ハマナデシコ/フジナデシコ〔花・草・木〕…………………… 213
ハマヒルガオ〔花・草・木〕…… 213
ハマビワ〔花・草・木〕………… 213
ハマベスイセン〔花・草・木〕‥ 213
はまぼう〔花・草・木〕………… 213
ハマボウ〔花・草・木〕………… 213
ハマボウフウ〔ハーブ・薬草〕‥ 472
ハマメリス・ヤポニカ（マンサク）〔花・草・木〕…………… 213
ハマユウ〔花・草・木〕………… 213
パミアンテ・ペルウィアナ〔花・草・木〕…………………… 213
バーム〔ハーブ・薬草〕………… 472
早咲大島〔花・草・木〕………… 213
ハヤザキチューリップ〔花・草・木〕………………………… 213
ハヤトウリ〔野菜・果物〕……… 424
ハヤヒトクサ〔花・草・木〕…… 213
バラ〔花・草・木〕…………213,214
バラ〔ハーブ・薬草〕…………… 472
バラ（ロサ・オドラタ）〔花・草・木〕………………………… 214
バラ（ロサ・ケンティフォリア）〔花・草・木〕……………… 214
バラ科キイチゴ属の1種〔ハーブ・薬草〕…………………… 472
バラ属の1種〔花・草・木〕…… 215
パラダイスリリー〔花・草・木〕…………………………………… 215

ハラタケ〔きのこ・菌類〕……… 495
ハラタケ(?)〔きのこ・菌類〕‥ 495
ハラタケ属の1種〔きのこ・菌類〕……………………………… 495
ハラタケの1種〔きのこ・菌類〕‥ 495
ハラタケの類〔きのこ・菌類〕‥ 495
パラディセア・リリアストルム〔花・草・木〕………………… 215
バラ(園芸種)の1種〔花・草・木〕……………………………… 215
バラの1種〔花・草・木〕……… 215
ハラン〔花・草・木〕…………… 215
ハリアサガオ〔花・草・木〕…… 215
ハリギリ〔花・草・木〕………… 215
パリス・クアドリフォリア〔花・草・木〕………………… 215
パリス ポリフィラ[ツクバネソウの1種]〔花・草・木〕…… 215
ハリタケの1種〔きのこ・菌類〕‥ 496
ハリノキ〔花・草・木〕………… 215
ハリモミ〔花・草・木〕………… 215
ハルウコン〔花・草・木〕……… 215
はるこまそう〔花・草・木〕…… 215
ハルザキクリスマスローズ〔花・草・木〕………………… 215
ハルシャギク〔花・草・木〕……………………………215,216
バルデリア・ラヌンクロイデス〔花・草・木〕………………… 216
ハルトラノオ〔花・草・木〕…… 216
はるにれ〔花・草・木〕………… 216
ハルニレ〔花・草・木〕………… 216
春の台〔花・草・木〕…………… 216
バルバドスアロエ〔ハーブ・薬草〕……………………………… 473
バルボフィラム・アンブロシア〔花・草・木〕………………… 216
バルボフィラム・アンベラタム〔花・草・木〕………………… 216
バルボフィラム・グランディフロラム〔花・草・木〕………… 216
バルボフィラム・トリステ〔花・草・木〕………………… 216
バルボフィラム・バービゲラム〔花・草・木〕………………… 216
バルボフィラム・マクランサム〔花・草・木〕………………… 216
バルボフィラム・ロビイ〔花・草・木〕……………………… 216
はるりんどう〔花・草・木〕…… 216
ハルリントウ〔花・草・木〕…… 216
ハルリンドウ〔花・草・木〕…… 216
バンウコン〔花・草・木〕……… 216
ハンカイシオガマ〔花・草・木〕……………………………… 216
ハンカイソウ〔花・草・木〕…… 217
バンクシア〔花・草・木〕……… 217
バンクシア・セラタ〔花・草・木〕……………………………… 217
バンクシアの1種〔花・草・木〕‥ 217
ハンクハイソウ〔花・草・木〕‥ 217
パンクラティウム・イリリクム〔花・草・木〕………………… 217
パンクラティウム・スペキオースム〔花・草・木〕…………… 217
パンクラティウム・フラグランス〔花・草・木〕……………… 217
半夏〔ハーブ・薬草〕…………… 473
はんげしょう〔花・草・木〕…… 217
ハンゲショウ〔花・草・木〕…… 217
ハンザ〔花・草・木〕…………… 217
パンジー〔花・草・木〕……217,218
パンジーのブーケ〔花・草・木〕……………………………… 218
ハンショウヅル〔花・草・木〕‥ 218
バンジロウ(グァバ)〔野菜・果物〕……………………………… 424
バンダ・アメシアナ〔花・草・木〕……………………………… 218
バンダ・インシグニス〔花・草・木〕……………………………… 218
バンダ・ギガンテア〔花・草・木〕……………………………… 218
バンダ・キンバリアナ〔花・草・木〕……………………………… 218
バンダ・クリスタータ〔花・草・木〕……………………………… 218
バンダ・コエルレア〔花・草・木〕……………………………… 218
バンダ・コンカラー〔花・草・木〕……………………………… 218
バンダ・サンデリアナ〔花・草・木〕……………………………… 218
バンダ・スアビス〔花・草・木〕‥ 218
バンダ・セルレア〔花・草・木〕‥ 218
バンダ・セルレッセンス〔花・草・木〕………………………… 218
バンダ・テレス〔花・草・木〕‥ 218
バンダ・トリカラー〔花・草・木〕……………………………… 218
パンダヌス ラビリンティクス[タコノキの1種]〔花・草・木〕……………………………… 218
バンダ・パリシイ・マリオチアナ〔花・草・木〕……………… 218
バンダ'ミス–ジョーキム'〔花・草・木〕………………………… 219
バンダ・メリリイ〔花・草・木〕‥ 219
バンダ・ラメラタ・ボキザリイ〔花・草・木〕………………… 219
バンダ・リゾキロイデス〔花・草・木〕………………………… 219
バンダ・ルゾニカ〔花・草・木〕‥ 219
バンダ・ローウィイ〔花・草・木〕……………………………… 219
バンダ'ロスチャイルディアナ'〔花・草・木〕………………… 219
はんのき〔花・草・木〕………… 219
ハンノキ〔花・草・木〕………… 219
パンノキ〔野菜・果物〕………… 424
パンノキの実〔野菜・果物〕…… 424
半八重咲きのツバキ〔花・草・木〕……………………………… 219
万里香〔花・草・木〕…………… 219

【ひ】

ヒアキンツス・ラケモスス〔花・草・木〕………………… 219
ヒアキントイデス〔花・草・木〕……………………………… 219
ヒアキントイデス・イタリカ〔花・草・木〕………………… 219
ヒアキントイデス・ノンスクリプタ〔花・草・木〕…………… 219
ヒアキントゥス・オリエンタリス(変種デクンベンス)〔花・草・木〕………………………… 219
ヒアシンス〔花・草・木〕…219,220
ひいらき〔花・草・木〕………… 220
ひいらぎ〔花・草・木〕………… 220
ヒイラギ〔花・草・木〕………… 220
ヒイラギソウ〔花・草・木〕…… 220
ヒイラキ南天〔花・草・木〕…… 220
ヒイラギナンテン〔花・草・木〕……………………………… 220
ヒイラギナンテン/トウナンテン〔花・草・木〕……………… 220
ヒイラギモチ〔花・草・木〕…… 220
ヒイロガサ〔きのこ・菌類〕…… 496
ヒエンソウ〔花・草・木〕……… 220
ひおうぎ〔花・草・木〕………… 220
ヒオウギ〔花・草・木〕………… 220
ヒオウギズイセン〔花・草・木〕……………………………… 220
ビオラ カピラリス[スミレの1種]〔花・草・木〕…………… 220
ビオラ・コルナータ〔花・草・木〕……………………………… 221
ビオラ・ペダータ〔花・草・木〕‥ 221
ビカクシダ〔花・草・木〕……… 221
ヒカゲタケ〔きのこ・菌類〕…… 496
ヒカゲノカズラ〔ハーブ・薬草〕……………………………… 473
ヒカゲノカズラの1種〔花・草・木〕……………………………… 221
ヒカゲミズの1種〔花・草・木〕‥ 221
ピカデリー〔花・草・木〕……… 221
光源氏〔花・草・木〕…………… 221
ひがんばな〔花・草・木〕……… 221
ヒガンバナ〔花・草・木〕……… 221
ヒガンバナ〔ハーブ・薬草〕…… 473
ヒガンバナ科〔花・草・木〕…… 221
ひきよもぎ〔花・草・木〕……… 221
ヒギリ〔花・草・木〕…………… 221
ヒギリ/トウギリ〔花・草・木〕‥ 221
ビグノニア・パンドラエ〔花・草・木〕………………………… 221
日暮〔花・草・木〕……………… 221
緋車〔花・草・木〕……………… 221
ヒゲキキョウ〔花・草・木〕…… 222
ヒゴウカン〔花・草・木〕……… 222
獼猴桃〔ハーブ・薬草〕………… 473
ヒゴスミレ〔花・草・木〕……… 222

ヒゴダイ〔花・草・木〕………… 222
ひさゝき〔花・草・木〕………… 222
ヒシ〔花・草・木〕……………… 222
ヒシ〔ハーブ・薬草〕…………… 473
菱唐糸〔花・草・木〕…………… 222
ビジョナデシコ〔花・草・木〕‥ 222
緋縮緬〔花・草・木〕…………… 222
ビジンショウ〔花・草・木〕…… 222
美人蕉〔花・草・木〕…………… 222
ヒジンソウ〔花・草・木〕……… 222
ビジンソウ〔花・草・木〕……… 222
ピース〔花・草・木〕…………… 222
ピスタチオ〔野菜・果物〕……… 424
ヒソップ〔ハーブ・薬草〕……… 473
ヒダカイワザクラ〔花・草・木〕
……………………………… 222
ヒダカソウ〔花・草・木〕……… 222
ヒダキクラゲ〔きのこ・菌類〕‥ 496
ヒダハタケ〔きのこ・菌類〕…… 496
ひつじぐさ〔花・草・木〕……… 222
ヒツジグサ〔花・草・木〕……… 223
ピッチャープラント〔花・草・木〕……………………………… 223
ヒッペアストゥルム・ビッタートゥム〔花・草・木〕………… 223
ヒッペアストゥルム・レジネ〔花・草・木〕………………… 223
ヒッペアストルム・エクエストリス〔花・草・木〕…………… 223
ピッペアストルム・エクエストレ〔花・草・木〕……………… 223
ヒッペアルトム・レティクラトゥム〔花・草・木〕………… 223
一重曙〔花・草・木〕…………… 223
ヒトエノニワザクラ〔花・草・木〕……………………………… 223
ピトカイルニア・アングスティフォリア〔花・草・木〕……… 223
ピトカイルニア・ブロメリエフォリア〔花・草・木〕……… 223
ピトカイルニア・ラティフォリア〔花・草・木〕……………… 223
ヒトツバ〔ハーブ・薬草〕……… 473
ヒトツバエニシダ〔花・草・木〕
……………………………… 223
ひとつばたご〔花・草・木〕…… 223
ヒトツバタゴ〔花・草・木〕…… 223
ヒトツバマメ〔花・草・木〕…… 223
ひともじ〔野菜・果物〕………… 424
ヒトヨタケ〔きのこ・菌類〕…… 496
ヒドランゲア・ヤポニカ(ヤマアジサイ?)〔花・草・木〕… 223
ひとりしずか〔花・草・木〕…… 223
ヒトリシズカ〔花・草・木〕…… 223
ヒナギキョウ〔花・草・木〕…… 224
ヒナギク〔花・草・木〕………… 224
雛菊桜〔花・草・木〕…………… 224
ヒナゲシ〔花・草・木〕………… 224
ヒナゲシ〔野菜・果物〕………… 424
ヒナゲシ〔ハーブ・薬草〕……… 473
ヒナタイノコズチ〔ハーブ・薬草〕………………………………… 473
ヒナユリ〔花・草・木〕………… 224
ピヌス ピネア[マツの1種]の球果〔花・草・木〕…………… 224
ひのき〔花・草・木〕…………… 224
ヒノキ〔花・草・木〕…………… 224
ヒノキアスナロ〔花・草・木〕‥ 224
緋の蓮花〔花・草・木〕………… 224
ヒバタマの1種〔その他〕……… 503
ヒバーティア・スカンデンス〔花・草・木〕………………… 224
ヒビロウド〔その他〕…………… 503
ビフレナリア・アトロプルプレア〔花・草・木〕……………… 224
ビフレナリア・イノドラ〔花・草・木〕………………………… 224
ビフレナリア・チリアンシナ〔花・草・木〕………………… 224
ビフレナリア・テトラゴナ〔花・草・木〕………………… 224
ビフレナリア・ハリソニエー〔花・草・木〕………………… 225
ヒペリクム ペルフォラーツム[セイヨウオトギリソウ]〔花・草・木〕………………… 225
ヒポクシス・エレクタ〔花・草・木〕……………………………… 225
ヒポクシス・ステラータ〔花・草・木〕………………………… 225
ヒポクシス・ビローサ〔花・草・木〕…………………………… 225
ヒマ〔ハーブ・薬草〕…………… 473
蓖麻〔ハーブ・薬草〕…………… 473
ひまくわ〔野菜・果物〕………… 424
ヒマチジューム・チランジオイデス〔花・草・木〕…………… 225
ヒマラヤゴヨウ〔花・草・木〕‥ 225
ヒマラヤスギ〔花・草・木〕…… 225
ヒマラヤスギ?〔花・草・木〕‥ 225
ヒマラヤハッカクレン〔花・草・木〕………………………… 225
ヒマワリ〔花・草・木〕………… 225
ヒマワリの1種〔花・草・木〕… 225
ヒマワリ/ヒグルマ〔花・草・木〕……………………………… 226
ひむろ〔花・草・木〕…………… 226
ヒムロ〔花・草・木〕…………… 226
ヒメイズイ〔花・草・木〕……… 226
ヒメイチゲ〔花・草・木〕……… 226
ヒメウツギ〔花・草・木〕……… 226
ひめうり〔野菜・果物〕………… 424
ヒメエンゴサク〔花・草・木〕‥ 226
ヒメオニソテツ〔花・草・木〕‥ 226
ヒメカイウ〔花・草・木〕……… 226
ヒメカンゾウ〔花・草・木〕…… 226
ひめきゝやう〔花・草・木〕…… 226
ヒメギキョウ〔花・草・木〕…… 226
ヒメキツネタケモドキ(?)〔きのこ・菌類〕……………… 496
ヒメギリソウ〔花・草・木〕…… 226
ヒメキリンソウ〔花・草・木〕‥ 226
ヒメキンギョソウ〔花・草・木〕
……………………………… 226
ヒメコウゾ〔花・草・木〕……… 226
ヒメザクロ(ナンキンザクロ)〔花・草・木〕………………… 226
ヒメザミア〔花・草・木〕……… 226
ヒメサユリ〔花・草・木〕……… 227
ヒメサユリ〔野菜・果物〕……… 424
ヒメシオン〔花・草・木〕……… 227
ひめしゃが〔花・草・木〕……… 227
ヒメシャクナゲ〔花・草・木〕‥ 227
ヒメシャラ〔花・草・木〕……… 227
ひめづた〔花・草・木〕………… 227
ヒメスミレ〔花・草・木〕……… 227
ヒメチチタケ(?)〔きのこ・菌類〕………………………… 496
ヒメツルボラン〔花・草・木〕‥ 227
ヒメノウゼンカズラ〔花・草・木〕……………………………… 227
ヒメノカリス〔花・草・木〕…… 227
ヒメノカリス・カラティナ〔花・草・木〕………………… 227
ヒメノカリス・カリベア〔花・草・木〕………………………… 227
ヒメノカリスの1種〔花・草・木〕……………………………… 227
ヒメノカリス・ラセラ〔花・草・木〕……………………………… 227
ヒメノカリス・リトラリス〔花・草・木〕………………… 227
ヒメノコギリソウ〔花・草・木〕
……………………………… 227
ヒメノボタン〔花・草・木〕…… 227
ヒメハギ〔ハーブ・薬草〕……… 473
ヒメハギの1種〔ハーブ・薬草〕‥ 473
ヒメバショウ〔花・草・木〕…… 228
ヒメハナワラビ〔花・草・木〕‥ 228
ヒメバラ〔花・草・木〕………… 228
ヒメヒゴダイ〔花・草・木〕…… 228
ヒメビシ〔野菜・果物〕………… 424
姫ブシユカン〔野菜・果物〕…… 424
ひめほたる〔花・草・木〕……… 228
姫ホトヽギス〔花・草・木〕…… 228
ヒメマイヅルソウ〔花・草・木〕
……………………………… 228
ヒメヤシャブシ〔花・草・木〕‥ 228
ヒメヤハズヤシ〔花・草・木〕‥ 228
ヒメユリ〔花・草・木〕………… 228
ひやくし〔花・草・木〕………… 228
白芷〔ハーブ・薬草〕…………… 473
ビャクシン(栽培品種)〔花・草・木〕………………………… 228
白前〔ハーブ・薬草〕…………… 473
ビャクダン〔ハーブ・薬草〕…… 473
ヒャクニチソウ〔花・草・木〕‥ 228
百部〔ハーブ・薬草〕…………… 474
ビャクレン〔花・草・木〕……… 228
白斂〔ハーブ・薬草〕…………… 474
ヒヤシンス〔花・草・木〕…228,229
ヒヤシント図〔花・草・木〕…… 229
ヒユ〔花・草・木〕……………… 229
ヒユ(アカビユ)〔花・草・木〕‥ 229
ヒュウガミズキ〔花・草・木〕‥ 229

ヒョウタン〔野菜・果物〕…424,425
ひやうたんのき〔花・草・木〕‥229
ひやふたんのき〔花・草・木〕‥229
ひやうたんのきのみ〔花・草・木〕……229
ビヤウ柳〔花・草・木〕……229
ビョウヤナギ〔花・草・木〕……229
ビヨウヤナギ〔花・草・木〕……229
ヒヨクヒバ〔花・草・木〕……230
ヒヨス〔ハーブ・薬草〕……474
ヒヨスの1種〔ハーブ・薬草〕……474
鵯桜〔花・草・木〕……230
ひよどりじょうご〔花・草・木〕……230
ヒヨドリジョウゴ〔花・草・木〕……230
ヒヨドリジョウゴ類〔ハーブ・薬草〕……474
ヒヨドリバナの1種〔花・草・木〕……230
ヒラタケ〔きのこ・菌類〕……496
平野寝覚〔花・草・木〕……230
ヒランジ〔花・草・木〕……230
ヒルガオ〔花・草・木〕……230
ヒルガオ〔野菜・果物〕……425
ヒルガオ科の植物〔花・草・木〕……230
ヒルガオの類〔花・草・木〕……230
ひるむしろ〔花・草・木〕……230
ヒルムシロ〔花・草・木〕……230
ヒルムシロ〔ハーブ・薬草〕……474
ヒレアザミ〔花・草・木〕……230
ヒレアザミ属の1種〔花・草・木〕……230
ビレナイイワタバコ(オニイワタバコ)〔花・草・木〕……230
ヒレハリソウ〔ハーブ・薬草〕‥474
ビロウ〔花・草・木〕……230
ビロウの1種、リヴィストナ・マウリティアナ〔花・草・木〕……231
ヒロセレウス?〔花・草・木〕‥231
ビロードアオイ〔花・草・木〕‥231
ビロードツエタケ〔きのこ・菌類〕……496
ビロードベニヒダタケ(?)〔きのこ・菌類〕……496
ヒロハカラフトブシ〔花・草・木〕……231
ヒロハセネガ〔ハーブ・薬草〕‥474
ヒロハノキハダ〔花・草・木〕‥231
ヒロハノレンリソウ〔花・草・木〕……231
びわ〔野菜・果物〕……425
ビワ〔花・草・木〕……231
ビワ〔野菜・果物〕……425
枇杷〔ハーブ・薬草〕……474
ビワの果実の横断面〔野菜・果物〕……425
ビワモドキ〔花・草・木〕……231
ビワモドキ属の1種〔花・草・木〕……231
ピンクと白のツバキ〔花・草・木〕……231
ピンク・ネヴァダ〔花・草・木〕‥231
ビンロウジュ〔ハーブ・薬草〕‥474

【ふ】

ファースト・ラヴ〔花・草・木〕……231
ファツィア・ヤポニカ(ヤツデ)〔花・草・木〕……231
ファバージェ〔花・草・木〕……231
ファラオ〔花・草・木〕……231
ファランギウム・ペンデュルム〔花・草・木〕……231
ファランジウム〔花・草・木〕‥231
ファレノプシス・アフロダイト〔花・草・木〕……231
ファレノプシス・アフロディテ〔花・草・木〕……231
ファレノプシス・アマビリス〔花・草・木〕……231
ファレノプシス・アンボイネンシス〔花・草・木〕……232
ファレノプシス・インターメジア〔花・草・木〕……232
ファレノプシス・インテルメディア・ポルテリ〔花・草・木〕……232
ファレノプシス・ギガンテア〔花・草・木〕……232
ファレノプシス・グランディフロラ〔花・草・木〕……232
ファレノプシス・コルヌ–セルビ〔花・草・木〕……232
ファレノプシス・サンデリアナ〔花・草・木〕……232
ファレノプシス・シレリアナ〔花・草・木〕……232
ファレノプシス・スチュアーチアナ〔花・草・木〕……232
ファレノプシス・スペキオサ〔花・草・木〕……232
ファレノプシス・セルペンチリンガ〔花・草・木〕……232
ファレノプシス・デネベイ〔花・草・木〕……232
ファレノプシス・パリシイ〔花・草・木〕……232
ファレノプシス・パレンス〔花・草・木〕……232
ファレノプシス・ビオラセア〔花・草・木〕……232
ファレノプシス・ビオラセア(マラヤタイプ)〔花・草・木〕……232
ファレノプシス・ヒーログリフィカ〔花・草・木〕……232
ファレノプシス・ファシアタ〔花・草・木〕……232
ファレノプシス・マニイ〔花・草・木〕……232
ファレノプシス・マリエー〔花・草・木〕……233
ファレノプシス・リンデニイ〔花・草・木〕……233
ファレノプシス・ルデマニアナ〔花・草・木〕……233
ファレノプシス・ローウィー〔花・草・木〕……233
ファレノプシス・ロゼア〔花・草・木〕……233
フイエーア・ペダタ〔花・草・木〕……233
フィーバーフュー〔ハーブ・薬草〕……474
フィモシア・ウンベラタ〔花・草・木〕……233
斑入りイヌサフラン〔花・草・木〕……233
斑入りチューリップ〔花・草・木〕……233
斑入りのアオキ〔花・草・木〕‥233
斑入りのチューリップ〔花・草・木〕……233
ふう〔花・草・木〕……233
フウ〔花・草・木〕……233
フウセンカズラ〔花・草・木〕‥233
フウセンタケ属の1種〔きのこ・菌類〕……496
フウセントウワタ〔花・草・木〕……233
フウチョウソウ〔花・草・木〕‥233
フウトウカヅラ〔花・草・木〕‥233
風戸八重彼岸〔花・草・木〕……234
ふうらん〔花・草・木〕……234
フウラン〔花・草・木〕……234
フウリンソウ〔花・草・木〕……234
フウロケマン〔花・草・木〕……234
フウロソウ〔花・草・木〕……234
フウロソウの1種〔花・草・木〕‥234
フェヌグリーク〔ハーブ・薬草〕……474
フェルラ・ペルシカ〔花・草・木〕……234
フェルラリア・ウンドゥラータ〔花・草・木〕……234
フェルラリア・フェルラリオラ〔花・草・木〕……234
フェンネル〔ハーブ・薬草〕……474
フォゼオルス ロストラーツス［インゲンマメの1種］〔野菜・果物〕……425
フカギレサンザシ〔花・草・木〕……234
フカミクサ〔花・草・木〕……234
フキ〔花・草・木〕……234
ふきあげ〔花・草・木〕……234
フキサクラシメジ〔きのこ・菌類〕……496
婦幾須じ/カキツバタ〔花・草・木〕……234

フキタンポポ〔ハーブ・薬草〕‥474
フキノトウ〔野菜・果物〕……425
福桜〔花・草・木〕……234
フクシア・セルラティフォリア〔花・草・木〕……234
フクシア・ヒブリダ〔花・草・木〕……234
フクシア・フルゲンス〔花・草・木〕……235
フクシア・マジェラニカ〔花・草・木〕……235
フクジュソウ〔花・草・木〕……235
フクジュソウ〔ハーブ・薬草〕‥474
フクジユソウ〔花・草・木〕……235
福壽草〔花・草・木〕……235
茯神〔ハーブ・薬草〕……474
フクベノキ〔花・草・木〕……235
ふくらがし〔花・草・木〕……235
ブクリョウ〔ハーブ・薬草〕……474
覆輪一休〔花・草・木〕……235
福禄寿〔花・草・木〕……235
フクロモチ〔花・草・木〕……235
普賢象〔花・草・木〕……235
フサザキスイセン〔花・草・木〕……235
フサザクラ〔花・草・木〕……236
フサスグリ〔野菜・果物〕……425
ふさぼたん〔花・草・木〕……236
フシ〔花・草・木〕……236
フジ〔花・草・木〕……236
附子〔ハーブ・薬草〕……474
フジアザミ〔花・草・木〕……236
フジイバラ〔花・草・木〕……236
フジウツギ〔花・草・木〕……236
フヂウツギ〔花・草・木〕……236
ふしぐろ〔花・草・木〕……236
プシコトリア ヘルバケア[ボチョウジ属の1種]〔花・草・木〕……236
ふじせんりやう〔花・草・木〕‥236
フジツツジ〔花・草・木〕……237
フジナデシコ〔花・草・木〕……237
フジバカマ〔花・草・木〕……237
フジハタザオ〔花・草・木〕……237
ふじまめ〔野菜・果物〕……425
フジマメ〔野菜・果物〕……425
ふじもどき〔花・草・木〕……237
フジモドキ〔花・草・木〕……237
フジモドキ〔ハーブ・薬草〕……475
ブシュカン〔野菜・果物〕……426
不詳〔花・草・木〕……237
フタゴヤシの1種〔野菜・果物〕‥426
フタナミソウ〔花・草・木〕……237
フタナミソウの1種〔花・草・木〕……237
フタバアオイ〔花・草・木〕……237
フタバガキ〔花・草・木〕……237
ふたりしずか〔花・草・木〕……237
フタリシズカ〔花・草・木〕……237
不断桜〔花・草・木〕……238
フダンソウ〔野菜・果物〕……426
ふつくさ〔花・草・木〕……238
ぶっしゅかん〔野菜・果物〕……426
ブッシュカン〔野菜・果物〕……426
佛手柑〔野菜・果物〕……426
ブッソウゲ〔花・草・木〕……238
扶桑花〔花・草・木〕……238
佛桑花〔花・草・木〕……238
ブテア属の1種〔花・草・木〕…238
筆防風〔ハーブ・薬草〕……475
プテロスチリス・バプチスチイ〔花・草・木〕……238
ふとゐ〔花・草・木〕……238
ぶどう〔野菜・果物〕……426
ブドウ〔野菜・果物〕……426
ブドウの1種〔野菜・果物〕……426
フトボナギナタコウジュ？〔花・草・木〕……238
フトモモ〔野菜・果物〕……426
ブナ〔花・草・木〕……238
ブナ〔野菜・果物〕……426
ふなだんご〔花・草・木〕……238
フナバラソウ〔花・草・木〕……238
フナバラソウ〔ハーブ・薬草〕‥475
ブプタルムム〔花・草・木〕……238
ブプタルムム属の1種〔花・草・木〕……238
フー・ペルネ・デュシェ〔花・草・木〕……238
フマリア・ククラリア〔花・草・木〕……238
不明〔花・草・木〕……238
不明(同定できず)〔花・草・木〕……238
プヤ〔花・草・木〕……239
フユアオイ〔花・草・木〕……239
冬葵〔ハーブ・薬草〕……475
フユイチゴ〔野菜・果物〕……427
ふゆざんしょう〔花・草・木〕‥239
フユザンショウ〔花・草・木〕‥239
ふゆづたのみ〔花・草・木〕……239
ふよう〔花・草・木〕……239
フヤウ〔花・草・木〕……239
フヨウ〔花・草・木〕……239
フラウ・カール・ドルシュキー〔花・草・木〕……239
フラグミペディウム・カウダツム〔花・草・木〕……239
フラグモペジラム・コーダタム〔花・草・木〕……239
フラグモペジラム・シュリミイ〔花・草・木〕……239
フラグモペジラム・シュロデレー〔花・草・木〕……239
フラグモペジラム・ドミニアナム〔花・草・木〕……239
フラグモペジラム・ロンギフォリューム〔花・草・木〕……239
フラゲラリア・インディカ〔花・草・木〕……240
ブラサボラ・ククラタ〔花・草・木〕……240
ブラサボラ・グラウカ〔花・草・木〕……240
ブラサボラ・コルダタ〔花・草・木〕……240
ブラサボラ・ディグビアナ〔花・草・木〕……240
ブラサボラ・ノドサ〔花・草・木〕……240
ブラサボラ・ペリニイ〔花・草・木〕……240
ブラサボラ・マルチアナ〔花・草・木〕……240
ブラジルマツ〔花・草・木〕……240
プラチュケリウム[ビカクシダ]〔花・草・木〕……240
ブラック・ティー〔花・草・木〕‥240
ブラックベリー〔野菜・果物〕‥427
ブラックベリーの枝〔野菜・果物〕……427
ブラックベリーの小枝〔野菜・果物〕……427
ブラッサボラ・グラウカ〔花・草・木〕……240
ブラッサボラ・ツベルクラタ〔花・草・木〕……240
ブラッシア・ギレウーディアナ〔花・草・木〕……240
ブラッシア・クロロリューカ〔花・草・木〕……240
ブラッシア・ベルコサ〔花・草・木〕……240
ブラッシア・マキュラタ〔花・草・木〕……240
ブラッシア・ローレンシアナ〔花・草・木〕……240
ブラッシノキ〔花・草・木〕……240
プラティロビウム〔花・草・木〕……240
プラティロビウム・フォルモスム〔花・草・木〕……240
フランスカイガンショウ〔花・草・木〕……240
仏蘭西白〔花・草・木〕……241
フランスバラ〔花・草・木〕……241
フランソワ・ジュランヴィル〔花・草・木〕……241
ブラン・ドゥブル・ド・クーベール〔花・草・木〕……241
ブリオニアの1種〔ハーブ・薬草〕……475
フリージア〔花・草・木〕……241
フリーセアの1種〔花・草・木〕‥241
ブリタニア〔花・草・木〕……241
フリチラリア〔花・草・木〕……241
フリティラリア・アッシリアカ〔ハーブ・薬草〕……475
フリティラリア・ウスリエンシス〔花・草・木〕……241
フリティラリア・ペルシカ〔花・草・木〕……241
フリティラリア・メレアグリス〔花・草・木〕……241
フリティラリア・ラティフォリ

ア〔花・草・木〕……………… 241
プリマ・バレリーナ〔花・草・木〕……………………………… 241
プリムラ〔花・草・木〕………… 241
プリムラ・アウリクラ〔花・草・木〕……………………………… 241
プリムラ・アモエナ〔花・草・木〕……………………………… 241
プリムラ・ウィロサ〔花・草・木〕……………………………… 242
プリムラ・ヴルガリス〔花・草・木〕……………………………… 242
プリムラ・エロサ〔花・草・木〕‥ 242
プリムラ・カピタタ〔花・草・木〕……………………………… 242
プリムラ・シネンシス(カンザクラ)〔花・草・木〕………… 242
プリムラ ファリノサ〔花・草・木〕……………………………… 242
プリムラ ファリノサの変種デヌダタ〔花・草・木〕………… 242
プリムラ・プベスケンス〔花・草・木〕……………………… 242
プリムラ ロンギフロラ〔花・草・木〕……………………… 242
プリムローズ〔花・草・木〕…… 242
プリメウラ・アメティスティナ〔花・草・木〕………………… 242
プリンセス・タカマツ〔花・草・木〕……………………………… 242
プリンセス・チチブ〔花・草・木〕……………………………… 242
プリンセス・ミチコ〔花・草・木〕……………………………… 242
フルクレア・ギガンテア〔花・草・木〕……………………… 242
プルヌス・ニグラ〔花・草・木〕‥ 243
プルビネ・アロオイデス〔花・草・木〕……………………… 243
プルビネ・アンヌア〔花・草・木〕……………………………… 243
プルビネ・フルテスケンス〔花・草・木〕………………… 243
ブルビネ・ロンギスカーパ〔花・草・木〕………………… 243
ブルーベル〔花・草・木〕……… 243
プルボコディウム・ベルヌム〔花・草・木〕………………… 243
プルミエ・バル〔花・草・木〕‥ 243
ブルー・ムーン〔花・草・木〕‥ 243
プルメリア〔花・草・木〕……… 243
プルモナリア・モリス〔花・草・木〕……………………………… 243
ブルンスウィギア・ファルカタ〔花・草・木〕………………… 243
ブルンスビギア・ジョセフィーネ〔花・草・木〕……………… 243
プルンバゴ〔花・草・木〕……… 243
プレエア・テヌイフォリア〔花・草・木〕………………… 243
プレオネ・マキュラタ〔花・草・木〕……………………………… 243
ふれ太鼓〔花・草・木〕………… 243
プレチア・シェファーディイ〔花・草・木〕………………… 243
プレティア・ベレクンダ〔花・草・木〕……………………… 243
フレンシャム〔花・草・木〕…… 243
フレンチマリゴールド〔花・草・木〕……………………… 244
フレンチラベンダー〔花・草・木〕……………………………… 244
フレンチローズ〔花・草・木〕‥ 244
フロックス〔花・草・木〕……… 244
フロックスの1種〔花・草・木〕‥ 244
フロックス・ロゼア〔花・草・木〕……………………………… 244
プロテア〔花・草・木〕………… 244
プロテア・アカウリス〔花・草・木〕……………………………… 244
プロテア・グランディフロラ〔花・草・木〕………………… 244
プロテア・ナナ〔花・草・木〕‥ 244
プロテアの1種〔花・草・木〕… 244
プロテア ロンギフォリア〔花・草・木〕……………………… 244
ブロートニア・サンギネア〔花・草・木〕………………… 244
プロミネント〔花・草・木〕…… 244
プロメネア・シトリナ〔花・草・木〕……………………………… 245
ブロメリア・アガウォイデス〔花・草・木〕………………… 245
ブロメリア・シルウェストリス〔花・草・木〕………………… 245
ブロメリア・バランサエ〔花・草・木〕……………………… 245
ブロメリア・ピングィン〔花・草・木〕……………………… 245
フロラドーラ〔花・草・木〕…… 245
ブンカンカ〔花・草・木〕……… 245
ブンタン〔野菜・果物〕………… 427
ブンチヤウ草〔花・草・木〕…… 245
フントレヤ・メレアグリス〔花・草・木〕………………… 245

【へ】

ペオニア・ダウリカ〔花・草・木〕……………………………… 245
へくそかずら〔花・草・木〕…… 245
ヘクソカズラ〔花・草・木〕…… 245
へくそかずらのみ〔花・草・木〕……………………………… 245
ヘゴ〔花・草・木〕……………… 245
ヘゴ属の1種〔花・草・木〕…… 245
ベゴニア〔花・草・木〕………… 245
ヘゴの1種〔花・草・木〕……… 245
へこはち〔花・草・木〕………… 246
ペスカトレア・セリナ〔花・草・木〕……………………………… 246
ヘスペランテス・ラディアータ〔花・草・木〕………………… 246
へちま〔野菜・果物〕…………… 427
ヘチマ〔野菜・果物〕…………… 427
ヘチマ〔ハーブ・薬草〕………… 475
ペチュニア〔花・草・木〕……… 246
ベツレヘムノホシ〔花・草・木〕……………………………… 246
ペディアストゥルム［クンショウモ］〔その他〕……………… 503
紅荒獅子〔花・草・木〕………… 246
ベニイタヤ〔花・草・木〕……… 246
ヘニガク〔花・草・木〕………… 246
ベニガク〔花・草・木〕………… 246
紅笠〔花・草・木〕……………… 246
紅車〔花・草・木〕……………… 246
ベニゴウカン〔花・草・木〕…… 246
ベニコウホネ〔花・草・木〕…… 246
紅時雨〔花・草・木〕…………… 246
べにしゅすらん〔花・草・木〕‥ 246
紅太神楽〔花・草・木〕………… 246
べにたけ〔きのこ・菌類〕……… 496
紅玉錦〔花・草・木〕…………… 246
紅千鳥〔花・草・木〕…………… 246
ベニテングタケの変種〔きのこ・菌類〕……………………… 496
ベニドウダン/ヨウラクツツジ〔花・草・木〕………………… 246
べにばな〔花・草・木〕………… 246
ベニバナ〔ハーブ・薬草〕……… 475
紅花〔ハーブ・薬草〕…………… 475
ベニバナキジムシロ〔花・草・木〕……………………………… 246
ベニバナ/スエツムハナ/クレノアイ〔花・草・木〕………… 247
ベニバナダイコンソウ〔花・草・木〕……………………… 247
ベニバナダイモンジソウ〔花・草・木〕……………………… 247
ベニバナハコネウツギ〔花・草・木〕……………………… 247
べにふき〔野菜・果物〕………… 427
ヘニミカン〔野菜・果物〕……… 427
ベニミカン〔野菜・果物〕……… 427
紅妙蓮寺〔花・草・木〕………… 247
べにやろく〔花・草・木〕……… 247
紅豊〔花・草・木〕……………… 247
ベニユリズイセン〔花・草・木〕……………………………… 247
ペニーローヤル〔ハーブ・薬草〕……………………………… 475
紅侘助〔花・草・木〕…………… 247
ペパーミント〔ハーブ・薬草〕‥ 475
へびいちご〔花・草・木〕……… 247
へびぢわん〔花・草・木〕……… 247
へびのぼらず〔花・草・木〕…… 247
ベビー・マスケレード〔花・草・木〕……………………………… 247
ペペロミア・オブツシフォリア〔花・草・木〕………………… 247
ペポカボチャ〔野菜・果物〕…… 427
ヘマリア・ディスカラー〔花・草・木〕……………………… 247

ヘマリア・ドーソニアナ〔花・草・木〕……247
ヘマントゥス・アルビフロス（マユハケオモト）〔花・草・木〕……247
ヘマントゥス・コッキネウス〔花・草・木〕……247
ヘマントゥス・プニケウス〔花・草・木〕……247
ヘマントゥス・ムルティフロールス〔花・草・木〕……247
ヘメロカリス〔花・草・木〕……248
ヘメロカリス・フラバ〔花・草・木〕……248
ヘメロカリス・フルバ〔花・草・木〕……248
ヘラオオバコ〔花・草・木〕……248
ヘラオモダカ〔花・草・木〕……248
ベラトルム・アルブム〔花・草・木〕……248
ベラトルム・ニグルム〔花・草・木〕……248
ベラドンナ〔ハーブ・薬草〕……475
ベラドンナリリー〔花・草・木〕……248
へらのき〔花・草・木〕……248
ペラルゴニウム〔花・草・木〕……248
ペラルゴニウム・ダヴェイアヌム〔花・草・木〕……248
ヘリアンツス アングスチフォリウス［ヒマワリ属の1種］〔花・草・木〕……248
ヘリオカルパス属の1種〔花・草・木〕……248
ペリオサンテス・テタ〔花・草・木〕……248
ヘリオトロープ〔花・草・木〕……248
ヘリオトロープ〔ハーブ・薬草〕……475
ヘリオトロープ（ニオイムラサキ）〔花・草・木〕……248
ヘリクテレス・イソラ〔花・草・木〕……248
ヘリコニア・アデレアナ〔花・草・木〕……249
ヘリコニア・プシッタコールム〔花・草・木〕……249
ヘリコニア・フミリス〔花・草・木〕……249
ペリステリア・エラータ〔花・草・木〕……249
ペリディニウム〔その他〕……503
ヘリプテルム・イキシミウム〔花・草・木〕……249
ペリプロカ・グラエカ〔花・草・木〕……249
ペリプロカ・グレカ〔花・草・木〕……249
ベリンダ〔花・草・木〕……249
ベルガモットとレモンの交配種〔野菜・果物〕……427
ペール・ギュント〔花・草・木〕……249
ペルシアグルミ〔野菜・果物〕……427
ペルシア・シクラメン〔花・草・木〕……249
ペルシャン・アイリス〔花・草・木〕……249
ベルテイミア・カペンシス〔花・草・木〕……249
ベルテイミア・グラウカ〔花・草・木〕……249
ヘルナンディア ソノラ〔花・草・木〕……249
ベレバリア・ロマーナ〔花・草・木〕……249
ヘレボルス・コッチイ［クリスマスローズの1種］〔花・草・木〕……249
ヘレボルス・リウィドゥス〔花・草・木〕……249
ヘレン・トローベル〔花・草・木〕……249
ヘロニアス・ブルラータ〔花・草・木〕……249
ベンガルヤハズカズラ〔花・草・木〕……249
変形したブロッコリー〔野菜・果物〕……427
変形したメロン〔野菜・果物〕……427
べんけいさう〔花・草・木〕……250
べんけいそう〔花・草・木〕……250
ベンケイソウの1種〔花・草・木〕……250
ペンステモン・ディギタリス〔花・草・木〕……250
萹蓄〔ハーブ・薬草〕……475
弁天神楽〔花・草・木〕……250
便殿〔花・草・木〕……250
へんるうだ〔ハーブ・薬草〕……476
ヘンルーダ〔ハーブ・薬草〕……476

【ほ】

防已〔ハーブ・薬草〕……476
ホウガンボク〔花・草・木〕……250
箒桜〔花・草・木〕……250
ホウキタケ〔きのこ・菌類〕……496
芳香生ジジフォーラ〔花・草・木〕……250
ほうこぐさ〔花・草・木〕……250
ホウセンカ〔花・草・木〕……250
ホウセンカ/ツマクレナイ〔花・草・木〕……250
ホウノキ〔花・草・木〕……250
ホウノキ〔ハーブ・薬草〕……476
ぼうふら〔野菜・果物〕……427
ホウライシダ〔花・草・木〕……250
ホウライチク〔花・草・木〕……251
ホウラン〔花・草・木〕……251
ボウラン〔花・草・木〕……251
ほうれんそう〔野菜・果物〕……428
宝禄〔花・草・木〕……251
ホオコグサの1種〔花・草・木〕……251
ほうずき〔花・草・木〕……251
ほうづき〔花・草・木〕……251
ほおずき〔花・草・木〕……251
ホオズキ〔花・草・木〕……251
ホオズキ〔ハーブ・薬草〕……476
ホオズキ？〔ハーブ・薬草〕……476
ほおのき〔花・草・木〕……251
ホオノキ〔花・草・木〕……251
ホオノキ〔ハーブ・薬草〕……476
北五味子〔ハーブ・薬草〕……476
ホクシャ〔花・草・木〕……251
（墨書なし）〔花・草・木〕……251
（墨書なし）〔野菜・果物〕……428
卜伴〔花・草・木〕……252
ホクロ/シュンラン〔花・草・木〕……252
ぼけ〔花・草・木〕……252
ボケ〔ハーブ・薬草〕……476
木瓜〔ハーブ・薬草〕……476
牡荊〔ハーブ・薬草〕……476
ボケ/モケ〔花・草・木〕……252
破故紙〔ハーブ・薬草〕……476
ホコリタケ〔きのこ・菌類〕……497
ホコリタケの1種〔きのこ・菌類〕……497
ホザキアヤメ〔花・草・木〕……252
ホザキアヤメの1種〔花・草・木〕……252
ホザキイカリソウ〔花・草・木〕……252
ホザキイチヨウラン〔花・草・木〕……252
ほざきおさらん〔花・草・木〕……252
ホザキトケイソウ〔花・草・木〕……252
ホザキノトケイソウ〔花・草・木〕……252
ホザキノフサモ〔花・草・木〕……252
ホザキハッカ（ウォーターミント）〔ハーブ・薬草〕……476
ボサツバラ/ゴヤバラ〔花・草・木〕……253
ホシアイ草〔花・草・木〕……253
ホシオモト〔花・草・木〕……253
ホシクサ〔ハーブ・薬草〕……476
穀精草〔ハーブ・薬草〕……476
星車〔花・草・木〕……253
ホシケイ〔花・草・木〕……253
星桜〔花・草・木〕……253
ホジソニア〔花・草・木〕……253
ホジソニア マクロカルパ〔花・草・木〕……253
星牡丹〔花・草・木〕……253
ホースラディッシュ〔ハーブ・薬草〕……476
ホソイトスギ（あるいはネズの1種）？〔ハーブ・薬草〕……476
細川匂〔花・草・木〕……253
ホソネダイコン〔野菜・果物〕……428
ホソバイヌビワ〔花・草・木〕……253

ホソバイワベンケイ〔花・草・木〕……253
ホソバウマノスズクサ〔花・草・木〕……253
ホソバウルップソウ〔花・草・木〕……253
ホソバオケラ〔花・草・木〕……253
ホソバオケラ〔ハーブ・薬草〕……477
ホソバキスゲ〔花・草・木〕……253
ホソバシャクヤク〔花・草・木〕……253
ホソバシャクヤク〔ハーブ・薬草〕……477
ホソバナデシコ〔花・草・木〕……253
ホソバヒメハナシノブ〔花・草・木〕……254
ボダイジュ〔花・草・木〕……254
ホタルカズラ〔花・草・木〕……254
ホタルサイコ〔花・草・木〕……254
ホタルブクロ〔花・草・木〕……254
ホタルブクロの1種〔花・草・木〕……254
ぼたん〔花・草・木〕……254
ボタン〔花・草・木〕……254,255
ボタン〔ハーブ・薬草〕……477
牡丹〔花・草・木〕……255
牡丹〔ハーブ・薬草〕……477
ボタンイチゲ〔花・草・木〕……255
ボタンウキクサ〔花・草・木〕……255
牡丹葉 延胡索〔ハーブ・薬草〕……477
牡丹バラ〔花・草・木〕……255
ボタンボウフウ〔花・草・木〕……255
ホップ〔野菜・果物〕……428
ホップ〔ハーブ・薬草〕……477
ホテイアオイ〔花・草・木〕……255
ホテイアツモリソウ〔花・草・木〕……255
ホテイシメジ〔きのこ・菌類〕……497
布袋草〔花・草・木〕……255
ほていちく〔花・草・木〕……255
ホテイラン〔花・草・木〕……255
ホドイモ〔野菜・果物〕……428
ホトケノザ〔花・草・木〕……255
ほととぎす〔花・草・木〕……255
ホト、ギス〔花・草・木〕……255
ホトトギス〔花・草・木〕……255,256
不如帰〔花・草・木〕……256
焔の波〔花・草・木〕……256
ポピー〔花・草・木〕……256
ポポーノキ〔野菜・果物〕……428
ホーメリア・コリナ〔花・草・木〕……256
ポリゴナートゥム・ベルティキラートゥム〔花・草・木〕……256
ポリゴナートゥム・ムルティフロールム〔花・草・木〕……256
ポリゴナートゥム・ラティフォリウム〔花・草・木〕……256
ポリスタキア・カルトリフォルミス〔花・草・木〕……256
ポリスタキア・ピニコラ〔花・草・木〕……256
ボリッジ〔ハーブ・薬草〕……477
ホリドタ・アーチキュラタ〔花・草・木〕……256
ポリネシアン・サンセット〔花・草・木〕……256
ポリピアキナノキ〔ハーブ・薬草〕……477
ポリポジウム スブディギターツム［エゾデンダ属の1種］〔花・草・木〕……256
ポリュトゥリクム［スギゴケ、ウマスギゴケ］〔その他〕……503
ホルトソウ〔花・草・木〕……256
ホルトノキ〔花・草・木〕……256
ほろすぎ〔花・草・木〕……256
ホワイト・ウィングス〔花・草・木〕……256
ホワイトオーク〔花・草・木〕……257
ホワイト・グアバ〔野菜・果物〕……428
ホワイト・クリスマス〔花・草・木〕……257
ホワイト・ドロシー・パーキンス〔花・草・木〕……257
ホワイト・マスターピース〔花・草・木〕……257
ホンアマリリス〔花・草・木〕……257
ホンアンズ〔野菜・果物〕……428
ホンガウ櫻〔花・草・木〕……257
ホンコンドウダンツツジ〔花・草・木〕……257
ホンシャクナゲ〔ハーブ・薬草〕……477
本所白〔花・草・木〕……257
本白玉〔花・草・木〕……257
ボンソワール〔花・草・木〕……257
ポンテデリア・コルダータ〔花・草・木〕……257
ボンテンカ〔花・草・木〕……257
ボンバックス・インシグネ〔花・草・木〕……257
ボンバックス インシグネ［パンヤ属の1種］〔花・草・木〕……257
ホンホロモンス〔野菜・果物〕……428
本村白〔花・草・木〕……257

【ま】

マイアンテムム・カナデンセ〔花・草・木〕……257
マイカイ〔花・草・木〕……257
舞麒麟〔花・草・木〕……258
マウント・シャスタ〔花・草・木〕……258
マオウ〔ハーブ・薬草〕……477
麻黄〔ハーブ・薬草〕……477
マキシミリヤンヤシ〔花・草・木〕……258
マキシラリア・セイデリイ〔花・草・木〕……258
マキシラリア・テヌイホリア〔花・草・木〕……258
マキシラリア・バリアビリス〔花・草・木〕……258
マキシラリア・バリアビリス・ナナ〔花・草・木〕……258
マキシラリア・ピクタ〔花・草・木〕……258
マキシラリア・フーテアナ〔花・草・木〕……258
マキシラリア・ポーフィロステレ〔花・草・木〕……258
マキシラリア・マージナタ〔花・草・木〕……258
マキシラリア・ルテオ–アルバ〔花・草・木〕……258
マキシラリア・ルフェッセンス〔花・草・木〕……258
まきのみ〔花・草・木〕……258
まきばらん〔花・草・木〕……258
マクサ〔野菜・果物〕……428
マグソヒトヨタケ〔きのこ・菌類〕……497
マグノリア〔花・草・木〕……258
マグノリア・キャンベリ〔花・草・木〕……258
マグノリア キャンベリイモクレン〔花・草・木〕……258
マグノリア・ツリペタラ〔花・草・木〕……259
マグノリア・フラセリ？〔花・草・木〕……259
マグノリア・マクロフィラ？（アメリカ産ホオノキ）〔花・草・木〕……259
マクリ〔ハーブ・薬草〕……477
マグレディス・アイヴォリー〔花・草・木〕……259
まくわ〔野菜・果物〕……428
マグワ〔花・草・木〕……259
まくわうり〔野菜・果物〕……428
マクワウリ〔野菜・果物〕……428
マコーデス・ペトラ〔花・草・木〕……259
真ノ蠟梅〔花・草・木〕……259
まこも〔花・草・木〕……259
まごやし〔花・草・木〕……259
マサキ〔花・草・木〕……259
まさきかづら〔花・草・木〕……259
マジック・モーメント〔花・草・木〕……259
マーシュマロー〔花・草・木〕……259
マジョラム〔ハーブ・薬草〕……477
マスタード〔ハーブ・薬草〕……477
マスデバリア・アマビリス〔花・草・木〕……259
マスデバリア・インフラクタ〔花・草・木〕……259
マスデバリア・ヴィーチアナ〔花・草・木〕……259
マスデバリア・コッキネア

〔花・草・木〕 259
マスデバリア・シュロデリアナ〔花・草・木〕 259
マスデバリア・デイヴィシー〔花・草・木〕 259
マスデバリア・トバレンシス〔花・草・木〕 260
マスデバリア・ビーチアナ〔花・草・木〕 260
マスデバリア・マクラタ〔花・草・木〕 260
マスデバリア・ムスコサ〔花・草・木〕 260
マスデバリア・リリプチアナ〔花・草・木〕 260
マスデバリア・ロルフェアナ〔花・草・木〕 260
マスデバリアsp.〔花・草・木〕 260
またけ〔花・草・木〕 260
まだけ〔花・草・木〕 260
マダケ〔野菜・果物〕 428
またたび〔花・草・木〕 260
マタタビ〔ハーブ・薬草〕 477
マダム・バタフライ〔花・草・木〕 260
マダム・ピエール S.デュポン〔花・草・木〕 260
マダムファクトリー〔花・草・木〕 260
マチン〔ハーブ・薬草〕 477
まつをき〔花・草・木〕 260
松笠〔花・草・木〕 260
マツカサモドキの近縁種〔きのこ・菌類〕 497
マツ科植物の葉痕と葉枕〔花・草・木〕 260
マツシメジの近縁種〔きのこ・菌類〕 497
マッソニア〔花・草・木〕 260
マッソニア・アングスティフォリア〔花・草・木〕 260
マッソニア・ビオラケア〔花・草・木〕 260
マッソニア・プストゥラータ〔花・草・木〕 260
マツタケ〔きのこ・菌類〕 497
まつな〔野菜・果物〕 428
まつのほや〔花・草・木〕 260
マツバギクの1種〔花・草・木〕 260
まつばくさ〔花・草・木〕 261
マツバニンジン〔野菜・果物〕 428
松前〔花・草・木〕 261
松前早咲〔花・草・木〕 261
まつむしそう〔花・草・木〕 261
マツムシソウ〔花・草・木〕 261
マツムシソウ属の1種〔花・草・木〕 261
マツムシソウの1種〔花・草・木〕 261
まつも〔花・草・木〕 261
マツモ〔花・草・木〕 261
マツモトセンノウ〔花・草・木〕 261
マツモトセンヲウ〔花・草・木〕 261
マツユキソウ〔花・草・木〕 261
マツヨイグサ〔花・草・木〕 261
茉莉花〔花・草・木〕 261
まてばしい〔花・草・木〕 261
マテバシイ〔花・草・木〕 261
マテバジイ〔花・草・木〕 261
窓の月〔花・草・木〕 261
マドンナリリー〔花・草・木〕 262
マボケ〔花・草・木〕 262
マミラリア属の1種〔花・草・木〕 262
マムシグサ〔ハーブ・薬草〕 478
マムシグサの1種〔ハーブ・薬草〕 478
マムシソウ〔花・草・木〕 262
まめ〔野菜・果物〕 428
マーメイド〔花・草・木〕 262
マメ科〔花・草・木〕 262
マメガキ〔野菜・果物〕 428
マメ科植物〔花・草・木〕 262
マメ科の1種〔花・草・木〕 262
マメ科のデイコ属〔花・草・木〕 262
マメザクラ〔花・草・木〕 262
マメフジ〔花・草・木〕 262
まゆはき〔花・草・木〕 262
マユハケオモト〔花・草・木〕 262
マユハケオモトの1種〔花・草・木〕 262
まゆみ〔花・草・木〕 262
マユミ〔花・草・木〕 262
マリア・カラス〔花・草・木〕 262
マリコユリ 濃淺二種〔花・草・木〕 263
マリーゴールド〔花・草・木〕 263
マリゴールド〔花・草・木〕 263
マリーナ〔花・草・木〕 263
まりやなぎ〔花・草・木〕 263
マルカンティア[ゼニゴケ]〔その他〕 503
マルキンカン〔野菜・果物〕 428,429
マルキンカン[広義]〔野菜・果物〕 429
マルコミア・マリティマ(ヴァージニア・ストック)〔花・草・木〕 263
マルタゴンユリ〔花・草・木〕 263
マルタゴン・リリー〔花・草・木〕 263
マルティニア〔花・草・木〕 263
マルバアサガオ〔花・草・木〕 263
マルバウツギ〔花・草・木〕 263
圓葉 細辛〔ハーブ・薬草〕 478
マルバタバコ〔花・草・木〕 263
マルバタマノカンザシ〔花・草・木〕 263
マルハチの1種〔花・草・木〕 264
マルバツユクサ〔花・草・木〕 264
丸葉特生 百部〔ハーブ・薬草〕 478
丸葉 百部〔ハーブ・薬草〕 478
まるふくべ〔野菜・果物〕 429
マルミノヤマゴボウ〔ハーブ・薬草〕 478
マルメロ〔野菜・果物〕 429
榲桲〔ハーブ・薬草〕 478
マルワ プルプレア〔花・草・木〕 264
まろすげ〔花・草・木〕 264
マロニエ〔野菜・果物〕 429
マロニエの1種〔花・草・木〕 264
マンゴー〔野菜・果物〕 429
マンゴスチン〔野菜・果物〕 429
マンサク〔花・草・木〕 264
マンジュウガサ〔きのこ・菌類〕 497
まんじゆさけ〔花・草・木〕 264
蔓生 牛膝〔ハーブ・薬草〕 478
蔓生 百部〔ハーブ・薬草〕 478
マンドラゴラ〔ハーブ・薬草〕 478
マンドレーク〔ハーブ・薬草〕 478
まんねんくさ〔花・草・木〕 264
マンネングサ2種〔花・草・木〕 264
マンネンスギ〔花・草・木〕 264
まんねんそう〔花・草・木〕 264
マンネンタケ〔きのこ・菌類〕 497
萬年蔞〔花・草・木〕 264

【み】

三浦乙女〔花・草・木〕 264
実をつけたアオキ〔花・草・木〕 264
ミカエリソウ〔花・草・木〕 264
みかん〔野菜・果物〕 429
ミクランテス・アロペクロイデウス〔花・草・木〕 264
ミクランテス・プランタギネウス〔花・草・木〕 264
黒三稜〔ハーブ・薬草〕 478
御車返A〔花・草・木〕 264
御車返B〔花・草・木〕 265
眉間尺〔花・草・木〕 265
ミシマサイコ〔ハーブ・薬草〕 478
三島桜〔花・草・木〕 265
みずあおい〔花・草・木〕 265
ミズアオイ〔花・草・木〕 265
ミズアオイ/ナギ/サワキキョウ〔花・草・木〕 265
ミズオオバコ〔花・草・木〕 265
水ヲトギリ〔花・草・木〕 265
ミズガシワ〔ハーブ・薬草〕 478
ミズカンナ〔花・草・木〕 265
みづき〔花・草・木〕 265
ミズキ〔花・草・木〕 265
ミズゴケの1種〔その他〕 503
ミズサンザシ〔花・草・木〕 265
ミズタマソウの1種〔花・草・

木〕 265
ミスター・リンカーン〔花・草・木〕 265
ミズナ〔野菜・果物〕 429
みずなら〔花・草・木〕 265
ミズナラ〔花・草・木〕 265,266
ミズハコベ〔野菜・果物〕 429
みずばしょう〔花・草・木〕 266
ミズバショウ〔花・草・木〕 266
みずひき〔花・草・木〕 266
ミズヒキ〔花・草・木〕 266
ミズホオズキ〔花・草・木〕 266
ミスミソウ〔花・草・木〕 266
ミセス・サム・マグレディ〔花・草・木〕 266
みせばや〔花・草・木〕 266
ミセバヤ〔花・草・木〕 266
ミセハヤ草〔花・草・木〕 266
みぞそば〔花・草・木〕 266
ミゾソバ〔野菜・果物〕 429
みそのき〔花・草・木〕 266
みそはぎ〔花・草・木〕 266
ミソハギ〔花・草・木〕 266
ミソハギの1種〔花・草・木〕 267
みつがしわ〔花・草・木〕 267
ミツカシワ〔花・草・木〕 267
ミツガシワ〔花・草・木〕 267
ミツガシワ〔野菜・果物〕 429
ミツガシワ〔ハーブ・薬草〕 478
密集して花をつけた温室のツバキ〔花・草・木〕 267
ミツデウラボシ〔花・草・木〕 267
ミツデカエデ〔花・草・木〕 267
みつば〔野菜・果物〕 429
ミツバアケビ〔花・草・木〕 267
ミツバウツギ〔花・草・木〕 267
ミツバオウレン〔花・草・木〕 267
ミツバセリ〔花・草・木〕 267
ミツバナテンナンショウ〔花・草・木〕 267
ミツヒキ〔花・草・木〕 267
みつぶき〔花・草・木〕 267
みつまた〔花・草・木〕 267
ミツマタ〔花・草・木〕 267
ミツマタ〔ハーブ・薬草〕 478
水上〔花・草・木〕 267
ミナリアヤメ〔花・草・木〕 267
ミネザクラ〔花・草・木〕 267
ミネズオウ〔花・草・木〕 267
峰の雪〔花・草・木〕 268
みのり〔花・草・木〕 268
ミミカキグサ〔花・草・木〕 268
ミムルス・グッタトゥス〔花・草・木〕 268
ミムルス・ルテウス〔花・草・木〕 268
ミモザ〔花・草・木〕 268
ミヤギノハギ〔花・草・木〕 268
みやけせっこく〔花・草・木〕 268
ミヤコアオイ〔花・草・木〕 268
ミヤコイバラ〔花・草・木〕 268
ミヤコグサ？〔花・草・木〕 268
百脉根〔ハーブ・薬草〕 478
都鳥〔花・草・木〕 268
ミヤマアケボノソウ〔花・草・木〕 268
みやまうずら〔花・草・木〕 268
ミヤマウズラ〔花・草・木〕 268
ミヤマオダマキ〔花・草・木〕 268
みやまおもだか〔花・草・木〕 268
「ミヤマキンバイ」〔花・草・木〕 269
ミヤマキンポウゲ〔花・草・木〕 269
ミヤマザクラ〔花・草・木〕 269
みやましきみ〔花・草・木〕 269
ミヤマシキミ〔花・草・木〕 269
ミヤマタニタデ〔花・草・木〕 269
ミヤマハハソ〔花・草・木〕 269
ミヤマハンショウヅル(広義)〔花・草・木〕 269
ミヤマハンノキ〔花・草・木〕 269
ミヤマホツツジ〔花・草・木〕 269
みやまよめな〔花・草・木〕 269
ミヤマヨメナ〔花・草・木〕 269
ミヤマヨメナ/ノシュンギク/ミヤコワスレ〔花・草・木〕 269
めうが〔野菜・果物〕 429
ミョウガ〔野菜・果物〕 429
ミョウガ/メガ〔花・草・木〕 269
明星〔花・草・木〕 269
明正寺〔花・草・木〕 269
ミルスベリヒユ〔花・草・木〕 269
ミルトニア・カンディダ〔花・草・木〕 269
ミルトニア・クロエシイ〔花・草・木〕 270
ミルトニア・スペクタビリス〔花・草・木〕 270
ミルトニア・スペクタビリス・モレリアナ〔花・草・木〕 270
ミルトニア・フラベッセンス〔花・草・木〕 270
ミルトニア・レグネリイ〔花・草・木〕 270
ミルトニア・レグネリイ・オーレア〔花・草・木〕 270
ミルトニア・ロエズリ〔花・草・木〕 270
ミルトニア・ワーセウィッチイ〔花・草・木〕 270

【む】

ムカゴイラクサ〔花・草・木〕 270
ムカゴソウ〔花・草・木〕 270
ムカゴトラノオ〔花・草・木〕 270
むかごにんしん〔花・草・木〕 270
ムギワラギク〔花・草・木〕 270
むくげ〔花・草・木〕 270
ムクゲ〔花・草・木〕 270,271
ムクゲヒダハタケ(?)〔きのこ・菌類〕 497
むくろじ〔花・草・木〕 271
ムクロジ〔花・草・木〕 271
無患子〔ハーブ・薬草〕 478
無患子實〔ハーブ・薬草〕 479
ムサシアフミ〔花・草・木〕 271
ムサシアブミ〔花・草・木〕 271
ムジナタケ〔きのこ・菌類〕 497
ムスカリ・アウケリ〔花・草・木〕 271
ムスカリ・コモースム〔花・草・木〕 271
ムスカリ・ネグレクトゥム〔花・草・木〕 271
〔無題〕〔花・草・木〕 271
〔無題〕〔野菜・果物〕 430
〔無題〕〔きのこ・菌類〕 497
ムバラ〔花・草・木〕 271
ムバラノミ〔花・草・木〕 272
むべ〔花・草・木〕 272
ムベ〔花・草・木〕 272
ムベ〔野菜・果物〕 430
ムベ/トキワアケビ/ウベ〔花・草・木〕 272
ムメ〔花・草・木〕 272
むめのほや〔花・草・木〕 272
むめもどき〔花・草・木〕 272
むらさき〔花・草・木〕 272
ムラサキ〔ハーブ・薬草〕 479
ムラサキオモト〔花・草・木〕 272
ムラサキ科の植物〔花・草・木〕 272
むらさきかぶ〔野菜・果物〕 430
ムラサキギボウシ〔花・草・木〕 272,273
ムラサキクンシラン〔花・草・木〕 273
むらさきけまん〔花・草・木〕 273
ムラサキケマン〔花・草・木〕 273
紫桜〔花・草・木〕 273
むらさきしきぶ〔花・草・木〕 273
紫絞〔花・草・木〕 273
ムラサキシメジ〔きのこ・菌類〕 497
ムラサキシメジモドキ〔きのこ・菌類〕 497
ムラサキスズメノオゴケ〔花・草・木〕 273
ムラサキセイヨウハシバミまたはセイヨウハシバミ〔花・草・木〕 273
ムラサキセンダイハギ〔花・草・木〕 273
紫草〔ハーブ・薬草〕 479
むらさきたけ〔花・草・木〕 273
むらさきたで〔野菜・果物〕 430
ムラサキハシドイ〔花・草・木〕 273
ムラサキハシドイ, ライラック〔花・草・木〕 273

紫花 シヤウシヤウ袴〔花・草・木〕……273
紫花 白薇〔ハーブ・薬草〕……479
むらさきふき〔野菜・果物〕……430
むらさきふくじろ〔野菜・果物〕……430
ムラサキヘイシソウ〔花・草・木〕……273
ムラサキヤマドリタケ〔きのこ・菌類〕……497
むらちとり〔花・草・木〕……274
無類絞〔花・草・木〕……274
ムレサギ〔花・草・木〕……274
群桜〔花・草・木〕……274

【め】

明月〔花・草・木〕……274
メガルカヤ〔花・草・木〕……274
めぎ〔花・草・木〕……274
メギ〔花・草・木〕……274
メギ〔ハーブ・薬草〕……479
メキシコソテツ〔花・草・木〕……274
メキシコのピンポンノキ〔花・草・木〕……274
メキシコヒマワリ〔花・草・木〕……274
メコノプシス・カンブリカ〔花・草・木〕……274
メコノプシス シンプリキフォリア[ヒマラヤの青いケシ]〔花・草・木〕……274
メコノプシスの1種[ヒマラヤの黄色いケシ]〔花・草・木〕……274
メコノプシス・パニクラタ〔花・草・木〕……274
めなもみ〔花・草・木〕……274
メナモミ〔花・草・木〕……274
メヌエット〔花・草・木〕……274
めはこべ〔野菜・果物〕……430
めはじき〔花・草・木〕……274
メハジキ〔ハーブ・薬草〕……479
メボウキ〔野菜・果物〕……430
メボウキ〔ハーブ・薬草〕……479
めほふきゝ〔野菜・果物〕……430
メラスフェルラ・グラミネア〔花・草・木〕……275
メランティウム・グラミネウム〔花・草・木〕……275
メリアンツス・ミノル〔花・草・木〕……275
メルセデス〔花・草・木〕……275
メルテンシア・ヴァージニカ〔花・草・木〕……275
メレンデラ・ブルボコディウム〔花・草・木〕……275
メロカクタスの1種〔花・草・木〕……275
メロン〔野菜・果物〕……430
綿黄芪〔ハーブ・薬草〕……479

【も】

モイワナズナ〔花・草・木〕……275
モウシロカイ〔ハーブ・薬草〕……479
モウズイカ属の1種〔ハーブ・薬草〕……479
モウズイカの1種〔ハーブ・薬草〕……479
莽草〔ハーブ・薬草〕……479
もうそうちく〔花・草・木〕……275
モウソウチク〔野菜・果物〕……430
モウリンカ〔花・草・木〕……275
もくげんし〔花・草・木〕……275
もくげんじ〔花・草・木〕……275
モクゲンジ〔花・草・木〕……275
もくげんじゅ〔花・草・木〕……275
モクセイ〔花・草・木〕……275
木生シダの1種〔花・草・木〕……275
木通〔ハーブ・薬草〕……479
モクマオウ〔花・草・木〕……275
モクレイシ〔花・草・木〕……275
もくれん〔花・草・木〕……275
モクレン〔花・草・木〕……276
モクレン属キャンベリイ種〔花・草・木〕……276
藻汐〔花・草・木〕……276
モヂズリ〔花・草・木〕……276
モスローズ〔花・草・木〕……276
モダマ〔花・草・木〕……276
もちのき〔花・草・木〕……276
モチノキの1種〔花・草・木〕……276
木香〔ハーブ・薬草〕……479
木香花〔花・草・木〕……276
モッコウバラ〔花・草・木〕……276
もつこく〔花・草・木〕……276
モッコク〔花・草・木〕……276
モツヤクジュ〔ハーブ・薬草〕……479
モナコソルム・スブディギタトゥム〔花・草・木〕……276
モナルダ〔ハーブ・薬草〕……480
モナンテス ポリフィラ〔花・草・木〕……276
モハ〔ハーブ・薬草〕……480
もみ〔花・草・木〕……276
モミ〔花・草・木〕……276,277
もみがさ〔花・草・木〕……277
モミサルノコシカケ(?)〔きのこ・菌類〕……497
モミジガサ〔花・草・木〕……277
モミジカラマツ〔花・草・木〕……277
紅葉狩〔花・草・木〕……277
もみぢくさ〔花・草・木〕……277
モミジバスズカケノキ〔花・草・木〕……277
モミジバフウ〔花・草・木〕……277
モミの1種〔花・草・木〕……277
もも〔野菜・果物〕……430
モヽ〔野菜・果物〕……430
モモ〔野菜・果物〕……430,431
モモ〔ハーブ・薬草〕……480
モモ(ネクタリン系統の栽培品種)〔野菜・果物〕……431
桃〔野菜・果物〕……431
桃色 亀甲草〔花・草・木〕……277
百千鳥〔花・草・木〕……277
モモの1栽培品種〔野菜・果物〕……431
モラエア・スピカタ〔花・草・木〕……277
モラエア・トリクスピダタ〔花・草・木〕……277
モリイバラ〔花・草・木〕……277
盛岡枝垂〔花・草・木〕……277
モリナ・ペルシカ〔花・草・木〕……277
モリノカレバタケ〔きのこ・菌類〕……498
モルゴ・ウェルティキラタの花〔花・草・木〕……277
モルモーデス・イグニューム〔花・草・木〕……278
モルモーデス・フーケリー〔花・草・木〕……278
モレア〔花・草・木〕……278
モレア・イリディオイデス〔花・草・木〕……278
モレア・グラコピス〔花・草・木〕……278
モレア・トリスティス〔花・草・木〕……278
もろこし〔野菜・果物〕……431
もろだ〔花・草・木〕……278
モンゴリナラ〔花・草・木〕……278
紋繻子〔花・草・木〕……278
モンソニア・ロバタ〔花・草・木〕……278
問題作〔花・草・木〕……278
モンパルナス〔花・草・木〕……278
モンペリエ・ラナンキュラス〔花・草・木〕……278

【や】

八重大島〔花・草・木〕……278
ヤエオモダカ〔花・草・木〕……278
八重咲きのオレンジ・リリー〔花・草・木〕……278
八重咲きのキズイセン〔花・草・木〕……278
八重咲きのクチベニズイセン〔花・草・木〕……278
八重咲きのケシ〔花・草・木〕……278
八重咲きのチューリップ〔花・草・木〕……278
八重咲きのナツシロギク〔花・草・木〕……279
八重咲きのヒマワリ〔花・草・木〕……279
八重咲きのラナンキュラス〔花・草・木〕……279

八重山椒バラ〔花・草・木〕…… 279
八重白玉〔花・草・木〕………… 279
やゑなり〔野菜・果物〕………… 431
八重ノウツキ〔花・草・木〕…… 279
八重ノテツセン〔花・草・木〕‥ 279
八重姫〔花・草・木〕…………… 279
八重紅枝垂〔花・草・木〕……… 279
八重紅虎の尾〔花・草・木〕…… 279
ヤエミヤマキンポウゲ〔花・草・木〕………………………… 279
ヤエヤマブキ〔花・草・木〕…… 279
やくしさう〔花・草・木〕……… 279
益母草〔ハーブ・薬草〕………… 480
ヤグルマギク〔花・草・木〕…… 279
ヤグルマギクの1種〔花・草・木〕……………………………… 279
ヤグルマソウ〔花・草・木〕…… 279
ヤグルマハッカ〔ハーブ・薬草〕……………………………… 480
ヤケアトツムタケ〔きのこ・菌類〕……………………………… 498
ヤケコゲタケ(?)〔きのこ・菌類〕……………………………… 498
ヤシ〔花・草・木〕……………… 279
ヤシオネの1種〔花・草・木〕… 279
ヤシ科の幼植物〔花・草・木〕‥ 279
やしゃびしゃく〔花・草・木〕‥ 279
ヤシャビシャク〔花・草・木〕‥ 280
ヤチダモ〔花・草・木〕………… 280
ヤチツツジ〔花・草・木〕……… 280
ヤッコソウ〔花・草・木〕……… 280
ヤツシロソウ〔花・草・木〕…… 280
やつで〔花・草・木〕…………… 280
ヤツデ〔ハーブ・薬草〕………… 480
ヤツマタオオバコ〔ハーブ・薬草〕……………………………… 480
やどりぎ〔花・草・木〕………… 280
ヤドリギ〔花・草・木〕………… 280
ヤドリギ類〔ハーブ・薬草〕…… 480
ヤナギ〔ハーブ・薬草〕………… 480
ヤナギイノコズチ〔花・草・木〕……………………………… 280
ヤナギ科ヤマナラシ(ポプラ)属の1種〔花・草・木〕……… 280
ヤナギタンポポの1種〔花・草・木〕……………………………… 280
ヤナギバハゲイトウ〔花・草・木〕……………………………… 280
ヤナギマツタケ〔きのこ・菌類〕……………………………… 498
ヤナギヨモギ〔野菜・果物〕…… 431
ヤナギラン〔花・草・木〕……… 280
ヤブイチゲ〔花・草・木〕……… 280
ヤブイバラ〔花・草・木〕……… 280
ヤブウツギ〔花・草・木〕……… 281
やぶからし〔花・草・木〕……… 281
やぶがらし〔花・草・木〕……… 281
ヤブカラシ〔花・草・木〕……… 281
ヤブカンゾウ〔花・草・木〕…… 281
やぶこうじ〔花・草・木〕……… 281
ヤブコウジ〔花・草・木〕……… 281
ヤブツバキ〔花・草・木〕……… 281
ヤブツバキ〔ハーブ・薬草〕…… 480
やぶでまり〔花・草・木〕……… 281
ヤブデマリ〔花・草・木〕……… 281
やぶにっけい〔花・草・木〕…… 281
やぶにつけい〔花・草・木〕…… 281
ヤブニッケイ〔花・草・木〕…… 281
やぶにんじん〔花・草・木〕…… 281
やぶめうが〔花・草・木〕……… 281
ヤブミョウガ〔花・草・木〕……………………………281,282
やぶらん〔花・草・木〕………… 282
ヤブラン〔花・草・木〕………… 282
ヤブラン〔ハーブ・薬草〕……… 480
やぶれがさ〔花・草・木〕……… 282
ヤブレガサ〔花・草・木〕……… 282
ヤマアイ〔花・草・木〕………… 282
やまあじさい〔花・草・木〕…… 282
ヤマアジサイ〔花・草・木〕…… 282
やまあづき〔花・草・木〕……… 282
ヤマイバラ〔花・草・木〕……… 282
ヤマイモ〔花・草・木〕………… 282
ヤマウグイスカグラ〔花・草・木〕……………………………… 282
ヤマウコギ〔花・草・木〕……… 282
山ウツキ〔花・草・木〕………… 282
ヤマウルシ〔花・草・木〕……… 282
やまおだまき〔花・草・木〕…… 282
ヤマオダマキ〔花・草・木〕……………………………282,283
やまをとこ〔花・草・木〕……… 283
やまかし〔花・草・木〕………… 283
やまかぞ〔花・草・木〕………… 283
ヤマガラシ〔野菜・果物〕……… 431
ヤマグルマ〔花・草・木〕……… 283
やまぐわ〔花・草・木〕………… 283
ヤマグワ〔花・草・木〕………… 283
山越紫〔花・草・木〕…………… 283
ヤマゴボウ〔ハーブ・薬草〕…… 480
やまざくら〔花・草・木〕……… 283
ヤマサクラ〔花・草・木〕……… 283
ヤマザクラ〔花・草・木〕……… 283
ヤマザクラ〔野菜・果物〕……… 431
やましゃくやく〔花・草・木〕‥ 283
ヤマシャクヤク〔花・草・木〕‥ 283
ヤマシャクヤク、根はオランダシャクヤク〔花・草・木〕…… 283
ヤマタチハナ〔花・草・木〕…… 283
ヤマタバコ〔花・草・木〕……… 283
やまついも〔野菜・果物〕……… 431
やまつつじ〔花・草・木〕……… 283
ヤマツツジ〔花・草・木〕……… 283
ヤマトナテシコ〔花・草・木〕‥ 284
やまとらのを〔花・草・木〕…… 284
ヤマトラノオ?〔花・草・木〕‥ 284
やまとりかぶと〔ハーブ・薬草〕……………………………… 480
ヤマトリカブト〔ハーブ・薬草〕……………………………… 480
ヤマドリタケ〔きのこ・菌類〕‥ 498
ヤマドリタケの1種〔きのこ・菌類〕……………………………… 498
やまなし〔花・草・木〕………… 284
やまなす〔花・草・木〕………… 284
やまなすび〔花・草・木〕……… 284
ヤマナラシ〔花・草・木〕……… 284
ヤマノイモ〔花・草・木〕……… 284
ヤマノイモ〔ハーブ・薬草〕…… 480
ヤマハナソウ〔花・草・木〕…… 284
山バリ〔花・草・木〕…………… 284
やまぶき〔花・草・木〕………… 284
ヤマブキ〔花・草・木〕………… 284
ヤマブキショウマ〔花・草・木〕……………………………… 285
やまぶきそう〔花・草・木〕…… 285
ヤマブキソウ/クサヤマブキ〔花・草・木〕………………… 285
ヤマフジ〔花・草・木〕………… 285
ヤマブドウ〔野菜・果物〕……… 431
ヤマボウシ〔花・草・木〕……… 285
ヤマホトトギス〔花・草・木〕‥ 285
やまみかん〔花・草・木〕……… 285
ヤマモガシの近縁〔花・草・木〕……………………………… 285
ヤマモミジ〔花・草・木〕……… 285
やまもも〔野菜・果物〕………… 431
ヤマモモ〔野菜・果物〕………… 431
ヤマモモ〔ハーブ・薬草〕……… 480
ヤマモモ科?〔花・草・木〕… 285
ヤマモモの近縁〔花・草・木〕‥ 285
ヤマユリ〔花・草・木〕………… 285
ヤマヨモギ〔ハーブ・薬草〕…… 480
ヤモメカズラの1種〔花・草・木〕……………………………… 285
ヤラッパ〔ハーブ・薬草〕……… 480
ヤン・スペック〔花・草・木〕‥ 286

【ゆ】

ゆうがお〔野菜・果物〕………… 432
ゆふがほ〔野菜・果物〕………… 432
ユウガオ〔野菜・果物〕………… 432
ユウガギク〔花・草・木〕……… 286
ユウゲショウ〔花・草・木〕…… 286
ゆうすげ〔花・草・木〕………… 286
ユウスゲ〔花・草・木〕………… 286
有毒ゼリの1種〔ハーブ・薬草〕‥ 481
ユウバリソウ〔花・草・木〕…… 286
ユウバリツガザクラ〔花・草・木〕……………………………… 286
ユウリクレス・シルベストリス〔花・草・木〕………………… 286
ユーカリ〔ハーブ・薬草〕……… 481
ユーカリの1種〔花・草・木〕… 286
ユーカリノキ〔ハーブ・薬草〕‥ 481
ゆきかづら〔花・草・木〕……… 286
ユキクラベ〔花・草・木〕……… 286
ゆきざさ〔花・草・木〕………… 286
ユキツバキ〔花・草・木〕……… 286
ゆきのした〔花・草・木〕……… 286

ユキノシタ〔花・草・木〕……… 286
ユキノシタ〔ハーブ・薬草〕…… 481
ユキノシタ科スグリ属の1種〔野菜・果物〕…………………… 432
ユキノシタの1種〔花・草・木〕‥ 286
ゆきふてさう〔花・草・木〕…… 286
雪牡丹〔花・草・木〕…………… 286
雪見車〔花・草・木〕…………… 286
ユキモチソウ〔花・草・木〕…… 287
ゆきやなぎ〔花・草・木〕……… 287
ユキヤナギ〔花・草・木〕……… 287
ユカウ〔野菜・果物〕…………… 432
ゆず〔野菜・果物〕……………… 432
柚 二種〔野菜・果物〕………… 432
ユスラ〔ハーブ・薬草〕………… 481
ゆすらうめ〔野菜・果物〕……… 432
ユスラウメ〔野菜・果物〕……… 432
ユズリハ〔花・草・木〕………… 287
ユッカ〔花・草・木〕…………… 287
ユッカ・トレクレアナ？〔花・草・木〕………………………… 287
指状の突起のあるレモン〔野菜・果物〕……………………… 432
ユーフォルビア〔花・草・木〕‥ 287
ユーフォルビア〔ハーブ・薬草〕…………………………………… 481
ユーフォルビア・メリフェラ〔花・草・木〕………………… 287
湯村〔花・草・木〕……………… 287
ユリ〔花・草・木〕…………287,288
ユリ科コルチカム属イヌサフランの総称〔花・草・木〕……… 288
ユリズイセン〔花・草・木〕…… 288
ユリズイセン属ウィオラケア種〔花・草・木〕………………… 288
ユリ属の1種〔花・草・木〕…… 288
百合椿〔花・草・木〕…………… 288
ゆりね〔野菜・果物〕…………… 432
ユリの1種〔花・草・木〕……… 288
ユリノキ〔花・草・木〕………… 288
ゆりらん〔花・草・木〕………… 288
ユーロヒア・ギニエンシス〔花・草・木〕………………… 288
ユーロヒア・クレブシイ〔花・草・木〕……………………… 288
ユーロヒア・サウンダーシアナ〔花・草・木〕………………… 288
ユーロピアーナ〔花・草・木〕‥ 288
ユーロヒア・ビカリナタ〔花・草・木〕……………………… 289
ユーロヒジューム・マキュラタム〔花・草・木〕…………… 289
ユーロヒジューム・レディエニイ〔花・草・木〕…………… 289
ユンナンリンドウ〔花・草・木〕…………………………………… 289

【よ】

よいちそう〔花・草・木〕……… 289
楊貴妃〔花・草・木〕…………… 289
ヨウシュチョウセンアサガオ〔ハーブ・薬草〕……………… 481
ヨウシュトリカブト〔ハーブ・薬草〕……………………………… 481
ヨウシュハクセン〔ハーブ・薬草〕……………………………… 481
ヨウシュヤマゴボウ〔花・草・木〕……………………………… 289
ヨウナシ〔野菜・果物〕………… 432
羊乳根〔ハーブ・薬草〕………… 481
楊梅〔ハーブ・薬草〕…………… 481
ヤウラクソウ〔花・草・木〕…… 289
ヨウラクツツアナナス〔花・草・木〕………………………… 289
ヨウラクボク〔花・草・木〕…… 289
ヨウラクユリ〔花・草・木〕…… 289
ヨウラクユリ〔ハーブ・薬草〕‥ 481
ヨウラクユリ（変種ルテア）〔花・草・木〕………………… 289
ヨウラクラン〔花・草・木〕…… 290
養老桜〔花・草・木〕…………… 290
ヨーク・アンド・ランカスター〔花・草・木〕………………… 290
横川絞〔花・草・木〕…………… 290
横雲〔花・草・木〕……………… 290
ヨコムラサキ〔花・草・木〕…… 290
ヨコヤマリンドウ〔花・草・木〕…………………………………… 290
よそゝめ〔花・草・木〕………… 290
よつぐるま〔花・草・木〕……… 290
よつゝめ〔花・草・木〕………… 290
ヨツバシオガマ〔花・草・木〕‥ 290
淀の朝日〔花・草・木〕………… 290
呼子鳥〔花・草・木〕…………… 290
よめがはぎ〔花・草・木〕……… 290
よもぎ〔花・草・木〕…………… 290
ヨモギギク〔ハーブ・薬草〕…… 481
ヨモギ属の1種〔花・草・木〕… 290
ヨモギ属の1種〔ハーブ・薬草〕‥ 481
よもぎだいこん〔野菜・果物〕‥ 432
ヨモギ類〔ハーブ・薬草〕……… 481
夜咲きのケレウス属の1種〔花・草・木〕……………………… 290
ヨルノジョオウ〔花・草・木〕‥ 290
ヨルノジョオウ（夜の女王）〔花・草・木〕………………… 290
夜の女王〔花・草・木〕………… 290
ヨレスギまたはクサリスギ〔花・草・木〕………………… 290
ヨーロッパカエデ〔花・草・木〕…………………………………… 291
ヨーロッパキイチゴ〔花・草・木〕……………………………… 291
ヨーロッパキイチゴ〔野菜・果物〕……………………………… 432
ヨーロッパクロヤマナラシ〔花・草・木〕………………… 291
ヨーロッパシクラメン〔花・草・木〕………………………… 291
ヨーロッパスグリ〔野菜・果物〕…………………………………… 432
ヨーロッパスモモ〔野菜・果物〕…………………………………… 432
ヨーロッパナラ〔花・草・木〕‥ 291
ヨーロッパブドウ〔野菜・果物〕…………………………………… 432
ヨーロッパブナ〔花・草・木〕‥ 291
ヨーロッパミセバヤ〔花・草・木〕……………………………… 291
ヨーロッパリンドウ〔花・草・木〕……………………………… 291

【ら】

ライム〔野菜・果物〕…………… 433
ライラック〔花・草・木〕……… 291
ライラック〔ハーブ・薬草〕…… 481
ラカンマキ〔花・草・木〕……… 291
落新婦〔ハーブ・薬草〕………… 481
ラクマンテス・ティンクトールム〔花・草・木〕…………… 291
ラケナリア・アングスティフォリア〔花・草・木〕………… 291
ラケナリア・トリコロール〔花・草・木〕………………… 291
ラケナリア・パリダ〔花・草・木〕……………………………… 291
ラケナリア・ペンデュラ〔花・草・木〕……………………… 291
ラケナリア・ルテオラ〔花・草・木〕……………………………… 291
らせうもん〔花・草・木〕……… 292
ラシヤウモン〔花・草・木〕…… 292
ラショウモンカズラ〔花・草・木〕……………………………… 292
ラズベリー〔野菜・果物〕……… 433
ラズベリーの1品種〔野菜・果物〕……………………………… 433
羅撰染〔花・草・木〕…………… 292
ラッカセイ〔野菜・果物〕……… 433
ラッパスイセン〔花・草・木〕‥ 292
ラッパズイセン〔花・草・木〕‥ 292
ラッパタケ〔きのこ・菌類〕…… 498
ラナンキュラス〔花・草・木〕‥ 292
ラ・フランス〔花・草・木〕…… 292
ラフレシア〔花・草・木〕……… 292
ラフレシアの1種〔花・草・木〕‥ 292
ラペイルーシア・ユンケア〔花・草・木〕………………… 292
ラベッジ〔ハーブ・薬草〕……… 481
ラベンダー〔花・草・木〕……… 292
ラン〔花・草・木〕……………… 292
蘭図〔花・草・木〕……………… 293
蘭草〔ハーブ・薬草〕…………… 482
ランドラ〔花・草・木〕………… 293

乱拍子〔花・草・木〕……………293
ランブータン〔野菜・果物〕……433

【り】

リカステ・アロマチカ〔花・草・木〕……………293
リカステ・キャンディダ〔花・草・木〕……………293
リカステ・クルエンタ〔花・草・木〕……………293
リカステ・コスタタ〔花・草・木〕……………293
リカステ・スキンネリ〔花・草・木〕……………293
リカステ・デッペイ〔花・草・木〕……………293
リカステ・ドウィアナ〔花・草・木〕……………293
リカステ・トリカラー〔花・草・木〕……………293
リカステ・ラシオグロッサ〔花・草・木〕……………293
リコライス〔ハーブ・薬草〕……482
リコリス・アウレア〔花・草・木〕……………293
リシリゲンゲ〔花・草・木〕……293
リシリソウ〔花・草・木〕………293
リシリヒナゲシ〔花・草・木〕‥293
リディア〔花・草・木〕…………293
リド・ディ・ローマ〔花・草・木〕……………293
リバティ・ベル〔花・草・木〕‥293
リパリス・リリフォリア〔花・草・木〕……………293
リベス モゴロニクム[スグリ属の1種]〔野菜・果物〕……433
離弁花類の花〔花・草・木〕……293
リマン〔野菜・果物〕……………433
リモドロン〔花・草・木〕………294
劉寄奴〔ハーブ・薬草〕…………482
リュウキュウハンゲ〔花・草・木〕……………294
リュウキュウハンゲ〔ハーブ・薬草〕……………482
リウキンクハ〔花・草・木〕……294
リュウキンカ〔花・草・木〕……294
リュウケツジュ〔花・草・木〕‥294
リュウゼツランの1種〔ハーブ・薬草〕……………482
両面紅〔花・草・木〕……………294
料理用栽培バナナ〔野菜・果物〕……………433
緑萼桜〔花・草・木〕……………294
緑藻類〔その他〕…………………503
リリウム・アウラツム(ヤマユリ)〔花・草・木〕……………294
リリウム・カナデンセ〔花・草・木〕……………294
リリウム・カルケドニクム〔花・草・木〕……………294
リリウム・カンディドゥム・モンストロスム(マドンナ・リリーの八重咲き品種)〔花・草・木〕……………294
リリウム・スペキオスム(カノコユリ)〔花・草・木〕………294
リリウム・スペルブム〔花・草・木〕……………294
リリウム・ピレナイクム〔花・草・木〕……………295
リリウム・フィラデルフィクム〔花・草・木〕……………295
リリウム・プルビフェルム〔花・草・木〕……………295
リリウム・ブルビフェルム(ファイアー・リリーの奇形)〔花・草・木〕……………295
リリウム・ペンデュリフロールム〔花・草・木〕……………295
リリウム・ポンポニウム〔花・草・木〕……………295
リリウムマルタゴン〔花・草・木〕……………295
リリウム・モナデルフム〔花・草・木〕……………295
りんご〔野菜・果物〕……………433
リンゴ〔花・草・木〕……………295
リンゴ〔野菜・果物〕………433,434
リンゴ(ワリンゴ)〔野菜・果物〕……………434
リンゴウ〔野菜・果物〕…………434
リンコグロッスム・オブリクウム〔花・草・木〕……………295
リンコスチリス・ギガンテア〔花・草・木〕……………295
リンコスチリス・セレスチス〔花・草・木〕……………295
リンコスチリス・レチューサ〔花・草・木〕……………295
リンゴ'レッド・クァーレンデン'〔野菜・果物〕……………434
りんどう〔花・草・木〕…………295
リンドウ〔花・草・木〕…………295
リンドウ〔ハーブ・薬草〕………482
龍膽〔ハーブ・薬草〕……………482
リンドウ科のケンタウリウム・エリトラエア〔花・草・木〕‥295
リンドウの1種〔花・草・木〕…296

【る】

ルイヨウショウマ〔ハーブ・薬草〕……………482
ルコウ〔花・草・木〕……………296
ルコウソウ〔花・草・木〕………296
ルコウソウ2種〔花・草・木〕…296
ルドゥーテア〔花・草・木〕……296
ルドベキア〔花・草・木〕………296
ルドルフィエラ・オーランチアカ〔花・草・木〕……………296
ルナリア〔花・草・木〕…………296
ルピナス〔花・草・木〕…………296
ルブス・ビフロルス〔花・草・木〕……………296
ルリスイレン〔花・草・木〕……296
ルリスイレン(ルリヒツジグサ)〔花・草・木〕……………296
ルリトラノオ〔花・草・木〕……296
ルリハコベ〔花・草・木〕………296
ルリハナガサ〔花・草・木〕……296
ルリマツリ〔花・草・木〕…296,297
ルリムスカリ〔花・草・木〕……297
ルロニウム・ナタンス〔花・草・木〕……………297

【れ】

レイシ〔野菜・果物〕……………434
レイシ(マンネンタケ)〔きのこ・菌類〕……………498
蠡實〔ハーブ・薬草〕……………482
レイジンソウ〔花・草・木〕……297
レウコイウム・オートゥムナーレ〔花・草・木〕……………297
レウコイウム・トリコフィルム〔花・草・木〕……………297
レースソウ〔花・草・木〕………297
レストレピア・エレガンス〔花・草・木〕……………297
レタス〔野菜・果物〕……………434
レタス？〔野菜・果物〕…………434
レダマ〔花・草・木〕……………297
レッド・クイーン〔花・草・木〕‥297
レッド・グローリー〔花・草・木〕……………297
レッド・ピノキオ〔花・草・木〕‥297
レディ・エックス〔花・草・木〕‥297
レディーズ・スリッパ〔花・草・木〕……………297
レディ・ダンカン〔花・草・木〕‥297
レディ・ヒリンドン〔花・草・木〕……………297
レナンテラ・イムシューチアナ〔花・草・木〕……………297
レナンテラ・コクシネア〔花・草・木〕……………298
レナンテラ・ストーリエー〔花・草・木〕……………298
レナンテラ・ストーリエー・フィリピネンセ〔花・草・木〕……………298
レナンテラ・マツチナ〔花・草・木〕……………298
レナンテラ・モナキカ〔花・草・木〕……………298
レバノンスギ〔花・草・木〕……298
レバノンスギ？〔花・草・木〕‥298
レプトテス・テヌイス〔花・草・木〕……………298

レプトテス・ビカラー〔花・草・木〕 298
レプトテス・ユニカラー〔花・草・木〕 298
レブンアツモリソウ〔花・草・木〕 298
レブンコザクラ〔花・草・木〕 298
レブンサイコ〔花・草・木〕 298
レブンソウ〔花・草・木〕 298
レモン〔野菜・果物〕 434
レモン〔ハーブ・薬草〕 482
レモンバーム〔ハーブ・薬草〕 482
レリア・アルビダ〔花・草・木〕 298
レリア・アンセプス〔花・草・木〕 298
レリア・アンセプス・アルバ〔花・草・木〕 298
レリア・アンセプス・シュロデリアナ〔花・草・木〕 298
レリア・オスターメイヤリイ〔花・草・木〕 298
レリア・オータムナリス〔花・草・木〕 298
レリア・グランディス〔花・草・木〕 299
レリア・クリスパ〔花・草・木〕 299
レリア・ゴールディアナ〔花・草・木〕 299
レリア・シンナバリナ〔花・草・木〕 299
レリア・シンナバリナ・コワニイ〔花・草・木〕 299
レリア・スーパービエンス〔花・草・木〕 299
レリア・テネブロサ〔花・草・木〕 299
レリア・ハーポフィラ〔花・草・木〕 299
レリア・プミラ〔花・草・木〕 299
レリア・プミラ・ダイアナ〔花・草・木〕 299
レリア・プミラ・ダイアナ'デリカタ'〔花・草・木〕 299
レリア・フラバ〔花・草・木〕 299
レリア・プルプラタ〔花・草・木〕 299
レリア・ペリニイ〔花・草・木〕 299
レリア・ミレリ〔花・草・木〕 299
レリア・ルペストリス〔花・草・木〕 299
レリア・ルベッセンス〔花・草・木〕 299
レリア・ルンディイ〔花・草・木〕 299
レリオカトレヤ・エレガンス〔花・草・木〕 299
れんぎょう〔花・草・木〕 300
レンギョウ〔花・草・木〕 300
レンギョウ〔ハーブ・薬草〕 482
連翹〔ハーブ・薬草〕 482
レンゲ〔花・草・木〕 300
レンゲショウマ〔花・草・木〕 300
れんげそう〔花・草・木〕 300
レンゲソウ〔花・草・木〕 300
れんげつつじ〔花・草・木〕 300
レンゲツツジ〔花・草・木〕 300
れんこん〔野菜・果物〕 434
蓮上の玉〔花・草・木〕 300
レンプクソウ〔花・草・木〕 300
レンリソウ〔花・草・木〕 300

【ろ】

ロイヤル・ハイネス〔花・草・木〕 300
臘月〔花・草・木〕 300
ろうたつゝじ〔花・草・木〕 300
ロウダンツヽシ〔花・草・木〕 300
ろうばい〔花・草・木〕 301
ロウバイ〔花・草・木〕 301
ロウバイ/カラウメ/ナンキンウメ〔花・草・木〕 301
ロウヤシ〔花・草・木〕 301
ロクオンソウ〔花・草・木〕 301
ロサ・アキフィラ〔花・草・木〕 301
ロサ・アキフュラ〔花・草・木〕 301
ロサ・アグレスティス〔花・草・木〕 301
ロサ・アグレスティス系〔花・草・木〕 301
ロサ・アグレスティス・セピウム〔花・草・木〕 301
ロサ・'アデレイド・ドルレアン'〔花・草・木〕 301
ロサ・アネモネフローラ〔花・草・木〕 301
ローザ・アマビリス〔花・草・木〕 301
ロサ・アルウェンシス・オウァータ〔花・草・木〕 301
ロサ・アルヴェンシス・オバータ〔花・草・木〕 301
ロサ・アルウェンシス・オワータ〔花・草・木〕 302
ロサ・アルバ〔花・草・木〕 302
ロサ×アルバ'ア・フィユ・ド・シャンブル'〔花・草・木〕 302
ロサ・アルバ・キンバエフォリア〔花・草・木〕 302
ロサ・アルバ・キンベフォリア〔花・草・木〕 302
ロサ×アルバ'グレイト・メイドゥンス・ブラッシュ'〔花・草・木〕 302
ロサ×アルバ系〔花・草・木〕 302
ロサ×アルバ'セミプレナ'〔花・草・木〕 302
ロサ×アルバ'セレステ'〔花・草・木〕 302
ロサ・アルバ・フォリアケア〔花・草・木〕 302
ロサ・アルバ・フローレ・プレノ〔花・草・木〕 302
ロサ・アルバ・レガリス〔花・草・木〕 303
ロサ・アルピナ・ウルガーリス〔花・草・木〕 303
ロサ・アルピナ・ヴルガリス〔花・草・木〕 303
ロサ・アルピナ・デビリス〔花・草・木〕 303
ロサ・アルピナ・フローレ・ウァリエガート〔花・草・木〕 303
ロサ・アルピナ・フローレ・ヴァリエガート〔花・草・木〕 303
ロサ・アルピーナ・フローレ・ワリエガート〔花・草・木〕 303
ロサ・アルピナ・ペンデュリナ〔花・草・木〕 303
ロサ・アルピナ・ペンドゥリナ〔花・草・木〕 303
ロサ・アルピーナ・ラエウィス〔花・草・木〕 303
ロサ・アルピナ・レヴィス〔花・草・木〕 304
ロサ・アルベンシス〔花・草・木〕 304
ロサ・アンデガヴェンシス〔花・草・木〕 304
ロサ・アンデガベンシス〔花・草・木〕 304
ロサ・イネルミス〔花・草・木〕 304
ロサ・インディカ〔花・草・木〕 304
ロサ・インディカ・アウトムナーリス〔花・草・木〕 304
ロサ・インディカ・アウトムナリス〔花・草・木〕 305
ロサ・インディカ・アクミナータ〔花・草・木〕 305
ロサ・インディカ・ウルガーリス〔花・草・木〕 305
ロサ・インディカ・ヴルガリス〔花・草・木〕 305
ロサ・インディカ・カリオピレア〔花・草・木〕 305
ロサ・インディカ・カリオフィレア〔花・草・木〕 305
ロサ・インディカ・カリュオーフュレア〔花・草・木〕 305
ロサ・インディカ・クルエンタ〔花・草・木〕 305
ロサ・インディカ・ステリゲラ〔花・草・木〕 305
ロサ・インディカ・スバルバ〔花・草・木〕 306
ロサ・インディカ・スブウィオラケア〔花・草・木〕 306
ロサ・インディカ・スブヴィオラケア〔花・草・木〕 306
ロサ・インディカ・セルトゥラータ〔花・草・木〕 306
ロサ・インディカ・ディコトマ

〔花・草・木〕……………………306
ロサ・インディカ・プミラ
〔花・草・木〕……………………306
ロサ・インディカ・プミラ（フローレ・シンプリキ）〔花・草・木〕……………………306,307
ロサ・インディカ・フラグランス〔花・草・木〕……………………307
ロサ・インディカ・フラグランス・フローレ・シンプリキ
〔花・草・木〕……………………307
ロサ・ヴァントナティアーナ
〔花・草・木〕……………………307
ローザ・ウィルモッティアエ
〔花・草・木〕……………………307
ロサ・ウィルモッティアエ
〔花・草・木〕……………………307
ロサ・ウィローサ・テレベンティナ〔花・草・木〕……………………307
ロサ・ヴィローサ・テレベンティナ〔花・草・木〕……………………307
ロサ・ウィローサ, ポミフェラ
〔花・草・木〕……………………307
ロサ・ヴィローサ・ポミフェラ
〔花・草・木〕……………………307
ロサ・ウェンテナティアーナ
〔花・草・木〕……………………308
ロサ・ヴェンテナティアナ
〔花・草・木〕……………………308
ロサ・エヴラティーナ〔花・草・木〕……………………308
ロサ・エヴラティナ〔花・草・木〕……………………308
ローザ・エグランテリア〔花・草・木〕……………………308
ロサ・エグランテリア〔花・草・木〕……………………308
ロサ・エグランテリア（ロサ・フォエティダ、オーストリアン・イエロー）〔花・草・木〕……308
ロサ・エグランテリア（変種プニケア）〔花・草・木〕……………………308
ロサ・エグランテリア・スプルブラ〔花・草・木〕……………………308
ローザ・エグランテリアの1栽培品種〔花・草・木〕……………………308
ロサ・エグランテリア・プニケア〔花・草・木〕……………………308
ロサ・エグランテリア・プニケア（ロサ・フォエティダ・ビコロル、オーストリアン・カッパー）〔花・草・木〕……309
ロサ・エグランテリア・ルテオラ〔花・草・木〕……………………309
ロサ・オドラタ〔花・草・木〕……309
ロサ×オドラータ系〔花・草・木〕……………………309
ロサ×オドラータ'ヒュームズ・ブラッシュ・ティー・センティド・チャイナ'〔花・草・木〕……………………309
ロサ・オルベッサネア〔花・草・木〕……………………309
ローザ・カニーナ〔花・草・木〕……309
ロサ・カニーナ（ドッグ・ローズ）〔花・草・木〕……………………309
ロサ・カニーナ'アンデガヴェンシス'〔花・草・木〕……………………309
ロサ・カニーナ・グランディフローラ〔花・草・木〕……………………310
ロサ・カニナ・グランディフローラ〔花・草・木〕……………………310
ローザ・カニーナ'サクセス'
〔花・草・木〕……………………310
ロサ・カニーナ・ニテンス
〔花・草・木〕……………………310
ロサ・カニナ・ニテンス〔花・草・木〕……………………310
ロサ・カニーナ・ブルボニアーナ〔花・草・木〕……………………310
ロサ・カニーナ・ブルボニアーナ（ブルボン・ローズ）〔花・草・木〕……………………310
ロサ・カニナ・ブルボニアナ
〔花・草・木〕……………………310
ローザ・カニーナ'ブレークス・ストッケローゼ'〔花・草・木〕……………………310
ロサ・カニーナ・マンテズズマエ〔花・草・木〕……………………310
ロサ・カニーナ・ルテシアーナ・アシフィラ〔花・草・木〕
……………………310
ロサ・カニーナ・ルテティアーナ〔花・草・木〕……………………310
ロサ・カムチャティカ〔花・草・木〕……………………310
ロサ・ガリカ〔花・草・木〕……311
ロサ・ガリカ（プルプロ・ウィオラケア・マグナ）〔花・草・木〕……………………311
ロサ・ガリカ（プルプロ・ヴィオラケア・マグナ）〔花・草・木〕……………………311
ロサ・ガリカ（交雑種）〔花・草・木〕……………………311
ロサ・ガリカ・アウレリアネンシス〔花・草・木〕……………………311
ロサ・ガリカ・アガタ（ウァリエタス・パルウァ・ウィオラケア）〔花・草・木〕……………………311
ロサ・ガリカ・アガタ（ヴァリエタス・パルヴァ・ヴィオラケア）〔花・草・木〕……………………311
ロサ・ガリカ・アガタ（変種デルピニアナ）〔花・草・木〕……311
ロサ・ガリカ・アガタ（変種デルフィニアーナ）〔花・草・木〕……………………311
ロサ・ガリカ・アガタ（変種プロリフェラ）〔花・草・木〕……312
ロサ・ガリカ・アガタ（変種レガリス）〔花・草・木〕……………………312
ロサ・ガリカ・アガタ・インカルナータ〔花・草・木〕……………………312
ロサ・ガリカ'アガタ・インカルナータ'〔花・草・木〕……………………312
ロサ・ガリカ・アガタ・デルフィニアーナ〔花・草・木〕……312
ロサ・ガリカ・アガタ・プロリフェラ〔花・草・木〕……………………312
ロサ・ガリカ・アガタ・レガーリス〔花・草・木〕……………………312
ロサ・ガリカ・アガタ・ワリエタス・パルウァ・ウィオラケア〔花・草・木〕……………………312
ロサ・ガリカ'ヴィオラケア'
〔花・草・木〕……………………312
ロサ・ガリカ・ウェルシコロール〔花・草・木〕……………………312
ロサ・ガリカ・ヴェルシコロール〔花・草・木〕……………………312
ロサ・ガリカ・ウェルシコロル'ロサ・ムンディ'〔花・草・木〕……………………312,313
ロサ・ガリカ・オフィキナーリス〔花・草・木〕……………………313
ロサ・ガリカ・オフィキナーリス（アポテカリー・ローズ）
〔花・草・木〕……………………313
ロサ・ガリカ・オフィキナリス
〔花・草・木〕……………………313
ロサ・ガリカ'オフィキナリス'
〔花・草・木〕……………………313
ローザ・ガリカ・オフィシナリス〔花・草・木〕……………………313
ロサ・ガリカ・カエルレア
〔花・草・木〕……………………313
ローザ ガリカ グラナーツス
［バラの1種］〔花・草・木〕……313
ロサ・ガリカ・グラナトゥス
〔花・草・木〕……………………313
ロサ・ガリカ系〔花・草・木〕……313
ロサ・ガリカ系（交雑種）〔花・草・木〕……………………314
ロサ・ガリカ系？'デュシェス・オルレアン'〔花・草・木〕
……………………314
ロサ・ガリカ系？'トスカニー'
〔花・草・木〕……………………314
ロサ・ガリカ系またはロサ・ケンティフォーリア系〔花・草・木〕……………………314
ロサ・ガリカ・ゲラニアーナ
〔花・草・木〕……………………314
ロサ・ガリカ・ゲリニアーナ
〔花・草・木〕……………………314
ロサ・ガリカ・ゲリニアナ
〔花・草・木〕……………………314
ロサ・ガリカ・ケルレア〔花・草・木〕……………………314
ローザ・ガリカ'コンプリカータ'〔花・草・木〕……………………314
ロサ・ガリカ'ザ・ビショップ'
〔花・草・木〕……………………314
ロサ・ガリカ・スタペリアエ・フローラ〔花・草・木〕……314

ローザ・ガリカの1栽培品種〔花・草・木〕……………… 314
ロサ・ガリカ・プミラ〔花・草・木〕……………… 314
ロサ・ガリカ・プルプレア・ウェルティナ, パルウァ〔花・草・木〕……………… 314
ロサ・ガリカ・プルプレア・ヴェルティナ・パルヴァ〔花・草・木〕……………… 315
ロサ・ガリカ・プルプレア・ウェルティーナ・パルファ〔花・草・木〕……………… 315
ロサ・ガリカ・フローレ・ギガンテオ〔花・草・木〕……………… 315
ロサ・ガリカ・フローレ・マルモレオ〔花・草・木〕……………… 315
ロサ・ガリカ'ベルシコロール'〔花・草・木〕……………… 315
ロサ・ガリカ・ポンティアーナ〔花・草・木〕……………… 315
ロサ・ガリカ・ポンティアナ〔花・草・木〕……………… 315
ロサ・ガリカ・マヘカ(フローレ・スブシンプリキ)〔花・草・木〕……………… 315
ロサ・ガリカ・ラティフォリア〔花・草・木〕……………… 316
ロサ・ガリカ・レガリス〔花・草・木〕……………… 316
ロサ・ガリカ×ロサ・キネンシス? 〔花・草・木〕……………… 316
ロサ・ガリカ×ロサ・ケンティフォーリア? 〔花・草・木〕‥ 316
ロサ・ガリカ・ロセア・フローレ・シンプリキ〔花・草・木〕……………… 316
ロサ・カロリナ〔花・草・木〕‥ 316
ロサ・カロリーナ・コリュンボーサ〔花・草・木〕……………… 316
ロサ・カロリナ・コリンボーサ〔花・草・木〕……………… 316
ロサ・カロリナ'プレナ'〔花・草・木〕……………… 316
ロサ・カンドレアナ・エレガンス〔花・草・木〕……………316,317
ロサ・カンパヌラータ・アルバ〔花・草・木〕……………… 317
ロサ・ギガンテア〔花・草・木〕‥ 317
ロサ・キナモメア・フローレ・シンプリキ〔花・草・木〕…… 317
ロサ・キナモメア・マイアリス〔花・草・木〕……………… 317
ロサ・キネンシス〔花・草・木〕‥ 317
ロサ・キネンシス'オールド・ブラッシュ・チャイナ'〔花・草・木〕……………… 317
ロサ・キネンシス系〔花・草・木〕……………… 317
ロサ・キネンシス・センパーフローレンス〔花・草・木〕…… 317
ロサ・キネンシス・センパーフローレンス系〔花・草・木〕‥ 317
ロサ・キネンシス・センパーフローレンス'スレーターズ・クリムソン・チャイナ'〔花・草・木〕……………… 317
ロサ・キネンシス・プセウドインディカ'フォーチュンズ・ダブル・イエロー'〔花・草・木〕……………… 318
ロサ・キネンシス'マルティペタラ'〔花・草・木〕……………… 318
ロサ・キネンシス・ミニマ〔花・草・木〕……………… 318
ロサ・キネンシス・ミニマ系〔花・草・木〕……………… 318
ロサ・キネンシス'ロンギフォリア'〔花・草・木〕……………… 318
ロサ・キンナモメア・フローレ・シンプリキ〔花・草・木〕……………… 318
ロサ・キンナモメア・マイアリス〔花・草・木〕……………… 318
ロサ・キンナモメア・マヤーリス〔花・草・木〕……………… 318
ロサ・グラウカ〔花・草・木〕‥ 318
ロサ・グラウカ×ロサ・ピンピネフォーリア(ルドゥーテ)? 〔花・草・木〕……………… 318
ロサ・クリノフィラ〔花・草・木〕……………… 318
ロサ・クリュノフュラ〔花・草・木〕……………… 318
ロサ・ゲミナータ〔花・草・木〕……………318,319
ロサ・ケンティフォリア〔花・草・木〕……………… 319
ロサ・ケンティフォリア(キャベッジ・ローズ)〔花・草・木〕……………… 319
ロサ・ケンティフォリア(プロヴァンス・ローズ)〔花・草・木〕……………… 319
ロサ・ケンティフォーリア'アネモノイデス'〔花・草・木〕‥ 320
ロサ・ケンティフォリア・アネモノイデス〔花・草・木〕…… 320
ロサ・ケンティフォリア・アングリカ・ルブラ〔花・草・木〕……………… 320
ロサ・ケンティフォーリア'アンドレウシイ'〔花・草・木〕‥ 320
ロサ・ケンティフォリア・カリオフィレア〔花・草・木〕…… 320
ロサ・ケンティフォリア・カリュオーフュレア〔花・草・木〕……………… 320
ロサ・ケンティフォリア・カルネア〔花・草・木〕……………… 320
ロサ・ケンティフォリア・クレナータ〔花・草・木〕……320,321
ロサ・ケンティフォーリア系〔花・草・木〕……………… 321
ロサ・ケンティフォーリア'シンプレックス'〔花・草・木〕‥ 321
ロサ・ケンティフォリア・シンプレックス〔花・草・木〕…… 321
ローザ・ケンティフォリアの1栽培品種〔花・草・木〕……… 321
ロサ・ケンティフォーリア'パルビフォーリア'〔花・草・木〕……………… 321
ロサ・ケンティフォリア・ビピナータ〔花・草・木〕……… 321
ロサ・ケンティフォリア・ビピンナータ〔花・草・木〕……… 321
ロサ・ケンティフォリア・フォリアケア〔花・草・木〕……… 321
ロサ・ケンティフォーリア・フォリアケア系〔花・草・木〕……………… 322
ロサ・ケンティフォーリア'プチ・ド・オランド'〔花・草・木〕……………… 322
ロサ・ケンティフォーリア'ブラータ'〔花・草・木〕……… 322
ロサ・ケンティフォリア・ブラータ〔花・草・木〕……… 322
ロサ・ケンティフォリア・ブラータ(レタス・ローズ)〔花・草・木〕……………… 322
ロサ・ケンティフォリア・ブルグンディアカ〔花・草・木〕‥ 322
ロサ・ケンティフォリア・プロリフェラ・フォリアケア〔花・草・木〕……………… 322
ロサ・ケンティフォーリア'ムスコーサ'〔花・草・木〕…… 322
ロサ・ケンティフォリア・ムスコーサ(モス・ローズ)〔花・草・木〕……………… 322
ロサ・ケンティフォーリア・ムスコーサ'アルバ'〔花・草・木〕……………… 322
ロサ・ケンティフォーリア・ムスコーサ系〔花・草・木〕…… 322
ロサ・ケンティフォリア・ムタビリス〔花・草・木〕……… 323
ロサ・ケンティフォーリア'メージャー'〔花・草・木〕… 323
ロサ・ケンティフォーリア'モッシー・ド・モー'〔花・草・木〕……………… 323
ロサ・ケンティフォーリア'ユニーク・ブランシェ'〔花・草・木〕……………… 323
ロサ・ケンティフォーリア'ローズ・ド・モー'〔花・草・木〕……………… 323
ローザ・コリイフォリア〔花・草・木〕……………… 323
ロサ・コリナ・ファスティギアータ〔花・草・木〕……… 323
ロサ・コリーナ・モンソニア(ロサ・コリーナ・モンソニアーナ)〔花・草・木〕……… 323

ロサ・コリナ・モンソニアーナ〔花・草・木〕……323
ロサ・コリナ・モンソニアナ〔花・草・木〕……323
ロサ・コリンビフェラ〔花・草・木〕……323
ローザ・ザンティナ〔花・草・木〕……323
ローザ・シネンシス'アルバ'〔花・草・木〕……324
ローザ・シネンシス・ヴィリディフローラ〔花・草・木〕……324
ローザ・シネンシス'オールド・ブラッシュ'〔花・草・木〕……324
ローザ・シネンシス'シングル・ピンク'〔花・草・木〕……324
ローザ・シネンシス・センパフローレンス〔花・草・木〕……324
ローザ・シネンシス'ファブヴィエール'〔花・草・木〕……324
ローザ・シネンシス'ミス・ロー'〔花・草・木〕……324
ローザ・シネンシス・ムタビリス〔花・草・木〕……324
ローザ・シネンシス'メイジャー'〔花・草・木〕……324
ロサ・スチュローサ〔花・草・木〕……324
ロサ・スティローサ〔花・草・木〕……324
ロサ・スティローサ・シスタイラ〔花・草・木〕……324
ロサ・スティローサ・ファスティギアータ？〔花・草・木〕……324
ロサ×スピニューリフォリア〔花・草・木〕……324
ロサ・スピヌリフォリア・デマトラティアナ〔花・草・木〕……324,325
ローザ・スピノシッシマ'アルバ'〔花・草・木〕……325
ローザ・スピノシッシマ'ウィリアムズ・ダブル・イエロー'〔花・草・木〕……325
ロサ・スルフレア〔花・草・木〕……325
ロサ・スルフレア（ロサ・ヘミスファエリカ）〔花・草・木〕……325
ロサ・セティゲラ〔花・草・木〕……325
ローザ・セピウムの1栽培品種〔花・草・木〕……325
ロサ・セピウム・フローレ・スプムルティプリキ〔花・草・木〕……325
ロサ・セピウム・ミュルティフォリア〔花・草・木〕……325
ロサ・セピウム・ミルティフォリア〔花・草・木〕……325
ロサ・セピウム・ロセア〔花・草・木〕……325
ローザ・セリセア・オメイエンシス〔花・草・木〕……326
ローザ・センティフォリア・パルヴィフォリア〔花・草・木〕……326
ローザ・センティフォリア・ムスコーサ〔花・草・木〕……326
ロサ・センペルヴィレンス〔花・草・木〕……326
ロサ・センペルウィレンス・グロボーサ〔花・草・木〕……326
ロサ・センペルヴィレンス・グロボーサ〔花・草・木〕……326
ロサ・センペルヴィレンス系〔花・草・木〕……326
ロサ・センペルウィレンス・ラティフォリア〔花・草・木〕……326
ロサ・センペルヴィレンス・ラティフォリア〔花・草・木〕……326
ロサ・センペルウィレンス・レシュノーティアーナ〔花・草・木〕……326
ロサ・センペルウィレンス・レシュノールティアーナ〔花・草・木〕……326
ロサ・センペルヴィレンス・レスケナウルティアナ〔花・草・木〕……326
ロサ・センペルヴィレンス・レスケナルティアナ〔花・草・木〕……326
ローザ・ダマスケーナ〔花・草・木〕……327
ロサ・ダマスケナ〔花・草・木〕……326,327
ロサ・ダマスケナ・アウロラ〔花・草・木〕……327
ロサ・ダマスケーナ・アウローラ'セレスシャル'〔花・草・木〕……327
ロサ・ダマスケナ・イタリカ〔花・草・木〕……327
ロサ・ダマスケナ・ウァリエガータ〔花・草・木〕……327
ロサ・ダマスケナ・ヴァリエガータ〔花・草・木〕……327
ロサ×ダマスケナ系〔花・草・木〕……327
ロサ・ダマスケナ・ケルシアーナ・プロリフェラ〔花・草・木〕……327
ロサ・ダマスケナ・ケルシアナ・プロリフェラ〔花・草・木〕……327
ロサ・ダマスケーナ・コッキネア（ポートランド・ローズ）〔花・草・木〕……328
ロサ・ダマスケナ・コッキネア〔花・草・木〕……327
ロサ・ダマスケナ・スバルバ〔花・草・木〕……328
ロサ×ダマスケナ'セルシアーナ'〔花・草・木〕……328
ロサ・ダマスケーナ・セルシアナ・プロリフェラ〔花・草・木〕……328
ロサ×ダマスケナ'ベルシコロール'〔花・草・木〕……328
ロサ×ダマスケナ×ロサ・キネンシス・センパーフローレンス'ローズ・ド・ロア'〔花・草・木〕……328
ロサ・ダマスケーナ・ワリエガータ'ヨーク・アンド・ランカスター'〔花・草・木〕……328
ロサ・'テ・ヒメネ'〔花・草・木〕……328
ロサ×デュポンティ〔花・草・木〕……328
ロサ・デュメトルム〔花・草・木〕……328
ロサ・ドゥマリス・マルムンダリエンシス〔花・草・木〕……328
ロサ・ドゥマリス・マルムンダリエンシス・ビサラータ〔花・草・木〕……328
ロサ・ドゥメトルム〔花・草・木〕……329
ロサ・ドゥメトルム'オブツシフォリア'？〔花・草・木〕……329
ロサ・トゥルビナータ〔花・草・木〕……329
ローザ・トメントサ〔花・草・木〕……329
ロサ・トーメントーサ〔花・草・木〕……329
ロサ・トメントーサ〔花・草・木〕……329
ロサ・トメントーサ系〔花・草・木〕……329
ロサ・トメントーサ・ファリノーサ〔花・草・木〕……329
ロサ・トメントーサ・ブリタニカ？〔花・草・木〕……329
ロサ・ニウェア〔花・草・木〕……329
ロサ・ニウェア（ナニワイバラ）〔花・草・木〕……330
ロサ・ニヴェア〔花・草・木〕……330
ロサ×ノアゼッティーナ？〔花・草・木〕……330
ロサ・ノワゼッティアーナ〔花・草・木〕……330
ロサ・ノワゼッティアーナ（ノワゼット・ローズ）〔花・草・木〕……330
ロサ・ノワゼッティアナ〔花・草・木〕……330
ロサ・ノワゼッティアーナ・プルプレア〔花・草・木〕……330
ロサ・ノワゼッティアナ・プルプレア〔花・草・木〕……330
ローザ・パウリイ〔花・草・木〕……330
ローザ・ハーディイ〔花・草・木〕……330
ロサ・ハドソニアーナ・サリキフォリア〔花・草・木〕……330
ロサ・ハドソニアナ・サリキ

フォリア〔花・草・木〕……… 330
ロサ・ハドソニアーナ・スカンデンス〔花・草・木〕………… 330
ロサ・ハドソニアナ・スカンデンス〔花・草・木〕…………… 330
ロサ・ハドソニアーナ・スブコリュンボーサ〔花・草・木〕‥ 331
ロサ・ハドソニアーナ・スブコリンボーサ〔花・草・木〕…… 331
ローザ・ハリソニイ〔花・草・木〕…………………………… 331
ロサ×ハリソニー'ルテラ'〔花・草・木〕…………………… 331
ロサ・パルウィフローラ〔花・草・木〕……………………… 331
ロサ・パルヴィ–フロラ〔花・草・木〕……………………… 331
ロサ・パルヴィフローラ〔花・草・木〕……………………… 331
ロサ・パルストリス〔花・草・木〕…………………………… 331
ロサ・パルストリス系〔花・草・木〕………………………… 331
ロサ・パルストリス系？〔花・草・木〕……………………… 331
ロサ・バンクシアエ〔花・草・木〕…………………………… 331
ロサ・バンクシアエ（モッコウバラ）〔花・草・木〕……… 331
ロサ・バンクシアエ'アルバ・プレナ'〔花・草・木〕……… 331
ローザ・バンクシアエ・ノルマリス〔花・草・木〕………… 331
ロサ・ヒスピダ・アルゲンテア〔花・草・木〕…………… 332
ロサ・ビセラータ〔花・草・木〕‥ 332
ロサ×ビフェラ〔花・草・木〕‥ 332
ロサ・ビフェラ・アルバ〔花・草・木〕……………………… 332
ロサ・ビフェラ・ウァリエガータ〔花・草・木〕…………… 332
ロサ・ビフェラ・ヴァリエガータ〔花・草・木〕…………… 332
ロサ・ビフェラ・オフィキナリス〔花・草・木〕…………… 332
ロサ×ビフェラ系〔花・草・木〕……………………………… 332
ロサ・ビフェラ・プミラ〔花・草・木〕……………………… 333
ロサ・ビフェラ・マクロカルパ〔花・草・木〕……………… 333
ロサ・ビフェラ・マクロカルパ（オータム・ダマスク）〔花・草・木〕……………………… 333
ロサ・ビフェラ・ワリエガータ〔花・草・木〕……………… 333
ロサ・ビルギニアーナ〔花・草・木〕………………………… 333
ロサ・ビローサ〔花・草・木〕‥ 333
ロサ・ビローサ×ロサ・ピンピネリフォーリア〔花・草・木〕……………………………… 333
ロサ・ビローサ×ロサ・ピンピネリフォーリア（ルドゥーテ）〔花・草・木〕…………… 333
ロサ・ピンピネリフォーリア〔花・草・木〕………………… 333
ロサ・ピンピネリフォーリア（交雑種）〔花・草・木〕…… 333
ロサ・ピンピネリフォリア・アルバ・フローレ・ムルティプリキ〔花・草・木〕………… 333
ロサ・ピンピネリフォーリア・イナーミス？〔花・草・木〕‥ 334
ロサ・ピンピネリフォリア・イネルミス〔花・草・木〕…… 334
ロサ・ピンピネリフォーリア系〔花・草・木〕……………… 334
ロサ・ピンピネリフォーリア・シフィアナ〔花・草・木〕… 334
ロサ・ピンピネリフォーリア'ダブル・ピンク・スコッチ・ブライアー'〔花・草・木〕… 334
ローザ・ピンピネリフォリアの1栽培品種〔花・草・木〕…… 334
ロサ・ピンピネリフォリア・プミラ〔花・草・木〕………… 334
ロサ・ピンピネリフォリア・フローレ・ウァリエガート〔花・草・木〕…………………… 334
ロサ・ピンピネリフォリア・フローレ・ヴァリエガート〔花・草・木〕…………………… 334
ロサ・ピンピネリフォリア・フローレ・ワリエガート〔花・草・木〕……………………… 334
ロサ・ピンピネリフォリア・マリアエブルゲンシス〔花・草・木〕……………………… 335
ロサ・ピンピネリフォリア・マリエブルゲンシス〔花・草・木〕………………………… 335
ロサ・ピンピネリフォーリア・ミリアカンサ？〔花・草・木〕……………………………… 335
ロサ・ピンピネリフォリア・ルブラ（フローレ・ムルティプリキ）〔花・草・木〕……… 335
ロサ・ファリノーサ〔花・草・木〕…………………………… 335
ローザ・フェティダ〔花・草・木〕…………………………… 335
ロサ・フェティダ〔花・草・木〕‥ 335
ローザ・フェティダ・ビカラー〔花・草・木〕……………… 335
ロサ・フェティダ'ビコロール'〔花・草・木〕……………… 335
ローザ・フェティダ・ペルシアーナ〔花・草・木〕………… 335
ロサ・フォエティダ〔花・草・木〕…………………………… 336
ロサ・フォエティダ・ビコロル〔花・草・木〕……………… 336
ロサ・プミラ〔花・草・木〕…… 336
ロサ・ブラクテアータ〔花・草・木〕………………………… 336
ロサ・ブラクテアータ（カカヤンバラ）〔花・草・木〕…… 336
ロサ・ブラクテアタ〔花・草・木〕…………………………… 336
ロサ・ブラクティアタ〔花・草・木〕………………………… 336
ロサ'フランコフルターナ'〔花・草・木〕…………………… 336
ロサ×フランコフルターナ〔花・草・木〕…………………… 336
ロサ・ブランダ〔花・草・木〕‥ 336
ロサ・ブランダ系〔花・草・木〕‥ 336
ロサ・プレウィスチュラ・レウコクロア〔花・草・木〕…… 336
ロサ・プレウィスティラ・レウコクロア〔花・草・木〕…… 337
ロサ・プレヴィスティラ・レウコクロア〔花・草・木〕…… 337
ロサ・プロウィンキアーリス・ワリエガータ〔花・草・木〕‥ 337
ロサ・ヘミスファエリカ〔花・草・木〕……………………… 337
ロサ・ヘミスファエリカ（サルファー・ローズ）〔花・草・木〕……………………………… 337
ロサ・ヘミスフェリカ〔花・草・木〕………………………… 337
ローザ・ペルシカ〔花・草・木〕‥ 337
ロサ・ペルシカ〔花・草・木〕‥ 337
ロサ・ベルベリフォリア〔花・草・木〕……………………… 337
ロサ・ベルベリフォリア（ロサ・ペルシカ）〔花・草・木〕‥ 337
ロサ・ペンドゥリナ〔花・草・木〕…………………………… 337
ロサ×ボボンニャーナ〔花・草・木〕………………………… 337
ローザ・ポミフェラ〔花・草・木〕…………………………… 337
ロサ・ポミフェラ〔花・草・木〕‥ 337
ロサ・ボルボニカ（ブルボン・ローズ）〔花・草・木〕…… 338
ロサ・ポンポニア〔花・草・木〕‥ 338
ロサ・ポンポニアナ・ムスコーサ〔花・草・木〕…………… 338
ロサ・ポンポニア・ブルグンディアカ〔花・草・木〕……… 338
ロサ・ポンポニア・フローレ・スプシンプリキ〔花・草・木〕……………………………… 338
ロサ・ポンポニア'ローズ・ド・モー'〔花・草・木〕……… 338
ロサ・マイクランサ〔花・草・木〕…………………………… 338
ロサ・マジャリス〔花・草・木〕‥ 338
ロサ・マジャリス'フィーカンディシマ'〔花・草・木〕…… 338
ロサ・マヤリス（ノバラ）〔花・草・木〕…………………… 338
ロサ・マルムンダリエンシス

〔花・草・木〕……339
ロサ・ミクランサ・ラクティフロラ？〔花・草・木〕……339
ローザ・ミクルゴサ〔花・草・木〕……339
ロサ・ミクルゴーサ〔花・草・木〕……339
ロサ・ミュリアカンタ〔花・草・木〕……339
ロサ・ミリアカンタ〔花・草・木〕……339
ロサ・ムスコーサ〔花・草・木〕……339
ロサ・ムスコーサ・アネモネフローラ〔花・草・木〕……339
ロサ・ムスコーサ・アルバ〔花・草・木〕……339,340
ロサ・ムスコーサ・ムルティプレックス〔花・草・木〕……340
ロサ・ムルティフロラ（ノイバラ）〔花・草・木〕……340
ロサ・ムルティフローラ・カルネア〔花・草・木〕……340
ロサ・ムルティフロラ'セブン・シスターズ・ローズ'〔花・草・木〕……340
ロサ・ムルティフローラ・プラティピラ〔花・草・木〕……340
ロサ・ムルティフローラ・プラティフィラ〔花・草・木〕……340
ロサ・ムルティフロラ・プラティフィラ〔花・草・木〕……340
ロサ・ムルティフローラ・プラテュフュラ（セブンシスターズ）〔花・草・木〕……340
ロサ・モエシー〔花・草・木〕……340
ローザ・モスカータ〔花・草・木〕……341
ロサ・モスカータ〔花・草・木〕……340,341
ロサ・モスカータ'セミプレナ'〔花・草・木〕……341
ロサ・モスカータ・フローレ・セミプレノ〔花・草・木〕……341
ロサ・モリッシマ〔花・草・木〕……341
ロサ・モンソーニエ？〔花・草・木〕……341
ロサ・モンテズマ〔花・草・木〕……341
ローザ・ユーゴニス〔花・草・木〕……341
ロサ・ラエヴィガータ〔花・草・木〕……342
ロサ・ラーパ〔花・草・木〕……342
ロサ・ラパ〔花・草・木〕……342
ロサ×ラパ？〔花・草・木〕……342
ロサ×ラパ系？〔花・草・木〕……342
ロサ×リヴァーサ〔花・草・木〕……342
ロサ×リヴァーサ？〔花・草・木〕……342
ロサ・リウェルサ〔花・草・木〕……342
ロサ・ルガ〔花・草・木〕……342
ロサ・ルキダ〔花・草・木〕……342
ロサ・ルゴサ〔花・草・木〕……342
ロサ・ルゴサ（ハマナシ）〔花・草・木〕……342
ロサ・ルビギノーサ〔花・草・木〕……342
ロサ・ルビギノーサ・アクレアティッシマ〔花・草・木〕……342,343
ロサ・ルビギノーサ・アネモネフローラ〔花・草・木〕……343
ロサ・ルビギノーサ・ウァイランティアーナ〔花・草・木〕……343
ロサ・ルビギノーサ・ヴァイランティアナ〔花・草・木〕……343
ロサ・ルビギノーサ・ヴァヤンティアーナ〔花・草・木〕……343
ロサ・ルビギノーサ・ウンベレタ〔花・草・木〕……343
ロサ・ルビギノーサ・ウンベレタ？〔花・草・木〕……343
ロサ・ルビギノーサ・クレティカ〔花・草・木〕……343
ロサ・ルビギノーサ系〔花・草・木〕……343
ロサ・ルビギノーサ'ザベス'〔花・草・木〕……343
ロサ・ルビギノーサ・ザベト〔花・草・木〕……343
ロサ・ルビギノーサ'セミプレナ'〔花・草・木〕……344
ロサ・ルビギノーサ・トゥリフローラ〔花・草・木〕……344
ロサ・ルビギノーサ・トリフローラ〔花・草・木〕……344
ロサ・ルビギノーサ・ネモラーリス〔花・草・木〕……344
ロサ・ルビギノーサ・ネモラリス〔花・草・木〕……344
ローザ・ルビギノサの1栽培品種〔花・草・木〕……344
ロサ・ルビギノーサ・フローレ・セミプレノ〔花・草・木〕……344
ロサ・ルビフォリア〔花・草・木〕……344
ロサ・ルブリフォリア〔花・草・木〕……344,345
ロサ・レウカンタ〔花・草・木〕……345
ロサ・レクリナータ・フローレ・シンプリキ〔花・草・木〕……345
ロサ・レクリナータ・フローレ・スブムルティプリキ〔花・草・木〕……345
ロサ・レドゥーテア・グラウカ〔花・草・木〕……345
ロサ・レドゥーテア・ルベスケンス〔花・草・木〕……345
ロサ・レビガータ（ナニワイバラ）〔花・草・木〕……346
ロサ・レリチエラネア〔花・草・木〕……346
ロサ×レリティエラーナ〔花・草・木〕……346
ロサ×レリティエラーナ？〔花・草・木〕……346
ロサ×レリティエラーナ系〔花・草・木〕……346
ロサ・レリティエラーネア〔花・草・木〕……346
ロサ・レリティエラネア（ブールソー・ローズ）〔花・草・木〕……346
ロサ・ローセンベルギアーナ〔花・草・木〕……346
ロサ・ローセンベルギアナ〔花・草・木〕……346
ロサ・ローゼンベルギアーナ〔花・草・木〕……346
ロサ・ロンギフォリア〔花・草・木〕……346
ロサ×ワイツィアナ〔花・草・木〕……346
藺茹〔ハーブ・薬草〕……482
ローズ・ド・メ〔花・草・木〕……346
ローズマリー〔ハーブ・薬草〕……482
ロソウ〔ハーブ・薬草〕……482
ローソンヒノキ〔花・草・木〕……347
ロツス・ヒルスツス〔花・草・木〕……347
ロドデンドロン〔花・草・木〕……347
ロドデンドロン・アルゲンテウム〔花・草・木〕……347
ロドデンドロン・アルボレウム〔花・草・木〕……347
ロドデンドロン・ウィスコスム〔花・草・木〕……347
ロドデンドロン・キンナバリウム〔花・草・木〕……347
ロドデンドロン・サルエネンセ〔花・草・木〕……347
ロードデンドロン・ダルハウジエ〔花・草・木〕……347
ロードデンドロン トリフロールム［シャクナゲの1種］〔花・草・木〕……347
ロードデンドロン ニバーレ〔花・草・木〕……347
ロードデンドロン ビルガーツム［シャクナゲの1種］〔花・草・木〕……347
ロドデンドロン・ファルコネリ〔花・草・木〕……347
ロドデンドロン・フッケリ〔花・草・木〕……347
ロードデンドロン・ホジソニィ〔花・草・木〕……347
ロドデンドロン・ポンティクム〔花・草・木〕……347
ロドデンドロン・マクシムム〔花・草・木〕……348
ロドデンドロン・ヤポニクム（レンゲツツジ）〔花・草・木〕……348

ロドデンドロン・ヤワニクム〔花・草・木〕……348
ロドリゲチア・セクンダ〔花・草・木〕……348
ロドリゲチア・デコラ〔花・草・木〕……348
ロドリゲチア・ベナスタ〔花・草・木〕……348
ロドリゲチオプシス・ミクロヒタ〔花・草・木〕……348
ロニケラ・カプリフォリウム〔花・草・木〕……348
ロペシア・ラケモサ〔花・草・木〕……348
ローベリア・スリナメンシス〔花・草・木〕……348
ローベリア・ツパ〔花・草・木〕……348
ローベリア・ミヌタ〔花・草・木〕……348
ローマカミツレ〔ハーブ・薬草〕……482
ロムレア・ブルボコディウム〔花・草・木〕……348
ローレル〔ハーブ・薬草〕……483

【わ】

ワイルドパンジー〔花・草・木〕……348
ワイルドパンジー(黄色)〔花・草・木〕……348
ワカキノサクラ〔花・草・木〕……348
和歌の浦〔花・草・木〕……348
わかば〔花・草・木〕……348
わさび〔野菜・果物〕……434
ワサビ〔野菜・果物〕……434
和産 大黄〔ハーブ・薬草〕……483
鷲の尾〔花・草・木〕……348
鷲の山〔花・草・木〕……349
和沙参〔ハーブ・薬草〕……483
ワスレクサ〔花・草・木〕……349
ワスレナグサ〔花・草・木〕……349
わた〔花・草・木〕……349
ワタ〔花・草・木〕……349
ワタ〔ハーブ・薬草〕……483
ワタ,あるいはハナアオイのたぐい(?)〔花・草・木〕……349
ワタゲカマツカ〔花・草・木〕……349
ワタゲトウヒレン〔花・草・木〕……349
わたのみ〔花・草・木〕……349
ワッケンドルフィア・ティルシフローラ〔花・草・木〕……349
ワトソニア・ストリクティフロラ〔花・草・木〕……349
ワトソニア・フミリス〔花・草・木〕……349
ワトソニア・メリアナ〔花・草・木〕……349
ワビスケ〔花・草・木〕……349
侘助〔花・草・木〕……350
和名なし〔きのこ・菌類〕……498〜500
ワラタ〔花・草・木〕……350
わらび〔野菜・果物〕……434
ワラビ〔野菜・果物〕……434
わりんご〔野菜・果物〕……434
ワリンゴ〔野菜・果物〕……434
われもこう〔花・草・木〕……350
ワレモコウ〔花・草・木〕……350

【記号・英数】

III–73〜93〔花・草・木〕……350
Acacia oncinophylla Benth.〔花・草・木〕……350
Acacia riceana Henslow〔花・草・木〕……350
Acanthus montanus T. Anders.〔花・草・木〕……350
Acer insigne Boiss.et Buhse〔花・草・木〕……350
Achillea ageratifolia Benth. et Hook.f.〔花・草・木〕……350
Achillea clavennae L.〔花・草・木〕……350
Achimenes multiflora Gardn.〔花・草・木〕……350
Acrophyllum verticillatum Hook.〔花・草・木〕……350
Admirable Lælia〔花・草・木〕……350
Aeranthes arachnitis Lindl.〔花・草・木〕……350
Aerides crispum Lindl.〔花・草・木〕……350
Aerides multiflora Roxb.〔花・草・木〕……350
African marigold〔花・草・木〕……350
Aganisia ionoptera〔花・草・木〕……350
Alder–leaved Hermannia〔花・草・木〕……350
Aletris–like Watsonia〔花・草・木〕……351
Allium stellerianum Willd.〔花・草・木〕……351
Allium unifolium Kellogg〔花・草・木〕……351
Aloe–leaved Anthericum〔花・草・木〕……351
Aloe–leaved Epidendrum〔花・草・木〕……351
Alpine auricula〔花・草・木〕……351
Alpine currant (Mountain currant)〔野菜・果物〕……435
Alpine Eryngo〔花・草・木〕……351
Alpine houseleek〔花・草・木〕……351
Alpine Lychnis〔花・草・木〕……351
Alpine scabious〔花・草・木〕……351
Alpine Snowball〔花・草・木〕……351
Alysicarpus bupleurifolius DC.〔花・草・木〕……351
Amboyna Pancratium〔花・草・木〕……351
American Narthecium〔花・草・木〕……351
American Pancratium〔花・草・木〕……351
Amorphophallus dubius Bl.〔花・草・木〕……351
Anchomanes hookeri Schott〔花・草・木〕……351
Androsace alpina Lam.〔花・草・木〕……351
Androsace rotundifolia Hardw.var.macrocalyx〔花・草・木〕……351
Anemone Clematis〔花・草・木〕……351
Anemone palmata L.var. albida〔花・草・木〕……352
Anemone polyanthes D.Don〔花・草・木〕……352
Anemonopsis macrophylla Sieb.et Zucc.〔花・草・木〕……352
Anguloa clowesii Lindl.〔花・草・木〕……352
Annam〔花・草・木〕……352
Anthocercis viscosa R.Br.〔花・草・木〕……352
Aponogeton spathaceum E. Mey.var.junceum〔花・草・木〕……352
Apothecary's rose (Red rose of Lancaster)〔花・草・木〕……352
Apricot〔野菜・果物〕……435
Aquilegia moorcroftiana Wall.〔花・草・木〕……352
Arctotis aspera L.var. arborescens〔花・草・木〕……352
Ariopsis peltata J.Grah.〔花・草・木〕……352
Arisarum proboscideum Savi〔花・草・木〕……352
Aristolochia arborea Linden〔花・草・木〕……352
Aristolochia barbata Jacq.〔花・草・木〕……352
Aristolochia sempervirens L.〔花・草・木〕……352
Aristotelia peduncularis Hook.〔花・草・木〕……352
Aromatic Diosma〔花・草・木〕……352
Asarabacca〔ハーブ・薬草〕……483
Asclepias speciosa Torr.〔ハーブ・薬草〕……483
Asian buttercup (Crowfoot)〔花・草・木〕……352
Asiatic Globe–flower〔花・草・木〕……352
Asparagus with flowers and fruits〔野菜・果物〕……435
Asphodel〔花・草・木〕……352
Asplenium hemionitis L.〔花・草・木〕……352

Aster bigelovii A.Gray〔花・草・木〕…… 352
Aster canescens Pursh〔花・草・木〕…… 353
Aster diplostephioides Benth.et Hook.f.〔花・草・木〕…… 353
Aster gymnocephalus A. Gray〔花・草・木〕…… 353
Aster laevis L.〔花・草・木〕…… 353
Aster stracheyi Hook.f.〔花・草・木〕…… 353
Asterostigma luschnathianum Schott〔花・草・木〕…… 353
Astilbe rubra Hook.f.et Thoms.〔花・草・木〕…… 353
Astragalus monspessulanus L.〔花・草・木〕…… 353
Austrian Briar〔花・草・木〕…… 353
Austrian Flax〔花・草・木〕…… 353
Austrian yellow rose (Austrian briar)〔花・草・木〕…… 353
Autumn crocus (Naked ladies with striped leaves)〔花・草・木〕…… 353
Autumn daffodil〔花・草・木〕…… 353
Autumn mandrake〔ハーブ・薬草〕…… 483
Autumn squill〔花・草・木〕…… 353
Bachelor's buttons (Fair maids of France, Fair maids of Kent)〔花・草・木〕…… 353
Balsam apple〔野菜・果物〕…… 435
Balsam-scented Sea-daffodil〔花・草・木〕…… 353
Barbados aloe (Curaçao aloe)〔ハーブ・薬草〕…… 483
Barleria cristata L.〔花・草・木〕…… 353
Barrel-flowered Gentian or Soapwort Gentian〔花・草・木〕…… 353
Bauhinia porrecta Sw.〔花・草・木〕…… 353
Bearded-leaved Heath〔花・草・木〕…… 353
Bear's breeches〔花・草・木〕…… 353
Beautiful Yellow Anigozanthus〔花・草・木〕…… 353
Bee larkspur〔花・草・木〕…… 354
Begonia falcifolia Hook.f.〔花・草・木〕…… 354
Begonia palmata D.Don〔花・草・木〕…… 354
Begonia xanthina Hook.var. pictifolia〔花・草・木〕…… 354
Bellflower〔花・草・木〕…… 354
Bell-flower Solanum〔花・草・木〕…… 354
Bellis annua L.〔花・草・木〕…… 354
Bells of Ireland (Shell-flower)〔花・草・木〕…… 354
Bending-flowered Tritonia〔花・草・木〕…… 354
Bergenia ligulata Engl.〔花・草・木〕…… 354
Betony-leaved Rampion〔花・草・木〕…… 354
Bi-coloured autumn crocus in leaf (Naked ladies)〔花・草・木〕…… 354
Bidens aristosa Britt.〔花・草・木〕…… 354
Bird's nest orchid〔花・草・木〕…… 354
Bistort (Snakeweed, Easter ledges)〔花・草・木〕…… 354
Black currant〔野菜・果物〕…… 435
Black hellebore〔ハーブ・薬草〕…… 483
Bladder campion (Catchfly)〔花・草・木〕…… 354
Bladdernut〔花・草・木〕…… 354
Blood-red Gladiolus〔花・草・木〕…… 354
Bloodroot, Red Puccoon〔花・草・木〕…… 354
Blue anemone〔花・草・木〕…… 354
Blue buttons (Field scabious)〔花・草・木〕…… 354
Blue canterbury bells (Cup and saucer)〔花・草・木〕…… 355
Blue dwarf bearded iris〔花・草・木〕…… 355
Blue Lotus of Egypt〔花・草・木〕…… 355
Blue meadow clary〔花・草・木〕…… 355
Bluebell〔花・草・木〕…… 355
Bluebell (Harebell)〔花・草・木〕…… 355
Blumenbachia chuquitensis Hook.f.〔花・草・木〕…… 355
Blumenbachia hieronymi Urb.〔花・草・木〕…… 355
Blush-colourd Crinum〔花・草・木〕…… 355
Blush Trichonema〔花・草・木〕…… 355
Bog arum (Water arum, Wild calla, Water dragon)〔花・草・木〕…… 355
Bog bean (Buck bean, Marsh trefoil)〔ハーブ・薬草〕…… 483
Bog rhubarb (Common butterbur)〔ハーブ・薬草〕…… 483
Bomarea acutifolia Herb.〔花・草・木〕…… 355
Bongardia rauwolfii C.A. Mey.〔花・草・木〕…… 355
Bowiea volubilis Harv.ex Hook.f.〔花・草・木〕…… 355
Box-thorn-like Vestia〔花・草・木〕…… 355
Brachystelma tuberosum R. Br.〔花・草・木〕…… 355
Branched Asphodel or Kingspear〔花・草・木〕…… 355
Brassaiopsis speciosa Decne. et Planch.〔花・草・木〕…… 355
Bright yellow dwarf bearded iris〔花・草・木〕…… 355
Brillantaisia owariensis Beauv.〔花・草・木〕…… 355
Bristly-rooted albuca〔花・草・木〕…… 355
Britter-Root〔花・草・木〕…… 356
Broad leaved Clerodendrum〔花・草・木〕…… 356
Broad-leaved Colchicum〔花・草・木〕…… 356
Broad-leaved marsh orchid〔花・草・木〕…… 356
Broad-leaved Massonia〔花・草・木〕…… 356
Broad-leaved thyme (Large thyme)〔ハーブ・薬草〕…… 483
Broadest-leaved Eustrephus〔花・草・木〕…… 356
Broom〔花・草・木〕…… 356
Brownea ariza Benth.〔花・草・木〕…… 356
Brown-flowered Uvularia〔花・草・木〕…… 356
Bug orchid〔花・草・木〕…… 356
Bulb and basal leaves of martagon or turk's cap lily〔花・草・木〕…… 356
Bulbil-producing varietas with bulb〔花・草・木〕…… 356
Bulbophyllum reticulatum Batem.〔花・草・木〕…… 356
Bulbous buttercup (Crowfoot)〔花・草・木〕…… 356
Bunch-flowered narcissus (Polyanthus narcissus)〔花・草・木〕…… 356
Burnet rose (Scotch rose)〔花・草・木〕…… 356
Burnt orchid〔花・草・木〕…… 356
Butcher's broom (Box holly, Jew's myrtle)〔花・草・木〕…… 356
Butter-bur-leaved Cineraria〔花・草・木〕…… 356
Butterbur (Sweet coltsfoot)〔花・草・木〕…… 357
Caiophora pentlandii G.Don ex Loud.〔花・草・木〕…… 357
Calceolaria violacea Cav.〔花・草・木〕…… 357
California Buckeye〔花・草・木〕…… 357
Calliandra tetragona Benth.〔花・草・木〕…… 357
Calochilus campestris R.Br.〔花・草・木〕…… 357
Calopogon pulchellus R.Br.〔花・草・木〕…… 357
Camellia rosaeflora Hook.〔花・草・木〕…… 357
Campanula caespitosa Scop.

〔花・草・木〕 357
Campanula fragilis Cyrill. 〔花・草・木〕 357
Campanula peregrina L. 〔花・草・木〕 357
Campanula sarmatica Ker–Gawl. 〔花・草・木〕 357
Campion (Catchfly) 〔花・草・木〕 357
Canada Lily, Meadow Lily 〔花・草・木〕 357
Canarina canariensis 〔花・草・木〕 357
Canary Bell–flower 〔花・草・木〕 357
Canary Bindweed 〔花・草・木〕 357
Canterbury bells (Cup and saucer) 〔花・草・木〕 357
Cantua bicolor Lem. 〔花・草・木〕 357
Cardamine kitaibelii Becherer 〔花・草・木〕 357
Cardoon 〔野菜・果物〕 435
Carica cadamarcensis Hook. f. 〔野菜・果物〕 435
Carinthian Wulfenia 〔花・草・木〕 357
Carnation (Pink) 〔花・草・木〕 357
Carolina dotted–leaved Rhododendron 〔花・草・木〕 358
Carolina Menziesia or Minnie Bush 〔花・草・木〕 358
Carpathian Bellflower 〔花・草・木〕 358
Castor oil plant (Palma Christi, Castor bean plant) 〔ハーブ・薬草〕 483
Catesbaea spinosa L. 〔花・草・木〕 358
Cat's ears (Pussy–toes) 〔花・草・木〕 358
Cattleya violacea Rolfe 〔花・草・木〕 358
Caucasian Centaury 〔花・草・木〕 358
Caucasian Gentian 〔花・草・木〕 358
Centaurea ragusina L. 〔花・草・木〕 358
Centaurea spinosa L. 〔花・草・木〕 358
Cereus eyriesii Hort.Berol.ex Pfeiff. 〔花・草・木〕 358
Cereus speciosissimus DC. 〔花・草・木〕 358
Ceropegia barkleyi Hook.f. 〔花・草・木〕 358
Ceropegia gardneri Hook. 〔花・草・木〕 358
Ceropegia hirsuta Wight et Arn. 〔花・草・木〕 358
Cestrum endlicheri Miers 〔花・草・木〕 358
Chamomile (Roman chamomile) 〔ハーブ・薬草〕 483
Changeable Dalea 〔花・草・木〕 358
Changeable Gompholobium or Aurple–stemmed variety 〔花・草・木〕 358
Chatham Island Forget–me–not 〔花・草・木〕 358
Cherimoya, cherimolla 〔花・草・木〕 358
Cherry Plum 〔野菜・果物〕 435
Cherry plum (Myrobalan) 〔野菜・果物〕 435
Chickweed Claytonia 〔花・草・木〕 358
Chilli pepper 〔野菜・果物〕 435
Chiltern gentian 〔花・草・木〕 359
Christmas rose 〔花・草・木〕 359
Chrysanthemum broussonetii Balb. 〔花・草・木〕 359
Chrysanthemum catananche Ball 〔花・草・木〕 359
Cinnamon–leaved Melastoma or Black Strawberry Tree 〔花・草・木〕 359
Cirsium grahami A.Gray 〔花・草・木〕 359
Citron 〔野菜・果物〕 435
Clammy Currant 〔花・草・木〕 359
Clavija ornata D.Don 〔花・草・木〕 359
Clematis barbellata Edgew. 〔花・草・木〕 359
Clematis crispa L. 〔花・草・木〕 359
Clematis graveolens Lindl. 〔花・草・木〕 359
Clematis heracleaefolia DC. 〔花・草・木〕 359
Clerodendron tomentosum R.Br. 〔花・草・木〕 359
Clerodendron umbellatum Poir. 〔花・草・木〕 359
Clitocybe membranaceus 〔きのこ・菌類〕 500
Clustered Bell–flower 〔花・草・木〕 359
Cnicus spinosissimus L. 〔花・草・木〕 359
Cobaea Penduliflora Hook.f. 〔花・草・木〕 359
Cobweb Slipperwort 〔花・草・木〕 359
Coccinia quinqueloba Cogn. 〔花・草・木〕 359
Cocos plumosa Hook. 〔花・草・木〕 359
Cocoyam (Taro, Dasheen) 〔野菜・果物〕 435
Coelogyne corrugata Wight 〔花・草・木〕 359
Colchicum triphyllum Kuntze 〔花・草・木〕 359
Colchicum variegatum L. 〔花・草・木〕 360
Colensoa physaloides Hook.f. 〔花・草・木〕 360
Colorado Columbine 〔花・草・木〕 360
Coltsfoot 〔ハーブ・薬草〕 483
Columbine with starlike, double, deep violet flowers (Granny's bonnets) 〔花・草・木〕 360
Columnea schiedeana Schlecht. 〔花・草・木〕 360
Colvillea racemosa Bojer 〔花・草・木〕 360
Combretum loeflingii Eichl. 〔花・草・木〕 360
Commerson's Melastoma 〔花・草・木〕 360
Common candytuft 〔花・草・木〕 360
Common centaury 〔ハーブ・薬草〕 483
Common Columbine of Europe 〔花・草・木〕 360
Common gladiolus with dark flowers 〔花・草・木〕 360
Common gladiolus with violet flowers 〔花・草・木〕 360
Common grape hyacinth 〔花・草・木〕 360
Common hawkweed 〔花・草・木〕 360
Common houseleek 〔花・草・木〕 360
Common jasmine (True jasmine, Jessamine) 〔ハーブ・薬草〕 483
Common laburnum (Golden chain) 〔ハーブ・薬草〕 483
Common moonwort 〔花・草・木〕 360
Common morning glory 〔花・草・木〕 360
Common or sweet orange 〔野菜・果物〕 435
Common peony 〔花・草・木〕 360
Common plantain (White–man's foot, Cart–track plant) 〔ハーブ・薬草〕 483
Common privet 〔花・草・木〕 360
Common sunflower 〔花・草・木〕 360
Common thyme 〔ハーブ・薬草〕 484
Common viper's grass 〔ハーブ・薬草〕 484
Convolvulus althaeoides L. 〔花・草・木〕 360
Coral root bittercress (Coralwort) 〔花・草・木〕 360
Coralroot orchid 〔花・草・木〕 361
Cordia decandra Hook.et

Arn.〔花・草・木〕 …… 361
Corn poppy (Field poppy)〔花・草・木〕 …… 361
Cornus canadensis L.〔花・草・木〕 …… 361
Corydalis tuberosa DC.〔花・草・木〕 …… 361
Corylopsis Griffithii Hemsl.〔花・草・木〕 …… 361
Corysanthes limbata Hook.f.〔花・草・木〕 …… 361
Cottage pink〔花・草・木〕 …… 361
Cotyledon orbiculata L.〔花・草・木〕 …… 361
Cotyledon pachyphytum Baker〔花・草・木〕 …… 361
Craspedia richea Cass.〔花・草・木〕 …… 361
Crataegus coccinea L.〔花・草・木〕 …… 361
Cream-coloured Bastard-Iris〔花・草・木〕 …… 361
Creeping-rooted Medick〔花・草・木〕 …… 361
Crested Paphinia〔花・草・木〕 …… 361
Crested Sida〔花・草・木〕 …… 361
Crested Vanda〔花・草・木〕 …… 361
Cretian Fagonia〔花・草・木〕 …… 361
Crimson Babiana〔花・草・木〕 …… 361
Crocus〔花・草・木〕 …… 361
Crocus cancellatus Herb.〔花・草・木〕 …… 361
Cross-branched Fuchsia〔花・草・木〕 …… 361
Cross-leaved Chironia〔花・草・木〕 …… 362
Cross-leaved Dillwynia〔花・草・木〕 …… 362
Crown imperial with two crowns〔花・草・木〕 …… 362
Cuphea cordata Ruiz et Pav.〔花・草・木〕 …… 362
Curcuma petiolata Roxb.〔花・草・木〕 …… 362
Curled-flowered Anthericum〔花・草・木〕 …… 362
Cuscuta reflexa Roxb.〔花・草・木〕 …… 362
Cyananthus lobatus Wall.〔花・草・木〕 …… 362
Cypella peruviana Baker〔花・草・木〕 …… 362
Daffodil〔花・草・木〕 …… 362
Daisy〔花・草・木〕 …… 362
Dalmatian iris〔花・草・木〕 …… 362
Damask violet (Dame's violet, Sweet rocket)〔花・草・木〕 …… 362
Dandelion-leaved Evening Primrose〔花・草・木〕 …… 362
Dark mullein〔花・草・木〕 …… 362
Dark red dwarf bearded iris〔花・草・木〕 …… 362
Dark red hyacinth〔花・草・木〕 …… 362
Darwin Potato〔野菜・果物〕 …… 435
Date plum〔花・草・木〕 …… 362
Deelingia baccata Moq.〔花・草・木〕 …… 362
Deep Orange-flowered Ada〔花・草・木〕 …… 362
Dendrobium atroviolaceum〔花・草・木〕 …… 363
Dendrobium draconis Reichb.f.〔花・草・木〕 …… 363
Dendrobium farmeri Paxt.〔花・草・木〕 …… 363
Dendrobium gratiosissimum Reichb.f.〔花・草・木〕 …… 363
Dendrobium laevifolium〔花・草・木〕 …… 363
Dendrobium victoriæ-reginæ〔花・草・木〕 …… 363
Desert Rose〔花・草・木〕 …… 363
Didymocarpus crinita Jack〔花・草・木〕 …… 363
Didymocarpus humboldtiana Gardn.〔花・草・木〕 …… 363
Digitate-leaved Nuttallia〔花・草・木〕 …… 363
Dingy Flag〔花・草・木〕 …… 363
Dingy-flowered Aspidistra〔花・草・木〕 …… 363
Dingy-flowered Wachendorfia〔花・草・木〕 …… 363
Dioscorea crinita Hook.f.〔花・草・木〕 …… 363
Diploglottis cunninghamii Hook.f.〔花・草・木〕 …… 363
Disporum leschenaultianum D.Don〔花・草・木〕 …… 363
Dittany (Burning bushu)〔ハーブ・薬草〕 …… 484
Divaricate-petaled Amaryllis〔花・草・木〕 …… 363
Dog's-Tooth Violet〔花・草・木〕 …… 363
Dog violet (Heath violet)〔花・草・木〕 …… 363
Double apple blossom〔花・草・木〕 …… 363
Double blue columbine (Granny's bonnets)〔花・草・木〕 …… 363
Double blue hollyhock〔花・草・木〕 …… 364
Double chamomile (Roman chamomile)〔ハーブ・薬草〕 …… 484
Double common peony〔花・草・木〕 …… 364
Double deep blue larkspur〔花・草・木〕 …… 364
Double gillyflower (Stock)〔花・草・木〕 …… 364
Double meadow saffron〔ハーブ・薬草〕 …… 484
Double opium poppy〔ハーブ・薬草〕 …… 484
Double opium poppy with bi-coloured flowers〔ハーブ・薬草〕 …… 484
Double pink gillyflower (Stock)〔花・草・木〕 …… 364
Double pink hollyhock〔花・草・木〕 …… 364
Double pink larkspur〔花・草・木〕 …… 364
Double purple larkspur〔花・草・木〕 …… 364
Double wallflower〔花・草・木〕 …… 364
Double white columbine (Granny's bonnets)〔花・草・木〕 …… 364
Double white rose (Double white rose of York)〔花・草・木〕 …… 364
Downy Androsace〔花・草・木〕 …… 364
Dragon arum (with rhizome)〔花・草・木〕 …… 364
Dragon's head〔ハーブ・薬草〕 …… 484
Drimys winteri Forst.〔花・草・木〕 …… 364
Drooping Alpinia〔花・草・木〕 …… 364
Drop-wort-leaved Night-smelling Pelargonium〔花・草・木〕 …… 364
Dryandra armata R.Br.〔花・草・木〕 …… 364
Dryandra nobilis Lindl.〔花・草・木〕 …… 364
Drymoda picta Lindl.〔花・草・木〕 …… 364
Dutch crocus〔花・草・木〕 …… 364
Dwarf Antholyza〔花・草・木〕 …… 364
Dwarf-bearded iris with multi-coloured flowers〔花・草・木〕 …… 365
Dwarf Cattleya〔花・草・木〕 …… 365
Dwarf Clematis〔花・草・木〕 …… 365
Dwarf Melanthium〔花・草・木〕 …… 365
Early, carmine-red tulip with large yellow petals〔花・草・木〕 …… 365
Early, white tulip, purple striped〔花・草・木〕 …… 365
Early, white tulip, yellow inside〔花・草・木〕 …… 365
Early, yellow, purple flecked tulip〔花・草・木〕 …… 365
Earth chestnut (Tuberous pea, Fyfield pea, Earth-nut pea, Dutch mice, Tuberous vetch)〔野菜・果物〕 …… 435
Echinacea purpurea Moench.〔花・草・木〕 …… 365
Echinocactus myriostigma Salm-Dyck〔花・草・木〕 …… 365
Echinocactus

rhodophthalmus Hook.〔花・草・木〕……365
Echinocactus tubiflorus Hort.Angl.ex Pfeiff.〔花・草・木〕……365
Eichhornia martiana Seub.〔花・草・木〕……365
Elder-flower-scented Babiana〔花・草・木〕……365
Elecampane〔ハーブ・薬草〕……484
Elleanthus caravata Reichb. f.〔花・草・木〕……365
English iris〔花・草・木〕……365
Entire-leaved Tacca〔花・草・木〕……365
Epimedium pinnatum Fisch.〔花・草・木〕……365
Episcia bicolor Hook.〔花・草・木〕……365
Episcia erythropus Hook.f.〔花・草・木〕……365
Eria extinctoria Oliver〔花・草・木〕……365
Eria myristicaeformis Hook.〔花・草・木〕……366
Erica propendens Andr.〔花・草・木〕……366
European dog's-tooth violet〔花・草・木〕……366
European globe-flower〔花・草・木〕……366
European Moræa or Spanish Nut〔花・草・木〕……366
European white water lily〔花・草・木〕……366
Evergreen Birthwort〔花・草・木〕……366
Everlasting flower〔花・草・木〕……366
Exacum tetragonum Roxb. var.bicolor〔花・草・木〕……366
Falkia repens L.〔花・草・木〕……366
Fallugia paradoxa Endl.〔花・草・木〕……366
False hellebore (White hellebore)〔花・草・木〕……366
False lily of the vally〔花・草・木〕……366
Feathery-headed Cnicus〔花・草・木〕……366
Fennel-flower〔花・草・木〕……366
Ferula galbaniflua Boiss.et Buhse, F.rubricaulis Boiss.〔ハーブ・薬草〕……484
Ferula narthex Boiss.〔ハーブ・薬草〕……484
Fire lily〔花・草・木〕……366
Five-leaved Wood-Sorrel〔花・草・木〕……366
F.J.グローテンドルスト〔花・草・木〕……366
Flame-coloured pheasant's eye〔花・草・木〕……366
Flat-stemmed Bossiaea〔花・草・木〕……366
Flesh-coloured common Cornflag〔花・草・木〕……366
Flesh-coloured Cornflag〔花・草・木〕……367
Flesh-coloured Long-leaved Heath〔花・草・木〕……367
Florida Oplotheca〔花・草・木〕……367
Flowering rush (Water gladiolus, Grassy rush)〔花・草・木〕……367
Forskohl's Plectranthus〔ハーブ・薬草〕……484
Four-coloured Lachenalia〔花・草・木〕……367
Four-leaved Flax〔花・草・木〕……367
Fox and cubs (Orange hawkweed)〔花・草・木〕……367
Fragrant Clerodendrum〔花・草・木〕……367
Fragrant Vanda〔花・草・木〕……367
Fraser's Hairy Phlox〔花・草・木〕……367
French marigold〔花・草・木〕……367
Fringed Epidendrum〔花・草・木〕……367
Fringed Gentian〔花・草・木〕……367
Fringed gentian〔花・草・木〕……367
Fringe-lipped Dendrobium var.with sanguineous eye〔花・草・木〕……367
Fritillaria dasyphylla Baker〔花・草・木〕……367
Fritillaria elwesii Boiss.〔花・草・木〕……367
Frosted-flowered Neottia〔花・草・木〕……367
Frosted Stiff-leaved Tillandsia〔花・草・木〕……367
Fuchsia-like Begonia or Elephant's Ear〔花・草・木〕……368
Fumitory〔花・草・木〕……368
Galax〔花・草・木〕……368
Gand flower (Milkwort)〔花・草・木〕……368
Garden balsam (Rose balsam)〔花・草・木〕……368
Garden pea〔野菜・果物〕……435
Gasteria pulchra Haw.〔花・草・木〕……368
Gaultheria insipida Benth.〔花・草・木〕……368
Gentiana caucasea Sims〔花・草・木〕……368
Gentiana Kurroo Royle.〔花・草・木〕……368
Gentiana serrata Gunner〔花・草・木〕……368
Geranium angulatum Curt.〔花・草・木〕……368
German catchfly〔花・草・木〕……368
Gerrardanthus tomentosus Hook.f.〔花・草・木〕……368
Gesneriana hybrid with yellow base〔花・草・木〕……368
Gesneria tuberosa Mart.〔花・草・木〕……368
Ghent Azalea 'Scintillans'〔花・草・木〕……368
Gillyflower (Stock)〔花・草・木〕……368
Ginseng〔ハーブ・薬草〕……484
Gladiolus blandus Ait.〔花・草・木〕……368
Gladiolus mortonius Herb.〔花・草・木〕……368
Gladiolus tristis L.〔花・草・木〕……368
Glaucous-leaved Amaryllis〔花・草・木〕……368
Glaucous-leaved Templetonia〔花・草・木〕……368
Glittering-flowerd Strumaria〔花・草・木〕……369
Globe artichoke〔野菜・果物〕……435
Gloriosa simplex L.〔花・草・木〕……369
Glory Pea〔花・草・木〕……369
Goat's beard〔花・草・木〕……369
Goat's rue〔ハーブ・薬草〕……484
Golden Centaury or Knapweed〔花・草・木〕……369
Golden saxifrage〔花・草・木〕……369
Gompholobium latifolium Sm.〔花・草・木〕……369
Gordonia anomala Spreng.〔花・草・木〕……369
Grammatocarpus volubilis Presl〔花・草・木〕……369
Grape hyacinth〔花・草・木〕……369
Grass-green Albuca〔花・草・木〕……369
Grass-leaved Aristea〔花・草・木〕……369
Grass-leaved Flag〔花・草・木〕……369
Grass-leaved Kefersteinia〔花・草・木〕……369
Grass-leaved Sisyrinchium〔花・草・木〕……369
Grass of Parnassus〔花・草・木〕……369
Great Alpine rockfoil (Greater evergreen saxifrage)〔花・草・木〕……369
Great-flowered Heath〔花・草・木〕……370
Greater periwinkle〔花・草・木〕……370
Green box-leaved Lachnæa〔花・草・木〕……370
Greenovia aurea Webb.et Berth.〔花・草・木〕……370
Grevillea ericifolia R.Br.〔花・草・木〕……370

Grevillea intricata Meissn. 〔花・草・木〕 370
Greyia sutherlandi Hook.et Harv.〔花・草・木〕 370
Ground pine (Running pine) 〔ハーブ・薬草〕 484
Groundsel〔花・草・木〕 370
Gussone's Heron's–bill〔花・草・木〕 370
Haemanthus magnificus Herb.〔花・草・木〕 370
Haemanthus tigrinus Jacq. 〔花・草・木〕 370
Hairy Kalmia or Sandhill Laurel〔花・草・木〕 370
Hairy Oxytropis〔花・草・木〕 370
Hairy Rhododendron or Alpen Rose〔花・草・木〕 370
Hairy–stemmed Mimosa〔花・草・木〕 370
Hairy Wachendorfia〔花・草・木〕 370
Halbert–leaved Mexican Sida〔花・草・木〕 370
Handsome Speedwell〔花・草・木〕 370
Hartwort〔ハーブ・薬草〕 484
Hawk's–beard〔花・草・木〕 370
Heart–leaved Tiarella〔花・草・木〕 370
Heath–leaved Banksia〔花・草・木〕 371
Hebecladus biflorus Miers 〔花・草・木〕 371
Hechtia stenopetala Klotzsch 〔花・草・木〕 371
Helianthemum ochymoides Pers.〔花・草・木〕 371
Heliophila pilosa Lam.〔花・草・木〕 371
Helipterum manglesii〔花・草・木〕 371
Hepatica angulosa DC.〔花・草・木〕 371
Heptapleurum polybotryum Seem.〔花・草・木〕 371
Herbaceous Coral–tree〔花・草・木〕 371
Herb Paris〔花・草・木〕 371
Hibbertia grossulariaefolia Salisb.〔花・草・木〕 371
High–crowned Rudbeckia 〔花・草・木〕 371
Hippeastrum rutilum Herb. 〔花・草・木〕 371
Hispid Buckler Mustard〔花・草・木〕 371
Hoary Lupine〔花・草・木〕 371
Hollow–rooted corydalis〔花・草・木〕 371
Homogyne alpina Cass.〔花・草・木〕 371
Honeywort〔花・草・木〕 371
Hoop–Petticoat Daffodil〔花・草・木〕 371
Horn of plenty (Downy thorn apple)〔ハーブ・薬草〕 484
Houseleek〔花・草・木〕 371
Hoya coriacea Bl.〔花・草・木〕 371
Huernia hystrix N.E.Br.〔花・草・木〕 371
Hymenocallis littoralis Salisb.〔花・草・木〕 371
Hypericum calycinum L. 〔花・草・木〕 372
Iberian Crane's–Bill〔花・草・木〕 372
Illairea canarinoides Lenne et C.Koch〔花・草・木〕 372
Indian Cucumber〔花・草・木〕 372
Indian fig (Prickly pear) 〔花・草・木〕 372
Indian fig (Prickly pear (stem segment and fruits))〔花・草・木〕 372
Indigofera atropurpurea Buch.–Ham.ex Hormem. 〔花・草・木〕 372
Inflorescence of martagon or turk's cap lily〔花・草・木〕 372
Ipomoea alatipes Hook.〔花・草・木〕 372
Ipomoea palmata Forsk. 〔花・草・木〕 372
Ipomoea robertsii Hook.f. 〔花・草・木〕 372
Iris〔花・草・木〕 372
Iris kolpakowskiana Regel 〔花・草・木〕 372
Iris persica L.〔花・草・木〕 372
Iron–coloured Fox–glove 〔ハーブ・薬草〕 484
Isotoma axillaris Lindl.〔花・草・木〕 372
Italian woodbine (Italian honeysuckle)〔花・草・木〕 372
Ixora furgens Roxb.〔花・草・木〕 372
Jacob's ladder (Greek valerian with mauve flowers, Charity)〔花・草・木〕 372
Jacob's ladder (Greek valerian with white flowers, Charity)〔花・草・木〕 372
Jagged–leaved Siberian Pæony〔花・草・木〕 372
Jasmine (Jessamine)〔花・草・木〕 373
Jerusalem cowslip (Soldiers and sailors, Spotted dog) 〔花・草・木〕 373
Jointed–podded Lathyrus 〔花・草・木〕 373
Jonquil〔花・草・木〕 373
Jonquil–scented Narcissus 〔花・草・木〕 373
Judas tree (Love tree)〔花・草・木〕 373
Kennedya glabrata Lindl. 〔花・草・木〕 373
Kingcup (Marsh marigold, Meadow bright, May–blob)〔花・草・木〕 373
Koellikeria argyrostigma Regel〔花・草・木〕 373
Kreysigia multiflora Reichb. 〔花・草・木〕 373
Lactarius〔きのこ・菌類〕 500
Lactarius serifluus〔きのこ・菌類〕 500
Lady orchid〔花・草・木〕 373
Lady's slipper orchid〔花・草・木〕 373
Lambkill or Sheep Laurel 〔花・草・木〕 373
Lapeyrousia fissifolia Ker–Gawl.〔花・草・木〕 373
Large Yellow Spanish Narcissus〔花・草・木〕 374
Large yellow Uvularia〔花・草・木〕 374
Large–flowered Goodenia 〔花・草・木〕 373
Large–flowered Hamelia〔花・草・木〕 373
Large–flowered Ladies Slipper〔花・草・木〕 373
Large–flowered Scutellaria 〔花・草・木〕 373
Large–flowered Sobralia〔花・草・木〕 373
Large foxglove〔ハーブ・薬草〕 484
Large–fruited Strawberry〔野菜・果物〕 435
Large–involucred genetyllis 〔花・草・木〕 373
Large–leaved Bell–flower 〔花・草・木〕 374
Large Purple–flowered Twiggy Evening Primrose 〔花・草・木〕 374
Larger Albuca〔花・草・木〕 374
Larger Savanna–flower〔花・草・木〕 374
Largest Persian Fritillary 〔花・草・木〕 374
Late tulip with large red flower〔花・草・木〕 374
Late, white, red–margined tulip, fringed〔花・草・木〕 374
Laurel–leaved Fuchsia〔花・草・木〕 374
Laurel–leaved Rhododendron or Rosebat〔花・草・木〕 374
Laurentia erinoides Nichols. 〔花・草・木〕 374
Lavender〔花・草・木〕 374
Leafy Cytisus〔花・草・木〕 374
Leafy–spiked Lapeyrousia

〔花・草・木〕 …… 374
Leavenworthia michauxii Torr. 〔花・草・木〕 …… 374
Lent lily (Wild daffodil, Trumpet narcissus) 〔花・草・木〕 …… 374
Lespedeza bicolor Turcz 〔花・草・木〕 …… 375
Lesser Altaic Fritillary 〔花・草・木〕 …… 375
Lesser broad–leaved Watsonia 〔花・草・木〕 …… 375
Lesser celandine (Pilewort) 〔花・草・木〕 …… 375
Lesser periwinkle 〔花・草・木〕 …… 375
Lesser trumpet Tritonia 〔花・草・木〕 …… 375
Lesser wintergreen 〔花・草・木〕 …… 375
Liabum uniflorum Ball. 〔花・草・木〕 …… 375
Lilium monadelphum Marsh et Bieb. 〔花・草・木〕 …… 375
Lilium parryi Wats. 〔花・草・木〕 …… 375
Lilium roseum Wall. 〔花・草・木〕 …… 375
Lily 〔花・草・木〕 …… 375
Limonium suworowii Kuntze 〔花・草・木〕 …… 375
Litsea geniculata Benth.et Hook. 〔花・草・木〕 …… 375
Loasa lateritia Gill.ex Arn. 〔花・草・木〕 …… 375
Loasa picta Hook. 〔花・草・木〕 …… 375
Lobed–leaved Pultenaea 〔花・草・木〕 …… 375
Lobelia corymbosa R.Grah. 〔花・草・木〕 …… 375
Lobelia minuta L. 〔花・草・木〕 …… 375
Lobelia robusta R.Grah. 〔花・草・木〕 …… 375
Long–flowered Virgin's–bower 〔花・草・木〕 …… 375
Long–leaved Flag 〔花・草・木〕 …… 376
Long–leaved Gentian 〔花・草・木〕 …… 376
Long–rooted Garlic 〔花・草・木〕 …… 376
Long–spiked Bell–flower 〔花・草・木〕 …… 376
Long–stalked Epidendrum 〔花・草・木〕 …… 376
Long–stalked Stapelia 〔花・草・木〕 …… 376
Looking–Glass Orchis 〔花・草・木〕 …… 376
Lords–and–ladies (Cuckoo–pint, Jack–in–the–pulpit) 〔ハーブ・薬草〕 …… 484
Love–in–a–mist (Ragged lady) 〔花・草・木〕 …… 376
Luffa acutangula Roxb. 〔野菜・果物〕 …… 435
Macartny's Rose 〔花・草・木〕 …… 376
Madagascar Combretum 〔花・草・木〕 …… 376
Madonna lily (White lily with bulb) 〔花・草・木〕 …… 376
Mammillaria pycnacantha Mart. 〔花・草・木〕 …… 376
Many–flowered Blood–flower 〔花・草・木〕 …… 376
Many–flowered Melanthium 〔花・草・木〕 …… 376
Many–stemmed Coleostephus 〔花・草・木〕 …… 376
Marianthus caeruleopunctatus Klotzsch 〔花・草・木〕 …… 376
Marianthus drummondianus Benth. 〔花・草・木〕 …… 376
Marsh gentian (Calathian violet) 〔花・草・木〕 …… 376
Marsh gladiolus 〔花・草・木〕 …… 377
Marsh orchid 〔花・草・木〕 …… 377
Martagon lily (Turk's cap lily) 〔花・草・木〕 …… 377
Martynia fragrans Lindl. 〔花・草・木〕 …… 377
Martynia proboscidea Glox. 〔花・草・木〕 …… 377
Marvel of Peru (Four–o'clock flower) 〔花・草・木〕 …… 377
Masdevallia caudata 〔花・草・木〕 …… 377
Masdevallia coccinea 〔花・草・木〕 …… 377
Maxillaria warreana Lodd.ex Lindl. 〔花・草・木〕 …… 377
Meadow saffron 〔ハーブ・薬草〕 …… 485
Meconopsis villosa G.Taylor 〔花・草・木〕 …… 377
Melancholy or Black–flower'd Toad–flax 〔花・草・木〕 …… 377
Melilot–like Psoralea 〔花・草・木〕 …… 377
Melon 〔野菜・果物〕 …… 435
Mentzelia gronoviaefolia Fisch.et Mey. 〔花・草・木〕 …… 377
Mesembryanthemum introrsum Haw. 〔花・草・木〕 …… 377
Microcachrys tetragona Hook.f. 〔花・草・木〕 …… 377
Milk and Wine Lily 〔花・草・木〕 …… 377
Milk–blue hyacinth 〔花・草・木〕 …… 377
Milk blue lily of the valley 〔花・草・木〕 …… 377
Miltonia regnelli Reichb.f. 〔花・草・木〕 …… 377
Miltonia spectabilis Lindl. 〔花・草・木〕 …… 377
Mirbelia dilatata R.Br. 〔花・草・木〕 …… 377
Mock orange 〔花・草・木〕 …… 377
Molucca Crinum 〔花・草・木〕 …… 378
Momordica involucrata E. Mey. 〔花・草・木〕 …… 378
Morenia fragrans Ruiz et Pav. 〔花・草・木〕 …… 378
Morning glory 〔花・草・木〕 …… 378
Moth mullein 〔ハーブ・薬草〕 …… 485
Mount Atlas daisy 〔花・草・木〕 …… 378
Mountain Crocus 〔花・草・木〕 …… 378
Mournful widow (Double sweet scabious, Pincushion flower, Egyptian rose) 〔花・草・木〕 …… 378
Mournful widow (Sweet scabious, Pincushion flower, Egyptian rose) 〔花・草・木〕 …… 378
Mourning–flowered Aristea 〔花・草・木〕 …… 378
Mr.Ellis's Grammathophyllum 〔花・草・木〕 …… 378
Mr.Griffin's Amaryllis 〔花・草・木〕 …… 378
Mr.Hadwen's Bifrenaria 〔花・草・木〕 …… 378
Mr.Loddiges' Swanwort 〔花・草・木〕 …… 378
Mr.Murray's Scarlet Pentstemon 〔花・草・木〕 …… 378
Multi–flowered crown imperial 〔花・草・木〕 …… 378
Multi–flowered red tulip 〔花・草・木〕 …… 378
Muscari aestivale Baker 〔花・草・木〕 …… 378
Musk–scented Starwort 〔花・草・木〕 …… 378
Mutisia decurrens Cav. 〔花・草・木〕 …… 379
Mycena sp. 〔きのこ・菌類〕 …… 500
Myrtle–leaved Melaleuca 〔花・草・木〕 …… 379
Narrowest–leaved Tile–root 〔花・草・木〕 …… 379
Narrow–leaved Aponogeton 〔花・草・木〕 …… 379
Narrow–leaved Chironia 〔花・草・木〕 …… 379
Narrow–leaved Cornflag 〔花・草・木〕 …… 379
Narrow–leaved Epidendrum 〔花・草・木〕 …… 379
Narrow–leaved Galaxia 〔花・草・木〕 …… 379
Narrow–leaved Indigo 〔花・草・木〕 …… 379

Nasturtium (Indian cress, Canary bird vine, Canary bird flower, Flame flower) 〔花・草・木〕 …… 379
Nepal Christ's–thorn 〔花・草・木〕 …… 379
Nepal Everlasting 〔花・草・木〕 …… 379
Neptunia plena Benth. 〔花・草・木〕 …… 379
Neuwiedia lindleyi 〔花・草・木〕 …… 379
New Jersey Iris 〔花・草・木〕 …… 379
New Zealand Entelea 〔花・草・木〕 …… 379
Night–flowering catchfly 〔花・草・木〕 …… 379
Night–smelling Hermannia 〔花・草・木〕 …… 379
Nodding–flowered Trillium 〔花・草・木〕 …… 380
Nodding Savannah–flower 〔花・草・木〕 …… 380
Odontoglossum prænitens 〔花・草・木〕 …… 380
Oenothera missourensis Sims 〔花・草・木〕 …… 380
Olearia argophylla F.Muell. 〔花・草・木〕 …… 380
Olearia dentata Moench. 〔花・草・木〕 …… 380
Olearia stellulata DC. 〔花・草・木〕 …… 380
Omphalodes luciliae Boiss. 〔花・草・木〕 …… 380
One–flowered Berckheya 〔花・草・木〕 …… 380
Opuntia brasiliensis Haw. 〔花・草・木〕 …… 380
Orange Lily 〔花・草・木〕 …… 380
Oriental Fennel–flower 〔花・草・木〕 …… 380
Ornithogalum lacteum Jacq. 〔花・草・木〕 …… 380
Orris root 〔花・草・木〕 …… 380
Orthosiphon stamineus Benth. 〔ハーブ・薬草〕 …… 485
Othonna amplexifolia DC. 〔花・草・木〕 …… 380
Oval–spiked Psoralea 〔花・草・木〕 …… 380
Oxalis articalata Savign. 〔花・草・木〕 …… 380
Oxalis–leaved Loddigesia 〔花・草・木〕 …… 380
Oxalis rosea Feuill. 〔花・草・木〕 …… 380
Oxalis versicolor L. 〔花・草・木〕 …… 380
Oxybaphus viscosus L, Herit.ex Choisy 〔花・草・木〕 …… 380
Oxydendron arboreum DC. 〔花・草・木〕 …… 380
Oxypetalum solanoides Hook.et Arn. 〔花・草・木〕 …… 381
Oxyspora paniculata DC. 〔花・草・木〕 …… 381
Paeonia tenuifolia L. 〔花・草・木〕 …… 381
Palaua flexuosa Mast. 〔花・草・木〕 …… 381
Papaver–like Nuttallia 〔花・草・木〕 …… 381
Parnassia–leaved Crowfoot 〔花・草・木〕 …… 381
Parrotia persica C.A.Mey. 〔花・草・木〕 …… 381
Particolored Eucrosia 〔花・草・木〕 …… 381
Particoloured bitter–vetch 〔花・草・木〕 …… 381
Party–coloured Crocus 〔花・草・木〕 …… 381
Pasque flower 〔花・草・木〕 …… 381
Passiflora jorullensis H.B.K. 〔花・草・木〕 …… 381
Passiflora raddiana DC. 〔花・草・木〕 …… 381
Pavonia multiflora St.Hil. 〔花・草・木〕 …… 381
Pelargonium glutinosum L'Herit. 〔花・草・木〕 …… 381
Pelargonium oblongatum E. Mey. 〔花・草・木〕 …… 381
Pendulous–flowered Henbane 〔ハーブ・薬草〕 …… 485
Pentapterygium rugosum Hook. 〔花・草・木〕 …… 381
Pentstemon cyananthus Hook. 〔花・草・木〕 …… 381
Peony 〔花・草・木〕 …… 381
Perennial flax 〔花・草・木〕 …… 381
Perfoliate Uvularia 〔花・草・木〕 …… 381
Peristrophe speciosa Nees 〔花・草・木〕 …… 381
Phacelia sericea A.Gray 〔花・草・木〕 …… 382
Phaenocoma prolifera D.Don 〔花・草・木〕 …… 382
Pheasant's eye 〔花・草・木〕 …… 382
Philadelphus hirsutus Nutt. 〔花・草・木〕 …… 382
Phragmipedium longifolium 〔花・草・木〕 …… 382
Phyllocactus phyllanthus Link 〔花・草・木〕 …… 382
Physostelma wallichii Wight 〔花・草・木〕 …… 382
Picridium tingitanum Desf. 〔花・草・木〕 …… 382
Pierard's Dendrobium 〔花・草・木〕 …… 382
Pigmy Iris 〔花・草・木〕 …… 382
Pimelea hispida R.Br. 〔花・草・木〕 …… 382
Pincushion flower (Scabious) 〔花・草・木〕 …… 382
Pinguicula hirtiflora Tenore 〔花・草・木〕 …… 382
Pink lily of the valley 〔花・草・木〕 …… 382
Pink tulip, finely veined yellow 〔花・草・木〕 …… 382
Pitcher Plant: male 〔花・草・木〕 …… 382
Plagianthus divaricatus Forst. 〔花・草・木〕 …… 382
Plaid Ixia 〔花・草・木〕 …… 382
Pleione praecox D.Don 〔花・草・木〕 …… 382
Pleurothallis raymondii Reichb.f. 〔花・草・木〕 …… 382
Pluteus pellitus 〔きのこ・菌類〕 …… 500
Pogonia discolor Bl. 〔花・草・木〕 …… 382
Polack's Streptocarpus 〔花・草・木〕 …… 382
Polemonium flavum Greene 〔花・草・木〕 …… 383
Pomegranate 〔野菜・果物〕 …… 435
Pomegranate with fruits 〔野菜・果物〕 …… 436
Pontic Azalea 〔花・草・木〕 …… 383
Porcelain Heath or Wax Heath 〔花・草・木〕 …… 383
Potato 〔野菜・果物〕 …… 436
Prickly saltwort 〔花・草・木〕 …… 383
Prickly–stalked Hibiscus 〔花・草・木〕 …… 383
Primrose 〔花・草・木〕 …… 383
Primula capitata Hook.var. 〔花・草・木〕 …… 383
Primula denticulata Sm. 〔花・草・木〕 …… 383
Primula erosa Regel. 〔花・草・木〕 …… 383
Primula laciniata 〔花・草・木〕 …… 383
Prionium palmita E.Mey. 〔花・草・木〕 …… 383
Procumbent yellow sorrel (Creeping oxalis) 〔花・草・木〕 …… 383
Proliferation of fire lily 〔花・草・木〕 …… 383
Proustia pyrifolia Lag. 〔花・草・木〕 …… 383
Provence rose 〔花・草・木〕 …… 383
Pumpkin (Squash, Marrow, Courgette, Zucchini) 〔野菜・果物〕 …… 436
Purple amaranth (Red amaranth, Prince's feather) 〔花・草・木〕 …… 383
Purple Coronilla 〔花・草・木〕 …… 383
Purple–flowered Autumnal Squil 〔花・草・木〕 …… 383
Purple–flowered Calanthe 〔花・草・木〕 …… 383
Purple–flowered Cytisus 〔花・草・木〕 …… 383
Purple–flowered Galaxia 〔花・草・木〕 …… 384

Purple–flowered Mullein〔花・草・木〕……384
Rajania brasiliensis Griseb.〔花・草・木〕……384
Ramified antheric〔花・草・木〕……384
Ram's–head Ladies Slipper〔花・草・木〕……384
Ranunculus parnassifolius L.〔花・草・木〕……384
Reclining Stapelia〔花・草・木〕……384
Red Alpine rose〔花・草・木〕……384
Red currant〔野菜・果物〕……436
Red–flowered clammy Whortle berry or Black Huckleberry〔花・草・木〕……384
Red–flowered Corræa〔花・草・木〕……384
Red–flowered Neottia〔花・草・木〕……384
Red–Flowered Water Lily〔花・草・木〕……384
Red foxglove〔ハーブ・薬草〕……485
Red Indian shot〔花・草・木〕……384
Red rose (French rose)〔花・草・木〕……384
Red valerian (Jupiter's beard, Fox's brush)〔花・草・木〕……384
Red–yellow day lily〔花・草・木〕……384
Reflexed–leaved Whortle–berry〔花・草・木〕……384
Restharrow〔花・草・木〕……384
Restrepia antennifera H.B.K.〔花・草・木〕……384
Rhipsalis houlletiana Lem.〔花・草・木〕……384
Rhododendron caucasicum Pall.var.stramineum〔花・草・木〕……385
Rhododendron fulvum〔花・草・木〕……385
Rhododendron hookeri Nutt.〔花・草・木〕……385
Riband Albuca〔花・草・木〕……385
Ribes oxycanthoides L.〔花・草・木〕……385
Rival Banksia〔花・草・木〕……385
Rochea coccinea DC.〔花・草・木〕……385
Rocky Mountain Flowering Raspberry〔野菜・果物〕……436
Rolled–leaved Moræa〔花・草・木〕……385
Rootsheathed Cape squill〔花・草・木〕……385
Rosa evratina Bosc？〔花・草・木〕……385
Rosa L.Hort〔花・草・木〕……385
Rosa mundi〔花・草・木〕……385
Rosa pendulina L.〔花・草・木〕……385
Rosa pisocarpa A.Gray〔花・草・木〕……385
Rosa×polliniana Sprengel〔花・草・木〕……385
Rosa sericea Lindl.〔花・草・木〕……385
Rose bay (Oleander)〔花・草・木〕……385
Rose bay (Oleander (in fruit))〔花・草・木〕……385
Rose–coloured Hairy Cornflag〔花・草・木〕……385
Rose of Jericho (Resurrection plant)〔花・草・木〕……385
Roselle (Jamaica sorrel, Red sorrel)〔ハーブ・薬草〕……485
Rosemary〔ハーブ・薬草〕……485
Rough–leaved Bell–flower〔花・草・木〕……385
Round–leaved Rest–harrow〔花・草・木〕……386
Rubus arcticus L.〔野菜・果物〕……436
Rubus rosaefolius Sm.〔野菜・果物〕……436
Rush–leaved Sowerbaea〔花・草・木〕……386
Russula integra〔きのこ・菌類〕……500
Safflower (False saffron)〔ハーブ・薬草〕……485
Saffron〔ハーブ・薬草〕……485
Saffron crocus〔ハーブ・薬草〕……485
Salpiglossis linearis Hook.〔ハーブ・薬草〕……485
Salsify vegetable oyster (Oyster plant)〔花・草・木〕……386
Salt–plain Michaelmas Daisy or Flea Bane〔花・草・木〕……386
Salver–flowered Ixia〔花・草・木〕……386
Salvia asperata Falc.ex Benth.〔花・草・木〕……386
Salvia carduacea Benth.〔花・草・木〕……386
Salvia confertiflora Pohl var. coccinea〔花・草・木〕……386
Salvia indica L.〔花・草・木〕……386
Sarcanthus erinaceus Reichb. f.〔花・草・木〕……386
Satin Poppy〔花・草・木〕……386
Savoy Anthericum or St. Bruno's Lily〔花・草・木〕……386
Saxifraga leucanthemifolia Michx.〔花・草・木〕……386
Saxifraga longifolia Lapeyr.〔花・草・木〕……386
Saxifraga maweana Baker〔花・草・木〕……386
Scaly Pultenaea〔花・草・木〕……386
Scarlet–flowered Schisandra〔花・草・木〕……386
Scarlet turk's cap lily (Red martagon of Constantinople)〔花・草・木〕……386
Scilla cooperi Hook.〔花・草・木〕……386
Scorzonera purpurea L.var. grandiflora〔花・草・木〕……386
Scotch laburnum (Alpine golden chain)〔花・草・木〕……386
Scrophularia chrysantha Jaub.et Spach〔花・草・木〕……387
Scutellaria incarnata Vent.〔花・草・木〕……387
Scutellaria orientalis L.〔花・草・木〕……387
Sea lily〔花・草・木〕……387
Sea onion (Squill)〔花・草・木〕……387
Sea purslane〔花・草・木〕……387
Sedum pulchellum Michx.〔花・草・木〕……387
Selenipedium caricinum Reichb.f.〔花・草・木〕……387
Sempervivum grandiflorum Haw.？〔花・草・木〕……387
Senecio pyramidatus DC.〔花・草・木〕……387
Senecio subscandens Hochst ex A Rich.〔花・草・木〕……387
Serratula quinquefolia Bieb.〔花・草・木〕……387
Seville orange (Bitter orange, Sour orange, Bigarade)〔野菜・果物〕……436
Shining–calyxed Saxifrage〔花・草・木〕……387
Shining–leaved Loasa〔花・草・木〕……387
Showy Gooseberry〔花・草・木〕……387
Siberian Crab.〔野菜・果物〕……436
Siberian iris〔花・草・木〕……387
Sibthorpia peregrina L.〔花・草・木〕……387
Sierra Leone Eulophia〔花・草・木〕……387
Silky Patersonia〔花・草・木〕……387
Single common peony〔花・草・木〕……387
Single purple gillyflower (Stock)〔花・草・木〕……387
Single wallflower〔花・草・木〕……387
Single white gillyflower (Stock)〔花・草・木〕……388
Single white rose (Single white rose of York)〔花・草・木〕……388
Sinningia speciosa Hiern〔花・草・木〕……388
Small–fruited strawberry〔野菜・果物〕……436
Small scabious〔花・草・木〕……388

Smaller White Spanish Daffodil〔花・草・木〕……… 388
Smeathmannia pubescens R. Br.〔花・草・木〕……………… 388
Smooth Fabricia〔花・草・木〕……………………………… 388
Smooth-leaved Barbadoes-cherry〔花・草・木〕………… 388
Smooth-leaved Rock Candy-tuft〔花・草・木〕…… 388
Snake's head fritillary (Guinea-hen flower, Chequered lily, Leper lily)〔花・草・木〕…………… 388
Snowball bush (Guelder rose, European cranberry bush)〔ハーブ・薬草〕………………… 485
Snowdrop〔花・草・木〕……… 388
Solanum balbisii Dun.var. bipinnata〔花・草・木〕…… 388
Solanum trilobatum L.〔ハーブ・薬草〕……………………… 485
Solanum uporo Dun.〔野菜・果物〕………………………… 436
Sonchus gummifer Link〔花・草・木〕………………………… 388
Sophora tetraptera Ait.〔花・草・木〕………………………… 388
Sophora tetraptera J.Mull.〔花・草・木〕………………… 388
Sorghum (Great millet, Kafir corn)〔野菜・果物〕………… 436
Sorrel Crane's-bill〔花・草・木〕…………………………… 388
Sowbread〔花・草・木〕……… 388
Spanish catchfly〔花・草・木〕……………………………… 388
Spanish Fennel-flower〔花・草・木〕………………………… 388
Spanish iris〔花・草・木〕…… 389
Spears of asparagus〔野菜・果物〕…………………………… 436
Species tulip, green〔花・草・木〕…………………………… 389
Speedwell (Bird's-eye)〔花・草・木〕………………………… 389
Sphaeralcea cisplatina St. Hil.〔花・草・木〕…………… 389
Spike lavender〔花・草・木〕‥ 389
Spotted Copperas-leaved Lachenalia〔花・草・木〕…… 389
Spotted-flowered Ibbetsonia〔花・草・木〕………………… 389
Spotted-flowered Sisyrinchium〔花・草・木〕‥ 389
Spotted-leaved Eucomis〔花・草・木〕………………………… 389
Spotted-leaved Orchis-like Lachenalia〔花・草・木〕…… 389
Spotted Lobelia〔花・草・木〕‥ 389
Sprengelia-like Andersonia〔花・草・木〕………………… 389
Spring gentian〔花・草・木〕‥ 389
Spring meadow saffron〔花・草・木〕………………………… 389
Spring Snowflake〔花・草・木〕……………………………… 389
Spring snowflake〔花・草・木〕……………………………… 389
Squill〔花・草・木〕…………… 389
Squill of Peru〔花・草・木〕… 389
Squirting cucumber〔花・草・木〕…………………………… 389
St Bruno's lily (Paradise lily)〔花・草・木〕………… 390
St John's wort〔花・草・木〕‥ 390
Stapelia pulvinata Mass.〔花・草・木〕………………… 390
Star Anemone or Broad-leav'd Garden Anemone〔花・草・木〕………………… 390
Star-of-Bethlehem〔花・草・木〕…………………………… 390
Stemonacanthus pearcei Hook.〔花・草・木〕………… 390
Stenocarpus sinuatus Endl.〔花・草・木〕………………… 390
Stonecrop〔花・草・木〕……… 390
Stonecrop (Wall pepper)〔花・草・木〕………………… 390
Strawberry-leaved Dalibarda or Barren Strawberry〔花・草・木〕………………………… 390
Streaked-flowered Amaryllis〔花・草・木〕………………… 390
Sulphur rose〔花・草・木〕…… 390
Sunflower〔花・草・木〕……… 390
Superb Lily〔花・草・木〕…… 390
Swainsona greyana Lindl.〔花・草・木〕………………… 390
Sweet flag (Sweet calamus, Myrtle flag, Calamus, Flagroot)〔ハーブ・薬草〕… 485
Sweet-scented Brunswick-lily〔花・草・木〕…………… 390
Sweet-scented Crataeva〔花・草・木〕………………………… 390
Sweet-scented Tagetes or Chili Marigold〔花・草・木〕……………………………… 390
Sweet-scented Tritonia〔花・草・木〕………………………… 391
Sweet-scented Water Lily〔花・草・木〕………………… 391
Swertia alata C.B.Clarke〔花・草・木〕………………… 391
Synthyris reniformis Benth.〔花・草・木〕………………… 391
Syrian bean caper〔ハーブ・薬草〕………………………… 485
Tacsonia mixta Juss.〔花・草・木〕………………………… 391
Tacsonia pinnatistipula Juss.〔花・草・木〕………………… 391
Tailwort (Borage)〔ハーブ・薬草〕…………………………… 485
Tall Cornelag〔花・草・木〕… 391
Tampala (Chinese spinach)〔花・草・木〕………………… 391
Tangier Pea〔花・草・木〕…… 391
Tartarian Garlic〔ハーブ・薬草〕…………………………… 485
Tassel grape hyacinth〔花・草・木〕………………………… 391
Teucrium betonicum L'Herit.〔花・草・木〕……… 391
Thapsia garganica L.〔花・草・木〕………………………… 391
The Bourbon Aloe〔花・草・木〕……………………………… 391
The Duke of Devonshire's Dendrobium〔花・草・木〕‥ 391
Thick-leaved Whortle-berry or Creeping Blueberry〔花・草・木〕………………… 391
Thladiantha dubia Bunge〔花・草・木〕………………… 391
Tiger-spotted Stanhopea〔花・草・木〕………………… 391
Tillandsia bulbosa Hook.var. picta〔花・草・木〕………… 391
Tinantia fugax Scheidw.〔花・草・木〕………………… 391
Tithonia speciosa Hook.ex Griseb.〔花・草・木〕……… 391
Tomato (Love apple)〔野菜・果物〕………………………… 436
Tomato with orange-coloured fruits〔野菜・果物〕……………………………… 436
Toothed orchid〔花・草・木〕‥ 391
Toothed Saccolabium〔花・草・木〕………………………… 392
Toothwort〔花・草・木〕……… 392
Torch-Lily〔花・草・木〕……… 392
Tradescantia crassula Link et Otto〔花・草・木〕……… 392
Tradescantia virginica L.〔花・草・木〕………………… 392
Tragopogon hybridus L.〔花・草・木〕………………………… 392
Trautvetteria carolinensis Vail.〔花・草・木〕………… 392
Tree Flax〔花・草・木〕……… 392
Tree-like Cleome〔花・草・木〕……………………………… 392
Tree Lupine〔花・草・木〕…… 392
Tree mallow〔花・草・木〕…… 392
Triangular-leaved Flat-pea〔花・草・木〕………………… 392
Tricholoma oedipus〔きのこ・菌類〕………………………… 500
Trichopilia coccinea Warsc. ex Lindl.et Paxt.〔花・草・木〕………………………………… 392
Trillium nivale Ridd.〔花・草・木〕………………………… 392
Trillium sessile L.〔花・草・木〕……………………………… 392
Tripterospermum affine H. Sm.〔花・草・木〕………… 392
Tropaeolum brachyceras Hook.et Arn.〔花・草・木〕‥ 392
Tropaeolum pentaphyllum Lam.〔花・草・木〕………… 392
Trumpet Gilia〔花・草・木〕‥ 392

Tsted–leaved Garlic〔花・草・木〕 392
Tulipa ostrowskiana Regel〔花・草・木〕 392
Tulipa undulatifolia Boiss.〔花・草・木〕 392
Tulip with yellow–feathered petals〔花・草・木〕 393
Turkish Cornelag〔花・草・木〕 393
Turk's cap cactus〔花・草・木〕 393
Tutsan〔花・草・木〕 393
Twayblade〔花・草・木〕 393
Twin–flowered Daphne〔花・草・木〕 393
Twin–flowered Hebecladus〔花・草・木〕 393
Twin–flowered Mimosa〔花・草・木〕 393
Twining Rhodochiton〔花・草・木〕 393
Twisted–petaled Eulophia〔花・草・木〕 393
Two–coloured Columbine〔花・草・木〕 393
Two–coloured–leaved Calandrinia〔花・草・木〕 393
Two–warted Oncidium〔花・草・木〕 393
Umbel–flowered Diosma〔花・草・木〕 393
Unequal–winged Acacia〔花・草・木〕 393
Upright Globe–thistle〔花・草・木〕 393
Upright Stapelia〔花・草・木〕 393
Uvaria kirkii Oliv.ex Hook.f.〔花・草・木〕 393
Vaccinium vacciniaceum Sleumer〔花・草・木〕 393
Valerian〔花・草・木〕 393
Vanda caerulescens Griff.var. boxallii〔花・草・木〕 394
Variegated iris〔花・草・木〕 394
Variegated iris with multi–coloured flowers〔花・草・木〕 394
Variegated long–tubed Watsonia〔花・草・木〕 394
Various–leaved Fugosia〔花・草・木〕 394
Varnished heath or Lantern Heath〔花・草・木〕 394
Velvet–flowered Ixia〔花・草・木〕 394
Ventricose Pitcher Plant〔花・草・木〕 394
Venus'looking glass〔花・草・木〕 394
Vernal Gentian〔花・草・木〕 394
Vetch–leaved Virgilia〔花・草・木〕 394
Violet〔花・草・木〕 394
Violet–flowered Conanthera〔花・草・木〕 394
Virgilia capensis Lam.〔花・草・木〕 394
Virginian Claytonia〔花・草・木〕 394
Wahlenbergia tuberosa Hook.f.〔花・草・木〕 394
Wallflower〔花・草・木〕 394
"Wallflower of Eichstätt"〔花・草・木〕 394
Wall germander〔ハーブ・薬草〕 485
Warszewicz's Sciadacalyx〔花・草・木〕 394
Warty St.John's–wort〔花・草・木〕 395
Water germander〔ハーブ・薬草〕 485
Water melon〔野菜・果物〕 436
Waved–leaved Capraria〔花・草・木〕 395
White–blue daffodil〔花・草・木〕 395
White botanical tulip, flower closed〔花・草・木〕 395
White botanical tulip, flower open〔花・草・木〕 395
White Brasil Pancratium〔花・草・木〕 395
White canterbury bells (Cup and saucer)〔花・草・木〕 395
White–flowered gourd (Calabash gourd, Bottle gourd)〔野菜・果物〕 436
White–flowered Star Hypoxis〔花・草・木〕 395
White–flowering mallow (Rose mallow, Giant mallow)〔花・草・木〕 395
White foxglove〔ハーブ・薬草〕 485
White–fruited strawberry〔野菜・果物〕 436
White helleborine〔花・草・木〕 395
White meadow clary〔花・草・木〕 395
White rose〔花・草・木〕 395
Whitsuntide rose (May rose)〔花・草・木〕 395
Whorl–leaved Silphium or Rosinweed〔花・草・木〕 395
Wild carnation〔花・草・木〕 395
Wild leek (Levant garlic, Kurrat)〔野菜・果物〕 436
Wild marjoram (Oregano)〔ハーブ・薬草〕 485
Wild pansy (Heart's–ease, Love–in–idleness, Jonny jump up, Pink of my John)〔花・草・木〕 395
Windflower〔花・草・木〕 395
Windflower (Wood anemone)〔花・草・木〕 396
Winged Mahernia〔花・草・木〕 396
Winter aconite〔花・草・木〕 396
Woad–leaved Centaury〔花・草・木〕 396
Wolfsbane (Badger's bane, Monkshood)〔花・草・木〕 396
Wood nymph (One–flowered wintergreen)〔花・草・木〕 396
Wood sage (Sage–leaved germander)〔花・草・木〕 396
Wood sorrel (Cuckoo bread, Alleluia)〔花・草・木〕 396
Woodbine (Honeysuckle)〔花・草・木〕 396
Xanthorrhoea minor R.Br.〔花・草・木〕 396
Xyris operculata Labill.〔花・草・木〕 396
Yellow daffodil〔花・草・木〕 396
Yellow day lily〔花・草・木〕 396
Yellow flag〔花・草・木〕 396
Yellow–flamed tulip〔花・草・木〕 396
Yellow–flowered Geissorhiza〔花・草・木〕 396
Yellow–flowered Lachenalia〔花・草・木〕 396
Yellow–flowered Rest–harrow〔花・草・木〕 396
Yellow Fritillary〔花・草・木〕 396
Yellow Garlic〔花・草・木〕 396
Yellow horned poppy〔ハーブ・薬草〕 486
Yellow melilot (Ribbed melilot, Yellow sweet clover)〔ハーブ・薬草〕 486
Yellow spotted turk's cap lily〔花・草・木〕 397
Yellow turk's cap lily〔花・草・木〕 397
Yellow water lily (Brandy bottle)〔花・草・木〕 397
Yellow–wort〔花・草・木〕 397
Zantedeschia melanoleuca Engl.〔花・草・木〕 397
Zig–zag Vernonia〔花・草・木〕 397

作者・画家名索引

【あ】

アイトン ………………………… 45
アプレイウス・プラトニクス ………………………… 438 444 449 453 466 470 476
アーラム ……………… 163 214
アリオニ ………………………… 75
アルドロヴァンディ ……………… 250 412 415
アレクト社ヒストリカル・エディションズ ………… 50 217
アンドリュース …………… 45
アンドリューズ, ジェイムス ………………………… 20

【い】

飯沼慾斎 ………… 4 8 12 17 25 32 35～37 46 47 50～52 54 57 58 64 66 76～81 89 91 95 96 100 104 105 112 114 123 127 128 130 132 137 138 144 149 152 155 159 160 171 172 185 189 194 199 200 203 206 222 224～226 237 250 251 254 255 261 267 269 271 274 280 285 287 292 295 296 300 398 399 409 418 427 444 450 467 475 476
五百城文哉 ……………… 160
池田瑞月 ……………………… 6 41 112 132 282 295
伊藤伊兵衛 … 115 183 207 220
伊藤圭介 …… 114 255 398 430
伊藤篤太郎 …………… 113 286
岩崎灌園（常正） ………… 3～14 17 22 23 25 26 28～30 34 36～41 46～48 50～54 57 58 63～67 71～77 79～84 86 88～92 94～101 104～115 117～120 122～133 135～140 143～147 149 150 152～161 163～165 167 168 170～172 174 180～184 186～192 194～199 201～203 205 207 209 212 213 215～218 220～224 226～230 233～239 245～248 250～253 255 257 259～262 264～267 270～276 279～283 285～287 290 294 295 297 301 349 350 398～413 415～426 428～434 440～442 444 448 454 456 461 462 464 465 467 469 471 472 476 489 491 496 497

【う】

ヴァイディツ, ハンス ……………… 94 403 460
ヴァインマン, J.W. ………… 52 125 130 141 145 147 154 244 251 259 262 402 404 406 414 415 420 421 423 427 429 430 433 437～439 447 454 464 473 478 479
ヴァルター, ヨハン ………… 93 233 248 398 410 414 477
ヴァルドシュテイン ………… 261
ヴァントナ, エチエンヌ・ピエール ………… 96 124 273
ヴィクトール ‥ 302 307 312 313 315 320 322 327 333 335 338 339 341 343 344 346
ウィザーズ, オーガスタ・イネス ……………… 207 365
ヴィシュヌプラサッド ……………… 174 231 257
ヴィッキ ………………………… 12
ウィッテ, ヘンリック ‥ 16 90 284
ウイリアム, B.S. ………… 68
ウィルクス, ベンジャミン ………………………… 431
ウィルモット, エレン・アン ………………………… 301 302 309 313 317～319 322 336～338 340 342
ウェイト …………… 114 169
ウエインマン … 5 12 13 17 26 35 37 50 54 58 59 63 71 85 87 88 104 112 118 121 127 137 138 140 141 159 163 170 173 184 194 198 204 207 214 220 224 225 241 244 248 250 263 277 279 288～290 296 399 403 406 407 409 410 414 415 418 419 421 423 425 426 434 439 450 453 454 456 460 464 466 469 475 478
ウェブスター, アン・V. …… 220
ヴェルシャフェルト, アンブロワーズ ……………… 168
ヴェルレスト, シモン・ピータース …………… 161 163
ウォーリック ‥ 174 231 257 349
ウースター, D. … 77 97 98 121
歌川広重 ………………… 207
宇田川榕菴 … 167 168 430 448
ウッドヴィル, ウィリアム ………… 95 338 437～439 441 443 445 447 449～454 457 459 460 462 463 465 466 468～477 481～483
馬屋原操 …………… 439 441 443 446 448 467 477 478
ウルウォード, フローレンス ………………… 259 260

【え】

エーゼンベック, N.フォン. ………………………… 294
エドワーズ ………… 219 244
エドワーズ, シデナム・ティースト …………………… 7～9 12 16 19 20 22 27 30 33 40 41 45～47 50 56 57 60 63 72 76 78 82 83 85 86 90 91 98 102 103 107 110 115～117 119 127 133 139 141 143 144 146 148 149 154 156 159 166 173 175 176 180 189 191～193 196 198 201～204 206～208 219 221 223 224 227～229 231 233～235 238 242 243 245 250 252～255 262 263 265 272 273 277 280 284 287 289 295 297 348～396 399 400 402 425 437 447 456 485
エドワーズ, ジョン …… 13 203
エドワーズ, J. ……… 113 270
エドワーズ, S. ……… 229 253
エリオット, D.G. …… 200 292
エルウィズ ……………… 285
エルウス, H.J. ………… 294
エルムズ ………………… 249
エーレット, ゲオルク・ディオニシウス …. 3～5 7 13 15 16 26 30 31 34 45 46 55 57 59 63 67 70 72 75 76 78 88 93 95 97 101 108～110 115 116 118～120 126 127 136 148 151 152 154 156 157 159 160 162 163 165 168 172 173 184 192 201 204 205 208 220 224～227 230 237 238 245 247～249 257～259 263 268 270 275 277 280 287 288 290 291 294 298 349 400 401 409 410 422～424 428 433 441 447～449 452 454 462 464
エーレット, ジョージ …… 152
エーレンベルク, G.C. …… 17

【お】

大井次三郎 ……………… 11 14～18 25～27 29 30 32 35

38 41 48 49 51 53 66 72 76～78 80～82 84～87 90 92 94 96 100 101 103 107 108 111 115 120 122～124 128 130 132 133 136 144 145 148 150～154 160 161 164 166 169 175 181 185 189 190 194 200 205 206 213 219 221 223 224 230 234 235 238 246 247 250 253 255 261 262 264 265 267 269 273 274 277～279 283 287 289 290 294 348
大江秀光(西阿) ………… 478
大窪昌章 … 32 66 92 171 192
太田洋愛 ………… 11
14～18 25～27 29 30 32 35 38 41 48 49 51 53 66 72 76～78 80～82 84～87 90 92 94 96 100 101 103 107 108 111 115 120 122～124 128 130 132 133 136 144 145 148 150～154 160 161 164 166 169 175 181 185 189 190 194 200 205 206 213 219 221 223 224 230 234 235 238 246 247 250 253 255 261 262 264 265 267 269 273 274 277～279 283 287 289 290 294 348
岡順次 ………… 262
岡村金太郎 ………… 501 503
オカール ‥ 100 146 156 185 263 437～439 442 449 456 458 460 469 470 473～475 477 481 488 489 492～496 498
小田野直武 ………… 293 350
小野蘭山 ……… 3 4 6 7 9 10 14 22 23 25 28 29 35 38 46 48 49 51 53 59 63～66 73 74 77 80～82 84 85 88 89 99 101 105 106 109 111 112 114 115 117～119 122 127 128 130～132 134 140 149 150 153 155 158 161 166 169 172 181 184 188 190 192 194～198 202 203 205 207 212 213 215 217 221 225～230 237～239 251 253 254 256 261 262 266～269 271 275 276 280～282 287 296 297 300 301 350 401 403 405 406 408 411 414 421 426 427 429～432 434 440～447 449 451 453 456 457 461 462 467～470 473 475 477～480
オーブリエ, クロード ……… 94 114 215 249 293 468 472

【か】

カー, Ch. ……… 201 457 482
貝原益軒 …… 26 41 48 53 88 106 123 172 173 189 195 203 223 245 282 425 451
カウエンホールン, ピーテル・フォン ………… 162
ガウチ ………… 349
ガウディ ……… 174 257 425
賀来飛霞 ……… 255 272 430
カステールス, ピーテル ………… 118 128 412
カーチス? ………… 13
葛飾北斎 ………… 79
桂川甫賢 ……… 172 276 401
桂川甫賢? … 5 51 52 66 86 150 153 190 197 220 268 285 401 440 442 461 468 475
カーティス, ウィリアム …. 6～9 12 13 15 16 18～20 22 27 30 32～34 39～41 44～47 49～51 56 57 59 60 62 63 66～68 72 75～79 82 83 85～87 90 91 94 95 98 100 102 103 105 107 110 111 115～117 119 121 124～127 129 132～135 138～141 143 144 146 147 149 151～154 156 159 166 173 175 176 180 182 185 186 188 189 191 193 194 196 198 200～208 216 219 221 223 224 227～229 232～235 238 240～245 249～251 253 254 257 262 263 265 268 272～275 277 278 280 284 286 287 289 294～297 347～397 399 400 402 412 418 425 429 437 442 447 449 450 455 456 480 484 485
カーティス, ウィリアム[画家] ………… 387
カーティス, サミュエル ‥ 169 219
カーティス, ジョン …. 6 19 22 39 66 75 83 86 129 134 139 140 147 151 169 234 243 250 348 355～358 362 363 367 368 370 371 375 379 380 387 393 394 397 412 418
カーティス, チャールズ M. ………… 67 363 374 385
カーティス, W. ………… 446
加藤竹斎 ……… 114 184 398
加藤光治 ………… 3 6 9～12 14 19 21～23 39 41～46 50 55 56 60～62 65 67～70 75～78 83 91 94 95 101 104 106 109 111～113 115～117 121 122 124 131～133 135 136 138 140～143 147 148 151～153 158 160 168 170 172～180 183 186 188 191 193 206 208～212 216 218 219 224 225 231～234 238～240 243～247 249 252 256 258～260 268 270 278 288 289 293 295～299 348
カトカルト ………… 258 276
狩野探幽 ………… 3 25 28 104 138 147 149 198 200 230 265 410 418 419
狩野織染藤原重賢 ………… 7 11 14 17 23 28 36 37 48 54 57 58 63 65 72 73 79 86～88 90 95 100 106 107 112～115 117 120 122 125 126 128 134 136 144 148 149 155 156 159 161 164 168 170 171 175 185 187 189 193 195 198 199 204 207 216 222 227 237 239 247 252 254 261 265 266 269 270 273 275 281～284 287 300 398 415 418 420 421 425 430 432 434 440 480
刈米達夫 ………… 437～483
カルステン, H. ………… 70 154 245 264 477
ガレッシオ, ジョルジオ ‥ 401 410
川上冬崖(萬之丞) ………… 66
川原玉賀 …… 71 80 134 149
川原慶賀 ………… 6 7 14 17 25 27 29 37 39 52 57 58 63 65 86 108 115 120 123 127 130 132 137 140 154 155 158 159 166 172 173 180 183 184 187 189 198 200 207 208 212 220 226 229 235 237～239 253 256 259 261 264 266 267 271～273 277 282 284 286 295 399 401 402 404 405 407 408 414 418 420 421 429 445 456 467 469 471
川原慶賀? … 25 81 112 128 149 172 200 226 268 272 461
カンパニースクール ……. 100 215 225 231

【き】

キキクス …… 83 208 219 229
キタイベル ………… 261
喜多川歌麿 ………… 427
キリー ……. 5 39 70 185 244
キルバーン, ウィリアム …… 34
キング, クリスタベル …. 31 271

【く】

クゥータン ……………… 309 319
グータン ………………… 339
クック, ジョージ …………… 9 74 96 141 347
工藤祐舜 ………………… 265
クーパー ………………… 142
クラーク, W. …………… 448
クラテウアス …………… 472
グリアソン, マリー ……… 186
グリエルソン ………… 165 249
栗本丹洲 …………… 168 489
グリュー ………………… 80
グリーン, T. ………… 163 449
クルシウス ……………… 412
グールド, J. …………… 48
グレヴィル, ロバート・ケイ ………………………… 381
グレビュー ……………… 11
畔田翠山 …… 4 7 117 253 479
クロニエ, フリッチェ ……… 113
グローバー, トーマス ……… 274
クロモリス, S. ………… 432

【け】

ケイツビー, マーク … 16 34 78 112 152 154 206 273 277
ゲスナー ………………… 17
ケンプファー …………… 169
ケンペル, エンゲルベルト ……… 26 161 168 169 188

【こ】

小磯良平 …………… 437〜483
ゴーゲン ………………… 229
コッツィー ……………… 190
ゴーティエ=ダゴティ ……… 127
コデスロエ ………… 83 208 219
後藤梨春 ………………… 501
近衛予楽院(家熙) …… 9 11 21 26 28 32 44 47 53 54 58 59 65 71 73 74 76 77 80 87 90 91 102 104〜107 112 114 118 120 123 125 126 129 131 132 134 136 137 144 145 149 155 158 159 161 164 166 170〜173 175 181〜183 186 187 189 194 195 197 199 206 207 213 217 220 221 225 226 234 239 246 247 250 252〜254 262 264〜267 269〜273 278 279 281 285 295〜297 301 349 350 440 501
小林豊章(源之助) ………… 231
小林路子 ………………… 488
ゴラチャント …………… 349
コールドウェル …………… 205
近藤正純(清次郎) ………… 150

【さ】

作者不詳 ‥ 48 67 71 72 82 94 109 128 163 192 215 225 251 262 264 283 407 410 427 439〜441 444 445 452 453 460 462 465 467 469 473 474 480 481 488 502
佐竹曙山 ………… 293 350 493
佐藤醇吉 ………………… 494
佐藤達夫 ………………… 12
佐藤広喜 ………… 49 189 192
サフトルファン, ヘルマン ………………………… 35
サワビー, ジェームズ ……… 34 89 99 139 184 378 380 437〜439 441 443 445 447 449〜454 457 459 460 462〜466 468〜477 481〜483
サンソン, F. …………… 27

【し】

シェーファー …… 446 466 476
ジェラード, ジョン ……… 229
シブソープ, ジョン ……… 80 121 140 183 277
シーボルト, フィリップ・フランツ・フォン …… 4〜10 14 17 25〜29 32 33 36〜39 41 46 47 49 51〜53 57 63〜66 70〜74 78〜81 84〜86 89〜91 96 97 99 101 103〜105 107〜112 114 115 117〜120 122 123 125 127 128 130 133 134 137 139〜141 149 150 152〜159 161 165〜173 180 181 183 184 187〜190 192 195〜203 206 208 211〜213 215 220〜222 224 226〜229 233 235〜240 245 246 250 253 254 256 259〜261 263〜273 276 277 279〜287 290 291 295 300 301 398 399 401〜405 407 408 414 415 420 424 425 428 429 431 432 440 442 445〜447 453 455 456 461 465 467〜469 471 475
島津重豪 ………… 7 415 421 426 442 443 453〜455 476
島田充房 ……… 3 4 6 7 9 10 14 22 23 25 28 29 35 38 46 48 49 51 53 59 63〜66 73 74 77 80〜82 84 85 88 89 99 101 105 106 109 111 112 114 115 117〜119 122 127 128 130〜132 134 140 149 150 153 155 158 161 166 169 172 181 184 188 190 192 194〜198 202 203 205 207 212 213 215 217 221 225〜230 237〜239 251 253 254 256 261 262 266〜269 271 275 276 280〜282 287 296 297 300 301 350 401 403 405 406 408 411 414 421 426 427 429〜432 434 440〜447 449 451 453 456 457 461 462 467〜470 473 475 477〜480
清水東谷 ………………………… 4 17 25 26 29 33 37 41 84 91 105 108 118 120 166 170 180 188 198 200 202 215 221 222 224 228 265 268 277 280 282 283 285 287 403 404 414 424 428
シャイトヴァイラー … 39 48 50 64 91 157 162 174 185 194 204 235 280 289 400 447 450 453 457 460 462 479 482
ジャカン, N.J. ………… 141 230 308 429
シャピュイ ………… 301〜307 310 318 320 321 323 324 326 328 329 331 332 334〜339 341 342 344 345
シャルラン ………… 304 318 320 326 327 341 342 346
シューデル, セバスチャン ……………… 17 87 97 118 220 234 254 263 292 415
シュムッツアー, マティアス …………………… 158 263
ショー, G. ……………… 141
ショート, チャールズ・ウィルキンス ……………… 133
ジョーム・サン=ティレール? …………………… 144
ジョーム・サンティレール, H. ………… 6 8 13 16 22 26 27 31 38 51 53 54 79 82 87 137 140 145 146 158 163 181 190 193 226 228 239 244 250 251 291 292 294 300 311 400 402 406 414 415 417 419 427 429 438 439 444 448 450 459

460 464 473 475 480〜482
ショームトン ……………… 14
38 116 193 276 291 292
348 399 401〜403 406
409〜411 421〜423 428
430 434 438〜440 445〜449
451 452 456〜460 462 463
468 469 471〜474 477 481
ジョリ, L. ………………… 424
ジョンソン, T. …………… 423
白沢保美 ……………… 37 72

【す】

スウェルツ ……… 195 263 288
須崎忠助 ‥ 4 5 8 9 17 25 26
28 32 33 35 37〜41 49 50
52 56 57 66 68 73 74 80 81
83 89 92 94 97 99 101 106
107 109 116〜118 120 122
123 125 131 133 134 153
154 158 160 161 165 171
182 184 187 188 190 192
193 196 200〜203 205 208
209 215 216 219 222 224
226〜228 231 237 238 246
251〜253 255 262 265〜270
275 278〜280 282〜286 290
293 298 300 349 409 434
鈴木省三 ………… 6 11 14 16
17 19 20 22 24 33 34 38
39 49 54 57〜59 63 64 67
70 74 75 77 84 85 89 92
94〜96 98 99 101 106 108
110 111 113 116 119〜121
124 127〜132 134 135 137
138 141〜143 145 146 150
153 154 159 163 166 175
184 187 190 194 197 198
202 206 209 212 217 221
222 231 236 238〜245 247
249 256〜260 262 263 265
266 268 274 275 277 278
280 282 286 288 290 292
293 297 300 307 309 310
313 314 323〜327 330 331
335〜337 339 341 346 366
スタドラー ‥ 16 39 59 77 205
スターン ……………… 225 249
ステップ, エドワード …. 79 107
173 193 225 236 242 349
ステップ, エミリー …… 79 107
173 193 225 236 242 349
ストルバン, フランソワ ….. 245
ストーンズ, マーガレット
………………………… 123
スネリング, リリアン ……… 22
32 34 45 75 77 98 103
116 166 201 213 241 347
363 365 382 383 385
スペクレ ………………… 413
スミス, エドウィン・ダルトン ……………………… 80
スミス, ジェームズ・エドワード …. 121 140 183 277 464
スミス, マチルダ ‥ 5 16 74 87
130 132 151 159 187 190
213 218 231 242 244 245
350 352 363 379 432 433
スミス, ルーシー・T. ……… 46
スミス, E.D. ……………… 323
スワン, J. ………………… 117

【せ】

西阿 …………………… 443
445 447 448 471 475 478
西洋人画家 … 101 233 268 399
西洋人画家？ ………… 267 399
セヴェリン …. 39 48 50 64 91
157 162 174 185 194 204
235 280 289 400 447 450
453 457 460 462 479 482
関根雲停 ……… 40 58 74 166
200 217 229 235 277 283
セフェラインス …………… 17
セラーズ ………………… 20
セラーズ, パンドラ ….. 261 273

【そ】

宋紫石 ……………… 233 256
ソルター, ジョン ………… 20
ソーントン, ロバート・ジョン ……. 5 16 35 39 51 59
64 66 70 71 77 83 98 101
116 138 141 142 147 162
163 185 195 201 204〜206
213 214 219 222 223 229
244〜246 249 290 294 347

【た】

大日本山林会 …………… 149
ダーウィン, チャールズ・ロバート …………………… 63
高木春山 … 8 11 13 15 37 48
57 71〜73 78 79 82 84 91
94 100 113 115 119 122 126
129 137 145 157 161 168
169 173 189 192 196 197
199 201 203 205 212 213
221 229 236 245 251 252
254 271 285 295 300 402
411 419 421 423〜425 432
434 440 450 464 480 494
伝 高階隆景 ……………… 478
高橋由一 …………… 181 269
橘保国 ……… 58 229 271 425
田中延次郎 ……………… 497
タルボー ….. 313 325 331 340
ダル・ポッツォ, カシアーノ
…………………… 262 283
407 411 427 432 488 502
ダンカートン, ウィリアム
…………… 98 142 163 290
ダンカム, E. …………… 233

【つ】

ツイーグラー ……………… 469
ツッカリーニ, ヨーゼフ・ゲアハルト ‥ 9 64 71 78 86 101
104 114 119 169 173 180
195 212 236 284 300 425
津山尚 …………………… 4〜7
14〜17 19 20 28 33 35 36
38 40 47〜52 54 58 63〜66
72〜78 80〜82 84 85 87
90 92 98 99 102〜107 109
112 114 119 120 122〜125
128〜135 139 140 144
149〜152 154 156 157 159
164〜166 171 172 180 182
184 187 190 192〜194 196
198 199 202 203 205〜208
216 221 222 224 235 241 246
247 250 252 253 256〜258
260 261 264 265 268 273
274 276〜279 281 286 288
290 292〜294 300 348〜350
ツルヌフォール …………… 293
ツンベルク, カール・ペーター …………… 3 70 76 91
106 263 267 281 420 467

【て】

デイヴィス, ノーマン ……… 13
ディオスコリデス ………… 189
406 438 446 450 460 465
470 472 476 479 481
テイト …………………… 119
ティリアール ………… 330 333
テミンク, C.J. ………… 36 104
デュアメル・デュ・モンソー, アンリ・ルイ ……… 75 157
319 412 414〜416 425 427
デュプレル ……………… 419
デューラー, アルブレヒト
…………… 50 159 188 460

テュルパン, P.J.F. ………… 14 38 116 193 201 276 291 292 348 399 401〜403 406 409〜411 421〜423 428 430 434 438〜440 445〜449 451 452 456〜460 462 463 468 469 471〜474 477 481
寺内萬治郎 …………… 32 285
寺門寿明 ………………… 160
寺崎留吉 ………………… 132
デラ・ポルタ, G.B. ‥ 410 464 475
テリー …………………… 38

【と】

ドゥ・カンドル, A.P. …………… 35 92 157 262
東京帝国大学理科大学植物学教室 ………………… 51 255
ドゥ・ジュシュー ………… 204
ドゥ・ブリー ……………… 17
ドダル …………………… 478
ドドネウス ……………… 444
ドノー, エドワード ………… 260
ドノヴァン, E. ………… 26 101
ドラピエ, P.A.J. …………… 5 6 39 45 53 68 70 76 100 111 115 128 142 143 147 154 155 169 182 248 254 270 293 399 438 468 472
トリー, クロード＝アントワーヌ ……………… 301〜346
トリュー, クリストフ・ヤコブ ………… 4 5 7 13 16 26 30 34 45 46 55 63 70 75 76 78 88 93 95 108 109 115 116 118〜120 126 127 136 148 151 154 156 159 160 162 165 168 173 184 192 204 208 220 225〜227 230 237 245 247〜249 257 259 268 275 280 287 288 290 291 294 298 349 400 401 409 410 421〜424 428 433 441 448 462 464
ドルビニ, Ch. ……………… 19 65 70 141 142 158 287
ドレイク …………………… 59 68 75 151 176 269
ドレイク, サラ・アン ……………… 97 223 294

【な】

中井猛之進 ……………… 32
中島仰山 ………… 216 261 461
中村惕齋 …… 79 146 181 251
ナップ, ヨセフ ………… 400 412 426 433
ナップ, ヨハン ………… 400 412 426 433

【に】

西野猪久馬 ……………… 235
西村金一 ………………… 79
日本人画家 …………… 64 79 196 237 250 431 447 461
日本人画家？ ……… 29 112 471
ニュエンフュイス, テオドール ……… 146 225 399 474
丹羽正伯 ‥ 29 39 114 144 212 230 235 238 261 470 501

【の】

ノース, マリアンヌ ……… 110 135 165 239 274 406
ノダー, R.P. …………… 141
ノッダー, F.P. …. 141 217 262
ノートン嬢, C.E.C. …… 59 201
ノワゼット, L. …. 399 400 407 414 415 424 427 430 432 433

【は】

バウアー, フェルディナント・ルーカス …… 47 80 85 96 140〜142 150 165 183 185 205 224 244 277 286 295 308
バウアー, フランツ・アンドレアス ………… 45 59 106
パーキンソン, S. ‥ 124 174 217
バーク …………………… 141
長谷川契華 ……………… 79
パーソンズ, アルフレッド …… 302 309 313 317〜319 322 337 338 340 342
パックストン, J. …. 93 169 347
服部雪斎 … 8 99 170 229 280 399 412 415 422 423 501
馬場大助 …… 8 22 29 53 86 100 108 140 154 158 166 204 222 231 261 276 283 404 406 409 413 418 419 422 425 427 434 444 468
ハーバート, ウィリアム …… 49 62 68 86 111 116 185 201 268 347 359 373 374 381 382 386 389 393 395 449
ハリス, M. ……… 163 230 442
ハリソン, J. …………… 292
バンクス, J. …………… 217
ハント ………… 83 208 219

【ひ】

ビシュヌープラサッド ……………… 174 257 425
ビュショー, P.J. ‥ 100 126 130 211 278 401 439 440 448 454 455 459 464 469 470 494 498
ビュフォート, メリー …… 225
ビュフォン, ジョルジュ＝ルイ・ルクレール ‥ 4 5 7 14 15 17 20 22 23 25 27 29 30 33 35 37 38 40 47 48 52 53 63 70〜73 81〜83 87〜90 92 96 98 100 105 115 118 120 122 124 130 135 140 142 145〜147 149 150 155 156 159〜161 168 170 172 174 182 183 185 193〜195 198 200 202 203 207 208 212 215 217 221 225 230 234 237 243 244 248 250 251 254 256 260 261 264 265 267 276 277 279 280 285 286 288 295 296 399 401 403 408〜410 421 422 424 426 430 434 440 448 450 451 453 454 456 459 460 464〜466 469 472 473 475 476 479〜481 487 488 490 493 495〜497 501〜503
ビュラール, P. …………… 231 450 454 473 487〜489 494
平賀源内 …… 233 256 445 474

【ふ】

ファイファー, アウグスト ………………………… 8
ファーバー, ロバート … 118 412
ファーブル, ジャン・アンリ ………………… 487〜500
ファーラー ……………… 225
ファン・カウエンホルン …. 162
ファン・ヘール ……… 15〜17 57 92 107 126 150 165 185 204 212 240 255 274 311
ファン・ホーテ … 39 48 50 64 91 128 141 157 162 170 174 185 187 194 204 220 235 267 280 289 400 447 450 453 457 460 462 479 482
フィッチ …… 90 205 275 285
フィッチ, ウォルター・フッド …………………… 6 21

47 48 55 67 68 75 90 94 105 122 126 136 175 176 181 183 186 187 195 196 205 215 232 234 253 259 264 274 276 294 296 299 301 347 348 350 353 354 358 361 362 364 367 368 370 373 377〜380 382〜384 391〜394 417 429 480
フィッチ, ジョン ‥ 16 17 74 130 151 159 190 218 432 433
フィッチ, J.N. ‥‥ 38 39 68 69 106 211 219 232 233 239 299
フォーブズ, ジェイムズ ‥‥‥ 90
藤島淳三 ‥‥‥‥‥‥‥‥‥‥ 236
二口善雄 ‥‥‥‥‥‥‥‥‥‥ 3〜7 9〜12 14〜17 19〜24 28 33〜36 38〜52 54〜70 72〜78 80〜85 87 89〜92 94〜96 98 99 101〜117 119〜125 127〜154 156〜160 163〜166 168 170〜180 182〜184 186〜188 190〜194 196〜199 202 203 205〜212 216〜219 221 222 224 225 231〜236 238〜247 249 250 252 253 256〜266 268 270 273〜282 286 288〜290 292〜300 307 309 310 313 314 323〜327 330 331 335〜337 339 341 346 348〜350 366
フッカー, ウィリアム ‥‥ 80 117 400 410 415 426 430〜434
フッカー, ウィリアム・ジャクソン ‥ 93 117 174 244 275
フッカー, ジョセフ・ダルトン ‥‥‥‥‥‥‥‥‥‥ 126 195 215 253 258 274 276 347
フックス ‥‥‥‥‥‥‥‥‥‥‥ 29 63 70 413 415 448 469
フュルマウラー ‥‥‥‥‥‥‥ 413
ブラックウェル ‥‥‥‥‥‥‥ 127
ブリコーニュ, アニカ ‥‥ 11 311
ブリュンフェルス ‥‥‥‥‥ 94 403 453 460
プール ‥‥‥‥‥‥‥‥‥‥‥‥ 245
ブルーメ, K.L. ‥‥‥‥‥‥‥‥‥ 5 30 51 87 159 171 192 221 237 256 276 292 348
ブレートル, ジャン・ガブリエル ‥‥‥‥‥‥‥‥‥ 152 425
ブンゲロート ‥‥‥‥‥‥‥‥ 399

【へ】

ペイジ, J. ‥‥‥‥‥‥‥‥‥‥ 197
ヘイスティングズ侯爵夫妻 ‥‥‥‥‥‥‥‥‥‥‥‥‥‥‥ 100
ベイトマン, ジェイムズ ‥‥‥ 21
43 55 56 59 69 131 240
ベザー, エイブラハム ‥‥‥‥‥ 98 116 142 147 249 290
ベシン ‥‥‥‥‥‥‥ 137 158 163 198 214 218 229 291 292
ベスラー, バシリウス ‥‥‥‥‥ 8 22 30 31 48 67 71 92 109 154 155 162 163 190 215 225 229 243 263 264 271 279 289 295 350〜397 402 403 435 436 456 483〜486
ヘッケル, エルンスト ‥‥‥‥‥ 17 20 63 85 197 240 488 489 494 501〜503
ベッサ ‥‥‥‥‥‥‥‥‥‥‥‥ 241
ベッサ, パンクラース ‥‥‥‥‥ 5 6 39 45 53 68 70 76 100 111 115 128 142 143 147 154 155 169 182 248 254 270 293 319 399 400 407 412 414〜416 424 427 430 432 433 438 468 472
ベッサン ‥‥‥‥‥‥‥‥ 302〜305 307 312 314〜316 323 328 329 332 336 342 345
ベルトゥーフ, F.J. ‥ 51 107 134 190 250 252 275 292 294 298 301 401 403 404 406 410 412 419 424 429 433 450 494
ベルレーズ, L. ‥‥‥‥‥‥‥‥ 169
ヘンダーソン ‥‥‥‥‥ 39 70 113
ヘンダーソン, アンドリュー ‥‥‥‥‥‥‥‥‥‥‥‥‥‥‥ 158
ヘンダーソン, エドワード・ジョージ ‥‥‥‥‥‥‥‥‥‥ 158
ヘンダーソン, ピーター ‥‥‥ 16 39 51 66 71 77 83 101 141 185 195 205 244 347
ヘンダーソン, P.Ch. ‥‥‥‥‥ 68 145 146 181 217 291

【ほ】

ボジャール, ウェンシスラス ‥‥‥‥‥‥‥‥‥‥‥‥‥‥‥ 110
ホースフィールド ‥‥‥‥‥‥ 295
細川重賢 ‥ 135 184 197 203 418
ホップウッド ‥‥‥‥‥‥‥‥ 113
ボティオヌロッシ, A. ‥‥‥‥ 419
ボナフゥ, M. ‥‥‥‥‥‥‥‥ 419
ボネリ ‥‥‥‥‥‥‥‥‥‥‥ 418
ポープ, クララ・マリア ‥ 169 219
ホルスタイン＝デ＝ヨンヘ, ピーター ‥‥‥‥‥‥‥‥‥ 235
ホルツベッカー, ハンス・シモン ‥‥‥‥ 137 147 163 191 194 214 220 235 278 294
ホワイト, J. ‥‥‥‥‥‥‥‥ 217
ポワトー, A. ‥‥‥‥‥‥‥‥ 412
413 416 426 427 433
本郷次雄 ‥‥‥‥‥‥‥‥‥‥ 489

【ま】

前田利保 ‥‥‥‥‥ 36 83 98 238 247 254〜256 286 501 502
マキシモヴィッチ ‥‥‥‥‥‥ 301
牧野富太郎 ‥‥‥‥‥ 8 11 33 37 51 57 66 72 80 81 83 85 92 96 104 105 108 109 112 113 115 117 121 123 124 129 130 134 150 153 155 167 168 172 180 183 184 199 200 220 226 227 236 237 251 255 267 268 280 281 287 290 348 448 492
マクナブ, ジェームズ ‥‥ 371 375
マーシャル, アレクサンダー ‥‥‥ 12 17 33 34 53 58 74 77 81 84 91 97 98 108 121 127 134 136 137 143 145 156 157 162 174 180 183 193 203 206 207 214 220 225 228 233 234 242〜244 249 266 273 278 279 283 289 292 296 399 410 416 418 432 439 449 457 479
増山雪斎(正賢) ‥‥‥ 54 117 434
マダン, D. ‥‥‥‥ 138 201 223
松岡恕庵 ‥‥‥‥‥‥‥‥ 130 145
マッケンジー ‥‥‥ 45 47 57 238
松平頼恭 ‥‥‥ 3〜5 7〜9 11 12 14 15 17 19 20 22 24〜30 32〜36 38〜41 44 47〜51 53 54 56〜58 62〜67 70〜89 91 95〜97 99〜110 112〜114 116〜120 123〜135 137〜140 142 144 145 147〜159 161〜168 170〜175 180〜186 188〜200 202〜208 212〜217 219〜222 224 226〜230 234〜236 238 239 245〜248 250 251 253 255〜287 289 290 292 294 296 300 348 349 398〜413 415〜434 437〜483 487〜492 494〜496 502
マッティオリ, P. ‥‥‥‥ 121 403 448 449 460 469 474 481
松森胤保 ‥‥‥‥‥‥‥‥ 405 494
マドックス ‥‥ 71 205 206 245
マルティウス ‥‥‥‥‥‥‥‥ 279
丸山宣光 ‥‥‥‥‥‥‥‥‥ 37 72

【み】

ミー, マーガレット ‥‥‥‥‥ 249

三木文柳 … 8 66 213 398 404 405 409～411 418 438 449
ミショー，フランソワ・アンドレ ……… 63 66 96 288
水谷助六 ……… 89 103 187 196 200 270 287
水谷助六？ ……… 166 265 469
水谷豊文 ……… 490
南方熊楠 ……… 489 490 494 496
宮部金吾 ……… 265
ミュラー，ワルター ……… 155 174 225 291 450
三好学 ……… 207
ミラー，J.F. ……… 217
ミーン，マーガレット ……… 159 185 402
ミンジンガー ……… 9 71 78 86 120 173 212 236 284 300

【む】

ムンチング ……… 296

【め】

メイヤー ……… 413
メイヤー，アルブレヒト ……… 448
メーリアン，マリア・シビラ ……… 5 8 15 35 47 51 82 89 113 114 183 192 201 204 205 255 262 268 269 271 279 294 349 399 401 403 406 407 410～412 418 421～424 426 428 430
メールブルク ……… 248

【も】

毛利梅園 ……… 81 113 169 196 422 425 466
モニンクス，マリア ……… 439
籾山泰一 ……… 6 11 14 16 17 19 20 22 24 33 34 38 39 49 54 57～59 63 64 67 70 74 75 77 84 85 89 92 94～96 98 99 101 106 108 110 111 113 116 119～121 124 127～132 134 135 137 138 141～143 145 146 150 153 154 159 163 166 175 184 187 190 194 197 198 202 206 209 212 217 221 222 231 236 238～245 247 249 256～260 262 263 265 266 268 274 275 277 278 280 282 286 288 290 292 293 297 300 307 309 310 313 314 323～327 330 331 335～337 339 341 346 366
モリス，R. ……… 448
森野藤助 ……… 437 439 443 444 448 454 457 462～464 471 472 478
モレン，Ch. ……… 241

【や】

ヤコイン ……… 202 236 407
山崎安太郎 ……… 79
山田清慶 ……… 32 226
山田壽雄 ……… 57
山本渓愚（章夫） ……… 8 9 11 32 51 53 54 64 79 85 87 99 106 113 165 183 199 235 245 250 300
ヤング嬢，M. ……… 201 392

【ら】

ライナグル，フィリップ ……… 5 35 59 70 116 138 142 162 163 201 204～206 223 245 246 249 290 294
ライナグル，ラムゼイ・リチャード ……… 147
ライヘンバッハ，H.G. ‥ 102 242
ライヘンバッハ，L. ……… 102 242
ラウドン，ジェーン・ウェルズ ……… 37 40 54 74 78 80 81 84 88 97 133 136 137 146 147 175 193 207 238 261 266 272 280 286 288 292 348
ラウンド，F.H. ……… 30～32
ラム，シータ ……… 100
ラングホーン，ジョアンナ ……… 241
ラングロワ ……… 302 304～317 320～323 325 326 328～332 334 338～341 343 345 346
ランダン，ジャン ……… 21 46 69 70 110 135 151 173 176 211 218 232 259
ランバート ……… 47 142
ランリュメ ……… 424

【り】

リオクロー ……… 412
リッソ，A. ……… 412 413 416 426 427 433
リンドレー ……… 205
リンドレー，ジョン ……… 59 68 75 151 176 269
リンネ，カール・フォン ……… 16 72 110 156 172 205 238

【る】

ルスワーム ……… 400
ルソー，ジャン＝ジャック ……… 40 52 145 162 174 235 279 288 414 463
ルドゥーテ，ピエール＝ジョゼフ ……… 5 7～13 15 16 18～20 22～24 26 27 30～36 39 40 43～45 47～49 51 52 54 57～59 63～65 68 70～79 81～104 106 108 110 111 113～116 118～127 129 130 136 137 139 142～150 152 155 157～165 169～175 180～182 184～187 190 191 193～199 202～209 213～220 222～225 227 228 231 233～235 240～243 245～249 251～254 256 257 260 262～268 270～279 286 288～297 300～346 348 349 385 398 400 401 410 413～417 419 422 423 425 426 428 430～433 439 454 463
ルドゥテ兄弟 ……… 63 66 96
ルメール，シャルル ……… 16 20 39 48 50 56 59 64 68 70 75 91 115 116 146 151 152 156 157 162 174 185 194 201 204 207 217 228 230 234 235 243 246 253 254 258 270 280 289 304 306 309 310 312 325 332 333 336 400 405 419 437 438 447 450 452 453 457 460 462 468 479 482
ルメルシエ ……… 13 433
ルンフィウス ……… 102

【れ】

レオナルディ，ヴィンチェンソ（？） ……… 411 427 432
レオナルド・ダ・ヴィンチ ……… 23 47 78 129 181 223 246 280 291 294 427
レーゼル・フォン・ローゼンホフ，A.J. ……… 141

レッソン, R.P. …… 165
レモン, N. …… 11 311
レリティエ・ドゥ・ブリュテル, シャルル・ルイ …… 20 99 101 123 290

【ろ】

ロイル …… 190
ロクスバラ, W. …… 11 16 192 238 444 445 482
ロス＝クレイグ, ステラ …… 32 75 98 258 288 382
ロック, J. …… 100 146 156 185 263 437〜439 442 449 456 458 460 469 470 473〜475 477 481 488 489 492〜496 498
ロッフェ, R. …… 35 101 214 246 294
ロディゲス, C. …… 9 74 96 141 347
ロバート, ニコラス …… 137 162
ローベル …… 182
ロベール, ニコラ …… 30 95 100 161 200 233 241 278 294
ロベール, M. …… 275

【わ】

ワイデッツ …… 94 146 422
ワグナー …… 151
渡邉鍬太郎 …… 56
ワーナー …… 224
ワーナー, ロバート …… 38 39 56 68 69 106 131 135 175 176 211 218 219 232 233 239 259 270 299
ワンデラール …… 110 238

【記号・英数】

Baxter, William …… 439
Berlese, Abbe Laurent …… 72
Besler, Basilius …… 214
Buc'hoz, Pierre Joseph …… 287
Bulliard, Pierre …… 219 256 439 457 472 474 478
Catesby, Mark …… 16
Chaumeton, François Pierre …… 94 201 448 455 463 467 479 480
Chaumeton, Poiret …… 287
Curtis …… 439 442 443 446 451 453 460 465 469 472 475 480 482
Curtis, William …… 3 13 19 24 39 43〜45 52 92 93 96 97 104 121 137 138 141〜143 162 163 174 182 193 208 234 241 244 248 263 287 288 292 357
de Villeneuve, C.H. …… 53 127 264 271 272
de Villeneuve, C.H.? …… 63 72 99 130 200 202 215 236 245 281 285 300
Dobat, K. …… 29 63
Drapiez, Pierre Auguste Joseph …… 162
Duhamel du Monceau, Henri Louis …… 107 214 291
Dumont d'Urville, Jules Sébastien César …… 58
Ehret, Georg Dionysius …… 75 204 213 258 287 288
Elwe, Jan Barend …… 162 287
Fuchs, Leonhart …… 95 104 121 181 256 259
Fuss, Cl. …… 301
Herfort, Schenk …… 447
Hill, John …… 138 241
Jaume Saint–Hilaire, Jean Henri …… 98 104 138 163
Knorr, Georg Wolfgang …… 204
Lonicer, Adam …… 110 214 225 288
Mattioli, Pietro Andrea …… 7 102 214
Maund …… 438 444 451 457 460 465 468 470 471 474〜477 482
Maximowicg, C.J.? …… 70
Merian, Maria Sibylla …… 162
Meydenbach, Jacob …… 438
Minsinger, S. …… 9 37 52 120 128 141 284
Monti, Gaetano …… 144
Pabst, G. …… 155 174 450
Passe, Crispin de …… 94 142 214 287
Petermann …… 437 438 441 442 449 450 452 453 455 457 459 460 466 471 473 481
Popp, J.B. …… 183 229
Rabel, Daniel …… 136
Redouté, Pierre Joseph …… 10 35 86 93 131 162 214 227 241 288
Regnault, Nicolas François …… 95
Roques, Joseph …… 12 13
Sowerby …… 440 453 454 459 460 472 477 480
Sowerby, James …… 70 94 95
Step, Edward …… 437 438 446 447 449 450 454 457 462 468 471 473 475 477 480
Sweert, Emanuel …… 70 162
Sweertius, E. …… 451
Thornton, Robert John …… 98 142
Trew, Christoph Jakob …… 13 162
Turpin …… 437〜439 445 454 458 460 461 468 470 473 475
Unger, J. …… 112
Veith, K.F.M. …… 114 139 237
Veith, K.F.M.? …… 272
Ver Huell, Q.M.R. …… 139
Ver Huell, Q.M.R.? …… 114 254
Vincent, Henriette Antoinette …… 174
Wagner …… 437
Weinmann, Johann Wilhelm …… 59 70
Zanoni, Giacomo …… 144

博物図譜レファレンス事典 植物篇

2018年6月25日　第1刷発行

発 行 者／大高利夫
編集・発行／日外アソシエーツ株式会社
〒140-0013 東京都品川区南大井6-16-16 鈴中ビル大森アネックス
電話 (03)3763-5241（代表） FAX(03)3764-0845
URL http://www.nichigai.co.jp/

発 売 元／株式会社紀伊國屋書店
〒163-8636 東京都新宿区新宿 3-17-7
電話 (03)3354-0131（代表）
ホールセール部（営業） 電話 (03)6910-0519

電算漢字処理／日外アソシエーツ株式会社
印刷・製本／株式会社平河工業社

《中性紙三菱クリームエレガ使用》
ISBN978-4-8169-2720-1　Printed in Japan,2018